WETTERANALYSE
UND
WETTERPROGNOSE

NEUE METHODEN

DER

WETTERANALYSE

UND

WETTERPROGNOSE

VON

DR. RICHARD SCHERHAG

BERLIN

MIT 213 ZUM GRÖSSTEN TEIL
FARBIGEN ABBILDUNGEN

Springer-Verlag Berlin Heidelberg GmbH

1948

RICHARD SCHERHAG
GEB. IN DÜSSELDORF 29. 9. 1907

ISBN 978-3-642-49236-5   ISBN 978-3-642-49235-8 (eBook)
DOI 10.1007/978-3-642-49235-8

Vorwort.

Dieses Buch verdankt seine Entstehung der Initiative von Prof. WEICKMANN, der zu Beginn des Jahres 1944 meine Befreiung vom täglichen Aufgabenbereich an der damaligen Zentralen Wetterdienstgruppe zu dem Zwecke anregte, die in den letzten Jahren entwickelten und im deutschen meteorologischen Dienst erprobten neuen synoptisch-aerologischen Erkenntnisse, auf denen seit 1941 die tägliche Konstruktion der Vorhersagekarte basiert, zusammenfassend darzustellen. Damit sollte zugleich diese Methode, deren praktische Durchführung neben dem Verfasser in erster Linie Herrn LEYPOLDT oblag, einem größeren Kreise zugänglich gemacht und als Grundlage für einen späteren Wiederaufbau des Friedenswetterdienstes gesichert werden. Dem gleichen Zweck sollte die Aufgabe dienen, das während der letzten Jahre angefallene umfangreiche deutsche aerologische Beobachtungsmaterial einer ersten Sichtung und Bearbeitung zu unterziehen.

Da die Herstellung der Vorhersagekarte eine enge Verknüpfung zwischen der Synoptik und der Aerologie zur unbedingten Voraussetzung hat, war es mein Bestreben, beide Gebiete, soweit sie für den praktischen Wetterdienst von Bedeutung sind — möglichst unter Vermeidung mathematischer Formeln und des starren Schemas eines Lehrbuches — anschaulich zu beschreiben, ihre Synthese herbeizuführen und dabei zugleich die noch strittigen Probleme der Wetteranalyse besonders hervorzuheben bzw. einer Klärung näher zu bringen. Die Durchführung der Arbeit stand allerdings nicht unter einem glücklichen Stern: die damaligen Bombenangriffe machten eine häufige Unterbrechung notwendig, und trotz größter Beschleunigung waren erst 60 Seiten gedruckt, als Leipzig, an dessen Geophysikalischem Institut ich damals zusammen mit Prof. WEICKMANN die Korrekturen las, besetzt wurde und sich eine fast einjährige Kriegsgefangenschaft in amerikanischen Lagern anschloß. Inzwischen ist es mir möglich gewesen, eine ganze Anzahl von Kapiteln zu vervollständigen und auch die neuere Literatur wenigstens einer kurzen Durchsicht zu unterziehen, doch war es bis jetzt noch nicht durchführbar, alle einschlägigen und für die Synoptik wertvollen Arbeiten heranzuziehen.

Von den fünf Teilen des Buches behandelt der erste — nach einem sich an die Darstellung von DEFANT: *Wetter und Wettervorhersage*, und CHROMOW: *Einführung in die synoptische Wetteranalyse*, haltenden kurzen geschichtlichen Abriß des Wetterdienstes — die theoretischen Grundlagen der Synoptik nur insoweit, als sie für das Verständnis der folgenden Kapitel unumgänglich notwendig sind. Lediglich auf die Ableitung der ablenkenden Kraft der Erdrotation wird etwas ausführlicher eingegangen, weil sich dabei einige neue Gesichtspunkte hinsichtlich der Gültigkeit der nach den üblichen Gradientwindgleichungen ermittelten Windgeschwindigkeiten ergeben.

Der zweite Teil befaßt sich mit der allgemeinen Zirkulation innerhalb der Tropo- und Stratosphäre und ihrer Auswirkung auf das Wettergeschehen. Die üblichen Karten der mittleren Druck- und Temperaturverteilung am Boden werden ergänzt durch Darstellungen der relativen und absoluten Topographien der Standard-Isobarenflächen 500, 225, 96 und 41 mb, zu deren Konstruktion das gesamte zur Verfügung stehende Registrierballon- und Radiosondenmaterial verarbeitet und die Zahlenwerte vom Strahlungsfehler befreit wurden. Es ist damit erstmalig die mittlere Strömungsverteilung bis zu einer Höhe von 21 000 m zur Darstellung gelangt, wobei sich ergeben hat, daß die sommerliche hochstratosphärische Ostströmung im Winter von einem mit der Höhe an Intensität nicht abnehmendem polaren westlichen Ringstrom abgelöst wird. Bezogen auf gleichen Druck in Höhe der 225-mb-Fläche ist die polare Stratosphäre (relativ) erheblich kälter als die subtropische, und aus diesem Grunde sind die oft beträchtlichen Abweichungen der Stratosphärentemperaturen von der „normalen Kompensation" durch die Advektion extrem kalter bzw. warmer stratosphärischer Luftmassen bedingt. Diese Verhältnisse werden an Hand einiger besonders interessanter Fälle auffallend kalter polarer Stratosphäre geprüft mit dem Ergebnis, daß die Theorie der stratosphärischen Advektion in einigen wesentlichen Punkten verbesserungsbedürftig erscheint und daß z. B. die niedrigen Stratosphärentemperaturen bei südlicher Luftzufuhr nicht als Advektionseffekte gedeutet werden können. Daraus resultieren auch einige wesentliche Folgerungen für das Zeichnen von stratosphärischen Höhenwetterkarten.

Im Mittelpunkt des Interesses wird zweifellos die im dritten Teil behandelte neue Luftmassenklassifikation stehen, die einen Kompromiß zwischen den bisher vorhandenen verschiedenen Einteilungsprinzipien herbeizuführen bestrebt ist, indem einerseits der dominierende Gegensatz Tropikluft-Polarluft besonders herausgehoben, aber auch die gemäßigte Luft beibehalten, jedoch dieser Begriff wesentlich genauer und enger präzisiert wird. Die Darstellung der Analysenmethode fußt auf den Erfahrungen der Deutschen Seewarte, beim früheren Höhenwetterdienst in Tempelhof und bei der täglichen Konstruktion der Vorhersagekarte auf der Zentralen Wetterdienstgruppe. Von den verschiedenen Theorien der Zyklonenbildung werden nur jene eingehend behandelt, die für das hier beschriebene Prognosen-Verfahren Bedeutung haben. Besonderer Wert wurde auf die Auswahl der zahlreichen synoptischen Beispiele gelegt, indem in erster Linie nur solche Fälle ausgesucht wurden, die wegen der bei ihnen aufgetretenen extremen Werte der meteorologischen Elemente ins Auge fallen. Aus diesem Grunde sind u. a. die Wetterkarten der Tage mit den tiefsten in Europa gemessenen Barometerständen ebenso dargestellt wie zur Zeit der stärksten Kälteperioden, Kaltlufttropfen, Frontalzonen, Unwetterkatastrophen und Stratosphärenhochs — um nur einige zu nennen, und es ist auf diese Weise eine ganze Sammlung besonders markanter Wetterlagen zustande gekommen, von denen ein großer Teil dem persönlichen Erinnerungsschatz entstammt. Um eine leichte Nachprüfung der hier durchgeführten Analysen zu ermöglichen, ist in sämtliche Karten eine große Stationszahl eingetragen worden, während des Krieges unter Mitverwendung aller damals verfügbaren Meldungen aus den einzelnen Ländern. Dafür mußte aber andererseits im allgemeinen die Beschränkung auf die in den veröffentlichten Wetterkarten dargestellten Elemente in Kauf genommen werden. Als Einheit wurde stets das Millibar verwendet, und zur leichten Ermöglichung der Berechnung von Gradientwind- und Verlagerungsgeschwindigkeiten sind nur ganzzahlige Teile der in der Praxis meist benutzten Verkleinerung 1:10 Mill. reproduziert und die Maßstäbe stets angegeben worden.

Der die Wettervorhersage behandelnde vierte Teil ergänzt die vorhergehenden Ausführungen durch einige Beispiele von plötzlichen, für die Prognose sehr einschneidenden, vielfach aber nur intermittierenden Änderungen der allgemeinen Druckverteilung und widmet sich dann, nach einer zusammenfassenden Betrachtung über die aus den Höhenwetterkarten zu ziehenden Folgerungen für die Prognose, der Beschreibung der in Deutschland eingeführten Methode der Konstruktion von Vorhersagekarten für den Boden und die 500-mb-Fläche an einem der Praxis entnommenen Beispiel. Einige Ausblicke auf die Möglichkeiten zur weiteren Verbesserung der Vorhersagekarten durch genauere Berücksichtigung der aerologischen Beobachtungen sollen einen Hinweis geben, wo die weitere Forschung mit Aussicht auf Erfolg einsetzen kann. Die abschließenden Betrachtungen über die Abfassung der Prognosen sowie die Besprechung zahlreicher theoretischer Vorhersagebeispiele mögen dazu dienen, der täglichen Wettervorhersage in immer größerem Umfange die Anerkennung der Öffentlichkeit zu erringen und sie zu dem wichtigen Hilfsmittel der Wirtschaft zu machen, das ihr bei dem heutigen Stande der Meteorologie zukommt.

Die im fünften Teil kurz zusammengefaßten Probleme der Mittel- und Langfristvorhersage sollen wenigstens einen orientierenden Überblick über dieses Gebiet der praktischen Meteorologie bieten, auf dem es bis jetzt nur in Spezialfällen möglich ist, einigermaßen zuverlässige Prognosen herauszugeben. Dies bezieht sich ganz besonders auf gelegentliche Versuche, den Charakter ganzer Jahreszeiten vorherzubestimmen, wofür am Schluß einige noch nicht veröffentlichte Zusammenhänge zwischen der Sonnenfleckentätigkeit und langperiodischen Klimaschwankungen beigesteuert werden.

Wenn dieses Buch dazu beiträgt, daß die Zusammenarbeit der meteorologischen Dienste aller Länder bald ein aerologisches Weltnetz entstehen läßt, das eine unerläßliche Grundlage für die hier geschilderte synoptisch-aerologische Arbeitsweise bietet, dann ist ein wesentlicher Zweck erfüllt. Zu ganz besonderem Dank bin ich Prof. WEICKMANN verpflichtet: er hat nicht nur die Anregung gegeben, sondern mir auch bei der Durchführung dieser Aufgabe immer mit seinem Rat und mit seiner Hilfe zur Seite gestanden. Er hat es erreicht, daß auch unter den rasch wechselnden und oft schwierigsten Umständen eine Weiterführung der Arbeit betrieben werden konnte, für deren Ingangsetzung ich ebenso Dr. BENKENDORFF und Dr. SCHWERDTFEGER verbunden bin. Viele wertvolle Hinweise hat mir Dr. PHILIPPS gegeben, und Dr. FLOHN verdanke ich zahlreiche, von ihm bearbeitete Beobachtungsergebnisse asiatischer und nordamerikanischer Stationen. Fast sämtliche Zeichnungen hat Frl. HILDE BULAU (Hamburg) angefertigt und dabei ein ebensolches Interesse für die technische Durchführung sowie die Zusammenstellung und Anordnung der Figuren bewiesen wie Frau E. ULLRICH und Frl. I. REINEKE bei der Revision und Korrektur des Textes und Herr SJELAND bei der Berechnung der Tabellen. Um die gute drucktechnische Ausführung des Buches haben sich vor allem der Berliner Vertreter W. GROHMANN der Firma Spamer A.G., Leipzig, sowie die Stürtzsche Druckerei in Würzburg und der Springer-Verlag verdient gemacht. In der jetzigen Notzeit hätte aber die Drucklegung ohne die weitgehende Unterstützung der Amerikanischen Militärregierung überhaupt nicht erfolgen können, und es ist mir eine besonders angenehme Pflicht, dem amerikanischen Vertreter für Meteorologie im Alliierten Kontrollrat, Colonel DON McNEAL und seinem Nachfolger, Mr. C. F. van THULLENAR, dafür danken zu dürfen, daß es mir möglich war, die Arbeit in Berlin fertigzustellen.

Bad Kissingen, 10. August 1948.

RICHARD SCHERHAG.

Inhaltsverzeichnis.

Erster Teil.

Entwicklung und Grundlagen der Synoptik.

Zweiter Teil.

Die allgemeine Zirkulation der Tropo- und Stratosphäre und ihre Auswirkung auf das Wettergeschehen.

Dritter Teil.

Das Wetter und seine Analyse.

Inhaltsverzeichnis.

IX

Entwicklung und Grundlagen der Synoptik.

Die geschichtliche Entwicklung der Synoptik wird im folgenden nur kurz gestreift. Ihre theoretischen Grundlagen sollen ebenfalls nur soweit behandelt werden, wie es für das Verständnis der Wettererscheinungen unumgänglich notwendig ist.

A. Die Anfänge der Synoptik[1].

Nachdem schon im Jahre 1643 von VIVIANI, auf Anregung von TORRICELLI, der berühmt gewordene Versuch zur Messung des Luftdrucks mit dem Quecksilber-Barometer durchgeführt worden war und ein Jahrzehnt später OTTO VON GUERICKE die Bedeutung des Barometers für das Wetter bereits erkannt hatte, sind noch beinahe zwei Jahrhunderte verflossen, bis während der Jahre 1816 bis 1820 in Leipzig die ersten synoptischen Karten durch BRANDES gezeichnet und 1826 veröffentlicht (107) worden sind[2]. Diese stellten für den 6. März 1783 die Linien gleicher Abweichung vom mittleren Luftdruck dar, und diese Methode wurde bald auf alle Tage des Jahres 1783 sowie einige große Stürme vom Dezember 1821 ausgedehnt. BRANDES erkannte aus dieser Darstellung, in die er neben den Linien gleicher Druckabweichung auch die beobachteten Windrichtungen einzeichnete, bereits das im Jahre 1860 von BUYS-BALLOT so formulierte *barische Windgesetz, daß die Winde auf der nördlichen Halbkugel ein Gebiet tiefsten Luftdruckes entgegen und ein Gebiet hohen Luftdruckes mit dem Uhrzeiger umkreisen.*

Erst nach der Erfindung des Telegraphen war die Möglichkeit gegeben, synoptische Karten der Luftdruckverteilung zur unmittelbaren Verfolgung des Wetters zu zeichnen, was in Österreich bereits 1842 von KREIL vorgeschlagen wurde. Im gleichen Jahre ist in Amerika erstmalig eine synoptische Karte durch LOOMIS ausgearbeitet worden. In England wurde die erste telegraphische Wettermeldung im Jahre 1848 befördert, und auf der Londoner Weltausstellung 1851 ließ die Postverwaltung, um die Leistungen der Telegraphie zu zeigen, tägliche Wetterkarten aushängen, nachdem auf GLAISHERS Veranlassung schon am 14. Juni 1849 in der „Daily News" eine auf telegraphischer Übermittlung der Beobachtungen beruhende Wetterkarte erschienen war.

Den entscheidenden Anstoß für die Einrichtung eines täglichen Wetterdienstes führte der Krimkrieg herbei. Die durch LEVERRIER durchgeführte Untersuchung des Sturmgebietes vom 14. November 1854, dem auf dem Schwarzen Meer das französische Linienschiff „*Henry IV.*" zum Opfer fiel, hatte nämlich ergeben, daß das Sturmfeld quer über ganz Europa gezogen war und es an Hand telegraphischer Berichte möglich gewesen wäre, das Unwetter für die Krim rechtzeitig vorherzusagen. Auf Grund dieses Untersuchungsergebnisses begann zuerst das Bureau Météorologique de France ab 11. September 1863 mit der täglichen Herausgabe von Wetterkarten, zunächst nur für den west- und südeuropäischen Raum. Ab 1. Juli 1865 liegen für das Gebiet der ehemaligen österreichisch-ungarischen Monarchie zwei tägliche Wetterkarten vor, von denen die eine für eine größere Anzahl Stationen die Luftdruckangaben — in Anlehnung an die ersten synoptischen Karten von BRANDES in Abweichungen von Mittelwerten — und die Windverhältnisse, die andere die Temperaturen, ebenfalls in Differenzen vom Durchschnitt, und die Bewölkungsverhältnisse enthielt. 1871 folgten die Vereinigten Staaten von Nordamerika mit der Herausgabe von Wetterkarten, 1872 Großbritannien, 1873 Rußland, 1874 Dänemark und Schweden und 1876 Deutschland (376).

Hier war es die am 1. Januar 1876 gegründete Seewarte in Hamburg, die sofort mit der Veröffentlichung von Wettermeldungen von 25 deutschen Stationen begann. Am 16. Februar des gleichen Jahres wurde dieser Bericht durch die Hinzunahme von zwei den größten Teil Europas umfassenden Karten ergänzt, von denen die linke die Druckverteilung, Windrichtung und -stärke, Bewölkung, Hydrometeore und Druckänderung, die rechte die Temperaturverteilung nebst ihrer Änderung sowie Menge und Art des in den vergangenen 24 Stunden

---

[1] Eine eingehende Darstellung der geschichtlichen Entwicklung des Wetterdienstes haben H. H. HILDEBRANDSSON und W. TEISSERENC DE BORT (318) gegeben. Die Entwicklung der Zyklonentheorien während der letzten 50 Jahre hat P. RAETHJEN (582) beschrieben. Vgl. auch Lit. 409, 3. Ausg., S. 13ff. und Lit. 340, 803.

[2] Abgebildet u. a. in Lit. 290, S. 749.

gefallenen Niederschlags und den Seegang enthielt. Bei den Windpfeilen war die Pfeilspitze bereits weggelassen. Die Fieder für die Angabe der Windstärke wurden in den ersten Karten noch willkürlich an der rechten oder linken Seite des Windrichtungspfeils angebracht. Aber bereits ab März 1876 wird die Eintragung durchweg so durchgeführt, daß die Fieder für die Windstärke vom Windrichtungspfeil aus nach dem tiefen Druck hin eingezeichnet werden, eine Regel, die für die *Nordhalbkugel* so ausgesprochen werden kann, daß *die Fieder, wenn man den Wind im Rücken hat, nach links, auf der Südhalbkugel entsprechend nach rechts zeigen müssen.* Kurz darauf, im Jahre 1877, wurden für die Übermittlung von Wettermeldungen bereits internationale Richtlinien vereinbart, womit die Voraussetzungen für einen raschen und weltweiten Ausbau des synoptischen Meldenetzes geschaffen worden waren.

B. Die Entwicklung der Wetterkarten.

In den ersten 10 Jahren haben die symbolmäßige Einzeichnung der meteorologischen Beobachtungen und der Inhalt der Wetterkarten keine durchgreifende Änderung erfahren.

1. Die Darstellung der Wetterbeobachtungen.

In ihren Grundzügen unterscheiden sich selbst die ersten deutschen Wetterberichte aus dem Jahre 1876 nicht wesentlich von einer modernen synoptischen Karte: Die Windrichtungs- und -stärkeangaben sind bis heute die gleichen geblieben (die Pfeile, deren Spitze meist fortgelassen und durch den Stationskreis ersetzt

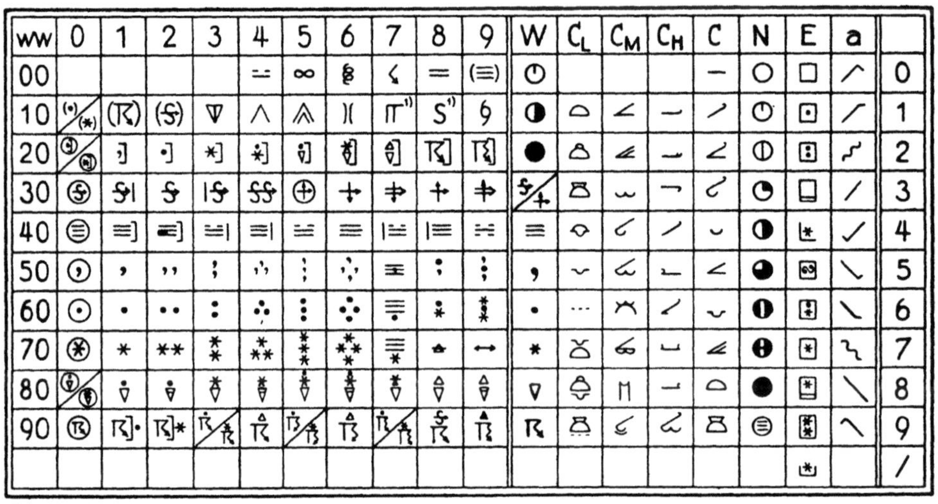

ww	0	1	2	3	4	5	6	7	8	9	W	C_L	C_M	C_H	C	N	E	a	
00					⸪	∞	§	⟨	=	(≡)	☉				—	○	□	⌒	0
10	(⁎)	(Ɽ)	(Ꙅ)	▽	∧	⋀	)(	π″	S″	↻	◑	⌂	∠	⌐	∕	☉	⊡	∕	1
20	◑	ꟿ	ꟿ	✳	✳	ꟿ	ꟿ	ꟿ	Ɽ	Ɽ	●	△	⦤	⌐	∠	◐	⊟	⌇	2
30	✸	ꟿ	ꟿ	ꟿ	ꟿ	⊕	✛	✛	✛	✛	↯	⌂	∿	⌐	ᒧ	◕	□	∕	3
40	⊜	⹀	⹀	⹀	⹀	⹀	⹀	⹀	⹀	⹀	≡	◇	ᒧ	∕	⌣	◐	⊧	✓	4
50	⊙	,	,,	⦂	⦂	⦂	⦂	⹀	⹀	⹀	,	⌣	ᒧ	ᒧ	∠	◕	⊞	∖	5
60	⊙	•	••	⦂	∴	⦂	∵	⹀	⹀	⹀	•	⋯	⌒	∕	⌣	◑	⊞	∖	6
70	✳	＊	＊＊	＊	＊	ꟿ	ꟿ	ꟿ	▲	↔	＊	⌣	⌢	⌣	⦤	◗	⊞	∿	7
80	◑	ꟿ	ꟿ	ꟿ	ꟿ	ꟿ	ꟿ	ꟿ	ꟿ	ꟿ	▽	⌂	⋔	⌐	⌒	●	⊞	∖	8
90	Ⓡ	Ɽ•	Ɽ＊	ꟿ	ꟿ	ꟿ	ꟿ	ꟿ	ꟿ	ꟿ	Ɽ	⌂	ᒧ	ᒧ	⌂	⊜	⊞	⌒	9
																	⊞		/

Abb. 1. Die vollständige Kopenhagener Symboltafel.

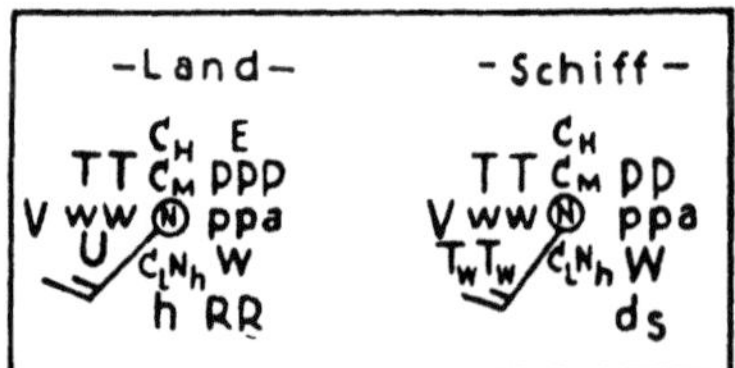

Abb. 2. Das Eintragungsschema nach dem Kopenhagener Wetterschlüssel.

wurde, fliegen mit dem Winde), die Bewölkung wird in den veröffentlichten Darstellungen noch in der gleichen Art wie damals eingetragen, wobei zwischen wolkenlos, $^1/_4$, $^1/_2$, $^3/_4$ bzw. ganz bedeckt unterschieden wird, und auch die Symbolisierung der Hydrometeore hat im Laufe der Entwicklung nur geringe Veränderungen, aber eine wesentliche Erweiterung aufzuweisen. Die vollständige Symboltafel für den Kopenhagener Wetterschlüssel[2] ist in Abb. 1 und das entsprechende Eintragungsschema für eine Landstation und eine Schiffsmeldung in Abb. 2

---

[1] Vorläufige, im deutschen Reichswetterdienst verwendete Symbole.

[2] Bei Addition von 33 bzw. 67 zur Windrichtung wird die außergewöhnliche Windunruhe durch Anbringung eines Häkchens, Durchzug einer Front durch zwei solche Häkchen (ähnlich den Symbolen für ww = 14 bzw. 15) am Windpfeil gegenüber der Befiederung gekennzeichnet, wie es in der Karte Abb. 88 durchgeführt ist. In bezug auf die Bedeutung der einzelnen Schlüsselbuchstaben und -ziffern sei auf die Wetterdienst-Anleitungen verwiesen.

reproduziert[1]. In diesem Buch ist aber wegen der erforderlichen Verkleinerungen die ausführliche Form meistens nicht eingetragen worden, sondern es wurden in der Mehrzahl der Wetterkarten nur die in Abb. 3 zusammen-

○	völlig wolkenlos	•	Regen
	Bewölkungsspuren oder $^1/_{10}$ bis $^3/_{10}$ bedeckt		nach Regen
	$^4/_{10}$ bis $^6/_{10}$ bedeckt		Regen und Nebel
	$^7/_{10}$ bis $^9/_{10}$ bedeckt oder einzelne Wolkenlücken		Regen und Sprühregen
●	völlig bedeckt		Regen und Schnee
⊗	Bedeckung nicht bekannt		nach Regen und Schnee
∞	Dunst (Sicht größer als 2000 m)		Schnee
	starker Dunst oder leichter Nebel (Sicht 1000 bis 2000 m)		nach Schnee
	Nebel über Land oder See		körniger Schnee, Reifgraupeln
	Nebel in einzelnen Bänken		Eisnadeln
	Nebelbank im Gesichtskreis, aber nicht an der Station		Regenschauer
	Nebel, Bewölkung oder Himmel erkennbar		nach Regenschauer
	Nebel, Bewölkung oder Himmel nicht erkennbar		Schneeschauer
	Nebel in der letzten Stunde, aber nicht zur Zeit der Beobachtung		nach Schneeschauer
	Sichtverminderung durch Rauch		Regen- und Schneeschauer
	Staubwirbel gesehen		Schauer von körnigem Schnee
	Trombe gesehen		Graupelschauer
	Staubsturm im Gesichtskreis		nach Graupelschauer
S	Staubsturm (Sichtweite > 1 km)		Wetterleuchten
	Staubsturm (Sichtweite < 1 km)		Donner hörbar
	Schneetreiben[2]		Gewitter mit Regen
∧	Böenwetter		Gewitter mit Schnee
	Schwere Böen in den letzten 3 Stunden		Gewitter mit Graupeln
	Drohendes Aussehen des Himmels		Gewitter mit Hagel
(•) oder (✳)	Niederschlag im Gesichtskreis		Gewitter mit Staubsturm
	Sprühregen		Regen nach Gewitter
	Sprühregen und Nebel		Schnee nach Gewitter
	nach Sprühregen		nach Gewitter

Abb. 3. Vereinfachte Wetterkarten-Symbole.

gestellten abgekürzten Symbole verwendet. Die Zahlen neben den Stationen geben die Lufttemperatur an, bei Schiffsmeldungen stehen eventuell darunter die Wassertemperaturen, wobei die vorangesetzten Zeichen < oder >

---

[1] Temperatur, relative Feuchtigkeit, Wetterverlauf und die Charakteristik der Luftdrucktendenz bei fallendem Druck ($a = 5$ bis 9) sollen in den Arbeitskarten rot gezeichnet werden.

[2] Nach internationaler Definition wird unter *Schneefegen* das Aufwirbeln gefallenen Schnees durch den Wind verstanden, das als *Schneetreiben* bezeichnet wird, wenn die Sichtweite auch nach oben hin wesentlich herabgesetzt ist. Schneefall bei starkem Wind wird vielfach *Schneegestöber* genannt.

1*

bedeuten, daß die betreffende Wassertemperatur bis zu 0.5° unter bzw. über der Lufttemperatur gelegen ist. Steht also z. B. vor der Wassertemperatur das Zeichen >, so ist die Wassertemperatur bis zu 0.5° höher als die Luftwärme.

Abweichend von der meist üblichen Eintragungsweise wurde bei Nebel in den Stationskreis kein Kreuz gezeichnet, sondern, soweit der Nebel keine Himmelssicht gestattet, volle Bedeckung eingetragen und das Kreuz auf die Fälle beschränkt, wo die Angabe des Bewölkungsgrades fehlt. Dies hat den Vorteil, daß die Gebiete dichten Nebels, in denen der Himmel meistens besonders dunkel ist, sich nicht gerade durch geringere Schwarzausfüllung der Stationskreise auszeichnen und eine geschlossene Nebelschicht ebenso wie eine Wolke behandelt wird.

2. Der Inhalt der Wetterkarten.

Im Gegensatz zu den geringen Änderungen der Eintragungsweise hat der Inhalt der Wetterkarten stärkere Wandlungen erfahren. Die bemerkenswerteste Abweichung der ersten deutschen Wetterkarten im Vergleich zu den späteren Darstellungen besteht darin, daß die Temperaturverteilung früher gesondert gezeichnet wurde und die Druckkarte dafür auch die von den einzelnen Stationen gemeldeten Barometerstände enthielt. Daraus geht hervor, welche Bedeutung man damals jeder einzelnen Barometerablesung beigemessen hat.

Während dieser Periode der „Isobarenmeteorologie", wie man sie später — wohl zu Unrecht — mit leichter Geringschätzung benannt hat (245), mußte das Hauptgewicht auf die Form der Isobaren gelegt werden. Es wurde neben den abgeschlossenen Hoch- und Tiefdruckgebieten den Tiefausläufern, Tiefdruckfurchen, Hochdruckkeilen und Hochdruckrücken die größte Aufmerksamkeit gewidmet, die Bezeichnung *Gewittersack* für die sommerlichen Tiefausläufer geprägt und das Verhalten aller meteorologischen Elemente in den verschiedenen Druckgebilden eingehend untersucht. Für die Wettervorhersage wurden dabei erhebliche Fortschritte erzielt, und es kann nicht bezweifelt werden, daß mit dem Übergang zur Luftmassenanalyse ein Teil der alten Isobarenregeln der Vergessenheit anheim fiel, was sich vorübergehend sogar in einem Absinken der Güte der Prognosen bemerkbar gemacht hat. Überdies waren es fast ausschließlich Gelehrte von Weltruf, deren Namen die damaligen Wetterberichte zierten und die alle zur Verbesserung der Vorhersagen ein gut Teil beitrugen. Unser Altmeister W. Köppen hatte schon 1882 die richtige Vorstellung von der Steuerung und dem Einfluß der Temperaturverteilung auf die obere Luftströmung sowie auf die Fortpflanzung der barometrischen Minima, wie ein unter diesem Titel damals erschienener Aufsatz (367) beweist, in welchem er schrieb: „*Die Fortpflanzung der Depressionen geschieht annähernd in der Richtung der nach ihrer Gesamtenergie überwiegenden Luftströmung in ihnen und auf ihrer Bahn. Da die Bewegungsverhältnisse in verschiedenen Höhen des Wirbels verschieden sind, so ist für die Fortpflanzung des Wirbels nicht der Bewegungszustand in der unteren Schicht, sondern jener der Gesamtheit der Schichten maßgebend.*" Köppen (365) und van Bebber (51) haben die häufigsten Bahnen der Zyklonen zu Zugstraßen zusammengefaßt (Abb. 157, S. 278), die bis heute noch ihren Wert behalten haben, und Grossmann (281) verdanken wir ebenso wie Guilbert (283, 371) einige wichtige Regeln über die Vorliebe zu einer 24stündigen Aufeinanderfolge der Hochdruckkeile und Tiefdruckausläufer sowie die Wirkung „divergenter" Winde (s. S. 183).

Die Geschichte der deutschen synoptischen Meteorologie ist auf das engste mit der Entwicklung des Wetterberichtes der Seewarte verbunden, die deshalb noch kurz weiter beschrieben werden soll (432). Bis zum Jahre 1912 ist in seinem Aufbau keine wesentliche Änderung eingetreten, wenn man von der Hinzunahme der Nachmittags- und Abendkarten, der ständigen Vermehrung der Stationen und der Wiedergabe der Registrierungen von Luftdruck und Temperatur absieht. Ab 1. April 1903 wurde erstmals eine Spalte für die Veröffentlichung von Höhenaufstiegen des Aeronautischen Observatoriums Berlin und später der Drachenwarte Groß-Borstel reserviert und am 1. April 1907 das Kartenbild bis nach Island hin erweitert.

In den Jahren 1906 und 1907 hat N. Ekholm (193, 194) seine grundlegenden Arbeiten über die Luftdruckschwankungen und die große Bedeutung von Druckänderungskarten für die Wettervorhersage veröffentlicht. Wurde bis dahin fast ausschließlich die Druck- und bis zu einem gewissen Grade auch die Temperaturverteilung für die Aufstellung der Vorhersagen herangezogen, so ging aus den Untersuchungen Ekholms eindeutig hervor, daß in der Mehrzahl der Fälle gerade die Wanderung der Druckänderungsgebiete erheblich markanter in Erscheinung tritt und zu verfolgen ist als die Verlagerung der Druckgebilde. Dies veranlaßte die Deutsche Seewarte dazu, ab 1. Januar 1913 in den Wetterbericht die 12stündigen Druckänderungen vom Morgen bis zum Abend des Vortages und vom Vorabend bis zum nächsten Morgen aufzunehmen. Die Bedeutung der Druckänderungskarten für die Wettervorhersage ist gerade in den letzten Jahren immer mehr erkannt worden und wird uns im folgenden noch häufig beschäftigen; in den Jahren nach dem ersten Weltkriege geriet sie aber teilweise wieder in Vergessenheit.

Die Karten der 12stündigen Druckänderungen hatten den Nachteil, daß sie die tägliche Periode enthielten, und es ist eigentlich merkwürdig, daß die 24stündige Tendenz, die jetzt eine so wesentliche Rolle für die Prognose spielt, erst vom Jahre 1934 ab in den Seewartenbericht aufgenommen wurde, aus dem nach 1918 die 12stündigen Druckänderungskarten wieder entfernt und nur die 3stündige Tendenzkarten, deren Veröffentlichung am 1. November 1919 begann, beibehalten wurden.

C. Die Einführung der Fronten und Luftmassen.

Die Einführung der Fronten und Luftmassen bedeutete für die Entwicklung der synoptischen Meteorologie einen wesentlichen Wendepunkt und muß deshalb etwas eingehender beschrieben werden.

1. Die Entwicklung der Polarfronttheorie.

Anknüpfend an die im Jahre 1905 erschienene grundlegende Untersuchung von M. Margules (429, 430) „*Über die Energie der Stürme*" und die durch H. v. Ficker (219, 220, 221) 1910 und 1911 durchgeführte Bearbeitung nordasiatischer Wärme- und Kältewellen wurde von V. Bjerknes, J. Bjerknes, H. Solberg, T. Bergeron und anderen Mitarbeitern die norwegische Frontentheorie im Verlaufe des ersten Weltkrieges entwickelt, worauf schon die Bezeichnung „Front" hindeutet. So wie die Front im Kriege die Grenze zwischen den beiden verschiedenen Heeren darstellt, so wurde die Grenzlinie zwischen verschiedenen Luftmassen als Front bezeichnet. Aber der ganze gewaltige Fortschritt, der aus der Einführung der Begriffe Front und Luftmasse dem praktischen Wetterdienst erwuchs, wurde erst dann offenbar, nachdem es gelungen war, die zunächst offenbare Einseitigkeit und zu große Einfachheit des Schemas (359) auf Grund direkter aerologischer Beobachtungen zu vervollständigen und eine Synthese mit der früheren „Isobarengeometrie" herzustellen.

Die norwegische Schule knüpfte wieder an die Gedankengänge Doves (171, 227, 374, 491) an, daß alle Wettervorgänge unserer Breiten durch den Kampf verschiedener Luftströmungen verursacht würden, worauf der englische Admiral Fitz-Roy (147, 244) zu Beginn der Sechziger Jahre des vorigen Jahrhunderts sein System der Synoptik der Luftmassen aufbaute und V. Blasius (96) in Amerika etwa zur gleichen Zeit schon zu einer klaren Vorstellung der Polarfront gekommen war. Nachdem später die Bedeutung des Druckfeldes und der Verlagerung der barometrischen Gebilde für die Wettervorhersage erkannt worden war, fesselten diese Erscheinungen derart das Interesse der Meteorologen, daß es nur natürlich war, daß die Gedankengänge Doves wieder in Vergessenheit gerieten, wie ebenso nach dem Durchbruch der Polarfronttheorie längere Zeit hindurch das Druckfeld eine zu geringe Beachtung fand und man glaubte, nun alle Erscheinungen mit der neuen Vorstellung erklären zu können. Wie meistens, wenn verschiedene Theorien behaupten, der Wahrheit näher zu sein, beide ihren Teil zur Erkenntnis beitragen, so ist auch für die Wettervorhersage eine Synthese zwischen der Isobarenmeteorologie und der Polarfronttheorie von der größten Bedeutung, und es soll im folgenden versucht werden, diese, soweit es geht, herbeizuführen.

Die alte synoptische Methode setzte voraus, daß die Wetterverhältnisse fast ausschließlich eine Funktion der horizontalen Druckverteilung seien, was aber z. B. für die Lufttemperatur, Bewölkung, Niederschlagsverteilung, Größe der Sichtweite usw. nur in beschränktem Maße gilt. Ebenso hängen alle genannten Elemente aber auch nicht in solchem Maße von der Zugehörigkeit zu einer bestimmten Luftmasse ab, daß sich daraus eindeutige Schlußfolgerungen für die Vorhersage ziehen lassen könnten: Besonders eng ist wohl die Lufttemperatur mit der Herkunft der Luftmasse gekoppelt, aber selbst bei diesem Element treten vor allem auf dem Meer bei der raschen Anpassung an die Oberflächentemperatur der See so starke Abwandlungen ein, daß der Zusammenhang oft unklar wird. Bewölkung und Niederschlagsverteilung hängen ganz überwiegend und die Sicht bis zu einem gewissen Grade von der Vertikalbewegung ab, die ihrerseits teils von der Verteilung der Luftmassen und Fronten, teils durch die Druckverteilung bestimmt wird, und erst die genaue Berücksichtigung aller im Einzelfall dominierenden Faktoren vermag der Prognose die größtmögliche Eintreffwahrscheinlichkeit zu geben.

Trotz der offenbaren großen Fortschritte, die die norwegische Polarfronttheorie bedeutete, hat ihre Einführung in den meisten Ländern sehr lange auf sich warten lassen, was in erster Linie darauf zurückzuführen ist, daß die daraus resultierenden Fortschritte regional durchaus verschieden und in erster Linie eine Funktion der geographischen Breite sind. So ist die Bjerknessche Idealzyklone hauptsächlich eine Erscheinung der gemäßigten Zonen und dort vor allem wieder der Ozeane, während sie z. B. über dem Alpengebiet so selten in reiner Entwicklung auftritt, daß ihre eingehende Kenntnis dort für die Vorhersage keine erhebliche Rolle spielt. Viel häufiger und wichtiger sind hier die dynamischen Hochdruckgebiete, die deshalb auch in erster Linie von den süddeutschen Meteorologen HANN (286, 287, 288), SCHMAUSS (739, 740) und ihren Schülern erforscht wurden. Das südwestliche Europa liegt im Übergangsgebiet zwischen diesem rein kontinentalen und dem ozeanischen Regime, die Fronten treten häufig in mehr oder weniger abgeschwächter Form auf und machen sich hauptsächlich noch durch die begleitenden Wolkenfelder und den Vorüberzug der Druckwellen bemerkbar, was in Frankreich durch PH. SCHERESCHEWSKI und PH. WEHRLÉ (668) zum „*Système Nuageux*" führte, eine Methode, die gegenüber der Polarfronttheorie den Vorteil aufweist, daß sie sich an Stelle der stets subjektiven Analyse mit den objektiven Erscheinungen der Druckwellen und Wolkenfelder befaßt. Es spricht für die geographische Bedingtheit der meteorologischen Vorstellungen, daß wir in Deutschland gerade der Frankfurter Schule, vor allem R. MÜGGE (479) und seinen Mitarbeitern, eine genauere Kenntnis über die Beziehungen zwischen den Druckwellen und der Himmelsansicht verdanken[1].

Es ist das Verdienst von O. MOESE und G. SCHINZE, daß auf der Breslauer Wetterkarte schon frühzeitig die Fronten und Luftmassen dargestellt worden sind. Ein Vergleich von Karten, die im Abstand mehrerer Jahre gezeichnet wurden, läßt aber zugleich deutlich erkennen, welche Abwandlungen diese Methode im Laufe der Zeit erlitten hat, ein Prozeß, der auch jetzt noch nicht abgeschlossen ist. Dies ist mit der Grund, weshalb die Deutsche Seewarte lange mit der Veröffentlichung der Fronten im Wetterbericht gezögert, damit erst am 15. Januar 1938 begonnen und die Luftmassengrenzen in die einen größeren Teil der Nordhalbkugel umfassende Nachtkarte auch damals noch nicht aufgenommen hat, obwohl sie die Arbeitskarten schon mehr als ein Jahrzehnt lang enthielten.

2. Die Frontensymbolik.

Auch die Entwicklung der Frontensymbolik ist noch durchaus im Fluß. Die ursprüngliche alleinige Unterscheidung zwischen Warm- bzw. Kaltfront und Okklusion wird den aerologischen Vorgängen zu wenig gerecht und hat bald eine Ergänzung dahingehend erfahren, daß zwischen Höhen- und Bodenfronten unterschieden wurde. In diesem Buch ist die in Abb. 4 reproduzierte Frontensymbolik in allen Bodenkarten durchgeführt worden, wozu folgendes zu bemerken ist:

Temperaturänderungen beim Durchzug der Front

Frontart	a) ohne Temperaturänderung am Boden	b) nur am Boden ausgeprägt	c) mit gleicher Temperaturänderung am Boden und in der Höhe	d) maskiert
1. Warmfront	1a)	1b)	1c)	1d)
2. Kaltfront	2a)	2b)	2c)	2d)
3. Okklusion	3a)	3b) mit Erwärmung am Boden 3c) mit Abkühlung am Boden		4. Konvergenzlinie

Abb. 4. Frontensymbolik.

Jede Frontensymbolik vermag kompliziertere atmosphärische Vorgänge nicht darzustellen, wenn sie leicht einprägbar sein soll. Das zunächst allgemein verwandte einfachste Schema mit den ausgefüllten Halbkreisen bzw. Zacken für die Warm- und Kaltfronten läßt sich aber leicht durch Kombination mit offenen Frontensymbolen derart erweitern, daß die Vorgänge am Boden und in der Höhe getrennt dargestellt werden können. Das Prinzip ist leicht zu merken:

Die ausgefüllten Frontensymbole stellen die beim Durchzug der Front am Boden eintretende Temperaturänderung dar, wobei unter „Boden" die in Höhe der Thermometerhütten der Meldestellen des synoptischen Wetterdienstes befindliche Luftschicht unter Ausschluß von lokal gestörten Talstationen verstanden werden soll. Die offenen Symbole geben dann die Temperaturänderungen

---

[1] Zusammenfassende Darstellung von G. STÜVE (284).

in der Höhe, d. h. oberhalb der durch die synoptischen Stationen erfaßten Luftschicht an. Im allgemeinen wird durch diese Bezeichnungsweise der Frontcharakter in der Troposphäre oberhalb der Bodenreibungsschicht dargestellt und damit der aerologisch wirksame Teil der Front erfaßt, während die Änderungen am Boden, durch örtliche Einflüsse unter Umständen sehr gefälscht, für die Dynamik des Wettergeschehens höchstens eine geringe Rolle spielen, für den auf der Erde lebenden Menschen jedoch eine derartige Bedeutung haben, daß ihre Angabe in allen veröffentlichten Wetterkarten nicht entbehrt werden kann.

Die Kombination dieser beiden Frontensymbole ermöglicht die Darstellung aller wesentlichen Frontarten: In der Abb. 4 sind in der ersten Horizontalreihe die verschiedenen Fälle für die Warmfront und in der zweiten die einzelnen Stadien der Kaltfrontsymbolisierung angegeben. In den Fällen 1a) und 2a) tritt beim Durchzug der Front keine wesentliche Temperaturänderung am Boden ein, während unter der Rubrik 1b) und 2b) die Fälle zusammengefaßt sind, bei denen die Front nur in den unteren Schichten ausgeprägt ist. Der Normalfall ist der, daß sich die Front am Boden und in der Troposphäre durch gleiche Temperaturänderungen bemerkbar macht: 1c) und 2c). Die letzte Vertikalreihe umfaßt die maskierten Fronten 1d) und 2d), wovon nur der durch H. v. FICKER (231) eingehend untersuchten maskierten Kaltfront Bedeutung zukommt, während die maskierte Warmfront ganz selten auftritt.

Bei der Okklusion muß man entsprechend dem angewandten Grundschema drei Fälle unterscheiden: Sie kann ohne Temperaturänderung am Boden (Fall 3a), mit Erwärmung (3b) oder mit Abkühlung (3c) in den unteren Schichten gekoppelt sein, was aus der Symbolisierung ohne weiteres abzulesen ist.

Damit ist die hier angewandte Frontensymbolik bereits vollständig beschrieben. Es bleibt nur noch die Konvergenzlinie zu erwähnen, die als gestrichelte Linie dargestellt wird (letzte Spalte der Abb. 4). Auf die Wiedergabe der Divergenzlinie, des Tiefdrucktroges und der umgebogenen Okklusion durch eine besondere Symbolik ist verzichtet worden: Enthält der Tiefdrucktrog eine scharfe Winddrehung, so ist er als Konvergenzlinie anzugeben; geht die Winddrehung kontinuierlich vor sich, so gibt das Druckfeld genügend Aufschluß über die Prozesse, die sich hier abspielen. Dagegen ist es vorteilhaft, eine stationäre Front durch offene Warmfrontsymbole auf der kalten und geschlossene Kaltfrontsymbole auf der warmen Seite sowie gelegentliche entgegengesetzte Frontbewegung in der Höhe und am Boden in entsprechender Weise zu symbolisieren.

Es sei schon hier darauf hingewiesen, daß die Bezeichnung der Frontarten nicht einem starren Schema folgen soll, sondern immer bis zu einem gewissen Grade großzügig gehandhabt werden muß. Okklusionen wandeln sich im Laufe ihrer Alterung meistens in Höhenkaltfronten um, d. h. Fronten, bei denen in der Höhe Abkühlung eintritt. Sofern angenommen werden kann, daß von der ursprünglichen Warmluftschale im Temperaturfeld nichts mehr übrig geblieben ist, wird die Frontbezeichnung entsprechend geändert bzw. geht von einem bestimmten Punkt aus die Okklusion unmittelbar in eine Höhenkaltfront über.

Außer der Frontart ist die Schärfe einer Front von besonderer meteorologischer Bedeutung, wobei unter Schärfe die Größe der frontalen Temperaturdiskontinuität zu verstehen ist. In sämtlichen Karten dieses Buches ist die Frontschärfe durch den Abstand der Frontsymbole ausgedrückt: Je näher diese aneinandergezeichnet sind, um so größer ist der Temperatursprung, und bei den Fällen extrem ausgeprägter Diskontinuitäten, wie z. B. bei den Kaltfronten vom 8. und 9. Februar 1933 über den östlichen Teilen der Vereinigten Staaten und dem westlichen Atlantik (Abb. 84 und 85) oder der neufundländischen Kaltfront vom 1. Januar 1933 (Abb. 106) sind die Zacken unmittelbar aneinandergesetzt. Bei sekundären, schwach ausgebildeten Diskontinuitäten folgen die Frontsymbole dagegen erst in einem Abstand von mehreren hundert Kilometern einander und können bei fast völliger Auflösung der Front auch ganz fehlen: von der besonderen Bezeichnung eines solchen Fronteils als Massengrenze ist hier Abstand genommen worden (vgl. S. 249).

Außer den erwähnten Wetter- und Frontsymbolen sind keine weiteren Eintragungen in die Bodenwetterkarten vorgenommen worden, um das Bild nicht unnötig zu komplizieren; insbesondere fehlen die Angaben für die Zentren von Kaltlufttropfen, Luftmassenbezeichnungen oder Darstellungen über die Zugrichtung. Sofern die folgenden Ausführungen aber richtig verstanden werden sollen, ist es unerläßlich, sich die wenigen angewandten Frontensymbole genau einzuprägen, da nur dann die vielen Wetterkarten so gelesen werden können, wie es zum vollen Verständnis erforderlich ist.

D. Die Anfänge der synoptischen Aerologie.

Die Anfänge einer synoptischen Verarbeitung aerologischer Beobachtungen reichen bis zum ersten Weltkrieg zurück, als die auf beiden Frontseiten eingerichteten zahlreichen Pilotstationen es ermöglichten, täglich Stromlinienkarten für die untere Troposphäre zu zeichnen[1]. Noch früher, als aerologische Beobachtungen

---

[1] Einige Beispiele sind von EXNER (215) reproduziert worden.

überhaupt nicht existierten, hatte W. Köppen (363, 369) bereits den Luftdruck in Höhen von 2500 und 5000 m in Abhängigkeit von Bodendruck und mittlerer Temperatur der dazwischenliegenden Schicht tabellenmäßig dargestellt, wofür dann A. Fessler (217) ein einfaches mechanisches Verfahren angab. Auch die ersten Versuche der Deutschen Seewarte zur Zeichnung von Höhenkarten lagen in dieser Richtung, als zu Beginn der zwanziger Jahre in ihrem Wetterbericht zuweilen Karten der Druckverteilung in 2500 m Höhe veröffentlicht und dabei zur Berechnung allein die Bodentemperaturen zugrunde gelegt wurden. Wie sich aber herausstellte, ist die Koppelung zwischen der Bodentemperatur und der Mitteltemperatur in der freien Atmosphäre doch nicht eng genug, um aus den Bodentemperaturen allein schon eine brauchbare Höhenkarte erhalten zu können, selbst wenn man sich, wie es später Schinze (736) und Siegel (737) taten, auf die frontenfreien Räume beschränkt. Erst mit dem Übergang zur Zeichnung von Höhenwetterkarten, die, gegründet auf einem synoptischen Netz von Wetterflugstellen, nun in ähnlicher Form wie die Bodenwetterkarten konstruiert wurden, erfolgte der entscheidende Einbau der Aerologie in den synoptischen Wetterdienst (310, 721).

1. Der Weg zur Höhenwetterkarte.

Es wurde bereits erwähnt, daß schon vom Jahre 1903 an im Wetterbericht der Seewarte mit der Veröffentlichung aerologischer Aufstiege begonnen wurde. In den nächsten 20 Jahren hat es sich dabei aber immer nur um Einzelergebnisse gehandelt. Erst mit der Einrichtung eines regelmäßig arbeitenden Wetterflugstellennetzes gewann die Aerologie zunehmende Bedeutung für die Synoptik (181), zunächst — etwa zu Beginn der dreißiger Jahre — allerdings mehr für die richtige Deutung der Erscheinungen als für die tägliche Prognose. Damals hatten sich gerade die neuen norwegischen Erkenntnisse in Deutschland durchgesetzt, aber es verdient festgehalten zu werden, daß die ihrer Natur nach dynamische Polarfronttheorie im mitteleuropäischen Wetterdienst zunächst eine statische Periode eingeleitet hatte, die das Augenmerk von der Frage nach dem Sitz und der Natur der Druckwellen, deren Untersuchung wir hauptsächlich H. v. Ficker (225, 226, 230) verdanken, wieder mehr auf die Koppelung zwischen Advektion und Druckänderung zurückführte. Es setzte sich dabei die Auffassung weitgehend durch, daß jedes Druckfallgebiet durch troposphärische Erwärmung und alle Steiggebiete durch entsprechende Abkühlung verursacht sein sollten: man kann diese Theorie in fast jeder Witterungsübersicht der Seewartenberichte der damaligen Zeit nachlesen. Je mehr Aufstiegsergebnisse jetzt vorlagen, um so deutlicher zeigte sich gerade das Gegenteil, indem in Luftdruckfallgebieten in der Mehrzahl der Fälle Abkühlung und dort, wo das Barometer gestiegen war, Temperaturerhöhung in der freien Atmosphäre beobachtet wurde, ein Resultat, das eine statistische Untersuchung noch deutlicher an das Tageslicht brachte (559, 673). Wir werden auf diese wichtigen, der statischen Theorie widersprechenden Zusammenhänge noch oft zu sprechen kommen.

Für die Wetterprognose erlangten die aerologischen Beobachtungen — die, solange es sich nur um Einzelaufstiege gehandelt hatte, höchstens zur kurzfristigen Schauer- und Gewittervorhersage auf Grund der gerade herrschenden mehr oder weniger großen Labilität herangezogen werden konnten (610) — erst dann ihre volle Bedeutung, als es gelungen war, die Aufstiege ebenso in synoptischen Darstellungen des Zustandes in den höheren Luftschichten zu verarbeiten (682), wie das mit den Bodenmessungen schon lange geschah. Es war vorteilhaft, daß dabei an Ergebnisse angeknüpft werden konnte, die wesentlich früher erhalten worden waren: Bereits im Jahre 1913 hatte nämlich Th. Hesselberg (315) auf den engen Zusammenhang hingewiesen, der zwischen der Zugrichtung der Cirruswolken im Kernbereich einer Zyklone und der Bahn des Tiefs besteht (520).

2. Die Darstellungsmethode der Höhenwetterkarten.

Es war wohl selbstverständlich, daß die ersten Höhenkarten dieser Art, die damals konstruiert wurden, den Luftdruck in Höhen von 3000, 4000 oder 5000 m Höhe darstellten. Denn genau so, wie die Bodenwetterkarte den Luftdruck im Meeresniveau wiedergibt, müßte man annehmen, daß die Methode der Zeichnung von Druckkarten für bestimmte Niveaus auch für höhere Schichten die geeignetste sei, zumal auch die Höhenwindmessungen nach festen Höhenstufen ausgewertet werden. Daß trotzdem in Deutschland schon nach den ersten Versuchen das Verfahren der Zeichnung von absoluten bzw. relativen Topographien bestimmter Hauptisobarenflächen, wie es V. Bjerknes (91) angegeben hatte, eingeführt wurde, wird durch folgende Vorteile begründet:

a) Vorzüge der Topographien.

1. Die Berechnung der Geopotentiale der Hauptdruckflächen ist sehr einfach und in kürzester Zeit mit genügender Genauigkeit zu erledigen, da der Abstand zweier Druckflächen lediglich eine Funktion der mittleren virtuellen Temperatur zwischen ihnen ist. Eine genaue Berechnung der

Höhendrucke erfordert dagegen jedenfalls eine zusätzliche Rechenoperation, da sich alle graphischen Verfahren in der Praxis als zu ungenau erwiesen haben. Da zu damaliger Zeit fast alle Aufstiege nur die markanten Punkte angaben, war das Verfahren am zweckmäßigsten, das in kürzester Zeit zum Ziele führte. Wichtiger als dieser rein praktische Vorteil, der für die Verwendung der Methode der Hauptisobarenflächen spricht, sind die beiden folgenden Beziehungen mehr theoretischer Natur.

2. Während bei den für verschiedene Höhen gezeichneten Druckkarten einem bestimmten Abstand der Isobaren in allen Schichten ein anderer Gradientwind entspricht, ist dieser für alle Karten der absoluten Topographien bei demselben Abstand der Isopotentialen[1] der gleiche, sofern die Isolinien in allen Schichten für die gleichen Differenzwerte der Topographien gezeichnet werden. Da es üblich ist, in der Bodenwetterkarte die Isobaren für je 5 mb Druckunterschied anzugeben und dies fast genau einer Geopotentialdifferenz von 4 dyn. Dekametern entspricht, konnte größte Einheitlichkeit dadurch erreicht werden, daß in den Höhenwetterkarten die Isolinien für je 4 dyn. Dekameter Geopotentialdifferenz konstruiert wurden[2].

3. Um den Linienverlauf in den Höhenkarten möglichst exakt zu zeichnen, ist es eine unumgängliche Notwendigkeit, das Verfahren der graphischen Addition anzuwenden, denn nur in diesem Falle berücksichtigt man das stets wesentlich dichtere Bodenbeobachtungsnetz. Zur Konstruktion einer Druckkarte für eine bestimmte Höhe muß dabei zur Bodendruckverteilung die Druckdifferenzkarte zwischen dem Meeresniveau und der gewählten Höhenschicht addiert werden, die eine Funktion von Bodendruck und Mitteltemperatur der betreffenden Schicht bzw. der mittleren Dichte darstellt und damit entweder von zwei Veränderlichen oder aber einem Element abhängt, das in der Synoptik noch nicht viel benutzt worden ist (592) und über dessen Verlauf in durch Meldungen nicht erfaßten Gebieten nur schwer Inter- bzw. Extrapolationen durchgeführt werden können. Benutzt man hingegen die Methode der Topographien, so muß zur Höhe der 1000-mb-Fläche — die, wie wir gleich sehen werden, praktisch identisch ist mit der Druckverteilung im Meeresniveau — die relative Topographie zwischen der 1000- und der gesuchten Millibarfläche addiert werden — eine Größe, die lediglich eine Funktion der mittleren virtuellen Temperatur der betreffenden Schicht darstellt und für die deshalb in durch Aufstiege unerforschten Gebieten leicht Anhaltspunkte aus der Frontenlage und der Luftmassenverteilung gewonnen werden können. Da sich außerdem ergeben hat, daß eine Überführung der Bodendruckverteilung in eine Karte der Höhe der 1000-mb-Fläche durch eine einfache Umbezifferung der Isobaren möglich ist, indem man einen Bodendruckunterschied von 5 mb einer Geopotentialdifferenz von 4 dyn. Dekametern gleichsetzt, so bietet eine solche Transformation keine Schwierigkeiten.

Diese einfache Umrechnungsformel kann deshalb benutzt werden, weil bei einer Temperatur von $+ 10°$, wie sie etwa dem Jahresdurchschnitt über Mitteleuropa entspricht, einem auf Meeresniveau reduzierten Bodendruck von 1005 mb eine Höhenlage der 1000-mb-Fläche von genau 4.0 dyn. Dekameter und 1035 mb gerade $7 \cdot 4.0 = 28.0$ dyn. Dekameter entsprechen und auch im übrigen normalen Druck- und Temperaturbereich die Differenzen der wahren Werte (Tafel Ia) gegenüber den nach obiger Näherungsformel berechneten sehr gering bleiben. In Tabelle 1 sind die Korrektionsbeträge für alle vorkommenden Drucke zwischen 920 und 1070 mb sowie die Temperaturen von $-50°$ bis $+50°$ zusammengestellt und darin Randgebiete, deren zugeordnete Druck- und Temperaturwerte nicht vorkommen, durch eine stark ausgezogene Treppenlinie abgegrenzt. Ferner sind alle Korrektionsgrößen durch Fettdruck hervorgehoben, die geringer sind als die bei 2 dyn. Dekameter liegende Meßgenauigkeit für die Bestimmung der 500-mb-Fläche, und es ist daraus sofort zu sehen, daß nur in ausgeprägten kalten Hochdruckgebieten größere Differenzen auftreten, die bei der Konstruktion der Höhenwetterkarten berücksichtigt werden müssen. Es ist am praktischsten, auch in diesen Fällen die Höhenkarten zunächst ohne Korrektion graphisch zu ermitteln und dann eine entsprechende Verschiebung der Isopotentialen vorzunehmen, deren Ausmaß am schnellsten überblickt werden kann, wenn die Originalwerte für alle Aufstiegsstellen in die Karten eingetragen sind.

In den ersten Jahren der regelmäßigen Konstruktion der Höhenkarten sind auch noch die Bergbeobachtungen als Ergänzungswerte herangezogen worden, indem die dort gemessenen Temperaturen als Anhalt[3] für den Wert der relativen Topographie 500 über 1000 mb benutzt wurden (560), doch ist inzwischen eine solche Verdichtung des aerologischen Netzes vorgenommen worden, daß sich ein näheres Eingehen hierauf ebenso wie auf die Hilfsmethoden von RUDLOFF (655) und THOMAS (836) erübrigt.

---

[1] Die Linien gleicher Topographie werden hier, in Anlehnung an die Bezeichnung Isobaren, *Isopotentialen* benannt.

[2] Die Einführung des *geopotentiellen Meters,* definiert als das um $2°_0$ verminderte Geopotential und begründet durch die damit bis auf höchstens einige $°/_{00}$ Abweichung erreichte Übereinstimmung mit dem geometrischen Meter, bedingt keine ins Gewicht fallende Änderung dieser Beziehung, hat jedoch wesentliche Änderungen der in den Höhenwetterkarten auftretenden Zahlenwerte zur Folge (s. Tafel II).

[3] Wobei die Temperaturerniedrigung auf den Gipfeln gegenüber der freien Atmosphäre (190) bereits einkalkuliert war.

Tabelle 1. *Differenzen zwischen der wahren Höhe der 1000-mb-Fläche und den nach der Näherungsformel 5 mb = 4 dyn. Dekameter berechneten Werten (dyn. Dekameter).*

Druck (mb) \ Temperatur (°C)	− 50°	− 40°	− 30°	− 20°	− 10°	0°	+ 10°	+ 20°	+ 30°	+ 40°	+ 50°
1070	− 12.7	− 10.7	− 8.8	− 6.8	− 4.9	− 3.0	− 1.0	—	—	—	—
1065	− 11.7	− 9.9	− 8.1	− 6.3	− 4.5	− 2.7	− 0.9	—	—	—	—
1060	− 10.7	− 9.0	− 7.4	− 5.7	− 4.0	− 2.3	− 0.7	+ 1.0	—	—	—
1055	− 9.7	− 8.2	− 6.7	− 5.1	− 3.6	− 2.0	− 0.5	+ 1.0	—	—	—
1050	− 8.8	− 7.4	− 6.0	− 4.6	− 3.2	− 1.8	− 0.4	+ 1.0	+ 2.4	—	—
1045	− 7.8	− 6.6	− 5.3	− 4.0	− 2.8	− 1.5	− 0.3	+ 1.0	+ 2.3	—	—
1040	− 6.9	− 5.8	− 4.6	− 3.5	− 2.4	− 1.3	− 0.1	+ 1.0	+ 2.1	+ 3.2	—
1035	− 6.0	− 5.0	− 4.0	− 3.0	− 2.0	− 1.1	− 0.1	+ 0.9	+ 1.9	+ 2.9	—
1030	− 5.1	− 4.2	− 3.4	− 2.5	− 1.7	− 0.8	0.0	+ 0.9	+ 1.7	+ 2.6	+ 3.4
1025	− 4.2	− 3.5	− 2.8	− 2.1	− 1.4	− 0.7	0.0	+ 0.8	+ 1.5	+ 2.2	+ 2.9
1020	− 3.3	− 2.8	− 2.2	− 1.6	− 1.1	− 0.5	+ 0.1	+ 0.7	+ 1.2	+ 1.8	+ 2.4
1015	− 2.5	− 2.1	− 1.6	− 1.2	− 0.8	− 0.3	+ 0.1	+ 0.5	+ 1.0	+ 1.4	+ 1.8
1010	− 1.6	− 1.3	− 1.1	− 0.8	− 0.5	− 0.2	+ 0.1	+ 0.4	+ 0.7	+ 0.9	+ 1.2
1005	− 0.8	− 0.7	− 0.5	− 0.4	− 0.2	− 0.1	0.0	+ 0.2	+ 0.3	+ 0.5	+ 0.6
1000	0.0	0.0	0.0	0.0	0.0	0.0	0.0	0.0	0.0	0.0	0.0
995	+ 0.8	+ 0.6	+ 0.5	+ 0.4	+ 0.3	+ 0.1	− 0.1	− 0.2	− 0.4	− 0.5	− 0.7
990	+ 1.6	+ 1.3	+ 1.0	+ 0.7	+ 0.5	+ 0.1	− 0.2	− 0.5	− 0.7	− 1.0	− 1.3
985	+ 2.3	+ 1.9	+ 1.4	+ 1.0	+ 0.6	+ 0.1	− 0.3	− 0.7	− 1.2	− 1.6	− 2.0
980	+ 3.1	+ 2.5	+ 1.9	+ 1.3	+ 0.7	+ 0.2	− 0.4	− 1.0	− 1.6	− 2.1	− 2.7
975	+ 3.8	+ 3.1	+ 2.3	+ 1.6	+ 0.9	+ 0.2	− 0.6	− 1.3	− 2.0	− 2.8	− 3.5
970	+ 4.5	+ 3.6	+ 2.8	+ 1.9	+ 1.0	+ 0.1	− 0.7	− 1.6	− 2.5	− 3.4	− 4.2
965	+ 5.2	+ 4.2	+ 3.1	+ 2.1	+ 1.1	+ 0.1	− 1.0	− 2.0	− 3.0	− 4.0	− 5.0
960	+ 5.9	+ 4.7	+ 3.5	+ 2.4	+ 1.2	0.0	− 1.2	− 2.3	− 3.5	− 4.7	− 5.8
955	+ 6.5	+ 5.2	+ 3.9	+ 2.6	+ 1.2	− 0.1	− 1.4	− 2.7	− 4.1	− 5.4	− 6.7
950	+ 7.2	+ 5.7	+ 4.2	+ 2.8	+ 1.3	− 0.2	− 1.7	− 3.1	− 4.6	− 6.1	− 7.5
945	+ 7.8	+ 6.2	+ 4.5	+ 2.9	+ 1.3	− 0.4	− 2.0	− 3.6	− 5.2	− 6.8	− 8.5
940	+ 8.4	+ 6.6	+ 4.8	+ 3.1	+ 1.3	− 0.5	− 2.3	− 4.0	− 5.8	− 7.6	− 9.4
935	+ 9.0	+ 7.0	+ 5.1	+ 3.2	+ 1.3	− 0.7	− 2.6	− 4.5	− 6.5	—	—
930	+ 9.5	+ 7.5	+ 5.4	+ 3.3	+ 1.2	− 0.9	− 2.9	− 5.0	− 7.1	—	—
925	—	—	—	+ 3.4	+ 1.1	− 1.1	− 3.3	− 5.6	− 7.8	—	—
920	—	—	—	+ 3.6	+ 1.1	− 1.3	− 3.7	− 6.1	− 8.5	—	—

b) Der Inhalt der Höhenwetterkarten.

Nachdem die eben erwähnten Vorteile eindeutig für die Verwendung von Topographien isobarer Flächen anstatt des Druckfeldes für feste Höhen gesprochen hatten, war es zur leichten Einführung dieser Höhenwetterkarten erforderlich, ihren Inhalt möglichst weitgehend den üblichen Darstellungen der meteorologischen Elemente anzupassen.

Eine Angabe der Bedeckung entfällt; die Windrichtung wird in der gleichen Weise wie in den Bodenkarten eingetragen. Für die Windgeschwindigkeit wurde ein Verfahren gewählt, das sich an die bekannte Beaufort-Skala (angegeben in den Spalten 1—5 der Tabelle 2) möglichst eng anschließt (letzte Spalte), indem die Zehnerziffern der in km/h ausgedrückten Geschwindigkeitswerte wie Beaufort-Grade eingezeichnet, also ein Höhenwind von 20 km/h wie Windstärke 2, ein Wind von 80 km/h wie Stärke 8 behandelt werden. Die Fieder werden zu Fünfergruppen zusammengefaßt und diese durch einen etwas größeren Abstand voneinander getrennt, so daß sich die einzelnen 100-km/h-Stufen deutlich herausheben (s. die gezeichneten Windpfeile in Tabelle 2); auch in den Bodenwetterkarten wurde bei den Stärkegraden 11 und 12 entsprechend verfahren.

Diese Methode hat nicht nur den Vorteil, daß sie engen Anschluß an die Bodenwetterkarten wahrt; sie verknüpft auch größenordnungsmäßig die Beaufort-Skala mit den in km/h ausgedrückten Geschwindigkeitswerten, wobei die Angaben der Höhenwetterkarten etwa 10—20 km/h höher sind als bei der Beaufort-Skala für den Boden, und mit den Aufzeichnungen eines in etwa 30—40 m Höhe frei aufgestellten Anemometers (vgl. Tabelle 7, S. 26) sogar weitgehende Übereinstimmung besteht[1].

---

[1] Es wäre für eine noch weitergehende Vereinheitlichung der Boden- und Höhenwetterkarten vorteilhaft (704), die Bodenwinde nach dem gleichen Verfahren wie die Höhenwinde einzutragen und damit von der ursprünglich auf Schätzungen

Tabelle 2. *Darstellung der Windgeschwindigkeiten in den Boden- und Höhenwetterkarten.*

1	2	3	4	5	6
			Windgeschwindigkeit		
Windstärke	Bezeichnung	Symbol	Bodenwetterkarte		Höhenwetterkarte[2]
			m/sec	km/h	km/h
—	Windstille	◎	0—0.5	0—1	0—3
0[1]	—		—	—	4—7
1	leiser Zug		0.6—1.7	2—6	8—14
2	leichte Brise		1.8—3.3	7—12	15—24
3	schwache Brise		3.4—5.2	13—18	25—34
4	mäßige Brise		5.3—7.4	19—26	35—44
5	frische Brise		7.5—9.8	27—35	45—54
6	starker Wind		9.9—12.4	36—44	55—64
7	steifer Wind		12.5—15.2	45—54	65—74
8	stürmischer Wind		15.3—18.2	55—65	75—84
9	Sturm		18.3—21.5	66—77	85—94
10	schwerer Sturm		21.6—25.1	78—90	95—104
11	orkanartiger Sturm		25.2—29.0	91—104	105—114
12	Orkan		> 29.0	> 104	115—124
—	—		—	—	125—134
—	—		—	—	345—354

Für die Genauigkeit der Führung der Isopotentialen ist die Kenntnis jedes berechneten Wertes der Topographie unerläßlich, der deshalb, in der Einheit von dyn. Dekametern ausgedrückt, stets in die Höhenkarten eingetragen wird[3]. Hinzu kommen die bei dem betreffenden Druck gemessenen Temperaturen, die einen leichten Überblick über die Lage von Drängungs- und Frontalzonen in der freien Atmosphäre ermöglichen sollen, ergänzt durch eine einstellige Zahl für die relative Feuchtigkeit, bei der ab 1. Mai 1943 die Ziffern $2 = 0$—24%, $3 = 25$—34% usw. bis $9 = 85$—94% und $0 = 95$—100%[4] bedeuten und vor diesem Zeitpunkt einfach die Zehnerziffer angegeben ist.

Die Feuchteziffer steht stets an oberster Stelle, die Temperatur in der Mitte und darunter der Wert des Geopotentials. In den Karten der relativen Topographie sind die an den Aufstiegstellen gemessenen Werte in dyn. Dekametern angegeben.

Die Eintragungen in den Karten aller Millibarflächen erfolgen grundsätzlich nach dem gleichen Schema, wobei aus Gründen der Ungenauigkeit die relative Feuchtigkeit oberhalb 300 mb stets fortgelassen wurde. Alle durch Verlängerung der Zustandskurve gewonnenen Temperatur- und Feuchtewerte sind eingeklammert, die Beträge der Topographien nur dann, wenn die Extrapolation sich über eine Schicht von mehr als 50 mb erstreckt. Bei den Höhenwinden bedeutet Einklammerung des Stationskreises, daß sich die Angabe auf eine um 1000 m, bei 2 Klammern um 2000 m usw. niedrigere Schicht bezieht. Sofern es sich um Messungen des Wolkenzuges handelt — deren Wert bei der Einfachheit der Beobachtungen mit dem Wolkenspiegel (Tafel IV) nicht unterschätzt werden sollte (675) — ist die betreffende Wolkenart angegeben, wobei als Höhe von Ci und Cs 8, von Cc 5 und von Ac und As 3 km angenommen wurde, wenn diese nicht näher bekannt war.

Das Zeichnen der Karten der relativen Topographie wird wesentlich erleichtert, wenn in diese auch die Windänderungsvektoren *(shear wind)* in der betreffenden Schicht eingetragen werden, denn in der freien

beruhenden Beaufort-Skala zu einem exakten Maßsystem überzugehen. Dann wären auch die großen Nachteile behoben, daß in den Wettertelegrammen gerade die wichtigen Zusatzangaben „Sturm 10", „schwerer Sturm 11" oder „Orkan 12" oft verloren gehen und besonders hohe Windgeschwindigkeiten, wie sie auf Bergen häufig sind und selbst am Boden manchmal in tropischen Wirbelstürmen auftreten, nicht ausgedrückt werden können. Da sich außerdem herausgestellt hat, daß auf See die Windschätzungen allgemein um 1 bis 2 Stärkegrade zu gering ausfallen, könnten sogar bei Einführung der Höhenwindskala für die Bodenwinde die Schätzungen vorläufig weiter in der bisherigen Form bestehen bleiben. Inzwischen ist die Verwendung von Knoten als Einheit für alle Windmessungen beschlossen worden, und durch die Vorschrift, jeweils 10 Knoten durch einen ganzen Fieder zu symbolisieren, bleibt ein hinreichend enger Zusammenhalt mit der Beaufortskala gewahrt (vgl. Tafel V).

[1] Diese Angabe ist auch für die Bodenbeobachtungen in einigen Ländern, u. a. der Schweiz, üblich.

[2] Vor Einführung des neuen deutschen Höhenwindschlüssels am 1. September 1943 ist die Darstellung etwas abweichend, indem das Symbol für Windstärke 0 eine Geschwindigkeit von 1—7 km/h, Stärke 1 von 8—17, Stärke 2 von 18—27 km/h usw. bedeutet.

[3] Die Einheit des dyn. Dekameters hat gegenüber dem dynamischen Meter den Vorteil, daß sie größenordnungsmäßig mit dem mb übereinstimmt (5 mb = 4 dyn. Dekameter), und wenn auch in den Höhenkarten die Höhe bestimmter Druckflächen angegeben wird, so ist dies doch im Prinzip die gleiche Methode wie die Darstellung des Luftdrucks in einer bestimmten Höhe. Die Höhenkarten sollen genau so gelesen werden, wie wir es von den Bodenkarten her gewöhnt sind. Unter einer Differenz der absoluten Topographie von 4 dyn. Dekametern kann man sich also die gleiche Druckdifferenz von 5 mb vorstellen; daß in der Höhe dies Verhältnis anders wird, mag unberücksichtigt bleiben, denn für uns kommt es nicht auf den absoluten Betrag einer Druckdifferenz, sondern auf die Vorstellung von dem daraus resultierenden Gradientwind an, die wir aus der Bodenwetterkarte erworben haben.

[4] Die Ziffern entsprechen dem am 1. Mai 1943 in Deutschland eingeführten aerologischen Kurzschlüssel.

Atmosphäre stehen diese Vektoren *(thermal wind = „Isothermenwind")* zu den relativen Isopotentialen (qualitativ) in der gleichen Beziehung wie die Höhenwinde selbst zu dem Verlauf und Abstand der absoluten Isopotentialen. Innerhalb der Bodenreibungsschicht spielt für die Winddrehung mit der Höhe dagegen auch die Reibung eine wesentliche Rolle, so daß dort Scherungs- und Isothermenwind verschieden sind. Es empfiehlt sich deshalb, in die Karten der relativen Topographie 500/1000 mb die Windänderungsvektoren entweder unter Benutzung des aus dem Bodenisobarenverlauf resultierenden Gradientwindes oder unter Zugrundelegung der Windbeobachtungen in 1500 m Höhe zu berechnen. In der Praxis hat sich zur Bestimmung der Scherungswinde ein von K. SIELAND konstruiertes *Scherungswind-Nomogramm* besonders bewährt.

3. Die Vorzugsstellung der 500-mb-Fläche.

Als mit der regelmäßigen Zeichnung von Höhenwetterkarten begonnen wurde, war es aus Gründen der Zeit- und Personalersparnis selbstverständlich, daß man die Anzahl der zu zeichnenden Karten beschränkte: Denn es ist besser, e i n e K a r t e sorgfältig und genau zu zeichnen, als eine große Anzahl flüchtig zu konstruieren. Aus folgenden Gründen wurde die 500-mb-Fläche ausgewählt:

1. Neue Gesichtspunkte waren am ehesten aus Karten möglichst großer Höhe zu gewinnen, andererseits stellte 500 mb die obere Grenze dar, die von der Mehrzahl der Wetterflugzeuge regelmäßig erreicht wurde.

2. Da der Luftdruck im Meeresniveau rund 1000 mb beträgt, teilt die 500-mb-Fläche die Atmosphäre massenmäßig in zwei Hälften, d. h. sie repräsentiert am besten die m i t t l e r e Strömung in der Atmosphäre. Deshalb hat sie auch in der Folgezeit, als die Aerologie sich die obere Troposphäre und Stratosphäre eroberte, nichts von ihrem Wert verloren.

Um die Fertigstellung der Höhenkarten zu beschleunigen, wurde die von V. BJERKNES entwickelte sukzessive Addition der einzelnen absoluten und relativen Topographien der Hauptmillibarflächen durch die direkte Konstruktion der relativen Topographie 500/1000 mb abgekürzt. Diese Karte stellt die mittlere Temperaturverteilung in der unteren Troposphärenhälfte dar und hat deshalb auch große Bedeutung für die Analyse erlangt, worauf später noch zurückzukommen ist. Man muß sich in diesem Zusammenhang die einfache Regel merken, daß *einer Zunahme der Mitteltemperatur der Schicht von 1000 bis 500 mb um 1 Grad eine Änderung der relativen Topographie um 2 dyn. Dekameter entspricht.*

Am 1. September 1934 wurde im Täglichen Wetterbericht der Deutschen Seewarte mit der regelmäßigen Veröffentlichung der relativen und absoluten Topographie der 500-mb-Fläche, zunächst für den Vortag, begonnen und damit ein neuer Abschnitt des Wetterdienstes eingeleitet. Vom 31. August 1936 an (697) konnten die Höhenkarten in den Bericht vom gleichen Tage aufgenommen werden. In der Zukunft wurde der Ausschnitt mehrmals erweitert, besonders nachdem in den Jahren 1940 und 1941 durch den deutschen Wetterdienst ein aerologisches Netz im größten Teil Europas geschaffen und den Erfordernissen der Synopsis in bezug auf Umfang und Zeitpunkt der Messungen so angepaßt worden war, daß daraus die größtmöglichen Vorteile für die Vorhersage gezogen werden konnten.

4. Die Entwicklung der synoptischen Aerologie im Ausland.

In den außerdeutschen Staaten ging die Entwicklung der Aerologie nicht überall so schnell vor sich. Im europäischen Raum blieb die Anzahl der Flugzeugaufstiege lange sehr beschränkt, und die betreffenden Länder mußten dadurch bei der statistischen Bearbeitung der Meßergebnisse stehen bleiben. Von Großbritannien wurden zwar ab Mitte der dreißiger Jahre Höhendruckkarten im „*Daily Weather Report*" veröffentlicht, doch bezogen sich diese nur auf die Schichten von 1000 und 2000 m und sind ohne Verwendung von graphischen Additionsmethoden direkt nach den wenigen vorhandenen Meßwerten konstruiert worden; auch wurde das dortige aerologische Netz (*Duxford*, später *Mildenhall* und *Aldergrove*) erst in den letzten Jahren durch zahlreiche weitere Aufstiegsstellen ergänzt. Holland konnte neben seiner Standardstation in *Soesterberg* eine zweite in *Den Helder* nur für kurze Zeit aufrecht erhalten. Von den nordischen Ländern wurden nur von Finnland regelmäßige, sonst nur mehr oder weniger sporadische Aufstiege in *Kjeller* (Südnorwegen) bzw. *Linköping* (Südschweden) durchgeführt. Die Ergebnisse der französischen Militärflugzeuge waren manchmal durch größere Ungenauigkeiten beeinträchtigt, und im gesamten Mittelmeerraum wurden lange Zeit hindurch nur von *Malta* aus dreimal wöchentlich Wetterflüge durchgeführt.

Erheblich günstiger lagen demgegenüber die Verhältnisse in Rußland, das in der Entwicklung der Radiosonde bahnbrechend voranging, bereits 1934 mit der Einrichtung eines umfangreichen aerologischen Netzes begann, dieses bald auch auf die Polargebiete ausdehnte und in ausreichendem Maße verdichtete, allerdings nicht immer das vollständige Material in den interkontinentalen Sammelfunksprüchen verbreitete. Auch wurden dort die deutschen Methoden zum großen Teil übernommen und in die Praxis eingeführt, wobei die gewaltige Ausdehnung des Landes aerologische Untersuchungen sehr förderte.

Auch in den Vereinigten Staaten hat der große Umfang des Raumes einen mächtigen Aufschwung der Aerologie begünstigt, aber ebenfalls später als in Deutschland und in vollem Ausmaß erst, nachdem die Flugzeuge allgemein durch Radiosonden ersetzt worden waren. Die Verlegung der Aufstiege auf die Zeit um Mitternacht wirkt sich synoptisch sehr günstig aus, indem Strahlungsfälschungen vermieden werden und die Ergebnisse frühzeitig am Morgen vorliegen. Die Verarbeitung geschieht dort ebenfalls auf synoptischer Grundlage, jedoch ist die durch ROSSBY eingeführte Methode der Isentropenanalyse (vgl. S. 257) völlig andere Wege gegangen und hat das Hauptgewicht auf die Verteilung der spezifischen Feuchtigkeiten im Zusammenhang mit den potentiellen Temperaturen gelegt.

E. Die Aerologie der oberen Troposphäre und Stratosphäre.

Der Ausbau des Flugwesens hat die Grundlagen für die folgende aerologische Entwicklung der Synoptik gelegt. Dabei hat das Flugzeug allerdings als meteorologisches Meßinstrument durch die immer weiter gesteigerten Geschwindigkeiten an Wert eingebüßt; bei der großen Zahl von Verbesserungen, wie sie bei hohen Fluggeschwindigkeiten an die einzelnen Messungen anzubringen sind, und bei dem erheblichen Betrag, den z. B. Reibungskorrektion und Staudruck erreichen können, verringert sich die Genauigkeit der Flugzeugaufstiege immer mehr und wird allmählich geringer als jene der Radiosonde.

1. Die Verwendung der Radiosonde.

Die Radiosonde bietet gegenüber dem Flugzeug unverkennbare Vorteile. Sie vermag regelmäßig in die Stratosphäre einzudringen, und Wetterbedingungen vermögen den Aufstieg nicht zu verhindern. In Deutschland blieb das Wetterflugzeug zwar zunächst noch neben der Radiosonde bestehen und ist zur Beobachtung der Wolkenschichtung ebenso wie zur Zeichnung von aerologischen Schnitten weiterhin unentbehrlich, doch hat sich das Schwergewicht der Höhenkarten immer mehr auf die Radiosonde verlagert.

Die Erfordernisse der Artillerie haben wohl im Kriege die Einrichtung eines dichten Radiosondennetzes erheblich begünstigt, andererseits aber zur Entwicklung verschiedener Radiosondentypen geführt, was sich leider sehr nachteilig für die Vergleichbarkeit der Aufstiege ausgewirkt hat. Betrachtet man jetzt die ersten Stratosphärenkarten, die im Jahre 1941 gezeichnet wurden, so ist man überrascht über die außerordentlich unruhigen Bilder mit zahlreichen Teiltiefs, Hochdruckkeilen usw., Karten, wie sie allerdings früher auch in wissenschaftlichen Untersuchungen auf Grund von Registrierballonaufstiegen häufig entworfen wurden (418). Es hat sich dann bald durch Vergleichsaufstiege, die Prof. WEICKMANN in Norwegen durchführen ließ, herausgestellt, daß die verschiedenartigen Meßergebnisse auf systematischen Fehlern der einzelnen Sondentypen beruhten. Erst nach Beseitigung dieser Abweichungen haben die Stratosphärenkarten das Gesicht erhalten, das sie heute noch zeigen. Das Druckfeld ist stets weitgehend ausgeglichen, wobei natürlich nicht feststeht, ob nicht bei einem dichteren Netz doch mehr Unregelmäßigkeiten vorhanden sind, als es jetzt der Fall zu sein scheint. Jedenfalls haben die Erfahrungen aber ergeben, daß es nicht förderlich ist, jede abweichende Messung bei der Zeichnung zu berücksichtigen.

Setzt man den Meßfehler zu 0.5° an, so ergibt sich daraus eine Abweichung von 1 dyn. Dekameter bei der 500-mb-Fläche und von etwas über 2 Dekametern bei 200 mb, Beträge, die bei der gleichzeitigen Zunahme des Gefälles der Isopotentialen bis zur Tropopause nicht störend in Erscheinung treten. Anders liegen die Verhältnisse hingegen in der Stratosphäre. Bis zur 100-mb-Fläche macht sich der Meßfehler von 0.5° weiter durch eine Zunahme der Abweichung des Geopotentials auf beinahe 3.5 Dekameter und bis 40 mb auf fast 5 Dekameter bemerkbar, während zugleich die auftretenden Differenzen in vielen Fällen unter diese Größenordnung herabgehen. Damit wird die Genauigkeit von Karten derart hoher Niveauflächen fragwürdig; bei ihrer Zeichnung muß man jedenfalls darauf achten, daß die Einzelwerte nicht genauer berücksichtigt werden, als es dem mittleren Meßfehler entspricht.

2. Die Einführung von Stratosphärenkarten.

Mit der Erweiterung des aerologischen Meßbereichs nach oben tauchten die gleichen Schwierigkeiten auf, wie sie bei der Auswahl der 500-mb-Fläche bestanden hatten: Es mußte wieder versucht werden, die Stratosphärenkarten möglichst eng an die bekannten Darstellungen anzugleichen und die Anzahl der neu zu konstruierenden Zeichnungen so weit wie möglich zu beschränken, damit ihre Fertigstellung sich nicht soweit hinauszögert, daß sie für die Vorhersage post festum vorliegen.

Zuerst wurde mit der Konstruktion der absoluten Topographien für 300, 200 und 100 mb und der entsprechenden relativen Topographien 300/500, 200/300 und 100/200 mb begonnen. Dabei stellte es sich aber als besonders nachteilig heraus, daß die relativen Topographien der erwähnten drei Schichten sämtlich eine verschiedene Größenordnung haben und damit die Erfahrungen, welche bei der Zeichnung der Höhendifferenz 500/1000 mb gesammelt worden waren, nicht verwendet werden konnten. Deshalb wurde dann versucht, die relative Topographie wieder für die gleiche Schichtdicke wie 500/1000 mb zu konstruieren, das wäre von 500 bis 250 mb. Bei gleicher Temperatur muß nämlich in diesen beiden Schichten auch die relative Topographie denselben Betrag haben, da sie nur eine Funktion der mittleren Luftwärme darstellt. Weil aber die obere Troposphärenhälfte stets erheblich kälter ist als die untere, sind auch bei derartiger Schichtwahl die Unterschiede der relativen Topographien entsprechend groß, und der angestrebte Vorteil gleicher Größenordnung wird doch nicht erreicht[1].

3. Die Auswahl der 225-, 96- und 41-mb-Flächen.

Es wurde deshalb ein anderer Weg beschritten, bei dem die Frage lautete: Für welche Flächen müssen Höhenkarten oberhalb 500 mb gezeichnet werden, wenn die relativen Topographien zwischen diesen Schichten im Jahresmittel über Mitteleuropa (als Standardstation wurde das Aeronautische Observatorium *Lindenberg* bei Berlin herangezogen) gleich sein sollen?

Das von A. WAGNER (862) zusammengestellte Material der Lindenberger Registrierballonaufstiege ergab als Mittelwert für die relative Topographie der Schicht von 1000 bis 500 mb den Betrag von 532 dyn. Dekametern. Der gleiche Wert wird wieder für die Schicht von 500 bis 225 mb erreicht, und deshalb wurde die 225-mb-Fläche als Standardniveau für die Konstruktion einer Tropopausenkarte ausgewählt, wobei ein weiterer Vorteil hinzukam, der für die Verwendung dieser Schicht sprach: Wie nämlich aus den Zahlen WAGNERs hervorgeht, beginnt die *Tropopause*[2] über Lindenberg im Jahresmittel etwa in 11000 m, und das ist dort genau die mittlere Höhe der 225-mb-Fläche. Es wird demnach durch diese Schicht im Mittel gerade die Zone größter Windgeschwindigkeit erfaßt, die für den Synoptiker ihren besonderen Wert besitzt[3].

In der Praxis hat sich die Auswahl der 225-mb-Fläche überdies dadurch bewährt, daß es dabei sehr leicht ist, die relative Topographie 225/500 mb zu zeichnen; die Werte stimmen nämlich nicht nur im Mittel, sondern auch an den einzelnen Tagen mit der relativen Topographie 500/1000 mb weitgehend überein und sind für die Hauptluftmassen etwa dieselben. Zugleich kann man aus auffallenden Unterschieden zwischen den betreffenden Zahlenwerten direkt Besonderheiten der Vertikalschichtung ablesen.

Für die Wahl der Stratosphärenkarten wurde nach diesen günstigen Erfahrungen das gleiche Prinzip beibehalten und die Druckfläche gesucht, bis zu der wieder die relative Topographie im Jahresmittel über Lindenberg die gleiche Größe von 532 dyn. Dekametern hat. Es ergab sich dafür etwa ein Druckniveau von 97 mb. Später zeigte sich, daß die Lindenberger Aufstiege meist nach Sonnenaufgang durchgeführt worden waren und deshalb den Strahlungsfehler enthielten, wogegen die im Laufe des Krieges allgemein auf 5 Uhr festgesetzte Aufstiegszeit durchschnittlich vor Sonnenaufgang liegt und die Verstrahlung eine weit geringere Rolle spielt. Die Stratosphärentemperaturen liegen deshalb im Mittel niedriger als sie nach den Lindenberger Aufstiegen zu erwarten waren, und da sich zeigte, daß diese Differenz bei Verwendung des 96- statt des 97-mb-Niveaus weitgehend eliminiert werden konnte, wurde ab 1. Januar 1943 zur Zeichnung der absoluten Topographie der 96-mb-Fläche und der relativen Topographie 96 über 225 mb übergegangen. Wie weit die Mittelwerte sich bestätigt haben, werden wir im nächsten Teil bei der Besprechung der allgemeinen Zirkulation noch sehen.

War es bis zu dieser Schicht hinauf neben der Voraussetzung gleicher Werte von 532 dyn. Dekametern der relativen Topographie Grundbedingung, daß eine volle Millibarfläche ausgewählt wurde, und ist die Forderung der gleichen relativen Topographie deshalb auch nur annähernd erfüllt, so wurde für die Schichten oberhalb 96 mb — in denen die Temperatur beinahe konstant bleibt — einfach dieselbe Tabelle für die Abhängigkeit der relativen Topographien von der Mitteltemperatur benutzt wie für die Höhe der 96- über der 225-mb-Fläche. Die nächsthöhere Druckfläche berechnet sich nach dieser Voraussetzung zu 40.96 mb und wird einfach als 41-mb-Fläche bezeichnet[4].

---

[1] Höchstens fällt der theoretische Vorzug ins Gewicht, daß gleicher Temperatur in beiden Schichten dieselbe relative Topographie entsprechen würde und aus der Differenz der beiden Werte dann auf die Größe des vertikalen Temperaturgradienten geschlossen werden könnte.

[2] Das ist die Grenzschicht zwischen Tropo- und Stratosphäre, früher meist *Substratosphäre* genannt.

[3] Das Niveau von 300 mb liegt meist zu tief, 200 mb aber schon zu häufig innerhalb der Stratosphäre.

[4] Solange noch ein Vorrat echten Gummimaterials vorhanden war, konnten während einiger Sommermonate auch Karten für die nächsthöhere Fläche, das ist etwa 17.48 mb, gezeichnet werden, doch war ihre Genauigkeit schon sehr gering.

Mit dieser Auswahl der stratosphärischen Druckflächen reduzierte sich die Anzahl der neu zu berechnenden Zahlentafeln auf eine einzige, denn es kommt noch ein weiterer glücklicher Umstand hinzu, der allerdings erst nachträglich entdeckt wurde: Zufällig verhält sich 225:300 wie 300:400, was bedeutet, daß die relativen Topographien zwischen diesen beiden Schichten gleich groß sein müssen.

Die Beträge der relativen Topographien 96/225 mb sind im Anhang in Tafel II abgedruckt.

Die hier ausgewählten Druckflächen 1000, 500, 225, 96, 40.96 und 17.48 mb werden im folgenden — zum Unterschied von den als Hauptmillibarflächen benannten 100-mb-Stufen — als Standardmillibarflächen bezeichnet.

F. Die Vorhersagekarte.

Mit dem Problem der Vorausberechnung von synoptischen Wetterkarten hat sich bereits F. M. Exner (213) befaßt. Weitere erfolgversprechende Versuche zur genaueren Vorhersage der Lage von Hoch- und Tiefdruckkernen und anderer singulärer Punkte des Druckfeldes haben dann J. M. Angervo [1], H. Wagemann (848, 849, 850) und S. Petterssen (537, 538, 545) unternommen, indem sie aus der herrschenden Druckverteilung und deren erstem (Druckänderung) und zweitem Differentialquotienten (9) die zukünftige Lage berechneten. Die exakten mathematischen Gleichungen sind aber leider deshalb oft schwer zu verwenden, weil die einzelnen Bestimmungsgrößen, insbesondere die 1. und 2. Ableitung des Druckfeldes, aus den synoptischen Karten nicht mit der für den Erfolg notwendigen Genauigkeit entnommen werden können. Aber selbst, wenn diese durch eine weitere Verdichtung des Beobachtungsnetzes und die Hinzunahme des Differentialquotienten der Druckänderung in die Wettertelegramme erheblich gesteigert würde, so sagen die mathematischen Gleichungen dort nur etwas über den augenblicklichen Zustand aus, gestatten es aber nicht, Änderungen in der Intensität der Fallgebiete oder Umsteuerungen vorherzubestimmen. Das wäre nur möglich, wenn es gelingen würde, die vollständigen atmosphärischen Störungsgleichungen (93) zu integrieren (607), wozu Rechenoperationen erforderlich wären, die wahrscheinlich länger dauern würden als die Änderungen der Wetterlage vor sich gehen.

Wegen dieser Schwierigkeiten der exakten mathematischen Analyse haben sich die mit Annäherungsmethoden weitgehend begnügenden graphischen Verfahren zur Bestimmung der zukünftigen Wetterlage leichter eingeführt. Es war zwar schon früher möglich gewesen, durch Extrapolation der Bahnen von Druckänderungsgebieten die zu erwartende Wetterlage im voraus zu konstruieren, aber eine sichere Unterlage erhielt dieses Verfahren erst, nachdem die Höhenwetterkarten eingeführt und aus ihnen die zu erwartenden Bahn- und Intensitätsänderungen der Fall- und Steiggebiete abgeleitet werden konnten.

So wurden auf der Deutschen Seewarte bereits im Jahre 1931 und in verstärktem Maße 1933, als inzwischen das europäische aerologische Netz eine weitere Ausdehnung erfahren hatte, Versuche darüber angestellt, wie weit es in gewissen Fällen möglich war, auf Grund der Höhenwetterkarten die Bahnen von Zyklonen vorherzusagen. Allerdings lagen damals erst in den Nachmittagsstunden genügend aerologische Meldungen vor; die das Zeichnen von Höhenwetterkarten erlaubten, so daß sich der größere Teil des Kartenbildes auf Extrapolationen, gegründet auf die allgemeine Frontenlage und Luftmassenverteilung, aufbaute. Es waren die jüngeren Meteorologen des Seewetterdienstes, neben dem Verfasser vor allen Dingen die Kollegen Rodewald, Pogade und Roediger, in späterer Zeit noch C. Pflugbeil, die sich dieser Aufgabe, neben dem laufenden Dienst, mit Begeisterung widmeten. Als es offenbar wurde und bei Aufstellung der Abendvorhersagen in der Praxis geprüft werden konnte, daß die Genauigkeit der Prognosen durch die Hinzunahme der Karte der 500-mb-Fläche wesentlich gesteigert werden konnte und es in gewissen Spezialfällen tatsächlich gelang, die zukünftige Lage einer Zyklone mit großer Genauigkeit anzugeben, wurden die Höhenwetterkarten, trotz aller Schwierigkeiten durch die Überlastung des Personals, in den „Täglichen Wetterbericht der Deutschen Seewarte" aufgenommen (vgl. S. 12).

Es handelte sich bei der Verbesserung der Wettervorhersagen durch die Höhenwetterkarten aber auch zunächst nur um die genauere Angabe der zu erwartenden Lage von Hoch- und Tiefdruckzentren. Erst die Diskussionen, die sich im Anschluß an die Tagung der *Internationalen Aerologischen Kommission* im Juni 1939 in Berlin entwickelten, führten zu Versuchen, aus der Analyse der Bodenwetterkarte und der Darstellung der relativen und absoluten Topographien der 500-mb-Fläche täglich eine Karte der Luftdruckverteilung des nächsten Tages zu konstruieren. Die Regeln und Erfahrungssätze, die dabei angewandt werden müssen, werden in diesem Buch eingehend besprochen; die Problemstellung kann aber bereits dem folgenden Beispiel entnommen werden, das die Umstände schildert, die zum erstenmal die Konstruktion einer Vorhersagekarte veranlaßten (727).

---

[1] Lit. 3, 4, 5, 6, 7, 8, 10, 165, 354, 396, 837.

Am 9. Juni 1939 war die Situation folgende gewesen: Von einem südwestlich Irland festliegenden, steuernden Hochdruckgebiet erstreckte sich ein Keil nach Norddeutschland. Ein starkes Tief war von Grönland nach Island gezogen, und vor seiner westlich der Faröer bis nach Ostengland reichenden Warmfront herrschte eine stürmische nordwestliche Höhenströmung bis nach Deutschland hinein. Damit war anzunehmen, daß das starke isländische Druckfallgebiet von dem in der Höhe vorhandenen Nordweststurm nach Deutschland gelenkt würde, zumal die Bodensituation eine solche Entwicklung gleichfalls begünstigte, und es wurde für den nächsten Tag schnelle Eintrübung mit nachfolgenden Regenfällen erwartet.

Statt dessen verlief die Entwicklung völlig anders. Das nördliche Tief wanderte von Island nach Norwegen; von dem atlantischen Hoch spaltete sich ein Teilkern ab, der am nächsten Morgen über Polen angelangt war und auf dessen Westseite noch für 36 Stunden heiteres Wetter mit starker Erwärmung eintrat, bis endlich in den Mittagsstunden des 11. Juni die Kaltfront des nördlichen Tiefs den Berliner Prognosenbezirk erreichte.

Untersuchen wir diesen Fall genauer, so zeigt sich, daß am Morgen des 9. Juni von dem bei Island gelegenen Zentrum des Fallgebietes eine Zone mit Druckabnahme von mehr als 5 mb bis in den Seeraum westlich Irlands vorfühlte. Verfolgt man jetzt die nach der Höhenströmung zu erwartende Steuerung des isländischen Druckfallgebietes, so muß es sich mit seinem Zentrum nach Norwegen, außerdem aber auch stark nach Südosten hin ausbreiten, und der Teil, der bis zum Seegebiet westlich Schottlands reichte, wurde zur Verlagerung nach Großbritannien gezwungen. Dies ist aber gerade entscheidend: durch den über England einsetzenden Druckfall wird der dort gelegene Keil des atlantischen Hochs zerstört; es kommt zur Ausbildung eines Teilmaximums über Deutschland, das sich bis zum nächsten Tag nach Osten verlagert, und in dessen ausgeprägtem Divergenzbereich schönes Wetter einsetzt.

Es wäre damals die Fehlprognose zweifellos ohne die Benutzung der Höhenwetterkarte vermieden worden, weil man die starke nordwestliche Höhenströmung dann wohl gar nicht beachtet hätte. Jetzt zeigt aber die Untersuchung, daß die wahre Ursache der Fehlvorhersage darin begründet lag, daß die Beziehung zwischen der Steuerung und der Verlagerung des Druckfallgebietes nicht genau genug berücksichtigt worden war. Es ist nicht ausreichend, die Gesetze der Steuerung nur auf die Zentren der Druckwellen anzuwenden, sondern es muß jeder einzelne Teil einer solchen mit der Höhenströmung verlagert werden.

Die Erkennung der Ursache der Fehlprognose war so ermutigend, daß sofort mit der täglichen Konstruktion einer Vorhersagekarte begonnen wurde, zunächst natürlich neben dem laufenden Dienst. Auch lagen damals die Aufstiege erst so spät vor, daß die Prognosenkarte nicht vor 15.00 Uhr fertiggestellt werden konnte. Die Versuchsreihe zeigte aber deutlich, daß die Wetterentwicklung in vielen Fällen besser erfaßt worden wäre, wenn die Vorhersagekarte dazu schon vorgelegen hätte.

Es ist der Initiative von Dr. Noth und Dr. Haude zu verdanken, daß die Versuche über die Bedeutung der Vorhersagekarte bald in *Breslau* fortgesetzt werden konnten. Zunächst machte sich allerdings der damalige Ausfall aller Meldungen aus dem Westraum sehr störend bemerkbar, aber dieser Nachteil wurde schon bald dadurch ausgeglichen, daß das aerologische Netz durch zahlreiche Radiosondenaufstiege aus Norwegen und die besonders wertvollen Ergebnisse der in den Raum zwischen Irland, Schottland und Island eingesetzten Wettererkundungsstaffeln eine derartige Erweiterung erfuhr, daß dadurch die größere Unzuverlässigkeit der Bodenanalyse kompensiert werden konnte.

Die Breslauer Vorhersagekarten erwiesen schon nach kurzer Zeit, daß sie für die Prognose einen wesentlichen Fortschritt bedeuteten, und nachdem sich gezeigt hatte, daß in fast allen Fällen, in denen die beiden mit und ohne Vorhersagekarte verfaßten Prognosen erheblich voneinander abwichen, die neue Methode die Wetterentwicklung besser erfaßte, wurde sie allen Voraussagen des dortigen Bezirks zugrunde gelegt. Trotzdem setzte man die Versuche noch fast ein Jahr lang fort. Es wurden dabei für jeden Tag für 20 mitteleuropäische Stationen die Korrelationsfaktoren zwischen der vorhergesagten und der eingetretenen Druckänderung berechnet und außerdem die absoluten Beträge beider Größen miteinander verglichen, woraus weitere wertvolle Erfahrungen gesammelt werden konnten. Es ergab sich z. B., daß die Druckgegensätze oft zu groß vorhergesagt wurden. In diesen Fällen stellt sich wohl anfänglich eine der erwarteten ähnliche Steigerung des Druckgegensatzes ein, aber die daraus resultierenden Ausgleichsströme, die besonders in den unteren Schichten eine erhebliche Luftmenge vom hohen zum tiefen Druck transportieren, vermindern bald den starken Druckunterschied oder lassen es vielmehr gar nicht zur Entwicklung so steiler Gradienten kommen. Ebenso war es für den süddeutschen Raum charakteristisch, daß sich die Fallgebiete, besonders über den Alpen, immer schwächer entwickelten als erwartet, die druckausgleichende Wirkung der Gebirge also zunächst ebenso ungenügend einkalkuliert wurde wie die Verstärkung der Druckwellentäler über dem Mittelmeer (224).

Als im Januar 1941 auf Veranlassung von Dr. Diesing, dem damaligen Chef der Zentralen Wetterdienstgruppe, mit der regelmäßigen Verbreitung der Vorhersagekarte von dieser Stelle aus begonnen wurde, waren die Anfangsschwierigkeiten überwunden, und der erwähnte Korrelationskoeffizient bewegte sich zwischen 0.7

und 0.8. Es war damit ein entscheidender Schritt von der mehr oder weniger gefühlsmäßigen Prognose — wobei man sich die genaue Form der zu erwartenden Druckverteilung nie klar machte — zu einer eindeutigen Darstellung der zu erwartenden Wetterlage getan. Es kann nur gehofft werden, daß das europäische aerologische Netz in Zukunft so ausgebaut wird, daß die Wettervorhersage weitere Fortschritte machen kann, denn die Vorhersagekarte ist das Endprodukt einer vollständigen dreidimensionalen Wetteranalyse, und ihre Konstruktion war nur durch eine innige Verschmelzung der Bodensynoptik mit den neu hinzugewonnenen aerologischen Erfahrungen möglich.

G. Die Grundlagen der Synoptik.

Es sollen hier aus der Thermodynamik und der dynamischen Meteorologie nur die für das Verständnis der Synoptik unentbehrlichen Definitionen kurz zusammengestellt werden. Lediglich das Zustandekommen der ablenkenden Kraft der Erdrotation wird etwas ausführlicher behandelt, da sich dabei einige neue Gesichtspunkte hinsichtlich der Gültigkeit der Gradientwindgleichungen ergeben. Im übrigen sei auf die Lehrbücher der theoretischen Meteorologie, bezüglich der Rolle des Wasserdampfes in der Atmosphäre vor allem auf die Darstellungen von RAEHTJEN (589), WEGENER (870, 871), MORÁN (476) und hinsichtlich der dynamischen Probleme auf BRUNT (116), ERTEL (208), EXNER (215), HAURWITZ (299), HOLMBOE (324), KOSCHMIEDER (385), SHAW (806, 807) und WILLETT (891) verwiesen [vgl. auch PHILIPPS (554)].

1. Ergebnisse der Thermodynamik.

Adiabatisch, d. h. ohne äußere Wärmezufuhr, aufsteigende Luft kühlt sich, solange keine Kondensation erfolgt, um 1° je 100 m ab bzw. erwärmt sich beim Absinken um den gleichen Betrag. Im *thermodynamischen Diagrammpapier (Stüve-Papier)* werden die Linien, die diese Zustandsänderung angeben, *Trockenadiabaten* genannt. Der Wärmegrad, den eine derart verlagerte Luftmasse bei einem Druck von 1000 mb annimmt, heißt die *potentielle Temperatur*, nach welcher die Trockenadiabaten beziffert werden. Entspricht das in der Atmosphäre vorhandene Temperaturgefälle dem trockenadiabatischen Wert, so kommt jedes vertikal verschobene Luftteilchen, solange die Kondensation nicht störend eingreift, überall mit der gleichen Temperatur an, wie sie in dieser Höhe tatsächlich herrscht, und eine solche Schichtung wird deshalb als *indifferent* bezeichnet. Ist das vertikale Temperaturgefälle größer als 1° je 100 m, so kommt z. B. ein aufsteigendes Teilchen wärmer und daher leichter an, wodurch es, einmal aus dem Gleichgewicht gebracht, immer mehr beschleunigt wird; es handelt sich also um eine *labile Schichtung* und bei einem vorhandenen vertikalen Temperaturgefälle von weniger als dem adiabatischen Betrag um eine *stabile*, besser gesagt, *trockenstabile Schichtung*, denn beim Eintritt von Kondensationsvorgängen kann diese sich unter Umständen als labil erweisen.

Je wärmer die Luft ist, eine um so größere Wasserdampfmenge — die, in g/m³ oder g/kg gemessen, als *absolute* bzw. *spezifische Feuchtigkeit* bezeichnet wird — vermag sie aufzunehmen (MAGNUSsche Formel), z. B. bei 0° nur 4.8g, bei 20° dagegen schon rund 17 g m⁻³. Enthält sie diese Menge, so ist sie *gesättigt*[1] und wird, falls sie *übersättigt* wird, den überschüssigen Wasserdampf an den vorhandenen *Kondensationskernen* in Tropfenform niederschlagen[2]. Dabei wird die Kondensationswärme frei, deren Betrag so groß ist, daß sich eine adiabatisch aufsteigende und gesättigte Luftmasse erheblich weniger abkühlt.

Tabelle 3. *Temperaturänderung aufsteigender gesättigter Luft in ° C je 100 m Hebung.*

Druck mb	— 30°	— 20°	— 10°	0°	+ 10°	+ 20°	+ 30°
225	0.82	0.60	0.45	0.34	—	—	—
500	0.89	0.76	0.62	0.49	0.41	—	—
1000	0.93	0.86	0.76	0.63	0.54	0.45	0.38

Weil die bei einem derartigen Prozeß zur Kondensation gelangende Wasserdampfmenge bei hohen Temperaturen erheblich größer ist als bei niedrigen, ist auch die entsprechende Abkühlung geringer (Tabelle 3). Sie beträgt bei Temperaturen von 30° nur 0.38°, bei 10° rund 0.5° und nähert sich bei — 30° mit 0.9° schon dem trockenadiabatischen Betrag, wobei noch eine geringe Druckabhängigkeit hinzukommt. Die Linien, die diese Temperaturänderung gesättigt aufsteigender Luft angeben, heißen *Feucht-* oder *Pseudoadiabaten* (166).

---

[1] Dann beträgt die *relative Feuchtigkeit* — das ist der mit 100 multiplizierte Quotient der in der Atmosphäre tatsächlich vorhandenen zu der bei der herrschenden Temperatur gemäß der MAGNUS-Formel maximal möglichen Menge — 100%.

[2] Übersättigungen von mehr als 10% treten nur ganz selten auf.

Die Temperatur, die ein Luftteilchen annimmt, wenn es so hoch gehoben wird, daß aller in ihr enthaltene Wasserdampf kondensiert sowie nach Freiwerden der Kondensationswärme ausgefallen ist und es hierauf trockenadiabatisch bis zum Niveau der 1000-mb-Fläche herabgesenkt wird, heißt *pseudopotentielle Temperatur.* Sie ist fast identisch mit der *äquivalentpotentiellen Temperatur,* die F. MÖLLER (466) jetzt *potentielle Äquivalenttemperatur* genannt hat, bei der die vorhandene Kondensationswärme, in Temperaturgrade umgerechnet, addiert *(Äquivalenttemperatur)* und dann die Luft unter einen Druck von 1000 mb gebracht wird. Führt man diesen Prozeß zuerst durch und addiert dann erst den *Äquivalentzuschlag,* so erhält man die *potentielle Temperatur mit Äquivalentzuschlag,* deren Verwendung deshalb nicht zu empfehlen ist, weil sie bei tiefen Druckwerten um einige Grade niedriger ist als die beiden anderen Größen und deshalb bei adiabatischen Prozessen nicht konstant bleibt.

Ist das vertikale Temperaturgefälle kleiner als 1° je 100 m, aber größer als dem feuchtadiabatischen Betrag entspricht, so nennt man die Schichtung *feuchtlabil.* Solange keine Wolken vorhanden sind, ist ein solcher Zustand selbstverständlich noch stabil, aber innerhalb von Wolkenschichten labil *(bedingte Labilität)*[1]. Andererseits tritt auch bei trockenlabiler Schichtung kein Umsturz ohne äußeren Anlaß ein, da die Luftdichte erst bei einer vertikalen Temperaturabnahme von mehr als 3° auf 100 m mit der Höhe zunimmt und also erst dann *totale Labilität* eintreten würde.

Wie man sieht, bleibt die pseudopotentielle Temperatur bei allen Vertikalbewegungen konstant, sie ist eine *konservative* Größe und eignet sich deshalb besser als die gewöhnliche Temperatur zu thermodynamischen Untersuchungen. Nimmt die pseudopotentielle Temperatur mit der Höhe ab, so ist dies ein Indikator für einsetzende Labilität, sobald Wolkenbildung beginnt, was durch genügend lange Hebung stets erreicht werden kann *(latente Labilität)*[2]. Ein solcher Zustand wird durch hohen Feuchtigkeitsgehalt der unteren Schichten und Trockenheit in größerer Höhe besonders begünstigt[3].

Wird beim Aufsteigen der Gefrierpunkt erreicht, so tritt so lange keine weitere Abkühlung ein, bis die Gefrierwärme verbraucht ist, was man nicht ganz zutreffend als *Hagelstadium* bezeichnet hat. Es umfaßt nur Strecken bis zu 100 m und bleibt daher meist unberücksichtigt. Ebenso weichen die bei Temperaturen unter 0° nach den *Sublimationsadiabaten* verlaufenden direkten Sublimationsprozesse so wenig von den Abkühlungsbeträgen bei unterkühlter Kondensation ab, daß ihre Berücksichtigung auch keine Rolle spielt. Dagegen ist die Tatsache wichtig, daß Sättigung in bezug auf Eis schon bei erheblich niedrigeren Feuchtigkeitswerten, z. B. bei —10° um 90% und —20° bei fast 80%, vorhanden ist, so daß man sich als Regel merken kann, *daß Eissättigung bereits bei relativen Feuchtigkeiten eintritt, die soviel Prozent unterhalb der Wassersättigung liegen wie die Temperatur unterha b des Gefrierpunktes.* Diese Tatsache begünstigt die Bildung von Eiskristallen bei großer Kälte außerordentlich und führt dann häufig zu leichten Schneefällen, ohne daß eine kompakte Wolkenschicht zu erkennen ist *(Polarschnee).*

Nachdem C. W. B. NORMAND (505) und M. ROBITZSCH (611) bewiesen haben, daß die am feuchten Thermometer des Psychrometers abgelesene *Feuchttemperatur* sich innerhalb einer aufsteigenden Luftmasse stets nach der Feuchtadiabate ändert und deshalb die durch die jeweilige Feuchtadiabate definierte *potentielle Feuchttemperatur* (97, 543) bei allen adiabatischen Prozessen ebenfalls konstant bleibt, wird sie in den Ländern als eine ideale Größe für den praktischen Wetterdienst angesehen, in denen bei aerologischen Aufstiegen das Psychrometer verwendet wird. Da aber bei den niedrigen Temperaturen in den höheren Luftschichten die psychrometrische Differenz außerordentlich klein wird, stehen Messungs- und Verschlüsselungsschwierigkeiten einer allgemeinen Verwendung der Feuchttemperatur entgegen. Besser für die Praxis geeignet ist demgegenüber die Angabe der *Kondensationstemperaturdifferenz,* das ist der Unterschied zwischen der Temperatur und der Kondensationstemperatur. Diese Zahl erweist sich nämlich

1. vorteilhafter als die relative Feuchtigkeit, weil sie näherungsweise mit der *Taupunktdifferenz* zusammenfällt und außerdem, mit 100 multipliziert, sofort die *Kondensationshöhe* bei erzwungener Hebung angibt. Ferner sind

2. durch diesen *Kondensationspunkt* — der im Adiabatenpapier als Schnittpunkt der durch den gemessenen Temperaturpunkt gelegten Trockenadiabate und die um die Kondensationstemperaturdifferenz erniedrigte Isotherme sofort markiert werden kann — spezifische Feuchte, pseudopotentielle Temperatur und potentielle Feuchttemperatur direkt ablesbar, woraus auch relative Feuchtigkeit, Feuchttemperatur und der genaue Taupunkt durch einfache Rechnung oder Ablesung im Diagrammpapier ermittelt werden können.

---

[1] *Conditional instability* in USA.

[2] *Convective instability* in USA.

[3] Bezüglich der durch labile Umlagerungen frei werdenden Energiemengen s. LITTWIN (412) und NORMAND (505), ihre Berechnung wird am genauesten an Hand des Tephigramms (2, 805) oder Emagramms (598) durchgeführt.

2. Die ablenkende Kraft der Erdrotation.

Der Gradientwind leitet sich von der ablenkenden Kraft der Erdrotation ab, die nach ihrem Entdecker CORIOLIS-Kraft (134) genannt wird. Sie ist für die theoretische Berechnung aller Windgeschwindigkeiten aus dem Isobarenabstand maßgebend. Da ihre strenge Ableitung, die aus der Transformation eines raumfesten karthesischen in ein mit der Erde rotierendes Polarkoordinatensystem der Größen R (Erdradius), φ (geographische Breite) und ω (Winkelgeschwindigkeit der Erde) folgt, zu weit führen würde und in den Lehrbüchern der theoretischen Meteorologie[1] nachgelesen werden kann, sei hier wenigstens eine einfachere Ableitung gegeben.

Die CORIOLIS-Kraft ist eine Folge der Rotation der Erde, die sich in einem Sterntag $= 23^{\mathrm{h}}\,56'\,4.08''$ einmal um 360° dreht. Daraus ergibt sich ihre Winkelgeschwindigkeit ω zu

$$\omega = \frac{2\,\pi}{86164.08} = 7.29 \cdot 10^{-5}\ \mathrm{sec}^{-1}.$$

Die totale Geschwindigkeit, mit der sich ein Punkt auf der Erdoberfläche um die Erdachse dreht, beträgt (Tabelle 4):

Tabelle 4. *Lineare Rotationsgeschwindigkeit der Erde.*

Breite	Geschwindigkeit in km/h	Breite	Geschwindigkeit in km/h	Breite	Geschwindigkeit in km/h
90°	0	50°	1074	20°	1572
80°	290	40°	1281	10°	1648
70°	571	30°	1449	0°	1674
60°	835				

Es folgt daraus sofort, daß eine Luftmasse, die auf der Nordhalbkugel nach Süden strömt, in ein Gebiet gelangt, wo die Rotationsgeschwindigkeit größer ist, so daß sie relativ zur Erde zurückbleibt. Sie wird gegenüber der sich von West nach Ost drehenden Erde scheinbar nach Südwesten hin, also nach rechts von ihrer Bahn, abgelenkt. Ein dem Nordpol zustrebendes Massenteilchen kommt in eine Zone geringerer Drehungsgeschwindigkeit, es wird also gegenüber der Erde vorauseilen, d. h. ebenfalls nach rechts, von seiner Nordrichtung nach Nordosten, abgelenkt. Die Ableitung der Größe der CORIOLIS-Beschleunigung sei zunächst für die zonale Strömung durchgeführt.

Die Rotation der Erde um die in Abb. 5 vertikal gezeichnete Achse $P_N\,P_s$ bedingt für einen Punkt P auf der Erdoberfläche in der Entfernung r von der Drehungsachse die Zentrifugalbeschleunigung[2] $Z = c^2/r$, wenn c die lineare Rotationsgeschwindigkeit im Punkte P bedeutet. Z steht senkrecht auf der Rotationsachse und kann in zwei Komponenten Z_h und Z_s horizontal bzw. senkrecht zur Erdoberfläche zerlegt werden. Die Komponente Z_s bedingt lediglich eine sehr geringfügige Abnahme der Schwerkraft. Z_h bewirkt dagegen eine Bewegung aller Massenteilchen in Richtung auf den Äquator (Polflucht), da sie durch keine andere Kraft kompensiert wird.

Im Laufe der Erdentwicklung hat diese Zentrifugalbeschleunigung eine Anhäufung von Masse am Äquator, die sog. Abplattung der Erde, herbeigeführt, und die Oberfläche unseres Planeten hat vom Äquator zum Pol

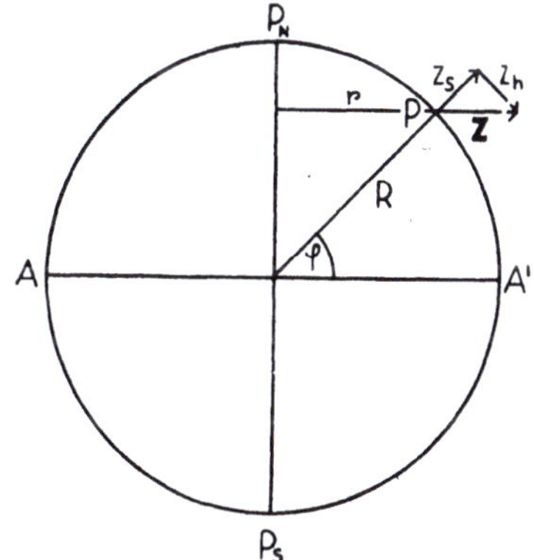

Abb. 5. Die Zentrifugalbeschleunigung auf der rotierenden Erde.

eine solche Neigung angenommen, daß Z_h durch eine zum Pol weisende kleine Komponente der Schwerkraft aufgehoben wird. Bei Windstille herrscht also Gleichgewicht zwischen Zentrifugal- und Schwerkraft.

Bewegt sich aber ein Körper in zonaler Richtung auf der Erdoberfläche, so wird das Gleichgewicht gestört. Wir können die geringe Abplattung der Erde für die Ableitung und in der Zeichnung vernachlässigen. Hat die Luftmasse auf der rotierenden Erde eine West-Ost-Geschwindigkeit v, so ist ihre Zentrifugalkraft Z_L

$$Z_L = \frac{(c+v)^2}{r} \tag{1}$$

---

[1] Es sei besonders verwiesen auf Lit. 215, S. 19 ff.
[2] Vektoren sind im folgenden durch Fettdruck hervorgehoben.

und der Überschuß der Zentrifugalkraft $Z_{\ddot{u}}$ gegenüber einem in bezug auf die Erde ruhenden Punkt

$$Z_{\ddot{u}} = \frac{(c+v)^2}{r} - \frac{c^2}{r} = \frac{2c \cdot v}{r} + \frac{v^2}{r} \,. \tag{2}$$

Ist ω die Winkelgeschwindigkeit, so ergibt sich die lineare Rotationsgeschwindigkeit zu $c = \omega \cdot r$ und (2) geht über in

$$Z_{\ddot{u}} = 2\,\omega \cdot v + \frac{v^2}{r} \,. \tag{3}$$

Bezeichnet man in Abb. 5 den Erdradius mit R und gibt AA' die Lage des Äquators an, dann bedeutet φ die geographische Breite des Punktes P. Aus $\sin(90 - \varphi) = r/R$ folgt $r = R \cdot \cos\varphi$. Damit wird

$$Z_{\ddot{u}} = 2\,\omega \cdot v + \frac{v^2}{R \cdot \cos\varphi} \,. \tag{4}$$

$Z_{\ddot{u}}$ steht wie Z senkrecht auf der Drehungsachse, seine horizontale Komponente ist demnach $Z_{\ddot{u}_h} = Z_{\ddot{u}} \cdot \sin\varphi$, oder

$$Z_{\ddot{u}_h} = 2\,\omega \cdot \sin\varphi \cdot v + \frac{v^2}{R}\,\mathrm{tg}\,\varphi \,. \tag{5}$$

Das Glied $\frac{v^2}{R}\,\mathrm{tg}\,\varphi$ ist der Ausdruck für die Zentrifugalbeschleunigung der den Pol umkreisenden Luftmassen und kann vernachlässigt werden, solange die Stärke der Luftströmung klein ist gegenüber der Rotationsgeschwindigkeit der Erde. Das andere Glied

$$C = 2\,\omega \cdot \sin\varphi \cdot v \tag{6}$$

wird als CORIOLIS-Beschleunigung bezeichnet und gibt die Wirkung der Erddrehung auf jeden bewegten Körper an. Sie ist, auf der Nordhalbkugel, bei Westwind nach Süden, bei Ostströmung nach Norden, also stets nach rechts von der Bahn des Luftteilchens gerichtet.

Die gleiche Größe hat die ablenkende Kraft bei meridionaler Luftströmung, wie die folgende Ableitung zeigt:

Die betrachtete Luftmasse bewege sich jetzt mit der Geschwindigkeit v polwärts von dem Breitenkreis φ nach $\varphi + d\varphi$. Der zurückgelegte Weg in der Zeit dt ist

$$R\,d\varphi = v \cdot dt \,. \tag{7}$$

In der Breite φ betrug die West-Ost-Geschwindigkeit $\omega \cdot r = \omega \cdot R \cdot \cos\varphi$, in der Breite $\varphi + d\varphi$ beträgt sie nur $\omega \cdot r' = \omega \cdot R \cdot \cos(\varphi + d\varphi)$.

In der gleichen Zeit dt, in der das Luftteilchen bis zur Breite $\varphi + d\varphi$ gelangt ist, eilt es also der Erdoberfläche in der Breite $\varphi + d\varphi$ um

$$ds = \omega \cdot R\,[\cos\varphi - \cos(\varphi + d\varphi)]\,dt \tag{8}$$

voraus. Mit (7) folgt

$$ds = -\,\omega \cdot v\,(dt)^2\,\frac{\cos(\varphi + d\varphi) - \cos\varphi}{d\varphi} = -\,\omega \cdot v\,(dt)^2\,\frac{d\cos\varphi}{d\varphi} = \omega \cdot v\,(dt)^2\,\sin\varphi \,. \tag{9}$$

Differentiation nach dt ergibt $d^2s/dt = \omega \cdot v \cdot 2 \cdot dt \cdot \sin\varphi$, oder, wenn $d^2s/dt^2 = C$,

$$C = 2\,\omega \cdot \sin\varphi \cdot v \,. \tag{10}$$

Die ablenkende Kraft greift, in der Horizontalen gesehen, stets senkrecht zur Bewegungsrichtung an, ist deshalb eine Scheinkraft und vermag keine Arbeit zu leisten. Ihre Größenordnung ist in den gemäßigten Breiten etwa 3000mal geringer als die der Schwerkraft. Daß sie trotzdem in der Meteorologie eine derart ausschlaggebende Rolle spielt, liegt daran, daß keine stärkeren horizontalen Kräfte ein Massenteilchen beeinflussen und daß der Bewegung horizontal zur Erdoberfläche keine Schranken gesetzt sind.

Auch in der Vertikalen hat die ablenkende Kraft, wie bereits erwähnt, eine Komponente. Diese bewirkt für alle *Westwinde* eine zusätzliche *aufsteigende*, für *Ostwinde* eine *absteigende* Bewegung.

3. Der geostrophische Wind bei reibungsloser Bewegung.

Da die CORIOLIS-Beschleunigung die einzige auf jede in geradliniger Bewegung befindliche Luftmasse wirkende Kraft darstellt, muß sie — in der freien Atmosphäre — durch die Gradientwindkraft kompensiert werden, wenn nicht eine ständige Richtungsänderung der Windströmung eintreten soll. Die Erfahrung zeigt, daß das nicht der Fall ist, daß vielmehr die Strömung immer nahe dem stationären Zustand verharrt und die Abweichungen davon stets gering bleiben.

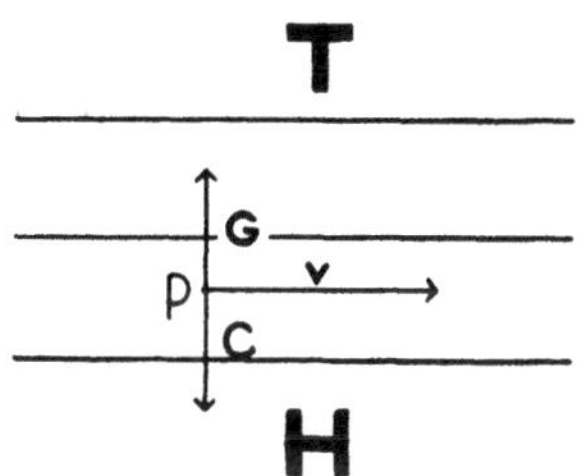

Abb. 6. Kräfteplan des geostrophischen Windes bei reibungsloser Bewegung.

Behandeln wir zunächst den Fall der geradlinigen, reibungslosen Bewegung, wie sie angenähert oberhalb der bis 1500 m über dem Boden reichenden Bodenreibungsschicht angetroffen wird (Abb. 6), dann kann ein Strömungsgleichgewicht nur bestehen, wenn der im Punkte P — wo sich ein Massenteilchen parallel zu den Isopotentialen mit der Geschwindigkeit v bewegen soll — angreifenden zum tiefen Druck hin gerichteten Gradientkraft G durch die ablenkende Kraft der Erdrotation C das Gleichgewicht gehalten wird.

Die Gradientbeschleunigung hat die Größe $-\dfrac{1}{\varrho}\dfrac{dp}{dn}$, wenn ϱ die Dichte im Punkte P und $-\,dp$ die Druckabnahme in Richtung dn vom hohen zum tiefen Druck hin angibt. Die CORIOLIS-Beschleunigung beträgt $C = 2\,\omega\cdot\sin\varphi\cdot v$, bei Gleichgewicht muß also die Gleichung bestehen:

$$-\frac{1}{\varrho}\frac{dp}{dn} = 2\,\omega\cdot\sin\varphi\cdot v\,. \tag{11}$$

Nach der statischen Grundgleichung ist

$$\frac{dp}{dh} = -\,\varrho\cdot g \tag{12}$$

oder

$$-\frac{dp}{\varrho} = g\cdot dh\,. \tag{13}$$

Gl. (13) in Gl. (11) eingesetzt ergibt

$$g\,\frac{dh}{dn} = 2\,\omega\cdot\sin\varphi\cdot v\,. \tag{14}$$

Wird anstatt h das dynamische Meter $h_d = g\cdot h$ eingesetzt, so geht (14) über in

$$\frac{dh_d}{dn} = 2\,\omega\cdot\sin\varphi\cdot v\,. \tag{15}$$

Nach dieser Gleichung ist der Gradientwind für geradlinige, reibungslose Bewegung — *geostrophischer Wind* benannt — direkt aus dem Abstand der Isopotentialen einer Höhenwetterkarte bestimmbar[1].

4. Der zyklostrophische Wind bei reibungsloser Bewegung.

Sind die Isopotentialen mehr oder weniger stark gekrümmt, wie es im allgemeinen der Fall ist, dann ist zur Berechnung des aus dem Gleichgewichtsfalle resultierenden Gradientwindes noch die aus der gekrümmten Bahn folgende Zentrifugalbeschleunigung zu berücksichtigen. Dabei sind zwei Fälle zu unterscheiden:

1. Bei zyklonaler Krümmung (Abb. 7 oben) addiert sich zur CORIOLIS-Beschleunigung C die nach außen wirkende Zentrifugalbeschleunigung Z. Um der Summe $C + Z$ das Gleichgewicht halten zu können, muß die Gradientbeschleunigung entsprechend größer, also der Isopotentialenabstand geringer sein, d. h. es entspricht gleichem Abstand der Isopotentialen eine geringere Windgeschwindigkeit als bei geradliniger Strömung.

2. Im Falle antizyklonaler Krümmung der Windbahn (Abb. 7 unten) addiert sich zur Gradient- die Zentrifugalbeschleunigung; die CORIOLIS-Kraft C muß der Summe der beiden das Gleichgewicht halten, mithin ist v größer als in den beiden vorherigen Fällen. Das Ergebnis der Überlegung ist also:

Bei gleichen Druckgradienten ist die Windgeschwindigkeit im Gleichgewichtsfalle bei zyklonaler Isobarenkrümmung kleiner, bei antizyklonaler Strömung größer als im Falle geradliniger Isobaren.

---

[1] Man kann auch die Änderung der Größe der ablenkenden Kraft mit der Breite bei der Herstellung von Wetterkartenunterdrucken berücksichtigen, was für die Praxis erhebliche Vorteile bieten dürfte (460).

Die Zentrifugalbeschleunigung Z hat die Größe v^2/r, wenn v die Geschwindigkeit und r den Krümmungsradius angeben. Für zyklonale Bewegung lautet (Gl. 15) daher:

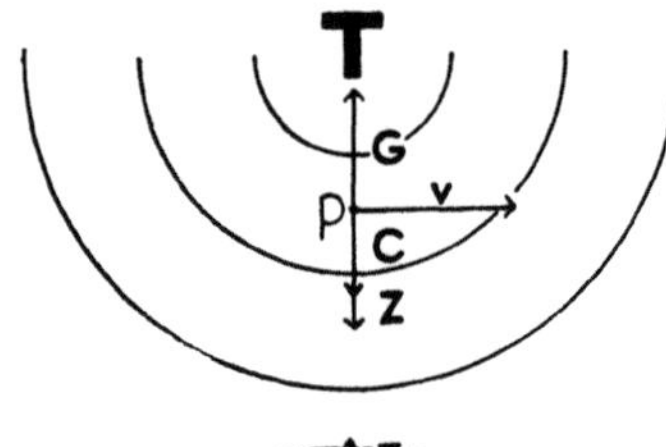

$$\frac{d h_d}{d n} = 2\,\omega \cdot \sin\varphi \cdot v + \frac{v^2}{r} \tag{16}$$

und für antizyklonale Strömung

$$\frac{d h_d}{d n} = 2\,\omega \cdot \sin\varphi \cdot v - \frac{v^2}{r}, \tag{17}$$

wenn dh_d/dn die positiv gerechnete Höhenänderung der Isopotentialen bedeutet.

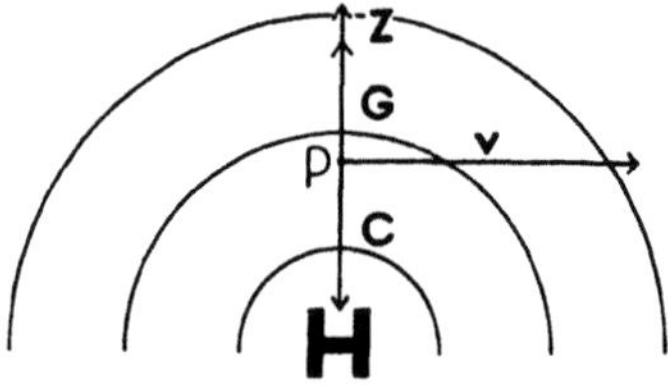

Die Lösung dieser quadratischen Gleichungen ergibt für zyklonale Strömung

$$v_z = -\,r \cdot \omega \cdot \sin\varphi \pm \sqrt{r^2 \cdot \omega^2 \cdot \sin^2\varphi + \frac{d h_d}{d n} \cdot r} \tag{18}$$

Abb. 7. Kräftepläne des zyklostrophischen Windes bei zyklonaler (oben) und antizyklonaler Krümmung (unten).

und für antizyklonale Strömung

$$v_a = r \cdot \omega \cdot \sin\varphi \pm \sqrt{r^2 \cdot \omega^2 \cdot \sin^2\varphi - \frac{d h_d}{d n} \cdot r}. \tag{19}$$

Bei zyklonaler Strömung kann nur das Pluszeichen vor dem Wurzelausdruck zu einer physikalisch reellen Lösung führen, während die antizyklonale Strömung zwei positive Lösungen für v angibt, von denen die k l e i n e r e Geschwindigkeit zu nehmen ist. Wird das Druckgefälle größer als $r^2\,\omega^2 \cdot \sin^2\varphi$, so wird der Wurzelausdruck imaginär, d. h. das Druckgefälle darf bei antizyklonaler Strömung einen bestimmten Wert nicht überschreiten (420, 421).

Nach den Gl. (18) u. (19) ist die Windgeschwindigkeit eine Funktion des Abstandes der Isopotentialen, der Größe des Krümmungsradius und der geographischen Breite. H. Philipps hat die Gleichungen so umgeformt, daß daraus ein einfaches Nomogramm entwickelt werden konnte, das auf S. 23 reproduziert ist.

5. Vervollständigung der Gradientwindgleichungen.

Solange die Windgeschwindigkeiten klein sind, können die Krümmungen der Windbahn unberücksichtigt bleiben. Wegen der raschen Windzunahme mit der Höhe ist ein solches Verfahren aber in den Höhenwetterkarten im allgemeinen nicht zulässig, und es geht dann auch nicht an, das zweite Glied in Gl. (5) zu vernachlässigen. Selbst über Mitteleuropa erreicht es bei Windgeschwindigkeiten von 100 km/h annähernd 5% und bei Windstärken über 300 km/h mehr als 15% des geostrophischen Wertes. Im Polargebiet wird es bei solchen Windstärken sogar ausschlaggebend und überschreitet dabei in 80° Breite Beträge von 50% der Coriolis-Beschleunigung.

Andererseits wird dieses Zusatzglied aber in der Praxis im allgemeinen in irgendeiner Form berücksichtigt, wenn der zyklostrophische Wind zugrunde gelegt wird. Es tritt dabei nämlich in der Krümmung der Breitenkreise in Erscheinung, und eine einfache Ausrechnung zeigt, daß es auf diese Weise bei der im Wetterdienst für polnahe Gebiete zumeist benutzten stereographischen Projektion *(Zirkumpolarkarte)* annähernd richtig berücksichtigt wird. Südlich von 55° Breite ergibt dagegen die den meisten Wetterkarten zugrunde liegende Lamberts *konforme Kegelprojektion* bessere Übereinstimmung, doch fallen hier die aus den verschiedenen Projektionen resultierenden Differenzen nicht wesentlich ins Gewicht. Für hohe Breiten ergibt dagegen die erwähnte Kegelprojektion Fehler, die z. B. im Raum von Spitzbergen bei 100 bzw. 300 km/h Windgeschwindigkeit 8 bzw. 23% gegenüber nur 1 bzw. 4% bei der Zirkumpolarkarte erreichen, so daß bei der zunehmenden Einbeziehung hoher Breiten in das synoptische Meldenetz ein allgemeiner Übergang zur stereographischen Projektion vorteilhaft erscheint.

6. Das Philippssche Gradientwind-Nomogramm.

H. Philipps (555) hat — ähnlich wie H. Berg (55) — für die Bestimmung des Gradientwindes aus dem Abstand der Isopotentialen unter Berücksichtigung ihrer Krümmung und der geographischen Breite ein sehr einfach zu handhabendes Nomogramm konstruiert, das in Abb. 8 reproduziert ist. Auf die schwierige Theorie dieses Nomogramms sei hier nicht eingegangen, sondern nur sein Gebrauch beschrieben.

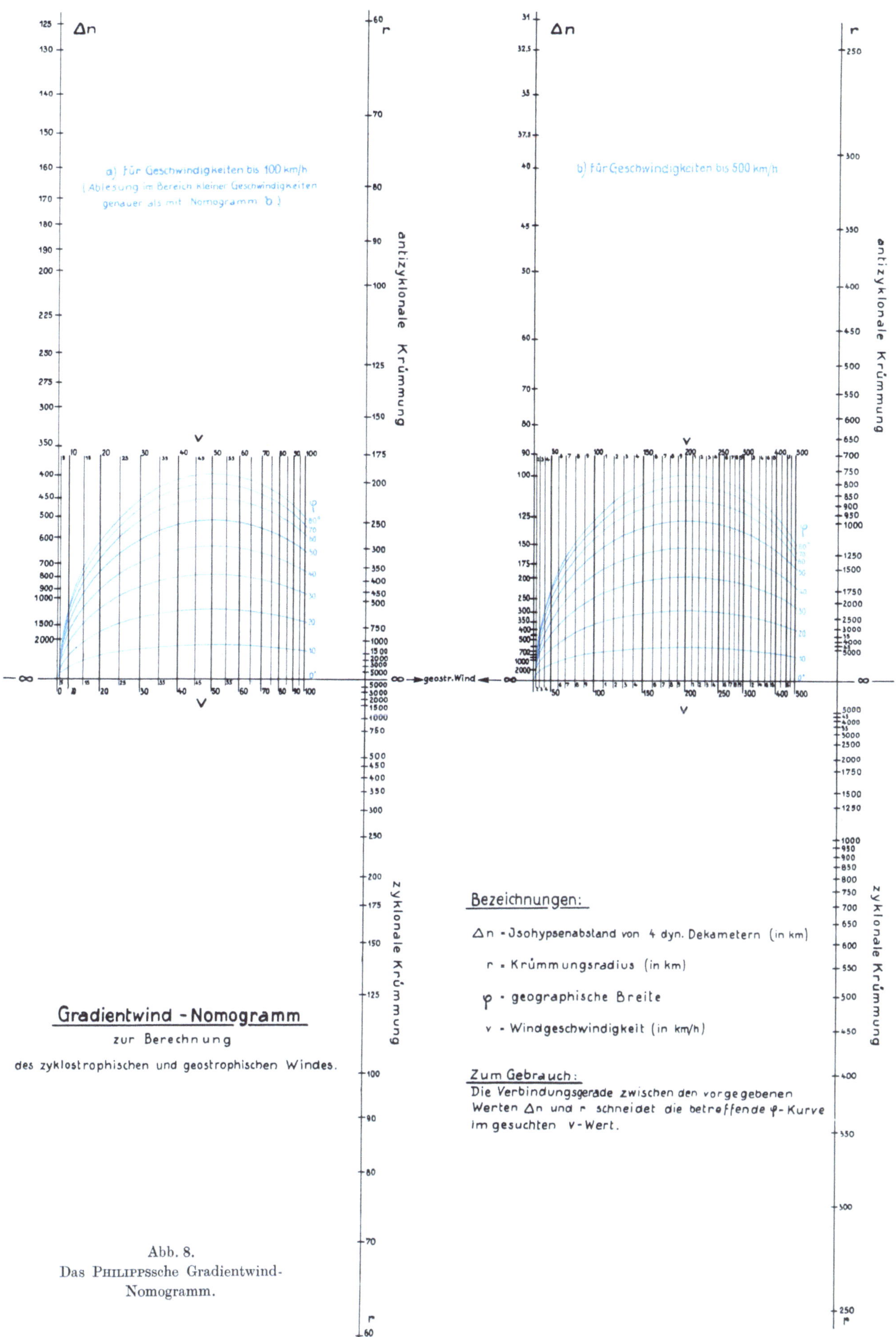

Abb. 8.
Das Philippssche Gradientwind-
Nomogramm.

Um eine bessere Ablesung zu ermöglichen, sind zwei Nomogramme konstruiert worden, das linke für kleine, das andere für hohe Windgeschwindigkeiten, wobei lediglich die Maßstäbe in beiden Fällen verschieden sind. Auf der rechten Seite sind jeweils die Krümmungsradien, für zyklonale Strömung nach unten, für antizyklonale Isobarenform nach oben hin, aufgetragen, in der Mitte voneinander durch die Angabe für den geostrophischen Wind ($r = \infty$) getrennt. Links sind die Abstände der für je 4 Dekameter Höhenunterschied gezeichneten Isopotentialen angegeben.

Die blauen kreis- bzw. ellipsenförmigen Kurven in der Mitte des Bildes geben die geographische Breite an. Der Schnittpunkt der Verbindungslinie zwischen den Koordinaten des Krümmungsradius r und des Isopotentialenabstandes Δn mit der der geographischen Breite des Meßortes entsprechenden Kurve gibt in dem durch senkrechte Linien dargestellten Maßsystem den Gradientwind in km/h an.

Es ist ein besonderer Vorteil dieses Nomogramms, daß daraus die „verbotenen Bereiche" sofort zu erkennen sind, d. h. welche Krümmungsradien bei antizyklonaler Strömung nicht auftreten können bzw. bei welchen ein Hochdruckgebiet rasch zerstört werden muß. Es sind dies alle Verbindungslinien, die oberhalb der Tangente an die für die betreffende Breite gültige blaue Kurve verlaufen.

Erhält man zwei Schnittpunkte, so ist stets die kleinere Geschwindigkeit zu nehmen.

7. Der Gradientwind in der freien Atmosphäre.

In der freien Atmosphäre ist die Reibung derart gering, daß sie praktisch vernachlässigt werden kann, und daher bleibt die Coriolis-Beschleunigung die einzige, die den Gradientkräften das Gleichgewicht zu halten vermag. Daraus folgt, daß im Mittel der Höhenwind oberhalb etwa 1500 m genau der Richtung der Isopotentialen folgen muß.

Diese Forderung ist an Hand neueren Materials geprüft worden, indem für sämtliche Tage vom 5. Dezember 1944 bis 15. Februar 1945 besonders genaue Höhenkarten für die Schichten 800, 500, 400, 300 und 225 mb nach der Methode der graphischen Addition gezeichnet wurden und für jeden Ort, von dem eine elektrische Höhenwindmessung vorlag, die Abweichung zwischen dem Verlauf der Isopotentialen und der gemessenen Höhenwindrichtung für die Schichten 500, 400, 300 und 225 mb bestimmt worden ist. Insgesamt ergaben rund 2000 Abweichungsbestimmungen eine mittlere Richtungsdifferenz von $+ 0.3°$ zum hohen Druck hin und eine mittlere Geschwindigkeitsabweichung von $— 3$ km/h bei einem Durchschnittswert des geostrophischen Windes von etwa 60 km/h.

Es wurde die gleiche Bestimmung mit Berücksichtigung der Krümmung der Isopotentialen unter Verwendung des Philippsschen Gradientwind-Nomogramms durchgeführt, wobei die Fälle zyklonaler und antizyklonaler Krümmung getrennt behandelt worden sind. Die Richtung entsprach im Mittel stets nahezu dem Isobarenverlauf; im Falle zyklonaler Krümmung blieb der gemessene Höhenwind um $— 8.2$ km/h hinter dem geostrophischen Wert zurück und übertraf den zyklostrophischen um $+ 3.9$ km/h. Die Zahl der rein antizyklonalen Fälle betrug nur 200, wobei der gemessene Höhenwind den geostrophischen Wert um $+ 5.0$ km/h übertraf, den Gradientwind unter Berücksichtigung der antizyklonalen Krümmung dagegen nur um $— 0.7$ km/h unterschritt. Insgesamt kann man daraus die Schlußfolgerung ziehen, daß der tatsächliche Höhenwind zwischen den unter Berücksichtigung der Krümmung ermittelten Gradientwinden und dem geostrophischen Betrag liegt, aber näher zum zyklostrophischen Wert als zum geostrophischen Wind hin verschoben, so daß der *unter Berücksichtigung der Krümmung ermittelte Gradientwind die Stärke des Höhenwindes besser angibt.*

Selbstverständlich ist, worauf F. Möller und P. Sieber (471) aufmerksam machten, die Krümmung einer Luftbahn oft erheblich anders als die Krümmung der Isopotentialen, und darauf beruht auch die geringe Abweichung vom zyklostrophischen Betrag. Da aber die Windgeschwindigkeit meist erheblich größer ist als die Schnelligkeit, mit der sich die einzelnen Ausbuchtungen der Isopotentialen der Höhenkarten verlagern, schmiegt sich der Höhenwind doch weitgehend allen Krümmungen des Kartenbildes an.

8. Der Gradientwind unter Berücksichtigung der Reibung.

Während also die Bestimmung des Gradientwindes für die freie Atmosphäre mit recht großer Genauigkeit auf einfache Weise möglich ist, kommt in den unteren Schichten die Bodenreibung als wesentlich modifizierender Faktor hinzu. Sie bewirkt eine ständige Verzögerung der Geschwindigkeit eines Luftteilchens, ist also nach rückwärts gerichtet, und Gleichgewicht kann nur eintreten, wenn die Luft unter einem derartigen Winkel in den tieferen Druck einströmt, daß die in Strömungsrichtung wirkende Komponente des Druckgefälles durch die Reibungskraft kompensiert wird.

In Abb. 9 sind die in Bodennähe unter Berücksichtigung dieser Reibung wirkenden Kräfte in demselben Maßstab wie in Abb. 6 dargestellt. Das Druckgefälle im Punkt P sei das gleiche wie im Falle reibungsloser Bewegung. Dann ist auch die Gradientkraft G von derselben Größe. Die Windrichtung v bilde mit der Gradientrichtung G den Winkel α, der als *Ablenkungswinkel*[1] bezeichnet wird und in der Figur zu 45° angenommen ist.

G läßt sich in zwei Komponenten G_v und G_s in Richtung von v und senkrecht zu v zerlegen. Dann muß im Gleichgewichtsfalle G_s durch die ablenkende Kraft C kompensiert werden und G_v durch die nach rückwärts wirkende Bodenreibungskraft R. Da die ablenkende Kraft $C = 2\,\omega \cdot \sin\varphi \cdot v = G_s \cdot \cos(90 - \alpha) = G_s/G$ oder $G_s = G \sin\alpha$, folgen daraus die GULDBERG-MOHNschen Gleichungen:

$$2\,\omega \cdot \sin\varphi \cdot v = G \cdot \sin\alpha \qquad (20)$$

und

$$R = G \cdot \cos\alpha = k \cdot v, \qquad (21)$$

wobei

$$k = 2\,\omega \cdot \sin\varphi \cdot \operatorname{ctg}\alpha \qquad (22)$$

als *Reibungskoeffizient* bezeichnet wird.

Der Übergang von der am Boden verzögerten und zum tiefen Druck einströmenden Luftbewegung zum Gradientwind in der freien Atmosphäre erfolgt nach der sog. EKMANN-*Spirale* (195), und durch diese Rechtsdrehung und Beschleunigung mit der Höhe wird auf die unteren Schichten noch eine zusätzliche Mitführungskraft ausgeübt, die sich zur Bodenreibung addiert. Auf diese Weise ist die totale Reibungskraft nicht direkt nach rückwärts, sondern mehr nach links gerichtet, wobei empirische Untersuchungen für diesen Winkel einen Betrag von etwa 38° ergeben haben (663). Näher sei auf diese Untersuchungen hier nicht eingegangen und dieserhalb auf die Lehrbücher der theoretischen Meteorologie (z. B. 299, S. 201 ff.) bzw. die grundlegende Untersuchung von HESSELBERG und SVERDRUP (317) verwiesen[2].

Von wesentlicher Bedeutung für die Synoptik sind dagegen die Größe des Ablenkungswinkels und das Verhältnis zwischen Gradientwind und tatsächlich am Boden beobachteter Windgeschwindigkeit. Als mittlere Ablenkungswinkel in Bodennähe wurden gefunden (290, S. 609):

Tabelle 5. *Mittlere Ablenkungswinkel am Boden.*

Zone	Ablenkungswinkel α
Mitteleuropa	44°
Paris, Parc St. Maur	47°
West- und Nordeuropa	68°
Nordatlantik	80°

Über dem Festland beträgt der Ablenkungswinkel demnach etwa 45°, nimmt zur Küste hin bis 70° zu und erreicht auf offenem Meere im Mittel 80°.

Die Änderung des Ablenkungswinkels mit der Höhe (150) ist an Hand neueren Materials von W. SEELIGER (580, 706, 791) untersucht worden, der zu folgenden Ergebnissen kam (Tabelle 6):

Tabelle 6. *Mittlere Ablenkungswinkel als Funktion der Höhe.*

Höhe (m)	Boden	250	500	750	1000	1500	2000	3000
Ablenkungswinkel	52°	63°	75°	82°	87°	90°	90°	90°
Zahl der Fälle	1036	931	1010	683	784	597	404	172

Über die Zunahme des Windes mit der Höhe mag folgende Tabelle einen Anhalt geben, in der die Windgeschwindigkeit in Prozent der in 16 m Höhe[3] herrschenden Windstärke nach Beobachtungen von HELLMANN in *Potsdam* und *Nauen* zusammengestellt ist (290, S. 613).

---

[1] Der Komplementwinkel wird als *Inklinationswinkel* definiert.
[2] Vgl. auch HAURWITZ (297), BAUR und PHILIPPS (50).
[3] Das ist etwa die durchschnittliche Höhe der Anemometeraufstellungen.

Tabelle 7. *Windgeschwindigkeit in % der in 16 m Höhe herrschenden Geschwindigkeit.*

Höhe (m)	0.05	0.25	0.5	1	2	16	32	123	258	500
Windgeschwindigkeit in % . .	28	43	52	61	71	100	115	150	176	197

Aus Tabelle 7 geht hervor, daß die Windgeschwindigkeit von normaler Anemometerhöhe bis 500 m etwa eine Verdoppelung erfährt, d. h. über dem Land erreicht die in den synoptischen Wettertelegrammen angegebene Windstärke knapp 50% des Gradientwindes. In Kopfhöhe des Menschen ist die Windstärke noch $^1/_3$ geringer als in Höhe der Windmeßgeräte.

Die Abweichungen von Windrichtung und Windstärke sind in den einzelnen Sektoren der Zyklonen bzw. Antizyklonen erheblich verschieden. Das ist teils auf die zusätzlichen Beschleunigungseffekte zurückzuführen, indem kleinere Ablenkungswinkel und geringere Geschwindigkeiten auf der Vorderseite eines Tiefs bei Zunahme des Druckgefälles und der damit eintretenden Beschleunigung der Strömung beobachtet werden und größere Ablenkungswinkel und Windstärken auf der Rückseite bei Abnahme des Gradienten die Folge sind. Außerdem wirkt die Stabilität der Schichtung derart, daß bei Labilität durch den großen Austausch ein erheblicher Teil der Bewegungsenergie in die unteren Luftschichten transportiert wird, dagegen im stabilen Falle die schnell bewegte Höhenluft über die bodennahen Luftschichten hinweggleitet.

Der tägliche Wechsel der Stabilität der Vertikalschichtung, hervorgerufen durch die Strahlungsverhältnisse, macht sich auf diese Weise am Boden durch eine starke Windschwankung bemerkbar. Mittags setzt sich die schnelle Höhenströmung in starken Böen bis zum Boden durch, am Abend wird es bei gleichen Druckgradienten in den unteren Schichten oft völlig windstill, während man zugleich beobachten kann, wie der Schornsteinrauch schneller als in den Mittagsstunden und in nahezu laminarer Strömung fortgetrieben wird.

Ganz besonders groß sind die Windgeschwindigkeiten auf den Rückseiten der ostwärts ziehenden Zyklonen, wo nach den statistischen Ergebnissen die Ablenkungswinkel auf See im Mittel 90° erreichen und zuweilen voller Gradientwind auftritt. Die große Labilität in der Kaltluft transportiert die Bewegungsenergie der oberen Luftschichten bis zur Meeresoberfläche herab, die starke Turbulenz vergrößert gleichzeitig noch die Wellenbewegung, so daß hier die Stürme viel gefährlicher sind als im Bereich der Warmsektoren, wo die Schichtung stabiler ist und bei gleichem Druckgefälle nicht so hohe Windgeschwindigkeiten erreicht werden.

In der Praxis des Sturmwarnungsdienstes hat es sich bewährt, in ausgesprochener Warmluft mit etwa 60%, in Kaltluft mit 80% und in extremen Fällen mit 100% des Gradientwindes zu rechnen.

9. Die Beschleunigung.

Wenn überall in der freien Atmosphäre der geostrophische Wind vorhanden wäre, dann könnte hier kein Luftteilchen die Isobaren kreuzen, und durch die Ausgleichsströme in Bodennähe würden dort schließlich alle Druckunterschiede verschwinden. Es gäbe keine Druckänderungen und kein Wettergeschehen. Wie R. C. SUTCLIFFE (825) hervorgehoben hat, bewirkt auch die Advektion anders temperierter Luftmassen keine Druckänderung, solange sie nach den Gesetzen des geostrophischen Windes erfolgt.

Abweichungen vom geostrophischen Wind treten aber nur dann auf, wenn Beschleunigungen (bzw. Verzögerungen) wirksam sind (577), und am wichtigsten ist hierbei in der Höhe der Massentransport vom tiefen zum hohen Luftdruck, der allein imstande ist, Druckgegensätze zu erzeugen bzw. zu verstärken.

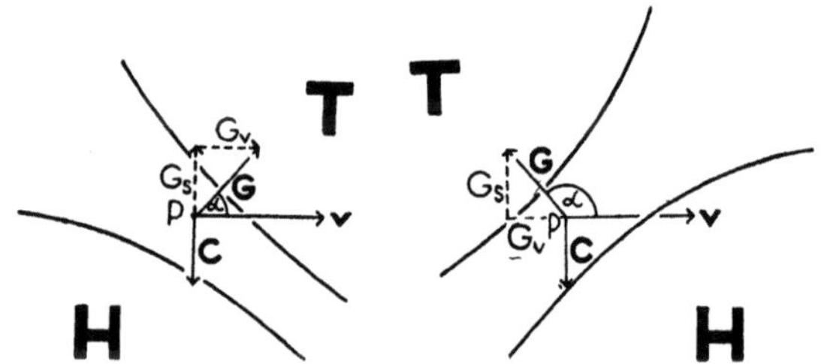

Abb. 10. Kräftepläne für beschleunigte (links) und verzögerte Bewegung (rechts).

Um die bei solchen Beschleunigungen auftretenden Abweichungen der Höhenwind- von der Isobarenrichtung abschätzen zu können, hat F. MÖLLER (290, S. 520—522) den Spezialfall der geradlinigen Bewegung beim Auftreten von Bahnbeschleunigungen untersucht und die in Abb. 10 reproduzierten einfachen Kräftepläne für beschleunigte (links) und verzögerte Bewegung (rechts) angegeben. Soll die Strömung geradlinig bleiben, so muß die senkrecht zu ihr gerichtete Komponente G_s des Druckgefälles durch die ablenkende Kraft C kompensiert werden. Der Isobarenabstand ist in den Punkten P der gleiche wie in Abb. 6 und folglich auch die Größe der Gradientkraft G dieselbe. Da von ihr in beiden Fällen nur die Komponente G_s der ablenkenden Kraft C das Gleichgewicht halten muß, ergibt sich, daß unter den MÖLLERschen Voraussetzungen die Richtung des Windes bei Beschleunigung zum tiefen und bei Verzögerung zum hohen

Druck hin gerichtet ist, daß aber die Windgeschwindigkeit sowohl bei geradliniger Beschleunigung als auch bei geradliniger Verzögerung geringer sein muß als beim geostrophischen Wind. Die Ablenkungswinkel ergänzen sich in beiden Fällen zu 180° und sind durch die Gleichung

$$\text{tg } \alpha = \frac{G_s}{G_v} = \frac{2\,\omega\,\sin\varphi \cdot v}{G_v}$$

gegeben, wobei G_v die Beschleunigung bzw. Verzögerung in der Bahnrichtung angibt und durch die dabei erfolgende Zu- oder Abnahme des Windes ausgedrückt werden kann. F. MÖLLER hat folgende Ablenkungswinkel berechnet:

Tabelle 8. *Ablenkungswinkel des Windes in Abhängigkeit von der geographischen Breite und dem Betrag der Änderung der Windgeschwindigkeit in der Richtung des Windes bei geradlinig beschleunigter Bewegung (konvergente Isobaren) und geradlinig verzögerter Strömung (divergente Isopotentialen).*

		$\varphi = 90°$	70°	50°	30°	10°
Windzunahme in km/h auf 100 km	20	71°	70°	67°	61°	51°
	15	76°	74°	72°	66°	54°
	10	80°	79°	77°	72°	57°
	5	85°	84°	83°	80°	66°
Gleichbleibender Wind	0	90°	90°	90°	90°	90°
Windabnahme in km/h auf 100 km	5	95°	96°	97°	100°	114°
	10	100°	101°	103°	108°	123°
	15	104°	106°	108°	114°	126°
	20	109°	110°	113°	119°	129°
		$\varphi = 90°$	70°	50°	30°	10°

Tabelle 8 zeigt, daß unter der Voraussetzung geradliniger Bewegungen die Richtungsabweichungen in unseren Breiten bei den vorkommenden Windstärkeänderungen etwa 20° erreichen können. Wie weit die Voraussetzungen allerdings realisierbar sind, ist eine offene Frage.

Wir können diese Ergebnisse aber auch noch in anderer Weise interpretieren. Die Abb. 10 zeigt nämlich, daß bei Beschleunigungen die (einströmende) Luftbewegung immer eine kleinere Geschwindigkeit aufweist als sie dem Gradientwind entspricht und daß schon wieder eine Angleichung an die Isobarenrichtung erfolgt, noch ehe der geostrophische Geschwindigkeitswert erreicht ist. Bei der Verzögerung ist es anders. Hierbei erfährt das Luftteilchen selbst dann, wenn seine (ursprünglich übergradientische) Geschwindigkeit schon in untergradientische überführt worden ist, immer noch eine Ablenkung gegen den hohen Druck hin. Daraus muß gefolgert werden, daß diese gradientverstärkenden Prozesse wirksamer sind als die oberen Ausgleichsströmungen, was damit in Übereinstimmung steht, daß die Ausgleichsströmungen am Boden im Mittel durch die gradientverstärkenden Prozesse in der Höhe kompensiert werden. Damit steht die Tatsache im Einklang, daß in größerer Höhe anscheinend im Mittel eine Strömungsrichtung gegen den hohen Druck vorhanden ist, und I. REINEKE erhält dafür in einer im Gange befindlichen Untersuchung sogar wesentlich höhere Beträge als $+0.3°$, wie sie hier (vgl. S. 24) gefunden wurden.

Eine ebenso wichtige Rolle wie die aus dem momentan vorhandenen Druckfeld herrührenden Beschleunigungseffekte spielen die aus den Druckänderungen resultierenden Abweichungen vom Strömungsgleichgewicht, wobei deren Charakter der gleiche ist: Wie BRUNT und DOUGLAS (117) gezeigt haben, bedingt nämlich eine (zeitliche) Zunahme des Druckgefälles ebenso eine einströmende wie Abnahme eine ausströmende Komponente des Windes, Zusatzglieder, welche als *isallobarische Winde* bezeichnet worden sind. Sie wehen in das Zentrum des Fallgebiets hinein und aus dem Steiggebiet heraus, werden jedoch nach H. PHILIPPS (553) bei gekrümmtem Isobarenverlauf durch andere Faktoren überlagert. MÖLLER und SIEBER (471) haben ferner durch eine statistische Bearbeitung des Höhenwindmaterials den Nachweis erbracht, daß es noch eine andere nicht zu vernachlässigende Bewegungskomponente innerhalb der Druckänderungsgebiete gibt, nämlich eine parallel zu den Isallobaren gerichtete, die den umgekehrten Drehungssinn wie die Luftströmungen um die Hoch- und Tiefdruckgebiete aufweist (462) und nach H. ERTEL (208) darauf zurückzuführen ist, daß sich die Luftströmung nicht momentan den geänderten Gradienten anpassen kann, sondern eine gewisse Anpassungszeit benötigt. Diese Forderung spielt für die Vorstellungen über die Zyklonenentstehung eine wichtige Rolle.

10. Die Zirkulationsbeschleunigung.

In der theoretischen Meteorologie wird der Begriff der *Zirkulation* (im engeren Sinne und nicht zu verwechseln mit der allgemeinen Zirkulation) eingehend erläutert. Es handelt sich dabei um die in einem *baroklinen Feld* [1] eintretenden Luftströmungen, welche um so stärker sind, je größer der Temperatur- bzw. Dichteunterschied (gemessen durch die von den Linien gleichen Druckes und gleicher Dichte gebildeten *Solenoide*) ist. Die auftretenden *Zirkulationsbeschleunigungen* (Änderungen der Zirkulation) werden in der Atmosphäre weitgehend durch die CORIOLIS-Kraft kompensiert. Da eine mathematische Behandlung dieser Probleme über den Rahmen dieses Buches hinausgehen würde und das Zustandekommen der Strömungen zwischen einem warmen und kalten Gebiet auch ohne Zuhilfenahme dieser Begriffe erklärt werden kann (vgl. den nächsten Abschnitt), braucht hier nicht näher darauf eingegangen zu werden, zumal die Berechnung der Zirkulationsbeschleunigung im praktischen Wetterdienst bis jetzt kaum angewandt wird (484, 502, 817).

H. Der Einfluß der Reibung und ablenkenden Kraft der Erdrotation auf das Wettergeschehen.

Das Gesetz des Gradientwindes und die daraus resultierenden Folgerungen mußten etwas ausführlicher besprochen werden, weil sie einen weit größeren Einfluß auf das gesamte Wettergeschehen nehmen als der Synoptiker vielleicht anzunehmen geneigt ist. Ein wirklich großer Teil der atmosphärischen Prozesse am Boden und in der Höhe, der Bildungsmechanismus der Zyklonen und Antizyklonen, die Entstehung und die Ausbreitung der Luftmassen sowie die Entwicklung der Frontalzonen werden maßgebend durch die Gesetze der Reibung (770, 771) und der ablenkenden Kraft der Erdrotation beeinflußt.

Die Wirkung der Reibung ist wohl das größte meteorologische Paradoxon, das in der Synoptik auftritt: Man müßte nämlich erwarten, daß sie einem Ausgleich von Druckgegensätzen hinderlich ist, weil sie die Geschwindigkeiten abbremst, und doch ist es gerade umgekehrt.

Im widerstandslosen Falle gleicht sich die Strömung stets nach kurzer Zeit dem Verlauf der Isobaren bzw. Isopotentialen an und verhindert daher einen Massenfluß senkrecht zu deren Verlauf. Erst unter der Einwirkung der Reibung wird dagegen ein Massentransport quer zum Verlauf der Isobaren vom hohen zum tiefen Druck hin ermöglicht. Das führt dazu, daß die Reibungskraft gerade einen Ausgleich von bestehenden Druckgegensätzen herbeiführt, und da andererseits die Erdoberfläche durch ihre Rauheit, die Unebenheiten des Geländes, die Bewaldung oder Bebauung für jede Luftströmung ein starkes Hindernis darstellt, so fördert sie den Ausgleich von Luftdruckgegensätzen. Die Erdoberfläche ist, wie es in aller Deutlichkeit F. M. EXNER (215, S. 132) ausgesprochen hat, das Hauptausgleichsniveau der Luftströmungen.

Die Bodenreibung ist es also gerade, die das Entstehen großer Druckgegensätze verhindert, eine Tatsache, die sich in der Synoptik in einschneidendem Maße bemerkbar macht: Nur dort, wo sie geringer ist, wie über dem freien Ozean oder bis zu einem gewissen Grade auch in den arktischen Eiswüsten, vermögen sich die Depressionen zu den eigentlichen Orkanwirbeln zu entwickeln. Über Land sind die Druckgegensätze stets erheblich geringer, da sie unter der Wirkung der Reibung schneller ausgeglichen werden. Ein Gebirge wird nur in ganz seltenen Fällen von Depressionszentren überquert. Der Luftdruck fällt im Innern des Berglandes stets am wenigsten und viel mehr an seinen Rändern, wo der Widerstand geringer ist. Die Alpen werden selten von Zyklonen besucht, auch das norwegische Bergland nicht gerne von den Tiefdruckkernen überschritten, und tropische Wirbelstürme füllen sich sehr schnell auf, wenn sie durch die Höhenströmung vom Meer aufs Land gesteuert werden. Dagegen sind die Meeresgebiete in der Nähe von Gebirgen, wie das Skagerrak oder der Golf von Genua, besonders bevorzugte Stellen für Zyklogenesen und stationäre Tiefdruckwirbel.

Selbstverständlich wirkt sich auch die höhere Temperatur der Wasseroberfläche im Vergleich zu den im Winter stark erkaltenden Landmassen in gewissem Sinne förderlich für die Bevorzugung der Meeresgebiete durch die Tiefdruckwirbel aus, doch ist dies nur ein sekundärer Effekt. Das Islandtief liegt im Mittel mit seinem Zentrum über dem freien Raum des nordatlantischen Ozeans und hat seine Parallele in dem Aleutentief auf dem Pazifik. Auf der Südhalbkugel sind die Stürme viel häufiger und schwerer, weil die große Wasserwüste die Entwicklung der Wirbel fördert. Selbst im täglichen Gang der Vertiefung der Zyklonen macht sich die verschiedene Reibung bei Tage und während der Nacht bemerkbar, indem sich z. B. die Vb-Zyklonen mit Vorliebe im Laufe der Nacht vertiefen, was sich für den Sturmwarnungsdienst der Ostsee oft unangenehm auswirkt. Die Erklärung muß darin gesucht werden, daß bei der nächtlichen stabilen Schichtung

---

[1] Das ist ein solches, in dem sich die Isobaren und die Linien gleicher Dichte *(Isopyknen)* schneiden.

der Austausch und damit die Reibung geringer werden; die Höhenströmung wird durch die Bodenrauhigkeit nicht mehr so stark beeinflußt und gleitet über die unteren Schichten hinweg, womit die Austauschverhältnisse sich dem Zustand über den Ozeanen annähern.

Auch die stabilen Hochdruckgebiete haben — abgesehen von den thermisch bedingten winterlichen Antizyklonen über dem Innern der Festländer — die Neigung, sich über den Meeresgebieten zu verankern, wie es bei allen subtropischen Hochdruckzellen der Fall ist. Der Meeresraum westlich von Großbritannien ist ein bevorzugter Platz für die unser Wetter beherrschenden antizyklonalen Steuerungszentren.

Die Bodenreibung ist es auch, die als Ursache für das wichtigste Gesetz der synoptischen Aerologie angesehen werden muß, daß nämlich **der Luftdruck über Kaltluft in der Höhe tief und über Warmluft in der Höhe hoch ist.** W. H. DINES (153, 154) und A. SCHEDLER (666, 667) haben schon vor mehr als 30 Jahren die enge Beziehung zwischen dem Druck im 9-km-Niveau und der Mitteltemperatur der darunter liegenden Troposphäre festgestellt, und trotz ihrer eindeutigen Befunde wurde immer wieder auf die viel weniger ausgeprägte Beziehung zwischen dem Bodendruck und der Temperatur d a r ü b e r hingewiesen. So wurde es eine weit verbreitete Anschauung, bei kälterer von schwererer Luft zu sprechen und demgemäß vorauszusetzen, daß der Luftdruck darunter höher sei, obwohl im statistischen Mittel noch häufiger das Umgekehrte der Fall ist (673).

Tabelle 9. *Troposphärische Korrelationsfaktoren.*

Nr.	Ausgangselement	Korreliert mit	Korrelationsfaktor	
			nach DINES	nach SCHEDLER
1	Temperatur der Tropopause	Höhe der Tropopause	— 0.68	— 0.47
2	Temperatur der Tropopause	Luftdruck am Boden	— 0.52	— 0.38
3	Temperatur der Tropopause	Luftdruck in 9000 m Höhe	— 0.47	— 0.33
4	Bodendruck	Mitteltemperatur der Troposphäre	+ 0.47	—
5	Bodendruck	Höhe der Tropopause	+ 0.68	+ 0.29
6	Luftdruck in 9000 m Höhe	Luftdruck am Boden	+ 0.68	+ 0.45
7	Luftdruck in 9000 m Höhe	Höhe der Tropopause	+ 0.84	+ 0.73
8	Luftdruck in 9000 m Höhe	Mitteltemperatur der Troposphäre	+ 0.95	+ 0.87

In Tabelle 9 sind die von DINES und SCHEDLER berechneten und von F. M. EXNER[1] übersichtlich zusammengestellten Korrelationsfaktoren im einzelnen aufgeführt, von oben nach unten von ausgeprägten negativen Beziehungen zu starken positiven Koeffizienten fortschreitend. Zwischen der Temperatur der Tropopause und den Luftdruckwerten in der Troposphäre sowie der Höhe der Tropopause bestehen inverse Beziehungen, auf die erst später (vgl. S. 84) näher eingegangen wird. Alle übrigen Faktoren sind positiv. Zwischen dem Bodendruck und der Mitteltemperatur der Troposphäre beträgt der Korrelationsfaktor schon + 0.47 und zeigt damit eindeutig, daß der Luftdruck unter kalten Luftmassen gerade niedrig ist und daß die Hochdruckgebiete warm sind, so daß die Ansicht von der „schwereren" Kaltluft nicht zu Recht besteht. Die höchsten Korrelationsfaktoren, die in der Meteorologie bisher überhaupt festgestellt worden sind und die es zulassen, direkt von einem Gesetz zu sprechen (8. Reihe der Tabelle 9), ergeben sich zwischen der Mitteltemperatur der Troposphäre und dem Luftdruck darüber — in 9000 m Höhe — zu + 0.95 bzw. + 0.87 und sind noch größer als die Beziehungen zwischen dem Druck in 9000 m und dem Luftdruck am Boden bzw. der Höhe der Tropopause.

Man hat später die Ursache der Hochdruckgebiete in die Stratosphäre verlegt, wo sie tatsächlich kalt sind[2]. Wie sich aber in dieser Untersuchung noch zeigen wird, ist auch diese Verschiebung der druckerhöhenden Wirkung nicht mehr haltbar. Der zur Diskussion stehende Zusammenhang zwischen dem Höhendruck und der Temperatur der Luftschicht unterhalb soll im folgenden noch einmal genau dargelegt werden.

In Abb. 11 stelle a) den Anfangszustand zweier ruhender Luftmassen M_1 und M_2 dar, die durch eine senkrecht gedachte Wand voneinander getrennt sein mögen. Am Boden herrsche der gleiche Druck, d. h. die Höhe der untersten Isobarenfläche h_0 ist bei beiden Luftmassen gleich. Ist ferner auch die Mitteltemperatur T_1 in den Säulen dieselbe, so muß auch die Höhe einer Isobarenfläche h_p über beiden Massen gleich sein. Das ganze System ist also in Ruhe.

---

[1] Lit. 215, S. 303. ZISTLER (896) hat neuerdings für Europa fast die gleichen, B. HAURWITZ (295, 300, 301) für Amerika kaum niedrigere Werte erhalten.

[2] Ein Musterbeispiel für die statische Erklärung der Druckänderungen hat THOMAS (832, 833) vorgeführt, wobei er schließlich gezwungen ist, den Sitz des Druckanstiegs in Höhen oberhalb 14 000 m zu verlegen.

Jetzt werde (Stadium b) die rechte Luftmasse bis zur Temperatur T_2 erwärmt, wobei die Ursache der Erwärmung keine Rolle spielt. Zunächst ändert sich dadurch der Bodendruck bzw. die Höhe der untersten Isobarenfläche h_0 nicht, aber die Druckfläche h_p erfährt über der rechten (wärmeren) Säule eine Hebung um die Höhe Δh. Auch alle anderen Druckflächen oberhalb h_0 verlagern sich nach oben.

Denken wir uns die trennende Wand nun entfernt, so beginnt in allen Höhen oberhalb h_0 von der rechten (wärmeren) Seite ein Abfluß, dem Druckgefälle bzw. der Neigung der Flächen gleichen Druckes entsprechend, nach der linken kälteren Masse, die die Temperatur T_1 behalten hat. Der Luftsäule M_1 wird also jetzt Masse von der Säule M_2 zugeführt, und der Luftdruck muß am Boden von M_1 und ebenso in den Schichten darüber steigen bzw. die Höhe der Isobarenflächen eine entsprechende Hebung erleiden (Stadium c). Um den gleichen durch das Abströmen bedingten Betrag müssen sich alle Isobarenflächen der warmen Säule senken.

Sobald aber in den bodennahen Schichten der Säule M_1 der Druck zu steigen beginnt, fängt hier die untere Luft bereits an, nach der Säule M_2 hin abzuströmen (dargestellt durch den unteren Pfeil im Stadium c). Im Idealfall würde sich eine Zirkulation entwickeln, wie sie in Abb. 11d dargestellt ist, wobei genau so viel Luft in der Höhe von M_2 nach M_1 abfließt, wie unten von M_1 nach M_2 gelangt.

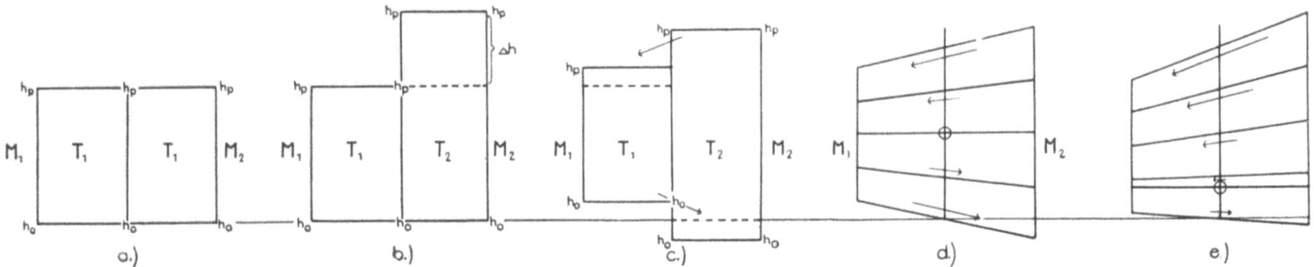

Abb. 11. Entstehung der Zirkulation zwischen kalten und warmen Räumen.

Bei diesem Kreislauf bleibt also der Druck in mittleren Schichten gleich, die (relative) Druckerhöhung beschränkt sich über dem kalten Gebiet auf die unteren und im Warmluftbereich auf die oberen Schichten. Es könnte sich aber niemals ein Zustand ausbilden, bei dem der Luftdruck an der Obergrenze der beiden Säulen gleich bliebe und sich auf diese Weise der durch die verschiedenen Temperaturen hervorgerufene Druckeffekt in allen Schichten der kalten Säule durch Druckerhöhung und in der warmen durch Abnahme des Luftdrucks bemerkbar machte, wie es Voraussetzung ist, wenn man von der „schwereren" Kaltluft spricht. In Wirklichkeit kommt nun noch die Reibung hinzu, die den ganzen Prozeß derart transformiert, daß die Änderungen am Boden gerade gering und in der Höhe entsprechend groß werden.

Wir haben nämlich eben schon festgestellt daß die Erdoberfläche das Hauptausgleichsniveau darstellt, d. h. daß sich in den unteren Schichten große Druckgegensätze gar nicht entwickeln können. Infolge der Reibung ist der Abfluß in den unteren Teilen von M_1 nach M_2 erleichtert, in der Höhe dagegen das Abfließen von M_2 nach M_1 dadurch erschwert daß keine Reibung vorhanden ist, sich infolgedessen Gradientwind einstellt, die Strömung senkrecht zum Druckgefälle verläuft und einen Ausgleich dann nicht mehr herbeiführen kann. Das Endresultat besteht schließlich darin (Stadium e), daß sich die Ausgleichsfläche nach unten hin verschiebt, im Durchschnitt etwa in 1500 m zu liegen kommt (565) und am Boden daher nur geringe Druckgegensätze erhalten bleiben. Der durch die Temperaturunterschiede hervorgerufene Druckgegensatz wirkt sich hauptsächlich in der Höhe aus, wo über der kalten Luft eine starke Senkung der Isobarenflächen erfolgt und im warmen Bereich eine entsprechende Hebung bestehen bleibt.

Die im Endstadium eingezeichneten Windpfeile sollen also — mit Ausnahme der Bodenschicht und im Gegensatz zu den Darstellungen weiter links — die Windgeschwindigkeit senkrecht zum Druckgefälle wiedergeben, die in der Höhe eine große Stärke erreicht, am Boden aber verhältnismäßig gering bleibt. Dabei vermag hier die kältere Luft, die Isobaren kreuzend, in die wärmere Zone einzudringen, ständig bemüht, den schon geringen Unterschied im Barometerstand noch weiter abzuschwächen. Dies ist die Ursache dafür, daß die *statischen Druckeffekte* unten von den *dynamischen* völlig verdeckt werden und sich die durch die Temperaturunterschiede hervorgerufenen Druckdifferenzen nur in der Höhe so deutlich auswirken. Wir werden die Gültigkeit dieses wichtigen Gesetzes bei allen tropo- und stratosphärischen Vorgängen kennenlernen; es ist ebenso maßgebend für den Aufbau der Hoch- und Tiefdruckgebiete wie für die allgemeine Zirkulation, der der nächste Teil gewidmet ist.

Zweiter Teil

Die allgemeine Zirkulation der Tropo- und Stratosphäre und ihre Auswirkung auf das Wettergeschehen.

Bevor wir uns mit der Vielfalt der atmosphärischen Erscheinungen befassen, müssen wir zuerst die durchschnittlichen Zustände einer Betrachtung unterziehen, da daraus bereits wertvolle Schlüsse hinsichtlich des Wettergeschehens gezogen werden können. Es wurde dabei nur in wenigen Fällen auf schon vorhandene Kartendarstellungen zurückgegriffen, im übrigen das im Laufe der letzten Jahre angefallene umfangreiche aerologische Beobachtungsmaterial erstmals einer Bearbeitung unterzogen.

A. Das Beobachtungsmaterial.

Die deutschen aerologischen Beobachtungen sind täglich zur Zeichnung der Höhenwetterkarten verwandt und damit bereits einer ersten Durchsicht unterworfen worden, wobei offensichtlich fehlerhafte Meßergebnisse sofort ausgeschieden wurden. Ferner konnten die im laufenden Dienst gezeichneten 5-Tage- und Monatsmittelkarten als Ausgangsmaterial für die klimatologischen Untersuchungen herangezogen werden.

Aus ihnen wurden für den dreijährigen Zeitraum von Oktober 1941 bis September 1944 Durchschnittskarten für jeden Monat nach dem Verfahren der graphischen Addition berechnet[1], die hier nicht reproduziert werden, da die Schwankungen von Monat zu Monat wegen des kurzen Zeitraums noch zu groß sind. Statt dessen werden die nach Jahreszeiten zusammengefaßten Mittelkarten für den europäischen Raum wiedergegeben, die, jeweils 3mal 3 Monate repräsentierend, die durchschnittlichen Verhältnisse schon mit genügender Genauigkeit wiedergeben dürften, zumal in diese Zeitspanne ein sehr kalter und zwei recht milde Winter fielen.

Für die Darstellung der aerologischen Verhältnisse auf der Nordhemisphäre konnte das von H. FLOHN in mühsamer Arbeit bereits zusammengetragene Material, insbesondere für Sibirien und Nordamerika, mit verwandt werden, wobei die russischen Aufstiege, deren Ergebnisse dem Täglichen Wetterbericht der Deutschen Seewarte entnommen wurden, allerdings nur selten die Stratosphäre erreichten. Ferner wurden hinzugezogen die von W. LANGE (1943 gefallen beim Wettererkundungsflug) während der Südpolarfahrt der *Schwabenland* im Jahre 1938 über dem Atlantik durchgeführten Aufstiege und die vom Observatorium in *Ilmala* (bei Helsinki) freundlichst überlassenen aerologischen Mittelwerte für den Zeitraum 1936 bis 1942. Besonders große Höhen erreichten die indischen Registrierballone von *Agra* sowie *Poona* (im Winter) und *Hyderabad* (im Sommer), die durchweg am Abend gestartet wurden, daher ebenso wie die sämtlich bei Nacht durchgeführten amerikanischen Radiosondenaufstiege keinen Strahlungsfehler aufweisen und für aerologisch-klimatologische Untersuchungen ein ganz ausgezeichnetes Material darstellen.

Die Vereinigten Staaten[2] haben seit 1939 ein sehr gut verteiltes Radiosondennetz eingerichtet, das von der *Schwanen Insel* und *Porto Rico* im Karibischen Meer bis nach *Nome* und *Point Barrow* in Alaska reicht und im mittleren Teile der Staaten besonders viele Stationen umfaßt, deren Ergebnisse im „Monthly Weather Review" veröffentlicht werden, das aber nur bis Mitte 1941 zugänglich war.

Die wertvollste Bereicherung unserer Kenntnis der aerologischen Verhältnisse im Polargebiet verdanken wir den deutschen Überwinterungsstationen auf Spitzbergen[3] im Winter 1942/43 und 1943/44, an der Ostküste Grönlands[4] von Oktober 1942 bis Mai 1943, auf Franz-Joseph-Land[5] im Winter 1943/44 sowie der Hope-Insel südöstlich·Spitzbergen[6] im Frühjahr 1944 und im Winter 1944/45, deren verhältnismäßig vollständig über Funk empfangene Ergebnisse hier bearbeitet wurden.

B. Der Strahlungsfehler.

Ist die Radiosonde der Sonnenstrahlung ausgesetzt, so wird dadurch, vor allem in den höheren Schichten, wo die Luftdichte gering und Wolkenschutz nie vorhanden ist, eine Erwärmung des Temperaturmeßkörpers

---

[1] Bei der 41-mb-Fläche wurde wegen zu großer Ungenauigkeit erst ab Januar 1942 mit der Mittelbildung begonnen. Aber auch während dieses Zeitraums erreichten täglich nur so wenige Aufstiege diese Höhe, daß die Zuverlässigkeit der Einzelkarten gering, der Monatsmittel hingegen noch tragbar erscheint.

[2] Das gesamte Beobachtungsmaterial der amerikanischen Flugzeugaufstiege hat durch EKHART (191) eine eingehende Bearbeitung erfahren.

[3] Etwa auf 80° N, 13° E. — [4] Etwa auf 75° N, 19° W. — [5] Bei 81° N, 47° E. — [6] Bei 77° N, 26° E.

Tabelle 10. *Änderung der Hauptmillibarflächen über Deutschland vom Morgen zum Nachmittag nach den Ergebnissen der Flugzeugaufstiege 1936—1938.*

1	2	3	4	5	6	7	8	9	10	11
	Mittlere Zeiten		Absolute Topographie	Relative Topographien						Absolute Topographie
Monat	Frühaufstieg MEZ.	Nachmittagsaufstieg MEZ.	1000 mb dyn. Dek.	900/1000 mb dyn. Dek.	800/900 mb dyn. Dek.	700/800 mb dyn. Dek.	600/700 mb dyn. Dek.	500/600 mb dyn. Dek.	500/1000 mb dyn. Dek.	500 mb dyn. Dek.
Januar	$7^1/_2$	15	− 0.4	+ 0.4	+ 0.2	+ 0.2	+ 0.2	+ 0.2	+ 1.2	+ 0.8
Februar	$7^1/_2$	15	+ 0.2	+ 0.5	+ 0.1	+ 0.1	+ 0.2	+ 0.3	+ 1.2	+ 1.4
März	$7^1/_2$	$16^1/_2$	− 0.0	+ 0.8	+ 0.3	+ 0.2	+ 0.3	+ 0.4	+ 1.8	+ 1.8
April	7	17	− 0.3	+ 0.9	+ 0.5	+ 0.4	+ 0.5	+ 0.5	+ 2.8	+ 2.6
Mai	7	18	− 0.5	+ 1.0	+ 0.4	+ 0.2	+ 0.2	+ 0.3	+ 2.0	+ 1.5
Juni	7	18	− 0.5	+ 0.9	+ 0.4	+ 0.1	+ 0.2	+ 0.3	+ 1.9	+ 1.4
Juli	7	18	− 0.5	+ 0.8	+ 0.4	+ 0.2	+ 0.2	+ 0.2	+ 1.8	+ 1.2
August	7	18	− 0.1	+ 0.8	+ 0.3	+ 0.2	+ 0.2	+ 0.1	+ 1.5	+ 1.4
September	7	17	− 0.1	+ 0.7	+ 0.2	+ 0.2	+ 0.3	+ 0.2	+ 1.6	+ 1.5
Oktober	7	15	− 0.1	+ 0.4	+ 0.1	+ 0.1	+ 0.1	+ 0.2	+ 0.9	+ 0.7
November	7	15	− 0.6	+ 0.2	+ 0.1	+ 0.2	+ 0.1	+ 0.2	+ 0.8	+ 0.3
Dezember	7	15	− 0.9	+ 0.2	+ 0.1	+ 0.2	+ 0.2	+ 0.1	+ 0.9	+ 0.0
Jahr	7	17	− 0.3	+ 0.6	+ 0.3	+ 0.2	+ 0.2	+ 0.2	+ 1.5	+ 1.2

über die tatsächliche Lufttemperatur herbeigeführt, was mehr oder weniger große Fälschungen auch der Geopotentialwerte zur Folge hat. Dieser Effekt wird hier kurz als Strahlungsfehler bezeichnet. Man kann ihn teilweise dadurch vermeiden, daß die Aufstiege nachts stattfinden, wie es für Indien und die Vereinigten Staaten bereits erwähnt wurde.

Da aber in höheren Breiten die Sonne während der Sommermonate gar nicht untergeht und selbst noch in Mitteleuropa der übliche 5-Uhr-Aufstiegstermin von April bis August in die Zeit nach Sonnenaufgang fällt, bleibt nichts anderes übrig, als entsprechende Korrektionen anzubringen. Die experimentellen Untersuchungen über die Größe des Strahlungsfehlers sind noch nicht abgeschlossen, deshalb mußte er an Hand des vorliegenden Beobachtungsmaterials bestimmt werden. Dies erforderte umfangreiche statistische Auswertungen, hat dann aber die aufgewandte Mühe gelohnt, indem jetzt auch die Mittelkarten der 96- und 41-mb-Fläche die tatsächlichen Strömungsverhältnisse mit ausreichender Genauigkeit wiedergeben dürften.

Es wurden für den Zeitraum Januar bis Mai 1944 für insgesamt 25 Stationen die mittleren Differenzen der absoluten Topographien der 225- und 96-mb-Fläche sowie der relativen Topographie 96/225 mb zwischen den Morgen- und Abendaufstiegen, getrennt für die einzelnen Monate, berechnet. Fanden Morgen- und Abendaufstiege bei Dunkelheit statt, so blieben sie unberücksichtigt; schien schon bei der Frühmessung die Sonne, so wurden später an diese Werte die in erster Annäherung berechneten Strahlungsfehler angebracht. Dies war zur Erweiterung des statistischen Materials notwendig, weil sonst die Korrektionsbeträge bei hohem Sonnenstand im April und Mai für die meisten Stationen nicht hätten ermittelt werden können. Es wurde ferner für die durchschnittliche Aufstiegszeit jeder Station die mittlere Sonnenhöhe in dem betreffenden Monat berechnet und auf diese Weise der Unterschied der relativen und absoluten Schichtdicken der erwähnten Flächen als Funktion der Sonnenhöhe festgestellt.

Die so gefundenen Zahlenwerte geben aber noch nicht den wirklichen Strahlungsfehler an, denn sie enthalten außer diesem auch die tatsächliche tägliche Temperaturperiode, die noch eliminiert werden muß. Da man annehmen kann, daß die Flugzeugaufstiege wegen ihrer hohen Ventilationsgeschwindigkeit keinen ins Gewicht fallenden Strahlungsfehler aufweisen, wurde aus diesen die tatsächliche tägliche Temperaturperiode bis zur 500-mb-Fläche ermittelt. Zu diesem Zweck wurden für sämtliche deutschen Wetterflugstellen, deren Ergebnisse in vorbildlicher Form — nach Morgen- und Abendaufstiegen getrennt — im Deutschen Meteorologischen Jahrbuch für die Jahre 1936 bis 1938 veröffentlicht wurden, die Differenzen aller relativen und absoluten Topographien zwischen der 1000- und 500-mb-Fläche, ebenfalls getrennt für die einzelnen Monate, festgestellt. Da die Werte von allgemeinem Interesse sein dürften (vgl. HERGESELL 309), sind sie in Tabelle 10 zusammengestellt, wobei zu bemerken ist, daß die Aufstiegszeit in den einzelnen Jahren derart geschwankt hat, daß die angegebenen mittleren Zeiten nur einen ganz rohen Überblick zu geben imstande sind.

Eine ganze Reihe von Monaten konnte nicht verwendet werden, weil nicht genug tägliche Aufstiegspaare vorlagen. Die in der 4. Spalte der Tabelle 10 zusammengestellte mittlere Änderung der 1000-mb-Fläche zeigt zudem, daß auch die getroffene Auswahl, bei der solche Monate mit berücksichtigt wurden, in denen nur einige Aufstiege abends bzw. morgens ausgefallen waren, noch nicht streng genug ist, denn die unverhältnismäßig große Abnahme des Bodendrucks vom Morgen zum Nachmittag in den Wintermonaten dürfte nicht reell sein und soll hier nicht weiter untersucht werden. Die Schwankung der relativen Topographien zeigt aber schon ein recht ausgeglichenes Bild. Die Mitteltemperatur der unteren Troposphärenhälfte (relative Topographie 500/1000 mb) hat ihre größte Amplitude im April, wenn die Einstrahlung besonders groß ist, und nimmt zum Sommer, wenn auch die Bewölkung stärker wird, wieder ab. Die 500-mb-Fläche erfährt ebenfalls im Frühjahr mit fast 3 Dekametern ihre stärkste tägliche Hebung, die dagegen im Frühwinter beinahe völlig verschwindet.

Wir müssen aus vorstehender Tabelle Annäherungswerte für die tägliche Schwankung der 225-mb-Fläche ermitteln, wenn wir den Einfluß der reellen täglichen Temperaturperiode auf die Änderung der absoluten Topographie der 225-mb-Fläche beseitigen wollen. Es ist dazu nötig, eine Annahme über die periodische Temperaturschwankung in der Schicht zwischen 500 und 225 mb zu machen, zu welchem Zweck die Änderungen der Topographien in der letzten Reihe der Tabelle 10 gemittelt worden und die diesen Werten entsprechenden Temperaturänderungen in Tabelle 11 aufgeführt sind.

Tabelle 11. *Mittlere tägliche Temperaturschwankung über Deutschland.*

Schicht Temperaturschwankung in °C	900/1000 mb	800/900 mb	700/800 mb	600/700 mb	500/600 mb	500/1000 mb
	2.1	0.8	0.5	0.5	0.5	0.8

Es geht daraus hervor, daß die tägliche Temperaturperiode in der freien Atmosphäre sehr gering ist, nur in den untersten 1000 m etwa 2° erreicht und schon bis 3000 m auf den theoretisch erwarteten Wert von 0.5° zurückgeht. Für unsere Zwecke ist es wesentlich, daß dieser Betrag von 0.5° von der 700- bis zur 500-mb-Fläche konstant bleibt und wir daraus die Berechtigung zu der Annahme ziehen können, daß auch in der oberen Troposphäre bis zur 225-mb-Fläche die tägliche Temperaturschwankung diese Größenordnung beibehält. Dann kann man aus Tabelle 10 berechnen, daß die Differenz in der Höhenlage der 225-mb-Fläche zwischen den Früh- und Nachmittagsaufstiegen von etwa 1 Dekameter im Winter auf 3 Dekameter vom März bis September zunimmt und in den Übergangsmonaten Februar und Oktober etwa 2 Dekameter beträgt, wobei diese Werte auf etwa 1 Dekameter genau sind. Werden sie von den ermittelten Differenzen zwischen den Höhenlagen der 225-mb-Fläche zum Früh- und Abendtermin abgezogen, so bleibt der Strahlungsfehler allein übrig.

Nachdem auf diese Weise der Strahlungsfehler für die 225-mb-Fläche ermittelt war, ist für die höheren Schichten ein etwas anderer Weg beschritten worden. Es wurde jetzt von der relativen Topographie 96/225 mb ausgegangen und, sofern zwei im Abstand von etwa 12 Stunden ausgeführte Aufstiege mindestens 150 mb erreichten, die Differenz der relativen Topographie 96/225 mb, wieder getrennt für die einzelnen Monate von Dezember 1943 bis Mai 1944, berechnet. Die Sonnenhöhe wurde dabei in gleicher Weise, wie vorhin beschrieben, berücksichtigt. Es ergaben sich Werte, deren Streubereich recht groß war, aus denen aber gleichzeitig hervorging, daß bei größerer Sonnenhöhe als 20° die Differenz bei etwa 7 Dekameter verharrt. Auch in diesem Betrag ist noch die volle tägliche Temperaturperiode enthalten, über deren Größe uns nichts bekannt ist. Es wurde deshalb die wahrscheinlichste Voraussetzung gemacht, daß die Temperaturschwankung in der Stratosphäre ebenfalls im Mittel 0.5° ausmacht und der entsprechende Betrag von 1.2 Dekameter abgezogen.

Die Anwendung des gleichen Verfahrens auf die relative Topographie 41/96 mb scheitert wegen des zu geringen Materials. Da jedoch gerade eine Kalkulation des Fälschungsbetrages der 41-mb-Fläche besonders wichtig war, blieb nichts anderes übrig, als die durch die Strahlung bedingte wirkliche Temperaturerhöhung oberhalb 96 mb abzuschätzen und sie etwa 1° höher anzunehmen als bei der relativen Topographie 96/225 mb.

In Abb. 12 enthält[1] der untere Teil die für die relative Topographie 96/225 mb berechneten und für die Schicht 41/96 mb geschätzten, die obere Hälfte die für 225 mb ausgerechneten Strahlungsfehler (untere Kurve), woraus sich durch entsprechende Addition die Abweichungsbeträge für 96 und 41 mb ergeben.

---

[1] Die einzelnen Rechenergebnisse sind durch kleine Kreise bzw. Kreuze markiert.

Es zeigt sich, daß die Strahlungsfehler für die 225-mb-Fläche im Vergleich zu den dort stets beträchtlichen Gegensätzen vernachlässigt werden können, da sie 4 Dekameter nicht überschreiten und zudem die Wolkenschichtung in der Troposphäre im Einzelfall ganz verschieden sein kann. Für 96 und 41 mb erreichen diese Korrektionen oberhalb einer Sonnenhöhe von 20° mehr als 8 bzw. 15 dyn. Dekameter, ändern sich allerdings bei noch höherem Sonnenstand nur noch wenig.

Die Methode, nach der die Kurven berechnet wurden, läßt es möglich erscheinen, daß die Zunahme der Abweichung bei niedrigen Sonnenständen rascher vor sich geht, da die statistische Mittelbildung dies ausgeglichen haben kann. Solange keine endgültigen experimentellen Untersuchungen darüber vorliegen, läßt sich diese Frage nicht entscheiden. Da die Korrektionswerte hier nur zur Verbesserung von Monats- und Jahreszeiten-Mittelkarten benutzt werden, wobei ebenfalls von mittleren Sonnenhöhen ausgegangen werden muß, spielt dies keine Rolle.

Es wurde allerdings zunächst angenommen, daß die Größe der Strahlungskorrektion in den Mittelkarten nur eine Funktion der geographischen Breite sei, da alle Aufstiege gegen 5 Uhr Ortszeit gestartet werden sollten. Es brauchten dann nur die Linien gleicher Sonnenhöhen für 5 Uhr Ortszeit gezeichnet, diese in Strahlungskorrektionen umgerechnet und graphisch zu den Isopotentialen der betreffenden Monatsmittelkarten addiert zu werden. Das Ergebnis führte zu einer Höhendruckverteilung, die nicht reell sein konnte. Eine Nachprüfung der Aufstiegszeiten für sämtliche Stationen ergab, daß der Termin nach Ortszeit nicht eingehalten wurde, sondern daß die Aufstiege über Westeuropa, damit ihre Ergebnisse rechtzeitig am Morgen vorlagen, bis zu 2 Stunden vor dem angesetzten und nur im Osten zum festgesetzten Termin durchgeführt wurden.

Es wäre sehr zeitraubend gewesen, die Korrektionen für jede einzelne Aufstiegsstelle gesondert auszurechnen, und es erwies sich deshalb als vorteilhaft, daß ohne Schwierigkeiten „Linien gleicher Aufstiegstermins nach Ortszeit" gezeichnet werden konnten. Es mußten jetzt Kurven gleichen Sonnenaufgangs und gleicher Sonnenhöhe in bezug auf die „Linien gleicher Aufstiegs-Ortszeit" für jeden einzelnen Monat gezeichnet und dieses Liniensystem so umkonstruiert werden, daß es direkt die Strahlungskorrektion für je 4 dynamische Dekameter Fehlergröße angibt. Dann brauchten diese Korrektionskarten zu den entsprechenden Monatsmittelkarten nur graphisch addiert zn werden, und es ergab sich der von Strahlungsfehlern freie Verlauf der relativen und absoluten Topographien in der Stratosphäre.

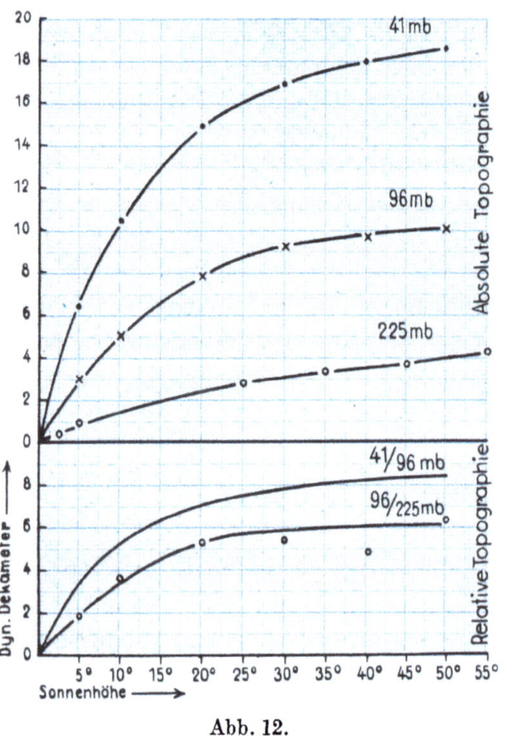

Abb. 12.
Der Strahlungsfehler als Funktion der Sonnenhöhe.

Für die isoliert gelegenen Polarstationen auf *Spitzbergen*, *Franz-Joseph-Land* und der *Hope-Insel* wurden die einzelnen Korrektionsbeträge direkt berechnet. Sie erreichen dort im Sommer bis zu 16 Dekameter bei der 41-mb-Fläche, wogegen sie über Mitteleuropa nicht höher als 10 Dekameter liegen.

Diese verbesserten Monatsmittelkarten haben unsere Kenntnis von der stratosphärischen Druckverteilung erheblich bereichert. Vor allem wurde das zunächst für den Sommer erhaltene starke nordsüdliche Gefälle der Isopotentialen weitgehend herabgemindert und gelangte nun in Übereinstimmung mit den wenigen bis in Höhen oberhalb 20 km reichenden Pilotvisierungen, die stets eine wesentlich schwächere Ostströmung ergeben hatten, als sie die Höhenkarten andeuten, die dadurch gefälscht waren, daß die nordnorwegischen Aufstiege bei einer Sonnenhöhe bis zu 15° durchgeführt wurden, wenn gleichzeitig im Mittelmeergebiet noch Nacht herrschte.

Erst nach diesen leider nicht zu vermeidenden Diskussionen über die Konstruktion der Mittelkarten können wir uns diesen selbst zuwenden.

C. Die Zirkulation über Europa im Jahreslauf.

Zunächst sollen die mittleren Verhältnisse über dem europäischen Raum vom Boden bis zur 41-mb-Fläche hinauf behandelt werden.

1. Jahresmittel.

In Abb. 13 auf S. 35 sind die Jahresmittel der relativen (gestrichelt) und absoluten Topographien (ausgezogene Linien) über dem europäischen Raum dargestellt. Dabei bezieht sich der Mittelwert der 41-mb-Fläche auf die Periode von Januar 1942 bis November 1944, aller übrigen Karten von Oktober 1941 bis November 1944, umfaßt also bis auf eine Ausnahme einen dreijährigen Zeitraum.

Gegenüber der in Abb. 18 wiedergegebenen langjährigen durchschnittlichen Bodendruckverteilung sind die Abweichungen (Abb. 13a) sehr gering und überschreiten nur im Raume zwischen Nowaja Semlja und Franz-Joseph-Land 5 mb. Etwa um diesen Betrag ist der Luftdruck dort in den letzten Jahren niedriger gewesen, doch liegen zu wenig Meldungen aus dem fraglichen Raum vor, als daß dies vollständig gesichert

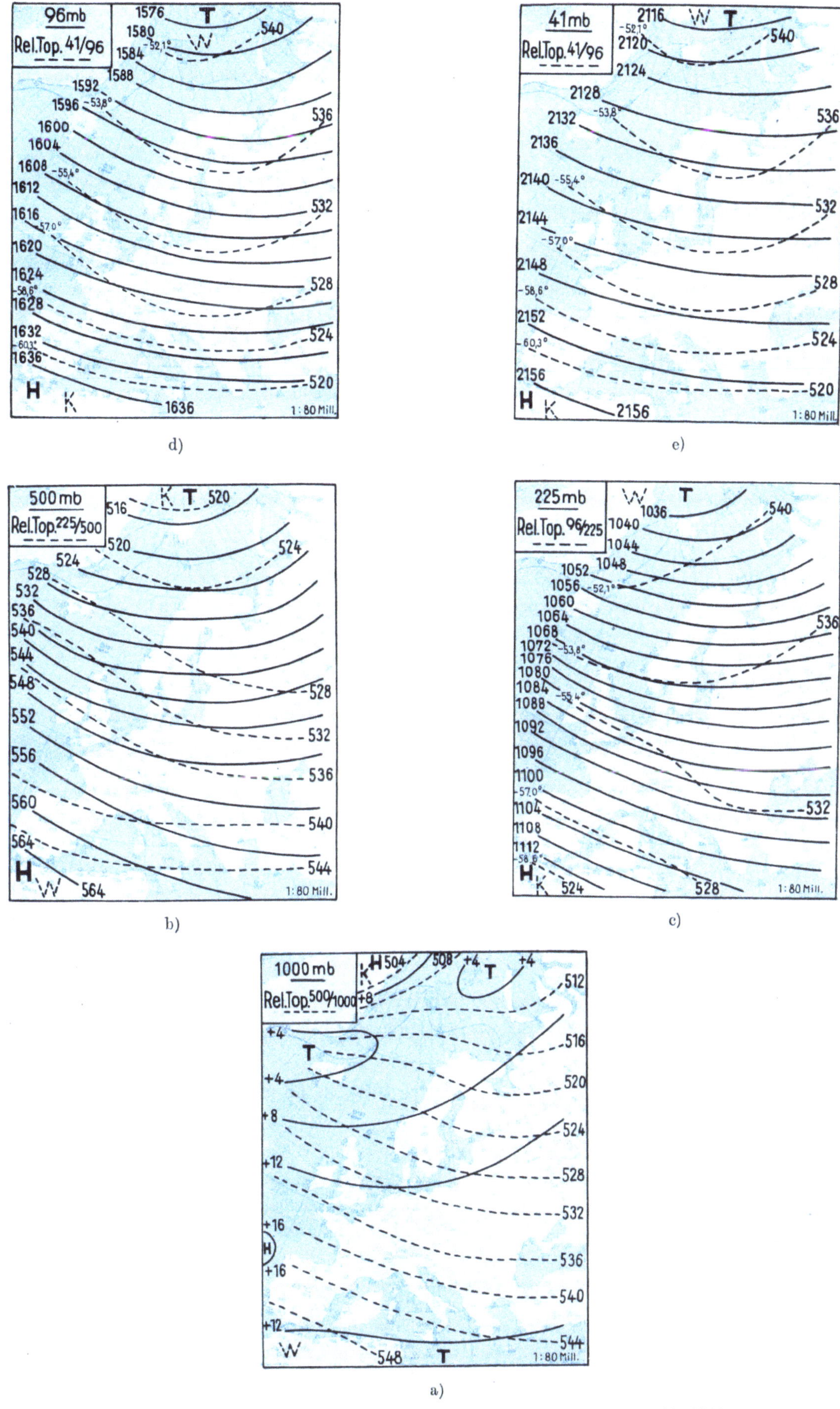

Abb. 13. Mittlere absolute und relative Topographien über Europa 1941 bis 1944.

wäre. Allerdings scheint auch bei Island der Luftdruck 1 bis 2 mb zu tief, über Westeuropa hingegen um etwa den gleichen Betrag zu hoch gewesen zu sein, was auf eine leicht übernormale Zirkulation hindeuten würde. In dieser Beziehung ähnelt das Bild demjenigen, das für das Jahrzehnt 1921 bis 1930 gefunden wurde (695); jedenfalls sind die Abweichungen aber so gering, daß alle Karten den langjährigen Durchschnitt nahezu repräsentieren dürften.

Ein ausgeprägter Hochdruckrücken erstreckt sich längs der „*Achse des Kontinents*" von Nordspanien über das Alpengebiet nach Südrußland, eine Rinne tiefsten Druckes über die Dänemarkstraße und das Seegebiet südlich Spitzbergen zum sibirischen Eismeer zwischen Nowaja Semlja und Franz-Joseph-Land. Das polare Hochdruckgebiet macht sich nur über Ostgrönland stärker bemerkbar.

Der in die gleiche Karte (gestrichelt) eingetragene Verlauf der mittleren relativen Topographie der 500- über der 1000-mb-Fläche zeigt gegenüber dem Bodendruck eine bemerkenswerte Rechtsabweichung: während die Isobaren eine Hauptrichtung von WSW nach ENE bevorzugen, verlaufen die Isothermen (relative Topographien) von WNW nach ESE. Beide Liniensysteme schneiden sich unter einem Winkel von etwa 22°. Es zeigt sich darin der erwärmende Einfluß des Golfstroms, oder anders ausgedrückt: Bei ihrem Transport vom Atlantischen Ozean nach Nord- und Nordosteuropa kühlt sich die Luft ab. Da der Gradientwind im fraglichen Gebiet etwa einen Durchschnittswert von 10 km/h erreicht, errechnet sich daraus der Abkühlungsbetrag zu 4 Dekameter in 5 Tagen oder 0.4° je Tag für die gesamte Schicht vom Boden bis 500 mb. Nur über dem südlichen Mittelmeer erfährt die Luft bei ihrem Strömen nach Südwest eine geringfügige allmähliche Erwärmung, und im hohen Norden verlaufen Isobaren und Isothermen parallel zueinander, so daß man zu der Feststellung gelangt, daß im gesamten Bereich des europäischen Kontinents ein Wärmezufluß vom Ozean her vorherrscht.

Die Strömung erfährt dadurch natürlich mit der Höhe allgemein eine Rechtsdrehung und verläuft in 500 mb (Abb. 13b) durchschnittlich von W nach E oder sogar schon mit einer kleinen Nord-Komponente. Gleichzeitig hat das Druckgefälle bereits erheblich zugenommen (auf etwa 40 km/h). Die Temperaturverteilung in der oberen Troposphärenhälfte (gestrichelte Linien in Abb. 13b) ähnelt weitgehend dem Verlauf der Isothermen zwischen 1000 und 500 mb; für die gesamte Troposphäre erhält man eine durchschnittliche Temperaturabnahme zwischen Nordafrika und Spitzbergen von 3° je 1000 km.

Bis zur Tropopause nimmt dabei das Druckgefälle (Abb. 13c) auf etwa 55 km/h Gradientwind zu und weist allgemein eine kleine Komponente nach Osten auf. Die Temperaturunterschiede in der unteren Stratosphäre (dargestellt durch die in Abb. 13c gestrichelt gezeichneten relativen Isopotentialen 96 über 225 mb) sind entgegengesetzt gerichtet wie in der Troposphäre und zugleich geringer; von Spitzbergen bis nach Afrika beträgt die Abnahme nur 16 dyn. Dekameter, dem eine Temperatursenkung von im ganzen etwas über 6° entspricht[1].

Damit muß auch das mittlere Gefälle der Isopotentialen in der Stratosphäre langsam abnehmen, ohne seine Richtung merkbar zu ändern. In 96 mb (Abb. 13d) hat sich die Windgeschwindigkeit wieder auf etwa 40 km/h erniedrigt, und da darüber bis zur 41-mb-Fläche (gestrichelte Linien) das äquatorwärts gerichtete Temperaturgefälle anhält, vermindert sich die mittlere Höhenströmung bis zur 41-mb-Fläche (Abb. 13e) weiter auf etwa 25 km/h[2].

In welchem Niveau und ob überhaupt im Mittel eine Umkehr des Druckgefälles in noch größerer Höhe eintritt, läßt sich nicht sagen, da das Verhalten in den einzelnen Jahreszeiten ganz verschieden ist.

2. Jahreszeitenmittel 1000 bis 96 mb.

In Abb. 14 (S. 38/39) sind die mittleren relativen und absoluten Topographien, vertikal übereinander geordnet und links mit dem Winter beginnend, reproduziert. Als erstes fällt sofort der wesentlich geringere Gegensatz im Sommer gegenüber dem Winter in der unteren Troposphäre und der Stratosphäre auf, während an der Tropopause die jahreszeitlichen Unterschiede bei weitem nicht so ausgeprägt sind. Die Karten für Frühling und Herbst ähneln einander sehr und nehmen eine Mittelstellung ein.

Im Winter ist am Boden (a) einerseits die durch das Herz des Kontinents verlaufende Hochdruckbrücke (119) am besten ausgeprägt und gleichzeitig das Druckgefälle von dort nach Nord- und Nordwesteuropa hin bei

---

[1] Wegen der weitgehenden Konstanz der Stratosphärentemperaturen haben die den einzelnen relativen Topographien entsprechenden Temperaturwerte hier einen Sinn (Tafel III) und sind deshalb in den Stratosphärenkarten stets mit angegeben.

[2] In die Karten der 41-mb-Fläche sind die relativen Topographien für die Schicht darunter (41/96 mb) zur Erleichterung der Betrachtung von oben nach unten mit aufgenommen worden, während in allen anderen Flächen stets die relative Topographie der Schicht darüber — die Betrachtung von unten nach oben begünstigend — dargestellt ist.

weitem am stärksten; zugleich erreicht auch die von Westen nach Osten gerichtete Komponente des Temperaturgefälles ihren größten Wert, und beide Liniensysteme schneiden sich über großen Gebieten fast senkrecht. Bei einem mittleren Gradientwind am Boden von 20 km/h beträgt der Temperaturgradient längs der Bodenisobaren zwischen Irland und Finnland 20 Dekameter = 10° auf einer Strecke von 2500 km, woraus sich die tägliche Abkühlung auf diesem Wege zu 2° berechnet.

Über der Ostgrönlandsee herrscht demgegenüber bei ebenfalls stärkerer Ausprägung des grönländischen Hochs, das seine größte Intensität allerdings erst im Frühling (Karte e) erreicht, ein ausgesprochener Kaltlufttransport von Norden nach Süden. Der Temperaturgegensatz erfährt hier an der Nordgrenze des Golfstromes, der sich durch eine Aufwölbung der relativen Topographien nach Nordosten bis zur Bäreninsel und Franz-Joseph-Land hin bemerkbar macht, seine größte Steigerung. Zugleich ist auch das Islandtief im Winter am stärksten ausgeprägt und ebenso die etwa längs der Eiskante nach Nordosten verlaufende subpolare Tiefdruckrinne. Über dem Mittelmeer ist der Luftdruck allgemein niedriger als über dem angrenzenden europäischen Kontinent, so daß nach dorthin die festländische Kaltluft in stetigerem Strome abtransportiert wird, während weiter im Norden Vorstöße der russischen Luftmassen mehr zu den Ausnahmeerscheinungen gehören.

Bei dem großen westöstlichen Temperaturgefälle dreht auch der Wind im Winter mit der Höhe stark nach rechts, erreicht schon in 500 mb (Karte b) eine Richtung von WNW nach ESE und dreht bei gleichbleibendem Temperaturgegensatz in der oberen Troposphäre (gestrichelte Linien der Karte b) in 225 mb (Karte c) bis in die NW-Richtung. Die Windgeschwindigkeit nimmt dabei vor allem über Nordwesteuropa im Winter stark zu, in 500 mb im englischen Raum auf etwa 50 und in 225 mb auf 60 km/h.

Das bemerkenswerteste Ergebnis dieser Mittelkarten besteht darin, daß die relative Topographie in der Stratosphäre weder in der Schicht von 96/225 mb (gestrichelte Linien der Karte c) noch in 41/96 mb (Strichelung in Karte d) eine Umkehr des Temperaturgefälles andeutet, wie sie die Jahresmittelkarten zeigen, daß vielmehr im W i n t e r — und nur in dieser Jahreszeit — a u c h i n d e r S t r a t o s p h ä r e e i n, wenn auch nur schwaches, T e m p e r a t u r g e f ä l l e v o n S ü d n a c h N o r d vorhanden ist. Die höchsten Stratosphärentemperaturen haben sich mit 528 bzw. 526 Dekametern — entsprechend —57 bzw. —58° — über dem südöstlichen Teil des Kontinents ergeben, wo die Isopotentialen der Tropopause ihre stärkste Ausbuchtung nach Südwesten aufweisen, während die mittlere Stratosphärentemperatur über Franz-Joseph-Land bei —62° liegt.

Dieser Temperaturabnahme nach Norden entsprechend nimmt auch das Druckgefälle in der Stratosphäre über den subpolaren Breiten noch weiter zu. Es wird also im Winter das große Druckgefälle an der Tropopause mit mittleren Windgeschwindigkeiten bis zu 100 km/h in der Stratosphäre n i c h t kompensiert.

Diese Erscheinung beschränkt sich allerdings nur auf den Winter und ist, wie die einzelnen Monatsmittelkarten zeigen, vor allem im Dezember, zur Zeit des niedrigsten Sonnenstandes, ausgeprägt. Im Januar tritt schon wieder eine geringe, im Februar und März dann plötzliche und sehr starke Erwärmung der polaren Stratosphäre ein, so daß im Frühjahr (Karten g und h) dort bereits wieder ein ausgeprägtes nordsüdliches Temperaturgefälle vorhanden ist.

Im übrigen weichen die Karten für 225 (g) und 500 mb (f) in dem Linienverlauf nicht wesentlich von den entsprechenden Karten für den Winter ab, während das Gefälle aber besonders in 500 mb bereits ein gut Teil geringer geworden ist.

Am Boden fällt die große Gleichförmigkeit der Druckverteilung im Frühling (Karte e) über dem europäischen Kontinent besonders auf.

Zum Sommer verschiebt sich im Niveau der 1000-mb-Fläche (Karte i) der höchste Luftdruck bei der festländischen Erwärmung eindeutig auf den Atlantischen Ozean, zugleich nehmen die Druckgegensätze vor allem über Nordeuropa weiter ab, während der Temperaturunterschied (gestrichelte Linien der Karte i) beträchtlich bleibt und nur seine Richtung insofern ändert, als jetzt die Meeresgebiete relativ kalt sind und der Kontinent sich durch hohe Temperatur auszeichnet. Die Isothermen verlaufen jetzt von WSW nach ENE.

Wegen der Größe des Temperaturgegensatzes im Sommer nimmt auch in dieser Jahreszeit der Wind bis zur 500-mb-Fläche (Karte j) stark zu, und da das Temperaturgefälle darüber in der oberen Troposphäre gleichgerichtet bleibt, werden an der Tropopause (Karte k) im mitteleuropäischen Raum ebenso große mittlere Windgeschwindigkeiten wie im Winter erreicht, aber jetzt mit reiner Westrichtung bis zu etwa 60 km/h. Über dem Mittelmeerraum ist der Druckunterschied im Sommer sogar größer als im Winter.

Im Gegensatz zu dem Verhalten während der kalten Jahreszeit wird das troposphärische Druckgefälle in der Stratosphäre (gestrichelte Linien in Karte k und l) ziemlich stark kompensiert, und die Windgeschwindigkeit nimmt vor allem über Nordeuropa erheblich ab; die Richtung bleibt aber in 16 000 m noch westlich (Karte l). Die höheren Temperaturen über dem Kontinent machen sich bis zu dieser Höhe hinauf durch eine größere Südkomponente der Strömung über Rußland bemerkbar.

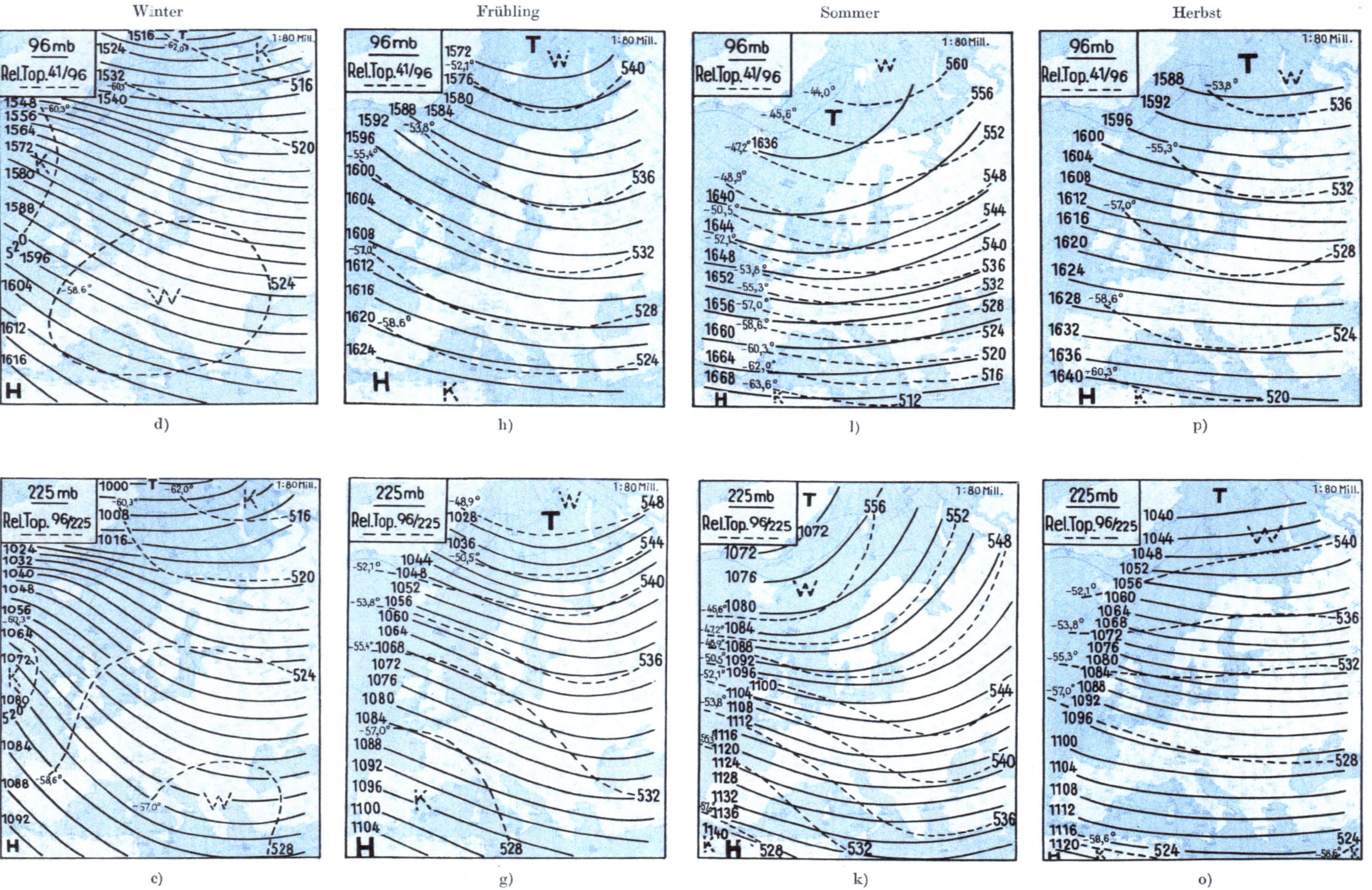

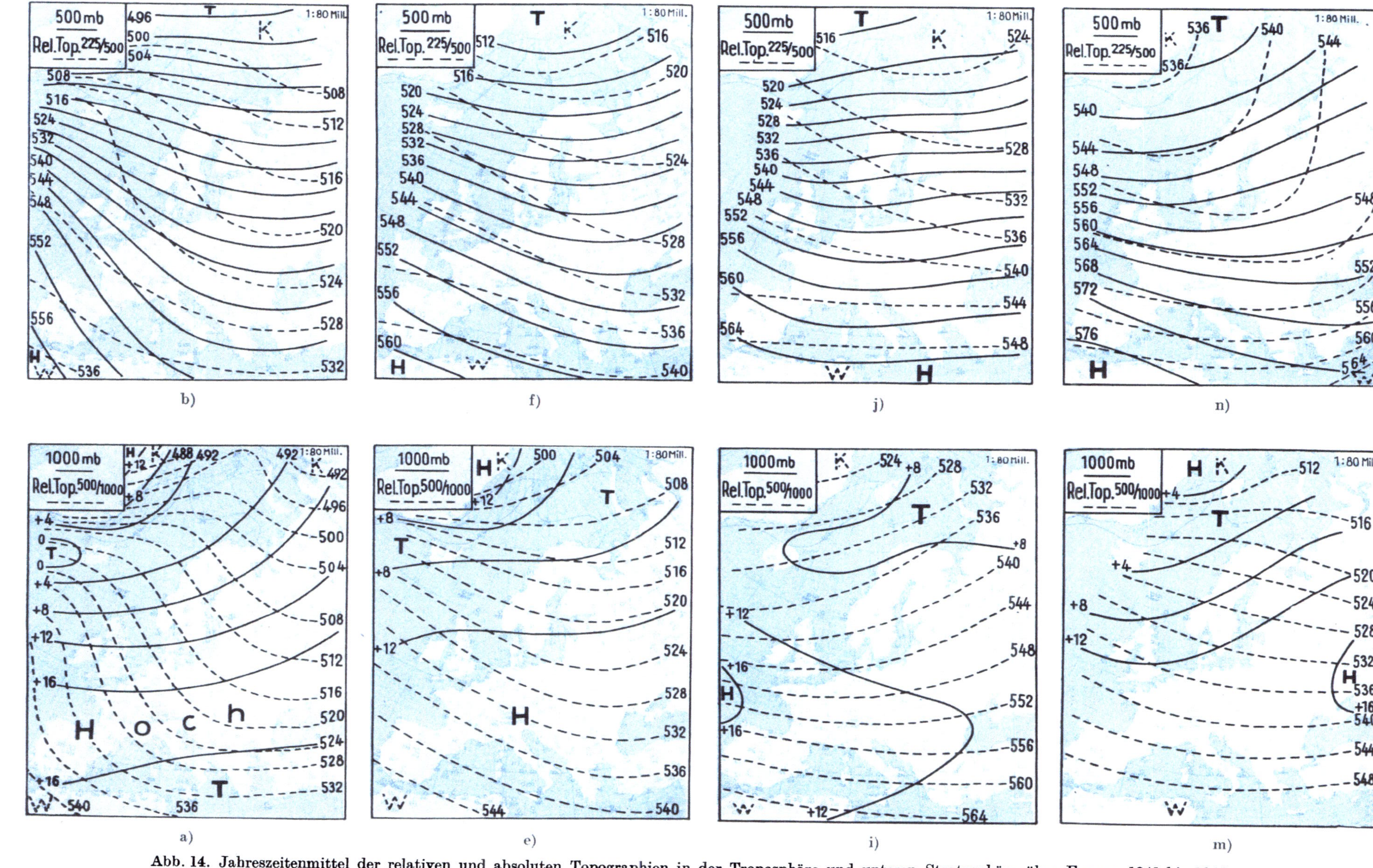

Abb. 14. Jahreszeitenmittel der relativen und absoluten Topographien in der Troposphäre und unteren Stratosphäre über Europa 1941 bis 1944.

Der Herbst leitet allmählich wieder zu winterlichen Verhältnissen über. Am Boden (Karte m) verlagert sich jetzt der höchste Luftdruck nach Rußland, während er im Winter mehr in Form einer Brücke zwischen dem Azoren- und sibirischen Hoch ausgebildet ist. Die Isothermen (gestrichelte Linien in den Karten m und n) drehen allmählich wieder über die Westrichtung hinaus in einen Verlauf von WNW nach ESE; entsprechend beginnt zunächst an der Tropopause (Karte o) und über Westeuropa eine monsunale Umschwenkung des Höhenwindes nach WNW. Die 96-mb-Karte (p) zeichnet sich gegenüber dem Sommer hauptsächlich durch die wieder einsetzende Zunahme des Druckgegensatzes in höheren Breiten aus.

Wir wollen die Einzelheiten im jährlichen Wechsel der europäischen Druck- und Temperaturverteilung erst besprechen, wenn wir auch die Schwankungen im Niveau von 41 mb behandelt haben.

3. Die Schwankung der 41-mb-Fläche im Jahreslauf.

Die Mittelkarten der 41-mb-Fläche sind für die verschiedenen Jahreszeiten in Abb. 15 zusammengestellt und zeigen die große Veränderung des Druckfeldes, die in diesem Niveau im Laufe des Jahres erfolgt. Im Winter (Karte a) ist das Druckgefälle sehr groß und von SSW nach NNE gerichtet, im Sommer (Karte c) kehrt es sich völlig um und hat nun eine Neigung von NNE nach SSW, ist allerdings wesentlich weniger steil als im Winter. Frühjahr (Karte b) und Herbst (d) zeigen ein schwaches südnördliches Druck- und umgekehrtes Temperaturgefälle, wodurch angedeutet ist, daß sich in noch größerer Höhe die Druckdifferenzen weiter verringern und wahrscheinlich etwa bei 25 km eine Umkehr eintritt.

Dieser Übergang zur Ostströmung setzt sich im Sommer bis etwa 19000, Anfang Juli bis etwa 18000 m durch. Die hochreichenden Aufstiege deuten weiter an, daß das vom Pol zum Äquator gerichtete Temperaturgefälle in diesem Teil der Stratosphäre groß ist, so daß die Stärke des Ostwindes, die im Niveau der 41-mb-Fläche durchschnittlich erst 10 km/h aus ESE erreicht, mit der Höhe rasch zunehmen muß. Nach dem Abstand der relativen Isopotentialen (gestrichelte Linien) beträgt diese Zunahme etwa 40 km/h auf 5000 m oder rund 10 km/h je 1000 m Höhe.

Wie die hier nicht reproduzierten Monatsmittel, die 5-Tagemittel- und täglichen Einzelkarten zeigen, geht der Übergang von der westlichen zur östlichen Strömungskomponente in der ersten Maihälfte vor sich und hält bis Mitte August an, wobei er sich gegenüber dem Sonnenlauf etwa einen Monat verspätet, wie dies ebenso bei der Temperatur der unteren Luftschichten der Fall ist. Die Drehung des Stratosphärenwindes erfolgt jedesmal über die Südrichtung, worin sich der monsunale Einfluß der wärmeren Luftmassen des eurasiatischen Kontinents gegenüber der kühleren Atmosphäre über dem Ozean bemerkbar macht. Dieser Monsuneffekt muß noch etwas genauer studiert werden.

4. Die Änderung der relativen und absoluten Topographien vom Winter zum Sommer.

In Abb. 16 (S. 43) sind die Änderungen der relativen und absoluten Topographien aller behandelten Schichten dargestellt.

Am Boden (Karte a) ist die Änderung des mittleren Luftdrucks, wenn man sie mit den Schwankungen der relativen und absoluten Topographien in der freien Atmosphäre vergleicht, äußerst gering. Die gewaltige Temperaturerhöhung vom Winter zum Sommer über dem östlichen Kontinent, die sich nicht nur auf den Boden beschränkt, sondern auch (Karte b) die gesamte Troposphäre umfaßt und am Ural die relative Topographie der Schicht zwischen 1000 und 225 mb um 76 Dekameter — dem beinahe 20° in der Mitteltemperatur entsprechen — erhöht, macht sich nur durch eine Senkung der 1000-mb-Fläche von höchstens 6 Dekameter bemerkbar. Auch die Druckerhöhung über dem isländischen Raum beträgt bis zum Sommer kaum 8 Dekameter (10 mb).

Dabei ist der monsunale Einfluß auf die troposphärische Temperaturänderung sehr groß. Der Zunahme von 76 Dekametern am Ural steht eine solche von nur 24 Dekametern bei Island gegenüber, und die Linien gleicher Temperaturänderung haben allgemein eine ausgesprochene Komponente von Süd nach Nord. Die geringe Wirkung des jahreszeitlich verschiedenen Temperaturverlaufs auf den Bodendruck ist ein Ausdruck der im ersten Teil eingehend besprochenen druckausgleichenden Wirkung der Erdoberfläche.

Die Änderung der 225-mb-Fläche vom Winter zum Sommer (Karte c) ist deshalb ebenso aufs engste mit der Temperaturerhöhung in der Troposphäre darunter gekoppelt, wie das für die interdiurnen Schwankungen gilt und weist gegenüber Karte b nur unwesentliche Abweichungen auf.

Die Temperaturänderung in der Stratosphäre, sowohl in der Schicht von 225 bis 96 (Karte d) als auch von 96 bis 41 mb (Karte f), ist charakterisiert durch starke sommerliche Temperaturerhöhung im Polargebiet bei geringen Änderungen im Süden und entsprechendem ostwestlichen Verlauf der *Isallopotentialen*[1]. In der Stratosphäre (Karte e und g) nimmt deshalb die Schwankung der Höhenlagen der Isobarenflächen sowohl mit der Höhe als auch mit der Polnähe immer mehr zu und erreicht bei Franz-Joseph-Land 160 Dekameter in der 41-mb-Fläche.

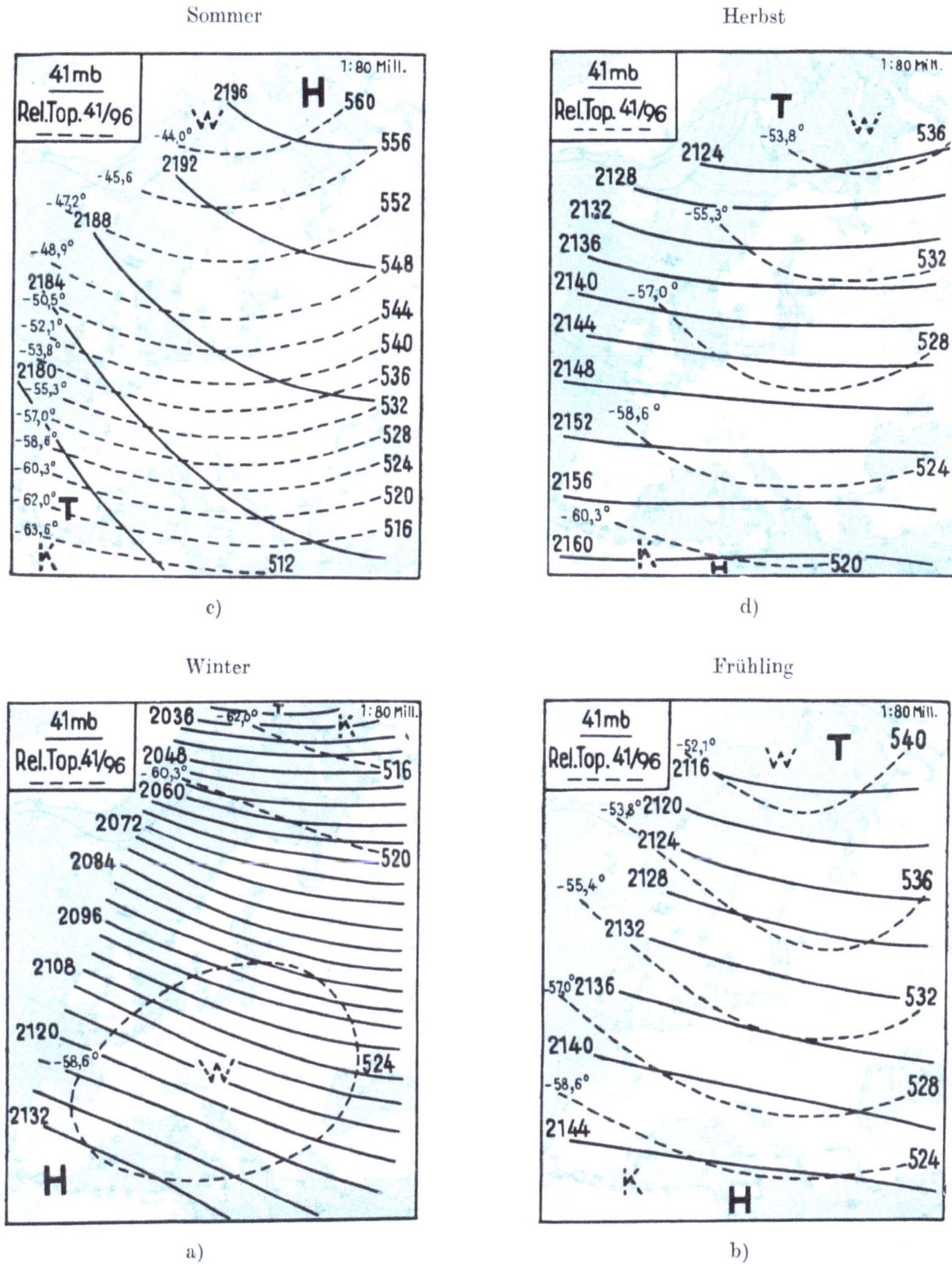

Abb. 15. Jahreszeitenmittel der Höhe der 41-mb-Fläche über Europa 1941 bis 1944.

Aus den Änderungskarten geht hervor, daß vom Winter zum Sommer, vor allem in höheren Breiten, in der Stratosphäre eine ebensolche Erwärmung stattfindet wie in der Troposphäre und daß diese Temperaturerhöhung, die sogar — soweit die vorliegenden Beobachtungen dies zu übersehen gestatten — oberhalb von 20 000 m noch weiter zunimmt, jedoch von keiner irgendwie ins Gewicht fallenden Bodendruckänderung begleitet ist. Es wäre ja auch nicht vorstellbar, welcher ungeheure Massentransport alle halbe Jahre über den Äquator erfolgen müßte, wenn der Luftdruck in großer Höhe im Wechsel der Jahreszeiten konstant bleiben sollte. Wir werden uns gleich bei der Betrachtung der jahreszeitlichen Druck- und Temperaturänderungen auf der ganzen Erde nochmals mit dieser Frage beschäftigen.

---

[1] Der Ausdruck wurde — entsprechend der Bedeutung des Wortes Isallobaren — für die Linien gleicher Änderung der Isopotentialen geprägt.

5. Die mittlere Höhenströmung über Berlin.

Die Karten der Mittelwerte über Europa für das Jahr und die verschiedenen Jahreszeiten können dazu dienen, die durchschnittliche Höhenströmung über *Berlin* zu bestimmen. Tabelle 12 zeigt die Ergebnisse, wobei die nach dem PHILIPPSschen Gradientwind-Nomogramm aus den einzelnen Karten berechneten Vektoren untereinander leicht ausgeglichen wurden.

Im Jahresdurchschnitt weist die Höhenströmung — abgesehen von der bodennahen Schicht — eine geringe Nordkomponente auf, die im Winter bei der starken Abkühlung Asiens verhältnismäßig stark ist. Die Windgeschwindigkeiten liegen in der mittleren Troposphäre im ganzen Jahr gleichmäßig zwischen 30 und 40 und an der Tropopause zwischen 40 und 50 km/h[1].

Einen stärkeren jährlichen Gang des Windvektors weist nur die höhere Stratosphäre auf. In Höhen zwischen 15000 und 20000 m werden im Winter die gleichen mittleren Windvektoren wie in der Hochtroposphäre gemessen, während die westliche Luftströmung im Sommer innerhalb dieser Höhenschicht rasch abnimmt, etwa zwischen 18000 und 19000 m über Süd nach Ostsüdost und in noch größerer Höhe nach Ost dreht und dabei an Stärke gewinnt. In den Übergangsjahreszeiten liegt die Umkehrschicht erheblich höher und im Winter jedenfalls außerhalb der durch Registrierballonaufstiege bisher erforschten Höhen bis zu 35000 m; wahrscheinlich herrscht im Winter in diesen Höhen sogar rings um den Pol eine besonders starke westliche Strömung.

Beobachtungen von Perlmutterwolken und Meteorschweifen, die von E. EKHART (192) kürzlich zusammengestellt worden sind, haben ergeben, daß in Höhen von 80000 m zuweilen Windgeschwindigkeiten von über 500 km/h auftreten, meist aus Ost, gelegentlich jedoch auch aus anderen Richtungen.

Tabelle 12. *Mittlerer Gradientwind über Berlin (1941 bis 1944) in km/h.*

Druckfläche (mb)	Winter		Frühling		Sommer		Herbst		Jahr	
41	290°	50	280°	20	120°	10	270°	30	275°	25
96	295°	50	285°	35	260°	30	280°	35	280°	40
225	300°	50	290°	40	270°	45	275°	50	285°	45
500	290°	40	280°	30	270°	30	270°	30	280°	30
1000	260°	20	270°	10	290°	10	250°	10	265°	10

6. Monats- und Jahresmittel über Lindenberg und Berlin.

Von den einzelnen Monatsmittelkarten, die hier nicht sämtlich reproduziert werden können, sollen wenigstens die Werte für einige ausgezeichnete Punkte des Kartenbildes besprochen werden.

In Tabelle 13 sind die mittleren monatlichen relativen und absoluten Topographien der Standard-Isobarenflächen über *Lindenberg* zusammengestellt, wie sie nach Ausgleich der im Originalmaterial (862) vorhandenen Unregelmäßigkeiten berechnet wurden (728). Ein Vergleich mit den Durchschnittsbeträgen, wie sie die jetzt vorliegenden dreijährigen Beobachtungen ergeben haben (Tabelle 14), zeigt im Jahresmittel nur unbedeutende Abweichungen: Die Stratosphärentemperatur ist etwas kälter als das Lindenberger Material vermuten ließ; daß dies auf dem Strahlungsfehler beruht, ist bereits erwähnt worden. Wesentlich ist, daß das neue Beobachtungsmaterial, das auf den vom Strahlungsfehler befreiten Mittelkarten fußt, tatsächlich für alle 4 Schichten der relativen Topographien nahezu übereinstimmende und kaum von 532 dyn. Dekametern abweichende Werte ergibt. Damit kann die Wahl der Standard-Isobarenflächen nachträglich als zweckentsprechend angesehen werden. Bei den absoluten Topographien liegen die Werte schon vom Boden an etwas höher, da dort der Luftdruck in den letzten Jahren um etwa 2 mb übernormal gewesen ist.

7. Normalwerte für Berlin.

Im Jahresgang traten über *Berlin* in der freien Atmosphäre die tiefsten Druckwerte allgemein im Februar und die Maxima im August, oberhalb 20000 m im Juli ein. Die Troposphäre ist am kältesten im Februar und am wärmsten im August, während für die Stratosphäre die niedrigsten Temperaturen schon im Frühwinter (November und Dezember) und die höchsten im Juli festgestellt wurden. Mit einem sekundären Maximum der Stratosphärentemperatur im Januar sind die Anzeichen einer halbjährigen Periode, wie sie F. MÖLLER (465) für die Stratosphärentemperatur gefunden hat, vorhanden.

Die Unterschiede zwischen den 3-Jahresmitteln und den in Tabelle 15 als *Normalwerte für Berlin* definierten Größen sind sehr gering, und man kann annehmen, daß diese bei längerer Dauer der Beobachtungsreihe annähernd erreicht werden dürften.

---

[1] Die von H. G. MÜLLER (485) berechneten Vektormittel des Höhenwindes über Berlin im Jahre 1943 stimmen mit den hier angegebenen Werten gut überein.

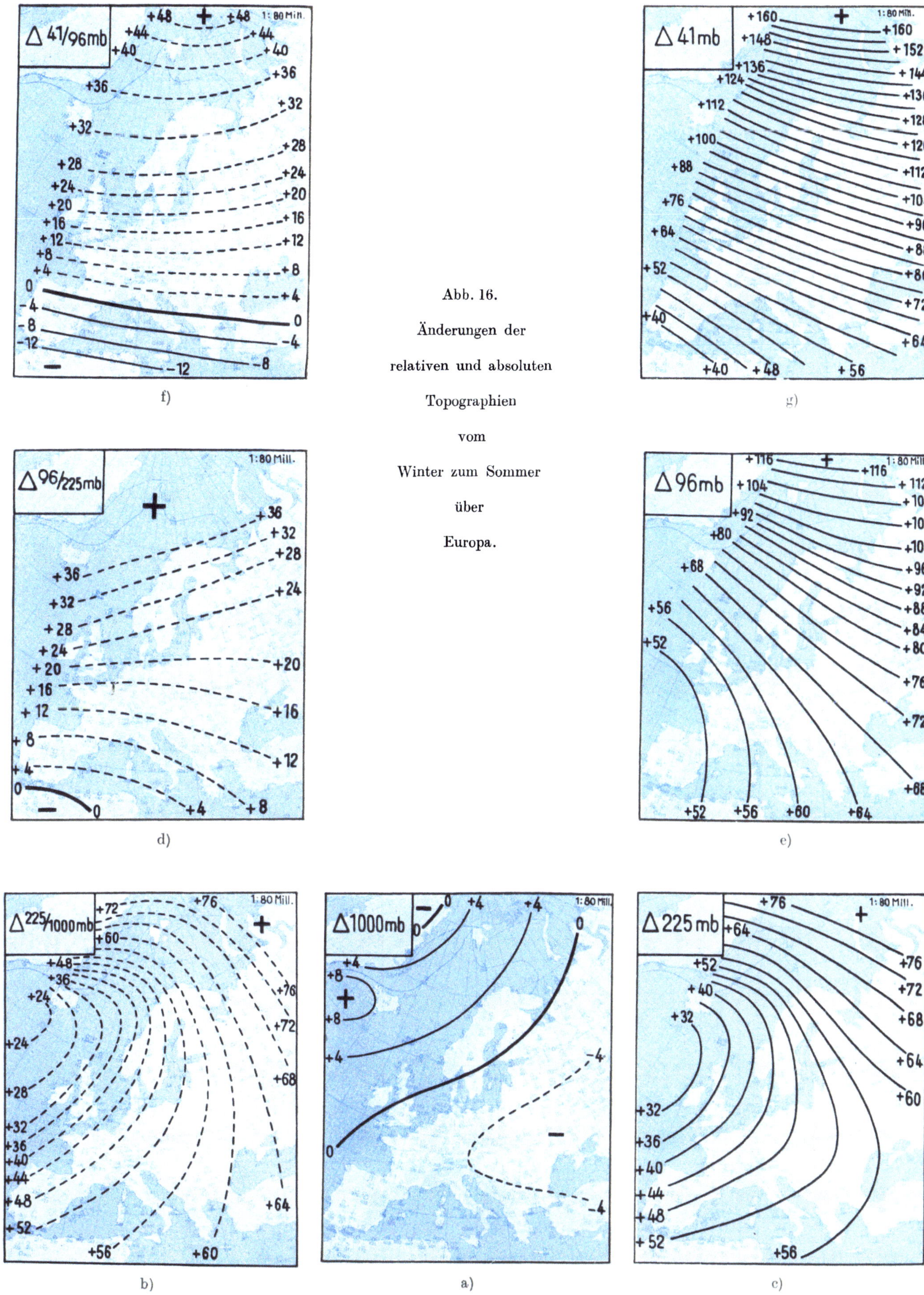

Abb. 16.

Änderungen der

relativen und absoluten

Topographien

vom

Winter zum Sommer

über

Europa.

Tabelle 13. *Mittlere monatliche relative und absolute Topographien über Lindenberg (dyn. Dekameter).*

mb-Fläche	Januar	Februar	März	April	Mai	Juni	Juli	August	September	Oktober	November	Dezember	Jahr
96	1584	1582*	1589	1605	1626	1642	1655	1654	1643	1623	1600	1588	1616
96/225	526*	528	533	540	545	549	551	552	542	535	532	529	539
225	1058	1054*	1056	1065	1081	1093	1104	1102	1101	1088	1068	1059	1077
225/500	523	521*	523	528	535	541	546	545	544	538	528	524	533
500	535	533*	533	537	546	552	558	557	557	550	540	535	544
500/1000	522	521*	522	526	534	540	546	545	544	538	528	523	532
1000	13	12	11*	11	12	12	12	12	13	12	12*	12	12

Tabelle 14. *Mittlere monatliche relative und absolute Topographien über Berlin 1942 bis 1944 (dyn. Dekameter).*

mb-Fläche	Januar	Februar	März	April	Mai	Juni	Juli	August	September	Oktober	November	Dezember	Jahr
41	2106	2102*	2117	2134	2158	2178	2192	2190	2170	2145	2120	2114	2144
41/96	527	524	528	532	537	541	545	539	534	528	523*	524	532
96	1579	1578*	1589	1602	1621	1637	1647	1651	1636	1617	1597	1590	1612
96/225	528	527	530	530	539	544	544	539	534	527	528	524*	533
225	1051	1051*	1059	1072	1082	1093	1103	1112	1102	1090	1069	1066	1079
225/500	521	521*	524	531	535	541	548	549	545	539	529	527	534
500	530	530*	535	541	547	552	555	563	557	551	540	539	545
500/1000	516	516*	521	527	534	539	544	550	543	537	526	524	531
1000	14	14	14	14	13	13	11*	13	14	14	14	15	14

Tabelle 15. *Aerologische Normalwerte über Berlin.*

1	2	3	4	5	6	7	8	9
Höhe	Temperatur	Relative Feuchte	Luftdruck	Dichte	Druckfläche	dyn.	Höhe geopotentielle	geometrische
km	°C	%	mb	kg/m⁻³	mb	Dekameter	m	m
22	— 55.4	—	40.8	0.065	40.96	2140.0	21 837	21 883
21	— 55.4	—	47.6	0.076				
20	— 55.4	—	55.4	0.089				
19	— 55.4	—	64.4	0.103				
18	— 55.4	—	75.5	0.121				
17	— 55.4	—	88.1	0.141				
16	— 55.4	—	102.8	0.165	96	1608.0	16 408	16 429
15	— 55.4	—	120.1	0.192				
14	— 55.4	—	140.5	0.225				
13	— 55.4	—	164.2	0.263				
12	— 55.4	—	191.9	0.307				
11	— 55.4	—	224.5	0.360	225	1076.0	10 980	10 984
10	— 51.3	—	262.2	0.412				
9	— 46.6	—	305.2	0.470	300	893.0	9 112	9 114
8	— 39.6	—	354.0	0.528				
7	— 32.6	—	408.7	0.592	400	700.7	7 150	7 149
6	— 25.7	—	470.2	0.662				
5	— 18.9	45	538.6	0.738	500	544.0	5 551	5 549
4	— 12.2	50	615.0	0.821	600	410.4	4 188	4 185
3	— 6.0	55	699.8	0.913	700	293.8	2 998	2 996
2	— 0.3	60	794.1	1.013	800	190.2	1 941	1 939
1	+ 5.0	70	898.7	1.125	900	96.9	989	988
0	+ 9.0	80	1015.0	1.250	1000	12.0	122	122

8. Monats- und Jahresmittel über Tromsö.

Über *Tromsö* (Tabelle 16) ist die Amplitude sowohl der Druck- als auch der Temperaturschwankung größer als über *Berlin*. Die Höchst- und Tiefstwerte werden allgemein im Juli bzw. Januar und Februar erreicht. Die Troposphärentemperatur bleibt von Dezember bis März nahezu gleich. Die starke sommerliche Temperaturerhöhung vollzieht sich in der Stratosphäre schon vom Februar zum März, greift dann auf die obere und erst im Mai in vollem Ausmaße auf die untere Troposphäre über. Der Hauptanteil der herbstlichen Abkühlung und Senkung der Druckflächen erfolgt vom September zum November[1].

9. Monats- und Jahresmittel über Catania.

Man sollte erwarten, daß die jahreszeitlichen Schwankungen über dem Mittelmeergebiet wesentlich geringer seien, doch trifft dies nur für die Stratosphäre zu, wie aus der Zusammenstellung für *Catania* hervorgeht (Tabelle 17). Die Mittelwerte der relativen Topographien schwanken in der unteren Troposphäre (500/1000 mb) sogar noch mehr als über *Tromsö* (Tabelle 16), womit wir uns anschließend bei der Betrachtung des jährlichen Ganges der Druck- und Temperaturgradienten noch befassen wollen.

10. Monats- und Jahresmittel über Brest und Lemberg.

Das unterschiedliche Verhalten einer ozeanisch beeinflußten Station *(Brest)* und einer kontinental gelegenen *(Lemberg)* geht aus den Tabellen 18 und 19 hervor. Über *Brest* treten die Extremwerte allgemein erst im Februar, über *Lemberg* hingegen im Januar und das Temperaturminimum in der Stratosphäre sogar schon im Dezember ein, während das Verhalten beider Stationen im Sommer keinen wesentlichen Unterschied zeigt. Die absolute Schwankung ist in allen Schichten über Lemberg wesentlich höher als über Brest.

11. Der jährliche Gang der meridionalen Differenzen der Topographien.

Besonders lehrreich ist eine Betrachtung des jährlichen Verlaufs der Druck- und Temperaturdifferenzen in meridionaler und zonaler Richtung über Europa. In Tabelle 20 sind zu diesem Zweck die Differenzen der relativen und absoluten Topographien zwischen *Catania* und *Tromsö* für die einzelnen Monate des Jahres

---

[1] Noch abrupter vollzieht sich (238) der Druckanstieg über dem grönländischen Inlandeis vom April zum Mai und der Fall vom September zum Oktober und scheidet damit die winterliche Sturmzeit von den ruhigen Sommermonaten mit dem erheblich geringeren Druckgefälle in der Höhe zwischen Azoren und Grönland.

Tabelle 16. *Mittlere monatliche relative und absolute Topographien über Tromsö 1942 bis 1944 (dyn. Dekameter).*

mb-Fläche	Januar	Februar	März	April	Mai	Juni	Juli	August	September	Oktober	November	Dezember	Jahr
41	2058*	2060	2088	2112	2162	2186	2198	2185	2159	2125	2094	2079	2126
41/96	516*	520	528	537	551	556	557	553	544	534	520	523	537
96	1542	1540*	1560	1575	1611	1630	1641	1632	1615	1591	1574	1556	1589
96/225	516*	517	532	540	553	550	551	551	547	537	528	526	537
225	1026	1023*	1028	1035	1058	1080	1090	1081	1068	1054	1046	1030	1052
225/500	511*	513	514	520	530	538	544	539	534	527	523	516	526
500	515	510*	514	515	528	542	546	542	534	527	523	514	526
500/1000	509	507*	508	509	518	532	536	536	528	521	517	512	520
1000	6	3	6	6	10	10	10	6	6	6	6	2*	6

Tabelle 17. *Mittlere monatliche relative und absolute Topographien über Catania 1942 bis 1944 (dyn. Dekameter).*

mb-Fläche	Januar	Februar	März	April	Mai	Juni	Juli	August	September	Oktober	November	Dezember	Jahr
41	2129	2127*	2133	2146	2156	2174	2186	2187	2178	2160	2138	2133	2154
41/96	525	525	523	524	521	524	516*	517	521	523	520	523	522
96	1604	1602*	1610	1622	1635	1650	1670	1670	1657	1637	1618	1610	1632
96/225	528	529	529	524*	527	530	532	535	528	525	521*	524	528
225	1076	1073*	1081	1098	1108	1120	1138	1135	1129	1112	1097	1086	1104
225/500	530*	531	535	542	544	552	564	561	557	547	542	535	545
500	546	542*	546	556	564	568	574	574	572	565	555	551	559
500/1000	532	531*	535	542	551	557	563	563	559	551	543	537	547
1000	14	11	11	14	13	11	11*	11	13	14	12	14	12

Tabelle 18. *Mittlere monatliche relative und absolute Topographien über Brest 1942 bis 1944 (dyn. Dekameter).*

mb-Fläche	Januar	Februar	März	April	Mai	Juni	Juli	August	September	Oktober	November	Dezember	Jahr
41	2121	2116*	2124	2136	2155	2176	2189	2186	2170	2146	2128	2124	2148
41/96	525	522*	525	526	531	535	538	533	529	523	523	526	528
96	1596	1594*	1599	1610	1624	1641	1651	1653	1641	1623	1605	1598	1620
96/225	522	524	525	528	535	535	539	536	534	526	524	520*	529
225	1074	1070*	1074	1082	1089	1106	1112	1117	1107	1097	1081	1078	1091
225/500	529	527*	529	533	536	546	550	552	548	541	534	529	538
500	545	543*	545	549	553	560	562	565	559	556	547	549	553
500/1000	531	527*	532	535	539	544	548	552	546	543	533	533	539
1000	14	16	13	14	14	16	14	13	13*	13	14	16	14

Tabelle 19. *Mittlere monatliche relative und absolute Topographien über Lemberg 1942 bis 1944 (dyn. Dekameter).*

mb-Fläche	Januar	Februar	März	April	Mai	Juni	Juli	August	September	Oktober	November	Dezember	Jahr
41	2104*	2106	2117	2136	2158	2177	2191	2193	2171	2148	2122	2113	2145
41/96	527	525	529	533	535	538	541	537	530	529	523	523*	531
96	1577*	1581	1588	1603	1623	1639	1650	1656	1641	1619	1599	1590	1614
96/225	529	527	531	531	538	541	544	539	532	528	528	526*	533
225	1048*	1054	1057	1072	1085	1098	1106	1117	1109	1091	1071	1064	1081
225/500	520*	522	524	530	536	543	548	551	547	538	529	526	534
500	528*	532	533	542	549	555	558	566	562	553	542	538	547
500/1000	512*	518	519	528	536	543	548	553	548	539	525	521	533
1000	16	14	14	14	13	12	10*	13	14	14	17	17	14

Tabelle 20. *Mittlere monatliche Differenzen der relativen und absoluten Topographien zwischen Catania und Tromsö 1942 bis 1944 (dyn. Dekameter).*

mb-Fläche	Januar	Februar	März	April	Mai	Juni	Juli	August	September	Oktober	November	Dezember	Jahr
41	71	67	45	34	—6	—12*	—12	2	19	35	44	54	28
41/96	9	5	—5	—13	—30	—32	—41*	—36	—23	—11	0	0	—15
96	62	62	50	47	24	20*	29	38	42	46	44	54	43
96/225	12	12	—3	—16	—26*	—20	—19	—16	—19	—12	—7	—2	—9
225	50	50*	53	63	50	40*	48	54	61	58	51	56	52
225/500	19	18*	21	22	14	14*	20	22	23	20	19	19	19
500	31*	32	32	41	36	26*	28	32	38	38	32	37	33
500/1000	23*	24	27	33	33	25*	27	27	31	30	26	25	27
1000	8	8	5	8	3	1*	1	5	7	8	6	12	6

Tabelle 21. *Vergleich der zonalen Strömungskomponenten zwischen Tropo- und Stratosphäre im Januar.*

Isobarenfläche	1000 mb	500 mb	225 mb	96 mb	41 mb
Luftdichte ϱ	1.250	0.738	0.360	0.165	0.065
Δn	8	31	50	62	71
Δn^2	64	961	2500	3844	5041
$\varrho \cdot \Delta n^2$	80	709	900	634	328

Tabelle 22. *Mittlere monatliche Differenzen der relativen und absoluten Topographien zwischen Brest und Lemberg 1942 bis 1944 (dyn. Dekameter).*

mb-Fläche	Januar	Februar	März	April	Mai	Juni	Juli	August	September	Oktober	November	Dezember	Jahr
41	+ 17	+ 10	+ 7	0	—3	—1	—2	—7*	—1	—2	+ 6	+ 11	+ 3
41/96	—2	—3	—4	—7*	—4	—3	—3	—4	—1	—6	0	+ 3	—3
96	+ 19	+ 13	+ 11	+ 7	+ 1	+ 2	+ 1	—3*	0	+ 4	+ 6	+ 8	+ 6
96/225	—7*	—3	—6	—3	—3	—6	—5	—3	+ 2	—2	—4	—6	—4
225	+ 26	+ 16	+ 17	+ 10	+ 4	+ 8	+ 6	0	—2*	+ 6	+ 10	+ 14	+ 10
225/500	+ 9	+ 5	+ 5	+ 3	0*	+ 3	+ 2	+ 1	+ 1	+ 3	+ 5	+ 3	+ 4
500	+ 17	+ 11	+ 12	+ 7	+ 4	+ 5	+ 4	—1	—3*	+ 3	+ 5	+ 11	+ 6
500/1000	+ 19	+ 9	+ 13	+ 7	+ 3	+ 1	0	—1	—2*	+ 4	+ 8	+ 12	+ 6
1000	—2	+ 2	—1	0	+ 1	+ 4	+ 4	0	—1	—1	—3*	—1	0

zusammengestellt, wobei am meisten die halbjährige Welle des meridionalen Druck- und Temperaturunterschiedes über Europa auffällt. Am größten ist die Differenz der relativen Topographien in der Troposphäre (500/1000 und 225/500 mb) zwischen diesen beiden Stationen im April und September. Im Juni ist nur ein sekundäres Minimum vorhanden, und das Hauptminimum tritt gerade im Januar oder Februar ein.

Die Tatsache, daß das meridionale Temperaturgefälle zwischen Sizilien und Norwegen gerade im Hochwinter seinen Tiefstwert erreicht, muß zunächst überraschen. Auch im Gang des Gefälles der absoluten Isopotentialen zeigt sich eine deutliche Doppelwelle in der Troposphäre mit Minimalwerten zur Zeit des höchsten und niedrigsten Sonnenstandes und Maxima im April und September. Es hängt dies damit zusammen, daß sich im Mittwinter die zonale Komponente des Druck- und Temperaturgefälles am schärfsten ausprägt und die meridionale Differenz dadurch abgeschwächt wird.

Für die Betrachtung des Gesamtbetrages der in der Atmosphäre aufgespeicherten kinetischen Energie muß auch die Stratosphäre mit herangezogen werden. Hier ist ein scharfes Wintermaximum des Isopotentialengefälles im Januar vorhanden, dem ein ausgesprochenes Minimum im Sommer gegenübersteht, wobei im Niveau der 41-mb-Fläche und darüber von Mai bis Juli sogar eine Umkehr eintritt.

Da die Strömungsenergie proportional der Dichte und dem Quadrat der Geschwindigkeit ist, sollen zum überschlägigen Energievergleich die Quadrate der meridionalen Unterschiede der absoluten Topographien (Δn) im Januar nach Tabelle 20 mit den mittleren Dichtewerten (Tabelle 15) in den nächstgelegenen Höhenstufen multipliziert werden, woraus sich für die Standard-Isobarenflächen die Zahlen der Tabelle 21 herleiten.

Für die Troposphäre 1000 bis 225 mb ergibt sich die Summe von $\varrho \cdot \Delta n^2$ zu 1689, für die Stratosphäre von 225 bis 41 mb sogar zu 1862, woraus man folgern kann, daß trotz der wesentlich geringeren Masse der Stratosphäre diese doch im Winter größenordnungsmäßig die gleiche kinetische Energie aufweist wie die Troposphäre. Vor allem im Polargebiet, wo die Druckgegensätze in der Stratosphäre zuweilen noch viel größer sind, vermag die Stratosphäre sicher einen erheblichen Beitrag zur Gesamtenergie zu leisten, und es erscheint nicht ausgeschlossen, daß die stärkere Zyklonenbildung im Winter zu einem guten Teil auch durch die dann erfolgende Zunahme des Stratosphärenwindes zu erklären ist.

12. Der jährliche Gang der zonalen Differenzen der Topographien.

Um den monsunalen Einfluß noch etwas deutlicher herauszuschälen, sind in Tabelle 22 die Monatsmittel der Differenzen zwischen *Brest* und *Lemberg* zusammengestellt. Es ergibt sich hierfür eine einfache jährliche Periode mit tiefen Werten für Temperatur und Druck an der kontinentalen Station im Winter und erheblich höheren im Sommer, wobei im Gesamtmittel die größere Nähe des Azorenhochs über *Brest* mit einer wärmeren Tropo- und einer entsprechend kälteren Stratosphäre gekoppelt ist. Die relativ höchsten Werte werden über *Lemberg* erst im September erreicht, wenn sich über dem europäischen Festland der Altweibersommer entwickelt.

D. Die allgemeine Zirkulation auf der Erde.

Wir wollen jetzt das für den europäischen Raum gewonnene Bild der mittleren Luftdruck- und Temperaturverteilung einordnen in den größeren Rahmen der allgemeinen Zirkulation der gesamten Lufthülle der Erde.

1. Die mittlere Temperaturverteilung am Boden.

Alle Luftströmungen auf der Erde verdanken ihre Entstehung letzten Endes Unterschieden der Lufttemperatur. Wenn wir die allgemeine Zirkulation verstehen wollen, müssen wir deshalb von der Temperaturverteilung auf der Erde ausgehen, die in Abb. 17 reproduziert ist.

Im Jahresmittel empfängt die Äquatorialregion von der Sonne die größte Wärmemenge, so daß sich der Gürtel höchster Lufttemperatur um den Gleicher anordnet. Weil durch die Meeresströmungen ein Teil der empfangenen Wärme über große Strecken hinweg abtransportiert und durch kaltes Auftriebswasser ersetzt wird, steigt die Temperatur über dem Festland im Mittel höher als über dem Meere. Da die Südhalbkugel in der Hauptsache eine von Wasser bedeckte Hemisphäre darstellt, während sich die großen Festländer auf der nördlichen Erdhälfte befinden, hat dies auch eine Verschiebung der wärmsten Zone, des sog. *Wärmeäquators*, nach Norden hin zur Folge: Die höchste mittlere Temperatur wird in etwa 15° Nordbreite am Südrande der Sahara, im Grenzgebiet Französisch-Äquatorial-Afrikas und des Anglo-Ägyptischen Sudans erreicht. Zwei weitere Zonen, in denen ein Jahresmittel von 28° überschritten wird, finden wir im Zentralgebiet Vorderindiens und über Mexiko. Die höchsten bisher auf der Erde überhaupt gemessenen Lufttemperaturen wurden noch weiter nördlich beobachtet, wo die Sonne im Sommer mittags im Zenith steht und dabei etwa

2 Stunden länger scheint als am Äquator. Es ist allerdings nicht sicher, ob Strahlungsfehler bei den nachfolgenden Werten vollkommen vermieden wurden: In *Azizia*, südlich Tripolis, unter 32° Breite, sollen am 13. September 1922 +57.7° gemessen worden sein. Viel erwähnt werden die Extreme im Todestal Californiens unter 36° N, 117° W am 10. Juli 1931 mit +56.6°, in der Oase *Ouargla* in Algerien (32° N, 5° E) am 17. Juli 1879 von +53° und in *Jakobabad* im Tale des Indus unter 28° N, 68° E am 13. Juni 1879 mit +52.2°.

Die tiefsten Temperaturen am ostsibirischen Kältepol bei *Oimekon* (unter 63° N, 143° E) liegen demgegenüber mehr als 120° niedriger und dürften etwa —70° betragen (512, 661); mit Sicherheit gemessen wurden in *Werchojansk* (62° N, 130° E) am 5. und 7. Februar 1892 und in *Oimekon*, 650 km weiter südöstlich, am 6. Februar 1933 innerhalb einer vom ostsibirischen Eismeer zum Baikalsee verlaufenden, extrem kalten Hochdruckbrücke gleiche Minima von —67.7°. Die Kälteextreme im Innern des grönländischen Hochplateaus

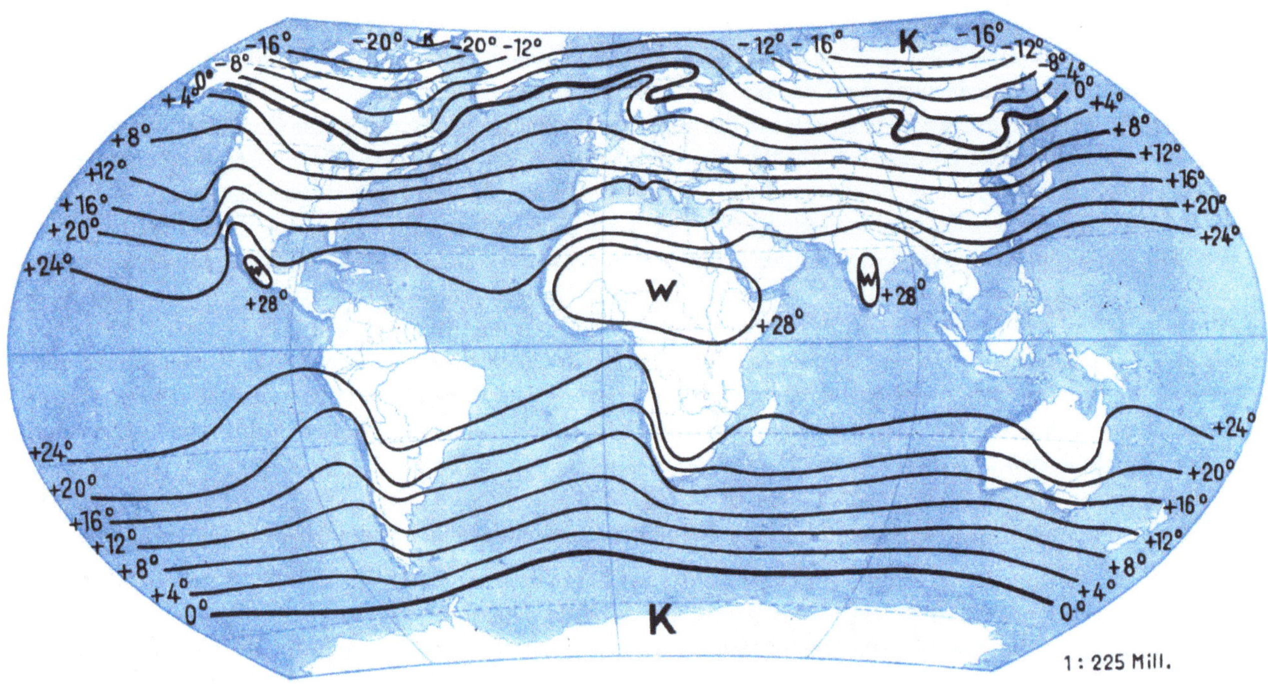

Abb. 17. Mittlere Temperaturverteilung auf der Erde.

und des antarktischen Massivs dürften allerdings nicht viel hinter diesen Werten zurückstehen. Die weite Verschiebung der Temperaturminima aus dem Innern Sibiriens bis in die Nähe der Küsten des Ochotskischen Meeres — seinem erwärmenden Einfluß allerdings durch ein ausgedehntes Bergmassiv weitgehend entzogen — wird durch die vorherrschende Westdrift bewirkt, indem sich die ostwärts strömenden Luftmassen über Asien immer weiter abkühlen und erst nach Verlassen des Festlandes über dem Meere eine Wiedererwärmung in Gang kommt. Die gleiche Erscheinung zeigt sich auch über dem amerikanischen Kontinent.

In der Karte der mittleren Temperaturverteilung prägt sich die Winterkälte Asiens und Nordamerikas durch eine Kältezunge an ihrem Ostrande aus, dem ein Wärmeüberschuß im Bereich des *Golfstroms* an den Westküsten Europas und längs des die Küsten Japans bespülenden *Kuro Schio* entspricht.

Während die Westseite der Kontinente in höheren Breiten durch einen Wärmeüberschuß ausgezeichnet ist, trifft für die Subtropen — etwa südlich von 40° — das Gegenteil zu. Diese negative Temperaturabweichung wird hervorgerufen durch den hier ablandigen Passat, der das warme Oberflächenwasser nach den Westteilen der Ozeane abtransportiert — dort die Quellen der warmen Meeresströme bildend — wofür zur Kompensation kältere Wassermassen äquatorwärts fließen. Diese beständigen Luft- und Meeresströmungen werden unmittelbar durch die Luftdruckverteilung gesteuert.

2. Die mittlere Luftdruckverteilung im Meeresniveau und das planetarische Windsystem.

Geht man von der Temperaturkarte aus und stellt die gleichen Überlegungen über die Zirkulation zwischen warmen und kalten Räumen an, wie sie im Abschnitt I, H (S. 29f.) durchgeführt wurden, so müßte man am Boden tiefen Luftdruck etwas nordwärts des Äquators und hohen Druck an den Polen erwarten. Dieses Bild ist nur zum Teil richtig, wie ein Blick auf die in Abb. 18 reproduzierte mittlere Druckverteilung auf der Erde erkennen läßt, die dem Werke von SIR NAPIER SHAW (804) entnommen ist und den Vorteil aufweist, daß sie bereits als Einheit das mb enthält.

Längs der Äquatorialregion erstreckt sich — meist etwas nach Norden verschoben — der Erwartung entsprechend, eine Rinne tiefen Luftdruckes rings um die Erde, und im Jahresmittel werden in dem Raum von Zentralafrika über Arabien, Vorder- und Hinterindien bis zum westlichen Teil des äquatorialen Pazifischen Ozeans und im Urwaldgebiet des Amazonas im nördlichen Südamerika Druckwerte von 1010 mb unterschritten. Von dieser Tiefdruckrinne aus nimmt der Luftdruck zwar polwärts zu, aber nur bis zum 30. bzw. 40. Breitengrad, wo beide Halbkugeln einen ausgedehnten Hochdruckgürtel aufweisen. Weiter nach den gemäßigten Zonen hin verringert sich der Luftdruck zugleich mit der Temperatur. Dies bedeutet, daß hier die durch die

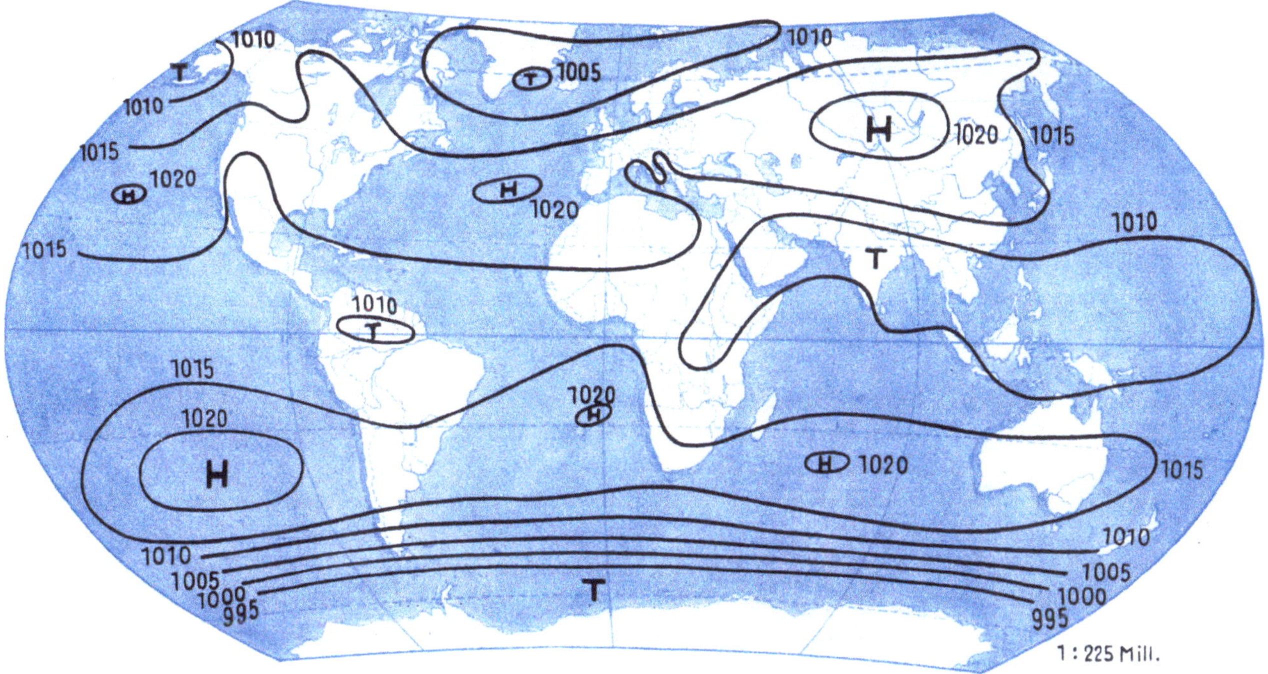

Abb. 18. Mittlere Luftdruckverteilung auf der Erde.

Erddrehung hervorgerufenen dynamischen Effekte weit stärker sind als die thermischen Zusatzglieder, eine Tatsache, die für das Verständnis der Wettererscheinungen von größter Bedeutung ist.

Entsprechend der Druckverteilung unterscheidet man vier Hauptluftströmungen, die gemäß ihrer Entstehung durch die Erdrotation als *planetarisches Windsystem* bezeichnet werden:

1. Die äquatoriale Zone der *Mallungen* mit häufig umlaufenden Winden.

2. Die sehr beständigen *Passate* (827) zwischen etwa 35° und dem Äquator, auf der Nordhalbkugel aus Nordost, südlich des Gleichers aus Südost wehend.

3. *Westwinde* zwischen 35° und den Polarkreisen, auf der nördlichen Erdhälfte vorherrschend aus Südwest, auf der Südhalbkugel aus Nordwest.

4. Polwärts der Polarkreise stark wechselvolle Strömungen, jedoch überwiegend wieder aus östlichen Richtungen.

Die unterschiedliche Verteilung von Land und Meer und die dadurch hervorgerufenen verschiedenartigen Reibungsverhältnisse zerlegen sowohl den Hochdruckgürtel in verschiedene antizyklonale Zellen wie die Tiefdruckzone in einzelne Zyklonen, wobei über dem Meere größere Druckgegensätze möglich sind und die Zentren der meisten stationären Druckgebilde deshalb die Wasserflächen bevorzugen (*Aktionszentren*).

Innerhalb des Hochdruckgürtels der Roßbreiten sind jeweils drei subtropische Antizyklonen zu unterscheiden. Auf der Nordhalbkugel:

1. das *atlantische Hoch* im Azorenraum;

2. das *pazifische Hoch*, ebenso wie das atlantische auf die Ostseite des Meeresraums verschoben;

3. die *asiatische Antizyklone*, die als einzige thermischen Ursprungs ist, durch die Erkaltung Asiens im Winter hervorgerufen wird und deshalb in der warmen Jahreszeit fehlt. Ihre gegenüber dem Kältezentrum nach Süden verschobene Lage zeigt jedoch auch hier die Mitwirkung des subtropischen Hochdruckgürtels an, der über Innerasien im Jahresmittel etwas nach Norden gerückt erscheint.

Auf der Südhalbkugel sind folgende Hochdruckzellen voneinander getrennt:

1. das *südatlantische Hoch* im Raum von Sankt Helena;
2. das *südpazifische Hoch* vor der südamerikanischen Westküste und
3. das *Maximum südöstlich Madagaskar*, das als einziges keine Ostverschiebung aufweist.

Die sonst allgemein zu beobachtende ostwärtige Verlagerung der Zentren der maritimen Antizyklonen wird durch die mit ihnen gekoppelten Luft- und Meeresströmungen herbeigeführt, indem die Ostseite bei polarer Luft- und Wasserzufuhr stets kälter ist, woraus nach der statischen Grundgleichung eine Achsenneigung resultiert: Am Boden verlagert sich der Hochkern genau so zum kälteren Gebiet hin wie in der Höhe zu den wärmeren Zonen auf der Westseite der Ozeane.

Innerhalb der Tiefdruckrinne der nordpolaren Breiten treten

1. die *Island-Depression* und
2. das *Alëuten-Tief*

als Zentralzyklonen hervor. Auf der Südhalbkugel lassen sich bis jetzt keine bevorzugten Stellen besonders tiefen Druckes angeben.

3. Die Meeresströmungen.

Eng gekoppelt mit diesen mehr oder weniger stationären Druckgebilden sind die Meeresströmungen, die durch den Winddruck begünstigt werden. Die subtropischen Hochdruckzellen verursachen warme Driften auf ihrer Westseite und kältere Strömungen auf der Ostflanke. Erstere werden als *Golfstrom* im Atlantik und als *Kuro Schio* im Westpazifik bezeichnet; südlich des Äquators sind es auf der Ostseite von Südafrika, Südamerika und Australien der *Agulhas-*, *Brasil-* und *Ostaustralstrom*; die entsprechenden kalten Zweige heißen *Kanaren-*, *Kalifornien-*, *Westaustral-*, *Benguella-* und *Perustrom*.

Innerhalb der Passatströmung setzt die Drift nach Westen, wofür aber zur Kompensation der *äquatoriale Gegenstrom* im Indischen und Pazifischen Ozean Wassermassen nach Osten transportiert. Die Strömungen im indischen Raum sind noch durch die monsunale Zirkulation jahreszeitlich gestört.

Die Ausläufer der warmen Meeresströme werden beim Kap der Guten Hoffnung, Kap Horn und Tasmanien durch die erheblich kältere *Westwinddrift* begrenzt, die Wassermassen polaren Ursprungs mit sich führt. Noch schärfer tritt die in Anlehnung an die meteorologische Terminologie als *ozeanische Polarfront* bezeichnete Stromgrenze auf der Nordhemisphäre in Erscheinung, wo sie, ähnlich wie in der Atmosphäre, die warmen nach Nordosten treibenden Ausläufer des Golfstromes von dem *Labrador-* bzw. *Ostgrönlandstrom* und den *Kuro Schio* von dem *Oja Schio* abgrenzt. Ihre schärfste Ausprägung erhält die ozeanische Polarfront im Gebiet der Neufundlandbänke, wo die Unterschiede in der Wassertemperatur zuweilen 10° auf eine Entfernung von wenigen Meilen erreichen können und das dunkelblaue, salzreiche Wasser des Golfes scharf abgesetzt ist von der grün-schillernden, salzarmen, im Frühjahr und Frühsommer von Eisbergen erfüllten kalten polaren Wassermasse. Starke *Stromkabbelungen* zeigen dem erfahrenen Seemann die Grenzen der verschiedenen Driften an.

4. Die Wassertemperaturen der europäischen Meere und des Nordatlantiks.

Der Einfluß der Meeresströme und besonders der Grenzen verschieden temperierter Wassermassen auf die Atmosphäre ist sehr groß und für die meteorologischen Vorgänge sogar oft ausschlaggebend. Da überdies die Kenntnis der Wassertemperaturen für die Herkunftsbestimmung der Luftmassen ein sehr wichtiges Hilfsmittel darstellt, sind die mittleren Oberflächentemperaturen der Europa umspülenden Meere für die Monate, in denen die Extrem- bzw. Durchschnittswerte erreicht werden (Februar, Mai, August und November), nach den Angaben von G. Schott (774) reproduziert (Abb. 19).

In sämtlichen Karten ist die auffallendste Erscheinung der große Temperaturgegensatz an der ozeanischen Polarfront südlich von Neufundland, wo sich die Grenze zwischen dem kalten Labrador- und dem warmen Golfstrom auf wenigen hundert Kilometern Entfernung durch Differenzen der Wasserwärme bis zu 15° bemerkbar macht. Weiter nach Osten hin nimmt dieser Gegensatz schnell an Schärfe ab; die Isothermen divergieren in ausgesprochenem Maße, und da die Luftmassen bestrebt sind, ihre Temperatur der des Wassers anzugleichen, muß sich auch in der Atmosphäre mit Vorliebe eine Richtungsdivergenz im neufundländischen Raum entwickeln, die dort die Zyklonenbildung besonders begünstigt (vgl. S. 184ff.). Nur im Hochsommer steigt die Wasserwärme über den Neufundlandbänken auf mehr als 10° an; gegen Ende des Winters wird sogar die Nullgrad-Grenze unterschritten, wobei zu beachten ist, daß der Gefrierpunkt des Meerwassers wegen des Salzgehalts teilweise erst unterhalb von —1° liegt und sich deshalb das offene Polarwasser so weit abkühlen kann.

Im Ursprungsgebiet der subtropischen Luftmassen südlich von Bermuda liegt die Wasserwärme fast während des ganzen Jahres oberhalb von 25° und steigt im Bereich der Antillen teilweise über 27° an. Auf der Ostseite des Ozeans bewirkt hingegen der NE-Passat eine kühlere nördliche Meeresströmung, und das als Ersatz für die westwärts abtransportierten Wassermassen hochquellende Auftriebswasser erniedrigt die Wasserwärme vor allem längs der afrikanischen Westküste.

Die Oberflächentemperatur der mittleren und westlichen Nordsee sinkt auch im Winter nicht unter 5° und steigt im August auf 15°, in der Deutschen Bucht auf etwa 17° an. Die gleiche Wärme erreicht die Ostsee, kühlt sich aber im Februar bis nahe an 0° ab und kann in strengen Wintern zum großen Teil vereisen.

Beim Schwarzen Meer beschränkt sich dagegen die Eisbildung auf die nördlichen Teile, während im mittleren und südlichen Bereich 5° auch im kältesten Monat nicht unterschritten und im Sommer allgemein etwa 23° erreicht werden.

Noch wesentlich wärmer ist das Mittelmeer mit Augusttemperaturen über 28° in seinem östlichen Teile und 24 bis 25° an der Riviera und adriatischen Küste. Im Winter werden hier 12° kaum unterschritten, und daher ist die Labilisierung aller Polarluftmassen dann recht erheblich.

Die Karten von Mai und November ähneln einander sehr und stellen angenähert die mittleren Verhältnisse im Jahre dar. Besonders deutlich zeigt sich der erwärmende Einfluß des *Atlantischen Stromes* durch die bis in den Raum von Spitzbergen reichende Wärmezunge.

5. Betrachtungen zur Theorie der allgemeinen Zirkulation.

Das Zusammenspiel von Lufttemperatur, Wasserwärme und Luftdruck soll für die verschiedenen Klimazonen, getrennt für die beiden Halbkugeln, noch näher untersucht werden, da daraus wertvolle Fingerzeige für das Verständnis der Wettererscheinungen gewonnen werden können.

In Tabelle 23 sind in der 3. und 4. Spalte die mittleren Wasser- und Lufttemperaturen für die Hauptbreitengrade nach den von HANN und SÜRING (290, vgl. auch Lit. 289) veröffentlichten Zusammenstellungen aufgeführt. Es ist daraus zunächst zu ersehen, daß das Wasser im Durchschnitt wärmer ist als die

Tabelle 23. *Mittlere Luft- und Wassertemperaturen sowie mittlerer Luftdruck nach* HANN-SÜRING.

1	2	3	4	5	6	7	8	9
					Differenz Nord- minus Südhalbkugel			
Breite	Land-bedeckung	Mittlere Wasser-temperatur	Mittlere Luft-temperatur	Mittlerer Luftdruck	Land-bedeckung	Wasser-temperatur	Luft-temperatur	Luftdruck
	(%)	(°C)	(°C)	(mb)	(%)	(°C)	(°C)	(mb)
90° N	0	(— 1.7)*	(— 22.7)*	(1015.0)	(— 100)	—	(+ 10.4)	(+ 23.9)
80°	20	— 1.7	— 17.2	1014.2	— 80	—	+ 9.8	+ 23.5
70°	53	+ 0.7	— 10.7	1012.2	— 18	+ 2.0	+ 2.9	+ 23.1
60°	61	+ 4.8	— 1.1	1011.5*	+ 61	+ 4.8	+ 2.3	+ 22.7
50°	58	+ 7.9	+ 5.8	1014.2	+ 56	+ 1.5	+ 0.0	+ 10.0
40°	45	+ 14.1	+ 14.1	1015.9	+ 41	+ 0.8	+ 2.2	+ 2.0
30°	43	+ 21.3	+ 20.4	1015.5	+ 23	+ 1.8	+ 2.0	— 2.4
20°	32	+ 25.4	+ 25.3	1012.2	+ 8	+ 1.4	+ 2.4	— 3.3
10°	24	+ 27.2	+ 26.7	1010.5	+ 4	+ 1.4	+ 1.4	— 1.7
0°	22	+ 27.1	+ 26.2	1010.5*	—	—	—	—
10° S	20	+ 25.8	+ 25.3	1012.2	—	—	—	—
20°	24	+ 24.0	+ 22.9	1015.5	—	—	—	—
30°	20	+ 19.5	+ 18.4	1017.9	—	—	—	—
40°	4	+ 13.3	+ 11.9	1013.9	—	—	—	—
50°	2	+ 6.4	+ 5.8	1004.2	—	—	—	—
60°	0	0.0	— 3.4	988.8*	—	—	—	—
70°	71	— 1.3*	— 13.6	989.1	—	—	—	—
80°	(100)	—	— 27.0	990.7	—	—	—	—
90°	(100)	—	(— 33.1)*	(991.1)	—	—	—	—

Luft[1]. Außerhalb der Frostgebiete, zwischen 40° Nord und 50° Süd, macht der Unterschied im Mittel 0.7° aus. Der Grund für diese Erscheinung ist darin zu suchen, daß das Wasser die Sonnenstrahlung stärker absorbiert als die Luft und die Erwärmung der Atmosphäre daher von der Wasseroberfläche aus erfolgt.

Es wurde bereits auf die Tatsache hingewiesen, daß die Nordhalbkugel vermöge ihrer größeren Landbedeckung höhere Temperaturen aufweist als die Südhemisphäre; im Mittel liegt die wärmste Zone bei 10°

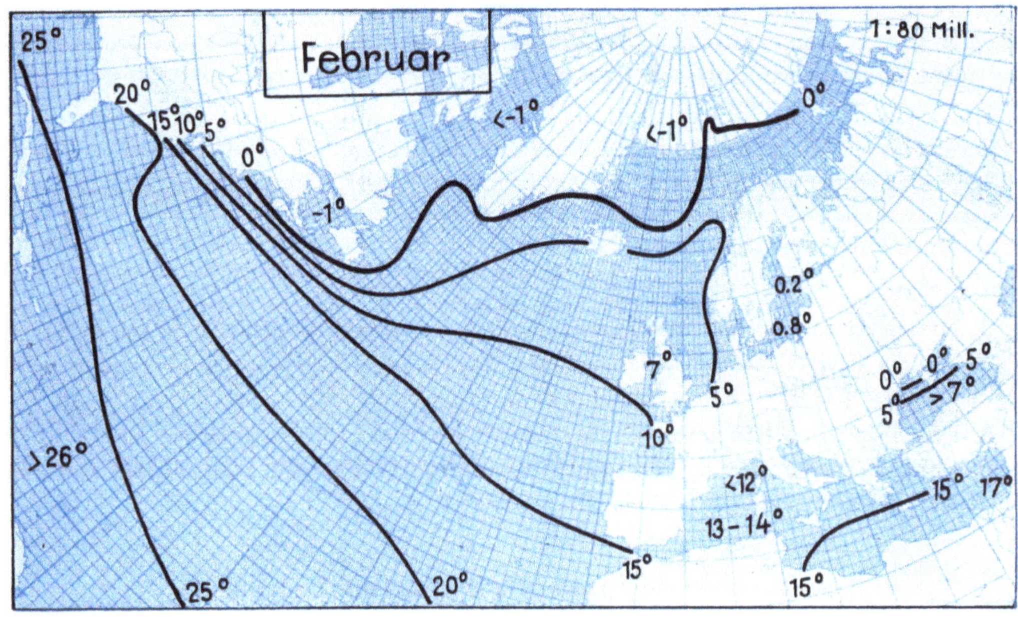

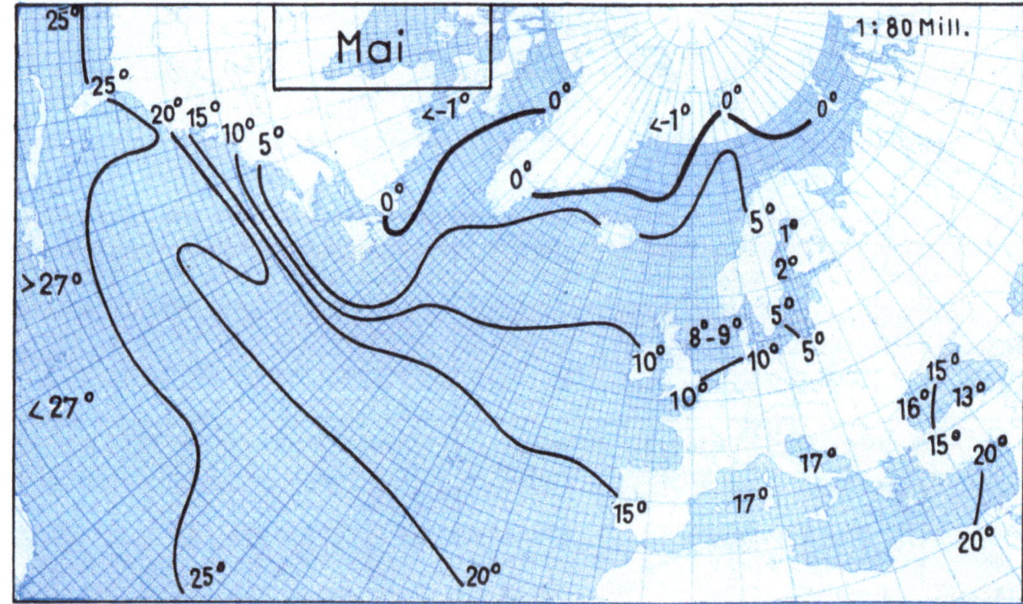

Abb. 19a. Mittlere Wassertemperaturen im europäisch-atlantischen Raum im Februar und Mai.

Nordbreite. Der Einfluß der Kontinente ist so groß, daß auch die Wassertemperatur in dieser Zone etwas höher ist als am Äquator. Der stärkste Abfall sowohl der mittleren Luft- als auch der Wassertemperatur findet auf der Nordhalbkugel zwischen 40 und 70° Breite statt; in der Antarktis setzt sich der starke Temperaturgradient noch bis zum 80. Breitenkreis fort.

---

[1] Diese Tatsache steht nicht im Widerspruch zu der Feststellung, daß die Kontinente temperaturerhöhend wirken. Sie ist eine Folge der verschieden schnellen Angleichung der Temperatur der untersten Luftschichten an die Wasserwärme, indem sich eine wärmere Luftmasse infolge des verminderten Austausches bei zunehmend stabiler Schichtung in den unteren Schichten sehr schnell der Wassertemperatur anpaßt, in Kaltluft aber ein überadiabatischer Gradient erzeugt wird und ein erheblicher Unterschied zur Wassertemperatur längere Zeit bestehen bleiben kann (vgl. S. 143).

Besonders instruktiv ist die unterschiedliche Verteilung des Luftdrucks auf den beiden Halbkugeln. Auf der nördlichen Erdhälfte wird der tiefste Druck im Mittel auf etwa 5° Nordbreite gemessen, die Beträge für den Äquator und 10° Nord sind im Mittel mit 1010.5 mb gleich groß. Von hier aus nimmt der Luftdruck polwärts bis zum 40. Parallelkreis auf 1015.9 mb zu, um dann wieder bis nach 60° Nord auf 1011.5 mb abzufallen und am Nordpol ein zweites Maximum von etwa 1015 mb zu erreichen.

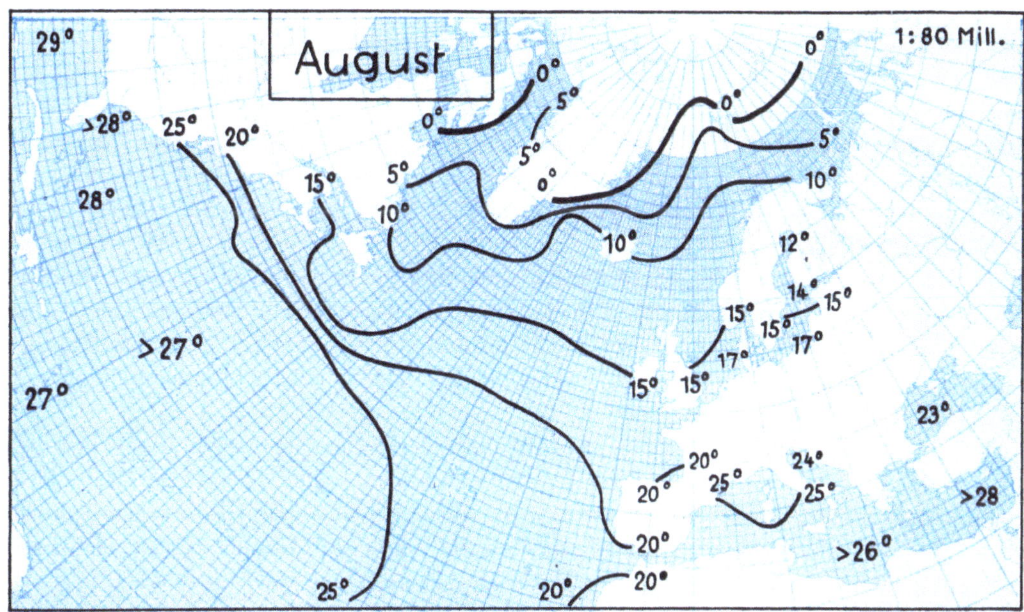

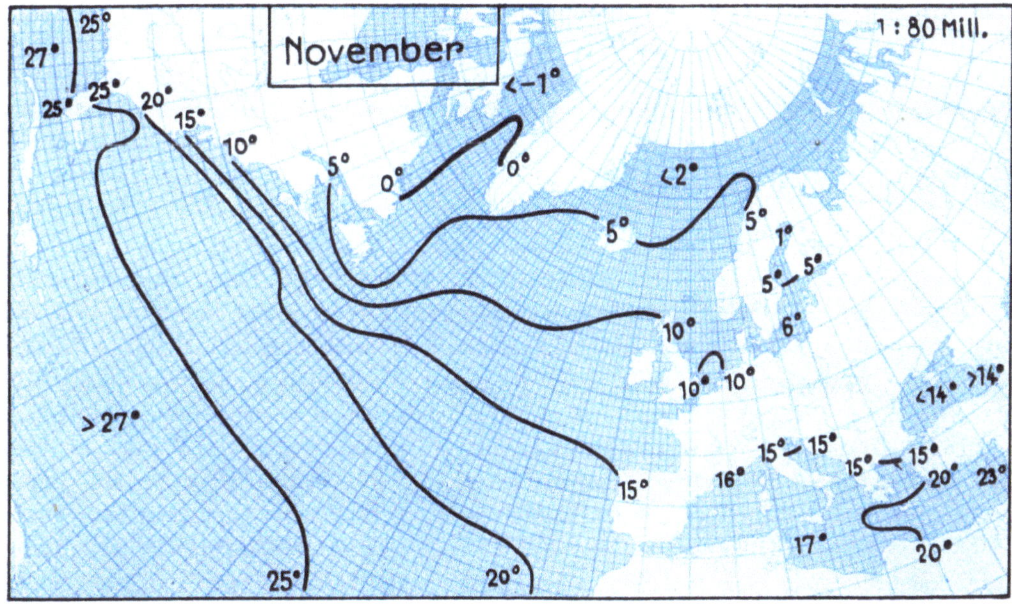

Abb. 19b. Mittlere Wassertemperaturen im europäisch-atlantischen Raum im August und November.

Insgesamt sind die Druckunterschiede zwischen den einzelnen Breitengraden auf der Nordhalbkugel gering, und es ist vielleicht etwas überraschend, daß im Mittel die Tiefdruckrinne der gemäßigten Zone nicht einmal so tiefen Druck aufweist wie innerhalb des wärmsten Gürtels.

Ganz anders verhält sich demgegenüber die Südhalbkugel. Hier ist der Luftdruck im subtropischen Hochdruckgürtel mit 1017.9 mb höher als auf der nördlichen Erdhälfte, und zugleich wird dieses Maximum bereits in 30° Breite erreicht. Von dort aus nimmt der Barometerstand nach Süden außerordentlich schroff ab bis auf einen Wert von 989 mb in 60° Südbreite, um dann über der Antarktis wahrscheinlich nur wenig zuzunehmen bis auf Beträge knapp über 990 mb.

Dieses gänzlich andere Verhalten der Südhalbkugel kann nur auf Unterschiede in der Oberflächengestaltung der Erde zurückgeführt werden, da die extraterrestischen Einflüsse der Sonnenstrahlung — abgesehen von den geringen, durch die Schiefe der Ekliptik hervorgerufenen Unterschieden — die gleichen sind. Als Ursache kommt deshalb nur die verschiedene Verteilung von Land und Meer in Frage, die in der 2. Spalte der Tabelle 23 wiedergegeben ist, und woraus ersehen werden kann, daß der tiefste Luftdruck auf der Südhalbkugel dort auftritt, wo die gesamte Oberfläche nur aus Wasser besteht.

Die großen Unterschiede zwischen der Land- und Meeresbedeckung beider Halbkugeln treten am besten aus der Differenz der Landbedeckung zwischen der Nord- und Südhalbkugel hervor, die in der 6. Spalte angegeben ist. Vom Äquator bis 60° Nordbreite nehmen die Landmassen einen weit größeren Raum ein als auf der Südhalbkugel, und erst mit Annäherung an den Nordpol überwiegt hier die Wasserbedeckung. Da aber das Nordpolarmeer zum großen Teil vereist ist und sich deshalb mehr dem Charakter eines Festlandes angleicht, bleibt der Wasserüberschuß der Arktis ohne große Bedeutung. Man kann also die Verhältnisse südlich des Äquators als typisch für eine Wasserhalbkugel und im Norden als repräsentativ für eine landbedeckte Erde ansehen.

Es wurde schon früher darauf hingewiesen, daß die Landbedeckung einer Erwärmung förderlich ist. Demgemäß geht aus den Spalten 7 und 8 unserer Tabelle hervor, daß sowohl die Wasser- als auch die Luftmassen auf der Nordhalbkugel wärmer sind, wobei der Betrag für die Luft meist etwa 2° ausmacht und bei der Oberflächentemperatur des Meeres im Durchschnitt wenig geringer bleibt, jedoch in höheren Breiten auf fast 5° ansteigt.

Die letzte Spalte der Tabelle 23 gibt die Druckdifferenzen zwischen gleichen Breitengraden beider Halbkugeln an. An sich müßte man nach dem Temperatureffekt erwarten, daß die wärmere Nordhalbkugel auch den tieferen Luftdruck aufweisen würde. Aber gerade das Gegenteil ist der Fall: Nur in den Subtropen ist der Luftdruck auf der Nordhalbkugel entsprechend der höheren Temperatur etwas geringer, wobei aber nur ein Höchstbetrag von 3.3 mb erreicht wird; demgegenüber ist der mittlere Barometerstand in subpolaren Breiten der Nordhalbkugel um mehr als 20 mb höher als auf der gerade in diesen Breiten viel kälteren südlichen Hemisphäre.

Daß der Unterschied der Land- und Meerverteilung den Luftdruck auf der Südhalbkugel so viel tiefer sinken läßt und dort jahraus, jahrein das Meer vom Sturme gepeitscht wird, zeigt die überragende Bedeutung der dynamischen Prozesse im Verhältnis zu den thermischen Effekten; denn die Aufrechterhaltung der viel größeren Druckgradienten auf der Südhalbkugel ist lediglich wegen der geringeren Reibung möglich, die einen Druckausgleich nicht im gleichen Maße zuläßt wie auf unserer Erdhälfte. Es ist der gleiche Effekt, der die Zyklonen über Land auffüllt und ihr die freie See als ureigenstes Lebenselement zuweist.

Besonders kraß ist das unterschiedliche Verhalten beider Halbkugeln dabei im Sommer. Während bei uns die Zyklonentätigkeit zur warmen Jahreszeit weitgehend einschläft und es die Ferienbesucher der Küstengebiete als lästige Störung empfinden, wenn einmal ein meist nur kurzdauernder Sturm den Badebetrieb stört, besteht auf der Südhalbkugel kaum ein Unterschied zwischen der Sturmhäufigkeit in den verschiedenen Jahreszeiten, und die Passage um Kap Horn, das etwa auf der gleichen Breite wie unsere deutsche Nordseeküste liegt, ist im Südsommer nicht im geringsten ruhiger als während des dortigen Winters (vgl. Lit. 438).

Diese Betrachtungen sollen eindringlich vor Augen führen, von welcher Bedeutung die dynamischen Prozesse für das Verständnis der Wettervorgänge in den Hoch- und Tiefdruckgebieten sind. Denn es wurde schon darauf hingewiesen, daß gerade durch die Einführung der Fronten- und Luftmassenlehre die allzu primitive Vorstellung von dem ausschlaggebenden Einfluß der Luftmassen auf den Luftdruck, indem Kaltluft hohen Druck oder Druckanstieg und Warmluft niedrigen Barometerstand hervorrufen soll, wegen ihrer Einfachheit allzu weite Verbreitung gefunden hat. Es ist noch nicht lange her, daß man sich die Kaltluft geradezu wie ein Massiv vorstellte (636), gegen das Warmluftmassen vergebens anbranden würden, während die Aerologie erwiesen hat, daß es gerade umgekehrt ist und die Warmluftvorstöße deshalb um Kaltluftgebiete herumgesteuert werden, weil über der Kaltluft in der Höhe ein Luftdefizit vorhanden ist!

Wie gering in Wirklichkeit die thermischen Effekte sind, kann man nachweisen, indem man das Verhalten des Luftdrucks mit den Temperaturänderungen während der verschiedenen Jahreszeiten verfolgt, worauf bei Besprechung der Höhenänderung der Isopotentialen über dem europäischen Raum vom Winter zum Sommer schon hingewiesen wurde. In Tabelle 24 sind in der 3. und 4. Spalte die mittleren Temperaturen für alle Hauptbreitenkreise für Januar und Juli, wieder nach HANN-SÜRING, zusammengestellt, daneben in den beiden nächsten Vertikalreihen die mittleren Druckwerte und anschließend die Differenzen zwischen den beiden extremen Jahreszeiten aufgeführt.

Tabelle 24. *Mittlerer Luftdruck und mittlere Temperatur im Januar und Juli nach* HANN-SÜRING.

1	2	3	4	5	6	7	8	9
Breite	Landbedeckung (%)	Lufttemperatur (° C) Januar	Juli	Luftdruck (mb) Januar	Juli	Differenz Januar—Juli Temperatur (°C)	Luftdruck (mb)	Unreduzierter Luftdruck (mb)
90° N	0	(— 41.0)*	(— 1.0)*	(1013.5)	(1010.5)*	(— 40.0)	(+ 3.0)	—
80°	20	— 32.2	+ 2.0	1012.5	1011.1	— 34.2	+ 1.4	— 4.0
70°	53	— 26.3	+ 7.3	1012.4*	1010.3	— 33.6	+ 2.1	— 0.5
60°	61	— 16.1	+ 14.1	1014.3	1010.2*	— 30.2	+ 4.1	— 0.5
50°	58	— 7.1	+ 18.1	1016.3	1011.9	— 25.2	+ 4.4	— 0.9
40°	45	+ 5.0	+ 24.0	1018.4	1013.3	— 19.0	+ 5.1	+ 0.3
30°	43	+ 14.5	+ 27.3	1019.3	1012.4·	— 12.8	+ 6.9	+ 5.1
20°	32	+ 21.8	+ 28.0	1015.8	1010.5	— 6.2	+ 5.3	+ 3.5
10°	24	+ 25.8	+ 26.9	1011.9	1010.2*	— 1.1	+ 1.7	— 0.1
0°	22	+ 26.4	+ 25.6	1010.3	1011.9	+ 0.8*	— 1.6	— 2.7
10° S	20	+ 26.3	+ 23.9	1010.2*	1014.5	+ 2.4	— 4.3	— 4.9
20°	24	+ 25.4	+ 20.0	1011.6	1017.9	+ 5.4	— 6.3	— 5.3
30°	20	+ 21.9	+ 14.7	1014.7	1020.3	+ 7.2	— 5.6	— 1.6
40°	4	+ 15.6	+ 9.0	1014.9	1014.5	+ 6.6	+ 0.4	+ 2.1
50°	2	+ 8.1	+ 3.4	1003.5	1003.9	+ 4.7*	— 0.4	—
60°	0	+ 2.1	— 9.1	·989.6*	988.3*	+ 11.2	+ 1.3	—
70°	71	— 3.5	— 23.0	990.9	989.2	+ 19.5	+ 1.7	—
80°	(100)	— 10.8	— 39.5	992.0	990.2	+ 28.7	+ 1.8	—
90°	(100)	(— 13.5)*	(— 48.0)*	(992.6)	(991.1)	(+ 34.5)	(+ 1.5)	—

Im Januar ist es am Äquator am wärmsten, im Juli verschiebt sich diese Zone nach 20° Nordbreite. Eine ähnliche Verlagerung erfährt auch die Zone tiefsten Luftdrucks, die vom Januar zum Juli von 10° Süd nach 10° Nord vorrückt und ihren Tiefstwert von 1010.2 mb beibehält. In gleicher Weise wandern im Laufe des Jahres auch die subtropischen Hochdruckgürtel, nur ist das Ausmaß der Verschiebung etwas geringer. Die Zone höchsten Luftdrucks pendelt zwischen dem 30. und 40. Breitengrad hin und her. Dabei ist die Stärke dieses Hochdruckrückens jahreszeitlich auf beiden Halbkugeln etwa in gleichem Ausmaß verschieden: Zur kalten Jahreszeit liegt der Kerndruck zwischen 1019 und 1020 mb, im jeweiligen Sommer aber nur bei 1013 bzw. 1015 mb. Der Unterschied von 5 bis 6 mb erscheint uns jetzt schon groß, ist aber verschwindend gering, wenn wir ihn mit den gleichzeitigen Temperaturschwankungen vergleichen, wie dies in den Spalten 7 und 8 der Tabelle 24 durchgeführt ist.

In 30° Nord beträgt nämlich die mittlere jahreszeitliche Temperaturschwankung auf der Nordhemisphäre 13° und südlich des Äquators 7°, d. h. setzen wir voraus, daß die Temperaturänderung in der freien Atmosphäre den gleichen Betrag aufweist, so reicht die winterliche Druckerhöhung selbst hier nur bis etwa 2000 m hinauf, wie man leicht nach den BJERKNES-Tabellen berechnen kann. Mit weiterer Annäherung an die Pole nimmt die Temperaturamplitude aber noch sehr stark zu und überschreitet auf der Nordhalbkugel nördlich vom 60. Parallelkreis 30°. Trotzdem nimmt die Druckerhöhung von den Subtropen aus nach Norden hin wieder ab und ist in den subpolaren Breiten auf kaum 2 mb reduziert.

In Wirklichkeit ist diese geringe Druckzunahme gar nicht reell, denn sie erstreckt sich nicht einmal bis zur durchschnittlichen Höhe der Erdoberfläche über dem Meeresniveau und kommt deshalb überhaupt nur durch die Reduktion zustande. Für Betrachtungen über Massenverlagerungen muß man aber von den nicht reduzierten Druckwerten ausgehen, wie dies O. BASCHIN und R. SPITALER (290, S. 259) getan haben. In der letzten Spalte der Tabelle 24 sind deshalb noch die von HANN-SÜRING (290, S. 257) zusammengestellten, unreduzierten Druckdifferenzen nach SPITALER, umgerechnet in mb, wiedergegeben, wobei die einzelnen Beträge sich jetzt auf die gesamte Zone innerhalb der Breitengrade beziehen, zwischen denen die Zahlenwerte niedergeschrieben sind. Es ergibt sich dann, daß sich der winterliche Massenzufluß auf beiden Halbkugeln nur auf die Gebiete vom Äquator bis zum 40. Breitengrad beschränkt und daß von dort aus polwärts im Winter sogar ein geringer Massenabfluß stattfindet. Mit anderen Worten: Die bei der Abkühlung der Polargebiete in der Höhe erfolgende Zunahme des Druckgradienten wird am Boden nicht kompensiert, sondern es verstärkt sich hier ebenfalls das polwärts gerichtete Isobarengefälle. Auf der Südhalbkugel, wo die Reibung geringer ist, setzt sich dieser gleiche Effekt noch stärker durch, indem dort die Zunahme des Druckgradienten (Spalte 8 der Tabelle 24) von 20 bis 60° Süd im Winter 7.6 mb erreicht, auf der nördlichen Hemisphäre jedoch auf gleicher Entfernung 4.8 mb nicht überschreitet.

Gegenüber den starken jahreszeitlichen Temperaturschwankungen wird nur ein unbedeutender Bruchteil der zur Kompensation erforderlichen Luftmenge über den Äquator verfrachtet. Daß dieses Luftquantum dabei nicht über den 40. Breitengrad hinauskommt, gibt der Auffassung von F. M. EXNER (vgl. Lit. 215, S. 213ff.) recht, daß hier, im Gebiete der subtropischen Hochdruckgürtel, die in der Höhe vom Äquator abfließende Luft — durch die polwärts abnehmende Erdrotation nach rechts abgelenkt — gestaut wird und dadurch die Hochdruckgürtel der Roßbreiten entstehen. Die hier angestauten Luftmassen fließen nach allen Seiten ab. Es steht mit dieser Auffassung im Einklang, daß im Winter sowohl die Hochdruckgürtel verstärkt werden und der Luftdruck zugleich in der polaren Tiefdruckrinne sinkt. Auch bei den längerperiodischen Klimaschwankungen wird dieses gleiche Wechselspiel beobachtet und damit die EXNERsche dynamische Theorie der Zirkulation erhärtet. Wie schon gezeigt wurde, ist die polare Stratosphäre im Winter recht kalt und daher die Vorstellung von der primären Bedeutung der Stratosphäre für die allgemeine troposphärische Druckverteilung nicht mehr in allen Punkten aufrecht zu erhalten.

Zwischen dem subtropischen Hochdruckring und der äquatorialen Tiefdruckrinne entwickelt sich eine geschlossene *Passatzirkulation* mit äquatorwärts gerichteter Strömung in Bodennähe, den *Passaten*, und polwärts wehenden Winden in der Höhe, den sog. *Antipassaten*. In den gemäßigten Zonen ist dagegen ein geschlossener Kreislauf in der Vertikalen nicht möglich, da im Mittel in allen Höhen ein polwärts gerichtetes Druckgefälle vorhanden ist. H. PHILIPPS (551) hat gezeigt, daß deshalb hier der Luftmassenaustausch nur durch das horizontale Nebeneinander von pol- und äquatorwärts gerichteten Luftströmungen möglich ist, die in den gemäßigten Zonen das wechselhafte Wetter bedingen.

Im Jahreslauf erfährt aber auch das Schema der allgemeinen Zirkulation bereits wesentliche Abwandlungen, die noch verwickelter werden durch die infolge der Verteilung von Land und Meer hervorgerufenen monsunalen Effekte, die die gesamte Tropo- und Stratosphäre beeinflussen.

E. Die monsunale Zirkulation auf der Nordhalbkugel im Januar und Juli.

Die Karten der durchschnittlichen Verteilung der meteorologischen Elemente im Jahresmittel haben in der Hauptsache nur theoretischen Wert, da sie sich aus ganz verschiedenartigen Einzelwetterlagen zusammensetzen. So ist der Luftdruck über Innerasien im Winter sehr hoch, im Sommer aber besonders tief, was sich im Jahresmittel weitgehend ausgleicht. In den höheren Schichten sind die auftretenden Schwankungen noch größer, und es ist daher nicht zweckentsprechend, Höhenkarten für den Jahresdurchschnitt zu entwerfen. Damit zugleich die im Laufe des Jahres auftretenden Massenverlagerungen voll erfaßt werden, wird das Schwergewicht der Diskussion auf die Mittelkarten für Januar und Juli gelegt, aber nur der Zustand auf der Nordhalbkugel eingehend besprochen. Zunächst soll ein allgemeiner Überblick über die Druck- und Temperaturverhältnisse an Hand von einzelnen Stationen gewonnen werden.

1. Die Temperaturverteilung in der Tropo- und Stratosphäre.

In Tabelle 25 sind die Mitteltemperaturen für Januar und Juli für eine Reihe europäischer und außereuropäischer Orte zusammengestellt, im ersten Teil nach geometrischen Höhenschichten und anschließend nach Hauptdruckstufen geordnet. Es folgen die Angaben der relativen Topographien für die Standard-Isobarenflächen und die absoluten Topographien für alle Haupt- und Standard-Druckwerte. Die linke Hälfte bezieht sich auf den Winter, die rechte auf den Sommer, und es sind nach Möglichkeit die Angaben für Januar und Juli aufgeführt. In der Mitte steht *Batavia* als bester Repräsentant der Äquatorialregion. Von dort nähern wir uns, nach links fortschreitend, über Indien und Europa dem asiatischen Kältepol, und die beiden amerikanischen Stationen *Swan Island* und *Miami* sollen beweisen, daß dort unter gleicher Breitenlage auch ähnliche Werte gemessen werden. Nach rechts folgen die Angaben für den Sommer in fast gleicher Reihenfolge, wobei einige Unregelmäßigkeiten — durch Lücken im vorhandenen Material bedingt — in Kauf genommen werden müssen.

Vor Beginn der Diskussion der Zahlenwerte mögen einige Angaben darüber gemacht werden, wie sie gewonnen wurden. Von den vorliegenden Veröffentlichungen sind nur die Ergebnisse von *Batavia, Victoria Nyanca* in Zentralafrika[1] und der indischen Registrierballonaufstiege (594) übernommen worden. Die amerikanischen Radiosondenstationen in *Miami* und *Swan Island* bestehen erst einige Jahre und werden im *Monthly*

---

[1] Abgedruckt in Lit. 379, I. Band, S. F 43.

Weather Review regelmäßig in übersichtlicher Form abgedruckt. Diese Zeitschrift ist seit Mitte 1941 nicht mehr zugänglich gewesen, so daß sich die Zahlenangaben auf wenige Monate beschränken. Sie dürften aber trotzdem ein einigermaßen richtiges Bild geben.

Die vor dem zweiten Weltkrieg in Europa durchgeführten hochreichenden Aufstiege stellen ein so lückenhaftes Material dar und weisen außerdem zum größten Teil Strahlungsfehler auf, daß sie gegenüber den neueren, regelmäßig durchgeführten Messungen als veraltet angesehen werden müssen. Eine Aufarbeitung der im Kriege angefallenen Beobachtungsergebnisse konnte aber nur in ganz beschränktem Maße erfolgen und ist hier lediglich für die Überwinterungsstationen auf Franz-Joseph-Land, Spitzbergen und Ostgrönland erfolgt; außerdem wurden in gleicher Weise die Mitteltemperaturen über *Tromsö* und *Kirkenes* für alle Hauptisobarenflächen und oberhalb von 250 mb von 25 zu 25 mb fortschreitend berechnet und beide Stationen gemittelt. Die Werte für *Berlin* und *Helsinki* sind für den Januar durch Anpassung der in den älteren Reihen für die einzelnen Höhen berechneten Temperaturen an die Mittelwerte der relativen Topographie während der Jahre 1942 bis 1944 erhalten worden, nachdem die erwähnten Mittelkarten vom Strahlungsfehler befreit waren. Bei der *Spitzbergen*-Reihe vom Sommer 1937 wurden die Strahlungskorrektionen nach den dortselbst durchgeführten Beobachtungen (840) berücksichtigt und für die Resultate der russischen Aufstiege auf Franz-Joseph-Land (285) entsprechende Reduktionsbeträge angebracht. Es ist das Hauptziel der Tabelle, die von allen Fehlern befreiten Temperaturwerte der freien Atmosphäre so genau anzugeben, wie das zur Zeit möglich ist.

Es sei besonders darauf hingewiesen, daß gegenüber den mitgeteilten Originalwerten hier für die höheren Schichten von *Helsinki* die erheblich wärmeren Temperaturgrade angegeben sind, welche den erhaltenen Mittelwerten der relativen Topographien entsprechen. Andernfalls würden die dortigen Stratosphärentemperaturen nämlich völlig aus dem Rahmen herausfallen. Es ist nicht bekannt, nach welcher Methode die übersandten Mittelwerte berechnet wurden, aber zu vermuten, daß das Differenzenverfahren angewandt worden ist, das erheblich zu niedrige Werte ergibt. Auch die von F. MÖLLER (465) mitgeteilten, nach dem Differenzenverfahren berechneten Werte von *Abisko* scheinen wesentlich zu tief zu sein und stimmen mit den neuen nordnorwegischen Reihen nicht überein.

Das *Differenzenverfahren* versagt deshalb, weil das Platzen des Ballons eine Funktion der Temperatur darstellt, indem das Gummimaterial bei größerer Kälte erheblich mehr beansprucht wird als bei höheren Temperaturen. Dieser Nachteil hat sich im Laufe des Krieges mit der zunehmenden Verwendung von Kunststoffen immer störender bemerkbar gemacht. Er hat zur Folge, daß die Aufstiege bei warmer Stratosphäre noch verhältnismäßig große Höhen erreichen, während sie bei kalter Tropopause bald platzen. Nun ist aber vor allen Dingen im Winter und in hohen nördlichen Breiten eine warme Tropopause immer mit einer mehr oder weniger ausgeprägten Temperaturabnahme in der Stratosphäre verbunden, indem die Temperatur in noch höheren Schichten nur um wesentlich geringere Beträge schwankt. Im Falle der kalten Tropopause liegen die Verhältnisse gerade umgekehrt: es tritt in der Stratosphäre eine Temperaturzunahme nach oben hin ein, bis die Normalwerte annähernd erreicht werden.

Dieses Auswahlprinzip des Gummis bedingt eine Bevorzugung der hochreichenden Aufstiege mit warmer Tropopause, bei denen dann im Durchschnitt eine Abnahme der Stratosphärentemperatur vorhanden ist. Wird die aus diesen Aufstiegen rechnerisch ermittelte vertikale Temperaturabnahme bei allen Sondierungen angebracht, so wird damit vorausgesetzt, daß auch bei den vorzeitig geplatzten Ballonen in der Stratosphäre eine entsprechende Temperaturabnahme vorhanden sei. Dies wird aber meist nicht der Fall sein; man muß vielmehr erwarten, daß bei den niedrigen Aufstiegen die Temperatur vorzugsweise in der Stratosphäre zunimmt. Das Differenzenverfahren ergibt also zu niedrige Werte.

Andererseits liefert die bloße Mittelung mit Sicherheit zu hohe Temperaturen, denn es werden dann mit Vorliebe alle Fälle besonders warmer Stratosphäre erfaßt, bei denen die Ballone höher steigen. Der wahre Temperaturwert wird demnach etwa in der Mitte liegen.

Für die deutschen Polarstationen und Nordnorwegen wurden deshalb die Mittelwerte zwischen den nach dem Differenzenverfahren berechneten Beträgen und den Durchschnittszahlen als die wahrscheinlichsten angesehen und hier veröffentlicht. Die Unterschiede zwischen den beiden Verfahren liegen in der Größenordnung einiger Grade.

Wird jetzt das Augenmerk auf die Zahlen der Tabelle 25 gelenkt, so sieht man zunächst, daß von allen aufgeführten Aufstiegen *Agra* im Juli der bei weitem wärmste ist mit Werten der relativen Topographie in der Troposphäre von 577 bzw. 589 dyn. Dekametern. WAGNER (862, S. F 54) hat auf die außerordentlich hohen Temperaturen im indischen Monsungebiet schon hingewiesen und sie auf die freiwerdende Kondensationswärme zurückgeführt. Sie werden bestätigt durch die von PENNDORF (527) angegebenen Werte für *Karachi*, und man kann annehmen, daß der Punjab am Südabhang des Himalaya-Gebirges im Sommer die wärmste Zone der Erde ist.

Es sei gleich darauf aufmerksam gemacht, daß die große Wärme über *Agra* auch mit den Höchstwerten der absoluten Topographien zwischen 400 und 96 mb gekoppelt ist und hiermit wieder die stramme Beziehung zwischen Temperatur und Höhendruck bestätigt wird. Der im Mittel kälteste Aufstieg von *Jakutsk* (1. Spalte

Tabelle 25. *Temperaturverteilung in der freien Atmosphäre.*

	1	2	3	4	5	6	7	8	9	10	11	12	13	14	15	16	17	18	19	20	21	22
Jahreszeit	Winter	Winter	Winter	Winter	Winter	Winter	Winter	Winter	Winter	Winter	Winter	Winter	Sommer	Sommer	Sommer	Sommer	Sommer	Sommer	Sommer	Sommer	Sommer	Winter
Ort	Jakutsk	Franz-Joseph-Land	Spitzbergen	Ostgrönland	Tromsö Kirkenes	Helsinki	Berlin	Agra	Miami	Swan Island	Poona	Batavia	Victoria Nyanca	Hyderabad	Swan Island	Miami	Agra	Berlin	Helsinki	Spitzbergen	Franz-Joseph-Land	Little America Antarktika
Beobachtungszeit	Januar 39—41	15.12.43 bis 15.2.44	15.12.43 bis 15.2.44	15.12.42 bis 15.2.43	Januar 42—44	Januar 36—44	Januar 42—44	Januar 25—29	Januar 40—41	Januar-Febr. 41	Januar 28—31	Jahr 10—15	August-Sept. 08	Juli 28—31	Aug. 39 bis Juni 41	Juli 40	Juli 25—29	Juli 42—44	Juli 36—42	Juli 37	Sommer 30—36	August-Sept. 40
Koordinaten	62° N 130° E	81° N 47° E	80° N 13° E	75° N 19° W	70° N 25° E	60° N 25° E	52° N 13° E	27° N 78° E	26° N 80° W	18° N 84° W	19° N 73° E	6° S 107° E	1° S 33° E	17° N 78° E	18° N 84° W	26° N 80° W	27° N 78° E	52° N 13° E	60° N 25° E	79° N 12° E	81° N 60° E	78° S 165° W

Höhe (km) — Temperaturen in geometrischen Höhenstufen

Höhe (km)	1	2	3	4	5	6	7	8	9	10	11	12	13	14	15	16	17	18	19	20	21	22
26	—	—	—	—	—	—	—	—	—	—	−56	—	—	−56	—	—	—	—	—	—	—	—
25	—	—	—	—	—	—	—	—	—	—	−56	—	—	−57	—	—	—	—	—	—	—	—
24	—	—	—	—	—	—	—	—	—	—	−57	—	—	−58	—	—	—	—	—	—	—	—
23	—	—	—	—	—	—	—	—	—	—	−58	—	—	−59	—	—	—	—	—	—	—	—
22	—	—	—	—	—	—	—	—	—	—	−59	−67	—	−62	—	—	—	—	—	−38	—	—
21	—	—	—	—	—	−59	−58	—	−65	−62	−62	−70	—	−66	—	—	—	−49	−45	−39	−37	—
20	—	—	—	—	—	−59	−58	−65	−68	−68	−66	−73	—	−70	—	−62	−62	−49	−46	−40	−38	—
19	—	—	—	—	—	−59	−58	−69	−70	−75	−70	−79	−77	−75	—	−65	−66	−49	−47	−40	−39	—
18	—	—	—	—	—	−59	−58	−71	−73	−81	−75	−89	−76	−78	−73	−68	−72	−49	−47	−40	−40	—
17	—	—	—	—	—	−59	−58	−70	−75	−85	−78	−83	−74	−81	−77	−70	−77	−49	−48	−42	−41	—
16	—	−67	—	—	−63	−59	−58	−68	−73	−82	−77	−79	−70	−78	−77	−71	−74	−49	−48	−43	−41	—
15	—	−67	−63	—	−63	−59	−58	−66	−70	−75	−74	−74	−66	−72	−73	−69	−67	−49	−48	−43	−42	—
14	—	−66	−63	—	−63	−59	−58	−63	−65	−67	−70	−68	−62	−63	−65	−65	−58	−50	−48	−44	−43	—
13	—	−66	−62	—	−62	−59	−58	−59	−61	−59	−62	−60	−56	−56	−58	−59	−49	−50	−48	−44	−44	−77
12	—	−66	−62	−61	−62	−59	−58	−56	−56	−52	−53	−51	−50	−48	−52	−51	−41	−50	−49	−45	−45	−75
11	—	−66	−62	−62	−62	−59	−58	−51	−50	−44	−45	−42	−43	−39	−44	−44	−32	−50	−49	−46	−45	−73
10	—	−66	−62	−63	−61	−59	−58	−46	−43	−36	−36	−34	−35	−31	−36	−36	−24	−46	−49	−49	−45	−71
9	—	−64	−61	−61	−58	−55	−54	−37	−35	−28	−29	−26	−28	−24	−28	−27	−17	−39	−42	−48	−43	−67
8	−59	−58	−56	−56	−52	−50	−47	−30	−28	−21	−22	−19	−21	−17	−21	−20	−11	−31	−34	−41	−37	−63
7	−54	−52	−51	−50	−45	−44	−39	−23	−21	−15	−16	−13	−14	−11	−14	−14	−5	−24	−26	−33	−29	−57
6	−49	−45	−44	−41	−38	−38	−31	−16	−14	−8	−9	−7	−8	−6	−8	−7	+0	−17	−19	−25	−23	−52
5	−44	−38	−36	−34	−32	−31	−24	−10	−7	−1	−3	−2	−3	+0	−2	−2	+5	−11	−12	−18	−17	−45
4	−38	−31	−29	−29	−25	−24	−18	−3	−1	+5	+3	+4	+3	+6	+5	+4	+10	−5	−6	−12	−11	−38
3	−33	−26	−23	−23	−19	−17	−12	+2	+4	+9	+8	+10	+9	+11	+10	+10	+15	+1	+0	−6	−6	−32
2	−28	−20	−18	−19	−12	−13	−7	+8	+8	+13	+14	+15	+16	+16	+15	+16	+20	+6	+5	−2	−2	−28
1	−32	−17	−14	−19	−8	−10	−4	+13	+12	+18	+23	+21	+24	+23	+22	+21	+25	+11	+10	+1	+2	−26
Boden	−45	−15	−12	−23	−7	−10	−2	+18	+16	+24	+28	+26	—	+27	+27	+25	+31	+18	+16	+5	+1	−45

Temperaturen an den Haupt- bzw. Standard-Isobarenflächen

Druckfläche (mb)																						
17	—	—	—	—	—	—	—	—	—	—	—55	—	—	—55	—	—	—	—	—	—	—	—
41	—	—	—	—	—	—59	—58	—61	—	—	—61	—67	—	—62	—	—	—60	—49	—44	—38	—	—
96	—	—67	—63	—	—63	—59	—58	—70	—74	—84	—77	—83	—73	—79	—76	—70	—77	—49	—48	—42	—40	—
225	—	—65	—62	—63	—63	—59	—58	—53	—52	—48	—50	—48	—47	—45	—49	—49	—37	—50	—49	—46	—45	—
300	—59	—62	—59	—59	—55	—54	—54	—41	—39	—33	—33	—32	—34	—29	—34	—34	—21	—42	—44	—48	—44	—70
400	—52	—50	—50	—48	—43	—43	—39	—26	—24	—18	—19	—17	—19	—14	—18	—18	—9	—27	—28	—35	—31	—63
500	—44	—40	—38	—36	—33	—33	—27	—15	—13	—7	—8	—7	—7	—5	—7	—7	+1	—16	—16	—22	—21	—53
600	—38	—31	—29	—29	—24	—23	—19	—6	—4	+2	+0	+2	+0	+3	+1	+1	+8	—7	—8	—14	—12	—44
700	—32	—25	—22	—22	—17	—16	—12	+1	+3	+8	+7	+9	+8	+10	+9	+9	+14	+0	—0	—7	—6	—30
800	—28	—20	—17	—19	—11	—12	—7	+7	+8	+13	+14	+14	+16	+16	+14	+15	+19	+6	+5	—2	—2	—27
900	—32	—17	—14	—20	—7	—10	—4	+12	+12	+18	+23	+22	+24	+23	+21	+21	+24	+10	+10	+1	+2	—27

Relative Topographien

Druckflächen (mb)																						
17/41	—	—	—	—	—	—	—	—	—	—	528	—	—	524	—	—	—	—	—	—	—	—
41/96	—	504	511	—	(511)	524	526	503	496	484	500	480	486	492	497	511	502	546	555	571	(573)	—
96/225	—	506	514	520	515	524	527	514	511	502	504	511	517	511	506	514	523	546	549	560	563	484
225/500	498	498	504	504	512	515	520	546	551	564	560	566	562	571	563	562	589	545	543	533	541	490
500/1000	475	491	498	494	509	508	518	547	549	561	563	564	564	569	565	565	577	545	543	529	530	478

Absolute Topographien

Druckfläche (mb)																						
17	—	—	—	—	—	—	—	—	—	—	2663	—	—	2668	—	—	—	—	—	—	—	—
41	—	2002	2023	—	(2052)	2080	2104	2125	2123	2123	2135	2130	2139	2144	2141	2168	2189	2194	2198	2205	(2216)	—
96	—	1498	1512	1526	1541	1556	1578	1622	1627	1639	1635	1650	1653	1652	1644	1657	1687	1648	1643	1634	1643	1446
225	990	992	998	1006	1026	1032	1051	1108	1116	1137	1131	1139	1136	1141	1138	1143	1164	1102	1094	1074	1080	962
300	815	820	824	831	849	853	872	921	927	944	940	946	944	946	946	952	962	914	908	888	891	792
400	636	641	642	650	664	667	685	724	728	739	737	741	740	739	742	748	748	718	712	698	697	616
500	492	494	494	502	514	517	531	562	565	573	571	573	574	570	575	581	575	557	551	541	539	472
600	370	369	369	375	386	389	400	424	426	431	430	431	433	427	433	439	429	420	415	407	404	350
700	264	261	259	266	274	276	286	305	305	308	308	308	310	303	310	316	303	300	295	291	288	243
800	170	165	162	169	175	177	185	198	198	199	199	199	200	193	200	206	191	195	190	188	184	150
900	88	80	75	83	86	89	95	102	102	102	99	100	101	94	101	107	90	99	95	95	92	66
1000	17	3	—4	8	5	9	13	15	16	12	8	9	10	1	10	16	—2	12	8	12	9	—6

der Tabelle) weist dementsprechend auch die tiefsten Werte der Topographien oberhalb 600 mb auf und deutet schon an, daß das winterliche asiatische Hoch nur eine Angelegenheit der untersten Schichten ist. Die mittlere Temperaturdifferenz beträgt zwischen diesen beiden extremen Stationen am Boden 76°, nimmt bis 2000 m auf 48° ab und behält diesen hohen Unterschiedsbetrag von 48 bis 49° dann bis zur Gipfelhöhe der Aufstiege von Jakutsk in 8000 m Höhe bei!

Die Stationen sind in der Tabelle so angeordnet, daß die Höhen der Hauptisobarenflächen in der Hochtroposphäre, von links nach rechts fortschreitend, von Jakutsk bis Batavia ständig zunehmen mit der einzigen Ausnahme, daß die amerikanische Station *Swan Island*, die zur Wahrung des geographischen Zusammenhangs neben *Miami* in Südflorida aufgeführt ist, etwas niedrigere Werte aufweist als die rechts folgende indische Aufstiegsstelle *Poona*. Wie eng der Zusammenhang zwischen den Temperatur- und Druckwerten in der oberen Troposphäre ist, kann man daraus ersehen, daß unter den Werten der relativen Topographie 225/500 mb *Swan Island* gleichzeitig die einzige Ausnahme in der Reihe nach rechts zunehmender Temperaturen darstellt und für die untere Troposphäre (500/1000 mb) nur Ostgrönland und Nordnorwegen unter dem Einfluß der Golfstromzirkulation unbedeutende Abweichungen von dieser Temperatur-Druckkorrelation aufweisen.

Im Winter macht sich die troposphärische Abkühlung vor allem im asiatischen Raum noch weit nach Süden hin bemerkbar und nimmt über *Agra* (vgl. Spalten 8 und 17) vom Boden bis 10000 m von 13 auf 22° zu, um nur von 15000 bis 18000 m das Vorzeichen zu wechseln. In etwa 18° Breite ist über *Poona-Hyderabad*[1] die jährliche Schwankung (vgl. Spalten 11 und 14) aber schon erheblich geringer und überschreitet erst oberhalb 2000 m 3°, nimmt jedoch von 7000 bis 14000 m immer noch Beträge von 5 bis 7° an. Von 16000 bis 22000 m ist es über Vorderindien im Winter einige Grade wärmer als im Sommer, so daß die zum Winter erfolgende Senkung der 96-mb-Fläche um 17 Dekameter bis zur 17-mb-Fläche weitgehend kompensiert wird und in dieser Höhenlage auch keine jahreszeitlichen Temperaturschwankungen mehr festgestellt werden können.

Die Ergebnisse von *Miami* und *Swan Island* stimmen mit den unter fast gleicher Breite gelegenen Stationen *Agra* bzw. *Poona* im Winter in fast allen Höhen, sowohl hinsichtlich der Temperatur als auch des Luftdrucks, gut überein. Im Sommer besteht die gleiche enge Korrelation nur zwischen *Swan Island* und *Hyderabad* (Spalten 14 und 15), während *Agra* (Spalte 17) in Zentral-Indien in der mittleren und Hochtroposphäre bis zu 12° höhere Temperaturen aufweist als das auf demselben Parallelkreis am Golf gelegene Florida; in der Stratosphäre kehren sich die Verhältnisse teilweise um.

Die wenigen Messungen über *Victoria-Nyanca* im Innern Äquatorial-Afrikas (Spalte 13) passen gut zu den Resultaten über *Batavia*, wo nur in der Stratosphäre erheblich tiefere Temperaturen registriert wurden. Durch die amerikanischen Messungen auf der Schwanen-Insel im Karibischen Meer ist jetzt bestätigt worden, daß dort in der Nähe der Äquatorialregion ähnliche Kältegrade vorkommen, und im Januar—Februar 1941 (Spalte 10) ist dort in 17000 m ein Mittelwert von —85° festgestellt worden. Besonders auffallend ist auch die Erscheinung, daß hier im mittelamerikanischen Raum eine ausgeprägte jährliche Periode der Stratosphärentemperatur mit einem Minimum im Winter vorhanden ist. Über *Swan Island* sind die Temperaturen im Winter (Spalte 10) in der unteren und mittleren Troposphäre kaum von den Sommerwerten (Spalte 15) verschieden, während sie in der Hochtroposphäre und der unteren Stratosphäre im Januar und Februar bis zu 8° in 17000 und 18000 m niedriger liegen. Über *Miami*, wo die gesamte untere und mittlere Troposphäre im Winter um 5 bis 9° kälter ist als im Juli, erreicht diese Differenz in der Stratosphäre ebenfalls 5 bis 6° und verschwindet nur in der Nähe der Tropopause in 14000 m.

Daß eine solche Temperaturschwankung innerhalb der Stratosphäre der höheren Breiten besteht, ist schon länger bekannt; daß diese sich aber im amerikanischen Raum so weit nach Süden hin erstreckt, konnte nicht vermutet werden, zumal die indischen Aufstiege nichts Derartiges zeigen. Hier ist unter gleicher Breitenlage die jährliche Temperaturperiode in der Troposphäre viel größer, wodurch die Stratosphäre zu einer weitgehenden Kompensation gezwungen wird.

Über Mitteleuropa beträgt die stratosphärische Temperaturamplitude etwa 10° (vgl. *Berlin* in Spalte 7 und 18), über *Helsinki* (Spalte 6 und 19) nimmt sie in 21000 m schon auf 14° zu und erreicht nach den neuen Messungen über *Franz-Joseph-Land* in 16000 m sogar 26°. Dabei ist zu berücksichtigen, daß die von russischer Seite veröffentlichten Sommerwerte von Franz-Joseph-Land hier wegen des vermuteten Strahlungsfehlers in Gipfelhöhe (Spalte 21) bereits um 5° erniedrigt wurden. Sie stimmen dann mit den vom Strahlungsfehler befreiten Angaben von *Spitzbergen* (Spalte 20) sehr gut überein. Es kann danach kein Zweifel mehr darüber bestehen, daß die jährliche Temperaturänderung über dem Polargebiet in Höhen

---

[1] Die Aufstiege konnten nur im Winter in *Poona*, an der Westküste Britisch-Indiens gelegen, durchgeführt werden, wenn die dann westliche Höhenströmung die Registrierballone im Innern des Landes niedergehen ließ. Im Sommer, wenn ein starker Ostwind in den oberen Schichten vorherrscht, mußte deshalb *Hyderabad* als Aufstiegsstelle gewählt werden.

von 20000 m 30° überschreitet und damit Beträge annimmt, die an die troposphärischen Schwankungen im Innern Sibiriens heranreichen, wo über *Jakutsk* — soweit die mit großen Fehlern behafteten und deshalb hier nicht wiedergegebenen Sommerwerte dies andeuten — die Schwankung in der mittleren Troposphäre bei 40° liegt.

Die Tabelle 25 ist so eingerichtet, daß von der Mitte aus die Breitengrade wachsen und man die ganze Zahlenübersicht so deuten kann, als wenn sie vom Kältezentrum der Winterhalbkugel (links) zum strahlungsdurchfluteten Pol der anderen Erdhälfte führte. In der Troposphäre werden — wie schon mehrfach erwähnt — die höchsten Temperaturen in der Nähe der Wendekreise auf der jeweiligen Sommerhalbkugel — hier *Agra* — erreicht. Von dort aus nimmt die Sommertemperatur mit Annäherung an den Pol in der Troposphäre rasch ab, um mehr als 30° zwischen Agra und Spitzbergen in 8000 und 9000 m Höhe. Der Grund für dieses starke Temperaturgefälle muß in erster Linie in der Vereisung des Polargebiets gesucht werden, wodurch die Sonnenwärme hier völlig zum Schmelzen verbraucht wird und die Bodentemperatur nicht über den Gefrierpunkt ansteigen kann. Ein rhythmischer Abfluß dieser polaren Kaltluftmassen, sobald der Temperaturunterschied gegenüber den gemäßigten Zonen einen gewissen Schwellenwert erreicht hat, ist die Folge (783), und durch die zyklonalen Vertikalbewegungen wird auch eine stärkere Wärmezunahme der Troposphäre verhindert.

Anders liegen die Verhältnisse in der Stratosphäre, die durch die Tropopauseninversion den Einflüssen von unten entzogen und lediglich der Sonnenwirkung ausgesetzt ist, deren Gesamtstrahlungsfluß selbst auf die waagerechte Ebene zur Zeit des Sommersolstitiums nach den Berechnungen von Baur und Philipps (48) am Pol am größten ist. Durch direkte Absorption werden deshalb hier im Sommer die wärmsten Stratosphärentemperaturen über der Erde mit etwa —35° in 20000 m Höhe gemessen (880), und dies hat zugleich zur Folge, daß oberhalb von etwa 18000 m auch die höchsten Druckwerte im Sommer am Pol vorkommen. Es setzt sich dann in der Stratosphäre allgemein ein östlicher Wind durch, wie andererseits im Winter die zirkumpolare Westströmung in der Hochstratosphäre besonders große Geschwindigkeiten annimmt, was bereits bei der Besprechung der Jahreszeiten-Karten für den europäischen Raum erwähnt wurde und noch besser aus den die ganze Nordhalbkugel umfassenden zirkumpolaren Mittelkarten hervorgeht.

2. Mittlere Druck- und Luftmassenverteilung am Boden.

Um den monsunalen Einfluß der Verteilung von Land und Meer besonders deutlich hervorzuheben, werden im folgenden die Durchschnittskarten der Höhen der Standard-Isobarenflächen einschließlich der Bodenwetterkarten für Januar und Juli für die ganze Nordhalbkugel besprochen. Die Bodenkarten wurden nach den Darstellungen von Hann-Süring (290), Shaw (804) sowie V. Bjerknes und seinen Mitarbeitern (95) neu entworfen und dabei die norwegischen Bezeichnungen der Fronten und Luftmassen übernommen.

Vergleicht man die beiden Bodenkarten (Abb. 20 und 21), so fällt sofort die große jahreszeitliche Druckschwankung über dem asiatischen Raum auf. Die erheblich kürzeren Wege zwischen dem Atlantischen, Stillen und Indischen Ozean ermöglichen einen weit größeren temperaturbedingten Massenausgleich als von Halbkugel zu Halbkugel. Wo im Juli ein Tief mit einem Zentrum von weniger als 995 mb von allen Seiten feuchtigkeitsbeladene Seeluft heransaugt und diese bei der erzwungenen Hebung auf die Paßhöhen des Himalaya die stärksten auf der Erde bekannten Dauerregen hervorrufen läßt (Jahresniederschlag im 70jährigen Durchschnitt in *Cherrapunji* 11020 mm), dort herrscht im Winter das antizyklonale Regime des mächtigen sibirischen Kältehochs, in dessen Kern der Luftdruck im Januar bei Reduktion auf den Meeresspiegel über 1035 mb ansteigt. Diese gewaltige Luftdruckschaukel führt im Laufe des Jahres zu einer entsprechend durchgreifenden Lageänderung der Ursprungsgebiete der Luftmassen und der sie trennenden Frontalzonen. Über dem übrigen Raum erfahren die einzelnen *Zirkulationsräder*, wie die abgeschlossenen Hoch- und Tiefdruckzentren benannt worden sind, nur mehr oder weniger große Verschiebungen, wobei der Grundzustand erhalten bleibt[1].

Insbesondere das *atlantische Hoch* liegt jahraus, jahrein mit seinem Kern in der Nähe der Azoren, im Juli etwas stärker entwickelt als im Winter und ein wenig nach Norden verschoben, was in gleicher Weise — auch in bezug auf die absolute Höhe der Druckwerte — für die *pazifische Antizyklone* gilt. Das Zentrum des *atlantischen Tiefs* ändert seine Lage nicht und verharrt stets über dem Meeresgebiet zwischen Island und Grönland, weist aber im Winter erheblich tiefere Barometerstände auf als im Sommer. Das *Alëutentief* ist zur warmen Jahreszeit überhaupt nicht mehr deutlich ausgeprägt, steht dagegen im Winter der Islanddepression nur wenig an Stärke nach. Über dem amerikanischen Festland sind die Luftdruckunterschiede im Sommer

---

[1] Analyse der jährlichen Druckwelle: Wahl (868).

sehr gering, während sich dort zur kalten Jahreszeit ebenso wie über Sibirien hoher Druck aufbaut, dessen Intensität jedoch hinter der der russischen Antizyklone weit zurückbleibt.

Wir wollen uns jetzt nach dem Vorgang von BERGERON (61) die Isobaren als mittlere Stromlinien vorstellen, was natürlich nicht exakt richtig ist (541), aber immerhin gute Anhaltspunkte hinsichtlich der mittleren Strömungsverteilung geben kann. Es ist daraus ersichtlich, daß auf dem Atlantischen Ozean die Nordströmung

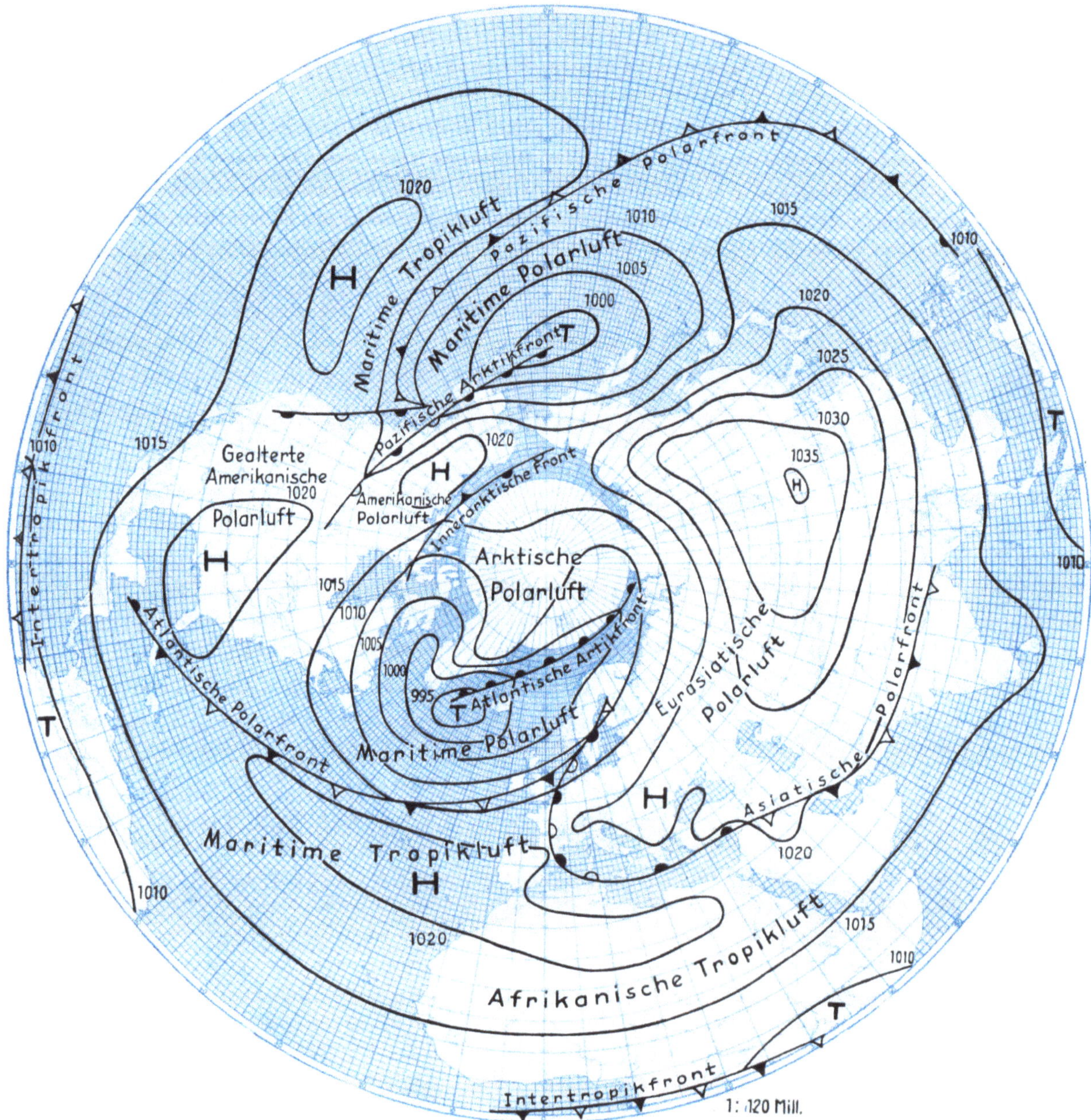

Abb. 20. Mittlere Luftdruckverteilung und Lage der Hauptluftmassengrenzen über der Nordhalbkugel im Januar.

auf der Rückseite der Island-Zyklone von der warmen südlichen Luftbewegung im Westsektor des Azorenhochs durch eine scharfe Strömungs- und Luftmassenscheide getrennt sein muß, deren mittlere Lage im Winter vom Nordseegebiet über die Irische See nach dem Golf von Mexico reicht und sich im Sommer etwas weiter nördlich über Neufundland zum amerikanischen Seegebiet erstreckt.

J. BJERKNES und H. SOLBERG (90) haben diese Grenzlinie als *atlantische Polarfront* bezeichnet, womit zum Ausdruck gebracht werden soll, daß sie die aus dem grönländisch-kanadischen Raum abströmende Polarluft nach Süden hin begrenzt. Ob allerdings die Unterbrechung der subtropischen Hochdruckbrücke im Winter im Seeraum der Bermuda-Inseln so ausgeprägt in Erscheinung tritt, wie sie hier in Anlehnung an die Darstellung der norwegischen Meteorologen gezeichnet worden ist, läßt sich nicht mit Sicherheit sagen; auf vielen

Karten der mittleren Druckverteilung ist eine geschlossene Hochdruckbrücke von den Azoren bis zum amerikanischen Festland dargestellt. Jedenfalls werden durch diese Trennung, selbst wenn sie etwas zu scharf sein sollte, die mittleren Lagen der Luftmassengrenzen deutlicher hervorgehoben.

Nach der norwegischen Vorstellung sind die Hochdruckgebiete als Quellen der Luftmassen anzusehen, und eine Polarluftmasse, die einmal eine subtropische Hochdruckzelle umkreist hat, soll ihre Eigenschaft derart

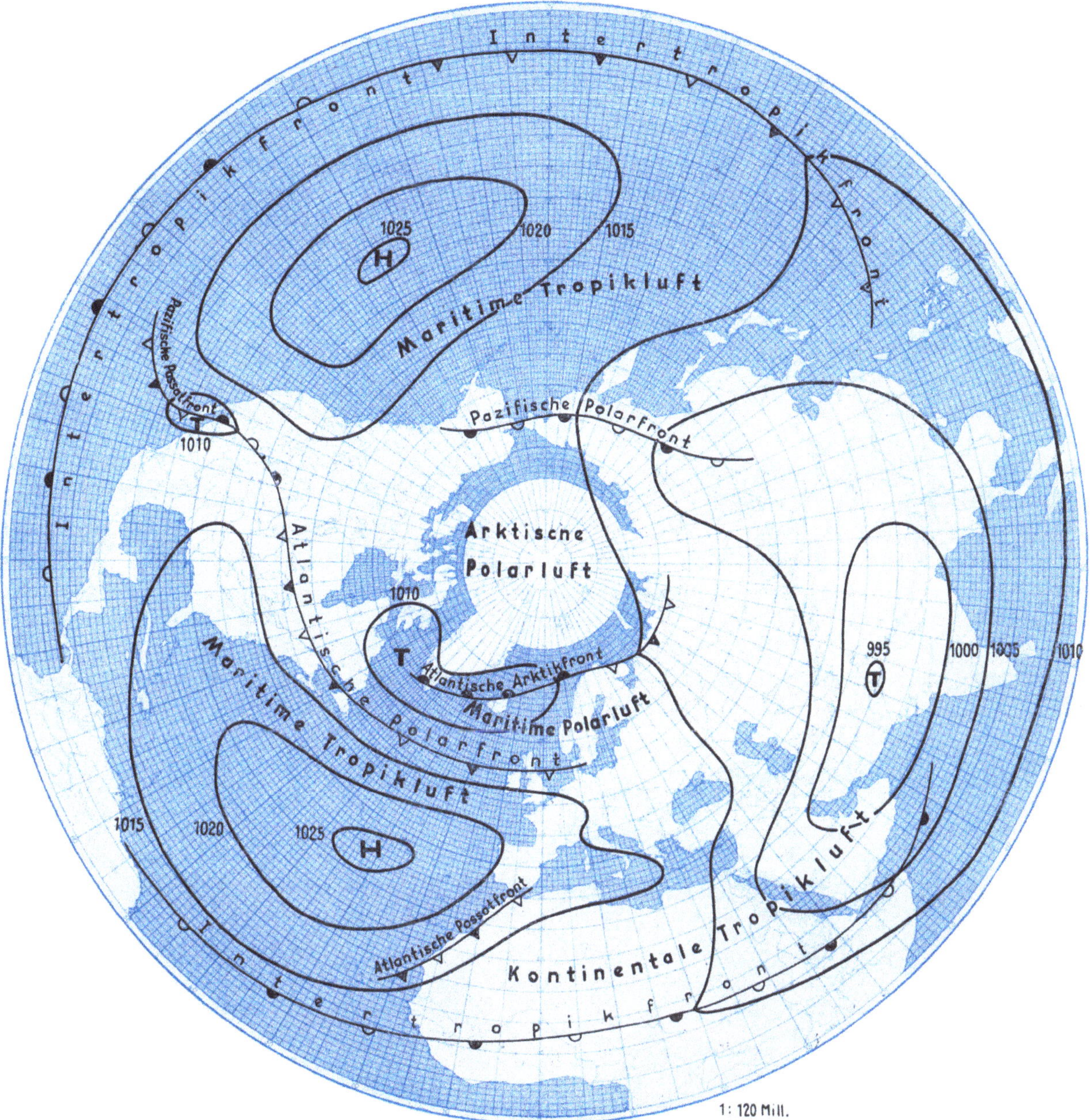

Abb. 21. Mittlere Luftdruckverteilung und Lage der Hauptluftmassengrenzen über der Nordhalbkugel im Juli.

abgeändert haben, daß sie dann als subtropische Warmluft bezeichnet werden kann. Nach dieser Definition bildet das Azorenhoch das Ursprungsgebiet für die *atlantische maritime Tropikluft* und das Polargebiet, im Winter unter Einbeziehung des stark erkalteten nordamerikanischen Festlandes, die Quelle der *arktischen Polarluft*, die, sofern sie auf den Ozean hinaus gelangt, stets rasch in *maritime Polarluft* umgewandelt wird.

Von der sibirischen Antizyklone ist die Warmluft des Azorenhochs im Winter durch eine über Frankreich zum Mittelmeergebiet verlaufende Tiefdruckrinne getrennt, in der die atlantische Tropikluft zum Aufgleiten über die kältere Festlandsluft gelangt. Weiter nach Nordosten hin grenzt die maritime Polarluft an die der sibirischen Antizyklone entströmende *eurasiatische Polarluft*; die Gegensätze verwischen sich, die Fronten okkludieren hier und werden unscharf. Im Sommer verlieren sich im gleichen Raum ebenfalls die Luftmassenunterschiede, da die Strömung eine einheitliche Richtung aus Nordwest annimmt, angesogen vom *indischen Monsuntief*.

Es sei besonders betont, daß aus dem mittleren Verlauf der Isobaren hervorgeht, daß längs der atlantischen Polarfront Luftmassen aus der inneren Arktis und aus dem Bereich der Subtropen gegeneinander geführt werden. Die Ursprungsgebiete dieser verschiedenen Massen liegen also etwa 50 Breitengrade voneinander entfernt, und entsprechend muß auch die Eigenschaft der beiden Luftkörper verschieden sein. Wir können eine solche Luftmassengrenze als eine *Front erster Ordnung* definieren.

Ganz ähnlich liegen die Verhältnisse über dem mittleren Pazifik im Winter. Auch dort liegt eine Front erster Ordnung, die vom Seeraum der Philippinen, halbwegs zwischen den Sandwichinseln und den Aleuten verlaufend, bis vor die amerikanische Küste reicht, als *pazifische Polarfront* bezeichnet wird und die *pazifische maritime Tropikluft* von der *maritimen Polarluft* trennt, deren Herkunftszone im sibirischen bzw. Alaska-Hoch gesucht werden muß. Ebenso wie über Europa ist auch das pazifische Hoch von der amerikanischen Antizyklone durch eine Tiefdruckrinne getrennt, die im Mittel als Warmfront wirkt und die maritime Tropikluft des Pazifiks auf die amerikanische Polarluft aufgleiten läßt. Im Sommer verschwindet dieses pazifische Frontensystem vollständig, da das asiatische Monsuntief seinen Einfluß bis zum mittleren Teil des Pazifischen Ozeans ausdehnt und eine gleichmäßige Druckabnahme vom Seeraum nördlich Hawai bis nach Vorderindien herbeiführt. Es bleibt nur noch ein Rest der pazifischen Polarfront übrig, der sich vom mittleren Alaska nach Jakutien erstreckt, die *Eismeerluft* von den pazifischen Massen scheidet und ebenso als pazifische Arktikfront bezeichnet werden könnte.

Gegenüber diesen beiden Frontensystemen erster Ordnung: der atlantischen und pazitischen Polarfront, sind außerhalb der Tropen noch einige weitere, mehr oder minder stationäre Luftmassengrenzen aus der mittleren Druckverteilung zu erkennen. Diese müssen aber als *Fronten zweiter Ordnung* bezeichnet werden, da die an ihrem Aufbau beteiligten Luftmassen nicht aus verschiedenen Klimagebieten stammen und an ihnen keine Isobaren aus weit entfernten Zonen gegeneinander geführt werden, sich vielmehr nur eine mehr oder weniger stark ausgeprägte Konvergenz bemerkbar macht. Ihrer Lage nach am beständigsten ist die als *atlantische Arktikfront* bezeichnete Luftmassengrenze (458), die von Südgrönland über die Dänemarkstraße und im Winter an der Eisgrenze entlang nach Nowaja Semlja, im Sommer etwas südlicher über Nordnorwegen nach der russischen Eismeerküste verläuft. Es bildet sich hier mit großer Häufigkeit eine ausgeprägte Konvergenzlinie auf der Vorderseite des Islandtiefs aus, die die auf dem Wege aus der Arktis über Grönland oder Labrador und den Atlantischen Ozean nach Osten und schließlich sogar nach Nordosten in die Nähe ihres Quellgebiets zurückkehrende Polarluft von den frischen, aus der Arktis nach Südwesten fließenden Kaltluftmassen trennt. Ihrer Entstehung entsprechend wird die südliche Polarluft als *rückkehrende* oder *gealterte Polarluft*, im Gegensatz zu der *frischen* oder *arktischen Polarluft* auf der Nordseite der Front, bezeichnet. Die Lage der Eisgrenze begünstigt die Entstehung großer Temperaturdifferenzen in den unteren Schichten im Winter ebenso wie der Land-Meer-Gegensatz im Sommer; mit zunehmender Höhe verwischen sich aber — ganz anders als an der Polarfront, wo die Temperaturunterschiede mit der Höhe gerade zunehmen — diese Differenzen mehr und mehr, damit den gleichen Ursprungsort beider Partner verratend.

Auch im Nordpazifischen Ozean findet sich die gleiche Erscheinung im Winter auf der Vorderseite des Aleutentiefs, von wo sich die *pazifische Arktikfront* ostwärts bis in die Nähe des amerikanischen Seengebiets (124, 546) erstreckt *(amerikanische Arktikfront)*. Es sei besonders die wichtige Tatsache hervorgehoben, daß sich auf der Rückseite der Island- und Aleutenzyklone im allgemeinen keine Konvergenzlinie ausbildet, dort vielmehr die Polarluft einem kontinuierlichen Umwandlungsprozeß unterzogen wird, besonders, wenn sie die warmen Wasser des Ozeans betritt. Vor allem auf der Ostabdachung des sibirischen Hochs strömt die Kaltluft in fast beständigem Flusse südwärts und vermag hier mit der ausströmenden Komponente in den bodennahen Schichten weit nach China, zuweilen bis zum Hinterindischen Archipel und sogar gelegentlich über den Äquator hinweg nach Süden vorzudringen. Über Vorderindien, dem Irak und Mesopotamien entwickelt sich häufig eine deutliche Luftmassenscheide gegenüber der wärmeren Masse des Indischen Ozeans und dem Arabischen Meer, die als *asiatische Polarfront* bezeichnet wird und bis ins östliche Mittelmeerbecken verfolgt werden kann.

Gelegentlich wird auch das zwischen dem russischen und amerikanischen Hoch liegende von Nordostsibirien zum kanadischen Archipel reichende Deformationsfeld — von SVERDRUP (828) als *innerarktische Front* bezeichnet — wirksam, und die dort entstehenden Zyklonen gelangen dann mit SE-Kurs zur Davisstraße.

Im Sommerhalbjahr erlangen noch einige interne Luftmassengrenzen zuweilen Bedeutung, die von BERGERON *atlantische Passatfront* bzw. *pazifische Passatfront* genannt worden sind und von denen die eine — längs der afrikanischen Nordwestküste verlaufend (536) — die trockene kontinentale Tropikluft Afrikas von der feuchten maritimen Warmmasse des Atlantischen Ozeans scheidet und die andere die kontinentale Tropikluft des amerikanischen Festlandes von der pazifischen Ozeanluft abgrenzt.

Außer den erwähnten Hauptluftmassengrenzen der Nordhalbkugel ist noch von Bedeutung die als *Intertropikfront* bezeichnete Grenzlinie zwischen den Passat-Windsystemen der Süd- und Nordhalbkugel, die die Achse der äquatorialen Tiefdruckrinne darstellt und damit ebenfalls Luftmassen sehr verschiedener Herkunft voneinander trennt. Sie nimmt trotzdem eine Mittelstellung ein zwischen den Fronten erster und zweiter Ordnung, da der Aufbau der beteiligten Komponenten, die beide aus dem subtropischen Hochdruckgürtel stammen, bei weitem nicht so verschieden ist wie bei der Polarfront und nur dann größer werden kann, wenn auf der Winterhalbkugel eine Polarluftmasse den subtropischen Hochdruckgürtel durchbricht, über den Äquator hinaus vordringt und auf der anderen Hemisphäre in Kampf mit der sommerlich warmen Passatschicht gerät. Es ist dies eine günstige Vorbedingung für die Bildung tropischer Wirbelstürme.

Die Intertropikfront verschiebt sich ebenso wie die äquatoriale Tiefdruckrinne im Sommer zur Nordhalbkugel und verläuft dann vom Arabischen Meer über den Golf von Aden, am Südrand der Sahara vorbei, südlich der Kap Verdischen Inseln bis zur Nordwestspitze Südamerikas und ist dann wieder erkennbar über Mittelamerika, von wo aus sie zwischen 5 und 10° Nordbreite den Pazifik überquert und bei Formosa blind endet. Während des Nordwinters liegen im Durchschnitt nur noch über dem Golf von Bengalen und dem äquatorialen Pazifik einige Abschnitte der Intertropikfront nördlich des Gleichers.

3. Mittlere relative Topographie 500/1000 mb.

Nach Besprechung der Bodendruckverteilung und der Hauptfrontalzonen ist jetzt der mittlere Verlauf der relativen Topographien der unteren Troposphäre (500/1000 mb) leicht verständlich. Sie sind auf den S. 68 und 69 reproduziert (Abb. 22 und 23), links die Karte für Januar, rechts für Juli. Sofort fällt der im allgemeinen wesentlich geringere Gegensatz im Sommer im Vergleich mit dem Winter auf, und nur über begrenzten Zonen, wozu die südlichen Teile Europas gehören, ist die Drängung der Isopotentialen im Sommer fast ebenso groß.

Die kälteste Zone muß im Winter im Raume zwischen Jakutien und den Neusibirischen Inseln angenommen werden, wo die relative Topographie über *Jakutsk* nach den Feststellungen H. FLOHNs (251) bei 475 dyn. Dekametern liegt, ein Wert, der sich immerhin auf etwa 20 Beobachtungen während des Januars 1942 stützt und durch die Aufstiege während der übrigen Monate dieses Winters erhärtet wird. Über dem europäischen Kontinent ist der Verlauf durch Mittelbildung über drei Jahre schon zuverlässig, da die einzelnen Monate große Ähnlichkeit miteinander aufweisen: hier fällt besonders auf, daß die Isothermen, die im isländisch-grönländischen Raum noch Südwest-Nordostrichtung einhalten — was durch die Aufstiege der Wetterstaffeln bei Jan Mayen und die Polarstationen über Ostgrönland gesichert ist — vor der europäischen Küste nach Südost umbiegen. Auf diese Weise macht sich der atlantische Strom über dem Meeresgebiet nördlich Schottland und längs der norwegischen Küste durch eine deutliche Wärmezunge bemerkbar. Über dem europäischen Teil Rußlands nehmen die Isothermen wieder mehr eine West-Ost-Richtung an, doch bleibt eine kleine von Nord nach Süd gerichtete Komponente bestehen, und erst unmittelbar an der Ostküste Asiens verlaufen die relativen Topographien nach scharfer Umbiegung wieder polwärts. Es ist daraus zu ersehen, daß die asiatische Antizyklone als ausgesprochen kaltes Hoch angesehen werden muß.

Eine zweite starke Kaltluftzunge erstreckt sich aus der Arktis über Labrador nach den östlichen Teilen der Vereinigten Staaten. Sie gerät hier ebenso wie die ostsibirische Kaltluft im Westpazifik in Kontakt mit den Warmluftmassen, die auf den Westseiten der ozeanischen Hochdruckgebiete nordwärts vordringen. Die atlantische und die pazifische Polarfront sind durch eine ausgeprägte Drängung der Isothermen gekennzeichnet, demgegenüber alle übrigen frontogenetischen Gebiete an Bedeutung zurücktreten. Dies gilt auch für den Bereich der asiatischen Polarfront, deren Existenz aber jedenfalls durch die stärkere Drängung der Linien noch angedeutet und durch die indischen Aufstiege sowie die russischen Messungen in *Taschkent* und *Alma Ata* gesichert ist.

Einigermaßen gut ausgeprägt ist dann noch die atlantische Arktikfront über der Dänemarkstraße; sie umfaßt jedoch einen erheblich kleineren Raum. Aus dem Bereich der pazifischen Arktikfront liegen keine aerologischen Messungen vor, die eine Bestätigung für den angenommenen Linienverlauf geben könnten.

Großzügig betrachtet, erreichen die Temperaturgegensätze an den Ostküsten Asiens und Nordamerikas ihre größten und an den Westküsten beider Kontinente ihre niedrigsten Werte, d. h. die *Isothermen divergieren über den Ozeanen und konvergieren über den Festländern.* Die Seeräume südlich Neufundland und an

der asiatischen Ostküste sind dabei die Brutstätten der winterlichen Sturmdepressionen, die ihre größte Energieentfaltung in den ozeanischen Divergenzgebieten erfahren, was besonders eindrucksvoll aus der von TRAVNIČEK
(842) berechneten Verteilung der Häufigkeit aperiodischer Druckwellen mit markanten Maxima östlich von
Neufundland und Japan hervorgeht.

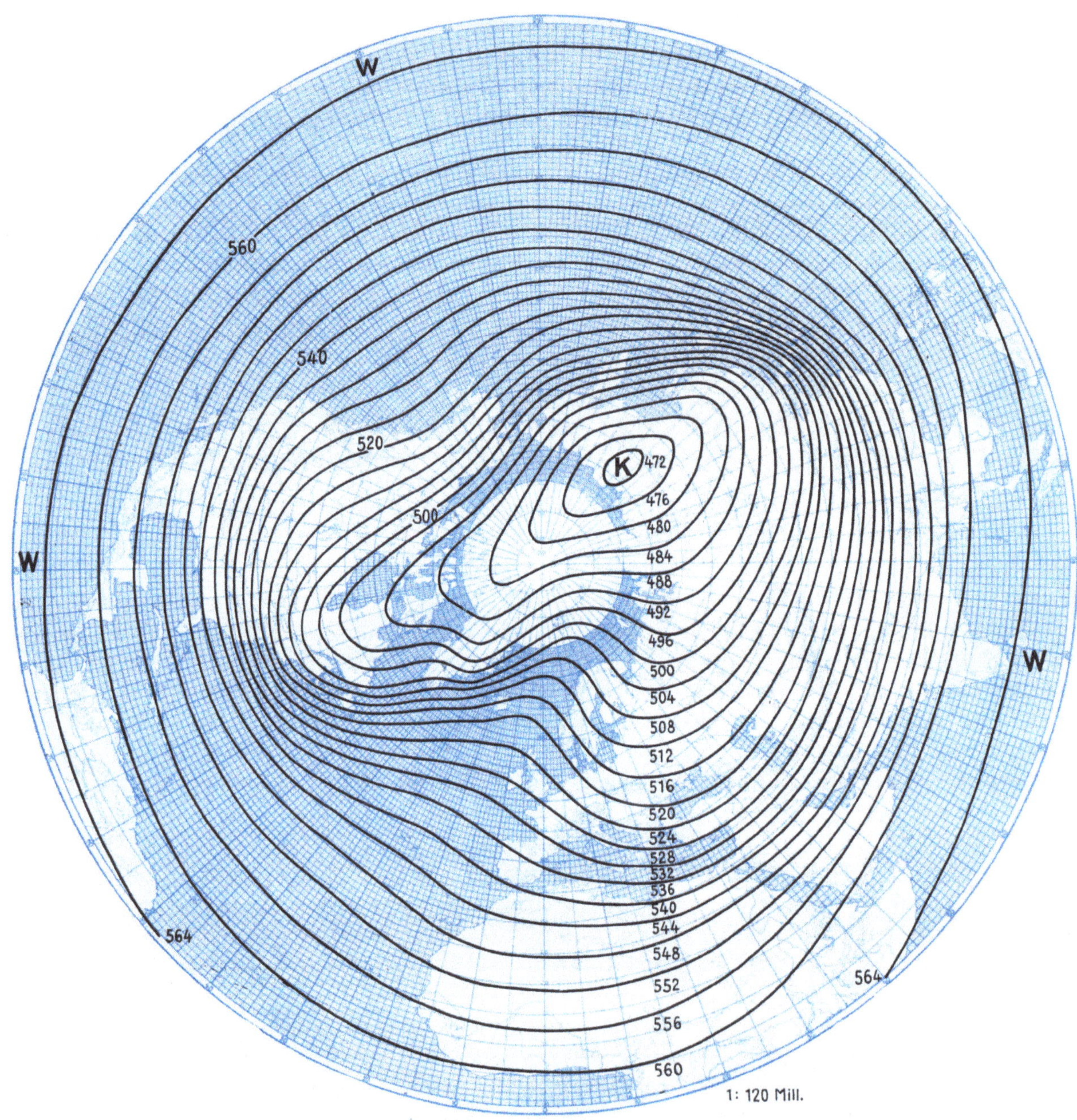

Abb. 22. Mittlere relative Topographie 500/1000 mb auf der Nordhalbkugel im Januar.

Der Wärmeäquator ist im Januar ganz auf die Südhalbkugel verschoben, rückt aber im Juli über
Indien und Nordamerika bis 30° Nordbreite vor, wo mittlere relative Topographien von 580 bzw. 576 dyn.
Dekametern auf der Südseite des Himalaya und im Todestale Kaliforniens erreicht werden. An beiden Stellen
liegen zur gleichen Zeit Tiefdruckkerne am Boden, von denen der amerikanische allerdings nur schwach entwickelt ist, der indische jedoch ganz Asien und den größten Teil Europas, des Indischen und Pazifischen Ozeans
beherrscht. Die genaue Lage der Zone höchster Temperaturen der freien Atmosphäre über der Sahara ist
nicht angebbar, da Aufstiege nicht vorliegen oder die während des Polarjahres in *Tamanrasset* (118) durchgeführten sich nicht als brauchbar erwiesen haben[1].

---

[1] Versucht man die veröffentlichten mittleren Höhen aus den Temperaturangaben zu berechnen, so ergeben sich Wider-
sprüche, so daß sich nicht mit Sicherheit feststellen läßt, welche Angaben die richtigeren sind. Auch machen sich Strahlungs-

Das *Kältezentrum* verlagert sich im Sommer von der asiatischen nach der amerikanischen Seite des Nordpolargebiets. Lediglich die Polarfront bei Neufundland ist dann noch durch eine gewisse Drängung der Isopotentialen angedeutet; über dem Pazifik sind die Gegensätze weitgehend ausgeglichen. Vermutlich ist nördlich von Alaska ein stärkerer Temperaturgegensatz vorhanden, der sich aber wohl auf die unteren Schichten

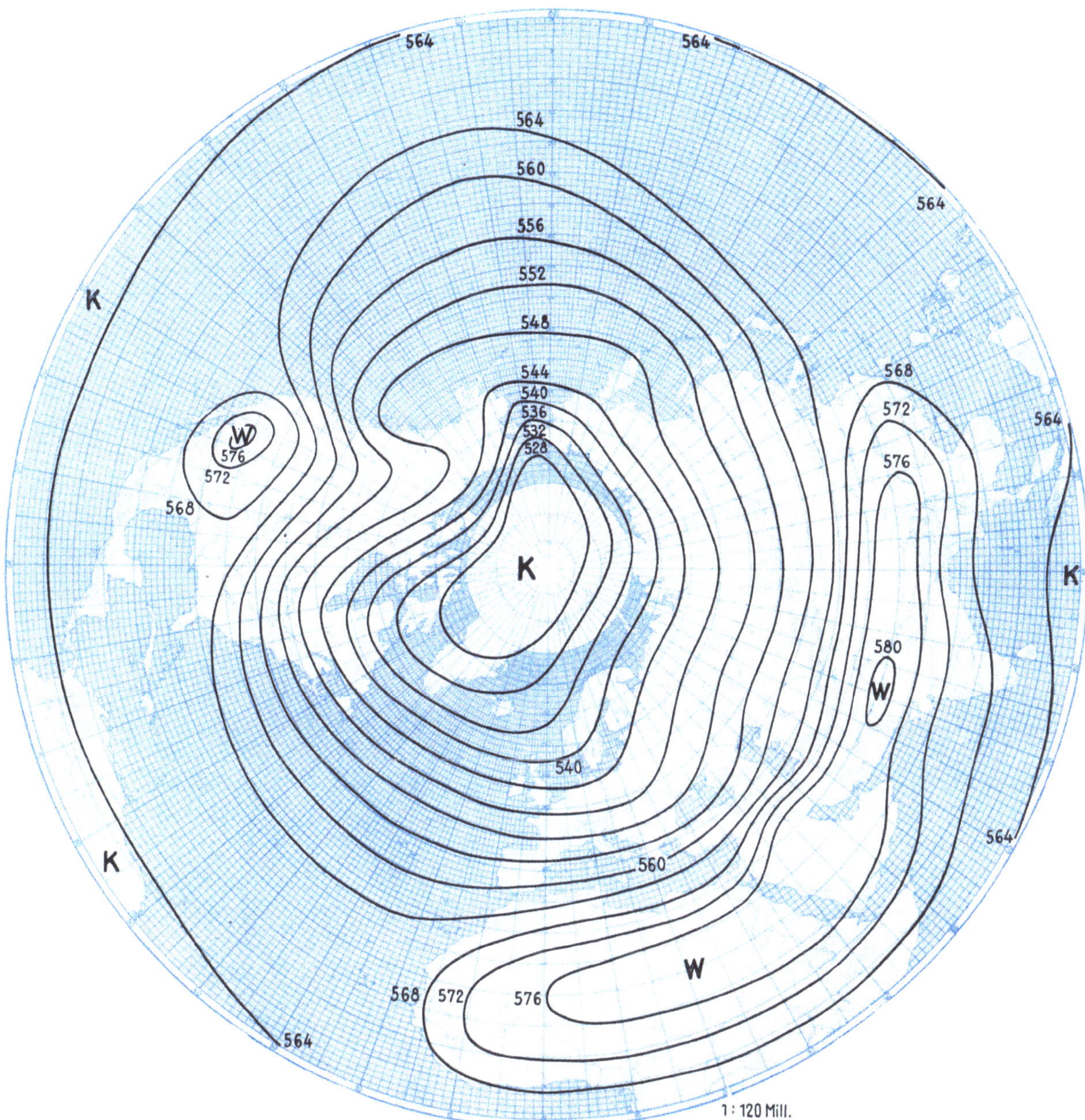

Abb. 23. Mittlere relative Topographie 500/1000 mb auf der Nordhalbkugel im Juli.

beschränkt und sich dabei im Bodendruckfeld nicht durch eine entsprechende Konvergenz bemerkbar macht. Alle Frontalzonen sind jedenfalls im Sommer nicht deutlich ausgeprägt.

Am Äquator ist die jährliche Temperaturschwankung gering, im Juli werden dort niedrigere Temperaturen gemessen als weiter nördlich im subtropischen Hochdruckgürtel.

In allen Mittelkarten sind die Isopotentialen für je 4 dyn. Dekameter Höhenunterschied gezeichnet worden, so daß die Dichte der Linien direkt ein Bild gibt für die Größe der absoluten bzw. auch relativen Windvektoren. Vergleicht man so die Bodenkarten mit den relativen Topographien der 500- über der 1000-mb-Fläche, so fällt

fehler in der *Größenordnung* von 10° und mehr bemerkbar, wie man durch Vergleich der Tages- und Nachtaufstiege feststellen kann. Leider wurden aber bei Nacht nur so wenige Aufstiege durchgeführt, daß diese es nicht gestatten, Mittelwerte daraus zu berechnen.

sofort die erheblich größere Drängung der Linien in den Karten der relativen Topographien auf, nicht nur im Winter, sondern auch während der warmen Jahreszeit. Es ist daher klar, daß — wenn wir von unten nach oben denken — diese Karten in erster Linie maßgebend sind für die Gestaltung der Höhenströmung und schon im 500-mb-Niveau die relativen und absoluten Topographien einander weitgehend ähnlich sind.

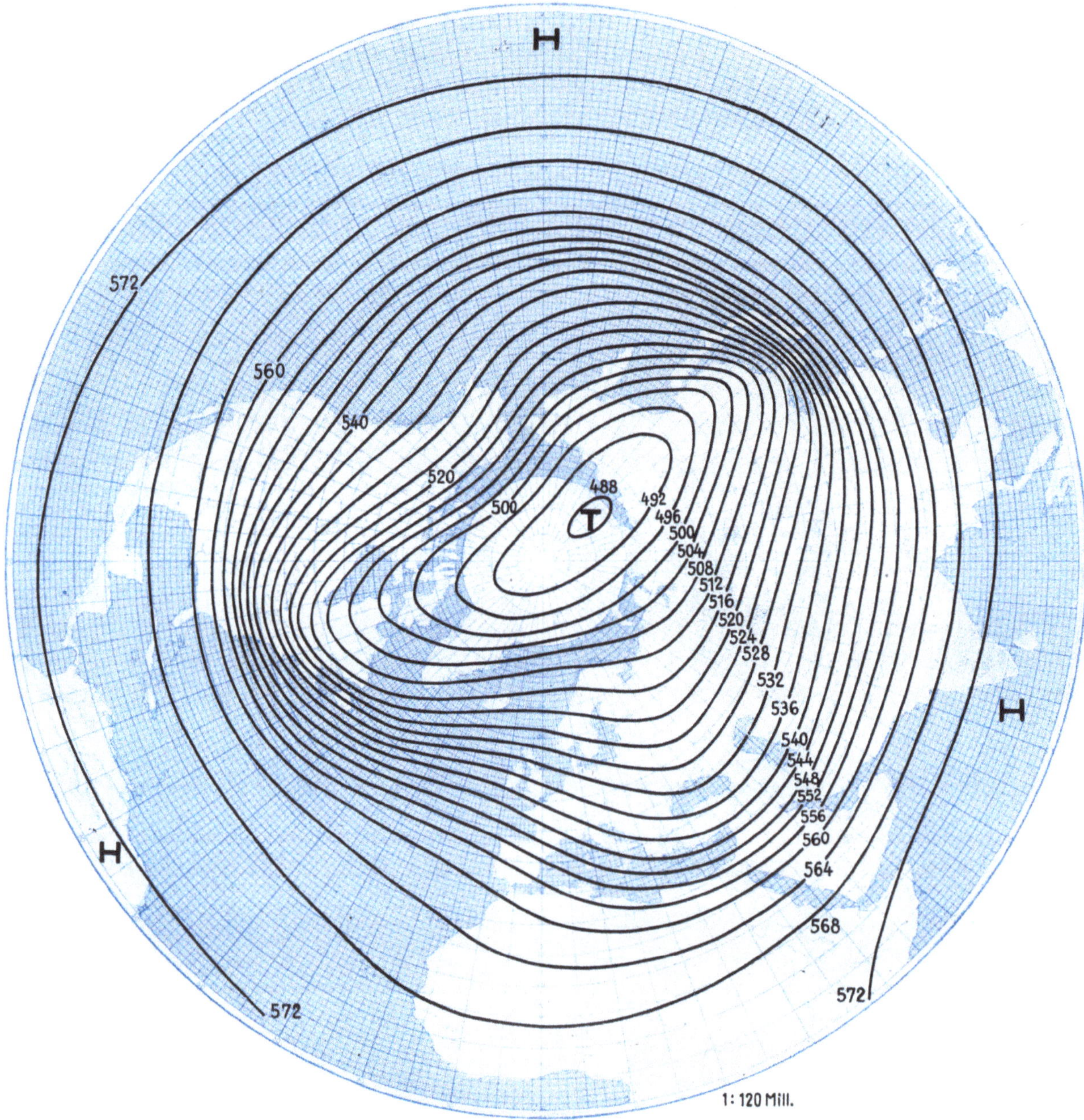

Abb. 24. Mittlere absolute Topographie der 500-mb-Fläche auf der Nordhalbkugel im Januar.

4. Mittlere absolute Topographie 500 mb.

In den Abb. 24 und 25 sind die mittleren absoluten Topographien während der extremen Monate Januar (links) und Juli (rechts) zur Darstellung gebracht. Im Winter sind bereits in dieser Höhe sämtliche Druckgebilde der Bodenkarte nicht mehr wiederzufinden. Es zeigt sich jetzt, daß selbst das mächtige asiatische Hoch nur eine vertikale Erstreckung von wenigen tausend Metern hat, wie es bei Besprechung der Zusammenstellung einiger markanter Aufstiege schon angedeutet wurde. In 5000 m befindet sich über dieser winterlichen Antizyklone bereits relativ niedriger Druck wie im Sommer über dem Monsuntief ein Hochdruckrücken, was beide Gebilde als echte Monsunerscheinungen (vgl. auch Lit. 859) ausweist und auf eine entsprechende Zirkulation hindeutet: im Winter Luftzufluß in der Höhe und Abströmen unten, im Sommer Abtransport der Warmluft in den oberen und allseitiger Zufluß in den bodennahen Schichten.

Der Kern des Polarwirbels, der im Winter vom Pol in Richtung des Kältezentrums verschoben ist, rückt im Juli wegen der starken Erwärmung des asiatischen Festlandes[1] mehr nach Grönland und dem kanadischen Archipel, wo die Eismassen eine stärkere Temperaturerhöhung verhindern. Der subtropische Hochdruckgürtel, der im 5000-m-Niveau im Winter weit nach Süden zurückgedrängt und abgeschwächt ist, liegt im Sommer

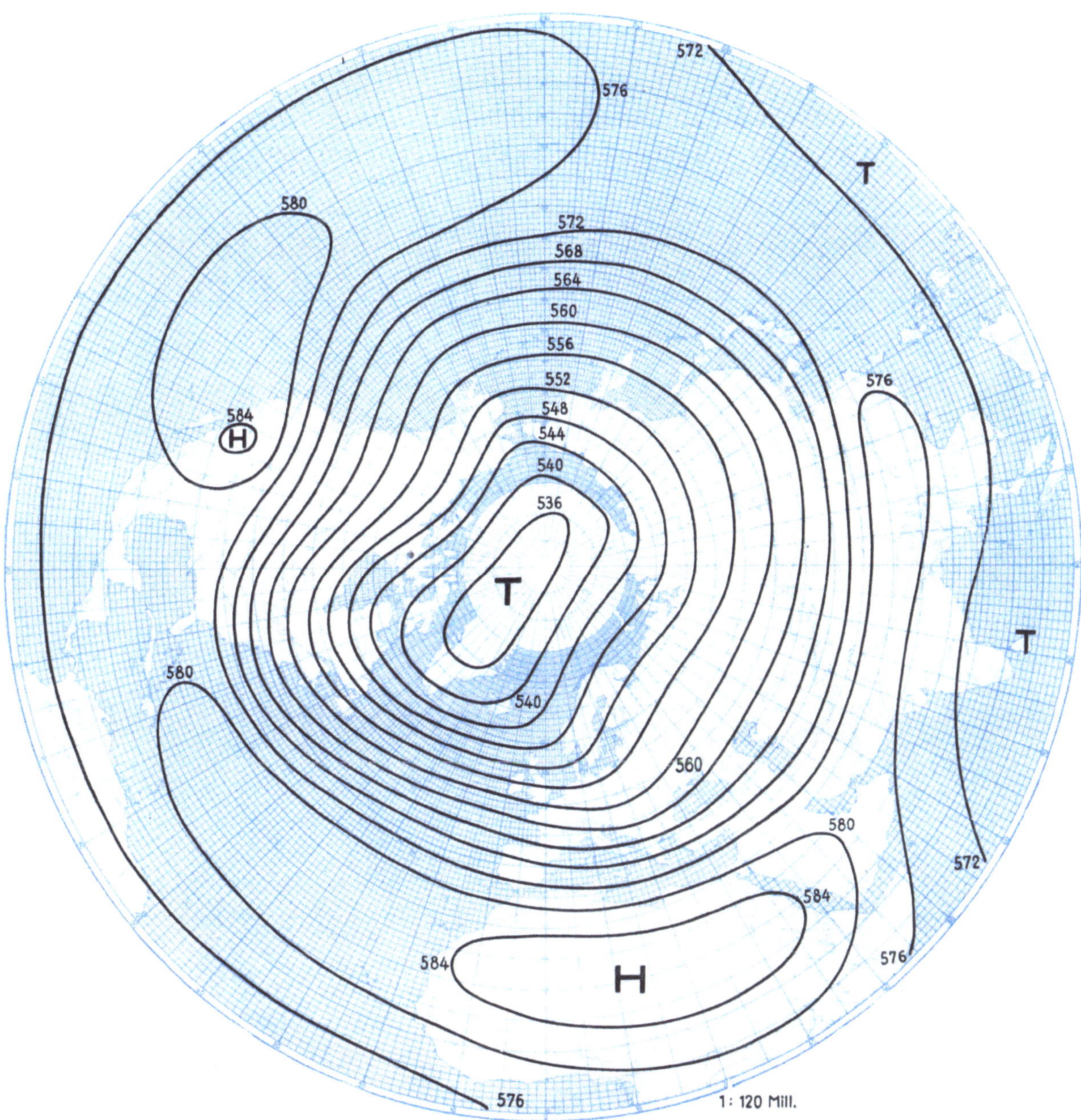

Abb. 25. Mittlere absolute Topographie der 500-mb-Fläche auf der Nordhalbkugel im Juli.

in der mittleren Troposphäre als ausgeprägte Hochdruckbrücke in 20 bis 30° Nordbreite und verstärkt sich in der oberen Troposphäre noch mehr (vgl. die folgenden Karten für 225 und 96 mb auf S. 73 und 75), wobei sich zwei Zentren höchsten Luftdrucks über der Sahara und Kalifornien mit mittleren Werten der absoluten Topographie von mehr als 584 dyn. Dekametern ausprägen.

Im Winter ist die atlantische Polarfront durch eine starke Drängung der Isopotentialen genau so wie die pazifische Polarfront ausgezeichnet. Die über den Ozeanen liegenden Richtungsdivergenzgebiete der Höhenströmung entsprechen ebenso dem Verlauf der relativen Isopotentialen wie die antizyklonale Ausbuchtung über Nordwesteuropa und die Trogachse über dem europäischen Rußland. Eine weitere Drängungszone reicht vom östlichen Mittelmeerbecken nach Persien und deutet dort die Lage der Polarfront an. Die

---

[1] Der Aufbau der Atmosphäre über Jakutsk entspricht im Sommer mitteleuropäischen Verhältnissen.

arktischen Frontalzonen sind beide in der absoluten Topographie nur undeutlich zu erkennen, da auf ihrer Nordseite Druck- und Temperaturgefälle einander entgegengesetzt gerichtet sind und sich deshalb zum Teil kompensieren.

Im Juli ist die zyklonale Umbiegungsstelle beachtenswert, die sich vom norddeutschen Küstengebiet in nordwestlicher Richtung bis nach Island hinzieht und durch den Gegensatz des erwärmten Festlandes zum

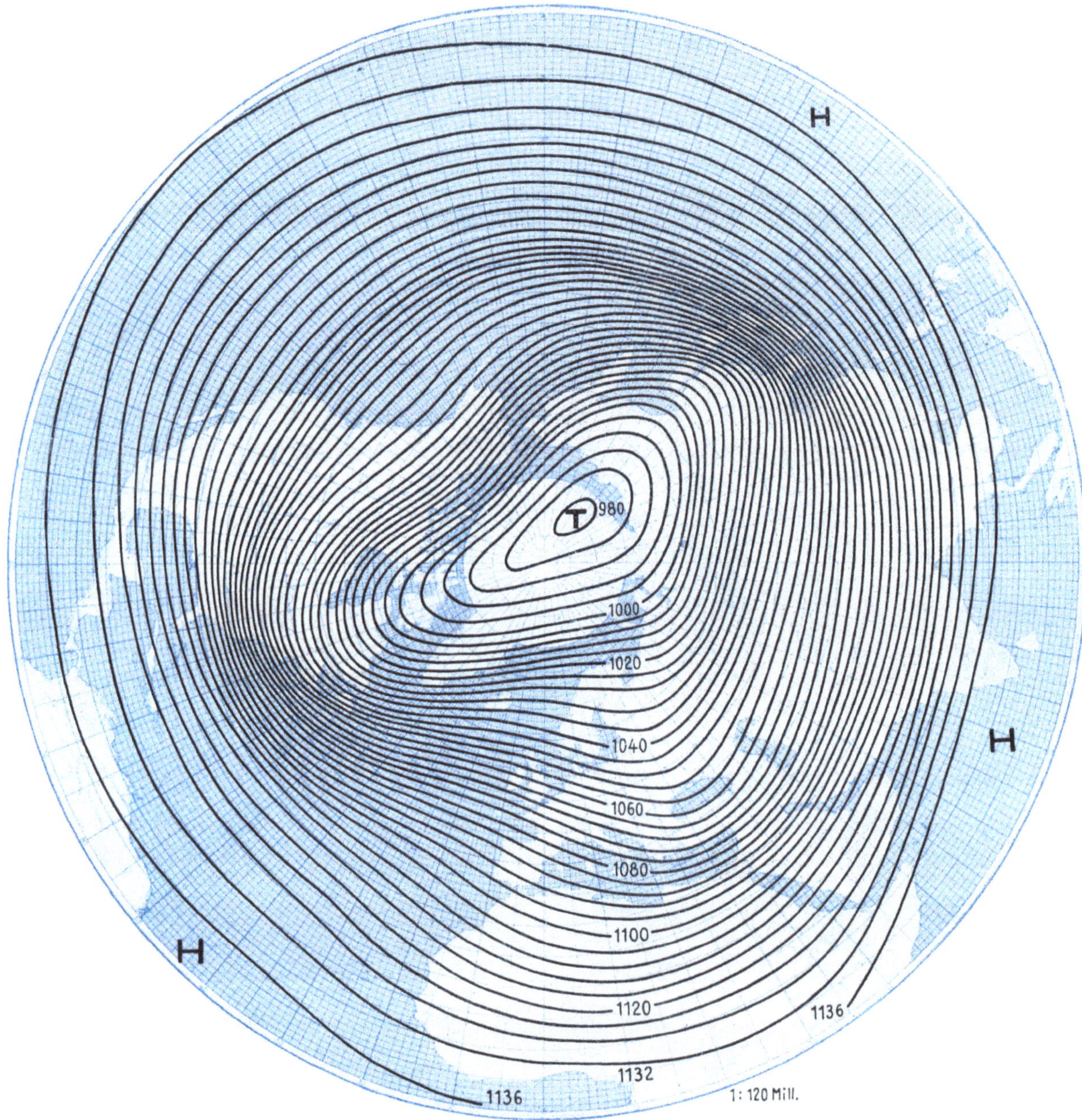

Abb. 26. Mittlere absolute Topographie der 225-mb-Fläche über der Nordhalbkugel im Januar.

kälter bleibenden Ozean hervorgerufen wird; eine ähnliche Erscheinung zeigt sich auch an der Westküste Nordamerikas. Es sind die gleichen Stellen, an denen sich im Januar ein antizyklonaler Verlauf der Höhen-isobaren infolge der Abkühlung der Kontinente in der freien Atmosphäre durchsetzt, so daß diese Effekte als Monsunerscheinungen zu deuten sind.

Im Seegebiet zwischen den Bermudainseln und Neufundland ist auch im Sommer der Druckgegensatz noch recht groß. Von dort reicht diese starke Westdrift über den mittleren Teil des nordatlantischen Ozeans bis zum Mittelmeergebiet und bleibt hier hinter den winterlichen Verhältnissen nicht an Stärke zurück.

Es sei schließlich noch erwähnt, daß die neu konstruierten Karten mit den älteren Darstellungen, wie sie z. B. von N. Shaw (804, S. 259) in seinem Handbuch der Meteorologie veröffentlicht sind, weitgehend übereinstimmen. Vollständig neu entworfen sind dagegen die Karten für die höheren Schichten.

5. Mittlere absolute Topographie 225 mb.

Vergleicht man die Mittelkarten für 225 mb (Abb. 26 und 27) mit jenen der 500-mb-Fläche, so sieht man in der Lage der Zentren der Druckgebilde im Januar überhaupt keine Verschiebung und lediglich im Juli eine Verlagerung des Kernes höchsten Druckes innerhalb der subtropischen Hochdruckbrücke nach dem

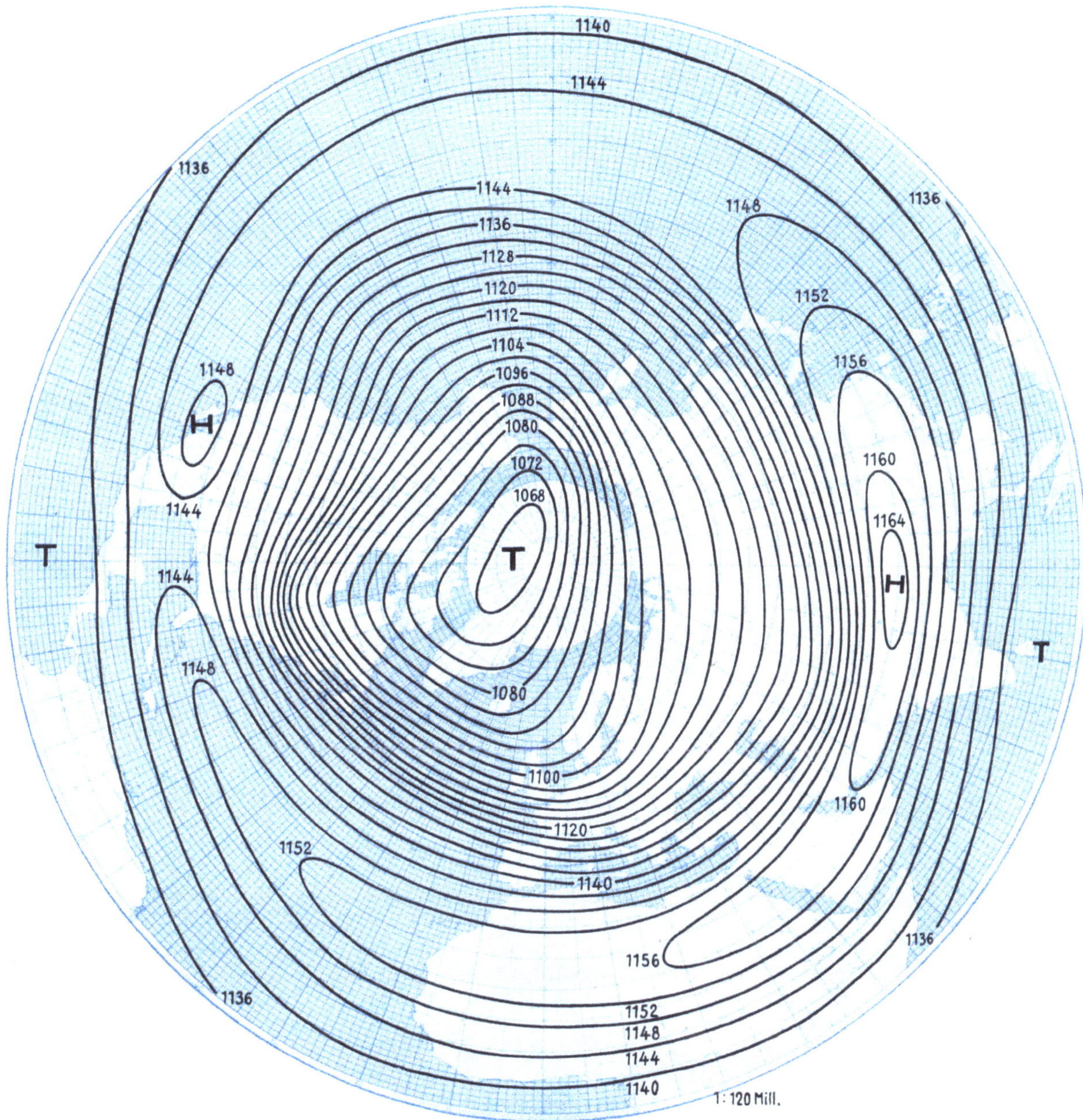

Abb. 27. Mittlere absolute Topographie der 225-mb-Fläche über der Nordhalbkugel im Juli.

indischen Raum. Ebenso wie über Kalifornien liegt jetzt auch hier über dem Bodentief ein Hochdruckzentrum in der oberen Troposphäre und beweist damit den rein thermischen Aufbau dieser Druckgebilde. Die Zone höchsten Druckes verläuft überall zwischen 20 und 30° Nord, von wo aus der Luftdruck sowohl nach Norden wie nach Süden hin rasch abnimmt. Die scharfe antizyklonale Krümmung im Gebiet von Florida prägt sich in der dortigen Umbiegung der meisten tropischen Wirbelstürme aus einer Zugbahn von ESE nach WNW in eine solche nach NE aus und erhärtet dadurch die Richtigkeit der Linienführung. Für das ostasiatische Orkangebiet trifft diese Übereinstimmung nicht zu, denn auch die Taifune ändern im Raum von Formosa mit Vorliebe ihre bis dahin westliche Zugbahn und werden nach NE umgelenkt. Es ist daher möglich, daß im Mittel ein weiteres Hochdruckzentrum über dem Pazifischen Ozean liegt und seinen Steuerungsbereich bis zur chinesischen Küste erstreckt.

Die Druckgegensätze sind in 225 mb beinahe im gesamten Raum doppelt so groß wie in Höhe der 500-mb-Fläche. Es ist äußerst schwierig gewesen, die Linienführung für je 4 dyn. Dekameter Höhenunterschiede beizubehalten; sie zeigt in eindrucksvollster Weise die Stärke des Tropopausenwindes in allen Jahreszeiten, im Sommer hauptsächlich auf die Nordflanke des Subtropenhochs konzentriert und im Winter die ganze

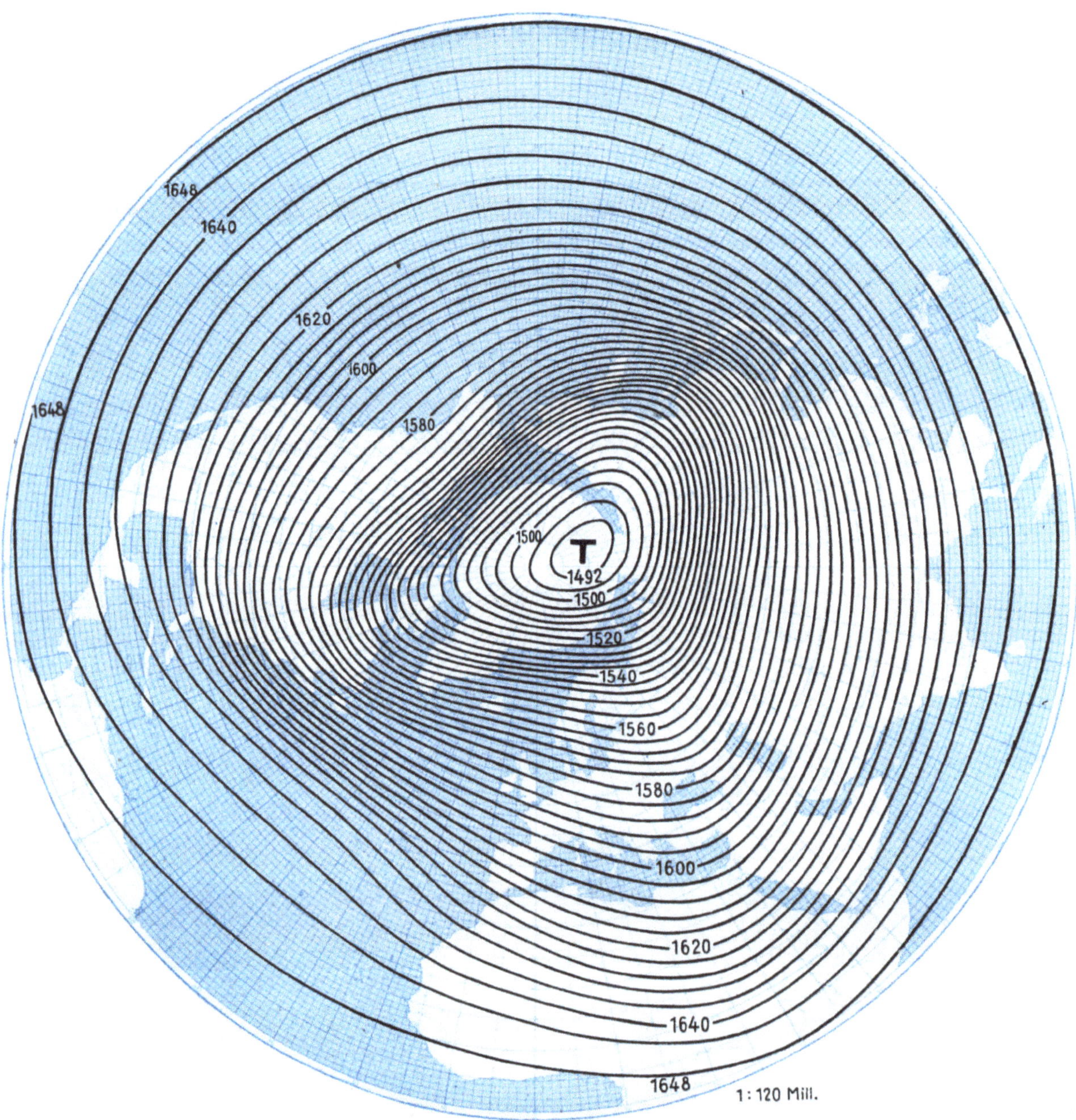

Abb. 28. Mittlere absolute Topographie der 96-mb-Fläche über der Nordhalbkugel im Januar.

Nordhalbkugel erfassend. Die atlantische und pazifische Polarfront prägen sich durch stärkste Drängung der Isopotentialen aus, die ihr größtes Ausmaß über dem japanischen Raum hat. Eine Ausmessung ergibt hier für den Abstand der Isopotentialen 1048 und 1080 am 130. Grad Ostlänge 600 km, woraus sich die Entfernung zweier benachbarter Isopotentialen zu 75 km berechnet. Bei dem dort vorhandenen mittleren Krümmungsradius von 4500 km erhält man aus dem PHILIPPSschen Gradientwind-Nomogramm für 36° N eine mittlere Stärke des Westwindes von 200 km/h, ein Wert, der noch nicht so groß ist wie der vom japanischen Observatorium in *Tateno* unter 36° N, 140° E ermittelte durchschnittliche winterliche Höhenwind in 10000 m von 72 m/sec = 260 km/h, und der andeutet, daß die Drängung der Isolinien dort sogar noch etwas größer sein müßte. Über dem Ostteil der Vereinigten Staaten erhält man im Raum von *Washington* auf 77° Westlänge für die Isopotentialen 1064 und 1084 einen Abstand von 500 km gleich einer Entfernung von 100 km für 4 Dekameter, dem bei einem Krümmungsradius von 2000 km ein mittlerer Gradientwind von 140 km/h entspricht und damit nicht weit hinter dem Wert für Ostasien zurückbleibt. Vergleicht man damit die oben schon berechneten durchschnittlichen Geschwindigkeiten von nur 50 km/h über dem europäischen Raum, so hat man die rechte Vorstellung von der Wirksamkeit der Höhendivergenz im

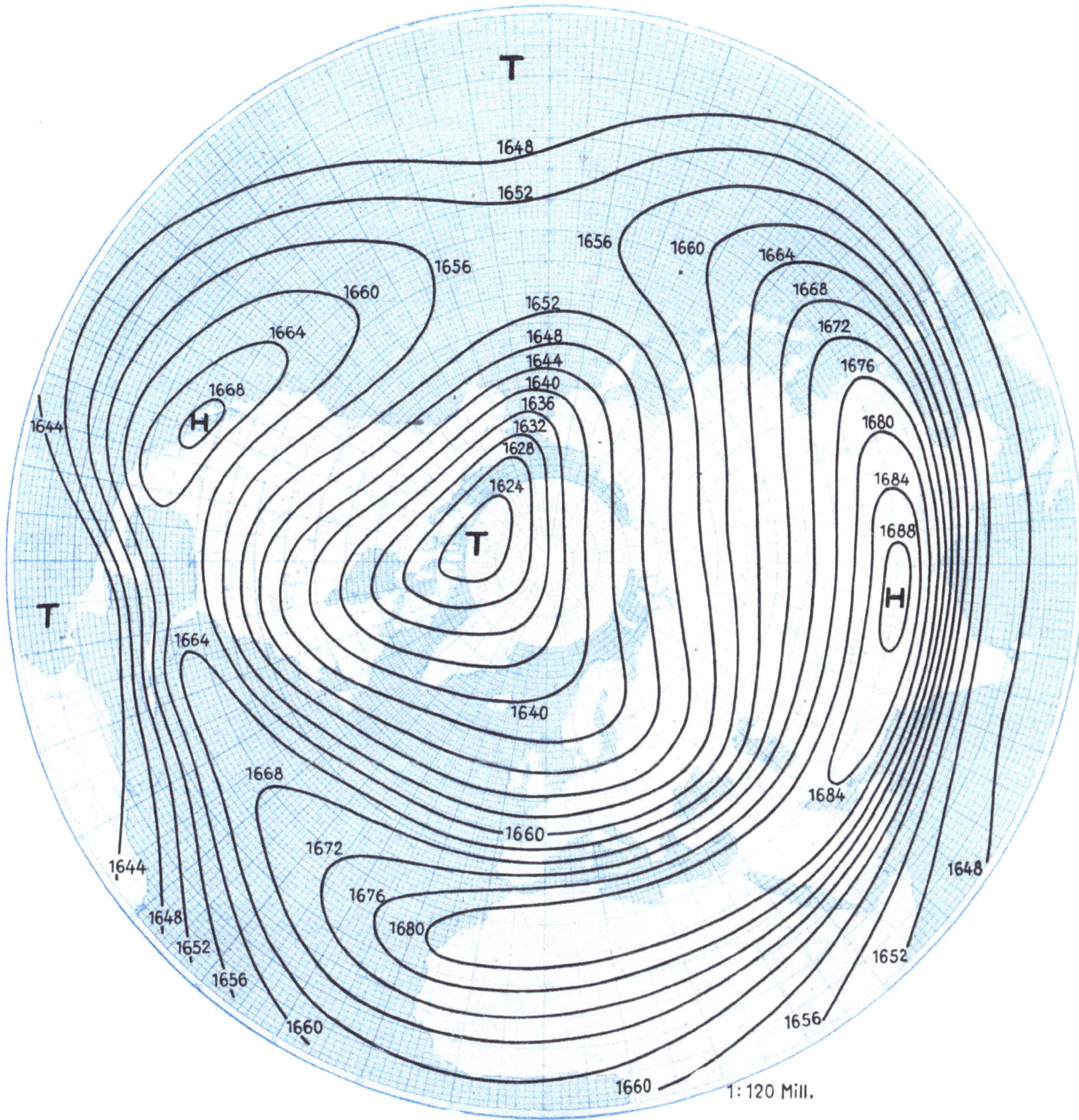

Abb. 29. Mittlere absolute Topographie der 96-mb-Fläche über der Nordhalbkugel im Juli.

Delta der Polarfronten (vgl. S. 156), die im Winter auch in der Stratosphäre noch vorhanden ist, allerdings etwas weiter nach Norden verschoben.

6. Mittlere absolute Topographie 96 mb.

Sowohl im Januar (Abb. 28, links) als auch im Juli (Abb. 29, oben) sind die Änderungen, die von der 225- zur 96-mb-Fläche eintreten, unbedeutend. Alle Druckgebilde des 11000-m-Niveaus bleiben an der gleichen Stelle liegen und weisen relativ dieselbe Stärke auf; die Gradienten sind im Winter kaum abgeschwächt und nur im Sommer erheblich geringer. Eine auffallende Zunahme weist das Druckgefälle über dem indischen Raum an der Südseite des Hochdruckrückens und in geringerem Maße auch über der Karibischen See auf, wo sich eine kräftige östliche Strömung in der Hochtroposphäre entwickelt, die durch Beobachtungen des

Cirrenzuges bestätigt wird. Die indischen Höhenwindmessungen ergeben diesen Übergang zur östlichen Strömung etwa im Niveau von 5000 m, ausgenommen die Nordwestprovinzen, wo z. B. über *Lahore*, *Simla* und *Quetta* unter 30 bis 31° N und 67 bis 77° E auch im Sommer die westliche Strömung bis in die höchsten durch Pilotballone erfaßten Schichten von etwa 15000 m erhalten bleibt.

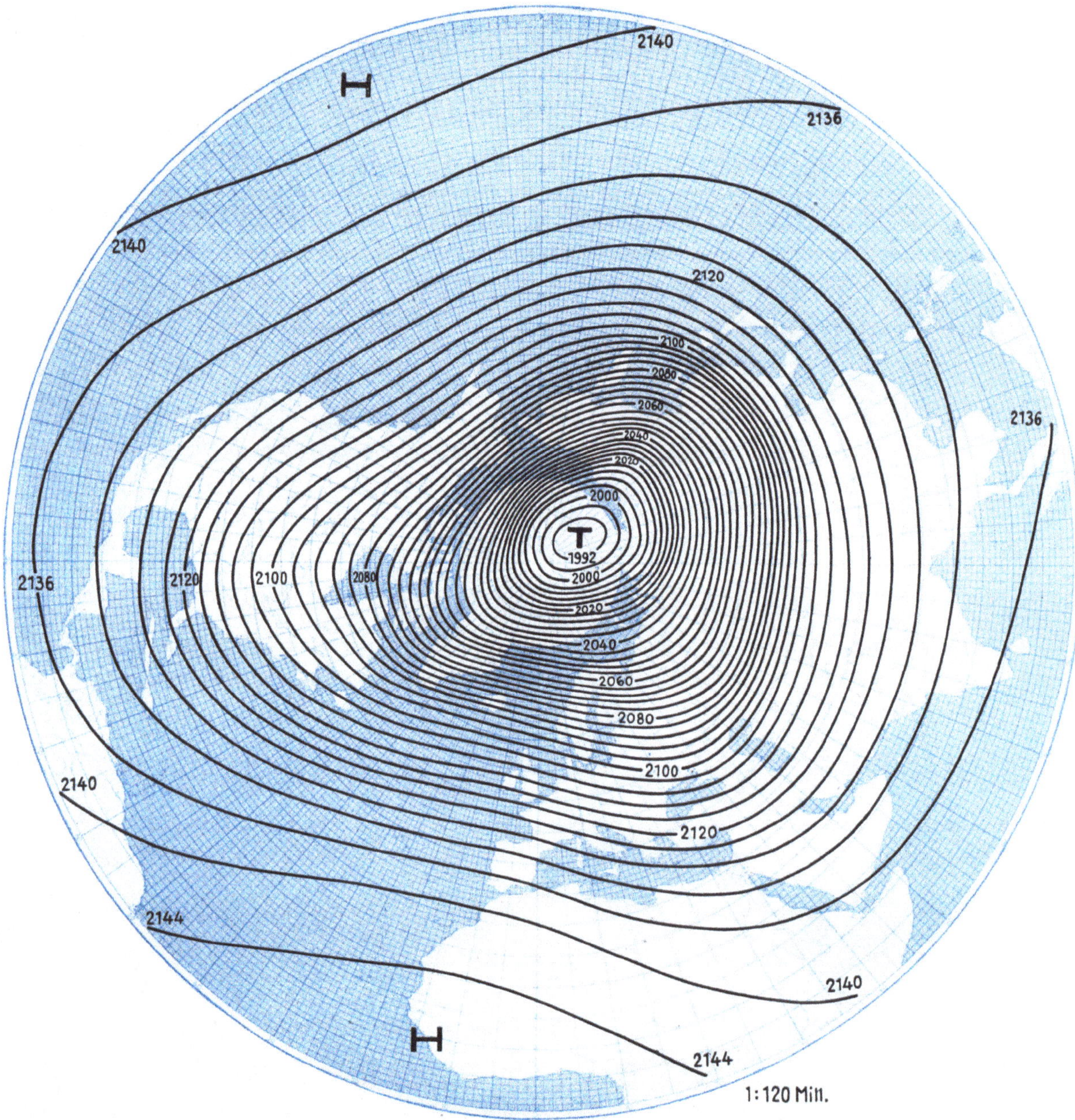

Abb. 30. Mittlere absolute Topographie der 41-mb-Fläche über der Nordhalbkugel im Januar.

In Übereinstimmung mit den Beobachtungen über *Batavia* (53) ist in Äquatornähe nur im Winter eine Druckverteilung vorhanden, wie sie einer *oberen Westströmung* entspricht, welche von KUHLBRODT und REGER (387) während der Meteor-Expedition im Atlantik zwischen dem bis etwa 10 km Höhe reichenden *Urpassat*[1] und dem oberhalb etwa 15 km beginnenden *Oberpassat*[2] gefunden wurde (vgl. auch MÖLLER 461).

Die schon bei Besprechung der 500-mb-Fläche erwähnte sommerliche zyklonale Umbiegungsstelle über dem nordwesteuropäischen Raum ist im Juli in 96 mb noch deutlicher ausgeprägt und führt über dem nordwestlichen Rußland zu einer mittleren Höhenströmung aus SSW. Sie leitet bereits über zu der weiteren Drehung über Süd nach Ost, die in noch größerer Höhe stattfindet.

---

[1] Sammelbegriff für Passat und Antipassat.
[2] Eine vorherrschend östliche Strömung.

7. Mittlere absolute Topographie 41 mb.

Die durchschnittlichen Höhenlagen der 41-mb-Fläche im Januar (Abb. 30, links) und Juli (Abb. 31, unten) zeigen ein vollkommen inverses Verhalten: Während im Winter der tiefste Luftdruck auch in 20000 m über dem sibirischen Eismeer verharrt und die Druckgegensätze in dieser Höhe gerade in der Polarregion eine

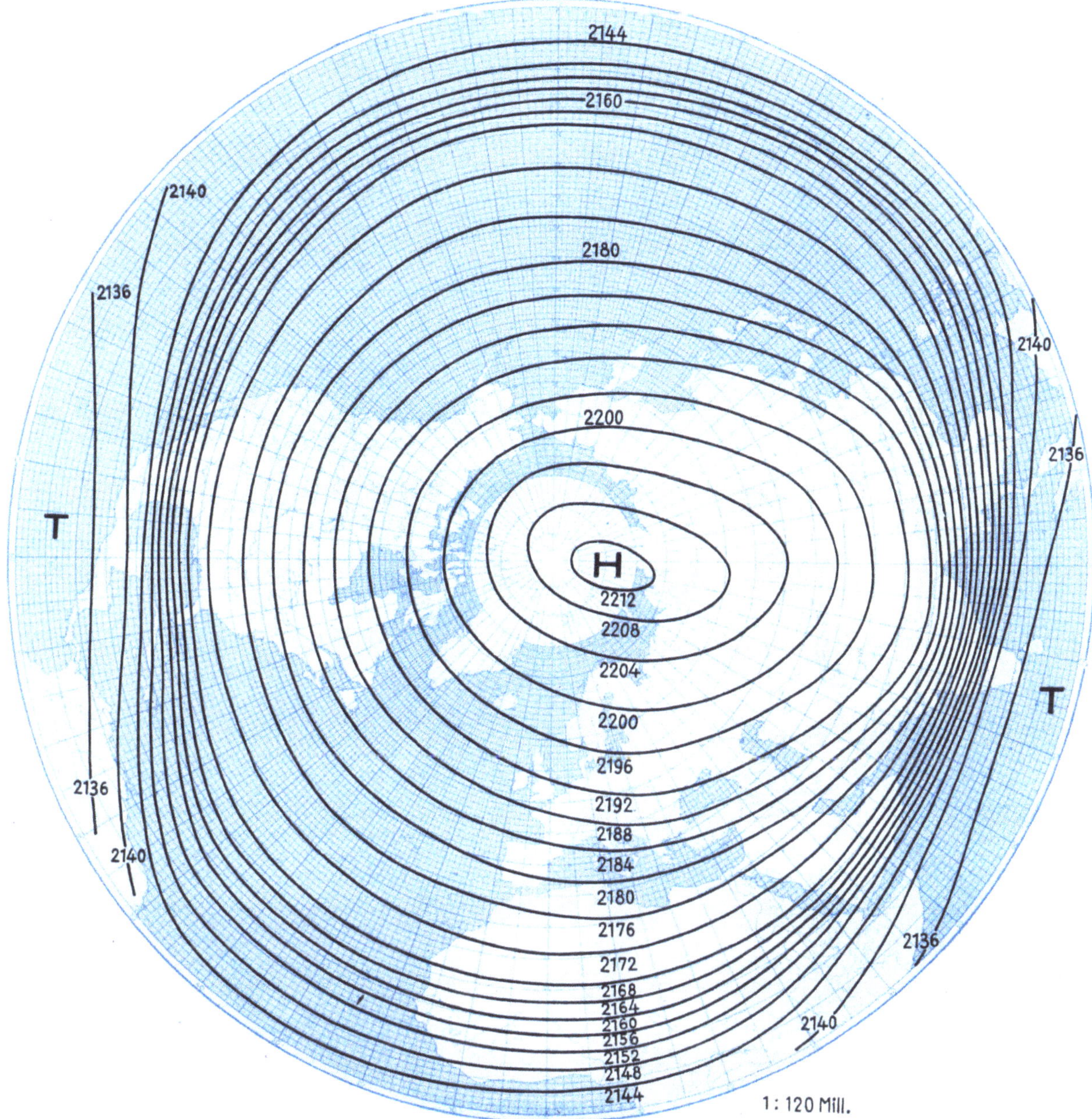

Abb. 31. Mittlere absolute Topographie der 41-mb-Fläche über der Nordhalbkugel im Juli.

besondere Verschärfung erfahren, liegt im Juli an der gleichen Stelle das Zentrum eines die ganze Nordhalbkugel umfassenden Hochdruckgebietes. Die Änderung der Höhenlage der 41-mb-Fläche erreicht dabei östlich von Franz-Joseph-Land, durch die dortigen Aufstiege belegt, mehr als 1200 m.

Diese starke Schwankung ist eine Folge der unterschiedlichen Einstrahlungsverhältnisse im Polargebiet im Winter und Sommer, worauf bei der Besprechung der Einzelaufstiege schon hingewiesen wurde. Im Winter fehlt jede Wärmequelle, und die Stratosphäre kühlt sich dort, wo die Sonne nicht über den Horizont emporsteigt, ständig weiter ab. Andererseits ist in jener Zone, wo wenigstens für einige Stunden am Tage die Sonne aufgeht, die Abkühlung der Stratosphäre bereits viel geringer und erzeugt auf diese Weise in hohen Breiten den *polaren Ringstrom*. Die Wirksamkeit auch nur kurzdauernder Sonnenbestrahlung zeigt sich deutlich im jährlichen Verlauf der arktischen Stratosphärentemperaturen, indem sich die Kältegrade von —70° auf den eigentlichen Hochwinter zwischen dem 15. Dezember und 15. Februar beschränken, dem schon zum März eine rasche Wiedererwärmung folgt.

Dem großen polaren Druckgegensatz im Winter entspricht eine ähnliche Erscheinung in den Subtropen während des Sommers, indem sich an der Südseite des Hochdruckgürtels in Höhe der 41-mb-Fläche über dem indischen Raum ein außerordentlich starkes, jetzt von Norden nach Süden gerichtetes Druckgefälle entwickelt,

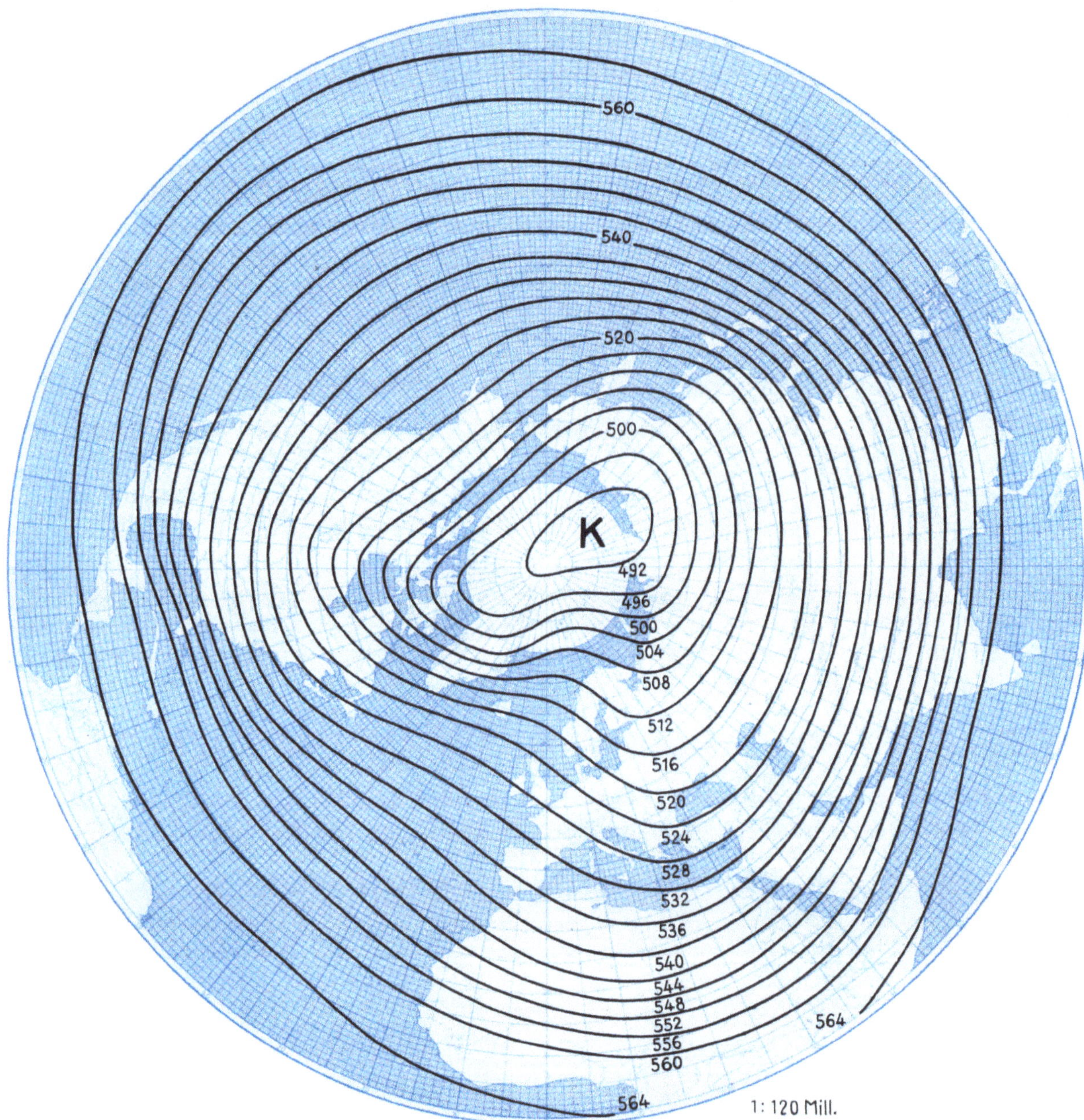

Abb. 32. Mittlere relative Topographie 225/500 mb über der Nordhalbkugel im Januar.

dem eine mittlere östliche Höhenströmung von über 300 km/h entsprechen müßte. Man könnte annehmen, daß irgendwelche unkontrollierbaren Fehler im Aufstiegsmaterial von *Agra* und *Poona* vorhanden seien, die hier ein zu großes Druckgefälle ergeben; daß aber jedenfalls eine ähnliche Druckverteilung im Sommer an der Grenze des Subtropenhochs bestehen muß, bestätigen die neueren amerikanischen Radiosondenmessungen, aus denen sich zwischen *Miami* in Südflorida und der Schwanen-Insel unter 17° Nord und 84° Ost gleichfalls ein mittleres Gefälle der 41-mb-Fläche von 27 dyn. Dekametern errechnet. Dieser *tropische stratosphärische Oststurm* auf der Südflanke des sommerlichen Polarhochs bildet das Gegenstück zum winterlichen polaren Ringstrom und verhindert einen stärkeren Abfluß der erwärmten Luftmassen zur Winterhemisphäre.

Es sei noch einmal hervorgehoben, daß der Verlauf der Isopotentialen der 41-mb-Fläche über dem *europäischen* Raum, nachdem der Strahlungsfehler eliminiert worden ist, als weitgehend gesichert angesehen werden kann. Er entspricht auch den mittleren Höhenwinden, die sich für dieses Gebiet und den Sommer zu ESE von etwa 10 bis 20 km/h ergeben. Verlängert man die Isopotentialen weiter nach Ostsüdosten, so fügt sich der Wert von Agra gut in das Kartenbild ein, ebenso stimmen über dem amerikanischen Kontinent die ein- oder zweijährigen Messungen zahlreicher Stationen so befriedigend miteinander überein, daß einige Gewähr für die Zuverlässigkeit der Darstellung gegeben ist. Außerdem befindet sich die

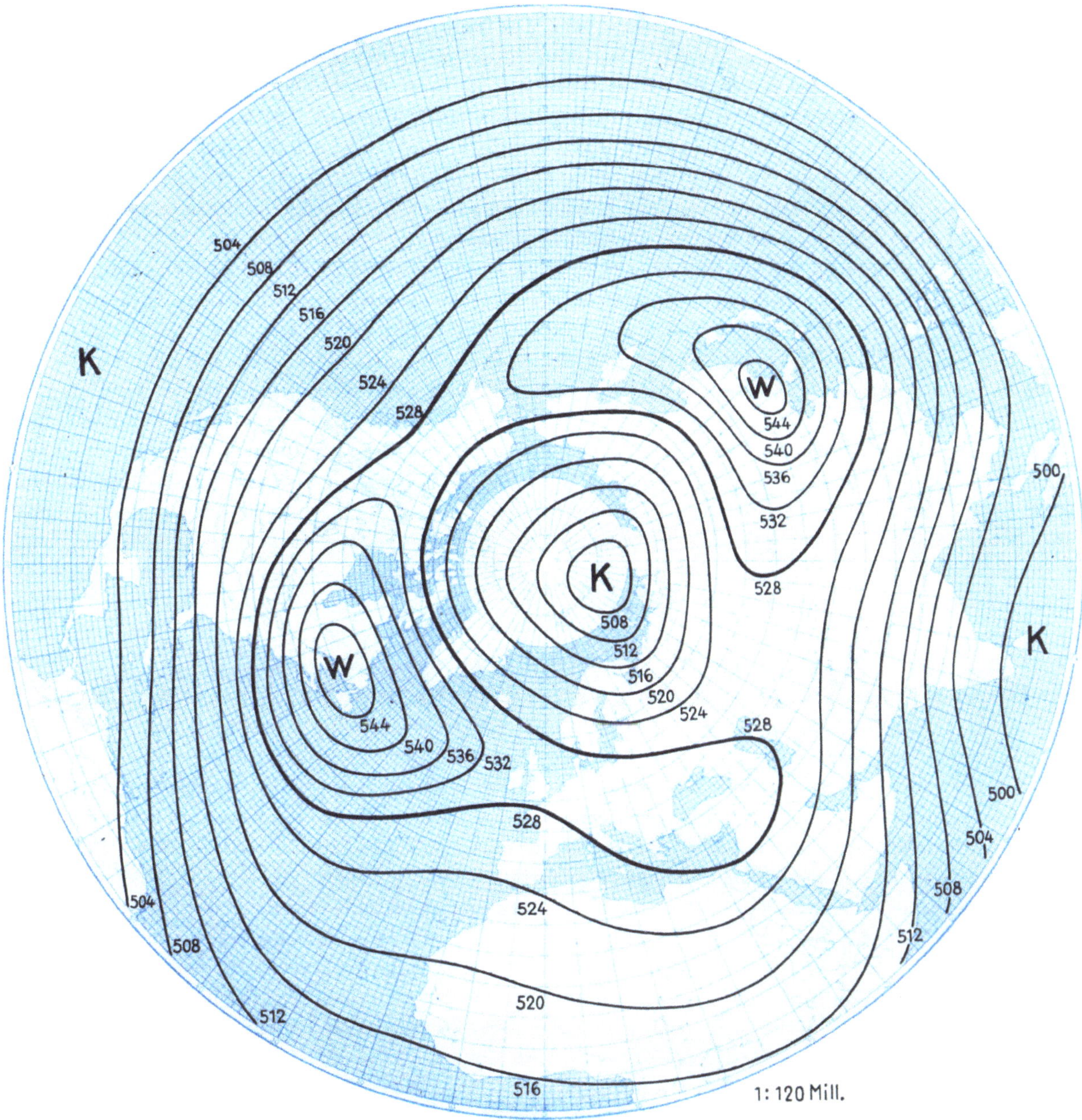

Abb. 33. Mittlere relative Topographie 96/225 mb über der Nordhalbkugel im Januar.

Tatsache in Einklang mit unseren Karten, daß auch über den Vereinigten Staaten der sommerliche Windsprung auf die Ostrichtung etwa in gleicher Höhe erfolgt wie über Europa. Da schließlich die Werte für die Tropen durch die Messungen über *Batavia*, *Victoria Nyanca* und von der *Schwabenland* über dem Mittelatlantik, die größenordnungsmäßig zusammenpassen, gesichert sind, dürften beide Darstellungen — großzügig betrachtet — ein einigermaßen richtiges Bild von der Schwankung der Zirkulation im 21000-m-Niveau vermitteln, wenn auch über einzelnen Gebieten noch manche Verbesserungen notwendig sein werden.

Am unsichersten ist der Linienverlauf in den Tropen selbst. Es ist sogar wahrscheinlich, daß die Druckverteilung dort in allen Höhen wesentlich komplizierter ist, als es hier angedeutet wird. Die vorliegenden Wolkenzug- und Höhenwindbeobachtungen sind noch so widerspruchsvoll, daß daraus ein klarer Überblick nicht gewonnen werden kann. Dabei kommt als weiterer erschwerender Umstand hinzu, daß die Beziehung zwischen Isobarenverlauf und Windrichtung mit Annäherung an den Äquator nicht mehr eindeutig bleibt. Da die ablenkende Kraft der Erdrotation verschwindet, müssen etwa vorhandene Druckgegensätze jedenfalls leicht ausgeglichen werden, und man ist deshalb zu der Annahme gezwungen, daß die Druckunterschiede in der äquatorialen freien Atmosphäre gering sind. Eine Spezialuntersuchung dieser Verhältnisse würde hier zu weit führen.

8. Mittlere relative Topographie 225/500 und 96/225 mb im Januar.

Von den Karten des mittleren aerologischen Zustandes über der Nordhalbkugel sollen abschließend noch die relativen Topographien für die obere Troposphäre und die Stratosphäre zur kältesten Zeit besprochen werden, da sie einige interessante Hinweise geben. Die Darstellung der relativen Topographie 225/500 mb (Abb, 32, S. 78) zeigt im Vergleich mit der Temperaturverteilung in der unteren Troposphäre (Abb. 22, S. 68), daß der Aufbau der gesamten Troposphäre recht einheitlich ist. In beiden Abbildungen liegen die Isopotentialen 564 Dekameter etwas nördlich vom Äquator und verlaufen die Höhenlinien 524 fast übereinstimmend von Schottland zum Schwarzen Meer. Die großen ostamerikanischen und ostasiatischen Kältezungen prägen sich dagegen hauptsächlich in der unteren Troposphärenhälfte aus, in der die Werte dort teilweise um mehr als 20 Dekameter unter die Beträge der Schicht 225/500 mb herabgehen. Das Kältezentrum selbst liegt in der unteren und oberen Troposphärenhälfte im gleichen Raum.

Vergleicht man damit die stratosphärische relative Topographie 96/225 mb im Januar (Abb. 33, S. 79), so muß zunächst auffallen, daß das troposphärische Kältezentrum über dem sibirischen Eismeer auch in der Stratosphäre erhalten bleibt: Jedenfalls haben die Aufstiege der Polarstationen auf Franz-Joseph-Land und Spitzbergen die niedrigsten Durchschnittswerte mit 507 bzw. 512 dyn. Dekametern ergeben, Beträge, die auch durch russische Messungen auf der Dickson-Insel und Franz-Joseph-Land (285) bestätigt werden[1]. Über den Osträndern der Kontinente verhält sich dagegen die Stratosphärentemperatur erwartungsgemäß: Sie kompensiert die Druckgegensätze und ist deshalb über den trogförmigen Ausbuchtungen besonders hoch. Für den amerikanischen Raum sind die Werte durch zahlreiche Aufstiegsstellen (u. a. *Boston* und *Sault St. Marie* in Michigan) belegt, und für Ostsibirien — wo die Aufstiege meist nur die Tropopause erreichen — wenigstens angedeutet. Das Gebiet hoher Stratosphärentemperatur über Labrador erstreckt sich zungenförmig bis in den europäischen Raum und grenzt hier das arktische vom äquatorialen Kältezentrum ab. In bezug auf weitere Einzelheiten sei auf die Karten selbst verwiesen.

9. Aerologische Ergebnisse auf der Südhalbkugel.

Von der südlichen Hemisphäre liegen nur wenige aerologische Beobachtungen aus größeren Höhen vor, die von H. FLOHN (252) zusammengestellt wurden und einige wertvolle Ergebnisse zeitigten, welche in der Zwischenzeit durch neuere amerikanische Untersuchungen bestätigt worden sind (135).

Auf der Südhalbkugel herrscht auf Grund der stärker ausgeprägten zonalen Zirkulation ein größerer Temperaturgegensatz. Dies bezieht sich besonders auf den Sommer, wenn die Temperaturen in der Antarktis, unter derselben Breite wie Franz-Joseph-Land, über 10° kälter sind als ein halbes Jahr später auf der Nordhalbkugel, während sich die stratosphärischen Verhältnisse ziemlich ähneln.

Im jeweiligen Winter ist das Gegenteil der Fall. Dies zeigt Tabelle 25 (S. 60/61), in der die Ergebnisse von *Little America* in der Antarktis in der letzten Spalte zugefügt worden sind. Abgesehen von dem erheblich tieferen Bodendruck entsprechen die troposphärischen Temperaturen fast genau denjenigen von *Jakutsk*, die in der ersten Rubrik zusammengestellt sind. Dagegen ist die winterliche Stratosphäre über dem Südpol fast 10° kälter als über Franz-Joseph-Land (2. Spalte von Tabelle 25), so daß dann dort die Tropopause nahezu verschwindet. Dieses verschiedenartige Verhalten beider Halbkugeln ist zum Teil sicher durch die Verschiebung des Höhentiefzentrums nach Sibirien hin verursacht, wobei die es umkreisenden Luftteilchen zeitweise so weit nach Süden über Gebiete gelangen, wo die Sonne selbst im tiefsten Winter noch einige Stunden am Tage scheint, während andererseits das antarktische Stratosphärentief wahrscheinlich symmetrisch über dem Südpol verharrt.

Die Tatsache, daß sich gerade jene Hemisphäre durch ein stärkeres polwärts gerichtetes Temperaturgefälle auszeichnet, wo auch der Bodendruck rascher in der gleichen Richtung abnimmt, stellt einen weiteren Beleg für das schon erwähnte Gesetz dar, daß in allen Schichten die Temperaturdifferenzen zugleich mit den Druckgegensätzen zunehmen. So ist die Südhemisphäre also nicht nur durch wesentlich größere Druckunterschiede im Meeresniveau, vor allem im Vergleich der jeweiligen Sommermonate, ausgezeichnet, sondern dieses gegensätzliche Verhalten beider Halbkugeln ist noch mehr in der freien Atmosphäre ausgeprägt, und insgesamt ist die atmosphärische Zirkulation der Südhalbkugel weit stärker als jene auf der Nordhemisphäre.

---

[1] Die nach dieser Veröffentlichung für Nowaja Semlja berechneten Wintertemperaturen haben in der Stratosphäre höhere Werte ergeben. Es macht den Eindruck, daß alle diese Messungen noch zu wenige Tage umfassen und durch die gerade im Polargebiet auftretenden großen Schwankungen der Stratosphärentemperatur im einen oder anderen Sinne gefälscht sind.

10. Über den Mechanismus der monsunalen Zirkulation.

Es soll der Abschnitt über die jährliche Schwankung der Zirkulation nicht abgeschlossen werden, ohne noch kurz auf den Mechanismus der monsunalen Schwankungen einzugehen, da daraus wertvolle Schlußfolgerungen auch für die Strömungsvorgänge in den Zyklonen und Antizyklonen gezogen werden können.

Wir haben gesehen, daß der asiatische Raum im Sommer warm, im Winter aber in der gesamten Troposphäre extrem kalt ist, und die Frage, ob es lediglich der Effekt der kontinentalen Ausstrahlung ist, der sich bis in solche Höhen bemerkbar macht, muß verneint werden. Der Vorgang ist verwickelter, denn das tägliche Wettergeschehen zeigt eindeutig, daß sich die Strahlungsabkühlung unter einem warmen

Hochdruckgebiet immer nur auf die untersten Schichten beschränkt und nicht allein dadurch eine Umgestaltung im gesamten Massenaufbau eingeleitet werden kann.

Der Vorgang läßt sich auf folgende Weise veranschaulichen, wenn wir uns wieder an die früheren Betrachtungen über den Kreislauf zwischen warmen und kalten Räumen erinnern: Es ist für den Ablauf des Prozesses wesentlich, daß der Luftdruck in der Höhe über dem Abkühlungsgebiet abnimmt. Dies hat zur Folge, daß sich — auf der Nordhalbkugel — innerhalb einer gedachten rein westöstlichen Strömung über der Ausstrahlungszone eine Ausbuchtung der Isopotentialen nach Süden entwickelt und daher über dem Abkühlungsgebiet in der Höhe Luft aus nördlicheren Breiten ankommt. Wie ferner alle Durchschnitts-Höhenkarten gezeigt haben, besteht eine ziemlich enge Beziehung zwischen der Höhe des Luftdrucks und der Temperatur darunter und ebenso auch in der Horizontalen zwischen der Höhe einer Hauptisobarenfläche und der an ihr herrschenden Temperatur, wobei es in polaren Breiten in der Höhe kalt ist und die Druckflächen dort in der freien

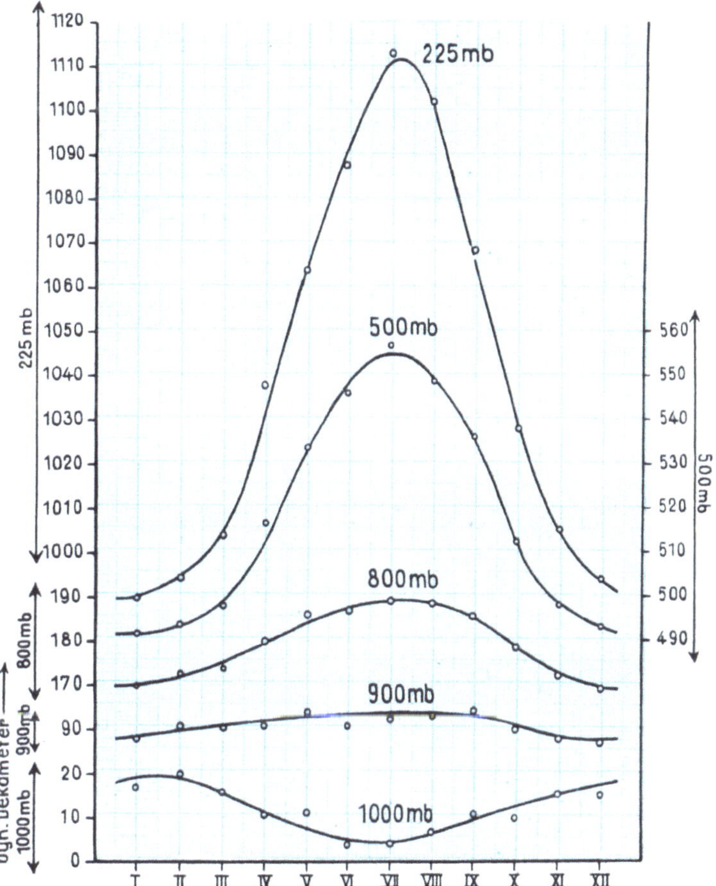

Abb. 34. Die jährliche Schwankung der Hauptisobarenflächen über Jakutsk.

Atmosphäre allgemein niedrig liegen. Wenn jetzt in das zunächst nur am Boden abgekühlte Gebiet in der Höhe Luft aus nördlicheren Breiten zuströmt, sinkt hier infolgedessen auch die Höhentemperatur. Dies begünstigt wiederum den oberen Druckfall, und der ganze Prozeß trägt Tendenzen zur Selbstverstärkung in sich.

Der Vorgang der Erkaltung läuft demnach darauf hinaus, daß *durch die Abkühlung der unteren Schichten in der Höhe kältere Massen herangeführt werden.* Es ist diese Höhenabkühlung über Ausstrahlungsgebieten also kein direkter, sondern ein indirekter, durch die Änderung der Strömungsverteilung erzwungener Effekt. Der umgekehrte Vorgang spielt sich im Sommer bei der Wiedererwärmung ab. Erst jetzt wird es verständlich, daß die Troposphäre über Sibirien in ihrer Gesamtheit im Winter so extrem kalt ist und der hohe Bodendruck nur die unteren Schichten erfaßt. Auch bei der Zirkulation zwischen Hoch- und Tiefdruckgebieten läßt sich die gleiche Erscheinung beobachten, indem an Kaltfronten, unabhängig von der unteren keilförmig vordringenden Kaltluftmasse, in vielen Fällen in der Höhe ein mehr kontinuierlicher Druck- und Temperaturfall einsetzt, der im Abschnitt über die Fronten noch eingehend zu besprechen ist (vgl. S. 154ff.).

In welchem Maße der Luftdruck in der freien Atmosphäre über Sibirien durch die Temperatur beeinflußt wird, geht am deutlichsten aus den von H. Flohn (251) berechneten Werten der absoluten Topographie bis zur 300-mb-Fläche über *Jakutsk* hervor, nach denen Abb. 34 unter Hinzufügung von Näherungswerten gezeichnet wurde, und woraus zu ersehen ist, daß die Bodendruckschwankung im Vergleich zu den Änderungen in der Höhe nur ganz geringfügig ist. Schon in 900 mb liegt das Ausgleichsniveau, und darüber nimmt die Schwankung der Isobarenflächen rapide zu. Um wieviel dabei die Temperaturamplitude über Sibirien größer ist als über dem maritim stark beeinflußten Holland, zeigt der gleichfalls von H. Flohn (250) durchgeführte Vergleich des jährlichen Verlaufs der relativen Topographie 500/1000 mb über *Jakutsk* und *Soesterberg* (698), der in Abb. 35 reproduziert ist, und woraus man für Nordostsibirien eine viermal größere Schwankung als über Westeuropa entnehmen kann.

11. Extreme Aufstiege.

Der kälteste bisher überhaupt bekannte Aufstieg ist die von Rußland gefunkte, im Täglichen Wetterbericht der Deutschen Seewarte vom 28. Dezember 1940 veröffentlichte und von H. Flohn (251) bereits referierte Radiosondenmessung von *Jakutsk* vom 26. Dezember 1940 (1. Spalte der Tabelle 26). Dabei lag der Bodendruck weit unter dem Durchschnittswert (Höhe der 1000-mb-Fläche nur 11 dyn. Dekameter), und die Wetterlage wurde beherrscht durch ein über dem Ochotskischen Meer entstandenes Sturmtief. Im Zusammenwirken mit einer anderen tiefen Depression über Westsibirien war das asiatische Hoch weit nach Süden zurückgedrängt und erstreckte sich nur mit einem stärkeren Keil bis zum Kap Tscheljuskin am Sibirischen Eismeer unter 105° Ostlänge. Bei zyklonaler Bodenströmung war über Jakutien die untere Inversion fast beseitigt, und die Temperatur blieb vom Ausgangswert von —38.1° bis zu einer Höhe von etwa 2400 m über dem Meeresniveau annähernd konstant, um darüber erst langsam, dann etwas stärker abzufallen bis zur Tropopause in 7700 m, wo —59° gemessen wurden und worüber die Temperatur nur wenig zunahm auf —57.8° in der Gipfelhöhe von 8500 m.

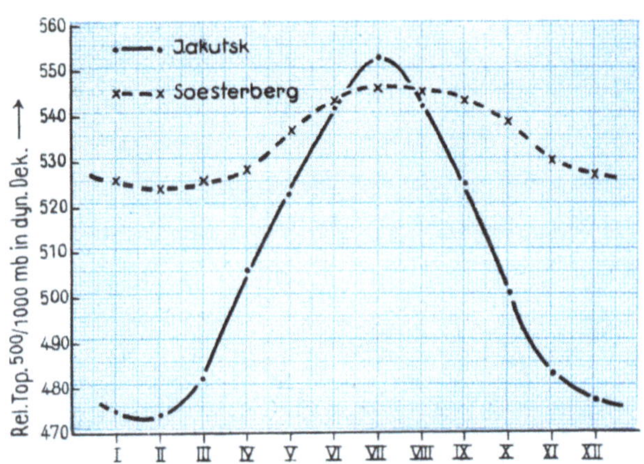

Abb. 35. Der Jahreslauf der relativen Topographie 500/1000 mb über Soesterberg und Jakutsk.

Ganz ähnlich war die Atmosphäre während der Wende vom Januar zum Februar 1945 über dem europäischen Polarmeer aufgebaut, wie aus dem in Spalte 2 wiedergegebenen Aufstieg vom 1. Februar 1945 hervorgeht, der in den unteren Schichten zwar etwas wärmer, in der Höhe aber noch mehrere Grade kälter war als der am Vortag und hier die Jakutsker Rekordsonde sogar noch übertrifft. Die Tropopause begann in 8000 m bei einer Temperatur von —60°, die bis 10000 m auf —57° anstieg und darüber wieder langsam abnahm, so daß die 96-mb-Fläche nur 1490 dyn. Dekameter hoch lag.

In der mittleren Troposphäre wurden ähnlich niedrige Temperaturen bei der schweren Kältewelle gemessen, die mit ihrem Zentrum am 12. April 1944 Franz-Joseph-Land passierte, wobei das ungewöhnlich späte Datum überraschen muß. Daher waren auch die gleichzeitigen Stratosphärentemperaturen mit —40° außerordentlich hoch.

An dritter Stelle ist der Aufstieg von *Riga* vom 24. Januar 1942, 19 Uhr abends, wiedergegeben, der im Zentrum des intensivsten Kaltlufttropfens ausgeführt wurde, der Mitteleuropa in diesem Jahrhundert bisher heimgesucht hat. Die Wetterlage wird später (S. 233 f.) eingehend beschrieben, die relative Topographie der Schicht von 500 bis 1000 mb lag mit 470 dyn. Dekametern noch etwas unter dem Durchschnittsbetrag am Kältepol im Winter!

Als nächstes Beispiel folgt der kälteste Aufstieg aus *Fairbanks* in Zentral-Alaska während der Winter 1936/37 und 1937/38, entnommen einer Zusammenstellung im Monthly Weather Review[1]. Er fand am 17. Februar 1937, gegen Ende einer ausgesprochen zyklonalen Kälteperiode, bei steigendem Luftdruck an der Nordseite einer über dem Alaska-Golf gelegenen Zyklone statt und wies über der kalten Bodenschicht noch eine mehr als 1000 m mächtige Inversion auf, über der es in 2000 m 7° wärmer war als bei dem kältesten europäischen Aufstieg, so daß auch der Wert der relativen Topographie 500 über 1000 mb einige Dekameter höher lag. Da die benutzte Reihe aber sehr kurz ist, kann man annehmen, daß Alaska ähnliche Tiefstwerte der Troposphärentemperatur aufweist wie Europa.

Unter den Berliner Aufstiegen fällt der kälteste vom 13. Februar 1940 (Spalte 5 der Tabelle 26) besonders auf, der ebenfalls im Zentrum eines ausgeprägten Kaltlufttropfens stattfand[2]. Die relative Topographie lag

---

[1] Supplement Nr. 40 (1940).

[2] Kurze Beschreibung dieses Kaltlufttropfens S. 232.

Tabelle 26. *Extreme Aufstiege.*

	1	2	3	4	5	6	7
Ort	Jakutsk	Spitzbergen	Riga	Fairbanks	Berlin	Berlin	Quetta
Koordinaten	62° N 130° E	81° N 26° E	57° N 24° E	65° N 148° W	52° N 13° E	52° N 13° E	30° N 67° E
Tag MEZ.	26. 12. 1940 16^h	1. 2. 1945 15^h	24. 1. 1942 19^h	17. 2. 1937 19^h	13. 2. 1940 6^h	3. 8. 1943 17^h	18. 8. 1933 —
Höhe (km)							

Höhe (km)	\multicolumn{7}{Temperaturen in geometrischen Höhenstufen}						
10	—	— 57	— 46	—	—	— 40	—
9	(— 57)	— 59	— 45	—	—	— 32	—
8	— 58	— 60	— 45	—	—	— 25	—
7	— 56	— 57	— 42	—	—	— 19	—
6	— 53	— 55	— 40	—	—	— 13	—
5	— 50	— 50	— 38	— 48	— 46	— 4	—
4	— 46	— 44	— 43	— 38	— 38	+ 1	+ 22
3	— 43	— 40	— 38	— 30	— 30	+ 10	+ 30
2	— 40	— 36	— 36	— 29	— 25	+ 17	+ 35
1	— 40	— 36	— 32	— 34	— 20	+ 27	—
Boden	— 38	— 30	— 32	— 33	— 15	+ 37	—

Druckfläche (mb)	Temperaturen an den Hauptisobarenflächen						
225	(— 57)	— 57	— 47	—	—	— 52	—
300	— 58	— 60	— 46	—	—	— 37	—
400	— 54	— 56	— 41	—	—	— 22	—
500	— 49	— 50	— 38	— 47	— 45	— 11	—
600	— 45	— 43	— 42	— 36	— 36	— 1	—
700	— 41	— 38	— 37	— 30	— 29	+ 9	+ 28
800	— 39	— 36	— 35	— 29	— 23	+ 17	+ 35
900	— 40	— 35	— 32	— 34	— 21	+ 27	—

Druckflächen (mb)	Relative Topographien						
225/500	(499)	495	527	—	—	554	—
500/1000	460	465	470	475	484	566	(602)

Druckfläche (mb)	Absolute Topographien						
225	(970)	964	1011	—	—	1129	—
300	792	787	823	—	—	941	—
400	613	610	633	—	—	739	—
500	471	469	483	486	497	575	—
600	353	350	362	365	376	434	—
700	251	247	258	260	269	312	—
800	161	157	168	165	175	202	—
900	82	77	87	84	89	102	—
1000	11	4	14	11	13	9	—

damals aber immerhin schon mehr als 10 Dekameter höher als bei dem Rigaer Rekordaufstieg, wobei hauptsächlich die unteren Schichten wärmer waren. Denn in einer Höhe von 5000 m bzw. bei 500 mb Druck liegen die Temperaturen bei allen aufgeführten Aufstiegen — ausgenommen Riga, wo die Stratosphäre damals schon in 4000 m mit —43° begann — gleichmäßig zwischen —45 und —50°.

Demgegenüber weist die bisher wärmste Berliner Radiosondenmessung vom 3. August 1943 in allen Höhen Temperaturgrade auf, die 39 bis 52° über den Werten des kältesten Aufstiegs liegen. Auch diese Wetterlage wird im synoptischen Teil näher untersucht (S. 271ff.).

Es sei noch hervorgehoben, daß die absolute Schwankung in den einzelnen Schichten wahrscheinlich noch größer ist, da das Material in dieser Hinsicht nicht vollständig bearbeitet werden konnte und deshalb nur die extremen Aufstiege herausgesucht wurden.

In welchem Ausmaß in den Subtropen selbst die Mittelwerte im Sommer höher liegen, geht aus einem Vergleich des wärmsten Berliner Aufstiegs mit dem Juli-Durchschnitt von Agra (Tabelle 25, Spalte 17) hervor.

Über *Quetta* (823) — in Belutschistan, am Südfuß des Hindu-Kusch, in der Nähe der afghanischen Grenze gelegen — sollen am 18. August 1933 die in Spalte 7 der Tabelle 26 aufgeführten Temperaturwerte gemessen worden sein. Man erhält daraus eine relative Topographie 500/1000 mb von 602 dyn. Dekametern und muß daher, selbst wenn diese Werte etwas zu hoch sein sollten, jedenfalls mit Höchstwerten der relativen Topographie von nahezu 600 dyn. Dekametern rechnen, dem absolute Minima in der Größenordnung von etwa 450 Dekametern gegenüberstehen, woraus sich der maximale Gegensatz auf der Erde zu 150 Dekametern oder 75° in der Mitteltemperatur der unteren Troposphärenhälfte ergibt. In der oberen Troposphäre sind die Differenzen nicht viel geringer und werden bei etwa 110 Dekametern für den größtmöglichen Unterschied zwischen dem Kältepol und der wärmsten Zone auf der Sommerhalbkugel liegen.

Auch in der unteren Stratosphäre sind Temperaturdifferenzen von etwa gleichem Ausmaß vorhanden. Sommerlichen Maxima von —35° über dem Polargebiet in Höhen von 17000 m stehen im gleichen Niveau bisher gemessene Tiefstwerte unter —90° über *Batavia*, dem Karibischen Meer und sogar Florida gegenüber, so daß man die absolute Schwankung zu etwa 60° annehmen kann. Mit weiter zunehmender Höhe verringern sich die Unterschiede langsam.

Wichtiger als die Durchschnitts- und Extremwerte sind für den Synoptiker die Beziehungen, die zwischen Tropo- und Stratosphäre bestehen, wobei die Gegenläufigkeit der Temperaturen am bekanntesten ist. Es soll hier ein Schritt weitergegangen und nach den Gesetzen geforscht werden, die eine Abweichung von der normalen „Kompensation" bedingen.

F. Die stratosphärische Kompensation.

Es ist eine wesentliche Eigenschaft der Stratosphäre, daß sie die Druckgegensätze der Troposphäre, die an der Tropopause ihr Maximum erreichen, zu kompensieren versucht (472, 473). Diese Tatsache ist seit langem bekannt. Sie prägt sich

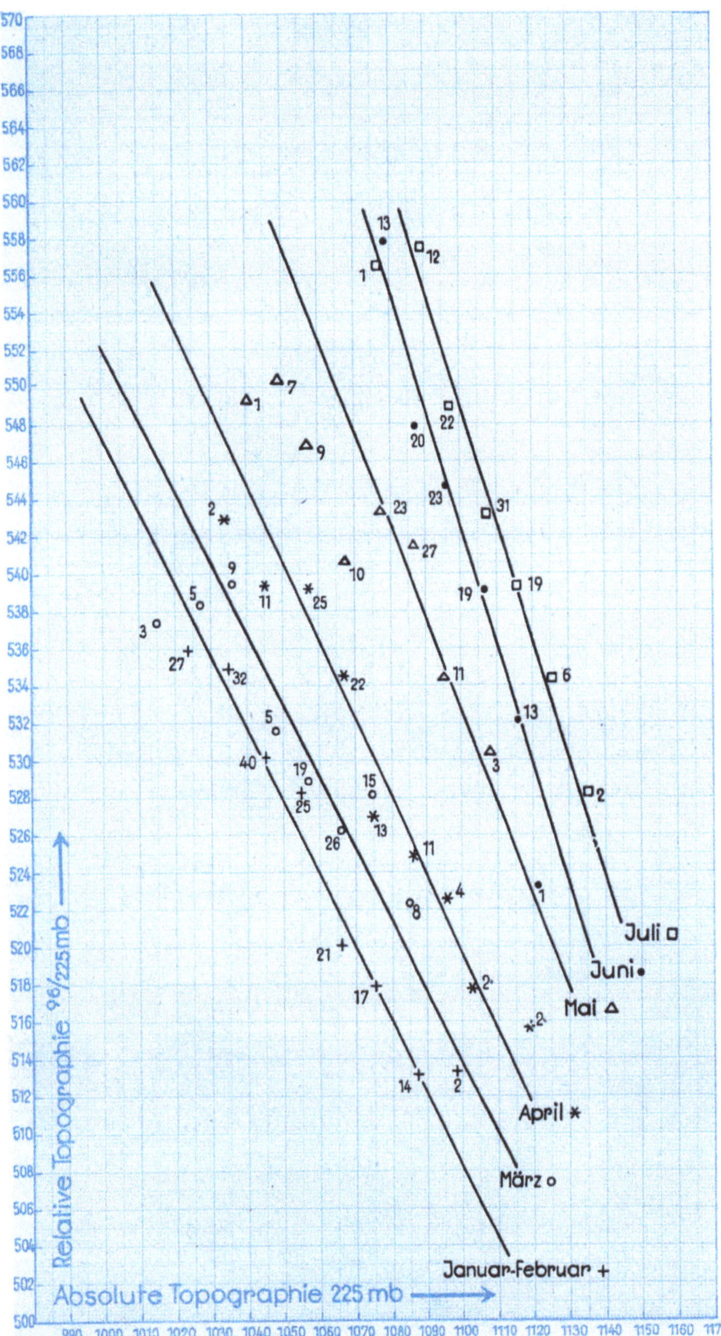

Abb. 36. Die stratosphärische Kompensation über Berlin in der ersten Jahreshälfte.

deutlich in den bereits in Tabelle 9, S. 29 zusammengestellten Korrelationskoeffizienten aus: Je höher der Luftdruck im 9000-m-Niveau ist, um so tiefer sinkt die Tropopausentemperatur. Zwischen ihr und dem Luftdruck am Boden ist die gleiche inverse Beziehung sogar noch etwas deutlicher ausgeprägt und am strammsten zwischen Temperatur und Höhe der Tropopause.

Auch die mittlere Verteilung der meteorologischen Elemente über der Erdoberfläche richtet sich im allgemeinen nach diesem Kompensationsgesetz: Die Äquatorialregion mit der warmen Troposphäre und entsprechend hohem Druck an ihrer Obergrenze weist die niedrigsten Stratosphärentemperaturen auf, dadurch das Druckgefälle in der Stratosphäre vermindernd; über den winterlichen Kältezungen an den Ostseiten der Festländer ist die Stratosphäre dagegen besonders warm (vgl. S. 80ff.).

Seit der Einführung der Radiosonde in den Wetterdienst hat der Synoptiker Gelegenheit, sich täglich mit diesem Kompensationsgesetz zu beschäftigen. Man weiß, daß die großen Hochdruckgebiete eine kalte Stratosphäre aufweisen und daß über ausgeprägten Tropopausentrichtern (vgl. S.198) die Maximalwerte der Stratosphärentemperatur erreicht werden. Diagnostisch und prognostisch bieten diese Beziehungen aber nichts Neues.

Interessanter sind demgegenüber die Abweichungen, die vom normalen Verhalten gelegentlich aufzutreten pflegen (722): Schon für den jährlichen Gang gilt das Kompensationsgesetz nicht mehr, indem im Winter mit der Troposphäre auch die Stratosphäre kalt wird. Es wurde auch schon erwähnt (Tabelle 25, S.60/61), daß im mittelamerikanischen Raum die Stratosphäre im Winter 5° kälter ist als im Sommer, obwohl auch dort dann die untere Atmosphäre niedriger temperiert ist. Besonders groß ist der jährliche Temperaturgang in den Polargebieten, wo beide Stockwerke der Atmosphäre gleichsinnige Temperaturänderungen erfahren. Schließlich haben die Mittelkarten ergeben, daß während der kalten Jahreszeit etwa von unseren Breiten ab nach Norden das Kompensationsgesetz auch für die durchschnittliche Verteilung nicht mehr gilt, indem die Stratosphäre mit Annäherung an den Pol trotz erheblicher Abnahme des Luftdrucks in der Hochtroposphäre kälter wird.

Im Verhalten der Stratosphäre von Tag zu Tag liegen noch viele Probleme verborgen, die einer Lösung harren: Am interessantesten sind die winterlichen rhythmischen Schwingungen mit fast konstanter Periode von etwa 30 Tagen (vgl. S. 350). Um diesen gesamten Fragenkomplex näher zu beleuchten, wurde das Ausmaß der stratosphärischen Kompensation eingehend bearbeitet.

1. Die normale Kompensation.

Zur Bestimmung der mittleren Gegenläufigkeit liegt jetzt ein dreijähriges Beobachtungsmaterial aus dem europäischen Raum vor, aus dem einige Stationen möglichst unterschiedlicher geographischer Breite ausgesucht wurden. Der Hauptbearbeitung wurden die Aufstiege von *Berlin* unterzogen.

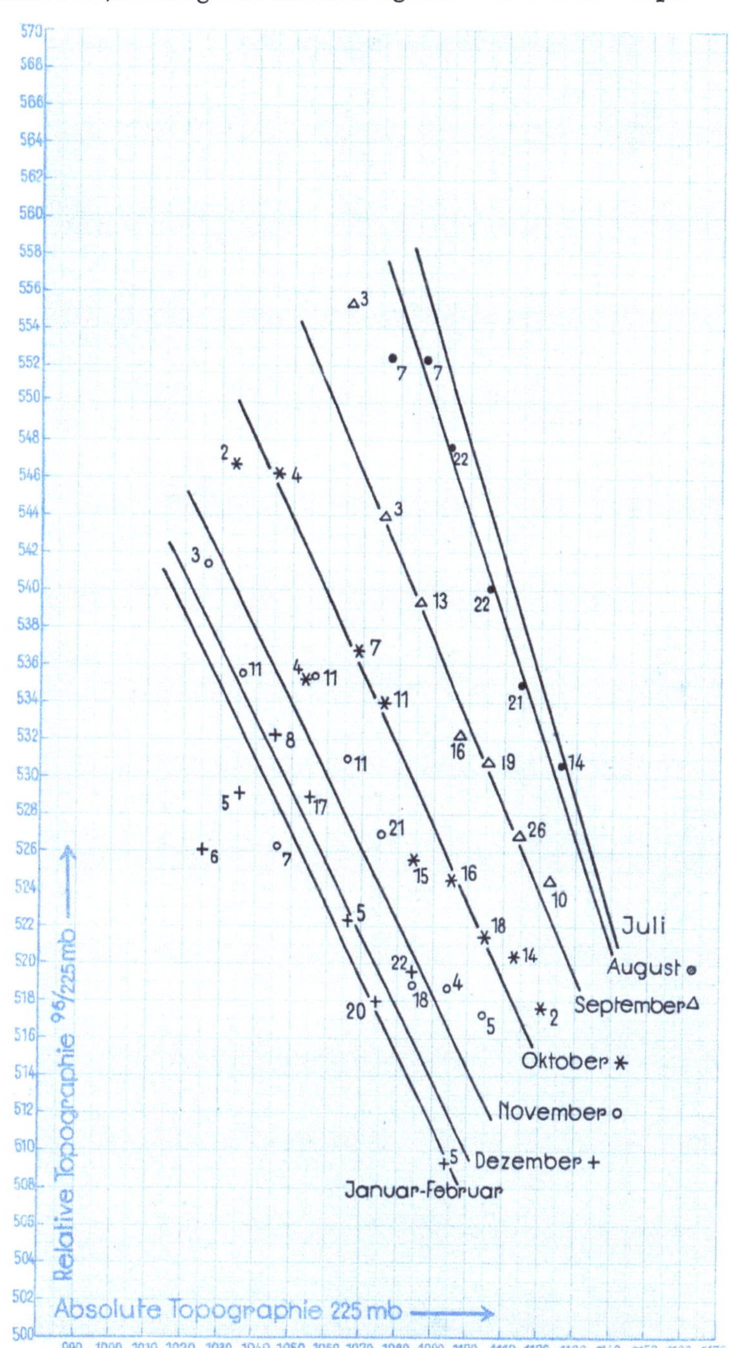

Abb. 37. Die stratosphärische Kompensation über Berlin in der zweiten Jahreshälfte.

a) Die Kompensation über Berlin.

Um über Berlin zunächst die normale Kompensation festzustellen, wurde das dreijährige Aufstiegsmaterial der Berliner Radiosondenstation vom 1. April 1941 bis 31. März 1944 nach bestimmten Gruppen der Höhenlage der 225-mb-Fläche gruppiert, indem für alle Daten, an denen die absolute Topographie der 225-mb-Fläche zwischen bestimmten Grenzwerten lag (z. B. zwischen 1031 und 1040, 1041 bis 1050 dyn. Dekametern), die zugehörigen Beträge der relativen Topographie 96/225 mb untereinander geschrieben und für die einzelnen Monate gemittelt wurden. Auf diese Weise erhält man die relative Topographie der unteren Stratosphäre als Funktion der Höhe der 225-mb-Fläche für alle Monate des Jahres.

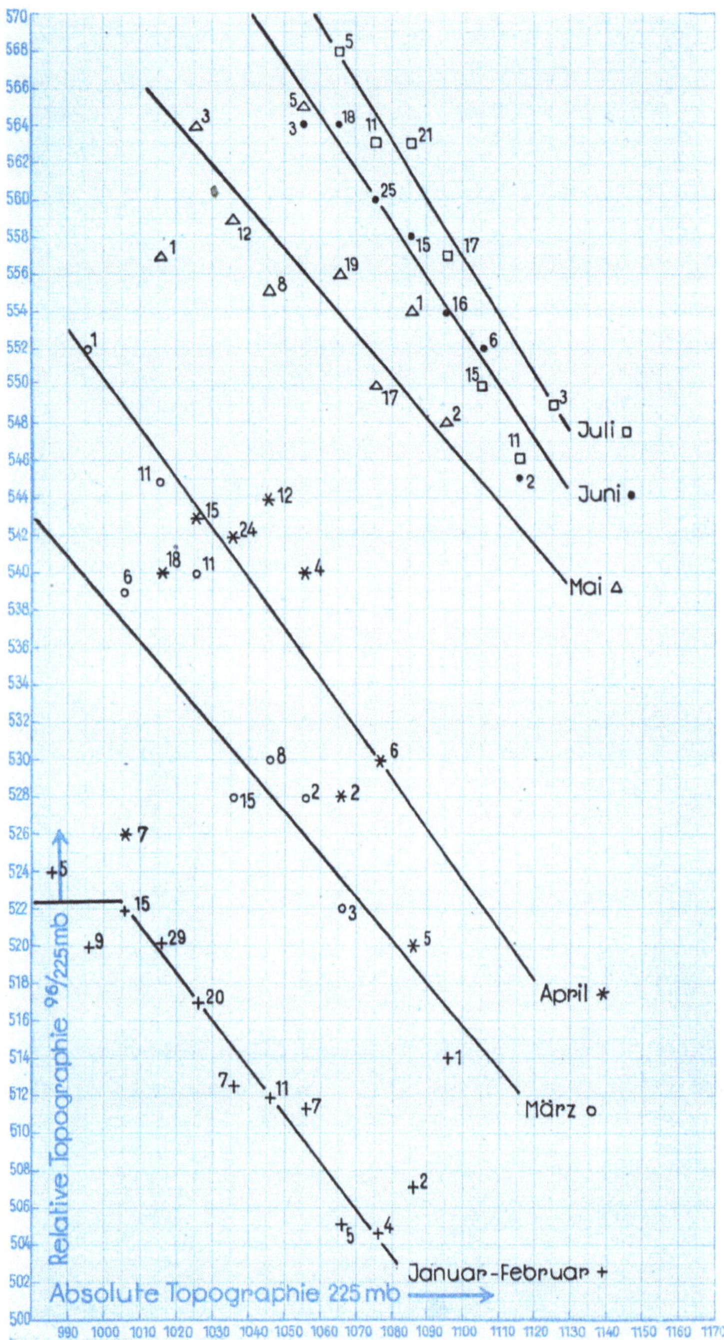

Abb. 38. Die stratosphärische Kompensation über Tromsö
in der ersten Jahreshälfte.

Das Ergebnis ist in Abb. 36 (S. 84) für die erste Jahreshälfte und in Abb. 37 (S. 85) für die Zeit von Juli bis Dezember wiedergegeben. Nur Januar und Februar, in denen die Temperaturverteilung in der Atmosphäre ziemlich gleich ist, konnten zusammengefaßt werden, alle anderen Monate sind getrennt aufgeführt. Auf der Abszisse sind die Höhen der 225-mb-Fläche, auf der Ordinate die zugehörigen relativen Topographien der Schicht von 225 bis 96 mb aufgetragen. Die Einzelergebnisse für alle Gruppen und Monate sind in den Figuren besonders markiert, wobei die hinzugesetzten Ziffern die Anzahl der Fälle angeben, die dem betreffenden Mittelwert zugrunde liegen.

Obwohl der ausgewählte Zeitraum noch recht kurz ist und für manche Gruppen viel zu wenig Werte zur Verfügung stehen, läßt sich doch die Punkteschar eines jeden Monats so durch eine gerade Linie verbinden, daß nur wenige Werte herausfallen, hauptsächlich bei niedrigen Lagen der 225-mb-Fläche, wenn dabei die Stratosphäre zugleich kalt ist. Auf diese Abweichungen wird später noch eingegangen, hier kommt es zunächst darauf an, daß *die Beziehung zwischen der Stratosphärentemperatur und der Höhenlage der 225-mb-Fläche annähernd linear ist.*

Von Januar/Februar zum März steigt die Stratosphärentemperatur in bezug auf gleiche Höhen der 225-mb-Fläche erst langsam, dann immer rascher und vor allem vom April zum Mai sehr stark an, zu welcher Zeit sich der Übergang vom winterlichen zum sommerlichen Witterungsgeschehen abspielt. Bis zum Juli, in dem die Höchstwerte in der Stratosphäre erreicht werden, wird der Anstieg wieder geringer, erfährt im August erst einen schwachen und dann bis zum November einen steilen Abfall, wenn der Wetterablauf wieder den winterlichen Charakter annimmt.

Von den herausfallenden Punkten seien vor allem die Dezemberwerte der Gruppen 1020 bis 1030 und 1030 bis 1040 Dekameter und alle Maifälle unterhalb 1070 dyn. Dekameter hervorgehoben, die sich dem sonst linearen Verlauf der Beziehung zwischen Stratosphärentemperatur und Tropopausendruck nicht einordnen. Im übrigen ist die Koppelung beider Elemente recht eng. Man kann dieser Darstellung z. B. entnehmen, daß über Berlin Mitte April bei einer Höhe der 225-mb-Fläche von 1065 dyn. Dekametern die relative Topographie der Schicht 96/225 mb normalerweise 534 Dekameter beträgt. Gegen Monatsanfang liegen die Werte natürlich entsprechend tiefer, gegen Ende höher.

b) Die Kompensation über Tromsö.

Die gleiche Untersuchung über das Ausmaß der Kompensation wurde mit dem Aufstiegsmaterial von *Tromsö* für denselben Zeitraum durchgeführt. Das Ergebnis ist in den Abb. 38 und 39 wiedergegeben. Es lassen sich auch hier die Punktsysteme mühelos durch gerade Linien verbinden, doch ist die Neigung der Kurven

geringer, und dadurch wird bereits angedeutet, daß die Kompensation in hohen Breiten weniger große Beträge erreicht. Für die tiefen Druckwerte im Winter, etwa unterhalb 1030 Dekameter im Dezember und unter 1010 Dekameter im Januar/ Februar, liegen alle Punktwerte etwa bei gleichen relativen Topographien der 96-mb-Fläche und bekunden, daß dabei von einer Kompensation keine Rede mehr sein kann.

Die jährliche Schwankung der Stratosphärentemperatur bei gleichen Beträgen des Luftdrucks in der Nähe der Tropopause ist noch etwas größer als über *Berlin* und ändert sich zwischen Januar und Juli um mehr als 60 Dekameter oder fast 30° in der Temperaturskala.

c) Die Kompensation über Athen.

In Abb. 40, S. 88, ist das Ergebnis der gleichen Untersuchung an Hand der Radiosonden von *Athen* reproduziert. Diese Beobachtungsreihe begann erst am 1. November 1941, und es mußten meist mehrere Monate zusammengefaßt werden, um die Punkteschar eindeutig durch eine Linie verbinden zu können. Es fällt sofort auf, daß sich der jährliche Gang hier viel geringer ausprägt als weiter im Norden. Die Ursache ist zum großen Teil darin zu suchen, daß die Tropopause über *Athen*, vor allem im Sommer, erheblich höher liegt als 225 mb. Die relative Topographie 96/225 mb gibt daher hauptsächlich den Wärmeinhalt der oberen Troposphäre und der Tropopause an und kann für die stratosphärischen Verhältnisse allein nicht als repräsentativ angesehen werden.

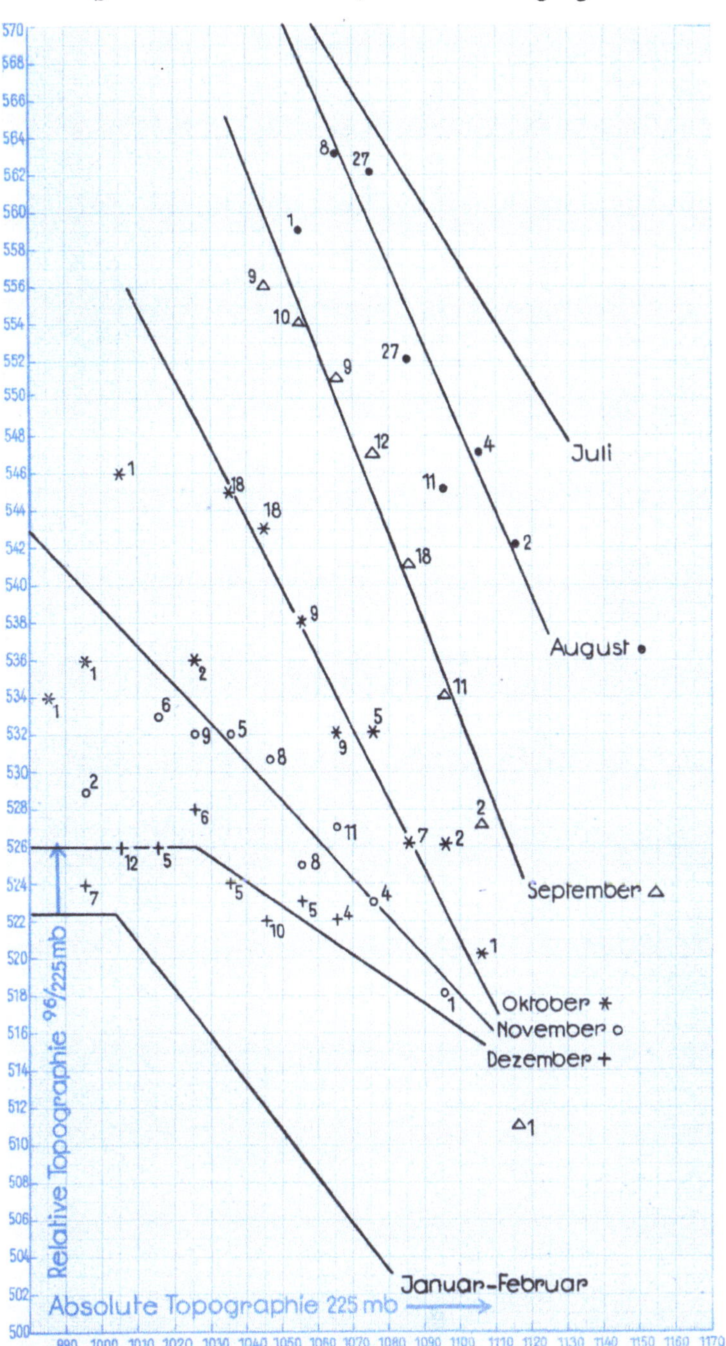

Abb. 39. Die stratosphärische Kompensation über Tromsö in der zweiten Jahreshälfte.

d) Die Kompensation über Europa im Winter und Sommer.

Es sollen jetzt die Ergebnisse für die vorhin behandelten Stationen miteinander verglichen und zur Ergänzung für einzelne Monate noch *Catania* und die Resultate der deutschen Überwinterungsstationen auf Spitzbergen und Ostgrönland hinzugezogen werden. In Abb. 41 (S. 89) ist das Ergebnis dieser fünf Stationen für den Winter (November bis März) zusammengefaßt; die Anlage der graphischen Darstellung ist die gleiche geblieben.

Der nach unten verlaufende (linke) Teil der Kurven von *Tromsö* ist nicht reell und kommt durch die Zusammenfassung von 5 Monaten zustande, weil die besonders tiefen Geopotentialwerte der 225-mb-Fläche überhaupt nur im Hochwinter vorkommen, wenn die betreffende Kompensationskurve zu niedrigeren Werten hin verschoben ist[1]. Die für Spitzbergen und Ostgrönland zusammengefaßte Kurve bezieht sich dagegen nur auf den eigentlichen Hochwinter von Dezember bis Februar, und die Umbiegung kann hier als richtig angesehen werden. Sie deutet an, daß in der Arktis bei sehr tiefen Druckwerten in der oberen Troposphäre die normale Kompensation überhaupt verschwindet und statt dessen die Stratosphäre um so kälter wird, je tiefer die 225-mb-Fläche liegt. Das gleichgerichtete Temperaturgefälle in Tropo- und Stratosphäre wird hier so ausschlaggebend, daß es die dynamischen Prozesse — als deren Folge die Kompensation anzusehen ist — überdeckt.

Vergleicht man die Lage der einzelnen Kompensationskurven, so ergibt sich, daß im Winter *bei gleichen Höhen der 225-mb-Fläche die Stratosphäre über Tromsö etwa 4 bis 10 und über Spitzbergen sowie Ostgrönland mehr als 20 Dekameter oder beinahe um 10° kälter ist als über Berlin und andererseits die Stratosphärentemperaturen über Athen und Catania bei demselben Druck in 11000 m rund 10 Dekameter oder beinahe 5° über den europäischen Werten liegen.* Da aber aus diesen polaren bzw. subtropischen Gebieten wegen des Gradientwindgesetzes Luft nur dann nach Mitteleuropa geschafft werden kann, wenn der Höhendruck an der Tropopause gleich ist, so folgt aus diesem Satz, daß *bei Luftzufuhr aus Süden eine merklich wärmere Stratosphäre advehiert werden muß als bei nördlicher Strömung.* Man muß daraus schließen, daß die bestehenden Vorstellungen von der Rolle der Stratosphäre im Wettergeschehen — wenigstens was den Winter anbetrifft — in einigen wesentlichen Punkten revisionsbedürftig sind.

Ganz anders verhält sich die Stratosphäre im Sommer. Um hier einen Vergleich zu ermöglichen, muß vorher noch der Strahlungsfehler nach der Darstellung in Abb. 12 (S. 34) beseitigt werden, der in den Figuren 36 bis 41 noch enthalten ist. Bei *Athen* und *Catania* ist allerdings keine Korrektur erforderlich, da dort zum

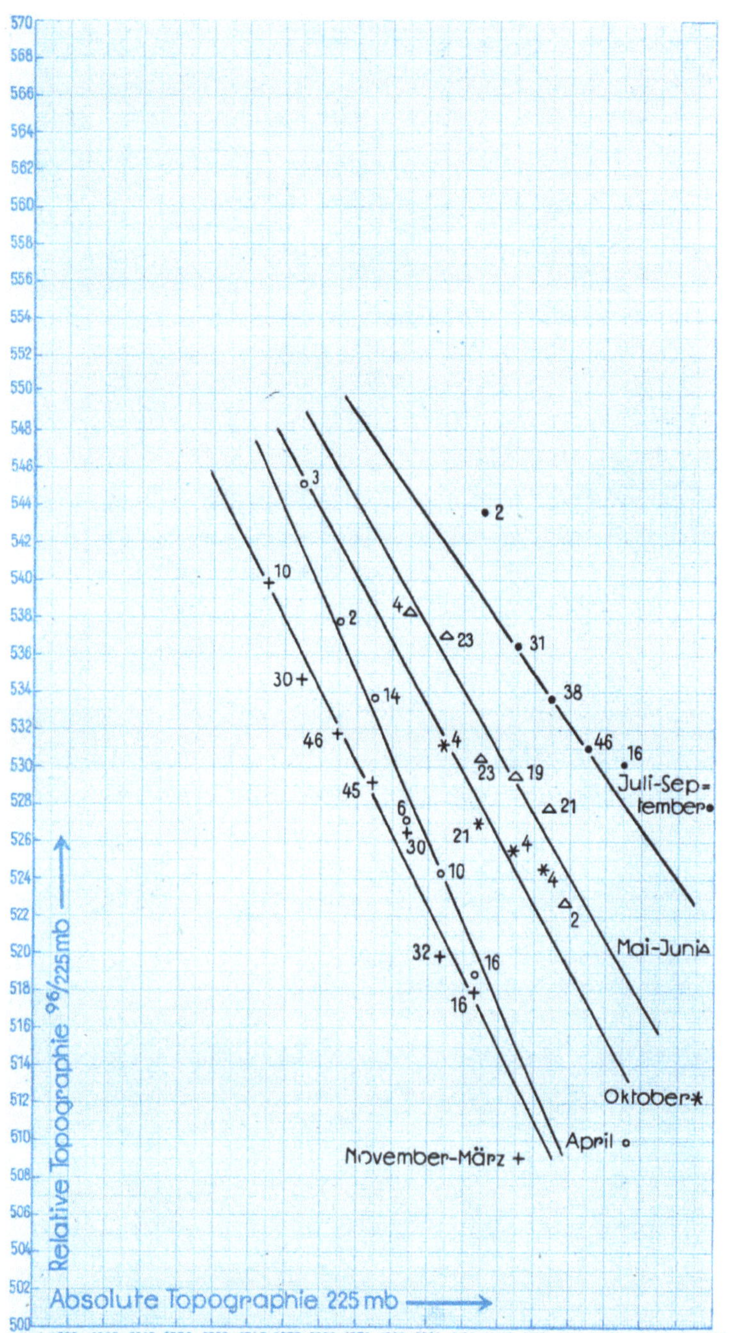

Abb. 40. Der jährliche Verlauf der stratosphärischen Kompensation über Athen.

4-Uhr-Termin der Aufstiege auch im Sommer die Sonne niemals aufgegangen war. Auch über *Berlin*, wo die 2-Uhr- und 5-Uhr-Aufstiege zur Berechnung verwandt wurden, ist nur eine verhältnismäßig kleine Anzahl durch Strahlung gefälscht und kann die Korrektion deshalb höchstens 1 Dekameter betragen. Dagegen muß man über *Tromsö* mit einer mittleren Sonnenhöhe von 12° rechnen und erhält damit einen Korrektionsbetrag von 4 Dekametern für die relative Topographie 96/225 mb. Bringt man diese Verbesserungen an die einzelnen

---

[1] Aus Abb. 38/39 ist zu entnehmen, daß die Kompensationskurve für Januar-Februar für gleiche Werte der relativen Topographie der 96-mb-Fläche etwa 10 Dekameter niedrigere Beträge aufweist.

Werte an, so erhält man Abb. 42 (S. 90) und stellt nun fest, daß während des Sommers (Juni bis August) gleichen Höhen der 225-mb-Fläche über *Berlin* und *Tromsö* auch fast dieselbe Stratosphärentemperatur entspricht, d. h., *daß während der warmen Jahreszeit die Advektion sich in keiner Abweichung der Stratosphärentemperatur über Mitteleuropa auswirken kann.* Für *Catania* und *Athen* ist die Neigung der Kurven zwar eine andere, aber es zeigt sich, daß auch hier die Mehrzahl der vorkommenden Werte völlig in den Bereich der Berliner Kurve fällt[1].

e) Die Kompensation im Jahreslauf über Berlin, Tromsö und Athen.

Es geht aus den Darstellungen in den Abb. 36 bis 40 schon hervor, daß die normale Kompensation, ausgedrückt durch die relative Topographie der Schicht 96/225 mb als Funktion der Höhe der 225-mb-Fläche, einer ausgeprägten jährlichen Periode unterworfen ist und sich vor allem in den Übergangsjahreszeiten schon von Tag zu Tag merkbar ändert. Man kann daraus für jeden Monat das Verhältnis zwischen der Änderung der relativen Topographie 96/225 mb und der 225-mb-Fläche entnehmen und erhält dann, wenn die Zahlen in Prozent ausgedrückt werden, die Werte der Tabelle 27, die einen Anhalt über die stratosphärische Kompensation geben.

Es ist zu ersehen, daß im Jahresmittel die Kompensation über *Tromsö* erheblich schwächer ausgeprägt ist als über *Berlin* und daß der Betrag im Sommer viel größer ist als im Winter.

Um die normale Kompensation für jeden Tag leicht feststellen zu können, wurden die Abb. 43, 44 und 45 entworfen (S. 91, 92 und 93), zu deren Konstruktion die den einzelnen Zehnerstufen der Höhe der 225-mb-Fläche zugehörigen mittleren Werte der relativen Topographie 96/225 mb am 15. jeden Monats eingezeichnet und daraus der Jahreslauf der normalen Kompensation unter Ausgleich der Einzelwerte für *Berlin* (Abb. 43), *Tromsö* (Abb. 44) und *Athen* (Abb. 45) entworfen wurde. Man kann diesen

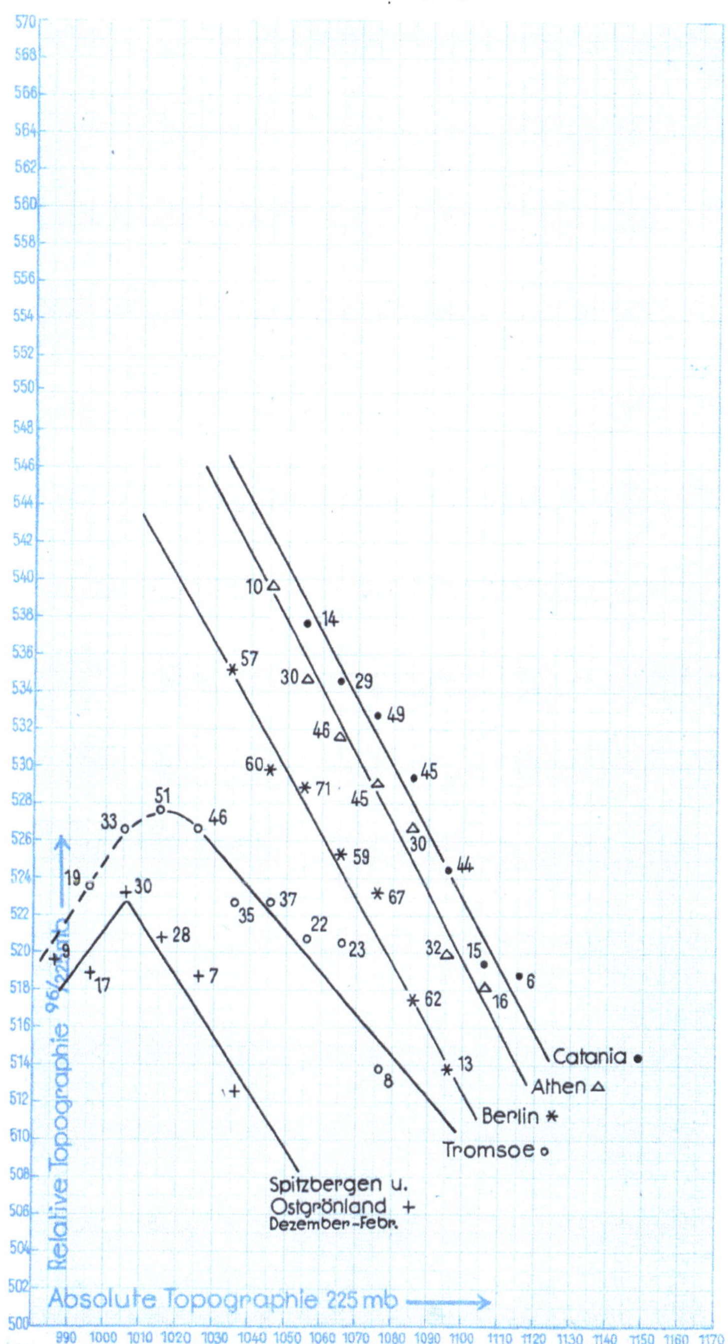

Abb. 41. Die stratosphärische Kompensation über Europa im Winter (November bis März).

Tabelle 27. *Mittlere Änderung der relativen Topographie 96/225 mb in Prozent der Änderung der 225-mb-Fläche (Stratosphärische Kompensation).*

Station	Januar	Februar	März	April	Mai	Juni	Juli	August	September	Oktober	November	Dezember	Jahr
Berlin	38	38	38	42	48	64	62	57	44	40	38	38	46
Tromsö	25	25	23	26	24	29	32	46	50	38	22	14	30

[1] Wegen des Zusammenfallens zahlreicher Punkte mußte von einer Angabe der Anzahl der Fälle abgesehen werden.

Abbildungen also für jeden Tag des Jahres den zu der gemessenen absoluten Topographie der 225-mb-Fläche zugehörigen normalen Wert der relativen Topographie der Schicht von 225 bis 96 mb entnehmen, wobei noch erwähnt werden muß, daß hier der Strahlungsfehler nicht beseitigt ist, die Kurven also im Sommer nur für eine mittlere Aufstiegszeit um 4 Uhr morgens Gültigkeit haben.

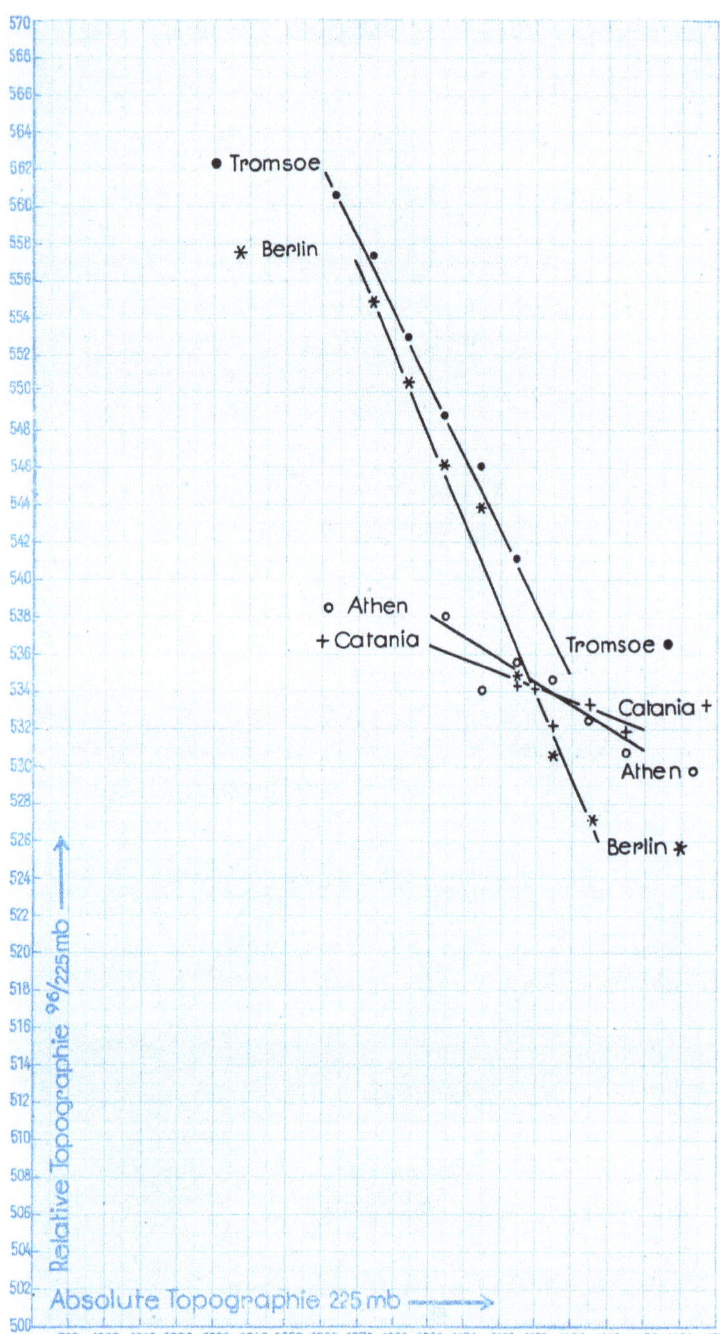

Abb. 42. Die stratosphärische Kompensation über Europa
im Sommer (Juni bis August).

Man ersieht aus allen drei Darstellungen, daß sich die Maxima der Stratosphärentemperatur über dem gesamten europäischen Raum auf die Zeit zwischen Mitte und Ende Juli verspäten, daß also auch in diesen Schichten gegenüber dem Sonnenstand ein Nachhinken von etwa einem Monat beobachtet wird. Dasselbe ist auch im Winter der Fall, so daß die Minima der Kurven gegen Ende Januar erreicht werden dürften. Das Liniensystem ist für *Berlin* am weitesten auseinandergezogen und umfaßt sowohl für *Tromsö* als auch über Athen einen engeren Bereich. Dies zeigt an, daß die Kompensation in mittleren Breiten größer ist als im hohen Norden, wo sie — wie bereits hervorgehoben — im Winter bei sehr tiefen Lagen der 225-mb-Fläche überhaupt verschwindet. Über *Athen* liegt im ganzen Sommerhalbjahr die Tropopause erheblich höher als die 225-mb-Fläche, und die relative Topographie 96/225 mb setzt sich deshalb aus einer troposphärischen und einer stratosphärischen Komponente zusammen, die sich gegenseitig zum Teil aufheben und daher die Schwankung vermindern.

Man kann gemäß der Polhöhe dieser Stationen — wenn man von einem etwa vorhandenen, hier aber nicht untersuchten zonalen Unterschied der Kompensation absieht — für jeden einzelnen Tag die normale Kompensation in Abhängigkeit von der geographischen Breite darstellen, wie dies in Abb. 46 für den Mittwinter (15. Januar) links und für den Sommer (15. Juli) rechts geschehen ist[1], und erhält damit einen Überblick über die geographische Verteilung der Kompensation. Es ergibt sich, daß der Unterschied zwischen den einzelnen Breitengraden in Mitteleuropa im Winter um so größer wird,

je tiefer die 225-mb-Fläche sinkt, daß dagegen vom Polarkreis ab die Differenzen überhaupt verschwinden. Ebenso besteht im Sommer, wie aus dem Vergleich der einzelnen Stationen schon hervorging, kein großer Unterschied zwischen den bei gleichem Druck in 11 000 m gemessenen Stratosphärentemperaturen, der hier noch etwas größer in Erscheinung tritt, weil der Strahlungsfehler aus dieser Darstellung nicht eliminiert worden ist. Würde dies geschehen, so verringert sich auch die Neigung der Linien für 1100 und 1120 Dekameter der absoluten Topographie 225 mb noch um mehrere Einheiten. Bei ganz hohen Lagen der

---

[1] Unter Mitverwendung der Resultate von Spitzbergen und Ostgrönland.

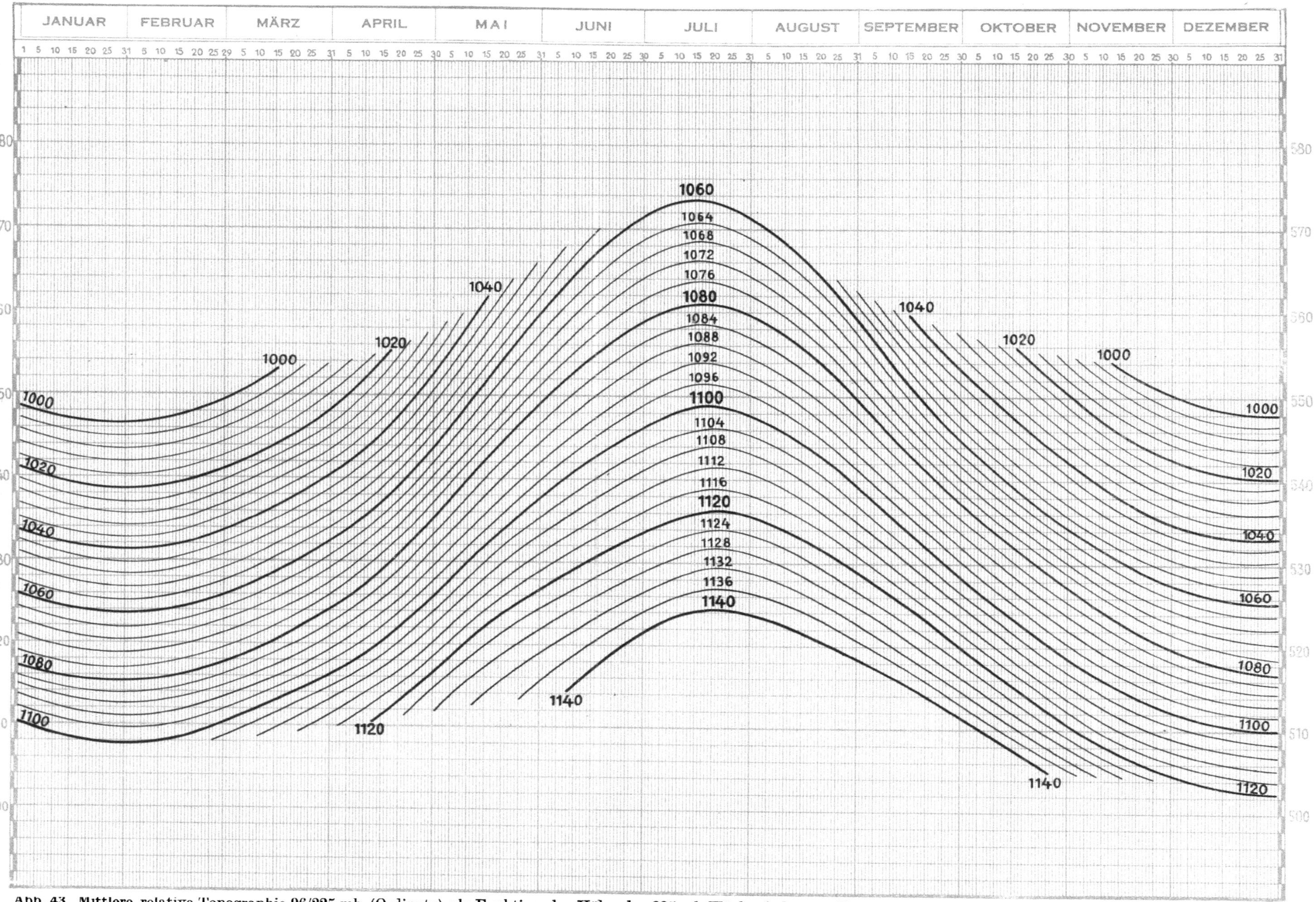

Abb. 43. Mittlere relative Topographie 96/225 mb (Ordinate) als Funktion der Höhe der 225-mb-Fläche (schwarze Kurven) im Jahreslauf (Abszisse) über Berlin (dyn. Dekameter).

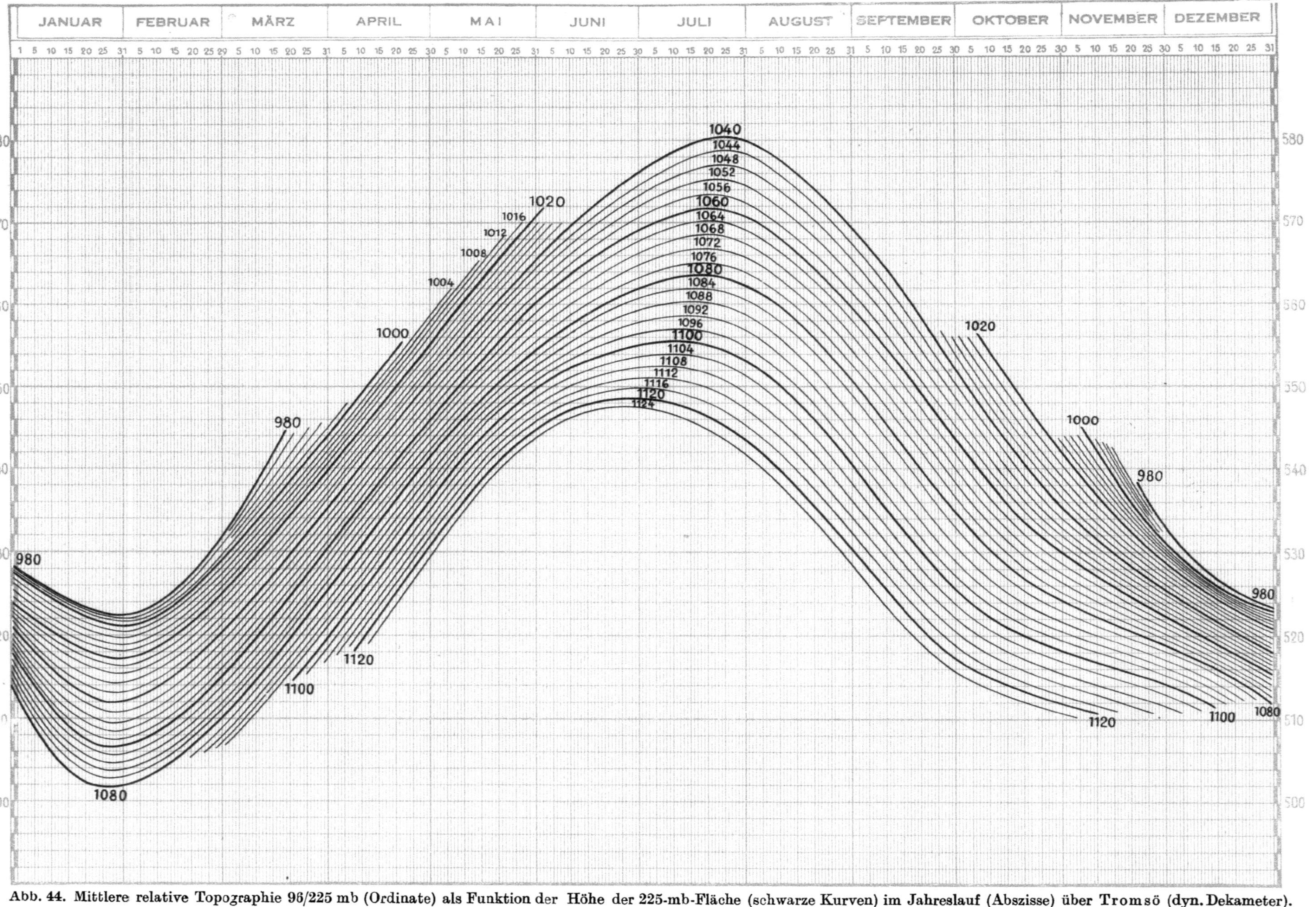

Abb. 44. Mittlere relative Topographie 96/225 mb (Ordinate) als Funktion der Höhe der 225-mb-Fläche (schwarze Kurven) im Jahreslauf (Abszisse) über Tromsö (dyn. Dekameter).

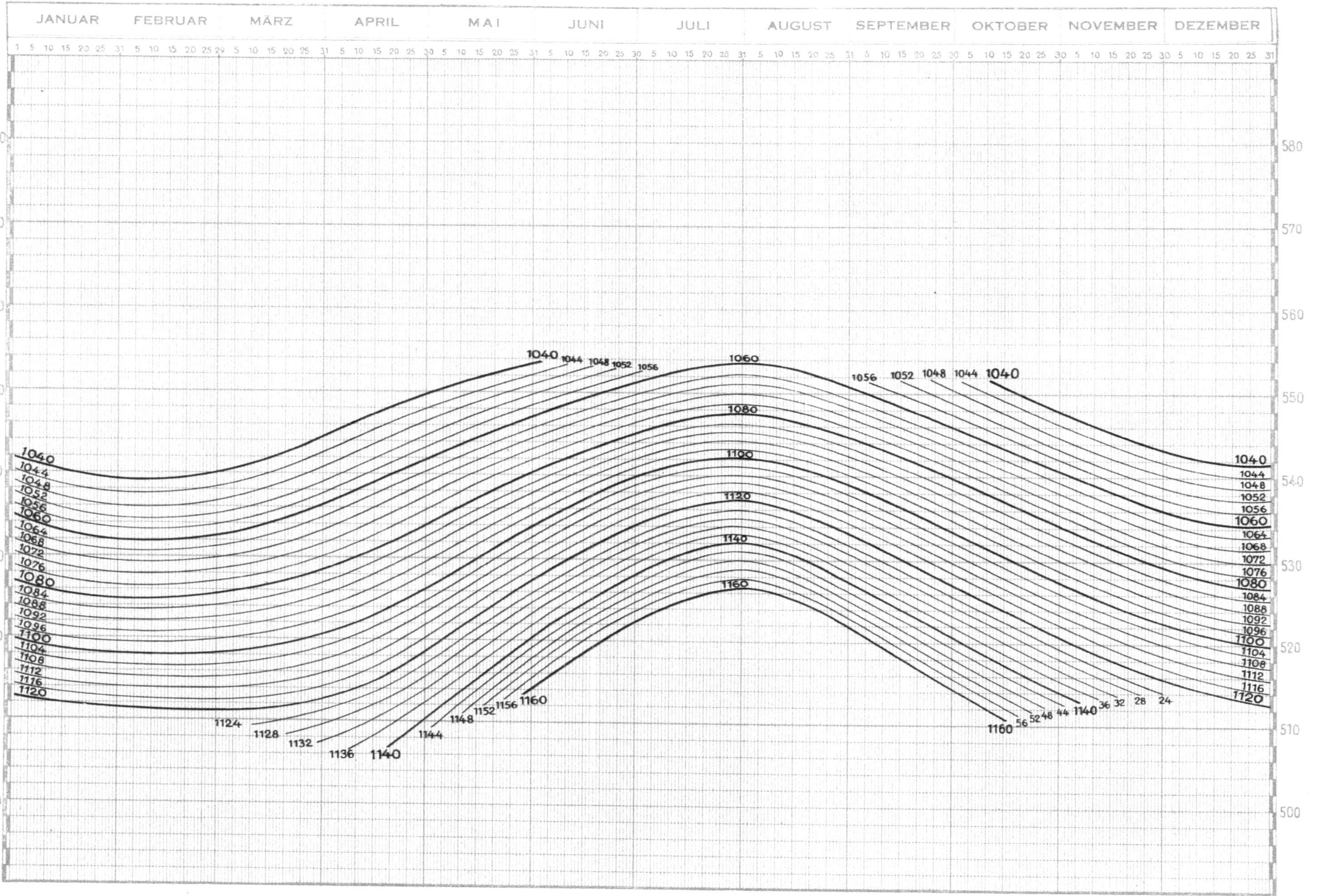

Abb. 45. Mittlere relative Topographie 96/225 mb (Ordinate) als Funktion der Höhe der 225-mb-Fläche (schwarze Kurven) im Jahreslauf (Abszisse) über Athen (dyn. Dekameter).

225-mb-Fläche tritt zwischen 40 und 50° Breite im Sommer sogar eine Umkehr in der Kompensation ein, dadurch hervorgerufen, daß in diesen Fällen die Troposphäre in den Subtropen bereits bis in die Nähe des 96-mb-Niveaus ansteigt und der hier definierte Kompensationsbegriff unbrauchbar wird. Daß die Linien trotzdem gezeichnet worden sind, diente lediglich dem Zweck, danach Höhenkarten zu extrapolieren, worauf später eingegangen wird.

2. Die Abweichungen von der normalen Kompensation.

Nachdem die normale Reaktion der unteren Stratosphäre auf die Druckänderungen an ihrer Untergrenze festgestellt worden ist, sollen jetzt die Abweichungen von der normalen Kompensation behandelt werden. Weil sich herausgestellt hatte, daß ein bedeutender Teil der täglich auftretenden Schwankungen auf Messungsfehler zurückzuführen war, mußten diese möglichst ausgeschieden werden.

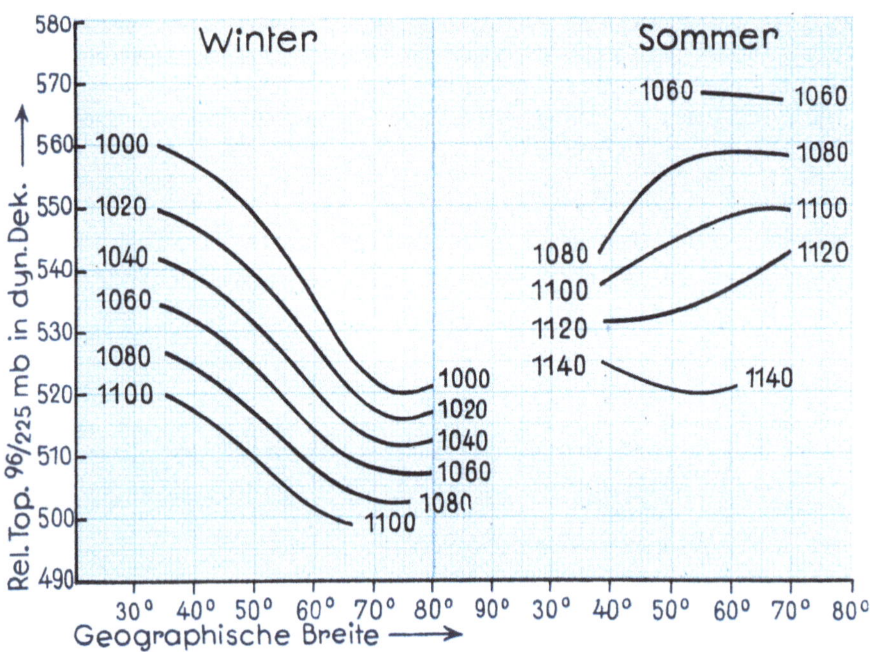

Abb. 46. Die stratosphärische Kompensation in Abhängigkeit von der geographischen Breite.

Die Abweichung von der normalen Kompensation reagiert nämlich sehr stark auf Unstimmigkeiten in der Registrierung der Radiosonden, weil die Temperaturfehler meistens in Tropo- und Stratosphäre gleichgerichtet sind. Angenommen, die Troposphärentemperaturen wären um 2° zu warm gewesen, dann ergäbe sich eine um etwa 8 Dekameter zu hohe Lage der 225-mb-Fläche. Dies würde, nach Tabelle 27, über Berlin einer etwa 3 bis 5 Dekameter kälteren relativen Topographie 96/225 mb entsprechen. Wird nun aber auch die Stratosphärentemperatur um den gleichen Betrag von 2° zu hoch angegeben, so beträgt die durch die Fehlanzeige hervorgerufene positive Abweichung der relativen Topographie 96/225 mb etwa 4 Dekameter, d. h. bei dem geringen Temperaturfehler von nur 2° beträgt die Differenz gegenüber dem wahren Wert der Kompensation 7 bis 9 Dekameter, ein Betrag, der den betreffenden Aufstieg bei Vergleich mit Nachbarstationen leicht als falsch erkennen läßt.

Da die Genauigkeit der Sonden überhaupt nur die Größenordnung von 1° aufweist und außerdem die relative Topographie 96/225 mb bei einer großen Anzahl Aufstiege lediglich durch Extrapolation festgestellt werden kann, wird das Ergebnis erheblich sicherer, wenn man von den Einzelaufstiegen zu 5-Tage-Mitteln übergeht.

a) Die Kompensationsabweichungen über Berlin von November 1941 bis Januar 1945.

Da ab Mai 1942 regelmäßig 5-Tage-Mittelkarten aller Standard-Isobarenflächen für den europäischen Raum vorliegen, mußten nur die Werte von November 1941 bis April 1942 neu berechnet und konnte von da ab auf die 5-Tage-Karten zurückgegriffen werden, was den weiteren Vorteil hatte, daß damit die auf Grund sämtlicher Aufstiege ausgeglichenen Mittelwerte als Ausgangsmaterial dienten. Es wurde also jeder 5-Tage-Mittelwert der Höhe der 225-mb-Fläche und der relativen Topographie 96/225 mb für Berlin bestimmt und die Differenz gegenüber der aus Abb. 43 entnommenen normalen Kompensation für den betreffenden Tag festgestellt. Diese Beträge der *Abweichung von der normalen Kompensation* sind in Abb. 47 (S. 95) für den ganzen Zeitraum reproduziert, wobei eine negative Abweichung eine zu kalte und eine positive eine zu warme Stratosphäre darstellt. Der Unterschied selbst wird in dyn. Dekametern angegeben und kann durch Beachtung der Beziehung, daß einer Temperaturerhöhung von 1° eine Zunahme der relativen Topographie 96/225 mb von 2.4 Dekametern oder einer Abweichung von 1 Dekameter angenähert eine Temperaturdifferenz von 0.4° entspricht, leicht in Celsiusgrade übergeführt werden.

Eine Betrachtung der Abb. 47 lehrt, daß Zeiten großer positiver Abweichung der Kompensation mit solchen negativer Anomalien abwechseln und daß die negativen Abweichungen im allgemeinen größer sind. Starke Schwingungen treten hauptsächlich im Winter auf, fehlen dagegen von Mitte Mai bis Ende Oktober,

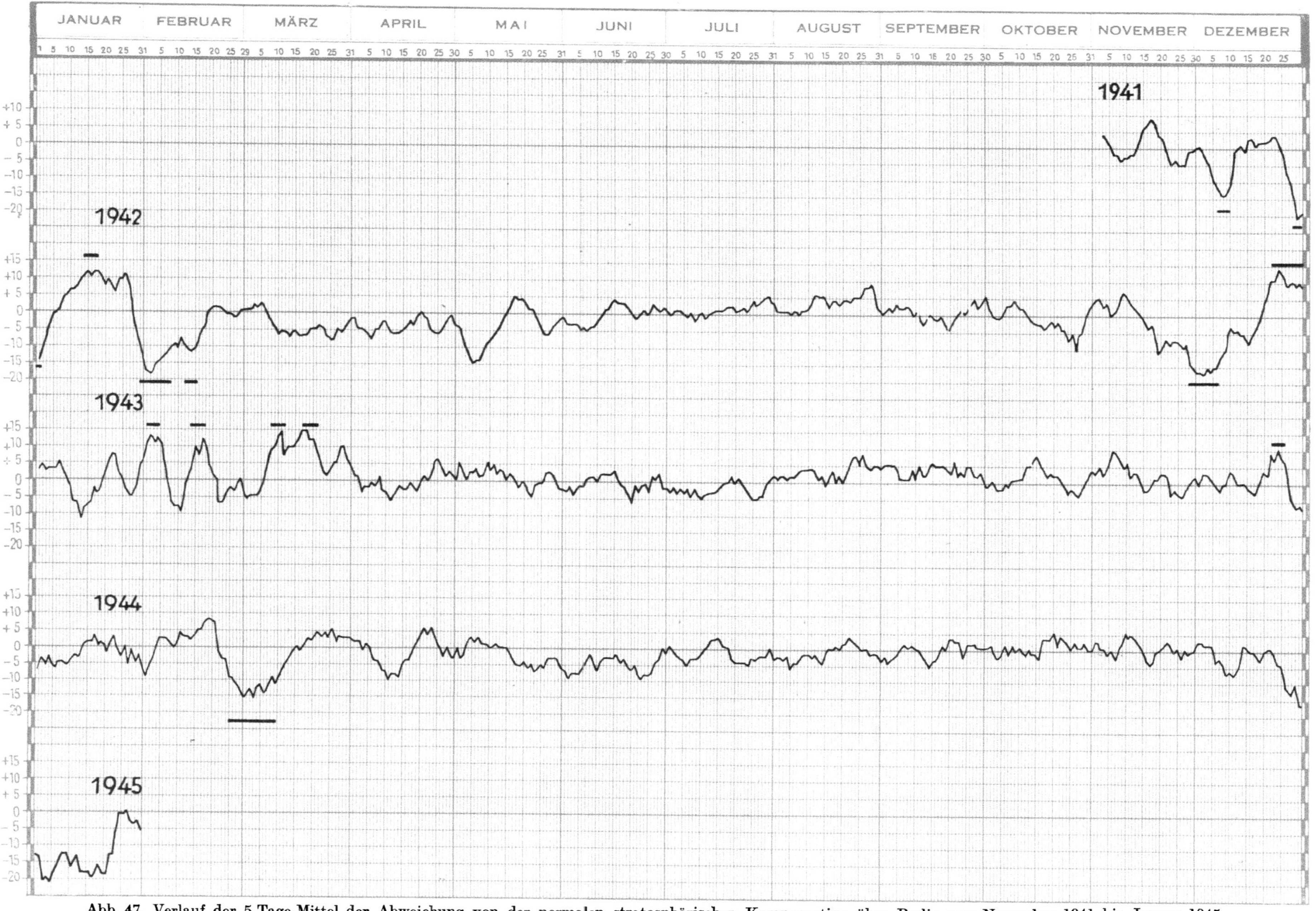

Abb. 47. Verlauf der 5-Tage-Mittel der Abweichung von der normalen stratosphärischen Kompensation über Berlin von November 1941 bis Januar 1945.

also während der warmen Jahreszeit, ganz[1]. In diesem Zeitraum ist niemals eine Differenz von 10 Dekametern erreicht worden, wogegen im Winter einige Male negative Abweichungsbeträge von 20 Dekametern vorgekommen sind. Die geringen Veränderungen im Verhalten der sommerlichen Stratosphäre kann man dazu benutzen, um aus der 225-mb-Fläche eine 96 mb-Karte durch Extrapolation zu entwerfen, indem man für den betreffenden Tag die geographische Verteilung der normalen Kompensation aufzeichnet — wie es in Abb. 46 für den Mittwinter und Hochsommer geschehen ist — und daraus die zu erwartenden Werte der relativen Topographie 96/225 mb entnimmt. Von Tag zu Tag sind die Differenzen, in erster Linie unter dem Einfluß der verschiedenartigen Isobarenkrümmungen, natürlich etwas größer als bei den 5-Tage-Mitteln; berücksichtigt man diese Effekte angenähert, so hat sich ergeben, daß die auf diese Weise konstruierten Stratosphärenkarten im Sommer recht genau waren und manchmal dazu dienen konnten, die auf Grund nur weniger direkter Messungen erhaltenen Topographien zu verbessern.

Im Winter versagt dieses Verfahren, da die Schwankungen dann erheblich größer sind. Anschließend soll versucht werden, die Ursachen für diese Veränderungen im Verhalten der Stratosphäre zu ermitteln.

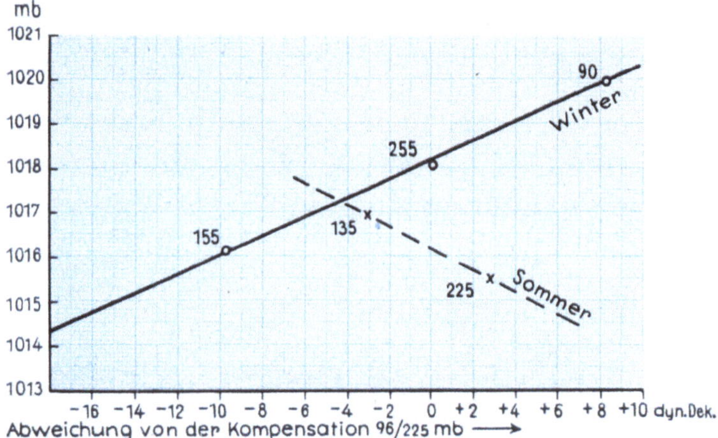

Abb. 48. Die stratosphärische Kompensation als Funktion des Bodendrucks.

b) Die Wirkung der Isobarenkrümmung auf die Kompensation.

Es wurden zunächst an Hand einer kürzeren Reihe täglicher Abweichungswerte die Beziehungen zu der im Meßpunkt vorhandenen Krümmung der Höhenisobaren der 225-mb-Fläche ermittelt, und es ergab sich, daß *die Stratosphäre bei zyklonaler Krümmung der Isopotentialen an der Tropopause zu warm, bei antizyklonaler Krümmung zu kalt ist.* Dieses Gesetz ist nur ein anderer Ausdruck dafür, daß die Ausbuchtungen des hochtrosphärischen Druckfeldes durch die Stratosphäre wegkompensiert werden. Es sind alle Höhenkarten der Stratosphäre bereits unter dieser Voraussetzung gezeichnet worden, und dieses Ergebnis hat jetzt nachträglich das angewandte Verfahren als richtig bestätigt.

c) Kompensation und Bodendruck.

Um festzustellen, ob eine Beziehung zwischen der Kompensation und dem Bodendruck besteht, wurden für den mittleren Zeitpunkt aller 5-Tage-Mittel der Kompensation die auf NN reduzierten Luftdruckwerte von Berlin um 8 Uhr früh dem Täglichen Wetterbericht der Deutschen Seewarte entnommen und nach verschiedenen Abweichungsbeträgen der Kompensation gruppiert. Die Einzelergebnisse wiesen eine erhebliche Streuung auf, und erst bei Zusammenfassung eines großen statistischen Materials und Trennung in Sommer- und Wintermonate ließ sich eine Beziehung finden. Daraus geht zwar schon hervor, daß diese Korrelation nicht sehr ausgeprägt sein kann, aber das Ergebnis ist doch überraschend (Abb. 48)[2]: In der Mehrzahl der Fälle, vor allen Dingen im Winter, ist der Luftdruck um so niedriger, je negativer die Abweichung von der normalen Kompensation ist, und nur im Sommer zeigt sich, wesentlich schwächer ausgeprägt, das umgekehrte Verhalten.

Nach der bisherigen Vorstellung von der Bedeutung der Advektion kalter Stratosphärenluft hätte man erwarten müssen, daß in den Fällen, in denen die Stratosphäre im Vergleich zum durchschnittlichen Verhalten kälter als normal ist, der Bodendruck mit Vorliebe hohe Werte aufweisen würde. Nun stellt sich heraus, daß gerade das Umgekehrte der Fall ist, daß bei relativ kalter Stratosphäre der Bodendruck im Winter immerhin um 4 mb niedriger ist als bei besonders hohen Temperaturen oberhalb der Tropopause; die Beziehung ist annähernd linear.

Um der Ursache dieser Erscheinung nachzugehen, wurden Einzelwetterlagen herangezogen.

---

[1] Ein ähnliches Verhalten zeigt der Ozongehalt (167) der freien Atmosphäre; auch scheint ein enger Zusammenhang mit der Kompensationsabweichung zu bestehen, doch liegen endgültige Resultate noch nicht vor.

[2] Die an den Punkten eingezeichneten Ziffern geben die Anzahl der Fälle an.

d) Die Wetterlagen bei starker Abweichung der Stratosphärentemperaturen.

Aus der Darstellung des Verlaufs der Abweichung der Kompensation in den letzten drei Jahren (Abb. 47, S. 95) wurden zunächst alle die Tage herausgesucht, an denen die Kompensation vom Mittelwert um mehr als 10 Dekameter abwich, und für diese Zeiträume wurden die Mittel aller relativen und absoluten Topographien der Standard-Isobarenflächen berechnet. Es ergaben sich 10 Fälle großer negativer Abweichung der Stratosphärentemperatur im Winterhalbjahr und 8 Fälle starker positiver Anomalie, mithin insgesamt 50 bzw. 40 Tage, die der Untersuchung zugrunde gelegt wurden. Sie sind in der nachfolgenden Zusammenstellung aufgeführt und in der Abb. 47 durch waagerechte Linien unter- bzw. oberhalb der Abweichungskurve hervorgehoben.

Der Fall starker negativer Abweichung vom 5. bis 9. Mai 1942 fällt in das Sommerhalbjahr und wurde deshalb hier nicht mitbehandelt; seine Berücksichtigung ändert die Einzelergebnisse nur unwesentlich. Auffallend ist, daß das Jahr 1943 keinen einzigen Fall kalter, hingegen 5 Fälle besonders warmer Stratosphäre aufzuweisen hat und damit ein Zusammenhang mit dem milden Winter 1942/43 nahegelegt wird.

Tabelle 28a. *Tage besonders hoher negativer bzw. positiver Abweichungen von der normalen Kompensation.*

Kalte Stratosphäre (1. Gruppe)	Warme Stratosphäre (2. Gruppe)
6. bis 10. Dezember 1941	14. bis 18. Januar 1942
28. Dezember 1941 bis 1. Januar 1942	22. „ 26. Dezember 1942
30. Januar bis 3. Februar 1942	27. „ 31. Dezember 1942
4. bis 8. Februar 1942	1. „ 5. Februar 1943
12. bis 16. Februar 1942	14. „ 18. Februar 1943
28. November bis 2. Dezember 1942	8. „ 12. März 1943
3. bis 7. Dezember 1942	17. „ 21. März 1943
25. bis 29. Februar 1944	22. „ 26. Dezember 1943
1. bis 5. März 1944	
6. bis 10. März 1944	

Zunächst sind in Tabelle 28b für *Berlin* die Mittelwerte der relativen und absoluten Topographien aller Standard-Isobarenflächen für die Fälle der zu kalten und der zu warmen Stratosphäre festgestellt und in den letzten Spalten die Unterschiede ermittelt worden. Es ergibt sich bei positiver Abweichung der Kompensation eine um 5 Dekameter höhere Lage der 1000-mb-Fläche und bei 4 bis 5° wärmerer Troposphäre eine Zunahme dieser Differenz auf 23 Dekameter in 225 mb. Die Auswahl der Fälle macht sich durch eine Differenz von beinahe 8° (17 bzw. 15 Dekameter in den relativen Topographien 96/225 und 41/96 mb) in der Stratosphärentemperatur geltend; es ist besonders auffallend, daß die Stratosphäre im Mittel bei der zweiten Gruppe um diesen Betrag wärmer war, obwohl die 225-mb-Fläche um 23 Dekameter höher lag.

In den Abb. 49 und 50 (S. 98 und 99) sind die Durchschnittskarten für den gesamten europäischen

Tabelle 28b. *Mittelwerte der relativen und absoluten Topographien über Berlin bei großer negativer und positiver Abweichung der Kompensation im Winter.*

Druckfläche (mb)	Kalte Stratosphäre	Warme Stratosphäre	Differenz Warme — Kalte Stratosphäre
41	2077	2132	+ 55
41/96	518	533	+ 15
96	1559	1599	+ 40
96/225	518	535	+ 17
225	1041	1064	+ 23
225/500	515	524	+ 9
500	526	540	+ 14
500/1000	515	524	+ 9
1000	11	16	+ 5
Mittlere Abweichung der Kompensation	— 15	+ 11	+ 26

Raum für beide Gruppen reproduziert, zu welchem Zweck die relativen Topographien 500/1000 und 225/500 mb zu einer Karte für die Schicht 225/1000 mb zusammengefaßt wurden. Links (S. 98) ist die Gruppe der zu kalten, rechts (S. 99) die der zu warmen Stratosphäre dargestellt; unten die Höhenlage der 1000- und an oberster Stelle jene der 96-mb-Fläche, in der Mitte das Niveau von 225 mb und links dazwischen die entsprechenden relativen Topographien.

Bei kalter Stratosphäre erstreckt sich von einem über Nordnorwegen liegenden Minimum ein ausgeprägter Ausläufer bis nach Mitteleuropa und trennt die russische Antizyklone, die sich nach Osten zurückgezogen hat, von dem Azorenhoch, das weit nordwärts bis in den isländischen Raum reicht. Über dem Mittelmeer zeigt sich das übliche Druckbild der Wintermonate.

Aus der Karte der relativen Topographie 225/1000 mb geht hervor, daß das Nordmeertief recht kalt ist und die Isothermen über dem gesamten europäischen Raum bei starker Drängung der Isopotentialen von Nordwest nach Südost verlaufen. Das Druckgefälle im Niveau der 225-mb-Fläche ist ähnlich orientiert und

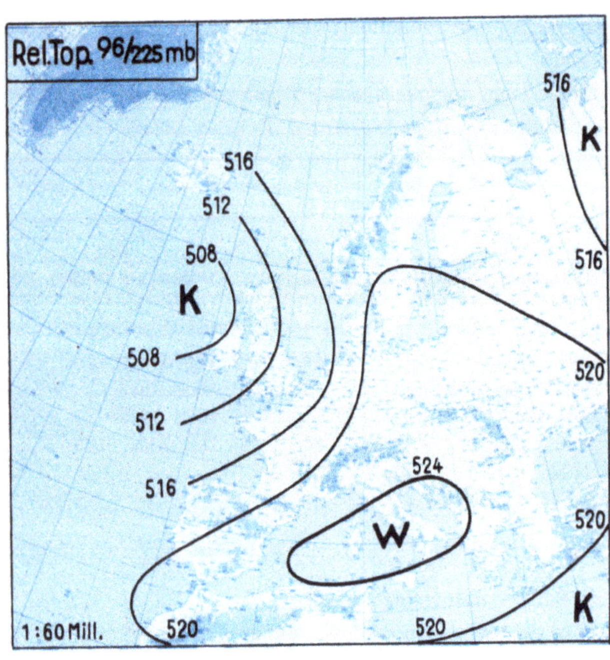

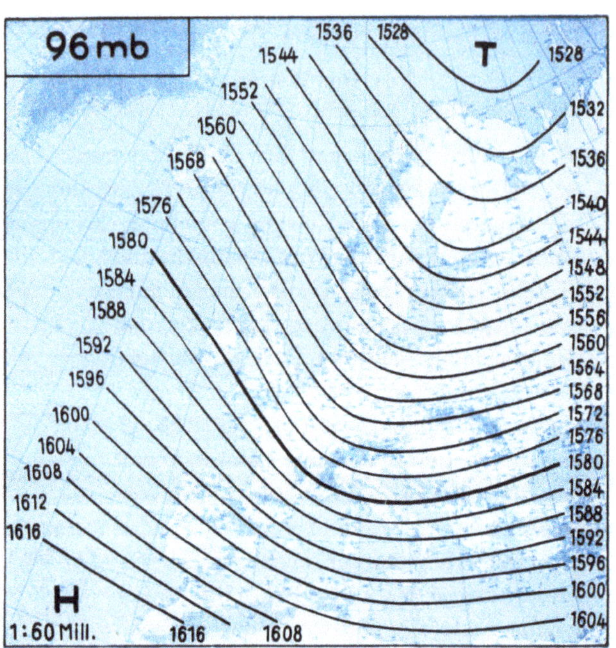

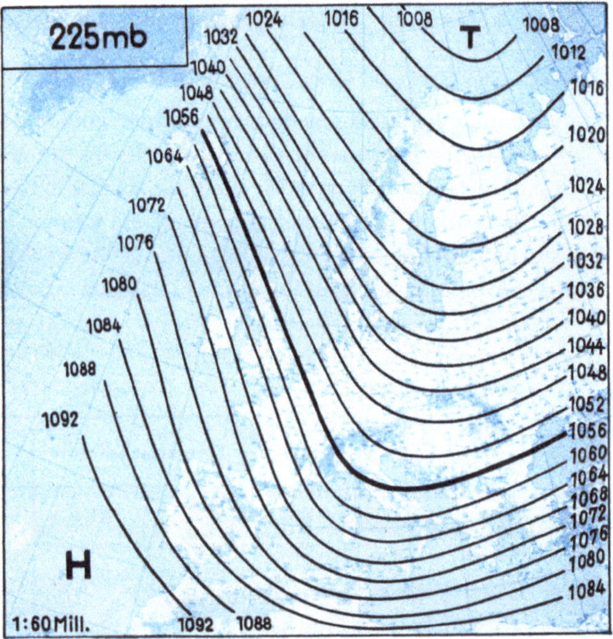

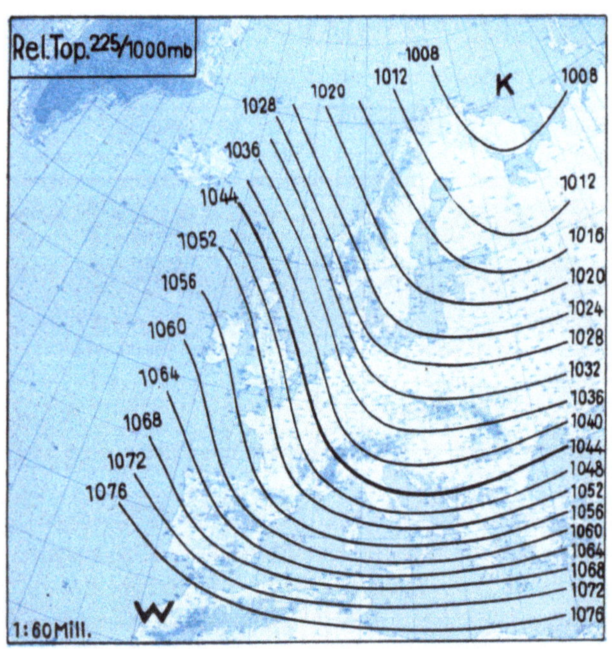

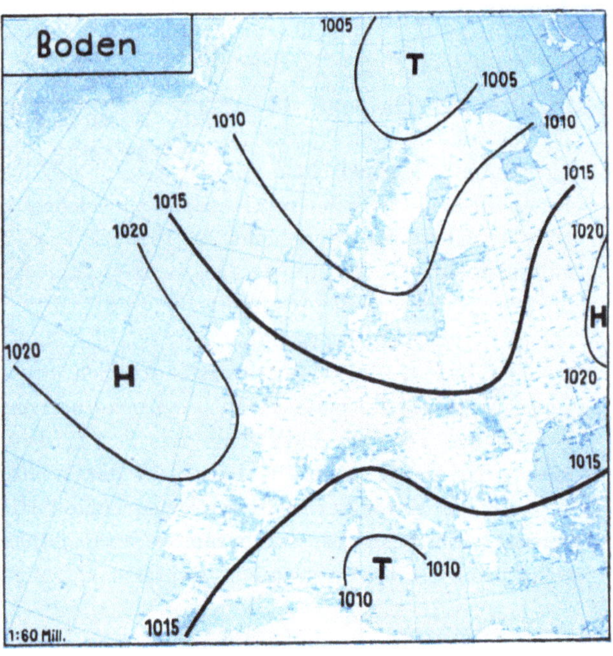

Abb. 49. Mittlere Verteilung
der relativen und absoluten Topographien
bei relativ kalter Stratosphäre.

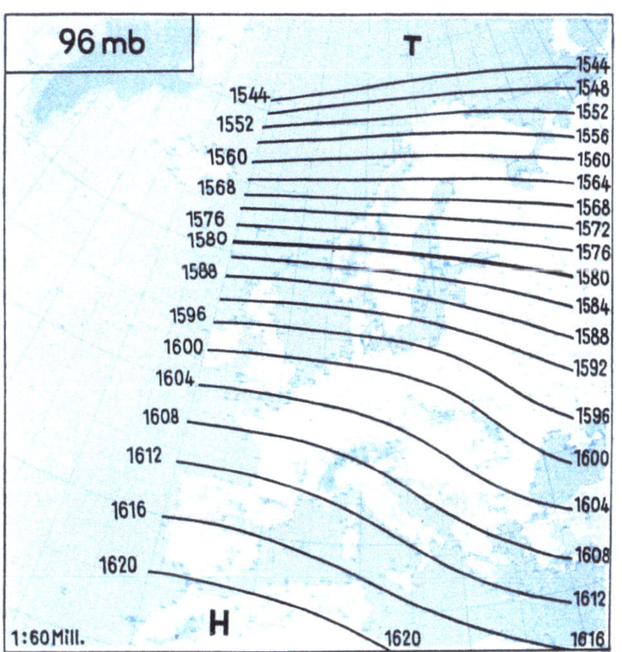

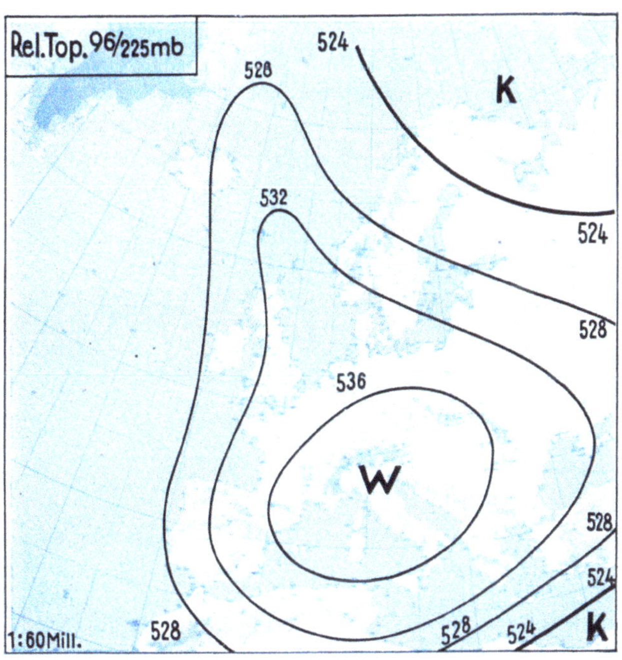

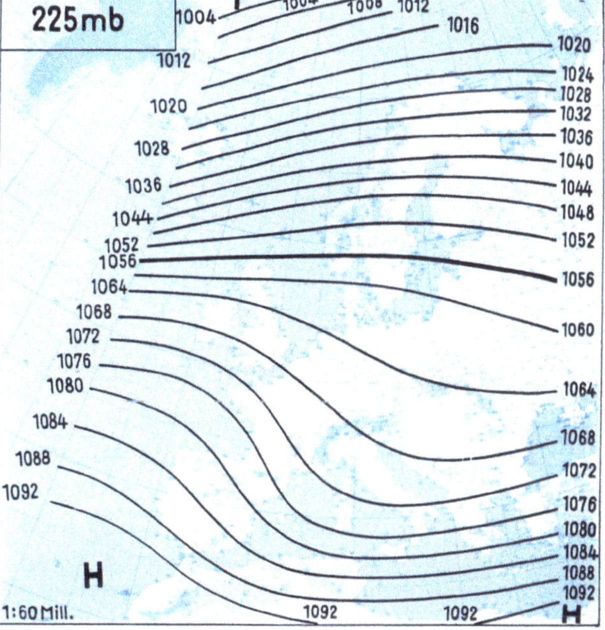

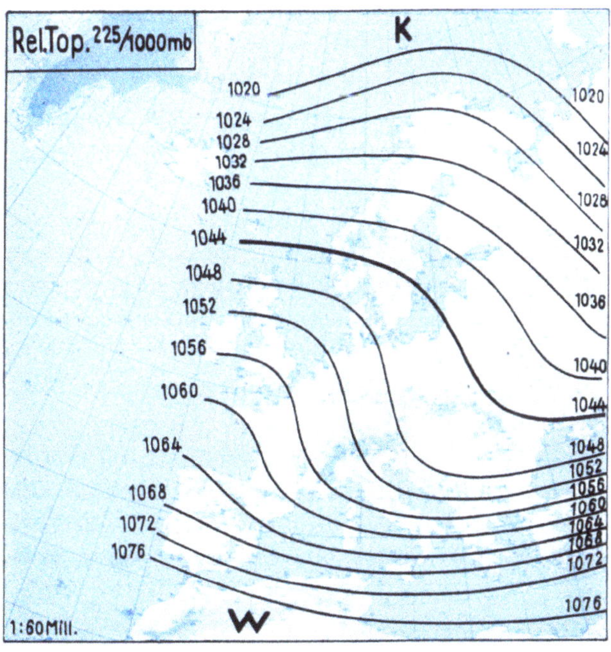

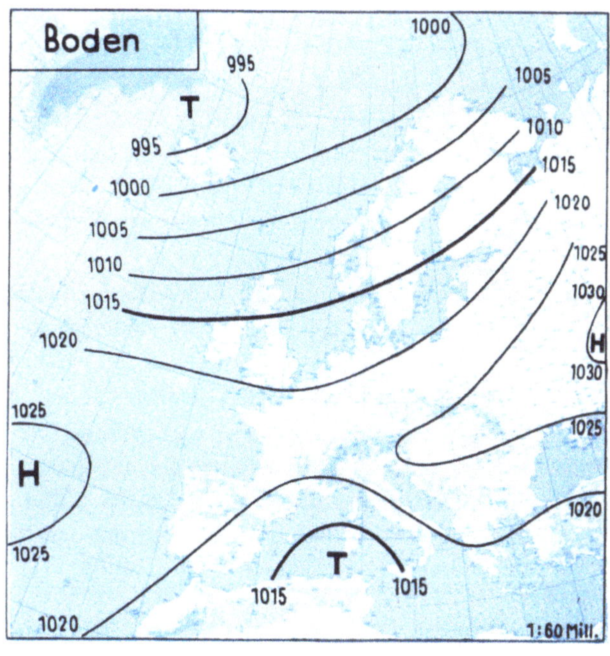

Abb. 50. Mittlere Verteilung
der relativen und absoluten Topographien
bei relativ warmer Stratosphäre.

zeigt, daß in dieser Höhe Luft aus dem grönländischen Raum nach Mitteleuropa transportiert wird. In der Stratosphäre (relative Topographie 96/225 mb) ist es im Bereich des ozeanischen Hochs am kältesten und sind sonst über dem europäischen Raum keine wesentlichen Temperaturgegensätze vorhanden, so daß die Karte der absoluten Topographie der 96-mb-Fläche nicht viel von dem Verlauf der Isopotentialen der 225-mb-Schicht abweicht.

Bei der Gruppe der warmen Stratosphäre (S. 99) ist schon die mittlere Bodendruckverteilung völlig anders. Statt des Tiefausläufers erstreckt sich eine ausgeprägte Brücke quer über Zentraleuropa, die das russische Hoch mit dem Azorenmaximum verbindet, das seinerseits jetzt weit nach Süden gedrängt ist durch ein starkes Tiefdruckgebiet mit dem Kern über der Dänemarkstraße. Nur über dem Mittelmeergebiet weist die Druckverteilung keine wesentliche Änderung auf.

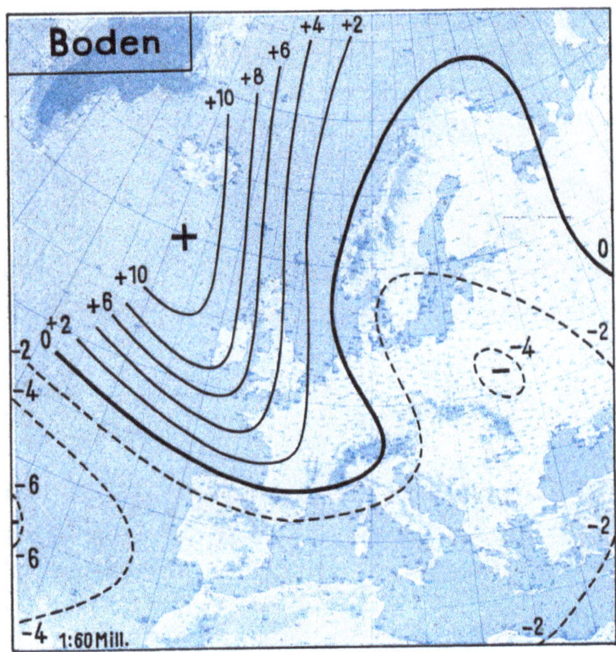

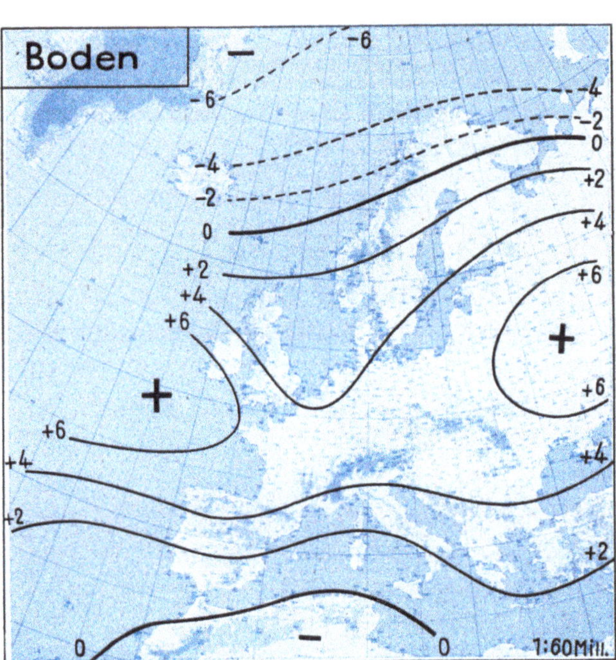

Abb. 51a. Mittlere Abweichung des Bodendrucks im Winter bei relativ kalter Stratosphäre (mb).

Abb. 51b. Mittlere Abweichung des Bodendrucks im Winter bei relativ warmer Stratosphäre (mb).

Auch der Verlauf der relativen Topographie 225/1000 mb ist ein gänzlich anderer und ergibt hier vorherrschende Temperaturabnahme von Süd nach Nord. In Höhe der 225-mb-Fläche herrscht eine durchgehend westliche Strömung, und die Isopotentiale, die durch Berlin läuft, kommt nicht von Island her, sondern aus dem Meeresraum westlich Irland. Die Stratosphärentemperaturen sind merklich höher, ein abgeschlossenes Wärmegebiet liegt in der relativen Topographie 96/225 mb über dem zentralen Europa. Im Niveau der 96-mb-Fläche ist die reine Westströmung noch deutlicher ausgeprägt und steht im Gegensatz zu dem Nordwestwind an den Tagen mit relativ kalter Stratosphäre.

In den Abb. 51a und 51b sind die Abweichungen des Luftdrucks am Boden vom Winter-Mittel 1921 bis 1930 dargestellt (695), welche zeigen, daß bei *unternormaler Kompensationstemperatur der Luftdruck über Mittel- und Osteuropa zu tief, dagegen im isländischen Raum erheblich zu hoch ist, bei warmer Stratosphäre im Gegensatz dazu der gesamte mitteleuropäische Raum eine starke Druckerhöhung aufweist und das Barometer im hohen Norden niedriger steht.*

Am besten gehen die Unterschiede aus den Differenzkarten beider Gruppen hervor, die, wieder für sämtliche Schichten, in Abb. 52 (S. 102) wiedergegeben sind. Die Darstellung der Linien ist so gewählt, daß sie dem Zustand bei kalter Stratosphäre entsprechen, und es ergibt sich:

Bei der kalten Stratosphäre ist der Bodendruck in den mittleren Breiten allgemein erniedrigt, am meisten über Osteuropa, dagegen im isländisch-grönländischen Raum um mehr als 10 mb höher. Die Troposphäre (relative Topographie 225/1000 mb) ist bedeutend kälter — über Finnland bis zu 24 Dekameter — und dementsprechend weist die Höhe der 225-mb-Fläche eine starke negative Abweichung über dem größten Teil Europas auf mit dem Zentrum über dem Rigabusen, während bei Island an der Tropopause hoher Druck vorherrscht.

Bei dieser starken negativen Abweichung des Luftdrucks im Niveau von 11000 m müßte man erwarten, daß die Stratosphäre hier bedeutend wärmer wäre. Aber dies ist nicht der Fall: Im Gegenteil, über dem gesamten europäischen Kontinent ist die Stratosphäre entsprechend der getroffenen Auswahl bei der ersten Gruppe erheblich kälter als im zweiten Falle. Wohl ist die Differenz im Westen am größten, wo die 225-mb-Fläche einen Anstieg zeigt; aber am bemerkenswertesten ist es, daß auch im Osten und selbst im Zentrum stärkster Erniedrigung der 225-mb-Fläche diese negative Anomalie besteht. Für die 96-mb-Fläche hat dies natürlich zur Folge, daß die negative Abweichung noch weiter zunimmt und jetzt über der östlichen Ostsee Beträge von mehr als 40 Dekametern aufweist. Da demgegenüber bei Island die Differenz verschwindet, weist die stratosphärische Höhenströmung in den Fällen relativ kalter Stratosphäre eine starke zusätzliche Nordkomponente auf.

Die einzelnen 5-Tage-Mittelkarten der beiden Gruppen sind sich weitgehend ähnlich, so daß man das Ergebnis dahin zusammenfassen kann, daß *besonders tiefe Stratosphärentemperaturen im Winter dann auftreten, wenn Luftmassen aus der Arktis nach Mitteleuropa verfrachtet werden.* Es stimmt dies mit dem durchschnittlichen Zustand der Atmosphäre überein, die in hohen Breiten bei gleicher Höhe der 225-mb-Fläche eine wesentlich kältere Stratosphäre aufweist als im Mittelmeergebiet. So kann man jedenfalls zum größten Teil die Anomalien der normalen Kompensation aus der Advektion erklären. Gegenüber der bisherigen Auffassung hat sich aber ergeben, daß *Advektion subtropischer Luftmassen mit relativ* **warmer,** *der Herantransport arktischer Luft mit* **kalter** *Stratosphärentemperatur gekoppelt ist.*

Im Sommer sind die Abweichungen von der normalen Kompensation wesentlich geringer. Es wurden deshalb für diese Jahreszeit alle Tage mit einer Abweichung von mehr als 5 Dekametern zusammengefaßt und untersucht. In Abb. 53 ist lediglich die Differenzkarte für die 96-mb-Fläche reproduziert, welche gewisse Anklänge an das winterliche Verhalten zeigt; doch sind die Unterschiede erheblich geringer und verschwinden daher in den tieferen Schichten fast völlig.

e) Die kalten Stratosphärentemperaturen im Polargebiet Ende Januar 1944.

Nachdem die relativ niedrigen Stratosphärentemperaturen als Folge der Advektion polarer Luftmassen erklärt worden sind, soll jetzt noch ein Fall besonders tiefer Temperaturen in den Schichten oberhalb 9000 m über dem Polargebiet behandelt werden. Es waren dies die Tage vom 23. Januar bis 8. Februar 1944, an denen sämtliche Sondenaufstiege der deutschen Überwinterungsstationen ungewöhnlich tiefe Temperaturen an und oberhalb der Tropopause ergaben, an deren Richtigkeit zunächst gezweifelt werden konnte, die aber durch eine ganze Serie von Messungen bestätigt worden sind.

Wie ein Blick auf die Darstellung der Kompensationsabweichung über Berlin zeigt (Abb. 47), waren zur gleichen Zeit auch hier die Stratosphärentemperaturen niedriger als normal, doch erreichten die Abweichungen nicht solche Beträge wie einen Monat später. Daß die Stratosphäre aber hier ebenfalls zu kalt war, zeigt, daß der betreffende Abschnitt in eine Zeit negativer Abweichung der Kompensation fiel, die im Winter 1943/44 einer Schwingung von etwa einmonatiger Periode unterlag. Die Neigung zu solchen regelmäßigen Schwankungen deutet darauf hin, daß ihre Entstehung im Grenzgebiet des subtropischen und polaren Regimes gesucht werden muß und daß es sich vielleicht um Lageänderungen des Polarwirbels handelt, der durch seine Verschiebung vom Pol in Richtung auf den asiatischen Raum Kreiselbewegungen ausführen könnte. Auf dieses Problem wird bei der Besprechung längerperiodischer Wellen im letzten Abschnitt noch einmal eingegangen werden.

Fällt im Winter die Ausbildung eines warmen Hochdruckgebietes gerade in die Zeit des Minimums dieser Welle, so erreichen die Stratosphärentemperaturen im mitteleuropäischen Raum die absoluten Extreme. Tiefstwerte von etwa —75°, wie sie dabei mehrfach gemessen wurden, können als verbürgt angesehen werden. Meist nimmt aber auch dann oberhalb der Tropopause die Temperatur wieder beträchtlich zu. Diese Tropopauseninversion ist im Polargebiet schwächer ausgeprägt, so daß dort bei gleichen Tiefstwerten für die Tropopause die Stratosphäre kälter wird als bei uns und die relative Topographie der Schicht von 225 bis 96 mb dann niedrigere Werte annimmt, als sie im europäischen Bereich bisher jemals gemessen wurden.

Besonders bemerkenswert ist der Aufstieg über Franz-Joseph-Land vom 27. Januar 1944 durch seine Tropopausentemperatur von —74° bei 240 mb Druck, worüber nur eine schwache Inversion von 2° vorhanden war und dann wieder bis zur Gipfelhöhe von 180 mb weitere langsame Temperaturabnahme bis —73° beobachtet wurde[1]. Da ein einzelner Aufstieg ungenau sein kann, wurden sämtliche Messungen aus dem fraglichen Zeitraum, soweit sie durch Funk empfangen worden sind, zu Mittelwerten vereinigt.

---

[1] In der Antarktis (135) sind bereits winterliche Tiefstwerte bis zu — 80° in der Stratosphäre gemessen worden.

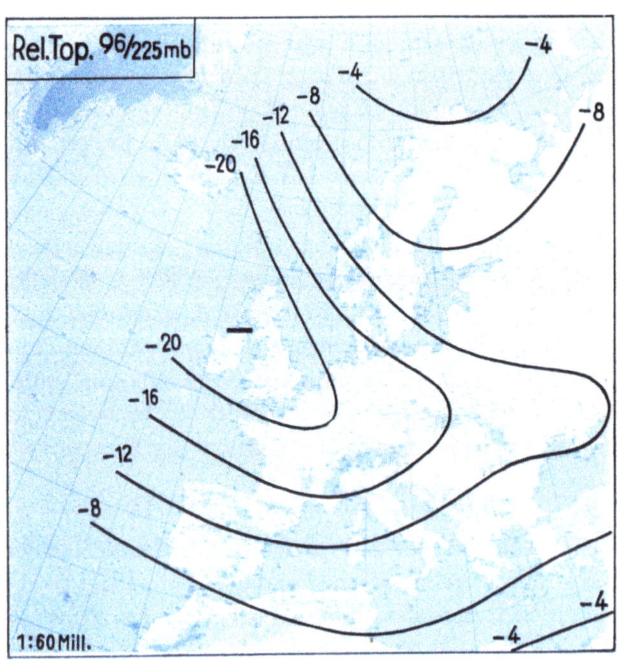

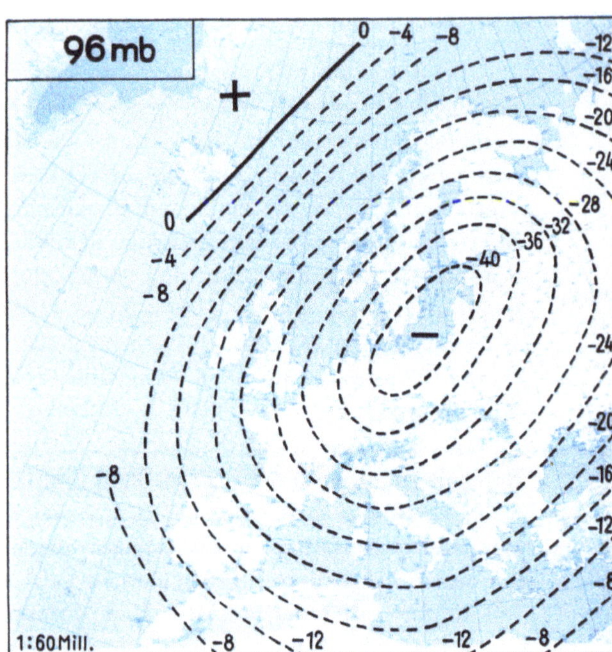

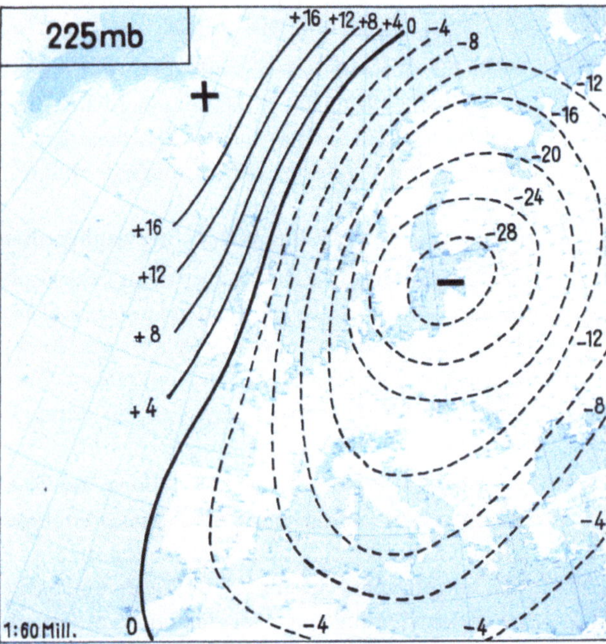

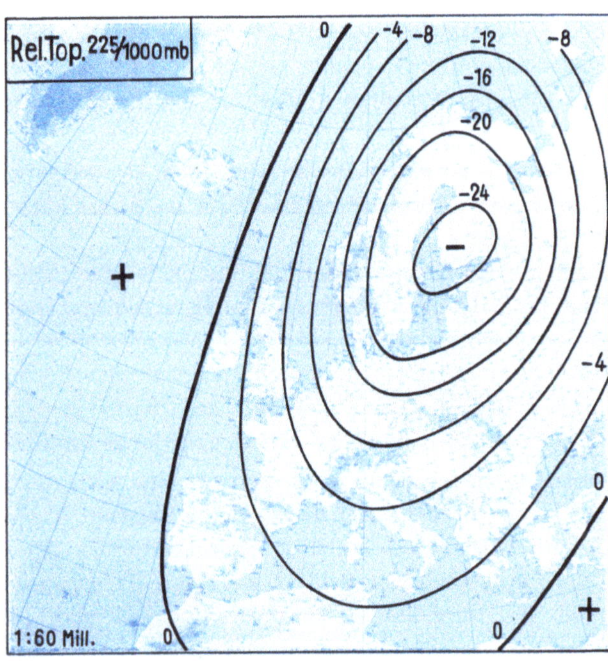

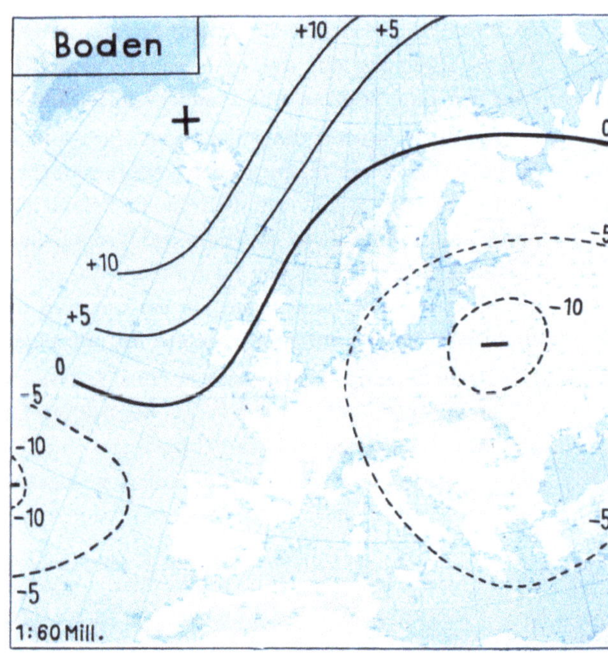

Abb. 52. Differenzen des Bodendrucks (in mb)
und der Topographien (dyn. Dekameter)
zwischen den Fällen zu kalter und
zu warmer Stratosphäre.

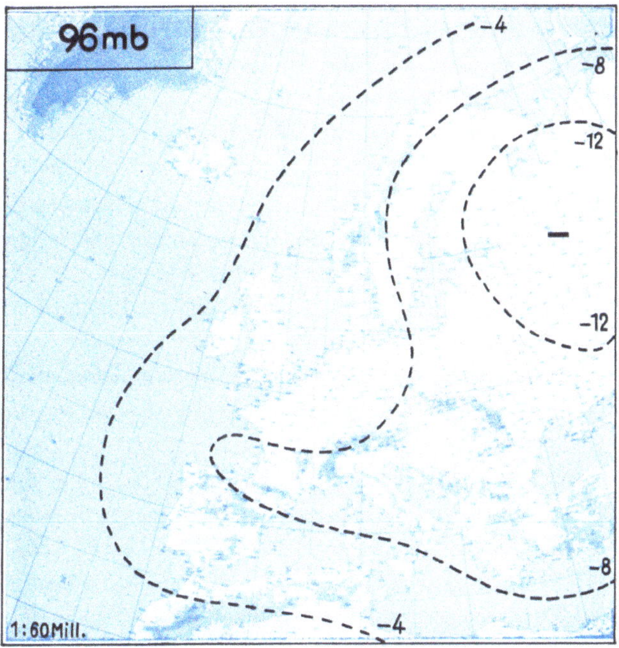

Abb. 53. Differenzen der Höhe der 96-mb-Fläche im Sommer zwischen den Fällen zu kalter und zu warmer Stratosphäre.

In Tabelle 29 sind zunächst alle Temperaturen an den Hauptdruckstufen und an der Tropopause für Franz-Joseph-Land zusammengestellt, woraus zu ersehen ist, daß, von einem Tag abgesehen, während dieser ganzen Zeit stets —70° unterschritten wurden. Die Tropopause begann dabei meist in der Nähe der 225-mb-Fläche; in der unteren Troposphäre traten Schwankungen bis zu 19° auf, die aber schon bei 700 mb auf etwa 5° reduziert waren. In größerer Höhe blieben die interdiurnen Änderungen sehr gering.

Die arithmetischen Mittel dieser Temperaturen sind in Tabelle 30 zusammen mit den Ergebnissen für Spitzbergen aufgeführt. Man sieht, daß der troposphärische Aufbau über beiden Stationen weitgehend übereinstimmte und auch über Spitzbergen die Stratosphärentemperaturen — mit Mittelwerten niedriger als —65° — unter dem Durchschnitt, jedoch etwa 5° höher als über dem polnäheren Franz-Joseph-Land lagen.

Die Wetterlage wies während dieses ganzen Zeitraumes eine auffallende Beharrungstendenz auf. Zwischen dem warmen Azorenhoch und einer kälteren Strömung über dem Nordatlantik entstanden fortgesetzt starke Tiefdruckwirbel, die den Höhepunkt ihrer Entwicklung vor der norwegischen Küste erreichten und sich

Tabelle 29. *Temperaturen über Franz-Joseph-Land vom 24. Januar bis 8. Februar 1944.*

Druckfläche (mb)	24. I.	27. I.	1. II.	2. II.	4. II.	5. II.	7. II.	8. II.
100	— 70	—	—	— 68	—	—	—	—
125	— 68	—	— 69	— 67	—	— 71	— 72	—
150	— 67	—	— 70	— 66	—	— 70	— 72	—
175	— 67	— 73	— 67	— 65	— 71	— 70	— 72	—
200	— 68	— 72	— 65	— 66	— 72	— 71	— 71	— 77
225	— 72	— 73	— 65	— 67	— 73	— 71	— 71	— 72
250	— 68	— 73	— 63	— 66	— 68	— 66	— 67	— 69
300	— 62	— 64	— 59	— 59	— 62	— 55	— 59	— 61
400	— 50	— 49	— 50	— 47	— 48	— 45	— 47	— 48
500	— 39	— 37	— 39	— 37	— 35	— 35	— 39	— 39
600	— 31	— 26	— 30	— 29	— 29	— 27	— 33	— 30
700	— 23	— 20	— 20	— 22	— 23	— 23	— 25	— 26
800	— 19	— 14	— 13	— 17	— 16	— 18	— 24	— 23
900	— 21	— 15	— 11	— 13	— 11	— 11	— 16	— 15
1000	— 24	— 12	— 7	— 5	— 6	— 8	— 12	— 10
Temperatur an der Tropopause	— 72	— 74	— 70[1]	— 66	— 73	— 71	— 71	— 77[2]
Luftdruck an der Tropopause	225	240	150	260	225	225	225	200[2]

dort festlegten, auf ihrer nach Osten gerichteten Bahn durch das stationäre asiatische Hoch zur Abbremsung gezwungen. Diese Entwicklung wiederholte sich immer wieder mit nur geringen Abwandlungen, so daß die mittlere Bodendruckverteilung (ausgezogene Linien in Abb. 54) ein klares Bild der Situation gibt, wie man auch aus

Tabelle 30. *Mittelwerte der Temperatur über Franz-Joseph-Land und Spitzbergen vom 24. Januar bis 8. Februar 1944.*

Druckfläche (mb)	1000	900	800	700	600	500	400	300	225	200	175	150	125	100
Franz-Joseph-Land	—10.5	—14.1	—18.0	—22.8	—29.4	—37.5	—48.0	—60.1	—70.5	—70.2	—69.3	—69.0	—69.0	—69.0
Spitzbergen	—13.2	—11.1	—15.1	—21.0	—28.0	—37.6	—48.7	—60.2	—65.6	—65.0	—65.1	—65.6	—	—

[1] Tropopause undeutlich, eine erste Isothermie beginnt mit — 65° bei 225 mb.
[2] Tropopause noch nicht erreicht.

den großen Gradienten dieser Mittelkarte schließen kann. Der tiefste mittlere Barometerstand betrug vor den Lofoten weniger als 985 mb, während der nach Nordwestspanien reichende Keil des Azorenhochs einen mittleren Luftdruck über 1030 mb aufwies. Auf der Ostflanke des stationären Nordmeertiefs war das Druckgefälle ebenfalls groß und beförderte nach Franz-Joseph-Land in den unteren Schichten Luft aus südlicheren Breiten, die dann über Spitzbergen nach Westen umbog.

In Abb. 54 geben die gestrichelten Linien die gleichzeitige Verteilung der relativen Topographie 225/1000 mb wieder; sie sind also ein Ausdruck der durchschnittlichen Troposphärentemperatur. Die annähernd stationäre Frontalzone über Westeuropa prägt sich durch sehr große Temperaturgradienten über dem englischen Raum aus, aber auch im übrigen Bereich des Zentraltiefs besteht noch ein recht großes mittleres Gefälle der Luftwärme. Seine Aufrechterhaltung innerhalb der Frontalzone, wo Isothermen und Isobaren weitgehend parallel miteinander verlaufen, ist leicht verständlich, dagegen der starke Gegensatz vor allem über Finnland und dem Raum zwischen Norwegen und Island schwerer zu erklären, da beide Liniensysteme sich dort fast unter einem rechten Winkel schneiden.

Eine derartige Verteilung von Druck und Temperatur ist im stationären Falle nur möglich, wenn die nach Süden strömende Luft bei Island unter der Einwirkung der wärmeren Wassermassen in gleichem Maße erwärmt wird wie sich die atlantische Luft über Nordosteuropa und im Polargebiet abkühlen muß, wobei die unterschiedlichen Strahlungsbedingungen nicht ausreichen dürften, die gesamte Temperaturänderung herbeizuführen. Man ist deshalb gezwungen, auch noch die Vertikalbewegung heranzuziehen und anzunehmen, daß über Nordosteuropa eine kräftige, aufwärts gerichtete Komponente vorhanden ist, welche die Abkühlung beschleunigt und die vielleicht durch das Aufgleiten der wärmeren Südströmung entlang der kälteren kontinentalen Luftmassen hervorgerufen wird. Eine Durchrechnung der Änderungsbeträge von Tag zu Tag würde wertvolle Ergebnisse zeitigen, doch hier zu weit führen.

Die absolute Topographie der 225-mb-Fläche (ausgezogene Linien in der oberen linken Karte der Abb. 54) setzt sich aus dem Bodendruckfeld und der relativen Topographie 225/1000 mb zusammen und weist demgemäß vor allem im Bereich der englischen Frontalzone starke Gradienten auf. Aber auch über Nordeuropa, im Bereich des Tiefdruckkerns selbst, ist noch eine deutliche Westdrift vorhanden.

Die Verteilung der mittleren Temperatur in der unteren Stratosphäre (gestrichelte Linien in der oberen linken Karte der Abb. 54) läßt erkennen, daß die englische Frontalzone nur schwach kompensiert wird und die Temperatur von Bergen nach Brest nicht mehr als 5° abnimmt. Nordwärts der von Südnorwegen zur Ukraine verlaufenden Warmluftzunge sinkt die Stratosphärentemperatur bis nach Franz-Joseph-Land um beinahe 10°. Für die 96-mb-Fläche (obere rechte Karte der Abb. 54) resultiert daraus für den gesamten Raum des Kartenbildes eine ziemlich einheitliche westliche Strömung mit einer durchschnittlichen Geschwindigkeit von etwa 50 bis 100 km/h. Sie stellt die auffallendste Erscheinung dieser Wetterlage dar und muß noch näher besprochen werden.

3. Grundzüge der Theorie der stratosphärischen Advektion.

Der hier behandelte Fall ist eine Bestätigung für die längst bekannte Tatsache, daß die Stratosphärentemperaturen bei südlicher Luftzufuhr in der unteren Troposphäre ihre niedrigsten Werte erreichen. Man sieht, daß diese Regel nicht nur für den europäischen Raum zutrifft, sondern auch im Polargebiet gültig ist. Dies wird durch andere ähnliche Wetterlagen bestätigt; daß in diesem Falle die Stratosphäre extrem kalt war, liegt — wie schon erwähnt — daran, daß zur gleichen Zeit die Abweichung von der Kompensation ihre negative Phase hatte. Aber im folgenden beschäftigen wir uns nicht mit den überlagerten Abweichungen von der normalen Kompensation, sondern mit der Ursache für das Auftreten der normalen Kompensation selbst.

Es fällt auf, daß sich die 96-mb-Karte trotz der vom durchschnittlichen Verhalten weit abweichenden Bodendruckverteilung dem mittleren Strömungszustand in dieser Höhe (vgl. Abb. 28, S. 74) bereits weitgehend angleicht. Es ist dies eine Folge des Kompensationsgesetzes, welches, anders ausgedrückt, besagt, *daß die Stratosphäre die Abweichungen vom Durchschnitt, wie sie in Höhe der Tropopause auftreten, zu kompensieren versucht.*

Dieses Kompensationsgesetz wird im nächsten Teil, anläßlich der Beschreibung der Vertikalzirkulation in den Hoch- und Tiefdruckgebieten, noch näher erläutert werden. Es resultiert daraus, daß z. B. dort, wo der Luftdruck an der Tropopause besonders hoch ist, darüber in der Stratosphäre ein Massenabfluß einsetzt, der eine entsprechende Abkühlung zur Folge hat und damit die vorausgesetzte positive Druckanomalie mit zunehmender Höhe innerhalb der Stratosphäre immer weiter kompensiert. Je stärker die Abweichungen im

Tropopausenniveau, um so ausgeprägter werden die stratosphärischen Kompensationseffekte in Erscheinung treten. Dies gilt ebenso für die durch dynamische Prozesse als auch in bezug auf jene durch Advektionsvorgänge hervorgerufenen Abweichungen des Tropopausendrucks.

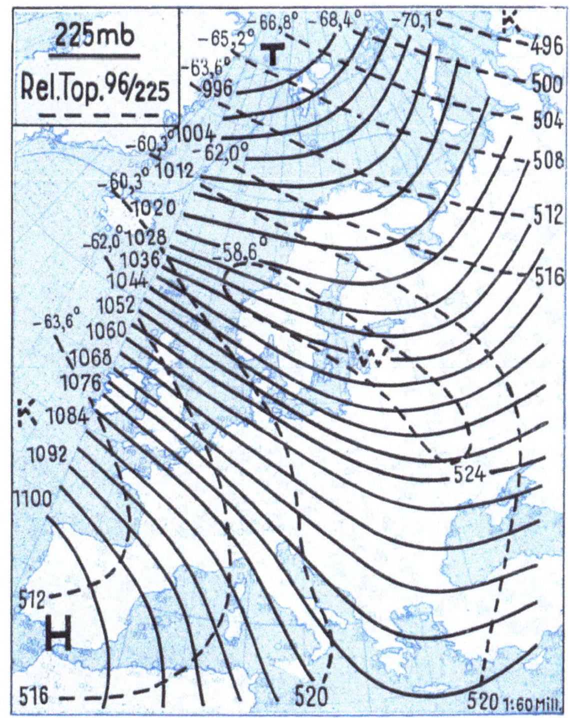
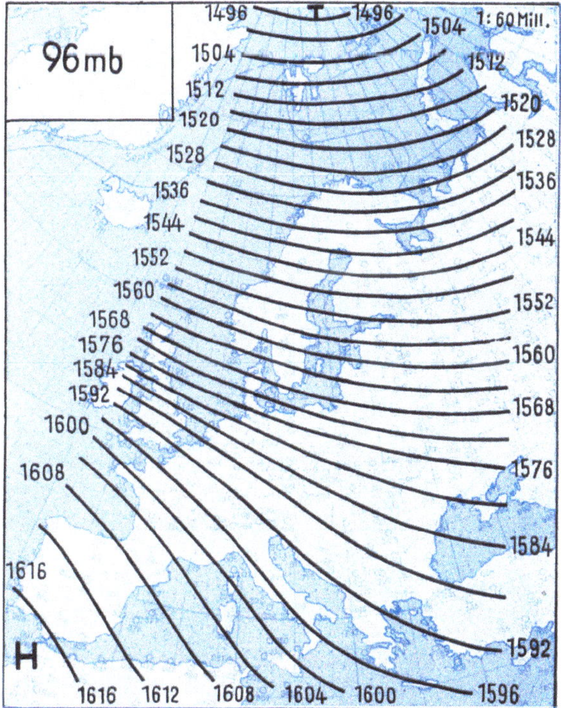
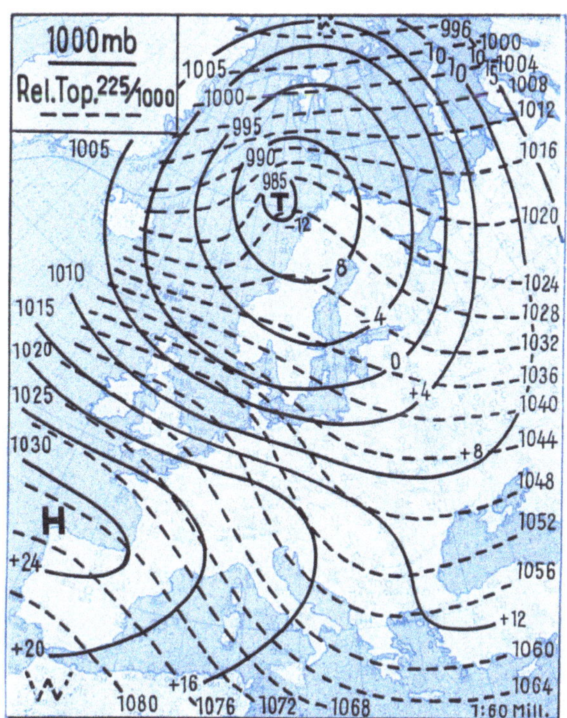

Abb. 54. Mittlere Wetterlage während der extrem kalten Stratosphärentemperaturen im Polargebiet vom 24. Januar bis 8. Februar 1944.

Man muß die einzelnen Phasen des Advektionsvorganges voneinander trennen, um die wirksamen Effekte verstehen zu können. Fassen wir beispielsweise den Herantransport südlicher Luftmassen im Winter über den Gebieten ins Auge, wo die Temperatur auch in der Stratosphäre von Süden nach Norden abnimmt, was

(s. Abb. 33) etwa nördlich des 50. Breitengrades der Fall ist. Dabei werden die hohen Druckwerte in den oberen Schichten nach Norden mitgeführt, und es beginnt ein Abfluß nach jenen Gebieten, die noch kalt geblieben sind. Je größer der Temperaturunterschied gegenüber diesen von der Advektion noch unberührten Zonen wird, um so lebhafter wird der Abtransport von Massen dorthin sein, und da die Hebung der Druckflächen im Advektionsgebiet mit der Höhe immer stärker wird, muß der Hauptabfluß oberhalb der Tropopause erfolgen. Er bedingt jetzt innerhalb der nach Norden strömenden Luftmasse eine allgemeine Abkühlung der Tropo- und Stratosphäre, so daß sie in hohen Breiten erheblich kälter ankommt, als es ohne diesen Kompensationseffekt der Fall wäre. Auf diese Weise entsteht innerhalb der Südströmung ein ausgeprägtes Temperaturgefälle von Süd nach Nord, und die Windrichtung dreht mit der Höhe immer mehr nach westlichen Richtungen, wie wir es auch in diesem Beispiel beobachten. Die kalte Stratosphäre wird also erst erzeugt, sie ist die Folge der eintretenden Ausgleichsströmungen, und die Gegenläufigkeit der tropo- und stratosphärischen Temperaturänderungen wird daher treffend als *Kompensationsgesetz* bezeichnet: an einem bestimmten Punkt der Troposphäre nämlich kommt die Südluft natürlich doch noch wärmer an, als hier mittleren Verhältnissen entspricht; aber in der

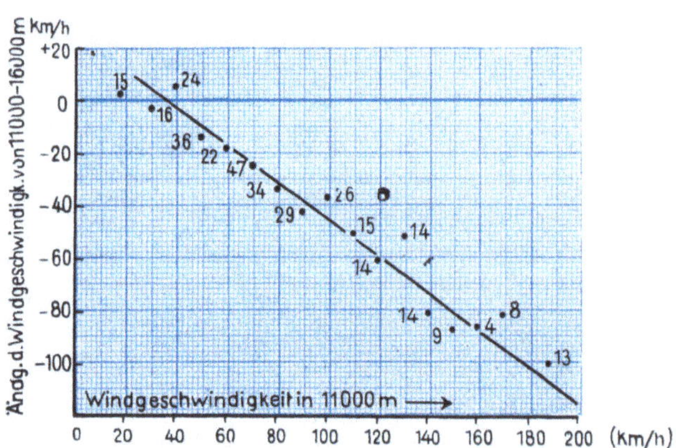

Abb. 55. Die Abnahme der Windgeschwindigkeit von 11000 bis 16000 m als Funktion der Windstärke in 11000 m über Berlin.

Stratosphäre, wo der horizontale Temperaturgradient geringer ist, erfolgt Überkompensation, und sie kann auch im Winter, trotz der Zufuhr wärmerer Luft in dieser Schicht, gerade besonders kalt werden.

Wenn die Stratosphäre, bezogen auf denselben Druck an der Tropopause, die gleichen Temperaturen aufweist, wie es im Sommer der Fall ist, ist der beschriebene Prozeß einfacher zu verstehen, indem keine Überkompensation zu erfolgen braucht. Bei nördlicher Luftzufuhr müssen die entsprechenden inversen Effekte eintreten. Es ist weiterhin selbstverständlich, daß die advehierte Luftmasse immer das Bestreben zeigen wird, die Kompensationsverhältnisse ihres Ursprungsgebietes beizubehalten, woraus dann die entsprechenden Abweichungen von der normalen Kompensation resultieren.

Diese Theorie der stratosphärischen Kompensation steht mit den Beobachtungen in Einklang. Das Kompensationsgesetz muß sich danach ebenso auf den Wind beziehen und kann auch als Folgeerscheinung des Beharrungsvermögens gedeutet werden, indem die Stratosphäre versucht, ihre mittlere Strömungsverteilung beizubehalten. Bei südlichem Wind an der Tropopause muß man deshalb erwarten, daß darüber eine Rechtsdrehung stattfindet, was wieder nur möglich ist, wenn über der Südwindzone in der Stratosphäre ein Temperaturgefälle von Süd nach Nord vorhanden ist.

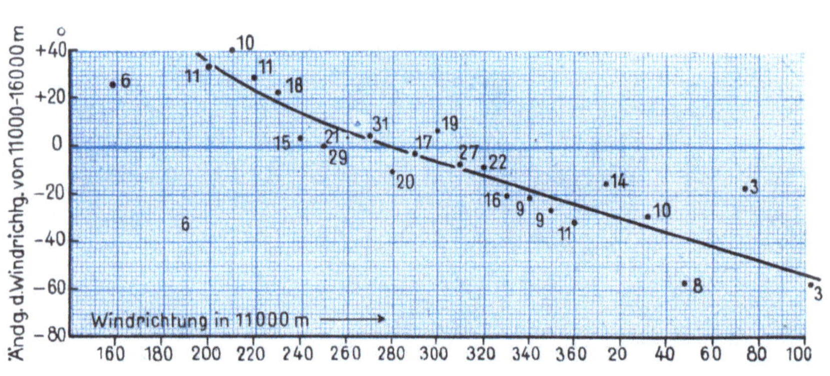

Abb. 56. Die Änderung der Windrichtung von 11000 bis 16000 m als Funktion der Windrichtung in 11000 m über Berlin.

4. Folgerungen für das Zeichnen von Stratosphärenkarten.

Die Überlegungen des vorigen Abschnitts können dazu herangezogen werden, Aussagen über die vermutliche Höhenströmung in der Stratosphäre auch dann zu machen, wenn keine Messungen bis in die betreffende Höhe vorliegen. Es wurde schon früher darauf hingewiesen, daß es im Sommer möglich ist, aus der Kenntnis der durchschnittlichen Kompensation über Europa Karten der 96-mb-Fläche zu extrapolieren, ein Verfahren, das im Winter wegen der stärkeren Abweichungen von der normalen Kompensation versagt bzw. nur bei Kenntnis dieser Abweichungen mit Erfolg angewandt werden kann (vgl. S. 235ff.). Wenn die Kompensation aber zur Folge hat, daß die Strömung in der Stratosphäre mit zunehmender Höhe das Bestreben zeigt, sich dem Mittelwert anzupassen, so kann von dem Wind der 225 mb-Fläche im Rahmen einer gewissen Genauigkeit auf das Verhalten in den Schichten weiter oberhalb geschlossen werden.

Das von der Berliner Radiosondenstation auf elektrischem Wege gewonnene Höhenwindmaterial wurde einer entsprechenden Bearbeitung unterzogen, wozu alle bis mindestens 14000 m reichenden Piloten — diese unter Extrapolation bis 16000 m — herangezogen worden sind. Zunächst sollte festgestellt werden, ob die Abnahme der Windgeschwindigkeit von 11000 bis 16000 m tatsächlich eine Funktion der Windstärke in 11000 m ist, wie es sein müßte, wenn die obigen aus dem Kompensationsgesetz gezogenen Schlußfolgerungen richtig sind. Das Ergebnis ist in Abb. 55 dargestellt und zeigt, daß alle Fälle (deren Anzahl durch die neben den betreffenden Punkten stehenden Zahlen mitgeteilt ist) sich durch eine gerade Linie verbinden lassen, aus der hervorgeht, daß die Windabnahme mit der Höhe tatsächlich um so größer ist, je höher die Windgeschwindigkeit im 225-mb-Niveau, und daß die *Windabnahme linear mit der Windgeschwindigkeit wächst.* Unterhalb von 40 km/h nimmt dagegen der Wind in der Stratosphäre eher zu, und dieser Grenzwert liegt nahe bei der durchschnittlichen jährlichen Windstärke über *Berlin* (s. Tabelle 12) von 45 km/h. Man kann die Geschwindigkeitsänderung Δv (in km/h) von 11000 bis 16000 m durch die Formel $\Delta v = 25 - \tfrac{2}{3} v$ ausdrücken, wenn v die Geschwindigkeit in 11000 m (in km/h) bedeutet.

Auch die Richtungsänderung des Höhenwindes zwischen 11000 und 16000 m entspricht obiger Regel, wobei allerdings die Einzelwerte (Abb. 56) stärker streuen. In der Nähe des durchschnittlichen Windes von 280° (vgl. Abb. 13 und Tabelle 12) tritt im Mittel keine Drehung des Stratosphärenwindes ein. Hat der Tropopausenwind eine Richtung rechts vom Durchschnitt, kommt er also aus mehr nördlichen Richtungen, so dreht er bis 16000 m nach links, im anderen Falle nach rechts. Nur bei großen Richtungsdifferenzen von mehr als 90° gegenüber dem mittleren Windvektor treten starke Abweichungen von dieser Regel auf.

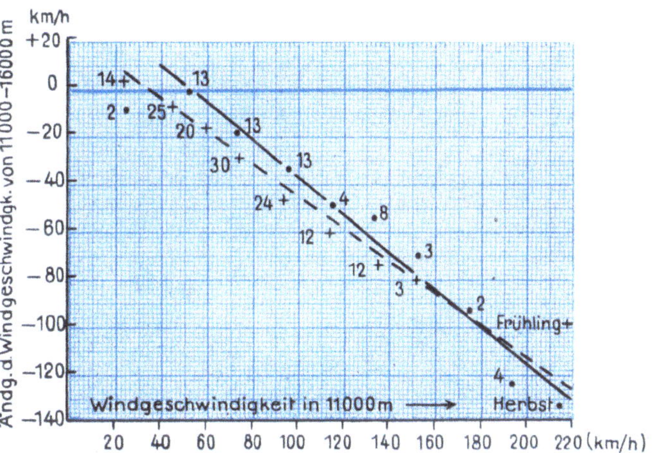

Abb. 57. Die Abnahme der Windstärke von 11000 bis 16000 m über Berlin im Frühling und Herbst.

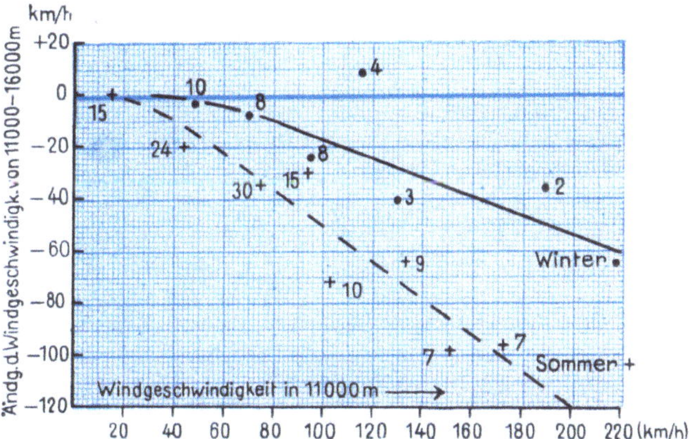

Abb. 58. Die Abnahme der Windstärke von 11000 bis 16000 m über Berlin im Sommer und Winter.

Bei der größeren Streuung reicht das statistische Material nicht aus, um die mittlere Windrichtungsänderung für die einzelnen Jahreszeiten festzuhalten, wie dies mit der Abnahme der Windgeschwindigkeit in den Abb. 57 für den Frühling und Herbst und 58 für den Sommer und Winter geschehen ist. Es zeigt sich jetzt, daß die Kurven für Frühling und Herbst, zu welcher Zeit auch die mittlere Windverteilung nahezu gleich ist, weitgehend zusammenfallen und vom Jahresmittel nicht viel abweichen, daß dagegen größere Differenzen zwischen Sommer und Winter bestehen. Dabei geht aus der neben den einzelnen Mittelwerten der betreffenden Gruppe angeschriebenen Anzahl der betreffenden Fälle hervor, daß im Winter nur sehr wenige Piloten die vorgeschriebene Mindesthöhe von 14000 m erreicht haben.

Es ergibt sich jetzt, daß die stratosphärische Windabnahme im Winter erheblich geringer ist als im Sommer, in völliger Übereinstimmung mit dem Verhalten der mittleren Vektoren im Niveau der 225- und 96-mb-Fläche.

Man kann also bei Kenntnis des Windes in 11000 m die Strömung in 16000 m abschätzen, indem man annimmt, daß der Wind bestrebt ist, sich dem mittleren Vektor für die betreffende Jahreszeit anzugleichen. Es wurden danach die im Anhang zusammengestellten Tafeln VI a bis d aus dem Berliner Höhenwindmaterial durch Gruppierung nach bestimmten Stufenwerten statistisch berechnet und dabei die weiteren Voraussetzungen gemacht:

1. Entspricht die Windrichtung in 11000 m der mittleren Richtung in 16000 m, so wird keine Drehung eintreten.

2. Herrscht in 11000 m die Gegenrichtung des Normalwindes in 16000 m, so ist in 16000 m entsprechend der Größe der Windgeschwindigkeit in 11000 m noch die Gegenrichtung oder die Normalrichtung zu erwarten, wobei das Umkippen im Winter bei höheren Windgeschwindigkeiten (in 11000 m) eintreten wird als in den wärmeren Jahreszeiten.

3. Die einzelnen Tafeln wurden aufeinander abgestimmt; in den Übergangsmonaten ist entsprechend zwischen ihnen zu interpolieren.

Die Tafeln sollen natürlich niemals direkte Messungen ersetzen, vermögen aber doch wesentliche Anhaltspunkte, vor allen Dingen hinsichtlich offenbarer Abweichungen vom normalen Verhalten der Stratosphäre[1], zu liefern und können gelegentlich auch einmal zur Kontrolle von zweifelhaften Pilotaufstiegen benutzt werden. Für andere Schichten als 16000 m sind entsprechende Zwischenwerte leicht auszurechnen; eine Aussage über noch höhere Flächen läßt sich deshalb nicht machen, weil das Material für eine statistische Bearbeitung nicht ausreicht und im Sommer die Verhältnisse durch die bald eintretende Drehung nach östlichen Richtungen verwickelt werden.

Die Tafeln können für den gesamten mitteleuropäischen Raum und für das mittlere Datum der betreffenden Jahreszeit als gültig angesehen werden. Für alle dazwischenliegenden Tage sind die Zahlenwerte sinngemäß zu interpolieren. Wird z. B. am 1. Dezember über einer mitteleuropäischen Station in 11000 m ein Höhenwind von 340° 50 km/h beobachtet, so würde dem im Winter (Tafel VIa) in 16000 m ein Wind von 330° 40 km/h, im Herbst (Tafel VId) von 310° 40 km/h, also zum fraglichen Datum ein wahrscheinlicher Wind von 320° 40 km/h in 16000 m Höhe entsprechen. Am unsichersten sind die Angaben der Tafeln selbstverständlich für niedrige Windgeschwindigkeiten und östliche Richtungen, wofür nur ein sehr geringes Beobachtungsmaterial zur Verfügung stand.

In Tabelle 31 sind die aus den 158 Berliner Pilotierungen, die eine Höhe von 16000 m erreichten, errechneten mittleren Differenzen zwischen den direkten Angaben für diese Schicht und den aus den Höhenwinden in 11000 m sich ergebenden Tafelwerten sowie die Häufigkeiten verschieden großer Vektorabweichungen zusammengestellt. Bei der Windrichtung betrug die Abweichung im Mittel 24° und bei der Geschwindigkeit 15 km/h, aber nur in 23% aller Fälle ist der geschätzte Vektor um mehr als 30 km/h fehlerhaft. Es ist dabei zu bedenken, daß in diesen Zahlen auch die Messungsungenauigkeiten enthalten sind. Wenn man dies berücksichtigt, so zeigt sich jedenfalls, daß die Abschätzung des Höhenwindes nach den Hilfstabellen einen gewissen Anhaltspunkt gewähren kann, womit gleichzeitig die Gültigkeit des Kompensationsgesetzes obiger Formulierung bestätigt wird.

Die Abweichungen von der Kompensation werden dadurch natürlich nicht erfaßt. Sie interessieren aber den Synoptiker in erster Linie, und von ihnen wird deshalb im nächsten Teil noch öfter die Rede sein.

Tabelle 31. *Genauigkeit der Windberechnung für 16000 m über Berlin.*
(Die eingeklammerten Werte geben die Anzahl der Fälle an.)

Element	Mittlerer Fehler zwischen berechnetem und gemessenem Wert
Windrichtung	24° (158)
Windgeschwindigkeit (km/h) .	15 (158)
Differenzvektor (km/h)	25 (158)

	Häufigkeit der Vektorabweichung
0—30 km/h	77% (122)
40—60 km/h	20% (31)
70—80 km/h	3% (5)

---

[1] Zum Beispiel prägte sich die Ostwindlage in der zweiten Maihälfte 1946 über Nordwestdeutschland durch eine ausgesprochene Linksdrehung von südlichen nach mehr östlichen Richtungen oberhalb der Tropopause aus.

Dritter Teil

Das Wetter und seine Analyse.

Nachdem im zweiten Teil das durchschnittliche Verhalten der Atmosphäre untersucht worden ist, soll jetzt das Zusammenspiel der meteorologischen Elemente an Hand von Einzelwetterlagen festgestellt, also die Wetterlage analysiert werden. Dieser Begriff der Wetteranalyse wurde erst mit Einführung der Fronten- und Luftmassenlehre geprägt, womit für die Synoptik ein entscheidender Wendepunkt erreicht war. Trotz der großen Vorteile, die mit dem Übergang zur Analyse der Wetterkarten verbunden waren und ohne die ein moderner Wetterdienst nicht mehr denkbar ist, dürfen doch die Nachteile auch nicht verkannt werden, die die neue Methode mit sich brachte.

Vor allem war es der Übergang von der objektiven Darstellung der meteorologischen Elemente, wie es bis dahin das Zeichnen von Isobaren, Isothermen, Druckänderungsfeldern usw. als rein physikalischen Größen gewesen war, zur subjektiven Methode der Analyse — die eine Zusammenschau der verschiedensten Elemente und Prozesse ermöglichen sollte — der sich in der Folgezeit sehr nachteilig ausgewirkt und zu einem großen Meinungsstreit geführt hat. Man muß sich nämlich darüber klar sein, daß es nicht möglich ist, die Vielfalt der meteorologischen Erscheinungen in einer Karte — dazu noch des dreidimensionalen Feldes — exakt darzustellen, sondern es bleibt der persönlichen Willkür bei der Bevorzugung des einen oder anderen Elementes immer ein weites Feld offen. Dies erschwert zugleich die Lesbarkeit der analysierten Karte, und nicht selten entnimmt man daraus etwas ganz anderes, als was der Schöpfer der Analyse sich gedacht hat. Die neuere Geschichte der Meteorologie bietet eine Fülle von Beispielen von Mißverständnissen und Meinungsverschiedenheiten, die auf verschiedener Auslegung des Dargestellten beruhten.

Man kann, sofern das Netz dicht genug ist, eine Isobarenkarte „richtig" zeichnen, d. h. der wahren Verteilung dieses Elementes so weit annähern, daß eine Vielzahl von Bearbeitern das gleiche Bild erhalten. Bei der Analyse ist dies grundsätzlich nicht möglich. Man wird deshalb auch kaum zwei analysierte Karten des gleichen Termins finden, die vollkommen miteinander übereinstimmen; in gewissen Punkten wird immer eine Diskrepanz übrig bleiben. Man braucht nur die Wetterkarten der letzten Jahrzehnte einer Durchsicht zu unterziehen, um festzustellen, daß sich nicht nur die Methode der Analyse der einzelnen Institute, sondern auch die der jeweiligen Bearbeiter fortwährend gewandelt hat, bald auf dieses, dann auf jenes besonders geachtet wurde, auch Symbolik und Bezeichnungsweise ständigen Wechseln unterworfen waren und man die eingeschlagenen Wege oft genug wieder verließ.

Um so weit als möglich Mißverständnisse auszuschließen, ist es erforderlich, die einzelnen Begriffe der Wetteranalyse genau zu definieren und dabei von ihrer ursprünglichen Bedeutung auszugehen. Leider hat gerade die Vermengung von Theorie und Praxis — deren Bedürfnisse vielfach in ganz anderer Richtung liegen als sie der forschende Wissenschaftler für nützlich halten würde — die meteorologischen Grundbegriffe oft in einer Weise abgewandelt, daß die ursprünglichen Bedeutungen von vielen gar nicht mehr verstanden werden konnten.

Es ist der Zweck jeder Analyse, die ungeheure Vielfalt der Erscheinungen mit möglichst wenigen Hilfsmitteln und leicht zu merkenden Symbolen übersichtlich darzustellen. Sie muß deshalb so einfach wie möglich sein. Alle komplizierteren Verfahren erfüllen nicht ihren eigentlichen Zweck; es wäre dann schon besser, alle Elemente einzeln darzustellen. Die Hauptsache ist, daß Übereinstimmung darüber besteht, was alles dargestellt werden soll und daß die Grundbegriffe der theoretischen Meteorologie nicht durch in der Praxis übliche Schlagworte verwässert werden. Es muß hier oberste Richtschnur bleiben, daß sich die Anwendung der Begriffe nach ihren wissenschaftlichen Grundlagen zu richten hat und nicht umgekehrt.

Daß schon die Zeichnung einer Diskontinuität, deren Aufnahme in die Wetterkarten eine der wesentlichsten Errungenschaften der modernen Analyse darstellt, objektiv niemals richtig sein kann, geht daraus hervor, daß ihr Vorhandensein in vielen Fällen eine Frage des Kartenmaßstabes ist. Was auf einer Wetterkarte, die die natürlichen Verhältnisse 20-millionenfach verkleinert, als scharfer Windsprung erscheint, das ist in der Natur womöglich eine kontinuierliche Winddrehung von einstündiger Dauer. Nehmen wir eine Zuggeschwindigkeit der betreffenden „Front" von 40 km/h an, so umfaßt diese Übergangszone von der einen zur anderen Windrichtung einen Streifen von 40 km Breite. In der Natur erfolgt der Übergang also doch kontinuierlich, und es gibt tatsächlich nur wenige Fälle — hauptsächlich bei schweren Böen und Gewittern — wo der Windsprung in Sekunden vor sich geht und also eine echte Diskontinuität vorhanden ist. Trotzdem ist es üblich, auch die gewöhnlichen Fronten als Diskontinuitätslinien aufzufassen, weil sie in den Wetterkarten sich so ausprägen, als wenn sie es wirklich wären. Zeichnet man anstatt der Europakarte etwa eine Spezialdarstellung für den Flugwetterdienst, so braucht man nicht überrascht zu sein, wenn die „schöne" Front auf einmal kaum mehr wiederzufinden ist.

Erst, nachdem diese Probleme eingehend durchdacht worden sind und Klarheit darüber geschaffen ist, was der Zweck einer *Analyse der Wetterkarte* sein soll, nämlich die *möglichst einfache Darstellung der verwickelten dreidimensionalen Wettererscheinungen in einer einzigen Karte zur Erleichterung des Überblicks und damit zur Verbesserung der Prognose*, kann mit der Besprechung der einzelnen Fälle begonnen werden (693).

A. Die Elemente der Wetterkarte.

Es werden im folgenden die Erscheinungen der Wetterkarte der Reihe nach, beginnend mit den großen Hochdruckgebieten, besprochen. Die Erklärung der einzelnen Begriffe erfolgt jedesmal an Hand eines besonders instruktiven Beispiels, wobei aber zur Erläuterung der einzelnen Fälle auch die noch nicht erklärten Begriffe herangezogen werden. Für den Anfänger empfiehlt es sich deshalb, diese Kapitel jedesmal zu überschlagen und erst nach dem Studium des ganzen Abschnitts darauf zurückzukommen.

Die Auswahl der Fälle erfolgte unter dem Gesichtspunkt, daß sie zugleich eine Sammlung besonders interessanter Wetterlagen darstellen sollen. Es finden sich deshalb eine ganze Anzahl von Beispielen, in denen besonders tiefe Luftdruckwerte, extreme Kältegrade, Höchstwerte der Topographien usw. vorkommen. Für die früheren Jahre wurden die Meldungen den „*Täglichen synoptischen Wetterkarten für den Nordatlantischen Ozean und die angrenzenden Kontinente*", herausgegeben von der Deutschen Seewarte und dem Dänischen Meteorologischen Institut, entnommen, unter Interpolation der Druckwerte nach den Isobaren in Arbeitskarten eingetragen und diese neu analysiert, nachdem es sich als unmöglich erwiesen hatte, die Fronten in die Originalkarten einzuzeichnen. Man ist dann durch das vorgegebene Druckfeld derart belastet, daß es viel schwerer wird, die Lage der Fronten zu finden, wie es ja auch bei Fehlkonstruktionen im täglichen Wetterdienst erheblich vorteilhafter ist, in solchem Falle den fraglichen Bereich ganz auszuradieren und neu zu zeichnen als es immer wieder mit Verbesserungen zu versuchen.

Ein besonders vollständiges Material liegt für das Internationale Polarjahr 1932/33 vor, als zur Erinnerung an das erste Polarjahr 1882/83 von allen Kulturnationen Beobachtungsstellen in allen Klimaregionen eingerichtet wurden und die synoptische Bearbeitung des gesamten Materials auf der Deutschen Seewarte in den Händen von M. RODEWALD lag. Diese Karten enthalten alle gemeldeten meteorologischen Elemente, dafür aber in dichtbesetzten Gebieten nur eine ziemlich grobe Stationsauswahl; deutliche Fronten sind durch entsprechende Knicke im Isobarenverlauf gekennzeichnet, wie es im *Täglichen Wetterbericht der Deutschen Seewarte* vor Aufnahme der Frontensymbolik ebenfalls üblich war.

Es wurde hier die Darstellung der Witterungselemente im allgemeinen auf die in den veröffentlichten Wetterkarten üblichen Angaben beschränkt und nur dann, wenn eine nähere Begründung bzw. Erklärung der Analyse notwendig war, auf Spezialkarten mit reichhaltigeren Elementen zurückgegriffen. Dieses Verfahren hat zweifellos seine Nachteile, die aber dadurch aufgewogen werden, daß mehr Stationen eingetragen werden konnten und die Analyse — bei der es in der weit überwiegenden Anzahl der Fälle doch nur auf die in allen Wetterkarten enthaltenen Hauptsymbole ankommt — sich leichter überprüfen läßt.

Es sei hier nochmals hervorgehoben, daß die Karten keinen Anspruch auf eine „objektiv richtige Analyse" erheben, daß sie aber so konstruiert worden sind, daß sie sämtlich nach einheitlichem Schema einen möglichst raschen Überblick über die Wettervorgänge vermitteln sollen und auf die Analyse der Randgebiete eben solcher Wert gelegt wurde wie auf das Feld, das gerade im Mittelpunkt der Besprechung steht. Es wurden dazu für jedes Beispiel auch noch mehrere Tage vor- und nachher gezeichnet und durchgearbeitet, was meistens, besonders in den im täglichen Wetterdienst im allgemeinen nicht analysierten Räumen, mehr Mühe machte als die Darstellung des Musterfalles.

Die angewandte Frontensymbolik und die Bezeichnung der Frontenschärfe durch die Dichte der Symbole wurden bereits auf S. 6/7 beschrieben. Um das Bild nicht zu überlasten, ist von der Aufnahme von Luftmassenbezeichnungen oder von Erscheinungen der Höhenwetterkarten, wie Kaltlufttropfen, Kaltluftzungen usw., wie sie im Wetterdienst jetzt vielfach üblich ist, Abstand genommen worden.

1. Das dynamische Hoch.

Die Karten der mittleren Luftdruckverteilung haben gezeigt, daß die subtropische Hochdruckbrücke sich in einzelne Hochdruckzellen aufzuspalten pflegt, die bestimmte Gegenden besonders bevorzugen. Es gibt aber wohl kein Gebiet der Subtropen, gemäßigten oder polaren Breiten, wo noch nie eine solche warme, steuernde Hochdruckzelle gelegen hätte. Nur in der Äquatorialregion ist dies nicht möglich, weil dort keine ablenkende Kraft der Erdrotation vorhanden ist und eine etwa entstandene Luftanhäufung gleich durch den allseitig ungehemmt einsetzenden Massenabtransport wieder beseitigt würde — im Gegensatz zu dem Verhalten innerhalb der Zyklonen, bei denen die Zentrifugalkräfte unter Umständen dem Druckradienten das Gleichgewicht zu halten vermögen.

Das subtropische Hochdruckgebiet wird als Stauerscheinung angesehen und wegen der vermuteten dynamischen Ursache seiner Entstehung als *dynamisches Hoch* bezeichnet. Es entwickelt sich dort, wo die nach den Polen drängenden Luftmassen durch die CORIOLIS-Kraft zur West-Ostbewegung umgebogen werden und nicht weiter polwärts gelangen können, während neue Massen vom Äquator heranströmen. Diese Vorstellung, das sei gleich erwähnt, ist jedoch noch umstritten und in Einzelheiten auch theoretisch nicht geklärt, wie überhaupt der Massenhaushalt der Antizyklonen nicht einmal in großen Zügen gelöst ist.

Halten wir uns deshalb an die Tatsachen, so zeigt die Beobachtung und folgt aus dem Gradientwindgesetz unter Berücksichtigung der Reibung, daß innerhalb der Bodenstörungsschicht — das ist bis etwa 1500 m Höhe (vgl. S. 25) — ein ständiges Ausströmen aus dem Gebiet hohen Luftdrucks erfolgt, unten mit Ausströmungswinkeln von etwa 45°, die sich bis 1000 m Höhe schon auf wenige Grade vermindern. N. SHAW (805) hat berechnet, daß in den großen, stationären Hochdruckgebieten mit schwacher Luftbewegung dieses durch die Reibung bedingte Ausströmen zwar nur ein Absinken der Luftmassen von etwa 80 m am Tage hervorrufen muß, doch entspräche dem bereits eine Druckabnahme von 10 mb innerhalb von 24 Stunden, wenn in der Höhe nicht der entsprechende Ersatz zugeführt würde — d.h., auch die stärksten Hochdruckgebiete wären ohne diesen oberen Kompensationsstrom in wenigen Tagen restlos zerstört.

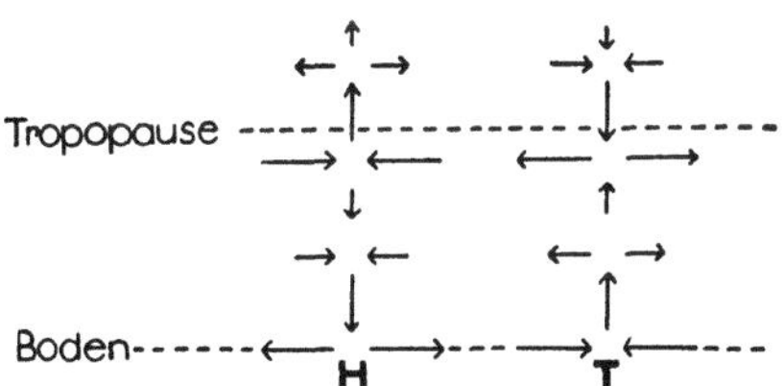

Abb. 59. Schema der Vertikalzirkulation in einer Zyklone und Antizyklone.

Für die Frage nach der Höhe, in welcher hauptsächlich der Massenzufluß erfolgt, ist es entscheidend, daß die Tropopause über Antizyklonen sehr hoch liegt und meist eine ausgesprochene Inversion aufweist, was darauf hindeutet, daß in diesem Niveau bereits eine aufsteigende Luftbewegung vorhanden ist. Die Hauptstaugebiete müssen deshalb in der oberen Troposphäre gesucht werden, von wo aus Absinken nach unten hin und Aufsteigen in der Stratosphäre erfolgt. Das Strömungsschema ist dann etwa so beschaffen, wie es in Abb. 59 angedeutet ist, in der die Vertikalbewegung innerhalb einer Zyklone zugleich mit dargestellt wird, die in allen Höhen entgegengesetzt zu derjenigen im Hoch verläuft. Wie weit sich die auf- und abwärts gerichteten Transporte in die Stratosphäre erstrecken und wie groß das dortige Einströmen über der Zyklone und der Ausfluß über dem Hoch sind, kann erst festgestellt werden, wenn es gelingt, genaue Feuchtemessungen aus diesen Höhen zu erhalten.

In der Troposphäre ist der Absinkprozeß innerhalb der Antizyklonen durch die in ihnen herrschenden niedrigen relativen Feuchtigkeiten ebenso erwiesen, wie die Aufwärtsbewegung im Tief schon durch die vorherrschend starke Wolkenbildung angedeutet wird. Die Hochdruckgebiete sind in der freien Atmosphäre wolkenarm; lediglich in der Nähe der Tropopauseninversion, wo bereits eine aufsteigende Bewegung angenommen werden kann, kommt es gern zur Bildung von feinen Zirrusschwaden, den sog. *Schönwetterzirren*, die innerhalb der mächtigen Hochdruckgebiete tagelang beobachtet werden können, dem Unkundigen eine Wetterverschlechterung vortäuschen und zu dem schönen Spruch Anlaß gegeben haben: „*In Frauen und in Zirren, kann man sich manchmal irren*“.

Im Mittel ist das vertikale Temperaturgefälle in der Troposphäre etwas geringer, als es dem feuchtadiabatischen Gradienten entspricht. Daher wirkt absinkende Luftbewegung, die nach der Trockenadiabate vor sich geht, erwärmend, aufsteigende Strömung hingegen temperaturerniedrigend, wenn man von gewissen Ausnahmen absieht. Die großen Hochdruckgebiete weisen infolgedessen bei kalter Tropopause und Stratosphäre eine warme Troposphäre auf, wobei die Kompressionserwärmung allerdings nie den Betrag erreicht, den sie bei rein adiabatischem Vorgang annehmen müßte[1]. Es kommt zur Ausbildung zahlreicher *Schrumpfungs-* (oder *Absink-)Inversionen*[2] bzw. *Isothermien*[3], die meist mit Dunstgrenzen zusammenfallen, welche die „blättrige Struktur“ der Antizyklonen erkennen lassen[4].

---

[1] Im Juli müßte dann eine von 8000 m Höhe aus absinkende Luftmasse, wo zu dieser Zeit eine Durchschnittstemperatur von —31° herrscht (vgl. Tabelle 25 auf S. 60) am Boden mit +49° ankommen.

[2] Das sind Schichten, in denen die Temperatur von unten nach oben zunimmt.

[3] Hier bleibt die Temperatur in der Vertikalen gleich.

[4] Eine moderne Beschreibung der Inversionen publizierte J. NAMIAS (493). Siehe ferner Lit. 531, 819.

a) Das dynamische Hoch im Sommer.

Die Bodentemperaturen werden im Sommer weitgehend durch die Wärme der freien Atmosphäre bestimmt, denn am Tage reicht die zugeführte Sonnenstrahlung dazu aus, um in den unteren Schichten ein trocken-adiabatisches Temperaturgefälle zu erzeugen. Je wärmer also die freie Atmosphäre ist, um so höher vermag die Bodentemperatur anzusteigen. Aus diesem Grunde zeichnen sich die dynamischen Hochdruckgebiete im Sommer durch hohe Temperaturen am Erdboden aus. Wenn sich das Azorenhoch im Juni oder Juli nach Europa verlagert, dann wird hier eine Hitzeperiode eingeleitet, wie es z. B. im Sommer 1947 der Fall war. Durch die Trockenheit und Wärme der oberen Luftschichten wird dabei jede Niederschlagsbildung unmöglich gemacht. Auch das ausgewählte Beispiel für ein sommerliches Hochdruckgebiet entstammt einer ähnlichen Periode während des Spätsommers 1944.

Das Sommerhoch vom 25. August 1944. Dieser Fall wurde ausgesucht, weil es sich hierbei um den Höchstwert der absoluten Topographien handelte, der während der letzten 8 Jahre über dem mitteleuropäischen Raum erreicht wurde[1].

In den Abb. 60 und 61 (S. 114 und 115) ist die Wetterlage am 25. August 1944 dargestellt, auf der linken Seite für den Boden und die relative sowie absolute Topographie der 500-mb-Fläche, rechts die relativen und absoluten Topographien der 225- und 96-mb-Flächen.

Am Boden liegt ein für die Jahreszeit ungewöhnlich stark ausgeprägter Hochdruckkern von 1035 mb südlich von *Leningrad* und reicht von dort bis zur Elbe, über dem westlichen Deutschland durch eine schwache Kaltfront von einem kleinen Teilhoch über Frankreich getrennt. Über dem östlichen Mittelmeerbecken ist das übliche sommerliche Monsuntief angedeutet; eine Störungsserie beherrscht Nord- und Nordwesteuropa, wo ihre einzelnen Mitglieder nordostwärts wandern.

Der nordwestrussische Hochkern war der letzte und stärkste einer Hochdruckserie, die am 11. August mit gegen den Gradienten gerichteten Höhenwinden (vgl. S. 333 für Mitteleuropa eine antizyklonale Wetterlage und Hitzeperiode von 14tägiger Dauer einleitete und auf der Rückseite der jedesmal ostwärts abwandernden Hochkerne immer nur kurz unterbrochen wurde. Auch die Entwicklung des hier abgebildeten Hochdruckgebietes vollzog sich über dem skandinavischen und Ostseeraum am 22. und 23. August mit einer in der oberen Troposphäre stark ausgeprägten gegen den hohen Druck gerichteten Windkomponente (vgl. S. 331ff.), die zunächst einen kräftigen Keil des über Afrika zentrierten Höhenhochs über die Alpen bis nach Jütland aufbaute, in dem sich am 24. August ein selbständiger Hochkern mit Beträgen von mehr als 580 dyn. Dekametern in der 500-mb-Fläche entwickelte und von hier bis zum nächsten Tage langsam nach Südostschweden wanderte. Die Hitze erreichte am 23. August nachmittags über Westdeutschland ihren Höhepunkt, als im Rheinland Rekordtemperaturen bis zu +39° (*Düsseldorf; Nordhorn* +38°) gemessen wurden, am gleichen Tage auch das absolute Augustmaximum auf der *Zugspitze* mit +16° eintrat und damit den bisherigen Höchstwert um 1° übertraf, die Nullgradgrenze über 5000 m angestiegen war und die relative Topographie 500/1000 mb am Nachmittag des gleichen Tages über *Frankfurt* und *Münster* mit 569 dyn. Dekametern den Durchschnittswert von *Batavia* um 2° überschritten und jener von *Hyderabad* im Juli erreicht worden war (Tabelle 25). Bei weiterer Verstärkung des baltischen Hochs wurde die Hitze durch den Herantransport etwas kühlerer Luft von der Ostsee her in den nächsten Tagen ein wenig gemildert, als am 25. das absolute Druckmaximum in der mittleren und oberen Troposphäre sowie in der Stratosphäre eintrat, wobei die relative Topographie innerhalb einer von Afrika nach Norwegen reichenden Wärmezunge noch Beträge von 564 Dekametern über Deutschland erzielte. In 500 mb war der Hochkern mit 584 Dekametern gegenüber dem höchsten Druck am Boden nach Westen zur Warmluftzunge hin verschoben, blieb als abgeschlossenes Druckgebilde bis weit in die Stratosphäre hinein erhalten mit einem Kern von 1142 Dekametern in 225 mb und 1666 Dekametern in 96 mb, in dieser Höhe ein wenig nach Südosten gerückt. Die relative Topographie 225/500 mb wies ihre Höchstwerte über dem Zentrum des Hochdruckkerns der 500-mb-Fläche auf. Die Stratosphäre war dort zwar am kältesten, doch waren die Unterschiede nicht groß, und in bezug auf die bei normaler Kompensation zu erwartenden Temperaturen war sie zu hoch temperiert.

Daß dieser Hochkern sich bis weit in die Stratosphäre hinauf erstreckte, ist typisch für die großen Antizyklonen, die auch als steuernde Maxima bezeichnet werden, weil die verhältnismäßig starke Strömung längs ihres äußeren Umkreises, die hier in der 225-mb-Karte am besten ausgeprägt ist, die einzelnen Tiefdruckstörungen auf antizyklonaler Bahn in großem Bogen um das Hochdruckzentrum herumführt, das nordskandinavische Tief zum Nordural und das Nordmeertief bis zum 26. in den Raum südlich Spitzbergen gelangen lassend.

---

[1] Selbst in dem ausgesprochenen Dürresommer 1947 erreichten die stärksten dynamischen Hochdruckgebiete vom 28. Juni, 28. Juli und Mitte August mit einem Höchstwert der 500-mb-Fläche von 582 dyn. Dekametern über Südnorwegen am 16. VIII. nicht ganz die Intensität dieser Antizyklone.

Abweichend vom normalen Verhalten ist die ziemlich große Zuggeschwindigkeit des Hochdruckkernes sowohl am Boden als auch in der Höhe, indem er zwei Tage später bereits über dem südlichen Polen, in Höhe der 225-mb-Fläche sogar über dem Alpengebiet, angelangt war und erst über Südrußland längere Zeit stationär blieb. Hier zeigt sich zugleich, daß es in der Atmosphäre kaum Prozesse gibt, die ganz nach der Regel ablaufen, denn dann hätte dieses mächtige und hochreichende Maximum viele Tage im Ostseeraum stationär bleiben müssen.

Wenn sich die großen Antizyklonen als abgeschlossene Druckzentren bis weit in die Stratosphäre hinein erstrecken, dann taucht das Problem auf, wie bei dem ständigen Massenabfluß in den unteren Schichten der Nachschub in der oberen Troposphäre vor sich geht. Meist ist die Achse des Hochs allerdings geneigt, sein Ostteil, wo nördliche Luftströmung vorherrscht, kälter als die von warmer Südluft überspülte Westflanke und damit sein Fuß ebenso zum kalten Gebiet hin verschoben wie der Gipfel näher zur troposphärischen Wärmezunge hin rückt. Zuweilen steht die Säule höchsten Luftdrucks aber auch ziemlich senkrecht. Es tritt zwar dann nach einer von W. MICHEL (441) angegebenen und von W. KÖPPEN (377) besprochenen Regel ein Zerfall des Hochs ein, doch geht dieser nicht in dem Maße vonstatten, wie es der untere Abfluß erfordert. Es muß demnach auch ein abgeschlossenes Hoch in der Höhe Luftzufluß erfahren, den im Luvgebiet zur Hauptströmung — hier über Westdeutschland und dem Nordseegebiet — die Richtungskonvergenz der Isobaren, im Lee dazu — im Bereich der östlichen Ostsee — bei verzögerter Luftbewegung das Einströmen gegen den hohen Druck herbeiführt, in Abb. 60 im 500-mb-Niveau durch den Höhenwind von Riga angedeutet. Es wäre eine dankbare Aufgabe, diese Frage im einzelnen zu lösen[1].

Besondere Wettererscheinungen. Die Wetterverhältnisse der großen, warmen sommerlichen Hochdruckgebiete werden weitgehend von der Land- und Meerverteilung beeinflußt. Über den Kontinenten herrscht in ihnen allgemein heiteres, leicht dunstiges[2] und sehr warmes Wetter. Nachts ist es vielfach völlig wolkenlos, am Tage treten bei lebhafter Kleinkonvektion[3] starke *Sonnenböen* auf, doch bleibt die Cumulusbildung im Innern dieser Antizyklonen meist schwach, und die Entwicklung von Wärmegewittern kann bei der niedrigen Feuchtigkeit höchstens in stark gebirgigen Gegenden gelegentlich vorkommen *(orographische Gewitter)*.

In welch großem Maße die Gewitterbildung mit dem Luftdruck gekoppelt ist, geht aus Abb. 62 hervor, in der die Gewitterwahrscheinlichkeit (das ist der Quotient der Anzahl der Gewittertage und der Häufigkeit der Tage mit einem Luftdruckmittel innerhalb eines bestimmten Druckbereichs) im Sommer als Funktion des auf Meeresniveau reduzierten Luftdrucks in Potsdam aufgetragen ist (669, 670), und woraus hervorgeht, daß hier oberhalb von 1027 mb noch niemals ein Gewitter beobachtet worden ist und die Gewitterwahrscheinlichkeit bei Luftdruckwerten über 1020 mb unter 10% sinkt. Zwischen 1020 und 1010 mb erfolgt ein steiler Anstieg der Gewitterhäufigkeit, um dann bei etwa 30% zu verharren.

Über dem Meere ist die Wettergestaltung in den warmen Hochdruckgebieten eine gänzlich andere. Hier macht sich nämlich der Einfluß des im Sommer relativ kühlen Wassers bis zur Reibungshöhe auch durch eine erheblich niedrigere Lufttemperatur bemerkbar. Es sind zwei Faktoren, die in Widerstreit miteinander geraten: Aus der Höhe sinkt die erwärmte Luft der freien Atmosphäre ab, von der Meeresoberfläche aus wird durch die immer in gewissem Ausmaß vorhandene Turbulenz die abgekühlte und mit Feuchte angereicherte Luft so weit nach oben transportiert, wie die Einwirkung der unteren Störungszone reicht. Beim Aufsteigen kühlt sich diese meeresnahe Luft adiabatisch ab. Es kommt somit in der *Reibungshöhe*, das ist die Obergrenze der durch die Bodenreibung beeinflußten *Grundschicht* (770), zur Ausbildung einer scharfen *Reibungsinversion* zwischen der trockenwarmen Höhen- und der kühlfeuchten Meeresluft, eine Inversion, die oft Beträge von 5 bis 10° erreicht und die den durch Turbulenz nach oben geleiteten Feuchtestrom derart absperrt, daß hier in den meisten Fällen eine geschlossene Schichtwolkendecke von St oder Sc entsteht (797), je nach der Stärke der Strömung und dem Temperaturgradienten in den unteren Schichten. Bei Flügen über See können ganze Meeresräume der Sichtbarkeit durch diese gleichförmige und eintönige Wolkendecke entzogen sein, die, bei der großen Beständigkeit derartiger Drucksituationen, tagelang erhalten bleibt[4].

---

[1] Mit dem Problem der Entstehung der Hochdruckgebiete beschäftigen sich u. a. noch folgende neuere Arbeiten: Lit. 111, 341, 418, 478, 644, 656, 657, 658, 676, 820, 884.

[2] Beim Vorhandensein von Industrie- oder Stadtrauch, gelegentlich auch durch Waldbrände verursacht und in trockenen Gegenden durch Wüsten- oder Steppenstaub hervorgerufen, können sich diese Verunreinigungen bei der meist schwachen Luftbewegung in den Antizyklonen und dem ebenso geringen Vertikalaustausch zuweilen tagelang halten und werden als *Höhenrauch* bezeichnet.

[3] Bei der (ungeordneten) *Kleinkonvektion* erreichen die Austauschelemente nur einen beschränkten Umfang und geben höchstens zur Bildung von flachen Cumulusballen Anlaß, während die mächtigen, zur Gewitterbildung führenden (geordneten) Umlagerungen als *Großkonvektion* bezeichnet werden. Ausführliche Untersuchung des aerologischen Zustandes bei verschiedener Ausprägung der Konvektion bei PETTERSSEN (542).

[4] Strömt die Luft statt über kälteres Wasser über eine tauende Schneedecke, so ist der Effekt der gleiche; eine bekannte Erscheinung sind die auf diese Weise entstehenden *Frühjahrsinversionen* über Rußland.

Auf die gleichen Ursachen zurückzuführen ist die im Bereich der subtropischen Hochdruckgürtel ständig vorhandene *Passatinversion*, für die v. FICKER (236) den Nachweis erbracht hat, daß es sich um eine interne

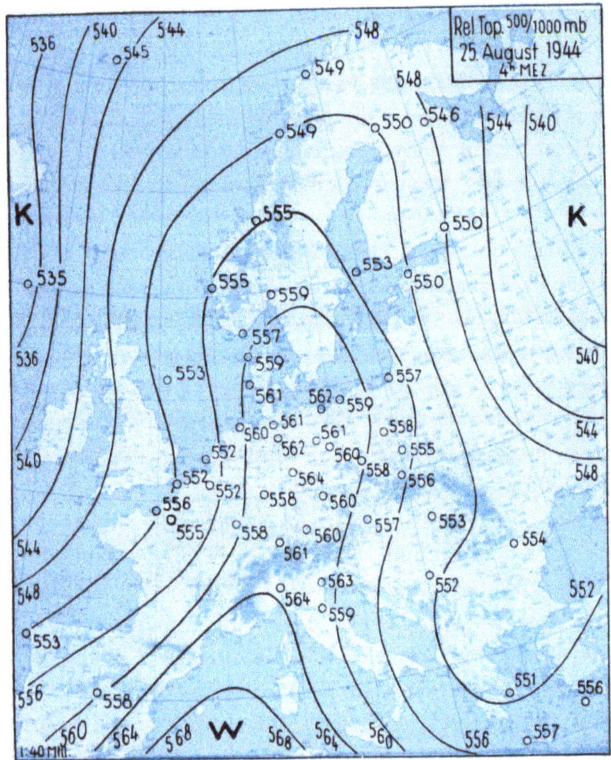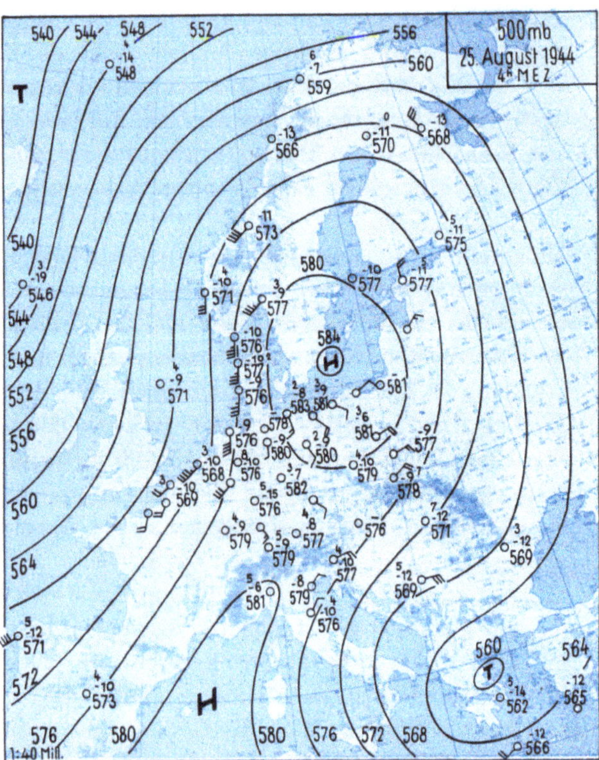
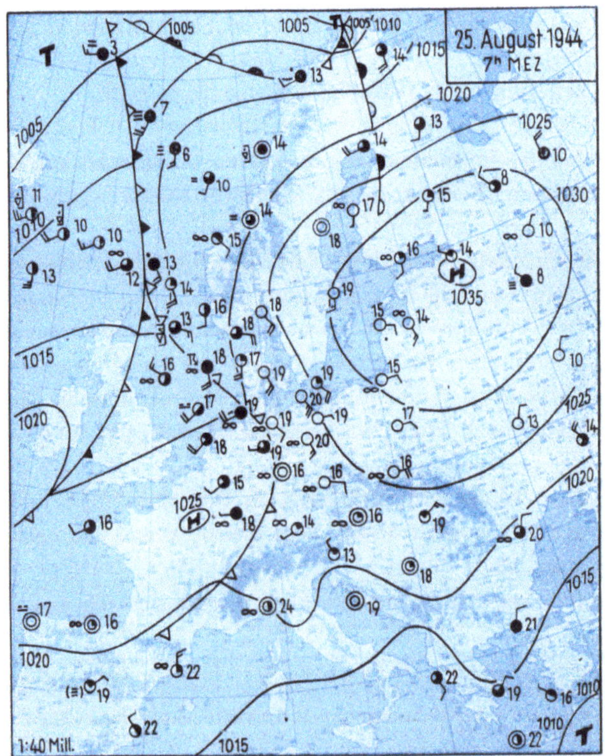

Abb. 60. Wetterlage am Boden und in der unteren Troposphäre zur Zeit der maximalen Ausprägung des Höhenhochs am 25. August 1944.

Inversion (vgl. S. 170) handelt und sie keine Trennungsfläche zwischen Passat und Antipassat darstellt. Es muß allerdings verwundern, daß durch den fortwährenden Massenabtransport in den unteren Schichten die Umkehrschicht nicht schließlich bis zur Meeresoberfläche absinkt und damit die Sc-Decke aufgelöst wird. Dies wird aber durch die fortwährend von unten ausgehenden Impulse der Turbulenz verhindert. Wohl schwankt die

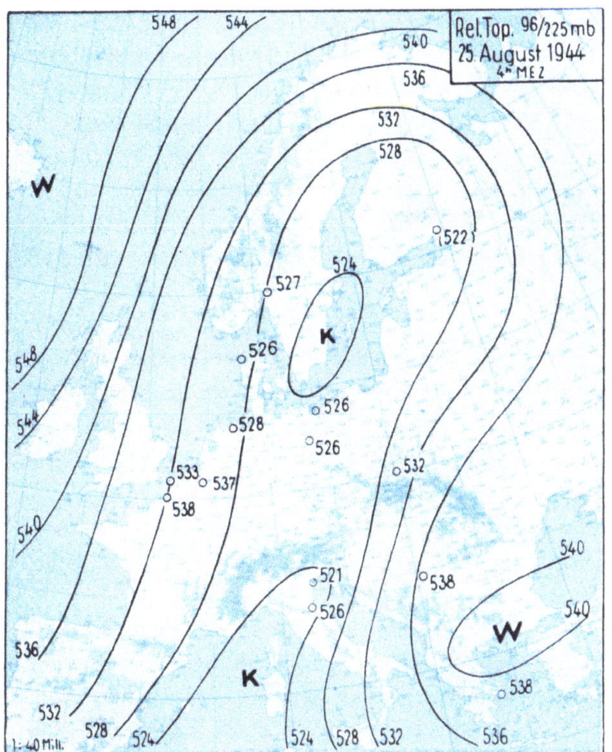
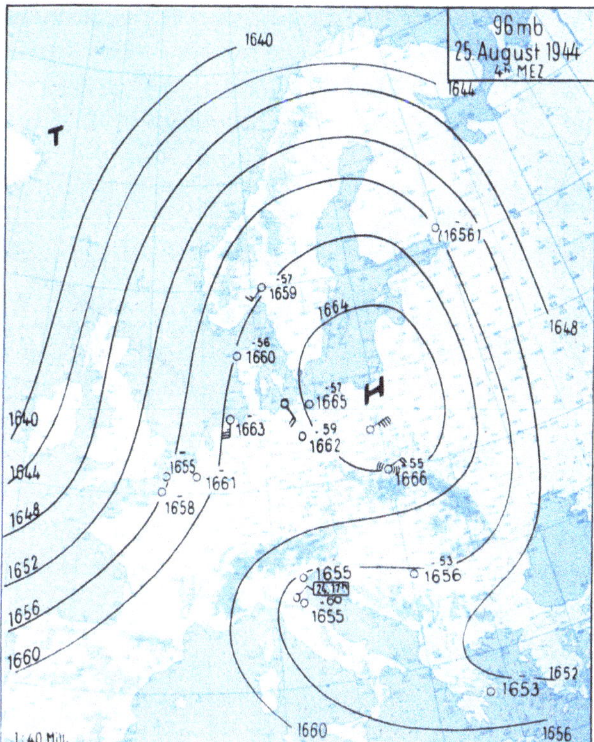
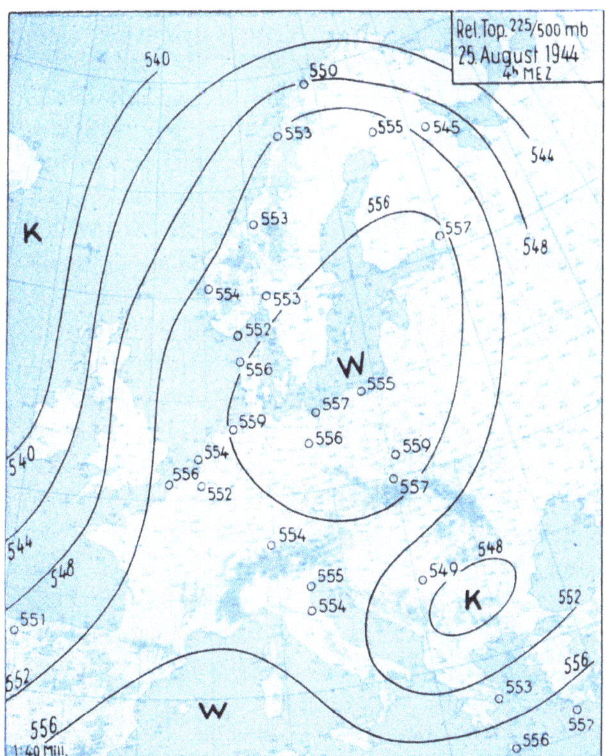
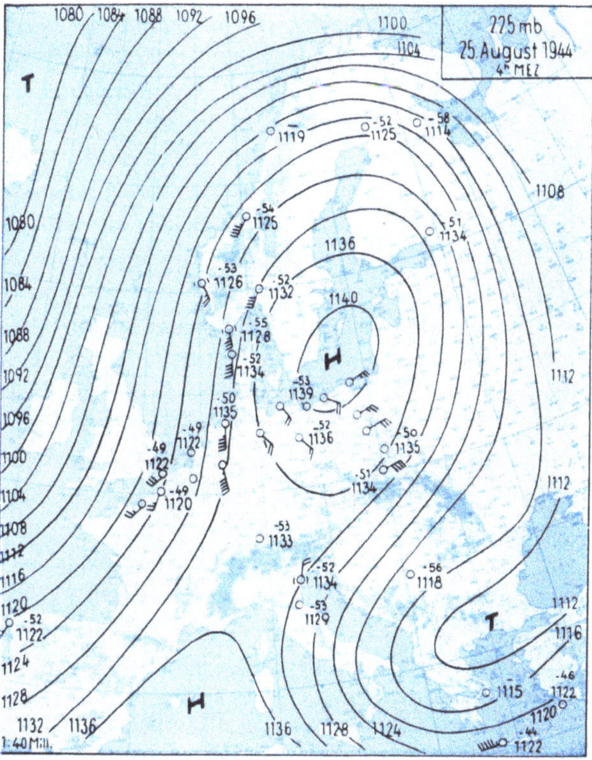

Abb. 61. Relative und absolute Topographien in der oberen Troposphäre und unteren Stratosphäre am 25. August 1944.

Höhenlage der Inversion um mehrere hundert oder gar tausend Meter, aber der Abkühlungseffekt in Nähe der Wasseroberfläche ist so groß, daß ihre Beseitigung nicht stattfinden kann. Die Strömungskontinuität wird auf die Weise aufrecht erhalten, daß von unten aus immer wieder einzelne Feuchtluftquanten in die Inversion hineinstoßen und dafür trockene Luftmassen nach unten gerissen werden, die dann dem gleichen Prozeß der Abkühlung und Feuchteanreicherung unterliegen.

Gelangt eine solche antizyklonale Luftmasse allmählich in den Bereich wärmerer Meeresgebiete, so wird die Konvektion stärker, die Inversion abgeschwächt und der senkrechte Austausch durch die Inversionsschicht größer. Die gleichförmige Decke wird zerrissen, und es bilden sich statt dessen in ziemlich regelmäßigen Abständen wohlgeformte, im Sonnenlicht hellweiß erscheinende Haufenwolken aus, die charakteristisch sind für weite Gebiete der Passate. Wird schließlich die Meerestemperatur noch höher oder läßt der antizyklonale Einfluß überhaupt nach, wie bei Einmündung der Passatluft in die tropische Tiefdruckrinne, dann wird die Reibungsinversion durchbrochen, die zarten Cu-Ballen werden zu mächtigen Gewittertürmen, deren Schirme erst in Höhen von 15 000 m unterhalb der äquatorialen Tropopause zerfließen und sich mit mächtigen Donnerschlägen und Wolkenbrüchen entladen.

Ganz anders ist die Lebensgeschichte der antizyklonalen Luftmassen dagegen, wenn die Wassertemperatur immer kälter wird. Die untere Luftschicht wird dann so stark abgekühlt, daß über großen Gebieten Nebelbildung einsetzt. So ist der größte Teil des europäischen Nordmeeres, vor allem die Ostgrönlandsee und das sibirische Eismeer, bei sommerlichen Hochdrucklagen oft wochenlang von undurchdringlichen Nebeln erfüllt. Bekannt bzw. berüchtigt ist in dieser Beziehung auch das Gebiet der Neufundlandbänke, wo aber vor allem der schroffe Temperatursturz beim Auftreffen auf den Labradorstrom für die Nebelbildung verantwortlich ist.

Über den Nord- und Ostseegebieten beschränkt sich diese Art antizyklonalen Nebels hauptsächlich auf die Frühjahrs- und Frühsommermonate, wenn das Meer noch recht kalt ist; im eigentlichen Hochsommer steigt die Wassertemperatur hier so stark an, daß Nebelbildung meist vermieden wird.

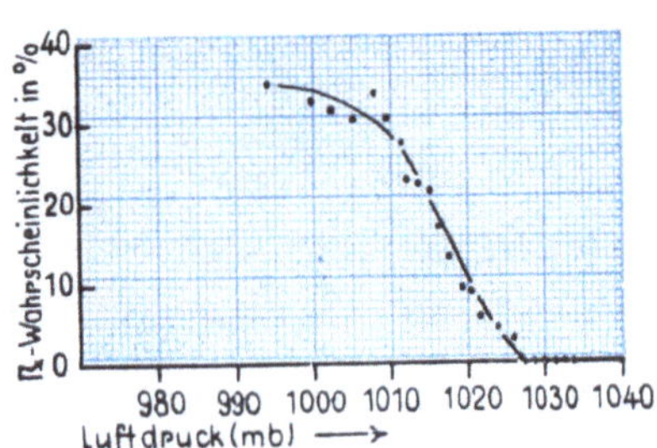

Abb. 62. Die Gewitterwahrscheinlichkeit in Potsdam als Funktion des Luftdrucks.

Die Vorliebe zu sommerlichem Druckfall über dem europäischen Festland mahnt bei der Annäherung eines großen Hochdruckgebietes von Westen her in bezug auf die Prognose immer zur größten Vorsicht, denn gar zu gerne wird die Ostwärtsbewegung dieser Antizyklonen vor dem Festland abgestoppt und tritt die erwartete Wetterbesserung dann höchstens auf den Gipfeln der Mittelgebirge — die über die Inversion hinausragen — und in Südwestdeutschland ein. Solange man sich aber im Einflußbereich der Nordwestströmung auf der Ostseite des Hochs befindet, gelangt die in den unteren Schichten feuchte antizyklonale Meeresluft auf das Festland, und die Sc-Decke löst sich selbst in den Mittagsstunden nur schwer auf. Erst bei Winddrehung nach östlichen Richtungen tritt plötzlich Aufheiterung ein. Solange aber im Westen kein stärkeres Fallgebiet erscheint, das die Antizyklone nach Osten drängt, besteht immer noch die Gefahr, daß das Hoch wieder rückläufig wird und dann statt der erwarteten Wärme eine länger andauernde kühle Witterungsperiode einleitet.

Land- und Seewind. Die küstennahen Gebiete sind den maritimen Wettervorgängen natürlich in hohem Maße ausgesetzt. Vor allem in den Monaten April, Mai und Juni führt die bei Aufheiterung über dem Festland am Tage eintretende Erwärmung rasch zur Beseitigung der unteren kalten Schicht, während diese auf See erhalten bleibt. Daraus entwickelt sich ein vom Meer nach dem Lande gerichtetes Druckgefälle, und es beginnt eine Zirkulation zwischen See und Küste, wie sie in Abb. 11 (S. 30) beschrieben ist, wobei wegen der Kleinräumigkeit des Prozesses jetzt aber die ablenkende Kraft auf den Ablauf keinen wesentlichen Einfluß gewinnt. Die kalte Seeluft setzt sich vormittags in Bewegung und entwickelt sich bald zu einer zwar eng begrenzten, aber im Temperaturfeld scharf ausgeprägten Kaltfront. Mit plötzlichem Windsprung nach Nord werden z. B. die deutschen Küstengebiete überflutet und die lauen Frühlingslüfte mit einem Schlage durch kalten, feuchten Seenebel abgelöst; erst abends, wenn sich das Land stärker abkühlt, wird diese Meeresluft dann meist wieder seewärts abtransportiert durch den nächtlichen *Landwind*, vielfach bleibt aber die Seeluft schon nach der ersten schwachen Erwärmung wieder tagelang vorherrschend, was der eben erwähnten Vorliebe der dynamischen Hochdruckgebiete für die Meeresräume zuzuschreiben ist.

Die eigentliche *Seewindfront* (325, 380, 381) dringt im allgemeinen nicht weit ins Binnenland vor; die durch die unterschiedliche Erwärmung ausgelösten täglichen Druckschwankungen umfassen jedoch einen großen Bereich und führen über fast ganz Europa zu einer periodischen Schwankung des Windvektors[1]. In Abb. 63

---

[1] Es ist A. WAGNER (864) gelungen, die tagesperiodisch entgegengesetzten Windschwankungen an Hand der nordamerikanischen Höhenwindmessungen direkt nachzuweisen.

ist die mittlere Druckänderung zwischen 8 und 19 Uhr während der sommerlichen Schönwetterperiode vom 4. Juni bis 4. Juli 1930 dargestellt, als im Mittel das Zentrum eines warmen Hochs mit fast 1019 mb über Pommern gelegen war (691). Dabei fiel der Luftdruck am Tage am stärksten über Bayern mit Beträgen bis zu 3 mb und über dem spanischen Hochland sogar um mehr als 4 mb, wogegen er auf der freien Nordsee keine Änderung erfuhr. Die Karte kann als typisch für den täglichen Druckgang jeder Hitzeperiode angesehen werden und stimmt mit den von O. ECKEL (180) berechneten mittleren dreistündigen Druckänderungen im Sommer weitgehend überein. Sie zeigt, wie sich über ganz Deutschland westlich der Oder am Tage eine nördliche Windkomponente durchsetzt und der Gradient der Druckänderung dabei im mittleren Norddeutschland so stark ausgeprägt ist, daß es z. B. in *Hamburg* nur an wenigen Abenden möglich ist, im Freien zu sitzen.

Deutlich zu erkennen ist der Seewind z. B. auf der synoptischen Karte vcm 17. April 1936, 14 Uhr (Abb. 164 auf S. 284), in *Danzig* durch eine Windabweichung von mehr als 90° und gleichzeitige Abkühlung von beinahe 10° in Erscheinung tretend.

In manchen Klimagebieten der Subtropen, wo eine in der freien Atmosphäre warme Hochdruckzelle mit ihrem Zentrum nicht weit von der Küste entfernt liegt und die Temperaturgegensätze Land-Meer unter der Einwirkung kalten Küstenwassers besonders verschärft werden, erlangt der Seewind maßgebenden Einfluß auf das gesamte Klima des Landes. Berüchtigt ist in dieser Beziehung das ehemalige Deutsch-Südwest-Afrika, wo die über dem Benguella-Strom in den unteren Schichten stark abgekühlten antizyklonalen Luftmassen ständig feuchte Nebel und häufig Sprühregen weit in das Land treiben und dieses trotzdem zur Wüste werden lassen, da es bei der starken Inversion darüber niemals zu vertikalen Umlagerungen und Regengüssen kommt. Ähnlich liegen die Verhältnisse im nördlichen Peru, wo aber die Kaltwassergrenze manchmal nach Süden zurückgedrängt wird und dann Wolkenbrüche das Land verheeren (773).

Berg- und Talwind. Um eine ähnliche tagesperiodische Massenverlagerung wie beim Land- und Seewind handelt es sich beim Zustandekommen des *Berg-* und *Talwindes*. Dessen genaue Erklärung ist jedoch erheblich verwickelter, und erst in neuerer Zeit konnte die Theorie von A. WAGNER (861, 866) und seinen Schülern[1] experimentell durch Einrichtung zahlreicher Höhenwindmeßstellen wesentlich verbessert werden.

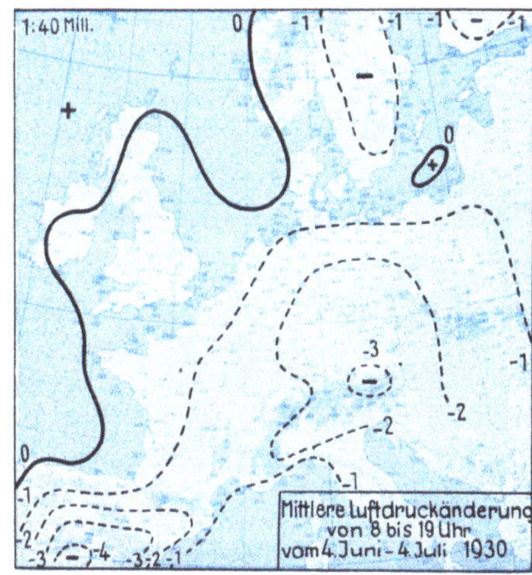

Abb. 63. Mittlere Änderung des Luftdruckes über Europa an warmen Sommertagen.

Setzen wir einen Grundzustand voraus, bei dem keine horizontalen Temperaturdifferenzen zwischen Berg und Tal vorhanden sind, so weisen auch die Isobaren keine Neigung auf. Beginnt jetzt die Erwärmung der dem Erdboden nächsten Schichten, so erfahren die Isobarenflächen über dem Tal eine entsprechende Hebung. Wo die Isobarenfläche aber den Berg berührt, dort erfolgt keine Druckänderung, weil sich die Erwärmung nur auf Schichten oberhalb dieses Punktes erstreckt. Daraus resultiert eine „Brechung" der Isobaren an der Eintrittsstelle in die erwärmte bodennahe Luftmasse: ein Gefälle zum Berge hin in gleicher Weise, wie es in Abb. 81b (S. 155) für eine Front dargestellt ist — wobei an Stelle der Kaltmasse der Bergabhang zu denken ist. Zusammen mit der Vertikalkomponente des Auftriebs der gegenüber der freien Atmosphäre wärmeren Hangluft entwickelt sich der *Hangaufwind* (333, 334, 860, 881), nachts umgekehrt der *Hangabwind*, der in der Nähe von Gletschern als *Gletscherwind* auch tagsüber fortdauern kann, z. B. längs der sanft abfallenden Inlandeisdecke Grönlands fast während des ganzen Jahres vorhanden ist und dort eine solche Stärke erreicht, daß lockerer Schnee aufgewirbelt wird, obwohl diese Strömung *(Katabatischer Wind)* nur eine Mächtigkeit von einigen hundert Metern aufweist[2].

Die am Tage längs aller geneigten Flächen nach aufwärts in Bewegung gesetzten Ströme versuchen die Druckgegensätze in den bodennäheren Schichten auszugleichen, indem dieser Massenzufluß eine allgemeine Hebung der Isobarenflächen herbeiführt, die das zum Berg hin gerichtete Druckgefälle zum Teil kompensiert, dafür aber in der Höhe über dem Gipfel einen Druckanstieg, eine Hebung der Druckflächen verursacht. Zugleich ist an der Grenze zwischen Ebene und Berg, wo der Abfluß zum Gebirge hin beginnt, durch die dadurch hervorgerufene Divergenz in allen Höhen Druckfall eingetreten, den jetzt ein anderer Kompensationsstrom auszugleichen versucht, auf diese Weise eine geschlossene Zirkulation hervorrufend.

---

[1] Lit. 183, 184, 187, 332, 335, 459. Weitere Schrifttumshinweise siehe Lit. 290, S. 555—556.

[2] Für die allgemeine Zirkulation scheint die auf diese Weise angedeutete *glaziale Antizyklone* aber nicht die Rolle zu spielen (169), die ihr von HOBBS (319, 320) beigelegt wird.

Über dem gesamten Gebirgskomplex entwickelt sich in der gleichen Art in der Höhe am Tage ein Druck-überschußgebiet und demgemäß ein oberer Kompensationsstrom in Richtung zur Ebene. In den unteren Schichten erfolgt das Einfließen als *Talwind* zum Gebirge hin, während bei der entgegengesetzten Zirkulation im Laufe der Nacht der kalte *Bergwind* für eine durchgreifende Reinigung der Täler sorgt. Eine stärkere tägliche Temperaturschwankung im Gebirge als in der Ebene mag in gleichem Sinne wirken, doch müssen im Gegensatz zum Land- und Seewind im Gebirge die unteren Strömungen als die primären angesehen werden, und damit stimmt das Beobachtungsergebnis überein, daß der obere, vom Gebirge weggerichtete Kompensationsstrom erst einige Stunden später als der untere Zweig des Berg- und Talwindes in Erscheinung tritt.

Berechnung der Tagesmaxima. Da die Wärme der bodennahen Luftschichten bei heiterem Sommerwetter weitgehend durch die Temperaturverhältnisse der freien Atmosphäre bestimmt wird, lassen sich die zu erwartenden Tagesmaxima schon früh am Morgen, wenn ein Aufstieg vorliegt, ungefähr vorhersagen. Die Bodeninversion wird nämlich nach Sonnenaufgang rasch beseitigt, und die Luftwärme steigt schnell an, bis zwischen dem Gipfelpunkt der Bodeninversion und dem Erdboden ein trockenadiabatisches Gefälle vorhanden ist. Dann verlangsamt sich die Erwärmung der unteren Schichten in gleichem Maße, wie die trockenadiabatisch aufsteigende Luft höher steigen muß, um auf Luftteilchen zu stoßen, die wärmer sind als sie. Als Ersatz für diese aufwärts strudelnden Luftquanten muß die gleiche Luftmenge nach unten absacken, ein Vorgang, der durch das an allen heiteren Sommertagen zu beobachtende *Flimmern* der Luft — besonders über dunklen Dächern, Asphaltstraßen und Bahndämmen ausgeprägt — zu erkennen ist[1].

Erst wenn die gesamte in diesen Vertikalaustausch einbezogene Luftmasse die gleiche potentielle Temperatur angenommen hat, vermag die Bodenluft sich weiter zu erwärmen. Es liegt noch keine Untersuchung über die allein durch die eingestrahlte Sonnenenergie mögliche Gesamterwärmung der Luftmasse bei verschiedenen Temperaturgradienten vor. Solange kann man sich mit der Regel begnügen, daß das Tagesmaximum der Temperatur, sofern keine stärkere Wolkenbildung zu erwarten und die Schichtung nicht feuchtlabil ist, durch den Punkt des Druck-Temperaturdiagramms bestimmt wird, von dem aus ein stärkerer vertikaler Temperaturgradient beginnt; die zugehörige potentielle Temperatur kann höchstens um einige Grade überschritten werden.

Ist die Vertikalschichtung verwickelt, so kann aus einem genauen Vergleich der Zustandskurve mit den Trockenadiabaten oft sogar auf Einzelheiten des Temperaturganges geschlossen werden. Schwieriger wird das Problem, wenn mit zunehmender Erwärmung das Kondensationsniveau erreicht wird und Cumulusbildung eintritt.

Man kann — jedenfalls während der Sommermonate — wegen des annähernd linearen Zusammenhangs zwischen der relativen Topographie und der möglichen Höchsttemperatur am Boden (vgl. S. 268) die bei ungehinderter Einstrahlung zu erwartenden Tagesmaxima direkt dem Betrag der Höhe der 500- über der 1000-mb-Fläche entnehmen. Eine Spezialuntersuchung für *Berlin* hat ergeben, daß während der Monate April bis August 59% aller Maximumtemperaturen um nicht mehr als 2° von dem Wert abweichen, den man erhält, wenn die durch den Frühaufstieg gegebene relative Topographie 500/1000 mb — nach Abzug von 500 — durch 2 geteilt und dieser Betrag dann um 10% erhöht wird. Man kann die Formel für die Maximaltemperatur (t_{max}) auch so schreiben:

$$t_{max} = \frac{r-500}{2} + \frac{1}{10}\left(\frac{r-500}{2}\right),$$

wenn r die relative Topographie 500 über 1000 mb am Morgen bedeutet. Einer relativen Topographie von 560 Dekametern entspricht also eine Höchsttemperatur von 33°. Eine Nachprüfung hat ergeben, daß es mit dieser einfachen Formel unter Berücksichtigung der Strahlungsverhältnisse möglich ist, die Temperaturmaxima von Berlin in 66% aller Fälle auf 2° genau vorherzusagen, wenn die relative Topographie vom Morgen bekannt ist. Da diese Größe aber verhältnismäßig leicht vorherbestimmt werden kann (vgl. S. 325 f.), hat obige Formel allgemeinere Bedeutung.

Bestimmung des Kondensationsniveaus. Die Bestimmung des *Cumulus-Kondensationsniveaus*, wie die Höhe benannt wird, in der bei der täglichen Konvektion Wolkenbildung eintritt, ist verhältnismäßig einfach. Diese Größe ist wohl zu unterscheiden von dem *gewöhnlichen Kondensationsniveau*, das ist die Höhe, in der bei erzwungener Hebung Schichtwolkenbildung eintritt und die im thermodynamischen Diagrammpapier durch

---

[1] Das *Flimmern der Sterne* zeigt starke Luftunruhe in der freien Atmosphäre an und gilt deshalb mit Recht als Vorbote schlechten Wetters.

den Schnittpunkt der Trockenadiabate der Ausgangsluft mit der Kurve der zugehörigen spezifischen Feuchtigkeit oder angenähert auch durch die einfache HENNINGsche Formel

$$H_C = 123\,(t - \tau)$$

gegeben ist, wobei H_C die Kondensationshöhe in Meter, t die Temperatur und τ den Taupunkt der Ausgangsluft bedeuten.

Für das Cumulus-Kondensationsniveau ist allerdings auch der Taupunkt bzw. die spezifische Feuchtigkeit der Bodenluft maßgebend. Es wird aber jetzt nicht der Punkt gesucht, in dem Kondensation eintritt, wenn die Luft momentan — durch äußere Umstände gezwungen — aufsteigen soll, sondern es wird vorausgesetzt, daß als äußerer Anlaß allein die Sonnenstrahlung anzusehen ist, durch deren Erwärmung die Bodenluft immer mehr erhitzt wird. Die spezifische Feuchtigkeit bleibt hierbei, wenn von dem durch den Austausch bedingten Feuchtetransport abgesehen wird, konstant. Es stellt sich in den unteren Schichten — wie vorhin beschrieben — ein trockenadiabatisches Temperaturgefälle ein, und die Luft steigt so weit auf, bis sie auf Massen trifft, die wärmer sind als sie selbst. Entscheidend für die Kondensation ist hierbei, daß bereits vorher die Linie der maximalen spezifischen Feuchtigkeit durch die aufsteigende Bodenluft erreicht wird. Im Aufstiegsdiagramm ist das Cumulus-Kondensationsniveau durch den *Schnittpunkt* der der *Bodenluft* entsprechenden Linie maximaler *spezifischer Feuchte mit der Zustandskurve*[1] gegeben.

In Abb. 64 sind die Verhältnisse skizzenhaft veranschaulicht. $T—T'—T''$ sei die Zustandskurve der Atmosphäre beim Frühaufstieg. Am Boden herrsche bei 1000 mb Druck eine Temperatur von $+15.3°$ und eine relative Feuchte von 91%. Dann beträgt die spezifische Feuchte, wie man leicht nachrechnen oder jedem Adiabatenblatt entnehmen kann, 10 g/kg (gestrichelte Linie $s—s'$). Wird die Bodenluft jetzt adiabatisch gehoben (punktierte Linie), so tritt im Schnittpunkt P der durch T gehenden Trockendiabate mit der Linie der spezifischen Feuchte $s—s'$ Kondensation ein. Bleibt die Bodenluft dagegen sich selbst

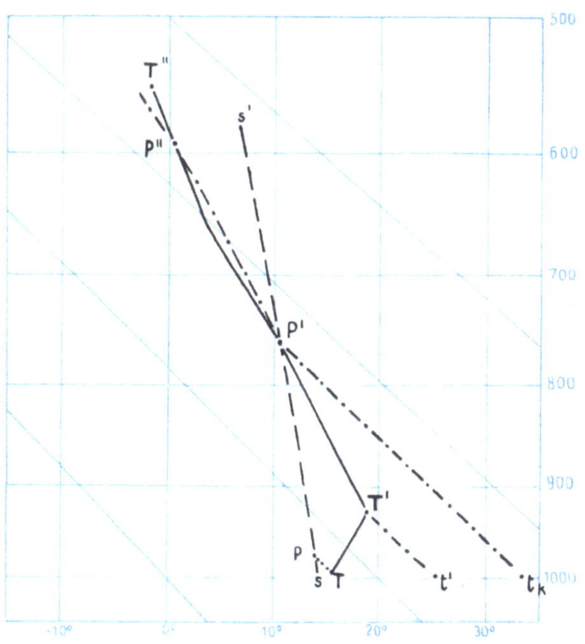

Abb. 64. Bestimmung des Cumulus-Kondensationsniveaus.

überlassen und nur der Sonnenstrahlung ausgesetzt, so wird sie sich rasch auf die Temperatur $+24.5°$ erwärmen (Punkt t'), ohne daß Kondensation einsetzt. Erst wenn Erwärmung auf 33° erfolgt ist (t_K) und die gesamte Luftschicht unterhalb des Cumulus-Kondensationsniveaus diese potentielle Temperatur (strichpunktierte Linie) angenommen hat, kann im Punkte P' Wolkenbildung einsetzen. Die Luft steigt von hier aus weiter feuchtadiabatisch auf, und die Mächtigkeit der entsprechenden Wolke hängt davon ab, wann auf der strichpunktierten Linie die Zustandskurve erneut geschnitten wird, was in unserem Beispiel bei 600 mb (P'') eintreten würde. Dort wird also der Auftrieb der Wolkentürme erlahmen und nach Überschreiten dieses Gleichgewichtsniveaus der Cumulus, zerfallend, sich wieder abwärts bewegen. Die Bodentemperatur wird kaum über 33° ansteigen, denn die bodennahe Luft könnte sich nur dann noch weiter erhitzen, wenn die zugestrahlte Sonnenenergie in der Lage wäre, die gesamte Luftschicht bis zum zweiten bei P'' gelegenen Schnittpunkt der Adiabate mit der Zustandskurve entsprechend zu erhöhen.

Im Einzelfall kann der Aufbau der Atmosphäre wesentlich komplizierter sein, als es hier der Einfachheit wegen dargestellt worden ist. Mit den beschriebenen Grundregeln ist es aber immer leicht möglich, sich einen Überblick über die zu erwartenden Prozesse zu verschaffen. Es können gelegentlich auch mehrere Schnittpunkte zwischen der Linie der spezifischen Feuchtigkeit und dem Temperaturdiagramm vorkommen.

K. DIESING hat dem Fall besonderes Augenmerk geschenkt, wenn an schönen Sommertagen schon verhältnismäßig früh lebhafte Konvektionsbewölkung einsetzt, die Mächtigkeit dieser Wolken aber immer geringer wird und in den Mittagsstunden strahlende Sonne vom blauen Himmel scheint, während man bei

---

[1] Auch *Schichtungskurve* genannt im Gegensatz zur *Hebungskurve* eines individuellen, adiabatisch aufsteigenden Luftteilchens.

Beginn der frühen Bewölkungszunahme, gemäß den sonstigen Erfahrungen, die Hoffnung auf einen schönen Tag schon aufgegeben hat.

Die Situation ist dann etwa folgende (Abb. 65): Die Zustandskurve $T—T'—T''—T'''$ zeigt eine ausgesprochene Inversion in etwa 1500 m. Da in den unteren Schichten noch ein verhältnismäßig starker Temperaturgradient vorhanden ist, tritt schon bei Erwärmung der Bodenluft auf $+17.4°$ (t_K) Cumulusbildung ein, deren Obergrenze durch die Inversion bei 1500 m bestimmt wird. Je höher die Bodentemperatur ansteigt, um so höher rückt auch die Untergrenze der Bewölkung hinauf, während die Sperrschicht ein weiteres Aufquellen nicht gestattet. Die Haufenwolken werden dann immer flacher, und schließlich, wenn am Boden die Temperatur t_E überschritten wird, dem auf der Zustandskurve der Punkt P'' entspricht, muß die Bildung von Konvektionswolken wieder aufhören, da die aufsteigenden Partikel in Regionen gelangen, wo die Höhenluft innerhalb oder oberhalb der Inversion wärmer ist als sie selbst. Erst wenn die Erhöhung der Bodentemperatur soweit fortgeschritten wäre, daß beim Punkt P''' Kondensation erfolgen würde, könnte erneut Wolkenbildung beginnen.

Diese Verhältnisse treten mit Vorliebe dann ein, wenn in den unteren Schichten noch eine kühlere Luftmasse vorhanden ist und sich darüber — durch eine Inversion angedeutet — die absinkende Luft einer Antizyklone bemerkbar macht. Die Vorhersage, daß an solchen Tagen die Cumulusbildung mittags gerade aufhören muß, wird meist ungläubig zur Kenntnis genommen und ist für den Meteorologen ein besonderer Erfolg, wenn diese gegen die Regel verstoßende Prognose dann tatsächlich eintritt.

Wie man sieht, sind die meisten thermodynamischen Prozesse auf verhältnismäßig einfache Grundprobleme zurückzuführen. Es läßt sich aber im einzelnen Fall nie vermeiden, den Zustand der Atmosphäre an Hand des Adiabatenblattes gründlich zu studieren und sich ein genaues Bild von den möglichen vertikalen Prozessen zu machen.

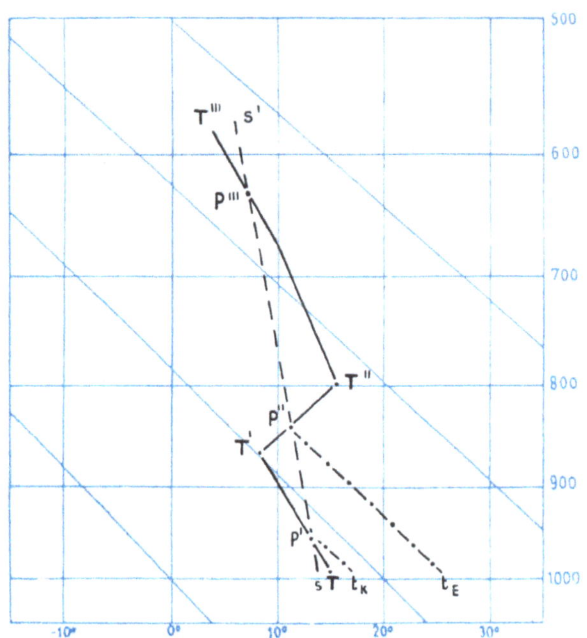

Abb. 65. Vertikale Temperaturverteilung bei mit zunehmender Erwärmung abnehmender Konvektionsbewölkung.

Alle Versuche, den physikalischen Zustand durch wenige Zahlen zu umschreiben, haben sich in der Praxis als nicht geeignet erwiesen, da sie eine zu weitgehende Schematisierung voraussetzen. Dies trifft besonders auf die Angaben über die *Auslöse-* und *Stabilitätsenergie* zu, die lange Zeit hindurch im deutschen aerologischen Sonderschlüssel enthalten waren[1].

b) Das dynamische Hoch im Winter.

Während das bodennahe Wettergeschehen der dynamischen Hochdruckgebiete auf See in den einzelnen Jahreszeiten nicht wesentlich verschieden ist, sind ihre Auswirkungen über den Festländern im Winter ganz anders als im Sommer. Nur auf den Bergstationen und in den Hochtälern der Alpen bleiben die stabilen Antizyklonen auch während der kalten Jahreszeit die Träger freundlichen, heiteren Wetters und klarblauen Himmels. In der Ebene aber treten die auf See auch im Sommer wirksamen Effekte bei der starken winterlichen Ausstrahlung noch viel krasser in Erscheinung. Die Luftschicht über dem Erdboden wird rasch abgekühlt, es bildet sich schon nach kurzer Zeit eine ausgeprägte *Boden-* bzw. *Strahlungsinversion* und eine dichte Nebeldecke aus, die alle Konturen verwischt. Nur dort, wo die Temperatur unter den Gefrierpunkt absinkt, vermag dichter Rauhreif in reinen Tälern ein glitzerndes winterliches Bild hervorzuzaubern, dem jedoch der Glanz der Wintersonne fehlt. Wo aber ein wärmeres Meer für besonders hohe Feuchtigkeitswerte sorgt und der Taupunkt über dem Gefrierpunkt liegt, vermag auch die Lufttemperatur nicht viel tiefer zu sinken. Es kommt zur Entwicklung eines dichten, von Nässe triefenden Nebels. Die tief gelegene Inversion verhindert jeden Austausch mit der Höhenluft *(Sperrschicht)* und die im Zentrum eines solchen Hochs herrschende

---

[1] Die *Auslöseenergie* stellte eine Maßzahl für die zur Bildung von Konvektionswolken erforderliche Einstrahlungsmenge dar und wurde durch den Inhalt (Abb. 64) der von den Punkten $T—T'—P'—t_K—T$ umschlossenen Fläche bestimmt. In ähnlicher Weise bezog sich die *Stabilitätsenergie* auf die zwischen dem Cumulus-Kondensationspunkt und der 600-mb-Fläche verfügbare Stabilitäts- bzw. Labilitätsenergie.

schwache Luftbewegung auch jeglichen seitlichen Abtransport. Alle Abgase der Fabriken werden in Boden-nähe festgehalten, aller Ruß der Schornsteine bleibt in dieser bald schmutzig-graue Färbung annehmenden Masse gefangen: Dies ist der typische Winternebel der großen Hafenstädte, worunter der *Londoner Nebel* seine besondere Berühmtheit erlangt hat.

Oft genügt schon ein Gang in die Vorstädte, um den übelsten Auswirkungen dieser Antizyklonen zu ent-gehen. Es kann leicht vorkommen, daß dabei in *Hamburg* selbst in den Mittagsstunden die Dämmerung nicht weicht, während in *Blankenese* die Rauhreif behangenen Bäume und Sträucher wenigstens ein etwas freundliche-res Bild bieten. Die Sonne jedoch bleibt verborgen, und da die großen Hochdruckgebiete so gerne ortsfest bleiben, kann eine derartige Wetterlage zuweilen wochenlang anhalten, zum ganz besonderen Kummer der Meteorologen, denen sie keinen Ausblick in die freie Atmosphäre gestattet, obwohl die gesamte Schmutzschicht meist nur wenige hundert bis etwa tausend Meter mächtig ist.

Es ist für den Wanderer beinahe unfaßbar, wenn er bei solcher Wetterlage den Gipfel hinansteigt und erst ein zarter blauer Schleier über ihm sichtbar wird, daß sich — nur einige Schritte höher — wolkenloser Himmel über ihm wölbt und die Erde durch eine jetzt von oben blendend weiß scheinende Wolkendecke weit entrückt zu sein scheint. Die Temperatur liegt oft 10°, in manchen abgeschlossenen Alpengebieten gar mehr als 20° höher als unten im Tal; die Bergwelt strahlt in hellem Sonnenglanz, und die Fernsicht ist praktisch unbegrenzt.

Das warme Winterhoch vom 27. Januar 1932. In Abb. 68 ist eins der mächtigsten warmen Winter-hochs, die unsere Witterung in den letzten Jahrzehnten beherrscht haben, zu dem Zeitpunkt dargestellt, als es den Höhepunkt seiner Entwicklung erreichte[1]. Im Zentrum wird von Norddeutschland (*Hannover* 1050.1) über den Bayerischen Wald (*Hof* 1050.1) bis nach den Ostalpen hin (*Klagenfurt* 1051.4) ein Luftdruck von 1050 mb überschritten. Der antizyklonale Strömungsbereich erstreckt sich von den Azoren nach den Faröern und über Mittelskandinavien bis nach Zentralrußland, auch umfaßt er noch einen großen Teil Afrikas. Auf seiner Nordwest-, Nord- und Nordostflanke ist der Druckgradient beträchtlich, und eine Serie von Tief-druckwirbeln wird über die Dänemarkstraße nach Nordosten zum nördlichen Eismeer und von dort aus mehr südostwärts zum Uralgebiet hin gesteuert.

Im Niveau der 500-mb-Fläche (Abb. 67) liegt der höchste Druck — bei nach Nordwesten geneigter Achse — mit Beträgen von mehr als 572 dyn. Dekametern, wie sie sonst nur im Sommer auftreten, über der Nordsee, soweit dies aus den wenigen Aufstiegen der damaligen Zeit zu erkennen ist[2]. Man kann an-nehmen, daß dieser abgeschlossene Hochkern noch bis weit in die Stratosphäre hinein erhalten bleibt.

Dieses warme Hoch war bereits am 10. Januar über Osteuropa entstanden. Nachdem es in den ersten Tagen seiner Entwicklung ostwärts bis nach Mittelrußland gewandert war, setzte es sich dann allmählich in südwestlicher Richtung in Bewegung und verharrte vom 16. bis 25. Januar im Karpathengebiet — ständig Druckwerte über 1040 mb aufweisend. Es erfuhr hier durch den über England erfolgenden Anbau einer neuen Hochdruckzelle — das zugehörige Steiggebiet wanderte von West nach Ost über Mitteleuropa hinweg — eine nochmalige Verstärkung und erreicht am 27. Januar über Deutsch-land den Höhepunkt seiner Entwicklung. Dann (127) verlagert sich sein Schwerpunkt nach Großbritannien, wo der Baro-meterstand im Zentrum bis zum 5. Februar auf 1030 mb abnimmt und es durch eine kältere Hochdruckzelle überflügelt wird, die von Skandinavien rasch südwärts nach Mitteleuropa zieht und hier stärkeren Temperaturrückgang einleitet. Sehr bald erfährt der hohe Druck im isländischen Raum aber eine neue Stärkung und pendelt nochmals nach England und wieder zurück. Als das Hoch Ende Februar nach Skandinavien übergreift, kann sich ein Schwall der über Osteuropa nach Süden durchstoßenden Kältewellen in vollem Ausmaß nach Westen ergießen. Schließlich wandert Anfang März ein Teil dieses Maximums westwärts zum Nordatlantik, um sich von dort nach Spanien zu wenden und erst über Afrika um den 10. März der Auflösung anheimzufallen; der andere Teil wird über Rußland vom Polargebiet aus mehrfach verstärkt, verlagert sich nochmals nach dem englischen und mitteleuropäischen Raum und rückt erst Ende des Monats nach Mittelsibirien ab.

Fast acht Wochen lang hat dieses warme Hoch also das europäische Winterwetter beherrscht. H. Noth (509) hat die Wetterlage sofort untersucht, schon damals die Schwankungen der Hauptisobarenflächen herangezogen und auf den warmen Charakter dieses steuernden Maximums hingewiesen. Es hatte für große Teile Europas eine ungewöhnliche Trockenheit zur Folge. In *Stettin* fielen im Februar nur 3.8 und in *Berlin*

---

[1] Von den neueren Fällen sei noch besonders auf die ungewöhnlich stabilen Hochdruckgebiete hingewiesen, die sich in der zweiten Februardekade der Jahre 1943 und 1948 über dem Ostatlantik bzw. Nordeuropa entwickelten und die für die europäische Steuerung bis weit in den März hinein bestimmend blieben. Während sich das erstere vor allem durch seine hohen Bodendrucke auszeichnete und vom 16. bis 18. Februar 1943 Barometerstände über 1050 mb zwischen England und den Azoren erreichte, war das letztere in der freien Atmosphäre so warm, daß am 9. März 1948 über Westeuropa Topographiewerte von mehr als 576 dyn. Dekameter in der 500- und von etwa 1120 dyn. Dekameter in der 225-mb-Fläche beobachtet wurden.

[2] Zur Vervollständigung des Bildes wurden noch die Höhenwinde des Vor- und Nachtages mit in die Höhenkarte auf-genommen.

9.3 mm Niederschlag; in *St. Anton* in Tirol wurden im gleichen Monat nur 6% der normalen Niederschlagsmenge erreicht. Alle sonnenseitigen Hänge waren selbst in Höhen über 1000 m ausgeapert, und die meisten
Wetterflugstellen beobachteten wochenlang oberhalb von 2000 m kaum eine Wolke.

In Abb. 66 ist die Zustandskurve des Aufstiegs von *Darmstadt* vom 27. Januar, 8 Uhr vormittags reproduziert. Sie ist charakteristisch für alle warmen Hochdruckgebiete im Winter. Vom Boden, wo der Gefrierpunkt etwas unterschritten wird, nimmt die Temperatur bis 900 m Höhe innerhalb einer feuchten Masse auf
fast —5° ab, dann beginnt eine 1700 m mächtige Inversion, an deren Obergrenze die Luftwärme mit +3.2°
um 8° höher liegt als in 900 m. Erst oberhalb 3000 m wird die Frostgrenze wieder unterschritten; auf der *Zugspitze* ist es an vielen Tagen wärmer als in *München*.

Das Bodenfrostgebiet umfaßt aber nur den Teil der Antizyklone, der dem Meereseinfluß entzogen ist,
und dort hauptsächlich abgeschlossene Gebirgstäler. Die niedrigste Temperatur wird aus *Klagenfurt* mit —8°
gemeldet. Vor allem in Küstennähe, so über Holland und Ostengland, hat sich dichter Nebel entwickelt.
Auf der Nord- und Nordostabdachung der Antizyklone, wo die milde Meeresluft Eingang zum Festland findet,
herrscht allgemein Tauwetter.

Gerade dieses Beispiel, in dem ein winterliches Hoch über Deutschland einen Kerndruck über 1050 mb aufweist, trotzdem aber über dem größten Teil des Festlandes Tauwetter herrscht und eine Schneedecke —
von hohen Gebirgslagen abgesehen — überhaupt nicht vorhanden ist, widerspricht der Auffassung von einer
hochdruckbegünstigenden Funktion einer Schneedecke. Wäre eine solche vorhanden, dann würden die Temperaturen der unteren Luftschichten durch die Absperrung des Wärmenachschubs vom Boden her und die Be-
günstigung der Ausstrahlung der Schneeoberfläche wohl erheblich niedriger liegen, aber in der freien Atmosphäre fände dadurch keine wesentliche Änderung der Situation statt. Die Verschiebung der Steuerungszentren aus ihrer normalen Lage ist ausschließlich eine Angelegenheit der allgemeinen Zirkulation und hängt
mit großzügigen Massenverlagerungen zusammen, über deren Ursache noch nichts ausgesagt werden kann.

Von den deutschen Mittelgebirgen ragen an diesem Tage alle höheren Gipfel aus der Nebelschicht heraus;
von den Bergwetterwarten liegt nur der *Feldberg im Taunus* unterhalb der Inversion. Die relative Feuchtigkeit beträgt in Gebirgshöhe etwa 30 bis 50%, über *Darmstadt* (vgl. die Zustandskurve in Abb. 66) werden
schon in 1500 m bloß 19% und in Gipfelhöhe des Aufstiegs sogar nur 17% gemessen. Als einzige Bergstation
kann die *Schneekoppe* eine Cs-Bank am fernen Horizont beobachten, wo die Grenze zwischen der trockenen
antizyklonalen Luft und einer in der Höhe kälteren Masse polaren Ursprungs Mittelpolen eben noch erreicht;
sonst ist es über ganz Mitteleuropa oberhalb der Umkehrschicht vollkommen wolkenlos. Auf +8°
stieg die Temperatur auf dem *Brocken* am Mittag und gar auf +12° am nächsten Tag, als die relative
Feuchte zugleich unter 10% herabging. Wer das feuchtkühle Klima des Oberharzes im Sommer kennengelernt
hat, kann sich kaum die wohlige Wärme eines solchen fast windstillen Wintertages vorstellen.

Die Analyse der Wetterlage ist in diesem Falle nicht schwer. Die Grenze des warmen Luftkörpers des
Hochdruckgebiets ist an seinen Flanken überall deutlich ausgeprägt. Von Polen erstreckt sie sich als immer
schärfer werdende Warmfront über Schweden nach den Lofoten, um dann als Okklusion in das Nordmeertief
einzumünden, dessen Kaltfront allerdings nur in der Höhe ausgeprägt ist und deren Annäherung sich längs
der norwegischen Küste allgemein durch beginnenden Regen bemerkbar macht. Bei den Faröern wird sie
schon wieder zur Warmfront eines neuen, über Südostgrönland angelangten Sturmtiefs, dessen Kaltfront einen
Windsprung von teilweise 180° aufweist und an der die Temperatur sprunghaft um 5° zurückgeht. Aber
auch hier soll gleich auf Abweichungen vom idealen Schema hingewiesen werden. Wie nämlich die Beobachtungen der gleichen Schiffe zeigen, flaut der Südsturm vor dieser Kaltfront von Stärke 9 auf Stärke 2
ab, bevor die Winddrehung beginnt, so daß diese Front in der Natur nicht so scharf in Erscheinung tritt
wie in der Wetterkarte.

Winterliches Wetter wird nur in größerem Abstand von dem dynamischen Hoch beobachtet. Dabei
erwärmen sich die Luftmassen, die Labrador mit Temperaturen unter —20° verlassen, bei Betreten des
Ozeans rasch über den Gefrierpunkt, aber die arktische Kaltluft, die mit etwa —7° das Land bei
der Halbinsel Kola betritt, wird auf ihrem Wege nach Süden und Südosten höchstens weiter abgekühlt.
Der Druckgradient ist hier ebenso groß wie das Temperaturgefälle zwischen der warmen antizyklonalen Luft
und den über Sibirien anstehenden arktischen Massen — was für die Ostflanken derartiger stabiler Hochs
im Winter immer zutrifft — wobei der nördliche Höhenwind die Druckänderungsgebiete nach Süden steuert.
Verlagert sich der Schwerpunkt des hohen Druckes nur ein wenig nach Nordwesten, dann wird für die russische Kaltluft die Bahn nach Europa wenigstens zeitweise frei, und auch in diesem Falle beginnen schon Anfang Februar derartige Kältewellen Einfluß auf die mitteleuropäische Witterungsgestaltung zu gewinnen,
so daß hier dieser Monat in Süddeutschland ebenso um 3° zu kalt wird wie der Januar zu warm war.

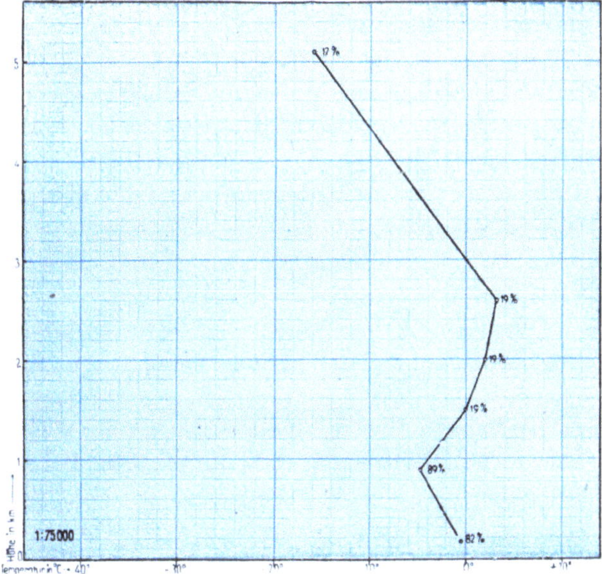

Abb. 66. Flugzeugaufstieg Darmstadt am 27. Januar 1932.

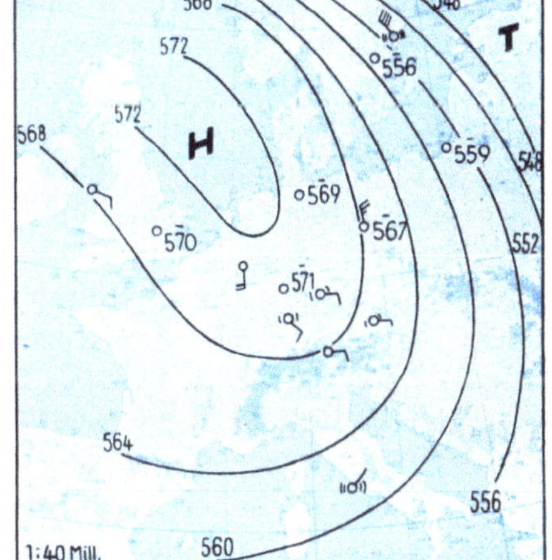

Abb. 67. Höhenwetterlage am 27. Januar 1932.

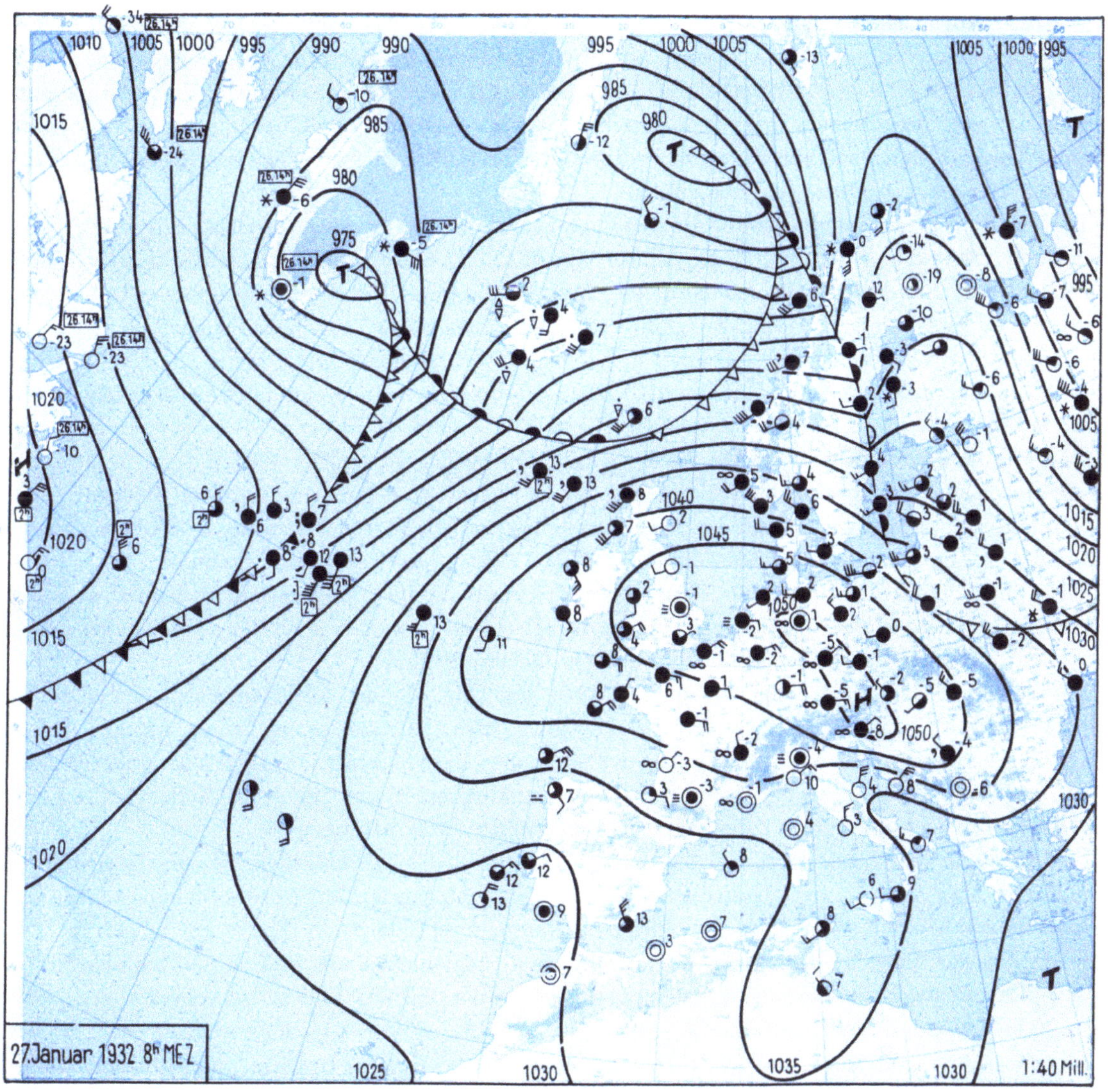

Abb. 68. Das stabile warme Winterhoch vom 27. Januar 1932.

Besondere Wettererscheinungen. Es wurde schon darauf hingewiesen, daß die großen dynamischen Hochdruckgebiete im Winter allgemein in ihren unteren Schichten wolken- und nebelerfüllt sind und daß eine scharf ausgeprägte Inversion den unteren Feuchtluftkörper von den absinkenden trockenen Massen trennt. Die Entstehung dieser Temperatur-Umkehrschicht erfolgt auf die gleiche Weise, wie es für die sommerlichen maritimen Antizyklonen beschrieben wurde und ist eine Folge der vom Boden ausgehenden Abkühlungseffekte. Da diese während der kalten Jahreszeit überall, sowohl auf See als auch auf dem Festland, wirksam sind, bildet sich in allen Teilen der winterlichen Antizyklone eine geschlossene Wolkendecke aus.

Im gleichen Augenblick macht sich die von der Wolkenoberfläche ausgehende Ausstrahlung bemerkbar, die nach Untersuchungen von F. Möller und R. Mügge (467, 469, 470) Beträge bis zu 0.5° je Stunde annehmen kann, daher die Schichtung unterhalb der Inversion labilisiert und eine stärkere Böigkeit hervorruft, wobei die vertikalen Umlagerungen in den Stratocumulusballen deutlich sichtbar werden. W. Schwerdtfeger (788) hat diese Entstehungsweise der Sc-Schichten nachdrücklich betont und darauf hingewiesen, daß im Gegensatz dazu der *Stratus* eine Wolke stabiler Schichtung darstellt.

Beginnt die Inversion bereits in Höhen von wenigen hundert Metern, so erstreckt sich die Wolkendecke als Nebel bis zum Boden, sonst bleibt die unterste Schicht wolkenfrei und nur stark dunsterfüllt. Die Ansammlung von Rauchpartikeln vermag allerdings die Nebelbildung ebenso zu begünstigen wie die Nähe von Flußläufen, Seen oder feuchten Mooren.

Wegen der ständigen Wirksamkeit der Ausstrahlung vom Boden und der Wolkenobergrenze ist es klar, daß eine hier einmal entstandene Stratocumulusschicht nur sehr schwer wieder aufgelöst werden kann. Wenn bei dem Umwandlungsprozeß eines kalten, völlig wolkenfreien Hochdruckgebietes (s. S. 130) in ein warmes die Bildung einer geschlossenen Wolkendecke einmal begonnen hat, dann kann deren Auflösung nicht eher erwartet werden, als bis von außen her wirksame Faktoren eingreifen.

Für die europäische Wettergestaltung ist es in erster Linie die Annäherung eines westeuropäischen Tiefs, das die antizyklonalen Luftmassen absaugt, die Inversion damit zu tieferem Absinken zwingt und dann in kurzer Zeit überall Aufheiterung herbeiführt. Bekannt ist deshalb die Frostverschärfung, die im Winter mit Annäherung einer ozeanischen Depression meist verbunden ist und der Milderung einige Tage vorausgeht. In den östlichen Teilen Deutschlands ist es vielfach ein Vorstoß frischer kontinentaler Kaltluft, der in diesem Falle Aufheiterung von Osten her herbeiführt.

Im Innern der Kontinente, wo die Bodentemperaturen im Winter auch im Bereich warmer Hochdruckgebiete weit unter dem Gefrierpunkt liegen, fällt aus der Sc-Decke oft tagelang leichter Schnee. Die Wetterkarte macht bei flüchtigem Beschauen dann den Eindruck, als wenn dort über ausgedehnten Gebieten stärkere Schneemengen niedergingen, besonders, wenn einige Stationen sogar „mäßigen Schneefall" melden. Dieser Wetterzustand tritt auch in unserer Heimat in jedem Winter gelegentlich auf, wenn aus einer Wolkendecke, die ein Mittelding zwischen Sc und Ac darstellt und unterhalb einer Inversion in etwa 1500 bis 2000 m liegt, anhaltend leichter Schnee niedergeht, manchmal sogar in dichteren Flocken. Erst eine Untersuchung der Schneesterne überzeugt davon, daß ihr Wassergehalt sehr gering ist, und es werden dann meist nur unmeßbare Niederschlagsmengen gemeldet. Trotzdem kann die Sichtweite bei der sehr lockeren Struktur der Flocken zuweilen unter 1 km herabgehen und den Flugverkehr bereits behindern. Dabei ist die Wolkendecke nur sehr dünn und am Tage der blaue Himmel durch einzelne Lücken verschwommen erkennbar.

Liegt die Wolkenschicht tiefer, so fallen meist nur einzelne weiße, undurchsichtige Körnchen von weniger als 1 mm Durchmesser und abgeplatteter Form, die als *Griesel*, zuweilen auch als *Schneebröckeln* bezeichnet werden und ihrer Entstehung nach dem Sprühregen verwandt sind.

Das steuernde Polarhoch vom 15. Januar 1940 und die absolut höchsten Barometerstände auf der Nordhalbkugel. Es soll jetzt noch ein großes, allerdings nicht in allen seinen Teilen warmes, winterliches Hoch beschrieben werden, hauptsächlich wegen der sehr hohen Barometerstände, die in seinem Bereich gemessen wurden, und wegen der ungewöhnlichen Witterungsverhältnisse, die es für große Teile Europas zur Folge hatte: Das Polarhoch, das am 15. Januar 1940 sein größtes Ausmaß erreichte.

In Abb. 69 ist die Druckverteilung über der Arktis zum 14-Uhr-Termin dieses Tages dargestellt, als das Barometer in *Myggbukta* an der Ostküste Grönlands 1064.8 mb zeigte. Zur Verdeutlichung der Höhe dieser Druckwerte sind alle auf Meeresniveau reduzierten Barometerstände in die Karte mit eingetragen worden; wegen des Krieges waren allerdings die Meldungen schon recht lückenhaft, und es mußten aus Sibirien und Alaska andere Beobachtungstermine mit herangezogen werden, um das Bild zu vervollständigen; sie sind in diesem Falle besonders gekennzeichnet.

Die nordsibirischen Meldungen sind vom 15. oder 16. Januar, 2 Uhr morgens mitteleuropäischer Zeit und liegen damit nur 12 Stunden vor oder nach dem gezeichneten Termin. Das gleiche gilt für die westgrönländische Meldung von

Godhavn. Von *Point Barrow* in Nordalaska liegt lediglich eine Angabe für den 14. Januar, 14 Uhr vor, die das Bild auch nicht wesentlich verfälschen dürfte. Nicht sicher ist die Beobachtung von *Franz-Joseph-Land*, die im Täglichen Wetterbericht der Deutschen Seewarte vom 16. Januar 1940 aufgeführt ist, obwohl damals die Meldungen aus diesem Raum von Rußland nicht ausgestrahlt wurden und sie an allen anderen Tagen fehlt. Der extrem hohe Druck von 1061.3 mb paßt aber zu den anderen Beobachtungen, so daß er als richtig angesehen worden ist.

Um dieses mächtige Polarhoch in die Reihe der bisher beobachteten stärksten Antizyklonen einzuordnen, sind in Tabelle 32 eine Reihe von Höchstwerten des Barometerstandes nach HANN-SÜRING (290, S. 274—275),

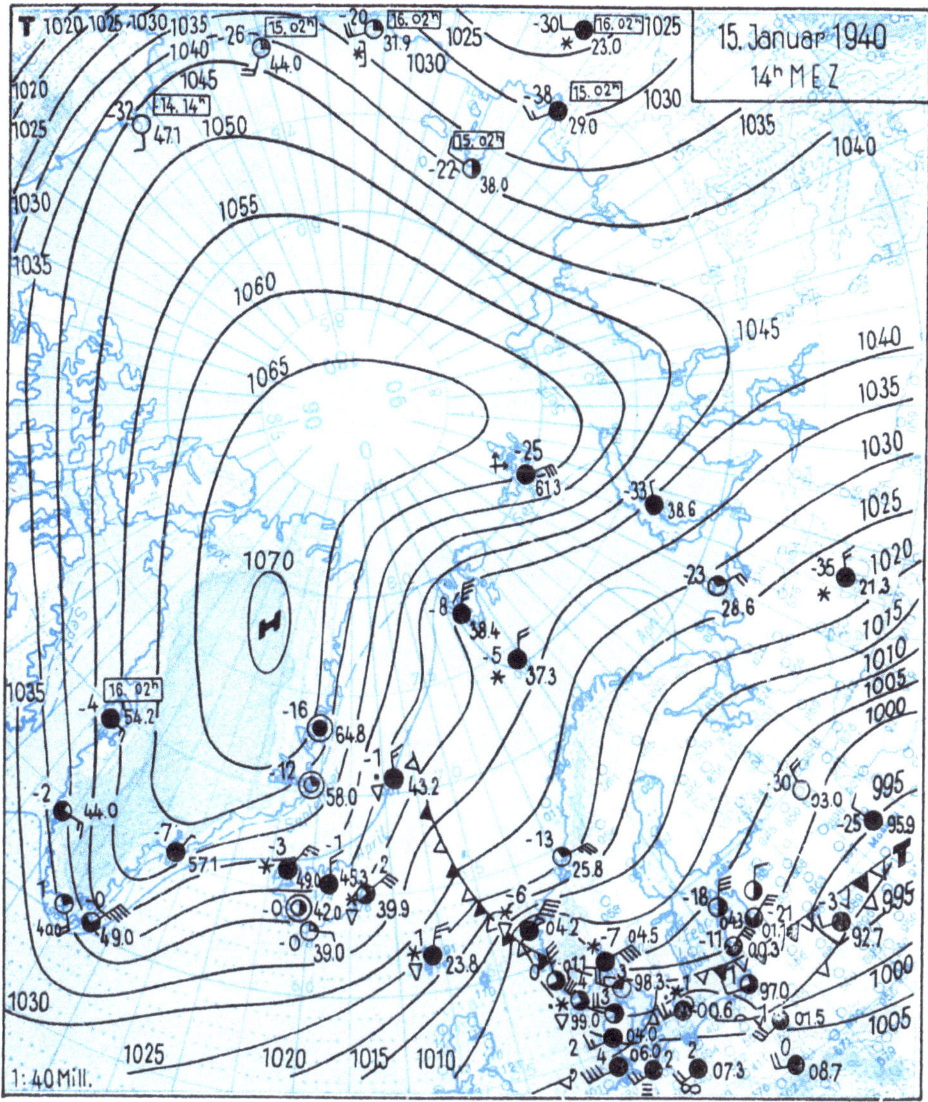

Abb. 69. Ungewöhnlich hoher Luftdruck im Polargebiet am 15. Januar 1940.

KÖPPEN (364) und PERLEWITZ (533) zusammengestellt worden. Sämtliche Luftdruckangaben sind auf Meeresniveau und Normalschwere in 45° Breite reduziert. Das absolut stärkste Hochdruckgebiet war das sibirische vom 23. Januar 1900 mit Druckwerten von beinahe 1080 mb. Die Maxima vom Dezember 1877 und Januar 1872 waren demgegenüber etwas schwächer und übertrafen die Antizyklonen vom November 1910 und Januar 1907 nur unwesentlich. Letzteres brachte großen Teilen Europas die höchsten Barometerstände und war ein ausgesprochen kaltes Hoch, das als nächstes Beispiel beschrieben wird; selbst in *Hamburg* stieg der Luftdruck dabei bis auf 1056.7 mb an[1]. Der dritthöchste Hamburger Luftdruck vom 26. Januar 1932 ist bereits behandelt worden; ebenso warm wie diese Antizyklone waren jene vom Januar 1882 und 1925.

Der ostgrönländische Luftdruckwert von 1064.8 mb ist der höchste bisher im Polargebiet beobachtete Barometerstand und übertrifft das Maximum von Vardö vom Februar 1895 noch um mehr als 5 und

---

[1] In diesem Zusammenhang sei auch auf die große Kältewelle von Mitte Dezember 1946 hingewiesen, die durch ein Hochdruckgebiet eingeleitet wurde, in welchem am 12. und 13. Dezember über NW-Rußland Barometerstände zwischen 1062 und 1063 mb und am 16. Dezember in Südnorwegen 1060 mb, in Hamburg aber nur 1046 mb erreicht wurden.

den Höchstwert von Spitzbergen vom Januar 1929 um mehr als 10 mb. Zusammen mit der Druckbeobachtung von 1054.2 mb in *Godhavn* kann man annehmen, daß über Nordgrönland die absoluten Maxima nahezu 1070 mb betrugen, wie es hier dargestellt wurde [1].

Einzelne Autoren halten es allerdings überhaupt nicht für gerechtfertigt, Isobaren über Hochländer hinweg zu zeichnen, da dort die Reduktion im Winter bei tiefer Temperatur zu hohe Barometerstände vortäuscht. Es liegen der Konstruktion aber hier nur Küstenbeobachtungen, wenige Meter über dem Meeresspiegel angestellt, zugrunde, so daß ein Reduktionsfehler unmöglich ist. Eine Unterbrechung der Isobaren über Hochländern und Gebirgen stört den Überblick erheblich. Es können Föhnsituationen viel schwerer erkannt werden, wenn die Isobaren z. B. an den Alpen ineinanderlaufend dargestellt werden, wie es auf vielen Wetterkarten geschehen ist *(orographische Isobaren)*.

Auch dieses Polarhoch muß — wenigstens zum größten Teile — als warme Antizyklone angesprochen werden. In seinem Kernbereich werden Temperaturen gemessen, die erheblich über dem der Jahreszeit entsprechenden Durchschnitt liegen: an der grönländischen Westküste, wo leichter Föhn die Bodenkaltluftschicht wegräumt, liegt das Thermometer kaum unter, an der Südküste sogar über dem Gefrierpunkt, und Temperaturwerte von —16° in *Myggbukta*, —1° auf *Jan Mayen* und —8° auf *Spitzbergen* können nicht als niedrig für den arktischen Hochwinter bezeichnet werden; erst der nach Nordrußland reichende Keil weist tiefere Temperaturen auf.

Ganz extrem kalt ist es dagegen auf der Nordseite eines über Mittelrußland angelangten Tiefs, wo bis zu —35° festgestellt werden. Bei starkem nordsüdlichem Druckgefälle dringt die russische Kaltluft mit großer Geschwindigkeit nach Westen vor. Sie ist durch eine sehr scharfe Front gegen die vorgelagerte milde Meeresluft abgegrenzt, die mit westlicher bis nordwestlicher Strömung Mitteleuropa noch beherrscht, hier allgemein Tau-

Tabelle 32. *Absolute auf Meeresniveau und Schwere in 45° Breite reduzierte Luftdruckmaxima.*

Datum	Station	Breite	Länge	Luftdruck (mb)
23. 1. 1900	Barnaul	53° N	84° E	1079.0
16. 12. 1877	Semipalatinsk	50° N	80° E	1075.0
13. 1. 1872	Barnaul	53° N	84° E	1071.5
16. 12. 1877	Tomsk	56° N	85° E	1070.2
26. 11. 1910	Swerdlowsk [2]	57° N	61° E	1068.6
23. 1. 1907	Riga	57° N	24° E	1068.6
13. 12. 1944	Kasan	56° N	49° E	1068.0
22. 1. 1907	Helsinki	60° N	25° E	1067.1
15. 1. 1940	Myggbukta	73° N	22° W	1064.8
6. 2. 1895	Vardö	70° N	31° E	1059.1
23. 1. 1907	Hamburg	54° N	10° E	1056.7
9. 1. 1896	Fort William [3]	57° N	5° W	1054.4
28. 1. 1929	Spitzbergen	78° N	14° E	1054.2
15. 2. 1892	Stykkisholmur	65° N	23° W	1053.8
21. 2. 1944	Faröer	62° N	7° W	1053.0
16. 1. 1882	Hamburg	54° N	10° E	1048.8
26. 1. 1932	Hamburg	54° N	10° E	1048.7
20. 1. 1925	Hamburg	54° N	10° E	1046.7
13. 1. 1929	Seydisfjördur	65° N	14° W	1046.7

wetter hervorrufend. Auch eine erste schwache Front innerhalb dieser Strömung ist nur in der Höhe ausgeprägt und bringt am Boden keine Temperaturänderung, ist aber durch einen deutlichen Sprung in der Windstärke zu erkennen: *Helgoland W 8* gegenüber *Blaavandshuk W 3*; *Warschau W 6*, aber *Königsberg* trotz auflandigem Wind nur *WNW 3*. Durch eine kleine Teilstörung über Südschweden ist diese Front wellenförmig deformiert. An der Hauptkaltfront sinkt die Temperatur innerhalb weniger Stunden um 10° und im Verlaufe eines Tages bis zu 32°.

Im Zusammenhang mit der Entstehung des grönländischen Hochs muß die Witterungsgestaltung etwas weiter zurück verfolgt werden. Nachdem schon im Dezember 1939 der Luftdruck im grönländisch-kanadischen Raum vorwiegend hoch war, dadurch die Einleitung dieses extrem kalten Winters mit herbeigeführt und am zweiten Weihnachtstag in *Myggbukta* bereits ein Druckmaximum von 1049.2 mb erreicht wurde, erfolgte dort beim Durchzug eines Sturmtiefs über die Dänemarkstraße zum Nordmeer am 10. Januar Druckrückgang bis etwa 990 mb. Zur gleichen Zeit wanderte ein starkes Steiggebiet von den Vereinigten Staaten aus nordostwärts und erreichte am 11. Januar Westgrönland. Nachdem noch ein weiteres Sturmtief die Dänemarkstraße mit gleichem Kurs passiert hatte, setzte der Druckanstieg über Ostgrönland am 13. in voller Schärfe ein und erreichte in 70 Stunden mehr als 50 mb. Während der nächsten Tage sank das Barometer dann, unter leichten Schwankungen, wieder bis zu einem Stand von 1012 mb am 27. Januar.

Die Folgen des Polarhochs vom 15. Januar 1940 für den europäischen Raum waren exzessiv. Nachdem hier von Mitte Dezember bis kurz vor Weihnachten schon eine erste schwächere Frostperiode geherrscht und nach kurzdauerndem Tauwetter am zweiten Weihnachtstag die zweite stärkere begonnen hatte, wobei am 11. Januar über Polen Barometerstände über 1050 mb bei Tiefsttemperaturen von —30° erreicht worden

---

[1] Ein vor allen Dingen durch seine Persistenz ausgezeichnetes Polarhoch entwickelte sich in der letzten Februardekade des Jahres 1947 über Grönland und erreichte am 20. Februar 1947 gleichfalls Druckwerte über 1060 mb.

[2] Früher Jekaterinenburg. [3] Schottland.

waren, begann zu gleicher Zeit, als über Grönland der Druckanstieg einsetzte, hier eine entsprechende Abnahme des Luftdrucks, mit Höchstwerten bis zu —50 mb über Osteuropa. Die über der Dänemarkstraße zunächst nach Nordosten gezogene Zyklonenfamilie wandte sich dabei über dem Nordmeer plötzlich südostwärts, einen Hauptkern zu dem in Abb. 69 dargestellten Termin über Zentralrußland entwickelnd und in Nord- und Mitteldeutschland nochmals vorübergehend Tauwetter hervorrufend.

Mit der am Mittag des 15. Januar von der Ostsee in nordwestlicher Richtung bis Jan Mayen verfolgbaren Kaltfront gelangt ein Kaltlufttropfen nach Europa, der in Litauen die Temperatur vom 15. zum 16. Januar um 32° sinken läßt und bis zur Westküste unseres Kontinents einen derartigen Wintereinbruch herbeiführt, daß die Kälte erst Ende Februar im mitteleuropäischen Raum gebrochen werden kann.

Im Frontbereich selbst traten verbreitete und teilweise starke Schneefälle auf, die zu Verkehrsstörungen führten, wie sie durch Wettereinwirkung in der deutschen Tiefebene nur ganz selten verursacht werden. So blieb der Köln-Berliner Nachtschnellzug, mit dem der Verfasser am 16. Januar spät abends *Düsseldorf* verlassen hatte, zwischen *Duisburg* und *Essen* 8 Stunden lang liegen, da sämtliche Weichen eingefroren waren, bei dem herrschenden Oststurm durch Schneeverwehungen zugeschüttet wurden und infolge des plötzlichen Temperatursturzes von +2° auf —15° nicht so rasch wieder aufgetaut werden konnten.

Die ganz ungewöhnliche Druckverteilung von Mitte Januar 1940 steht in ursächlichem Zusammenhang mit dem extrem kalten Winter 1939/40 und fällt in eine Epoche, in der der Luftdruck im grönländischen Raum — vor allem im Vergleich zu den vorangegangenen Jahrzehnten — jahrelang zu hoch war und daher sich gleich noch zwei kalte Winter anschlossen, wie es in der Witterungsgeschichte seit 1783/85 nicht mehr vorgekommen war (179). Da das grönländische Hoch verhältnismäßig warm war, mußte es sich bis in die Stratosphäre erstrecken und an der Grenze zum kälteren Europa statt der normalen Westwinde eine hochreichende Ostströmung entwickeln, mit der die sibirischen Wettervorgänge westwärts gesteuert wurden. Der Begriff der Steuerung soll anschließend näher erläutert werden.

c) Die Steuerung.

Den Begriff der *Steuerung* wandten erstmalig PH. SCHERESCHEWSKY und PH. WEHRLÉ (668) in ihrem „*Système nuageux*" an, in dem sie den „*Centres de direction*" eine wesentliche Rolle für die Fortbewegung der Wolken- und Niederschlagssysteme zuschrieben[1]. H. v. FICKER (232, 237) wies später bei der Untersuchung des norddeutschen Sturmes vom 4. Juli 1928 nach, daß „die Bewegungen der unteren Kaltluftmassen erzwungen und gesteuert wurden durch eine obere Druckwelle". R. MÜGGE (479) verstand unter der Steuerung in erster Linie den besonderen Fall, daß *das obere Druckgefälle den Zug der isallobarischen Gebilde bestimmt*, und diese Beziehung, auch *Bewegungssteuerung* (768) genannt, ist inzwischen ein feststehender synoptischer Begriff geworden. MÜGGE meinte zunächst, daß nur der stratosphärische Druckgradient für die Bewegung der Druckwellen verantwortlich sei[2], doch erbrachte E. HERRSTRÖM (312) den Nachweis, daß das Druckfeld im Niveau der 500-mb-Fläche demjenigen an der Untergrenze der Stratosphäre im allgemeinen weitgehend ähnelt. F. MÖLLER (464) hat später den wichtigen Satz formuliert, daß man *die Steuerung eines Tiefs am deutlichsten in der Druckverteilung erkennt, die den geradlinigsten und durch dieses Tief ungestörtesten Verlauf zeigt*[3].

Das Grundprinzip der Steuerung besteht darin, daß eine enge Beziehung zwischen der Zugbahn der Druckwellen und der Höhenströmung vorhanden ist (39). Sie tritt besonders sinnfällig in Erscheinung, wenn man nur die Zentren der Druckänderungsgebiete betrachtet, betrifft aber auch jeden Teil einer Druckwelle, was für die Konstruktion einer Vorhersagekarte besonders wichtig ist (vgl. S. 324ff.). *Die Verlagerung der Druckwellen wird weitgehend durch die Richtung der Isopotentialen der 500-mb-Fläche, also der mittleren Troposphäre, bestimmt; ihre Geschwindigkeit beträgt dabei etwa 50 bis 60% der Windgeschwindigkeit in dieser Schicht*[4].

---

[1] Eine neuere Darstellung haben G. DEDEBANT und A. VIAUT (138) gegeben.

[2] H. ERTEL (205, 206, 207, 209) hat die Theorie der *singulären Advektion* — das ist der Sprung des *Impulsdichtefeldes* an einer Diskontinuitätsfläche — entwickelt, wonach die Bahnen der Druckwellen den Linien gleicher Topographie der Tropopause folgen sollen (417). Diese ist praktisch identisch mit der Höhenströmung in diesem Niveau.

[3] Weitere Arbeiten über die Frankfurter Auffassungen: Lit. 37, 39, 284, 294, 418, 480, 481, 482, 483, 484, 551, 818, 821.

[4] Da innerhalb der Idealzyklone im Warmsektor keine größeren Temperaturgegensätze — jedenfalls nicht senkrecht zu den Isobaren — vorhanden sind, ist dort die Richtung des Höhenwindes weitgehend ähnlich dem Isobarenverlauf im Meeresniveau. Wird jetzt weiterhin vorausgesetzt, daß die gesamte Höhenströmung annähernd geradlinig und noch nicht wesentlich durch die entstehende Zyklone deformiert ist, dann muß der Isobarenverlauf in der Höhe allgemein mit jenem im Warmsektor übereinstimmen, und *das Tief bewegt sich in der Richtung, die durch das Bodendruckfeld im Warmsektor bestimmt ist*. Diese Regel wurde von J. BJERKNES und SOLBERG (90) sowie von PALMÉN (514, 515) schon vor mehr als 20 Jahren entdeckt, und die Warmsektorströmung wird deshalb auch als *Haupt-* oder *Führungsstrom* bezeichnet.

Es wurde bei der geschichtlichen Entwicklung der Synoptik schon auf die engen Beziehungen zwischen dem Zug der oberen Wolken und der Depressionen hingewiesen, woraus bereits lange Zeit vor der Entwicklung der Höhenwetterkarten wertvolle Anhaltspunkte für die Vorhersage gewonnen werden konnten. Man vermochte aber damals noch nicht zu ahnen, welche große Bedeutung diese Beziehung für die Synoptik in der Zukunft erlangen sollte.

Weist ein Hochdruckgebiet bis in große Höhen abgeschlossene Isobaren bzw. Isopotentialen auf, so ist es keiner Druckwelle möglich, von außen her in diesen Bereich einzudringen. Sie wird vielmehr bei Annäherung an den hohen Druck (auf der Nordhalbkugel) eine Linksschwenkung vollführen und dann in weitem Bogen um das Hoch auf antizyklonaler Bahn herumgeführt werden. Die Steuerung wird also durch das Hochdruckgebiet maßgebend bestimmt. Weil eine geschlossene Isobarenform nur dann bis in große Höhen erhalten bleiben kann, wenn das Maximum in der freien Atmosphäre warm ist, vermögen nur die dynamischen und nicht die kalten Hochdruckgebiete auf die Bahn der Druckwellen einzuwirken; *die warmen Antizyklonen sind die Steuerungszentren für die in ihren Bereich gelangenden Störungen.*

Das Umgekehrte trifft für die großen, kalten Tiefdruckgebiete zu. Bei ihnen erstreckt sich die abgeschlossene Isobarenform ebenfalls bis weit in die Stratosphäre hinauf; alle sich annähernden Druckwellen werden in diesem Falle nach rechts abgelenkt und umkreisen das Zentraltief auf zyklonaler Bahn. Die stationären Minima werden deshalb auch als *zyklonale Steuerungszentren* bezeichnet.

In Abb. 70 sind die antizyklonale und zyklonale Steuerung einer Druckwelle um ein Hochdruckgebiet und eine Zyklone der nördlichen Halbkugel schematisch dargestellt. Die dünnen Linien geben dabei den Verlauf der Isopotentialen der 500-mb-Fläche wieder; der eingezeichnete Pfeil deutet die Bahn einer von Westen heranziehenden Druckwelle, die von dem Hoch weit nach Norden, von der anschließenden Zyklone tief nach Süden hin abgelenkt wird. In gewissen Fällen, wenn zur Zeit der Ausbildung eines abgeschlossenen Druckzentrums in der Höhe eine Druckwelle sich gerade in diesem Bereich befindet, kommt auch der Fall der *Kreissteuerung* (710, 719, 763) vor, indem ein Druckänderungsgebiet vollkommen um die Steuerungsachse herumgeführt wird.

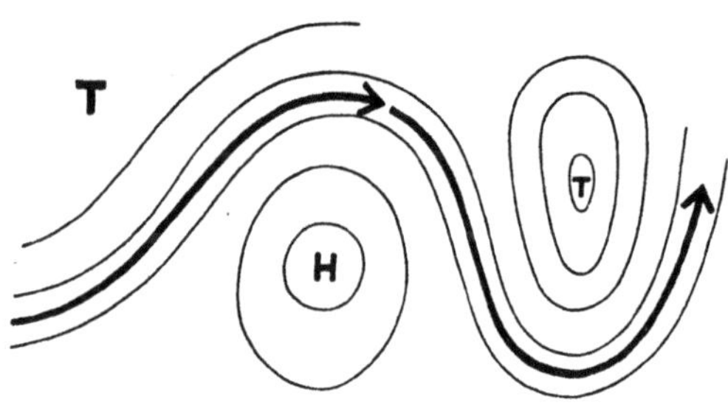

Abb. 70. Schema der antizyklonalen und zyklonalen Steuerung.

Für die Steuerung ist selbstverständlich immer nur die momentan herrschende Höhendruckverteilung maßgebend. Ändert sich diese, so erfährt auch die Steuerungsrichtung fortwährende Umgestaltungen — worauf erstmalig Müller-Annen (487) hinwies — und die Bahn der Druckwelle ist dann nicht so leicht vorherzubestimmen, wie es in dem schematischen Beispiel gezeigt wird. Eine weitere wichtige Voraussetzung für eine enge Beziehung zwischen der Höhendruckverteilung und der Steuerung besteht darin, *daß das zu steuernde Gebilde klein sein muß im Vergleich zu den steuernden Faktoren.* Erreicht ein Fallgebiet einen Umfang, der mit demjenigen der Steuerungszentren verglichen werden kann, dann ändert es selbst die Druckverteilung in allen Höhen derart um, daß auch die Steuerung schließlich wesentlich anders verläuft. Die Regel kann auch so ausgedrückt werden, daß ein Druckänderungsgebiet dann dem Verlauf der Höhenströmung genau folgt, wenn es sich selbst noch durch keine Ausbuchtung der Isopotentialen der höheren Schichten bemerkbar macht. Dies trifft besonders zu für Fallgebiete im ersten Stadium ihrer Entwicklung.

Solch ein entstehendes Fallgebiet ist die Begleiterscheinung jeder sich entwickelnden jungen Zyklone, und daher ist deren Bahn stets besonders eng mit der Höhenwetterkarte gekoppelt und ihre Zugrichtung genau vorherzusagen. Die großen Fallgebiete okkludierender oder schon okkludierter Minima können dagegen nicht einfach mit der Höhenströmung verlagert werden; es sind dabei alle jene Faktoren zu beachten, die eine Verstärkung bzw. Abschwächung des Druckfallgebiets zur Folge haben und erst später (vgl. S. 318ff.) behandelt werden. Jede Druckänderung ist nämlich die Folge eines komplizierten Vorganges, dessen Theorie noch kaum geklärt ist, und von dem wir nur die Auswirkung sehen. Keinesfalls darf man sich die Steuerung so vorstellen, daß hier einfach bestimmte Luftpakete von der Höhenströmung mitgeführt und durch die statischen Effekte ihrer Temperaturverteilung die Druckänderungen hervorgerufen würden. Daß dies nicht der Fall ist, ergibt sich schon daraus, daß dann jedes Fallgebiet mit Erwärmung, jedes Steiggebiet aber mit Temperaturrückgang in der freien Atmosphäre verbunden sein müßte, was aber durchaus nicht zutrifft.

Daß der Prozeß viel verwickelter ist, geht auch aus der Geschwindigkeitsverminderung hervor, die jede Druckwelle im Vergleich zur Höhenströmung aufweist und die etwa 40 bis 50% des geostrophischen Windes der 500-mb-Fläche ausmacht. Es ist noch nicht ganz geklärt, in welcher Höhe der Hauptsitz der druckändernden Vorgänge zu suchen ist, doch kann man annehmen, daß die obere Troposphäre dafür in erster Linie in Frage kommt, wo die Druckwellen gegenüber der Höhenströmung noch mehr zurückbleiben. Diese nimmt nämlich nach dem CLAYTON-EGNELLschen Satz ungefähr *umgekehrt proportional zur Dichte* zu und ist demnach im Niveau der 225-mb-Fläche (vgl. Tabelle 12) beinahe viermal größer als der Gradientwind am Boden.

Man kann sich den Mechanismus der Steuerung so vorstellen, wie in einem Fluß der Wirbel von der Strömung mitgeführt wird, der am Brückenpfeiler oder über einem Bodenhindernis entstanden ist. In der Atmosphäre sind die Verhältnisse insofern noch viel verwickelter, als hier auch die Richtung der Bewegung in den einzelnen Höhenschichten nicht gleich ist. Es treten physikalische Prozesse auf, die nicht einfach zu übersehen sind und wodurch die Fortbewegung der Druckwelle viel langsamer erfolgt als die Geschwindigkeit der Höhenströmung. Letzten Endes ist es aber der gleiche Vorgang, der auch den an der Hausecke entstandenen Reibungswirbel, die Staubtrombe über der heißen Landstraße, den Tornado (259) im amerikanischen Westen und den Taifun der chinesischen Gewässer mit der allgemeinen Strömung ziehen läßt[1].

Es hat sich in der Praxis gezeigt, daß die Koppelung zwischen der Steuerung und der Höhenströmung am besten in der 500-mb-Karte ausgeprägt ist. Die Topographien der oberen Troposphäre haben in dieser Beziehung die 500-mb-Fläche nicht zu ersetzen vermocht. Es liegt dies daran, daß nach dem bereits (S. 4) zitierten Satz von KÖPPEN (367) für die Fortpflanzung der Depressionen die mittlere Strömungsenergie in ihrem Bereich maßgebend ist, diese aber — wie schon S. 12 erwähnt — am besten in einer mittleren Schicht erkannt werden kann und die 500-mb-Fläche deshalb besonders prädestiniert ist, weil dieses Niveau die Atmosphäre, massenmäßig betrachtet, in zwei Hälften unterteilt: 500 mb liegen ober- und 500 mb unterhalb dieser Fläche. Dreht z. B. der Wind in der Troposphäre gleichmäßig in einer Richtung, so wird etwa in mittlerer Höhe die durchschnittliche Strömung für die gesamte Troposphäre bzw. mit Einschluß der unteren Stratosphäre angetroffen.

Es gibt aber auch Fälle, in denen mit größerem Vorteil eine höhere Schicht zur Bestimmung der Steuerung herangezogen wird: wenn nämlich das betreffende Druckfallgebiet in 500 mb bereits von einer starken Ausbuchtung der Höhenisobaren begleitet ist bzw. sie hervorruft. Ist die Strömung zugleich an der Tropopause noch weniger gestört, dann zeigt die 225-mb-Fläche die Steuerung am besten an; wird auch dort schon die Deformation des Druckfeldes zu groß, dann müssen die Stratosphärenkarten herangezogen werden.

Hier gilt wieder die Regel, daß für die Steuerung die Schicht maßgebend ist, die als erste eine ziemlich glatte Strömung aufweist. Es ist also nicht statthaft, dann Karten für beliebige Schichten zu verwenden und womöglich aus der sommerlichen stratosphärischen Ostströmung den Schluß zu ziehen, daß zu dieser Jahreszeit alle bis in die Stratosphäre reichenden Störungen sich nach Westen verlagern müßten. Es zeigt sich im Gegenteil immer wieder, daß auch bei großer Abweichung des Tropopausenwindes von der Westrichtung diese oberhalb der Tiefdruckkerne in Höhen zwischen 14000 und 17000 m am ehesten erhalten bleibt und erst darüber der Übergang zur östlichen Luftbewegung erfolgt, wie dies ebenso die Durchschnittskarten für die Sommermonate beweisen (s. Abb. 14 auf S. 38).

Es kann auch ein anderer Grenzfall eintreten: Daß nämlich die Bodenisobaren für die Fortbewegung von Druckgebilden maßgebend werden. Es handelt sich dann um abgeschlossene Kaltlufttropfen, und die Erklärung ist besonders einfach, doch soll sie erst im Anschluß an die Behandlung dieser atmosphärischen Erscheinungen gegeben werden (S. 228ff.).

Für alle Arten der Steuerung ist es selbstverständlich, daß diese sich bei unterschiedlicher Strömung in den einzelnen Höhen auch für alle Schichten verschieden auswirken muß. Dabei kompensieren sich aber die Einzeleffekte zum größten Teil, und alle Regeln über die Verwendung bestimmter Niveauflächen besagen nichts anderes, als daß man, um die Zusammenhänge möglichst einfach überschauen zu können, die Schicht heraussuchen muß, in der die Strömung am ungestörtesten bleibt.

Es kann vorkommen, daß zu der betreffenden Zeit oder aus dem fraglichen Raum keine aerologischen Meldungen vorliegen, wenn eine Aussage über die Verlagerung der Druckwellen gemacht werden muß. Wegen der engen Beziehung, die zwischen der Temperaturverteilung der Troposphäre und der Höhe der Druckflächen an ihrer Oberseite besteht (S. 29), muß die Höhenströmung immer angenähert die gleiche Richtung aufweisen wie die mittleren Isothermen der freien Atmosphäre, die ihrerseits weitgehend durch die Verteilung der Luftmassen bestimmt werden. Kennt man also diese, dann ist auch die Höhenströmung in der mittleren

---

[1] Für die Steuerung der Fronten ist die Höhenströmung nur mittelbar maßgebend, indem diese die Druckwellen lenkt und erst durch die damit eintretende Änderung des Bodendruckfeldes auch die Verlagerung der Fronten beeinflußt wird (163).

und oberen Troposphäre wenigstens der Richtung nach ziemlich genau abzuschätzen (647): es muß tiefer Druck über den Kältemassen und hoher über der Warmluft vorhanden sein.

Noch besser ist es, wenn man aus den Beziehungen, daß einer Temperaturerhöhung von 1° ein Anstieg der relativen Topographie 500/1000 mb von 2 Dekametern und einer Bodendruckzunahme von 5 mb eine Änderung der Höhe der 1000-mb-Fläche von 4 Dekametern entspricht, die absolute Topographie der 500-mb-Fläche roh abschätzt und sich so eine Vorstellung der Höhenströmung macht. Für die 225-mb-Fläche ist für die gleiche Überlegung zu berücksichtigen, daß ein troposphärischer Temperaturunterschied von 1° eine Differenz der relativen Topographie 225/1000 mb von rund 4 Dekametern herbeiführt und diese Temperatureinflüsse so groß sind, daß für den Höhendruck an der Tropopause der Barometerstand am Boden kaum noch eine Rolle spielt.

Wo die engste Drängung der Isothermen liegt — das ist im eigentlichen Frontbereich — dort muß auch die Höhenströmung am stärksten sein. Die Richtung ist dadurch bestimmt, daß der Druck über der warmen Seite der Front hoch und über der kalten niedrig sein muß. *Erstreckt sich also eine von Westen vordringende Kaltfront von Süden nach Norden, so muß über ihr eine südliche, vor einer aus gleicher Richtung herankommenden Warmfront eine nördliche Höhenströmung vorherrschen.* Aus dem Wolkenzug allein kann man nach diesen Regeln schon in vielen Fällen eindeutig erkennen, was für eine Front in Annäherung begriffen ist.

Im nächsten Beispiel müssen diese Regeln angewandt werden, wenn man sich eine Vorstellung von der Höhenströmung machen will, denn es stammt aus einer Zeit, als aerologische Beobachtungen erst an ganz wenigen Stationen angestellt wurden.

2. Das kalte Hoch.

Es gibt außer den eben behandelten warmen, steuernden Antizyklonen noch eine ganz andere Art von Hochdruckgebieten, die eine niedrig temperierte Troposphäre aufweisen und deshalb als *kalte Hochdruckgebiete* bezeichnet werden. Es ist dabei selbstverständlich, daß bei der in Kaltluft vorhandenen starken Druckabnahme in der Vertikalen der hohe Druck sich lediglich auf die unteren Schichten beschränkt. Diese Antizyklonen vermögen deshalb auch nicht steuernd zu wirken; es kommt aber häufig vor, daß sich ein kaltes Hoch im Laufe seiner Entwicklung durch Einbezug von Warmluft in ein dynamisches umwandelt und so zum Steuerungszentrum wird. In vielen Fällen sind jedoch die kalten Antizyklonen nur kurzlebige und rasch wandernde Gebilde, die von der allgemeinen Höhenströmung genau so gesteuert werden wie die Zyklonen. Diese nehmen meistens nur das Zwischengebiet von zwei Depressionen ein und sind von A. SCHMAUSS (740) deshalb als *kohärente Drucksysteme* bezeichnet worden; oft entwickelt sich dabei nur ein ausgeprägter Hochdruckkeil.

Ursprünglich wurde angenommen, daß alle Hochdruckgebiete kalt seien, denn auf diese Weise konnte der hohe Bodendruck aus dem thermischen Effekt zwanglos erklärt werden; entsprechend nahm man an, daß die Zyklonen Gebiete großer Wärme umfaßten, und nach der Verteilung der Bodentemperaturen sah es auch so aus, als wenn an dieser Vorstellung kein Zweifel möglich wäre, zumal sie für die Monsunzirkulation zutrifft. Durch Bearbeitung direkter Beobachtungen (287) ergab sich aber das Gegenteil, und in einer groß angelegten Arbeit über die Verteilung der meteorologischen Elemente in den Antizyklonen und Zyklonen kam St. HANZLIK (292) zu dem eindeutigen Ergebnis, daß die Hochdruckgebiete warm und die Depressionen kälter sind. Es hat sich dann später gezeigt, daß der Charakter der Hochdruckgebiete über den einzelnen Klimagebieten verschieden zu sein pflegt und daß über dem amerikanischen Festland die kalten, wandernden Barometermaxima mehr überwiegen, wogegen über dem europäischen Raum die warmen, ortsfesten, in der Mehrzahl sind. Da aber jedes Hoch wegen der in seinem Bereich herrschenden absinkenden Luftbewegung eine Tendenz zur Erwärmung aufweist, stellen nur wenige kalte Hochdruckgebiete diesen Typ rein dar, und fast niemals fällt das Zentrum der Kaltluftmasse mit dem Kern des Hochs zusammen; es handelt sich daher meist um Übergangsfälle, indem der Hochkern gegenüber dem Höhepunkt der Kältewelle etwa halbwegs zur nachfolgenden Warmluftzunge verschoben ist und dann im Bereich einer starken, konvergierenden Höhenströmung liegt. Immer bleibt dabei die Tendenz zur Erwärmung des Hochs vorhanden.

a) Das kalte Hoch im Sommer.

Besonders rasch erfolgt die Umwandlung der kalten Hochdruckgebiete im Sommer über dem Festland, wo sie durch die Bodenerwärmung unterstützt wird. Da diese Maxima im allgemeinen ziemlich schnell nach Osten abwandern, hält die durch sie hervorgerufene Wetterbesserung höchstens 1 bis 2 Tage an; wegen der verhältnismäßig niedrigen Temperaturen der freien Atmosphäre wird eine solche Zwischenhochlage meist durch ausgedehnte Gewitterbildung beendet.

b) Das kalte Hoch im Winter.

In den Wintermonaten vermag ein kaltes Hoch seinen Charakter dagegen oft lange Zeit aufrecht zu erhalten und kann unter Umständen sogar in der Höhe mit tiefem Druck gekoppelt sein. Im folgenden wird
eine verhältnismäßig rasch wandernde Antizyklone beschrieben, in deren Gefolge ein besonders markanter
Kälteeinbruch Mitteleuropa heimsuchte.

Das kalte Winterhoch vom 18. bis 25. Januar 1907. In Abb. 71 ist die Wetterlage am 18. Januar 1907,
8 Uhr vormittags dargestellt. Ein umfangreiches, warmes Hochdruckgebiet beherrscht fast ganz Europa;
in seinem über der Nordsee liegenden Zentrum werden Barometerstände über 1040 mb beobachtet. Die
Situation hat eine gewisse Ähnlichkeit mit dem in Abb. 68 behandelten Beispiel, doch liegen die Temperaturen dabei diesmal am Boden noch etwas höher. Leichte Strahlungsfröste treten überhaupt nur in den
Alpentälern, Zentralfrankreich und vereinzelt im holländischen und englischen Raum auf, wo es teilweise
heiter ist. Über Deutschland werden bei geschlossener, tiefer Bewölkung und leichter nordwestlicher Luftzufuhr Temperaturen bis zu 5 und 6° über dem Gefrierpunkt gemessen; noch in unmittelbarer Nähe der Hoch-
druckachse kommt es zu leichten Regenfällen.

Über dem Nordatlantik herrscht lebhafte Zyklonentätigkeit. Ein erster schwächerer Tiefkern hat die
grönländische Ostküste erreicht und wandert langsam weiter nordostwärts. Eine zweite stärkere Zyklone
folgt von der Südküste Grönlands nach; von ihr erstreckt sich eine gut ausgeprägte Kaltfront zunächst südostwärts und biegt etwa auf dem 50. Breitengrad nach Südwesten hin um, gerade zum Beobachtungstermin
die Azoren passierend und dort durch einen scharfen Windsprung von 90° und einen plötzlichen Temperaturrückgang von 5° angedeutet.

Es folgt dieser ersten Konvergenzlinie noch eine zweite im Abstand von etwa 700 km nach, deren Längenerstreckung jedoch nur gering ist; hinter dieser strömt tieftemperierte kanadische Kaltluft südostwärts, von
zahlreichen Schnee- und Graupelschauern durchsetzt und Lufttemperaturen aufweisend, die bis zu 10° unter
der Wasserwärme liegen.

Die bei weitem interessantesten Wettervorgänge spielen sich jedoch im Ostraum ab. Hier ist der warme
Luftkörper des europäischen Hochs, dessen Begrenzungslinie von der grönländischen Ostküste zunächst
nach Nordosten bis in die Nähe von Spitzbergen verläuft und dann nach Südosten umbiegt, durch eine ganz
ungewöhnlich scharfe Front von der russischen Kaltluft getrennt. Die Temperaturgegensätze erreichen ihr
größtes Ausmaß südlich der Waldai-Höhen mit Beträgen von mehr als 20° auf wenigen hundert Kilometern
Entfernung. Über dem Schwarzen Meer verliert diese Front wieder an Schärfe und biegt am Kaukasus nach
Nordosten um, wo sie in ein Tief an der mittleren Wolga einmündet.

Längs der Frontalzone sind drei verschiedene kleine Tiefdruckkerne deutlich zu erkennen, wobei der
Frontverlauf durch den südlichsten kaum beeinflußt wird, innerhalb der nordnorwegischen Zyklone aber eine
größere Deformation aufweist. Entsprechend der Temperaturverteilung muß über dieser Frontalzone eine sehr
starke nördliche Höhenströmung vorhanden sein, die erst im Raum von Spitzbergen nach Westen, über Grönland nach Südwesten umbiegt und auf dem östlichen Teil des Ozeans eine südliche Richtung beibehält, überall
bestimmt durch das antizyklonale Steuerungszentrum über der Nordsee. Da der Hauptwarmluftstrom vom
Ozean aus in Richtung auf die Faröer und das Nordmeer erfolgt, kann man annehmen, daß sich der Hochdruckkern mit der Höhe ein wenig in westlicher oder nordwestlicher Richtung verschiebt. Der an diesem Tage
ausgeführte Drachenaufstieg von *Lindenberg* ergab zwischen 1000 und 2500 m Nordwestwinde von etwa
40 km/h.

Die russische Kaltluft wird durch ein nordöstlich des Urals liegendes Kältehoch von über 1045 mb gespeist,
in dessen Bereich Temperaturgrade bis zu —36° beobachtet werden. Auch der Raum an der mittleren Wolga
und deren Quellgebiet ist bei zyklonaler Strömung recht tief temperiert, teilweise werden Kältegrade von
—20° bei Windstärke 8 gemeldet.

In den nächsten Tagen wandert das nordsibirische Kältehoch auf ganz ungewöhnlicher Bahn nach Westsüdwest und ist drei Tage später (Abb. 72), unter Verstärkung auf 1065 mb, an der Ostküste des Weißen Meeres
angelangt, dort jetzt von Strahlungstemperaturen bis zu —39° begleitet. Im gesamten europäischen Rußland, abgesehen von seinen Randmeeren, hat sich der Frost unter —20° verschärft. Das mittelrussische Tief
ist, entlang der Frontalzone südwärts wandernd und sich in ihrem Delta erheblich vertiefend, über dem östlichen Mittelmeerbecken angelangt, so daß der Druckgradient von hier zum nordrussischen Hoch recht groß
geworden ist und sich die gesamte Kaltluftmasse westwärts nach Europa ergießt. Sie hat zu diesem Termin
eine Linie von Cypern über den Ostalpenfuß und die Zone zwischen Elbe und Weser zur nördlichen Nordsee
erreicht und biegt erst hier mehr nach Nordnordosten um, bis sie südlich von Spitzbergen in eine Zyklone
einschwenkt, die identisch ist mit der drei Tage vorher bei Südgrönland gelegenen und deren Kaltfront —

nur noch in der Höhe ausgeprägt — gerade die Faröer überschritten hat, sich von hier nach Südwesten zu einem neuen Tief westlich der Azoren erstreckend.

Obwohl der Luftdruck über Osteuropa in diesen drei Tagen bis zu 45 mb angestiegen ist und man deshalb erwarten sollte, daß zur Kompensation über dem Ozean Druckfall eingetreten wäre, zeigt sich gerade das Gegenteil. Selbst das warme steuernde Hoch, dessen Zentrum ebenfalls nach Südwesten verschoben ist, hat sich noch auf 1045 mb verstärken können, und hinter der atlantischen Kaltfront will sich ihm gerade eine neue Hochdruckzelle anbauen, die bereits einen Kerndruck von 1035 mb aufweist. Erst über der Davisstraße

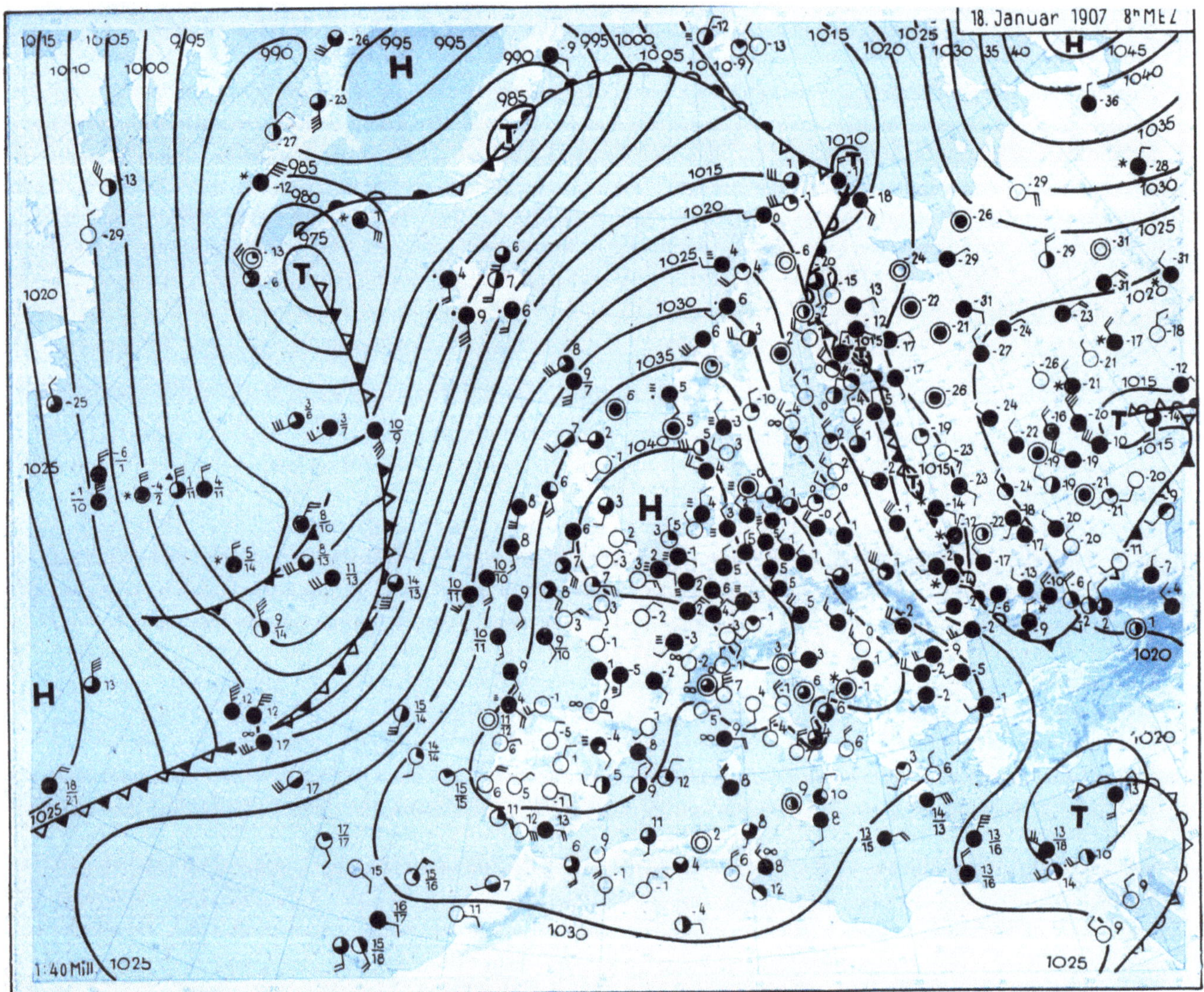

Abb. 71. Das Kältehoch über dem Nord-Ural im Vorstoß nach Südwesten am 18. Januar 1907.

ist erheblicher Druckfall eingetreten durch ein Sturmtief, das sich der grönländischen Westküste nähert und dessen Frontensystem ebenfalls deutlich ausgeprägt ist; die Warmfront fällt mit der Grenze der arktischen Polarluft über der Dänemarkstraße zusammen.

Über dem russischen Gebiet ist allein der Südostteil des Schwarzen Meeres von der Kältewelle noch nicht erfaßt worden; dort vermag sich im Gegenteil auf der Vorderseite des Mittelmeertiefs nochmals Erwärmung durchzusetzen, so daß die Kaukasusküsten Wärmegrade von 6 bis 7° bei Südostwind melden, wogegen nur wenig weiter nördlich Schneesturm aus Nordost eingesetzt hat und die Warmfront dort besonders scharf ausgeprägt ist.

Die Höhenwindmessungen von *Lindenberg* vom 20. und 21. haben schon in den unteren Schichten eine nördliche bis nordöstliche Strömung ergeben. Von dem zum Atlantik verschobenen Steuerungshoch muß sich, dem Warmluftstrom entsprechend, ein starker Höhenkeil bis zum Nordmeer erstrecken. Der Hauptkaltluftvorstoß erfolgt über Südwestrußland, wo die auftretenden leichten Schneefälle auf ziemlich labile Schichtung hindeuten, während im Kernbereich des Kältehochs selbst bei starkem Absinken die Temperaturen wohl nur am Boden tiefer, in der freien Atmosphäre aber höher liegen dürften als weiter im Süden. Auf diese Weise kommt eine nordöstliche Höhenströmung über Mittel- und Osteuropa zustande.

Die Lage ist jetzt klar: Die osteuropäische Kältewelle ist nicht mehr aufzuhalten und wird sich noch weit nach Westen hin ergießen. Zwei Tage später (Abb. 73) hat sie schon die Biscaya erreicht und ist auf ihrer gesamten Erstreckung von Libyen über den Südzipfel Italiens und den Golf du Lion bis zur Biscaya noch durch einen scharfen Wind- und Temperatursprung ausgezeichnet; selbst zwei Schiffsbeobachtungen südwestlich von Irland geben die Lage der Front noch durch einen Temperaturgegensatz von 5° an. Das russische

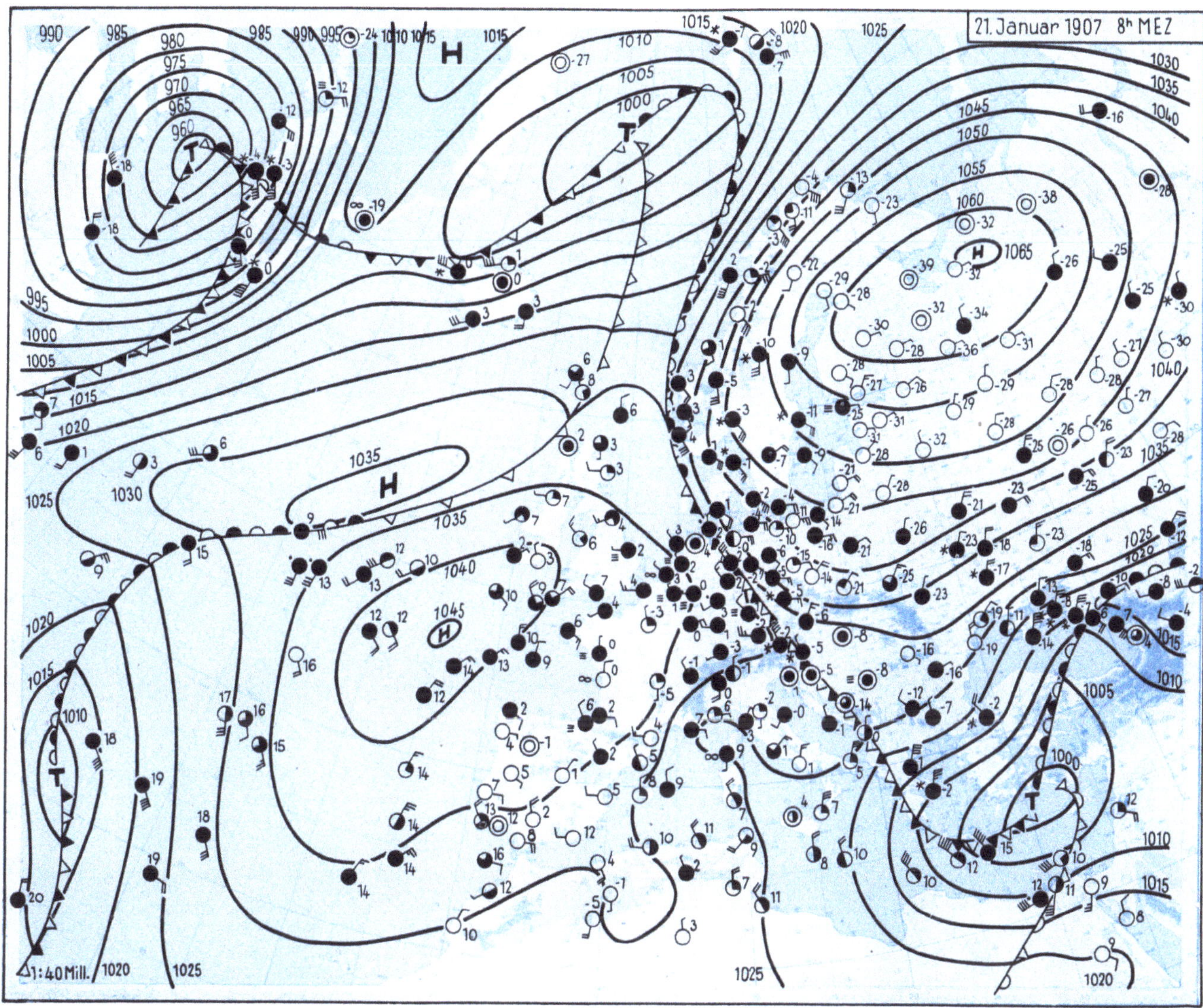

Abb. 72. Die russische Kältewelle erreicht Zentraleuropa am 21. Januar 1907.

Hoch hat seinen Südwestkurs fortgesetzt und ist jetzt in der Nähe von *Riga* angelangt, wo zu diesem Zeitpunkt der höchste bisher in Europa beobachtete Luftdruck von 1068.6 mb (vgl. Tabelle 32, S. 126) gemessen worden ist, so daß man annehmen kann, daß im Zentrum dieser historischen Antizyklone 1070 mb gerade erreicht wurden. Die Temperaturen haben in ganz Mitteleuropa außerhalb der Küstengebiete — 15° unterschritten und sind in den östlichen Teilen Deutschlands unter —20° herabgesunken, wobei die große Windgeschwindigkeit und die Plötzlichkeit des Eintreffens dieser Kältewelle sich besonders unangenehm auswirkten und das Phänomen in den Tageszeitungen — *Advektionskälte* genannt — spaltenlang beschrieben wurde. Nirgends schützte eine Schneedecke den Boden; in 1000 m Höhe wurden über *Hamburg* Windgeschwindigkeiten von 108 km/h gemessen, so daß am Tage bei starker Sonnenstrahlung auch am Boden Stärke 7 erreicht wurde und der Sturm lockere Staubmassen vor sich hertrieb. Extreme Kältegrade konnten jedoch schon wegen des schneefreien Bodens nicht eintreten.

Auch die Südostküste des Schwarzen Meeres ist jetzt von der Kaltluft erreicht worden, doch vermag sich diese hier nur sehr zögernd durchzusetzen. Die Windgeschwindigkeit bleibt im Schutze der Kaukasusberge

so gering, daß hier noch nicht einmal der Gefrierpunkt unterschritten wird, während etwas weiter nördlich im Mündungsgebiet des Kuban bei vollem Nordoststurm und starkem Schneetreiben fast —20° beobachtet werden und die Kältewelle sich auf der Krim ebenfalls in starkem Maße auswirkt. Daß die Bezeichnung
der Kaukasusküste um *Poti* als der *russischen Riviera* zu Recht besteht, tritt in diesem Falle besonders deutlich
in Erscheinung.

Im Gebiet von *Neapel* kommt es an der Grenze der Kaltluft bei Temperaturen in der Nähe des Gefrierpunktes zu stärkeren Schneefällen; vom Karst herab stürzt die sibirische Masse in wütenden Böen auf die

Abb. 73. Bisher höchste gemessene Barometerstände über Zentraleuropa im kalten Hochdruckkern am 23. Januar 1907.

warme Adria. Nur im spanischen Raum, wo sich eine stärkere Zyklone bereits vor Ankunft der Kaltluft
entwickelt hat, konnten die Temperaturen leicht ansteigen. Das Azorentief hat wenig Lageänderung erfahren, seine Warmfront ist rückläufig geworden und wieder bis in die Nähe Neufundlands verschoben.

Das antizyklonale Steuerungszentrum über dem Atlantik ist jetzt mit der neuen Hochzelle verschmolzen,
die sich ihr von Nordwesten angegliedert hat, wobei die trennende Front bereits der Auflösung anheimgefallen ist. Der Luftdruck ist hier ebenso wie über dem mitteleuropäischen Raum weiter angestiegen,
und hinter einer ersten Kaltfront des von der Davisstraße zum europäischen Nordmeer gezogenen und dort
unter Verschmelzung mit dem voranziehenden Tief angelangten Sturmwirbels hat schon wieder eine neue
Hochdruckzelle mit Druckwerten über 1035 mb Neufundland erreicht, so daß sich jetzt eine durchgehende
Hochdruckbrücke über 1030 mb vom Innern Sibiriens bis zum westlichen Atlantik und von dort sogar noch
weiter nordwestwärts zu einem vierten Hochkern über Labrador erstreckt.

Die Warmfront längs der norwegischen Küste ist nicht deutlich ausgeprägt und auch von keinem
stärkeren Niederschlagsgebiet begleitet, was für alle derartigen Fälle zutrifft, wenn der Gradient solche Aus-

maße annimmt wie an der Nordseite dieses Hochs und eine ausgeprägte Konvergenz fehlt. In der Höhe dringt die Warmluft mit orkanartiger Geschwindigkeit ostwärts vor, während ihre Grenze am Boden weit zurückbleibt und die Kaltluft durch anhaltenden Abfluß aus dem inneren Bereich des Hochs neu genährt wird. Der Temperaturanstieg erfolgt nicht sprunghaft, sondern kontinuierlich von —25° östlich des Onega-Sees bis —8° am Bottenbusen und auf +3° an der norwegischen Küste. Im eigentlichen Warmsektor werden westlich der Faröer noch +9° erreicht.

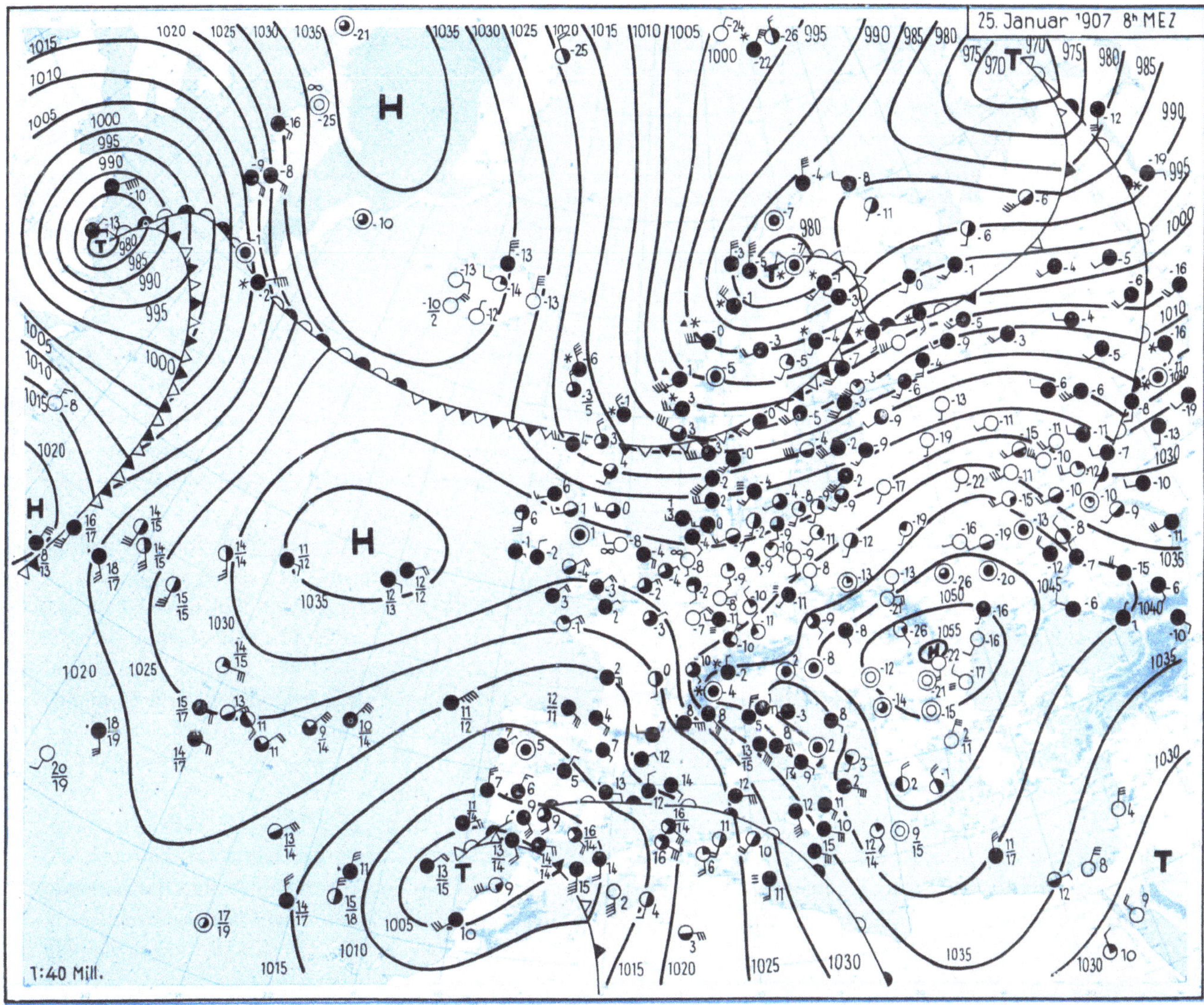

Abb. 74. Rascher Abbau des Kältehochs am 25. Januar 1907.

Auch die erste Kaltfront bei Island tritt nur undeutlich in Erscheinung und macht sich lediglich durch einen Temperaturgegensatz von 3° zwischen der Süd- und Westküste Islands und ein schmales Regenband mit nachfolgender Bewölkungs-Auflockerung bemerkbar[1]. Erst an der zweiten Kaltfront erfolgt Windsprung von West auf Nord und Temperatursturz weit unter den Gefrierpunkt. Eine solche Zweiteilung des Frontensystems wird im isländischen Raum dadurch begünstigt, daß einerseits Polarluft, aus Südwesten kommend, die Zyklonen umkreist, sich aber zugleich im Lee des grönländischen Inlandeises gerne eine deutliche Tiefdruckrinne erhält und sich daraus eine zweite Kaltfront entwickelt.

Im norwegischen Raum erreicht der Sturm im Grenzgebiet zwischen dem größten Hochdruckgebiet vieler Jahrzehnte und dem dabei gleichzeitig östlich von Spitzbergen angelangten tiefen Wirbel große Stärke: Vom Nordkap wird voller Orkan gemeldet. Man kann die Ausbildung von großen Druckgradienten auf der Nordseite kalter Antizyklonen im Winter häufig beobachten, wenn Druck- und Temperaturgefälle, wie in diesem

---

[1] Die ebenfalls an der Ostküste beobachtete Wolkenauflockerung ist demgegenüber als Föhnerscheinung bei ablandigem Wind zu deuten.

Beispiel, entgegengesetzt gerichtet sind und die thermischen Effekte die Aufrechterhaltung der großen Druckunterschiede unterstützen.

Zwei Tage später (Abb. 74) hat sich die Lage schon wieder vollkommen geändert. Das Spitzbergen-Tief ist zur Karischen Pforte abgezogen und hat jetzt eine durch eine deutlichere Konvergenz ausgeprägte Warmfront bis zum Wolgaknie hin entwickelt, von entsprechenden Schneefällen auf ihrer Vorderseite begleitet. Die beiden Kaltfronten haben sich, ihrer orographisch bedingten Entstehungsweise entsprechend, zu einem Frontenzug vereinigt, der über Finnland vorübergehend leicht rückläufig wird, von dort bis zum Nordural nur sehr undeutlich in Erscheinung tritt, dagegen von Südnorwegen über Nordschottland und dem Nordatlantik durch eine scharfe Konvergenz ausgeprägt ist und hier trotz des ausgleichenden Einflusses des Meeres über den Faröern einen Temperatursturz von 15° in 48 Stunden herbeigeführt hat; über Island erreicht die Abkühlung teilweise sogar 20°.

Mit der Annäherung dieser Kaltfront ist die Hochdruckbrücke — wie man es meistens beobachten kann — erheblich geschwächt worden. Überraschen muß es aber doch, daß sich das große Hochdruckgebiet derart schnell nach Süden zurückgezogen und der Luftdruck in seinem Kern schon wieder um mehr als 15 mb abgenommen hat, so daß es bis zum 27. Januar aus dem europäischen Wetterkartenbild ganz verschwunden ist. Von Süden her dringt über dem Mittelmeer afrikanische Warmluft nach Spanien und Italien vor, und gleichzeitig erfolgt durch westliche Luftzufuhr eine rasche Milderung der Kälte in Deutschland, die auch die grönländische Kaltluft nicht aufzuhalten vermag, da sie sich bis zur Deutschen Bucht schon fast auf 0° erwärmt hat und weiterer Nachschub bei schneller Südwärtsverlagerung des grönländischen Teilhochs unterbleibt. Auch in der Folgezeit verharren die Temperaturen in der Nähe des Gefrierpunktes.

Trotz seiner ungewöhnlichen Intensität war dieser Vorstoß sibirischer Kaltluft also nur von sehr kurzer Dauer. Das mit ihm gekoppelte Hoch war nämlich zum größten Teil ebenfalls kalt und vermochte sich nicht zum Steuerungszentrum zu entwickeln, wurde vielmehr selbst gesteuert und zu schnellem Abzug nach Süden gezwungen.

Besondere Wettererscheinungen. In den kalten Hochdruckgebieten ist das Absinken durch Vorgänge in den oberen Luftschichten, die sich durch ein starkes Steiggebiet andeuten, immer sehr groß. Außerdem begleiten sie meistens frische Ausbrüche wasserdampfarmer Polarluft, so daß auf ihrer Vorderseite heiteres, häufig völlig wolkenloses Wetter herrscht und der Himmel sich ebenso durch tiefe Bläue auszeichnet wie die Horizontalsicht große Schärfe annimmt und das Farbenspiel bei der Dämmerung fehlt. Auch in dem behandelten Beispiel war es am 23. Januar über ganz Mitteleuropa und großen Teilen Frankreichs und Rußlands sowie dem Südosten des Erdteils völlig wolkenlos und hier der Witterungswechsel beim Abzug des warmen Hochs und der Ankunft der kalten Zelle äußerst schroff. Ebenso rasch erfolgte aber auch wieder neue Eintrübung von Norden her, als sich das Maximum zum Balkan zurückzog.

Dieser rasche Witterungswechsel ist ein Kennzeichen aller schnell wandernden kalten Hochdruckgebiete. Vielfach macht sich sogar schon über ihrem Zentrum der neue Wolkenaufzug der nachfolgenden Zyklone oder Warmfront bemerkbar; jedenfalls ist die Wetterbesserung immer nur von kurzer Dauer, und der fehlende Dunststreifen sowie die scharfen Konturen werden allgemein richtig als Vorboten neuer Wetterverschlechterung gedeutet. Der geschilderte Wetterablauf beim Durchzug eines kalten Hochs ist charakteristisch für alle Zonen der gemäßigten und polaren Breiten.

c) Der polare und subtropische Wettertyp.

R. MÜGGE (479) hat darauf hingewiesen, daß der eben geschilderte Wetterablauf beim Vorüberzug eines kalten Hochdruckgebietes wohl zu unterscheiden ist von dem Witterungstyp, wie er bei langsam wandernden Druckwellen auftritt. Um diese verschiedenen Wettertypen, die eine spezifische Erscheinung des mittel- und westeuropäischen Klimagebietes darstellen, verstehen zu können, müssen wir uns kurz mit den für die Zyklonen typischen Bodendruckfeldern befassen. Es ist nämlich eine charakteristische Erscheinung aller Tiefdruckgebiete, daß die Größe des Druckgradienten bis zu einer Zone in der inneren Hälfte, aber im allgemeinen nicht zu nahe dem Zentrum, zunimmt und von dort bis zum Kern rasch geringer wird. Wegen der einströmenden Windkomponente in der reibungsbeeinflußten Schicht hat dies, im stationären Falle und nach der Kontinuitätsgleichung leicht einzusehen, eine Strömungsdivergenz und absteigende Vertikalbewegung in den äußeren Teilen, dagegen eine Konvergenz sowie aufsteigende Bewegung im inneren Bereich des Tiefdruckgebietes zur Folge. Diese Verhältnisse sind auch in langsam ziehenden Zyklonen nicht wesentlich modifiziert, und eine südöstliche Vorderseitenströmung trockener Kontinentalluft wird deshalb erst nahe dem Zyklonenzentrum eine solche Hebung erfahren, daß Wolken- und Niederschlagsbildung einsetzt. Andererseits vermögen sich die einmal gebildeten Wolkenmassen dann in der feuchten nordwestlichen Rückseitenströmung nur schwer und erst in größerer Entfernung hinter dem Zentrum aufzulösen, meist sogar nicht eher, als bis der Luftdruck nach Passage des nachfolgenden Hochdruckkeils, verbunden mit Winddrehung nach SE, wieder zu fallen beginnt.

Mügge hat diesen Ablauf des Wettergeschehens, bei dem schönes Wetter die Periode des Druckfalls und ein wolkenreicher Himmel die gesamte Dauer des Druckanstiegs begleiten, als *subtropischen Wettertyp* bezeichnet. Er ist charakteristisch für Perioden schwach ausgeprägter Zirkulation und deshalb in Mitteleuropa hauptsächlich im Sommer häufig, wenn die subtropische Hochdruckbrücke nordwärts vorrückt.

Das eben angegebene einfache Strömungsschema wird dagegen bei schnellen Zuggeschwindigkeiten der Druckgebilde wesentlich modifiziert. Die genaue Berechnung der Trajektorien[1] in einer wandernden Zyklone, wie sie z. B. V. H. Ryd (659) und später, unter Einbezug der Abweichung vom geostrophischen Wind, H. Philipps (553) durchgeführt haben, ergibt für diesen Fall starke aufwärts gerichtete Bewegungskomponenten im rechten vorderen Sektor und intensives Absinken im rechten rückwärtigen Quadranten der wandernden Zyklone, während diese senkrechten Strömungen in den Sektoren links von der Bahnrichtung wesentlich schwächer entwickelt sind — ein theoretisches Ergebnis, das durch die Beobachtungen vollauf bestätigt wird: Alle Wettererscheinungen sind beim nördlichen Vorüberzug einer ostwärts wandernden Zyklone viel intensiver ausgeprägt, als wenn das Zentrum südlich vorbei wandert. Auch die in allen Fällen stark ausgeprägter Zirkulation und großer Zuggeschwindigkeit der Depressionen vorhandene rasche Windzunahme mit der Höhe wirkt im gleichen Sinne, und daher wird dann das zyklonale Schlechtwetter vollständig auf die Vorderseite verschoben, während der Himmel im Südwestquadranten einer derartigen Zyklone bei starkem Druckanstieg — sofern kein Trog vorhanden ist — weitgehend aufgeheitert sein kann. Selbst in ausgeprägten Sturmwirbeln sind dann nur einige Turbulenzcumuli am Himmel vorhanden, und die vertikale Schrumpfungsbewegung vermag auch die Schauertätigkeit völlig zu unterdrücken: Dies ist der *polare Wettertyp*, seinem Entstehen nach hauptsächlich eine Erscheinung der hohen Breiten und gekennzeichnet durch schönes Wetter bei Druckanstieg und schlechtes Wetter bei Druckfall.

Die Unterscheidung der verschiedenen Wettertypen ist für die Vorhersage oft recht wertvoll und sollte vor allen Dingen im Sommer stets beachtet werden; es ist dabei oft möglich, aus der alleinigen Betrachtung des Zusammenhangs zwischen Druckgang und Bewölkung sichere Schlüsse für die weitere Witterungsgestaltung zu gewinnen.

In engem Zusammenhang mit diesen Regeln steht auch der Erfahrungssatz, daß *hinter sehr starkem Druckanstieg meist schnell wieder Druckfall und neue Wetterverschlechterung einsetzen.* Starke Druckänderungen sind nämlich ein Kennzeichen des polaren Wettertyps und treten deshalb meist nur bei ausgeprägtem Westwetter auf. Dann sind aber alle Aufheiterungen nur kurzfristig. Oft ist es sogar so, daß das neu heranziehende Druckfallgebiet in ursächlichem Zusammenhang mit dem voranziehenden Steiggebiet steht und daß die über dem Fallgebiet in der Höhe abströmende und vorauseilende Luft dort angestaut wird, wo wir den starken Druckanstieg beobachten. Manchmal bleibt dabei das Fallgebiet noch über dem Ozean verborgen, und nur der starke Druckanstieg über dem Festland deutet darauf hin, daß eine neue Störung rasch nachfolgen wird. Diese Regel weist jedoch auch eine ganze Reihe von Ausnahmefällen auf.

3. Die Luftmassen.

Es wurde bei Besprechung der großen Hochdruckgebiete bereits auf ihren gleichförmigen Aufbau hingewiesen, der auch das Wettergeschehen in ihrem Einflußgebiet hauptsächlich nur infolge der verschiedenen Einwirkungen des Untergrundes variieren läßt. Es ist naheliegend, in solchem Falle von einer einheitlichen Luftmasse zu sprechen und dabei die in den untersten, erdbodennahen Schichten auftretenden Abwandlungen unberücksichtigt zu lassen. Auf diese Weise wird der Begriff der Luftmasse eindeutig mit ihrer Eigenschaft in der freien Atmosphäre gekoppelt.

a) Begriffsbestimmung der Luftmassen.

Das Verständnis der Wettererscheinungen ist in außerordentlichem Maße dadurch gefördert worden, daß man bei der Einführung des Luftmassenbegriffs von der etwa bis zur Reibungshöhe in 1500 m reichenden Bodenstörungsschicht absah und damit eine Beziehung zwischen der Luftmasse und der Eigenschaft der freien Atmosphäre herbeigeführt wurde. Es war auf diese Weise eine *indirekte Aerologie* geschaffen worden, die allerdings nur solange ihre Bedeutung behielt, bis direkte Beobachtungen aus der freien Atmo-

---

[1] Als *Trajektorien* werden die *wahren* Luftbahnen bezeichnet, wogegen der *momentane* Bewegungszustand durch *Stromlinien* dargestellt wird.

sphäre vorlagen. Daß damit zugleich viele bis dahin gewonnene Vorstellungen durch neuere Ergebnisse geändert werden mußten, braucht nicht zu verwundern, denn, wie bei allen jungen Naturwissenschaften, zwingen auch in der Meteorologie neue Meßergebnisse meist dazu, die bisherigen Vorstellungen und Theorien durch andere zu ersetzen oder doch mindestens zu verbessern.

In dem Begriff Masse liegt bereits die Grundforderung eingeschlossen, daß es sich um eine größere Luftmenge handeln muß, die so benannt werden kann. Sie soll ferner in der freien Atmosphäre einheitlich aufgebaut sein. Die Bezeichnung Luftkörper besagte ursprünglich nichts anderes, wurde in der Folgezeit aber mehr auf kleinere, im Atmungsbereich des Menschen befindliche annähernd gleichartige Luftvolumina angewandt und bezog sich auf diese Weise also gerade auf die Bodenstörungsschicht. Diese Unterscheidung der beiden Begriffe ist jedoch nicht allgemein üblich, und es wird im folgenden deshalb auch öfters das eine Wort für das andere gesetzt.

Will man in der Atmosphäre größere Zonen mit einem einigermaßen gleichförmigen aerologischen Aufbau finden, so zeigt sich bald, daß diese Forderung nicht nur für den Bereich der großen Hochdruckgebiete erfüllt ist, sondern unter Umständen auch für ausgedehnte, stark gealterte und weiter absterbende Zyklonen zutreffen kann. Ein wesentlicher Unterschied besteht aber darin, daß innerhalb der Zyklonen wegen der Konvergenz der Bodenströmung der von der einheitlichen Masse erfüllte Raum stets eingeengt wird, während umgekehrt die Antizyklonen als Quellgebiete der Luftmassen angesehen werden müssen.

Daß es wirklich deutlich gegeneinander abgegrenzte Luftkörper gibt, kann schon aus dem Bild der mittleren Bodendruckverteilung vermutet werden, doch ist noch der Beweis zu erbringen, daß sie sich tatsächlich durch eine gesteigerte Häufigkeit bestimmter Schwellenwerte der meteorologischen Elemente ausprägen.

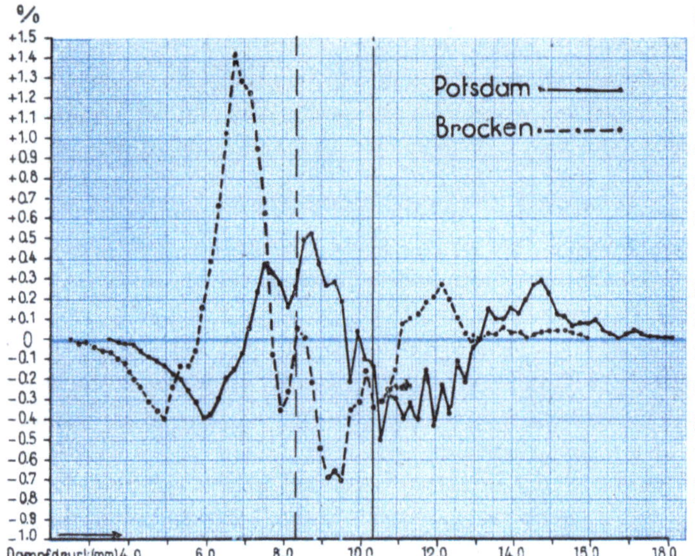

Abb. 75. Abweichungen der Häufigkeitsverteilungen des Dampfdrucks von der GAUSSschen Kurve im Sommer.

b) Existenzbeweis der Luftmassen.

Außer einer von T. BERGERON (60) aufgezeichneten und von G. SCHINZE und R. SIEGEL (738) reproduzierten Verteilung der potentiellen Temperaturen in 3 km Höhe über *Soesterberg* während des Jahres 1922 ist lediglich von H. TROEGER (843) der Versuch gemacht worden, an Hand einer Häufigkeitsstatistik der Äquivalenttemperaturen in *Lindenberg* für die Mittagstermine aller Julimonate von 1905 bis 1919 die Existenz von bestimmten Luftmassen zu beweisen. TROEGER fand in der Häufigkeitsverteilung eine deutliche Diskontinuität bei der Äquivalenttemperatur von 47° und schloß daraus, daß die Werte oberhalb dieser Grenze der Tropikluft und unterhalb von ihr der Polarluft angehören. Die Grenztemperatur stimmt mit der Angabe von SCHINZE (735), die auch von S. P. CHROMOW (129) angeführt wird[1], hinlänglich überein, nach der die äquivalentpotentielle Temperatur reiner Tropikluft im Juli in Deutschland 50° beträgt. Außer diesem markanten Sprung in der Häufigkeitsverteilung fand TROEGER noch zwei kleinere Unregelmäßigkeiten bei 34 und 55°, von denen die erstere mit der arktischen Luft identifiziert werden könnte, doch ist sie bei weitem nicht so deutlich zu erkennen.

W. SCHWERDTFEGER (789) hat diese wichtige Frage neuerdings aufgegriffen und eine Häufigkeitsstatistik des um 14 Uhr[2] gemessenen Dampfdrucks — ein Element, das hinreichend konservative Eigenschaften aufweist und direkt den Jahrbüchern entnommen werden kann — für *Potsdam* und den *Brocken* für einen 50jährigen Zeitraum durchgeführt, getrennt für die kältesten (Januar/Februar) und wärmsten Monate (Juli/August). Es ergaben sich für beide Stationen Häufigkeitskurven, die zwar gewisse Zacken aufweisen, aber doch von den durch die GAUSSsche Verteilung repräsentierten Zufallswerten so wenig abweichen und sich so gleichförmig um den Zentralwert gruppieren, daß man zunächst annehmen könnte, Hauptluftmassen seien überhaupt nicht vorhanden. Erst die durch übergreifende Mittelbildung von jeweils drei Einzelwerten

---

[1] L.c. S. 218.

[2] Zu diesem Termin kann man die geringste Fälschung durch die Bodenstörungsschicht erwarten.

errechneten Abweichungen von der GAUSSschen Verteilungskurve, in der Abb. 75 (für den Sommer) und Abb. 76 (für den Winter) reproduziert — wobei sich die ausgezogenen Linien auf *Potsdam* und die gestrichelten auf den *Brocken* beziehen und die senkrechten Geraden den Scheitelpunkt der nach dem Prinzip der Flächengleichheit konstruierten GAUSSschen Verteilungskurve darstellen — zeigen einige bemerkenswerte Resultate.

Im Sommer ergeben sich sowohl für *Potsdam* als auch für den *Brocken* zwei deutliche Gipfelpunkte, die in der Höhe jeweils ebenso bei 2 mm tieferen Dampfdruckwerten liegen wie die Scheitelwerte der GAUSSschen Verteilung und damit ihre Zusammengehörigkeit beweisen. Es folgt daraus, daß im Juli und August zwei Hauptluftmassen in Aktion treten: eine warme, tropischen Ursprungs, mit einem Dampfdruck von 14 bis 15 mm am Boden und 12 mm in 1000 m Höhe und eine kalte, polare, von 9 bzw. 7 mm Dampfspannung.

Im Winter sind die Verhältnisse dadurch verwickelter, daß ein Dampfdruckwert von 4.6 mm, der einer Temperatur von 0° und 100% relativer Feuchtigkeit entspricht, bei Tauwetter besonders begünstigt wird und sich deshalb sowohl in *Potsdam* als auch auf dem *Brocken* durch ein markantes Häufigkeitsmaximum und entsprechende Minima zu beiden Seiten ausprägt. Es bleibt dann aber noch ein zweites Maximum in beiden Kurven übrig, das wieder auf der Bergstation um einen kleinen, diesmal etwa 1 mm erreichenden Betrag nach niedrigeren Dampfdruckwerten verschoben ist und als Repräsentant für die winterliche Polarluft angesehen werden kann. Außerdem ist auf dem *Brocken* noch ein Maximum bei einem Dampfdruck von 5.5 mm, der der Homologen für Tropikluft entspricht, angedeutet; für *Potsdam* könnte man höchstens den Schluß ziehen, daß sich echte Tropikluft hier im Winter nur selten bis zum Boden durchsetzt, so daß sie sich in der Häufigkeitsstatistik nicht mehr ausprägt und durch die thermodynamischen Einflüsse verborgen bleibt. Es ist auch zu beachten, daß die Differenzen der Häufigkeitswerte niemals 2% überschreiten und daß damit zugleich bewiesen wird, daß die Abwandlungen der einzelnen Luftmassen infolge anderer Vorgeschichte, unterschiedlicher Lage der Quell-

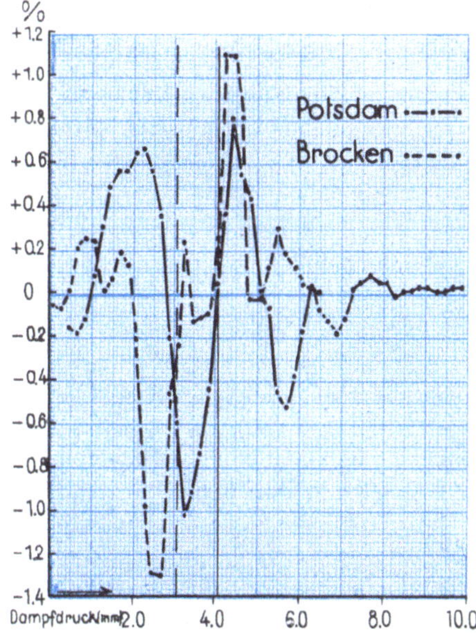

Abb. 76. Abweichungen der Häufigkeitsverteilungen des Dampfdrucks von der GAUSSschen Kurve im Winter.

gebiete und durch die Umwandlung auf dem Wege vom Ursprung aus so verschieden sein können, daß sie an einem bestimmten Ort in mannigfaltigen Variationen ankommen und der Luftmassenbegriff damit aus der Statistik nicht eindeutig hervorgeht.

Die Statistik der Dampfdruckwerte deutet aber an, daß sich zwei Hauptluftmassen tatsächlich durch eine gewisse Häufung der repräsentativen Werte der absoluten Feuchtigkeiten bemerkbar machen und daher die von der norwegischen Schule vorgenommene Hauptunterteilung in *Tropik-* und *Polarluft* zu Recht besteht. Sie wird auch hier beibehalten, zumal die synoptische Erfahrung das Gleiche nahelegt.

c) Die Einteilung der Luftmassen.

In ihrer grundlegenden Arbeit über die europäische Schleifzone vom 10. Oktober 1923 haben BERGERON und SWOBODA (67) und einige Jahre später MOESE und SCHINZE (456) für die Wetterlage am 15. und 16. Oktober 1926 den Nachweis erbracht, daß eine quer durch Europa verlaufende wellenförmig deformierte Grenzfläche durch zwei verschiedene Luftmassen gebildet wurde, die sich hinsichtlich Temperatur, Feuchtigkeit, Sicht und Bewölkungsart deutlich voneinander unterschieden. Die Verfolgung der Strombahnen dieser beiden Massen führte zu dem Ergebnis, daß die eine dem bei den Azoren gelegenen subtropischen Hochdruckgebiet entstammte und die andere aus hohen polaren Breiten nach Europa strömte. Dementsprechend wurden sie als subtropische und polare Luft angesprochen, wofür sich die abgekürzten Bezeichnungen *Tropikluft* und *Polarluft* (*Tropical Air* und *Polar Air*) auf der ganzen Welt eingebürgert haben.

Diese Unterteilung in zwei Hauptluftmassen entspricht den Ergebnissen, wie sie auch aus der mittleren Druckverteilung über der Nordhalbkugel abgeleitet werden können, und die bereits bei der Besprechung der betreffenden Durchschnittskarten für den Januar (Abb. 20 auf S. 64) und Juli (Abb. 21 auf S. 65) behandelt wurden. Die *subtropischen Hochdruckzellen*, insbesondere also das Azoren- und pazifische Maximum, stellen die *Quellgebiete* für die *Tropikluft* dar, wovon ein Zweig als Passat in die äquatoriale Tiefdruckrinne gelangt, dort aufsteigt und wieder zum Hochdruckgürtel zurückkehrt, während der andere Teil sich der subpolaren Tiefdruckrinne anzunähern versucht.

Der höhere Druck über dem Polargebiet bildet die Entstehungszone der *Polarluft*, die von hier aus in die Tiefdruckrinne der gemäßigten Breiten hineingesogen wird. Die Lage der arktischen Antizyklone ist jedoch viel größeren Schwankungen unterworfen als die subtropische Hochdruckzone, womit sich auch das Quellgebiet der Polarluft entsprechend verschiebt. Am schnellsten kann die Arktikluft auf der Rückseite der einzelnen Minima[1] nach Süden vordringen, wobei ein Zweig dann aber meist von der betreffenden Zyklone zur Einhaltung einer zyklonalen Bahn gezwungen wird und erst dann, wenn er von Südwesten nach Nordosten strömt, in die subpolare Tiefdruckrinne einmündet, wie es in Abb. 77 schematisch veranschaulicht ist. Man hat diese, sich wieder dem Pol nähernde Polarluft treffend als *rückkehrende Polarluft* bezeichnet; ihr Charakter hat sich inzwischen, besonders wenn der Weg große Strecken über offenes Meer führte, schon weitgehend abgewandelt, so daß auch die Bezeichnung *gealterte Polarluft* gebräuchlich ist.

Im Gegensatz dazu wird die vom Ursprungsgebiet noch nicht lange abgeflossene Kaltluft als *frische Polarluft* bezeichnet; auf der Rückseite der einzelnen Zyklonen wird sie allmählich umgewandelt, auf der Vorderseite bildet sich dagegen häufig eine *arktische Front* aus — besonders gern in der Nähe der Eisgrenzen — die die frischen von den gealterten Polarluftmassen trennt. Die frische Polarluft wird vielfach als *arktische Luft*

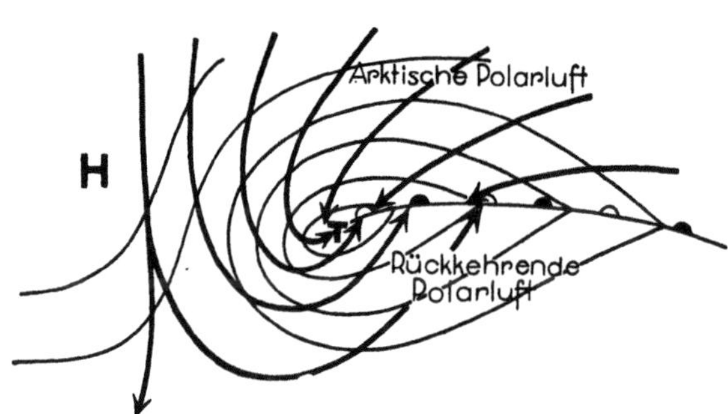

Abb. 77. Strömungsschema der Polarluft
auf der Rückseite einer Zyklone.

oder *Arktikluft* bezeichnet, doch wird die von der norwegischen Schule beibehaltene Benennung *arktische Polarluft* am ehesten der Tatsache gerecht, daß es sich dabei ursprungsgemäß um den gleichen Luftkörper handelt wie bei der Polarluft.

BERGERON (61) hat die Tropikluft, wenn sie über den Äquator auf die andere Halbkugel übertritt, als *Äquatorialluft* bezeichnet. Nachdem sich aber gezeigt hat, daß der Wärmeäquator jeweils auf der Sommerhalbkugel liegt und infolgedessen die über den Äquator gelangenden Massen der anderen Halbkugel kälter sind als die subtropische Luft der eigenen Hemisphäre, erscheint es zweckentsprechender, sie als *süd-* bzw. *nordhemisphärische* Luft zu bezeichnen; unter Umständen kann es sich sogar um Polarluftmassen handeln, die auf die Sommerhalbkugel übertreten, sich auch hier noch durch leichten Temperaturrückgang in der Höhe zu erkennen geben und gelegentlich die Entstehung tropischer Wirbelstürme herbeiführen können (vgl. S. 215ff).

Um den Charakter einer Luftmasse eindeutig definieren zu können, hat BERGERON (60) weiter die Begriffe *Kalt-* und *Warmluft* geprägt. Er ging davon aus, daß Kaltluft auf dem Wege nach Süden, von unten angeheizt, labil, Warmluft auf dem Marsch zum Pol dagegen immer stabiler geschichtet wird und hat diese erworbenen Eigenschaften mit dem Temperaturcharakter gekoppelt. Führt man diese Definition konsequent weiter durch, so wird eine morgens als Warmluft bezeichnete Masse womöglich mittags, wenn sie labiler geschichtet ist, zur „Kaltluft"; diese Benennungsweise widerspricht deshalb den mit den Ausdrücken „warm" und „kalt" verbundenen Temperaturbegriffen und sollte darum ersetzt werden durch die Ausdrücke „*stabile*" (s) bzw. „*labile*" (u = unstable) Massen. Auch die Unterscheidung von polarer Warm- und Kaltluft, auf demselben Einteilungsprinzip beruhend, sollte aus dem gleichen Grunde vermieden werden.

In ähnlicher Weise, wie in Amerika die gealterten bzw. sich umwandelnden Luftmassen eine besondere Bezeichnung erhielten (s. S. 152) und man dort zwischen polarer und subtropischer Übergangsluft unterschied, wurde im deutschen Reichswetterdienst der Begriff der „*gemäßigten*" Luft eingeführt und definitionsgemäß polare Kaltluft als Luftmasse gemäßigter Breiten mit arktischem Einschlag ($PK = G_A$) sowie polare Warmluft als Luft gemäßigter Breiten mit subtropischer Beeinflussung ($PW = G_T$) bezeichnet. Dies hatte zur Folge, daß damit die subtropische Masse an die gemäßigte Luft grenzte und die Polarluft ganz fallen gelassen wurde, so daß auch der Ausdruck Polarfront nicht mehr am Platze war. Sie wurde deshalb nach ihrem anderen Partner als Tropikfront bezeichnet, ein Begriff, der aber als Abkürzung schon für die Intertropikfront angewandt wurde. Damit war eine Doppeldeutigkeit herbeigeführt, und außerdem ging die Übereinstimmung mit der Bezeichnungsweise der Meereskunde, die gerade in Anlehnung an die Meteorologie die Grenze zwischen subtropischem und polarem Wasser als *ozeanische Polarfront* definiert hatte, wieder verloren.

Man muß andererseits aber auch die Vorteile anerkennen, die die Einführung des Begriffes „gemäßigte Luft" mit sich brachte, denn sie hält sich an die Gepflogenheiten der Klimatologie, die die subtropische, gemäßigte und polare Zone unterscheidet und der logischerweise die in den betreffenden Zonen entstandenen sub-

---

[1] Innerhalb der dabei entstehenden *Umlagerungswalzen* bilden sich oft *interne Kaltfronten* innerhalb der Polarluft aus, die mit den echten Kaltfronten nicht verwechselt werden dürfen.

tropischen, gemäßigten und polaren Luftkörper entsprechen müssen. Übereinstimmung kann erzielt werden, wenn die Definition der gemäßigten Luft dahingehend geändert wird, daß darunter nur *jene Luftmassen* verstanden werden, die *in den gemäßigten Breiten entstehen*, also dann vorhanden sein müssen, wenn eine subtropische Hochdruckzelle polwärts verschoben ist. Für Mitteleuropa bedeutet dies, daß das wichtigste Ursprungsgebiet der gemäßigten Luft im Raum zwischen England und Island zu suchen ist, wo häufig ein warmes, antizyklonales Zirkulationszentrum liegt. Auch Mitteleuropa selbst muß natürlich in den Fällen zum Entstehungsgebiet gemäßigter Luft werden, wenn sich hier eine steuernde Antizyklone angesiedelt hat. Für das ebenfalls in gemäßigten Breiten gelegene winterliche Sibirien ist jedoch zu beachten, daß dort nur dann von gemäßigter Luft gesprochen werden darf, wenn die abströmende Luftmasse eindeutig nicht polaren Ursprungs ist, was allerdings nur selten vorkommen dürfte.

Die gemäßigte Luft dieser Definition ist eng verwandt mit der subtropischen Masse, denn deren Vorstöße leiten die Bildung der Hochdruckgebiete der gemäßigten Breiten ein. Deshalb muß sie zu den abgewandelten Tropikmassen gerechnet und soll von ihnen durch Hinzufügung des Index P unterschieden, also mit T_P bezeichnet werden, wobei der Buchstabe P darauf hindeuten soll, daß ihr Ursprungsgebiet etwas näher zum Pol hin gelegen ist. Entsprechend wird die gealterte oder rückkehrende Polarluft durch das Symbol P_T ausgedrückt.

In Amerika ist vielfach eine noch nähere Kennzeichnung der Luftmassen nach ihrem Quellgebiet üblich geworden, indem z. B. von atlantischer Tropikluft im Gegensatz zur Golf- oder pazifischen Luft gesprochen wird. Diese nähere Erläuterung hat viel für sich, ist aber für die polaren Massen wegen des verhältnismäßig (Konvergenz der Meridiane!) kleinräumigen Quellgebiets nicht notwendig, dagegen für die subtropischen Arten auch im europäischen Raum vorteilhaft, wo insbesondere die aus der Sahara nach Norden vordringende Luft von der atlantischen unterschieden werden muß und hier mit T_S (S = Sahara) symbolisiert wird.

Außer der nach den Klimazonen durchgeführten Hauptunterteilung der Luftmassen spielt es für die von ihnen erworbenen Eigenschaften eine wichtige Rolle, ob ihr Weg über Landmassen oder über Seegebiete führte. F. Linke und E, Dinies (411) haben die maritime und kontinentale Masse sogar als gleichberechtigt mit den übrigen von ihnen definierten Luftkörpern (Polar- und Tropikluft, polar- und tropisch-kontinentale bzw. -maritime Luft) nebeneinandergestellt, und es soll nicht verschwiegen werden, daß sich bei klimatologisch-statistischen Untersuchungen [Sieger (809)] gerade dieses Einteilungsprinzip oft am besten bewährt hat. Für synoptische Zwecke ist es aber zweifellos vorteilhafter, die geographischen Ursprungsgebiete mehr zu betonen und die vom Untergrund her ausgegangenen Einwirkungen nur durch die vorangestellten Zusätze *c* bzw. *m* für *kontinentale* und *maritime* Massen zu kennzeichnen.

Es sei noch besonders darauf hingewiesen, daß die hier gegebene Definition der gemäßigten Luft von der bisherigen Begriffsbestimmung insofern abweicht, als sie nur noch für die antizyklonale Warmluft, die den gemäßigten Breiten entstammt, und nicht mehr für die sich umwandelnde Polarluft zugelassen wird. Ebenso muß der Ursprung einer Luftmasse eindeutig von der Eigenschaft unterschieden werden, was nicht immer exakt durchgeführt worden ist. Werden die Luftmassen lediglich nach bestimmten Schwellenwerten besonders konservativer Elemente definiert, so ist das eine Analyse, die lediglich die Eigenschaft der betreffenden Masse als Einteilungsprinzip zugrunde legt. Dieses Hilfsmittel soll aber nur dann angewandt werden, wenn sich keine anderen Anhaltspunkte über den Ursprung gewinnen lassen, also nicht nur das Zeichnen von Trajektorien, sondern auch deren ungefähre Abschätzung aus dem Isobarenverlauf nicht möglich ist, ein Verfahren, das in fast allen Fällen genügend Hinweise zur Bestimmung des Ursprungsgebietes ergibt.

d) Die Ursprungsgebiete der Luftmassen.

Es wurde schon öfter darauf hingewiesen, daß als Ursprungsgebiete der Luftmassen die großen, mehr oder minder stationären Hochdruckgebiete anzusehen sind. Nur in ihrem Bereich hat die Atmosphäre Zeit genug, sich den ihrer geographischen Lage entsprechenden Strahlungsbedingungen anzupassen und damit bestimmte Eigenschaften anzunehmen, die für die betreffende Gegend charakteristisch sind. Mit der in den unteren Schichten vorhandenen ausströmenden Bewegungskomponente versucht ein solcher Luftkörper seinen Bereich ständig zu vergrößern und gelangt dabei wieder in andere Zonen, wo er allmählich umgewandelt wird. Diese Änderung geht natürlich kontinuierlich vonstatten. Man kann sie von einem bestimmten Zeitpunkt ab durch einen besonderen Index an der Hauptluftmassenbezeichnung markieren, hat dabei aber zu beachten, daß zwischen diesen so abgegrenzten Massen keine Diskontinuität vorhanden sein kann.

Erst wenn ein solcher Luftkörper in den Bereich eines anderen, großen Hochdruckgebietes gelangt und sich mehrere Tage lang dort aufhält, wird er so durchgreifend umgestaltet, daß es berechtigt ist, die Hauptbenennung zu ändern. Auf diese Weise wird aus der Polarluft, wenn sie längere Zeit den Einwirkungen der subtropischen Hochdruckbrücke unterliegt, schließlich Tropikluft. Der umgekehrte Vorgang spielt sich in den polaren Breiten ab, wo die in den Zyklonen aufsteigende Tropikluft fortwährender Abkühlung unterliegt, und, wenn sie dann schließlich in einem polaren Hoch wieder zum Boden absinkt, die Eigenschaften der Polarluft angenommen hat.

Im einzelnen können die Vorgänge natürlich viel verwickelter sein, und manchmal bleibt nichts anderes übrig, als einfach schematisch bestimmte Bezeichnungen zu verwenden. Ein ideales Ursprungsgebiet einer Luftmasse gibt es nicht. Die Atmosphäre ist ständig in Bewegung, und wie niemals zwei Wetterlagen vorkommen, die sich völlig gleichen, so kann auch in keinem Falle eine Luftmasse genau so beschaffen sein wie die andere. Die Vorgeschichte ist immer etwas verschieden, und diese Variationen sind es gerade, die das Wettergeschehen für den Meteorologen so interessant machen. Bei allzu strenger Anwendung eines Luftmassenschemas besteht leicht die Gefahr, daß der Einblick in die Vielgestaltigkeit der Prozesse verloren geht und alle Vorgänge zu sehr idealisiert werden. Demgegenüber sei betont, daß die Abgrenzung von Hauptluftmassen in erster Linie den Zweck haben soll, den Gesamtüberblick über die Wetterlage zu erleichtern.

Es ist für die Analyse notwendig, daß das Ursprungsgebiet einer Luftmasse eindeutig ermittelt, d. h. die Antizyklone festgestellt werden kann, aus deren Bereich der betreffende Körper stammt. Dazu muß in erster Linie das Stromfeld beachtet werden. Einwandfrei läßt sich der Ursprungsort mit Hilfe der Trajektorien finden, doch ist ein solches Verfahren in der Praxis viel zu mühsam und durch Betrachtung der Stromlinien zu ersetzen, woraus in fast allen Fällen sichere Anhaltspunkte gewonnen werden können. Die Eigenschaften einer Masse, also z. B. die Temperatur, spezifische Feuchtigkeit oder pseudopotentielle Temperatur sollen nur dann herangezogen werden, wenn über die Strömung nichts bekannt und es deshalb nötig ist, aus der Eigenschaft auf den Ursprung zu schließen. Diese Form der Analyse, die als wichtigstes Hilfsmittel für die Bezeichnung der Luftmassen die Strömung ansieht, soll als *dynamische Analyse* bezeichnet werden im Gegensatz zu der statischen, die von den Meßwerten bestimmter möglichst konservativer Elemente ausgeht. Ein weiterer Schritt besteht dann darin, aus dem Ursprungsgebiet der Luftmasse und der Länge ihres Weges über den verschiedenartigsten Untergrund ihren Charakter zu bestimmen.

e) Die Umwandlung der Luftmassen.

Es sind bisher nur wenige Untersuchungen über die Transformation der Luftmassen durchgeführt worden. H. Lettau (405) und K. Dörffel (168) haben diese Frage in erster Linie als Austauschproblem angesehen. W. Schwerdtfeger (784) und besonders D. Bakalow (25) haben einige Fälle synoptisch untersucht (s. auch Lit. 350, 440, 638).

Alle Luftmassen unterliegen den in erster Linie vom Boden ausgehenden Änderungseffekten, wobei das Tempo der Umwandlung wesentlich von der vertikalen Struktur abhängt. Bei labiler Schichtung transportiert die Konvektion die von der Unterlage hervorgerufenen Temperatur- und Feuchteänderungen rasch bis in größere Höhen hinauf; Sperrschichten und schwaches vertikales Temperaturgefälle sondern dagegen die weiter oberhalb befindlichen Massen von den unteren, dafür um so schneller umgewandelten, ab. Labilisierung beschleunigt das Durchgreifen der Änderungen in die Höhe, Stabilisierung verzögert sie (172).

Die geschilderten Prozesse führen dazu, daß Kaltluft, die beim Transport über warmes Wasser durch die Erwärmung der untersten Schichten immer labiler wird, schließlich bis in große Höhen hinauf ihre Temperatur erhöht, während innerhalb von Warmluft, wenn sie über kältere Zonen gelangt, nur die dem Boden unmittelbar aufliegenden Teile umgewandelt werden, die freie Atmosphäre von diesen Prozessen aber weitgehend unberührt bleibt. Da das vertikale Temperaturgefälle in den Antizyklonen vorherrschend stabil, in den Depressionen eher labil ist, setzen sich in den letzteren auch die Umwandlungsvorgänge schneller nach oben hin durch.

Die vom Untergrund ausgehenden Wärmeänderungen können vor allem über See sehr beträchtlich sein. Da nämlich die spezifische Wärme der Luft nur den vierten Teil derjenigen des Wassers beträgt und zugleich ihre Dichte beinahe tausendmal geringer ist, wird ein gleiches Luftvolumen rund 3500mal mehr erwärmt als die gleiche Raummenge Wassers, d. h. beim Austausch (767) über dem Meere wird eine etwa 3500 m hohe Luftschicht ebenso schnell ihre Temperatur ändern, wie eine Wassersäule von 1 m Höhe. Da aber bei starkem Seegang der Austausch erheblich tiefer greift, ist es klar, daß die mittlere Abnahme der Wassertemperatur, wie sie z. B. im Gefolge eines starken Kaltluftausbruches eintritt, wesentlich geringer ist, als der auf die gesamte Troposphäre bezogene Mittelwert der Temperaturerhöhung, und in neuerer Zeit hat H. Lettau (406) diesen gesamten Fragenkomplex an Hand eines genau durchgerechneten Beispiels eingehend untersucht. Über festem Boden, wo kein Austausch vorhanden ist und nur die Wärmeleitung eine Rolle spielt, ist das Verhalten der einzelnen Bodenschichten ganz verschieden, und eine nähere Diskussion über die Wechselwirkung mit der Atmosphäre würde hier zu weit führen.

Die erwähnten Effekte bewirken, daß jede stabil geschichtete Luftmasse fast momentan die Temperatur des Untergrundes annimmt, über den sie strömt (694). So vermag die Lufttemperatur innerhalb warmer Massen — von ganz wenigen Ausnahmen abgesehen — die Wassertemperatur nur um Bruchteile eines Grades zu überschreiten, aus welchem Grunde die Temperaturdifferenz zwischen Luft und Wasser sehr genau bestimmt werden muß, wenn sie als Kriterium für die Herkunft einer Luftmasse dienen soll: *Ist das Wasser auch nur einige Zehntel Grade kälter als die Luft, so ist dies ein Beweis intensiver Warmluftadvektion*, strömt hingegen Kaltluft über ein warmes Meer, so können die Unterschiede zwischen Luft- und Wasserwärme viel größer werden, da die Anheizung von unten Labilisierung herbeiführt, sich starke Konvektionsschauer entwickeln und die Höhenkaltluft immer wieder nach unten durchbricht.

Liegen aus einem Umwandlungsgebiet der Luftmassen nur spärliche Meldungen vor, so ist man leicht geneigt, aus einer dort auftretenden größeren Temperaturdifferenz auf eine zwischen den beiden Stationen liegende Luftmassengrenze zu schließen. Eine solche sollte jedoch nur in dem Falle gezeichnet werden, wenn noch andere Anhaltspunkte dafür vorliegen, daß beide Orte sich in verschiedenen Luftkörpern befinden; es kann nämlich sehr wohl der Wärmeunterschied darauf zurückzuführen sein, daß sich die Luftmasse auf dem Wege von der ersten zur zweiten Station entsprechend umgewandelt hat.

Innerhalb von Kaltluft geht der Prozeß noch annähernd kontinuierlich vor sich; besonders deutlich kann man ihn an den Ostküsten Asiens und Nordamerikas verfolgen, wenn sich die festländischen Kältewellen auf den warmen Golfstrom oder den Kuro Schio stürzen. Bei der stärksten, von RODEWALD (625, S. 88) beschriebenen Kältewelle der Vereinigten Staaten vom 9. Februar 1934 traten über dem Golfstrom Temperaturdifferenzen zwischen Wasser- und Lufttemperatur von $25°$ auf:

„Das britische Schiff *Montrolite* kam etwa 100 Sm östlich *Kap Hatteras* in diesen Kaltlufteinbruch. Der Wind frischte aus Nord bis zu vollem Sturm auf, der anfängliche Regen ging in Schnee über, wozu sich bei sinkender Temperatur der *Seerauch* gesellte und die Sicht unmöglich machte. Als später die Sonne durchkam und die spiraligen Dampfsäulen beschien, während den Horizont bis etwa $30°$ Höhe eine dunkle Wolkenbank umsäumte, gab es eine Szenerie, die mit Dantes Hölle verglichen werden konnte. Die Lufttemperatur sank nach dem Schneefall bis auf $—4°$ bei einer Wassertemperatur von $+21°$. Die von der See aufsteigenden spiraligen Dampfwolken nahmen mit Vergrößerung der Wärmedifferenz Luft-Wasser zu und verschwanden allmählich, als das kältere Küstenwasser erreicht wurde und die Wassertemperatur auf $+11°$ sank".

Diese anschauliche Schilderung gibt einen Begriff davon, zu welcher Stärke sich bei derartigen Unterschieden zwischen Luft- und Wasserwärme die Konvektion — trombenähnlich! — steigern kann. Die Luft erreichte damals die Ostküste der Vereinigten Staaten mit einer Temperatur von $— 20°$ und kam, nach Zurücklegung einer Strecke von nur 1000 km, auf den Bermuda-Inseln immerhin mit $+ 10°$ an, woraus sich der stündliche Erwärmungsbetrag der gesamten Masse bis 6000 m Höhe zu etwa $1°$ je Stunde berechnen läßt (713). In dem von LETTAU (406, S. 96) behandelten Beispiel betrug die Erwärmung einer von Ostgrönland auf das Nordmeer strömenden Kaltmasse in Bodennähe $15°$ im Verlaufe eines Tages und erreichte auch im 5000-m-Niveau während des gleichen Zeitraums noch $7°$.

Wenn Warmluft plötzlich über kälteren Untergrund gelangt, erfolgt ein fast ebenso großer Sprung der Luftwärme der unteren Schichten, und es werden dadurch Luftmassengrenzen vorgetäuscht, die nicht existieren. So ist die Kühle der deutschen Insel-Seebäder hauptsächlich eine Folge davon, daß die heißen, kontinentalen Winde sich schon über dem schmalen Wattenmeer um mehrere Grade abkühlen und bei *Helgoland* mit Wärmegraden eintreffen, die kaum über der Wassertemperatur liegen, sofern man mit einem Aspirationsthermometer unmittelbar an der Küste mißt und nicht die schon wieder wesentlich erhöhten Hüttentemperaturen auf dem Oberland heranzieht oder Schiffsbeobachtungen, die bei heiterem Wetter große Strahlungsfehler enthalten können.

Besonders kraß tritt eine solche vorgetäuschte Luftmassengrenze bei Südwinden über den Neufundlandbänken auf, wo die warme Golfluft in kurzer Zeit unter intensiver Nebelbildung auf die Temperatur des Labradorstromes abgekühlt wird. Ebenso scharf wird die Temperaturscheide gelegentlich an der arktischen Packeisgrenze oder dort, wo Warmluft von aperem Boden auf ein Gebiet mit geschlossener Schneedecke übertritt und dann, nebelerfüllt, bis in die Nähe des Gefrierpunktes abgekühlt wird.

Es können aus diesen schlagartig einsetzenden Umwandlungsprozessen, sofern sie lange genug wirksam sind, natürlich auch echte Fronten entstehen, die sich dann aber durch eine Konvergenz zu erkennen geben müssen.

f) Die Bodenstörungsschicht.

Es ist bei der Analyse in erster Linie notwendig, die Vorgänge in den oberen Schichten richtig zu deuten. Allerdings darf man bei der Klassifikation der Luftmassen nicht so weit gehen, die Verhältnisse am Erdboden ganz auszuschalten. G. SCHINZE (729, 730) hat den Begriff der „*Bodenstörungsschicht*" geprägt, die bei der Luftmassenanalyse unberücksichtigt bleiben soll. Es ist darunter *die dem Boden aufliegende Schicht* zu verstehen, in der die pseudopotentielle Temperatur nach oben hin rasch zunimmt. Aber auch in den anderen Fällen, wenn die Bodeninversion erst in einigen hundert Metern Höhe beginnt und die Temperatur darunter zwischen der Erdoberfläche und der Untergrenze der Umkehrschicht eine deutliche Abnahme aufweist, berechtigt dies allein noch lange nicht, sie als eine besondere Luftmasse anzusehen. Die Temperaturabnahme ist in den meisten Fällen das Ergebnis vertikaler Durchmischung infolge der durch die Bodenreibung ausgelösten Turbulenzeffekte. Man kann dann höchstens feststellen, daß die unterste Schicht gewisse physikalische Eigenschaften angenommen hat, die von den oberen Massen abweichen und die in dem Integralbegriff der Luftmasse enthalten sind. Deshalb ist nur in jenen Fällen, wenn in der untersten Schicht — und dazu genügt oft schon die durch die Reibung bedingte andere Strömungsrichtung nahe der Erdoberfläche — Luft aus anderen Ursprungsgebieten herangeführt wird, deren gesonderte Bezeichnungsweise berechtigt.

g) Die Hauptluftmassen Europas.

In nachfolgender Übersicht sind die Hauptluftmassen Europas hinsichtlich ihrer Benennung und abgekürzten Bezeichnungsweise zusammen mit den jeweiligen Ursprungsgebieten und den häufigsten Wegen, auf denen sie den mitteleuropäischen Raum erreichen, zusammengestellt. Die Hauptunterteilung, als Gattung bezeichnet und aus den Bildern der allgemeinen Zirkulation hervorgehend, besteht in der Gegenüberstellung *Polarluft-Tropikluft*, deren Grenze — in der Übersicht durch einen Querstrich symbolisiert — als *Polarfront* bezeichnet wird.

Jede der beiden Hauptluftmassen wird in 3 Untergruppen aufgeteilt, die noch in die maritimen und kontinentalen Zweige zerfallen, so daß sich insgesamt 12 näher bezeichnete auf den europäischen Raum Einfluß nehmende Luftkörper ergeben.

Bei der Tropikluft ist zunächst die *Afrikanische Variante* — aus der Sahara stammend und daher mit dem Index S versehen — als wärmste Masse zu erwähnen. Sie erreicht die afrikanische Küste als kontinentale Luft, kann aber bei längerem Wege über See in maritime Luft — den typischen Scirocco — umgewandelt werden. Verlagert sich die subtropische Hochdruckzelle weiter nach Norden, etwa zum 50. oder 60. Breitengrad, so ist die dort abströmende Tropikluft etwas niedriger temperiert und wird als *gemäßigte Tropikluft* — auch als *gemäßigte Luft* — bezeichnet, was der Zusatz des Buchstabens P (polar beeinflußt) andeuten soll. Die *kontinentale Tropikluft* hat ihren Ursprung über dem südlichen Balkan und Kleinasien, die nördlichere Abart über Mitteleuropa selbst, während die maritimen Körper aus dem Azorenraum bzw. dem Atlantik zwischen England und Island zu uns kommen.

Die Polarluftmassen entstammen sämtlich den arktischen Regionen und unterscheiden sich nur durch ihre Wege. Als *arktische Polarluft* (Index A) werden sie bezeichnet, wenn sie sich noch in der Nähe des Quellgebiets befinden bzw. seit dessen Verlassen ihren Charakter kaum geändert haben, wobei sie über Nordosteuropa *(kontinental)* oder östlich an Island vorbei über die Nordsee *(maritim)* nach Mitteleuropa einbrechen

Tabelle 33. *Übersicht über die Hauptluftmassen Europas.*

Gattung	Bezeichnung	Benennung	Luftmasse	Ursprungsgebiet	Weg
T	T_S	Afrikanische Tropikluft	cT_S	Sahara	—
			mT_S		Mittelmeer
	T	Tropikluft	cT	Südlicher Balkan	—
			mT	Azorenhoch	Atlantik
	T_P	Gemäßigte (Tropik-) Luft	cT_P	Zentraleuropa	—
			mT_P	Nordatlantik	—
P	P_T	Gealterte Polarluft	cP_T	Polargebiet	Südosteuropa
			mP_T		Atlantik südl. 50° Breite
	P	Polarluft	cP		Osteuropa
			mP		Westlich Island
	P_A	Arktische Polarluft	cP_A		Nordosteuropa
			mP_A		Östlich Island

können. Führt ihr Weg über den Seeraum westlich Island oder über Osteuropa zunächst weiter nach Süden, so handelt es sich im allgemeinen um typische *maritime* oder *kontinentale Polarluft.* Gelangt diese schließlich zunächst in erheblich niedrigere Breiten, etwa bis in den Azorenraum oder nach Südosteuropa, und kehrt von dort — vielleicht nach Umkreisen einer kalten Antizyklone — nach Norden zurück, so ist sie im allgemeinen so stark umgewandelt, daß sie als *gealterte* oder *rückkehrende Polarluft* (Zusatz T = tropisch beeinflußt) bezeichnet werden kann, wenn sie nicht dort im Bereich einer warmen Hochdruckzelle überhaupt in Tropikluft übergeführt worden ist.

Es sei schließlich hervorgehoben, daß die angegebenen Bezeichnungen nur für normale Verhältnisse Gültigkeit haben und darum im Einzelfall erhebliche Abweichungen auftreten können. Es empfiehlt sich auch, gegebenenfalls den Ursprungsort einer Luftmasse, wenn möglich, noch genauer zu präzisieren, also z. B. von *grönländischer Polarluft, sibirischer Kaltluft* oder *afrikanischer Heißluft* zu sprechen. Die Lebensgeschichte der einzelnen Zweige wird anschließend näher geschildert.

h) Beschreibung der europäischen Hauptluftmassen.

Im folgenden sollen die europäischen Hauptluftmassen auf ihrem Wege vom Ursprungsgebiet aus verfolgt und die wesentlichsten Wettererscheinungen hervorgehoben werden, die dabei den betreffenden Massen das Gepräge geben. Es ist aber natürlich nicht möglich, auf alle die Verschiedenheiten des Wettergeschehens einzugehen, die auftreten können, sondern nur das Wesentliche soll erwähnt werden. Keinesfalls darf aus diesen Ausführungen geschlossen werden, daß sich das Wettergeschehen nicht auch einmal ganz anders abspielen könne, und es gehört zu den interessantesten Problemen des praktischen Wetterdienstes, gerade diese Abweichungen besonders zu beachten und zu erforschen.

Die maritime Tropikluft (mT). Das eigentliche Heimatgebiet der vor allem häufig nach Südwesteuropa einströmenden maritimen Tropikluft liegt über den weiten Räumen des Atlantischen Ozeans zwischen den Azoren, Bermuda und den Westindischen Inseln, wo sich im Bereich des Azorenhochs die sonnenbeschienenen Passat-Cumuli in der dunkelblauen Sargasso-See spiegeln. Sie entwickeln sich unterhalb der Passatinversion, die [v. FICKER (236)] keine Luftmassengrenze darstellt, sondern lediglich die durch den Meereseinfluß abgekühlte und mit Feuchtigkeit angereicherte, der Bodenreibung unterworfene Masse von der trockenen antizyklonalen Höhenluft trennt, die teilweise bis 400 m herabreicht.

Der Zweig der Tropikluft, der nach Nordosten abströmt, gelangt allmählich über kältere Meeresgebiete und kühlt sich langsam ab; die klare Fernsicht weicht einer diesigen Kimm, bis sich die Feuchtigkeit an den Schiffsplanken niederschlägt und aus den Haufenwolken eine gleichmäßig graue Decke entsteht, den klarblauen Himmel darüber verdeckend und die Sonne verbergend.

Gelangt diese feuchte Luft im Sommer auf das warme Festland, so wird die untere Inversion bald aufgelöst, und die Höhenluft setzt sich bis zum Boden hin durch. Die Stratusschwaden zerreißen, bei dem großen Feuchtigkeitsgehalt der unteren Schichten erstrahlt der Himmel in mattem Blau, und die fernen Höhenzüge sind im Dunst nur schwach erkennbar. Starker Tau bedeckt die Gräser. In den Mittagsstunden wird es unerträglich schwül. Vor allem über den fernen Gebirgsrändern quellen steile Wolkentürme aus dem dunsterfüllten Horizont weit in den etwas milchig-weißen Äther hinauf, doch entwickeln nur wenige einen Amboß, und es kommt nur zu vereinzelten Donnerschlägen über dem feuchten Moor.

Im Winter wird die Stratusdecke der antizyklonalen Tropikluft über dem Lande noch verstärkt. Wo die Luftbewegung schwach bleibt, liegen die Wolken bis zum Boden auf; bei stärkerem Druckgradienten treiben zerrissene Fetzen unter dem trüben Winterhimmel dahin, und an der Küste (242) hüllen Sprühregenschauer selbst die nahen Bergzüge ein, sich auf der Luvseite der Gebirge zu anhaltenden Regenfällen verdichtend und die Schneereste auffleckend. Doch reicht diese Wolkendecke, solange die Strömung antizyklonal bleibt, selten höher als bis 1500 oder 2000 m hinauf; darüber sind nur wenige zerfallende Wolkenfelder in mittelhohen Schichten und einige Cirrusfasern in Horizontnähe zu erkennen.

Ganz anders verhält sich die maritim-subtropische Masse, wenn sie in eine Zyklone einbezogen wird. Dann wird sie als Ganzes gehoben, die Inversion steigt höher und schwächt sich dadurch ab, daß sich bei der Hebung die gesättigte Luft unterhalb der Sperrschicht feucht-, die wasserdampfarme Schicht darüber aber trockenadiabatisch abkühlt. Bald wird die Inversion durchbrochen, und im Sommer ist die maritime Tropikluft, sofern sie zyklonal beeinflußt wird, der Träger schwerster Gewitter, die sich besonders gerne wiederholen.

Während der kalten Jahreszeit entwickelt die milde ozeanische Luft, wenn sie an der Grenze zu vorgelagerten kälteren Massen zu raschem Aufsteigen gezwungen wird, mächtige Nimbostratusschichten, deren Obergrenze oft erst in Höhen von 8000 m angetroffen wird. Es ist erstaunlich, wie die in ihrem Quellgebiet in der Höhe trockene Luft derart ausgedehnte Wolkenmassen erzeugt, wie wir sie über den Aufgleitfronten finden. Dabei ist zu beachten, daß die Konvergenz der Bodenströmung in diesen Fällen so groß ist, daß sie zur Erklärung ausreicht. Der Umfang des Warmsektors, also der von der Tropikluft in den unteren Regionen eingenommene Raum, wird nämlich immer kleiner, und die Kontinuität erfordert, daß diese Schicht in die Höhe steigt. Mit der meist erfolgenden vertikalen Zunahme der Höhenströmung gelangt sie dann über die vorgelagerte Kaltluft und ruft anhaltenden Regen hervor, dem auch bei Frostwetter fast niemals Schneefall vorangeht und der höchstens als Eisregen einsetzen kann. Vor dem eigentlichen Frontbereich rückt die Untergrenze der Wolken ebenso allmählich höher wie ihre Oberfläche, bis sich die Tropikluft — auf —60 bis —70° abgekühlt — in den zarten Wolkenfäden des Cirrusniveaus verliert und die letzten Reste durch Vermischung und Turbulenz der Polarluft angeglichen werden.

Die gemäßigte maritime Tropikluft (mT$_P$). Verlagert sich die subtropische Hochdruckzelle aus dem Azorenraum nach den nordöstlichen Teilen des Atlantischen Ozeans, etwa in den Seeraum zwischen Großbritannien und Island, so wird die dort absinkende Tropikluft in den unteren Schichten — der niedrigeren Wassertemperatur entsprechend — wesentlich stärker abgekühlt. Die Inversion wird mächtiger, die Stratocumulusdecke erreicht eine größere vertikale Erstreckung und wird beim Einfließen dieser Masse auf das Festland auch im Sommer nicht leicht aufgelöst. Die gemäßigte maritime Tropikluft ruft deshalb in Zentraleuropa stets trübe und naßkalte Witterung hervor; erst über Südosteuropa setzt die warme Höhenluft, nachdem die untere feuchte Masse von den Gebirgen zurückgehalten worden ist, ihren Einfluß durch und bringt heiteres Wetter. Auch südlich einer ostwärts verlaufenden Divergenzlinie, in der die Inversion zum Absinken gezwungen wird, kann während der warmen Jahreszeit die Bewölkung aufgelöst werden und die Sonne hervorbrechen.

Im übrigen bleibt es im Sommer vor allem in Küstennähe kühl. Da diese Tropikluft, über Europa von Nordwesten einströmend, von kälteren über wärmere Wassermassen gelangt, wird sie in den unteren Schichten labilisiert; es bilden sich in reichlichem Maße Haufenwolken aus, die sich aber schon in geringer Höhe an der Sperrschicht seitlich ausbreiten und die Stratocumulusdecke weiter verstärken. Diese cumuliforme Bewölkung täuscht in der Wetterkarte leicht einen Kaltluftcharakter vor, während es sich in Wirklichkeit um echte Warmluft handelt, die nur in den unteren Schichten stärker abgekühlt ist. Für die Entwicklungsprognosen der Zyklonen kann sich ein Irrtum über die Größe des Warmsektors, wie er dadurch leicht möglich ist, verhängnisvoll auswirken, und gerade bei dieser Wetterlage sind deshalb die aerologischen Aufstiege sorgfältig zu Rate zu ziehen, da sie allein Auskunft über das Verhalten der Höhenluft geben können und sich der Durchgang einer echten Kaltfront stets sofort durch entsprechende Abkühlung der freien Atmosphäre erkennen läßt.

Vor allem im Frühjahr und Frühsommer kann eine solche Nordwestlage wochenlang anhalten und der Witterung ein sehr unfreundliches Gepräge geben, aber auch im Winter ist eine derartige Nordweststeuerung nicht selten. Im Gegensatz zu den milden Temperaturen bei Zufuhr echter Tropikluft liegt die Luftwärme dann in der Ebene nur einige Grade über dem Gefrierpunkt, und die Gipfel der Mittelgebirge ragen über die Frostgrenze hinaus, wobei es in der sehr dichten Wolkenmasse unterhalb der Inversion zu starkem *Rauhfrostansatz* kommt.

Die gemäßigte maritime Tropikluft erfüllt die Warmsektoren der nach Südosten driftenden Zyklonen. Bei dem im Vergleich zur Azorenluft geringeren Feuchtigkeitsgehalt ist die Mächtigkeit der Wolken an den Diskontinuitätslinien geringer und beschränkt sich besonders vor den Kaltfronten häufig auf die Schichten bis 2500 m: Darunter ist die Wolkendecke sehr dicht und nässend, und, vom Westwind getrieben, jagen häufige Sprühregenschauer über das kahle Land.

Die afrikanische Tropikluft (cT$_S$ und mT$_S$). Die wärmere Variante der Tropikluft, auch als *Saharaluft* bezeichnet, stößt hauptsächlich in den Übergangsjahreszeiten nordwärts vor, wenn die Zyklonentätigkeit über dem Mittelmeergebiet lebhafter und die passatähnliche Nordströmung unterbrochen wird. Sie erreicht die afrikanischen Gestade des Mittelmeers als trockenheiße Wüstenluft, hier gelegentlich Temperaturgrade von 50° und mehr hervorrufend und meist, vom Saharastaub beladen, den blauen Himmel grau verfärbend und die Sonne selbst im Zenith dunkelrot erscheinen lassend[1]. Oft kommt es, vor allem unmittelbar vor oder an einer nachfolgenden Kaltfront, zu Staubstürmen, in denen die Sicht auf wenige Meter herabgehen kann, wobei die Staubmassen gelegentlich in der Höhe bis weit nach Mitteleuropa hinein verfrachtet werden, sich hier als *Schlamm-* oder *Blutregen* — durch die rötliche Färbung des Quarzsandes hervorgerufen — ablagernd oder die Schneedecke entsprechend verfärbend[2].

---

[1] An der afrikanischen Westküste ist die Saharaluft ein ständiger Gast und wird hier, mit der passatischen Nordostströmung weit auf See hinaustreibend, als *Harmattan* bezeichnet. In Ägypten ist sie unter dem Namen *Chamsin*, in Algerien als *Samum* bekannt.

[2] In einigen seltenen Fällen (612, 815) können auch Staubmassen aus den südrussischen Steppengebieten zum Balkan und dem östlichen Mitteleuropa verfrachtet werden.

Über dem Mittelmeer reichert sich die untere Schicht stark mit Feuchtigkeit an, es bildet sich wie in allen Tropikluftmassen die entsprechende Inversion aus, und die ehemals kontinentale Saharaluft wird zur maritimen afrikanischen Tropikluft, an den europäischen Küsten als *Scirocco* bezeichnet. Sie ist warm und schwül, und wenn sie im Bereich von Zyklonen zum Aufsteigen gezwungen wird, gibt auch diese ehemals trockene Masse zu anhaltenden Regenfällen Anlaß, die aus einer typischen, gleichförmigen Altostratusmasse ausgeschieden werden und sich über den Staugebieten der dalmatinischen Küste zu schweren Wolkenbrüchen steigern können.

Nach Mitteleuropa gelangt diese Luftmasse im allgemeinen nur in der Höhe und wird hier lediglich bei Vb-Wetterlagen festgestellt; ein Fall, wo sie sich bei einer ungewöhnlichen Zyklonenbahn bis zum Boden durchgesetzt hat, wird später (S. 295) noch besprochen. Auf der Nordseite der Alpen wird sie dabei wieder rasch kontinentalisiert, da die untere Feuchtluft sich in den Luvgebieten ausregnet.

Die kontinentale Tropikluft (cT). Kontinentale Tropikluft gelangt im allgemeinen nur während der warmen Jahreszeit nach Mitteleuropa, weil im Winter die südosteuropäischen Hochdruckgebiete meist im Gefolge von kräftigen Polarluftausbrüchen entstehen und die europäisch-asiatische Gebirgsschwelle ein unüberwindbares Hindernis für die wärmeren subtropischen Massen darstellt. Nur in den höheren Schichten erfolgt gelegentlich ein solcher Vorstoß aus den Gebirgsländern des Iran über das Kaspische und Schwarze Meer weit nordwestwärts und kann dann selbst in Mitteleuropa bei östlicher Strömung Tauwetter und Regenfälle hervorrufen, eine Wetterlage, die z. B. den Tagen vom 13. bis 15. Februar 1944 und 11. bis 13. Januar 1945 das Gepräge gab, wobei aber die Höhentemperaturen wegen der Wirksamkeit der kontinentalen winterlichen Abkühlung doch wesentlich niedriger lagen als bei Tropikluftvorstößen vom Ozean her.

Im Sommer bringt die kontinentale Tropikluft die trockenheiße Wärme ihres Ursprungsgebiets über den ostmediterranen Landmassen und dem südrussischen Steppengebiet mit sich. Es fehlt ihr daher die Schwüle, und, solange sie antizyklonal beeinflußt ist, kommt es nur über den Sumpfgebieten Polens und den Randbergen der Mittelgebirge zur Entwicklung örtlicher Wärmegewitter. Durch die starke Heizung vom Boden aus ist die Schichtung dieser Luft aber immer recht labil, und wenn sie — weiter nach Westen gelangend — an einer vorgelagerten kälteren Masse zum Aufgleiten gezwungen wird und zyklonale Strömungsform annimmt, dann entwickeln sich dabei die besonders schweren Ostgewitter (vgl. S. 293ff.).

Die gemäßigte kontinentale Tropikluft (cT$_p$). Auch die gemäßigte kontinentale Tropikluft beherrscht den zentraleuropäischen Raum hauptsächlich während der Sommermonate, wenn sie hier oder im Bereich ost-. bzw. nordosteuropäischer Hochdruckgebiete entsteht. Sie unterscheidet sich nur wenig von der echten kontinentalen Tropikluft, doch liegen die Temperaturen dabei etwas niedriger. Die Gewitterbildung beschränkt sich noch mehr als bei dieser auf feuchte Sumpf- und Moorgebiete und bleibt örtlich begrenzt. Nachts ist es zumeist völlig wolkenlos; bei der geringen Feuchtigkeit kühlt es sich angenehm ab. Erst viele Stunden nach Sonnenaufgang setzt leichte Konvektionsbewölkung ein, deren Untergrenze recht hoch, vielfach erst in 3000 m beginnt und deren vertikale Erstreckung im allgemeinen gering bleibt. Bald nach Sonnenhöchststand zeigen die weißen Wolkenballen schon Zerfallserscheinungen und lösen sich bis Sonnenuntergang in der Mehrzahl völlig auf. Die Taubildung bleibt gering, die Fernsicht ist ziemlich klar, doch ist meist ein deutlicher Dunststreifen rings um den Horizont ausgeprägt, hinter dem die Sonne dunkelrot untergeht und strahlend emporsteigt.

Wenn im Winter diese Luftmasse bei Verlagerung des subtropischen Hochdruckrückens nach Mitteleuropa hier entsteht, dann zeigt sie die übliche Zweiteilung zwischen der unteren feuchten und der oberen trockenen Schicht, und der Himmel bleibt in der Ebene trübe, wie es bei Beschreibung der dynamischen Hochdruckgebiete schon geschildert wurde.

Bei Einbezug der kontinentalen Tropikluftmassen in ein zyklonales Strömungssystem werden die cumuli- und stratiformen Wolkenmassen schnell mächtiger, und es treten die gleichen Erscheinungen auf wie bei der maritimen Tropikluft. Die Niederschlagsgebiete sind aber bei der labileren Schichtung im Sommer stets schmaler, da das Aufsteigen in der Vertikalen besonders begünstigt ist. Die Heftigkeit der Regenfälle wächst in gleichem Maße und erreicht hierbei oft die größte in unserem Gebiet bekannte Intensität, besonders wenn die Luftmasse tagelang durch die Sonne erwärmt und ihr genug Feuchtigkeit durch die Sümpfe, Moore und Wälder zugeführt worden ist.

Abschließend sei noch einmal besonders erwähnt, daß während der warmen Jahreszeit also gerade die tropischen Luftkörper die Träger der schweren Gewitter sind, in denen die Quellköpfe sich bis zur Untergrenze der Stratosphäre erstrecken und der Blitzreichtum besonders groß ist. Den Polarluftmassen, die früher hauptsächlich als gewitterfördernd angesehen wurden, fehlt dagegen wegen ihrer niedrigeren Temperatur der zu einem richtigen Wärmegewitter erforderliche hohe Wasserdampfgehalt, und es kommt in ihnen mehr zu starken Schauern, begleitet von einzelnen Donnerschlägen.

Die gealterte kontinentale Polarluft (cP_T). Während der Sommermonate sind die Unterschiede zwischen der gealterten kontinentalen Polarluft und der gemäßigten kontinentalen Tropikluft nicht sehr groß, und jede Polarluftmasse wird bei intensiver Erwärmung über den Festländern schon nach einigen Tagen Aufenthalt in einer Antizyklone völlig in Tropikluft übergeführt. Bis dahin gibt sie sich durch größeren Reichtum cumuliformer Bewölkung und niedrigere Werte der absoluten Feuchtigkeit zu erkennen. Wird sie zyklonal beeinflußt, so neigt sie sofort zu häufiger Schauerbildung, jedoch von schwächerer Ausprägung.

Anders ist ihr Verhalten im Winter. Sie behält dann vor allem in den unteren Schichten ihre niedrigere Temperatur bei und hat sich auch in der Höhe, wenn sie wieder polwärts zurückkehrt, nur wenig erwärmt. Es kann an der Grenze zwischen ihr und einer wärmeren subtropischen Masse zu erheblichen Aufgleiterscheinungen kommen. Der bei starker nächtlicher Ausstrahlung entstehende Bodennebel weist meist nur geringe vertikale Mächtigkeit auf.

Die kontinentale Polarluft (cP). Die kontinentale Polarluft fließt aus der Arktis nach Nord- und Nordosteuropa ein, zeichnet sich durch geringen Feuchtigkeitsgehalt und daher kraßblaue Färbung des Himmels aus. Auch die Höhentemperaturen liegen recht tief, und bei starker Anheizung von unten her entwickeln sich in ihr schon über Finnland häufige Sommergewitter, die J. Küttner (391) näher untersucht hat und die dadurch begünstigt werden, daß bei lebhaftem vertikalem Austausch über dem seenreichen Tundrengebiet genügende Wasserdampfmengen zur Verfügung stehen, die in sie hineingepumpt werden können (vgl. auch Lit. 99, 255). Mitteleuropa wird von dieser Luftmasse meist auf ausgesprochen antizyklonaler Bahn erreicht; der Unterschied gegen die kontinentale arktische Polarluft ist nur ein gradueller und oft überhaupt nicht vorhanden.

Die völlig wolkenlosen, morgens sehr kühlen und nur in den Mittagsstunden in der Sonne warmen Mai- oder Junitage, die in jedem Jahr aufzutreten pflegen, verdanken dieser Luftmasse ihre Entstehung. Die Sonneneinstrahlung ist dann außerordentlich groß, aber trotzdem bleibt bei der starken vertikalen Temperaturabnahme die Erwärmung im Schatten gering und nachts bildet sich Reif über den Fluren. Die Fernsicht ist ungewöhnlich gut, Dunstbildung unterbleibt völlig, und nur über kalten Mulden trifft man in den frühen Morgenstunden flache Wiesennebel an. Durch den lebhaften vertikalen Austausch ist der tägliche Gang des Windes sehr stark ausgeprägt; nachts ist es vielfach windstill, während am Tage unangenehme Staubwolken vom Boden hochgefegt werden. Die Sonne versinkt, vielfach unter Sichtbarkeit des *grünen Strahls,* völlig klar im Meer und steigt daraus am frühen Morgen ebenso ungetrübt wieder empor. In der Höhe ist die Fernsicht fast unbegrenzt, und vom *Brocken* vermag man die Gebirgszüge des Thüringer Waldes ebenso deutlich zu unterscheiden wie die ferne Rhön.

Im Winter, wenn der größte Teil Europas mit Schnee bedeckt ist, ist die Umwandlung der arktischen Polarluftmassen über dem Kontinent so gering, daß ihre Bezeichnung als kontinentale Polarluft im allgemeinen nicht angebracht ist und auf jene Fälle beschränkt werden sollte, wenn die Eigenschaften der kontinentalarktischen Luft über schneefreien Gegenden genügend modifiziert worden sind.

Die arktische Polarluft (cP_A und mP_A). Während im Sommer die Bedeutung der arktischen Polarluft wegen der verhältnismäßig hohen Temperaturen der freien Atmosphäre über den arktischen Meeren zurücktritt, sie nur in den seltenen Fällen äußerst intensiver Zyklogenesen bis nach Mitteleuropa vorstößt und hier im allgemeinen schon zur gewöhnlichen Polarluft degeneriert ist, erlangt sie im Winter manchmal große Bedeutung für das gesamte Wettergeschehen, und ihr Lebenslauf soll für die kalte Jahreszeit deshalb genauer geschildert werden.

Ihr Ursprungsgebiet befindet sich über dem arktischen Eismeer, wo viele Monate hindurch nur eine kurze Dämmerung den mittäglichen Himmel etwas erhellt und in der grimmigen Kälte bei verschwommenem Glanz der Sterne stechende Eisnadeln sich langsam zu Boden senken, prachtvolle Haloerscheinungen um den von einem Hof umgebenen Mond erzeugend. Über einigen offenen Wasserstellen verdampft das Polarmeer zu arktischem Seerauch.

Während für alle Warmluftmassen nur antizyklonale Quellgebiete in Frage kommen, da die in ihnen herrschende absinkende Bewegung eine ständige Temperaturerhöhung begünstigt, ist für die Produktion der aktivsten Kaltluft die Zyklonentätigkeit von besonderer Bedeutung. Okkludiert ein arktisches Sturmtief in diesen nördlichen Packeiswüsten, so wird durch Beseitigung der unteren Inversion zwar eine gewisse Erwärmung herbeigeführt, aber die in der Zyklone erfolgende nach aufwärts gerichtete Vertikalbewegung kühlt die freie Atmosphäre auf die tiefsten Temperaturgrade ab, die durch Aufstiege bisher belegt worden sind und die in der Nähe von —50° in 5000 m Höhe liegen. Man kann beobachten, daß alle schweren polaren Kältewellen auf diese Weise im Gefolge intensiver Sturmwirbel auftreten, wenn der Schnee meterhoch über die nackte Tundra getrieben und vom Kap Tscheljuskin voller Orkan aus Südwest gemeldet wird.

Wie bereits erwähnt, wird infolge der völlig fehlenden Sonnenstrahlung in diesen Breiten, in der Nähe des Zentrums des polaren Ringstroms, auch die Stratosphäre kalt und kann im Hochwinter sogar auf der Rückseite derartiger Sturmzyklonen unter —60° temperiert sein.

Wird jetzt, hervorgerufen durch die allgemeine Druckverteilung, diese arktische Kaltluft südwärts in Bewegung gesetzt, so bleibt ihr Charakter solange erhalten, wie sich die Unterlage nicht ändert, und wenn sie aus der arktischen Eiswüste, östlich an Nowaja Semlja vorbei, unmittelbar auf das tief verschneite sibirische und europäische Rußland übertritt, so bleiben ihre am Ursprungsort erworbenen Eigenschaften erhalten. Zwar erwärmt sich die Stratosphäre, aber in der Troposphäre tritt nur dann stärkerer Temperaturanstieg ein, wenn diese Luftmasse in eine Antizyklone gerät und Absinkprozessen unterworfen wird. Gelangt sie dagegen auf zyklonaler Bahn bis nach Mitteleuropa, so trifft sie fast unverfälscht hier ein und bringt jene Kälterekorde, wie wir sie in den arktischen Wintern 1928/29 (vgl. Abb. 150, S. 268) sowie 1939/40 (Abb. 69) und 1941/42 (Abb. 128, S. 234) erlebten.

Gelangt diese Kaltluft dagegen auf das offene Meer, so wird ihr Charakter sehr rasch gewandelt. Ist der Weg über das Wasser nur kurz, wie im Spätwinter zwischen der Packeisgrenze und dem Nordkap, so werden nur die untersten Schichten stark erwärmt, was aber schon zu anhaltenden und kräftigen Schneeschauern beim Auftreffen auf die norwegischen Küstengebirge Anlaß gibt, während die niedrige Temperatur in der Höhe unverfälscht erhalten bleibt. Auch die Ostsee vermag in diesem Falle entscheidenden Einfluß auf die Wettergestaltung zu gewinnen, wenn sie noch zum größten Teil eisfrei ist. Vor allem beim Auftreffen auf die deutschen Küsten kommt es zu starken und ständig sich wiederholenden Schneeschauern bei schweren Sturmböen aus Nordost und oft orkanartiger Windgeschwindigkeit am *Kap Arkona* auf Rügen, wo die Verengung der Stromlinien ebenso geschwindigkeitssteigernd wirkt wie die Vergrößerung der Turbulenz; weiter landeinwärts läßt die Schauertätigkeit aber rasch nach und bleibt die Windstärke wesentlich geringer.

Erfolgt der Transport dieser Kaltluft vom grönländischen Eismassiv über das Packeis im Raume von Jan Mayen und östlich an Island vorbei nach Norwegen, Dänemark und Deutschland, so bleiben die Temperaturen oberhalb von etwa 4000 m noch ziemlich ungeändert; bis in dieses Niveau entwickelt sich dann aber, bei Erwärmung der meeresnahen Luftschichten bis in die Nähe des Gefrierpunktes, in dieser jetzt als *maritim-arktische Polarluft* bezeichneten Masse ($\mathbf{mP_A}$), ein fast trockenadiabatischer Temperaturgradient. Die Böigkeit nimmt gefährliche Ausmaße an, solange die Strömung zyklonal bleibt, und ein Schnee- und Graupelschauer jagt den anderen; in langen Girlanden hängen die Fallstreifen der bis 6000 m quellenden Cumulonimben auf die See herab und vermischen sich hier mit dem Gischt des Meeres. Nur eine kleine antizyklonale Komponente im Stromfeld genügt aber, um die vertikale Mächtigkeit der Quellungen um mehrere tausend Meter zu reduzieren, und hinter dem norwegischen Gebirge entwickelt sich ein breiter Streifen wolkenlosen Himmels — oft bis nach Norddeutschland hin zu verfolgen — in dem die Windgeschwindigkeit in gleichem Maße geringer bleibt wie sie im Grenzgebiet zwischen der ungestörten Strömung und dem relativ niedrigen Luftdruck im Lee zum schweren Sturm anschwillt, wobei sich auch die Zone starker Druckgradienten oft bis zur Deutschen Bucht verfolgen läßt. Besonders in den Staugebieten der Mittelgebirge und Alpen, wo die Schauer sich ineinander schieben und in anhaltende Schneefälle übergehen, können die Niederschlagsmengen recht groß werden (508).

Die maritime Polarluft (mP). Wesentlich größer sind die Änderungen, die die arktische Polarluft erfährt, wenn sie von Westgrönland oder Labrador aus südostwärts vorstößt und gezwungen ist, einen erheblichen Teil des Atlantischen Ozeans zu überqueren. Auch bei den größten Windgeschwindigkeiten kommt sie dann in Irland noch mit positiven Bodentemperaturen an, und statt der Schneeschauer peitschen schwere Graupelböen[1] die langen Wogen des Atlantiks, nachts von vereinzeltem Wetterleuchten begleitet. Dies ist die echte winterliche *maritime Polarluft* (mP). Schon in geringen Höhen verrät sie ihren polaren Charakter durch das fast trocken-adiabatische Temperaturgefälle, so daß das Tauwetter sich meist nur auf die Tiefländer unterhalb 300 m beschränkt. Vielfach erfolgt beim Einbruch dieser Masse in der Höhe starker Temperaturrückgang, aber unten, wenn sie alternde kontinentale Polarluft verdrängt, plötzlicher Übergang von Frost zu Tauwetter. Die Temperaturen liegen im Niveau der 500-mb-Fläche etwa 10° höher als bei der auf kürzestem Wege herangeschafften Polarluft, doch ist ihr Schwankungsbereich, den verschieden langen Wegen über das Meer entsprechend, verhältnismäßig groß.

---

[1] In den synoptischen Wettermeldungen werden diese körnigen Niederschläge meist als *Hagel* gemeldet. Bei diesem handelt es sich aber um Eisstücke mit einem Durchmesser von mindestens 5 mm, zu dessen Entstehung ein viel höherer absoluter Wasserdampfgehalt erforderlich ist, wie er nur in niedrigeren Breiten vorkommt. Die *Graupeln* sind dagegen klein und halb durchsichtig *(Frostgraupeln)* oder von schneeähnlicher, körniger Struktur, so daß sie beim Auffallen auf eine harte Unterlage leicht entzweibrechen *(Reifgraupeln)*.

Die gealterte maritime Polarluft (mP_T). Polarluft, die noch weiter nach Süden vordringt, auf der Rückseite einer stationären Zyklone bis in den Azorenraum und von dort nach Westeuropa gelangt, kommt im Winter in Frankreich mit Bodentemperaturen von etwa $+8$ bis $+10°$ an, und nur die cumuliformen Wolkenmassen verraten noch ihre Herkunft, wenn keine Aufstiege vorliegen (715). Gleitet diese *gealterte maritime Polarluftmasse* (mP_T) über einen kälteren Luftkörper auf, so kann man sie besonders leicht mit Tropikluft verwechseln, und nur durch eine sehr sorgfältige Analyse können dabei Fehlkonstruktionen vermieden werden. Oft vermag nächtliches Wetterleuchten über dem Ozean, bis zur europäischen Westküste hin sichtbar, einen wertvollen Hinweis für die Analyse zu geben, denn in südlicheren Breiten, wo reichlichere Wasserdampfaufnahme möglich ist, sind auch Polarluftschauer viel häufiger von elektrischen Entladungen durchsetzt als weiter im Norden, wo Gewitter überhaupt eine Seltenheit sind.

Im Sommer treten alle Wettererscheinungen in der Polarluft entsprechend schwächer auf, vor allem sind auch die Windgeschwindigkeiten geringer. Die Gewittertätigkeit ist dann vom Ozean auf das Festland verlagert, wo die Labilisierung jetzt mehr begünstigt wird als auf See, doch handelt es sich dabei mehr um gewitterartige Schauer, worauf bereits hingewiesen wurde.

Diese kurze Beschreibung der für das europäische Wettergeschehen maßgebenden Luftkörper soll anschließend noch ergänzt werden durch eine Gegenüberstellung der verschiedenen Einteilungen der europäischen Luftmassen.

Tabelle 34. *Verschiedene Klassifikationen der europäischen Luftmassen.*

Neue Klassifikation	Bjerknes-Bergeron	Schinze	Reichswetterdienst	Schinze-Siegel	Linke-Dinies
—	—	—	—	A_A	—
—	—	—	—	A_G	—
cP_A	arktische Polarluft	cAK	cA	cA	—
mP_A	arktische Polarluft	mAK	mA	mA	—
cP	kontinentale Polarluft	cPK	cG_A	cG_A	PC ⎫ P
mP	maritime Polarluft	mPK	mG_A	mG_A	PM ⎭
cP_T	—	cPW	cG_T	cG_T	C
mP_T	gealterte maritime Polarluft	mPW	mG_T	mG_T	M
cT_P	—	—	cG_T	cT_G	C
mT_P	—	—	mG_T	mT_G	M
cT	kontinentale Tropikluft	cTW	cT	cT_E	TC ⎫ T
mT	maritime Tropikluft	mTW	mT	mT_E	TM ⎭
cT_S	Äquatorialluft	EL	cE	cE_T	—
mT_S	Äquatorialluft	EL	mE	mE_T	—
—	—	—	—	cE_E	—
—	—	—	—	mE_E	—

Der Zusammenhang mit anderen Luftmassenklassifikationen. In der Tabelle 34 sind die Luftmasseneinteilungen der Norweger (95), von Schinze (729), dem früheren Reichswetterdienst (602, 897), Schinze-Siegel (738) und Linke-Dinies (155, 156, 410, 411) zusammen mit der hier aufgestellten neuen Klassifikation aufgeführt, wobei die in gleicher Reihe stehenden einander annähernd entsprechen. Schinze und Siegel haben ihr Schema vervollständigt durch Einführung der arktischen und äquatorialen Rand- und Kernmassen (A_G und A_A bzw. E_T und E_E). Gegenüber der Begriffsbestimmung des ehemaligen Reichswetterdienstes ist bei der neuen Klassifikation die Unterscheidung von gealterter Polar- und gemäßigter Tropikluft wesentlich, die im Thetagramm vielfach dieselben Werte aufweisen, obwohl es sich um ganz heterogene Massen handelt: Die rückkehrende Polarluft ist verhältnismäßig kalt, aber stark mit Feuchtigkeit angereichert, die antizyklonale gemäßigte Tropikluft dagegen oberhalb der Reibungshöhe wärmer und trockener, was annähernd gleiche Beträge der pseudopotentiellen Temperatur, doch völlig verschiedenen Wettercharakter ergibt. Diese Schwierigkeit wird im Rossby-Diagramm vermieden.

i) Das Rossby-Diagramm.

Das von Rossby (178, 494, 495, 651) entwickelte Diagramm (Abb. 78) stellt die potentielle Temperatur (Ordinate) als Funktion der spezifischen Feuchtigkeit (Abszisse) dar; dann verlaufen die Linien gleicher pseudopotentieller Temperatur geneigt von links oben nach rechts unten. Zwei Luftmassen, die in einer bestimmten Höhe dieselbe pseudopotentielle Temperatur aufweisen und wovon die eine trocken und die andere feucht ist, ergeben in diesem Liniensystem zwei verschiedene Punkte und lassen dadurch den grundlegenden Unterschied beider Massen erkennen.

Im Rossby-Diagramm werden die Höhen der einzelnen Punkte des Aufstiegs angeschrieben. Sind spezifische Feuchte und potentielle Temperatur konstant, so reduziert sich die Aufstiegskurve auf einen Punkt, und die pseudopotentielle Temperatur muß dann ebenfalls in allen Höhen gleich sein; es ist dies ein Zeichen völliger vertikaler Durchmischung. Nimmt die spezifische Feuchtigkeit mit der Höhe ab, so verlaufen die *charakteristischen Kurven* von rechts nach links, bei trockenadiabatischen Gradienten (konstante potentielle Temperatur) horizontal, bei feucht-indifferentem Gefälle längs der Linien gleicher pseudopotentieller Temperatur von rechts unten nach links oben; bei feuchtstabilem Gradienten ist die Neigung des Aufstiegsdiagramms geringer.

Es sind in Abb. 78, nach H. R. Byers (122), die von H. C. Willett (893) angegebenen mittleren Aufstiegsdiagramme für die winterliche kontinentale Polarluft in *Ellendale* (North Dacota, als cP bezeichnet), für die typische maritime Polarluft in *Seattle* im Staate Washington (mP) und für den gleichzeitigen mittleren Zustand der maritimen Tropikluft über *Groesbeck* (Texas) und *Broken Arrow* (Oklahoma, mT) wiedergegeben. Man kann daraus sofort die große Stabilität der kontinentalen im Gegensatz zu der feuchtlabilen Schichtung der maritimen Polarluft erkennen, die erst ober-

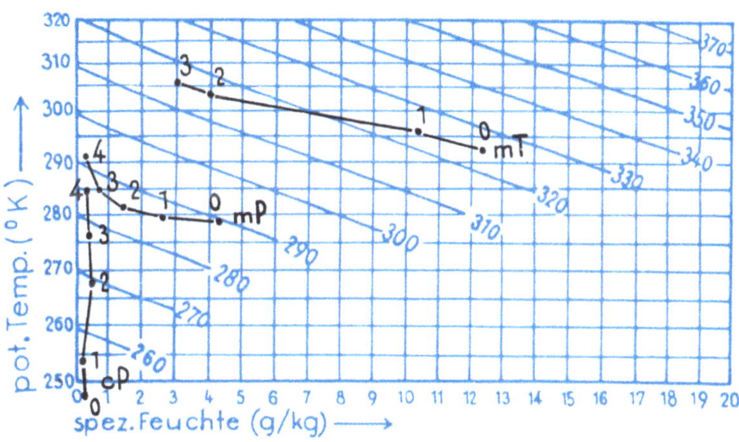

Abb. 78. Mittlerer Zustand der kontinentalen Polarluft (cP) in *Ellendale*, der maritimen Polarluft (mP) in *Seattle* und der maritimen Tropikluft (mT) an der *Golfküste* im Winter, dargestellt im Rossby-Diagramm.

halb 3000 m stabil wird. Bei der maritimen Tropikluft der Südstaaten fällt die rasche Abnahme der spezifischen Feuchte zwischen dem Boden und 2000 m Höhe auf und zeigt damit, daß die untere feuchte Masse nur eine geringe vertikale Mächtigkeit hat und darüber, genau so wie in Europa, eine trockenwarme Schicht lagert.

Der Vorteil, daß mit Hilfe des Rossby-Diagramms die drei konservativsten Elemente: potentielle und pseudopotentielle Temperatur sowie spezifische Feuchtigkeit zueinander in Beziehung gesetzt werden, sind außerordentlich groß und lassen es als das zur Zeit beste Luftmassenpapier erscheinen; man beachte auch, wie sich in Abb. 78 der Unterschied zwischen der kontinentalen und maritimen Polarluft unterhalb 3000 m durch die viel größere Feuchtigkeit des maritim beeinflußten Körpers ausprägt, wogegen beide Massen sich in 4000 m Höhe kaum mehr voneinander unterscheiden.

j) Das Thetagramm.

Leider fehlt eine ähnliche Untersuchung für die europäischen Luftkörper. Die eingehendsten Berechnungen über das durchschnittliche Verhalten der Luftmassen sind O. Moese und G. Schinze (457) zu verdanken, die die mittlere Verteilung der äquivalent-potentiellen (pseudopotentiellen) Temperatur für verschiedene Massen berechnet und sie *Typ-Homologen* genannt haben, welche in Abb. 79 für die subtropische (rechte Kurve) und polare Luft (links) für den Januar reproduziert sind.

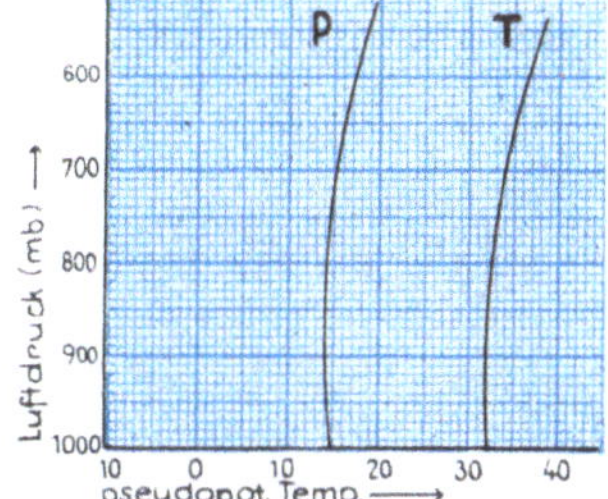

Abb. 79. Typ-Homologen für Polar- und Tropikluft im Januar über Mitteleuropa.

Im Thetagramm wird die pseudopotentielle Temperatur als Funktion der Höhe, neuerdings des Luftdrucks dargestellt: Bei senkrechtem Verlauf ist die Schichtung, sofern Sättigung herrscht, feuchtindifferent; verlaufen die Kurven nach rechts oben geneigt, so ist die Schichtung stabil, im anderen Falle feuchtlabil.

Aus den Typ-Homologen geht hervor, daß nur in den unteren 1000 bis 2000 m die pseudopotentielle Temperatur in den einzelnen Luftmassen mit der Höhe ein wenig abnimmt, daß darüber aber die Schichtung während des ganzen Jahres im Mittel stabil ist, wie es auch die in beiden Abb. 79 eingezeichneten Homologen andeuten. Es folgt daraus, daß eine aufsteigende Luftmasse nach der einer kälteren Luftmasse entsprechenden Typ-Homologen verschoben wird und derart im Thetagramm eine scheinbare Luftmassentransformation resultiert, die in Wirklichkeit natürlich nicht vorhanden ist, denn bei adiabatischer Vertikalbewegung handelt es sich nach Voraussetzung gerade um das gleiche Teilchen, das verlagert wird. Diese Schwierigkeit könnte dadurch umgangen werden, daß die pseudopotentiellen Temperaturen stets bei dem zugehörigen Kondensationspunkt eingetragen[1] und die Homologen entsprechend berechnet würden.

Eine andere prinzipielle Frage wäre die, worin die Ursache des stabilen Verlaufs der Typ-Homologen zu suchen ist. Sie entspricht aber dem durchschnittlichen Zustand der freien Atmosphäre, so daß man nicht annehmen kann, daß sie eine Folge davon ist, daß bei der Auswahl der Fälle unbedeutendere Luftmassengrenzen in größeren Höhen nicht ausgeschieden worden wären. Jedenfalls legen es alle diese Überlegungen nahe, daß das Thetagramm nicht einfach schematisch angewandt werden darf.

SCHINZE (731, 735) hat neben den mittleren vertikalen Temperaturgradienten (732) auch die typischen Werte der Temperatur bei verschiedenen Feuchtigkeiten für die einzelnen nach Mitteleuropa gelangenden Luftmassen in Tabellen zusammengestellt, von deren Abdruck hier abgesehen wird, nachdem die Häufigkeitsdarstellung von SCHWERDTFEGER (789) ergeben hat, daß die Variationsbreite der einzelnen Luftmassen so groß ist, daß den mittleren Beträgen nur eine sehr eingeschränkte Bedeutung beigemessen werden kann und ihre Benutzung allzu leicht zu einer oberflächlichen Analyse beitragen könnte.

k) Die russische Luftmassenklassifikation.

Sehr weitgehend ist die von L. I. PETROWA, L. I. BLJUMINA und A. A. BATSCHURINA (29) durchgeführte Unterteilung der Luftmassen Nordrußlands ins einzelne gegangen. Es werden bei der arktischen Polarluft (aP) zwischen der so bezeichneten frischen Masse, der aus Nordosten kommenden (aP_f), aus einer Antizyklone zurückkehrenden (aP_r) und der nach Umfließen eines Hochdruckgebiets kontinentalisierten (cP_g) sowie eine maritime Polarluft südlicher Bahn (mP) von ihrem rückkehrenden Zweig (mP_r) unterschieden. Bei der kontinentalen Polarluft (cP) werden außer der rückkehrenden (cP_r) noch vier weitere Untergruppen angegeben, aber unter den wärmeren Massen ist nur die kontinentale Tropikluft (cT) aufgeführt[2].

l) Die Hauptluftmassen Nordamerikas.

Auch die von H. C. WILLET (892) durchgeführte Klassifikation der amerikanischen Luftmassen unterscheidet 12 Typen, unter denen die arktische Polarluft fehlt, dafür aber besondere Übergangsluftmassen (N)[3] eingeführt und die Hauptkörper jedesmal noch nach ihrem Wege über den atlantischen oder pazifischen Ozean bzw. den Golf von Mexiko näher bezeichnet werden. Auf diese Weise erhält man die polar-kontinentale (P_C), polar-pazifische (P_P) und polar-atlantische Luft (P_A) sowie ihre Übergangsformen (N_{PC}, N_{PP} und N_{PA}), wobei die polar-pazifische Übergangsluft noch in den trockenen [$N_{PP}(C)$] und feuchten Typ [$N_{PP}(M)$[4]] unterteilt wird und die Umwandlung der ersteren über den westlichen und zentralen Teilen der USA., der letzteren über dem Pazifik erfolgen soll. Bei der Tropikluft wird zwischen Golfluft (T_G), der atlantischen (T_A) und pazifischen Komponente (T_P) sowie der maritim tropischen (N_{TM}) und tropisch-pazifischen Übergangsmasse (N_{TP}) differenziert. Die Übergangsluft soll allmählich entstehen, so daß sich für sie keine festen Grenzen angeben lassen.

Neuerdings (124, 808) wird in den Vereinigten Staaten in zunehmendem Maße das norwegische Einteilungsprinzip bevorzugt, ergänzt durch die Bezeichnung *S* (Superior) für die in der freien Atmosphäre absteigende trockene antizyklonale Masse, dem PETTERSSEN (546) noch *M* für die asiatische Monsunluft hinzufügte[5].

m) Die Hauptluftmassen Japans.

Eine Unterteilung der für das japanische Wettergeschehen maßgebenden Luftmassen ist erstmalig von H. ARAKAWA (15) durchgeführt worden und lehnt sich eng an die norwegisch-europäische Bezeichnungsweise an. Es fehlt wieder die arktische Polarluft, da diese von der über dem asiatischen Kontinent entstehenden Masse ebensowenig unterschieden werden kann, wie das in Amerika der Fall ist. Auf diese Weise bleiben übrig die kontinentale Polarluft (cP) mit ihrem Ursprungsgebiet in Sibirien und der Mandschurei, die maritime Polarluft (mP), aus dem Ochotskischen Meer und den höheren Breiten des Pazifiks stammend, die maritime

---

[1] Für Stabilitäts- und Luftmassenbetrachtungen in gleichem Maße geeignet ist das von SCHÜEPP (781, 878) so transformierte STÜVE-Papier, daß die Feuchtadiabaten senkrechte Gerade werden — indem auf der Abszisse die feuchtpotentiellen Temperaturen aufgetragen sind und der Druck auf der Ordinate bleibt — da ein in dieses Blatt eingezeichneter Höhenaufstieg durch (trockenadiabatische) Hebung jedes Punktes bis zum Kondensationsniveau sofort in die bei den Kondensationspunkten eingezeichnete Kurve der pseudopotentiellen Temperaturen transformiert werden kann.

[2] Vgl. Lit. 129, S. 200—201. Siehe außerdem Lit. 146.

[3] Transitional Air; die Abkürzung kann man sich leicht merken: N = neutral.

[4] M = moist.

[5] Bezüglich der nordpazifischen Luftmassen s. BYERS (121, 124), in bezug auf Westafrika vgl. HUBERT (328).

Tropikluft (mT) der subtropischen Breiten des Nordpazifiks und schließlich noch während der warmen Jahreszeit die über China entstehende kontinentale Tropikluft (cT)[1].

n) Bemerkungen zu den Luftmasseneinteilungen.

Aus einem Vergleich der verschiedenen Luftmassenklassifikationen geht hervor, daß diese in ihren Grundprinzipien wohl weitgehend übereinstimmen, aber im einzelnen alle voneinander abweichen und die speziellen Eigentümlichkeiten ihres Klimagebietes berücksichtigen müssen (665). Eine für die ganze Erde gültige Einteilung kann also nicht gegeben werden; es ist demgegenüber der vornehmliche Zweck jeder Differenzierung verschiedener Massen, die Übersicht über den Ursprung der Hauptströmungen zu erleichtern und damit einen raschen Einblick in die physikalischen Prozesse zu gewinnen, die zwischen verschieden temperierten und unterschiedliche Feuchtigkeit aufweisenden Luftkörpern einzutreten pflegen. Die bestimmte Zuordnung einer Luftmasse für jede Station und jeden beliebigen Termin ist ein äußerst schwieriges Problem und kann deshalb nie exakt gelöst werden, weil kontinuierliche Übergänge existieren und dann die Benennung zweifelhaft wird, doch vermögen sich diese Ungenauigkeiten in längeren statistischen Reihen nicht so störend auszuwirken, wie man vielleicht vermuten könnte.

Für die Synoptik ist die Tatsache von wesentlicher Bedeutung, daß man meist leichter die Fronten finden als die Luftmassen bestimmen kann, weshalb es im allgemeinen überhaupt vorteilhafter ist, von den Fronten auszugehen. „*In practice*", so schreibt R. C. SUTCLIFFE (826) in seinem ausgezeichneten Lehrbuch der Meteorologie für Luftfahrer (S. 213), „*it is often much easier to locate the fronts than to define the air masses, and the method adopted is usually a compromise.*"

4. Die Frontalzone.

a) Ursprüngliche Definition der Frontalzone.

Den Begriff der *Frontalzone* hat erstmalig BERGERON (60) im Jahre 1928 geprägt und damit (S. 69) das bis dahin als Übergangszone bezeichnete Zwischengebiet zweier Luftmassen, die sich auf mehr als 1000 km einander genähert haben, bezeichnet. Die darin enthaltene Luftmenge nannte er entsprechend *Frontalmasse*. Mit Einführung der direkten Aerologie hat die Begriffsbestimmung der Frontalzone eine gewisse Erweiterung erfahren.

Die Annäherung zweier heterogener Luftkörper auf mehr als 1000 km macht sich vor allem in der Höhenströmung durch eine starke Windzunahme bemerkbar, da der Luftdruck über der kälteren Masse erheblich niedriger ist als über der warmen. Dies hat in der Folge dazu geführt, daß eine starke Höhenströmung als kennzeichnend für Frontalzonen angesehen wird. Diese Bedingung ist aber noch nicht ausreichend, denn große obere Druckgradienten kommen auch im Bereich von Zyklonen und an Fronten vor; es muß also noch eine zweite Bedingung hinzukommen, die an die Entstehung der Frontalzonen anknüpft.

b) Die Entstehung der Frontalzone.

Luftmassen verschiedenen Ursprungs können sich nur dann einander immer weiter nähern, wenn das Druckfeld so beschaffen ist, daß Luftteilchen aus weit entfernten Klimazonen gegeneinander geführt werden. Da die Verhältnisse bei der Entstehung der Frontalzonen immer weitgehend dem stationären Zustand entsprechen, können anstatt der Trajektorien direkt die Stromlinien des herrschenden Luftdruckfeldes untersucht werden.

Wird von Vertikalbewegungen zunächst abgesehen, so vermögen nach der Kontinuitätsgleichung zwei Luftströme nur dann aufeinander zuzulaufen, wenn sie gleichzeitig nach der Seite ausweichen. Das entsprechende Druckfeld ist in Abb. 80 reproduziert, in der die blauen Linien die schematisch gezeichneten und der Deutlichkeit halber noch mit einem Stromrichtungspfeil versehenen Isobaren angeben und die etwas dünner gezeichneten, senkrecht aufeinander stehenden Linien die *Schrumpfungs-* (in der N-S-Richtung) bzw. *Dehnungsachsen* (in der W-E-Richtung) dieses *Deformationsfeldes* darstellen, deren Schnittpunkt als *neutraler* oder *hyperbolischer Punkt*[2] der Frontalzone bezeichnet wird. Ein derartiges Druckfeld findet man häufig in den Wetterkarten; es wird besonders gern durch eine Konstellation: warmes Azorenhoch — kaltes Neufundlandhoch —

---

[1] In ähnlicher Weise unterscheidet E. GHERZI (267) in China (vgl. auch CHANG WANG TU 846) drei Hauptluftmassen: sibirische, tropische und Passatluft (801). Für Australien hat L. LAMMERT (398, 399) das Vorhandensein der südhemisphärischen Polarfront nachgewiesen (s. ferner Lit. 342). Über die Luftmassen Brasiliens: Lit. 802.

[2] Zuweilen, jedoch nur, wenn sich bei derartiger Konstellation noch keine Frontalzone ausgebildet hat, spricht man auch vom *Sattelpunkt* oder *Sattel* des Druckfeldes.

Island- und Bermudatief herbeigeführt, wobei die Zirkulationsgebiete gleichen Drehsinnes über Kreuz einander gegenüberliegen müssen.

Der wesentliche Effekt dieses Druckfeldes besteht darin, daß es die Gegensätze der hier von Norden und Süden heranströmenden verschiedenartigen Luftmassen auf einen immer enger werdenden Raum konzentriert. Dies kann man sich leicht klar machen, wenn zwei — hier durch die beiden ausgezogenen schwarzen Linien dargestellte — Isothermen eingezeichnet werden, die von Westsüdwest nach Ostnordost verlaufen und etwa der mittleren Temperaturverteilung im Anfangsstadium entsprechen[1]. Die Linien gleicher Wärme werden weiter von der Strömung mitgeführt, und wenn man von äußerer Wärmezufuhr absieht, werden sie nach einer gewissen Zeit eine Lage einnehmen, wie sie durch die beiden gestrichelten schwarzen Linien angedeutet ist: es hat überall eine Annäherung der Isothermen stattgefunden, und diese wird solange fortdauern, wie das Druckfeld keine Änderung erfährt.

Bei solcher Drucksituation wird in Wirklichkeit ein Teil der Luft aber nicht horizontal, sondern in der Vertikalen ausweichen, was dazu führt, daß die Annäherung der Isothermen sogar noch beschleunigt wird und sich — wenigstens am Boden — schließlich eine immer schärfere Temperaturscheide entwickelt und daraus eine Diskontinuität nervorgehen wird, in diesem Beispiel west-östlich orientiert: die Frontalzone wird zur Front[2].

Daß die Entwicklung in der Natur etwa so verläuft, wie es hier schematisch dargestellt ist, kann man immer wieder beobachten, und es ist jetzt die wesentliche Frage zu lösen, weshalb ein solches Druckfeld denn überhaupt längere Zeit stationär bleiben kann und warum nicht, sobald die Verschärfung der Gegensätze beginnt, ausgleichende Effekte eingreifen und die Frontenbildung verhindern. Es ist durchaus nicht selbstverständlich, daß die Atmosphäre dazu neigt, Diskontinuitätslinien auszubilden.

Um dies klar zu machen, müssen die gleichzeitig in der Höhe vor sich gehenden Änderungen betrachtet und soll an die Überlegungen auf S. 30 über die Beziehung zwischen Advektion und Höhendruck angeknüpft werden. Es wurde dort bewiesen, daß der Druck in den oberen Schichten um so tiefer sinkt, je kälter die Luftsäule darunter temperiert ist. Dies hat zur Folge, daß

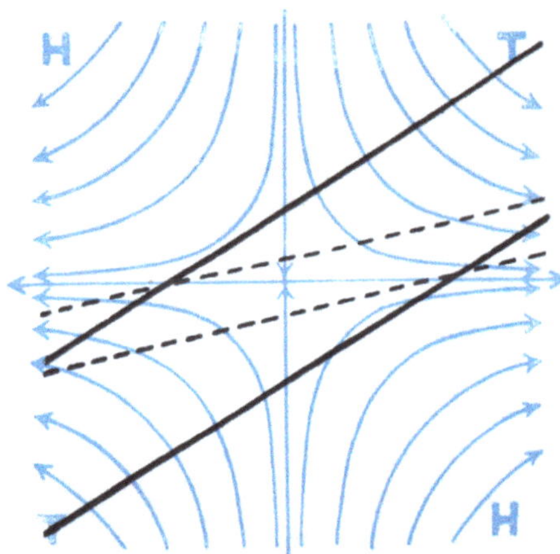

Abb. 80. Schema der Verlagerung zweier Isothermen im horizontalen Schrumpfungsfeld einer Frontalzone.

auch das Höhendruckgefälle von warm nach kalt dort am stärksten wird, wo der Temperaturgradient sein größtes Ausmaß erreicht. Wo also Luftmassen verschiedener Temperatur gegeneinander geführt werden, dort muß sich auch der Druckunterschied in der Höhe verstärken, und ein Vertikalschnitt durch eine Frontalzone im Anfangsstadium ihrer Entwicklung wird schematisch so aussehen, wie es Abb. 81a zeigt:

Außerhalb des horizontalen Deformationsfeldes, hier mit Frontalzone bezeichnet, herrsche das normale, mit der Höhe allmählich zunehmende Druckgefälle von niedrigen nach hohen Breiten, durch die schwach geneigten Isobarenflächen h_0 bis h_4 gekennzeichnet. Im Bereich der Frontalzone ist das horizontale Temperaturgefälle wesentlich größer, und daher ist auch die Neigung vor allem der oberen Isobarenflächen steiler, und zwar beginnt diese Zunahme des Gefälles bei F_1 und endigt bei F_2. Dies hat aber, genau so wie es beim Kreislauf zwischen verschieden warmen Gebieten geschildert wurde, einen zunehmenden Abfluß in der Höhe über F_1 zur Folge und ein ebensolches Anstauen der mit einer gewissen Komponente in Richtung zum tieferen Druck in Bewegung gesetzten Massen oberhalb von F_2. Es resultiert daraus eine Divergenz über F_1 und eine entsprechende Konvergenz bei F_2, d. h. der Massenabfluß wird sich am Boden bei F_1 durch Druckfall und bei F_2 durch Druckanstieg bemerkbar machen. Damit aber entwickelt sich bei F_1 ein aufsteigender Kompensationsstrom und am Boden eine Tiefdruckrinne, gegen die sich jetzt von beiden Seiten Luft beschleunigt in Bewegung setzt, wärmere Massen von Süden her und kältere von rechts (von Norden) ansaugend, von dort noch dadurch verstärkt, daß die Höhenkonvergenz gleichzeitig Druckanstieg herbeiführt.

---

[1] Das hier behandelte Druckfeld ist ausgesprochen *baroklin*, indem sich die Linien gleicher Temperatur und gleichen Luftdrucks über dem größten Teil des Gebiets nahezu unter einem rechten Winkel schneiden (verlaufen beide Liniensysteme einander parallel, so heißt ein solches Feld *barotrop*). Die von zwei um eine Einheit voneinander verschiedenen Isobaren und Isothermen umschlossene Fläche wird als *Einheitssolenoid* bezeichnet.

[2] Eine genaue Analyse der zur Frontenbildung führenden Prozesse hat S. PETTERSSEN (539) durchgeführt (vgl. Lit. 584). Es ergibt sich, daß Frontogenese nur dann erfolgt, wenn der Winkel zwischen den Isothermen und der Schrumpfungsachse kleiner als 45° ist, weil im anderen Falle der in bezug auf die Dehnungsachse resultierende Dilatationseffekt überwiegt.

Als Folge des ersten Stadiums der Frontalzone beginnen also Prozesse wirksam zu werden, die die verschieden temperierten Luftmassen sogar noch in verstärktem Maße gegeneinander treiben. Damit nimmt aber gerade der Gegensatz bei F_1 noch mehr zu, das Höhendruckgefälle wird noch steiler, und dadurch werden weitere zusätzliche Beschleunigungen vom hohen zum tiefen Druck hin ausgelöst. Der gesamte Prozeß trägt also, sowie er einmal eingeleitet ist, alle Merkmale der Selbstverstärkung in sich, und daher ist es zu erklären, daß der im Anfangsstadium[1] noch geringe Unterschied der beiden Massen immer weiter verstärkt wird, bis es zur Zyklogenese kommt und damit die gesamte Frontalzone zerstört werden kann — ein Vorgang, der jetzt noch nicht behandelt werden soll.

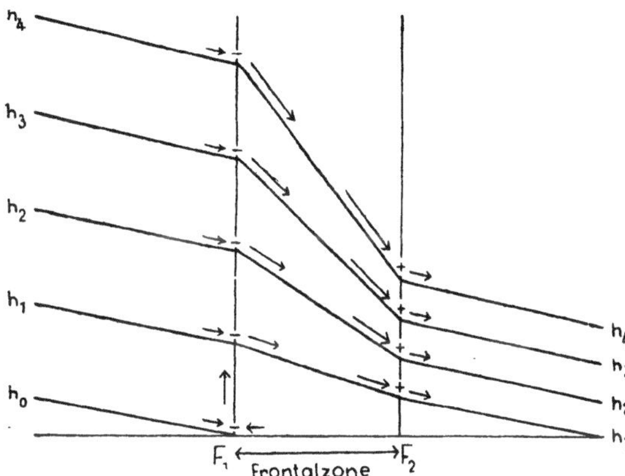

Abb. 81a. Idealisierter Verlauf der Isopotentialen über einer Frontalzone (Vertikalschnitt).

Selbstverständlich beginnen aber bei dieser immer stärkeren Konzentration der Druck- und Temperaturgegensätze auch schon vorher Gegenkräfte wirksam zu werden. Vor allem in der oberen Troposphäre nimmt nämlich das Abströmen der Warmluft ein derartiges Ausmaß an, daß die zunächst senkrecht gedachte Frontlinie zur kalten Seite hin überzukippen bestrebt ist, während am Boden die Begrenzungslinie keine wesentliche Änderung erfährt. Auf diese Weise nimmt der von der Übergangsmasse eingenommene Raum eine solche Neigung an, daß sich die Warmluft in der Höhe über die Kaltluft darunter solange ausbreitet, bis ein Gleichgewicht der Kräfte hergestellt ist[2]. Zwischen den beiden Luftmassen bleibt aber eine Übergangszone erhalten, die nicht als echte Diskontinuität[3] anzusprechen ist, deren Mächtigkeit im allgemeinen — vor allem, wenn zyklonale Vorgänge wirksam sind — mehr als 1000 m beträgt und nur beim Vorherrschen überlagerter absinkender Bewegungen auf wenige hundert Meter reduziert werden kann. Die längs der geneigten Frontalmasse vor sich gehenden Luftströmungen sind grundsätzlich gleicher Art.

In Abb. 81b ist der Verlauf der Isopotentialen längs einer Front, die derart geneigt ist, daß sich rechts die Kaltluft befindet, so schematisiert dargestellt, daß die Druckdifferenzen am Erdboden vernachlässigt werden. Die Front selbst ist als schmale Übergangszone gezeichnet, in der die Druckdifferenz zwischen Warm- und Kaltluft konzentriert ist. Dann muß sich längs der Kaltluftbegrenzung ebenso ein Stau entwickeln, wie eine Strömungsdivergenz an der Grenze zwischen der Warmluft und der Übergangszone, und es resultiert daraus eine aufsteigende Bewegung gerade innerhalb der Übergangszone bzw. innerhalb der von RAETHJEN (575) als *Mischluft* bezeichneten Masse. Der eingeleitete Vorgang des Aufgleitens kommt ganz ähnlich zustande wie der auf S. 117 erwähnte Hangaufwind. Da die stärkste Strömungsdivergenz jeweils an der Obergrenze der

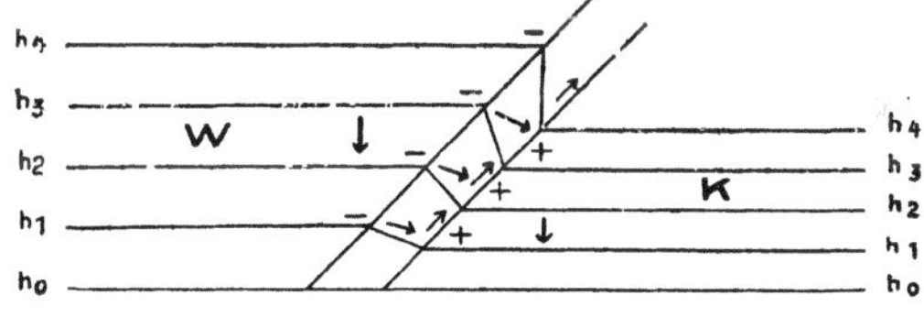

Abb. 81b. Idealisierter Verlauf der Isopotentialen an einer Front (Vertikalschnitt).

Mischluft eintritt, können darüber bei vorherrschend antizyklonaler Wetterlage innerhalb der von der Warmluft erfüllten Troposphäre absteigende Bewegungen[4] resultieren, womit die dabei häufig zu beobachtende Erscheinung erklärt ist, daß die Wolkenbildung hauptsächlich die Übergangsmasse erfaßt und darüber im Warmluftbereich selbst Wolkenauflösung eintritt. Auf diese Weise beginnt dann z. B. bei Annäherung einer Warmfront die Wolkenauflösung ebenso wie die Wolkenbildung zunächst in der oberen Troposphäre und erfaßt zuletzt die unteren Schichten. Zuweilen ist die Obergrenze der Mischluft auch direkt durch eine Inversion markiert, die mit der Obergrenze des frontalen Wolkensystems zusammenfällt.

---

[1] Unterschiedliche Bodeneinflüsse oder Strahlungseffekte mögen den ersten Anlaß zur Ausbildung einer Zone stärkeren Temperaturgegensatzes geben können; meist ist es aber die Form des Druckfeldes allein, die den frontogenetischen Prozeß einleitet.

[2] In welchem Maße sich der Druckgradient abschwächt, wenn die Übergangsmasse eine mehr horizontale Lage einnimmt, kann man sich klarmachen, wenn die Tatsache bedacht wird, daß bei senkrechtem Verlauf der Grenzlinien das volle Ausmaß der Temperaturdifferenz am Zustandekommen des horizontalen Druckunterschiedes beteiligt ist, während bei horizontaler Lage der Grenzfläche überhaupt kein Druckunterschied resultiert. Aus diesem Grunde vermögen sich gerade die am schärfsten ausgeprägten Temperatursprünge innerhalb der schwach geneigten antizyklonalen Inversionen zu entwickeln.

[3] Diesem Zustand können höchstens die den Reibungseinflüssen unterworfenen unteren Schichten nahe kommen, da in ihnen ein direktes Gegeneinanderströmen erfolgt.

[4] Ein solches Absinken muß ebenfalls unterhalb des Mischluftgebiets vorhanden sein.

Ist auf diese Weise das Zustandekommen der geneigten Front bzw. Frontalzone und der in ihnen herrschenden Vertikalbewegungen erklärt, so muß aber noch darauf hingewiesen werden, daß im allgemeinen eine alleinige Konzentration des Druck- und Temperaturgegensatzes auf die Mischluftschicht nicht beobachtet wird, daß vielmehr bei jeder Frontalzone ebenso wie bei dem größten Teil aller Fronten zwei Bereiche wohl voneinander zu unterscheiden sind: die eigentliche geneigte Frontschicht entsprechend Abb. 81b, und außerdem eine in Anlehnung an Abb. 81a etwa senkrecht verlaufende Frontalmasse, vor allem in der mittleren und oberen Troposphäre durch einen bereits oberhalb der Spitze des unteren Kaltluftkeils beginnenden Temperaturrückgang manifestiert. Diese Erscheinung ist besonders charakteristisch für intensive Kaltfronten. Für ihr Zustandekommen ist in erster Linie die immer mit ansteigender Mächtigkeit des unteren Kaltluftkeils verbundene zunehmende Druckabnahme in der Höhe verantwortlich zu machen, durch welche die im Normalfalle in gleicher

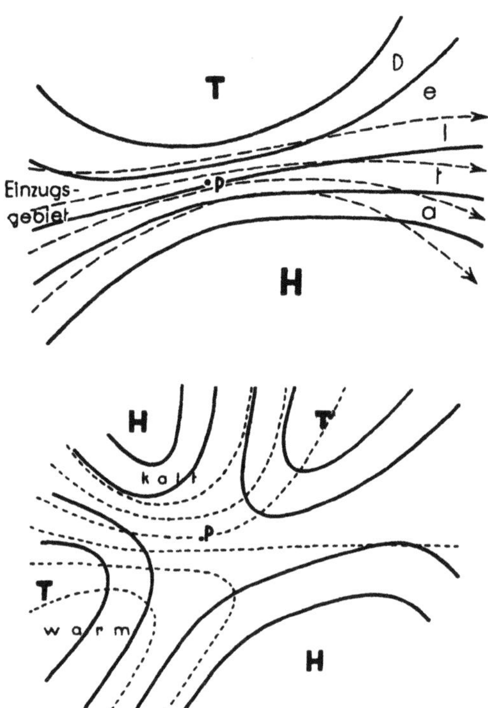

Abb. 82. Schematische Darstellung der Verteilung des Bodendrucks und der relativen Topographie (unten) sowie des Höhendrucks und der Höhenströmung (oben) an einer Frontalzone.

Höhe (in der Horizontalen) entlang den tieferen Isobaren strömende kältere Luft durch die (in der Höhenwetterkarte) in Erscheinung tretende Tiefdruckausbuchtung über den unteren Kaltluftkeil hinweggelenkt wird. Bei rasch vorrückenden Kaltfronten spielt das Voreilen von Kaltluft in der Höhe eine weitere Rolle (s. auch S. 222 ff.).

c) Erweiterte Begriffsbestimmung der Frontalzone.

Es wird aus dem besprochenen schematischen Entwicklungsmechanismus der Frontalzone klar, daß diese auf das engste mit dem starken Druckgegensatz in der Höhe und der stürmischen Höhenströmung gekoppelt ist; außerdem muß das Druckfeld so beschaffen sein, daß sich am Boden längs der Frontalzone entweder eine deutliche Rinne tiefen Druckes erstreckt oder aber aus dem Verlauf der Isobaren hervorgehen muß, daß hier Luftmassen aus verschiedenen Gebieten gegeneinander geführt werden. Es ist üblich geworden, auch dann noch und sogar von einer besonders scharfen Frontalzone zu sprechen, wenn sich bereits eine deutliche Front ausgebildet hat, die aber noch annähernd parallel zu den Isobaren verlaufen muß. Bei stärkerer Zyklogenese wird die Front in kurzer Zeit mehr oder minder stark von den Isobaren geschnitten, und dann ist die Bezeichnung ,,Frontalzone'' nicht mehr gerechtfertigt, kann aber noch in bezug auf den gesamten Frontenverlauf angewandt werden, wenn sich neue Wellen ausbilden.

d) Die einzelnen Teile der Frontalzone.

In Abb. 82 ist unten die Verteilung von Bodendruck (ausgezogen) und relativer Topographie (gestrichelt) einer von WSW nach ENE verlaufenden Frontalzone schematisch dargestellt. Bei P liegt der hyperbolische Punkt, wo der Gegensatz seine größte Schärfe erreicht. Links davon laufen die Isothermen zusammen, weiter östlich divergieren sie. Im oberen Teil der Figur ist der aus der unteren Darstellung resultierende Verlauf der absoluten Topographie der 500-mb-Fläche durch die ausgezogenen Linien und die tatsächliche Höhenströmung durch die gestrichelten Kurven angedeutet. Die Höhendruckverteilung wird in erster Linie durch den Verlauf der Mitteltemperatur der unteren Troposphärenhälfte bestimmt, so daß über P auch der Druckgegensatz in der oberen Troposphäre am stärksten ist.

Folgt man dem Verlauf der Höhenströmung durch die Frontalzone hindurch, so muß die Stärke des Höhenwindes wegen der Konvergenz der Isopotentialen bis zum hyperbolischen Punkt anwachsen, und eine solche Zunahme kann nur dann vorhanden sein, wenn die Luftteilchen dem Druckgefälle teilweise folgen, also von der Richtung der Isopotentialen nach links abgelenkt sind, wie es hier angedeutet ist. Analog zu der Bezeichnungsweise bei einem Flußsystem ist diese richtungskonvergente Zone als *Einzugsgebiet* bezeichnet worden.

Jenseits des hyperbolischen Punktes weisen die Höhenisobaren eine ausgesprochene Richtungsdivergenz auf, und dieses Gebiet ist deshalb *Delta der Frontalzone* benannt worden. Hier muß die Geschwindigkeit des Höhenwindes unmittelbar hinter dem hyperbolischen Punkt, von H. SEILKOPF (798, 799) als *Strahl-*

strömung bezeichnet, wieder abnehmen und infolgedessen eine Rechtsablenkung gegen den hohen Druck vorhanden sein, wie sie auch in mehreren bisher genauer untersuchten Fällen, u. a. von J. BJERKNES und E. PALMÉN (87), festgestellt und in Abb. 82 angegeben worden ist.

Daß die Entwicklung der großen Depressionen fast immer nur im Delta und nicht im Einzugsgebiet der Frontalzonen erfolgt, soll zuerst an Hand mehrerer Beispiele gezeigt werden; auf die Zusammenhänge zwischen den Frontalzonen und den Zyklogenesen wird erst im Anschluß an die Besprechung der Idealzyklone eingegangen (S. 213 ff.).

e) Die Frontalzone im Winter.

Ihre größte Längenerstreckung und Aufstapelung potentieller und kinetischer Energie erreichen die Frontalzonen selbstverständlich während der kälteren Jahreshälfte, wenn auch die meridionalen Temperaturunterschiede am größten sind. Es sind dann vor allem die Meeresräume vor den Osträndern der Kontinente, wo schon die mittleren Wassertemperaturen eine frontalzonen-ähnliche Verteilung aufweisen (vgl. S. 54) und wo sich die pazifische bzw. atlantische Polarfront besonders deutlich entwickeln.

Die amerikanische Frontalzone vom 7. bis 10. Februar 1933. Zunächst soll eine schon früher (702) kurz untersuchte amerikanische Frontalzone behandelt werden, an der die Gegensätze ein ganz ungewöhnliches Ausmaß erreichten, und von der H. C. WILLETT (893, S. 38) schrieb:

„In diesem Schnitt finden wir eine Kaltfront, an der der Luftmassengegensatz und die Schärfe der Front extrem sind wie selten. Der Durchzug dieser schroffen und scharfen Front war (in Boston) von einem schweren Regen-, Graupel- und Schneeschauer und einem Temperatursturz von 17° C innerhalb von 2 Stunden begleitet. Auf dem Gipfel des 2000 m hohen Mount Washington erfolgte der Durchzug der Front zur gleichen Zeit wie in Boston und war von einem Temperatursturz von 31° C im Verlaufe von 10 Stunden gefolgt.“

Abb. 83 (S. 158) stellt die Wetterlage vom 7. Februar 1933, 13 Uhr MEZ. über dem amerikanischen Festland und dem gesamten Nordatlantischen Ozean dar. Die subtropische Hochdruckbrücke ist in mehrere scharf voneinander getrennte Zellen aufgespalten, wovon die wärmste vor der portugiesischen Küste festliegt und ein kälterer Kern westlich von Bermuda langsam ostwärts wandert. Beide sind durch eine Kaltfront getrennt, die sich von einer Zyklonenfamilie über dem mittleren Atlantik, deren letztes Glied östlich Neufundland sich stark vertieft, über das Seegebiet westlich der Azoren bis zu den Großen Antillen erstreckt und die subtropische Luftmasse von einer kälteren polaren Ursprungs scheidet. Über dem Nordteil des Karibischen Meeres ist diese Luftmassengrenze nicht mehr deutlich ausgeprägt, tritt aber im Mündungsgebiet des Mississippi wieder in Erscheinung, wo die Tropikluft über die kältere, rückkehrende Polarluft nördlich des Golfes von Mexiko aufgleitet und dort anhaltende Regenfälle hervorruft.

Innerhalb dieser Polarluftmasse besteht ein starkes südnördliches Temperaturgefälle von $+19°$ an der Golfküste auf Werte in der Nähe des Gefrierpunktes im kanadisch-amerikanischen Grenzgebiet; hier hat sich eine scharfe Front zwischen der gealterten und der frischen kontinentalen Polarluft ausgebildet, sich von *Portland* zunächst in westlicher Richtung nach Michigan erstreckend und dann, hart südöstlich *Chicago*, nach Südwesten zu einem Tiefdruckkern von 1000 mb zwischen Mississippi und Arkansas verlaufend.

Von dieser Zyklone aus sind zwei nach Süden bzw. Südwesten gerichtete Kaltfronten zu erkennen, wovon die erste, die echte Tropikluft durch stark gealterte pazifische Polarluft ersetzend, über den westlichen Teil des Golfes von Mexiko nach *Tampico* verläuft und die zweite, erheblich schärfer ausgeprägte, diese schon stark umgewandelte Polarluftmasse von einem frischen Einbruch arktischer Polarluft trennt, die schon wochenlang vorher ganz Alaska beherrschte, in den dortigen einsamen Gebirgstälern wiederholt zu Tiefsttemperaturen unter $-50°$ Anlaß gegeben und sich am 5. Februar energisch nach Süden in Bewegung gesetzt hatte, als der Luftdruck in ihrem Quellgebiet immer weiter zunahm.

Zu dem hier dargestellten Zeitpunkt erreicht das Alaskahoch mit einem Kerndruck von 1060 mb, wie er über dem amerikanischen Raum nur ganz selten beobachtet wird, den Höhepunkt seiner Entwicklung, und die Situation ist geradezu ideal für die Ausbildung einer Frontalzone. Die Polarluft, in der die Temperaturen über der Hudsonbay selbst bei größeren Windstärken und zyklonaler Strömung unter $-30°$ liegen und in der Breite von Berlin im Bereich eines windschwachen Hochdruckkeils sogar unter $-40°$ abgesunken sind, ergießt sich in der Zone größten Druckgegensatzes zwischen der Mississippi-Zyklone und dem am Oberlauf des Missouri zur Ausbildung gelangten Teilhochs als schwerer *Blizzard* [1] nach den Südstaaten und ist gerade unmittelbar vor der Golfküste angelangt. Nur am Südrand des Felsengebirges wird die Kaltmasse durch ein kleines Leetief noch etwas aufgehalten und verläuft von dort als undeutliche Luftmassengrenze zur Pazifischen Küste, im Grenzgebiet zwischen Montana und Kanada noch eine kleine Isobarenausbuchtung erzeugend und dann schließlich in ein Tief westlich Alaska einmündend.

---

[1] Bezeichnung der amerikanischen Schneestürme aus Nord. In Innerrußland und Sibirien heißen sie *Buran* (795).

Unmittelbar vor dieser Kaltfront werden zum gezeichneten Beobachtungstermin von *Galveston* und *Corpus Christi* an der Golfküste von Texas bei $+18°$ Wärme Gewitter gemeldet, während nicht einmal 300 km nordwestlich davon schon der Gefrierpunkt unterschritten wird und noch 600 km weiter nördlich das Thermometer bei schwerem Schneesturm unter $-20°$ gesunken ist. Der maximale Temperaturunterschied erreicht zwischen dem Golf von Mexiko und Südkanada auf nur 2000 km Entfernung mehr als $60°$, so daß diese Wetterlage tatsächlich als einzigartig bezeichnet werden kann und eine Frontalzone wiedergibt, wie sie nicht oft auf der Erde zur Ausprägung gelangt.

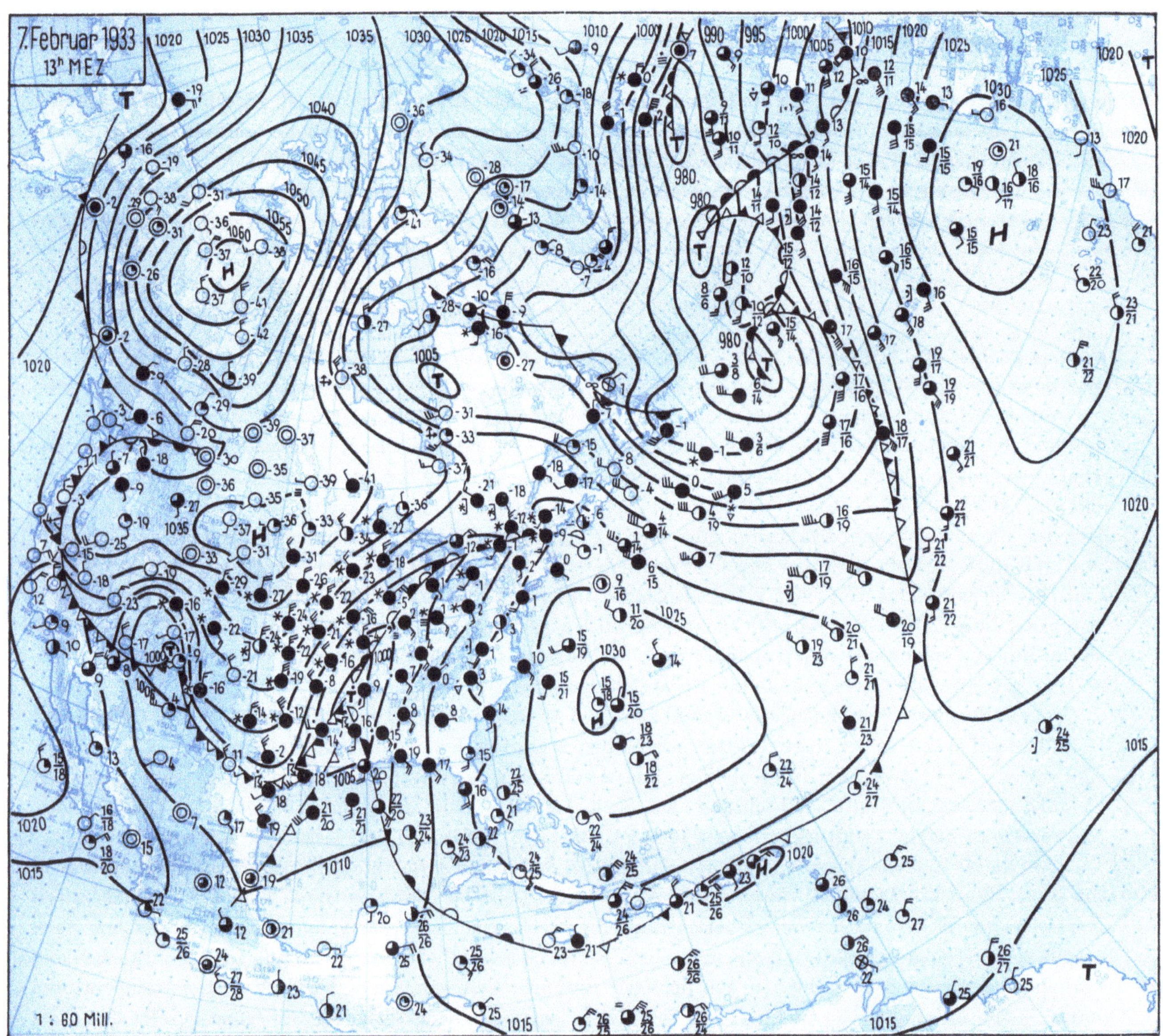

Abb. 83. Die amerikanische Frontalzone vom 7. Februar 1933.

Wenige Stunden nach den feucht-warmen Tropengewittern erstarren die abfließenden Regenmengen in ihren Rinnsalen zu Eis; bis zum nächsten Tage (Abb. 84 auf S. 159) ist das Thermometer an der westlichen Golfküste um $25°$ auf $-7°$ gesunken, und die Kaltluft überweht als schwerer *Norther*[1] das warme Golfwasser, noch in *Tampico* Temperaturrückgang von $+19$ auf $+10°$ und bis zum 9. Februar auf $+6°$ hervorrufend.

Das Tiefzentrum hat sich vom Unterlauf des Mississippi rasch in nordöstlicher Richtung, entsprechend der Orientierung der Frontalzone und mit dem darüber wehenden Höhenwind, bis zum Mündungsdelta des St. Lorenzstroms verlagert, vermochte sich dabei aber nur unwesentlich um etwa 5 mb zu vertiefen. Diese Tatsache ist besonders bemerkenswert, denn sie zeigt deutlich, *daß das Vorhandensein eines großen Temperaturgegensatzes allein noch nicht ausreicht, um die Vertiefung einer Zyklone herbeizuführen*, sondern daß dafür noch andere Faktoren hinzukommen müssen.

---

[1] In Mexiko werden diese kalten Nord- bis Nordoststürme *Nortes* genannt.

Die übrigen Druckgebilde weisen alle nur geringfügige Veränderungen auf. Die Antizyklone vor der portugiesischen Küste blieb stationär, das Bermudahoch ist etwas weiter nach Osten gerückt. Das letzte Glied der atlantischen Tiefdruckserie hat sich auf seinem Nordostkurs erheblich verstärkt, wobei die Kaltfront gerade die Azoren erreicht, über den Kleinen Antillen noch örtliche Regenfälle verursacht und sich erst an der Ostküste, als schwache Warmfront rückläufig geworden, in die Hauptfrontalzone eingegliedert. Im Einflußbereich der echten Tropikluft sind die Temperaturen über dem Golf von Mexiko sogar auf +24 bis +25° angestiegen, und noch immer macht sich präfrontales Aufgleiten, jetzt über Ostflorida und an der Atlantikküste, bemerkbar.

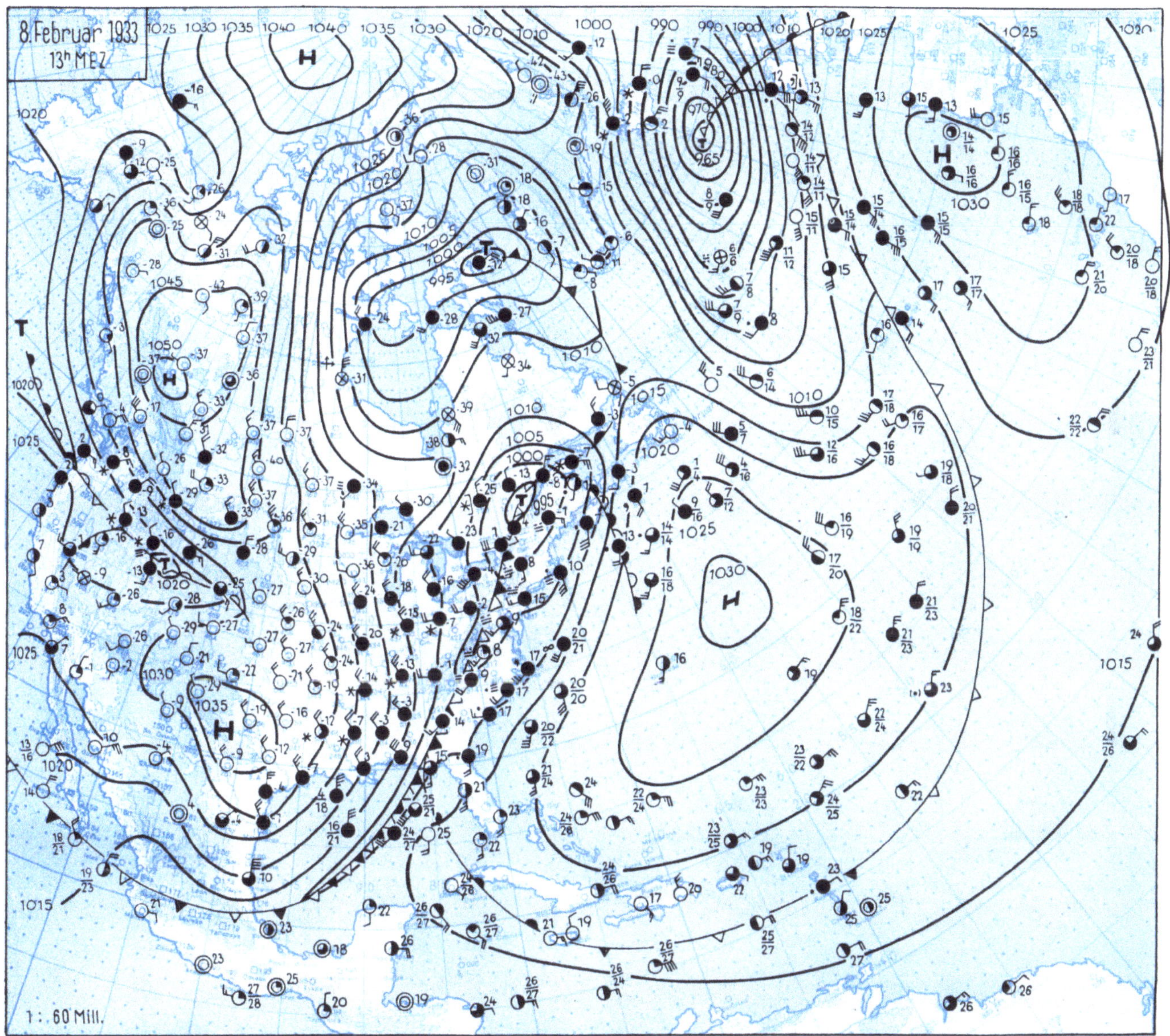

Abb. 84. Die weiter verschärfte Frontalzone vom 8. Februar 1933.

Hier ist die Analyse allerdings nicht ganz eindeutig. Es scheint nämlich ein letzter Rest der am Vortage gezeichneten ersten Kaltfront, wenigstens in der Höhe, noch vorhanden zu sein, denn die beiden Küstenstationen *Charleston* und *Wilmington* beobachten vorübergehend bereits leichten Druckanstieg bei Winddrehung bis nach West; da aber diese Front schon weitgehend aufgelöst ist, wurde sie hier nicht mehr aufgenommen.

Die schon am Vortage gut ausgeprägte Warmfront auf der Vorderseite des Tiefs hat sich über dem Atlantik nach Südosten hin verlängert; zwar ist dort nach wie vor ein breites Übergangsgebiet zwischen der weniger gealterten Polarluft südlich von Neufundland und der sich allmählich in Subtropikluft verwandelnden rückkehrenden Polarluft über dem Golfstrom vorhanden, aber das Niederschlagsgebiet südlich von Neuschottland deutet darauf hin, daß hier vorübergehend eine Diskontinuitätslinie zur Ausbildung gelangt ist.

Auch ein schwaches Frontensystem ist noch kurz zu erwähnen, das sich als Kaltfront längs der grönländischen Westküste nach Süden erstreckt und über Neufundland in die Frontalzone einbezogen wird. Es handelt sich hierbei um die Grenze zwischen der kontinentalen kanadischen Kaltluft und den über dem Nordatlantik stärker angeheizten Polarluftmassen, die am Vortage, durch einen Windsprung deutlich ausgeprägt, vom St. Lorenzgolf nach Nordlabrador verlief und sich hier inzwischen wieder ostwärts in Bewegung gesetzt hat.

Ihre schärfste Ausprägung erreicht die ostamerikanische Frontalzone zu diesem Zeitpunkt. Besonders charakteristisch ist das schwache Druckgefälle längs der Kaltfront, so daß der Barometerstand über dem Golf

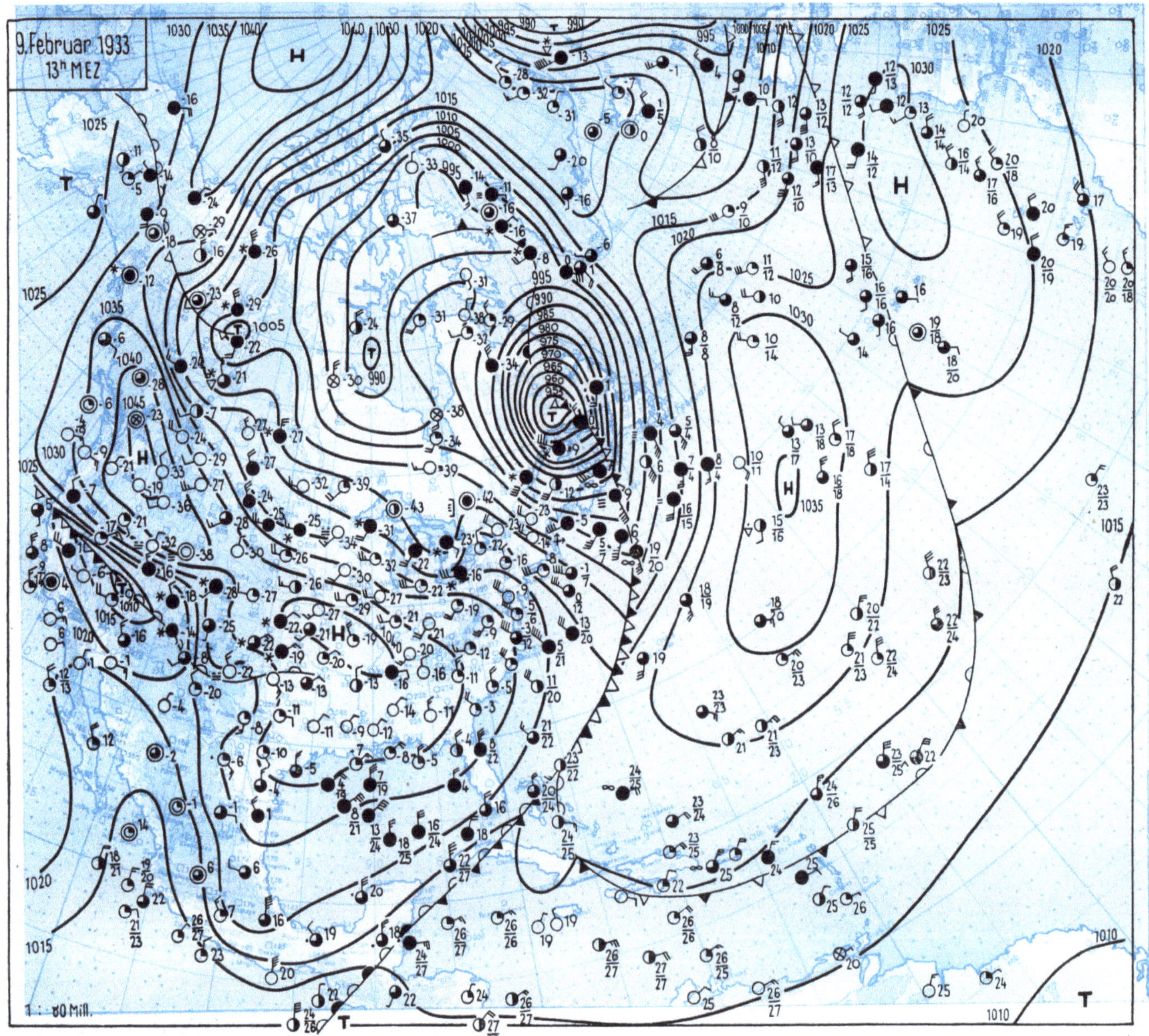

Abb. 85. Ausbildung des Labrador-Sturmtiefs im Delta der Frontalzone am 9. Februar 1933.

von Mexiko noch weniger als 1010 mb beträgt und nur 15 mb höher ist als im Tiefdruckzentrum. Die Warmluft ist in den unteren Schichten vielfach stärker abgekühlt — zu dem dargestellten Termin beginnt in Amerika erst die Dämmerung — und tritt daher nicht in vollem Ausmaß in Erscheinung; von den nördlicher gelegenen Stationen meldet nur *Lakehurst*, südlich von New York, wo es ganz bedeckt blieb, 15° Wärme, wogegen es 1000 km weiter westlich volle 30° kälter ist. An diesem Tage hat die Front *Boston* überschritten, und die dabei aufgetretenen Wettererscheinungen, die H. C. WILLETT beschrieben hat, wurden einleitend schon erwähnt.

Das am Vortage in der Nähe der kanadischen Grenze gelegene Teilhoch ist — bei gleichzeitiger Abschwächung des Haupthochs — mit der Kältewelle rasch nach Süden gewandert; in gleicher Richtung hat sich auch das kleine Teiltief verlagert, das die beiden Hochkerne voneinander trennt. Man kann daraus auf eine annähernd nördliche Höhenströmung über dem Westteil der Vereinigten Staaten schließen, während im Bereich der Frontalzone ein Höhenorkan aus Südwest vorhanden sein muß.

Über Boston wurden am 8. Februar, 15 Uhr amerikanischer Zeit (19 Uhr MEZ.) ein Flugzeugaufstieg unmittelbar vor der Kaltfront und der nächste 17 Stunden später ausgeführt, als die Kaltluft eine Mächtigkeit von 3000 m erreicht hatte und in Gipfelhöhe, im Übergangsgebiet jener Massen, ein Südwestwind von mehr als 200 km Stundengeschwindigkeit beobachtet wurde. Beide Aufstiege sind in Abb. 87 reproduziert. Sie zeigen, daß der Temperaturunterschied der betreffenden Massen am größten in etwa 1000 m Höhe war, wo er mehr als 30° betrug. WILLETT erwähnt einen anderen in *Ellendale* am oberen Missouri am gleichen Tage durch-

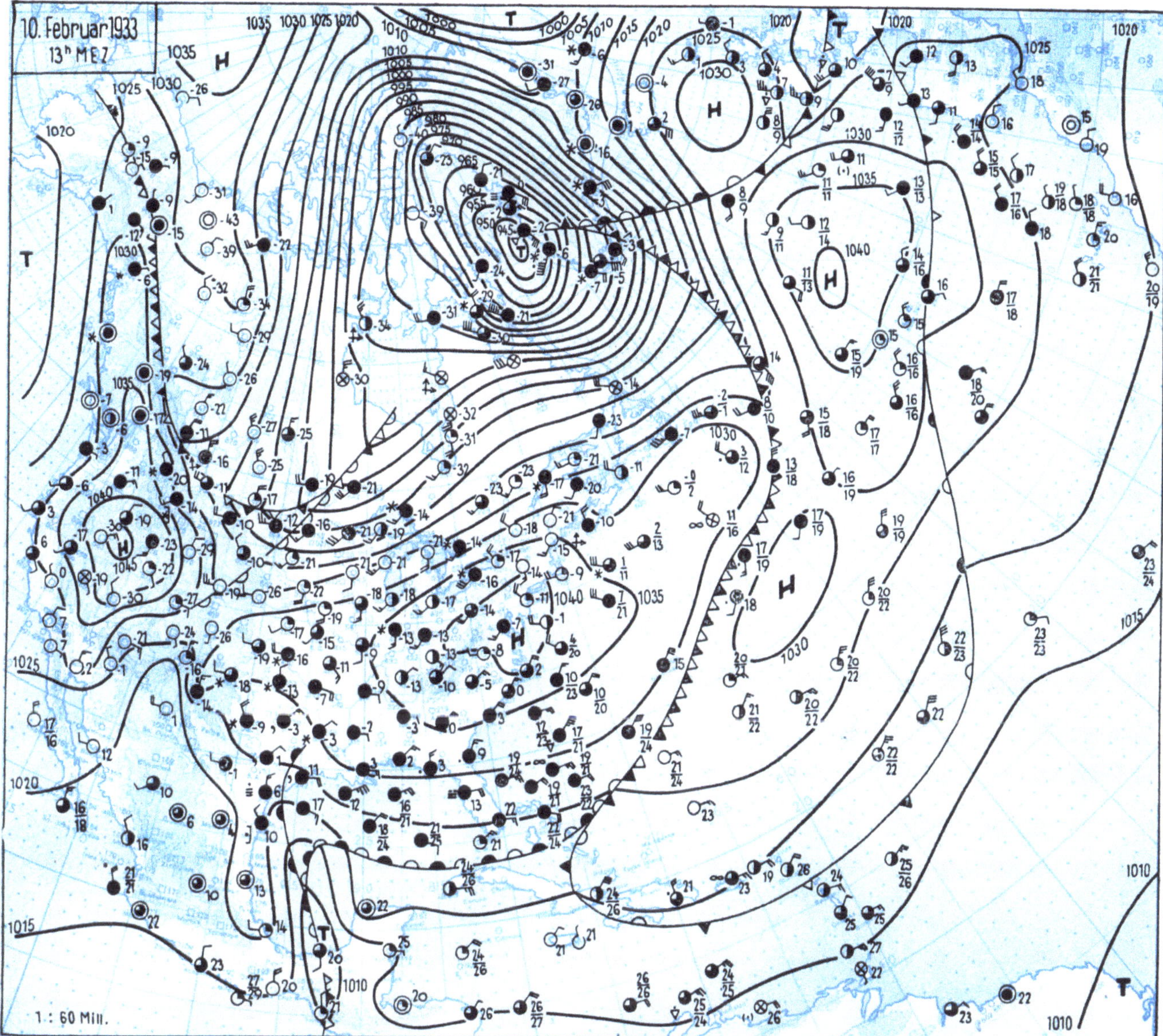

Abb. 86. Ankunft des Sturmtiefs an der grönländischen Westküste am 10. Februar 1933.

geführten und bis 2500 m Höhe reichenden Aufstieg, der sich durch Temperaturgrade auszeichnet, wie sie bisher über Europa noch niemals angetroffen wurden. Bei Extrapolation bis zur 500-mb-Fläche erhält man einen Näherungswert von 463 dyn. Dekametern für die relative Topographie 500/1000 mb. Da gleichzeitig in *Boston* 543 Dekameter gemessen wurden und sich die Luft über den Südoststaaten nur wenig vom Zustand über der Äquatorialregion unterschieden haben kann, gelangt man zu der Feststellung, daß in diesen Tagen der maximal mögliche Temperaturgegensatz auf der Nordhalbkugel auf einen Streifen von knapp 2000 km Breite konzentriert war!

Dabei konnte aber die nach Nordosten wandernde Zyklone an Energie zunächst kaum gewinnen, und erst in dem Augenblick, in dem sie in das Delta der Frontalzone eintritt, das etwa über dem St. Lorenzgolf gelegen ist, entwickelt sie sich in kurzer Zeit zum mächtigen Sturmwirbel. Am nächsten Tage (Abb. 85 auf S. 160) liegt er, um 40 mb auf 955 mb vertieft, über Labrador und ruft in seinem Bereich überall stürmische, in der Nähe des Zentrums wahrscheinlich orkanartige Winde hervor. Die zugehörige Warmfront ist dabei als scharfe Grenze zerstört und nur die sekundäre, von Westgrönland aus nach Südwesten verlaufende stückweise übriggeblieben; die Kaltfront tritt dagegen in alter Schärfe in Erscheinung, hat sich jetzt mit zunehmender Beschleunigung ostwärts in Bewegung gesetzt und Neuschottland sowie ganz Florida schon überschritten, überall durch einen scharfen Windsprung ausgeprägt.

Das Teilhoch über den zentralen Gebieten der Vereinigten Staaten hat sich noch etwas verstärkt, die Hauptantizyklone im Nordwesten aber im gleichen Maße an Intensität verloren; das kleine Tief über dem Felsengebirge wurde weiter südwärts gesteuert. Die Kältewelle hat inzwischen Mittelamerika erreicht, in *Vera Cruz* bei stürmischem Nordwind einen Temperaturrückgang von 7° herbeigeführt und Regenschauer an den Küsten Yucatans hervorgerufen[1]. Über den nördlichen Teilen der Vereinigten Staaten ist die Nordströmung dagegen einer mehr westlichen Luftbewegung gewichen, da sich eine neue größere Zyklone von Alaska nach Südosten bewegt. Auf dem Nordatlantik sind keine anderen bemerkenswerten Wettererscheinungen aufgetreten; das Bermudahoch setzt seinen Ostkurs fort, und das portugiesische Maximum ist unverändert ortsfest geblieben.

Bis zum nächsten Tage (Abb. 86 auf S. 161) hat das Labradorminimum die Davisstraße überschritten und ist vor der grönländischen Westküste angelangt. Es ist besonders bemerkenswert, daß zu diesem Zeitpunkt über Nordwestgrönland der tiefste Luftdruck vieler Jahrzehnte gemessen worden ist und auf diese Weise der Zusammenhang zu der weit davon entfernt gelegenen stärksten Frontalzone deutlich in Erscheinung tritt. Die Kaltfront hat jetzt schon einen großen Teil des Ozeans überquert, und der Polarluft ist dabei soviel Wärme zugeführt worden, daß der Gefrierpunkt nur in unmittelbarer Küstennähe noch unterschritten wird: ein schönes Beispiel für die rasche Umwandlung der Luftmassen! Am stärksten ausgeprägt ist die Windscheide

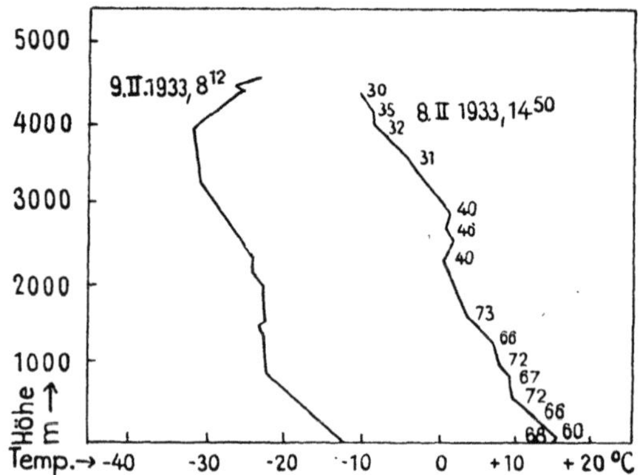

Abb. 87. Die Aufstiege zu Boston am 8. und 9. Februar 1933 vor und nach Durchzug der Kaltfront.

noch östlich von Bermuda, wo sie das inzwischen in die Nähe von *New York* vorgerückte amerikanische Hoch von der immer wärmer werdenden atlantischen Zelle trennt.

Die Antizyklone über den Oststaaten nimmt jetzt genau die Stelle ein, wo vordem die Frontalzone gelegen war, was man übrigens oft beobachten kann und mit der Konvergenz oberhalb der Frontalzone zusammenhängt. Zugleich hat sich dieses Hoch schon in starkem Maße umgewandelt, indem selbst in seinem Zentrum nicht einmal mehr —10° unterschritten werden, und nur der andere Hochkern, der über dem Plateau zwischen den Rocky Mountains und der Sierra Nevada verharrt, weist in seinem Bereich noch Frostgrade bis zu —30° auf.

Über dem Golf von Mexiko ist der Kaltluftvorstoß völlig erlahmt; die Tropikluft setzt hier bereits zum Gegenangriff an und ruft verbreitetes Aufgleiten bis zum Festland hin hervor; jedoch scheidet die erste in Küstennähe entstandene Warmfront — wenigstens am Boden — die über dem Golf rasch umgewandelte von der über dem Land ihren Charakter bewahrenden Polarluft, und erst hinter der zweiten Front hat sich die Tropikluft voll und ganz durchgesetzt.

Das Sturmtief über der Davisstraße beherrscht die Zirkulation im gesamten kanadisch-grönländischen Raum und lenkt die neue Alaskastörung nach Südosten; ihr folgt eine weitere, aber nicht so heftige Kältewelle wie die vorangegangene.

In den nächsten Tagen zieht das tiefe Druckwellental über das grönländische Massiv hinweg und läßt über der Ostgrönlandsee noch eine starke Depression unter 955 mb entstehen, die sich von dort südwärts wendet und unter Aufspaltung in zahlreiche Teilwirbel noch tagelang das europäische Wettergeschehen beherrscht. Man kann daran erkennen, welchen Einfluß amerikanische Frontalzonen schon wenige Tage später auf die Witterung unseres Kontinentes ausüben können und daß es unmöglich ist, längerfristige Vorhersagen auf synoptischer Grundlage aufzustellen, wenn nicht die Wetterkarte zumindest über einem großen Teil der nördlichen Halbkugel genau analysiert wird.

---

[1] Wenn die Kaltluft langsamer in die Tropenregion vordringt und am Boden dem mit der Höhenströmung ostwärts wandernden Fallgebiet nicht mehr zu folgen vermag, dann entwickelt sich meistens aus der Passatströmung eine Isobarenausbuchtung nach Norden, in der sich jetzt eine neue Front ausbildet, während die alte sich gleichzeitig auflöst. Diese so entstehende Konvergenzlinie wandert entgegen der Passatströmung ostwärts und wird als *westerly wave* im Gegensatz zu den in den Tropen beheimateten und mit der Strömung ziehenden *easterly waves* bezeichnet (vgl. S. 215).

Die Zugrichtung des im Delta der Frontalzone entstandenen Orkantiefs führte zuerst nach Nordosten und bog dann immer mehr nach Südosten um, war also anscheinend stark gekrümmt. Dies ist jedoch eine Täuschung, hervorgerufen durch die Kugelgestalt der Erde. Zeichnet man jene Bahn in eine Polarkarte ein, so kann man sehen, daß sie fast genau längs des Größtkreises vom Golf von Mexiko und dem Mündungsgebiet des St. Lorenzstromes über Mittelgrönland zum europäischen Nordmeer und dann südostwärts nach Mittelrußland führte. Man kann eine solche Umbiegung der Zyklonen über Nordeuropa häufig beobachten und muß sie in vielen Fällen als ähnlich zustande gekommen ansehen, was für die Vorhersage wichtig sein kann. *Die Zyklonen suchen ohne äußere Einwirkung eine geradlinige Bahn auf einem Größtkreis beizubehalten und werden dadurch bei östlicher Zugrichtung auf der Nordhalbkugel scheinbar nach rechts abgelenkt.*

Nach dieser stärksten amerikanischen Frontalzone soll jetzt ein Fall behandelt werden, bei dem über Zentraleuropa besonders hohe Windgeschwindigkeiten in der Höhe gemessen wurden und bei welchem es sich gleichfalls um eine scharfe Frontalzone handelt, die aber nicht als Tiefdruckrinne in Erscheinung tritt, bei der vielmehr Druck- und Temperaturgefälle gleiche Richtung haben und trotzdem der Verlauf der Isobaren den Frontalzonencharakter deutlich bekundet.

Die europäische Frontalzone vom 1. April 1943. Um einen besonders ausgeprägten Fall einer über Europa gelegenen Frontalzone herauszufinden, wurden aus den Jahren 1940 bis 1944 alle Höhenkarten mit auffallend großen Windgeschwindigkeiten ausgesucht und unter ihnen der 1. April 1943 als Beispiel gewählt, weil an diesem Tage die Druckgegensätze extrem groß waren und sich die aerologischen Beobachtungen zugleich auf ein derart ausgedehntes Gebiet verteilen, daß hier die Vorgänge eindeutig übersehen werden können.

In Abb. 88 (S. 165) ist oben die Wetterlage über dem europäischen Raum am 1. April 1943, 8 Uhr MEZ. dargestellt, darunter noch ergänzt durch eine Spezialkarte für Mitteleuropa, die die Wettererscheinungen in vollständigerer Form sowie die Originalwerte von Luftdruck, Feuchtigkeit, Sicht, Drucktendenz und den Wolkenarten enthält.

Verfolgt man zunächst den Verlauf der Isobaren, so ergibt sich, daß die Linie 1005 mb von Spitzbergen über Jan Mayen und die Faröer nach Nordholland und *Nürnberg* gelangt und sich dann mehr ostwärts zur südlichen Ukraine wendet. Die nächsthöhere Isobare von 1010 mb, die zwischen *Stuttgart* und *München* hindurch geht, biegt dagegen über Island nach Südwesten um, und die Linie von 1020 mb erstreckt sich vom Atlantik, leicht antizyklonal gekrümmt, bis zum östlichen Frankreich und dem Westfuß der Alpen, hier der Nürnberger Isobare von 1005 mb auf 400 km nahe gerückt, während beide Linien am Kartenrand noch 2500 km voneinander entfernt sind und der weitere Verlauf darauf hindeutet, daß diese Strecke außerhalb des Kartenbildes noch größer wird.

Bleibt diese Wetterlage also nur eine gewisse Zeit annähernd stationär, so müssen bei den hohen Windgeschwindigkeiten Luftmassen ganz verschiedenen Ursprungs auf engen Raum gegeneinander geführt werden, wie es für eine Frontalzone charakteristisch ist: Die eine Masse, aus dem Polargebiet und dem Spitzbergischen Raum stammend, strömt auf zyklonaler Bahn und ist als Polarluft anzusprechen, die andere, antizyklonal das Azorenhoch umkreisend und wahrscheinlich sogar von dessen warmer Westflanke stammend, stellt echte Tropikluft dar. Die Bodentemperatur liegt in diesen beiden Strömen, soweit man sie auf den Karten eindeutig verfolgen kann, bei Spitzbergen um ebenso viele Grade unter wie auf dem Ozean über dem Gefrierpunkt bei einem Wärmeunterschied von beinahe 30°.

Zwischen dem am Vortage vor der mittelnorwegischen Küste gelegenen und von dort langsam zum Bottenbusen gelangten umfangreichen Tief und der stationären atlantischen Antizyklone sind die Druckgegensätze erheblich; sie betragen insgesamt mehr als 80 mb und erreichen ihr größtes Ausmaß auf der Strecke von Dänemark nach Westfrankreich. Eine Diskontinuität ist bei oberflächlicher Betrachtung nicht zu erkennen. Auch unterscheiden sich die Temperaturen im westdeutschen Raum, wo die Isobaren aus den verschiedenen Ursprungsgebieten zusammenlaufen, nicht wesentlich voneinander und sind nur insofern verschieden, als über Frankreich die 10°-Grenze allgemein etwas überschritten, über Deutschland aber nicht ganz erreicht wird. Der Himmel ist über Westeuropa und ebenso über ganz Süddeutschland völlig, über Norddeutschland zum größten Teil mit Wolken bedeckt, so daß es den Anschein haben könnte, daß die dynamische Analyse und die Festlegung des Ursprungs der Strömungen an Hand des Isobarenverlaufs uns irre führen.

Eine weitere Klärung können nur die aerologischen Beobachtungen bringen, zu welchem Zweck in Abb. 89 die relativen und absoluten Topographien für die Tropo- (S. 166) und Stratosphäre (S. 167) wiedergegeben sind, jedesmal links die relativen und rechts die absoluten Höhen der Standardisobarenflächen. Die Karte der relativen Topographie 500 über 1000 mb zeigt tatsächlich die Merkmale einer Frontalzone mit jeder nur wünschenswerten Deutlichkeit: Über West- und Nordeuropa sind die Unterschiede gering, und die Isopotentialen liegen in größerer Entfernung voneinander; über Mittel- und Nordwestdeutschland drängen sich hingegen die Linien auf schmalem Raum dort zusammen, wo die Strömungen verschiedenen Ursprungs am engsten gegeneinander geführt werden, doch endigt der große Gegensatz erst innerhalb des kalten Stromes. Diese Verschiebung der Drängungszonen in den Karten der relativen Topographie hängt mit der Neigung der Frontfläche zusammen, indem der für die Kaltluft repräsentative Wert immer erst dort erreicht werden kann, wo diese sich bis zur oberen Grenze der betreffenden Schicht erstreckt (vgl. S. 249 f.). Auf diese Weise verschiebt sich das Gegensatzgebiet mit der Höhe immer weiter zur Kaltluft hin, wie es auch hier ein Vergleich der beiden relativen Topographien für 500/1000 und 225/500 mb erkennen läßt, indem die Drängung in der oberen Troposphäre erst über Nordwestdeutschland beginnt und sich von hier bis nach Mittelnorwegen erstreckt. Die Richtung der Isopotentialen ist im übrigen in beiden Karten die gleiche und die Konzentration des Gegensatzes auf die von Nordwest nach Südost verlaufende Frontalzone ihr hervorstechendstes Merkmal.

Die Drängungszone umfaßt 6 bis 7 Linien der relativen Topographie, dem ein Temperaturunterschied der beiden Massen von etwa 12 bis 14° entspricht und der sich im Rahmen der bei ähnlichen Verschiedenheiten des Ursprungsgebiets üblichen Unterschiede hält. Besonders fällt die Tatsache auf, daß der Verlauf der relativen Topographien weitgehend parallel den Bodenisobaren angeordnet ist, so daß sich das unten schon starke Druckgefälle mit der Höhe noch gewaltig verstärken muß.

Diese Zunahme des troposphärischen Gradienten geht aus der absoluten Topographie der 500- und 225-mb-Fläche, die nach dem Verfahren der graphischen Addition gezeichnet wurden, mit aller Deutlichkeit bereits aus den eingetragenen Windpfeilen, aber noch mehr aus der zunehmenden Enge des Abstandes der Isopotentialen hervor. Schon in 5000 m überschreiten die Windgeschwindigkeiten im Bereich der Frontalzone allgemein 100 km/h und nähern sich bereits der 200-km/h-Grenze. Für die Tropopause (225 mb) kann man für die Strecke *Hoek van Holland-Helgoland* einen mittleren Gradientwind von 300 km/h berechnen unter der Voraussetzung, daß die Strömung geradlinig ist; dieser Wert stimmt mit den vorliegenden Höhenwindmessungen von 310 km/h für *Calais* in 8000 m und 240 km/h in 9000 m über *Emden* gut überein, während die Angabe von 390 km/h in 9000 m Höhe über *Hoek van Holland* vielleicht etwas, aber bestimmt nicht viel zu hoch sein dürfte, denn es ist sehr gut möglich, daß der zwischen *Hoek van Holland* und *Helgoland* berechnete Durchschnittswind auf einem kleineren Abschnitt der Frontalzone noch übertroffen wird.

Mit Windgeschwindigkeiten zwischen 300 und 400 km/h gehört diese Frontalzone jedenfalls zu den stärksten bisher über dem europäischen Raum beobachteten und steht auch hinter der im vorigen Beispiel behandelten amerikanischen nicht wesentlich zurück. Dabei unterscheiden sich beide Fälle hinsichtlich der Temperaturverteilung am Boden außerordentlich, und es zeigt sich hier deutlich, in welchem Ausmaße die Vorgänge in der freien Atmosphäre und an den Fronten und Frontalzonen im europäischen Bereich durch den ausgleichenden Einfluß des Meeres überdeckt sein können.

In großen Zügen ist der Verlauf der Isopotentialen in der oberen Troposphäre der gleiche wie am Boden, und selbst die Achse des nordeuropäischen Zentraltiefs ist nur wenig nach rückwärts geneigt. Dies stimmt damit überein, daß die Lage vom stationären Zustand nur wenig abweicht.

Der Überblick über diese Frontalzone wäre nicht vollständig, wenn nicht auch die Druck- und Temperaturverteilung in den der Messung noch zugänglichen Schichten der Stratosphäre behandelt würden. Sie sind in Abb. 89 auf S. 167 für die relativen (links) und absoluten Topographien (rechts) der 96- (unten) und 41-mb-Fläche (oben) dargestellt. Es muß aber darauf hingewiesen werden, daß für die höchste Schicht nur noch wenige Aufstiege zur Verfügung stehen und sich diese Karte daher zum großen Teil auf Extrapolationen stützt.

Die relative Topographie 96/225 mb zeigt das zu erwartende Bild in typischer Ausprägung: Die Stratosphäre versucht den großen Druckgegensatz an der Tropopause zu kompensieren. Es ist daher über dem troposphärischen Kältegebiet in der Stratosphäre erheblich wärmer als über dem Atlantik im Bereich des dortigen Hochs; der mittlere Temperaturunterschied überschreitet 20°, und das stratosphärische Gefälle ist ebenfalls über der Frontalzone am größten.

Gleichzeitig fällt aber auch auf, daß das wärmste Gebiet in der Stratosphäre nicht genau mit dem tiefsten Druck der 225-mb-Fläche — der über Mittelnorwegen belegt ist — zusammenfällt, sondern nach Süden hin verschoben ist und der Höchstwert mit 552 dyn. Dekametern über der Ostsee erreicht wird. Von hier aus nimmt die Stratosphärentemperatur, wie die Aufstiege von *Bodoe* und an der grönländischen Ostküste zeigen, mit Annäherung an den Nordpol bei fast gleichbleibendem Druck im Tropopausenniveau beträchtlich ab, im Mittel bis zur Überwinterungsstation in der Schicht zwischen 225 und 96 mb schon um mehr als 10°, so daß sich der tiefe Druck zwischen 10000 und 15000 m bereits von Norwegen zum Raum zwischen Grönland und Spitzbergen verschiebt und sich in noch größerer Höhe immer weiter zur Arktis zurückzieht, wo es auch oberhalb der 100-mb-Fläche, soweit dies aus dem Vergleich der Aufstiege von *Helsinki* und *Kjeller* mit der grönländischen Station hervorgeht, trotz der bereits vorgerückten Jahreszeit, noch beträchtlich kälter ist.

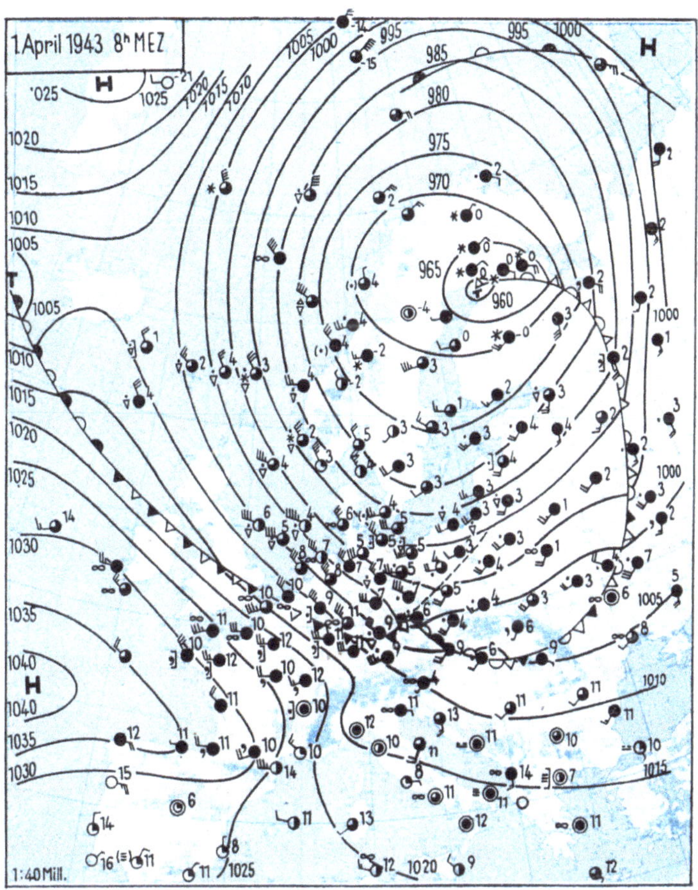
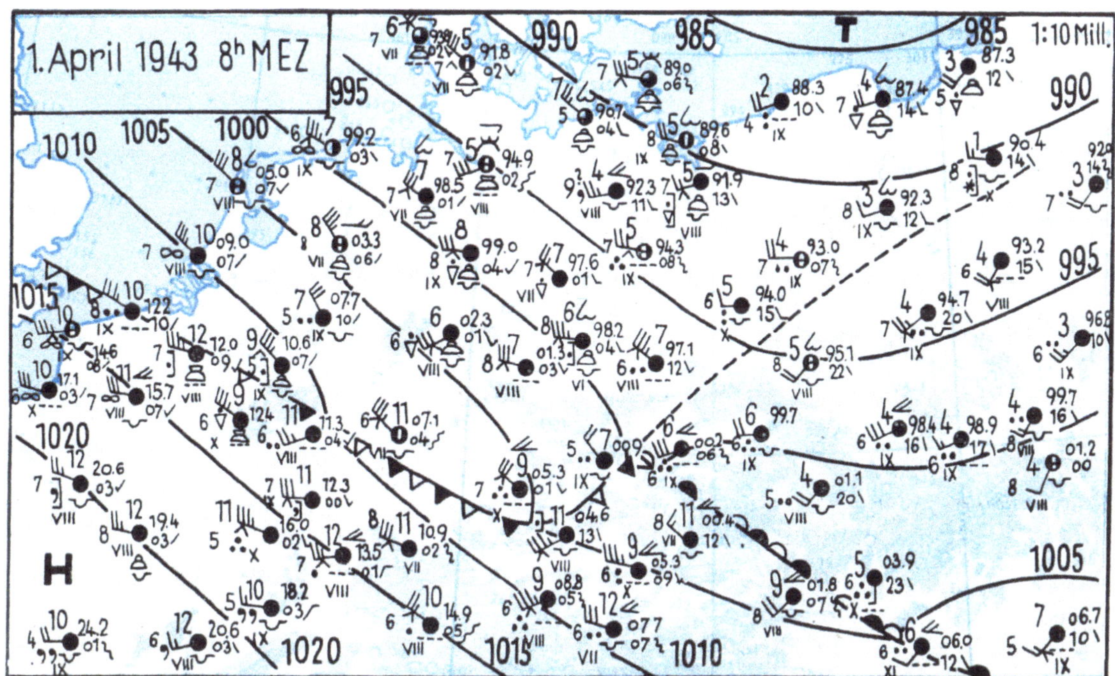

Abb. 88. Bodendruckverteilung im Bereich der europäischen Frontalzone vom 1. April 1943.

Die Drängungszone verlagert sich in der Stratosphäre genau so wie in der Troposphäre mit der Höhe allmählich weiter nach Norden und ist in 21 000 m zwischen Dänemark und Norwegen angelangt. Im übrigen

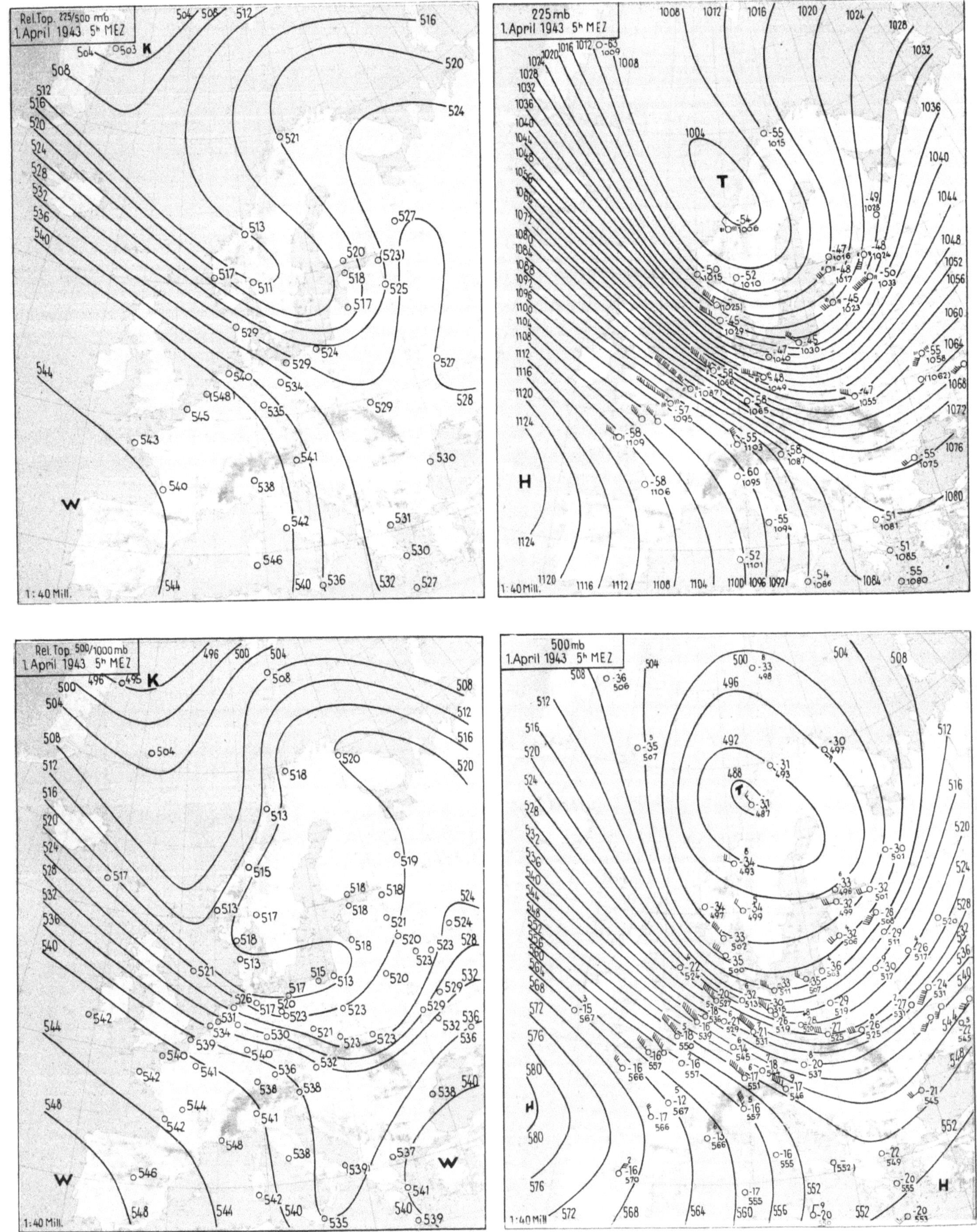

Abb. 89. Relative und absolute Topographien in der Troposphäre

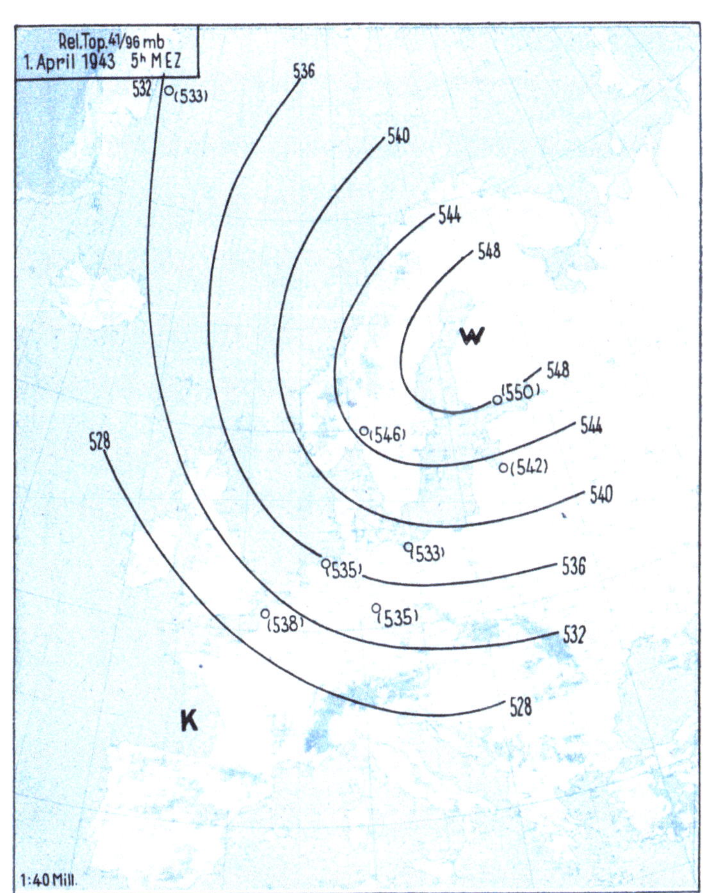

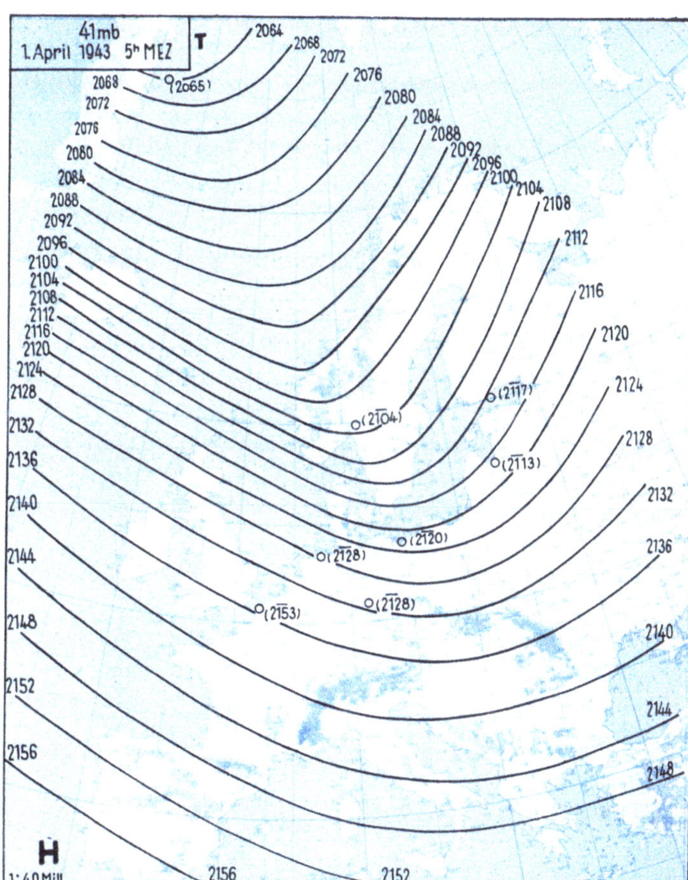

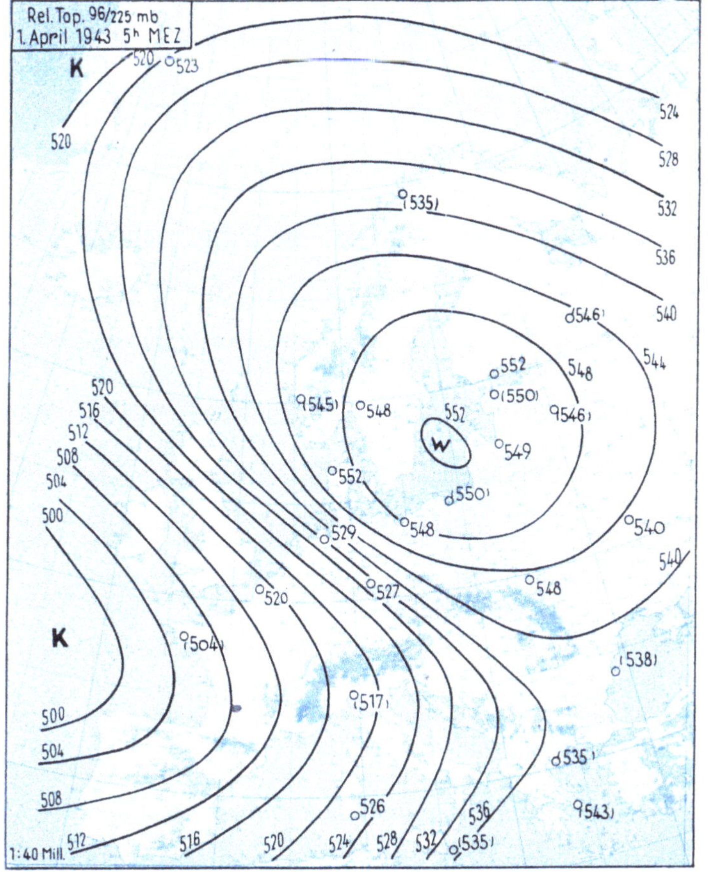

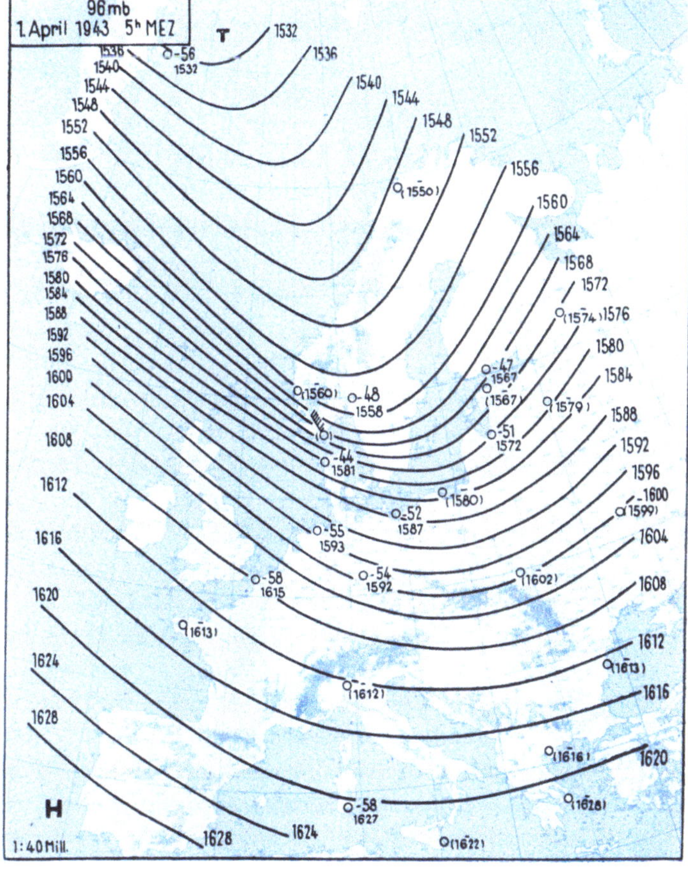

und Stratosphäre im Bereich der Frontalzone vom 1. April 1943.

zeigt sich der zunehmende Ausgleich auch darin, daß die Krümmungen geringer werden, sich die stratosphärische Strömung also mehr dem durchschnittlichen Verhalten anpassen will.

In Tabelle 35 ist eine Auswahl der Radiosondenaufstiege dieses Termins zusammengestellt, aus der die Temperaturverteilung in Tropo- und Stratosphäre zu beiden Seiten und über der Frontalzone noch deutlicher hervorgeht; die beiden letzten Reihen geben die Temperatur und Untergrenze der Tropopause an, durch die Höhe definiert, in der Temperaturumkehr beginnt bzw. das vertikale Gefälle gering wird, ohne daß darüber eine erneute Zunahme des Gradienten erfolgt. Über *Brest* ist die Tropopause mit —72° am kältesten und·liegt zugleich mit 13 200 m am höchsten; die gesamte Troposphäre ist warm. Am Boden beträgt die Differenz gegen *Emden*, das auf der anderen Seite der Frontalzone liegt, nur 4°, ein Unterschied, der sich aber

Tabelle 35. *Temperaturverteilung über der Frontalzone vom 1. April 1943.*

Höhe km	Brest	Emden	Hanstholm	Kjeller	Ost-Grönland	Differenz Brest-Kjeller
19	—	— 54	—	—	—	—
18	—	— 54	(— 40)	—	—	—
17	—	— 54	— 41	—	—	—
16	(— 64)	— 55	— 44	— 48	— 56	— 16
15	— 67	— 55	— 47	— 49	— 57	— 18
14	— 70	— 55	— 48	— 49	— 57	— 21
13	— 71	— 57	— 50	— 49	— 59	— 22
12	— 63	— 62	— 48	— 50	— 59	— 13
11	— 54	— 59	— 46	— 51	— 61	— 3
10	— 46	— 51	— 43	— 52	— 64	+ 6
9	— 38	— 44	— 44	— 53	— 62	+ 15
8	— 30	— 37	— 44	— 53	— 57	+ 23
7	— 23	— 29	— 43	— 52	— 49	+ 29
6	— 17	<u>— 22</u>	— 39	— 43	— 41	+ 26
5	— 12	— 18	— 31	— 33	— 35	+ 21
4	— 7	— 17	— 23	— 24	— 26	+ 17
3	+ 0	<u>— 13</u>	— 17	— 17	— 21	+ 17
2	+ 6	— 8	— 10	— 10	— 21	+ 16
1	+ 8	— 1	— 2	— 2	— 22	+ 10
0	+ 11	+ 7	+ 3	+ 2	— 23	+ 9
Tropopause						
Temperatur	— 72	— 61	— 42	— 56	— 66	— 16
Höhe (km)	13.2	11.3	6.3	7.4	9.5	5.8

in 2000 m schon auf 14° steigert. Oberhalb dieser Schicht ist das Temperaturgefälle dann über *Emden* bis etwa 5000 m gering, und mehrere Isothermien und Inversionen deuten den Übergang — in der Tabelle durch zwei Horizontalstriche markiert — zu der in der Höhe vorhandenen „Tropikluft" an.

Die obere „Tropikluft" weist aber nicht die gleichen Temperaturgrade auf wie über *Brest*, sie ist vielmehr zwischen 5000 und 11 000 m durchgehend um 5 bis 7° kälter. Diese über allen Fronten und Frontalzonen zu beobachtende und schon erwähnte Erscheinung soll hier noch einmal zu dem Satz zusammengefaßt werden, *daß auch oberhalb der Grenzfläche die Temperaturen dort, wo in den unteren Schichten die Kaltluft lagert, tiefer sind als über dem von der Warmluft beherrschten Raum.* Auf diese Tatsache haben erstmals J. BJERKNES und E. PALMÉN (87) anläßlich der Untersuchung der europäischen Frontalzone vom 15. Februar 1935 hingewiesen, und sie haben diese Luft oberhalb der Kaltfrontfläche „*kalte Tropikluft*" genannt; es wurde damals schon bei der Besprechung dieser Arbeit darauf aufmerksam gemacht (717), daß diese Bezeichnungsweise vielleicht nicht ganz den Tatsachen gerecht wird (vgl. auch VAN MIEGHEM 444).

An die weiter oben (S. 156) gegebene Erklärung dieser Erscheinung sei hier nochmals angeknüpft. Man kann in diesem Beispiel klar erkennen, wie zwar in der freien Atmosphäre eine weitgehende Annäherung der verschiedenen Massen erfolgt, aber doch eine mehr oder weniger ausgedehnte Zone von immerhin noch einigen hundert Kilometern Breite bestehen bleibt, wo sich die Stromlinien konzentrieren, auf diese Weise einen allmählichen Übergang hervorrufend (718).

Der Sachverhalt kann so präzisiert werden: *In den unteren Schichten bildet sich durch die Reibung eine echte Diskontinuität — Frontlinie — des Temperaturfeldes (Reibungskonvergenz) aus, und es entwickelt sich eine scharfe Grenzfläche zwischen den verschiedenen Massen (Frontalinversion);* von hier aus kann durch aufsteigende Vertikalbewegung die Inversion auch in höhere Schichten getragen werden, wobei aber immer die zerstörenden Kräfte am Werk sind und ebenfalls aus ihr eine Übergangszone machen wollen. *In der Höhe*

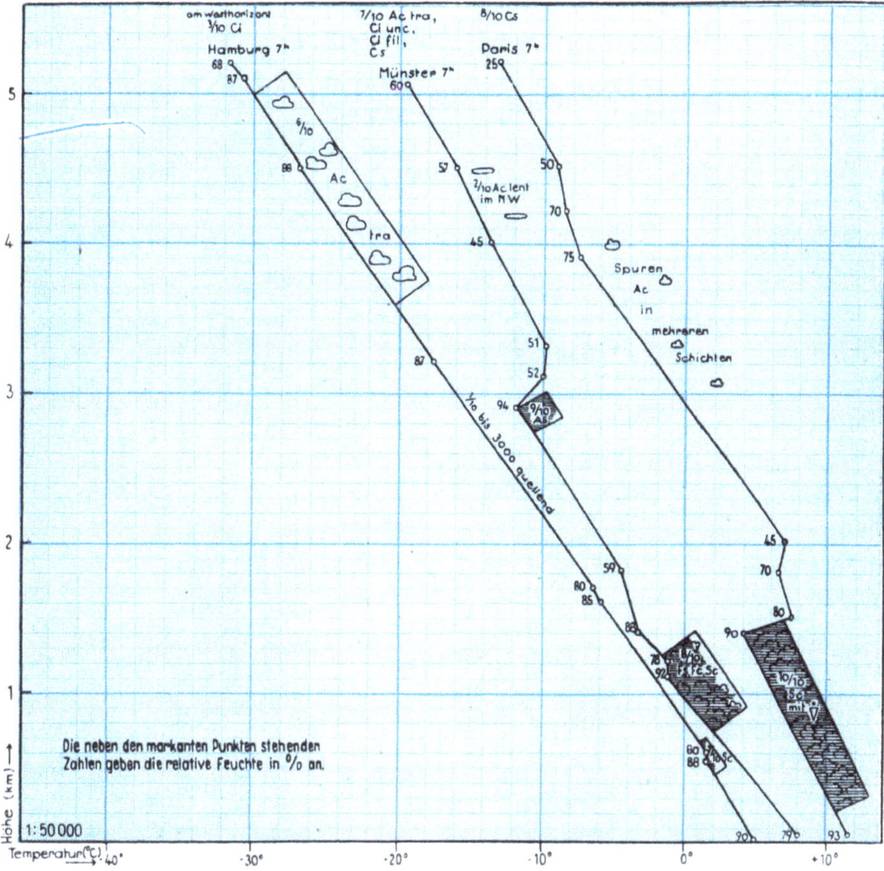

Abb. 90. Die Flugzeugaufstiege aus dem Bereich der Frontalzone vom 1. April 1943.

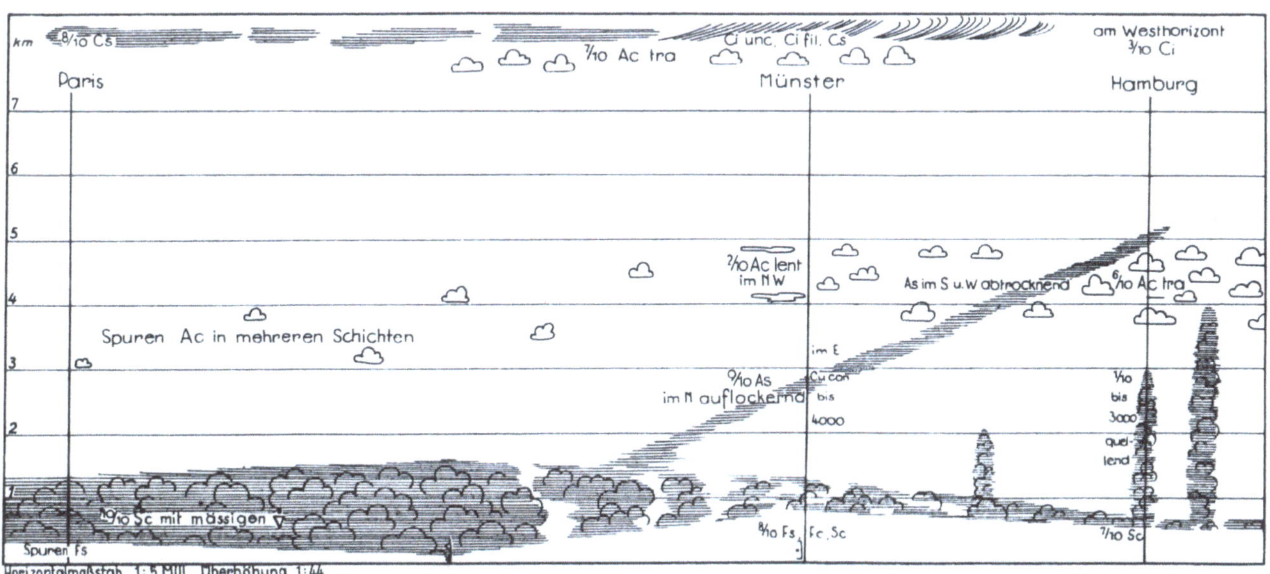

Abb. 91. Vertikalschnitt durch die europäische Frontalzone vom 1. April 1943.

selbst kommt es nur zur Ausbildung eines kontinuierlichen Übergangs, der sich auf einen schmalen Raum konzentriert. Es bestehen gleichsam beide Auffassungen, jene von der Atmosphäre als Kontinuum, wie sie vor mehr als 30 Jahren allein üblich war, und die Lehre von den diskontinuierlichen Grenzflächen zu Recht, und erst die Synthese beider erfaßt die wahre Natur der Fronten und Frontalzonen am besten.

Es ist also bei der kälteren Luft in der oberen Troposphäre über *Emden* weder berechtigt, von „kalter Tropikluft", noch von „warmer Polarluft" zu reden, wir wollen sie vielmehr einfach als *Übergangsluft* bezeichnen und bedenken, daß scharf ausgeprägte Grenzflächen zwischen den verschiedenen Massen in erster Linie nur in den unteren Schichten erwartet werden können.

Über *Hanstholm* ist die Tropopause am tiefsten herabgesogen worden, liegt hier in 6300 m und ist zugleich mit —42° am wärmsten; weiter in das kalte Gebiet hinein steigt die Tropopause an und wird dabei erneut kälter: Über *Kjeller* wurde die Tiefsttemperatur in 7400 m mit —56° und über Ostgrönland mit —66° in 9500 m Höhe gemessen.

In der letzten Spalte der Tabelle sind die Temperaturdifferenzen zwischen *Brest* und *Kjeller* zusammengestellt, die einen guten Überblick über den Wärmegegensatz zwischen den am Aufbau dieser Frontalzone beteiligten Tropik- und Polarluftmassen geben. Seinen größten Betrag erreicht der Temperaturunterschied in 7000 m mit 29°, von dort aus klingt er langsam nach unten hin und rasch bis zur Tropopause ab, um in der Stratosphäre das umgekehrte Vorzeichen anzunehmen mit einem Maximalwert von 22° in 13000 m. Darüber gleichen sich die beiden verschiedenen Luftkörper wieder mehr an.

Auch über die Größe der Luftmassentransformation lassen sich an Hand der Tabelle einige Aussagen machen. Wie nämlich der Verlauf der Isopotentialen in den einzelnen Höhenkarten zeigt, liegen Kjeller und Ostgrönland in der Troposphäre etwa auf derselben Stromlinie, und damit stimmt auch überein, daß sich die Temperaturen zwischen 4000 und 7000 m über beiden Orten nur wenig unterscheiden. Darunter ist es aber über Ostgrönland in zunehmendem Maße kälter, d. h. die von dort abströmende Luft hat sich auf ihrem Wege über das Meer in den bodennahen Schichten um mehr als 20 und in 2000 m noch um 11° erwärmt, obwohl sie zur Zurücklegung dieses Weges kaum mehr als einen Tag gebraucht haben dürfte. Die Erwärmung der Troposphäre ist mit keiner Abkühlung der Stratosphäre während dieser Wanderung verbunden, hier macht sich vielmehr der (S. 106ff.) schon erwähnte „stratosphärische Beharrungseffekt" bemerkbar, so daß die Tropopause im Süden wärmer wird als im Norden und daher die hochtroposphärische Nordwestströmung in der Stratosphäre mehr in die Westrichtung einschwenkt.

In Abb. 90 (S. 169) sind zur Ermittlung weiterer Einzelheiten noch die Flugzeugaufstiege von *Paris* — ganz innerhalb der Tropikluft gelegen, *Hamburg* — völlig in den Bereich der Kaltluft fallend — und *Münster* aufgeführt, wo die untere Kaltmasse bis 2900 m reicht und dort durch eine deutliche Inversion[1] gegen die obere Warmluft abgegrenzt ist, die hier ebenso wie über *Emden* merklich niedrigere Temperaturen aufweist als über *Paris*.

In die Aufstiegskurven ist zugleich die Wolkenverteilung schematisch mit eingezeichnet worden. Über *Paris* finden wir das für antizyklonal strömende Warmluft typische Bild mit einer ausgeprägten Reibungsinversion in 1400 m, die mit der Obergrenze einer geschlossenen, 1200 m mächtigen Stratocumulusdecke zusammenfällt. Darüber sind nur Spuren von Ac lent zwischen 3000 und 4000 m und in großer Höhe 8/10 Cs beobachtet worden. Über *Münster* ist die untere Reibungsbewölkung auch noch vorhanden, aber von geringerer Mächtigkeit und schon vielfach aufgelockert. An der Luftmassengrenze selbst wurde nur eine dünne, nicht einmal ganz geschlossene As-Schicht unterhalb der Inversion festgestellt, die über *Hamburg* entsprechend höher gelegen und in Auflösung begriffen ist, während sich statt dessen in zunehmendem Maße Kaltluftbewölkung durchsetzt und teilweise bereits bis 3000 m quillt.

Daß die Altostratusschicht gerade unterhalb der Luftmassengrenze liegt, stimmt mit der Tatsache überein, daß echte Aufgleitinversionen mit Temperatur- und Feuchtezunahme (MOLTSCHANOFF 474) eine seltene Erscheinung sind. Wegen der mit der Höhe erfolgenden Abnahme der spezifischen Feuchtigkeit wird nämlich durch Austauschprozesse ein ständiger Feuchtestrom nach oben geleitet, der an den Inversionen, wo der Austausch nur gering ist, gestoppt wird und zu einer Feuchteanreicherung Anlaß gibt. Bei beginnenden aufsteigenden Bewegungen kommt es daher hier zuerst zur Kondensation, und da an der Oberfläche aller Wolkenschichten die Ausstrahlung eine weitere Abkühlung begünstigt, ist eine einmal entstandene Wolkendecke und Inversion sehr zäh, und die letztere kann nur durch starke aufwärts gerichtete Vertikalbewegungen aufgelöst werden, wobei sich die wasserdampfgesättigte Schicht unterhalb der Sperrschicht feucht- und die wolkenfreie darüber trockenadiabatisch abkühlen. Nur dann, wenn zugleich die Windgeschwindigkeit mit

---

[1] Wegen der aufsteigenden Bewegung der Warmluft im Frontbereich, die stets mit Abkühlung verbunden ist, sind deutliche Warmfrontinversionen sehr selten (529) und meist mehr oder weniger mächtige Übergangsmassen, gekennzeichnet durch einen geringen vertikalen Temperaturgradienten, vorhanden. Nimmt in einer solchen Mischluft die spezifische Feuchte mit der Höhe zu, so ist dies ein sicherer Hinweis, daß es sich um eine Frontfläche handelt, während eine scharfe Inversion, an der die Feuchtigkeit in einem solchen Maße abnimmt, daß die pseudopotentielle Temperatur gleich bleibt, durch Zusammensinken entstanden ist und als *interne Inversion* bezeichnet wird.

der Höhe stark zunimmt, kann die aufsteigende feuchte Luft über eine trocken-kältere Schicht transportiert werden; sofort setzt aber auch dann unterhalb der Inversion wieder Feuchteanreicherung und Kondensation ein, so daß die Wolkendecke hier stabiler bleibt als weiter oberhalb, wo sie bei beginnenden Abwärtsbewegungen zuerst aufgelöst wird.

Alle Beobachtungen der Wetterflugstellen sind in Abb. 91 zu einem Vertikalschnitt zusammengefaßt, der etwa senkrecht zur Luftmassengrenze verläuft und dessen Hauptmerkmal in der geringen Wetterwirksamkeit der Frontalzone gesehen werden muß, die sich lediglich durch eine dünne Altostratusschicht und durch größere Mächtigkeit der unteren Reibungsbewölkung in unmittelbarer Frontnähe bemerkbar macht, wo die Wolkendecke teilweise auf 100 bis 200 m über NN absinkt.

Der geringe Wolkenreichtum oberhalb einer der stärksten über Mitteleuropa gelegenen Frontalzonen muß zunächst überraschen, und zur Erklärung wollen wir uns nochmals die Lage der ausgewählten Stationen und des gezeichneten Schnittes in bezug auf die Massengrenze ansehen. Man gelangt dann zu der Feststellung, daß der Vertikalschnitt gerade noch in das Einzugsgebiet der Frontalzone fällt und daß der hyperbolische Punkt etwas weiter im Südosten, etwa zwischen *Frankfurt a. M.* und *Berlin*, anzunehmen ist. Südlich dieser Linie sind die Wettererscheinungen dann auch tatsächlich ganz andere.

Man kann dieses am besten aus der schon erwähnten Spezialkarte für den mitteleuropäischen Raum (untere Karte auf S. 165) entnehmen. Jenseits des hyperbolischen Punktes, im Delta der Frontalzone, hat sich gerade eine stärkere Wellenstörung ausgebildet, deren Zentrum in der Nähe von *Prag* angelangt ist, und vor welcher der Luftdruck im slowakischen und polnischen Raum stärker fällt. Vor dieser Welle dringt die von Budapest nach Pilsen reichende Grenzlinie als Warmfront vorübergehend ostwärts vor, und es kommt zugleich zu sehr mächtiger, hochreichender und allgemein geschlossener Bewölkung mit anhaltenden Regenfällen. Von dem Störungszentrum über Böhmen bildet sich zugleich eine deutliche Konvergenzlinie bis zur unteren Weichsel aus, längs der ebenfalls aus einer dichten Wolkendecke verbreitete Niederschläge ausgelöst werden und welche viele Merkmale einer Okklusion aufweist, jedoch deshalb nicht als solche bezeichnet wurde, weil sie nicht aus einem Okklusionsprozeß hervorgegangen ist. Im weiteren Verlauf sind solche Störungslinien aber meist nicht von echten Okklusionen zu unterscheiden.

Über Westdeutschland, das auf der Rückseite der Welle liegt, steigt der Luftdruck langsam an, und damit sind auch hier die Wettererscheinungen völlig andere. Die intensiven, nach aufwärts gerichteten Vertikalbewegungen treten also hier nur im Delta der Frontalzone auf; eine Erscheinung, die man immer wieder bestätigt finden kann.

Wegen der am Boden vielfach verkappt auftretenden Unterschiede der meteorologischen Elemente zu beiden Seiten der Frontalzonen kann die Analyse recht schwierig sein, wenn keine Höhenbeobachtungen vorliegen. Aber auch in diesem Beispiel ist die Lage der Kaltfront wenigstens noch durch einen einigermaßen deutlichen Windsprung zwischen Westnordwest und Nordwest zu erkennen. Im Temperaturfeld beginnt auf der gleichen Linie, wenn man aus dem warmen Gebiet nach Nordosten fortschreitet, leichte Abkühlung, und es ist eine für die Analyse wichtige Regel, *daß die Fronten dort zu zeichnen sind, wo sich am Rande eines gleichmäßig warmen Gebietes der erste Temperaturrückgang bemerkbar macht.*

Auch die Sicht zeigt innerhalb der Massengrenze keine auffallenden Unterschiede; erst tiefer im Kaltluftgebiet wird sie allgemein besser. Etwas deutlicher ist der Feuchtesprung ausgeprägt, indem aus dem Herrschaftsbereich der Tropikluft im allgemeinen Beträge über, aus dem kälteren Gebiet meist weniger als 90% gemeldet werden, doch treten auch hierbei örtlich stärkere Abweichungen auf. Das Einsetzen cumuliformer Bewölkung kann gleichfalls einen Hinweis geben, wenn man beachtet, daß sie sich bei derartig geneigten Grenzflächen erst dort stärker entwickeln kann, wo die untere Kaltluft eine Mächtigkeit von mehreren Tausend Metern hat; wie vorsichtig man aber sein muß, zeigt sich darin, daß auch vom Westrand der Eifel, also aus dem von der Tropikluft beherrschten Gebiet, Quellungen gemeldet werden, indem die Beobachter die hier durch Stau chaotisch verstärkte Sc-Decke fälschlicherweise für Cumulonimben halten (*Brüssel* und *Libramont*[1]).

Diese Frontalzone ist also zugleich ein gutes Beispiel für die Schwierigkeiten der Analyse, denn wenn selbst Fronten mit derart großen Gegensätzen in der Höhe aus den Bodenmeldungen nur auf Grund eines sorgfältigen Studiums der Einzelwerte festgestellt werden können, wieviel schwieriger ist dann die richtige Lösung des Problems, wenn die Front auch in der Höhe nur schwach ausgeprägt ist. Zugleich sagt dieser Fall aber auch, daß hauptsächlich die Rückwärtsverfolgung der Isobaren der Bodenkarte einen sicheren Hinweis dafür gibt,

---

[1] Besonders häufig werden von *La Coruña* an der spanischen Nordwestküste bei sonst stabiler Warmluftbewölkung Cumulonimben gemeldet, wofür gleiche Effekte verantwortlich sein dürften.

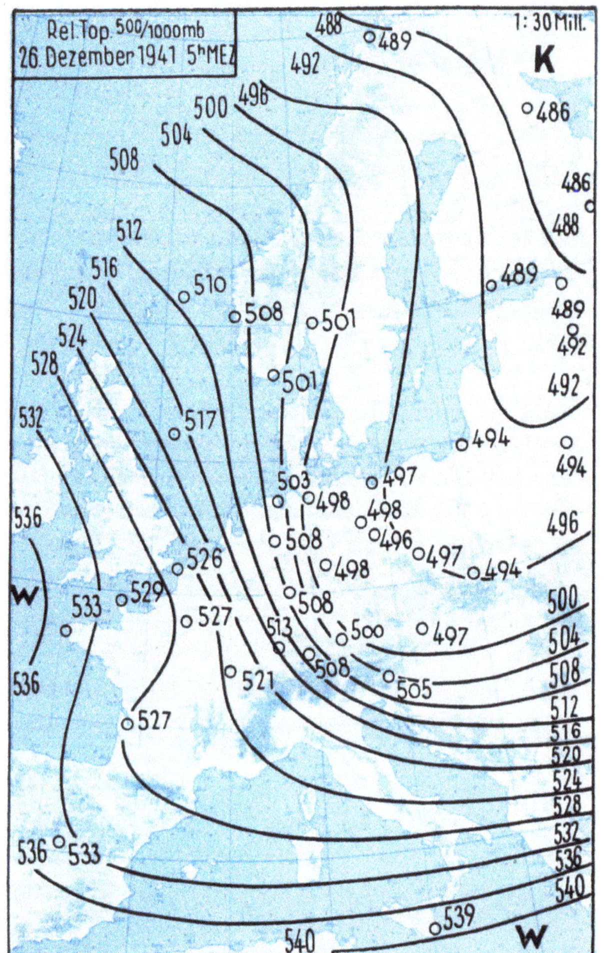

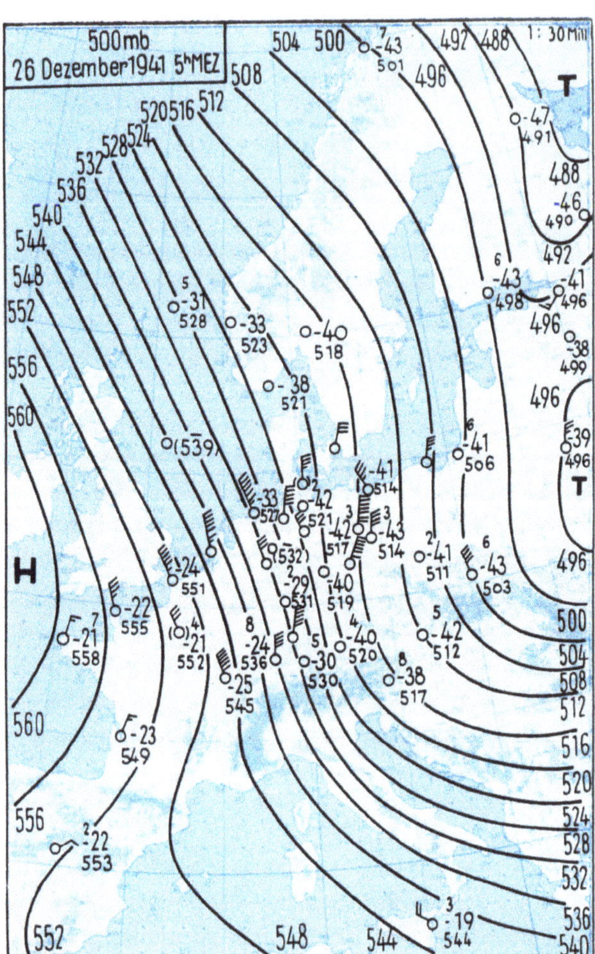

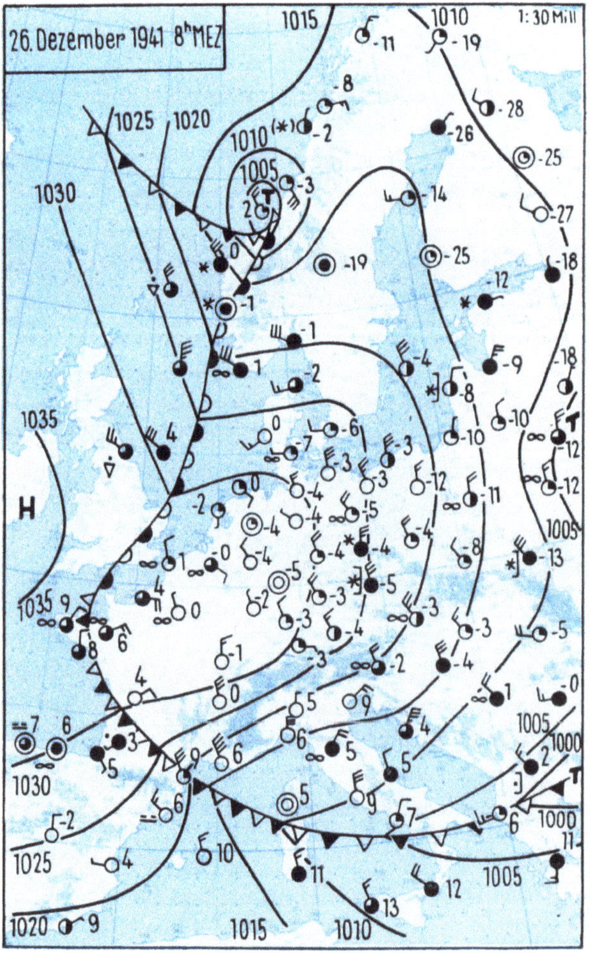

Abb. 92.
Höhensturm
über einem
Hochkeil
am Boden
am 26. Dezember 1941.

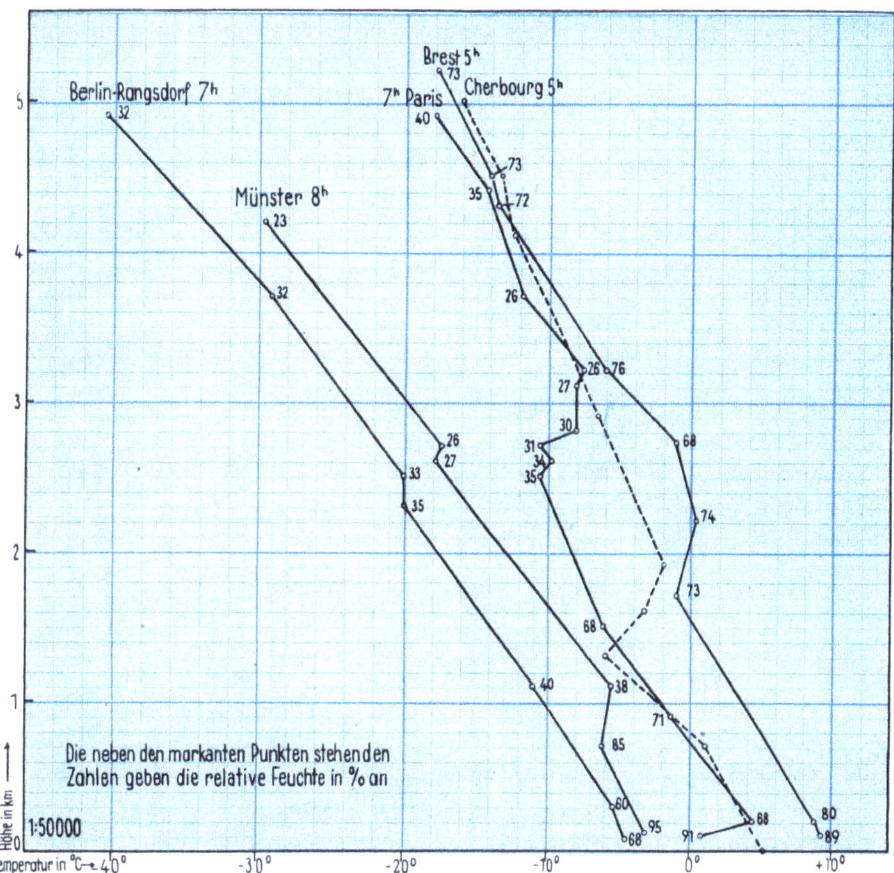

Abb. 93. Temperaturverteilung im Bereich der Frontalzone vom 26. Dezember 1941.

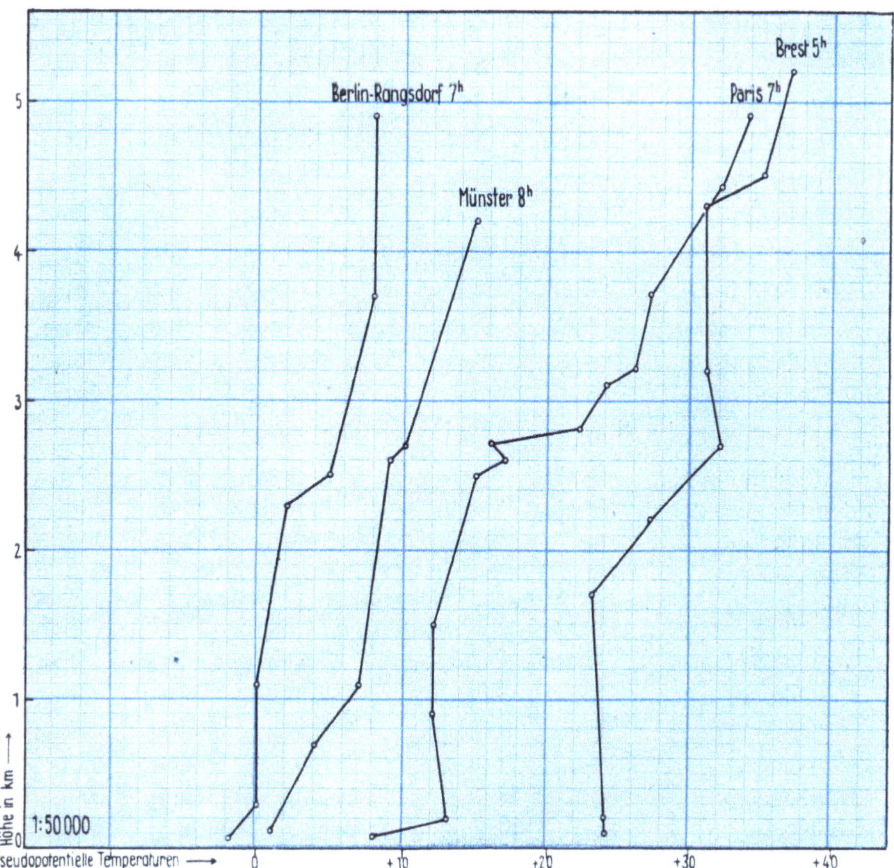

Abb. 94. Verteilung der pseudopotentiellen Temperaturen beim Höhensturm vom 26. Dezember 1941.

wo eine Luftmassengrenze zu vermuten ist, und daß für ihre genaue Lage ebenfalls in erster Linie das Stromfeld maßgebend ist. Die Wettererscheinungen können dagegen in den einzelnen Teilen recht verschieden sein.

Bei der eben behandelten Wetterlage war der Druckgegensatz schon am Boden so groß, daß auf eine entsprechend lebhafte Höhenströmung geschlossen werden konnte. Anschließend sei ein Fall erläutert, wo unten im Bereich eines Hochdruckkeils verbreitet Windstille herrscht, jedoch darüber innerhalb einer ausgeprägten Frontalzone eine stürmische Nordwestströmung vorhanden ist.

Die europäische Frontalzone vom 26. Dezember 1941. In Abb. 92 ist unten die Wetterlage am 26. Dezember 1941, 8 Uhr, darüber der Verlauf der relativen und absoluten Isopotentialen der 500-mb-Fläche dargestellt. Es liegt ein steuerndes Hochdruckgebiet über dem Atlantischen Ozean, von dem sich ein ausgeprägter kalter Keil nach Mitteleuropa erstreckt, in dessen Bereich vor allem über Westdeutschland schwachwindiges und heiteres Wetter bei leichtem Frost herrscht. Eine Zyklone, die sich einige Tage vorher über dem Nordmeer entwickelt hatte, ist unter Vertiefung rasch südostwärts gezogen und inzwischen über der Ukraine angelangt; ihre Kaltfront hat den größten Teil Italiens schon überschritten und ist besonders über Südwestfrankreich noch durch einen deutlichen Windsprung erkennbar. Sie geht über Südengland bereits in die Warmfront eines neuen, vor der mittelnorwegischen Küste angelangten Teiltiefs über.

Die Temperaturen liegen über dem östlichen Deutschland bei lebhafter nördlicher Luftströmung weit unter dem Gefrierpunkt, während die Abkühlung unmittelbar hinter der Front über Italien erst gering ist und durch Föhneffekte gemildert wird. Auch über Westdeutschland steht das Quecksilber nur wenige Grade unter, über Mittelfrankreich etwas über Null, aber Werte bis zu $+9°$ werden erst in der Bretagne erreicht. Da vom Ozean keine Meldungen vorliegen und deshalb die Isobaren nicht über die Faröer hinaus zurück verfolgt werden können, lassen sich aus der Bodenkarte keine sicheren Anhaltspunkte über eine eventuell vorhandene Frontalzone und eine entsprechend starke Höhenströmung gewinnen, zumal die verhältnismäßig niedrigen Temperaturen und das gleichzeitige Schauerwetter über der Nordsee anzudeuten scheinen, daß die Gegensätze zwischen dieser Masse und der weiter ostwärts befindlichen nicht besonders groß sind.

In der relativen Topographie 500/1000 mb zeigt sich demgegenüber eine scharfe Drängung der Isopotentialen insbesondere zwischen Süddeutschland und Ostfrankreich, wo am Boden schwachwindiges, antizyklonales Wetter herrscht und man derart große Gegensätze am wenigsten vermuten würde. In der Höhe (absolute Topographie 500 mb) besteht ein entsprechend starkes Druckgefälle von Westsüdwest nach Ostnordost mit Windgeschwindigkeiten, die in diesem Niveau schon vielfach 100 km/h überschreiten und teilweise bis 140 km/h betragen. Die Schärfe der Frontalzone kommt dabei in erster Linie dadurch zustande, daß die freie Atmosphäre im Osten sehr tief temperiert und über dem finnischen Raum mit Werten bis zu $-47°$ im Niveau der 500-mb-Fläche extrem kalt ist — solch tiefe Temperaturen kommen nur in besonders strengen Wintern vor! — und dagegen die über der nördlichen Nordsee im gleichen Niveau gemessenen Beträge von $-31°$ erheblich höher erscheinen, wenn sie auch den im Ursprungsgebiet der gemäßigten Luft vorhandenen Höhentemperaturen von etwa $-20°$ — belegt durch die Radiosonden von *Cherbourg* und *Brest* — bei weitem noch nicht entsprechen.

In Abb. 93 sind die Zustandskurven und in Abb. 94 die pseudopotentiellen Temperaturen der im Frontalzonenbereich gelegenen Aufstiegsstellen reproduziert, unter denen *Brest* im Warmluftbereich und *Berlin* ganz innerhalb der arktischen Polarluft gelegen sind, wobei die Temperaturdifferenzen zwischen beiden Stationen oberhalb der über *Brest* bei 1700 m beginnenden Reibungsinversion etwa 20° und bis zu 28° pseudopotentiell in 5000 m Höhe betragen. Über *Münster* ist es in allen Höhen etwa 4° wärmer als über *Berlin*, was auf die Inhomogenität der Kaltluft zurückzuführen ist; bis *Paris* und *Cherbourg* beträgt die Erhöhung in den unteren Schichten weitere 6° und erreicht dann zwischen *Cherbourg* und *Brest* auf nicht ganz 300 km Entfernung fast 7° im 1300-m-Niveau, damit die zwischen beiden Stationen gezeichnete Frontlage bestätigend. Oberhalb der Inversion liegen die Temperaturen innerhalb der gleichen Luftmasse über *Cherbourg* — ähnlich wie wir es im vorigen Beispiel feststellten — einige Grade niedriger als über *Brest* und gleichen sich erst in 4000 m über beiden Orten an. Über *Paris* erreicht die untere Kaltluft eine Höhe von 2500 m und ist durch eine deutliche Umkehrschicht — besonders im Verlauf der pseudopotentiellen Temperaturen ausgeprägt — gegen die obere Warmluft abgegrenzt, woraus sich die Neigung der Front zu 1:150 berechnet.

Um die Analyse im französischen Raum auf sicheren Boden zu stellen und zu untersuchen, ob vielleicht im belgischen Gebiet ebenfalls eine Luftmassengrenze vorhanden ist, wofür jedenfalls die Ausbildung eines kleinen Teilhochs sprechen würde, ist für die Höhe von 1200 m — oberhalb der bodengestörten Schicht und unterhalb der Reibungsinversion gelegen — nach Projektion der Stationslage auf die Schnittlinie *Berlin—Brest*, wovon nur *Paris* mehr als 200 km entfernt liegt, die mittlere Temperaturdifferenz zwischen den einzelnen Orten berechnet und in Tabelle 36 zusammengestellt worden. Es übertrifft demnach der Unterschied zwischen

Cherbourg und *Brest* alle anderen Beträge bei weitem, womit die Auffassung erhärtet wird, daß es sich hier nur um eine ausgeprägte Front handelt, wie ebenso über dem italienischen Raum keine zweite vorhanden ist und sich der Übergang allmählich vollzieht, wo in der Höhe die Isopotentialen die Bodenfront überqueren und mit der größeren Windgeschwindigkeit die Kaltluft oben eher anlangt und sich dann erst nach unten durchsetzt.

Im übrigen wurde bei der Analyse die Station *Krakenes* an der norwegischen Südwestküste trotz ihrer niedrigen Temperatur von 0° und Schneefall in den Warmsektor gelegt, da die relative Topographie dort eine typische Warmluftzunge zeigt und zugleich zu bedenken ist, daß in diesem Falle außer der diskontinuierlichen auch eine ausgeprägte kontinuier-

liche Komponente des Temperaturgradienten im gesamten Frontalbereich vorhanden ist. Die Aufheiterung trotz auflandigem Wind westlich von *Drontheim* deutet dagegen darauf hin, daß dort, trotz der höheren Lufttemperatur von $+2°$, die Kaltfront bereits durchgezogen ist, was sich aerologisch leider nicht belegen läßt.

Tabelle 36. *Temperaturunterschiede auf der Strecke Berlin—Brest am 26. Dezember 1941.*

Abschnitt	Horizontales Temperaturgefälle °/100 km
Berlin—Münster	1.4
Münster—Paris	0.6
Paris—Cherbourg	—0.5
Cherbourg—Brest	3.0

Dieser Fall ist ein typisches Beispiel dafür, wie erst die Hinzuziehung der aerologischen Beobachtungen das Vorhandensein einer Frontalzone einwandfrei zu erkennen gestattet. Dann wird auch die schnelle Zuggeschwindigkeit des mittelnorwegischen Tiefs verständlich, das einen Tag später schon über der mittleren Ostsee angelangt ist, den eingeschlagenen Kurs fortsetzt und noch von zahlreichen weiteren auf ähnlicher Bahn ziehenden Zyklonen gefolgt wird.

f) Die Frontalzone im Sommer.

Es wurde bereits darauf hingewiesen, daß die Frontalzonen im Sommer weniger scharf ausgeprägt sind als im Winter und dann auch meist eine geringere Längenerstreckung aufweisen. Daß aber in einzelnen Fällen auch während der warmen Jahreszeit große Gegensätze und Windgeschwindigkeiten in der Höhe auftreten können, soll das nächste Beispiel beweisen.

Die osteuropäische Frontalzone vom 17. August 1943. Unter allen gezeichneten Höhenwetterkarten der letzten Jahre weist die absolute Topographie der 225-mb-Fläche von diesem Tage — allerdings nur auf einen engen Raum beschränkt — obwohl es Hochsommer ist, einen der stärksten Druckgegensätze auf, dessen extreme Größe auf Grund der Bodenbeobachtungen in keiner Weise abgeschätzt werden kann.

In Abb. 95 (S. 176) ist die Wetterlage vom Morgen dieses Tages reproduziert. Ein Zentraltief befindet sich schon seit über einer Woche über Nordosteuropa und hat inzwischen mehrere Zyklonen in sich aufgenommen; hoher Druck beherrscht den mitteleuropäischen Raum und das Nordseegebiet. Nur bei sorgfältiger Zeichnung der Isobaren wird es offenbar, daß sich diese Antizyklone aus zwei ganz verschieden aufgebauten Teilen zusammensetzt, von denen der südliche Kern, seit zwei Tagen von der Biskaya aus langsam ostwärts wandernd, als die wärmere Zelle und die Antizyklone über der Nordsee, erst in den letzten 24 Stunden entstanden, als kaltes Gebilde erscheinen.

Aus dem Verlauf der Isobaren geht hervor, daß die über Ostpreußen angelangte Luftmasse etwa über die Ostgrönlandsee herantransportiert worden sein muß, während die Stromlinien etwas weiter südlich ihren Ursprung in dem mitteleuropäischen Hochkern haben. Zwischen diesen beiden antizyklonalen Strömungssystemen ist vor allem auf dem Abschnitt vom Fichtelgebirge über Thüringen bis zum Niederrhein eine scharfe Windkonvergenz ausgeprägt, die die beiden Luftmassen scheidet, sich im Wettergeschehen allerdings wegen des überwiegenden Hochdruckeinflusses nur schwach zu erkennen gibt. Im Westen dringt die wärmere Luft langsam nordwärts, im Osten die kältere schneller südwärts vor, wobei der Rest eines Warmsektors im Gebiet der Lysa Gora südlich von Warschau vielleicht noch vorhanden, im übrigen aber bereits Okklusion eingetreten ist, und die Front bis hinauf zum Baltikum im Temperaturfeld überhaupt nicht mehr, dafür aber durch ein geschlossenes Regengebiet und immerhin noch durch einen deutlichen Windsprung ausgeprägt ist.

Geht auch vor allem aus der Strömungsverteilung hervor, daß stärkere Temperaturgegensätze in der freien Atmosphäre vermutet werden können, so ist das Ausmaß doch über Erwarten groß. In Abb. 96 (S. 177) sind die relativen und absoluten Topographien der 500- und 225-mb-Fläche für den gleichen Termin abgedruckt, und man sieht hier, daß der Unterschied in der Troposphäre vor allem über Nordostdeutschland sehr bedeutend ist und dazu noch der Gradient fast die gleiche Richtung wie beim Bodendruckfeld aufweist.

So resultiert daraus eine Höhenströmung, die schon in 500 mb 100 km/h vielfach überschreitet und in 225 mb nach dem Radiosondenaufstieg von *Gdingen* dort den für sommerliche Verhältnisse ungewöhnlichen Wert von 290 km/h erreicht, den man in voller Übereinstimmung damit auch aus der Drängung der Linien 1096 und 1108 Dekameter zwischen *Marggrabowa* und dem Weichselknie bei einem Krümmungsradius von 2000 km erhält.

Trotz dieser enormen Geschwindigkeit des Windes, der die Okklusionslinie senkrecht überweht und mit dem sich selbstverständlich auch die oberen Wolkensysteme fortbewegen müssen, verlagert sich die Konvergenzlinie selbst nur mit 50 bis 70 km/h nach Ostsüdost. Dieser Wert ist noch geringer als die Windstärke in

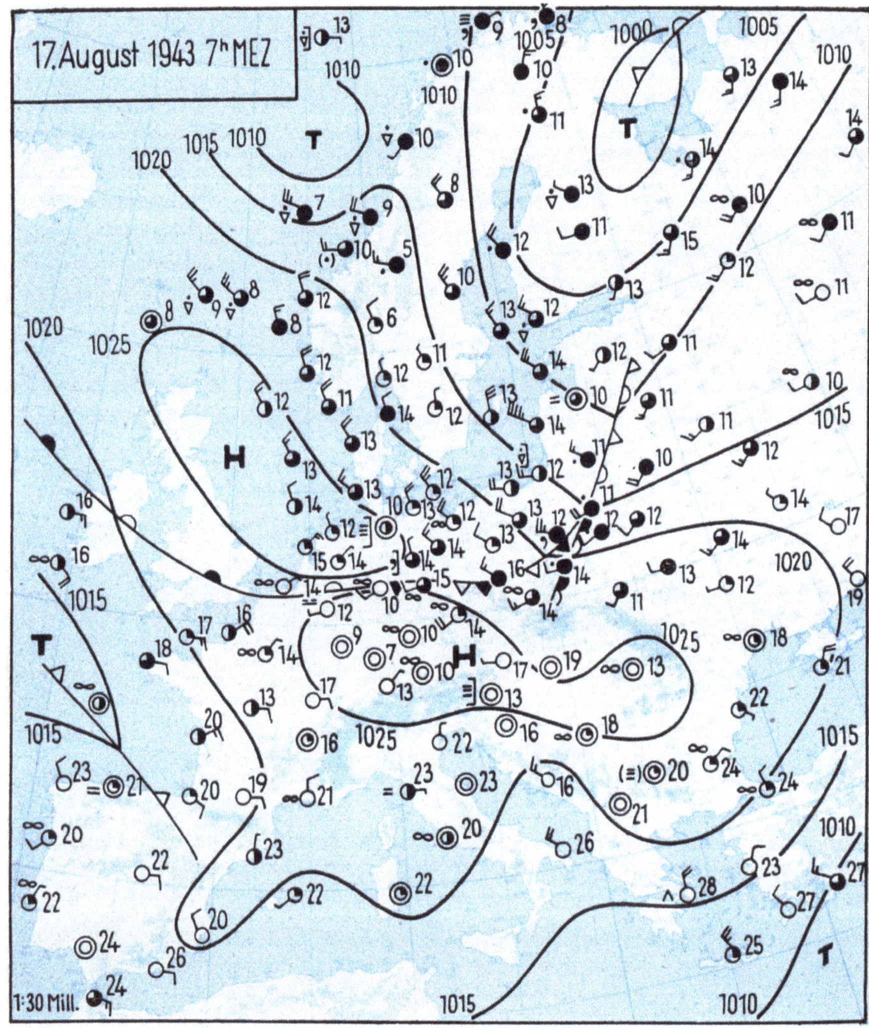

Abb. 95. Sommerliche Frontalzone und Höhensturm über Ostdeutschland am 17. August 1943.

500 mb, und damit wird angedeutet, daß es sich bei der Ausbildung der Okklusion und ihres Wolken- und Niederschlagssystems um einen sich auf immer andere Luftmassen ausdehnenden Prozeß handelt und nicht um einen einfachen Translationseffekt.

Es hat sich im Delta dieser Frontalzone, aber erst hinter der westrussischen Umbiegungsstelle, im Laufe der nächsten 24 Stunden ein stärkeres Tief entwickelt, während im Einzugsgebiet, das hier über der Nordsee und Dänemark besonders deutlich erkennbar ist, der neue kalte Hochkern in kurzer Zeit aufgebaut wurde. Er verlagert sich aber mit der starken Strömung sehr schnell südostwärts, ist am nächsten Tage bereits über den Karpathen angelangt und wird von Westen her ebenso schnell wieder abgebaut, nachdem auch die Strömungsunterschiede innerhalb der Frontalzone schon wieder weitgehend ausgeglichen worden sind.

Damit sollen die Beispiele besonders ausgeprägter Starkwindgebiete zunächst abgeschlossen sein[1], zumal bei der Behandlung der tiefen Zyklonen noch eine ganze Reihe der sie auslösenden Frontalzonen mit behandelt werden müssen. Einige Besonderheiten der sommerlichen Verhältnisse mögen aber noch kurz erwähnt werden.

---

[1] Von den besonders ausgeprägten Frontalzonen sei noch jene am 30. November 1935 über dem Nordatlantik gelegene (vgl. Lit. 290, S. 757) erwähnt, in deren Delta sich am 1. Dezember eine tiefe Sturmdepression über der Nordsee entwickelte (l. c. S. 752), ein Prozeß, den R. Mügge in einem Wetterkartenfilm anschaulich demonstriert hat.

Besondere Wettererscheinungen. Es wurde schon darauf hingewiesen, daß die Frontalzonen der warmen Jahreszeit im allgemeinen gegenüber jenen des Winters an Ausdehnung und Intensität zurückstehen, so daß

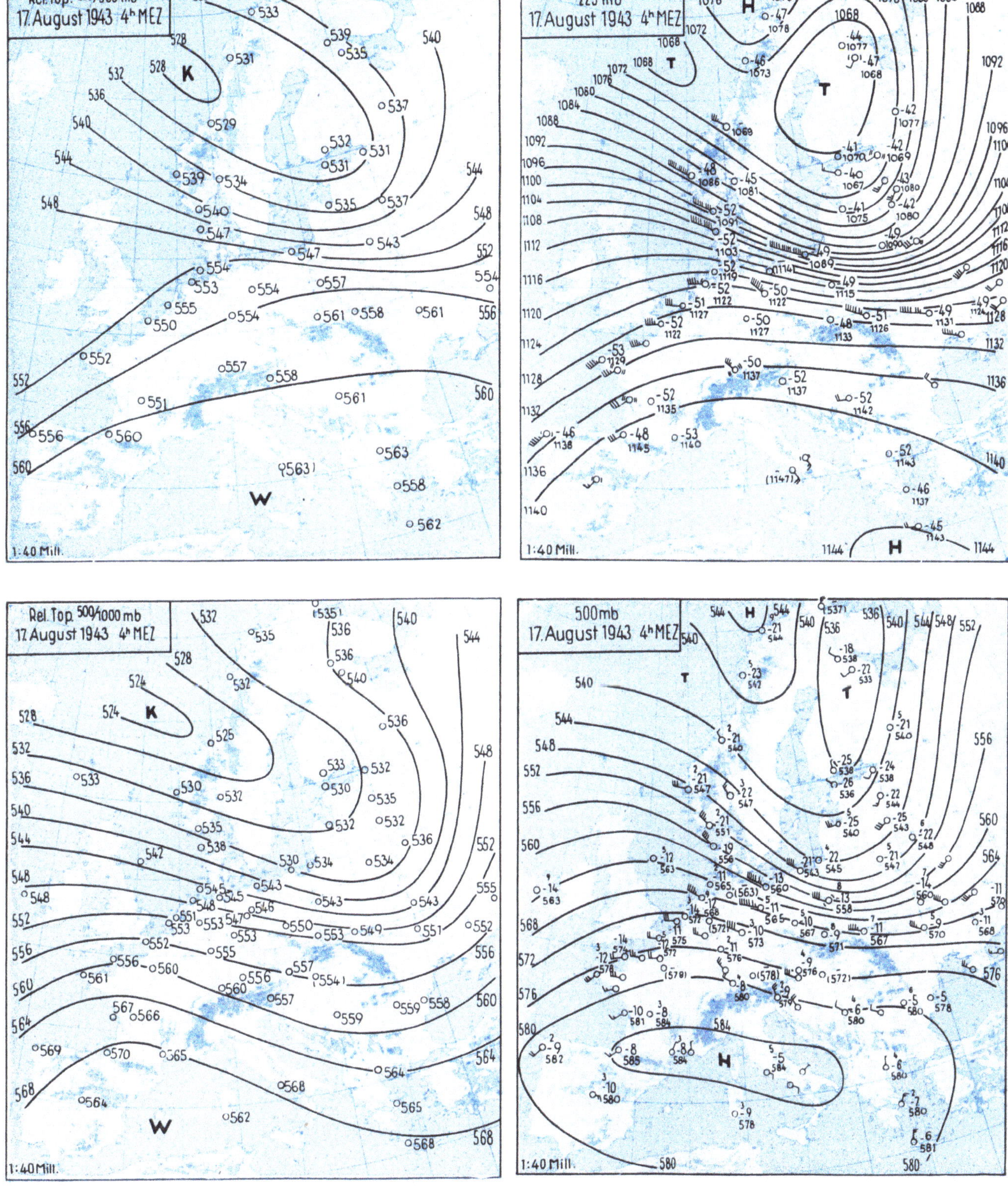

Abb. 96. Der große Druckgegensatz in der freien Atmosphäre am 17. August 1943.

das hier gebrachte Beispiel nicht verallgemeinert werden darf. Immerhin zeigt es, daß auch im Sommer große Temperaturgegensätze über dem europäischen Raum sehr wohl auftreten können, was ja auch schon aus der mittleren sommerlichen Druckverteilung in den oberen Schichten hervorging, die zeigte, daß über unserem Kontinent im Juli die Druckgegensätze in der Höhe im Mittel nicht viel geringer sind als im Januar (vgl. Tabelle 12, S. 42 und Tabelle 20, S. 48).

Die meisten europäischen Frontalzonen des Sommerhalbjahres zeigen eine ganz andere Orientierung als die eben behandelte. Sie verdanken nämlich ihre Entstehung weniger dem meridionalen Temperaturgegensatz als den Wärmeunterschieden zwischen Land und Meer und entwickeln sich zwischen den von Westen vorstoßenden Kaltluftschüben und der über dem eurasiatischen Kontinent angeheizten Luftmasse. Sie erstrecken sich daher meist von Südwest nach Nordost oder sogar von Süd nach Nord, bilden sich mit besonderer Vorliebe am Ostfuß der Alpen aus und führen zur Entwicklung der Vb-Depressionen, die später (S. 277 ff.) gesondert untersucht werden.

g) Die Kleinschmidtsche Gleichgewichtstheorie.

E. Kleinschmidt jun. (348, 349) hat bezüglich der Stabilitätsverhältnisse innerhalb der Frontalzonen nachgewiesen, daß, sofern sich der Druckgradient um mehr als 36 km/h äquivalenter Windgeschwindigkeit je 100 km Horizontalabstand ändert, ein mit einer Komponente senkrecht zum Isobarenverlauf in Bewegung gesetztes Luftteilchen, anstatt eine stabile Schwingungsbewegung auszuführen, nicht mehr zur Ursprungsisobare zurückkehrt. Dies ist ein Zustand, den man cum grano salis mit der Labilität in der Vertikalen bei überadiabatischen Gradienten vergleichen kann. Kleinschmidt hat ihn als „*dynamische Labilität*" bezeichnet, und F. Möller (468) hat seine Grenzbedingungen unter Einschluß der vertikalen Labilitätsverhältnisse graphisch dargestellt und darauf hingewiesen, daß der Austausch vornehmlich längs der Flächen gleicher pseudopotentieller Temperatur stattfinden muß. Wichtig ist vor allem der Fall eines in einer dynamisch labilen Frontalzone vom tiefen zum hohen Druck eingeleiteten Bewegungsimpulses, da dieser instabil wachsen muß und auf diese Weise ein Auspumpen aus dem tiefen Druck resultieren könnte; doch steht ein Vergleich an Hand tatsächlicher Aufstiegsergebnisse bis jetzt noch aus.

P. Raethjen (588) hat die Kleinschmidtschen Ausführungen dahin ergänzt, daß damit das Wärmeaustauschparadoxon von W. Schmidt (766) seine Lösung gefunden hat, das darin besteht, daß die pseudopotentielle Temperatur nach den Beobachtungen im Mittel mit der Höhe zunimmt, durch den Austausch also Wärme von oben nach unten geschafft werden muß, während in Wirklichkeit die Strahlung gerade die unteren Schichten anheizen soll und daher das Umgekehrte zu erwarten wäre. Findet tatsächlich bei dem von Süd nach Nord gerichteten mittleren Isothermengefälle vorzugsweise eine Gleitbewegung längs der Flächen gleicher potentieller Temperatur statt, so ist die Schichtung in bezug auf diese natürlich indifferent, in der Vertikalen hingegen trotzdem stabil. Es würde zu weit führen, hier genauer auf diesen Fragenkomplex einzugehen.

Nachdem schon mehrfach darauf hingewiesen wurde, daß die Entstehung der Zyklonen auf das engste mit den Frontalzonen verknüpft ist, sollen anschließend die Tiefdruckgebiete selbst behandelt werden.

5. Die Zyklonen und ihre Fronten.

Von den Elementen der Wetterkarte wurden zunächst die Hochdruckgebiete besprochen. Die Antizyklonen sind die Ursprungsgebiete der Luftmassen, und diese werden in den Frontalzonen einander genähert. Als Folge davon entstehen die meisten Zyklonen.

a) Besonders tiefe Depressionen.

Es ist bereits an einem Beispiel gezeigt worden, wie sich aus einer selten scharfen Frontalzone in kurzer Zeit ein schwerer Sturmwirbel entwickelt hat. Wenn diese Beziehung eindeutig ist, dann muß auch das Umgekehrte gelten, daß das Auftreten extrem niedriger Luftdruckwerte an das Vorhandensein entsprechend wirksamer Frontalzonen geknüpft ist.

Die tiefsten Barometerstände auf der Nordhalbkugel. In Tabelle 37 sind in Ergänzung zu den in Tabelle 32 (S. 126) aufgeführten Luftdruckmaxima eine Reihe der bisher beobachteten tiefsten Barometerstände, ebenfalls auf Meeresniveau und Schwere in 45° Breite reduziert, zusammengestellt. Die Werte sind gleichfalls in erster Linie dem Lehrbuch von Hann-Süring (290), die Luftdruckangaben für *Hamburg* einer Zusammenstellung von Perlewitz — unter Hinzufügung des neuen Rekordwertes vom Dezember 1940 — entnommen.

Die absolut niedrigsten Barometerstände werden in den tropischen Orkanen beobachtet, in denen sowohl auf dem pazifischen als auch über dem westatlantischen Ozean je einmal Luftdruckminima unter 900 mb verbürgt sind und von welchen der westindische Orkan noch näher beschrieben wird (S. 217 ff.). In den außertropischen Zyklonen sind Luftdruckwerte unter 920 mb bisher noch nicht gemessen worden und scheint das Glas nur einmal unter 925 mb gesunken zu sein, nämlich am 4. Februar 1824 auf 924.0 mb in der isländischen Hauptstadt. Der 8. Dezember 1886, als in *Belfast* ein Luftdruck von 927.9 mb gemessen wurde, der im Bereich des Tiefkernes noch bis nahezu 925 mb abnahm, wird anschließend untersucht; etwa gleich niedrig waren die Ablesungen zwei Jahre vorher in Schottland und 1870 auf dem Atlantik.

In neuerer Zeit sicher verbürgt ist der am 3. Januar 1933 in *Reykjavik* gemessene Luftdruck von 926.6 mb, der dem Wetterbericht der Deutschen Seewarte unter Hinzuziehung der Tendenzmeldung entnommen wurde, so daß es nicht ausgeschlossen ist, daß im Zentrum des betreffenden Sturmtiefs, dessen Entstehung und Lebenslauf hier ebenfalls eingehend geschildert wird (S. 187ff.), der Barometerstand noch einige Millibar niedriger gesunken ist.

In *Hamburg* wurde der tiefste Luftdruck am 1. Weihnachtstag des Jahres 1821, der zweitniedrigste im Dezember 1806 gemessen, und an dritter Stelle folgt der 6. Dezember 1940, an dem das Barometer in den späten Abendstunden einen Tiefstand erreichte, wie er seit 119 Jahren nicht mehr vorgekommen war; auch dieser Fall wird weiter unten (S. 251 ff.) noch behandelt. Aus den letzten Jahrzehnten sind noch hervorzuheben die Minima vom 20. Februar 1907 — einige Wochen nach dem absoluten Hamburger Druckmaximum vom 23. Januar des gleichen Jahres[1] — und vom 26. November 1928[2]. Das Tief vom Dezember 1886, das Europa den tiefsten Luftdruck eines mindestens 120jährigen Zeitraums bescherte und dem wir uns anschließend zuwenden wollen, steht auch in *Hamburg* in der Reihenfolge der Druckminima noch an 9. Stelle[3].

Das Orkantief vom 7. bis 8. Dezember 1886. Abb. 97 zeigt die Wetterlage vom 7. Dezember 1886 über dem nördlichen Atlantischen Ozean und den angrenzenden Kontinenten. Es ist eine für die Ausbildung einer scharfen Frontalzone ideale Situation: Ein Zentraltief über Norwegen und eine Zyklone zwischen Bermuda und der Küste der Union erzeugen zusammen mit einer warmen Hochdruckzelle südwestlich der Azoren und einem über dem St.-Lorenz-Golf ostwärts wandernden Kältehoch südöstlich von Neufundland, nahezu mit der ozeanischen Polarfront zusammenfallend, das typische horizontale Deformationsfeld. Die Isobaren 1020 mb verlaufen einerseits von einem Punkt in den Subtropen auf 18° N 40° W, wo die Temperaturen über 25° liegen, nach 42° N 54° W und andererseits aus dem kanadischen Archipel von 63° N 90° W nach 44° N 55° W, und die Isobaren 1018 mb stoßen bei 42° N 56° W direkt gegeneinander. Die Lufttemperaturen liegen allerdings hier infolge des ausgleichenden Meereseinflusses im Warmluftbereich um etwa 10° tiefer und

Tabelle 37. *Absolute auf Meeresniveau und Schwere in 45° Breite reduzierte Luftdruckminima.*

Datum	Station	Breite	Länge	Luftdruck mb
18. 8. 1927	Pazifik	17° N	130° E	886.7
3. 9. 1935	Key West (Florida)	25° N	82° W	891.7
21. 9. 1934	Muroto (Japan)	33° N	134° E	911.0
2. 8. 1901	Ostchinesisches Meer	27° N	123° E	913.7
11. 10. 1846	Habana (Kuba)	23° N	83° W	914.6
22. 9. 1885	False Point (Bay von Bengalen)	21° N	87° E	916.9
4. 2. 1824	Reykjavik	64° N	22° W	924.0
8. 12. 1886	Nordirland	55° N	7° W	925.0
26. 1. 1884	Kilchrenan (bei Glasgow)	56° N	5° W	925.2
5. 2. 1870	Atlantik	51° N	24° W	926.0
3. 1. 1933	Reykjavik	64° N	22° W	926.6
8. 12. 1886	Belfast	55° N	6° W	927.9
20. 2. 1907	Skudenes	59° N	5° E	938.5
25. 12. 1821	Hamburg	54° N	10° E	956.4
2. 12. 1806	Hamburg	54° N	10° E	956.9
6. 12. 1940	Hamburg	54° N	10° E	960.6
12. 3. 1876	Hamburg	54° N	10° E	965.0
7. 3. 1783	Hamburg	54° N	10° E	965.3
9. 2. 1889	Hamburg	54° N	10° E	966.3
25. 11. 1928	Hamburg	54° N	10° E	966.6
20. 2. 1907	Hamburg	54° N	10° E	968.4
9. 12. 1886	Hamburg	54° N	10° E	968.7
29. 11. 1897	Hamburg	54° N	10° E	969.5

[1] Es ist bemerkenswert, daß über großen Teilen Europas, u. a. auch an der norwegischen Südwestküste *(Skudenes)* die absoluten Maxima und Minima des Luftdrucks im Abstand von nicht einmal einem Monat bei dem schon behandelten (S. 131) Hoch im Januar und dem Sturmwirbel vom Februar 1907 gemessen worden sind.

[2] An diesem Tage wurde über großen Teilen Norddeutschlands, u. a. auch in *Berlin*, der tiefste seit vielen Jahrzehnten beobachtete Luftdruck registriert, und es ist wahrscheinlich kein bloßer Zufall, daß dieser einem extrem kalten Winter voranging; auch der Winter, der dem Rekordtiefstand von Dezember 1940 folgte, war streng.

[3] Von den bemerkenswerten Stürmen der neueren Zeit sei hier noch auf das engbegrenzte Orkantief hingewiesen, das am 14. November 1940 mit seinem Zentrum die Deutsche Bucht überquerte und sich vor allem durch die ungewöhnliche Intensität der Druckänderungen auszeichnete: Der dreistündige Druckfall erreichte über Schleswig-Holstein mehr als 12 mb und der nachfolgende Anstieg sogar 18 mb, und ebenso markant traten die zugehörigen Divergenz- und Konvergenzgebiete in der Höhenwetterkarte in Erscheinung.

in dem von Norden kommenden Kaltluftstrom bis zu 20° höher als in den jeweiligen Quellgebieten, doch müssen die Wärmeunterschiede in den oberen Schichten, soweit man dies aus der Untersuchung der Stromlinien folgern kann, sehr groß sein.

Dem Tief vor der amerikanischen Ostküste kommt für die Aufrechterhaltung der Frontalzone eine wesentliche Bedeutung zu. Wäre es nicht vorhanden, so würde nämlich die Polarluft nach Süden durchbrechen, und der Warmluftstrom in Richtung nach Norden könnte nicht aufrechterhalten bleiben, was die Auflösung der gesamten Drängungszone zur Folge hätte. So aber bildet sich der große Gegensatz gerade im rückwärtigen

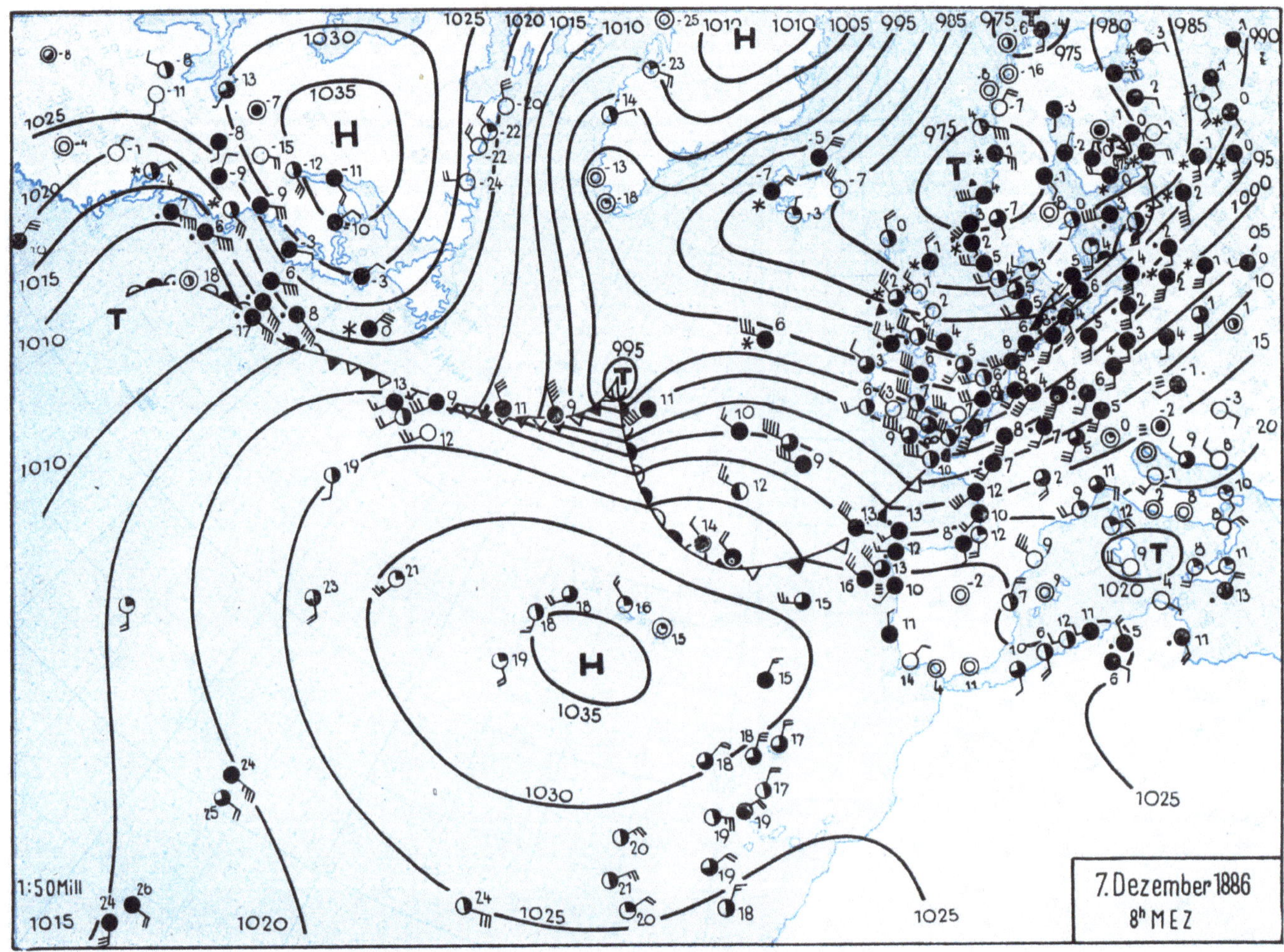

Abb. 97. Der tiefste europäische Sturmwirbel in Entwicklung an der atlantischen Frontalzone am 7. Dezember 1886.

Sektor, an der Kaltfront der sich auf 50° N 35° W entwickelnden Sturmzyklone aus, auf deren Vorderseite die Temperaturunterschiede innerhalb einer gealterten Polarluftmasse geringer sind.

Diese maritime Polarluft strömt hinter einer Kaltfront nach Westeuropa ein, die sich längs der Nordsee- und Kanalküste zur Biskaya erstreckt und einen deutlichen Sprung im Windfeld und im Bewölkungscharakter aufweist, indem es vor ihr allgemein bedeckt und regnerisch ist und postfrontal rasche Aufheiterung einsetzt. Ein weiterer Tiefdruckausläufer hat sich im Lee des grönländischen Massivs entwickelt, stellt aber keine ausgesprochene Luftmassengrenze dar, denn die Massen, die Nordschottland mit Temperaturen in Gefrierpunktsnähe erreichen, müssen den isländischen Raum mindestens mit Kältegraden von —5° passiert haben.

Innerhalb der Polarluft selbst besteht zwischen Schottland und dem Seegebiet südwestlich Irland auch noch ein beträchtlicher, allerdings nicht fronthaft konzentrierter, sondern kontinuierlicher Unterschied der Luftwärme vor allem in den höheren Schichten, wie man aus dem verschiedenartigen Wetterbild schließen kann: Schnee- und Hagelschauer im schottischen Raum als Indikator labiler Schichtung, trockenes Wetter weiter südwestlich als Folge geringeren vertikalen Temperaturgradienten bzw. des bereits einsetzenden neuen Warmluftvorstoßes in der Höhe. Da der Druckgegensatz am Boden in dem Raum westlich Irland ziemlich groß und das Gefälle etwa gleichgerichtet mit jenem der Temperatur ist, muß der westliche Höhenwind recht stark sein und den neuen Tiefkern rasch vorwärts treiben.

Die Frontalzone ist von WSW nach ENE orientiert, dementsprechend liegt ihr Delta über dem Seegebiet westlich von Irland. Hier fällt der Luftdruck bis zum nächsten Tage (Abb. 98) maximal um 75 mb, indem sich das Orkantief selbst innerhalb dieser 24 Stunden um 70 mb von 995 auf 925 mb vertieft und über den gesamten westeuropäischen Raum stürmisches Auffrischen der Winde bringt, die in der Nähe des Zyklonenzentrums an der irischen Westküste volle Orkanstärke erreichen. Dabei ist der Warmsektor über der Biskaya und dem Meeresraum zwischen Portugal und den Azoren noch deutlich ausgeprägt, die Frontalzone hingegen unschärfer geworden, da sich das von Labrador auf den Atlantik übergetretene kalte Hoch wesentlich

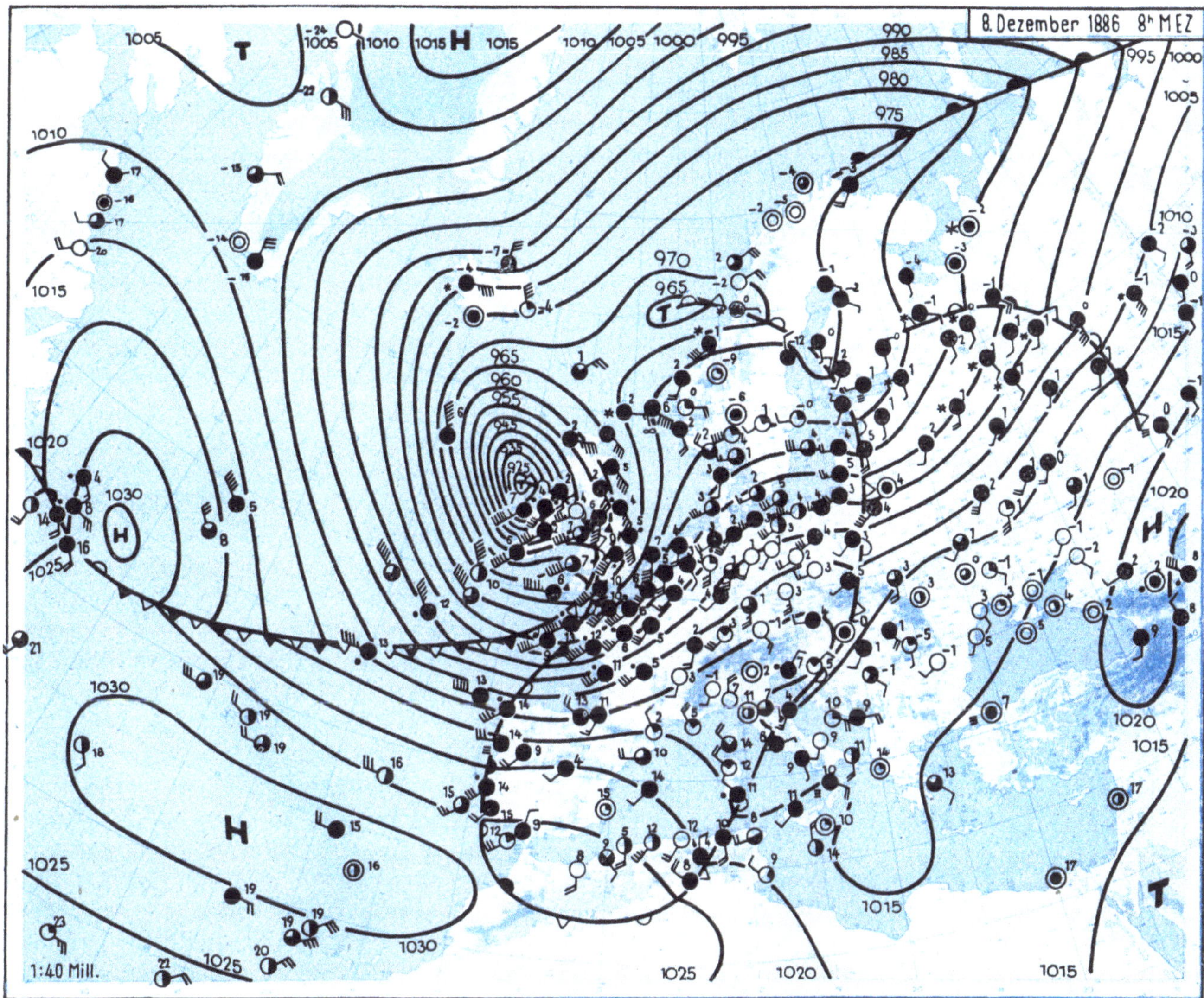

Abb. 98. Der Sturmwirbel vom 8. Dezember 1886 kurz vor Erreichen der irischen Küste.

abgeschwächt hat, nur noch einen kleinen Kern von 1030 mb aufweist und die Luftmassengrenze im Gebiet von Neufundland durch den jetzt nach Norden erfolgenden Warmluftvorstoß verbogen wird. Der Höhepunkt der Zyklogenese ist damit erreicht, und in den Mittagsstunden dieses Tages werden beim Durchzug des Wirbels über Nordirland die oben erwähnten tiefsten Druckwerte gemessen.

Der Druckfall im Delta dieser Frontalzone ist so intensiv und umfaßt einen so großen Raum, daß davon auch noch das fast ortsfeste norwegische Tief profitiert und sich gleichzeitig um 10 mb verstärkt. Seine am Vortage vor der Festlandsküste angelangte maskierte Kaltfront, mit deren Durchzug in der Höhe Abkühlung und am Boden schwache Erwärmung verbunden war, hat inzwischen den größten Teil Europas bereits überquert und macht sich jetzt, vom Rigaischen Meerbusen über Ungarn zum Mittelmeer verlaufend, in den unteren Schichten überhaupt nicht mehr durch eine Temperaturänderung, sondern nur noch in der Höhe durch ein begleitendes Wolkenfeld und örtliche Regenfälle bemerkbar; sie wird deshalb jetzt mit den Symbolen einer Höhenfront bzw. einer nur in der Höhe ausgeprägten schwachen Okklusion versehen.

Zwei schwache Warmfronten beeinflussen noch das Wetter Mittelrußlands und über dem Karischen Meer, wovon die letztere die Grenze zwischen arktischer und rückkehrender Polarluft darstellt. Das Azorenhoch hat seine Lage kaum verändert und verharrt weiterhin südwestlich von Portugal.

Das irische Orkantief wandert in den nächsten Tagen bei erheblich abnehmender Zuggeschwindigkeit über die mittlere Nordsee zur norwegischen Südküste und verursacht auch in der Deutschen Bucht noch schweren Südweststurm; es wendet sich dann mehr nach Norden und verfällt über dem Nordmeer der Auflösung, als neue Tiefdruckstörungen vom Atlantik her mit Ostkurs nachfolgen, die aber alle nicht die gleiche Energie aufweisen.

Auf eine Erscheinung, die schon kurz gestreift wurde, muß noch hingewiesen werden, daß nämlich außergewöhnlich hohe und niedrige Barometerstände mit Vorliebe in kurzer Zeit einander folgen. Auch in diesem Fall lag an der gleichen Stelle, wo am 8. Dezember 1886 das Sturmzentrum durchzog, 13 Tage vorher der Kern einer mächtigen warmen Antizyklone mit einem Höchststand des Luftdrucks von 1043 mb über den irischen Stationen *Valentia* und *Mullaghmore*[1], die sich dann nach Südosten zurückzog, wobei der totale Druckfall innerhalb dieser zwei Wochen beinahe 120 mb betrug, ein Unterschied, der einer Höhendifferenz von etwa 1200 m entspricht und den Puls eines empfindlichen Menschen schon erheblich beschleunigen kann.

Es ist schon oft erwähnt worden, daß die Entwicklung der Sturmwirbel immer im Delta und nicht im Einzugsgebiet der Frontalzonen vor sich geht, so daß es jetzt notwendig ist, eine nähere Begründung zu geben.

b) Die Divergenztheorie der Zyklonen und die Bedeutung des Dreimassenecks.

Die Divergenztheorie der Zyklonen wurde im Anschluß an die Ausbildung des Ostseeorkans vom 8. und 9. Juli 1931[2] entwickelt (674, 677), nachdem sich gezeigt hatte, daß die rapide Vertiefung dieses Wirbels dort erfolgt war, wo die Höhenisobaren sich, dem Verlaufe der Strömung folgend, rasch voneinander entfernten. Es war also in der mittleren Troposphäre eine ausgesprochene Richtungsdivergenz vorhanden.

Die GUILBERTschen Regeln. Anknüpfen konnte die Divergenztheorie an die seit langem bekannten und oft verblüffende Erfolge gewährleistenden GUILBERTschen Regeln, mit welchen dieser aus *Caen* stammende französische Meteorologe beim internationalen Wetterprognosenturnier zu *Lüttich* im September 1905 den ersten Preis erwarb. Damals war die von GUILBERT entwickelte Methode von allen bisher angewandten so abweichend und eigenartig, daß sie von den meisten Meteorologen einer scharfen Kritik unterzogen wurde, obwohl die Erfolge nicht geleugnet werden konnten. Auch GUILBERT selbst vermochte keine plausible Erklärung für seine Sätze zu geben (283). GROSSMANN (281) hat den wesentlichen Inhalt der GUILBERTschen Regeln zusammengefaßt, wobei wir der Formulierung von A. DEFANT (142) folgen wollen:

„Eine Depression vermag sich nur dann unverändert zu erhalten, wenn ein Gleichgewicht zwischen der Stärke der am Erdboden beobachteten Winde (als Maß der auftretenden Zentripetalkräfte) und der Größe des Gradienten (als Maß der zentrifugalen Kräfte) besteht. Ein Überwiegen der einen oder anderen Kraft ruft eine Deformation der Depression herbei; diese vertieft sich und breitet sich aus, wenn die Winde im Verhältnis zum Gradienten (Normalwind) zu schwach sind und füllt sich auf, wenn sie zu stark werden; bei zu schwacher Luftbewegung fällt das Barometer und steigt bei übernormaler Windgeschwindigkeit. Zu starke Winde auf der Vorderseite einer vom Ozean heranziehenden Depression halten den Wirbel auf, und ein solcher füllt sich innerhalb 24 oder schon in 12 Stunden auf, wenn er allseits von zu großen Windstärken umgeben ist. Zieht ein Wirbel mit starkem Barometerfall, aber schwachen Winden in seiner Umgebung heran, so vertieft er sich und wächst sich häufig zu einem Sturmwirbel aus."

Sämtliche Regeln finden ihre Begründung in dem Massenhaushalt der Zyklonen. Bei ihnen spielt die Frage des Gleichgewichts zwischen den in der Höhe abströmenden und den in den unteren Schichten hineingeschafften Luftmassen eine große Rolle. Über die Größe des Abtransportes konnte man damals noch keine Anhaltspunkte gewinnen, aber die Vorgänge am Boden waren schon gut zu verfolgen. Es ist bei alleiniger Betrachtung der Windverhältnisse in Bodennähe aber klar, daß ein Tiefdruckgebiet in den Fällen zur Auffüllung neigen muß, wenn unten viel Luft in seinen Kern einströmt und daß sich ebenso ein Druckfallgebiet auf der Vorderseite eines Minimums abschwächen wird, wenn bei Winden, die gegenüber dem Durchschnitt zu stark sind, eine größere Luftmenge in das Fallgebiet hineinströmt. Sind die Windstärken hier dagegen nur gering, so kann das Fallgebiet seine Energie behalten oder sich sogar verstärken (vgl. Lit. 201, 851).

Alle diese Aussagen hängen mit der Tatsache zusammen, daß die Luftströmung eine gewisse Zeit braucht, um sich den veränderten Gradienten anzupassen. Deshalb sind die Winde im Bereich eines entstehenden oder sich verstärkenden Fallgebiets noch schwach, hingegen im Verhältnis zum Durchschnitt zu stark,

---

[1] An der Donegal Bay, etwa auf $54\frac{1}{2}°$ N und $8\frac{1}{2}°$ W gelegen.

[2] Die damalige Wetterlage ist auf S. 280ff. kurz beschrieben und in den Abb. 161, 162 und 163 (S. 282—283) dargestellt.

wenn der Druckfall schon länger über dem gleichen Gebiet anhält, was wieder nur eintreten kann, wenn die betreffende Zyklone nicht mehr rasch zieht, also schon weitgehend okkludiert ist und den Höhepunkt ihrer Entwicklung überschritten hat. Ebenso ist zu bedenken, daß die Tiefdruckgebiete stets mit der stärksten Strömung ziehen, also bei steilen Gradienten auf ihrer Ostseite nach Norden abgelenkt werden.

Es muß heute geradezu überraschen, auf welche geniale Weise GUILBERT diese Zusammenhänge damals herausgefunden hat, ohne daß ihm eine nähere Begründung möglich war, die uns heute fast trivial erscheint. Auch die folgende Regel ist nur eine andere Aussage für das gleiche Problem:

Die Depression bewegt sich in der Richtung des kleinsten Widerstandes (dorthin, wo die Winde in der Umgebung der Zyklone relativ zum Gradienten am schwächsten sind).

A. DEFANT (139) hat diesen Satz weitgehend bestätigt gefunden, indem er die Minima gemäß ihrer Zugrichtung in verschiedene Sektoren aufteilte und für die Vorderseite eine nur halb so große Windstärke erhielt wie für den rückwärtigen Quadranten. Es ist dabei zwar zu berücksichtigen, daß auch die durch die verschiedene Stabilität der Schichtung hervorgerufenen Effekte im gleichen Sinne wirken, da die Windstärken auf der labilen Rückseite immer größer sind als in dem mehr oder weniger im Warmluftbereich gelegenen vorderen Sektor, doch reichen diese Effekte allein nicht zur Erklärung aus. TH. HESSELBERG (314) hat dann viel später die Abweichung der Windstärke vom Normalwert aus den hydrodynamischen Grundgleichungen unter Beibehaltung der Beschleunigungsglieder abzuleiten versucht und die Ergebnisse, die sich weitgehend mit den GUILBERTschen Regeln decken, in den folgenden beiden Sätzen zusammengefaßt:

1. Wenn der Wind schwach ist relativ zu dem Normalwind und wenig abgelenkt, so wird der vorhandene Gradient stärker.

2. Wenn der Wind kräftig ist relativ zum Normalwind und stark abgelenkt, so wird der vorhandene Gradient schwächer.

Die zweite Gruppe der GUILBERTschen Regeln befaßt sich mit der prognostischen Bedeutung von „divergenten" und „konvergenten" Winden und hat zu damaliger Zeit noch mehr Widerspruch erregt, obwohl ihre Bedeutung anerkannt werden mußte (vgl. Lit. 142, S. 255). Man kann sie so formulieren:

Eine Depression bewegt sich dorthin, wo divergente Winde herrschen; in einem Gebiet konvergenter Bodenströmung wird der Luftdruck in den nächsten 24 Stunden steigen, in einem Divergenzgebiet hingegen fallen.

A. DEFANT (142, S. 256—257) führt ein vorzügliches Beispiel für die Regel an, wo der Luftdruck im Bereich eines ausgeprägten Hochdruckkeils am meisten fällt und gerade seine Stelle am nächsten Tage von einem Tiefausläufer eingenommen wird; jeder, der sich mit der Aufstellung von Wetterprognosen befaßt hat, wird sich an ähnliche Fälle erinnern. Besonders deutlich tritt dieser Zusammenhang bei einer unruhigen Westwetterlage in Erscheinung und ist als GUILBERT-GROSSMANNsche Regel (281) lange Zeit einer der wichtigsten Sätze des synoptischen Wetterdienstes gewesen:

Tiefdruckausläufer schreiten mit Vorliebe in 24 Stunden nach der Stätte der ihnen vorangehenden Hochdruckkeile und diese nach derjenigen der voranziehenden Tiefausläufer fort.

Daß hierbei eine abwechselnde Aufeinanderfolge von genau einem Tage gern innegehalten wird, muß als ein für die Prognose glücklicher Umstand bezeichnet werden, doch kann die Periode sich zuweilen auch bis zu 48 Stunden verlängern und bei ganz schneller Verlagerung manchmal bis auf 12 Stunden verkürzt sein.

In diesen beiden letzten Regeln begegnen wir erstmals Formulierungen, daß in Divergenzgebieten Druckfall und in Konvergenzzonen Druckanstieg begünstigt sein soll; sie beziehen sich selbstverständlich nur auf das Bodendruckfeld. Der Zusammenhang mit den anderen Ergebnissen von GUILBERT ist aber ohne weiteres ersichtlich, indem es sich auch hierbei wieder darum handelt, daß in einem Divergenzgebiet nach allen Seiten Massenabfluß, in den Konvergenzzonen hingegen Zufluß erfolgt und dadurch die entsprechenden Druckänderungen herbeigeführt bzw. nur dann verhindert werden können, wenn in der Höhe die Kompensationseffekte genügend ausgeprägt sind. Läßt auch die Fassung der Regeln, wenigstens was GUILBERTs „*vents divergents*" betrifft, an Klarheit zu wünschen übrig, so erkannte KÖPPEN (371, S. 30) doch ihren Wert an, wenn er schreibt:

„Bei der mehr oder weniger intuitiven Zusammenfassung unzähliger Bilder in einen Gesamteindruck ist die Formulierung des letzteren oft sehr schwer; und doch ist das richtige Ahnen eines solchen gewöhnlich der schwierigste und entscheidende Teil des Erkennens, das spätere präzise Nachführen der verschwommenen Umrisse in logischer, eventuell auch mathematischer Form oft genug die leichtere Aufgabe."

Trotz der herausgeforderten Kritik haben die GUILBERTschen Sätze doch sofort im praktischen Wetterdienst Verwendung gefunden, wohl hauptsächlich deshalb, weil ihr Wert durch das erwähnte Prognosenturnier kraß beleuchtet wurde. Ein ebenso bedeutender Markstein auf dem Wege zur Verbesserung der Wettervorhersage, den wir V. H. RYD verdanken, blieb dagegen lange verborgen, und auf diese wichtigen Gedankengänge ist nur F. M. EXNER (215, S. 265ff.) näher eingegangen.

Die Zyklonentheorie von Ryd. In den Jahren 1923 und 1927 hat V. H. Ryd (659, 660) eine neue Zyklonentheorie aufgestellt, die zum ersten Male die lebendige Kraft des Höhenwindes für die Energieumsetzung in den Depressionen mit heranzog und in welcher jene Ablenkungen des Windes in richtungsdivergenten und -konvergenten Gebieten bereits alle theoretisch abgeleitet wurden, die in neuerer Zeit durch Beobachtungen bestätigt worden sind. Insbesondere hat Ryd gefunden, daß in den Zonen, wo die Strömung abnimmt, eine Rechtsablenkung des Windes eintreten muß und daraus auf der rechten Seite der Strömung Druckanstieg, links eines solchen Gebiets aber Druckfall resultieren muß, wie es in Abb. 99 schematisch dargestellt ist. Hier sollen die ausgezogenen Linien h_0 bis h_4 einige Isopotentialen der Höhenwetterkarten wiedergeben, von denen h_0 und h_1 bzw. h_3 und h_4 auf der ganzen Strecke einander parallel verlaufen, zwischen h_1 und h_3 dagegen auf der rechten Hälfte des Bildes eine ausgeprägte Richtungsdivergenz angenommen ist. In diesem Gebiet muß folglich eine Rechtsablenkung des Windes vorhanden sein, wie sie die gestrichelt gezeichneten Stromlinien andeuten, und diese abgelenkten Luftteilchen müssen sich im Grenzgebiet zur parallel gebliebenen Strömung ebenso stauen wie zu ihrer Linken eine Strömungsdivergenz vorhanden sein muß, woraus entsprechende Druckänderungen resultieren müssen: Anstieg auf der rechten, Druckfall auf der linken Seite der divergenten Strömung, in der Abbildung durch die Symbole für *plus* bzw. *minus* gekennzeichnet.

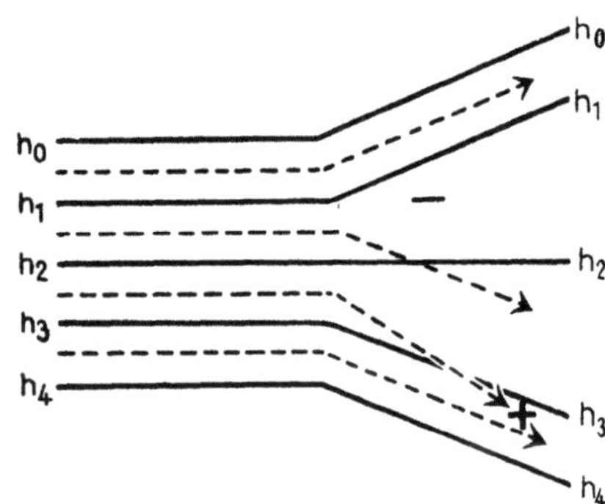

Abb. 99. Der Ryd-Effekt bedingt (auf der Nordhalbkugel) Druckanstieg im rechten und Druckfall im linken Teil des Deltas einer Frontalzone
(ausgezogene Linien = Isopotentialen, gestrichelte Linien = Höhenströmung).

Es lassen sich tatsächlich entsprechende Druckänderungen bei der dargestellten Strömungsverteilung feststellen, und der mit der Vertiefung der Zyklonen oft parallel erfolgende Anstieg weiter im Süden — im Mittel auch durch eine negative Korrelation des Druckverlaufs über Island und den Azoren angedeutet — ist ebenso bekannt wie die Tatsache, daß der stärkste Druckfall im allgemeinen von dem Zentrum größter Richtungsdivergenz der Höhenisobaren aus nach links verschoben ist. Wir haben hier den ersten Fall vor uns, in dem man sich durch verhältnismäßig einfache Überlegungen die zu erwartenden Druckänderungen klar machen kann. Andererseits zeigt sich aber auch schon, daß man eine große Anzahl schematischer Druckbilder untersuchen muß, wenn die verschiedenen Effekte auf die Druckänderung festgestellt werden sollen, wodurch das Problem sehr verwickelt wird und weshalb derartige Betrachtungen bisher nicht gerne in Angriff genommen wurden.

Die Grundlagen der Divergenztheorie[1]. Ebenso wie die Auffassung von Ryd besteht die wesentliche Grundlage der Divergenztheorie darin, daß sie die lebendige Kraft der Höhenströmung als maßgebendes Zwischenglied bei der Umwandlung der Sonnenenergie einschaltet, die schließlich durch die Reibungseffekte aufgezehrt wird. Die einzelnen Stadien dieser Energietransformationen kann man sich folgendermaßen vorstellen:

Durch den unterschiedlichen Betrag der von der Sonne zugestrahlten Energie erfährt die feste und flüssige Erdoberfläche eine von der Breitenlage abhängige Erwärmung. Die Druckflächen wölben sich entsprechend — am stärksten in der oberen Troposphäre — über den warmen Gebieten nach oben und senken sich in hohen Breiten, wobei die Unterschiede selbstverständlich im Winter erheblich größer sind. Auf diese Weise wird die Sonnenstrahlung zunächst in potentielle Energie des Druckfeldes überführt, von der sich ein Teil direkt in kinetische Energie der entstehenden West-Ostbewegung umwandelt. An den Frontalzonen erreichen gleichzeitig beide Energieformen, die potentielle des oberen Druckfeldes und die lebendige Kraft des Höhenwindes, ihr Maximum, indem in ihrem Einzugsgebiet der Sturm in der freien Atmosphäre erzeugt und das Druckfeld durch den gegeneinander gerichteten Transport der verschieden temperierten Luftmassen aufrecht erhalten bleibt.

Sobald die Höhenströmung aus dem engsten Bereich der Frontalzone in deren Delta gelangt, überwiegt die ablenkende Kraft jene des Druckgefälles, es tritt eine Rechtsablenkung (auf der Nordhalbkugel) und dadurch hervorgerufen eine Bremsung der Strömung sowie ein Stau auf, wie es in Abb. 99 dargestellt ist, während weiter links im divergenten Gebiet Druckfall einsetzt. Auf diese Weise zeigt jede Frontalzone das Bestreben, sich in das Deltagebiet hinein zu verlängern.

---

[1] Diese Bezeichnung ist deshalb geprägt worden, weil die Richtungsdivergenzgebiete der Höhenisobaren bei stärkerer Ausprägung eine physikalische Divergenz *(Strömungsdivergenz)*, also einen Massenabfluß herbeiführen.

Die kinetische Energie der Höhenströmung setzt sich also im Delta der Frontalzonen auf dem Wege über die auftretenden Druckänderungen wieder in potentielle Energie um, doch muß dabei berücksichtigt werden, daß sich die Druckänderungen in allen Schichten ober- und unterhalb der aktivsten Zone und damit auch am Boden auswirken, wo jetzt Kompensationsströme einsetzen und vermöge der hier besonders großen Reibung die in der Höhe aufgestapelte Energie aufgezehrt wird.

Man kann leicht einsehen, daß in einer richtungsdivergenten Zone eine erhebliche Energiemenge aus der Höhenströmung frei wird und umgesetzt werden muß. Beträgt nämlich der Querschnitt zwischen zwei Isobaren im engen Teil der Drängungszone (Abb. 100) a und nimmt bis zur Linie PP' auf $2a$ zu, so muß die Geschwindigkeit in erster Annäherung — abgesehen von dem kleinen Überschuß, den sie hier tatsächlich aufweisen muß — auf $v/2$ abgenommen haben. Da auf diesem Wege die Dichte ebenfalls beinahe konstant bleibt, wird die Breite eines Massenelementes, die bei AA' mit b bezeichnet ist, bis PP' auf $b/2$ abgenommen haben, und die kinetischen Energien betragen[1] bei AA' bzw. PP':

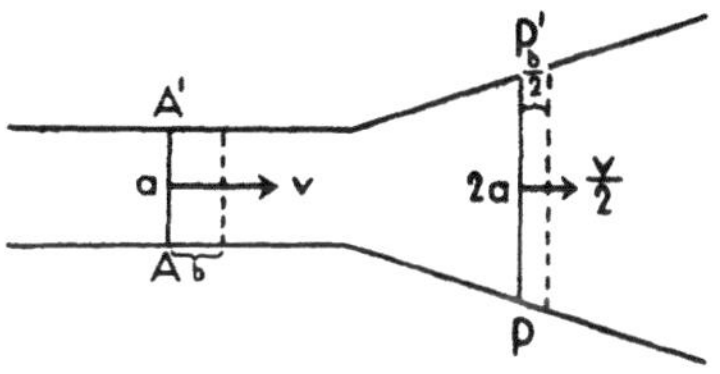

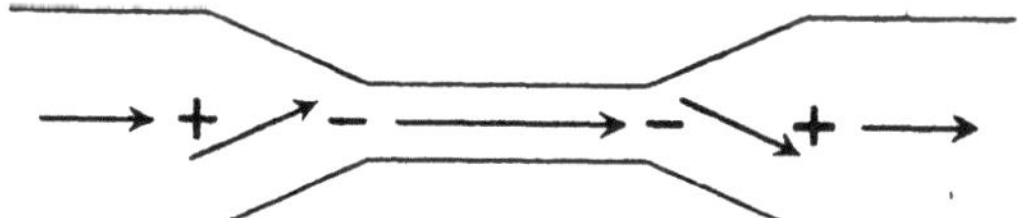

Abb. 100. Die Abnahme der kinetischen Energie im Delta einer Frontalzone.

$$E_A = \frac{1}{2}\,a\,b\,v^2 \quad \text{und} \quad E_P = \frac{1}{2}\,2a\,\frac{b}{2}\,\frac{v^2}{4} \quad \text{oder} \quad E_P = \frac{1}{4}\,E_A\,.$$

Es handelt sich hierbei um denselben Energieverlust, wie er bei der Strömung in einem abgeschlossenen Röhrensystem auftritt und darin ein Druck- und Geschwindigkeitsfeld aufbaut, das durch die BERNOULLIsche Gleichung mathematisch formuliert wird. Deren wesentliche Aussage besteht darin, daß der Druck im Bereich eines engen Querschnitts geringer ist als in dem weiteren Teil einer Strömung, wodurch die entsprechenden Geschwindigkeitsunterschiede herbeigeführt werden. Bei der formalen Ableitung des hydrodynamischen Druckes aus dem Energieprinzip bzw. den Geschwindigkeitsdifferenzen bei verschiedenen Querschnitten unter Berücksichtigung der Kontinuitätsgleichung wird allerdings nicht ersichtlich, daß das betreffende Druckfeld durch die Energie aufgebaut wird, die dazu verwendet werden muß, um die Strömung in Gang zu setzen, so daß sich auch hierbei eine Folge von Energietransformationen anschließt: Umwandlung der Arbeitsleistung zur Ingangsetzung der Strömung in kinetische Energie und dann im sich erweiternden Querschnitt deren Überführung in potentielle Energie des Druckfeldes, die die Geschwindigkeit entsprechend bremst.

In der freien Atmosphäre sind die Vorgänge andere, da es sich hier nicht um ein abgeschlossenes System handelt. Für die auftretenden Geschwindigkeitsunterschiede gilt natürlich die BERNOULLIsche Gleichung genau so, wenn ein einzelnes Teilchen auf seiner Bahn verfolgt wird. Sie trifft aber nicht für das örtliche Nebeneinander verschieden starker Strömungen zu, die jeweils durch in keinem kausalen Zusammenhang stehende Abweichungen vom Isobarenverlauf herbeigeführt worden sind. Es ist deshalb auch nicht berechtigt, die Gleichung des hydrodynamischen Druckes ohne weiteres auf die Atmosphäre anzuwenden, was allerdings auch F. M. EXNER (215,

Abb. 101. Die Divergenz- und Konvergenzeffekte im Bereich einer Frontalzone, dargestellt an der Richtungsabweichung der Höhenströmung.

S. 136) tat und damit zu dem Resultat gelangte, daß die vertikale Druckdifferenz bei rascherer Geschwindigkeitszunahme mit der Höhe größer sein müsse, ein Ergebnis, das dementsprechend auch durch direkte Beobachtungen auf dem *Eiffelturm* widerlegt wurde.

Man kann sich die beim Durchströmen einer Frontalzone zu erwartenden Druckänderungen auf einfache Weise klar machen (Abb. 101), wenn die beobachteten Abweichungen der Wind- von der Isobarenrichtung mit hinzugezogen werden, um aus ihnen auf die viel kleineren Geschwindigkeitsunterschiede zu schließen. Im Einzugsgebiet der Frontalzone weist die Strömung eine Komponente gegen den tiefen Druck auf, d. h. es wirkt auf sie eine gleichmäßige Beschleunigung (vgl. S. 26), und die Geschwindigkeit der Teilchen bleibt hinter dem geostrophischen Wert zurück. Es ergibt sich daraus, daß, wenn im ungestörten Gebiet der Gradientwind erfüllt war, hier, wo die Beschleunigung einsetzt, in der betrachteten Schicht Massenzufluß erfolgen muß.

Wo der engste Teil der Frontalzone beginnt, kann sich wieder der geostrophische Wind einstellen, der weiter links noch nicht erreicht wird, weshalb hier schon ein Massenabtransport beginnen muß. Wesentlich stärker wird dieser aber dort, wo das Delta der Frontalzone beginnt und wo die eine große Geschwindigkeit aufweisende Strahlströmung zunächst einen Bewegungsüberschuß und eine Rechtsabweichung erlangt, die sowohl J. BJERKNES und E. PALMÉN (87) bei einer besonders sorgfältigen Untersuchung des Höhenwindes im Bereich divergierender Isobaren festgestellt haben und die auf S. 331ff. für eine andere Wetterlage bestätigt

---

[1] Sofern die Dicke der betrachteten Schicht der Längeneinheit entspricht.

wird. Erst am Ende des Drängungsgebiets, wo schließlich wieder der Gleichgewichtswind erreicht wird, muß ein Stau und damit erneuter Massenzufluß im Grenzgebiet zur Überschußzone des Höhenwindes erfolgen.

Es ist dies ein weiteres Schema, aus dem man die zu erwartenden Massenzu- bzw. -abflüsse einfach entnehmen kann. In der Natur tritt dieser Fall im allgemeinen gekoppelt mit den von RYD behandelten Effekten auf (vgl. Abb. 99), wobei sich die physikalischen Divergenzen (Massenabflüsse) vor allem im linken Teil des Deltas addieren und am entsprechenden Ort des Einzugsgebiets beide Vorgänge einen Massenzufluß bewirken. Daher tritt die Zyklogenese in erster Linie im Delta der Frontalzonen — etwas zum tieferen Höhendruck hin verschoben — ein, wie wir es schon an mehreren Beispielen gesehen haben.

Man muß bei diesen Betrachtungen bedenken, daß sie sich jeweils nur auf eine bestimmte Schicht beziehen und im Einzelfall schon wenig darüber oder darunter Kompensationseffekte auftreten können. Im allgemeinen werden sich aber die Ausgleichsströme in erster Linie in Bodennähe entwickeln, wo sie die entstehenden Druckgegensätze abzuschwächen bestrebt sind.

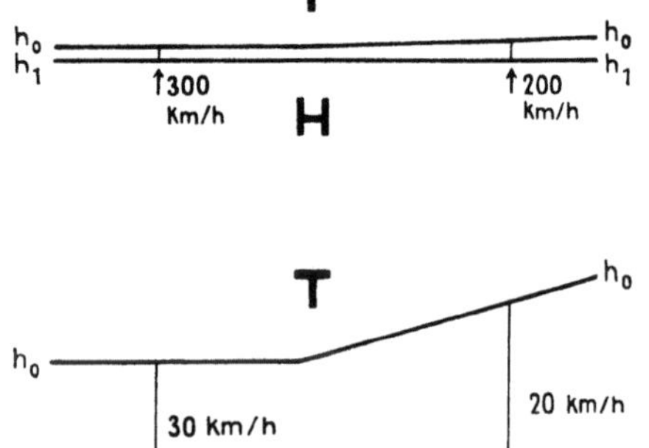

Abb. 102. Die wirksamen mit starkem Druckgegensatz gekoppelten Divergenzgebiete (oben) treten für das Auge viel weniger deutlich in Erscheinung als unwirksame Divergenzzonen bei schwachen Höhenwinden (unten).

Wie die Erfahrung zeigt, sind die ausgeprägten Richtungsdivergenzgebiete der Höhenströmung stets die für die Ausbildung wirksamer Druckfallgebiete und rapider Zyklogenesen bevorzugtesten Stätten, da hier durch die freiwerdende lebendige Kraft genügend Energie zur Verfügung steht. Es wurden in der Literatur schon eine ganze Reihe von derartigen Beispielen beigebracht, vor allem für den Nordatlantik und den europäischen Raum[1], und die wichtigsten sich daraus ergebenden Regeln sind bereits vor mehr als 10 Jahren zusammengestellt worden (676). Bei der Anwendung dieser Zusammenhänge wird aber häufig nicht genügend darauf geachtet, daß die Wirksamkeit einer Richtungsdivergenz, da die kinetische Energie proportional dem Quadrat der Geschwindigkeit ist, mit zunehmender Höhenströmung sehr stark anwächst. Man muß bedenken, daß bei der Abnahme der Strömungsgeschwindigkeit von 300 auf 200 km/h entsprechend dem Verhältnis der Quadratzahlen (90000 — 40000 = 50000) 1000mal so viel Energie zur Verfügung steht wie bei einer Verminderung von 30 auf 20 km/h (900 — 400 = 500), daß aber für das Auge dies Auseinanderlaufen der Isopotentialen im letzteren Falle gerade deutlicher in Erscheinung

tritt. Dies beweist Abb. 102, die für beide Annahmen bei Zugrundelegung eines Kartenmaßstabes von 1 : 40 Mill. den Verlauf der für 40 dyn. Dekameter Geopotentialdifferenz gezeichneten Isopotentialen wiedergibt, deren Entfernung bei den durch senkrechte Linien gekennzeichneten Stellen den angeschriebenen Windgeschwindigkeiten entspricht, und woraus hervorgeht, daß die obere wirksame Divergenz bei flüchtiger Betrachtung kaum und dafür die untere unwirksame um so mehr auffällt. Man darf sich also bei der Anwendung des Divergenzeffektes für die Wettervorhersage nicht vom Augenschein leiten lassen, sondern es müssen immer die physikalischen Zusammenhänge beachtet werden.

Von den Ausnahmen wurde bereits der Fall erwähnt, daß zur rechten Seite eines Divergenzgebietes, vor allem dort, wo die Stärke der Divergenz gegen den hohen Druck hin nachläßt (vgl. Abb. 99 auf S. 184), Massenzufluß erfolgt und daher kein Druckfall eintreten kann. Diese Erscheinung tritt besonders häufig auch im Bereich von Hochdruckkeilen auf (Abb. 200), die sogar durch den nach dorthin — bei stärkerer Divergenz am weiteren Außenrand — erfolgenden Stau zur Entwicklung gelangen (vgl. S. 331ff.). Die Frage, wieweit die Energie des Höhenwindes über den Frontalzonen zur Erklärung der gesamten in einem okkludierten Sturmwirbel enthaltenen Strömungsenergie ausreicht, ist früher ebenfalls schon angeschnitten worden (685). Es hatte sich ergeben, daß bei einer Temperaturdifferenz der beiden beteiligten Luftmassen von 20° und einem Neigungswinkel von 1 : 100 eine Länge der Frontalzone von 3200 km für die Entstehung eines Sturmtiefs von einem Durchmesser von 4000 km ausreicht, wenn dessen mittlere Windgeschwindigkeit zu 75 km/h angesetzt und zugleich die Frontalzone zerstört wird. Hierbei muß noch berücksichtigt werden, daß die frontale Höhenströmung selbstverständlich nur einen Teil der zur Verfügung stehenden Gesamtenergie ausmacht, denn die potentielle Energie der beiden nebeneinander lagernden Massen wird natürlich ebenso zur Zyklogenese beitragen, d. h. letzten Endes ist diese Energie der Lage sogar allein maßgebend, weil aus ihr die lebendige

---

[1] Außer den an anderer Stelle schon erwähnten Arbeiten sei hingewiesen auf die Untersuchungen Lit. 390, 394, 549, 564, 617, 619, 620, 622, 624, 630, 641, 642, 687, 689, 699, 700, 712, 716 und vor allem auf den Bericht von LOEWE (414)

Kraft der frontalen Höhenströmung ebenso entstanden ist und diese deshalb nur ein Übergangsstadium im Laufe der Energietransformationen darstellt, dem aber für die Vorhersage eine besondere Bedeutung zukommt.

Es sei nicht verschwiegen, daß das Problem der druckändernd wirkenden Prozesse divergenter Höhenströmung noch nicht in allen Einzelheiten gelöst und teilweise umstritten ist (30, 31, 49, 703); auch andere Deutungen wurden dafür gegeben (204), doch müssen die Voraussetzungen für eine exakte mathematische Behandlung derart vereinfacht werden, daß damit der Wert des Resultates fragwürdig wird.

Das Dreimasseneck. Die Ausprägung des Deltas einer Frontalzone wird dann besonders scharf, wenn am hyperbolischen Punkt drei verschiedene Luftmassen gegeneinander stoßen, eine Konstellation, für die M. Rodewald (615, 623, 634, 643, 645) den wichtigen Begriff des *Dreimassenecks* geprägt hat. In Abb. 103 ist eine solche Situation schematisch angedeutet, bei der die kälteste Masse sich im Westen befindet und südwestlich des Punktes P an eine warme, nordostwärts an eine gemäßigtere Luftmasse grenzt. Da die Höhenströmung immer mehr oder weniger frontenparallel bleibt (vgl. S. 129) und ihre Stärke durch den frontalen Gegensatz bestimmt wird, muß der Wind in der freien Atmosphäre südwestlich von P seine größte Geschwindigkeit erreichen und nordwärts von diesem Punkt an eine ausgeprägte Richtungsdivergenz aufweisen, wo in den meisten Fällen sehr heftige und plötzliche Sturmtiefbildungen aufzutreten pflegen (in der Abbildung durch das Symbol für Druckfall gekennzeichnet). Auch die Entstehung der tropischen Wirbelstürme hat Rodewald auf die gleiche Ursache zurückgeführt, doch sollen diese erst später behandelt und zunächst die Wirkung eines Dreimassenecks bei einer atlantischen Sturmtiefbildung untersucht werden.

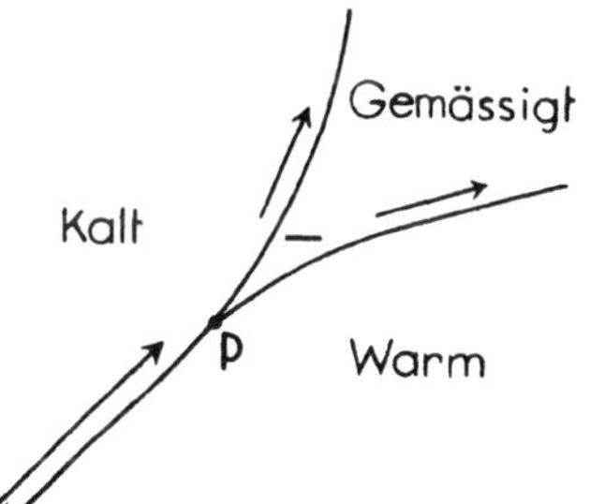

Abb. 103. Die Konstellation des Dreimassenecks in den gemäßigten Breiten.

Der atlantische Sturmwirbel vom 30. Dezember 1932 bis 2. Januar 1933. Das Sturmtief, das sich am Silvestertage des Jahres 1932 über den Vereinigten Staaten entwickelte, brachte dem isländischen Raum am 3. Januar 1933 den tiefsten Luftdruck seit mehr als 100 Jahren (vgl. Tabelle 37, S. 179). Da auch diese interessante Wetterlage in das zweite internationale Polarjahr fiel, liegt zur Konstruktion der Karten ein reichhaltiges Beobachtungsaterial vor.

Abb. 104 (S. 188) zeigt die Ausgangslage am 30. Dezember 1932. Sie ist gekennzeichnet durch eine lebhafte Wirbelbildung über dem Atlantischen Ozean, wobei ein erstes Glied der betreffenden Serie auf der Nordwestflanke eines über dem galizischen Raum verharrenden warmen Hochdruckgebiets südöstlich von Grönland der Auffüllung anheim fällt, während ein anderer Tiefkern, der sich schon seit dem ersten Weihnachtstage im spitzbergischen Raum aufhält, sich langsam ostwärts in Bewegung setzt. Auf der Südseite dieser Zyklone ist für die Jahreszeit sehr hoch temperierte Luft weit nach Nordrußland hinein vorgedrungen und hat bis zum Weißen Meer hin ausgesprochenes Tauwetter herbeigeführt. Bei der Konstanz der Wetterlage in dem betreffenden Gebiet hat sich dabei zwischen dem südosteuropäischen Hoch und einer äußerst kalten nordsibirischen Antizyklone eine vom Ostrand der Halbinsel Kola zum mittleren Ural verlaufende Frontalzone entwickelt, an der die Gegensätze noch jene an der weiter oben behandelten amerikanischen Luftmassenscheide einige Wochen später — dieser Winter zeichnete sich auf der ganzen Nordhalbkugel durch die Ausbildung besonders scharfer Frontalzonen und entsprechend intensiver Zyklogenesen aus! — übertreffen und auf einer Entfernung von 1000 km zwischen dem Mittellauf des Ob und der nördlichen Dwina südöstlich *Archangelsk* 52° erreichen: In den Tälern des nordöstlichen Ural werden bis zu —49° und noch unmittelbar östlich der Frontalzone Temperaturen weit unter —20° gemessen, während *Schenkursk* — südöstlich des Weißen Meeres gelegen — bei leichtem Nordwestwind +3° meldet!

Über dem mittleren Atlantik entwickelt sich eine neue tiefe Sturmdepression, während eine über der Irischen See an der stark gealterten Okklusion des Spitzbergentiefs zurückgebliebene Teilstörung nicht mehr recht lebensfähig bleibt, jedoch vor allem über Frankreich noch einen deutlichen Windsprung aufweist und hier als Höhenkaltfront in Erscheinung tritt, die bei Madeira in die neue atlantische Störung einmündet. Die Azoren befinden sich größtenteils noch im Warmsektor, und erst die westlichsten Inseln werden gerade von der rasch nachfolgenden neuen Kaltfront erreicht. Diese verläuft dann, leicht gebogen, bis zum Seegebiet hart südlich Bermuda und wird dort wieder zur Warmfront eines nördlich des Golfs von Mexico angelangten Tiefs, von wo sich diese Begrenzungslinie der subtropischen Luft dann zur Golfküste von Texas nach Südsüdwesten erstreckt. Innerhalb der kälteren Masse hat sich ein neuer Hochkern südlich von Neufundland entwickelt, der sich dem wärmeren Teil dieses Hochs, hier nur noch durch einen weit ostwärts reichenden Keil ausgeprägt, bald angliedert.

Von dem amerikanischen Tief aus erstreckt sich noch eine andere an diesem Tage deutlich ausgeprägte Luftmassengrenze in nordöstlicher Richtung zum Seengebiet und von dort über den St.-Lorenz-Golf zum

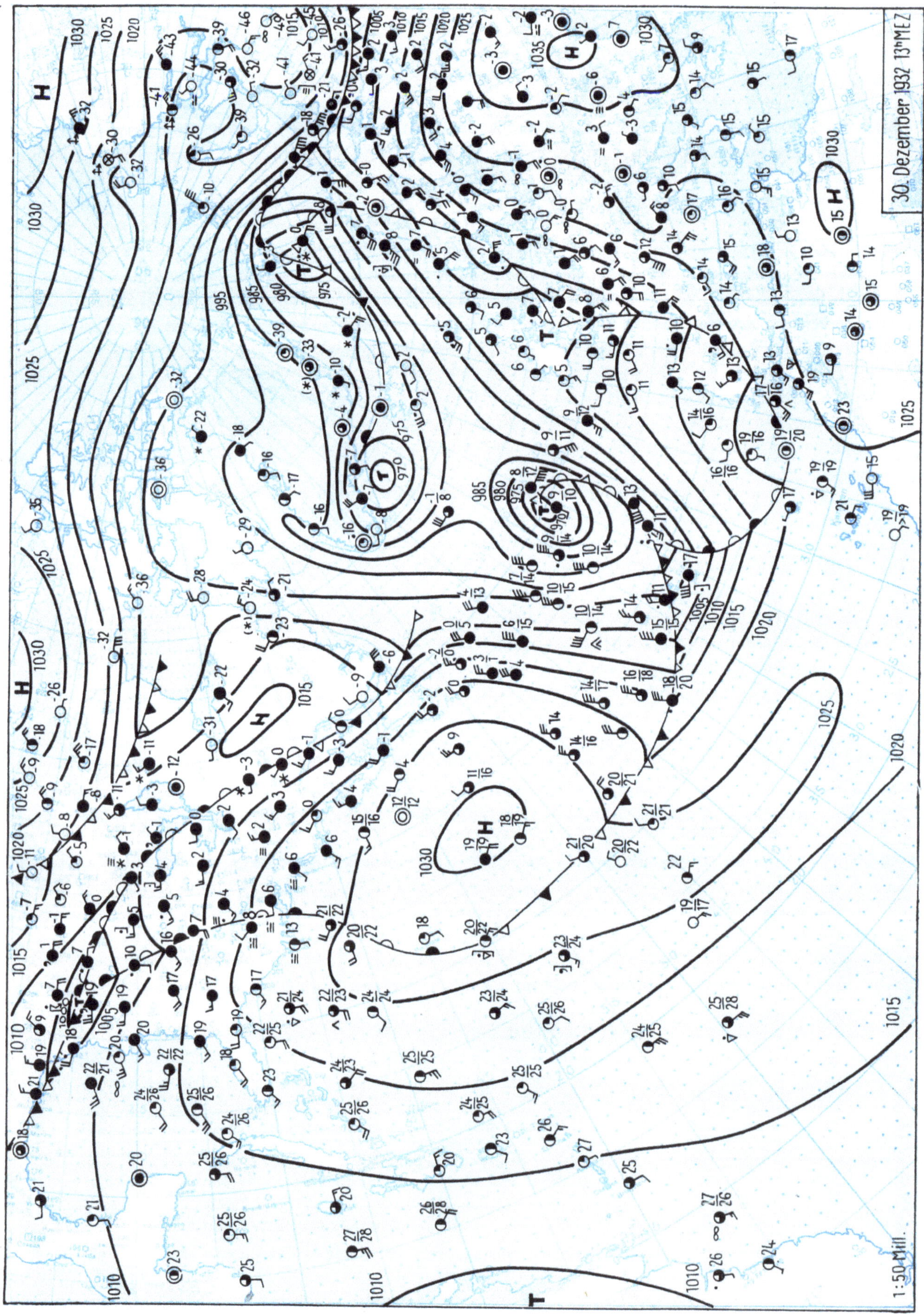

Abb. 104. Die Entstehung des amerikanischen Dreimassenecks am 30. Dezember 1932.

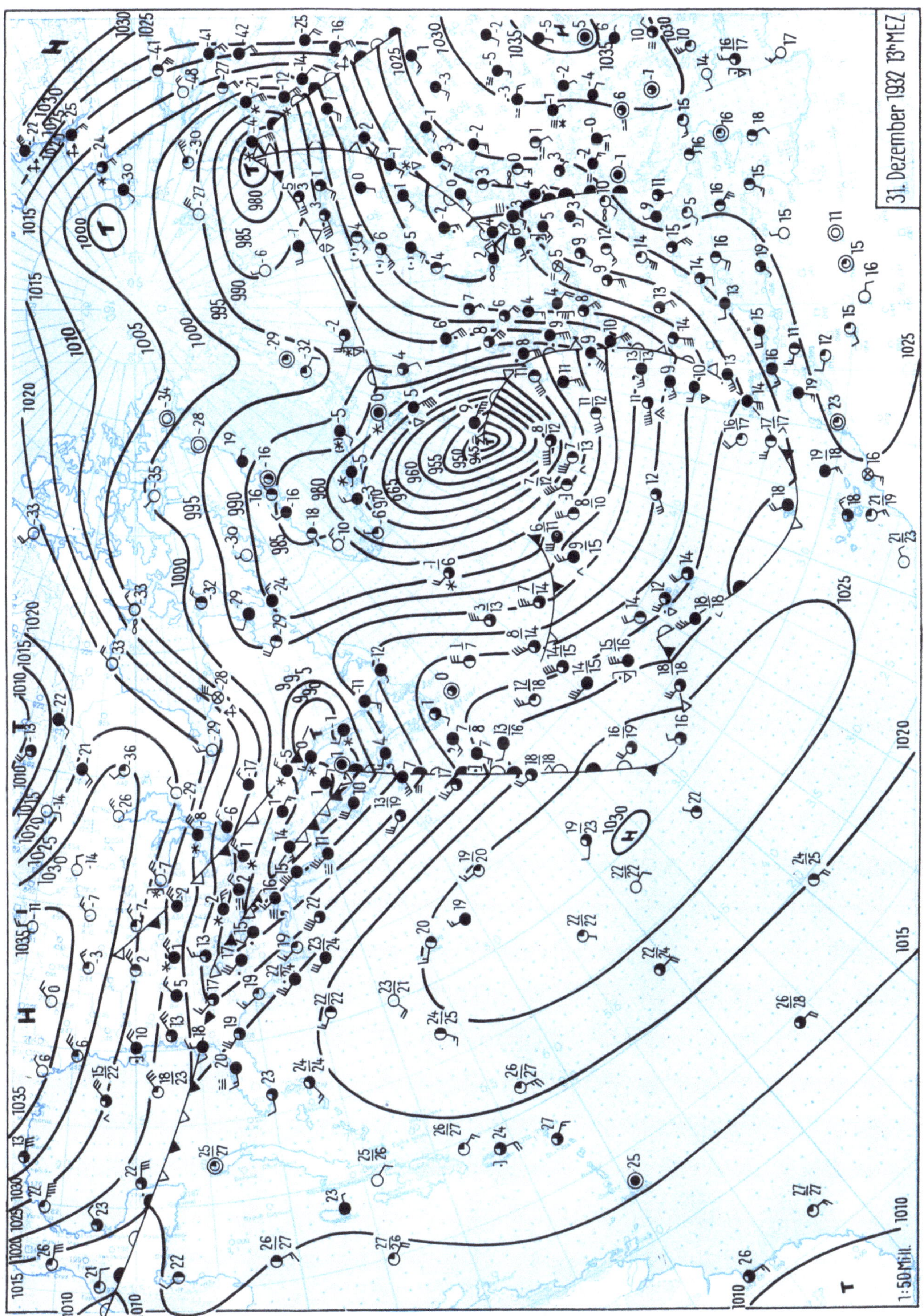

Abb. 105. Das amerikanische Dreimasseneck vom 31. Dezember 1932.

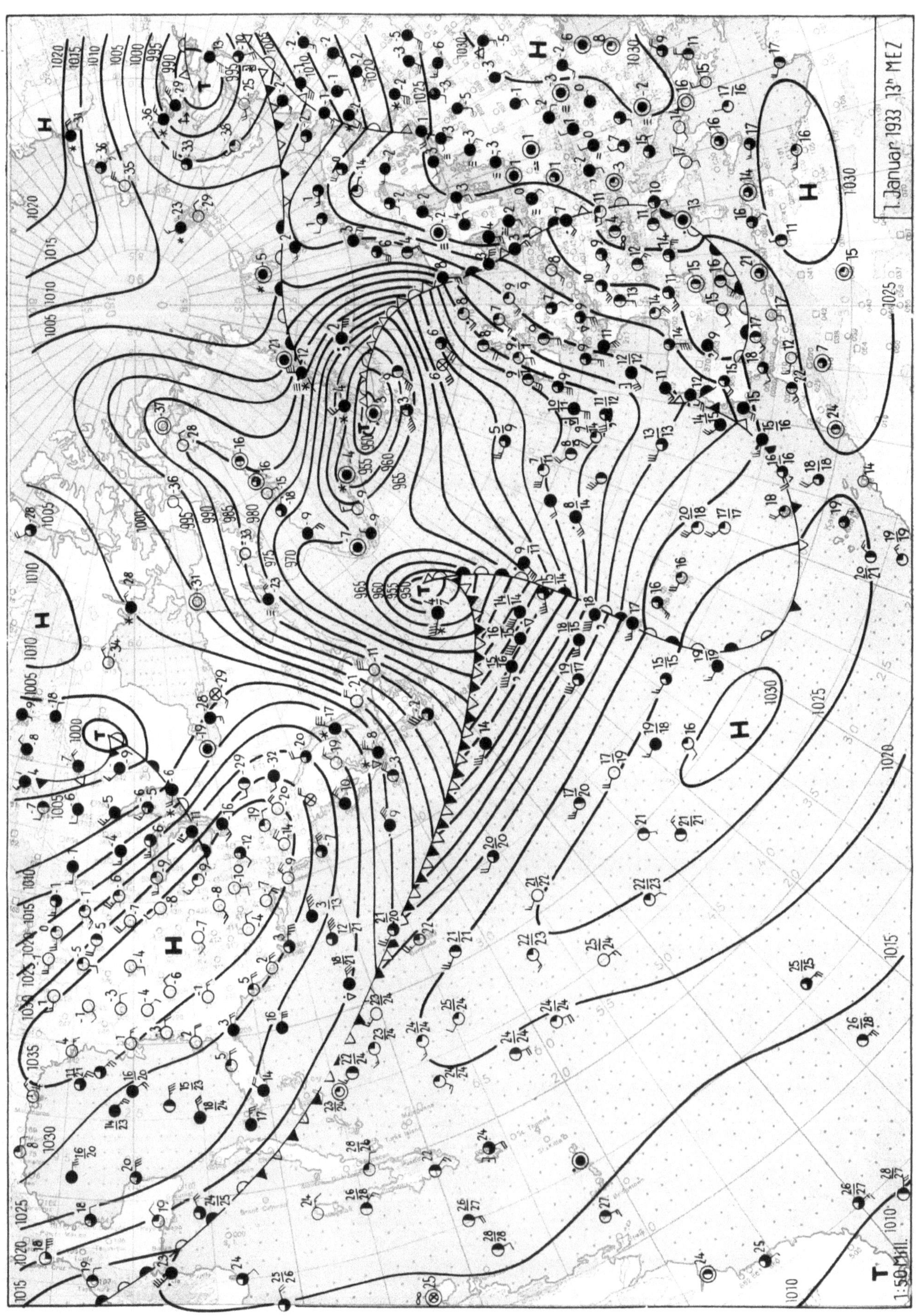

Abb. 106. Entwicklung des Sturmtiefs aus dem Dreimasseneck am 1. Januar 1933.

Abb. 107. Sturmtief bei Island im Höhepunkt der Entwicklung am 2. Januar 1933.

Atlantik, wo sie sich östlich der Belle-Isle-Straße verliert: Sie zeichnet sich durch eine recht scharfe Konvergenz aus und scheidet die rückkehrende Polarluft auf ihrer Südseite von einer frischeren Kaltmasse weiter nordwärts, in der sich ebenfalls ein kleines Teilhoch ausgebildet hat.

Auch damit ist die Situation über dem amerikanischen Festland noch nicht vollständig beschrieben, denn von der Hudsonbay aus verläuft eine weitere Kaltfront in südwestlicher Richtung, hinter deren deutlicher Konvergenzlinie mit einer dritten Hochdruckzelle kanadische Kaltluft südwärts vorstößt. Es sind also vier Luftmassen, die im Bereich des Mississippitiefs miteinander in Kontakt geraten.

Bis zum nächsten Morgen hat sich diese Zyklone (Abb. 105) ziemlich rasch nordostwärts zum Mündungsgebiet des St.-Lorenz-Stroms verlagert und sich dabei um etwa 10 mb vertieft. Damit sind in der Verteilung der Luftmassen einige wesentliche Umsetzungen erfolgt: Die am Vortage quer über das Seengebiet verlaufende Massenscheide hat sich mit der Begrenzungslinie der subtropischen Luft vereinigt und ist nur noch über dem mittleren Atlantik rudimentär als schwache Kaltluftstaffel vorhanden, und es ist überhaupt zweifelhaft, ob diese noch in das Kartenbild aufgenommen werden soll. Vor allem im nördlichen Teil der Alleghanies hat sich damit der frontale Temperaturunterschied bis zu 15° gesteigert, bleibt aber weiter im Süden noch diffuser. Zugleich hat sich die über Neuschottland nach Südosten verlaufende Warmfront ebenfalls wesentlich schärfer ausgebildet und weist jetzt bei einem Windsprung von 90° einen Temperaturgegensatz von 10° auf.

Die am Vortage noch weit im Nordwesten gelegene Begrenzungslinie der arktischen Kaltluft ist jetzt völlig in das Zirkulationssystem des St.-Lorenz-Tiefs einbezogen worden, wobei sich das begleitende Kältehoch rasch südwärts bis nach Texas verlagert hat. Der Temperatursprung an dieser Front beträgt noch etwa 5°, jedoch beginnt sie bei der zunehmenden Windgeschwindigkeit bereits undeutlich zu werden und weist schon keine Konvergenz mehr auf, so daß ihre Lage nur noch unter Beachtung der Vorgeschichte gefunden werden kann. Über Südlabrador endet sie in einem hier noch erkennbaren kleinen Teiltief, das mit jenem über der Hudsonbay vom Vortage identisch und noch deutlich getrennt ist von dem weiter südostwärts an der Spitze des Warmsektors angelangten Hauptkern.

Hier ist jetzt die Situation des Dreimassenecks gegeben. Die subtropische Warmluft ist bei Neuschottland am weitesten nach Norden vorgestoßen und biegt dann scharf nach Südosten zurück. Der sich ihr im Westen anschließende Sektor der gealterten Polarluft wird immer mehr eingeengt, und es muß sich längs der amerikanischen Ostküste bald eine scharfe Front zwischen der subtropischen Masse und der frischen Polarluft ausbilden, die auf der Vorderseite der Zyklone zurückgehalten wird, so daß hier die Tropikluft lediglich mit der sich über den warmen Wassern des Atlantik rasch erwärmenden und weiter alternden Kaltluft in Kampf gerät. Auf diese Weise wird der Schwerpunkt des frontalen Gegensatzes ganz auf die Rückseite des sich vertiefenden Wirbels verlagert. Bei gleichzeitiger Auffächerung der Isothermen im vorderen Quadranten muß man diese Situation des Dreimassenecks als prädestiniert für die Entstehung eines gefährlichen Sturmwirbels ansehen.

Zunächst hat sich schon die vorauflaufende Depression zu einem umfangreichen Wirbel mit einem Kerndruck von weniger als 950 mb entwickelt und noch eine kleine wellenförmige Deformation ihrer Kaltfront südlich der Azoren entstehen lassen, wahrscheinlich hervorgerufen durch die Annäherung eines kleinen Fallgebiets, das mit der von Neufundland südostwärts gezogenen Kaltluftstaffel gekoppelt war.

Die schwache Teilstörung über der Irischen See hat sich nach dem Skagerrak verlagert, ihre dort nach Süden reichende Front tritt jetzt mehr durch die mit ihrem Vorüberzug am Boden eintretende Erwärmung als durch Abkühlung in den oberen Schichten in Erscheinung, so daß sie hier nur noch mit den Symbolen einer Bodenwarmfront versehen worden ist. Der über Finnland nach Nordosten verlaufende Frontteil erstreckt sich wahrscheinlich noch bis in die Nähe des vor Nowaja Semlja angelangten Tiefs, auf dessen Südseite die Druckgegensätze über Nordrußland erheblich zugenommen und damit zu einer Abschwächung der Schärfe der dortigen Warmfront beigetragen haben, nachdem die kälteste Masse zum Mündungsgebiet des Jenissei abgeströmt ist.

Noch einen Tag später (Abb. 106) betritt das über das Karische Meer hinweg gezogene Tief asiatischen Boden, und auf seiner Rückseite stößt die Kaltluft wieder aktiv vor. Die letzten Okklusionsreste erschöpfen sich auf einer Linie vom Weißen Meer bis Leningrad durch einzelne Schneefälle. Der Sturmwirbel, der am Vortag südlich von Island angelangt war, hat die Insel inzwischen überquert; seine Okklusion ist vor der norwegischen Westküste angelangt und verläuft von dort bis zum nördlichen Mittelmeer, über Portugal durch die vorhin erwähnte Teilstörung vorübergehend zurückgehalten.

Das atlantische Hoch hat sich in den Meeresraum südwestlich der Azoren verlagert; zugleich ist das durch die Kaltluft aufgebaute Maximum über Texas nach Nordosten umgebogen und hat die amerikanischen Oststaaten erreicht, wo der Luftdruck in den letzten 24 Stunden bis zu 40 mb angestiegen ist. Damit hat der Druckgradient auf der Rückseite des auf den Ozean hinausgelangten Sturmtiefs eine außerordentliche Verschärfung erfahren. Die am Vortage noch getrennten Fronten haben sich zu einer sehr scharfen Grenzlinie vereinigt, an der die eisige Luft aus Labrador und dem kanadischen Quellgebiet direkt gegen die subtropische Masse getrieben wird. Diese markante Kaltfront läßt sich über Kuba bis nach Honduras hin verfolgen, wo der Windsprung noch ebenso deutlich in Erscheinung tritt und starke Regenfälle ausgelöst werden.

Die charakteristischste Eigenart dieser Wetterlage besteht darin, daß das südlich von Grönland angelangte Sturmtief, obwohl der Luftdruck in seinem Zentrum schon auf etwa 950 mb abgenommen hat, noch einen breiten Warmsektor aufweist und zugleich die Druckgegensätze auf seiner Rückseite außerordentlich groß sind, wo das amerikanische Steiggebiet scharf nachdrängt und daher das horizontale Temperaturgefälle senkrecht zur Kaltfront zunächst noch vergrößert wird. Außerdem zeigen die Bodenisobaren vor der Warmfront eine ausgesprochene Divergenz, indem sie teils zu der portugiesischen Teilstörung hin abgebogen werden und sich zugleich ein Hochdruckkeil hinter dem abziehenden Islandtief vorgewölbt hat, so daß auch nach der GUILBERTschen Regel mit einem starken Druckfall in diesem Raume zu rechnen ist. Das Delta der Frontalzone weist in Verlängerung der Kaltfront nach Nordosten in den Raum südlich Island, wo das Barometer noch sehr tief steht und deshalb mit Annäherung des neuen Orkanwirbels auf extrem niedrige Werte sinken kann.

Abb. 107 zeigt die Wetterlage einen Tag später, als das atlantische Sturmtief südwestlich von Island angelangt ist, dort schon Luftdruckwerte unter 935 mb gemessen werden und das Zirkulationssystem dieses Wirbels, nach Aufnahme der vorangezogenen Depression, den gesamten Raum zwischen Madeira, Zentraleuropa, dem Nordpol und dem nördlichen Alaska sowie den größten Teil des Atlantischen Ozeans erfaßt hat. Aber noch ist die Okklusion nicht vollendet und die Spitze eines Warmsektors westlich von Irland vorhanden, so daß die niedrigsten Barometerstände erst am 3. Januar in den frühen Morgenstunden über Südwestisland abgelesen werden und der Umfang des Orkantiefs sich noch etwas vergrößert.

Die Kaltfront hat innerhalb eines Tages den größten Teil des Ozeans überquert; östlich von Neufundland ist die Lufttemperatur bis zu 13° unter die Wasserwärme herabgegangen, und die Nullgradgrenze konnte vorübergehend bis zum 35. Längengrad ostwärts vordringen, auf diese Weise am eindringlichsten die Intensität des Kaltluftvorstoßes verdeutlichend. Auf dem Abschnitt von Bermuda bis zum Karibischen Meer hat die Grenze der tropischen Luft keine wesentliche Lageveränderung erfahren und weist hier immer noch einen scharfen Windsprung auf, ohne daß sich aber an dieser langen Front bisher irgendeine neue Störung ausgebildet hat. Auf diese Tatsache sei deshalb besonders hingewiesen, weil man gerne dazu neigt, an allen atlantischen Kaltfronten regelmäßig, oft sogar mehrere Wellenstörungen anzunehmen, wogegen gerade diese an Hand eines sehr vollständigen Materials gezeichneten Karten beweisen, daß die Strömungsverhältnisse über dem Meer recht einheitlich sein können.

Auf der Vorderseite des atlantischen Sturmtiefs ist der Luftdruck über dem zentral- und osteuropäischen Raum allgemein angestiegen, eine Erscheinung, die man fast bei jeder Ausbildung eines umfangreichen atlantischen Sturmwirbels beobachten kann, so daß S. EVJEN (212) den Satz aussprechen konnte, *daß große, anhaltende Druckanstiege im allgemeinen nur mit der Vertiefung einer nachfolgenden, mehr westlich gelegenen Zyklone zusammenfallen.* Diese Tatsache ist eine Folge davon, daß die im Tiefdruckgebiet herausgepumpten, in von SW nach NE orientierten Frontalzonen hauptsächlich nach NE abströmenden Luftmassen auf der rechten Seite angestaut werden, wie es der Theorie von RYD entspricht. Man kann daher sogar oft den Aufbau eines steuernden Hochs rechtzeitig vorhersagen, wenn es gelingt, die Ausbildung des korrespondierenden Sturmtiefs zu prognostizieren[1].

Das jetzt von Kaltluft umflossene sibirische Tief zieht nach Osten weiter. Die Antizyklone über dem Ostteil Amerikas schwächt sich bereits wieder ab und gibt den Platz frei für eine neue Zyklonenserie, deren erstes Glied schon am Vortage westlich der Hudsonbay erschienen war und inzwischen Labrador erreicht hat, gefolgt von weiteren Mitgliedern dieser Familie. Die vom Seengebiet herangezogene neue Warmfront hängt dementsprechend auch in keiner Weise mit der atlantischen Polarfront zusammen, worauf in ähnlichen Fällen stets genau zu achten ist, da sonst der richtige Verlauf der Hauptfrontalzonen leicht verloren werden kann; allerdings vermag sich in gewissen Fällen durch Umwandlung der beteiligten Luftmassen die Situation auch so abzuändern, daß schließlich eine Verbindung derartiger verschiedener Frontensysteme eingeleitet und wenigstens formal gezeichnet werden kann.

---

[1] Vgl. auch ROEDIGER (648). In der neueren amerikanischen Literatur wird diese Erscheinung als *blocking-off*-Effekt (501) bezeichnet. Das so entstandene steuernde Hoch neigt häufig zu einer Verlagerung nach Westen (vgl. S. 314ff.). Seine Entstehung wird durch den *Latitudinal-Effekt* begünstigt, indem wegen der Zunahme der ablenkenden Kraft vom Äquator zum Pol jede polwärts gerichtete Strömung (auf der Nordhalbkugel) zu einem Ausscheren nach rechts neigt.

Damit soll die Beschreibung dieser denkwürdigen Zyklone abgeschlossen werden; sie hat noch viele Tage lang im isländischen Raum gelegen und wurde immer wieder von nachfolgenden kleineren Störungen belebt, die das Wetter dort recht unruhig gestalteten.

Ein gutes Beispiel für die Ausbildung eines Dreimassenecks wird noch bis zur Besprechung der Vb-Depressionen (S. 278ff. und Abb. 159, S. 280) zurückgestellt.

Die Bjerknessche Divergenzbetrachtung. J. Bjerknes (82) hat auf der Frankfurter Tagung der Deutschen Meteorologischen Gesellschaft im Jahre 1937 darauf aufmerksam gemacht, daß infolge der verschiedenartigen Krümmung der Isobaren an zyklonalen Umbiegungsstellen bzw. an Hochdruckkeilen Divergenzen und Konvergenzen auftreten müssen, die für die Zyklogenese und die Verlagerung der Umbiegungszonen in den Höhenwetterkarten von Bedeutung sind. So folgt aus den Gleichgewichtsbedingungen für den Gradientwind (vgl. S. 21ff.) ohne weiteres, daß dort, wo die zyklonale Krümmung zunimmt — sofern der Abstand der Isobaren sich dabei nicht ändert — eine Abnahme der Windgeschwindigkeit, bei Verringerung der Krümmung jedoch eine Zunahme eintreten muß,

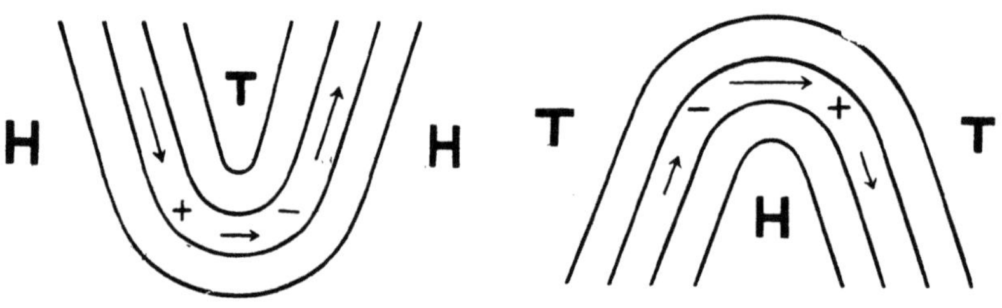

Abb. 108. Die Divergenzeffekte im Bereich zyklonaler (links) und antizyklonaler Krümmung (rechts).

wie es in Abb. 108 schematisch dargestellt ist. Es resultieren daraus Vergenzen, die in der Abbildung durch die Symbole für Massenzu- und -abfluß angedeutet sind und die dazu führen, daß (linker Teil der Abbildung) jede von Norden nach Süden sich erstreckende zyklonale Ausbuchtung die Tendenz zu ostwärtiger Verschiebung aufweisen muß und die Vorderseite außerdem eine bevorzugte Entstehungsstätte neuer Zyklonen bildet, was man über Europa besonders häufig bei den Vb-Depressionen bestätigt finden kann.

Auch die von Süden nach Norden reichenden Hochdruckkeile müssen aus dem gleichen Grunde eine Verlagerungstendenz nach Osten aufweisen. Bei ihnen (Abb. 108 rechts) ergibt sich nämlich eine Konvergenz auf ihrer Ost- und eine Divergenz auf der Westseite, die die entsprechende Verschiebung begünstigen.

Es ist selbstverständlich zu bedenken, daß in Wirklichkeit Änderungen des Krümmungsradius auch mit Abweichungen der Wind- von der Isobarenrichtung gekoppelt sein müssen und daß diese schematischen Zeichnungen daher nur eine erste Orientierung über die Richtung der zu erwartenden Effekte bieten können (433). Jedenfalls geht daraus aber hervor, daß Höhentiefausläufer und -hochdruckkeile in der angegebenen Form nicht stationär bleiben können[1].

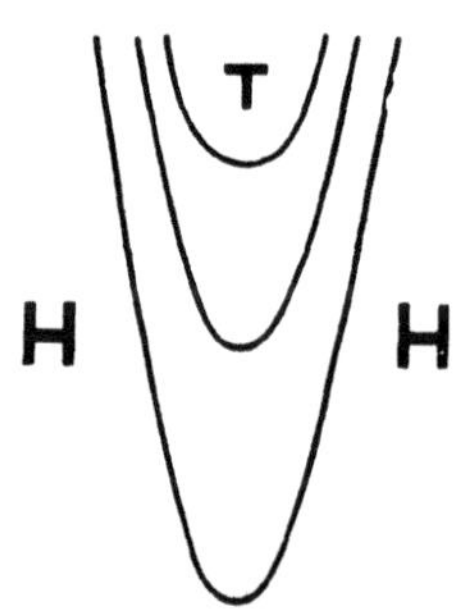

Abb. 109. Verlauf der Höhenisobaren bei stationärer Trogsteuerung.

Die stationäre Form des Höhentroges. Der Bjerknessche Divergenzeffekt hat zur Folge, daß eine zyklonale Umbiegungsstelle in der Höhe nur dann stationär bleiben kann, wenn der Krümmungseffekt durch gleichzeitige, aus der Richtungsvergenz abzuleitende Prozesse kompensiert wird. Es ist deshalb der ortsfeste Höhentrog so beschaffen, wie es Abb. 109 verdeutlichen soll: Vor Erreichen der Trogachse divergieren die Isopotentialen, um dahinter wieder mehr zusammenzulaufen, woraus Massenabfluß auf der West- und Stau auf der Ostseite resultieren muß und daher die Krümmungseffekte aufgehoben werden. In der Tat kann man feststellen, daß alle stationären zyklonalen Umbiegungsstellen in der Höhe eine derartige Druckverteilung aufweisen, so daß die Ausbildung einer solchen Situation gleichzeitig als Anzeichen dafür angesehen werden kann, daß der Höhentrog keine wesentliche Verschiebung erfahren wird.

Für die ausschließlich zu beobachtende Form des Hochdruckkeils, bei der die Isobaren ebenfalls auf der Westseite divergieren und auf der Ostflanke gegeneinanderlaufen, führt eine ähnliche Betrachtung nicht zum Ziel, da sich dabei die Krümmungs- und Vergenzeffekte sogar addieren. Man könnte daraus folgern, daß ein Gleichgewicht nur durch vertikale Ausgleichsströme aufrecht erhalten werden kann, was eine starke Bodendivergenz auf der Ost- und eine entsprechende Konvergenz auf der Westseite der Keile zur Folge haben müßte, doch erscheint es nicht gesichert, ob damit der Mechanismus hinreichend beschrieben ist. Es fehlt noch eine Theorie, die die Strömungsvorgänge im Hochdruckkeil und vor allen Dingen die Tatsache klärt, daß solche

---

[1] Vgl. auch Rossby (652). Ein ähnlicher Effekt ist bei meridionalen Luftbewegungen wirksam, indem z. B. bei parallelem und geradlinigem polwärts gerichteten Isobarenverlauf wegen der in der vorhergehenden Fußnote erwähnten Zunahme der Coriolis-Kraft eine Strömungskonvergenz ebenso resultiert wie eine Divergenz bei entgegengesetzt gerichteter Strömung.

Gebilde trotz der starken Massenabfluß herbeiführenden Effekte ebenfalls stationär bleiben können, wobei der Umstand eine erhebliche Rolle mitzuspielen scheint, daß die Höhenwinde auf der Ostseite eines solchen Höhenkeils häufig eine ausgesprochene Komponente gegen den hohen Druck innehalten. Es wird darauf später noch zurückgekommen (S. 331 ff.).

c) Die Idealzyklone.

Das Stadium einer Zyklone, in dem sie, noch jung, einen deutlichen, bis in ihr Zentrum reichenden Warmsektor aufweist, und das etwa durch die über dem Atlantik entstehende Depression vom 7. Dezember 1886 (Abb. 97, S. 180) repräsentiert wird, wurde von J. BJERKNES (78) im August 1919 als *„Idealzyklone"* bezeichnet[1]. Es hat sich jedoch bald herausgestellt, daß es ein nur kurzes Übergangsstadium im Lebenslauf der Tiefdruckgebiete darstellt. Der Begriff der Idealzyklone wird daher heutzutage mehr auf den gesamten Lebenslauf eines Tiefs von seiner Entstehung an der Frontalzone bis zur völligen Okklusion und Verwirbelung angewandt. Es ist unbestreitbar, daß die weit überwiegende Anzahl aller Depressionen eine durchaus ähnliche Entwicklung durchmacht, und doch zeigen sich in fast jedem Einzelfalle auch wieder Abweichungen von der Norm und Komplizierungen durch die Beteiligung fremder, äußerer Einflüsse.

Beschreibung des Lebenslaufs der Zyklonen. Das Schema des Lebenslaufs einer Zyklone wurde 1922 von J. BJERKNES und H. SOLBERG (90) entworfen und ist seitdem in unzähligen Darstellungen in allen Lehrbüchern der Meteorologie abgedruckt worden. Es soll hier nur kurz darauf eingegangen werden, wobei sich die Beschreibung hauptsächlich auf jene im Lehrbuch von CHROMOW (129) stützt, die Frontensymbolisierung in den einzelnen Stadien aber dem hier verwendeten Schema angepaßt worden ist.

In Abb. 110 sollen die stark ausgezogenen einfachen Pfeile die Stromrichtung der Kaltluft und die dünneren, doppelten, die Bewegung der Warmmasse angeben. Stadium a) zeigt die ungestörte Frontalzone mit einer stationären Luftmassengrenze, bei b) hat sich daran eine zunächst nur schwach ausgeprägte Störung entwickelt[2], die im Fall c) noch einen breiten Warmsektor aufweist, der bei d) bereits eingeengt wird, da die Warmfront sich vor allem in den unteren Schichten langsamer bewegt als die nachfolgende Kaltfront (718). War die Frontalzone erst von West nach Ost orientiert, so hat die Warmluftströmung jetzt mehr eine südwestliche Richtung angenommen, und damit biegt auch die Bahn der Zyklone, die mit der Richtung der Warmsektorströmung übereinstimmt (s. Fußnote 4, S. 127), mehr nach Nordosten um.

Im Stadium e) ist angenommen, daß noch ein kleiner Warmluftrest in der Nähe des Zyklonenzentrums übriggeblieben ist, ein Vorgang, der als *Seklusion*[3] bezeichnet wird und nur ein selten auftretendes, kurzdauerndes Zwischenstadium darstellt, während die *Okklusion*[4], also das völlige Verschwinden der Warmluft in den unteren Schichten [Phase f)], eine regelmäßige Erscheinung ist. Schließlich bleibt (g) ein zirkularer Wirbel ohne Temperaturunterschiede übrig, der sich zunächst am Boden (h) und erst später in der Höhe auffüllt.

Zugleich mit der horizontalen Ausdehnung des Umfangs der Zyklone wächst diese auch nach oben hin. Im Stadium a) (Abb. 111) ist entsprechend der Temperaturverteilung eine gleichmäßige Westostbewegung vorhanden, die auch in b) noch fast ungestört erhalten bleibt, da sich der Druckfall und die Warmluftadvektion im Zyklonenzentrum gegenseitig kompensieren. Bei c) konzentriert sich der Temperaturunterschied auf die Spitze des Warmsektors, so daß die Höhenströmung auf der Vorderseite deutlicher divergent und dahinter konvergent wird, worauf der starke Druckfall im Stadium d) die zyklonale Ausbuchtung der Höhenisobaren nach Süden vergrößert und allmählich das abgeschlossene Wirbelzentrum in die Höhe wachsen läßt[5], bis es im Fall f) die mittlere Troposphäre, bei vollendeter Okklusion (g) die Tropopause und untere Stratosphäre erreicht hat und hier (h) am längsten als Kaltlufttropfen erhalten bleibt infolge der allgemeinen Abkühlung der aufsteigenden Massen.

In einigen seltenen Fällen vermag durch Einbezug einer fremden Luftmassengrenze in den Strömungsbereich einer absterbenden Depression eine vorübergehende *Regeneration* (776) der Zyklone einzutreten, und unter besonders günstigen Umständen kann es dabei nochmals zur Entwicklung eines Sturmes kommen. Es ist daher notwendig, auf solche Frontensysteme, die von einem alternden Tief eingefangen werden, besonders sorgfältig zu achten.

Der Elbe-I-Orkan vom 26. bis 27. Oktober 1936. Unter den Zyklonen des letzten Jahrzehnts ist das Sturmtief, dem am Mittag des 27. Oktober 1936 das Feuerschiff „Elbe I" zum Opfer fiel, nachdem sich der Wind

---

[1] Weitere wichtige Arbeiten von V. u. J. BJERKNES und ihren Mitarbeitern: Lit. 79, 80, 81, 83, 85, 87, 89, 92, 94, zusammenfassende Beschreibung in der „Physikalischen Hydrodynamik" (95).

[2] Die schraffierten Gebiete geben die ungefähre Lage der Niederschlagszonen an.

[3] Secludere = abschließen. [4] Occludere = ausschließen.

[5] Die Zyklonenachse ist entsprechend der zunächst asymmetrischen Temperaturverteilung nach rückwärts geneigt.

in der Elbmündung bis zum vollen Orkan gesteigert hatte, wohl am eingehendsten untersucht worden. Eine erste zusammenfassende Bearbeitung dieses Wirbels und seines ebenso denkwürdigen Vorgängers vom 18. Oktober erfolgte 1936 (714). Den gleichen Fall hat R. C. SUTCLIFFE in seine ,,*Meteorology for Aviators*'' (826, Fig. 79 bis 82) aufgenommen — wobei die Lage der Fronten in ihren Grundprinzipien mit der deutschen Bearbeitung völlig übereinstimmt — und schließlich ist von HANN-SÜRING (290, S. 757 ff.) derselbe Orkan behandelt und vor allen Dingen noch durch Registrierungen von *Norderney* ergänzt worden, auf die noch zurückgekommen

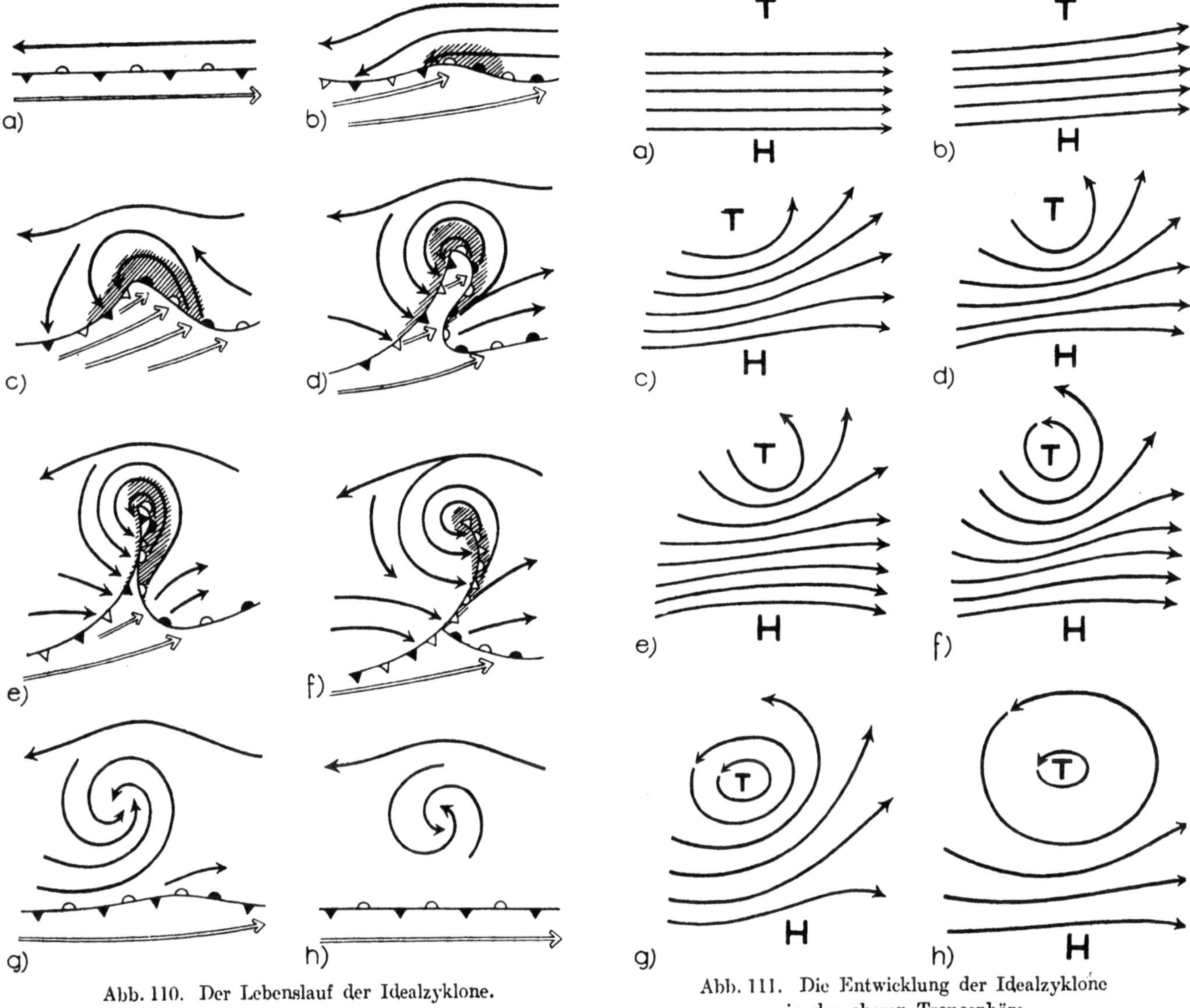

Abb. 110. Der Lebenslauf der Idealzyklone.

Abb. 111. Die Entwicklung der Idealzyklone in der oberen Troposphäre.

wird (vgl. auch Lit. 800). Gerade ein Vergleich der Aufzeichnungen der Küstenstationen mit jenen auf der Seewarte beleuchtet einige typische Merkmale der großen Sturmdepressionen, weshalb dieses Beispiel hier noch einmal erläutert werden soll.

In Abb. 112 (S. 199) ist die Wetterlage am Vortage des Elbe-I-Orkans, auf den nächsten beiden Seiten zur Zeit seiner größten Intensität, links (Abb. 113) für den 8-Uhr-Termin und rechts (Abb. 115) für 14 Uhr dargestellt, darüber (Abb. 114) noch ergänzt durch die dreistündige Druckänderung am Morgen des 27. Oktober. Auf den nächsten beiden Seiten (Abb. 116 und 117) folgen links die Registrierungen von Luftdruck, Temperatur, Wetter und Wind von *Norderney* sowie Druck- und Temperaturgang auf der Deutschen Seewarte, die nach dem Lehrbuch von HANN-SÜRING (290, Abb. 187 und 188), auf gleichen Maßstab gebracht, untereinander kopiert worden sind, und rechts die Aufzeichnungen des Baro- und Thermographen sowie des Anemometers von *Wyk* auf Föhr, die einer Arbeit von W. LEISTNER (402) entnommen wurden.

Der Elbe-I-Orkan ist schon deshalb besonders bemerkenswert, weil es sich dabei um den seltenen Fall handelt, daß ein so verheerender Sturm wie der vom 18. Oktober schon nach 9 Tagen von einem Orkantief gefolgt wurde, das ähnlich katastrophale Auswirkungen hatte, wenn auch die es begleitende Sturmflut trotz der größeren Windstärke nur im Bereich der Nordfriesischen Inseln die Höhe der vorangegangenen erreicht hat[1]. Dies ist darauf zurückzuführen, daß der Wind zur Zeit des Höhepunktes rein westlich[2] und inzwischen die Periode der Nipp-Tiden erreicht war.

Die Geschichte beider Orkanwirbel weist viele gemeinsame Züge auf; sie entstanden jedesmal an einer ozeanischen Frontalzone, die das warme Azorenhoch von einer kälteren, vom amerikanischen Festland aus vordringenden Zelle trennte und fallen in den Zeitraum, als die in den ersten Jahrzehnten dieses Jahrhunderts eingetretene Zirkulationssteigerung (vgl. S. 358) ihren Höhepunkt erreichte und die Westdrift oft wochenlang das europäische Wettergeschehen beeinflußte.

Am Morgen des 26. Oktober 1936 (Abb. 112) herrschte ebenfalls über dem größten Teil des europäischen und nordatlantischen Raumes auf der Nordabdachung von zwei gut ausgeprägten Antizyklonen, von denen die kältere am Rande des Kaspischen Meeres lag und das ausgesprochen warme Azorenhoch mit seinem Zentrum in der Nähe dieser Inselgruppen verharrte, eine ausgesprochene Westwetterlage. Vier größere Zyklonen sind auf der Wetterkarte zu erkennen, von denen die östlichste über dem Karischen Meer abwandert und die über dem Nordmeer gelegene den größten Umfang aufweist. Sie verlagert sich langsam in nordöstlicher Richtung und ist bereits seit mehreren Tagen okkludiert, doch vermag sie sich vorübergehend noch etwas zu vertiefen, als sie eine sekundäre Warmfront in ihr Strömungssystem aufnimmt, die sich im Grenzgebiet einer schwachen, auf der Rückseite des Nowaja-Semlja-Tiefs südwärts vorgedrungenen Kaltluftstaffel entwickelt hatte.

Die über den Rigaischen Meerbusen nach Südsüdwesten verlaufende Okklusion hat sich bereits weitgehend in eine Kaltfront umgewandelt. Wie nämlich aus der Verteilung der relativen Topographie 500/1000 mb (obere linke Karte) hervorgeht, ist von einer Warmluftzunge über der Front nichts mehr zu erkennen und eine solche höchstens im finnischen Raum noch vorhanden, von wo aber keine Aufstiege vorliegen. Am Boden ist ihr Durchzug nur im Gebiet von Polen, Böhmen und Mähren, wo sie an strahlungsabgekühlte festländische Massen grenzt, von geringerer Erwärmung, sonst von überhaupt keiner Temperaturänderung mehr begleitet. Auf der Linie Südnorwegen-Nordwestdeutschland zeigt sich in der relativen Topographie eine ausgeprägte Kaltluftzunge, innerhalb der die Schichtung feuchtlabil ist und sich über den herbstlich warmen Wassern der Deutschen Bucht verbreitete Gewitter entwickeln, wo auch die Bodenisobaren eine leichte zyklonale Krümmung aufweisen, während weiter südlich im Rheinland ein antizyklonaler Verlauf erhalten bleibt und dort vielfach Aufheiterung eingetreten ist.

Die Bodentemperaturen reagieren auf diese Kaltluftzunge nur wenig, und lediglich die Höhenbeobachtungen zeigen, daß es sich hier um einen recht intensiven Polarluftvorstoß handelt, der Deutschland von Westsüdwest nach Ostnordost überquert. In der absoluten Topographie der 500-mb-Fläche (obere rechte Karte) zeigt sich, mit der Kaltluftzunge zusammenfallend, ein deutlicher Höhentrog, der die südwestliche Höhenströmung Osteuropas von dem sich von England und Frankreich her durchsetzenden Westnordwest scheidet, mit dem ein intensiver Vorstoß echter Tropikluft eingeleitet wird. Anstieg der Temperatur im Niveau der 500-mb-Fläche auf —18° über Südostengland gegenüber Beträgen von —31° im Zentrum der Kaltluftzunge über *Hamburg* deutet an, daß sich die Warmluft in dieser Höhe bereits bis zum östlichen Kanal durchgesetzt hat.

Am Boden erstreckt sich die scharfe Warmfront von der Biskaya nordwärts bis nach Wales und biegt dort nach Westnordwest um. Damit eilt das Aufgleitregengebiet über Frankreich, wo der Wind im 500-mb-Niveau die Luftmassengrenze beinahe senkrecht durchsetzt, der Front erheblich weiter voraus als im irischen Raum, wo die Richtung der Höhenströmung nahezu parallel zur Massengrenze verläuft (vgl. S. 206).

Im Warmsektor werden bei rein westöstlichem Isobarenverlauf allenthalben Lufttemperaturen gemessen, die der Wasserwärme entsprechen oder sie sogar noch ein wenig überschreiten. Der Himmel ist allgemein bedeckt und lediglich im inneren Bereich des Hochdruckzentrums stärker aufgeheitert. Die Isobare 1020 mb verläuft auf der Westseite des Azorenhochs, aus niedrigen tropischen Breiten kommend — worauf die von einem Schiff gemeldete hohe Luftwärme von 23° hindeutet — bis unmittelbar in die Nähe des hyperbolischen Punktes der Frontalzone, auf deren kalter Seite die gleiche Isobare von Nordlabrador herkommt. Ein weiterer Tiefkern südlich von Neufundland sorgt dafür, daß das Einzugsgebiet der Frontalzone offengehalten bleibt und sich daher hier und an der Kaltfront des nordwestlich von Irland angelangten Tiefs der Gegensatz noch weiter verschärfen kann. Aus dieser Überlegung heraus und der weiteren Feststellung, daß der Tiefkern mit der Höhenströmung im 500-mb-Niveau zur Nordsee hin gelenkt werden mußte, konnte nach Fertigstellung dieser Analyse die Nordseeküste bereits um 11[08] vor dem zu erwartenden stürmischen Auffrischen des Windes gewarnt werden.

---

[1] Bei dem Sturm vom 18. Oktober wirkten die drei Faktoren: Springflutzeit, maximale Windstärke aus der WNW-Richtung und Eintritt des Hochwassers gerade zur Zeit des größten Sturmes so unglücklich zusammen, daß z. B. in Hamburg dabei die höchste Sturmflut seit 1855 erzeugt wurde.

[2] In der Deutschen Bucht ist die Stauwirkung auf die Wassermassen bei WNW-Sturm am stärksten.

Das atlantische Tief war in der Nacht zum 25. Oktober über Neufundland entstanden, nachdem aus der gleichen Frontalzone auch das inzwischen über dem Nordmeer angelangte Minimum hervorgegangen war. Es wies zunächst eine Zuggeschwindigkeit von beinahe 100 km/h auf und verlangsamte sich erst mit fortschreitender Okklusion. Einen Tag später (Abb. 113) ist es schon unmittelbar vor der Südwestspitze Norwegens angelangt und hat sich etwa um den gleichen Betrag von 15 mb vertieft wie sich die Nordmeerzyklone auffüllte, deren Okklusion das Weiße Meer erreicht und sich am Nordrand der Karpathen auflöst, so daß die Verbindung zur neuen Warmfront abgerissen ist.

Die Okklusion des Elbe-I-Orkans ist inzwischen bis zur Odermündung fortgeschritten und nur noch ein kleiner Warmsektor über Böhmen und Bayern vorhanden. Die Kaltfront erstreckt sich von Sachsen über Mittelfrankreich zur Biskaya und wird weiter westlich über dem Ozean bereits wieder rückläufig.

In der relativen Topographie (obere linke Karte) prägt sich die Kaltfront durch einen auf schmalen Raum konzentrierten großen Temperaturgegensatz aus, der auf der nur 250 km langen Strecke zwischen Berlin und Hamburg 17 Dekameter oder beinahe 9° im Mittel für die Schicht von 1000 bis 500 mb erreicht. Entsprechend groß ist auch der Druckgegensatz in der Höhe (obere rechte Karte) und besonders noch dadurch verschärft, daß das Gefälle der relativen Topographie über dem westlichen und nordwestlichen Deutschland eine wesentliche Komponente in der gleichen Richtung aufweist wie das steile Bodendruckgefälle, so daß man unter Berücksichtigung eines Krümmungsradius von 600 km zwischen den Isopotentialen 516 und 536 Dekameter über Nordwestdeutschland einen Gradientwind von 190 km/h erhält.

Vor dieser Starkwindzone divergieren die Höhenisobaren über Mitteldeutschland, der Ostsee sowie Südschweden und laufen vor allem über England und den Niederlanden zusammen. Entsprechend den großen Gegensätzen müssen die Vergenzeffekte, wenn auch für das Auge weniger auffallend, recht beträchtlich sein, und dies wird durch einen Blick auf die 3stündige Tendenzkarte dieses Termins, die in Abb. 114 reproduziert ist, bestätigt. Die Zentren der stärksten Druckänderungen sind entsprechend der Theorie gegenüber den Zonen größter Vergenz nach links verschoben, so daß der steilste Druckfall über Südschweden und der rapideste Anstieg im schottischen Gebiet erfolgt. Das Fallgebiet reicht über Ostdeutschland weit nach Süden bis zu den Alpen, und die vordere Begrenzung des Steiggebiets über Mitteldeutschland und Frankreich fällt mit der Lage der Kaltfront zusammen. Über Dänemark und der Deutschen Bucht sind dagegen erhebliche Abweichungen zwischen der Frontlage und dem Druckverlauf zu erkennen.

Der Tiefdrucktrog. Es handelt sich bei dem in einem Abstand von etwa 500 km hinter der Kaltfront und vor allem über Schleswig-Holstein auftretenden Druckfall um eine Erscheinung, die auf die Annäherung des *Tiefdrucktroges* zurückzuführen ist. *Es ist dies jenes Gebiet der Zyklone, wo der Druckgradient sein größtes Ausmaß erreicht und wo zugleich die Wettererscheinungen bei meist labiler Schichtung am kräftigsten entwickelt sind.* Den Tiefdrucktrog hat man schon lange gekannt, ehe die Fronten entdeckt wurden, und man wußte auch, daß hier das Wetter besonders schlecht ist. Nachdem aber einmal der Zusammenhang zwischen den Niederschlagsgebieten und den Fronten gefunden worden war, wurden lange Zeit alle Schlechtwetterzonen mit Luftmassengrenzen in Beziehung gebracht, was aber durchaus nicht den Tatsachen entspricht.

Es ist das Verdienst von E. PALMÉN (524, 525), den einwandfreien Nachweis erbracht zu haben, daß im Tiefdrucktrog keinerlei Luftmassengegensätze vorhanden sind. Er hat die Wetterlage vom 9. Februar 1933 untersucht, als in den Abendstunden ein besonders ausgeprägter Trog Norwegen passierte, bei dessen Durchzug der starke Druckfall beinahe sprunghaft in einen noch intensiveren Anstieg überging und daher alle Merkmale einer Front vorhanden waren, und festgestellt, daß die Temperaturverteilung an der Vorderseite völlig derjenigen an der Rückseite entsprach. Damit war bewiesen, daß die Druckänderungen hier nicht auf frontale Prozesse zurückgeführt werden, sondern nur dynamisch verursacht sein konnten.

PALMÉN hatte schon vorher (516, 519, 521, 522, 523) die Theorie von der dynamischen Natur der Druckschwankungen ausgearbeitet und nachgewiesen, daß die aus der Advektion resultierenden Gewichtsänderungen der Luftsäulen bei der Zyklogenese nur eine geringe Rolle spielen können (vgl. auch VAN MIEGHEM 443, 445, 446). Am besten kann man sich dies klarmachen, wenn man sich den Druckverlauf in den verschiedenen Höhen über dem Tiefdruckzentrum überlegt, wo die Vertiefung mit ständig fortschreitender Abkühlung in der Troposphäre einhergeht. Dafür steigt die Temperatur zwar in der Stratosphäre an, doch ist es unmöglich, hierin den primären Effekt der Vertiefung zu erblicken, denn es ist nicht einzusehen, auf welche Weise die Advektion über dem Zyklonenkern die wärmste Luftsäule erzeugen könnte. Demgegenüber ist die PALMÉNsche Vorstellung vom Herabsaugen der Tropopause und Stratosphäre plausibel. Danach wird dieses Absinken durch die auspumpenden Kräfte in der mittleren und oberen Troposphäre herbeigeführt, wobei die Tropopause über dem Tiefdrucktrog ihre niedrigste Höhe erreicht und wegen der meist eng begrenzten Tiefstlage hier als *Tropopausentrichter* bezeichnet wird.

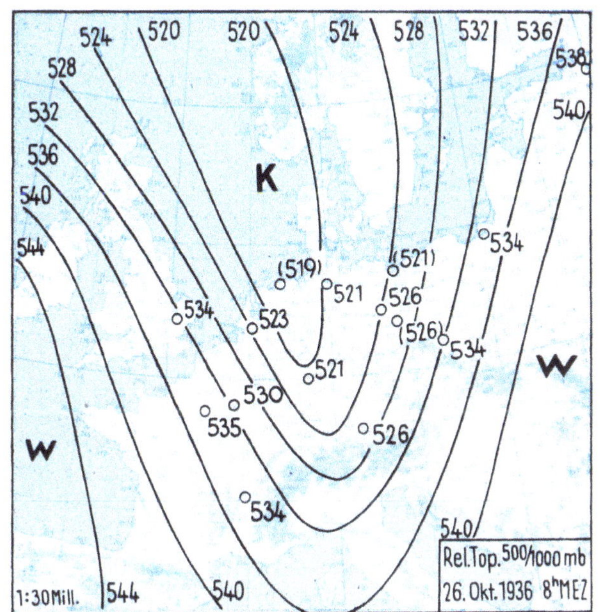
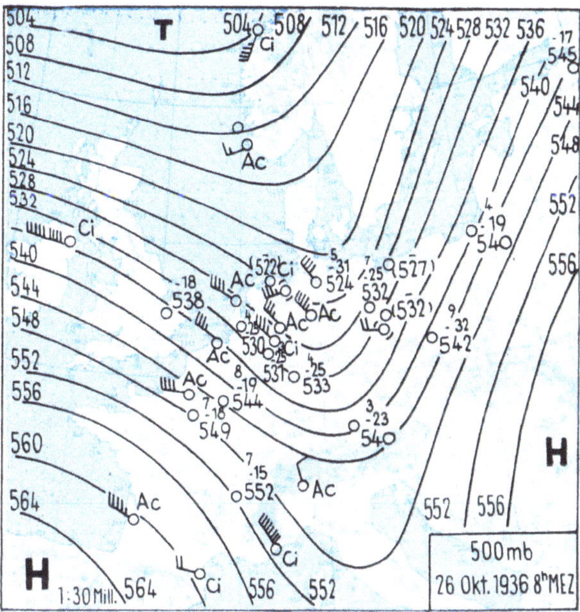

Abb. 112. Der Elbe-I-Orkan in Entwicklung über dem Atlantik am 26. Oktober 1936.

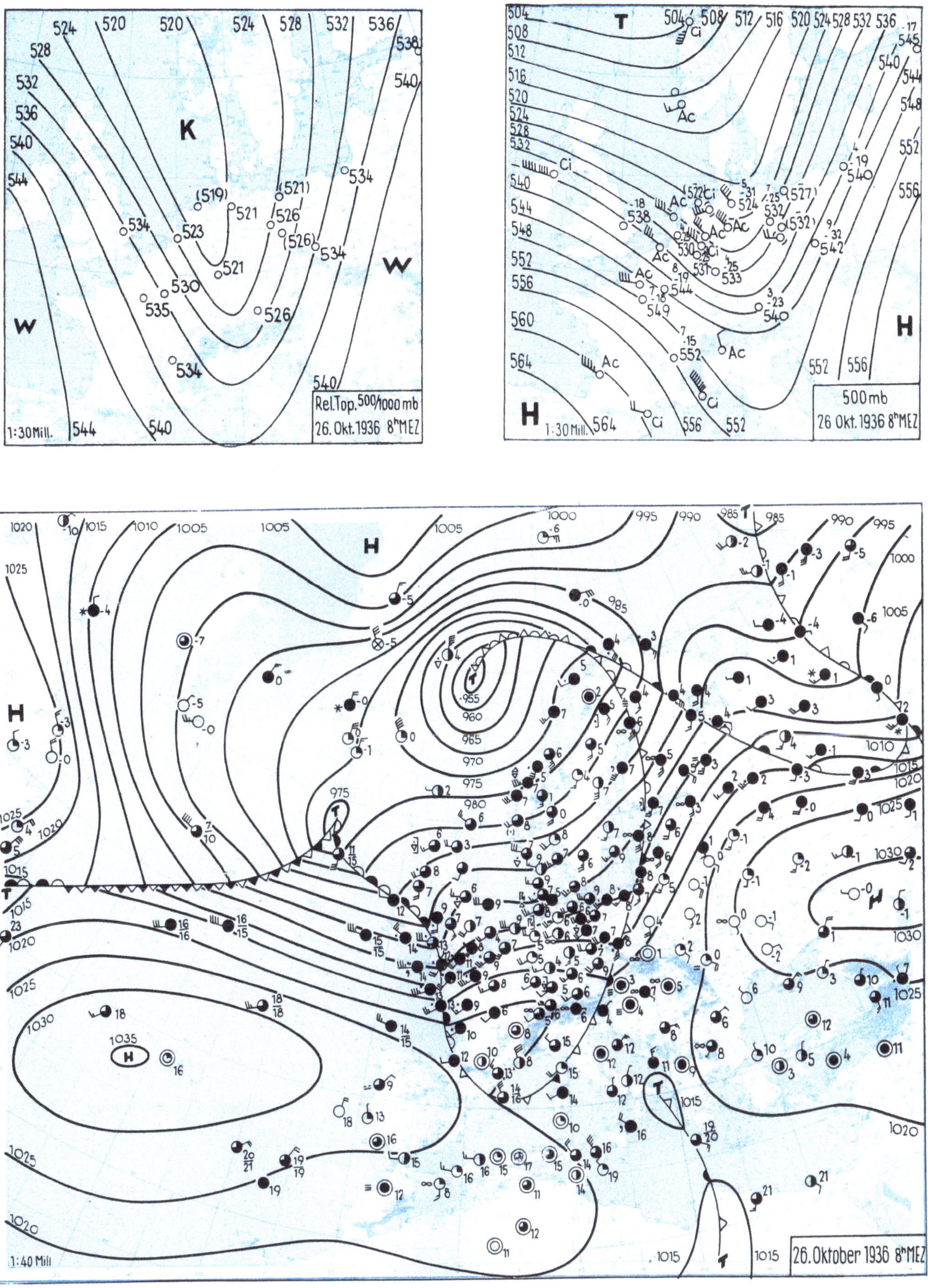

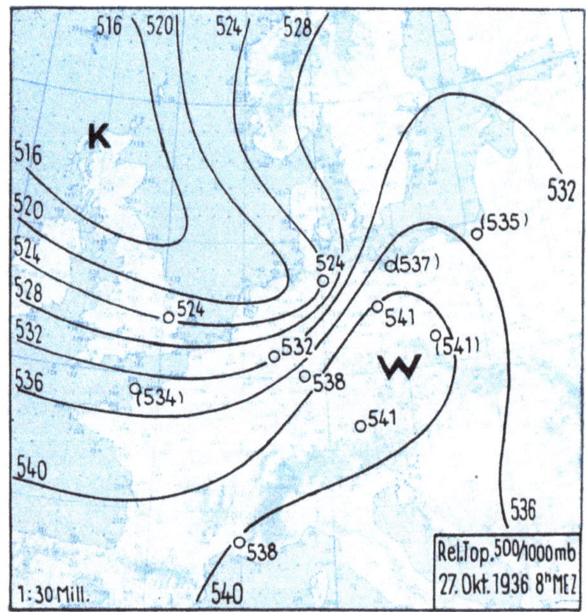

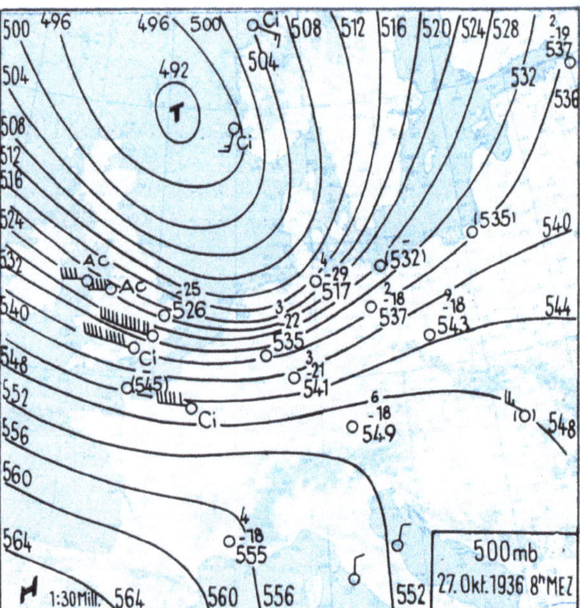

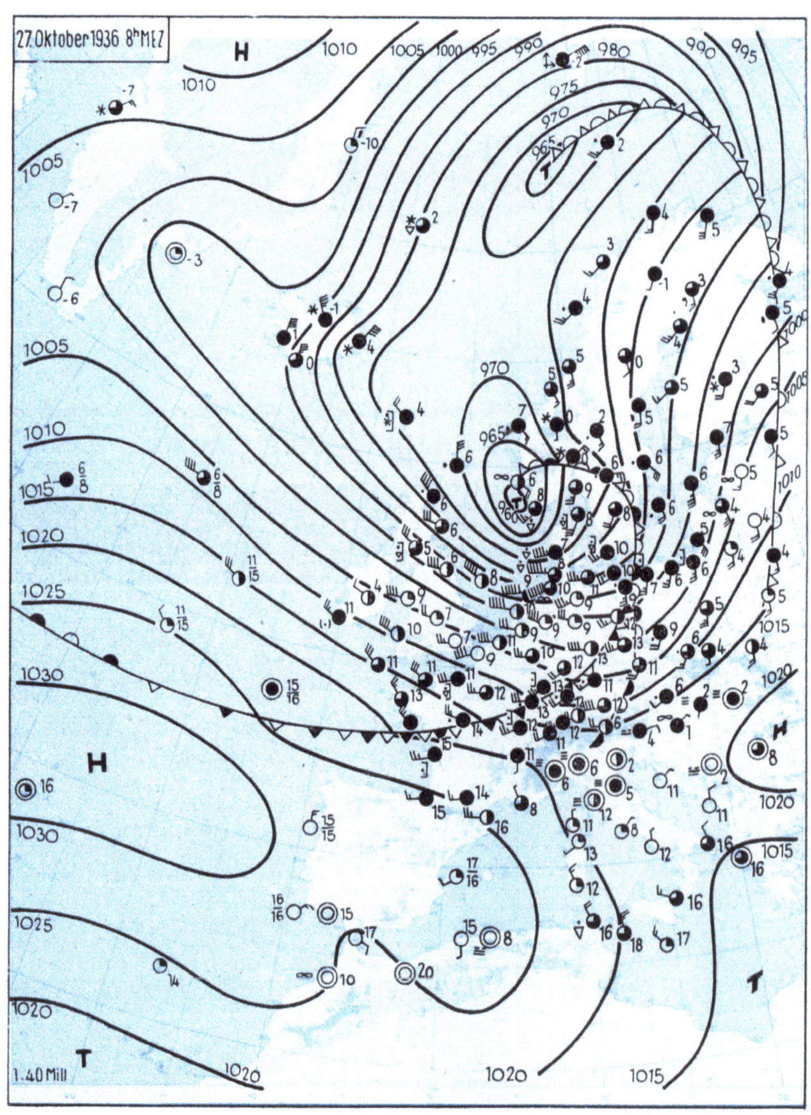

Abb. 113. Der Elbe-I-Orkan im Höhepunkt seiner Entwicklung am 27. Oktober 1936, 8 Uhr.

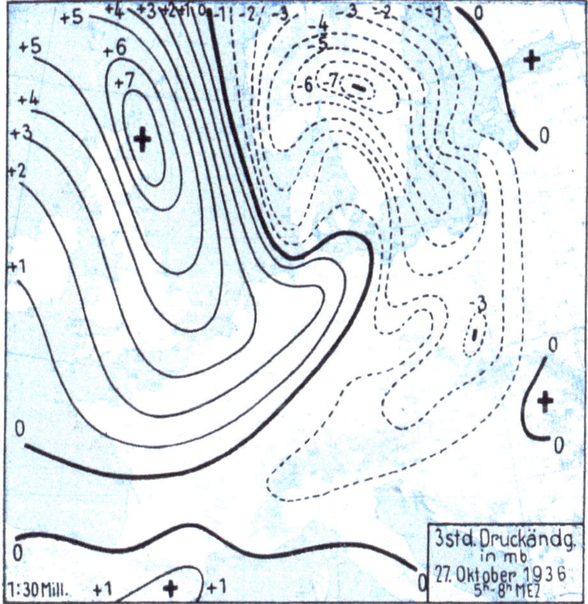

Abb. 114. Die Ausbildung des Tiefdrucktroges am 27. Oktober 1936.

Abb. 115. Die Wetterlage zum Zeitpunkt der Elbe-I-Katastrophe am 27. Oktober 1936, 14 Uhr.

Auf die Kräfte, die das Auspumpen herbeiführen, ist PALMÉN nicht eingegangen. Nach der Divergenztheorie sind es die mit dem Auffächern der Höhenisobaren verbundenen Massenverluste, die hier den Druckfall verursachen, der seinerseits am Boden und in der Höhe Kompensationsströme auslöst, die den Massenverlust zu kompensieren bestrebt sind, ihn meist aber nicht verhindern können. Das Schema der Vertikalzirkulation in den Zyklonen ist schon früher in Abb. 59 dargestellt worden, so daß hier darauf verwiesen werden kann.

Lediglich die mit dem Herabsaugen in der Stratosphäre verbundenen Effekte müssen noch kurz erwähnt werden. Für die Kompensationsströme, die oberhalb des Hauptdivergenzgebiets eintreten, steht nämlich die ganze Atmosphäre, theoretisch bis an ihre „Obergrenze", zur Verfügung, und wenn auch die Beiträge der einzelnen Schichten wegen der früher bereits erwähnten Wirkung der ablenkenden Kraft der Erdrotation nur schwach sind, so müssen sie sich dennoch bei der praktisch unbegrenzten Höhenerstreckung stärker bemerkbar machen. Es wird also über den Divergenzgebieten in der Stratosphäre ein Massenzufluß erfolgen, der seinerseits eine adiabatische Temperaturerhöhung herbeiführt und für die warme Stratosphäre über den Zyklonen und insbesondere oberhalb der Tropopausentrichter verantwortlich ist. In noch höheren Schichten erfolgt dabei ein allmählicher Ausgleich und eine Dämpfung der Druckunterschiede, doch ist es wahrscheinlich, daß diese, wenn überhaupt, so erst in sehr großen Höhen vollständig verschwinden, vielleicht aber auch echte Aufbauschungen und Einsenkungen übrigbleiben. Es soll hierauf nicht weiter eingegangen werden, da es sich doch um bloße theoretische Spekulationen handelt, solange reale Beobachtungsergebnisse noch nicht verfügbar sind.

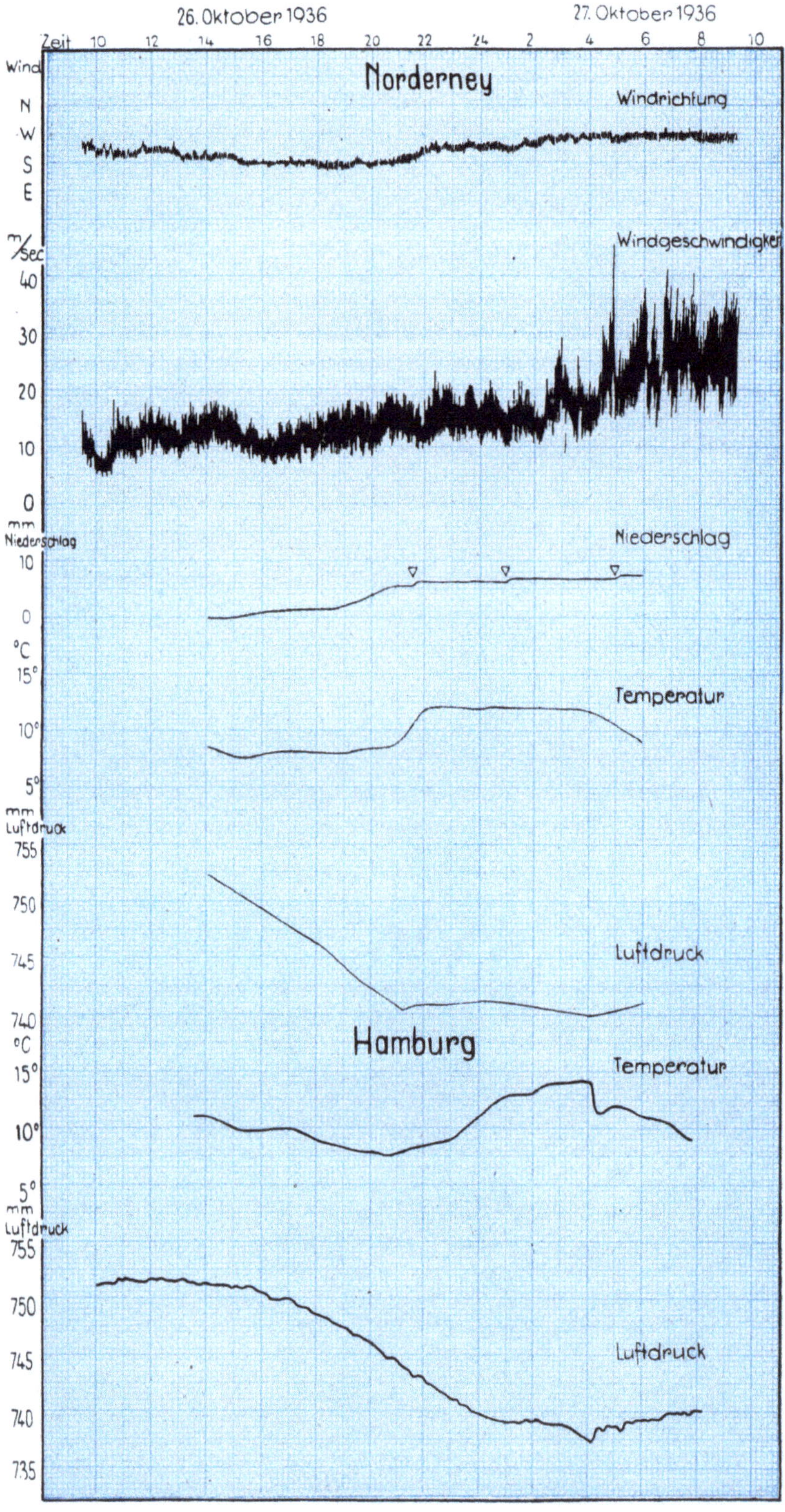

Abb. 116. Aufzeichnungen der Registrierinstrumente während des Elbe-I-Orkans in Norderney (Wind, Niederschlag, Temperatur, Luftdruck) und auf der Deutschen Seewarte (Temperatur und Waage-Barograph).

Das Zirkulationsschema im Tiefdrucktrog und Tropopausentrichter ist jedenfalls klar: Die auspumpenden Kräfte sind in der oberen Troposphäre am größten, daher müssen sich die vom Boden und aus der Stratosphäre in Bewegung setzenden Kompensationsströme bis in diese Höhe erstrecken. Die aufwärts gerichtete Strömung in der Troposphäre ruft ebensolche Labilisierung und Abkühlung hervor, wie in der Stratosphäre Erwärmung einsetzt, und führt zur Entwicklung mächtiger Wolkenmassen stratiformer Natur, wenn die Schichtung noch schwach stabil bleibt, dagegen zu sehr heftigen Schauern, wenn Wärmezufuhr von unten her — wie es vor allem im Winter über warmen Meeresgebieten der Fall ist—feuchtlabile Temperaturgradienten begünstigt. Am stärksten ist dabei die Höhendivergenz auf der Vorderseite und im Zentrum des Troges, wo zusammen mit der Gewalt des Sturmes häufig das schlechteste Wetter des ganzen Zyklonenbereichs verursacht wird, das manchmal an die Erscheinungen in einem tropischen Wirbelsturm erinnert, wo ebenfalls keine Fronten vorhanden sind.

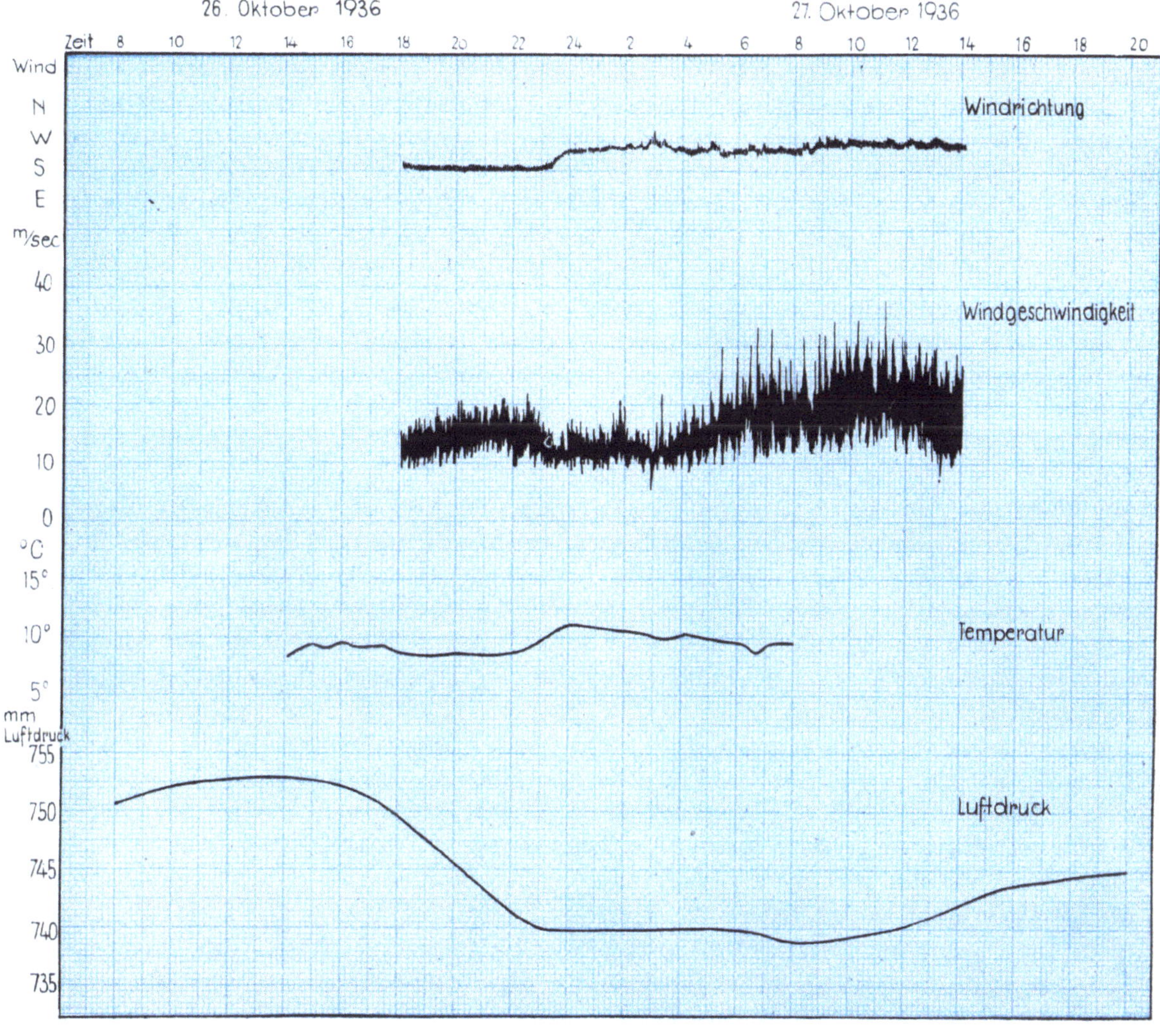

Abb. 117. Registrierungen zu Wyk auf Föhr während des Elbe-I-Orkans vom 26. bis 27. Oktober 1936.

Entsprechend der dynamischen Entstehung des Tiefdrucktroges verlagert sich dieser mit wesentlich geringerer Geschwindigkeit als dem Gradientwind entspricht, während die Fortbewegung der Kaltfronten durch die Gradientwindkomponente senkrecht zur Front (vgl. S. 255) bestimmt wird. In zweifelhaften Fällen gibt deshalb das Verhältnis zwischen der Zuggeschwindigkeit und dem Gradientwind Auskunft darüber, ob es sich um eine Kaltfront oder um einen Trog handelt[1]. Dieser ist außerdem noch dadurch charakterisiert, daß hier keine Konvergenzlinie vorhanden ist und die Winddrehung daher — abgesehen von vorübergehenden Pendelungen beim Durchzug der einzelnen Böenstaffeln — kontinuierlich erfolgt. Erst im Alterungsstadium des Troges, wenn die Gradienten schwächer werden, bildet sich häufiger in ihm eine Konvergenzlinie aus, oder er löst sich überhaupt in einzelne schwache Kaltfronten auf.

Der Druckfall im Zentrum der Zyklone wird durch die von der frontalen Höhenströmung ausgelösten Effekte hervorgerufen, wobei der tiefste Druck verhältnismäßig rasch von der Kaltfront bzw. Okklusion

---

[1] Eine Verwechslung mit einer Warmfront ist deshalb kaum möglich, weil die Troposphäre über dem Trog immer besonders kalt ist. Im Falle des Elbe-I-Orkans betrug die Zuggeschwindigkeit des Troges zur Zeit seiner stärksten Entwicklung nur 45 km/h gegenüber einer am Boden beobachteten durchschnittlichen Windstärke von 80 km/h (vgl. Tabelle 38).

umkreist wird, hinter denen der Gradient stets vorübergehend abnimmt. Vor dem Trog divergieren die Isobaren in ausgesprochenem Maße, und da hier in der freien Atmosphäre keine Temperaturunterschiede vorhanden sind, erstreckt sich diese Divergenz meist bis in große Höhen hinauf. Je stärker sie ausgeprägt ist, um so intensiver wird auch der Barometersturz, was sowohl den GUILBERTschen Regeln entspricht als auch zeigt, daß ein Sturmfeld die Neigung hat, sich wegen des Druckfalls auf seiner linken Vorderseite mit dem stärksten Winde zu verlagern. Aus dem gleichen Grunde haben *alle Zyklonen bei Ausbildung eines besonders schroffen Gradienten auf einer Seite das Bestreben, sich mit dieser stärksten Strömung fortzubewegen.*

Beim Elbe-I-Orkan kommt eine besonders große Verschärfung des Gradienten am Trog dadurch zustande, daß außer dem Druckfall über Schleswig-Holstein das Barometer zugleich weiter im Süden stark ansteigt. Etwa gegen 12 Uhr mittags erreicht der Druckgradient über der Deutschen Bucht sein größtes Ausmaß und beträgt auf der Strecke Norderney—List 8.0 mb je 100 km[1], dem bei einem Krümmungsradius von 550 km ein Gradientwind von 130 km/h (36 m/sec) entspricht, ein Wert, der unter der Annahme, daß bei der labilen Schichtung 80% des Gradientwindes erreicht werden, Windstärke 12 ergibt, die auch tatsächlich eintritt.

Um 8 Uhr meldeten *Borkumriff*-Feuerschiff Stärke 12 und *Helgoland* 11—12, um 11 Uhr *Borkumriff* und um 14 Uhr (Abb. 115) *Borkum* und *Helgoland* vollen Orkan; dies ist die Situation, als sich die Katastrophe auf dem Feuerschiff *Elbe I* vollzog. Im Tiefdruckkern über Norwegen ist der Luftdruck schon etwas angestiegen, aber der Trog hat seine stärkste Entwicklung gerade erst überschritten. Die Okklusion ist jetzt vollendet, und diese Front hat bereits den größten Teil Ostpreußens passiert, ist jedoch über Frankreich nur noch wenig südwärts vorangekommen und setzt sich über dem Ozean schon wieder energisch als Warmfront nordostwärts in Bewegung; dieses nachfolgende Tief schlug jedoch eine weit nördlichere Bahn zur Ostgrönlandsee hin ein.

Die Vorgänge an den Fronten des Elbe-I-Orkans sollen jetzt an Hand der Registrierungen besprochen werden.

Die Warmfront[2]. In der Registrierung von *Norderney* (Abb. 116) ist die Ankunft der Warmfront mit seltener Deutlichkeit ausgeprägt, indem die Temperatur zwischen 21^{15} und 21^{45} Uhr, also tatsächlich beinahe sprunghaft, von 8 auf 12° ansteigt. Schon einige Minuten eher hört der starke Druckfall auf und geht vorübergehend in ganz leichten Anstieg über. Der Wind dreht von Süd nach Westsüdwest und flaut zugleich, nachdem er von 16 bis 21 Uhr ständig weiter zugenommen hat, um etwa zwei Stärkegrade ab. Zur selben Zeit hört der anhaltende Regen, der kurz vor 16 Uhr begonnen hatte, auf, nachdem er sich zuletzt noch einmal schauerartig verstärkt hatte.

Auch in *Hamburg* ist die Warmfront deutlich markiert in der Barographenregistrierung, indem der Druckfall hier einige Minuten vor 2 Uhr nachts in einen kurzdauernden Anstieg übergeht; die Temperaturerhöhung erstreckt sich aber auf einen erheblich längeren Zeitraum, beginnt bereits um 21 Uhr und endet erst kurz nach 2 Uhr morgens. Wegen der größeren Reibung und daher geringeren Windgeschwindigkeit über Land vermag sich hier die sich von oben nach unten ausbreitende Warmluft nicht so plötzlich durchzusetzen wie auf See, wo die Kaltmasse schneller abströmt.

Besonders charakteristisch für den Frontdurchgang ist das Abflauen des Windes, eine Begleiterscheinung, auf die viel zu wenig geachtet wird, da die Ausbildung der sommerlichen Böenfronten allgemein zu der Auffassung geführt hat, daß die Windstärke beim Frontdurchgang gerade besonders groß sein müsse. Dies gilt, wie wir gleich sehen werden, nicht einmal für die normale Kaltfront, wenn man die durchschnittliche Windstärke heranzieht, denn die Kaltfrontböe, hervorgerufen durch das Durchsetzen der in der Höhe oberhalb der Reibungsschicht schon eingebrochenen Kaltmasse, ist ein nur kurzdauernder Vorgang.

Die Abnahme der durchschnittlichen Windgeschwindigkeit im eigentlichen Frontbereich wird nicht nur durch die hier bei der raschen Winddrehung besonders großen Reibungseffekte und die ebenfalls vorhandene Isobarenkrümmung herbeigeführt, sondern ist auch eine notwendige Folge davon, daß die zur Front normale Komponente des Gradientwindes immer kleiner ist als der geostrophische Wind zu beiden Seiten. Eine kleine Skizze (Abb. 118) soll dies erläutern, in der angenommen ist, daß eine Warmfront ein Isobarensystem unter einem solchen Winkel schneidet, daß der postfrontale Gradient wesentlich geringer ist als der Druckgegensatz vor der Front. Werden die Schnittpunkte zwischen der Front und den Isobaren mit A und B, der Fußpunkt

---

[1] Als Maßzahl für den Gradienten wurde früher allgemein die Druckabnahme in Millimeter je Breitengrad (= 111 km) angegeben *(barischer Gradient)*. Hier ist statt dessen die Einheit Millibar je 100 km bevorzugt worden. Es sei in diesem Zusammenhang erwähnt, daß die positive Richtung des Gradienten vom hohen zum tiefen Druck zeigt und die entgegengesetzte als *Aszendent* bezeichnet wird.

[2] Eingehende Beschreibungen von Warmfronten veröffentlichten u. a.: BERG (54), J. BJERKNES u. PALMEN (88), DIESING (149), REINHARDT (606), SCHREIBER (775).

des von A auf die Isobare gefällten Lotes mit C und der Winkel zwischen dem Frontverlauf und der Isobarenrichtung des windschwächeren Teiles mit α bezeichnet, so ergibt sich aus der Abbildung ohne weiteres die Beziehung

$$AB = \frac{AC}{\sin \alpha}.$$

Da der Fall $\alpha = 90°$ unmöglich ist, folgt daraus

$$AB \rangle AC,$$

d. h. *die frontensenkrechte Komponente des Gradientwindes ist immer am kleinsten*, so daß auch die durchschnittliche Windgeschwindigkeit im Frontbereich ein Minimum aufweisen muß. Diese Tatsache wird gleich dazu dienen, um die genaue Lage der Kaltfront zu verifizieren, für deren Feststellung alle anderen Elemente mehr oder weniger versagen. Zunächst muß aber auf die Wettererscheinungen an den Warmfronten noch näher eingegangen werden.

Was auf S. 155 und in Abb. 81 über den Strömungsmechanismus an den Frontalzonen gesagt wurde, gilt mit gewissen Modifikationen auch für die Warm- und Kaltfronten, deren Bezeichnung sich danach richtet, welche Luftmasse im Vordringen begriffen ist [1]. Es wurde auch darauf hingewiesen, daß man an den Fronten zwischen den unteren — durch die Reibungseffekte hervorgerufenen — mehr diskontinuierlichen Gegensätzen der einzelnen Elemente und dem kontinuierlichen Übergang in der Höhe unterscheiden muß (711). Es ist selbstverständlich, daß eine Frontfläche niemals senkrecht stehen kann, denn dann müßte der frontale Druckgradient —sei es am Boden oder in der Höhe — unendlich groß werden. Bei zunehmender Neigung der Frontfläche beginnen sofort Kräfte wirksam zu werden, die einen Ausgleich der Druckgegensätze herbeizuführen bestrebt sind und welche vertikale Ausgleichsströme zur Folge haben, in den Hebungsräumen Wolkenbildung und Niederschlag, im Absinkgebiet Auflösung der Kondensationsprodukte hervorrufend.

Grundsätzlich muß von der *Aufgleitfront (Anafront* nach BERGERON) mit aufwärts gerichteter Bewegung der Warm- und einem Absinken der Kaltluft (mittlere Neigung 1:200) die *Abgleitfront (Katafront)* mit aufsteigender Kaltmasse und absinkendem Warmluftkörper unterschieden werden — die entsprechenden Flächen werden *Auf-* bzw. *Abgleitfläche* benannt — wobei die Neigung der letzteren meist nur 1:1000 beträgt. Vielfach handelt es sich deshalb auch überhaupt nicht um engbegrenzte Abgleitzonen, sondern um ausgedehnte Absinkgebiete, so daß der Begriff der Front hier besser gar nicht angewandt werden sollte.

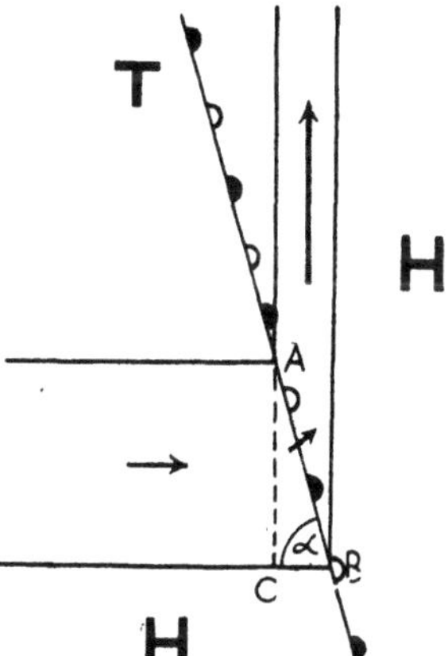
Abb. 118. Beweis für die Tatsache, daß der Gradientwind längs der Front immer am geringsten ist.

Den Strömungsmechanismus an den Fronten hat man sich jedenfalls lange Zeit hindurch wesentlich einfacher vorgestellt, als er in Wirklichkeit ist (11, 52, 62, 63, 64, 65, 692, 696). Es wurde als selbstverständlich angesehen, daß die Warmluft immer längs der kalten Masse emporsteigen solle, sei es nun *aktiv* — an der Warmfront — oder *passiv* — durch das Vordringen eines unteren Kaltluftkeils bewirkt — wozu meistens die MARGULESsche *Gleichung* herangezogen wurde, die die Grenzflächenneigung α als Funktion des frontalen Temperaturunterschiedes $(T_2 - T_1)$ im Gleichgewichtsfalle angibt:

$$\operatorname{tg} \alpha = \frac{l}{g} \frac{T_2 v_1 - T_1 v_2}{T_2 - T_1},$$

wenn $l = 2\,\omega \sin \varphi$ ist und v_1 bzw. v_2 die Windgeschwindigkeiten in den beiden Massen — parallel zur Front — sowie g die Gravitationsbeschleunigung bedeuten. Diese Beziehung sagt aber nichts anderes aus, als daß bei gegebenem Wärmegegensatz und einer bestimmten Schräglage der Front ein durch die Gleichung angegebener geostrophischer Wind herrschen und daß sich im Falle von Abweichungen ein entsprechender Gleichgewichtszustand einstellen muß (vgl. Lit. 585).

Viel wesentlicher ist die Frage nach der Ursache der Vertikalbewegung, die für die Frontalzone schon behandelt wurde und die an den Fronten prinzipiell die gleiche ist, so daß hier nicht mehr darauf eingegangen zu werden braucht. In den Wettererscheinungen besteht aber insofern ein Unterschied, als wegen der mit der Höhe zunehmenden Windgeschwindigkeit bei heranströmender Warmluft eine Tendenz zur Stabilisierung,

---

[1] Früher wurde die Warmfront *Kurslinie* genannt, weil die an sie im Zyklonenzentrum gelegte Tangente oft nahe mit der Zugrichtung des Tiefs zusammenfällt. Den Aufgleitniederschlag nannte man damals dementsprechend *Kursregen*. Die dieser Bezeichnungsweise zugrunde liegende Regel ist aber oft nicht erfüllt und wurde später durch die Entdeckung des Zusammenhangs zwischen der Warmsektorströmung und der Zyklonenbahn verbessert (vgl. S. 127).

bei Kaltluftvorstößen hingegen zur Labilisierung vorhanden ist. Aus diesem Grunde sind die Schlechtwetter-
gebiete an den Warmfronten viel ausgedehnter, wobei Schichtbewölkung weitaus überwiegt, und nur im Sommer,
wenn die aufgleitende Warmluft oft Feuchtlabilität aufweist, können sich an der Warmfront vertikale Umlagerungen entwickeln, die dann meist von sehr heftigen Gewittern begleitet sind (vgl. S. 278ff.).

Die horizontale Ausdehnung des präfrontalen Wolkenschirms vor der Warmfront hängt im wesentlichen
Maße davon ab, wie groß der Winkel zwischen dem Frontverlauf und der Warmluftströmung ist. Laufen beide
parallel zueinander, so reicht die Warmluftbewölkung nicht weit in das kalte Gebiet hinein, dafür sind die
Niederschläge auf begrenzterem Raum um so stärker; je mehr sich Front und Isobare senkrecht schneiden
und je größer der Druckgradient am Boden dabei ist, um so ausgeprägter durchsetzt auch die Höhenströmung
die Front und führt damit das Wolkensystem weit voraus. Weist der Höhenwind dagegen an der Warmfront
streckenweise eine Komponente vom kalten ins warme Gebiet auf — was bei einer von Westen vordringenden höher temperierten Masse z. B. dann möglich wird, wenn der Druckgegensatz am Boden nicht groß und die
Mitteltemperatur über dem nördlichen Frontabschnitt höher ist als über dem südlicher gelegenen — so erstreckt
sich das Niederschlagsgebiet gerade in den am Boden schon von der Warmluft erfaßten Bereich hinein und ver-
meidet die kalte Zone, wofür die Wetterlage über Deutschland am 3. und 4. Januar 1932 ein eindrucksvolles
Beispiel bietet (508, 680).

Auch kann es vorkommen, daß eine Warmfront ganz oder größtenteils niederschlagsfrei bleibt — dann
nämlich, wenn die Warmluft sehr trocken ist, was hauptsächlich in föhnreichen Gegenden der Fall ist. Daher
bildet sich in Nordamerika, wo die vorherrschenden Westwinde das Felsengebirge überstiegen haben, seltener
derart mächtige Warmfrontbewölkung aus, wie wir sie in Europa meistens beobachten. Wie J. NAMIAS (496,
497) gezeigt hat, sind in den mittleren Staaten der USA. an den Warmfronten meist zwei, durch verhältnismäßig wolkenfreie Räume voneinander getrennte Wolkenschichten vorhanden.

Schließlich wäre noch die Erscheinung zu erwähnen, die man besonders häufig in hohen Breiten, gelegentlich aber auch in Mitteleuropa (609) beobachten kann, daß sich nämlich die Annäherung einer Warmfront
zuerst durch beginnende Schauertätigkeit bemerkbar macht. Die Ursache liegt darin, daß in der vorgelagerten
verhältnismäßig labil geschichteten Kaltluft bei Einsetzen konvergenter Strömung die latente Labilität zur
Auswirkung gelangt. Meist geht der Schauerregen dann allmählich in den Aufgleitniederschlag über.

Die Kaltfront. Wesentlich deutlicher als die Warmfront ist in der *Hamburger* Registrierung (die beiden
untersten Kurven in Abb. 116) die nachfolgende Kaltfront ausgeprägt, die kurz nach 4 Uhr morgens vorüberzog, innerhalb weniger Minuten einen Temperatursturz von einigen Graden und einen plötzlichen Druckanstieg
von etwa 2 mb verursachte. Um so mehr muß es überraschen, daß sich die gleiche Front in *Norderney* in diesen
beiden Elementen (4. und 5. Kurve in Abb. 116) überhaupt nicht bemerkbar macht. Von einer Drucknase ist
keine Spur zu entdecken; der nach Durchgang der Warmfront begonnene leichte Anstieg des Barometers wird
nach Mitternacht wieder durch Fall abgelöst, so daß der absolut tiefste Druck gegen 4 Uhr früh erreicht wird
und dann wieder eine schwache Zunahme erfolgt. Im selben Augenblick beginnt auch ein stärkerer Abfall
der Temperatur, weshalb es den Anschein haben könnte, daß dies der Moment der Kaltfrontpassage wäre,
was aber deshalb nicht möglich ist, weil diese dann in *Norderney* zum gleichen Zeitpunkt erfolgt sein müßte
wie in *Hamburg*.

Aus den Wetterkarten geht aber eindeutig hervor, daß die Kaltfront während der ersten Nachthälfte
mit einer Stundengeschwindigkeit von etwa 75 km/h von WNW nach ESE vorrückte. Sie passierte nämlich
die englische Ostküste am Vorabend gegen 19 Uhr, und um 0^{25} Uhr wurde auf dem *Borkumriff*-Feuerschiff
ein Regenschauer beobachtet, der bei der früheren Bearbeitung (714, S. 30, Tabelle 8) als Anhaltspunkt
für den Durchzug dieser Front angesehen wurde. Da die Ankunft in *Hamburg* auf 4^{10} Uhr fällt, berechnet sich
daraus zwischen diesen beiden Stationen eine mittlere Fortpflanzungsgeschwindigkeit von 67 km/h in guter
Übereinstimmung mit dem Resultat für die erste Nachthälfte. Interpoliert man die so berechneten Front-
lagen für *Norderney*, so müßte sie diese Insel etwas nach 1 Uhr überschritten haben, und tatsächlich geht aus
der in Abb. 116 ebenfalls wiedergegebenen Niederschlagsregistrierung hervor, daß dort kurz vor 22 Uhr, um
1 und um 5 Uhr Regenschauer aufgetreten sind, wovon der erste mit dem Durchzug der Warm-, der zweite
mit der Passage der Kaltfront und der dritte bei der Annäherung des Troges vorüberzog.

Sieht man sich die Norderneyer Registrierung noch einmal daraufhin an, ob sich sonst noch Anhaltspunkte für einen Kaltfrontdurchgang um 1 Uhr finden lassen, so zeigt der Druckgang auch nicht die geringste
Andeutung und das Thermogramm höchstens den Beginn einer ganz schwachen Abkühlung. Auffallend ist
dagegen die kurz vor 1 Uhr erfolgende Abnahme der Windgeschwindigkeit, während zugleich eine Drehung
von etwa 45 Minuten Dauer um nahezu 20° aus der SWzW-Richtung nach WzS erfolgt. Noch charakteristischer

ist die zum gleichen Zeitpunkt einsetzende erheblich gesteigerte Böigkeit[1], so daß die Stärkeregistrierung nach 1 Uhr ein gänzlich anderes Bild bietet als vorher. Diese Tatsache ist mit das eindeutigste Kriterium, daß *Norderney* tatsächlich zu diesem Zeitpunkt wieder in die Polarluft gelangt.

Sind die Schlußfolgerungen richtig, so müßte die Kaltfront zwischen 2 und 3 Uhr nachts *Wyk* auf Föhr passiert haben. Die Registrierungen an der dortigen Bioklimatischen Forschungsstelle sind in Abb. 117 (S. 203) ebenfalls reproduziert worden, und hier gibt sich der Kaltfrontdurchgang in der Windregistrierung ebenso deutlich wie der zwischen 23 und 24 Uhr erfolgte Warmfrontdurchzug durch eine markante Winddrehung und ein fast eine Stunde anhaltendes Abflauen der Windstärke zu erkennen. Kurz vor 3 Uhr früh nimmt die Windgeschwindigkeit für einige Minuten unter 20 km/h ab, ein Wert, bis zu dem der Böenschreiber sonst einen vollen Tag lang niemals abgesunken ist. Zur gleichen Zeit zeigt die Richtungsfeder eine markante Winddrehung bis Nordwest, die aber schon bald wieder rückgängig gemacht wird, indem erneutes Krimpen[2] einsetzt, die Windstärke mit Annäherung des Troges immer mehr ansteigt und der Luftdruck wieder fällt. Auch der Böeneffekt der Kaltmasse macht sich in der Aufzeichnung von *Wyk* ebenso deutlich bemerkbar wie in *Norderney*, indem die Windunruhe von 3 Uhr an wesentlich größer ist als vorher und sich hier auch vom gleichen Zeitpunkt ab in entsprechenden längerperiodischen Richtungsschwankungen andeutet. Sucht man in der Aufzeichnung des Barographen nach irgend einem Anhalt, so ist das Ergebnis negativ, denn es ist im Barogramm nur der Warmfrontdurchgang ausgeprägt. Die Temperaturregistrierung zeigt wenigstens ein kleines Minimum zu dem betreffenden Termin.

Zusammenfassend kommt man also auf Grund der Registrierungen zu dem überraschenden Ergebnis, daß die im Hamburger Druck- und Temperaturgang so scharf ausgeprägte Kaltfront sich in diesen Elementen an der Küste überhaupt nicht bemerkbar macht, sich hier vielmehr nur in Richtung, Stärke und Charakter des Windes deutlich zu erkennen gibt. Aus dieser Tatsache kann man zugleich schließen, mit welchen Schwierigkeiten eine genaue Analyse des Wettergeschehens oft verknüpft ist.

Daß sich die Kaltfronten im inneren Bereich der Sturmdepressionen häufig nicht mehr fronthaft ausprägen, hat W. SCHWERDTFEGER (785, 786, 787) auf Grund seiner großen Flugerfahrungen betont. Bei der großen Windgeschwindigkeit, vor allem auch in der Höhe, vollzieht sich hier der Übergang stetiger. Die stratiforme Bewölkung ist plötzlich von einigen Quellungen durchsetzt, und das Aufgleiten geht allmählich in Rückseitenwetter über. Die Kaltluft fließt zum großen Teil in der Höhe zuerst ein, ist dann aber natürlich nicht fronthaft begrenzt (254).

Ebenso wie bei der Warmfront kann auch an den Kaltfronten der Wettercharakter ganz verschieden sein, je nachdem, wie die relativen Isopotentialen die Grenzlinie schneiden. Nimmt die Windgeschwindigkeit mit der Höhe stark zu — was nur dann möglich ist, wenn auch eine beträchtliche Komponente des horizontalen Temperaturgefälles in Richtung des Frontverlaufs vorhanden ist — und fällt der Luftdruck zugleich stark, dann kommt die Kaltluft in der Höhe zuerst an. Auch die frontalen Wolkensysteme eilen in diesem Falle der Kaltfront weit voraus, und vielfach ist eine Unterscheidung von einer echten Okklusion nur schwer möglich. Meistens jedoch deutet das Auftreten von einigen Altocumulus-Bänken unter dem As-Aufzug darauf hin, daß es keine Warmfront oder Okklusion ist, die sich annähert. Dieser Kaltfronttyp, hauptsächlich an Westwetter und das unruhige Winterhalbjahr gebunden, wird auch als *Kaltfront zweiter Art* bezeichnet.

Demgegenüber herrscht bei der *Kaltfront erster Art* eine derartige Temperaturverteilung, daß der Höhenwind aus dem warmen Gebiet in das kältere weht. Dann transportiert er auch die an der Konvergenzlinie entstehenden Wolkenmassen über die kalte Zone, und es kommt hier zu anhaltenden landregenartigen Niederschlägen hinter der vordringenden Massengrenze. Diese Art des Wetterablaufs ist charakteristisch für den subtropischen Wettertyp (vgl. S. 136ff.). Häufig kann man auch an Kaltfronten beobachten, daß nicht nur die obere Warmmasse, sondern sogar hauptsächlich die Kaltluft aufsteigt, was zu den an der Obergrenze flacher polarer Massen häufigen St-Schichten, die stets unterhalb der Inversion liegen, Anlaß gibt (384)[3].

Die postfrontale Aufheiterung. Auf eine Erscheinung muß noch hingewiesen werden, die auch in diesem Beispiel deutlich ausgeprägt ist, nämlich die *postfrontale Aufheiterungszone.* Sie kommt in erster Linie dadurch zustande, daß in der Höhe dort, wo der frontale Druckgegensatz über der Kaltmasse geringer wird, Massenzufluß erfolgt und daher eine Absinkbewegung (vgl. Abb. 81a, S. 155) einsetzt. Diese wird noch durch die statischen Effekte, die ein Auseinanderfließen der Kaltmasse anstreben, begünstigt und ist deshalb am stärksten ausgeprägt hinter intensiven Kaltfronten, aber ebenfalls erkennbar nach dem Durchzug einer Kalt-

---

[1] Theorie der Böigkeit: vgl. Lit. 858.

[2] Seemännischer Ausdruck für Rückdrehen.

[3] Neuere aerologische Analysen von Zyklonen u. a. Lit. 56, 80, 81, 85, 86, 87, 185, 186, 188, 189, 342, 442, 447, 448, 510, 511, 517, 518, 606, 883.

frontokklusion. Ein ähnlicher Effekt, der hinter den Warmfronten auftritt, mag auf die Richtungskonvergenz der Höhenisobaren zurückzuführen sein, da der Druckgradient in der Höhe immer am stärksten im Frontbereich ist. Jedoch wird die untere Schichtwolkendecke nur im Sommer über den Kontinenten mit aufgelöst, wenn dieser Prozeß durch die Erwärmung des Bodens unterstützt wird.

Die Aufheiterung hinter den Kaltfronten ist im Bereich der großen Depressionen immer nur von kurzer Dauer, aber gerade bei niedrigem Barometerstand um so eindrucksvoller. Fährt ein Schiff mit Ostkurs über den Atlantik, so kann es vorkommen, daß viele Stunden lang kaum eine Wolke den Himmel trübt, während etwas weiter voraus der Regen vom Sturm gepeitscht wird und am Westhorizont die mächtigen Quellungen des nachfolgenden Tiefdrucktroges stehen, nachts von einzelnen Blitzen erhellt.

Zuweilen setzt die neue Wetterverschlechterung mit Annäherung des Troges plötzlich, manchmal sogar frontähnlich ein. Es ist trotzdem nicht gerechtfertigt, hier eine Front zu zeichnen, denn diese setzt außer einer Konvergenzlinie auch das Vorhandensein einer Luftmassengrenze voraus, die hier aber nicht existiert, jedoch leicht dadurch vorgetäuscht wird, daß die Temperaturen im Absinkgebiet in den unteren Schichten meist einige Grade höher liegen als in der Schauerzone. Für den Flugwetterdienst ist die Linie des Beginns der Schauertätigkeit selbstverständlich von großer Bedeutung, und sie muß durch entsprechende Symbole genau markiert werden. Es ist aber nicht erlaubt, die kausale Verknüpfung zwischen den Fronten und Schlechtwettergebieten umzukehren und jede Niederschlags- und Schauerzone als Front zu bezeichnen. Für die Darstellung der Wettererscheinungen sollten die Wettersymbole verwendet werden und nicht die meteorologischen Begriffe!

Das Aufheiterungsgebiet hinter den Kaltfronten fällt mit der Auffächerungszone der Bodenisobaren zusammen, weshalb dort auch die Windgeschwindigkeit geringer bleibt. In unserem Beispiel ist es am Morgen über Nordwestdeutschland zwischen Elbe und Weser besonders deutlich ausgeprägt (Abb. 113) und hat mittags Pommern und Niederschlesien erreicht. Im nachfolgenden Tiefdrucktrog herrscht lebhafte Schauertätigkeit, besonders in Nähe des Zyklonenkernes, von wo aus sie nach Süden hin allmählich abklingt.

Die Okklusion[1]. Aus dem Bereich der okkludierten Front sind keine Registrierungen reproduziert. Es zeigen sich hier die Merkmale der Warm- und Kaltfront mehr oder weniger stark vermischt und ineinander übergehend, doch überwiegt meistens der Kaltfrontcharakter, vor allen Dingen bei Westwetter. Der Gabelungspunkt, wo die nachfolgende Kaltmasse die Warmfront gerade einholt, wird vielfach als *Okklusionspunkt* bezeichnet. Vor ihm liegt im allgemeinen das Zentrum des Druckfallgebietes, und es handelt sich hier um eine dem Dreimasseneck ähnliche Situation, gebildet durch die vorgelagerte und die nachfolgende Kaltluft zusammen mit dem Warmluftkörper. Da die Okklusion meistens Kaltfrontcharakter annimmt, gabelt sich an diesem Punkt die Höhenströmung so, wie es in Abb. 119 schematisch angedeutet ist, und man kann daraus ersehen, daß vor dem Okklusionspunkt eine ausgeprägte Höhendivergenz vorhanden sein muß, worauf die Konzentration des Druckfalls vor die Gabelungsstelle zurückgeführt werden kann.

Man hat früher angenommen, daß über den Okklusionen die Warmluft noch in Form einer Schale vorhanden und daher für den Druckfall verantwortlich sei. Die aerologischen Beobachtungen haben indes ergeben, daß die meisten Okklusionen in der Höhe Kaltfrontcharakter aufweisen, indem die nachfolgende Polarluftmasse im allgemeinen kälter ist als die vorgelagerte. Die im Okklusionsbereich aufsteigende Luft kühlt sich gleichfalls adiabatisch ab und verliert dadurch ihre Warmlufteigenschaften; am längsten macht sie sich noch in der pseudopotentiellen Temperatur und in der Feuchtigkeit durch höhere Werte bemerkbar.

Insgesamt betrachtet, nimmt die potentielle Energie der Zyklonen, im Anfangsstadium durch das Nebeneinander von verschieden temperierten Luftmassen repräsentiert, beim Okklusionsprozeß ab, indem sich im Endstadium die Kaltluft unten befindet und sich die ursprünglich wärmere Masse nach oben hin verlagert hat. Es kommt aber noch ein weiterer Umstand hinzu, der den Vorgang der Okklusion begünstigt (718): die Fortpflanzungsgeschwindigkeit der Kaltfronten erfolgt nämlich annähernd mit der Geschwindigkeit, die durch die Gradientwindkomponente entlang der Front gegeben ist, während die Warmfronten sich am Boden im allgemeinen nur mit 50% dieser geostrophischen Windkomponente verlagern und daher hier rasch von der nachfolgenden Kaltfront eingeholt werden können. Diese Unterschiede im Verhalten beider Frontarten rühren daher, daß die oberhalb der Reibungshöhe vordringende Kaltmasse eine Labilisierung herbeiführt und sich

Abb. 119. Schematische Darstellung der Höhenströmung am Okklusionspunkt.

---

[1] Vgl. auch H. BERG (56). Eine besonders eingehende Beschreibung der Wetterauswirkung der Okklusionen hat E. GOLD (274) veröffentlicht.

daher rasch nach unten hin durchsetzen kann[1], während andererseits an den Warmfronten ein solches Durchsetzen der wärmeren Masse nach unten hin infolge der dort gerade besonders stabilen Schichtung wesentlich erschwert ist und nicht eher erfolgen kann, als bis die Kaltluft abgeflossen ist. Der letztere Prozeß unterliegt aber den Reibungseffekten; die Warmfront kann deshalb nur in der Höhe mit der durch die frontale Gradientwindkomponente gegebenen Geschwindigkeit vordringen und muß am Boden erheblich nachhinken.

Je nachdem, ob die nachfolgende Kaltluft höher oder niedriger temperiert ist als die vorgelagerte, unterscheidet man Okklusionen von Warm- und Kaltfrontcharakter. Bei der *Warmfrontokklusion* (Abb. 120a) gleitet am Boden wärmere Luft über kältere auf, bei der *Kaltfrontokklusion* (Abb. 120b) überwiegt der Einbruchscharakter. Im übrigen haben diese bekannten Schemata aber keine große Bedeutung mehr, nachdem sich gezeigt hat, daß die Vertikalbewegungen weit größere Räume umfassen als nur die Gleitflächen und daß die Front als Diskontinuitätslinie hauptsächlich eine Erscheinung der unteren Schichten darstellt.

Am Boden ist der Windsprung an den Okklusionen meist erheblich und der Niederschlag auf ihrer Vorderseite entsprechend ergiebig. Die Wolkenuntergrenze sinkt fast immer tief herab, und die Sicht vermindert sich zeitweise auf weniger als 1000 m. Vielfach verwandelt sich der Dauerregen allmählich in schauerartigen Niederschlag, und nach Passage der Konvergenzlinie entspricht das Wetterbild jenem hinter Kaltfronten.

Die rückkehrende Okklusion. Wenn sich der Zyklonenkern bis in die obere Troposphäre entwickelt hat, dann kann die in der Höhe noch vorhandene Warmluft auf die Rückseite des Tiefs[2] und zuweilen von dort sogar wieder auf seine Südflanke gelangen, und es kommt dann hier zu neuen Aufgleiterscheinungen, meist mit einer deutlichen sekundären Warmfront verknüpft. Dieses Frontstück wird auch *rückkehrende* oder *zurückgebogene Okklusion* genannt. Es ist früher häufig mit dem Tiefdrucktrog verwechselt und an dessen Stelle gesetzt worden. Daher ist es notwendig, die Strömungsvorgänge in der Höhe genau zu beachten und im Zweifelsfalle festzustellen, ob — z. B. nach der Karte der 500-mb-Fläche — tatsächlich wärmere Luft um den Tiefdruckkern herumgeführt werden kann.

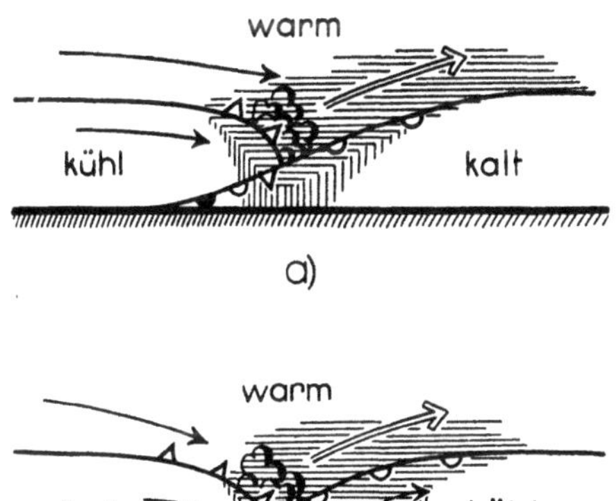

Abb. 120. Schema der Warmfrontokklusion (oben) und der Kaltfrontokklusion (unten).

Beim Elbe-I-Orkantief wäre dies nur in allernächster Nähe des Zentrums und dort vor allem in den unteren Schichten möglich; für dieses kleine Teilstück wurde von einer besonderen Frontendarstellung aber abgesehen.

Handelt es sich um eine echte rückkehrende Okklusion, so fehlt die Schauerform des Niederschlags, die den Tiefdrucktrog auszeichnet. Es kommt zu vertikal sehr mächtiger, stratiformer Bewölkung und anhaltenden Regenfällen, obwohl die Temperaturgegensätze dabei meist nicht besonders groß sind.

Die Windstärkeregistrierung vom Feuerschiff Borkumriff. In Tabelle 38 sind die Stundenmittel der Registrierung[3] des damals in der Mastspitze des Feuerschiffs *Borkumriff* montierten Anemometers, das die Strömungsverhältnisse der unteren Schichten ungestört von irgendwelchen Hindernissen angibt, für den Elbe-I-Orkan und anschließend auch für den vorangegangenen Sturm vom 17./18. Oktober zusammengestellt.

Es ist daraus zu ersehen, wie die Windgeschwindigkeit von einem Tiefstwert in den Mittagsstunden des 26. Oktober, den sie beim Durchzug des schwachen Hochdruckkeils erreichte und der immer noch Windstärke 8 betrug, mit Annäherung der Warmfront unter Rückdrehen von SW auf SSW stetig zunimmt, bis um 19 Uhr durch eine leichte Abnahme die Ankunft der Tropikluft angedeutet ist. Ein zweiter Höchstwert wird einige Stunden vor Mitternacht erreicht, woran sich ein neues Minimum anschließt, das mit dem Einbruch der Kaltfront zusammenfällt. Dann wächst der Sturm mit Eintritt in den Tiefdrucktrog gleichmäßig bis zur größten Stärke um 7 Uhr früh an und flaut nachher ebenso kontinuierlich ab, bis er am späten Abend des 27. Oktober wieder auf die Geschwindigkeiten vor Beginn des Orkans abgenommen hat.

Ganz ähnlich verhielt sich die Windgeschwindigkeit am 17. und 18. Oktober. Auch hier wird kurz vor Durchzug der Warmfront ein Höchstwert erreicht, an den sich eine Abnahme um etwa eine Einheit der

---

[1] Da das Druckgefälle in dieser Höhe häufig bereits etwas größer ist als am Boden, wandern viele Kaltfronten sogar mit einer Geschwindigkeit, die etwas größer ist als die durch die Gradientwindkomponente am Boden gegebene Geschwindigkeit (vgl. S. 255).

[2] Vgl. Abb. 141, S. 253, wo sich eine solche Front nach Jütland erstreckt.

[3] Die unter den vollen Stunden angegebenen Windgeschwindigkeiten beziehen sich auf die Zeit $^1/_2$ Stunde vor bis 30 Minuten nach dem betreffenden Termin. Die Windrichtungsangaben beziehen sich auf den synoptischen Beobachtungstermin.

Beaufortskala anschließt. Noch etwas mehr flaut der Wind bei der Passage der Kaltfront ab und frischt dahinter bei allmählicher Drehung nach WNW bis zu dem gleichfalls gegen 7 Uhr früh erreichten Höhepunkt auf. Auch diese Registrierung zeigt also alle typischen Windschwankungen beim Durchzug einer Idealzyklone; im ganzen sind die Windstärken etwas geringer als beim Elbe-I-Orkan.

Anschließend wird der Wetterablauf im nordwestdeutschen Küstengebiet beim nördlichen Vorbeizug einer winterlichen Sturmdepression noch etwas eingehender geschildert und der Versuch gemacht, eine lebendige Vorstellung einer solchen Wetterlage zu vermitteln.

Tabelle 38. *Windregistrierungen auf Feuerschiff Borkumriff am 26./27. und 17./18. Oktober 1936.*

Zeit MEZ.	26./27. Oktober 1936		17./18. Oktober 1936	
	Windrichtung	Windgeschwindigkeit m/sec	Windrichtung	Windgeschwindigkeit m/sec
12		15.9		18.5
13		15.7		19.3
14	SW	15.5*	WSW	20.1
15		16.0		20.2
16		16.4		**20.3**
17	SSW	17.8	WSW	20.2 Warmfront
18		19.0		19.5
19	SSW	**19.3**	WSW	19.1
20		19.1* Warmfront		18.8*
21		19.4		19.0
22		**19.9**		19.3
23	WSW	19.6	WSW	**19.3**
24		18.8* Kaltfront		19.2
1		19.7		18.9
2	W	22.0	W	18.1* Kaltfront
3		22.8		19.2
4		23.7		21.5
5	W	25.1	W	23.0
6		26.4		24.0
7		**27.5**		**24.2**
8	W	27.4	WNW	23.8
9		26.9		23.9
10		26.9		23.8
11	W	26.8	WNW	23.3
12		25.9		23.0
13		25.4		22.7
14	WNW	25.4	NW	22.7
15		25.1		22.4
16		24.4		22.2
17	WNW	22.6	NW	21.7
18		21.6		20.9
19	W	20.2	NW	20.3
20		19.4		19.5
21		18.3		19.2
22		16.5		19.0
23		16.1		17.1

Beschreibung der Wettererscheinungen beim Vorbeizug einer Sturmdepression[1]. Am eindrucksvollsten sind die mit dem Durchzug der Zyklonen verbundenen Wettervorgänge innerhalb Deutschlands im allgemeinen im nordwestlichen Küstengebiet (679), weshalb sich die folgende Schilderung in erster Linie auf das Land der Deiche und Priele beziehen soll. Dabei sind die Erscheinungen wesentlich interessanter, wenn der Tiefdruckkern nördlich vorbeizieht:

Die Schauertätigkeit auf der Rückseite der abziehenden Depression ebbt allmählich ab, sowohl hinsichtlich ihrer Intensität als auch der zeitlichen Aufeinanderfolge der einzelnen Staffeln, während sich zugleich der starke Druckanstieg verlangsamt. Immer größere Flächen klarblauen Himmels werden von den getürmten Haufenwolken freigegeben, und die Sichtweite ist praktisch unbegrenzt: Scharf hebt sich die unruhige Kimm gegen den etwas gelblichen Hintergrund des Abendhimmels ab.

Im nordwestlichen Halbraum zerfallen die Schauerwolken rasch und geben den Blick in die höheren Schichten frei. Dort nahen die ersten Vorboten einer neuen Störung: Zarte Cirrusfäden, deren Schneegirlanden unten weit zurückhängen und dem Gebilde ein hakenförmiges Aussehen verleihen *(Cirrus uncinus*[2]*)*, ziehen von dort rasch herauf. Ihre Form kommt dadurch zustande, daß die Windgeschwindigkeit nach oben erheblich zunimmt und dadurch die tiefer herabfallenden Eiskristalle gegenüber dem Kopf der Wolke weit zurückbleiben. Eine derartige Steigerung der Windstärke mit der Höhe ist aber ein Zeichen dafür, daß dort große Temperaturunterschiede vorhanden sein müssen, wie sie eine Vorbedingung für die Entwicklung von Sturmwirbeln darstellen, und der Volksmund hat diese Wolkenform treffend als „*Windbäume*" bezeichnet, die auf einen nahenden Sturm hindeuten.

---

[1] Besonders anschauliche Schilderungen über die Wettererscheinungen beim Durchzug verschiedenartiger Kälte- und Wärmewellen sind in mehreren Arbeiten von J. BLÜTHGEN (100, 102, 103) enthalten.

[2] Bezüglich der Einteilung der Wolkenarten s. SÜRING (824).

In Horizontnähe fließen die einzelnen Cirrusschwaden zu einer gleichmäßigen Wolkendecke *(Cirrostratus)* zusammen, um die untergehende Sonne einen Hof[1] und einen prachtvollen farbigen Ring erzeugend. Es entwickelt sich jetzt ein typischer „*Aufzug*". Bald verschwindet unser Zentralgestirn hinter einer schon mehr dunkelgrau und drohend, etwas verschmiert aussehenden gleichförmigen Wolkenmasse *(Altostratus)*, die infolge des Fehlens von Dunstschichten und stärker zerstreuender Partikelchen eine gelbliche Tönung annimmt. Im Zenith wird der blaue Himmel sogar stellenweise violett verfärbt, und die am Osthorizont noch stehenden Schauerwolken erscheinen in fahlem Glanze.

Inzwischen hat der neue Wolkenaufzug den Scheitelpunkt erreicht, doch sind die hellsten Sterne noch verschwommen zu erkennen. Das Barometer fällt seit einigen Stunden in zunehmendem Maße, der Wind hat von Nordwest nach Südwest bis Süd zurückgedreht und beginnt wieder aufzufrischen. Bald fallen die ersten vereinzelten Tropfen, aber schon nach kurzer Zeit begrenzt der gleichmäßig niedergehende Regen die Sicht erheblich. Der Wind nimmt an Stärke immer mehr zu, weist aber nur eine geringe Böigkeit auf; die Wolkenuntergrenze rückt tiefer, und schon jagen niedrige *Nimbuswolken* in 100 bis 200 m Höhe unter der gleichmäßig grauen Decke dahin und hüllen selbst die flachen Berge des Geestrückens ein. Der Luftdruck nimmt immer schneller ab bis zur Passage der Warmfront, wobei der Regen aufhört und die Temperatur merkbar ansteigt. Der Wind dreht wieder mehr nach West und flaut für einige Stunden etwas ab, erreicht dann aber wieder seine vorherige Stärke. Jetzt treiben, vom Sturme gepeitscht, feine Sprühregenschauer über die niedrige Küste und lassen die Sicht jedesmal auf wenige hundert Meter herabgehen. Die relative Feuchtigkeit nähert sich dem Sättigungswert. Alles trieft vor Nässe. Der Laie merkt wenig davon, daß die vertikale Mächtigkeit der Wolkenmasse jetzt meist nur noch 1000 bis 2000 m beträgt und darüber die Flugwetterbedingungen durchaus günstig sind, wogegen über dem Aufgleitgebiet schon Höhen von 8000 oder 10000 m aufgesucht werden müssen, um dem frontalen Wolkensystem zu entgehen.

Für kurze Zeiträume hat man den Eindruck, als wenn sich die Wolkendecke etwas auflockerte, und zugleich läßt der Sprühregen nach. Dann verschwindet die Landschaft aber wieder im eintönigen Grau. Das Wetterglas fällt erneut, die Schauer werden stärker und sind jetzt mit großtropfigem Regen vermischt. Am Westhorizont erscheint eine dunkle, drohende Wolkenwand, deren tief herabhängende Fetzen auf der Vorderkante noch von Südwest nach Nordost jagen, während zugleich die scharf abgegrenzte rückwärtige Wolkenfläche *(Böenkragen)*, aus Nordwesten heraufziehend, unter heftiger Drehbewegung emporstrudelt und hinter ihrem dunklen Segment den Blick auf die niederstürzenden Eis- und Wassermassen freigibt. Erst in dem Augenblick, wenn die Wolkenwalze den Zenith erreicht und es bereits wesentlich heller wird, fällt die begleitende Sturmböe aus Nordwest ein *(Böenwalze)* und treibt den Niederschlag vor sich her. Der Luftdruck nimmt ebenso sprunghaft zu wie die Temperatur zurückgeht.

Diese *Böenfront*, auch *Böenlinie* genannt (366), zieht immer schnell vorüber. Der Wind flaut danach merkbar ab, blauer Himmel wird sichtbar, und die hochgetürmte Wolkenwand entschwindet im Osten. Bald treiben nur noch einzelne weiße Ballen im klaren Sonnenlicht, und nur der erneut einsetzende Druckfall und das Rückdrehen des Windes deuten darauf hin, daß der Sturm noch nicht vorüber ist.

Schon nach wenigen Stunden ist das Firmament wieder zum größten Teil mit stark quellenden Wolkenformen bedeckt; es fegen in immer kürzeren Abständen heftige *Regenböen* über das Land, bei deren Durchzug der Sturm jedesmal zum Orkan anschwillt. Der Wind hat bis nach Südwest zurückgedreht, die Schauer verdichten sich zeitweise zu anhaltenden, heftigen Regengüssen, und der Barometersturz hält an. Stratiforme und cumuloide Wolkenformen sind wirr miteinander vermischt, Hagel-, Graupel-, Schnee- und Regenschauer wechseln mit gleichförmigerem Niederschlag ab, und die Wut des Unwetters legt sich erst, wenn das Barometer wieder anfängt zu steigen. Der Wind dreht allmählich über West nach Nordwest, die Ambosse der Schauerwolken entwickeln sich entsprechend der tief herabgesunkenen Tropopause schon in mittleren Höhen. Bei fortdauerndem starkem Druckanstieg lassen die Böen weiter an Stärke nach. Entweder folgt ein endgültiger Abschluß der betreffenden Wirbelserie, oder ein herannahender Hochdruckkeil unterbricht nur für kurze Zeit das unruhige Westwetter.

Im okkludierten Teil der Zyklone fehlt die Warmsektorphase, und der gleichmäßige Landregen der Vorderseite schließt meistens mit dem starken Schauer der als Höhenkaltfront wirkenden Okklusion ab. Sonst sind die Wettererscheinungen durchaus ähnlich. Bei sehr starkem Barometerfall beginnt das Einfließen der Polarluft zuweilen zuerst in der Höhe, und es setzt sich dann von dort Labilisierung nach unten durch, so daß der

---

[1] *Höfe* um Sonne und Mond werden durch *Beugung* der Lichtstrahlen, *Regenbogen* durch Brechung an Wassertropfen und *Ringe* durch Brechung an Eiskristallen hervorgerufen. Da letztere meistens innerhalb der Aufzugsbewölkung auftreten, gelten sie als Regenverkünder.

Warmfrontniederschlag allmählich in die Schauerform übergeht. Dies ist in der Nähe der großen Wirbel sogar der Regelfall (785).

Zieht die Zyklone südlich vom Beobachtungsort vorüber, so fehlen auch die Erscheinungen des Troges und der Rückseite. Sobald sich das Zentrum des Minimums wieder entfernt, läßt der Aufgleitregen nach, aber das begleitende Wolkensystem bleibt viel länger erhalten. Es tritt keine Aufheiterung ein, und erst wenn das nachfolgende Hoch schon nahe herangerückt ist, zeigt sich der blaue Himmel.

Im Gebirge sind die Wettererscheinungen beim Durchzug der Depressionen gänzlich anders. Die Verteilung der Wolken- und Niederschlagsgebiete hängt hier völlig von der Streichrichtung der Bergmassive ab. So herrscht am Nordrand der Alpen bei Südströmung auf der Vorderseite der atlantischen Minima immer mehr oder weniger föhnige Witterung: die Aufgleitbewölkung wird auf wenige, linsenförmige Bänke (392, 393) in den mittleren Schichten reduziert, und nur die cirrösen Teile unterliegen weniger rasch dem Zerfall. Dafür gibt der Stau bei Nordwestwind zur Ausbildung einer völlig geschlossenen, bis in die obere Troposphäre reichenden dichten Wolkenmasse Anlaß, aus die tagelang anhaltende Regen- oder Schneefälle niedergehen können. Das Schema der Idealzyklone spielt deshalb hier nur eine geringe Rolle, und es sind andere Indizien, die den Einblick in das Wettergeschehen erleichtern helfen.

d) Die zusammengesetzte Depression nach v. Ficker.

H. v. Ficker hat schon vor mehr als 20 Jahren, allein auf Grund der Beobachtungen der Bergobservatorien und von Registrierballonaufstiegen, ein Schema des Druckverlaufs in den verschiedenen Höhenschichten der Hoch- und Tiefdruckgebiete angegeben, das durch die neueren aerologischen Messungen in allen wesentlichen Punkten bestätigt worden ist (141, 223, 225, 226, 228, 360).

Er hat den Vorübergang hoher Depressionen und Antizyklonen in sechs Stadien unterteilt:

Beim stärksten Barometerrückgang unten fällt der Luftdruck in der Höhe erst wenig, und wenn dort zugleich mit dem troposphärischen Kälteeinbruch der rapide Sturz einsetzt, beginnt das Barometer am Boden bereits zu steigen; die untere Stratosphäre wird gleichzeitig wärmer. Sodann tritt allgemeines Steigen des Druckes ein, am meisten an der Erdoberfläche; die Substratosphäre wird kälter. Anschließend verlagert sich der stärkste Anstieg in die obere Troposphäre bei gleichzeitiger Erwärmung der Schichten darunter. Am Boden beginnt jetzt das Barometer allmählich zu fallen, während sich der Anstieg in der Höhe zunächst noch fortsetzt und die Tropopause am kältesten wird. Mit zunehmendem Druckfall unten wird dann wieder das erste Stadium eingeleitet.

Der unterschiedliche Druckgang in der Höhe und am Boden kann durch eine Phasenverschiebung um $^1/_4$ Wellenlänge in der oberen Troposphäre gegenüber den bodennahen Schichten erklärt werden, die durch die troposphärische Temperaturschwankung hervorgerufen wird. Die obere Welle wird als *primäre*, die untere als *sekundäre* bezeichnet, wobei diese Benennung nach v. Ficker aber nichts über die Kausalität aussagen soll. Im Anfangsstadium der Zyklonen ist hauptsächlich die untere Druckschwankung ausgeprägt, später überwiegt die obere. Junge Tiefdruckgebiete werden deshalb auch als *niedrige* und ältere als *hohe* Zyklonen bezeichnet. Auch bei den Hochdruckgebieten ist die Entwicklung ähnlich, indem die niedrigen, kalten sich im Laufe ihrer Entwicklung in hohe, warme umwandeln, aber niemals der umgekehrte Vorgang beobachtet wird.

H. v. Ficker (222) hat weiter nachgewiesen, daß der Gang des Bodendrucks während der Ausbreitung der Kältewellen über den einzelnen russischen Klimaprovinzen recht verschieden ist[1]. In der Nähe des Ursprungsgebiets der Kaltluftvorstöße beginnen diese meist bei allgemeinem Druckfall, und auch in mittleren Breiten setzt sich der Barometerrückgang vielfach noch nach Eintreffen der Kaltfront fort. Weiter im Süden aber ist es umgekehrt; es beginnt in den meisten Fällen schon einige Zeit, bevor die Polarluftmasse eingetroffen ist, stärkerer Druckanstieg am Boden[2].

Die zuletzt erwähnte Koppelung zwischen Druckverlauf und Advektion ist besonders typisch für die Nordseite aller großen Gebirge und deshalb vor allem über Russisch-Zentral-Asien ausgeprägt, aber auch am Nordrande der Alpen in gewissem Ausmaß vorhanden. Sie hängt mit den Staueffekten zusammen, die auf der Luvseite der Bergländer Druckanstieg immer mehr begünstigen als Druckfall und daher dort bevorzugt zur Ausbildung von antizyklonalen Zellen oder wenigstens Hochdruckbrücken Anlaß geben. Auf der Südseite der Gebirgsschwelle überwiegt dagegen mit Annäherung der Kaltluftvorstöße Druckrückgang in allen Höhen.

---

[1] Siehe auch Gölles (276, 277) und Wagemann (847).

[2] Wie Hoinkes (323) nachgewiesen hat, lassen sich viele Druckwellen rings um die Erde verfolgen, und solche langlebigen Steiggebiete lösen immer wieder neue Kältewellen aus, mit denen sich ein sekundärer, meist nach SE ziehender Druckwellenberg abspaltet. Andererseits kann man auch Kreuzungen von Steiggebieten beobachten (vgl. auch Ekhart 186), wobei die Luftdruckzunahme jedesmal besonders groß wird.

e) Die Genua- und Skagerrak-Zyklonen.

Besonders bekannt ist der im Gefolge eines jeden stärkeren Kaltluftvorstoßes südlich der Alpen eintretende Druckfall. Er ist im allgemeinen um so größer, je intensiver der Polarluftausbruch war, und ein solcher stellt andererseits eine wesentliche Vorbedingung für die Entstehung von Mittelmeerdepressionen dar. Nach v. FICKER (224) liegt die wesentliche Ursache für diese Koppelung darin, daß an den Alpen von einem nordsüdwärts wandernden Druckwellensystem der untere Teil zurückgehalten wird, und sich dadurch in jener Phase, wo bei allgemeiner Abkühlung und Druckfall in der Höhe ohne das Dazwischentreten der Alpen bereits eine Zunahme des Luftdrucks am Boden eintreten würde, der Barometerrückgang südlich des Gebirges fortsetzt.

Dieser zyklogenetische Effekt muß wohl unterschieden werden von den direkten Stauwirkungen der Gebirge, die auch in einem einheitlichen Luftstrom auftreten, und womit die Entstehung des *Föhns* auf das engste verknüpft ist. Besonders sorgfältig hat L. LAMMERT (397) die aerologischen Verhältnisse bei Föhnwetterlagen im Alpenbereich untersucht, und dabei stellte es sich heraus, daß sich die mit dem Stau und dem Föhn gekoppelten Temperaturänderungen nicht allein auf die unteren Schichten beschränken, sondern noch bis zur Tropopause hinauf erkennbar sind.

Die Luftdruckverteilung an einem Gebirge ist gekennzeichnet durch eine relative Druckerhöhung und die damit verknüpfte Ausbildung eines Hochdruckkeils auf der Luv- sowie eine entsprechende Druckerniedrigung auf der Leeseite. Man darf sich diese Konfiguration des Druckfeldes aber nicht als eine unmittelbare Wirkung des Staudrucks vorstellen, denn dieser könnte selbst in extremen Fällen nur wenige Millibar ausmachen. Es ist vielmehr so, daß der Stau zu einem Massenüberschuß Anlaß gibt, wodurch in der Höhe ein Abströmen und eine entsprechende adiabatische Temperaturerniedrigung darunter herbeigeführt wird, die häufig sehr deutlich in Erscheinung tritt, wenn bei Nordstau die niedrigste Mitteltemperatur der Schicht von 1000 bis 500 mb über *München* beobachtet wird; um die durch diese Abkühlung hervorgerufene Kontraktion vermindert sich das obere Abströmen im Vergleich zu der unten gestauten Luftmenge. Der umgekehrte Prozeß gilt für die Leeseite. Dort resultiert eine entsprechende Temperaturerhöhung durch den Absinkeffekt, der seinerseits wieder die Folgeerscheinung davon ist, daß die unteren Luftmassen, dem allgemeinen Druckgefälle folgend, vom Gebirge aus abfließen. Das Ausmaß der Temperaturerhöhung auf der Leeseite ist dabei nicht nur durch die Kammhöhe des Gebirges bestimmt, sondern auch eine Funktion des Wasserdampfgehalts der aufsteigenden Luftmasse, und es ist die freiwerdende Kondensationswärme, die eine geringere Abkühlung auf der Luvseite bewirkt im Vergleich zur späteren Erwärmung beim trockenadiabatischen Absinkprozeß hinter dem Gebirge.

Der luvwärtige Hochdruckkeil und das relative Tief auf der Leeseite von Gebirgen sind nach dem vorhergehenden also „dynamisch" durch die allgemeinen Strömungsvorgänge erzeugt, prägen sich aber „statisch" durch solche Temperaturabweichungen aus, daß in größeren Höhen keine durch den Bergrücken hervorgerufene Deformation des Druckfeldes übrigbleibt. Dies ist aber andererseits nur deshalb möglich, weil in den unteren Schichten ein Ausgleich der Druckunterschiede durch das Gebirge verhindert wird.

Für das Verständnis der Auswirkung der Gebirge auf mit Kältewellen verbundene wandernde Druckwellen muß man die weiter oben angestellten Betrachtungen über die Austauschströme zwischen verschieden temperierten Luftmassen etwas modifizieren. Es wurde nämlich darauf hingewiesen, daß beim Herannahen von Kaltfronten in der Höhe ein Abströmen durch das sich versteilende Druckgefälle von Warm nach Kalt einsetzt, das aber deshalb nicht sein volles Ausmaß erreichen kann, weil der Höhenwind bald parallel den Isobaren verläuft und andererseits das Hauptausgleichsniveau gerade am Boden liegt. Im Gebirge ist diese Reibungsschicht dagegen entsprechend der mittleren Lage der Gipfel oder mindestens der Paßhöhen nach oben hin verschoben, das ist bei den Alpen etwa eine Höhenlage zwischen 2000 und 3000 m. Daraus resultiert eine ähnliche vertikale Verlagerung der Ausgleichsfläche[1]. Der untere Rückstrom von Kalt zu Warm wird durch das Gebirge verhindert, und dadurch verstärkt sich der präfrontale Druckfall derart, daß ein Kaltluftvorstoß von Norden her so häufig die Bildung eines neuen Zyklonenkerns südlich des Gebirges zur Folge hat.

Daß das Zentrum dieser in Lee der Alpen entstehenden sekundären Depressionen dabei in der weit überwiegenden Mehrzahl der Fälle über dem Golf von Genua liegt, hängt sicher teilweise damit zusammen, daß die Zyklogenese über dem Wasser und im Winter über dem erheblich wärmeren Meer besonders begünstigt wird. Es spielt dabei aber auch ebenso sicher die Form des Rhonetals eine große Rolle, indem sich die Kaltluft durch diesen Einschnitt ungehemmt nach Süden ergießen kann, während sie weiter östlich durch die Alpen und im Westen durch die Pyrenäen zurückgehalten wird. Um so heftiger erfolgt der Durchbruch durch das

---

[1] Hiermit hängt auch die Tatsache zusammen, daß die Druckgradienten zwischen der Luv- und Leeseite an Gebirgen ungewöhnlich hohe Beträge annehmen können. Für einen Ausgleich stehen nur wenige Taleinschnitte zur Verfügung, und dort kann der Wind zerstörende Wirkung annehmen.

Rhonetal, an der französischen Riviera als *Mistral* bekannt und gefürchtet. Da aber mit jeder Abkühlung in den unteren Schichten Druckfall in der Höhe verbunden ist, so muß sich die obere Weststömung gerade über dem Golf du Lion wesentlich verstärken, und es kommt auf der Ostseite dieser Drängungszone zu einer Richtungsdivergenz der Höhenströmung und damit zur Entwicklung eines Tiefdruckkernes südlich von Genua *(orographische Zyklogenese);* eine derartige Entwicklung wurde von E. Dinies (164) beschrieben.

Es ist kein Zufall, daß auch das Skagerrak eine beliebte Aufenthaltsstätte für Depressionszentren bildet (426), denn auch hier hindert das norwegische Bergland unter Umständen das Vordringen der maritimen Polarluft, die bei starkem Druckgradienten vor der norwegischen Südwestküste rasch zur nördlichen Nordsee geschleust wird. An Bedeutung tritt diese zyklogenetisch wirksame Zone aber gegenüber dem Südrand der Alpen zurück, und häufig ist es nur der Effekt der geringeren Reibung über den Wasserflächen, der den Zyklonen den Weg über das Skagerrak ebnet.

Auch für die Entstehung der Vb-Zyklonen spielen die Alpen eine wichtige Rolle, indem sie die von Nordwesten anbrandende Kaltluft in beschleunigtem Tempo keilförmig in das Wiener Becken lenken, wo sie auf die ungarische Warmluft trifft und dort eine von Südsüdwest nach Nordnordost orientierte Frontalzone erzeugt. Es soll darauf aber erst bei der Besprechung der betreffenden Wetterlagen näher eingegangen werden (S. **277**ff.)

Ganz ähnlich liegen auch die Verhältnisse an der grönländischen Südostküste, und der enge Zusammenhang zwischen dem zungenförmigen Vorstoß kalter Luft und der dabei erfolgenden Bildung der Tiefdruckwirbel ist von Exner besonders hervorgehoben worden.

f) Die Exnersche Riegeltheorie der Zyklonen.

F. M. Exner (214) hat die Tatsache, daß sich die Zyklonen in erster Linie auf der Leeseite von ausgeprägten Kaltluftzungen entwickeln, darauf zurückgeführt, daß die Kaltluft als Riegel wirken würde und so eine ähnliche Funktion ausübe, wie sie den Gebirgen zukommt. Infolge der Trägheit soll die abgeschnittene Warmluft hinter dem Polarluftkeil zunächst noch weiter ihre Richtung beibehalten und damit die Druckerniedrigung zustande kommen (215, S. 339ff.). Nachdem sich aber herausgestellt hat, daß Kaltluftvorstöße nur in den unteren Schichten höheren Druck aufweisen und darüber gerade besonders niedrige Lagen der Isobarenflächen angetroffen werden, kann von einer Riegelwirkung der Kaltmasse nicht mehr gesprochen werden. Die Ursache für diese Erscheinung kann demgegenüber darin gesucht werden, daß gerade durch den tiefen Luftdruck in der Höhe innerhalb (oder oberhalb) des Kaltluftkeils an dessen Südseite eine Zusammendrängung der Stromlinien erfolgt und davor eine Richtungsdivergenz entsteht, in deren Bereich — durch den Ryd-Effekt etwas nach links verschoben — der Druckfall einsetzt, und außerdem ist zu beachten, daß der Bjerknessche Divergenzeffekt im gleichen Sinne wirkt.

Da alle von Norden nach Süden verlaufenden Gebirgszüge einen derartigen keilförmigen Vorstoß der Kaltmassen begünstigen, dienen sie als bevorzugte Ausgangsstellen der großen Polarluftvorstöße und der sie begleitenden Zyklogenesen. Auf die entsprechende Wirkung des grönländischen Massivs wurde schon hingewiesen; eine ähnliche Rolle spielt das amerikanische Felsengebirge und für die russischen Kältewellen auch schon die Gebirgsschwelle auf Nowaja Semlja.

g) Die Wellentheorie der Zyklonen.

Die norwegische Wellentheorie der Zyklonen ist in der „*Physikalischen Hydrodynamik*" (95) eingehend dargestellt, so daß hier nur kurz darauf eingegangen zu werden braucht. Sie gründet sich auf die Vorstellung, daß die Grenzfläche der verschiedenen Luftmassen wellenförmige Deformationen erleidet und legt deshalb das Hauptgewicht auf die Existenz von echten Unstetigkeitsflächen. Der tatsächlich beobachtete Entwicklungsgang der Depressionen entspricht weitgehend der theoretischen Berechnung der einzelnen Stadien. Auch ergibt die Theorie insofern gute Übereinstimmung mit der Beobachtung, als Wellenlängen unter 1000 km stabil und darüber labil sein sollen: Die sog. *Schnelläufer* sind *Frontalwellen*, deren Umfang gering bleibt und die oft in geringerem Abstand einander folgen, wogegen sich größere Depressionen nur dann entwickeln, wenn die betreffende Initialwelle schon zu Beginn einen Umfang von mehr als 1000 km aufweist.

Nach C. L. Godske (268, 269) ist die Zyklonenbildung das Resultat des Überwiegens der *Scherungsinstabilität* an einer Diskontinuitätsfläche über die dynamische Stabilität der Schwerewelle. Diese Theorie setzt bestimmte Grundgeschwindigkeiten der beiden verschiedenen, an der Unstetigkeit aneinandergrenzenden Luftmassen voraus und berücksichtigt daher nicht die Tatsache, daß sich in der vertikalen Geschwindigkeitsverteilung immer starke Unterschiede in den einzelnen Höhenstufen ergeben und daß die sprunghafte Änderung der meteorologischen Elemente in der freien Atmosphäre weit weniger dominierend ist. Ein Eingehen auf die mathematischen Beweisführungen der Wellentheorie würde hier zu weit führen, und es soll deshalb gleich zu den tropischen Wirbelstürmen übergegangen werden.

6. Die tropischen Wirbelstürme.

Die tropischen Wirbelstürme (777, 829) weisen eine erheblich größere Energie auf als die Zyklonen der gemäßigten Breiten, sind dafür aber räumlich viel beschränkter. Ihre gesamte Struktur zeigt aber doch auch wieder viele Anklänge an die außertropischen Tiefdruckstörungen, und sogar ihre Entstehung erfolgt auf ähnliche Weise.

a) Die Entstehung der tropischen Wirbelstürme.

Man hat die Bildung der tropischen Wirbelstürme früher in erster Linie auf die Wirkung feuchtadiabatischer Prozesse zurückgeführt[1]. Erst in neuerer Zeit hat die Vorstellung, daß Fronten auch für die tropischen Zyklogenesen verantwortlich sind, an Boden gewonnen. C. E. Deppermann (144) hat diese Anschauung auf die ostasiatischen Taifune angewandt, und De Monts (475) weist für eine Zyklogenese im südlichen Indischen Ozean der Polarluft eine „katalytische" Rolle zu. K. R. Ramanathan und H. C. Banerjee (593) haben ebenso wie H. Arakawa (17, 18) Wetterlagen bearbeitet, die die wesentlichsten Züge des tropischen Dreimassenecks im Sinne von M. Rodewald (615) enthalten.

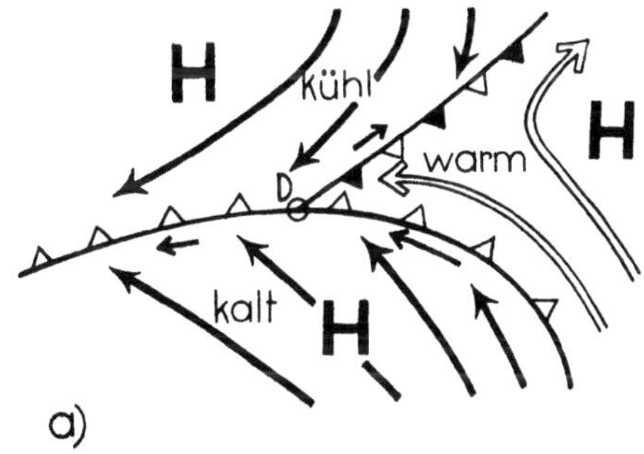

Rodewald hat für das tropische Dreimasseneck auf der Nord- bzw. der Südhalbkugel zwei Schemata angegeben, die in Abb. 121, unter Anpassung an die hier durchgeführte Frontensymbolik, reproduziert sind. Auf unserer Hemisphäre (a) kommt das Dreimasseneck demnach dadurch zustande, daß von Süden her über den Äquator hinweg Polarluft vorstößt, die von den drei am Aufbau dieser Situation beteiligten Partnern am kältesten ist, ihren Ursprung aber nur noch in den oberen Schichten zu erkennen gibt, da sie auf ihrem langen Wege in Meeresnähe zu sehr abgewandelt worden ist. Sie ist in den Südostpassat eingebettet, wird auf ihrer rechten Seite durch die normale, aus der subtropischen Hochdruckzelle der Südhemisphäre stammende Passatluft begrenzt und stößt weiter im Nordwesten auf etwas wärmere, aber im Vergleich zu dieser normalen Passatluft kühlere Masse polaren Ursprungs der Sommerhalbkugel. Es resultiert daraus eine Höhenströmung, wie sie die an den Fronten eingezeichneten kürzeren Pfeile angeben und kommt zur Ausbildung einer Richtungsdivergenz im Punkte D, wo die Bildung des Wirbelsturmes zu erwarten ist. Tatsächlich zeigen auch die mittleren Karten für die 225- und 96-mb-Fläche im Gebiet der Antillen[2] eine

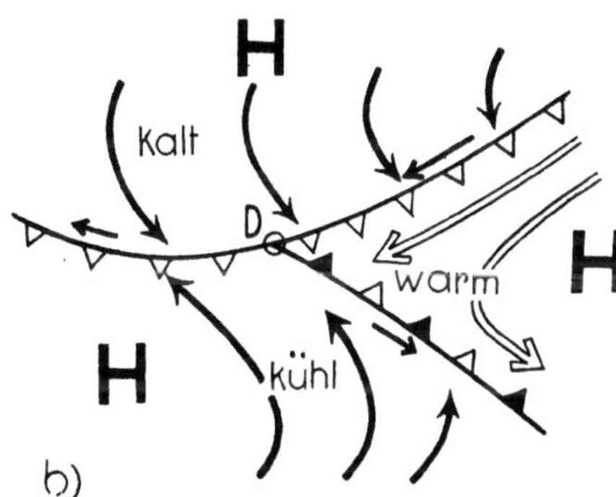

Abb. 121. Schematische Darstellung der zur Bildung tropischer Zyklonen Anlaß gebenden Dreimassenecksituation auf der Nordhalbkugel (oben) und der Südhemisphäre (unten) nach Rodewald.

ähnliche Drucksituation, und es ist zu vermuten, daß die Verhältnisse über dem ostasiatischen und indischen Taifungebiet nicht viel anders liegen, wenn auch aerologische Beobachtungen fehlen, die diese Vorstellung bestätigen könnten.

Auf der Südhalbkugel (b) übernehmen die sibirische bzw. nordamerikanische Luft die Rolle der kältesten Masse, wobei es zur Ausbildung der Taifune des südlichen Indischen Ozeans *(Mauritius-Orkane)*,

---

[1] Wie weit diese für die mit der Passatströmung westwärts schwimmenden Konvergenzlinien *(easterly waves)*, bei deren Durchzug z. B. die *Tornados* des äquatorialen Afrikas auftreten (557, 599, 600), maßgebend sind, ist noch nicht geklärt. Neuere amerikanische Untersuchungen haben jedenfalls ergeben, daß die freie Atmosphäre in diesen Konvergenzgebieten *(Passatwellen)* erheblich feuchter und kälter ist und daß auch in der Höhe eine ausgesprochene Windkonvergenz vorhanden ist, was auf eine enge Verwandtschaft mit den Kaltlufttropfen hindeutet. Manchmal entsteht aus diesen Störungslinien ein echter tropischer Wirbelsturm, wofür natürlich vorläufig die Labilität ebenso verantwortlich gemacht werden kann wie der Temperaturgegensatz am Rande dieser „Kaltlufttropfen".

[2] Dies ist die bestbekannte Orkanzone der Erde, wobei der Ursprungsort dieser Wirbelstürme gelegentlich bis in die Nähe der Kap Verden zurückverfolgt werden kann. Nach Westen hin setzt sich dieses Orkangebiet bis in den Pazifischen Ozean fort, wo westlich der Küsten von Mexico sporadisch Wirbelstürme beobachtet worden sind, die aber stets schon vor Erreichen des 130. Grades westlicher Länge der Auflösung anheimfallen.

längs der Nordwestküste Australiens und der Südsee zwischen den Gesellschaftsinseln und Australien kommt.
Daß über dem Südatlantischen Ozean Wirbelstürme unbekannt sind, findet darin seine Begründung,
daß die tropische Tiefdruckrinne hier niemals über den Äquator nach Süden rückt.

In neuerer Zeit ist auch in einer japanischen Arbeit von H. Arakawa (20), anscheinend ohne Kenntnis
der Untersuchungen von Rodewald, darauf hingewiesen worden, daß die nordhemisphärische Polarluft
für die Entstehung der tropischen Orkane des südlichen Pazifischen Ozeans eine wesentliche Rolle spielen
soll, nachdem S. Li (407) schon früher die Bedeutung der südpolaren Luft für die Taifune des Nordpazifiks
sowie für jene hervorgehoben hatte, die die Bucht von Bengalen und das Arabische Meer heimsuchen.

Daß auch an der Entstehung der tropischen Wirbelstürme die ablenkende Kraft der Erdrotation ausschlaggebend beteiligt ist, kann man daraus ersehen, daß in unmittelbarer Nähe des Äquators keine

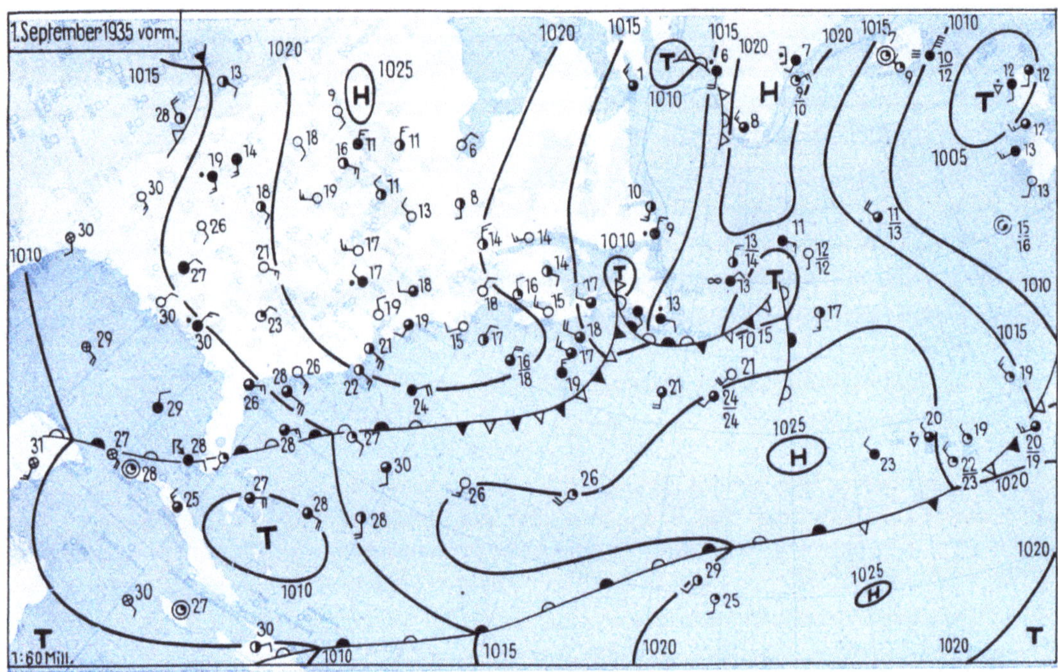

Abb. 122. Die Wetterlage vor Ausbildung eines tropischen Wirbelsturms im Gebiet der Westindischen Inseln
am 1. September 1935.

Zyklonen vorkommen. L. Schubart (777) gibt als orkanfreies Gebiet die Zone bis zu 6° nördlich und südlich des Gleichers an, bezeichnet aber bis zu 4° Breite die Bildung als möglich, wenn auch noch nicht beobachtet.

Die ablenkende Kraft ist in diesen niedrigen Breiten natürlich ganz wesentlich geringer als bei uns,
und daher genügen schon geringe Temperaturgegensätze, um erhebliche Windgeschwindigkeiten zu erzeugen, sofern man überhaupt noch berechtigt ist, die Gesetze des geostrophischen Windes hierbei anzuwenden.
Rodewald (615, S. 202) hat berechnet, daß der geringen Kaltfrontneigung von 1:300 unter der Annahme,
daß die Temperaturdifferenz im Mittel 4° beträgt, unter 15° Breite bereits ein Gradientwind von 40 und unter
8° Äquatorabstand von 80 km/h entsprechen müßte, so daß daraus jedenfalls ersichtlich ist, daß viel geringere
Gegensätze der beteiligten Luftmassen genügen, um eine wirksame Zyklogenese herbeizuführen.

Rodewald[1] hat gleichzeitig darauf aufmerksam gemacht, daß es den Anschein hat, daß manche tropischen
Orkane ohne Zuhilfenahme des fremdhemisphärischen Einflusses entstehen, was insbesondere für jene gilt,
die in größerer Äquatorferne, am Rande oder innerhalb der Subtropen ihre Geburtsstätte haben. Sofern diese
Tropikzyklonen gleich auf der Nordhalbkugel einen nordöstlichen, auf der südlichen Hemisphäre einen
südöstlichen Kurs einschlagen, kann man mit einiger Sicherheit darauf schließen, daß die Entstehung ohne
Beteiligung von Kaltluft der anderen Halbkugel vor sich geht. Da diese fremdhemisphärische Kaltluft zeit-
lich gegen den Winter der orkanbetroffenen Halbkugel hin, räumlich mit dem Abstande des Zyklogenesen-
ortes vom Äquator an Wirksamkeit einbüßt, so werden diejenigen Tropikzyklonen, welche besonders häufig
in der Vor- und Nachwinterzeit polwärts von 20° Breite ihren Ursprung nehmen, wohl immer nur den
Strömungsvorgängen halbkugeleigener Massen ihre Entstehung verdanken. Das erste Beispiel, das in dieser

---

[1] Lit. 615, S. 208. Weitere Arbeiten über die tropischen und subtropischen Wirbelstürme Lit. 567, 616, 618, 621, 626,
627, 628.

Hinsicht untersucht worden ist, der Bermudaorkan vom 26. April 1933 (613), war an einem Dreimasseneck entstanden, an dem nur Luftkörper der eigenen Halbkugel beteiligt waren: Tropikluft und je eine frische und gealterte Polarmasse.

Der Hurrikan vom 1. bis 3. September 1935. In der Zusammenstellung der tiefsten bisher beobachteten Barometerstände auf S. 179 folgt an zweiter Stelle die Luftdruckmessung zu *Key West* auf Florida vom 3. September 1935 mit 891.7 mb, ein Wert, der nach W. F. McDonald (424) als gut verbürgt angesehen werden kann. Der gleiche Autor (423) hat auch eine Beschreibung dieses Orkans gegeben, die von Rodewald (616) zitiert worden ist, und worauf wir uns im folgenden stützen können.

Die ersten Anzeichen einer Störung waren während der letzten zwei oder drei Tage des August östlich und nördlich Turks Island zu beobachten, aber eine ausgesprochene Depression trat erstmals am 31. August

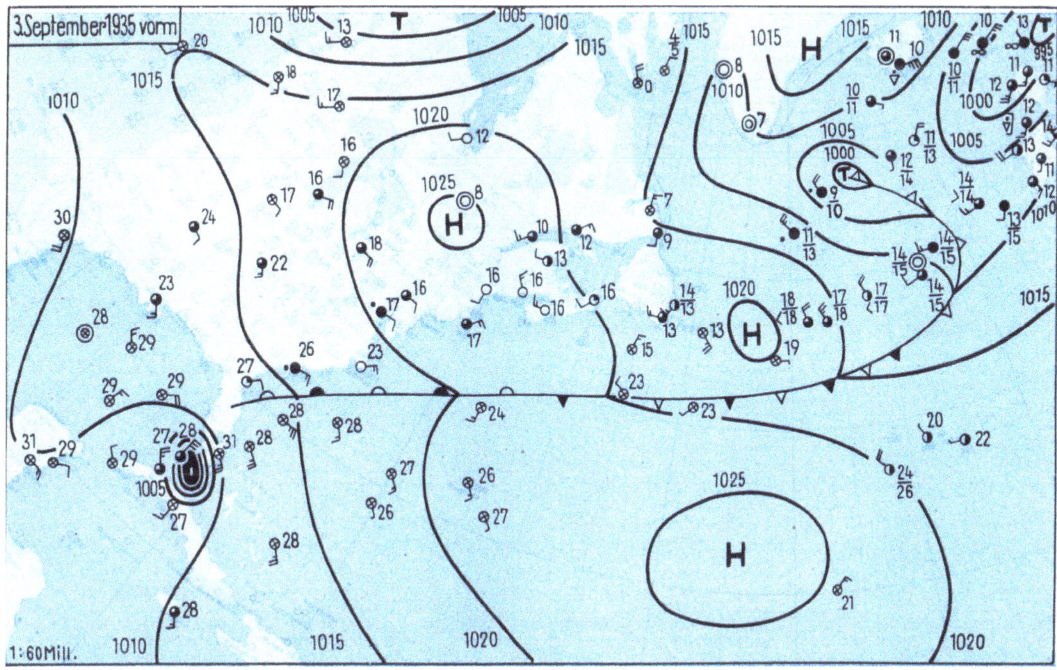

Abb. 123. Über Südflorida wird beim Durchzug des Hurrikans am 3. September 1935 mit 891.7 mb der niedrigste bisher beobachtete Luftdruck der westlichen Hemisphäre gemessen.

1935 nahe Long Island in den südöstlichen Bahamas in Erscheinung. Die Wetterlage an diesem Tage, 19 bis 20 Uhr amerikanischer Zeit ist in Abb. 122 reproduziert, worin sich die erwähnte tropische Störung durch etwas niedrigere Druckwerte und leicht zyklonale Winde eben andeutet. Sie befindet sich zwischen den Resten zweier Fronten, die sich aus den gemäßigten Breiten bis in die Tropenzone erstrecken, und die beide im Windfeld noch durch eine deutliche Konvergenz ausgeprägt sind. Es läßt sich aber nicht nachweisen, ob diese Frontensysteme für die Entstehung des Wirbelsturms von entscheidender Bedeutung sind, wie gleichfalls die Frage unbeantwortet bleiben muß, ob etwa von der Südhalbkugel Polarluft über den Äquator hinweg nach Norden vorgestoßen ist. An Hand des jetzigen amerikanischen Sondennetzes ist eine Klärung dieses Problems sicher in absehbarer Zeit möglich, so daß sich die Darstellung hier auf eine kurze Beschreibung der Begleitumstände eines der schwersten Stürme der westlichen Hemisphäre beschränken soll.

Der Durchzug der Kaltfront bei den Azoren ist dort durch eine Windkonvergenz hinreichend belegt, die auch zwischen Haiti und Puerto Rico noch angedeutet ist durch die Nordostströmung in *Port au Prince* und eine leichte südliche Luftbewegung zu *San Juan*, das hier schon außerhalb des Kartenbereichs fällt. Temperaturgegensätze sind dabei nicht mehr vorhanden, doch weist der Druckgang noch einige charakteristische Merkmale auf: In *Port au Prince* ist das Barometer vom 31. August zum 1. September um 4 mb (von 1013 auf 1009 mb) und in *Kingston* (Jamaika) von 1012 auf 1010 mb zurückgegangen, dagegen weiter östlich in *San Juan* und mehr im Westen zu *Cienfuegos* (Mittelkuba) keine Änderung erfolgt und auf Bermuda, in ähnlicher Weise wie bei den Azoren, sogar Anstieg um etwa 4 mb eingetreten.

Das an der Westseite von Neufundland angelangte Tief war einen Tag vorher noch in der Nähe von Kap Hatteras gelegen, hat sich also sehr rasch nordostwärts verlagert, wobei der Luftdruck über dem Ostteil der Vereinigten Staaten bis zu 10 mb zugenommen hat. Die über dem Seengebiet angelangte Hochdruckzelle ist von der Antizyklone westlich der Azoren durch eine deutliche Furche tiefen Druckes getrennt, in der sich die schon erwähnte Kaltfront in südwestlicher Richtung bis nach Florida verfolgen läßt, wo sie noch Gewitter auslöst. Der Luftdruck ist hier ebenfalls seit dem Vortage um 2 und in *Habana* (Westkuba) sogar um 3 m b gefallen, dagegen hinter der Kaltfront in *Kap Hatteras* um 7 mb angestiegen.

Schon im Laufe dieses Tages wird im inneren Bereich des entstehenden Wirbelsturmes Orkanstärke erreicht; er bleibt aber räumlich so eng begrenzt, daß er in der synoptischen Wetterkarte noch nicht in Erscheinung tritt und selbst 2 Tage später (Abb. 123), als der Luftdruck in seinem Zentrum den Tiefstwert erreicht, nur als schwarzer Klecks gezeichnet werden kann. Von den synoptischen Stationen wird die größte Windstärke von *Key West* mit 6 Beaufortgraden und von dem gleichen Ort auch der niedrigste Druck mit 1002 mb gemeldet, und das eigentliche Sturmfeld hatte nicht einmal einen Durchmesser von 100 km (**425**). Innerhalb dieses Bereichs sind die Windgeschwindigkeiten aber auch katastrophal, wie aus der folgenden Schilderung des Wetterbüro-Mitarbeiters J. E. DUANE von *Long Key* hervorgeht, zitiert bei McDONALD (423) und übersetzt von M. RODEWALD (616).

„18 Uhr: Barometerstand 950 mb; noch immer fallend. Heftiger Regen, Wind noch immer Nord, Orkanstärke und zunehmend. Wasser auf Nordseite der Insel steigend.

18.45 Uhr: 945 mb. Wind nach Nordwest zurückdrehend, zunehmend; viele umherfliegende Hölzer, auch schweres Bauholz — Größe und Gewicht schien nichts auszumachen. Ein Balken von 15 × 20 cm, ungefähr 5$^1/_2$ m lang, wurde von der Nordseite des Lagers, aus etwa 270 m Entfernung durch das Haus des Beobachters geblasen, zerstörte es und hätte fast 3 Personen erschlagen. Wasser nur noch 1 m von der Kuppe des Eisenbahndammes, oder ungefähr 5 m hoch.

22.15 Uhr: Der erste Sturmstoß aus Südwest, volle Stärke. Das Haus bricht nun auf — der Wind schien stärker als je zuvor während des Sturmes. Ich blickte nach dem Barometer, das 914 mb zeigte, ließ es ins Wasser fallen und wurde nach draußen in die See geblasen; ich geriet in die geknickten Äste eines Kakaobaumes und hing daran um mein Leben. Dann traf mich irgend ein Gegenstand und schlug mich bewußtlos."

DUANE kam mit dem Leben davon, er erwachte 4 Stunden später aus seiner Bewußtlosigkeit und fand sich 6 m über Grund in dem Baume.

In der synoptischen Karte ist die erste Kaltfront nicht mehr wiederzufinden, dagegen die zweite über dem gesamten Nordatlantischen Ozean noch deutlich erkennbar und bis an die amerikanische Ostküste zu verfolgen, wo sie rückläufig geworden ist und die nachstoßende Tropikluft Aufgleitregen hervorruft. Im inneren Bereich des Wirbelsturmes kann bei den enormen Windgeschwindigkeiten selbstverständlich keine Front mehr vorhanden sein. Auch Temperaturgegensätze sind nicht zu erkennen, es werden in allen Quadranten 27—28° beobachtet.

Im weiteren Verlauf bog dieser Hurrrikan nach Nordosten um, verlagerte sich aber anfangs nur langsam, so daß er erst am 7. September über dem Ozean östlich von New York stand; dann wandelte er sich in eine Zyklone der gemäßigten Breiten um, bildete eine deutliche Warm- und Kaltfront aus, zeigte am 9. und 10. September über dem Atlantik südlich Grönland noch Tiefstwerte des Luftdrucks von 955 mb und füllte sich erst dort bis zum 12. September soweit auf, daß er von einer jüngeren Zyklone aufgesogen wurde.

Die Entstehung dieses tiefsten bisher beobachteten westindischen Orkans vollzog sich also jedenfalls bei der Annäherung zweier Kaltfronten, von denen RODEWALD vermutet, daß die erste die Wirbelbildung einleitete und die zweite sie vollendete. Ein eingehenderes Spezialstudium dieser Verhältnisse muß so lange zurückgestellt werden, bis genügend aerologische Beobachtungen verfügbar sind. Die Tatsache, daß die tropischen Wirbelstürme jedenfalls an der Intertropikfront entstehen, und zwar vor allem dort, wo der Windsprung besonders groß ist, wie z. B. vor der Westküste Afrikas, an der der Nordostpassat im Sommer auf den Südwestmonsun des Guineagolfs trifft, kann jedenfalls als gesichert gelten. Wie neuere amerikanische Untersuchungen (176) weiter enthüllt haben, bilden sich im Doldrumgebiet mit ziemlicher Regelmäßigkeit wandernde Druckwellen — im Durchschnitt alle 3 bis 4 Tage — aus, die genau die gleiche Bahn einschlagen wie die Wirbelstürme, und aus einem solchen zuerst nur schwachen Fallgebiet ist auch dieser denkwürdige Orkan hervorgegangen.

Der Wirbelsturm über der Nordsee vom 7. September 1936. Der im vorigen Beispiel behandelte Hurrikan wandelte sich beim Eintritt in die gemäßigte Zone in eine regelrechte Zyklone um[1], die aber den europäischen Raum nicht mehr erreichte und sich schließlich südlich von Grönland auffüllte. Es kommt aber auch gelegentlich vor, daß die tropischen Orkane des Atlantiks sich sogar noch über dem europäischen Raum durch besonders markante Wettererscheinungen ausprägen, vor allem, wenn ihre Umbiegungsstelle weiter im Osten liegt als gewöhnlich. Eine solche Situation trat am 7. September 1936 über Nordwestdeutschland und dem Nordseegebiet ein.

---

[1] Einige regenerieren sogar, wenn sie später die Polarfront in ihr Strömungssystem einbeziehen (556).

Es handelt sich hierbei um einen tropischen Wirbelsturm, der Ende August innerhalb einer weit südwärts reichenden Tiefdruckfurche auf etwa 20° Nordbreite und 50° Westlänge entstanden ist und im Täglichen Wetterbericht der Deutschen Seewarte erstmalig am 1. September, etwas weiter nach Westen verlagert, in Erscheinung tritt. Er bewegt sich nur am folgenden Tage noch nordwestwärts und biegt dann sofort nach Nordosten um, am 5. September einen Punkt auf halbem Wege zwischen Neufundland und den Azoren er-

reichend. Er bleibt deutlich getrennt von einer vor der amerikanischen Küste entstandenen Depression, die zu gleicher Zeit südlich von Neufundland angelangt ist.

Da der Wirbelsturm einen intensiven Warmlufttransport nach
Norden hervorruft, der auf immer
kältere Luftmassen der gemäßigten Zone stößt, entwickelt sich
hier eine ständig deutlicher werdende Front und Luftmassengrenze, und bis zum 6. September
ist die Umwandlung in eine Zyklone der gemäßigten Breiten
westlich von Irland weitgehend
vollzogen. Druckfall bis zu 30 mb
deutet aber noch darauf hin, daß
es sich hier um eine für die Jahreszeit recht intensive Depression
handelt, die sich den europäischen
Küsten nähert.

Im Laufe dieses Tages ergreift
der Druckfall den gesamten nordwesteuropäischen Raum zwischen
den Britischen Inseln und Island,
wo sich mit der Annäherung des
Wirbelsturms ein eigener Tiefdruckkern entwickelt und, südostwärts wandernd, bis zum 7. September nordwestlich von Schottland auf 975 mb vertieft. Der
ehemalige Hurrikan selbst hat inzwischen Irland überquert, ist
über Ostengland angelangt und
läßt seinen wahren Ursprung noch
durch einen auf den östlichen

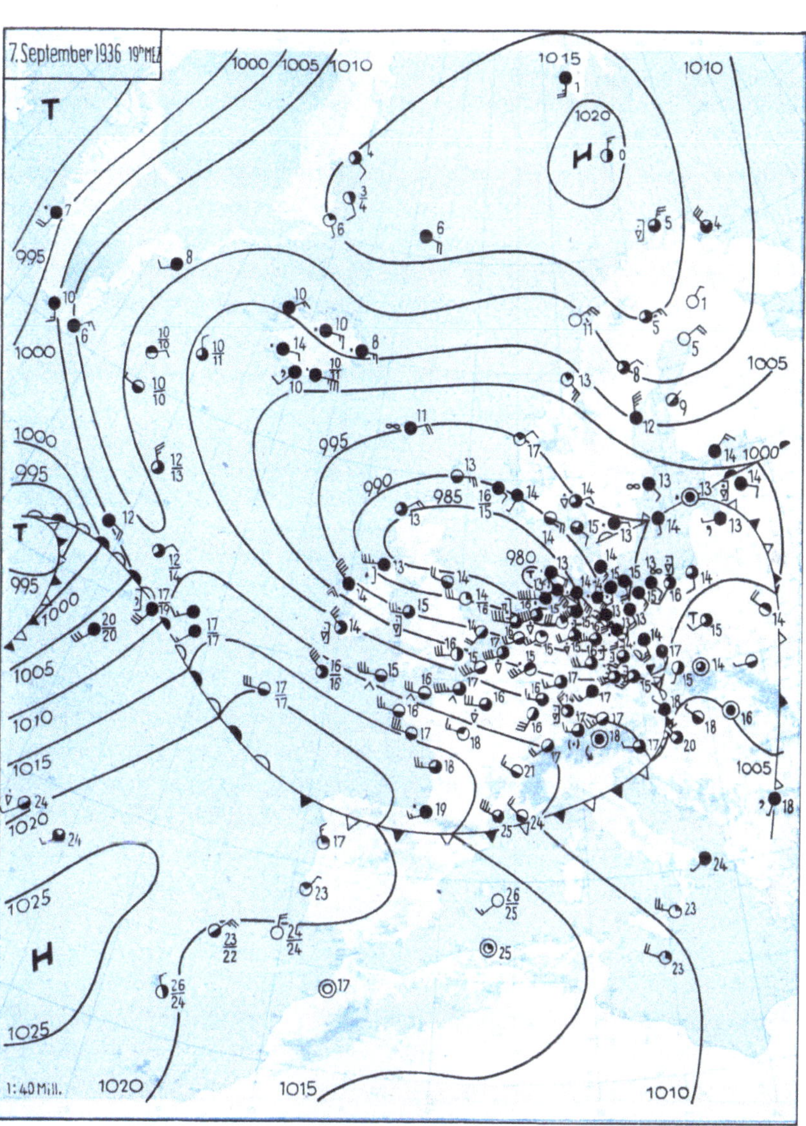

Abb. 124. Endphase eines tropischen Wirbelsturms über der Nordsee
am 7. September 1936.

Kanaleingang konzentrierten dreistündigen Druckfall bis zu 8 mb, einen fast ebenso intensiven Anstieg auf seiner Rückseite und die Steigerung des Sturmes zu: vollen Orkanstärke im Mündungsgebiet der Seine erkennen.

Der Verfasser nutzte diese interessante Wetterlage zu einer Fahrt mit dem Bäderdampfer nach *Helgoland* aus, der *Hamburg* etwas nach 7 Uhr bei leichter Brise aus Südwest und bedecktem Himmel verließ. Kurz nach der Passage von Blankenese zerriß die untere Stratusdecke, und die Sonne kam zum Vorschein. Sobald der Blick nach Westen frei war, wurde er durch eine auffallende Erscheinung gefesselt: Scharf begrenzt erstreckte sich vom Südwest- bis zum Nordwesthorizont eine geschlossene Wolkenschicht, in der Nähe der Vorderkante vorwiegend aus *Altocumulus* bestehend und tiefer am Horizont in eine drohend aussehende, schwarzgraue *As*-Masse übergehend. Bald nachdem diese Wolkenbarre den Zenith überquert hatte, begann ein gleichmäßiger Regen, der sich von Stunde zu Stunde steigerte und bei Erreichen von *Helgoland* den Eindruck eines anhaltenden Gewittergusses machte, wobei der inzwischen auf Stärke 7 aufgefrischte Südostwind tiefhängende *Nimbus*fetzen vor sich hertrieb. Die Sicht ging immer mehr zurück und nahm zeitweise unter 1 km ab, die Wolkenuntergrenze betrug nur noch etwa 100 m, und der Druckfall setzte sich unentwegt fort.

Gegen 17 Uhr drehte der Wind innerhalb weniger Minuten von Südsüdost auf West und frischte im Verlaufe einer Viertelstunde auf volle Orkanstärke auf. Im Lehrbuch von HANN-SÜRING (290) ist in Abb. 189 die Registrierung dieses Tages von *Norderney* und in den *Annalen der Hydrographie* 1937, Tafel 35, diejenige von *Wyk auf Föhr* reproduziert, von denen die erstere nur ein ganz kurzperiodisches, die letztere aber ein sehr deutlich ausgeprägtes Abflauen des Windes während der Kenterung zeigt und dann in *Norderney* Spitzenböen bis zu 160 und in *Wyk* von etwa 150 km/h erreicht wurden.

In wenigen Stunden war die Nordsee aufgewühlt. Der Himmel blieb gleichförmig bedeckt, die Fetzen jagten jetzt noch schneller aus Westen daher. Zeitweise nahmen Sprühregenschauer jede Sicht, und wenn sich die Orkanböen vom Oberland auf den kleinen Hafen stürzten, dann legten sich die Fischkutter weit auf die Seite. Die Wetterlage zu diesem Zeitpunkt ist in Abb. 124 reproduziert, und man kann daraus ersehen, daß sich das Orkangebiet nur auf den Bereich der Helgoländer Bucht beschränkte. Die scharfe Windkonvergenz ist mit den Symbolen einer Kaltfrontokklusion versehen worden, und es ist bemerkenswert, daß sich auf der Südseite des ehemaligen Wirbelsturms nach Einbezug frischer Kaltluft eine derart deutliche und bis in unmittelbare Kernnähe reichende Windscheide ausbilden konnte.

Glücklicherweise hielt der Sturm nicht lange an. In *Wyk* flaute er nach einstündiger Dauer ebenso plötzlich, wie er begonnen hatte, wieder ab, nahm dann allerdings im Laufe der Nacht vorübergehend nochmals bis Stärke 9 zu; in *Norderney* erfolgte der Rückgang kontinuierlicher. Wegen der kurzen Dauer des Orkans wurde eine Sturmflut vermieden.

In den nächsten Tagen wanderte der Wirbel unter rascher Auffüllung ostsüdostwärts quer durch Deutschland, und seine letzten Reste lösten sich am Abend des 9. über Schlesien auf. Anhaltender Druckanstieg leitete zu einer länger andauernden Hochdruckwetterlage über und versperrte der über dem Atlantik nachfolgenden Zyklone den Weg nach Europa.

In den Höhenkarten der 500-mb-Fläche zeigt sich der Okklusionscharakter der Front am Morgen des 7. September durch eine deutliche Warmluftzunge, davor war über der Nordsee zugleich eine ausgeprägte Auffächerung der Isopotentialen vorhanden; am folgenden Tage erstreckte sich der über Schleswig-Holstein angelangte Wirbel als abgeschlossenes Zirkulationszentrum bis in die obere Troposphäre.

b) Besondere Wettererscheinungen.

Wiesen schon die Wettervorgänge im Bereich des eben beschriebenen ehemaligen tropischen Wirbelsturms einige Besonderheiten auf, so geben diese doch nur einen kleinen Begriff von der Gewalt dieser Störungen in ihrem Heimatgebiet. Sofern die Möglichkeit besteht, dem Zentrum fernzubleiben, wird jeder Dampfer dies versuchen, denn der eigentliche Kern ist deshalb so besonders gefährlich, weil hier durch die ringsum herrschenden hohen Windgeschwindigkeiten eine wilde *Kreuzsee* aufgeworfen wird und daher das Abflauen des Sturmes der Schiffsführung keine Erleichterung bringt[1].

Man hat die windstille Zone im Kernbereich der Wirbelstürme, die zuweilen einen Durchmesser von etwa 50 km annehmen kann, als *Auge des Orkans* bezeichnet. Hier läßt der wolkenbruchartige Regen nach, blauer Himmel wird sichtbar, und die Sonne kommt durch. Es hat den Anschein, daß in diesem Bereich die Tropopause gelegentlich bis zum Boden herabgesogen wird, denn in einigen Fällen sind bei Durchzug des Zentrums schon plötzliche Temperaturanstiege von mehr als 10° und gleichzeitige Feuchterückgänge über 50% beobachtet worden. Dies sind jedoch Ausnahmeerscheinungen; im allgemeinen ändern sich diese Elemente im Innern der Wirbelstürme nur wenig.

Man hat früher aus dem Umstand, daß sich die tropischen Wirbelstürme beim Übertritt vom Meer aufs Land erheblich auffüllen und oft sogar auflösen, den Schluß ziehen wollen, daß ihre vertikale Erstreckung nur gering sei. Dies ist jedoch bei den großen Druckgradienten gar nicht möglich und würde auch den Beobachtungen über das Auftreten der sie noch in Höhen weit über 10000 m begleitenden Cirruswolken widersprechen (556).

Die Zone größter Windstärke wird in einigem Abstand vom Zentrum festgestellt. Hier gießt es meist in Strömen, und es sind schon Niederschlagsmengen von 500 mm und mehr beobachtet worden. Gewitter sind aber verhältnismäßig selten, vor allen Dingen über Land, begleiten hingegen häufig das Anfangsstadium, so daß Wetterleuchten in den gefährdeten Gebieten oft den ersten Anhalt über die mögliche Bildung eines Wirbelsturms geben kann. Die begleitende Wolkenbank ist von Schiffen schon aus einer Entfernung von 600 bis 800 km vom Sturmzentrum gesehen worden, und es sind genau wie bei den Störungen der gemäßigten und polaren Zonen zuerst Cirrus- und Cirrostratusschichten, die dem Sturm voraneilen. Erst viel später folgen, meist scharf abgesetzt und als „*Barre des Orkans*" bezeichnet, die unteren dichten Massen.

---

[1] Wettererkundungsflüge, die von amerikanischen Meteorologen in den inneren Bereich tropischer Wirbelstürme durchgeführt wurden (885), machen es wahrscheinlich, daß die flugmeteorologischen Bedingungen nicht ganz so ungünstig sind, da die Böigkeit mit der Höhe verhältnismäßig rasch abnimmt.

Die Richtung des Cirruszuges gibt einen sehr sicheren Anhalt für die Fortbewegung des Sturmzentrums. Inzwischen ist es dem neu organisierten amerikanischen Orkanwarnungsdienst durch Einrichtung von Radiosondenstationen im gefährdeten Bereich gelungen, die Bahn der Wirbelstürme mit größerer Präzision vorherzusagen, als dies bisher möglich war und vor allem aus dem Verlauf der Höhenströmung auch Kursänderungen rechtzeitig zu prognostizieren (176, 177), wofür vordem keinerlei Anhaltspunkte gegeben waren und aus diesem Grunde schon manches Schiff gerade in den inneren Bereich hineingelaufen ist.

Die höchsten Windgeschwindigkeiten erreichen solche Beträge, daß die Windmeßgeräte meistens zerstört werden. Man kann annehmen, daß Werte von 300 km/h erreicht, wenn nicht sogar gelegentlich überschritten werden. L. SCHUBART (777, S. 33) führt folgende eindrucksvolle Schilderung des Kapitäns A. SCHÜCK (780) an:

„... Noch war der Wind vielleicht unbeständig in seiner Richtung, er flatterte sogar hin und her; dies hört auf, er nimmt an Stärke zu; in den Blöcken, zwischen den Hölzern und Tauen der Takelung beginnt es zu sausen und zu heulen, die losen Taue schlagen webend gegen die straffen. Der Wind wird Sturm, was bisher Regen war, wird zum Regenguß. Der Himmel hat sich ganz und gar bedeckt, noch jagen unter der bleigrauen Schicht schwere, drohende Wolken, aus denen der Regen strömt, aber zuletzt kann man auch dies nicht mehr unterscheiden. Wolken, Regen und der Gischt des Meeres sind eine Masse, sie werden vom Sturme gejagt, ihre Berührung mit der Haut ist stechend. Dem Fall des Barometers entsprechend mehren sich die Windstöße und werden heftiger. Hat der Seemann nicht früher Vorkehrungen getroffen, Schiff und Takellage vor Schaden zu sichern, so ist es jetzt zu spät. Von Stärke des Sturmes kann nicht mehr gesprochen werden, es ist Wut; Segel, die nicht sehr gut festgemacht sind, zerreißen, Stangen und Masten, die nicht besonders gut gestützt sind, zerbrechen, und glücklich der, dem es gelingt, sich rasch der Wrackstücke zu entledigen, ehe sie durch Schlagen Lecke verursachen. Das Schiff ist in allen Fugen erschüttert, zittert und stöhnt, von Bewegungen ist nur selten die Rede, es wird fest auf das Wasser gedrückt. Die Wellen können nicht mehr brechen, da ihre Köpfe in Gischt zerstäubt weggeweht werden, aber ihre Bewegung ist nicht aufgehoben, sie wälzen sich durcheinander und über das Schiff hin, wie an eine Klippe schlagend. Man ist nicht mehr imstande zu gehen oder zu stehen, unter dem Schutz des Schanzkleides kriecht man auf dem Deck entlang; wer stehen muß, ist festgebunden. Heftigere Böen, noch stärkeres Fallen des Barometers deuten auf das Herannahen des Zentrums, der Gegend mit dem geringsten Luftdruck. Dann folgt Windstille, die aber kaum eine Erholung zu nennen ist, weil die Rückkehr des Unwetters deutlich zu erkennen ist und auch nicht lange anhält; denn, dem Vorrücken des Zentrums folgend, kommt der Orkan aufs Neue, aber aus entgegengesetzter Richtung. Es wiederholen sich die Witterungserscheinungen in umgekehrter Reihenfolge, aber zwischen 30° und 10° Breite pflegen die Nachwehen des Sturmes in ungewöhnlich kurzer Zeit zu verschwinden."

Die maximalen Windstärken werden bei den tropischen Wirbelstürmen genau so wie bei den Zyklonen der gemäßigten Breiten auf der Seite erreicht, wo die Höhenströmung dem Bodenwind entspricht, das ist in dem der steuernden Antizyklone benachbarten Quadranten. Auch dies unterstreicht die Tatsache, daß kein grundsätzlicher Unterschied zwischen den tropischen und außertropischen Wirbeln besteht und sich dieser lediglich darauf beschränkt, daß zur Zeit der maximalen Energieentfaltung in niedrigen Breiten keine Fronten im Wirbelsturm feststellbar und bei der großen Rotationsgeschwindigkeit wahrscheinlich auch nicht vorhanden sind. Eine klare Theorie des Strömungsmechanismus der Wirbelstürme steht noch aus. Es ist zu vermuten, daß auch bei ihnen die Übertragung der kinetischen Energie auf immer andere Luftmassen in der Strömungsrichtung vermittels der gleichen Divergenzeffekte hervorgerufen wird, wie sie bei den Tiefdruckgebieten beschrieben worden sind, doch würde es zu weit führen, hier näher darauf einzugehen.

Auch die Frage, welche Rolle die Labilitätsenergie für die Entstehung bzw. Aufrechterhaltung der Energie der tropischen Zyklonen spielt, ist noch umstritten (216, 506, 640), doch kann man wohl annehmen[1], daß jedenfalls die wichtigere Energiequelle im horizontalen Nebeneinander verschieden temperierter Luftmassen gesucht werden muß. Noch klarer liegen die Verhältnisse bei den Tiefdruckgebieten der gemäßigten Breiten, für welche die Bedeutung der Feuchtlabilität von A. REFSDAL (596, 597, 598), P. RAETHJEN (573, 575) und G. SEIFERT (793) wohl überschätzt worden[2] und ihre Mitbeteiligung nur beim Zustandekommen der Böen von größerem Einfluß ist (571, 572, 574).

7. Besondere Erscheinungen der oberen Troposphäre.

Nach der Beschreibung der tropischen Wirbelstürme sollen noch einige Besonderheiten der Vorgänge in der freien Atmosphäre behandelt werden, wozu in erster Linie die Höhenfronten und Kaltluftvorstöße in der Höhe gehören.

---

[1] Die neuerdings von DUNN (176) erwähnte enge Beziehung zwischen der Hebung der unteren Feuchtluft und der Entwicklung von Wirbelstürmen kann ebensogut als Folge der letzteren angesehen werden.

[2] Vgl. auch Lit. 654. Später hat RAETHJEN seine Vorstellungen ergänzt durch die Gleichgewichts- (578), Stabilitäts- (579) und Konvektionstheorie (586) der Zyklonen (581) bzw. Fronten (583) und neuerdings (590) die Bedeutung der Richtungsdivergenzen für den Mechanismus der Zyklonenbildung besonders hervorgehoben.

a) Höhenfronten.

Zuweilen machen sich in der Höhe durchziehende Fronten am Boden nicht durch eine Konvergenzlinie bemerkbar, deuten sich vielmehr nur durch das begleitende Wolken- und Niederschlagssystem an. Große Gegensätze in der Temperatur- und Strömungsverteilung sind eine Vorbedingung für diese Wetterlage. Meistens bleibt dabei in den unteren Schichten eine östliche Kaltluftströmung erhalten, während sich mit einer oberen westlichen Luftbewegung ein Frontensystem darüber hinwegbewegt. Die in den Abb. 154—156 dargestellte Situation zeigt einen solchen Fall, bei dem sich am 26. Januar 1937 (Abb. 155) eine bis nach Westdeutschland gelangte Okklusion bis zum nächsten Tage (Abb. 156) in der Höhe bis zur Weser verlagert, in den unteren Schichten aber durch erneut einsetzenden Druckfall über Südwesteuropa die Ostströmung erhalten bleibt. Auf diese Weise wandert ein Schneefallgebiet mit der westlichen Höhenströmung (Abb. 154) bis zur Oder. In Nordamerika kommen die Höhenfronten wesentlich häufiger vor und legen oft größere Strecken über den Kontinent zurück, wenn eine dünne Kaltlufthaut die bodennahen Schichten beherrscht.

b) Kaltluftvorstöße in der Höhe.

Die Frage, ob überhaupt und unter welchen Bedingungen ein Voreilen der Kaltluft in der Höhe erfolgen kann, ist noch sehr umstritten. Jedenfalls zeigt sich fast in jedem einzelnen Fall und ergibt sich auch im statistischen Mittel (162), daß die Abkühlung in der Höhe schon erheblich früher beginnt als die Kaltfront am Boden eintrifft. Es ist aber nicht einmal an Hand eines täglichen Vergleichs der pseudopotentiellen Temperatur an einem festen Punkt ohne weiteres der Nachweis zu erbringen, daß eine Abnahme dieses Elementes notwendig auf die Zufuhr einer anderen Luftmasse hindeuten muß. Die pseudopotentielle Temperatur nimmt nämlich im Durchschnitt mit der Höhe zu, und deshalb bedingen Hebungseffekte überall eine Abnahme dieser Größe. Nur wenn niedrigere Beträge erreicht werden, als sie vorher in einer unteren Schicht vorhanden waren, ist der Beweis für die erfolgte Advektion einer anderen Masse eindeutig, und dies ist bei dem Durchzug einer Kaltfront nur selten der Fall.

Die durch aufwärts gerichtete Vertikalbewegungen hervorgerufene Abkühlung ist überhaupt lange Zeit hindurch viel zu wenig beachtet worden. Es ist wohl immer üblich gewesen, die mit Feuchteabnahme verbundene Erwärmung auf Absinkprozesse zurückzuführen, aber bei mit Feuchteanreicherung gekoppeltem Temperaturrückgang in der Höhe wurde immer eher an advektive als an konvektive Prozesse gedacht, obwohl die aufwärts gerichteten Vertikalbewegungen erheblich schneller vor sich gehen als die Absinkprozesse in den Hochdruckgebieten.

Jede konvergente Bodenströmung ist notwendigerweise mit einer Hebung verbunden, und schon daraus, daß die Konvergenzen in der Bodenwetterkarte viel deutlicher ausgeprägt sind als die Divergenzbereiche, kann man entnehmen, daß die durch aufwärts gerichtete Vertikalbewegung herbeigeführten Änderungen der Luftwärme der freien Atmosphäre beträchtlicher sein müssen. Besonders wirksam sind solche Effekte bei Annäherung einer Zyklone, und sie können dann gelegentlich in einzelnen Schichten sogar eine im Gang befindliche Warmluftadvektion überdecken. Es ist der Fall vom 25. Januar 1938 beschrieben worden (720), bei dem die Temperaturen über Nordwestdeutschland am Vormittag in der gesamten Schicht vom Boden bis 2500 m höher als 4° lagen, die Frostgrenze erst in 3000 m erreicht wurde und bei Annäherung einer über die Britischen Inseln verlaufenden Warmfront weiterer Temperaturanstieg zu erwarten war. Trotzdem traf ein 8 Stunden später in *Hamburg* durchgeführter Aufstieg in 1100 m Höhe eine Temperatur von —1.1° an. Es zeigte sich, daß die Untergrenze einer beim Frühaufstieg in 400 m beginnenden Inversion mit zunehmendem zyklonalen Einfluß um 700 m gehoben wurde und dadurch die „dynamische" Abkühlung zustande kam. Diese hatte mit der Advektion kälterer Luft nichts zu tun und stellt ein beredtes Beispiel dafür dar, daß die Ursache einer Temperaturänderung in der Höhe oft nur durch eine sorgfältige Untersuchung einwandfrei geklärt werden kann.

Auch ein anderer Fall sei in diesem Zusammenhang erwähnt, wo ein Flugunfall angeblich durch Vereisung erfolgt sein soll, obwohl die Temperaturen einige Stunden vorher in der betreffenden Schicht mehrere Grade über dem Gefrierpunkt lagen. Der Tatbestand hat sich nicht einwandfrei klären lassen; es handelte sich dabei um eine Wetterlage, bei der eine scharf ausgeprägte Warmfront heranzog und man im ganzen mit weiterer Temperaturerhöhung rechnen mußte. Trotzdem ist es nicht ausgeschlossen, daß die Hebungseffekte vorübergehend eine Abkühlung herbeigeführt haben, und man kann auch zuweilen beobachten, daß vor Warmfronten einsetzender Regen im stärksten Stadium des Aufgleitprozesses noch einmal vorübergehend in dichten Schneefall übergeht[1].

---

[1] Die dynamische Abkühlung bei der Hebung einer Luftsäule verschwindet selbstverständlich, wenn in dieser Schicht trocken- bzw. in Wolkenluft feuchtadiabatischer Temperaturgradient herrscht; sie wird dagegen um so wirksamer, je stabiler

Die Voraussetzungen für das Voreilen der Höhenkaltluft. Der Meteorologe ist leicht geneigt, aus der Tatsache, daß die Windgeschwindigkeit mit der Höhe zunimmt, den Schluß zu ziehen, daß infolgedessen jede anders geartete und folglich auch jede kältere Luftmasse in der Höhe zuerst ankommen müsse. Diese Logik ist aber nicht stichhaltig. Es braucht nur bedacht zu werden, daß jede vertikale Änderung des Windes allein von der Temperaturverteilung abhängt und daß eine Zunahme ohne Winddrehung nur durch parallel zur Höhenströmung verlaufende Isothermen hervorgerufen werden kann. Nimmt also z. B. ein Westwind ohne Richtungsschwankung mit der Höhe zu, so ist das nur möglich, wenn es im Süden warm und im Norden kalt und in der Westostrichtung kein Gegensatz vorhanden ist. Niedrigere Temperaturen im Westen bedingen dagegen eine mit der Höhe zunehmende Drehung in die Südrichtung, und damit werden die Verhältnisse schon schwerer übersehbar.

Man kann sich auch vorstellen, daß bis zu einer bestimmten Höhe Windstille herrscht und erst darüber eine Strömung beginnt. Auch in diesem Fall wird der Höhenwind nahezu mit dem Verlauf der Isothermen übereinstimmen und erst, wenn in noch höheren Schichten ein ganz anderes, möglichst senkrecht dazu orientiertes Regime vorherrscht, kann die Advektion eine größere Rolle spielen. Diese Überlegungen sollen zeigen, daß ein Kaltluftvoreilen in der Höhe im stationären Zustand überhaupt nur in gewissen Sonderfällen möglich ist. Die in der Bodenwetterkarte vorhandene und durch das Druckfeld bestimmte Größe der Advektion bleibt nämlich bei in allen Höhen gleichgerichteter Temperaturverteilung in der Vertikalen erhalten, da die Änderung des Windvektors nur durch eine parallel zum Isothermenverlauf weisende Komponente herbeigeführt wird, die deshalb keinen Unterschied in dem Betrag der Advektion hervorrufen kann. Dies ist der Grund dafür, daß die geneigten Grenzflächen überhaupt einigermaßen erhalten bleiben und jede Front bei den großen vertikalen Unterschieden der Windvektoren nicht schon nach wenigen Stunden der Auflösung anheimfällt. Bei Besprechung der Methode der Vorhersage von Höhenwetterkarten wird darauf noch näher eingegangen (vgl. S. 325ff.).

Bei Abweichungen vom stationären Zustand können hingegen die Advektionsbeträge auch bei gleichmäßig aufgebauter Atmosphäre recht verschieden sein, und dann ist auch ein Voreilen kälterer Luft in den höheren Schichten nicht nur möglich, sondern häufig unvermeidbar (359). Es liegt dies daran, daß als Folge der allgemeinen Zirkulation in jeder Schicht der mittleren und oberen Troposphäre die niedriger temperierte Luft auf der tieferen Höhenisobare strömt. Fällt also in einem Gebiet der Luftdruck aus dynamischen Ursachen, d. h. also nicht durch die Advektion bedingt, dann verlagern sich nach dorthin auch die niedrigeren Isobaren einer bestimmten Höhenschicht, und zugleich gelangt die diesen zugeordnete kältere Luft über den betreffenden Ort, wobei am Boden sogar noch Warmluftadvektion vorhanden sein kann. Dies ist auch der Grund dafür, daß die stärkste Labilisierung immer dann eintritt, wenn der Luftdruck bei der Annäherung von Kaltfronten rapide fällt, *Wintergewitter* nach einer Untersuchung von E. DINIES (157, 159) fast ausschließlich die Begleiter tiefer Sturmdepressionen sind und stets in der Nähe des Zentrums des Druckfallgebiets eintreten.

Der Kaltluftvorstoß in der Höhe vom 3. bis 5. Januar 1945. Die Wetterlage vom 3. bis 5. Januar 1945 bietet ein eindrucksvolles Beispiel dafür, wie bei Ausprägung eines starken Druckfallgebietes die Ankunft der kälteren Luft in der Höhe der Bodenkaltfront weit vorauseilen kann[1]. In Abb. 125 (S. 225) sind in der unteren Reihe die Wetterlagen dieser drei Tage und darüber die Höhenwetterkarten der 500- und 225-mb-Fläche reproduziert, aus denen alles Wesentliche hervorgeht.

Auf der Nordabdachung des seit einiger Zeit über Westeuropa gelegenen und inzwischen etwas nach Süden abgedrängten verhältnismäßig warmen Hochdruckgebiets ist eine neue Zyklone aus dem isländischen Raum bis vor die mittelnorwegische Küste vorgedrungen. Deutschland liegt im Bereich einer aus Westen einströmenden gemäßigten Luftmasse, in der die Temperaturen in den bodennahen Schichten in Süddeutschland noch recht niedrig sind, aber über der Nordsee bis zu 8° Wärme ansteigen. Die Kaltfront der norwegischen Zyklone ist durch den über die Nordsee durchgeführten Wettererkundungsflug als scharfe Wind- und Wetterscheide erkannt worden, allerdings nur von einem schmalen Niederschlagsgebiet begleitet. Einer präfrontalen Strömung aus WSW von Stärke 7 steht ein schwacher Nordwestwind von 3 bis 4 Beaufortgraden nördlich der

---

die Schichtung ist. Die in der Höhe bei beginnender aufsteigender Bewegung eintretende (zyklonale) Abkühlung (576) ist deshalb um so größer, je stabiler die Schichtung, und H. MAYER (435) glaubt, daß diese Temperaturerniedrigung den Druckfall erheblich dämpfe (Kompensation von Bodendruckänderungen durch kompensierende troposphärische Temperatureffekte: vgl. auch Lit. 587, 601, 834). Dieses *troposphärische Gegenläufigkeitsgesetz* ist zu unterscheiden von der Kompensation troposphärischer durch stratosphärische Prozesse.

[1] Lit. 75, 85, 86, 389, 444, 530, 604, 821. Einen Fall, wo die Kaltluft an den Alpenstationen unten und oben fast gleichzeitig eintrifft, hat E. EKHART (185, 186, 188, 189) beschrieben.

Massengrenze gegenüber, aber im Bereich der Faröer und über dem Nordmeer ergießt sich die Polarluft in schweren Sturmböen nach Süden, angetrieben durch ein über Island ostwärts vorstoßendes Hochdruckgebiet.

Im Niveau der 500- und 225-mb-Fläche befindet sich ein abgeschlossenes Hochdruckzentrum über dem spanisch-portugiesischen Raum, nicht wesentlich gegenüber der Lage des Bodenhochs verschoben. Infolge der von Westeuropa aus im Gang befindlichen Warmluftadvektion dreht der Höhenwind über Deutschland stark nach rechts und schwenkt unter dem Einfluß eines Hochdruckkeiles über den Mittelgebirgen in die Nord- und weiter im Süden sogar in eine nordöstliche Richtung ein. Über der Nordsee und dem südskandinavischen Raum erfolgt dagegen ein Rückdrehen auf mehr westliche Richtungen und an der norwegischen Küste dabei in der oberen Troposphäre ein Auffrischen bis fast 300 km/h.

Wie ein Blick auf die Höhentemperaturen zeigt, macht sich die Kaltfront über der Nordsee in der freien Atmosphäre durch einen mehr kontinuierlichen Temperaturabfall bemerkbar. Im Niveau der 500-mb-Fläche werden die höchsten Werte über Südwestdeutschland mit etwa —21° und über dem mittleren Reichsgebiet mit —23 bis —25° gemessen. Unmittelbar an der Kaltfront wurden über der Nordsee —26° festgestellt, und bis zur norwegischen Küste erfolgt weiterer Rückgang auf —31° über *Bergen*. Der Hauptsprung erfolgt erst noch höher im Norden, wo über *Drontheim* —37° und im Bereich eines Höhentiefausläufers von Nordnorwegen bis zu den Faröern in 500-mb-Niveau etwa —40° erreicht werden.

Aus dem Verlauf der Isobaren geht hervor, daß die nach Deutschland einströmende Luft in den bodennahen Schichten dem inneren Bereich des Biskayahochs entstammt und oberhalb der Reibungshöhe aus dem südlichen Teil von Großbritannien herangeschafft wird. Im 500- und 225-mb-Niveau kommen die Isopotentialen wohl weiter von Norden her und durchsetzen die Schnittlinie der Frontfläche mit dem Boden, verharren aber doch noch so nahe der Grenzlinie, daß sie wahrscheinlich ganz im Bereich der Warmluft bleiben. Würde sich daher diese Wetterlage in der üblichen Weise weiterentwickeln, so käme die Kaltluft entsprechend dem Regelfall in den unteren Schichten zuerst an, abgesehen von einer schwachen, durch präfrontale Hebung hervorgerufenen Abkühlung in der Höhe.

Die Wetterlage gestaltet sich aber in ganz anderer Weise um. Der Hauptdruckfall konzentriert sich auf den südlich des Nordmeersturmfeldes am Boden vorhandenen Divergenzbereich und wird noch dadurch über Frankreich und Westdeutschland besonders verstärkt, daß der hier scharf ausgeprägte Höhenhochdruckkeil — gemäß der von M. Rodewald (639) angegebenen und auf S. 319 näher erläuterten Regel, *daß Kaltluftadvektion, gegen den Abhang eines Höhenhochdruckkeiles gerichtet, Druckfall unter ihm hervorruft* — bis zum nächsten Tage völlig verschwindet und sich statt dessen ein Tiefausläufer in der gesamten Troposphäre von Südskandinavien aus in südwestlicher Richtung bis zur Biskaya erstreckt. Das dort am Vortage noch so deutlich in allen Höhen vorhandene Hoch ist bei Annäherung der Kaltfront vollkommen zerfallen: Der 24stündige Druckfall erreicht am Boden in seinem Zentrum über der Bretagne mehr als 30 mb und im Niveau der 225-mb-Fläche über ganz Nordwestdeutschland und westwärts bis nach Mittelfrankreich mehr als 26 dyn. Dekameter!

Die Konzentrierung des starken Druckfalls über Frankreich hat zu einer wesentlichen Verschärfung des Windsprunges an der Kaltfront Anlaß gegeben, wobei sich diese aber nur langsam in südöstlicher Richtung ausbreiten konnte und am Morgen des 4. Januar erst die Elb- und Rheinmündung erreicht. Der gesamte Niederschlag fällt jetzt präfrontal, was schon darauf hindeutet, daß die Höhenströmung die Kaltfront durchsetzt, und man kann den Karten der 500- und 225-mb-Fläche für diesen Termin entnehmen, daß die über Nordwestdeutschland in der Höhe auf Geschwindigkeiten über 100 und in der Nähe der Tropopause auf beinahe 200 km/h anwachsende Höhenströmung Luftmassen herantransportiert, die den englischen Tiefausläufer bereits umströmt haben und deshalb hohen nördlichen Breiten entstammen.

An Hand von Trajektorien läßt sich der einwandfreie Beweis für den nördlichen Ursprung der Höhenluft nicht erbringen, da das Druckfeld über dem englischen Raum zu ungenau bekannt ist und schon geringe Abweichungen in der angenommenen Stärke des Gradienten wesentliche Änderungen im Verlauf der Stromlinien bedingen. Ein sichereres Kriterium stellen deshalb die tatsächlich beobachteten Höhentemperaturen dar, und da ergibt sich aus einem Vergleich der 500-mb-Karten vom 3. und 4. Januar, daß die Änderungen über Süd- und Ostdeutschland erst gering sind, dagegen im Westen und Nordwesten in mittleren Schichten Beträge bis zu 7° erreichen. Ein Teil der Abkühlung ist sicher durch Vertikalbewegung zustande gekommen, denn über *Hamburg* hat die relative Feuchte z. B. von 20 auf 60% zugenommen. Über *Frankfurt a. M.* hat sich aber die relative Feuchtigkeit im 500-mb-Niveau überhaupt nicht geändert, und trotzdem beträgt der Temperaturrückgang 6°!

In Tabelle 39 sind die Temperaturänderungen in der Troposphäre vom 3. bis 4. Januar für einige deutsche Stationen zusammengestellt, die eindeutig den in der Höhe erfolgenden Kaltluftzufluß beweisen, aber auch gleichzeitig demonstrieren, daß der Übergang mehr kontinuierlich als sprunghaft vor sich geht. Über *Nest*

Abb. 125. Das Voreilen der Kaltluft in der Höhe vom 3. zum 4. Januar 1945 und die Ausbildung einer Höhenkonvergenzlinie am 5. Januar 1945.

in Pommern ist erst oberhalb von 3000 m schwacher, über *Berlin* schon stärkerer Temperaturfall eingetreten, und in Westdeutschland überschreitet er in mittleren Schichten bereits 5°. Über *Hamburg* erreichen die Abkühlungsbeträge zwischen 3000 und 5000 m 7 bis 8°, obwohl die Front am Boden noch nicht durchgezogen ist, und sind damit nicht geringer als über *Helder*, das ganz im Bereich der Kaltluft gelegen ist, so daß damit bewiesen wird, daß der Hauptanteil des Temperaturrückganges in der Höhe tatsächlich vor der Passage der Frontlinie am Boden eintritt.

Allerdings zeigt aber dieses Beispiel zugleich, daß ein Voreilen der Kaltluft in der Höhe selbst in dafür besonders günstigen Situationen auf kleinere Räume beschränkt bleibt. Über Süd- und Ostdeutschland, also in weiterer Entfernung vor der Front, sind die Änderungen in der Höhe erst gering, und der Hauptsprung in der horizontalen Temperaturverteilung liegt auch an diesem Tage weiter nördlich als die Front am Boden, wo er im 500-mb-Niveau zwischen *Hamburg* und *Blaavandshuk* 7° erreicht und sich daran wieder eine Zone geringerer Temperaturerniedrigung bis zu —42° über *Bergen* anschließt. Es ist also auch in diesem Falle der frontale Temperatursprung deutlich abgegrenzt gegen den kontinuierlichen Abfall, der, durch die Strömungsverhältnisse bedingt, hier hauptsächlich präfrontal auftritt.

Tabelle 39. *Temperaturänderungen in der freien Atmosphäre vom 3. zum 4. Januar 1945.*

mb-Fläche	Helder	Hamburg	Siegen	Berlin	Nest (Pommern)
225	+ 3	—	—	— 3	0
300	— 9	—	—	— 4	— 3
400	— 9	—	— 6	— 4	— 2
500	— 7	— 7	— 5	— 4	— 2
600	— 8	— 8	— 6	— 4	— 3
700	— 6	— 8	— 4	— 3	— 1
800	— 2	— 4	0	— 1	0
900	— 2	— 5	— 3	+ 1	— 3
1000	— 1	— 2	—	+ 3	+ 1

Besonders klar zeigt der Verlauf der Isopotentialen der 225-mb-Fläche die Änderung des Stromfeldes vom 3. zum 4. Januar 1945, indem die durch *Hamburg* verlaufende Linie gleichen Geopotentials am ersten Tage Nordirland schneidet und am zweiten ihren Ursprung in der Arktis hat. Die tatsächliche Strömung muß aus einer Zone herkommen, die einem mittleren Verlauf entspricht. Auch erkennt man deutlich die Rolle, die der Druckfall für die Advektion der oberen Kaltluft spielt, denn ohne ihn würde z. B. über *Hamburg* die gleiche Isopotentiale liegenbleiben, und es könnte niemals die kältere Luft aus dem Bereich des Höhentiefs nach dort gelangen.

Noch einen Tag später (letzte Vertikalreihe der Abb. 125) hat die Kaltfront am Boden den größten Teil Deutschlands bereits überquert und wird im Süden des Reiches stationär. Ihre Wetterwirksamkeit hat durch das Überfließen der kälteren Luft und die dadurch hervorgerufene Verringerung der Gegensätze wesentlich nachgelassen. Diese Karten sollen aber hauptsächlich wegen einer anderen Erscheinung noch näher besprochen werden.

c) Konvergenzlinien in der freien Atmosphäre.

Die aerologischen Beobachtungsstationen sind in den letzten Jahren soweit verdichtet worden, daß man jetzt der Frage nähertreten kann, ob es in der freien Atmosphäre ebenso wie am Boden ausgeprägte Konvergenzlinien gibt.

Die Konvergenzlinie vom 5. Januar 1945. Der am Ende des vorigen Abschnitts schon erwähnte 5. Januar 1945 ist ein Beispiel dafür, daß es tatsächlich in den oberen Luftschichten ausgeprägte Strömungsscheiden gibt, an denen der Windsprung ebenso diskontinuierlich vor sich geht wie am Boden. Eine solche Konvergenzlinie erstreckt sich im Niveau der 500- und 225-mb-Fläche von Südschweden über Nordwestdeutschland bis nach Mittelbelgien, trennt eine starke WSW-Strömung von einer wesentlich schwächeren aus nördlichen Richtungen und liegt in 500 mb eben südlich, an der Tropopause aber etwas nördlich von *Kopenhagen*, wo die Drehschicht zwischen 6000 und 8000 m Höhe angetroffen wurde. Die horizontale Verschiebung ist in der Vertikalen aber nur ganz gering, und es ist besonders auffallend, daß auch in der Bodenwetterkarte eine Konvergenzlinie in gleicher Lage zu erkennen ist.

Daß es sich bei der Höhenkonvergenzlinie um keine Front handelt, geht daraus hervor, daß die tiefsten Temperaturen von —37° im Niveau der 500-mb-Fläche über *Kopenhagen, Hamburg, Emden* und *Helder*, also unmittelbar an, vor, und hinter der Konvergenz gemessen werden und von dort aus die Temperatur mit zunehmendem Abstand ansteigt.

Diese Tatsache steht in Einklang mit unseren bisherigen Überlegungen. Danach muß der Druck in der Höhe dort am niedrigsten sein, wo die Schichten darunter am kältesten sind. Besonders tiefe Temperaturen können aber nur dann erreicht werden, wenn eine aufsteigende Vertikalbewegung vorhanden ist, denn bei Absinkprozessen würde sofort eine Erwärmung Platz greifen. Eine aufwärts gerichtete Strömung ist nur möglich, wenn unten Masse zufließt, also eine Konvergenz existiert, wie sie tatsächlich beobachtet wird.

Es bleibt jetzt nur noch das Problem zu lösen, auf welche Weise die unten hereinströmende Luft in der Höhe trotz der hier ebenfalls vorhandenen Konvergenz herausgeschafft wird, wofür die Stratosphäre deshalb nicht herangezogen werden kann, weil dort die Temperaturen über der Troglinie relativ am höchsten liegen. Betrachtet man die Strömungsgeschwindigkeit in den einzelnen Schichten genauer, so ergibt sich, daß der Höhenwind vor der Konvergenzlinie wesentlich stärker ist als dahinter. Es könnte also sein, daß hier auf diese Weise der Abtransport einsetzt, doch soll nicht näher auf den Mechanismus eingegangen werden.

Wegen der aufsteigenden Vertikalbewegungen und der infolgedessen vorhandenen labilen Schichtung neigt das Wetter im Konvergenzbereich zur Ausbildung von Schauern, wie sie in ähnlicher Form im Tiefdrucktrog angetroffen werden, der im gealterten Zustand meist auf eine Höhenkonvergenzlinie reduziert wird.

Die Höhenkonvergenzlinie als Alterungseffekt. Es wurde bei der Beschreibung des Tiefdrucktroges darauf hingewiesen, daß in ihm eine aufwärts gerichtete Strömungskomponente angetroffen wird und daher die Schichtung mehr oder weniger labil ist. Größere Temperaturgegensätze sind in seinem Bereich nicht vorhanden, und er fällt daher meist mit einer Zunge kältester Luft zusammen, die hier entweder durch die Vertikalbewegung erzeugt wird oder doch wenigstens dadurch ihren Kaltluftcharakter beibehält. Nehmen die Druckgegensätze im Bereich eines solchen Troges ab, so konzentriert sich die Drehungszone des Windes auf einen immer kleineren Bereich, und schließlich bleibt eine Konvergenzlinie übrig, in der nur noch die auftretenden Temperaturminima in der freien Atmosphäre auf den beschriebenen Entwicklungsgang hindeuten. Auch in dem angeführten Beispiel vom 5. Januar folgt die Konvergenzlinie der Kaltfront in etwa demselben Abstand, wie er dem Trog entspricht, welcher am Vortage, vom Skagerrak zur mittleren Nordsee verlaufend, noch schwach erkennbar war.

Vielfach leitet das Alterungsstadium des Tiefdrucktroges zum abgeschlossenen Kaltlufttropfen über, der jetzt behandelt wird.

8. Der Kaltlufttropfen.

Bereits im Jahre 1886 hat unser Altmeister W. KÖPPEN (368) einen Fall beschrieben, in dem eine Depression fast kreisförmig um den mitteleuropäischen Raum herumzog, und er vermutete schon damals, daß ein in der Höhe liegendes Tief für diese Art der Steuerung verantwortlich sei. Es sind dann noch mehr als 50 Jahre verflossen, bis die Verdichtung des aerologischen Netzes soweit fortgeschritten war, daß erstmals eine in der Bodenkarte nicht vorhandene Höhenzyklone untersucht und beschrieben werden konnte. Es handelte sich um das umfangreiche, von stürmischen Winden umgebene Höhentief, das in den Tagen vom 12. bis 14. Dezember 1935 von Ungarn, dem Verlauf der Bodenisobaren folgend, über Bayern nach Frankreich zog. Ein anderes schmiegte sich vom 24. bis 25. April 1936 ebenfalls den jeweiligen Isobaren der Bodenwetterkarte an[1], und beide gaben Anlaß zu der Regel, *daß die Höhenzyklonen*[2] *auf ihrer Bahn vom Bodendruckfeld gesteuert werden* (701).

Wenn ein Tiefdruckgebiet in der Bodenkarte überhaupt nicht vorhanden und nur in der Höhe in Erscheinung tritt, so ist das infolge der statischen Grundgleichung nur dann möglich, wenn die Atmosphäre unterhalb des Höhentiefs kälter ist als in der Umgebung. Beim abgeschlossenen Höhentief muß deshalb ein selbständiger Kaltluftkern vorhanden sein, und danach wurde diese Erscheinung *Kaltlufttropfen* benannt, unter welcher Bezeichnungsweise also *ein am Boden nicht vorhandenes und nur in der Höhe ausgeprägtes Tief zu verstehen ist, in dessen Zentrum die Atmosphäre am kältesten ist*[3].

a) Die Entstehung des Kaltlufttropfens.

Die Untersuchung der Entstehung der Kaltlufttropfen hat ergeben, daß diese in den Fällen erfolgt, wenn gleichzeitig mit einem Vorstoß subtropischer Luft von Osten her in hohen Breiten ein mächtiger Warmluftvorstoß von Westen her einsetzt und einen weit südwärts vorgedrungenen Kaltluftkörper — häufig ein Relikt eines ehemaligen Tiefdrucktroges — von seinem Quellgebiet völlig abschneidet. Da die großen Warmluft-

---

[1] Hingewiesen sei auch auf den Kaltlufttropfen, der zwischen dem 17. und 20. Dezember 1938 Zentraleuropa von Osten her überquerte und hier einen heftigen Temperatursturz herbeiführte (724).

[2] Das sind Tiefdruckzentren, die nur in der Höhe vorhanden sind.

[3] Die entgegengesetzte Erscheinung eines „*Warmlufttropfens*" als Überrest eines aufgelösten Hochs kann in einigen seltenen Fällen gleichfalls beobachtet werden, ist aber wegen der schwächeren Temperaturgegensätze zwischen einem Hoch und seiner Umgebung von geringerer Bedeutung.

einbrüche hoher Breiten immer mit dem Aufbau einer umfangreichen, warmen Antizyklone gekoppelt sind, treten die meisten intensiven Kaltlufttropfen auf der äquatorialen Seite antizyklonaler Steuerungszentren auf, wo sie zunächst von Ost nach West wandern. Entsprechend der Tatsache, daß dynamische Hochdruckgebiete über den nördlichen Teilen Amerikas kaum jemals auftreten, sind über den Vereinigten Staaten auch die Kaltlufttropfen bisher weitgehend unbekannt geblieben, während sie über Europa eine häufige Erscheinung darstellen und im Gefolge fast jeden Aufbaus eines skandinavischen Warmlufthochs beobachtet werden. Schwächere Kaltlufttropfen können gelegentlich auch aus einem kalten Tief hervorgehen, wenn dieses sich am Boden zuerst auffüllt und dann in der Höhe als Kaltluftkörper noch einige Tage fortlebt, wie es z. B. für den 19. und 20. Oktober 1933 beschrieben wurde (701, S. 36), als sich ein solches Tief zuletzt an der Tropopause auflöste.

Die Energie und der Umfang der Kaltlufttropfen können sehr verschieden sein. Zuweilen umfassen sie ein Gebiet von der Größe Zentraleuropas, manche erreichen aber nur einen Durchmesser von einigen hundert Kilometern und entstehen gar durch Teilung eines größeren. Diese kleinen Tropfen zeigen manchmal, wegen der in ihnen vorhandenen geringen Gegensätze und der infolgedessen durch konvektive Vorgänge leicht beeinflußbaren Temperaturverteilung, ein anormales Verhalten, wogegen die räumlich ausgedehnten und allseitig von starken Gradienten umgebenen Höhentiefs den Bodenisobaren recht genau folgen.

b) Die Steuerung des Kaltlufttropfens.

Erstreckt sich das Zentrum der kältesten Luft durch die ganze Troposphäre hindurch bis zum Boden, wie es in den meisten Beispielen der Fall ist, dann ist die Verlagerung des Kältezentrums am Boden durch die allgemeine Druckverteilung bestimmt, und wenn man zunächst die Reibungseinflüsse außer Betracht läßt, so erfolgt in den unteren Schichten die Fortbewegung der kältesten Masse angenähert entsprechend dem Verlauf der Bodenisobaren. Kaltluftadvektion bedingt nach den früheren Überlegungen in der Höhe Druckfall und der Antransport wärmerer Massen Druckanstieg, so daß sich die Flächen gleichen Druckes in Strömungsrichtung bei Annäherung des Kältezentrums senken und auf der anderen Seite heben müssen. In den Schichten noch weiter oberhalb bleibt die niedrigere Temperatur mit dem tieferen Druck gekoppelt und verlagern sich die kältesten Luftteilchen ebenfalls in Richtung der unteren Strömung. Dadurch nimmt der Luftdruck wieder noch weiter oberhalb ab, so daß sich schließlich das ganze Gebilde mit dem in den unteren Schichten erfolgenden Kaltlufttransport in Bewegung setzt. Durch die Reibungseffekte wird in dem Niveau unterhalb 1500 m eine gewisse Verzerrung des Tropfens eintreten, und er zieht deshalb etwas langsamer als es dem Gradientwind des Bodendruckgefälles entspricht[1]. Zugleich wird er gegenüber dem Isobarenverlauf etwas zum tiefen Druck hin abgelenkt, wo sein Fortleben auch durch die größere Neigung zu aufsteigenden Bewegungen begünstigt wird, während im antizyklonalen Strömungsbereich eintretende Absinkeffekte eine wesentliche Erwärmung zur Folge haben können.

Reicht der Fuß des Kaltlufttropfens nicht bis zum Boden herab und kann man voraussetzen, daß weiter unterhalb keine besonderen Temperaturgegensätze vorhanden sind, dann muß auch das Druckgefälle an der Unterseite des Kaltlufttropfens demjenigen am Boden entsprechen, und auch in diesem Falle wird seine Bahn — ein angebliches Gegenbeispiel (313) beruht auf einer Mißdeutung — durch die Bodenisobaren bestimmt[2].

Es handelt sich hier also eigentlich um die einfachste Form der Steuerung. Man kann ihr Zustandekommen auch so deuten, daß die durch die Bodenisobaren bestimmte Zuggeschwindigkeit in allen Höhen erhalten bleibt, da sich dazu nur eine Komponente der relativen Topographie addiert, die keine Advektion hervorrufen kann. Selbstverständlich ist dann die Windgeschwindigkeit in allen Höhen in der Fortbewegungsrichtung entsprechend größer als auf der gegenüberliegenden Seite, aber diese Verhältnisse sind viel schwerer zu übersehen als der Druckgradient in der Bodenwetterkarte. Prinzipiell ist es völlig gleich, mit welcher Karte man zur Bestimmung der Steuerung operiert, doch legt es die leichtere Überschaubarkeit nahe, die Bodendruckverteilung zu verwenden, zumal sich gezeigt hat, daß diese auch in komplizierteren Fällen keine allzu großen Abweichungen ergibt, wenn man bedenkt, daß die Zuggeschwindigkeit etwas geringer ist als die Gradientwindstärke. Auch muß darauf geachtet werden, daß das Druckgefälle direkt unterhalb des Zentrums des Kaltlufttropfens herangezogen wird und nicht an irgendeinem Punkt der Umgebung. Häufig ist der Gradient gerade unter dem Kern eines solchen Gebildes schwächer, und dann bleibt auch die Geschwindigkeit entsprechend geringer.

Einflüsse des Untergrundes können stärkere Modifikationen hervorrufen. Wärmere Meeresgebiete werden ungern aufgesucht, und kalte Landstriche sind im Winter besonders begünstigt. Entwickelt sich direkt unter einem Kaltlufttropfen ein Hochdruckgebiet, so bewirkt dieses eine rasche Auflösung desselben.

---

[1] Es empfiehlt sich, im Mittel mit 80% des Gradientwindes zu rechnen.

[2] Weicht dagegen die Strömung an der Untergrenze des Tropfens von jener am Boden einmal ab, so ist dann für die Steuerung natürlich der Isobarenverlauf an der unteren Begrenzung der Kaltmasse maßgebend.

Im Einzelfall können natürlich die Verhältnisse in einem Kaltlufttropfen verwickelter sein, und eine exakte Vorhersage ihrer Bahn ist daher nicht immer leicht. Doch hat die Praxis ergeben, daß im allgemeinen die angeführten Grundprinzipien eine recht gute Prognose ermöglichen.

Gelegentlich kann man beobachten, daß sich unter einem Kaltlufttropfen ein neues Tiefdruckzentrum am Boden ausbildet, besonders wenn sich der Temperaturgegensatz verschärft. In diesem Zusammenhang sei auf den Kaltlufttropfen hingewiesen, der vom 26. zum 28. Januar 1947 von der Ukraine nach Frankreich gelangte, dort erstmalig ein abgeschlossenes Zentrum ausbildete, das gegen Ende des Monats vor der französischen Westküste ziemliche Intensität erreichte. In diesen Fällen ist die Vorherbestimmung der Bahn immer besonders schwierig; ausschlaggebend ist dann die Zone des stärksten Druckgradienten, mit dem der Tiefkern langsam fortbewegt wird.

Alle Kaltlufttropfen machen sich in Höhe der Alpengipfel durch ausgeprägte zyklonal umlaufende Winde bemerkbar und sind hier auch im Temperaturgang meist deutlich nachzuweisen. Die Wetterauswirkung ist je nach der Jahreszeit recht verschieden und hängt von der Schichtung ab. Es soll deshalb je ein Beispiel für die warme Jahreszeit und eins aus dem kältesten Hochwinter besprochen werden.

c) Der Kaltlufttropfen im Sommer.

Während der warmen Jahreszeit bewirken die niedrigen Höhentemperaturen immer eine mehr oder minder große Labilität im inneren Bereich des Kaltlufttropfens, und es kommt deshalb hier häufig zu starken Schauern und zuweilen sogar zu Gewittern. Das schlechteste Wetter tritt jedoch immer erst an der Rückseite auf, wo die nachfolgende wärmere Luft aufgleitet und dabei zuweilen anhaltende Starkregen niedergehen können, während die Vorderseite bei Kaltluftadvektion sich vielfach durch völlige Aufheiterung auszeichnet. Gerade dieser Umstand verführt leicht dazu, einem sich annähernden Kaltlufttropfen nicht viel Wetterwirksamkeit zuzutrauen, und, wenn man meint, daß beim Abzug dieses Gebildes das Wetter noch besser würde, kann man sehr unangenehm überrascht sein, wenn statt dessen ein plötzlicher Wolkenaufzug einsetzt und schon wenige Stunden später starke Niederschläge beginnen. Ähnlich ist die Situation auch bei dem folgenden Beispiel.

Der Kaltlufttropfen vom 25. bis 26. Juli 1939. In Abb. 126 (S. 230) ist die Boden- und Höhenwetterlage bei Ankunft eines verhältnismäßig eng begrenzten Kaltlufttropfens im Hochsommer dargestellt. Aus der relativen Topographie 500/1000 mb geht hervor, daß die niedrigsten Mitteltemperaturen der unteren Troposphärenhälfte über *Frankfurt* und *Köln* gemessen wurden, und die Karte der 500-mb-Fläche zeigt, daß das Höhentiefzentrum zwischen diesen beiden Orten gelegen ist, durch zahlreiche Windmessungen gut belegt.

Dieser Kaltlufttropfen ist hervorgegangen aus einer am 20. Juli über der Dänemarkstraße okkludierten Zyklone, die sich von dort langsam in südöstlicher Richtung verlagerte und auf deren Nordseite bei fortdauerndem Druckanstieg über der Arktis die skandinavischen Warmluftmassen westwärts gelenkt wurden, die Kaltluft der Depression vom Quellgebiet abschneidend. Am 23. Juli ist bereits ein abgeschlossenes Höhentief nordwestlich von Schottland zu erkennen, das am 24. Südengland erreicht hat und hier auch am Boden noch einen abgeschlossenen Kern von 1000 mb aufweist. Dieser füllt sich in den folgenden 24 Stunden weitgehend auf und ist zu dem hier reproduzierten Termin über dem belgischen Raum noch schwach zu erkennen.

Bei der Vb-Störung, die inzwischen nach Oberschlesien gelangt ist, handelt es sich dagegen um eine Neubildung auf der Ostflanke der vorrückenden Kaltluft, die am Vortage über Italien einsetzte. Gleichzeitig läßt die Bahn des von Ungarn über Südschweden zur nördlichen Nordsee gelangten Tiefs bereits deutlich eine beinahe kreisförmige Steuerung um den sich annähernden Kaltlufttropfen erkennen.

Der westdeutsche Kaltlufttropfen macht sich auch in den Bodentemperaturen deutlich bemerkbar, die dort unter Berücksichtigung des Umstandes, daß es sich um die wärmste Zeit des Jahres handelt, ungewöhnlich niedrig liegen, teilweise nicht einmal 10° betragen und in Oberbayern auf Tiefstwerte bis zu 6 und 7° abgesunken sind.

An der Vorderseite des Tropfens hat sich eine immer deutlichere Front ausgebildet, welche gerade in die ungarische Tiefebene vorstößt und dort schon in den Morgenstunden Temperaturgegensätze von 7° hervorruft, die sich mittags auf 15° steigern und damit zu einer wesentlichen Vertiefung der schlesischen Depression Anlaß geben. Ebenso deutlich tritt aber auch die Warmfront auf der Rückseite der abgeschlossenen Kaltmasse in Erscheinung, die sich erst im Laufe der Nacht über Nordwestdeutschland und Holland ausgebildet hat und durch einen Unterschied der relativen Topographie zwischen *Köln* und *Utrecht* von 10 Dekametern und einen Anstieg der Bodentemperatur von 6° zwischen *Nordhorn* und *Borkum* in Erscheinung tritt. Die Windkonvergenz erreicht fast 180°, und unmittelbar vor dieser Warmfront hat starker Aufgleitregen eingesetzt, der aber im Laufe des Tages — entsprechend der Höhenströmung — auch auf den Warmluftbereich übergreift und z. B. in *Hamburg*, in Begleitung von Gewittern, Niederschlagsmengen bis zu 13 mm hervorruft.

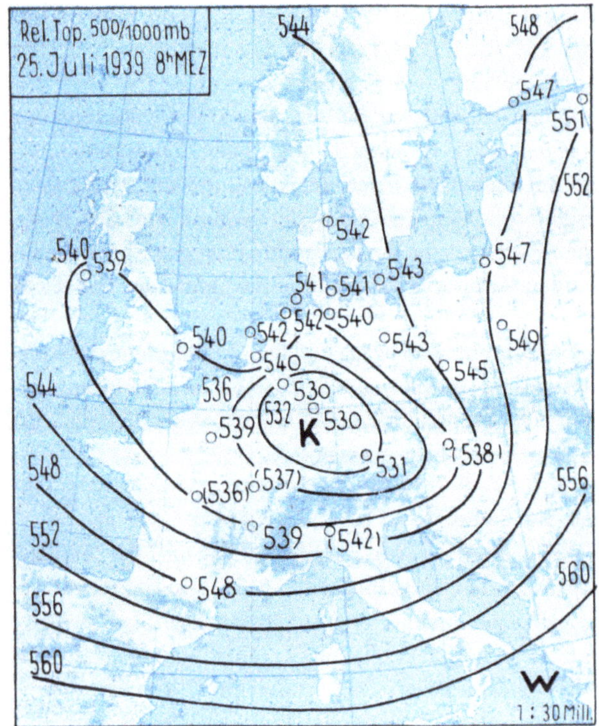
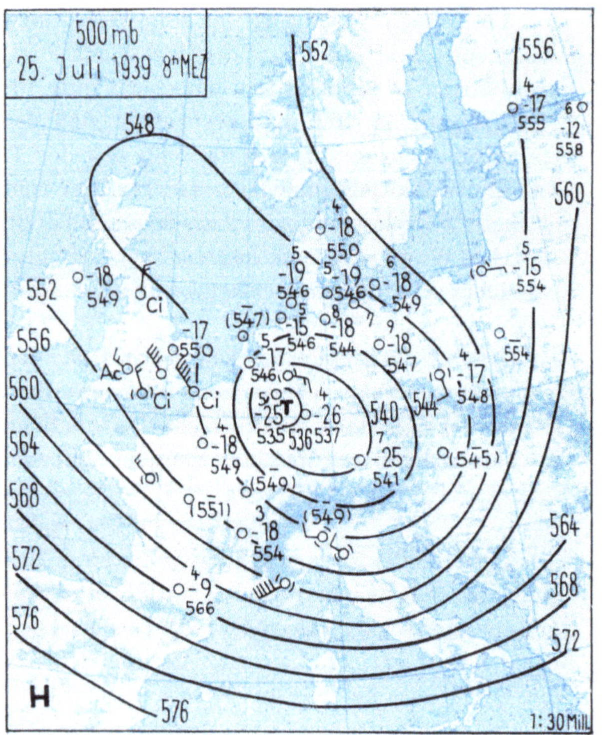
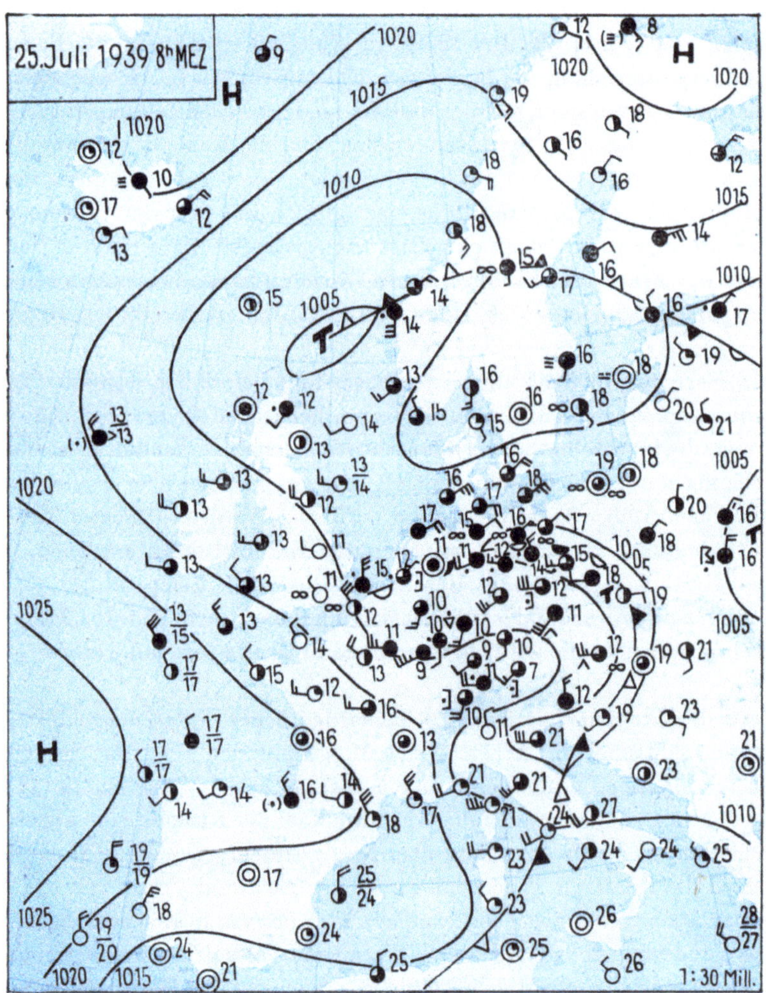

Abb. 126. Ankunft eines Kaltlufttropfens über Westdeutschland am 25. Juli 1939.

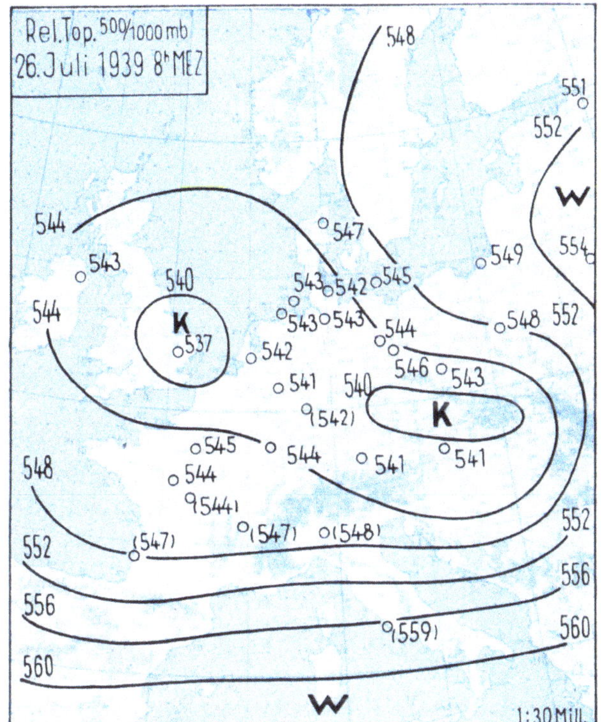

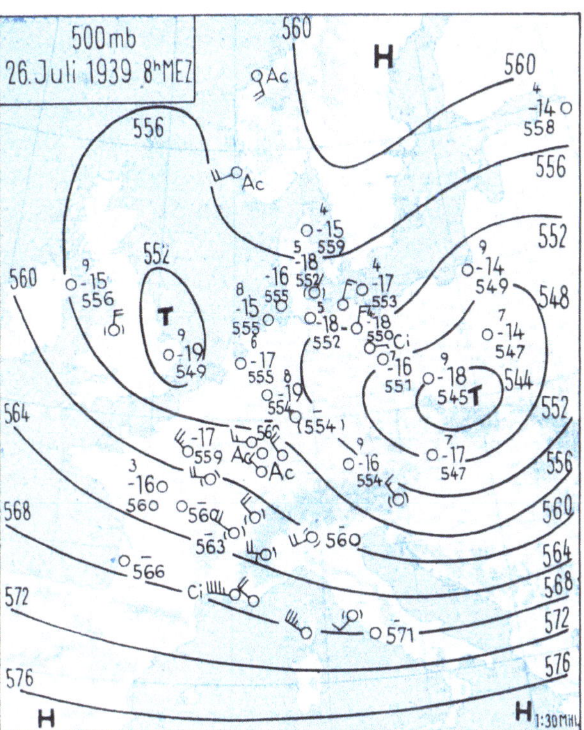

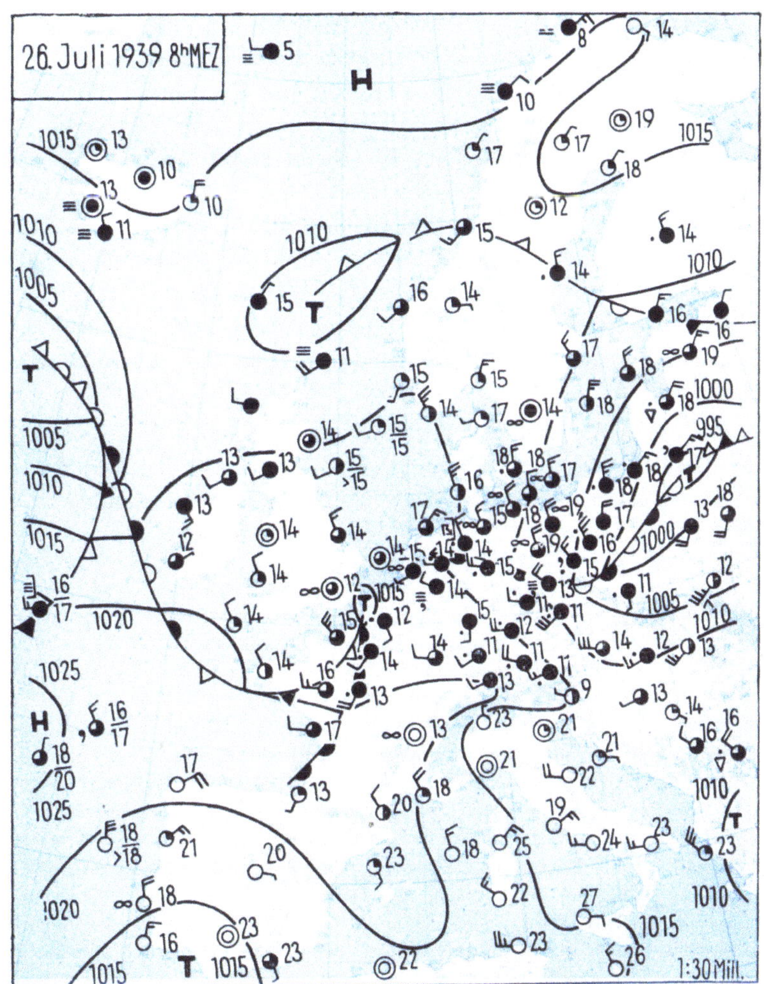

Abb. 127. Der sommerliche Kaltlufttropfen verursacht Starkregen über Schlesien am 26. Juli 1939.

Bis zum 26. Juli (Abb. 127) hat sich der Kaltlufttropfen, den Bodenisobaren folgend, nach Böhmen verlagert und etwas abgeschwächt, während zugleich ein neuer kleinerer Kern aus einem am Vortage über die Nordsee reichenden Tiefausläufer der 500-mb-Karte hervorgegangen ist. Die Vb-Zyklone ist, entsprechend der Konzentrierung der stärksten Temperaturgegensätze auf den Ostfuß der Alpen und der am Vortage im polnischen Raum in der Höhe vorhanden gewesenen ausgeprägten Richtungsdivergenz der Isopotentialen, unter starker Vertiefung nordostwärts vorgestoßen. Die bemerkenswerteste Erscheinung muß man aber darin erblicken, daß die Niederschläge im schlesischen Raum bei dem Durchzug der Vb-Depression gering waren im Vergleich zu den Mengen, die jetzt mit Annäherung der Warmluft von Norden her ausgelöst werden. In *Gleiwitz* fielen z. B. am Vortage während der Entwicklung des Vb-Tiefs nur einzelne Tropfen, in der Nacht zum 26. aber bereits 46, im Laufe dieses Tages weitere 81 und in den folgenden 24 Stunden nochmals 25 mm, so daß die Gesamtmenge auf der Rückseite des Kaltlufttropfens hier 178 mm beträgt und damit kaum hinter den maximalen Beträgen zurückbleibt, die zu den großen Oder-Hochwassern (307) führen.

Der nördliche Warmluftvorstoß ist in der Bodenwetterkarte am 26. über Schlesien durch eine sehr scharfe, allerdings auf eine kleine Strecke beschränkte Konvergenzlinie begrenzt, die genau mit dem Starkregengebiet zusammenfällt. Im Niveau der 500-mb-Fläche befindet sich der tiefste Druck morgens über Oberschlesien und wandert im Laufe des Tages weiter ostwärts, so daß er am 27. schon vor *Kiew* angelangt ist. Noch erstreckt sich aber von dort eine Kaltluftzunge bis nach Süddeutschland, aus welchem Grunde die Regenfälle nur allmählich nachlassen.

Die schlesische Warmfront biegt am 26. über Sachsen nach Nordwesten um und läßt sich noch bis nach Holland verfolgen, wodurch das Wetter auch in ganz West- und Südwestdeutschland trübe und regnerisch bleibt. Es zeigt sich hier, wie wichtig es ist, solche Warmfronten, die im Schema der Idealzyklone in keiner Form enthalten sind, bis zu ihrem Endpunkt festzulegen.

Ein neues über Frankreich erkennbares Regengebiet ist durch eine niederschlagsfreie Zone deutlich von dem weiter östlicher gelegenen getrennt und hängt mit einem anderen, vorübergehend zur Ausbildung gelangten schwachen Frontensystem zusammen, das weiter im Westen zu einer größeren atlantischen Zyklone überleitet.

Besondere Wettererscheinungen. Dieses Beispiel eines räumlich nicht sehr ausgedehnten sommerlichen Kaltlufttropfens demonstriert, von welcher Bedeutung für das europäische Wettergeschehen diese Gebilde sein können und daß sie sogar gelegentlich Niederschläge auszulösen vermögen, welche an die bei Vb-Depressionen gemessenen Summen heranreichen. Es scheint sogar, daß ein erheblicher Teil der früher Zyklonen dieser Zugstraße zugeschriebenen Niederschläge auf Kaltlufttropfen zurückzuführen ist (353). Jedenfalls zeigt sich, daß die Wetterauswirkung der Höhentiefs im Sommer ganz erheblich sein kann, wobei im inneren Bereich konvektive Einflüsse sich häufig in gewitterartigen Regenfällen bemerkbar machen und im rückwärtigen Quadranten Aufgleitniederschläge beobachtet werden. Die häufig auf der Vorderseite eintretende Aufheiterung ist in dem angeführten Beispiel nicht besonders deutlich zu erkennen und macht sich höchstens in der durchbrochenen Bewölkung von Sachsen bis Bayern und am folgenden Tage am rechten Kartenrand bemerkbar.

Im Winter gibt die starke Ausstrahlung innerhalb der Höhenzyklone zu einer Stabilisierung Anlaß, so daß sich dann die Niederschlagsprozesse noch mehr auf die Rückseite beschränken und sich zuweilen sogar ausgeprägte Kaltlufttropfen kaum durch besondere Wettererscheinungen andeuten.

d) Der Kaltlufttropfen im Winter.

Es wurde schon erwähnt, daß die Kaltlufttropfen im Winter eine wesentlich größere räumliche Ausdehnung aufweisen. Manche können wochenlang das europäische Wettergeschehen beeinflussen, und wenn sie so lange über Zentraleuropa verharren, lenken sie die atlantischen Zyklonen auf eine weit südwärts gerichtete Bahn und sind dann die Erzeuger und Erhalter strenger Winter. Berüchtigt ist in dieser Beziehung jener Kaltlufttropfen, der auf der Südseite des bereits behandelten ungewöhnlichen Polarhochs am 15. Januar 1940 (vgl. Abb. 69, S. 125) nach Europa gelangte und sich zunächst eine Woche lang über Deutschland aufhielt, wobei die ihn umkreisenden Zyklonen vielen Teilen Mitteleuropas außergewöhnliche Schneehöhen brachten. Kaum hatte er sich am 24. Januar auf die Ostsee begeben, als er sich hier im Konvergenzbereich zwischen zwei Hochdruckzellen wieder verstärkte, und auch ein neuer Rückzugsversuch am 7. Februar wurde über der gleichen Gegend gestoppt. Bei Druckanstieg über Nordeuropa gewann er zum drittenmal westwärts an Raum und erreichte jetzt erst am 12. Februar seine größte Energie über *Hamburg*. Sein Zentrum durchwanderte dann nochmals ganz Deutschland auf zyklonal gekrümmter Bahn über die Vogesen, Alpen und schlesischen Berge, bis es am 20. über Ostpreußen angelangt war. Von dort wandte sich der Tropfen plötzlich nach Süden und verließ den zentraleuropäischen Raum glücklich am 22. Februar, indem er vom Balkan aus auf das Mittelmeer übertrat. Auf diese Weise hat dieser Kaltlufttropfen fast 5 Wochen lang das europäische Wettergeschehen bestimmt und ist in erster Linie mit verantwortlich für die nicht endenwollende Kälteperiode.

Die Zugbahn stand während der ganzen Zeit in enger Beziehung zur Bodendruckverteilung und bestätigte die oben angeführte Regel. Im Kern des Höhentiefs traten in der zweiten Februardekade in vielen Gebieten Nordwest- und Westdeutschlands die bisher beobachteten absoluten Temperaturminima ein, jedoch erreichten diese nicht die Rekordbeträge, die bei dem Kaltlufttropfen vom 25. Januar 1942 über Ostpreußen gemessen wurden, weshalb hier dieser zur näheren Beschreibung ausgesucht worden ist[1].

Der Kaltlufttropfen vom 25. Januar 1942. Der Kaltlufttropfen vom 25. Januar 1942 wird in die Geschichte der Meteorologie als eine der denkwürdigsten Erscheinungen dieses über Nord- und Osteuropa kältesten Winters der letzten beiden Jahrhunderte eingehen. Schon vorher war arktische Kaltluft in Form eines abgeschlossenen Höhentiefs nach Europa vorgestoßen, indem ein solches am 8. Januar über Finnland Eingang fand und sich am 15. über Deutschland teilte, wo ein Zweig auf der Südwestflanke eines skandinavischen Hochs zur Nordsee abgetrieben wurde, ein anderer aber von einem zentralrussischen Tief eingefangen blieb und sich dorthin verlagerte. Am 18. Januar bildete sich über Nordwestdeutschland ein kleinerer, selbständiger Tropfen aus, während der russische, nach Einbezug einer weiteren von Nordwesten vorgedrungenen Kältewelle wesentlich verstärkt, wieder über das Baltikum nach Deutschland gelangt, hier aber nach einigen Tagen erneut mit der Hauptmasse ostwärts abgedrängt wird. Dort vereinigt er sich mit einem aus dem Innern Sibiriens westwärts vorgestoßenen Tief, das am 23. die Gegend von *Moskau* und einen Tag später den Raum um *Smolensk* erreicht hat und zu dem hier abgebildeten Zeitpunkt (Abb. 128) über der Ostsee eben noch zu erkennen ist.

Dieses Bodentief ist in der freien Atmosphäre von ungewöhnlich tiefen Temperaturen und einer entsprechenden Höhenzyklone begleitet, bei deren Durchzug am Abend vorher über *Riga* in vielen Schichten die niedrigsten bisher über dem europäischen Raum festgestellten Temperaturen gemessen wurden. Jener Aufstieg ist deshalb bereits in der Zusammenstellung auf S. 83 aufgeführt worden, und es sei nochmals erwähnt, daß die Mitteltemperatur der Schicht von 1000 bis 500 mb niedriger lag als dem Januar-Durchschnitt am Kältepol entspricht, was am besten die ungewöhnliche Intensität dieses Kaltlufttropfens beleuchtet.

Im Niveau der 500-mb-Fläche (Abb. 129) liegt das Druckminimum, allseits von erheblichen Gradienten umgeben, genau über *Königsberg*, und es ist besonders bemerkenswert, daß an diesem Morgen ebendort, im Zentrum des Kaltlufttropfens, auch am Boden mit $-34°$ eine Temperatur gemessen worden ist, die 3° niedriger liegt als das absolute Minimum während des Zeitraums von 1881 bis 1930 und beinahe sogar den ostpreußischen Tiefstwert vom 16. Januar 1813 von $-36.4°$ erreicht (603).

Die europäische Großwetterlage wird von zwei antizyklonalen Aktionszentren beherrscht, von denen das Azorenhoch die ozeanischen Störungen über England nach Südosten lenkt und das ebenfalls relativ warme Maximum über der Halbinsel Kola, das im Niveau der 500-mb-Fläche etwas nach Norden verschoben ist, die russischen Kältewellen nach Westen steuert. Gleichzeitig mit der Ankunft des Kaltlufttropfens hat eine atlantische Depression auf ihrem Wege nach Südosten den Niederrhein erreicht, so daß der Luftdruck in den letzten 24 Stunden über fast ganz Deutschland um mehr als 20, in Bayern sogar bis zu 30 und auch im eigentlichen Bereich der Kaltluftadvektion noch um etwa 10 mb abgenommen hat, was wieder als neuer Beweis für die geringe druckerhöhende Wirkung solcher Kaltluftmassen angesehen werden kann.

Der Gradient zwischen dem nordskandinavischen Hoch und der westdeutschen Zyklone ist so erheblich, daß sich die sibirische Luft in stürmischen Böen über Skagerrak und Kattegat nach Westen ergießt und auch den gesamten Kaltlufttropfen verhältnismäßig schnell mit sich führt. Er ist am nächsten Tage schon über Südschweden angelangt, wo er dann aber bei Verringerung der Druckgegensätze am Boden unter allmählicher Abschwächung fast 10 Tage lang liegen bleibt und erst dann völlig nach Norden abwandert.

Zwischen Königsberg und der Biskaya erreichen die Temperaturgegensätze am Boden den seltenen Betrag von 47°, und mit der nordwestlichen Höhenströmung gelangt das westdeutsche Tief bis zum nächsten Tage, sich rasch auffüllend, nach Ungarn, während die über dem Golf von Genua an der Spitze eines noch von Tropikluft erfüllten Warmsektors entstandene Zyklone sich auf dem Wege zur Adria noch zu vertiefen vermag. Von Genua aus ist die ehemalige Okklusion, nach Nordosten verlaufend und dann nach Nordwesten umbiegend, in eine scharfe Warmfront zwischen der kontinentalen und der maritimen Polarluft umgewandelt worden.

Unmittelbar hinter dem Höhentief hat sich auch in diesem Falle, hervorgerufen durch den Herantransport etwas höher temperierter Luft von Südosten her, eine deutliche Warmfront mit scharfem Windsprung von Nordost nach Südost ausgebildet. Sie prägt sich ebenso im Wettergeschehen durch ein schmales Schneefallgebiet vom Mittellauf der Memel bis zur oberen Düna aus.

In den Abb. 130 und 131 (S. 236f.) ist der aerologische Zustand über Europa im Niveau der 700-, 225- und 96-mb-Fläche dargestellt, ergänzt durch die relativen Topographien für 500/1000, 225/500 und

---

[1] Von neueren Kaltlufttropfen wies jener etwa die gleiche Intensität auf, der am 31. Januar 1947 die Mündung der Petschora erreichte und über Nord- und Zentralrußland etwa eine Woche lang extreme Kälte hervorrief.

96/225 mb. Es fällt besonders die außerordentliche Konzentrierung der kältesten Luft auf den ostpreußischen Raum auf, indem es dort im Mittel fast 15° kälter ist als an der Odermündung. Dies führt dazu, daß schon in 3000 m (700 mb) ein von starken Gradienten umgebenes Höhentief vorhanden ist, in dessen Zentrum über *Königsberg* —37° gemessen wurden, während in gleicher Höhe über *Danzig* und *Riga* die Luftwärme schon 10°, bei *Stettin* fast 20° und über Bayern bereits 31° höher lag. Auch über dem Nordkap war es bei 700 mb Druck 23° wärmer als über Ostpreußen!

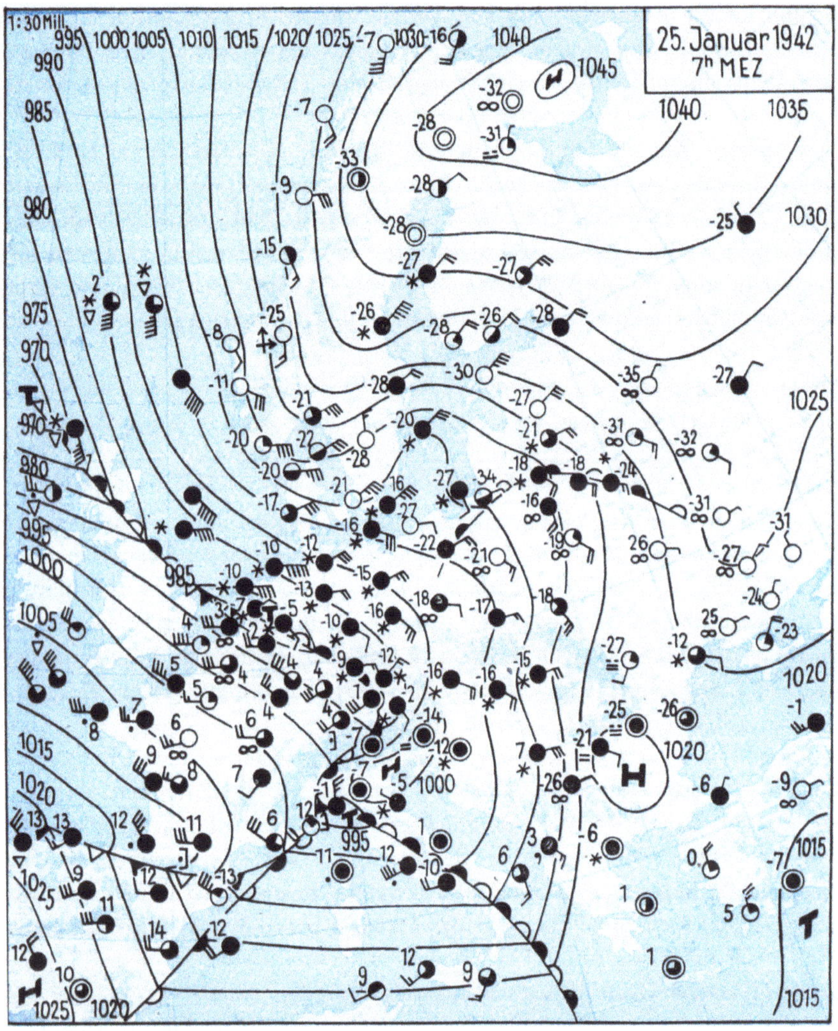

In der relativen Topographie 225/500 mb macht sich der Kaltlufttropfen höchstens durch einen ganz schwachen Kompensationseffekt bemerkbar, dadurch hervorgerufen, daß die Stratosphäre tief herabgesogen wird und z. B. am Abend vorher über *Riga* schon in 3900 m begann. Im übrigen beherrscht in der oberen Troposphäre ein gleichmäßiges von SSW nach NNE gerichtetes Temperaturgefälle von Afrika bis nach Finnland das Kartenbild, so daß sich das Höhentief in 225 mb etwas mehr polwärts verschiebt, im übrigen hier aber ebenso deutlich erhalten bleibt. Noch höher im Norden werden auch zwischen 5000 und 10 000 m wieder höhere Temperaturgrade gemessen, die ein immer stärkeres, von Norden nach Süden gerichtetes Druckgefälle über dem nördlichen Schweden und Nordnorwegen hervorrufen.

Die relative Topographie 96/225 mb versucht eine wesentliche Kompensation der troposphärischen Temperaturverteilung, was ihr aber nur

Abb. 128. Bei Ankunft des Kaltlufttropfens über Ostpreußen am 25. Januar 1942 Eintritt der absoluten Temperaturminima in der unteren Troposphäre.

insofern gelingt, als sich das Druckgefälle abschwächt. Das Höhentief bleibt erhalten, rückt aber im Niveau der 96-mb-Fläche erheblich weiter nach Norden bis in den finnischen Raum. Trotz der wesentlich tieferen Stratosphärentemperaturen über Nordnorwegen bleibt das dortige Hoch noch bis in diese Höhe erhalten.

Als letzte Karte dieses Beispiels ist auf S. 237 (unten) die Abweichung der relativen Topographie der Schicht 96/225 mb von der normalen Kompensation für alle Radiosonden angegeben, die mindestens eine Höhe von 150 mb erreicht haben. Es wurde schon früher (S. 94) darauf hingewiesen, daß die Einzelwerte sehr empfindlich auf Meßfehler der Sonden reagieren; es zeigt sich aber hier, daß im allgemeinen doch so gute Übereinstimmung vorhanden ist, daß es gelingt, Linien gleicher Abweichung von der normalen Kompensiaton zu zeichnen. Es ergibt sich, daß die Stratosphäre fast über dem gesamten europäischen Raum zu warm ist und daß sich diese Anomalie der Stratosphärentemperatur nicht etwa nur auf den Kaltlufttropfen beschränkt, sondern über einem großen Gebiet 10 Dekameter oder rund 5° in der Mitteltemperatur überschreitet. Auch die einzelnen Temperaturangaben in den Karten der 225- und 96-mb-Fläche deuten dies schon an, denn Werte von nicht einmal —50° treten im Winter nur selten auf. Es scheint danach jedenfalls, daß die Stratosphäre von diesem Kaltlufteinbruch wenig berührt wurde, denn er vermochte die schon vorher vorhanden gewesenen relativ warmen Schichten oberhalb der Tropopause nicht zu beseitigen (vgl. S. 243).

Besondere Wettererscheinungen. Bei den tiefen Temperaturen im Bereich der winterlichen Kaltlufttropfen ist in ihnen die Gegenstrahlung wesentlich herabgesetzt und geht deshalb die Luftwärme auch am Boden durch Ausstrahlung meist sehr tief herab. Bei Aufgleitprozessen nimmt der Niederschlag häufig die Form ganz feinen Polarschnees an, wobei die nadelförmigen Kristalle im Sonnenschein glitzern, und manchmal weist der blaue Himmel nur eine kaum merkbare, weißliche Trübung auf.

Wie auch in diesem Beispiel, so ist die Annäherung intensiver Kaltlufttropfen manchmal mit stärkerem, zuweilen sogar sprunghaftem Druckfall verbunden, der erst nach seinem Durchzug im allgemeinen in schwächeren Anstieg übergeht und ganz das gegenteilige Verhalten zeigt, welches die thermischen Effekte erwarten lassen. In diesen Fällen muß der Kaltlufttropfen selbstverständlich mit einer zyklonalen Ausbuchtung in der Bodendruckverteilung gekoppelt sein.

Den Kaltlufttropfen entsprechen in der Stratosphäre im allgemeinen Warmluftzungen, die durch die Kompensationseffekte gebildet werden und sich mit der troposphärischen Kaltmasse verlagern. Die Untersuchung der Abweichungen von der normalen Kompensation hat aber bereits ergeben, daß die Stratosphäre auch Temperaturänderungen erleiden kann, die nicht als Folge normaler Kompensationsvorgänge gedeutet, hingegen auf Advektionsprozesse zurückgeführt werden. Dafür wird anschließend eine besonders instruktive Wetterlage besprochen, die sich der zuletzt behandelten unmittelbar anschließt.

9. Die Beteiligung der Stratosphäre am Wettergeschehen.

Die Frage, ob der Stratosphäre eine primäre oder nur eine sekundäre Rolle im täglichen Wettergeschehen zufällt, ist bisher noch nicht endgültig entschieden worden[1]. Wurde früher die Beziehung, daß Druckanstieg am Boden mit Abkühlung der Schichten oberhalb der Tropopause und Druckfall dort mit Erwärmung verbunden ist, so ausgelegt,

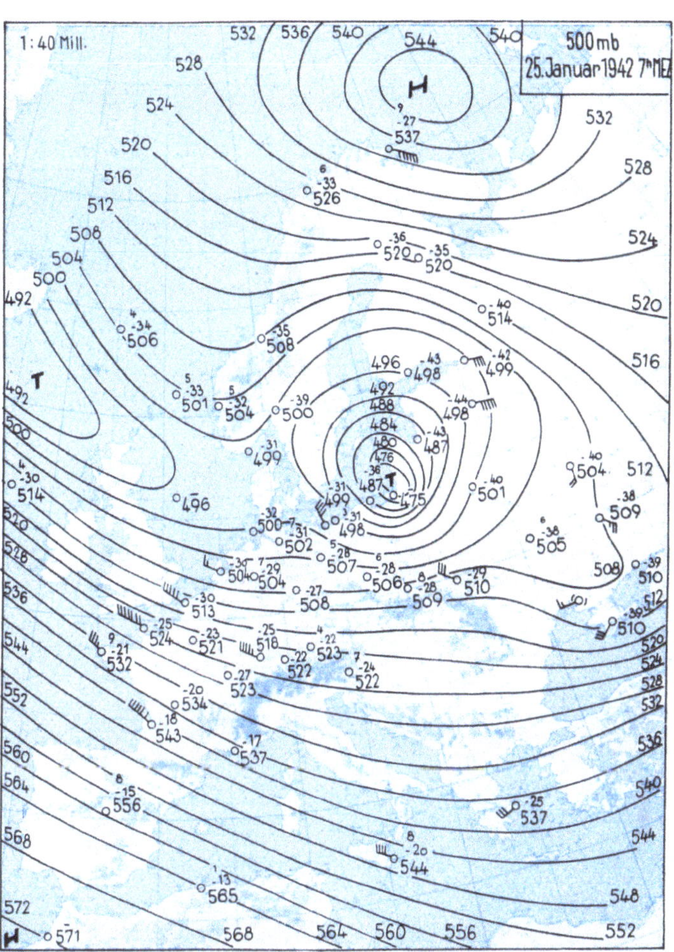

Abb. 129. Hochreichende Antizyklone über dem Eismeer beim Eintreffen des sibirischen Kaltlufttropfens über dem ostpreußischen Raum am 25. Januar 1942.

daß dadurch die ausschlaggebende Bedeutung der stratosphärischen Temperaturschwankungen für das Wettergeschehen erwiesen sei, so ist demgegenüber von den Anhängern der norwegischen Zyklonentheorie immer auf die größere Bedeutung der troposphärischen Prozesse hingewiesen worden, und seitdem PALMÉN eine plausible Erklärung für diese stratosphärischen Effekte als Folge der troposphärischen Vorgänge gegeben hat, scheint das Schwergewicht wieder mehr auf die unteren Schichten verlagert zu sein. Trotzdem zeigt sich aber, daß die Rolle der Stratosphäre nicht nur darin besteht, die Vorgänge an der Tropopause zu kompensieren und daß in ihr zum mindesten im Winter Schwankungen vorhanden sind, die auf ein Eigenleben hindeuten[2].

a) Abweichungen vom Kompensationsgesetz.

Im zweiten Teil sind die Abweichungen von der normalen Kompensation schon summarisch behandelt worden mit dem Ergebnis, daß sie durch die Advektion hervorgerufen werden. Es soll hier jetzt ein synoptisches

---

[1] Eine allgemeine Übersicht über die Rolle der Stratosphäre im Wettergeschehen hat H. ERTEL (202) vorgetragen. Vgl. ferner Lit. 203.

[2] In diesem Zusammenhang sei auf die von C. JUNGE (339) festgestellte unerwartet große Turbulenz in der Stratosphäre hingewiesen (vgl. auch Lit. 253).

Beispiel folgen, bei dem das vom Normalen abweichende Verhalten besonders deutlich in Erscheinung tritt und noch krasser hervorsticht, wenn man es mit der zuletzt behandelten Wetterlage vom 25. Januar 1942 vergleicht.

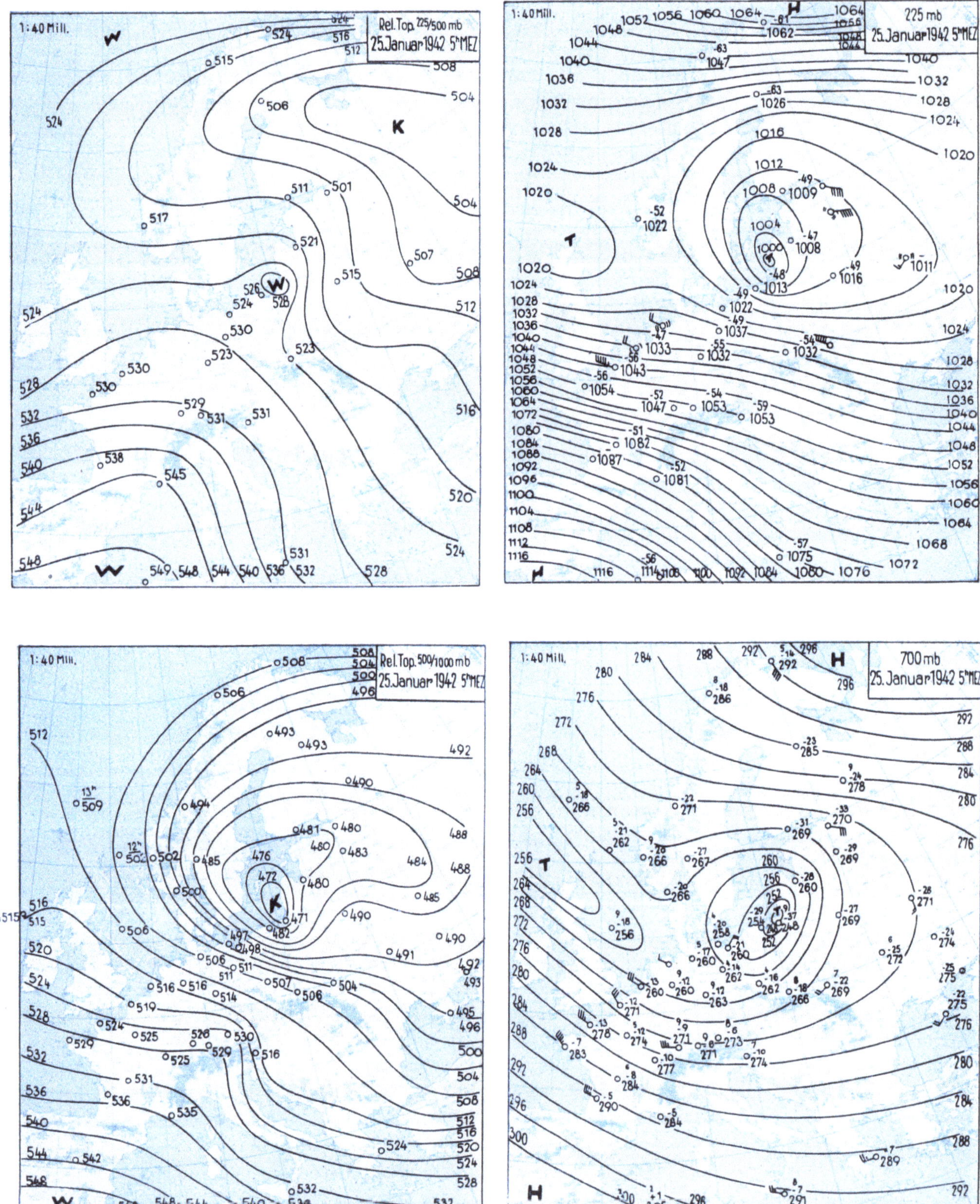

Abb. 130. Die Höhenwetterlage in der Troposphäre im Bereich des Kaltlufttropfens vom 25. Januar 1942.

Die extrem kalte Stratosphäre vom 2. Februar 1942. Bei der Bestimmung der normalen Kompensation wurde die Aufmerksamkeit deshalb auf den 2. Februar 1942 gelenkt, weil die Werte dieses Tages völlig aus dem allgemeinen Rahmen herausfielen und die Stratosphäre insbesondere über *Catania* in Anbetracht der niedrigen Lage der Tropopause viel kälter war als es sonst bei ähnlichen Druckwerten an der Obergrenze

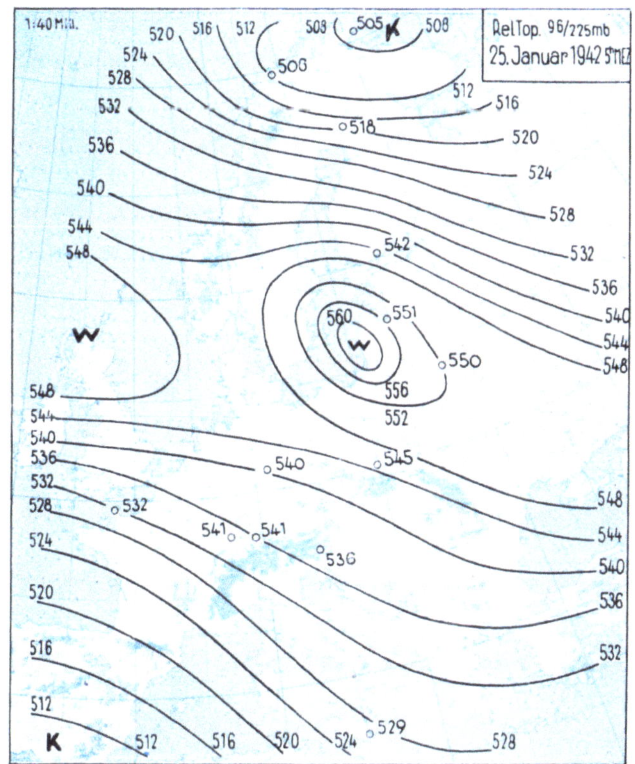

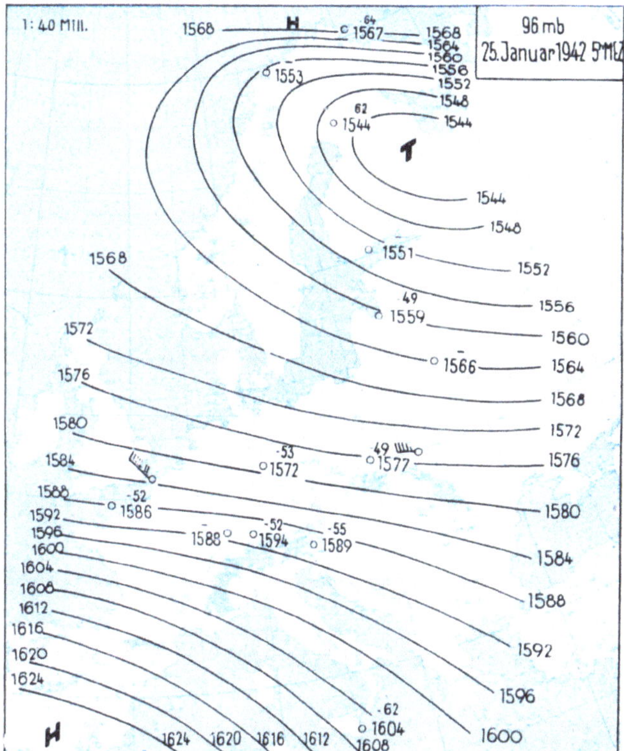

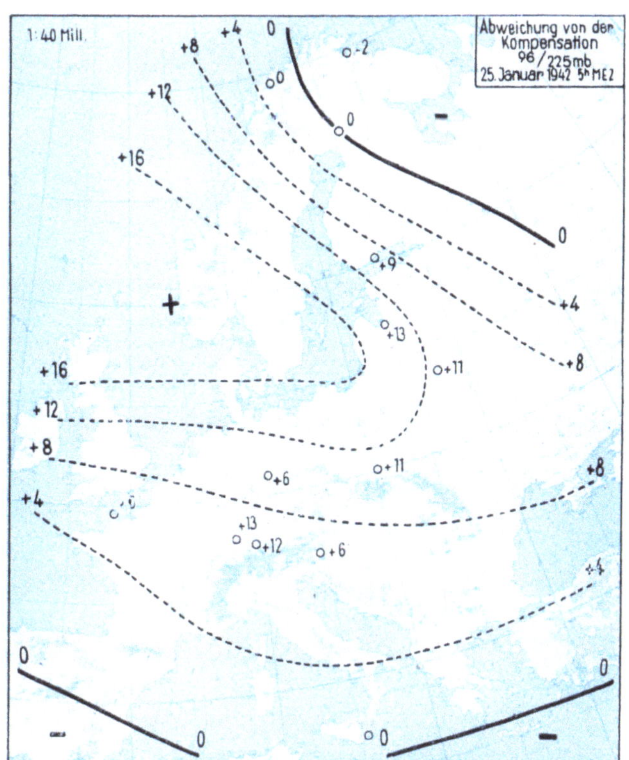

Abb. 131. Druck- und Temperaturverteilung in der unteren Stratosphäre (oben) und Abweichung der relativen Topographie 96/225 mb von der normalen Kompensation (unten) am 25. Januar 1942.

der Troposphäre der Fall zu sein pflegt. Um die Ursache zu ergründen und festzustellen, ob es sich nicht vielleicht um einen Meßfehler handeln könnte, wurde die Situation näher untersucht.

In Abb. 132 ist die Bodendruckverteilung von dem betreffenden Tage reproduziert. Sie weist mit der vorhin behandelten vom 25. Januar noch insofern große Ähnlichkeit auf, als das nordosteuropäische Hochdruckgebiet seine Lage nicht wesentlich verschoben hat und die Grenzlinie der kontinentalen Kaltluft ziemlich unverändert von Großbritannien zum Mittelmeer verläuft — jetzt ein wenig westwärts gerückt. Statt über dem Golf von Genua befindet sich ein Tiefdruckkern über der Straße von Otranto, und der einzige größere Unterschied besteht darin, daß das von Nordosten nach Südwesten gerichtete Druckgefälle geringer geworden ist und sich über Mitteldeutschland ein kleines Teilhoch aufgebaut hat, wo acht Tage vorher der Luftdruck recht niedrig gewesen war.

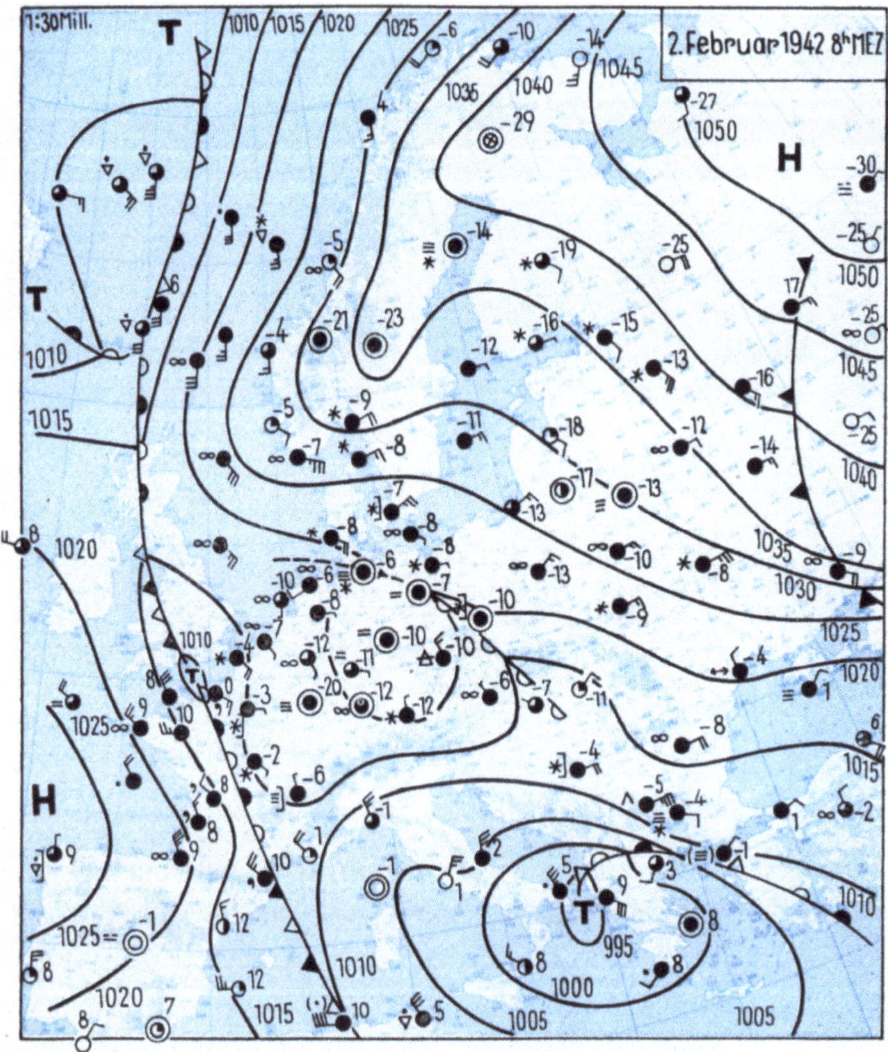

Abb. 132. Wetterlage bei der großen negativen Anomalie der Stratosphärentemperaturen am 2. Februar 1942.

Größer sind allerdings die Änderungen im Temperaturfeld. Die Hauptmasse des Kaltlufttropfens ist nach Nordwesten hin abgezogen und aus dem Ostraum durch eine weniger extrem temperierte, jedoch auch noch recht kalte Masse abgelöst worden, in der die Luftwärme über *Königsberg* um mehr als 20° und über großen Teilen Nord- und Osteuropas um etwa 10° höher liegt.

Die relativen Topographien 225/1000 und 96/225 mb sowie die Höhenwetterkarten der 225- und 96-mb-Fläche sind in Abb. 133 dargestellt. Es geht daraus hervor, daß sich an der Tropopause ein ausgeprägter Höhentrog von Norwegen über Mitteldeutschland bis nach Süditalien erstreckt, auf dessen Westabdachung eine stürmische nördliche und auf dessen Ostseite eine wesentlich schwächere Südströmung vorhanden ist. In der Temperaturverteilung der Troposphäre (untere linke Karte) zeigt sich noch ein abgeschlossenes Kältezentrum über Mittelskandinavien, worüber in der Stratosphäre — etwas nach Südsüdwesten verschoben — eine schwache Wärmezunge angedeutet ist.

Im Vergleich zu der relativen Topographie der Schicht zwischen 96 und 225 mb am 25. Januar (obere linke Karte der Abb. 131) fallen hier die wesentlich geringeren Werte auf, die teilweise sogar um mehr als

50 dyn. Dekameter niedriger liegen und selbst dort tiefer bleiben, wo der Druck an der Tropopause erheblich abgenommen hat, wie z. B. über Nordnorwegen, dessen Höhenhoch vom 25. Januar vollständig abgebaut

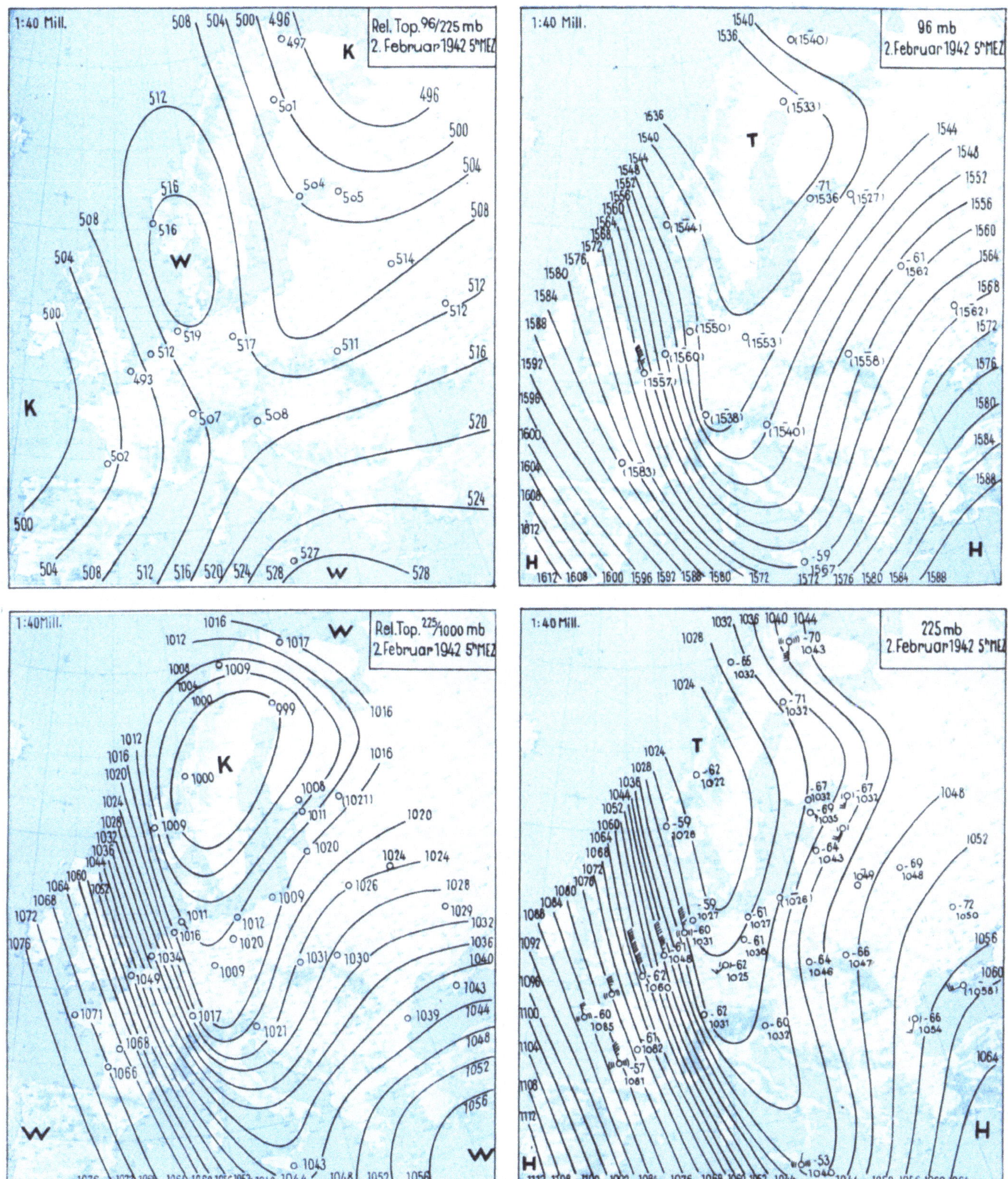

Abb. 133. Die tiefen Stratosphärentemperaturen bei niedrigem Luftdruck in der oberen Troposphäre am 2. Februar 1942.

worden ist. Ebenso fallen die niedrigen Temperaturwerte in der Karte der absoluten Topographie der 225-mb-Fläche (rechte untere Karte in Abb. 133) in unmittelbarer Nähe des kräftigen Trogs und vor allen Dingen auf dessen Ostseite auf, die z. B. über Nordosteuropa bis zu 20° tiefer liegen als beim Durchzug des Kaltlufttropfens. Auch sind die Tropopausen-Temperaturen direkt im Bereich des Höhentroges über Deutschland mit Werten unter —60° so tief, daß es sich lohnt, den vertikalen Zustand genauer zu untersuchen.

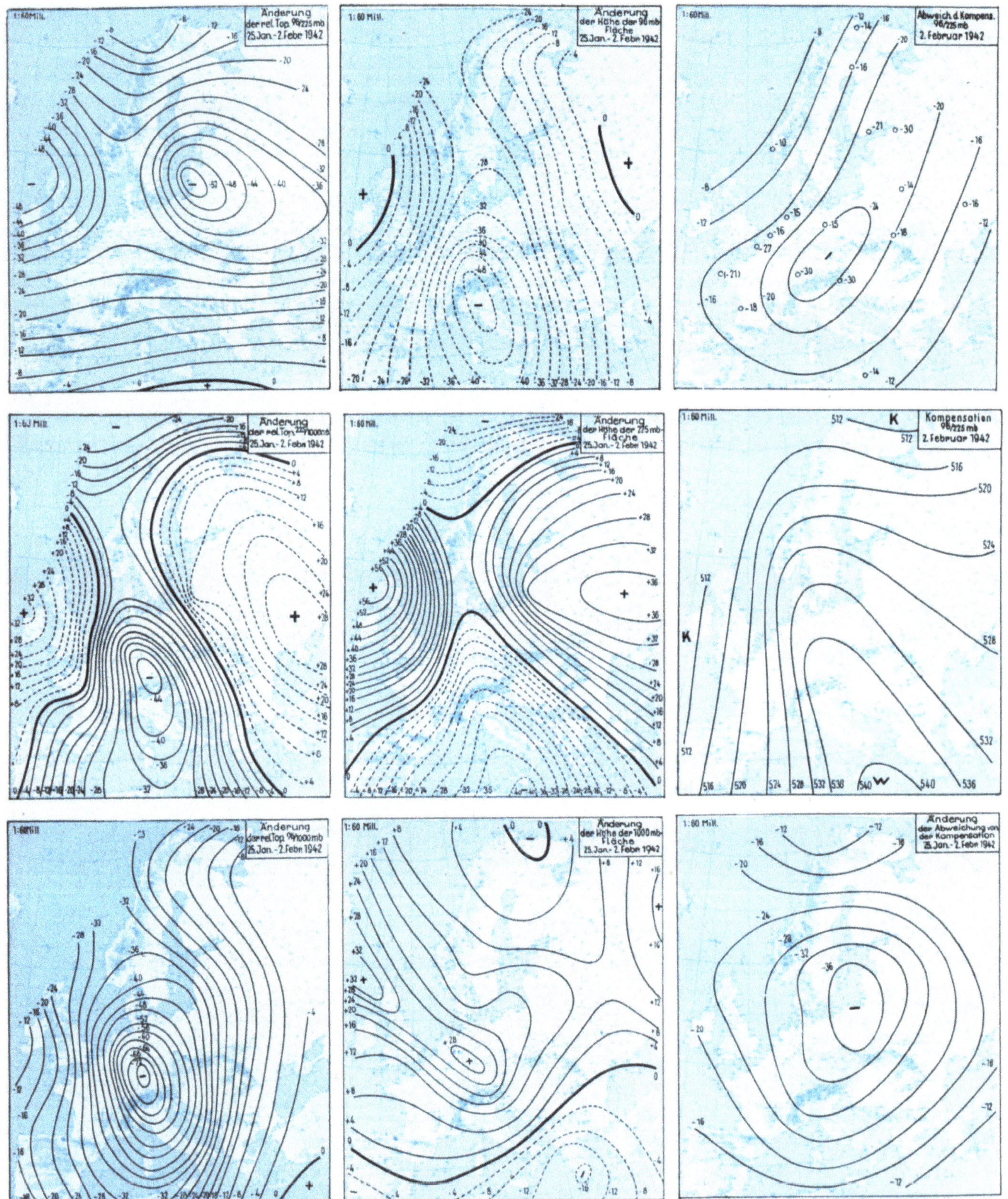

Abb. 134. Unterschiede des tropo- und stratosphärischen Zustandes zwischen dem 25. Januar und 2. Februar 1942.

In Tabelle 40 sind oben die Temperaturen in den einzelnen Höhenstufen, darunter die Tropopausen-höhen und temperaturen sowie die relativen Topographien der Standard- und die absoluten aller Haupt-

Tabelle 40. *Aerologischer Zustand über Europa am 25. Januar und 2. Februar 1942.*

1	2	3	4	5	6	7	8	9
Höhe	Erfurt	Deutschland[1]	Spitzbergen	Catania	Finnland[2]	Ukraine[3]	Westfrankreich[4]	Änderung über Deutschland
km	25. I. 5 h	2. II. vorm.	2. II. nachm.	2. II. vorm.	2. II. vorm.	2. II. vorm.	2. II. vorm.	25. I.—2. II.[8]
19	—54	—	—	—	—	—	(—76)[7]	—
18	—54	—	—	—	—	—	(—76)[7]	—
17	—54	—	—	—	—	—	(—76)[7]	—
16	—53	—	—	—	—71	—61	(—76)[7]	—
15	—52	(—65)[5]	—	—61	—70	—61	(—75)[7]	(—13)
14	—51	(—64)[5]	—	—62	—68	—61	—74	(—13)
13	—51	(—63)[5]	—	—59	—67	—62	—71	(—12)
12	—51	—62	—	—57	—67	—64	—64	—11
11	—51	—62	—	—55	—69	—67	—59	—11
10	—55	—61	—63	—53	—68	—68	—50	— 6
9	—53	—59	—62	—54	—62	—59	—43	— 6
8	—47	—52	—53	—50	—54	—50	—36	— 5
7	—39	—45	—47	—44	—47	—42	—29	— 6
6	—31	—37	—41	—36	—40	—34	—22	— 6
5	—26	—31	—34	—27	—32	—26	—16	— 5
4	—19	—24	—28	—19	—25	—18	—11	— 5
3	—13	—18	—24	—12	—18	—11	— 6	— 5
2	— 8	—14	—17	— 5	—14	— 8	— 2	— 6
1	—12	—12	— 9	+ 3	—14	— 7	+ 3	0
Boden	—10	— 8	— 3	+ 8	—15	—11	+ 8	+ 2
Tropopause								
Höhe (m)	10100	9500	9300	10000[6]	10100	10600	13400	—600
Temperatur (° C)	—56	—61	—64	—54	—70	—72	—74	—5
Rel. Top.								
41/96	535	—	—	—	(494)	(519)	483	—
96/225	540	(514)	—	526	501	513	496	—26
225/500	524	510	505	519	502	510	536	—14
500/1000	514	505	502	524	503	515	530	— 9
Abs. Top.								
41	2107	—	—	—	(2027)	(2079)	2060	—
96	1572	(1544)	—	1567	1533	1560	1577	(—28)
225	1032	1030	1021	1040	1032	1047	1081	— 2
300	852	854	847	859	861	874	898	+ 2
400	663	670	665	674	679	689	704	+ 7
500	508	520	516	522	530	537	545	+12
600	377	392	389	391	403	407	410	+15
700	263	281	280	277	291	293	294	+18
800	162	183	182	174	193	192	191	+21
900	73	94	94	81	105	102	99	+21
1000	—6	15	14	—3	27	22	15	+21

isobarenflächen für einige europäische Räume zusammen mit dem Vergleichsaufstieg von *Erfurt* vom 25. Januar aufgeführt. Man kann daraus ersehen, daß über Deutschland, wo für die Mittelbildung die Stationen *Freiburg, Klagenfurt, Erfurt, Berlin* und *Swinemünde* ausgesucht wurden, die Höhenlage der Tropopause mit 9500 m kaum von jener am 25. Januar über *Erfurt* mit 10100 m verschieden ist und sich auch die Höhen

[1] Mittel der Stationen Freiburg, Klagenfurt, Erfurt, Berlin und Swinemünde.
[2] Mittel der Stationen Helsinki, Leningrad, Rovaniemi und Kirkenes.
[3] Charkow und Roslawl.
[4] Bordeaux und Brest.
[5] Nach dem Berliner Aufstieg vom 1. II.
[6] Zweite Tropopause in 14100 m bei —62°.
[7] Ergänzt nach dem Aufstieg von Brest vom Nachmittag des 1. II. unter Berücksichtigung des Strahlungsfehlers.
[8] Spalte 3 minus Spalte 2.

der 225-mb-Flächen in beiden Fällen mit 1030 bzw. 1032 dyn. Dekametern völlig entsprechen, daß aber die Temperatur an der Tropopause zum zweiten Termin 5° niedriger liegt, sich diese Differenz bis 11 000 m bereits auf 11° steigert und dann bis 15 000 m — aus welcher Höhe allerdings nur ein Berliner Aufstieg vom 1. Februar vorliegt — gleich bleibt. Die relative Topographie 96/225 mb weist einen um 26 Dekameter niedrigeren Wert auf!

Die Aufstiege aus dem finnischen Raum (Spalte 6 der Tabelle 40) zeichnen sich, obwohl nicht weit von der Achse des Höhentroges entfernt gelegen, durch Stratosphärentemperaturen um —70° aus, und ähnlich kalt ist die Tropopause über der Ukraine (Spalte 7), wo aber in größerer Höhe etwas wärmere Temperaturen angetroffen werden. Noch kälter ist es über *Brest* (8. Vertikalreihe), wo sich die nähere Lage des Azorenhochs durch eine wesentlich höhere Untergrenze der Stratosphäre bemerkbar macht, in 13 400 m —74° verbürgt sind und darüber, soweit man dies dem Nachmittagsaufstieg des Vortages unter Berücksichtigung des Strahlungsfehlers entnehmen kann, zwischen 15 000 und 20 000 m die Temperatur zwischen —75 und —76° verharrt.

Diese Zusammenstellung zeigt also, daß sich die stratosphärische Temperaturerniedrigung nicht auf den eigentlichen Bereich des Tiefdrucktroges beschränkt, sondern ganz Europa erfaßt und sich der normalen Kompensation überlagert. Stellt man die Änderungen über Deutschland vom 25. Januar bis zum 2. Februar zusammen (letzte Spalte der Tabelle 40), so ergibt sich, daß die unteren Millibarflächen während dieser Zeit um mehr als 20 Dekameter angestiegen sind, daß aber gleichzeitig die troposphärische Temperatur um etwa 5° abgenommen hat und daher in der Nähe der Tropopause der Druck annähernd gleichgeblieben ist. Man müßte also erwarten, daß auch die Stratosphärentemperaturen keine wesentliche Änderung erfahren hätten, und doch ist es hier bis zu 12° kälter geworden, so daß schon die 96-mb-Fläche eine Senkung um fast 30 Dekameter aufzuweisen hat und dieser Betrag in noch größerer Höhe sicher noch wesentlich anwächst.

Um die regionale Verteilung der Abweichungen von der normalen Kompensation bei beiden Wetterlagen zu studieren, sind in Abb. 134 die Änderungen der relativen (links) und absoluten Topographien (in der Mitte) für einige besonders ausgewählte Schichten zusammen mit dem bei normaler Kompensation zu erwartenden Verlauf der relativen Topographie 96/225 mb (rechts, mittlere Karte), der am 2. Februar davon zu verzeichnenden Abweichung (rechts oben) und der Änderung der Abweichung von der normalen Kompensation (rechts unten) zusammen dargestellt. Man sieht daraus, daß zum zweiten Termin der Luftdruck am Boden bzw. die Höhe der 1000-mb-Fläche (Mitte unten) über ganz Mitteleuropa wesentlich höher liegt mit Maximalbeträgen von etwa 30 Dekametern (entsprechend 25 mb) über Westdeutschland und Schottland; nur über dem südlichen Mittelmeer ist stärkerer Druckfall eingetreten. Die Mitteltemperatur der Troposphäre (links Mitte) hat am Ost- und Westrand des Kartenbildes zu- und in der Mitte sowie im Norden abgenommen, und die Beträge sind so groß, daß sie die Änderungskarte der 225-mb-Fläche (mittlere Abbildung) weitgehend bestimmen. Man müßte bei der starken Druckabnahme im Tropopausen-Niveau über dem Mittelmeergebiet und dem hohen Norden erwarten, daß hier in der Stratosphäre erhebliche Erwärmung eingetreten sei und sich die Abkühlung auf den Ost- und Westraum beschränke. Aber die Änderungskarte der relativen Topographie 96/225 mb (links oben) zeigt, daß sich die Kompensation der an der Stratosphärenuntergrenze eingetretenen Hebung der Isobarenflächen wohl insofern bemerkbar macht, daß die Abkühlung in den Druckanstiegsgebieten über England und dem Ostraum besonders groß ist; sie umfaßt aber auch den übrigen Bereich des Kartenbildes, und erst über *Catania*, wo die 225-mb-Fläche sich um 40 Dekameter gesenkt hat, ist die Stratosphärentemperatur gleichgeblieben. Es resultiert daraus eine Senkung der 96-mb-Fläche (Mitte oben) fast über dem gesamten gezeichneten Gebiet mit einem Zentrum stärkster Abnahme über Oberitalien.

Bei normalem Verhalten der Stratosphäre müßten die relativen Isopotentialen der Schicht von 225 bis 96 mb den in der Mitte rechts wiedergegebenen Verlauf haben, der nach der in Abb. 133 unten rechts abgedruckten Höhe der 225-mb-Fläche unter Benutzung der geographischen Verteilung der Kompensation im Winter (Abb. 46, S. 94) konstruiert worden ist und wovon sich die tatsächlich beobachteten relativen Topographien der unteren Stratosphäre (obere linke Karte der Abb. 133) um die (Abb. 134, obere rechte Karte) bei den einzelnen Stationen angeschriebenen Beträge unterscheiden, die zwar untereinander ziemlich stark streuen, aber doch das gezeichnete Abweichungsbild von der normalen Kompensation ebenso gesichert erscheinen lassen, wie dies am 25. Januar der Fall war (untere Abbildung, S. 237). Vergleicht man beide Karten miteinander, so ist zu erkennen, wie zum früheren Datum der größte Teil des europäischen Kontinents eine **positive** Abweichung der Stratosphärentemperatur und im zweiten Fall allgemein eine noch **viel größere negative** Anomalie aufweist, die ihr stärkstes Ausmaß auf einer Linie von Nordwestrußland bis zu den Alpen erreicht. In der rechten unteren Karte der Abb. 134 ist die Differenz der beiden eben erwähnten Karten, also die **Änderung der Abweichung von der normalen Kompensation** vom

25. Januar bis zum 2. Februar 1942 konstruiert worden, und es zeigt sich jetzt, daß der Übergang zu einer negativeren Anomalie der Stratosphärentemperatur den gesamten europäischen Bereich umfaßt, sein Zentrum über den östlichen Teilen Mitteleuropas aufweist und hier einen Betrag erreicht, der einer Änderung der Mitteltemperatur von 11000 bis 16000 m von 15° entspricht. Das heißt: am 2. Februar 1942 war die Stratosphäre gegenüber der Durchschnittstemperatur, wie sie den beobachteten Höhenlagen der 225-mb-Fläche entsprechen müßte, um 15° kälter als am 25. Januar.

Wie man hier sieht, können die Abweichungen vom normalen Verhalten in der winterlichen Stratosphäre ein erhebliches Ausmaß annehmen; nach den früheren Untersuchungen käme als Ursache eine entsprechend unterschiedliche Lage des Quellgebiets der betreffenden Luftmasse in Frage, und damit stimmt überein, daß am 2. Februar (Abb. 133, rechts unten) eine starke NNW-Strömung über Westeuropa vorhanden war und wahrscheinlich Luft aus dem grönländischen Raum herantransportierte. Der in der 4. Spalte der Tabelle 40 aufgeführte Aufstieg von *Spitzbergen*, der dort am Nachmittag des 2. Februar ausgeführt wurde, bestätigt diese Schlußfolgerung: Er zeigt sowohl hinsichtlich der Höhen der einzelnen Hauptisobarenflächen als auch in bezug auf die Temperaturen in den jeweiligen Höhenstufen und an der Tropopause sowie auch, was deren Höhenlage betrifft, einen Aufbau, der demjenigen über Deutschland (3. Spalte der gleichen Tabelle) weitgehend entspricht.

Man kann daraus umgekehrt schließen, daß an diesem Tage grönländische Luft in der Höhe mit solcher Geschwindigkeit nach Mitteleuropa transportiert wurde, daß sie keine Zeit zu einer wesentlichen Umwandlung fand und ihren ursprünglich polaren Aufbau beibehielt, während der Kaltlufttropfen vom 25. Januar auch in der Stratosphäre als abgeschlossenes Gebilde von Osten her hereingesteuert wurde (vgl. auch S. 234).

Untersucht man die gesamte Temperaturänderung der Schicht vom Boden bis zur 96-mb-Fläche durch Ermittlung der Änderungen der relativen Topographien 96/1000 mb vom 25. Januar bis 2. Februar 1942 (untere linke Karte der Abb. 134), so zeigt sich, daß die Mitteltemperatur ihre stärkste Senkung über Südwestdeutschland erlitten hat, wo zugleich der Bodendruck (mittlere Karte unten) besonders stark gestiegen ist, so daß eine Beziehung zwischen beiden Größen nicht von der Hand gewiesen werden kann.

Abschließend seien noch einige andere Fälle besonders großer Druckänderungen erwähnt, bei denen die Schwankungen in der Stratosphäre mit der Höhe zunehmen und daraus geschlossen werden kann, daß der Sitz der Druckwellen sehr hoch gelegen ist.

Vom 17. bis 23. Dezember 1942 erfolgte über Großbritannien eine Erhöhung des Bodendrucks um 40 mb bei gleichzeitigem Anstieg der 225-mb-Fläche über Irland bis zu 64 Dekameter. An der Nordwestküste Norwegens blieb der Druck in Höhe der Tropopause gleich, trotzdem erwärmte sich die Stratosphäre in solchem Ausmaß, daß die 96-mb-Fläche dort eine Hebung um 36 Dekameter, die 41-mb-Topographie sogar um 68 Dekameter erfuhr und sich der Anstieg auf den gesamten europäischen Raum erstreckte.

Im Mittel lag die 41-mb-Fläche vom 17. Februar bis 3. März 1942 über Nordosteuropa um 72 Dekameter höher als vom 2. bis 12. Februar des gleichen Jahres, und auch diese positive Druckänderung umfaßte das ganze europäische Kartenbild.

In der Zeit vom 2. bis 23. Dezember 1942 trat über dem Baltikum eine Erhöhung der 1000-mb-Fläche um 36 Dekameter ein, gleichzeitig erwärmte sich die Troposphäre über ganz Mittel- und Nordeuropa derart, daß das Niveau von 225 mb eine Hebung bis zu 80 Dekametern über Mittelnorwegen erfuhr. Trotzdem erfolgte in der Stratosphäre keine Abkühlung, sondern sogar noch Temperaturanstieg, der allerdings dem Betrage nach über dem Zentrum des hochtroposphärischen Steiggebiets nur unbedeutend blieb, aber z. B. über Nordnorwegen 20 Dekameter überschritt, wo die 225-mb-Fläche sich um mehr als 60 Dekameter gehoben hatte. Für 96 mb resultiert daraus eine Höhenzunahme bis zu 86 und in 41 mb von beinahe 100 Dekametern über Westnorwegen.

Die Veränderungen der stratosphärischen Anomalien vom 15. Januar bis 10. Februar 1942. Um die regionalen Veränderungen im Verhalten der Stratosphärentemperaturen in den beiden soeben verglichenen Beispielen besser überblicken zu können, wurden für den gesamten Zeitraum vom 15. Januar bis 10. Februar 1942 die täglichen Abweichungen der relativen Topographie 96/225 mb von der normalen Kompensation konstruiert, und diese Karten, die ein verhältnismäßig einheitliches Bild ergeben, werden im folgenden im Zusammenhang mit der jeweiligen Wetterlage kurz besprochen.

Am 15. Januar liegt ein Zentrum positiver Anomalie mit Abweichungen von $+15$ Dekametern über Polen, im Grenzgebiet zwischen einer mittelrussischen Zyklone und hohem Druck über Skandinavien. In den nächsten Tagen verlagert sich sein Schwerpunkt bei gleichzeitiger Abschwächung des russischen Tiefs in den westeuropäischen Raum, wo die Abweichungen 20 Dekameter überschreiten. Vom 18. bis 27. Januar verharrt dieses Gebiet warmer Stratosphärentemperaturen dann mit seinem Kern über Skandinavien und beeinflußt von dort noch den größten Teil Europas — von den Randgebieten abgesehen. Die von Tag zu Tag erfolgenden Veränderungen sind auffallend gering. Weder das Erscheinen einer ausgeprägten Depression über Westeuropa am 24. noch die Ankunft des Kaltlufttropfens aus Osten vermögen das Bild wesentlich zu verändern, und dadurch wird am besten die Tatsache beleuchtet, daß es sich bei den stratosphärischen Abweichungen um von den troposphärischen Prozessen unbeeinflußte Vorgänge handelt.

Am 28. Januar, als eine neue starke Depression, diesmal auf nördlicher Bahn ziehend, über der Nordsee angelangt ist, ändert sich die Situation. Das positive Abweichungsgebiet entfernt sich nach Ungarn, und über die Nordsee hinweg breitet sich eine Zone abnorm niedriger Temperaturen oberhalb 10000 m nach Nordwestdeutschland hin aus, anscheinend im Zusammenhang stehend mit der Rückseitenströmung der sich hier auffüllenden Zyklone. Das stratosphärische Kältegebiet ergreift jetzt rasch das ganze Kartenbild, liegt mit seinem Schwerpunkt am 1. und 2. Februar über Mitteleuropa und zeigt damit direkt den Zusammenhang mit der Advektion der Polarluft. Dann tritt eine Verschiebung in den Nordostraum ein, wo es, unter Beibehaltung seiner Intensität, bis zum 7. verharrt und dort mit einem westwärts reichenden Keil der russischen Antizyklone zusammenfällt. Als dann ein ausgesprochenes Sturmtief vor der norwegischen Küste eintrifft, zeichnet sich dieses auf seiner Rückseite — anders als die Nordseedepression eine Woche vorher — gerade durch schwache positive Abweichungen der Stratosphärenwärme aus, wobei sich das Negativgebiet bis zum 10. nach Südosteuropa verlagert.

Zweifellos birgt das Verhalten der Stratosphäre noch eine ganze Reihe ungelöster Probleme, die vielleicht für längere Vorhersagen zunehmende Bedeutung gewinnen können, deren Untersuchung aber der Zukunft vorbehalten bleiben muß.

Hilfsmittel zur genaueren Zeichnung von Stratosphärenkarten. Nachdem festgestellt worden ist, daß sich die Abweichungen von der normalen Kompensation verhältnismäßig gleichförmig über einen größeren Raum verteilen, kann man diese Tatsache dazu verwenden, um die Stratosphärenkarten mit gesteigerter Genauigkeit zu zeichnen, ein Verfahren, das auch hier zur Ermittlung der Topographien der 96-mb-Fläche angewandt wurde.

Es ist dazu notwendig, zuerst für die vorliegenden Aufstiege die Abweichungen der relativen Topographien 96/225 mb von der normalen Kompensation, wie sie an dem betreffenden Tag zu erwarten ist und deren Breitenabhängigkeit in Abb. 46 (S. 94) für den Mittwinter dargestellt wurde, zu bestimmen, zu welchem Zweck die betreffenden Werte des jeweiligen Tages den Diagrammen für *Berlin* (Abb. 43), *Tromsöe* (Abb. 44) und *Athen* (Abb. 45) entnommen werden können. Wird diese Karte der Abweichung von der normalen Kompensation zu derjenigen der normalen Kompensation addiert, so ergibt dies die tatsächliche Verteilung der relativen Topographie 96/225 mb, die deshalb wesentlich genauer ist als die unter direkter Berücksichtigung der Meßwerte konstruierte, weil die in singulären Punkten des Tropopausendruckfeldes vorhandenen Beträge nicht ohne weiteres richtig abgeschätzt werden können.

b) Die Steuerung hochstratosphärischer Schichten.

Es ist an anderer Stelle (728, S. 44ff., Abb. 26—32) der Nachweis erbracht worden, daß gelegentlich die Strömung im Niveau von 20000 m und höher für die Steuerung maßgebend werden kann. In diesen Fällen müssen die zu steuernden Druckgebilde soweit in die Stratosphäre hineinreichen, daß erst in derart großen Höhenlagen eine einheitliche Strömungsrichtung zum Durchbruch kommt.

Untersucht wurde damals die Wetterlage vom 7. bis 10. Dezember 1941, während welcher Zeit zwei ausgeprägte und weit in die Stratosphäre hineinreichende Sturmwirbel von einer im Niveau der 41-mb-Fläche erkennbaren stürmischen Nordwestströmung mitgeführt wurden und sich dementsprechend nach Südosten verlagerten. Sie gehorchten also ebenfalls der auf S. 127 angegebenen Steuerungsregel, daß für die Fortpflanzungsrichtung diejenige Höhenschicht maßgebend ist, wo das Druckgefälle erstmals einen durch das zu steuernde Gebilde ungestörten Verlauf zeigt. Ein weiteres Beispiel wird auf S. 320ff. behandelt, und in diesem Falle kann bereits der 96-mb-Fläche die zu erwartende Fortbewegung einer okkludierten Zyklone mit recht großer Genauigkeit entnommen werden. Es konnten auch bereits Beispiele dafür gefunden werden, daß der oben angegebene Satz ebenso auf hochreichende Antizyklonen anwendbar ist, doch kann dieser Zusammenhang nicht eher als gesichert angesehen werden, als bis die jetzt wieder verfügbaren, wesentlich höhere Schichten erreichenden Aufstiege in dieser Hinsicht untersucht werden können.

In diesem Zusammenhang sei aber wenigstens schon hingewiesen auf zwei Beispiele aus neuerer Zeit, die die Bedeutung der Steuerung hochstratosphärischer Schichten für die rechtzeitige Prognose der weiteren Fortbewegung eines Tiefdrucksystems in dem Augenblick erkennen lassen, wenn es zum Kaltlufttropfen abgeschnürt wird, aber auch am Boden noch von kreisförmigen Isobaren umgeben ist, so daß die Steuerungsregeln, die beim echten Kaltlufttropfen aus dem Verlauf der Bodenisobaren gewonnen werden können, nicht anwendbar sind.

Die folgenden Angaben sind dem seit 1. Mai 1946 wieder erscheinenden Täglichen Wetterbericht, jetzt herausgegeben vom Meteorologischen Amt für Nordwestdeutschland, entnommen. Am 7. November 1946 kam es z. B. über dem Skagerrak zur Abschnürung eines solchen abgeschlossenen Tiefdruckzentrums am Boden und in der Troposphäre, dessen Bahn — entgegen der Prognose — nach S bis SSW gerichtet war. Sieht man von einer widersprechenden und fraglichen Höhenwindmessung über *Jever* am Spätabend des 6. November ab, so zeigen sieben über dieser Station in den nächsten 48 Stunden durchgeführte Höhenwindmessungen das Vorhandensein einer rein nördlichen Strömung in Schichten zwischen 15000 und 20000 m an, obwohl in der Troposphäre, wo der Kaltlufttropfen westlich vorbeizog, vorübergehend sogar eine südliche Strömung zum Durchbruch kam. Am 18. November 1946 okkludierte ein bereits die ganze Troposphäre erfassendes Tiefdruckgebiet über Ostengland, als über Nordwestdeutschland in Höhen von 15 bis 20 km eine westnordwestliche Luftbewegung vorhanden war, mit der sich tatsächlich der sich rasch auffüllende Tiefkern bis zur Helgoländer Bucht verlagerte. Es wird eine wichtige Aufgabe des zukünftigen europäischen Höhenwetterdienstes sein, diese Zusammenhänge genauer zu erforschen.

Bei dieser Steuerung hochstratosphärischer Schichten handelt es sich selbstverständlich nicht um eine Höhenströmung wie sie bei einem normalen Drehungssinn zu erwarten ist, sondern hier spielt das stratosphärische Eigenleben, wie besonders das erste angeführte Beispiel aus dem Jahre 1946 zeigt, eine maßgebende Rolle. Es hat sich weiterhin ergeben, daß im allgemeinen erst die Strömung oberhalb 15000 m durch die Abweichung von der normalen Kompensation in stärkerem Maße beeinflußt wird, so daß gerade so hohe Aufstiege in Zukunft von Bedeutung sind.

Nachdem jetzt die wesentlichsten Erscheinungen der Wetterkarten besprochen worden sind, kann im anschließenden Kapitel auf die Durchführung der Analyse eingegangen werden, wobei die Wetterauswirkung einiger spezieller Isobarenformen noch mitbehandelt wird.

B. Die Analyse der Wetterkarte.

Unter der vollständigen Analyse soll hier nicht nur die Festlegung der Luftmassengrenzen und -bezeichnungen verstanden werden, sondern die gesamte Ausarbeitung der Wetterkarten einschließlich der Darstellungen der höheren Schichten und deren Verwendung für die Konstruktion der Fronten.

1. Die Beobachtungsgrundlagen.

Die Grundlage jeder Analyse bilden die meteorologischen und aerologischen Messungen. Peinliche Innehaltung der vorgeschriebenen Termine, sorgfältige Ablesung der Instrumente und genaue Augenbeobachtungen vermögen das Auszeichnen der Wetterkarten erheblich zu erleichtern. Da es sich aber nie vermeiden läßt, daß die Güte bzw. die Repräsentativität der einzelnen Meldungen unterschiedlich ist, muß der Meteorologe bei jeder einzelnen Meßgröße zu allererst entscheiden, ob sie als richtig anzusehen ist oder eventuell Abweichungen aufweisen wird. Grundfalsch ist es, eine solche Festlegung dadurch zu umgehen, indem man in Zweifelsfällen einfach mehrere benachbarte Messungen nur halb glaubt. Es ist demgegenüber vorteilhafter, in Kauf zu nehmen, daß man sich auch einmal für die falsche Meldung entscheidet; denn dies wird, je mehr man sich zur konsequenten Innehaltung dieses Verfahrens entschließt, immer seltener der Fall sein. Auch eine Diskussion ist wesentlich erleichtert, wenn aus der Zeichnung sofort hervorgeht, welche Messung als unrichtig angenommen wird, als wenn diese Frage ungelöst bleibt.

Abweichungen einzelner Meßgrößen können auf Ungenauigkeiten bei der Beobachtung zurückzuführen sein. Es zeigt sich dann im allgemeinen bald, welcher Station man mehr vertrauen darf, und es wird durch Belehrung oder andere Maßnahmen schließlich auch gelingen, die Güte der schlechteren Station zu heben.

Viel häufiger ist das Herausfallen von Meldungen auf meteorologische Gründe zurückzuführen, sei es nun eine besonders große Druckerniedrigung in Lee bzw. eine Erhöhung in Luv von Gebirgszügen oder die Vortäuschung zu hoher Barometerstände durch Verwendung einer zu niedrigen Reduktionstemperatur. In den beiden ersten Fällen sind die Messungen selbstverständlich reell und müssen bei der Zeichnung berücksichtigt werden; eine unzweckmäßige Reduktion fälscht jedoch das Kartenbild. Der Beobachter hat seine genau festgelegte Anleitung und kann bei der Reduktion auf das Meeresniveau nur von seiner Bodentemperatur ausgehen; der Synoptiker aber, dessen Haupttätigkeit gerade in dem Vergleich aller vorliegenden Messungen besteht, kann sofort sehen, welche Temperaturen durch die Ausstrahlung besonders gefälscht sind und welche Druckwerte dadurch eine entsprechende Abweichung aufweisen müssen. Um solche Fehler zu vermeiden, ist es unzweckmäßig, Reduktionen auf das Meeresniveau bei Höhenlagen von mehr als 500 m durchzuführen; wenn es sich aber um ein ausgedehntes Hochland handelt, so sagt ein auf 500 oder 1000 m Höhe bezogener Luftdruckwert dem Synoptiker gar nichts, und es muß deshalb dort an der Reduktion auf NN festgehalten werden, wobei der Analytiker zu entscheiden hat, welche Abweichung die Messung etwa aufweisen wird.

Bei der Anstellung der Augenbeobachtungen ist es erforderlich, sich unter allen Umständen frei von theoretischen Vorstellungen zu machen und stets objektiv zu bleiben, wenn nicht ein weiterer Fortschritt der Wissenschaft unterbunden werden soll. Es waren z. B. lange Zeit Bestrebungen im Gange, in die Beobachteranweisung die Formulierung aufzunehmen, daß der Altostratus die Wolke der aufgleitenden Warmluft sei. Würde dies durchgeführt, so wäre die notwendige Folge, daß gerade ein meteorologisch geschulter Beobachter Altostratus nur dann melden würde, wenn aus der Wetterkarte zu ersehen ist, daß Warmluft aufgleiten kann; in den übrigen Fällen wird er sich bemühen, die Wolken anders zu definieren. Ein solches Verfahren würde zwar die Theorie der As-Bildung immer bestätigen, aber die Erkenntnis schwer behindern, und es hätte dann vielleicht Jahrzehnte gedauert, bis nachgewiesen worden wäre, daß As-Bildung auch unter anderen Umständen möglich ist. Es handelt sich hierbei um ein Problem, wie es auch bei der Frontendefinition in ähnlicher Weise auftritt, wenn man aus der Feststellung, daß an Warmfronten As vorherrscht, die Kausalität umkehrt und allein aus dem Wettercharakter die Frontart herleitet. Die Front ist demgegenüber ein rein meteorologischer Begriff, zwar in der Mehrzahl der Fälle mit bestimmten Witterungserscheinungen gekoppelt, aber niemals sind diese Beziehungen so eng, daß man sie umgekehrt als Definitionsgrundlage benutzen darf.

2. Die Durchführung der Analyse.

Es liegt fern, hier genaue Richtlinien für die Durchführung der Analyse anzugeben, denn diese unterliegt ebenso individuellen Verschiedenheiten wie die Reihenfolge der Vorgänge im Einzelfall durch die jeweilige Wetterlage bestimmt wird. Es hat sich aber in der Mehrzahl der Fälle als zweckmäßig erwiesen, bestimmte Schritte nacheinander zu vollziehen.

Unumgänglich notwendig ist es, bevor man überhaupt mit dem Analysieren einer Karte beginnt, daß die Darstellung für die vorangegangenen Termine sorgfältig studiert worden ist. Man muß die Lage aller wesentlichen Druckgebilde des Vortermins ebenso genau kennen wie die Positionen der Fronten, so daß von vornherein eine bestimmte Situation erwartet und lediglich festgestellt zu werden braucht, wo die betreffenden Diskontinuitäten genau liegen. Es bleiben auch dann noch so viele Probleme übrig, die einer Lösung zugeführt werden müssen, wie z. B. die Frage, ob eine bisher gezeichnete Front sich soweit aufgelöst hat, daß von ihrer weiteren Mitschleppung abgesehen werden kann bzw. in welchem Gebiet sich ein neues Frontensystem ausgebildet hat und wo man eine Vereinfachung der Konstruktion herbeizuführen vermag.

Im allgemeinen empfiehlt es sich, zuerst die Lage der Diskontinuitätslinien festzulegen und erst dann die Isobaren zu zeichnen. Im Sinne der strengen Luftmassenanalyse sollte man annehmen, daß der erste Schritt in der Bestimmung der das Kartenbild beherrschenden Luftmassen bestehen müßte (66). In der Praxis zeigt sich aber, daß die Luftmassengrenzen viel einfacher zu finden sind und daß die Bestimmung der Art der dort aneinandergrenzenden Körper zweckmäßig einem späteren Schritt vorbehalten bleibt. Ist die Lage einer Front zunächst nicht sicher auszumachen, so kann es vorteilhafter sein, in dem betreffenden Gebiet erst die Isobaren festzulegen; wo sich eine Diskontinuität im Isobarenverlauf ergibt, dort liegt dann die gesuchte Front. Dieses Verfahren setzt selbstverständlich eine sehr sorgfältige Konstruktion der Isobaren voraus.

a) Die Zeichnung der Isobaren.

Das Zeichnen der Isobaren gründet sich auf Inter- und Extrapolationen, und gerade hierfür gilt das im Anfang bezüglich der Sorgfalt Gesagte in erster Linie. In früherer Zeit hat man in der Mehrzahl der Fälle jeden herausfallenden Druckwert dadurch zu berücksichtigen versucht, daß die Isobaren wellenförmig um die betreffende Station herumgebogen wurden. Bei der Unzahl von „Ondulationen", die den Verlauf der Isobaren auszeichneten, kam es ohnehin auf eine Ausbuchtung mehr oder weniger nicht an. Wenn man einmal die Druckverteilungen, wie sie vor allem Ende der Zwanziger Jahre im Täglichen Wetterbericht der Seewarte gezeichnet wurden, mit den heutigen Isobarenkonstruktionen vergleicht, dann wird einem so recht bewußt, welchen Fortschritt die Einführung der Luftmassen- und Frontenlehre für das Zeichnen der Wetterkarten bedeutet hat.

Vielleicht wird jetzt zuweilen der Isobarenverlauf etwas zu weitgehend idealisiert dargestellt, und bei Benutzung eines größeren Kartenmaßstabes kann man manchmal erleben, daß doch noch einige Ausbuchtungen, vor allem im orographisch wechselvollen Gelände, vorhanden sind, die man zunächst nicht berücksichtigt hat. Aber diese kleinen Unkorrektheiten wiegen die Vorteile nicht auf, welche die etwas schematische Isobarenform für das Verständnis der im Gang befindlichen Prozesse bietet. Dabei soll die Zeichnung nichtsdestoweniger immer so ausgeführt sein, daß alle als richtig angesehenen Meldungen genau berücksichtigt und nur die als fehlerhaft vermuteten ausgelassen werden. An Konvergenzlinien, deren Lage — wie schon erwähnt — am besten zuerst festgelegt oder wenigstens zunächst als Hilfslinie eingezeichnet und erst später in ihrer genauen Position fixiert wird, soll ein Isobarenknick vorhanden und zwischen den Fronten ein mehr oder weniger geradliniger oder gleichförmig gekrümmter Isobarenverlauf eingehalten werden.

Es hat sich als vorteilhaft erwiesen, die Linien gleichen Luftdrucks nicht erst als dünne Striche anzudeuten, denn ein solches Verfahren ist meist der Ausfluß eigener Unsicherheit und einem Mangel an Entschlußkraft zuzuschreiben. **Die Isobaren sollen im durch Meldungen belegten Raum sogleich richtig angegeben werden**, und dies wird durch feste und auffallende Linienführung betont, die dem Außenstehenden die Übersicht

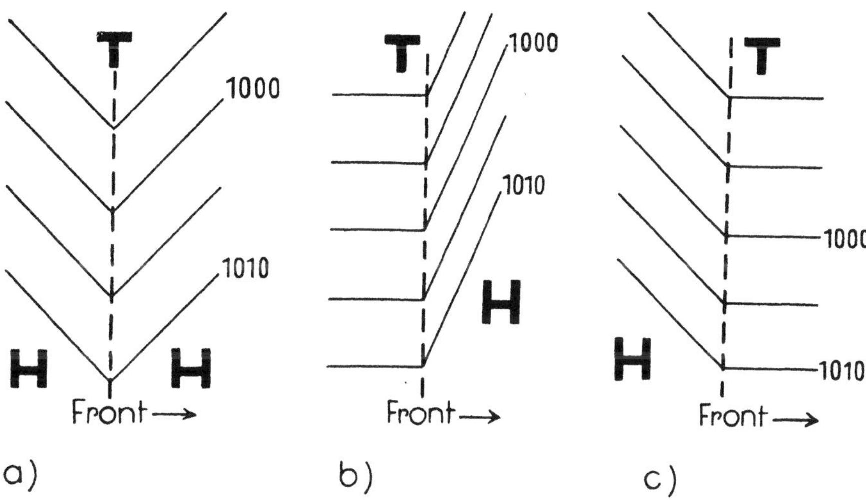

Abb. 135. Schematische Darstellung der Gradientänderung an einer Front bei gleichbleibender Windgeschwindigkeit (a), Abflauen (b) und Zunahme des Druckgefälles (c).

erleichtert und diesem auch ein weit größeres Vertrauen in die Zuverlässigkeit der Konstruktion einflößt, als wenn der Analytiker durch zaghafte Linienführung selbst zu verstehen gibt, daß er von der Richtigkeit seiner Karte nicht überzeugt ist.

Bei der Interpolation wird gerne der Fehler gemacht, daß in solchen Fällen, bei denen der Luftdruck sich nur um wenige Zehntel Millibar von einer durch Isobaren dargestellten Haupteinheit unterscheidet, die Linien nicht genügend nahe an die Station herangeführt werden. Man muß sich einmal klar machen, daß in einer Wetterkarte bei einem mittleren Abstand der für 5 mb Druckunterschied gezeichneten Isobaren von beispielsweise 2 cm einer Differenz von 0.1 mb nur 0.4 mm entsprechen — das ist nicht viel mehr als die Dicke des Bleistiftstriches!

Mit dem Durchzug der Fronten nimmt der Druckgradient in der weitaus überwiegenden Mehrzahl der Fälle ab, und die Isobarenführung ist dann angenähert so, wie in Abb. 135 b angegeben. Die Fälle mit gleichbleibendem Gradienten (Abb. 135a) sind sehr selten, und eine gelegentliche Zunahme kommt meist nur an Warmfronten (Abb. 135c) vor[1]. Das idealisierte Schema des Isobarenverlaufs im Bereich einer okkludierten bzw. nur noch eine Kaltfront aufweisenden Zyklone ist in Abb. 136 dargestellt und auf den meisten hier abgebildeten Wetterkarten wiederzufinden; für eine Warmsektordepression ist der Verlauf der Linien gleichen Luftdrucks schon früher (Abb. 110, S. 196) in Form von Stromlinien schematisch angegeben worden, so

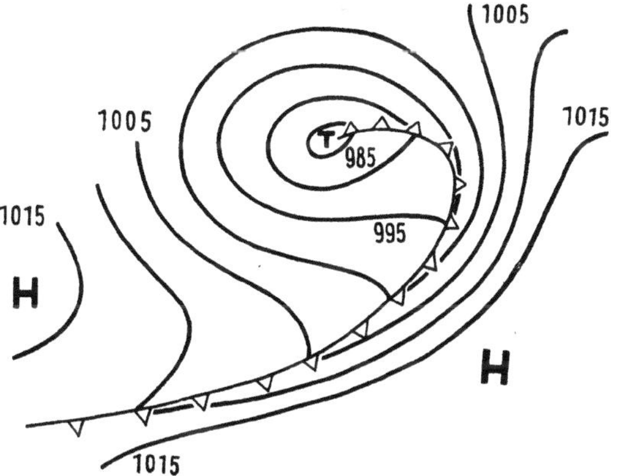

Abb. 136. Idealisierter Isobarenverlauf im Bereich einer okkludierten bzw. nur noch eine Kaltfront aufweisenden Zyklone.

daß hier nicht näher darauf eingegangen werden soll, zumal auch eine genügende Anzahl von derartigen Beispielen schon behandelt worden ist.

Selbstverständlich darf sich auch der Abstand der Isobaren im frontenlosen Gebiet nur gleichförmig ändern. Innerhalb eines ausgeprägten Tiefdrucktroges dreht, wie wir gesehen haben, der Wind kontinuierlich, und dies muß auch bei der Isobarenform zum Ausdruck kommen.

Es ist nicht notwendig, den Tiefdrucktrog durch eine besondere Linie anzudeuten, denn eine solche würde einen unnötigen Ballast für das Kartenbild darstellen. Der Meteorologe muß in der Lage sein, aus dem

---

[1] Diese Abbildung ist einer Arbeit von M. Rodewald (632) entnommen.

Verlauf der Isobaren, ob diese also z. B. konvergent oder divergent sind, weitgehende Schlüsse hinsichtlich des mutmaßlichen Witterungszustandes zu ziehen, und dann muß auch der Trog als Träger besonders schlechten Wetters sofort in die Augen fallen. Die Lage einer Konvergenzlinie muß dagegen deshalb als zusätzliches Element in die Karten aufgenommen werden, weil der Isobarenknick allein oft nicht auffallend genug in Erscheinung tritt.

b) Besondere Isobarenformen.

Einige besondere Isobarenformen müssen noch kurz erwähnt werden, die in Wetterberichten zuweilen auftauchen.

Der Tiefausläufer. Besonders im Seewetterdienst ist die Bezeichnung *Tiefausläufer*, die schon mehr als 50 Jahre alt ist, auch heute noch gebräuchlich und für den Seemann verständlich. Es handelt sich dabei meistens um den Tiefdrucktrog, der so bezeichnet wird, zuweilen aber auch um die Isobarenausbuchtungen an den Fronten, wofür sich immer mehr die Bezeichnungen *Kaltfront-* bzw. *Warmfrontausläufer* durchgesetzt haben.

Der V-förmige Ausläufer. Der „*V*"-*förmige Ausläufer* spielte früher (373) eine wichtige Rolle als Sitz der großen Böengewitter. Nachdem sich gezeigt hat, daß an allen Kaltfronten ein mehr oder weniger ausgeprägter Isobarenknick vorhanden ist, wird diese Bezeichnung im allgemeinen nicht mehr angewandt und in diesen Fällen immer nur von der betreffenden Kaltfront gesprochen. Die *Pamperos* Argentiniens und die *southerly bursters* Australiens sind als Begleiterscheinung solcher von ausgeprägten V-förmigen Tiefdruckausbuchtungen begleiteten Kaltfronten besonders berüchtigt.

Der Hochdruckkeil. Der *Hochdruckkeil* stellt das Korrelat zum Tiefausläufer dar. In ihm ist meistens eine deutliche Divergenzlinie vorhanden. Die Luft sinkt gerade in ausgeprägten Hochdruckkeilen sehr stark zusammen, so daß sich hier fast immer Aufheiterung einstellt. Dabei tritt leicht — vor allen Dingen, wenn vorher Regen gefallen ist — dichter Strahlungsnebel auf.

Die Hochdruckbrücke. Vielfach entwickelt sich zwischen einem Hochdruckkeil und einer anderen, einer benachbarten Antizyklone zugehörigen Ausbuchtung eine Zone höheren Luftdrucks, die sog. *Hochdruckbrücke* (auch als *Hochdruckrücken* bezeichnet). Die Wettererscheinungen entsprechen hier weitgehend jenen innerhalb der Barometermaxima. Die Luftbewegung ist dabei meist über einem ausgedehnten Gebiet gering und daher die Nebelbildung im Winter ebenfalls sehr begünstigt.

Die Tiefdruckfurche. Die Verbindung zweier Depressionen, sofern sie sich durch eine Zone geringeren Luftdrucks auszeichnet, wird *Tiefdruckfurche* oder *Tiefdruckrinne* genannt. Sie fällt meistens mit einer deutlichen Front oder Frontalzone zusammen, doch braucht dies nicht immer der Fall zu sein. Wegen der ausgesprochenen Konvergenz hat das Wetter hier ein durchaus zyklonales Gepräge. In manchen Grenzfällen ist es oft nicht leicht, zu entscheiden, ob zwei benachbarte Depressionen durch eine Furche tiefen oder die senkrecht dazu liegenden Maxima durch eine Brücke höheren Druckes verbunden sind.

c) Die Erkennung der Fronten.

Der wichtigste Schritt bei der Analyse der Wetterkarte besteht darin, den Charakter der Fronten zu ermitteln, nachdem ihre Lage in erster Linie nach der Bodenkonvergenz festgelegt worden ist. Häufig ist diese Aufgabe allerdings nicht so einfach, da zahlreiche Fronten lediglich durch einen Sprung des Druckgradienten ohne auffallende Winddrehung in Erscheinung treten. In einem solchen Falle empfiehlt es sich, im fraglichen Gebiet zu allen Windbeobachtungen einen bestimmten Windvektor zu addieren. Bei annähernd isobarenparallelem Frontenverlauf ist nämlich der Druckgradient in einem einige hundert Kilometer breiten Streifen auf der kalten Seite der Grenzlinie vermindert. Steht dort z. B. einem Westwind Stärke 7 ein Westwind Stärke 4 gegenüber, so fällt dieser Unterschied nicht auf; aber eine Linie, wo West, Stärke 2 gegen Ost, Stärke 1 grenzt, springt sofort in die Augen, und dies resultiert auch durch Addition des Windvektors Ost, Stärke 5 zu den oben angegebenen Windvektoren. Mit anderen Worten: Ein Sprung von W 7 auf W 4 ist gleichbedeutend mit einem Kontrast W 2 gegen E 1, und auch in anderen unklaren Fällen vermag eine ähnliche formale Rechnung einen Hinweis über das eventuelle Vorhandensein von Fronten zu geben.

Definition der Fronten. Der Begriff der Front wurde von den norwegischen Meteorologen (78) während des ersten Weltkrieges geprägt. Genau so, wie die Kampffront die Grenze zwischen den verschiedenen Heeren darstellt, wurde die Grenze zwischen Luftmassen verschiedenen *Ursprungs* als *Front* bezeichnet. Damit ist die Definition gegeben:

Eine Front ist eine schmale Grenzzone, an der Luftmassen verschiedenen Ursprungs und verschiedener Eigenschaft gegeneinander geführt werden.

Diese Definition setzt voraus, daß am Boden eine Konvergenzlinie vorhanden ist, und diese stellt auch das Hauptmerkmal für die genaue Festlegung der Frontlage dar. Außerdem müssen Luftmassen verschiedenen Ursprungs gegeneinander geführt werden, wobei noch eine Aussage darüber fehlt, wie unterschiedlich der Ursprungsort sein soll.

Man kann unterscheiden zwischen Fronten erster und solchen zweiter Ordnung. Bei den *Fronten erster Ordnung müssen die an ihrer Bildung beteiligten Luftmassen aus verschiedenen Klimagebieten stammen*, bei *den Fronten zweiter Ordnung genügt schon ein geringer Gegensatz von einigen Graden bei der Temperatur.*

Eine Konvergenzlinie zeichnet sich demgegenüber durch das Fehlen eines merkbaren Temperaturunterschiedes auf ihren beiden Seiten aus (Scherungslinie[1]).

Es kommt zuweilen vor, daß eine Übergangszone zwischen zwei verschiedenen Luftmassen noch erkennbar, aber ein Windsprung nicht mehr feststellbar ist; in diesem Falle kann die betreffende Zone als *Massengrenze* bezeichnet werden.

Es besteht im statistischen Mittel selbstverständlich eine Beziehung zwischen der Schärfe einer Front und dem an ihr herrschenden Wettergeschehen, im Einzelfall können aber auch erhebliche Abweichungen auftreten. Die Front ist ein meteorologischer Begriff, gegründet auf den Strömungszustand; die hier gegebene Definition schließt selbstverständlich wegen der unteren Konvergenz eine aufsteigende Vertikalbewegung mit ein, aber es ist deshalb nicht gesagt, daß in jedem Falle Kondensation eintreten muß. Es kann in trockenen Wüstengebieten vorkommen, daß der Himmel auch beim Durchzug einer Front wolkenlos bleibt, wenn er nicht durch aufgewirbelte Staubmassen verfinstert wird; auch in unserem Klimagebiet können wir es vor allem im Winter bei im ganzen antizyklonaler Luftbewegung gelegentlich erleben, daß die Ankunft einer kalten, trockenen festländischen Masse sich durch keinerlei Bewölkungszunahme bemerkbar macht; trotzdem müssen wir aber auch in diesem Falle an der Bezeichnungsweise „Front" festhalten.

Kriterien einer Front. Es wurde schon darauf hingewiesen, daß das wichtigste Kriterium für die Frontlage in der sie begleitenden zyklonalen Konvergenzzone zu sehen ist. In zweiter Linie können die Temperaturen oberhalb der Bodenstörungsschicht als verhältnismäßig sicherer Index herangezogen werden. Das frontale Bewölkungs- und Niederschlagssystem eilt häufig der Frontlage am Boden voraus. Fällt es dabei mit einer im Bodendruckfeld erkennbaren Konvergenz zusammen, so wird diese Linie zweckmäßigerweise als *Höhenfront* bezeichnet und die Bodenfront dort angegeben, wo sich die neue Luftmasse bis unten hin durchgesetzt hat, sofern dort wenigstens noch eine zweite schwache Konvergenzlinie erkennbar bleibt. Es kann aber vorkommen, daß sich auch hier eine vordringende wärmere Luftmasse nicht überall bis zum Boden durchzusetzen vermag und geschützte Täler ausspart.

Vielfach wird auch die dreistündige Drucktendenz als Merkmal für die Frontlage verwandt; es darf dabei aber nicht auf die absolute, sondern nur auf die relative Tendenz geachtet werden, denn gerade nach dem Durchzug von Kaltfronten wird der Druckfall oft nur ganz kurzperiodisch unterbrochen und geht dann sofort wieder in neue Abnahme des Barometerstandes über.

Auch das Feuchtefeld kann ebenso wie ein Sprung in den Sichtverhältnissen recht gut als Frontenmerkmal verwandt werden, indem ein Rückgang der relativen Feuchte und Sichtbesserung die Ankunft einer Masse mehr polaren Ursprungs ankündigen. Noch besser eignet sich dazu der Taupunkt bzw. die absolute oder spezifische Feuchtigkeit (463) sowie die pseudopotentielle Temperatur, die als Luftmassenkriterien bereits behandelt worden sind.

Feststellung der Frontart. Verhältnismäßig leicht läßt sich der Charakter einer Front in den unteren Schichten feststellen, denn man braucht dazu nur die bei ihrem Vorüberzug eintretende Temperaturänderung zu studieren, wobei lediglich besonders bodengestörte Stationen unberücksichtigt bleiben müssen.

Wichtiger ist es, den aerologischen Aufbau einer Front richtig zu erfassen. Ein eindeutiges Merkmal besteht darin, daß man die Höhentemperaturen vor und hinter der Front miteinander vergleicht und danach feststellt, ob es sich um eine Warm- oder eine Kaltfront handelt. Bei der echten Okklusion muß noch eine Wärmezunge im Frontbereich — wenigstens in der Höhe — vorhanden sein.

Ein ziemlich einwandfreies und leicht zu handhabendes Kriterium stellt die relative Topographie dar. Dabei ist zu beachten, daß sich die Drängungszone der Isopotentialen stets innerhalb des von der Kaltluft eingenommenen Gebietes befinden muß und daß der Gegensatz auf der einen Seite aufhört, wo sich die

---

[1] Als *shear line* sind die in die Passatregion eingedrungenen Relikte ehemaliger Kaltfronten bezeichnet worden, wenn diese sich kaum mehr durch einen Dichteunterschied bemerkbar machen. Verschwindet auch die Winddrehung und bleibt nur noch eine Zone vorübergehender Windzunahme übrig, so wird diese Erscheinung in der neueren amerikanischen Literatur als *surge* definiert.

Warmfront am Boden befindet und andererseits dort beendet wird, wo die Kaltluft bis zur Obergrenze der durch die relative Topographie angegebenen Schicht reicht.

Der Verlauf der relativen Isopotentialen an einer Warmfront ist schematisch in Abb. 137a dargestellt, wobei angenommen ist, daß in der vorgelagerten Kaltluft ebenso wie in der nachfolgenden Warmmasse das gewöhnliche südnördliche Temperaturgefälle herrsche. Längs der gestrichelten Linie erreicht die Warmluft die Obergrenze der durch die relative Topographie angegebenen Schicht. Dann erfolgt bis zur Schnittlinie der Warmfrontfläche mit dem Boden erst eine Zunahme der Mitteltemperatur der oberen und schließlich der unteren Schichten.

An der Kaltfront (Abb. 137c) sind nicht nur die Temperaturgegensätze im allgemeinen größer, auch die Neigung der Front ist steiler, und daher hört die starke Drängung schon in geringerem Abstand hinter der Front auf. Da vor allen Kaltfronten vielfach eine intensive Warmluftadvektion im Gange ist, werden meist kurz vor der Grenzlinie die Höchstwerte der relativen Topographie erreicht. Im Kaltluftbereich herrscht im allgemeinen auch noch ein stärkerer horizontaler Temperaturgradient, dadurch hervorgerufen, daß die Umwandlung der Kaltmasse über wärmeren Räumen verhältnismäßig rasch vonstatten geht, während sie näher zum Ursprungsgebiet hin ihren Charakter unverfälschter beibehält.

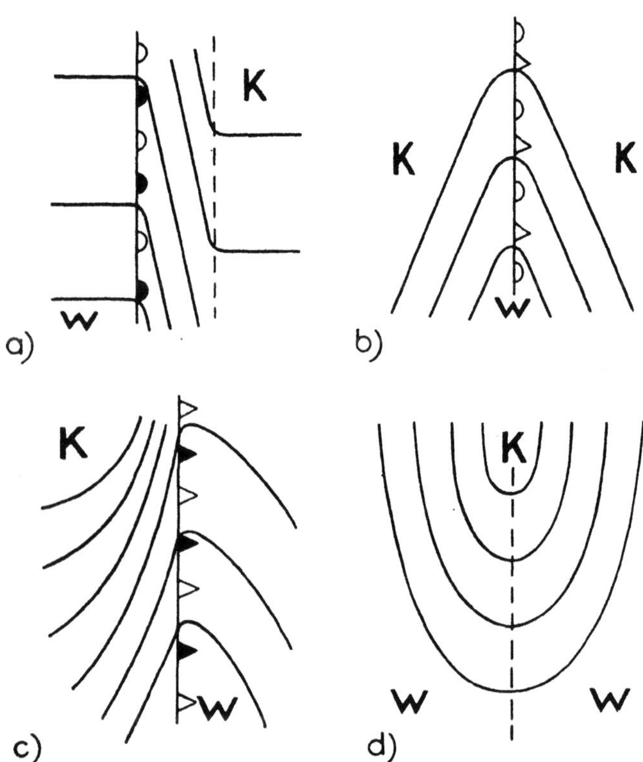

Abb. 137. Der Verlauf der relativen Isopotentialen an einer Warmfront (a), Kaltfront (c), Okklusion (b) und Kaltluftzunge (d).

Die Okklusion (Abb. 137b) zeichnet sich im Bilde der relativen Topographie dadurch aus, daß eine ausgeprägte Warmluftzunge längs der Front am weitesten in die Kältezone hineinreicht. Bei zunehmender Alterung der Okklusion verschwindet die Warmluftzunge immer mehr, und die relativen Isopotentialen nehmen den Verlauf wie an einer Kaltfront an.

Innerhalb des ausgeprägten Tiefdrucktroges ist der Verlauf der relativen Isopotentialen umgekehrt wie bei der Okklusion; über dem Zentrum des Troges ist es am kältesten. Wenn der Trog sich auflöst, bleibt vielfach noch eine *Kaltluftzunge* übrig, und wenn diese mit einer Konvergenz und einem entsprechenden Schlechtwettergebiet zusammenfällt, kann sie sehr leicht mit einer echten Okklusion verwechselt werden. Der Verlauf der relativen Isopotentialen ist dann aber etwa so, wie in Abb. 137d dargestellt, in der die gestrichelte Kurve die Achse der Kaltluftzunge angibt.

Bei eingehender Beachtung dieser Schemata ist ein grundlegender Irrtum bei der Identifizierung der Fronten nur schwer möglich. Ein Beispiel für eine Kaltluftzunge wird auf S. 320ff. besprochen (vgl. Abb. 192 bis 194).

Liegen keine Aufstiege aus dem Frontbereich vor, so vermag die Drehung des Windes mit der Höhe, oft schon gut erkennbar am Zug der verschiedenen Wolkenarten, wertvolle Hinweise zu geben. Bei Warmluftadvektion, also an *Warmfronten, muß der Wind mit der Höhe nach rechts, an Kaltfronten nach links drehen:* längs einer bestimmten Isobare nimmt der Luftdruck nach oben hin über dem wärmeren Punkt langsamer ab als über dem kalten, woraus man sich leicht diese Drehungen der Isobarenrichtung klarmachen kann; sie geben auch ohne Wetterkarte, allein auf Grund genauer Augenbeobachtungen, oft wertvolle Hinweise über Charakter und Intensität einer in der Nähe liegenden Front.

Gar nicht selten und vor allem bei Nordwestlagen kann man beobachten, daß sich eine Kaltfront, ohne daß es mit Hilfe der Stromlinien — weder am Boden, noch in der Höhe — erklärt werden kann, gegen den höheren Luftdruck ausbreitet. Es handelt sich dabei stets um ein Fallgebiet, dem ein Steiggebiet folgt und die sich beide über die eigentliche Luftmassengrenze hinweg ausdehnen. Nun ist zu bedenken, daß aber auch dort im allgemeinen ein gewisser kontinuierlicher Temperaturgegensatz vorhanden ist. Verlaufen z. B. hier die Isothermen mit den Isobaren parallel, so werden durch das Eingreifen von Druckänderungen Advek-

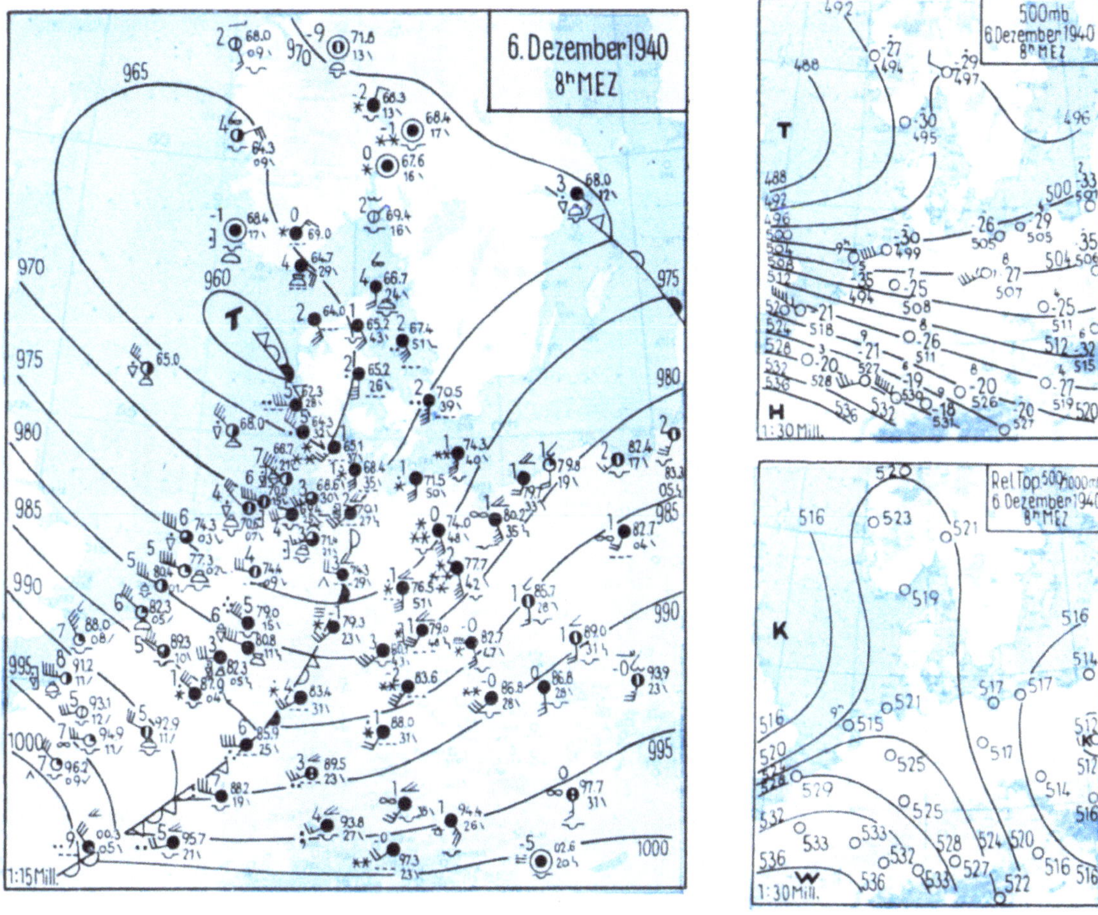

Abb. 138. Wetterlage beim tiefen Barometersturz am 6. Dezember 1940.

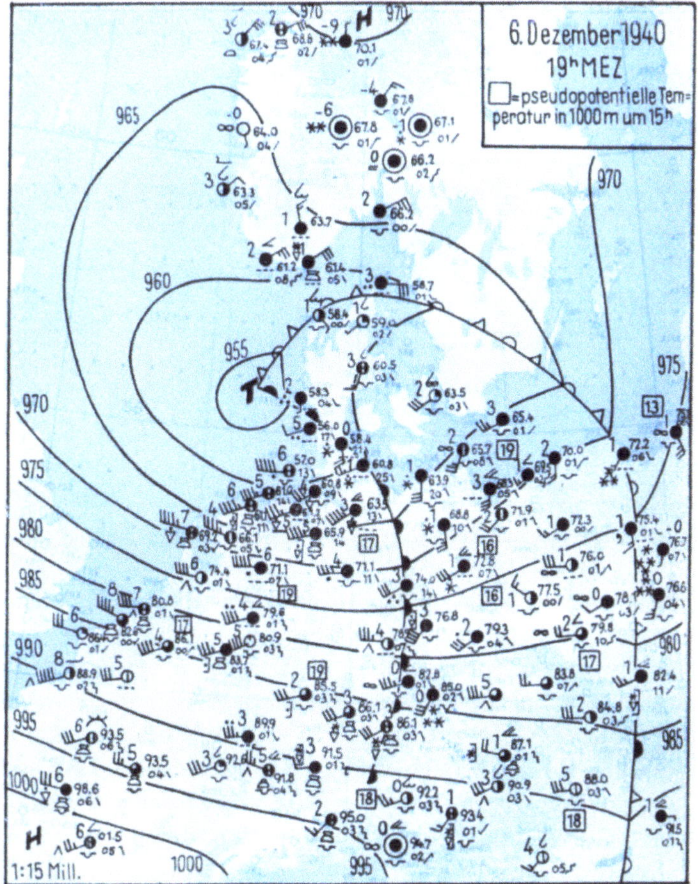

Abb. 139. Über Norddeutschland werden
am Abend des 6. Dezember 1940
beim Durchzug des Tiefdrucktroges
die niedrigsten Barometerstände
seit 119 Jahren gemessen.

tionen von wärmeren oder kälteren Luftmassen induziert und auf diese Weise an der Grenze zwischen Fall-
und Steiggebiet eine gewisse fronthafte Konzentration des ursprünglich kontinuierlichen Temperaturgefälles
herbeigeführt. Ihrer Entstehung nach zeichnen sich derartige Fronten aber immer durch wesentlich geringere.

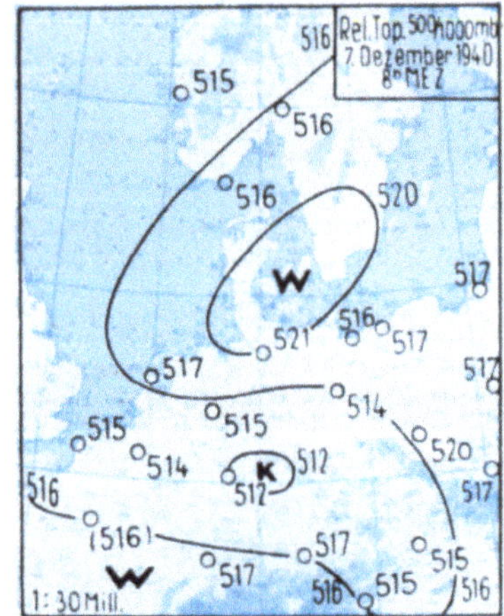

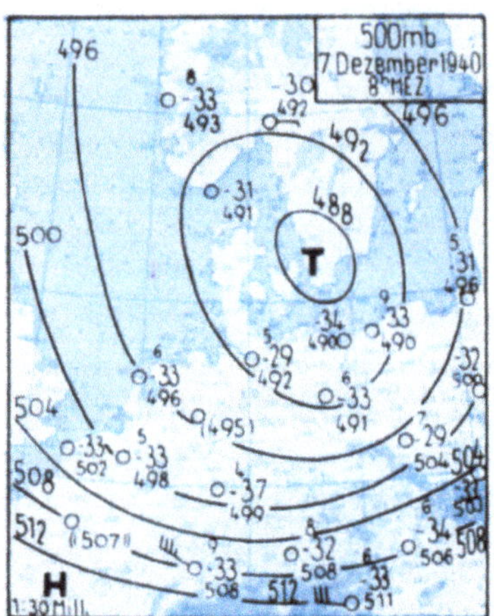

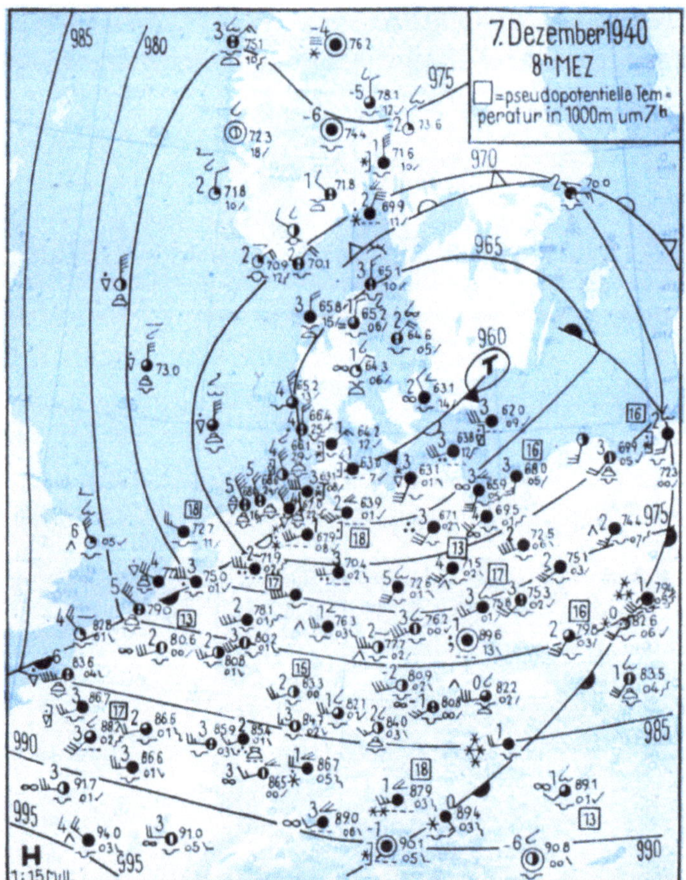

Abb. 140. Vorübergehende Ausbildung neuer Fronten bei der Verwirbelung des Tiefs am 7. Dezember 1940.

Gegensätze aus als die mit echten Luftmassengrenzen zusammenfallenden Konvergenzlinien. Hiermit wird
jedenfalls ein weiterer Hinweis für die ganze Schwierigkeit der Analyse im Einzelfall und für die Tatsache beigebracht, daß nicht nur die Fronten Druckänderungen, sondern diese auch Fronten erzeugen können.
Für die Initialstörungen an den Frontalzonen sind es wahrscheinlich sogar auch meistens die Reste von alten
Druckwellen, die die Zyklogenese einleiten.

Die Wetterlage vom 6. bis 7. Dezember 1940. Die Wetterlage vom 6. und 7. Dezember 1940 ist als
Beispiel ausgesucht worden, um die Schwierigkeiten der Analyse zu zeigen. Gleichzeitig handelt es sich dabei
um eine ganz besonders tiefe Depression, bei deren Durchzug in den späten Abendstunden des 6. Dezember

in *Hamburg* der tiefste Luftdruck seit beinahe 120 Jahren gemessen wurde (vgl. S. 179). Im inneren Bereich dieses Wirbels erfuhren die Fronten eine rasche Umwandlung und bildeten sich in kurzer Zeit neue Konvergenzen aus, so daß die Analyse außerordentlich erschwert ist.

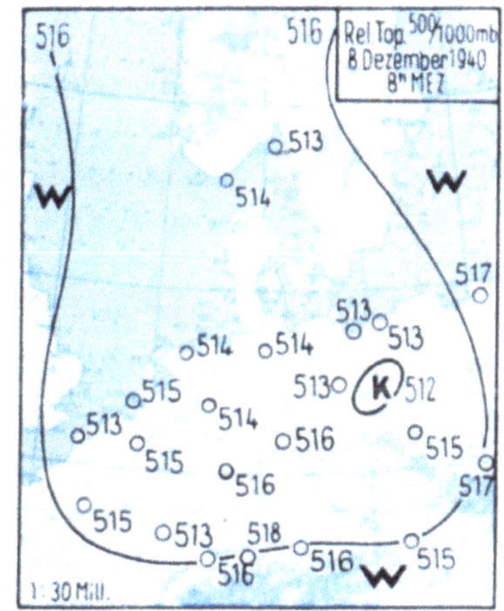

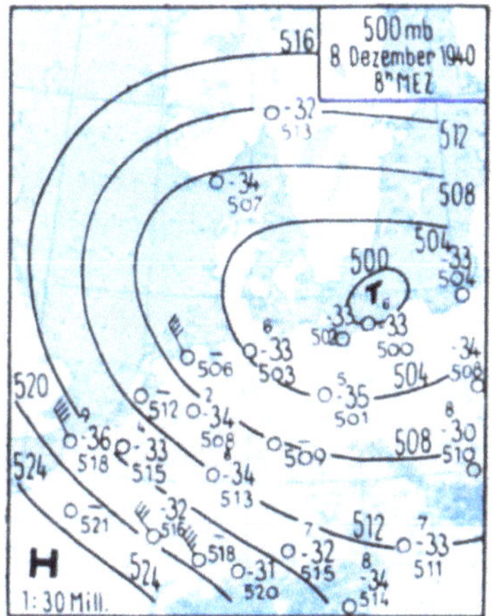

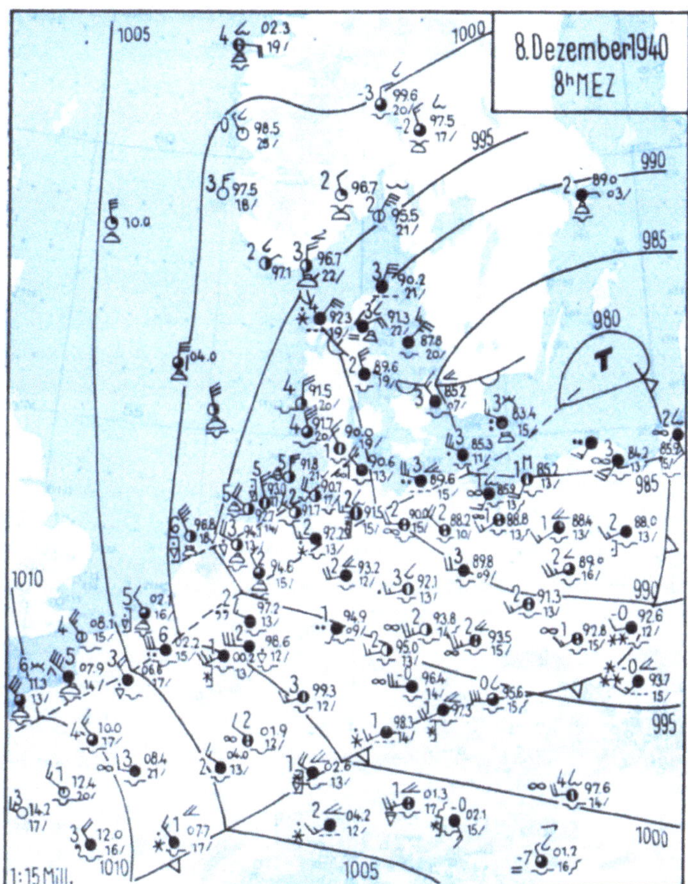

Abb. 141. Weitgehender Ausgleich der Gegensätze in der alternden Zyklone am 8. Dezember 1940.

In Abb. 138 ist die Wetterlage am Morgen des 6. Dezember 1940 reproduziert, links die Situation am Boden, rechts die Karten der relativen und absoluten Topographie.

Eine Zyklone, die am Vortag noch südlich von Grönland gelegen war, ist sehr rasch ostsüdostwärts vorgedrungen und hat die voranziehende Depression, deren Rest südwestlich von *Stockholm* noch zu erkennen ist, bereits in ihren Strömungsbereich aufgenommen. Eine ausgeprägte Okklusionsfront erstreckt sich von Jütland über die Elbmündung und das Rheinknie nach Mittelfrankreich; der über der Biskaya noch vorhandene Warmsektor ist hier nicht mehr zu erkennen. Präfrontal fällt der Luftdruck sehr stark: aus dem mittleren und nördlichen Deutschland werden Tendenzen bis zu —10 mb in den letzten 3 Stunden gemeldet; zugleich haben hier starke Niederschläge, meist in Form von Schnee, eingesetzt. Hinter der Okklusion gehen die strati-forme Bewölkung in Quellmassen und der gleichförmige Niederschlag in Schauerform über, wobei sich der Druckfall zwar verringert, aber doch noch fortsetzt. Ein Aufheiterungsgebiet über Frankreich und Holland fällt mit einer Zone leichten Druckanstiegs zusammen.

Die Karte der relativen Topographie (S. 251 Mitte rechts) zeigt die für eine Okklusion übliche Wärmezunge. Die 500-mb-Fläche (darüber) ist durch eine starke Divergenz der Isopotentialen über Mitteleuropa ausgezeichnet, deren Lage gut mit der Zone des stärksten Druckfalls übereinstimmt. Hinter der Okklusion strömt in der Höhe erheblich kältere Luft ein, wie aus dem eine Stunde später durchgeführten Aufstieg von *Helder* hervorgeht, der in 500 mb bereits eine Temperatur von $-35°$ antraf gegenüber Beträgen von $-25°$ über Deutschland und Werten von nur $-20°$ über dem französischen Raum. Zwischen dieser wärmeren Masse und der weiter nördlich ansetzenden kälteren ist der Temperaturunterschied in südnördlicher Richtung besonders groß, wodurch hier der starke Druckgegensatz in der Höhe zustande kommt und die sich weiter östlich anschließende Richtungsdivergenz erzeugt wird.

Bis zum Abend des gleichen Tages (Abb. 139) hat die Okklusion mit großer Geschwindigkeit schon den größten Teil Deutschlands überquert und erstreckt sich jetzt von der östlichen Ostsee über die Danziger Bucht nach Schlesien. Hinter ihr erfolgt auf schmalem Raum ganz leichter Druckanstieg, aber schon westlich der Oder fängt das Barometer wieder an stark zu fallen und ist im Zentrum des Wirbels über der östlichen Nordsee unter 955 mb gesunken.

Die auffallendste Erscheinung dieser Karte im Vergleich zu der Lage am Morgen stellt die neue Konvergenzlinie dar, die sich vom östlichen Jütland längs der mittleren Elbe bis nach Nordbayern verfolgen läßt, und vor der sich ein neues geschlossenes Niederschlagsgebiet ausgebildet hat. Am Morgen war über Holland von einer derartigen Schlechtwetterzone nichts zu erkennen; erst mittags machen sich in Westdeutschland die ersten Anzeichen bemerkbar. Einige Stunden später hat die Verschlechterung bereits große Teile Nord-, West- und Mitteldeutschlands ergriffen, und die Quellbewölkung ist wieder in geschlossene Schichten großer vertikaler Mächtigkeit übergeführt worden.

Um den Tiefdrucktrog kann es sich bei dieser Erscheinung ni cht handeln, denn dann müßte er mit der Zone größter Windgeschwindigkeit zusammenfallen, die aber zweifellos erst über der Deutschen Bucht nachfolgt. Außerdem steigen die Bodentemperaturen an der Front um einige Grade an, und daß sich diese Erhöhung nicht auf die alleruntersten Schichten beschränkt, sollen die von den Flugzeugaufstiegen in 1000 m Höhe angetroffenen pseudopotentiellen Temperaturen beweisen, die, durch besondere Einrahmung gekennzeichnet, mit aufgenommen worden sind und aus denen hervorgeht, daß der Wärmeinhalt auch im 1000-m-Niveau hinter der Front etwas höher ist als weiter im Osten.

Diese hier wieder eintretende Erwärmung muß des halb überraschen, weil sie sich am Morgen über Holland in keiner Weise andeutete und hier im Gegenteil gerade das Einfließen recht kalter Luft zu erkennen war. Man kann diese Umstellung und die neue Frontenbildung vielleicht dadurch erklären, daß bei dem anhaltenden Druckfall über der Nordsee die ursprünglich auf der Rückseite der Okklusion herrschende nordwestliche Strömung mehr nach Südwest zurückdrehte, damit die über Frankreich noch vorhandene wesentlich wärmere Masse in nördlicher Richtung an Raum gewann, und es auf diese Weise zur Neubildung einer Warmfront kam *(Frontogenese)*, die sich am deutlichsten am Boden ausprägt, wo die Südwestkomponente der Strömung — infolge der Reibungswirkung — am größten wird. In höheren Schichten tritt demgemäß auch kein Temperaturanstieg ein, weshalb die neugebildete Konvergenzlinie mit den Symbolen einer Bodenwarmfront versehen werden muß.

Der Druckfall hört aber auch nach Durchzug dieser Warmfront keineswegs auf, verstärkt sich im Gegenteil sogar über der Deutschen Bucht erneut, wo die Winde innerhalb des Tiefdrucktroges bis zu Stärke 10 auffrischen. Gegen 23 Uhr wurde in *Hamburg* der tiefste Luftdruck gemessen, und bis dahin nahmen die Böen, von Regen- und Graupelschauern begleitet, ständig an Heftigkeit zu.

Damit hat das Tief gleichzeitig den Höhepunkt seiner Entwicklung überschritten. Am nächsten Morgen (Abb. 140) hat sich sein Kern schon um 5 mb aufgefüllt. Nur über dem mittleren Deutschland und dem französischen Raum ist noch ganz leichter Druckfall zu beobachten; sonst hat überall Anstieg eingesetzt. Die Okklusion ist bereits bis in die Gegend von *Stockholm* vorgedrungen, und die neugebildete Warmfront hat ebenfalls schon Ostpreußen erreicht, von wo sie, nach Südwesten verlaufend, durch ein begleitendes Schneefallgebiet noch einigermaßen deutlich in Erscheinung tritt.

Der am Abend vorher so markant ausgeprägte Tiefdrucktrog ist dagegen weitgehend der Auflösung anheimgefallen, und statt seiner hat sich auf einer Linie von Südschweden über die Elbmündung und Mittelholland zum Kanal eine neue scharfe Konvergenzlinie zwischen einer südwestlichen Strömung und nordwestlicher Luftbewegung ausgebildet, in deren Bereich zugleich wieder anhaltende Niederschläge eingesetzt haben. Wie aus den Höhenkarten (obere Figuren in Abb. 140) hervorgeht, reicht der Tiefkern über der Ostsee jetzt als abgeschlossenes Zentrum bis in die obere Troposphäre hinauf, und ein Teil der wärmeren Vorderseitenluft ist, unter Umströmung des Tiefkernes, inzwischen bis auf seine Westseite gelangt, sich im 500-mb-Niveau bis nach *Hamburg* hin durch merklich höhere Temperaturen und auch in der relativen Topographie 500/1000 mb durch eine entsprechende Wärmeinsel bemerkbar machend. Es ist demnach jetzt auf diesem Abschnitt in der Höhe wärmere Luft im Vorstoß nach Süden begriffen, und deshalb müssen die offenen Symbole einer Höhenwarmfront angewendet werden. In den unteren Schichten tritt zugleich auf der Strecke von Südschweden bis nach Schleswig-Holstein hin Abkühlung und längs dem nach Südwesten anschließenden Frontteil Erwärmung ein, was durch die entsprechenden Frontensymbole angedeutet werden muß. Schließlich bleibt über dem Kanal, wo die obere Warmluftzunge nicht mehr zu erkennen ist, nur noch eine schwache Bodenfront übrig.

Der alte Okklusionsrest über Skandinavien macht sich über dem Oslo-Fjord noch durch leichte Niederschläge bemerkbar, und das begleitende Wolkenfeld breitet sich über dem Kattegat allmählich nach Südwesten aus. Noch einen Tag später (Abb. 141) hat dieses Schlechtwettergebiet Jütland erreicht, und es bildet sich hier jetzt eine schwache Höhenwarmfront zwischen nördlicher und nordöstlicher Strömung aus. Der Ostseetiefkern hat sich inzwischen um weitere 20 mb aufgefüllt, und Temperaturgegensätze sind in seinem Bereich (vgl. die obere linke Karte der Abb. 141) fast gar nicht mehr vorhanden, so daß sich auch das Druckfeld mit der Höhe (obere rechte Karte der gleichen Abbildung) kaum ändert.

Die am Vortage über Nordwestdeutschland zur Ausbildung gelangte schwache Front hat jetzt ebenfalls den größten Teil Mitteleuropas überquert und veranlaßt über Schlesien und Franken noch leichte Schneefälle. Da es jetzt nach der Karte der relativen Topographie auf ihrer Rückseite ein wenig kälter ist als präfrontal und am Boden überhaupt keine Temperaturdifferenzen zu erkennen sind, wurden die Symbole in jene einer Höhenkaltfront abgeändert.

Außerdem zeigt das Stromfeld die abermalige Ausbildung einer Konvergenzlinie von der mittleren Ostsee nach Nordwestdeutschland und Flandern, an welcher es wieder zu verbreiteten Niederschlägen kommt. Da gar keine Temperaturgegensätze mehr feststellbar sind, waren Frontensymbole in diesem Falle nicht am Platze, und es ist die Charakterisierung als Konvergenzlinie gewählt worden. Ihr folgt in einigem Abstand ein ähnlicher Windsprung nach, der aber nur unmittelbar in Küstennähe vorhanden ist und deshalb als *Küstenkonvergenz* bezeichnet wird.

Die Küstenkonvergenz. Bei der *Küstenkonvergenz* handelt es sich um eine Erscheinung, die durch die unterschiedlichen Reibungsverhältnisse zwischen Land und Meer hervorgerufen wird. Verlaufen die Isobaren von See gegen die Küste, so entspricht ihnen auf dem Meere ein viel größerer Ablenkungswinkel als auf dem Land, und es bildet sich daher in der Strömung eine vielfach scharf begrenzte Konvergenzlinie aus. Der hier in den unteren Schichten hervorgerufene Stau bewirkt eine aufsteigende Luftbewegung und daher eine Wetterverschlechterung, die für den Flugwetterdienst von erheblicher Bedeutung sein kann. Im allgemeinen entwickelt sich die Küstenkonvergenz etwas landeinwärts (137, 778, 796), und es kommt dann dort zur Ausbildung eines Schlechtwetterstreifens, in den auch häufig *Hamburg* mit einbezogen wird.

Hier wird die Reibung allerdings durch den Geestrücken der Harburger Berge noch weiter verstärkt, und wie H. SEILKOPF (794) nachgewiesen hat, entwickelt sich bei Nordwestströmung am Nordrande der deutschen Mittelgebirge ebenfalls eine solche für die Streckenberatung äußerst wichtige Strömungskonvergenz mit allen unangenehmen Begleiterscheinungen.

Die Küstenkonvergenz hat zur Folge, daß die durchschnittliche Niederschlagsmenge mit zunehmender Entfernung vom Strand zunächst anwächst. Bei ablandigem Wind kommt es aus gleichem Grunde zur Entwicklung einer Divergenzzone auf See, und sie trägt z. B. mit dazu bei, daß das Klima der friesischen Inseln verhältnismäßig sonnenscheinreich ist.

d) Die Zuggeschwindigkeit der Fronten.

Es ist für die richtige Durchführung jeder Analyse unumgänglich notwendig, daß die Zuggeschwindigkeit aller Fronten genau überwacht und bei den neu in das Kartenbild eintretenden auf Grund des Druckgradienten abgeschätzt wird. Dabei ist zu beachten, *daß sich Warmfronten am Boden vielfach nur mit etwa 50% des Gradientwindes, Kaltfronten dagegen im Durchschnitt genau mit der Geschwindigkeit der Strömung oberhalb der durch die Reibung beeinflußten Schicht*, d. h. wegen der vertikalen Zunahme des Druckgefälles sogar mit gegenüber dem Bodendruckfeld *leicht übergradientischer Geschwindigkeit fortbewegen.*

Die Ursache für diese unterschiedliche Fortpflanzungsgeschwindigkeit liegt darin, daß die Schichtung vor Warmfronten stabil ist und daher die untere dichtere Masse schwer weggeräumt werden kann. An den

Kaltfronten wird dagegen von der Höhe aus, sobald dort die Kaltmasse mit Gradientwindgeschwindigkeit eintrifft, eine Labilisierung herbeigeführt; die untere Warmluft strudelt aufwärts und wird ersetzt durch die obere Kaltluft, ein Prozeß, der sich natürlich mit der Geschwindigkeit des Höhenwindes fortpflanzt. Die Okklusionen nehmen demgegenüber eine Mittelstellung ein, und ihre Fortpflanzungsgeschwindigkeit richtet sich nach ihrem mehr oder minder ausgeprägten Typ.

Es ist besonders einfach, wenn man an den Luftmassengrenzen das **Druckgefälle längs der Front** und damit die **Zuggeschwindigkeit senkrecht zum Frontverlauf** bestimmt. In Abb. 142 sind die Verhältnisse für eine Kaltfront idealisiert dargestellt, und es ergibt sich daraus ohne weiteres, daß die Geschwindigkeit v_f senkrecht zur Front ebenso von der Geschwindigkeit v_k der Kaltluft die **frontnormale Geschwindigkeitskomponente** darstellt wie von der Geschwindigkeit v_w der Warmluft. Es ist deshalb natürlich prinzipiell gleich, welcher Isobarenabstand ausgemessen wird; aber in den Fällen, in denen die Entfernung der Linien gleichen Luftdrucks prä- und postfrontal stark variiert, bleibt allein der Abstand längs der Front eindeutig definiert.

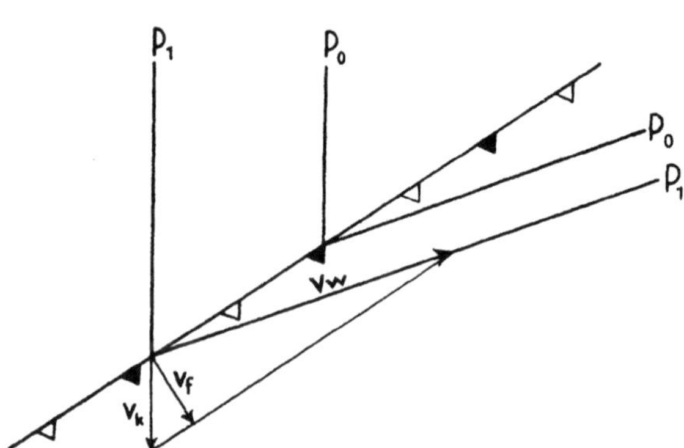

Abb. 142. Berechnung der Zuggeschwindigkeit einer Kaltfront aus dem frontnormalen Gradientwind.

In der freien Atmosphäre bleibt auch die Geschwindigkeit der Warmfronten nicht weit hinter dem geostrophischen Wert zurück, und das Nachhinken beschränkt sich hauptsächlich auf die unteren, bodennahen Schichten. Dies führt dazu, daß die Warmfronten im Laufe ihrer Entwicklung immer diffuser werden, und es wurde schon weiter oben darauf hingewiesen, daß es unter Umständen zweckentsprechender sein kann, die Lage der Warmfront oberhalb der Reibungshöhe zu markieren und so vor allen Dingen zu verfahren, wenn sich dort im Druckfeld eine entsprechende Konvergenz erkennen läßt. Es muß dann aber darauf geachtet werden, daß unten noch eine „Schleppe" kälterer Luft[1] zurückhängt, an der noch völlig geschlossene und 1000 bis 2000 m mächtige Wolkenmassen vorhanden sein können, sich die Regenfälle — in allerdings stets wesentlich abgeschwächter Form — fortsetzen und häufig intensive Vereisung eintritt.

e) Die Bestimmung der Luftmassen.

Es wurde schon darauf aufmerksam gemacht, daß es im allgemeinen zweckmäßig ist, die Bestimmung der Luftmassen erst nach der Festlegung der Diskontinuitätslinien durchzuführen, denn für die Charakterisierung der Fronten genügt zunächst die Feststellung, wo sich die kälteren und an welcher Stelle sich die wärmeren Massen befinden.

Bei der genauen Bestimmung der Luftmassen *(Luftmassenanalyse)* handelt es sich dagegen darum, ihr Ursprungsgebiet wenigstens angenähert zu ermitteln. In erster Linie muß dies an Hand der Trajektorien bzw. der Stromlinien oder nach dem Verlauf der Isobaren geschehen. Läßt sich auf diese Weise über den Ursprung nichts aussagen, so müssen die am meisten konservativen Elemente, wie der Dampfdruck bzw. Taupunkt, die spezifische Feuchtigkeit, die pseudo- oder äquivalent-potentiellen Temperaturen herangezogen werden, wobei aber stets sorgfältig die auf dem Wege vom Quellgebiet erlittenen Umwandlungen nach dem Zustand des überstrichenen Untergrundes in Betracht gezogen werden müssen *(indirekte Bahnverfolgung)*. Die genaue Festlegung der Luftmassen stellt jedenfalls kein einfaches Problem dar, und da auch alle möglichen Übergangsfälle vorkommen können, lassen sich dabei gewisse Willkürlichkeiten nicht immer vermeiden.

Zur Festlegung der von Tropikluft eingenommenen Gebiete leistet die sorgfältige Beachtung des Niederschlagstyps oft gute Dienste. *Sprühregen* kommt nämlich nach BERGERON (62) und FINDEISEN (239, 241) im allgemeinen nur dann vor, wenn die Wolke nicht in den Bereich negativer Temperatur hineinreicht (s. auch Lit. 58). Dies setzt eine verhältnismäßig warme und stabil geschichtete Luftmasse sowie eine dünne Wolkenschicht voraus, wie sie für einen ursprünglichen Warmluftkörper abseits einer Front charakteristisch ist[2]. Daher ist eine Sprühregenzone im allgemeinen ein sicherer Hinweis für das Vorhandensein einer gleichförmigen maritim-tropischen Luftmasse.

---

[1] Ist eine solche *Kaltluftschleppe* nur wenige Dekameter mächtig, so wird sie als *Kaltlufthaut* bezeichnet.

[2] Nur in einigen Ausnahmefällen, vor allen Dingen bei Nordwestlagen über Westeuropa und in der Nähe eines Hochs, kann das frontale Wolkensystem dünn genug bleiben, um Sprühregen zu erzeugen, während der frontale Niederschlag meistens mit der Bildung von Eiskristallen in hohen Schichten beginnt, die zu Schneeflocken zusammenwachsen und schließlich zu größeren Regentropfen schmelzen.

f) Das Zeichnen von Tendenzkarten.

Was über die korrekte Auszeichnung der Isobaren gesagt wurde, gilt in noch stärkerem Maße für die Tendenzkarten. Man muß sich einmal die Fehlerquellen überlegen, die eine Druckänderungsmeldung verfälschen: Im allgemeinen wird die Tendenz nach der Aufzeichnung eines Barographen angegeben, auf welchen die Raumtemperatur trotz aller in neuerer Zeit durchgeführten Kompensation der Druckdosen ebenfalls einen gewissen Einfluß ausübt. In einem Zimmer wird gelüftet, im anderen der Ofen angeheizt, und schon lautet die Tendenzmeldung ganz verschieden. Der eine Beobachter liest etwas früher ab als der andere, die Trägheit der Instrumente ist nicht die gleiche, und bei Erschütterungen fällt das Nachhinken unter Umständen fort. Durch alle diese Effekte werden Abweichungen hervorgerufen, die bei zufälliger Addition gut 1 mb erreichen können und die Linienführung sehr unübersichtlich gestalten, wenn alle Einzelwerte geglaubt werden.

Es ist deshalb beim Auszeichnen von Tendenzkarten stets eine glatte Linienführung zu bevorzugen, und man muß sich dabei ebenso genau überlegen, ob der betreffende Wert in den allgemeinen Rahmen hineinpaßt oder nicht ganz geglaubt werden darf. Als Beispiel mag die in Abb. 114 (S. 201) abgedruckte Tendenzkarte dienen, bei der zur Erhöhung der Übersicht ebenfalls die Einzelablesungen weitgehend ausgeglichen werden mußten.

Bei einer 24stündigen Druckänderungskarte, deren Werte sämtlich auf Ablesungen am Quecksilberbarometer beruhen, sind die einzelnen Angaben dagegen sehr zuverlässig, zumal sich durch die Differenzbildung auch etwa vorhandene Stand- und meistens auch Höhenkorrektionen wegheben. Herausfallende Werte sind deshalb leicht als fehlerhaft zu erkennen. Bei der wesentlichen Bedeutung, die gerade der 24stündigen Druckänderungskarte für die Abfassung der Prognose zukommt, muß auf ihre genaue Zeichnung nachdrücklicher Wert gelegt werden. Besonders geeignet ist dazu die Methode, die nach der graphischen Subtraktion der Druckkarten ermittelten Isallobaren in Vordrucke zu übertragen, in welche die Änderungen des Luftdrucks an allen wichtigen Stationen eingeschrieben worden sind. Es sind dann Fehlkonstruktionen fast unmöglich.

g) Sonstige Hilfskarten.

Gelegentlich kann es von Vorteil sein, auch andere Hilfskarten für die Analyse der Wetterkarte zu entwerfen, wofür keine allgemeinen Richtlinien angegeben werden können. Für die Luftmassenbestimmung bietet besonders der Taupunkt eine Reihe von Vorteilen, so daß dieses Element neuerdings schon vielfach in den Wetterschlüssel aufgenommen worden ist. Vor allen Dingen ist es günstig, daß diese Größe kaum einen tagesperiodischen Gang aufweist (463) und sich dadurch zum terminweisen Vergleich besonders eignet, außerdem aber auch zu vielen prognostisch wichtigen Elementen in engen Beziehungen steht (vgl. S. 337ff.).

3. Die Isentropenanalyse.

In den Vereinigten Staaten von Nordamerika sind die aerologischen Beobachtungen lange Zeit hindurch fast ausschließlich nach dem von C. G. Rossby (653) angegebenen Verfahren der *Isentropenanalyse* bearbeitet worden (500). Eine eingehende Beschreibung dieser Methode hat C. Pflugbeil (549) gegeben. Sie besteht darin, daß die Druckwerte bestimmter Flächen gleicher Entropie zusammen mit den zugehörigen Kondensationsdrucken eingezeichnet werden und ein Zusammenfallen der beiden Liniensysteme sofort die Wolkengebiete erkennen läßt. Es zeigen sich in diesen Karten besonders häufig „*Feuchtluftzungen*", die sich langsamer fortbewegen als die von der Höhenströmung mitgeführten einzelnen Luftteilchen.

Wenn auch diese Darstellungen zuweilen recht anschaulich sind, so vermögen sie doch keinen Ersatz für die Höhenwetterkarten zu bieten, können aber als Ergänzung mit Vorteil verwendet werden. Besonders für die Gewitterprognose ist die Kenntnis der Lage von Feuchtluftzungen oft sehr wesentlich (123, 499).

4. Scheinfronten.

An der Grenze verschieden wirkenden Untergrundes, also z. B. längs der Eiskante oder des Beginns einer geschlossenen Schneedecke, können zuweilen große Temperaturdifferenzen auftreten und eine Front vortäuschen, die dort solange nicht gezeichnet werden soll, wie eine begleitende Strömungskonvergenz fehlt. Vielfach bildet sich bei geringen Windgeschwindigkeiten an solchen Grenzzonen aber eine echte Front aus, an der sich bildenden Diskontinuitätslinie erkennbar.

Auch an größeren Gebirgszügen können sich gelegentlich solche Scheinfronten im Temperaturfeld entwickeln, z. B. dort, wo der Föhneinfluß aufhört. Durch das Fehlen eines begleitenden Wolkensystems kann man meistens leicht erkennen, daß es sich um keine dynamisch wichtige Front handelt, sondern daß sich die Wärmedifferenzen auf die untersten Schichten beschränken[1].

Damit sollen die allgemeinen Bemerkungen über die Durchführung der Analyse abgeschlossen und im nächsten Abschnitt die für Mitteleuropa wichtigsten Wetterlagen behandelt werden.

C. Typische Wetterlagen in Europa.

Wenn man die unendliche Mannigfaltigkeit der einzelnen Wetterlagen zu gewissen Typen zusammenfassen will, so muß ein Index gesucht werden, der den Einzelfall einer übergeordneten Bezeichnungsweise zuordnet, die für die Witterungsgestaltung eines längeren Zeitraumes charakteristisch ist. Dieser Grundtyp wird als *Großwetterlage* (46, 47) bezeichnet und ist durch die Position der jeweiligen Steuerungszentren bestimmt.

1. Die allgemeinen Steuerungstypen.

Im mitteleuropäischen Wetterdienst ist es üblich geworden, die Großwetterlage einfach nach der in der oberen Troposphäre vorherrschenden allgemeinen Strömungsrichtung zu bezeichnen, und so z. B. eine vorherrschende westliche Höhenströmung dem Westwettertyp zuzuordnen oder eine nördliche Luftbewegung in der Höhe als Nordlage zu bezeichnen usw. und die Fälle mit einem über Mitteleuropa selbst gelegenen Aktionszentrum als Zentralhoch- bzw. Zentraltieflage zu benennen[2].

a) Die Zentralhochlage.

Die Wettergestaltung im inneren Bereich eines steuernden antizyklonalen Aktionszentrums ist bereits früher für den Winter (S. 120) und für die warme Jahreszeit (S. 112) beschrieben worden. In manchen Fällen kann ein solches dynamisches Hoch, wie es bei dem vom 27. Januar 1932 (Abb. 67 und 68, S. 123) der Fall war, wochenlang für die Wettergestaltung maßgebend bleiben, und es steuert dann die Druckwellen in großem Bogen an den Rändern Europas entlang. Die Lagen, bei denen sich ein abgeschlossenes Hochzentrum über dem mitteleuropäisch-skandinavischen Raum bis in die Stratosphäre hinauf erstreckt, wie in der zweiten Augusthälfte des Jahres 1944 (Abb. 60 und 61, S. 114 und 115), sind dabei verhältnismäßig selten. Vor allem im Sommer liegt das Höhenhoch schon häufiger über dem Mittelmeerraum, wie z. B. am 17. August 1943 (Abb. 95 und 96, S. 176 und 177), wobei das nördliche Deutschland dann schon meist von den über Nordeuropa ostwärts driftenden Zyklonen mehr oder weniger stark beeinflußt wird und sich mindestens höhere Wolkenfelder von den einzelnen Störungsfronten bis nach Mitteleuropa hin ausbreiten, eine Situation, die als nördliche Westlage bezeichnet wird. Im allgemeinen macht sich der Aufbau eines mitteleuropäischen Hochs in der oberen Troposphäre überhaupt nur durch einen Keil bemerkbar, der sich vom subtropischen Hochdruckgürtel aus nordwärts erstreckt (Abb. 200, S. 332) und gegenüber der Lage des Bodenhochs nach Westen, zum wärmeren Gebiet hin, verschoben ist; dann wandert eine solche Antizyklone samt ihrem Höhenhochdruckkeil langsam ostwärts und beeinflußt dabei die Wetterlage über dem Festland etwa 3 bis 5 Tage lang, bis es der kühleren atlantischen Luft gelingt, den antizyklonalen Keil in der oberen Troposphäre von Westen her abzubauen. Im Winter entwickelt sich häufiger eine nur am Boden ausgeprägte Hochdruckbrücke zwischen einem steuernden atlantischen und einem meist kälteren Rußlandhoch, in welchem Falle die Höhenströmung eine westliche bis nordwestliche Richtung beibehält. Ist die östliche Antizyklone die stärkere und hat sie ein eigenes Hochdruckzentrum in der oberen Troposphäre entwickelt, dann ist bei südwestlicher Höhenströmung über Mitteleuropa diese Wetterlage schon mehr dem SW-Typus zuzurechnen.

b) Die Südwestlage.

Die Südwestlage ist charakterisiert durch hohen Luftdruck über Süd- und Südosteuropa und niedrigen Barometerstand über dem östlichen Teil des Atlantischen Ozeans. Häufig erstreckt sich von einem bei Island liegenden Zentraltief eine Furche tiefen Luftdrucks bis in den Azorenraum. Je näher diese Tiefdruckrinne zum europäischen Raum hin liegt, um so stärker beeinflussen die einzelnen Störungslinien unser Wetter. Immer überwiegt aber am Nordrand der Alpen und der mitteleuropäischen Gebirgsschwelle der Föhneinfluß, so daß über Süd- und Mitteldeutschland meist nur hohe und mittelhohe Bewölkung vorhanden[3] ist und die Witterung

---

[1] Zuweilen wird allerdings auch die Bildung echter Fronten durch Gebirge begünstigt — *topographische Frontogenese* — und in dieser Hinsicht scheinen besonders die Alleghanies wirksam zu sein (547).

[2] Statistische Häufigkeit der einzelnen Steuerungstypen bei CORDES (133).

[3] Blickt man bei solcher Wetterlage von Bayern aus gegen die Alpen, so wird das Bild durch die über der Zentralkette verharrende *Föhnmauer* beherrscht, welche dadurch zustande kommt, daß die auf der Südseite aufsteigende Luft nach Passieren der höchsten Pässe in absinkende Bewegung gerät und sich dadurch hier die Wolken auflösen.

im Winter nur über Frankreich und ostwärts bis zum Küstengebiet der Nordsee trübe und regnerisch bleibt, im Sommer aber auch hier nur mehr zu gewittrigen Störungen neigt.

Die Südwestlage im Sommer. Während der warmen Jahreszeit bedingt die Zufuhr südwestlicher Luftmassen meist etwas zu kühles und ziemlich feuchtes Wetter, doch ist es dabei — im Gegensatz zur sommerlichen Nordwestlage — nie ausgesprochen unfreundlich. Bei schwächerer Ausprägung der Fronten und in größerer Entfernung vom Meer können sogar kürzere Aufheiterungs- und Erwärmungsperioden zwischengeschaltet sein, doch neigt die Witterung stets zur Ausbildung von Gewitterschauern, besonders wenn sich an der Grenze zwischen der wärmeren festländischen und einer kälteren atlantischen Luftmasse mit der südwestlichen Höhenströmung von Frankreich nach Norddeutschland wandernde Teiltiefs ausbilden, wie bei der in den Abb. 169 und 171 dargestellten Situation (S. 290 und 291) oder aber, wenn in die Südwestströmung ein Schwall rückkehrender Polarluft eingebettet ist, wie es bei dem folgenden Beispiel der Fall ist.

Sommerliches Schauerwetter[1] **in der Kaltluftzunge vom 17. Juli 1939.** Am 17. Juli 1939 wird die Situation durch eine im Raume der Faröer langsam nordwestwärts wandernde Zentralzyklone, der sich auch ein zweites über Südschweden angelangtes Tief anschließt, beherrscht, und die Isobaren verlaufen über Deutschland von WSW nach ENE. Im Bereich eines bis nach den Alpen vorfühlenden Hochdruckkeils sind die Druckgegensätze nicht groß und jedenfalls viel geringer als die zum 14-Uhr-Termin (Abb. 143) beobachteten Windgeschwindigkeiten, welche teilweise Stärke 8 erreichen. Diese Tatsache deutet bereits an, daß die Vertikalschichtung sehr labil sein muß, was durch die ungewöhnlich zahlreichen Gewittermeldungen bestätigt wird. Von den eingetragenen nordwestdeutschen Stationen beobachtet fast jede entweder Fern- oder Nahgewitter, und selbst noch in den eigentlichen Bereich des Hochdruckkeils hinein erstreckt sich die Gewitterzone bis nach Franken und Böhmen, wobei die Winde unter dem Einfluß der örtlichen Böen *(Umlagerungswalzen)* zum Teil stark herausfallende Richtungen aufweisen, insbesondere im Küstengebiet.

Wie aus der Verteilung der relativen Topographie 500/1000 mb (obere linke Karte der Abb. 143) hervorgeht, handelt es sich um eine markante Kaltluftzunge, die den gesamten westdeutschen-nordfranzösischen Raum umfaßt und in deren Bereich die Schichtung — wie aus den einzelnen Aufstiegen hervorgeht — schon am Vormittag allgemein feuchtlabil ist, so daß sich in den Mittagsstunden trotz des teilweise antizyklonalen Verlaufs der Bodenisobaren starke vertikale Umlagerungen vollziehen. Die absoluten Isopotentialen der 500-mb-Fläche (obere rechte Karte der Abb. 143) werden von dem in der Höhe über Schottland liegenden Tiefzentrum bestimmt und sind stark zyklonal gekrümmt. Die Temperaturen liegen im Niveau von 500 mb über Südengland mit —20° und über West- und Nordwestdeutschland mit —18° am niedrigsten und steigen gegen den Rand des höheren Druckes zu allmählich an.

Bei einer Wetterlage wie der hier dargestellten wird die Labilisierung leicht dadurch begünstigt, daß die Höhenströmung parallel den Isopotentialen, der Wind am Boden dagegen infolge des Reibungseinflusses aus dem höheren in Richtung nach dem tieferen Druck weht und deshalb hier, wegen des im allgemeinen gleichlaufenden Druck- und Temperaturgradienten, wärmere Luftmassen unter die höhenkältere geschafft werden.

Die Südwestlage im Winter. Am häufigsten tritt eine länger dauernde Südwestlage im Winter ein, und zwar immer dann, wenn die Zyklonentätigkeit über dem Atlantik sehr rege ist und diese Sturmtiefs bei gleichzeitiger Ausbildung hohen Druckes über Südrußland mit einer allgemein vorherrschenden Südwestströmung nordostwärts gelenkt werden, ihren Einflußbereich meist wesentlich weiter ausdehnend als während der warmen Jahreszeit. Eine derartige Wetterlage ist auf S. 187ff. bereits beschrieben und durch die Abb. 104 bis 107 dargestellt worden. Ein anderer Fall, bei dem die Wetterauswirkung wegen der größeren Nähe des Zentraltiefs wesentlich nachhaltiger ist und sich ein schwacher Föhneinfluß nur in Süddeutschland durchzusetzen vermag, so daß sich schon einige Anklänge an die im nächsten Abschnitt zu behandelnde Westlage zeigen, soll anschließend erörtert werden.

Das ungewöhnlich warme Winterwetter vom 30. Dezember 1925. Im Jahre 1925 setzte sich einige Tage vor Weihnachten milde Südwestluft über Mitteleuropa durch, und der Warmlufttransport wurde gegen Jahresende so intensiv, daß die in den Gebirgen vorhandenen großen Schneemengen zum großen Teil wegtauten und durch gleichzeitige starke Regenfälle in den Vogesen und im Schwarzwald eine derartige Hochwasserwelle des Rheins herbeigeführt wurde, wie sie in vielen Jahrzehnten nicht beobachtet worden ist (664).

Die Situation zur Zeit des Höhepunktes dieser winterlichen Wärmewelle ist in Abb. 144 reproduziert und muß als extremes Beispiel einer Südwestlage angesehen werden. Der Kern eines steuernden Hochdruckgebietes befindet sich über Nordafrika, während die Zyklonentätigkeit über dem Atlantik recht rege ist und durch verhältnismäßig tiefen Luftdruck im Azorengebiet Luftmassen, deren Ursprung nicht weit vom Äquator

---

[1] Eine eingehende Diagnose lokaler Sommerschauer hat E. CALWAGEN (125) gegeben. Vgl. auch Lit. 796.

entfernt liegt, mit großer Geschwindigkeit nach Europa geschafft werden. Ein tiefer Wirbel vor der mittelnorwegischen Küste zieht langsam nordostwärts, und weitere Störungen folgen von Westen her nach. Über

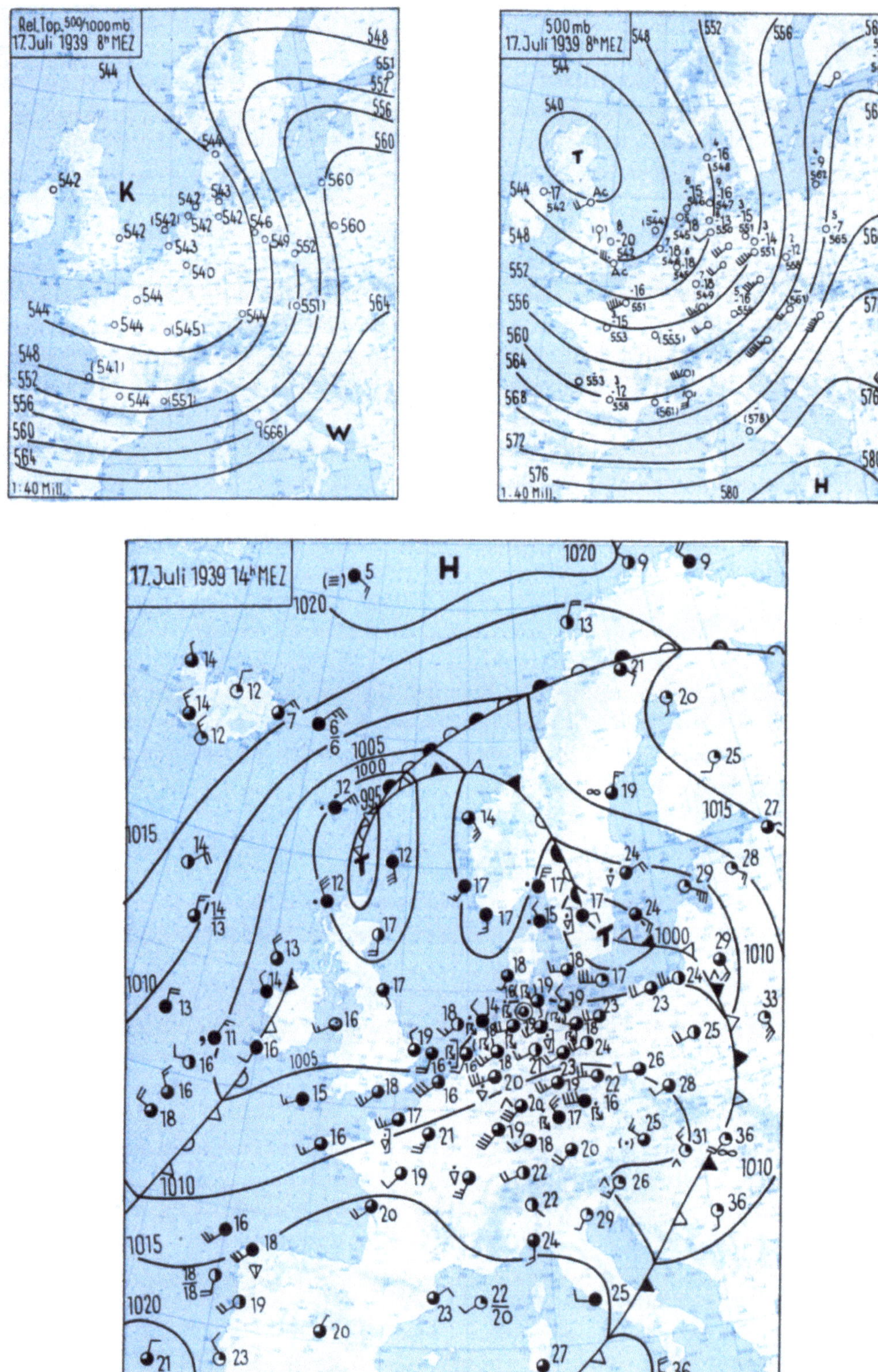

Abb. 143. Verbreitete Gewitterschauer im Bereich einer Kaltluftzunge während der Südwestlage vom 17. Juli 1939.

dem Nordatlantik herrschen stürmische westliche Winde, und innerhalb der alten, labil geschichteten Polarluftmasse entwickeln sich einzelne Wintergewitter, während der mitteleuropäische Raum ganz im Einfluß-

bereich der echten Tropikluft liegt. Morgentemperaturen bis zu $+15°$ im Oberrheingebiet und von $+14°$ in *Berlin* sowie Tagesmaxima von $+17°$ in *München* und *Karlsruhe* werden um die Jahreswende nicht häufig beobachtet (26) und sind nur möglich, wenn der Druckgradient derart groß ist wie in diesem Falle und die Luft damit keine Zeit gewinnt, sich auf dem Lande stärker abzukühlen.

Nach Osten hin ist die Tropikluft durch eine deutliche Warmfront begrenzt, an der der Windsprung teilweise $90°$ erreicht; über Südengland hat sich eine Wellenstörung ausgebildet, auf deren Südseite die kältere

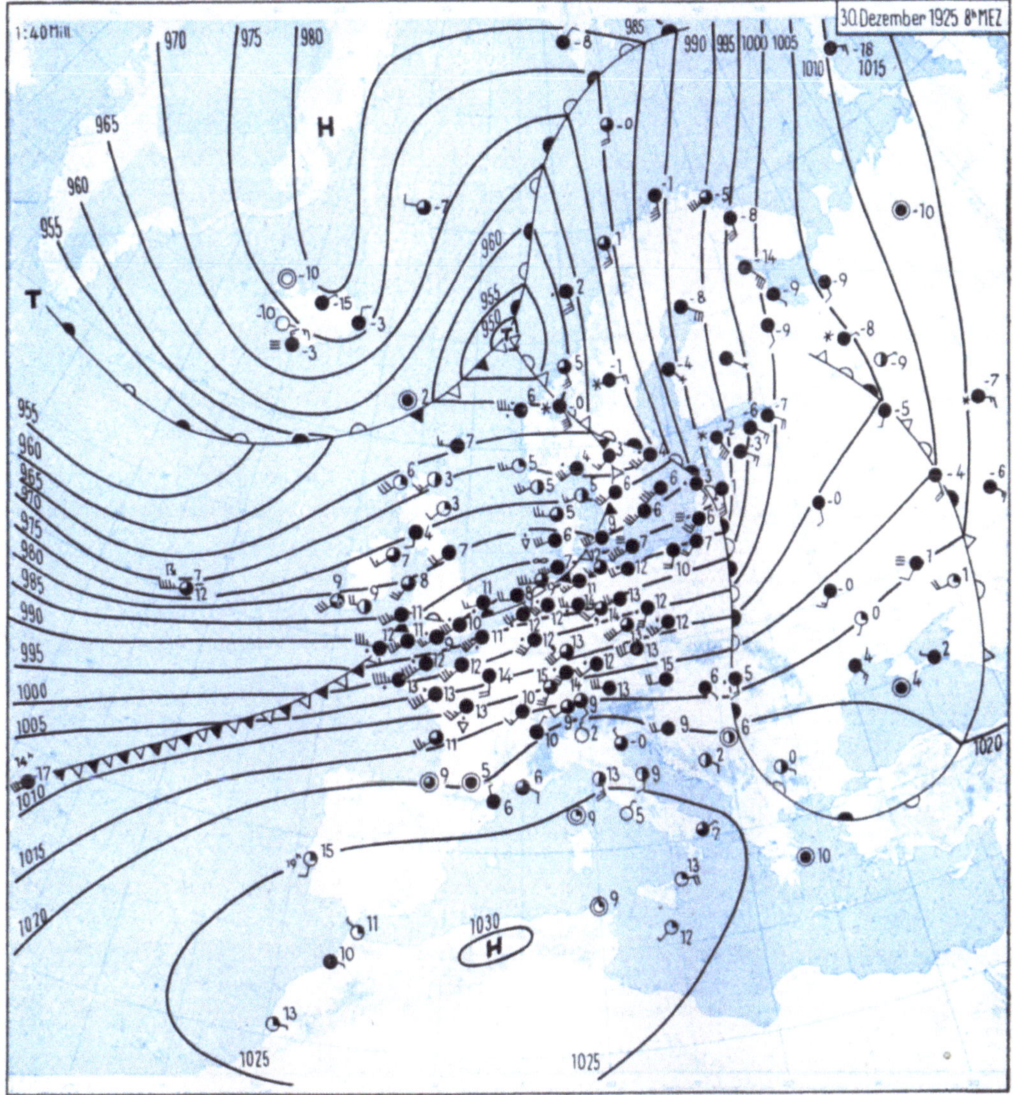

Abb. 144. Extrem hohe Wintertemperaturen bei der Südwestlage vom 30. Dezember 1925.

Polarluft, vor allem in der Höhe, sehr rasch ostwärts vorstößt, weshalb die Temperaturen über Deutschland am nächsten Tage nicht mehr so hoch ansteigen.

Die vom Meeresgebiet zwischen Spitzbergen und der Bäreninsel über das Nordmeer zum Atlantik südlich Grönland verlaufende Grenze zwischen der frischen und der von Süden rückkehrenden Polarluft ist im Wind- und Temperaturfeld überall deutlich zu erkennen; eine alte Okklusion über Rußland nimmt immer mehr Warmfrontcharakter an.

c) Die Westlage.

Die Westlage ist zu allen Jahreszeiten über dem europäischen Raum die häufigste, und ihr Vorkommen erreicht beinahe den dritten Teil aller Tage. Bei ihr treten die monsunalen Druckgegensätze völlig zurück gegenüber den meridionalen, und es herrscht bei übernormaler Entwicklung des Azorenhochs, von dem sich im allgemeinen ein Keil bis zu den Alpen erstreckt (119, 218), in der gesamten Troposphäre eine starke westliche Strömung, mit der die einzelnen Zyklonen rasch ostwärts wandern. Dabei schlägt jedes folgende Glied einer *Zyklonenfamilie*, während sich die Polarfront immer mehr äquatorwärts verlagert, eine südlichere Bahn ein, bis die Kaltluft in die Passatströmung durchbricht und dann eine neue *Zyklonenserie* hoch im Norden beginnt, von der vorhergehenden durch eine kräftige Hochdruckbrücke getrennt. Eine genaue Numerierung der einzelnen Depressionen nach Zugehörigkeit zu einer bestimmten Serie dürfte jedoch zu weit gehen.

Die Westlage im Winter. Vor allem im Winter handelt es sich oft um umfangreiche Sturmwirbel, die ostwärts gesteuert werden und die das europäische Witterungsgepräge dann sehr unruhig gestalten. Als Musterbeispiel einer solchen Situation kann die auf S. 179ff. und in den Abb. 97 und 98 behandelte Druckverteilung angesehen werden, bei der sich die Zone einheitlicher Westströmung sogar am Boden von der Neufundlandregion bis in das innere Sibiriens hinein verfolgen läßt und auch der eben erwähnte charakteristische, vom kräftig entwickelten Azorenhoch bis zum Alpengebiet reichende Keil zu erkennen ist. Oft ist dieser durch eine Hochdruckbrücke mit einem südrussischen Hoch verbunden, in welchem Falle es sich um ein sog. *nördliches Westwetter* handelt, welches im Anschluß an die Zentralhochlage bereits erwähnt wurde. Beim normalen Westwetter erstreckt sich der Einfluß der einzelnen Störungsglieder mindestens bis zum Alpengebiet und greift im Winter oft bis in den Mittelmeerraum über *(südliche Westlage)*. Als weitere Beispiele einer typischen Westwetterlage seien erwähnt der Elbe-I-Orkan (Abb. 112 bis 115) und die Drucksituation am 7. September 1936 (Abb. 124), an welchem Tage durch eine derart ausgeprägte Westströmung ein westindischer Wirbelsturm bis nach Norddeutschland gesteuert wurde.

Die Westlage im Sommer. Im eigentlichen Hochsommer sind die Druckgegensätze stets wesentlich geringer, und es sind dann nur einzelne Kaltfronten, die bei ihrem Durchzug erhebliche Wetterverschlechterung, zuweilen auch ausgeprägte Frontalgewitter hervorrufen (366).

Die Gewitterklassifikation. Es ist an dieser Stelle angebracht, eine etwas genauere Klassifikation der Gewitter durchzuführen, zumal die früher übliche Unterscheidung zwischen *Wärme-* und *Wirbelgewittern* sowie „*Gewittern zwischen warmen und kalten Räumen*" modernen Ansprüchen nicht mehr gerecht wird. Das folgende Einteilungsprinzip knüpft weitgehend an die Unterteilung von J. Namias (498) an, ohne sie jedoch genau zu übernehmen.

Zunächst muß man die nicht an Fronten gebundenen von den durch Luftmassengrenzen verursachten Gewittern trennen und erhält so zwei Hauptkategorien:

1. *Luftmassengewitter* und 2. *Frontalgewitter*.

Die meisten nicht durch Fronten ausgelösten Gewitter entstehen durch lokale Überhitzung und werden als

1a) *Wärmegewitter* bezeichnet, mit deren Entstehung sich in erster Linie v. Ficker (233, 234, 235) befaßt hat. Wie bereits früher hervorgehoben, treten diese aber in Gebieten divergenter Bodenströmung kaum jemals auf und sind fast immer an konvergente Windsysteme gebunden. Dazu gehören auch die in noch stark offenen Warmsektoren gelegentlich auftretenden Gewitter, die Namias zu den „Gewittern in horizontal konvergierenden Luftströmen" ebenso rechnet wie die im Tiefdrucktrog und bei rascher Okklusion sich entwickelnden Wintergewitter. Die Gewitter des Tiefdrucktrogs sollen hier zur Klasse der

1b) *Polarluftgewitter* gerechnet werden, die ihre Entstehung weniger einer Überhitzung der unteren Schichten als sehr tiefen Temperaturen in der Höhe zu verdanken haben und sich deshalb nicht in warmen Luftströmen, sondern nur in Polarluft entwickeln. Hierin ist der absolute Feuchtigkeitsgehalt für die Entstehung von schweren Gewittern aber nicht ausreichend, es kommt mehr zu starken Regen- oder Graupelschauern mit einzelnen elektrischen Entladungen, wie sie für unser *Aprilwetter* (434) typisch sind und auf dem Ozean bei großen Kaltluftvorstößen im Winter beobachtet werden.

Die Frontalgewitter (vgl. auch Lit. 158) können als

2a) *Kaltfrontgewitter* oder an einer Warmfront als

2b) *Warmfrontgewitter* auftreten, wobei hier nur ein Unterschied in bezug auf die Verlagerung der Luftmassen besteht. In beiden Fällen entwickeln sich die Gewitter in der abgehobenen Warmluft. Da aber gerade die sommerlichen Warmfronten nur sehr langsam zu wandern pflegen und die an ihnen aufsteigende Tropikluft besonders feucht und labil ist, wiederholen sich diese *Aufgleitgewitter* (431, 669, 671) sehr gerne und zeichnen sich vor allen Dingen, wenn sie aus Osten oder Südosten aufziehen und als *Ostgewitter* bezeichnet werden, durch besondere Heftigkeit aus.

Die Kaltfrontgewitter haben demgegenüber eine viel größere Breitenerstreckung und entwickeln sich oft als geschlossener Gewitterzug viele hundert Kilometer an der Front entlang. Zu ihnen müssen auch die *Okklusionsgewitter* gerechnet werden, da diese immer nur dann entstehen, wenn sich eine alte Okklusion bereits weitgehend in eine Kaltfront umgewandelt hat, denn eine echte Warmluftschale in der Höhe ist meist eine Situation mit stabiler Schichtung.

Oft erfolgt der gewitterauslösende Warmluftvorstoß gerade in mittleren Schichten, indem sich die Tropikluft zwischen eine untere und eine obere kältere Strömung einschiebt. Dieser Typus kann deshalb als

2c) *Warmlufteinschubgewitter* bezeichnet werden, und ein entsprechendes Beispiel wird auf S. 289ff. (Abb. 169 bis 171) noch behandelt. Das Korrelat dazu stellen die

2d) *Kaltlufteinschubgewitter* dar, dann auftretend, wenn in der Höhe die Kaltluft zuerst eintrifft und dadurch darunter eine erhebliche Labilität zustande kommt. Die Bedingungen dafür sind aber nur bei starkem Druckfall und rascher Okklusion sowie in der Nähe des Okklusionspunktes günstig, wo die in der Höhe schneller strömende Kaltluft dann bei der raschen Umwandlung des Druckfeldes eher ankommt als in den bodennäheren Schichten. Alle europäischen *Wintergewitter* (126, 157) gehören ebenso zu diesem Typ wie jene in den Neu-England-Staaten.

Über das Zustandekommen der elektrischen Spannungen gibt es noch mehrere Theorien; fest scheint aber jedenfalls zu stehen, daß Aufwärtsbewegungen von mindestens 8 m/sec erforderlich sind, um die entsprechenden Aufladungen zu bewirken. SCHWERDTFEGER und SCHÜTZE (790) haben mit dem Flugzeug innerhalb von Cumulonimbus-Türmen Vertikalgeschwindigkeiten bis zu 17 m/sec gemessen.

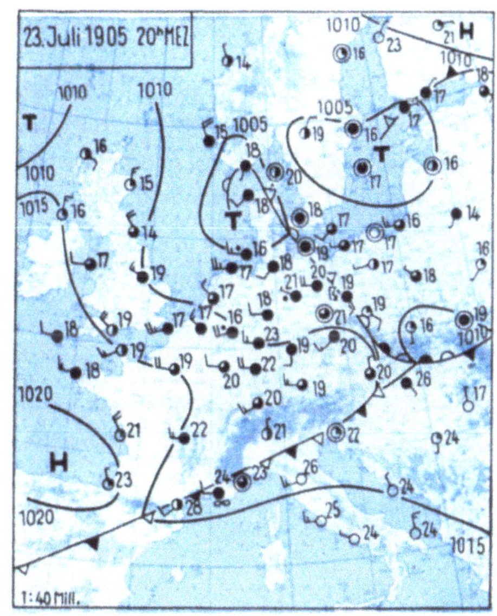

Abb. 145. Wetterlage einige Stunden nach Durchzug einer schweren Gewitterböe über Wien am Abend des 23. Juli 1905.

Die Wiener Gewitterböe vom 23. Juli 1905. Ich verdanke den Hinweis auf diesen Fall Herrn Prof. v. FICKER (229), der die Freundlichkeit hatte, mir die Druck- und Temperaturregistrierungen dieses Tages zu überlassen, an welchem sich im Stadtgebiet von *Wien* eine Gewitterböe von selten erreichter Heftigkeit ausbildete.

Es handelt sich um eine reine Westlage, bei der das am Abend des 23. über dem Skagerrak angelangte Tief (Abb. 145) am Vortage noch westlich von Irland gelegen war. Die auf der Südseite der über der östlichen Ostsee langsam nordostwärts wandernden Depression nach Mitteleuropa eingeströmte kühle Meeresluft wird mit Annäherung des Nordseetiefs nur auf schmalem Raume etwas zurückgedrängt und stößt dann hinter der rasch okkludierenden Front weiter ost- und südostwärts vor. Beim Durchzug dieser Kaltfront entlud sich gegen 17 Uhr das Unwetter über *Wien*, wovon die „Neue Freie Presse" in Nr. 14697 u. a. folgendes berichtete:

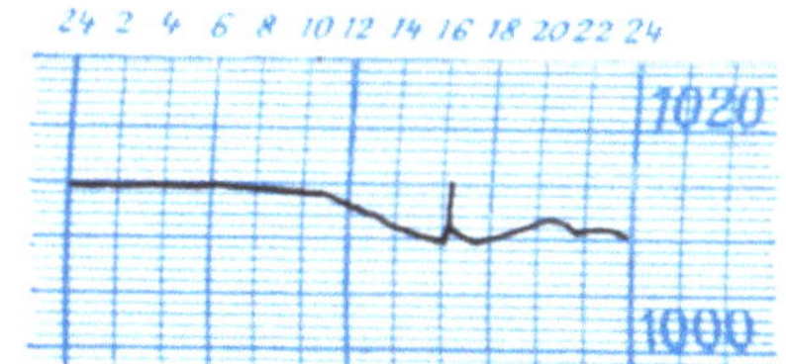

„Kaum eine Viertelstunde hatte das Unwetter gedauert. Der Sturm hatte die Hagelkörner oft so stark gegen die Fensterscheiben der Häuser getrieben, daß das Fensterglas zersprang, und über dem Stadtpark war ein Wirbelsturm niedergegangen, der alte Bäume entwurzelte."

In Abb. 146 ist die Druckregistrierung dieser Gewitterböe auf der Kärntnerstr., unter Umrechnung auf das Meeresniveau, zusammen mit der Aufzeichnung des Thermographen reproduziert, und es ergibt sich daraus, daß es sich um eine Gewitternase handelte, wie sie in solcher Intensität wohl nur ganz selten beobachtet wird (382). Der totale Druckanstieg betrug hier 5.6 mb, und zur Zeit der Spitzenböe wurde ein auf NN reduzierter Barometerstand von 1015.1 mb erreicht, der auf der Wetterkarte um 20 Uhr erst weit im Westen in einer Entfernung von 900 km gemessen wurde, so daß sich hier deutlich ergibt, welche örtlichen Abweichungen des Luftdrucks gelegentlich vorkom-

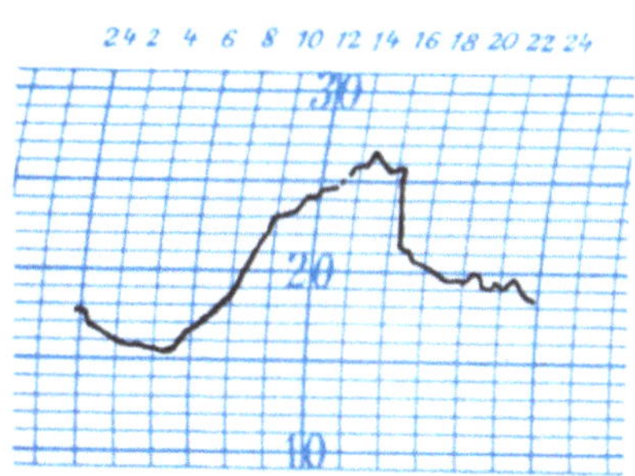

Abb. 146. Die Drucknase und der Temperatursturz bei der Wiener Gewitterböe vom 23. Juli 1905.

men können. Der Temperaturrückgang ist zugleich gar nicht einmal besonders groß und beträgt kaum mehr als 5°, erfolgt jedoch anscheinend im Zeitraum von weniger als einer Minute.

Nach der Gewitterböe geht der Luftdruck, wie es meist·üblich ist, wieder auf den Stand vor Ausbruch des Unwetters zurück. Wollte man den gesamten Druckeffekt statisch durch die Wirkung der im Schauer abgekühlten (822, 844) und in Form eines *Böenkopfes* (765) vordringenden Luftschicht erklären, so müßte bei

Zugrundelegung eines Temperatursturzes von 5° und einer Druckerhöhung von 5.1 mb die Höhe der Kaltmasse gemäß der von W. Köppen in etwas anderer Form angegebenen Gleichung (vgl. auch Lit. 215, S. 315)

$$h = \frac{30\,T^2 \cdot dp}{p \cdot dT},$$

in der h die Höhe in Meter, T die absolute Temperatur, p den mittleren Luftdruck und dT bzw. dp den Betrag des Temperaturrückgangs und Druckanstiegs bedeuten, rund 3000 m betragen[1]. Es scheint danach, daß ein Teil der Drucknase, wahrscheinlich die nach oben herausragende spitze Zacke[2], auf dynamische Vorgänge — vielleicht hauptsächlich den direkten Staudruck gegen das Gebäude — zurückgeführt werden muß.

Die rein von West nach Ost gerichtete Zugbahn der Zyklonen weist diesen Fall zwar eindeutig in die Kategorie der Westwetterlagen, aber die Lage des Haupthochs im Biskayaraum zeigt bereits Anklänge an den Nordwest-Wettertyp.

d) Die Nordwestlage.

Eine Nordwestlage entsteht, wenn der Kern des Azorenhochs nach Norden verschoben und der Luftdruck über dem Südosten unseres Erdteils niedrig ist. Das Zentrum der Antizyklone liegt entweder am Westrand Europas (136), in welchem Falle sie über Frankreich und den Britischen Inseln noch antizyklonales Witterungsgepräge hervorruft, oder es zieht sich weiter auf den Atlantischen Ozean zurück und steuert die nordatlantischen Störungen direkt nach Mitteleuropa hinein. Zu allen Jahreszeiten bedingt diese Wetterlage für den zentraleuropäischen Raum recht unfreundliche und unbeständige Witterung mit meist erheblichen Niederschlägen. Ein besonders instruktives Beispiel einer derartigen Situation ist in den Abb. 88 und 89 behandelt worden, wobei die Nordwestströmung eine ganz ungewöhnliche Stärke erreichte.

Die Nordwestlage im Sommer. Vor allen Dingen im Frühjahr und Frühsommer hält eine einmal zur Ausbildung gelangte Nordwestlage, da ihr Fortbestand durch die monsunalen Druckeffekte dann unterstützt wird, oft wochenlang an, und es sei in diesem Zusammenhang auf den Juni des Jahres 1923 hingewiesen, den dieser Witterungstyp zum kältesten Frühsommermonat vieler Jahrzehnte stempelte, in *Berlin* eine negative Temperaturabweichung von mehr als 5° hervorrufend. Da die aus Nordwesten einströmenden Luftmassen zwar relativ feucht sind, aber wegen ihrer nördlichen Herkunft doch nur geringen absoluten Dampfgehalt aufweisen, ist Gewitterbildung im allgemeinen selten. Der Himmel bleibt selbst während der relativ besseren Zwischenzeiten mit einer geschlossenen Stratocumulusdecke bezogen, und anhaltende Niederschläge sind die Begleiter der einzelnen Störungen; die Alpen bilden dabei eine ausgesprochene Klimascheide, indem sie den Störungseinfluß vom Mittelmeergebiet fernhalten, wie es z. B. überaus deutlich in den Abb. 126 und 127 (S. 230 und 231) zutage tritt, als ein abgeschlossener Kaltlufttropfen von Island nach Deutschland gesteuert wurde und dadurch die Wetterverschlechterung ein besonderes Ausmaß annahm. Wie auch in diesem Beispiel, so bedingt das Einfließen der kalten Nordwestluft im Zusammenhang mit stärkerer Erwärmung über Osteuropa häufig eine mehr südwestliche Höhenströmung östlich vom Stargarder Meridian und begünstigt dann die Entstehung von Vb-Zyklonen.

Die Nordwestlage im Winter. Während der kalten Jahreszeit sind die Druckänderungen, die bei der Nordweststeuerung über Zentraleuropa beobachtet werden, meist sehr erheblich, und der Witterungscharakter ist äußerst wechselvoll, da er dabei durch das Zusammentreffen einer feuchtmilden atlantischen Luftmasse — aus dem dortigen Hoch stammend — und im allgemeinen erheblich kälterer Polarluft, die Nord- und Osteuropa besetzt hält, bestimmt wird. Regenfälle im Bereich einer nordwestlichen Warmsektorströmung wechseln mit kalten Schneeschauern aus Norden und Nordosten ab, und die daraus resultierenden besonders großen Schwierigkeiten für die Prognose werden später bei der eingehenden Schilderung eines solchen Beispiels noch behandelt (S. 307 ff.). Auf die betreffenden Abb. 185 bis 187 sei aber hier schon hingewiesen, denn sie sind mit der Lage des steuernden Hochs über oder westlich von Irland und den sich nach SE bewegenden Druckwellen besonders charakteristisch, wobei der Bodenwind für 1 bis 2 Tage bis nach Nordost ausschlägt, dann aber wieder nach Nordwest zurückdreht. Ein anderes Beispiel einer winterlichen Nordwestlage ist schon in Abb. 92 (S. 172) behandelt worden, doch zeigt die Generalströmung hier bereits einen Übergang zur reinen Nordlage, die im nachfolgenden Abschnitt nach der Erledigung eines besonderen Spezialfalles der Nordwestlagen, nämlich der zentralen Tiefdruckrinne, behandelt wird.

---

[1] In Wirklichkeit müßte die Kaltluft eine noch weit größere Mächtigkeit aufweisen, weil die wesentliche Voraussetzung für obige Formel: keine Druckänderung an der oberen Begrenzung der Kaltluft, niemals erfüllt ist, in der Höhe vielmehr Druckfall eintreten muß.

[2] Sie fehlt z. B. schon auf der Registrierung des nur wenige Kilometer entfernten Waagebarographen der Zentralanstalt.

Die winterliche Tiefdruckrinne. Sind die Temperaturunterschiede zwischen dem warmen Ozean und dem kalten Festland bei einer Nordwestlage besonders groß, so kann das östliche Höhentief unter Umständen mit einem Kältehoch in den bodennahen Schichten gekoppelt sein, und es kommt auf diese Weise bei durchgehend nordwestlicher Strömung in der mittleren und oberen Troposphäre zur Ausbildung einer quer durch Mitteleuropa verlaufenden Tiefdruckrinne am Boden. Diese Situation entwickelt sich aber nur in kalten Wintern. Wegen der gänzlich verschiedenen Beeinflussung der vom atlantischen Wärmespeicher und aus dem russischen Kältereservoir bis in das Zentrum der Tiefdruckrinne gelangenden Luftmassen erreichen die Temperaturgegensätze hierbei ein am Boden in Europa sonst unbekanntes Ausmaß, und im Grenzgebiet der verschiedenen Ströme kommt es oft zu gewaltigen Schneefällen.

Die in Abb. 128 reproduzierte Wetterkarte vom 25. Januar 1942 gehört in diese Kategorie; an diesem Tage wurden die Temperaturgegensätze durch die Ankunft des östlichen Kaltlufttropfens noch besonders vergrößert. Zwischen *Friedrichshafen* und *Nürnberg* betrug der Wärmeunterschied mehr als 15°! Die Gesamtsituation weicht jedoch insofern an diesem Tage von einer reinen Nordwestlage ab, als das nordrussische Hoch in seinem Zentrum erheblich wärmer ist als weiter südlich und dadurch die nordwestliche Höhenströmung nicht über die Linie Faröer-Königsberg hinaus nach Nordosten vorgreift.

Am 3. und 4. Februar 1922 (Abb. 188 und 189, S. 313) ist das skandinavische Kältehoch nicht so stark entwickelt, so daß angenommen werden kann, daß die etwa parallel der Tiefdruckrinne — welche hier fast die gleiche von NW nach SE orientierte Lage wie im vorher erwähnten Fall hat — wehende nordwestliche Höhenströmung sich bis nach Skandinavien hin erstreckt. Im übrigen ist der Temperaturgegensatz innerhalb der Furche niedrigen Luftdrucks hier fast ebenso groß, und in beiden Beispielen dringt die östliche Kaltluft, nachdem sich über dem Niederrheingebiet ein südostwärts ziehendes Teiltief entwickelt hat, erheblich nach Westen vor.

Wenn es zur Ausbildung einer quer durch Europa von Nordwest nach Südost verlaufenden Furche tiefen Druckes kommt, muß das steuernde atlantische Hoch natürlich erheblich nach Westen verschoben sein. In kalten Wintern kann man häufig beobachten, wie ein solches warmes antizyklonales Aktionszentrum durch östliche Kaltluftmassen immer mehr zum Zurückweichen nach Westen gezwungen wird. Dies ist ein sicheres Kriterium für eine bevorstehende Kälteperiode (vgl. S. 315ff.). Eine solche kann aber auch dadurch eingeleitet werden, daß sich das atlantische Hoch immer mehr nach Norden hin ausdehnt und auf diese Weise die Nordwest- in eine Nordlage übergeführt wird, welche zu allen Jahreszeiten charakteristisch ist für intensive und sich weit nach Süden hin vorarbeitende Kaltlufteinbrüche. Die denkwürdige Entwicklung Mitte Januar 1929, in deren Gefolge der damalige extrem kalte Februar beobachtet wurde, ist hierfür ein besonders gutes Beispiel.

e) Die Nordlage.

Bei der Nordlage hat die Höhenströmung über Mitteleuropa eine Richtung zwischen NNW und N. Das steuernde Hoch liegt meist in der Nähe von Island, oder sofern sich sein Kern weiter südlich befindet, muß sich mindestens ein kräftiger Keil hohen Druckes bis in den isländisch-grönländischen Raum erstrecken (830). Zu allen Jahreszeiten pflegen hierbei intensive Kaltluftvorstöße weit nach Süden bis nach Nordafrika hin durchzustoßen und dann in die Passatströmung einzumünden. Im Grenzgebiet gegen die wärmeren Luftmassen Osteuropas bilden sich fast in jedem Falle Vb-Zyklonen aus, so daß deren Häufigkeit mit einem Hauptmaximum im Frühling und Frühsommer völlig parallel mit dem Vorkommen der Nordsteuerung läuft.

Die Nordlage im Sommer. In den eigentlichen Sommermonaten ist dieser Witterungstyp nicht allzu häufig; die Lage am 30. Juli 1897 (Abb. 165) mit einem weit nach Norden reichenden Keil eines mit seinem Zentrum über Irland liegenden Maximums möge als Illustration dienen. Die gleichzeitig vorhandene Vb-Zyklone tritt aber weitaus dominierender in Erscheinung, und deshalb wird dieser Fall erst später behandelt (S. 285f.).

Die Nordlage im Winter. Während der kalten Jahreszeit kommt es bei weit nördlicher Verschiebung des Azorenhochs im Grenzbereich zwischen den aus ihm abströmenden Luftmassen und der ostgrönländischen Kaltluft fast immer im Raume von Jan Mayen zur Ausbildung einer scharfen Frontalzone und entsprechenden heftigen Zyklogenesen weiter südostwärts. Die hier entstehenden Sturmtiefs werden dann direkt nach Süden gesteuert, und in ihrem Gefolge bricht die arktische Polarluft nach Europa ein.

Der große Kälteeinbruch vom 14. bis 16. Januar 1929. In Abb. 147 (S. 266) ist die Nordlage vom 14. Januar 1929 als typisches Beispiel reproduziert. Der Kern eines mächtigen atlantischen Hochdruckgebiets liegt mit einem Barometerstand über 1050 mb südlich von Island und befördert einen kräftigen Warmluftstrom über die Dänemarkstraße und den isländischen Raum zum europäischen Nordmeer. Andererseits steht Osteuropa völlig unter der Herrschaft einer sehr kalten Nordströmung, mit der Luftmassen aus dem sibirischen Eismeer nach Rußland und Skandinavien verfrachtet werden. Eine bereits okkludierte Störungsfront, hinter der ein solcher Kaltluftschwall, dessen Intensität nach Westen hin aber rasch abebbt, im Vorstoß begriffen ist,

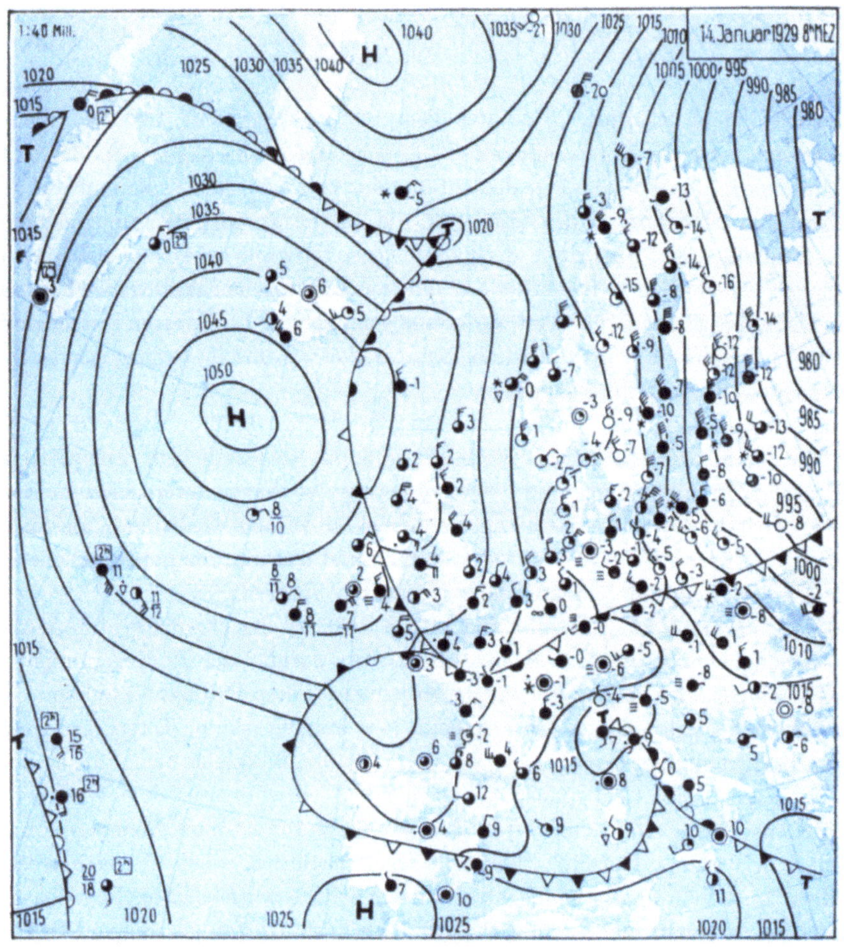

Abb. 147. Einleitung eines schweren Kaltlufteinbruches durch Zyklogenese über dem Nordmeer bei der Nordlage vom 14. Januar 1929.

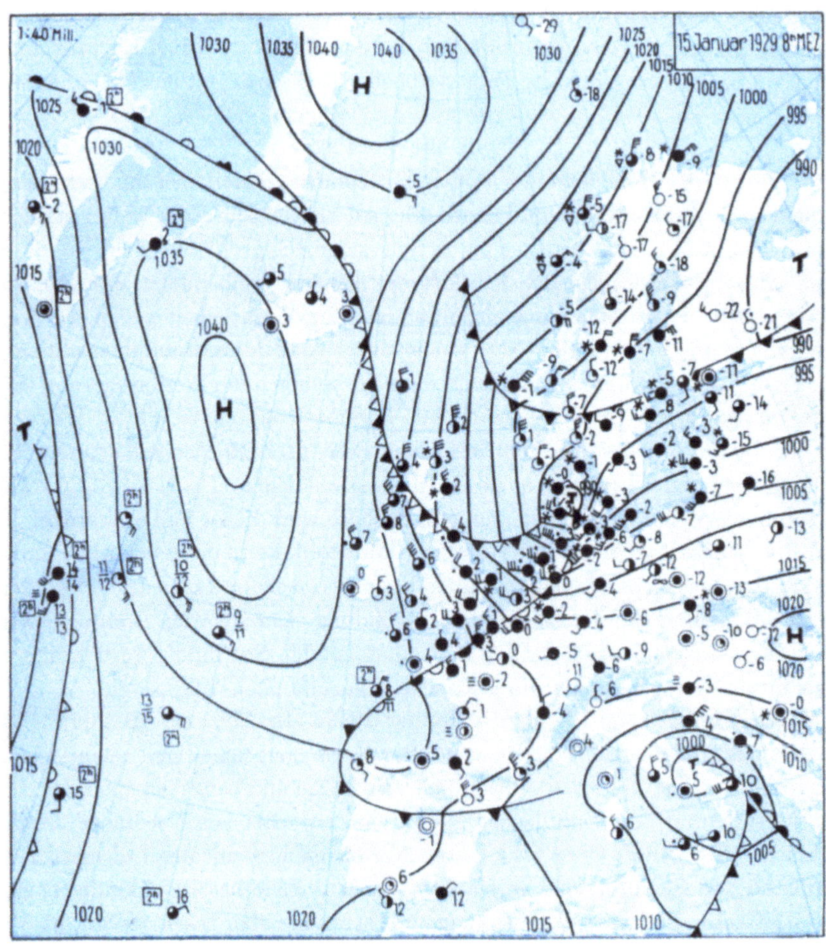

Abb. 148. Starke Vertiefung der Zyklone auf dem Wege nach Südsüdosten am 15. Januar 1929.

hat eine Linie von Mittelrußland quer durch Deutschland bis zur Bretagne erreicht, nachdem eine vorangezogene Störung sich noch über dem Golf von Genua durch ein Teiltief zu erkennen gibt.

Ein Zweig der arktischen Kaltluft wird im Raum südlich von Spitzbergen nach Südwesten hin abgelenkt, passiert die *Bäreninsel* mit Temperaturwerten von —20° und stößt südwestlich von *Jan Mayen* auf die gemäßigte Tropikluft des atlantischen Hochs, hier eine sehr scharfe, von Nordwesten nach Südosten orientierte Frontalzone erzeugend, an welcher sich gerade ein kleines, flaches Teiltief von 1020 mb ausgebildet hat.

Für eine rapide Verstärkung des Nordmeer-Teiltiefs spricht der Umstand, daß sich die Temperaturgegensätze auf seiner West- und Nordwestseite mit dem weiteren Antransport der Kaltluft von Nordosten her noch verschärfen werden, während die Unterschiede weiter im Süden geringer bleiben. Da das Bodendruck- und Temperaturgefälle gleichgerichtet sind, muß sich der Abstand der Isopotentialen mit der Höhe immer mehr verringern und in der mittleren und oberen Troposphäre eine entsprechend stürmische Höhenströmung aus Nordnordwest vorhanden sein, mit der das Tief von *Jan Mayen* rasch zur Nordsee gelenkt wird.

Nur unter genauer Berücksichtigung der eben erwähnten Umstände ist es möglich, in einem solchen Falle zu einer richtigen Prognose zu gelangen und vor allen Dingen das deutsche Küstengebiet noch rechtzeitig vor dem sich entwickelnden Sturm zu warnen. Denn selbst am Abend dieses Tages ist von einem stärkeren Tiefkern noch nichts zu erkennen und macht nur der an der norwegischen Küste — und zwar auch im Gebiet der kalten Nordströmung — einsetzende starke Barometerfall auf die nahende Gefahr aufmerksam.

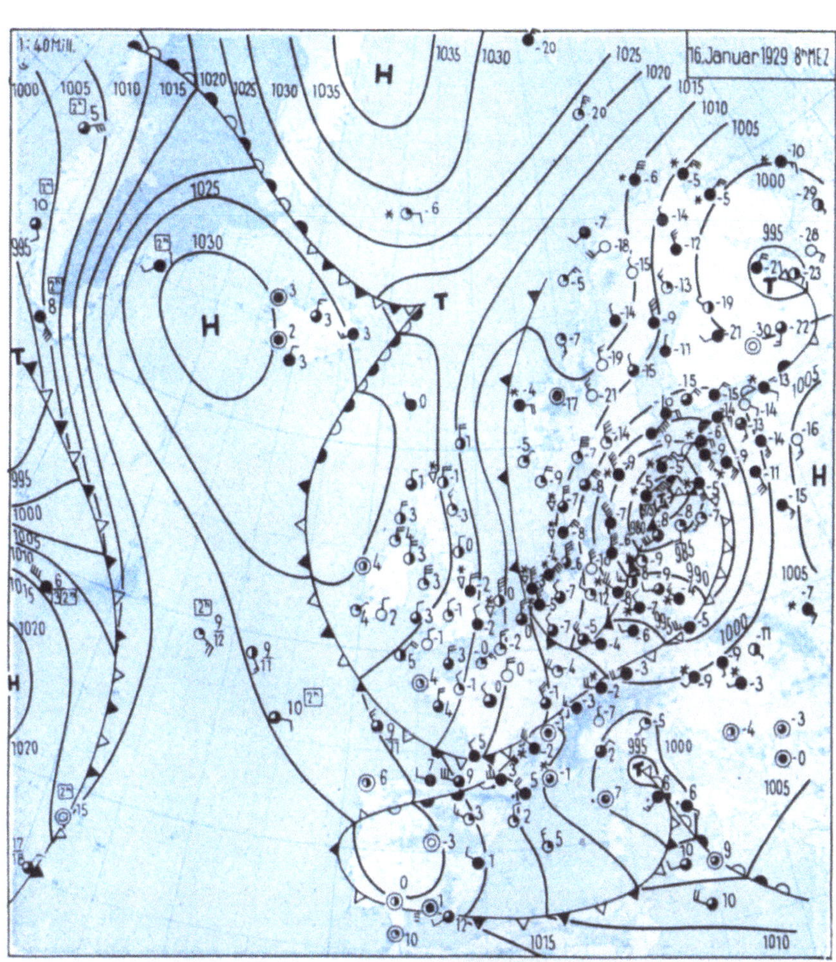

Abb. 149. Einbruch der tieftemperierten Polarluft über Mitteleuropa am 16. Januar 1929.

Am nächsten Morgen (Abb. 148) ist die Nordmeerzyklone unter Vertiefung um 30 mb bereits über der Deutschen Bucht angelangt, wo die Winde zum Teil auf Sturmesstärke aufgefrischt haben. Noch ist ein schmaler Warmsektor zwischen der längs der Kanalküste nach Nordwestdeutschland verlaufenden Warmfront und der über der mittleren Nordsee und Schottland nachfolgenden Kaltmasse zu erkennen, doch kann man annehmen, daß dieser in der Höhe bei dem starken Druckfall schon von kälterer Luft überweht wird, weshalb der Niederschlag auch unmittelbar vor der Warmfront nicht in Regen übergegangen ist.

Beachtenswert ist weiter die Ausbildung einer neuen sekundären Kaltluftstaffel über Südfinnland, wo sich eine scharfe Strömungskonvergenz entwickelt hat und sich zugleich Schneefälle einstellten. Weiter nach Westen hin kann diese Front als Grenze zwischen der kontinentalen und maritim abgewandelten Polarluftmasse angesehen werden, so daß sie sich über dem Nordmeer verlieren muß. Die Frontalzone nördlich Island ist unverändert erhalten geblieben, wenn sich auch das antizyklonale Steuerungszentrum etwas abgeschwächt hat und jetzt an Stärke das ostgrönländische Maximum nicht mehr übertrifft, das für Fortdauer des Kaltlufttransportes sorgt.

Der Abbau des atlantischen Hochs wird nicht nur durch die auf seiner Ostseite erfolgenden Kaltluftvorstöße, sondern auch durch Vorgänge von Westen her begünstigt, wo sich eine alte Okklusion ost- und nordostwärts verschiebt und auf diese Weise den antizyklonalen Warmluftkörper mehr und mehr einengt.

Noch einen Tag später (Abb. 149) hat sich die jütländische Depression unter Kursschwenkung nach Osten um weitere 15 mb vertieft und weist jetzt einen Kern niedrigsten Luftdrucks von 975 mb über der Ostsee auf. Die Druckgegensätze sind in ihrem Bereich recht groß, und dementsprechend hat das sie erzeugende Frontensystem, inzwischen in eine Höhenkaltfront verwandelt, den Kern bereits weitgehend umkreist. Auch der Schwall der kontinentalen Kaltluft ist schon bis nach Mitteldeutschland durchgestoßen, hat am Rhein seine südlichste Position erreicht und schwenkt dann nach Norden zurück, über der nördlichen Nordsee sich noch durch eine deutliche Konvergenzzone verratend. Über dem Baltikum wird diese Luftmassengrenze dagegen als Warmfront rückläufig und löst dort ebenfalls Schneefälle aus.

Über Norddeutschland sind die Temperaturen bei stürmischer Nordströmung bis etwa —10° abgesunken, obwohl die herantransportierte Luft viele hundert Kilometer über offenes Meer zurücklegen muß. Selbst nach Überwehen der gesamten Nordsee kommt die Kaltluft an der holländischen Küste, von schweren Schnee- und Graupelschauern durchsetzt, noch mit mehreren Minusgraden an. In der Höhe zeichnet sich diese Luftmasse nämlich durch ungewöhnlich tiefe Temperaturen aus, wie sie nur in den kalten Wintern 1939/40 und 1941/42 teilweise unterboten worden sind, indem die relative Topographie an jenem Tage über *Soesterberg* nur 493 dyn. Dekameter betrug[1] und über *Hamburg* sogar auf 488 Dekameter abnahm, als hier in 5000 m eine Temperatur von —47.2° und in 5200 m von —49° gemessen wurde.

Abb. 150. Rekordkälte über Deutschland während einer stabilen Ostlage am 12. Februar 1929.

Das Mittelmeertief hat seine Lage inzwischen nicht wesentlich verändert. Das isländische Hoch schwächt sich weiter langsam ab, und sein Warmluftbereich wird von Westen her[2] ebenso wie von Osten in zunehmendem Maße eingeengt. Es beginnt jedoch über dem Nordmeer östlich von Island noch eine neue Zyklogenese, die sich bei dem jetzt in beschleunigtem Maße vor sich gehenden Abbau des warmen Hochs nicht sofort, sondern erst dann nach Südosten ausbreitet, nachdem das Tief westlich der Lofoten größeren Umfang angenommen hat. Über Deutschland drehen die Winde dabei nach West zurück, und die arktische Kaltluft wird zunächst nach dem russischen Raum abtransportiert, von wo sie aber im letzten Monatsdrittel wieder westwärts vorstößt und hier den extrem kalten Februar 1929 verursacht.

f) Die Nordost- und Ostlage.

Die Fälle mit nordöstlicher und östlicher Höhenströmung unterscheiden sich hinsichtlich ihrer Wettergestaltung so wenig voneinander, daß sie als ein einheitlicher Typ angesehen werden können. Im ersteren

---

[1] Nimmt man an, daß über dem Meer innerhalb von Kaltluftmassen in den unteren 500 m trocken- und darüber feuchtadiabatische Schichtung hergestellt wird, so ergibt sich für die relative Topographie 500/1000 mb als Abhängigkeit von der Bodentemperatur die einfache Faustregel, *daß die relative Topographie den Wert 500 um das 2.5fache der Bodentemperatur über- bzw. unterschreitet, je nachdem ob die Luftwärme ober- oder unterhalb des Gefrierpunktes liegt.* Eine relative Topographie von 493 Dekametern entspricht deshalb etwa einer Lufttemperatur von —3°, wie sie auch an der holländischen Küste festgestellt wird. Selbstverständlich kann man diese Regel nur in unmittelbarer Küstennähe anwenden, wenn sich noch keine Bodenstörungsschicht ausgebildet hat.

[2] Diese über die Azoren verlaufende ehemalige Okklusion wurde jetzt mit den Symbolen einer Kaltfront gekennzeichnet.

Falle liegt das maßgebende antizyklonale Steuerungszentrum, meist längere Zeit stationär, im Raum der Faröer, bei der reinen Ostlage über Skandinavien und bewegt sich von dort in den meisten Fällen südwärts. Lebhafte Tiefdrucktätigkeit herrscht zugleich im Mittelmeergebiet, und die von dort in der Höhe nach Norden vorstoßende Warmluft macht sich meist bis nach Bayern und Schlesien durch Aufgleitbewölkung bemerkbar. Befindet sich über Mitteleuropa ein abgeschlossener Kaltlufttropfen, so greift die Wetterverschlechterung von Süden her häufig bis zum Ostseegebiet aus, und ganz Deutschland hat dann zyklonales Witterungsgepräge.

Bei den Nordost- und Ostlagen haben die nach Mitteleuropa gelangenden Luftmassen stets den größten Teil ihres Weges über Landmassen zurückgelegt; sie bringen uns deshalb das kontinentale Klima Osteuropas: im Sommer, wenn diese Situation allerdings verhältnismäßig selten eintritt, Wärmeperioden und im Winter stets große Kälte. Die Situation im denkwürdigen Eis-Februar 1929 war der Prototyp einer solchen Wetterlage, und ihm ist deshalb auch das nachfolgende Beispiel entnommen.

Die stabile winterliche Ostlage vom 12. Februar 1929. Es wurde eben schon erwähnt, daß die nach Rußland eingeströmte Kaltluft Ende Januar 1929 wieder westwärts vorstieß. Dieser Vorgang wurde in großem Maßstabe dadurch eingeleitet, daß sich um den 26. Januar eine gewaltige und viele Wochen lang anhaltende Anomalie der Luftdruckverteilung einstellte, indem sich über dem Polargebiet ein mächtiges Hochdruckgebiet von über 1055 mb entwickelte, das weit nach Nordamerika und Rußland hineinreichte und hier selbständige Kerne entstehen ließ, die sich jedesmal nach Südwesten verlagerten und sich dann über Mitteleuropa abschwächten, auf diese Weise eine großzügige Nordoststeuerung andeutend. Ganz extrem werden die Wetterverhältnisse, als sich am 7. Februar ein Tief aus den Steppengebieten östlich des Kaspischen Meeres westwärts in Bewegung setzt[1] und am 9. das Mündungsgebiet des Dnjestr erreicht (128), während zugleich hoher Druck von Nordrußland nach Skandinavien vorstößt und am 12. Februar (Abb. 150) über Schweden angelangt ist. Zur gleichen Zeit löst sich von einem umfangreichen atlantischen Zentraltief über Irland eine Teildepression ab, die südostwärts ins Mittelmeer gelangt und das nordsüdliche Druckgefälle über Deutschland noch weiter verstärkt. Auf diese Weise werden am 11. Februar über großen Teilen Ostdeutsch-

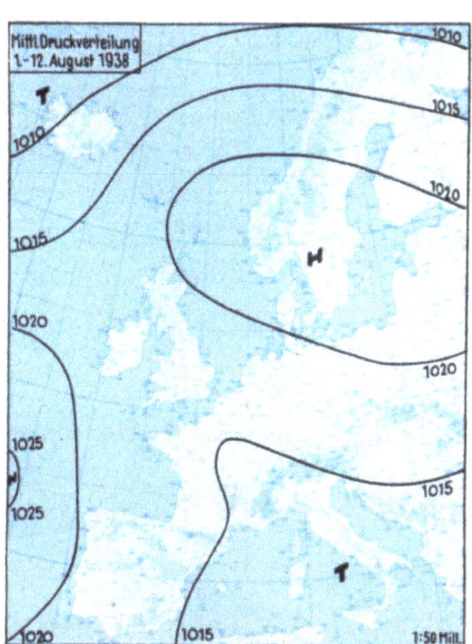

Abb. 151. Mittlere Druckverteilung bei der stationären sommerlichen Ostlage vom 1. bis 12. August 1938.

lands (*Rosenberg* in Schlesien —37.2 und *Bad Reinerz* —37.0°) und am folgenden Tage über weiten Teilen der westlichen Reichshälfte die tiefsten bisher beobachteten Temperaturen gemessen (782) [*Holledau* (352) im mittleren bayerischen Donaugebiet —37.8°!].

Die Begrenzung der russischen Kaltluft ist über dem Mittelmeergebiet, Südwestfrankreich, der Biskaya und westlich Irland bis zum Raum der Faröer überall sehr scharf ausgeprägt. Infolge des Überschiebens der in der Höhe über Spanien gleichzeitig noch vorhandenen echten Tropikluft kommt es in Mittelfrankreich noch bei Temperaturen bis zu —13° zu Regenfällen, wodurch zugleich am besten die Größe der frontalen Gegensätze beleuchtet wird. Die aus dem Tiefkern nach Südwesten verlaufende erheblich schwächere Kaltfront, hinter der stark gealterte maritime Polarluft einströmt, verlagert sich mit dem Tiefkern schnell zum Tyrrhenischen Meer, doch bleibt das Azorenhoch so stark, daß es die Hauptkaltfront über Nordspanien abstoppt.

Ein über dem Ozean in Entwicklung begriffenes neues Tief wird weit nach Norden hin abgelenkt, und in der Folgezeit beherrscht eine derart stürmische Südströmung den Ostatlantik bis nach Grönland hinauf, daß dort der mildeste Februarmonat vieler Jahrzehnte zustande kommt (612).

Das skandinavische Hoch verharrt dort bis zum 20. Februar, rückt dann nach Deutschland, wird aber sofort wieder von einer neuen Antizyklone abgelöst, und eine von Nordosten nach Südwesten gerichtete Verlagerung der Druckwellen bleibt unverkennbar erhalten. Erst als Anfang März der Schwerpunkt des hohen Druckes sich in den englischen Raum verlagert, wird die Kälte gebrochen (558) und setzt sich eine Nordwestströmung durch, bei der vor allem über den Eismassen der Nordseeküste die atlantische Luft so stark abgekühlt wird, daß sich hier eine äußerst zähe Nebellage einstellt.

Die stationäre sommerliche Ostlage vom 1. bis 12. August 1938. In Abb. 151 ist die mittlere Druckverteilung während der sommerlichen Ostwetterlage vom 1. bis 12. August 1938 nach HANN-SÜRING[2] reproduziert.

---

[1] Von Ost nach West wandernde Minima werden, da sie entgegengesetzt der sonst üblichen Bahn ziehen, als *retrograde Zyklonen* bezeichnet. Frontologisch wurden sie erstmalig von J. BJERKNES und H. GIBLETT (84) im östlichen Teil der Vereinigten Staaten untersucht.

[2] Lit. 290, Abb. 173.

Die Karte hat, was die Lage der Druckgebilde anbetrifft, große Ähnlichkeit mit dem vorhin behandelten Beispiel vom Februar 1929, nur sind die Druckgegensätze wesentlich geringer.

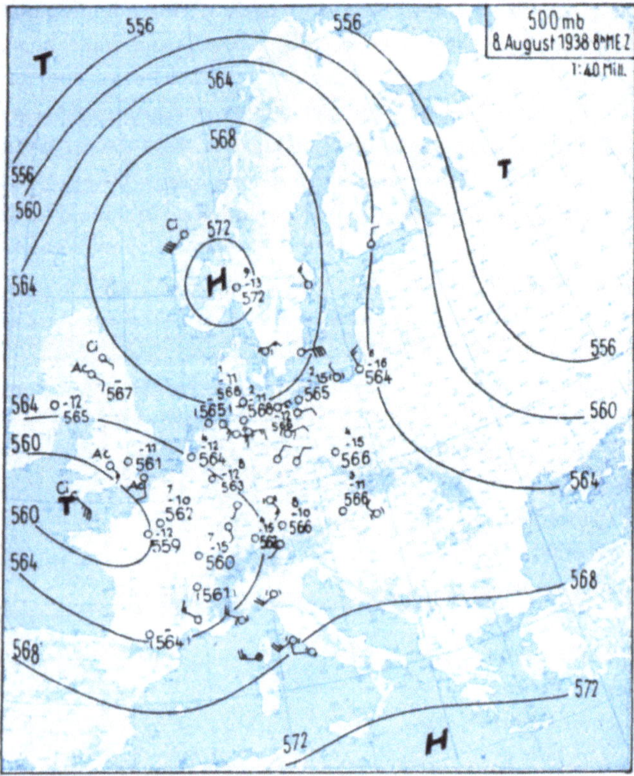

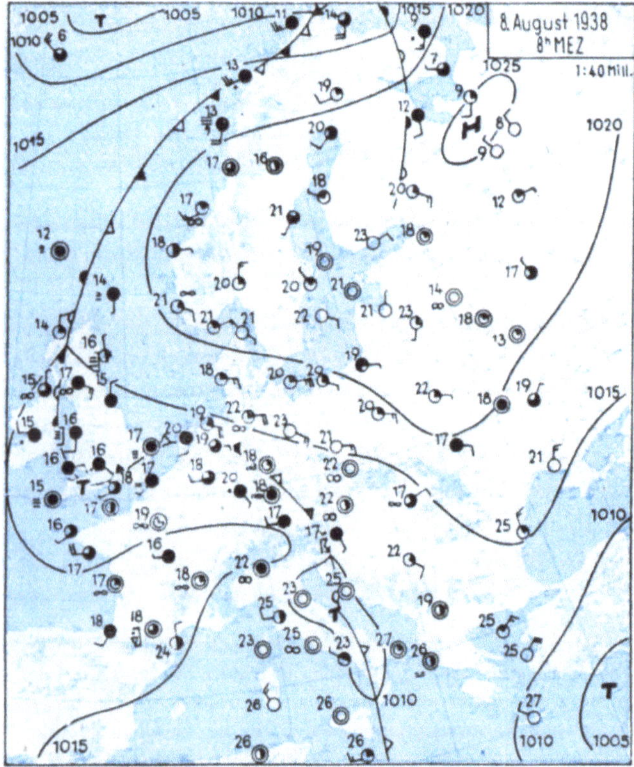

Abb. 152. Boden- und Höhendruckverteilung während einer 14tägigen Ostlage am 8. August 1938.

Abb. 152 gibt die Boden- und Höhenwetterlage von einem mittleren Datum dieser Periode, dem 8. August 1938 wieder, und auch hier zeigt die Bodenkarte weitgehende Ähnlichkeit mit jener vom 12. Februar 1929 sowohl hinsichtlich der Druckverteilung als auch der Frontenlage, doch ist der Charakter der Fronten nun ein ganz anderer. Die im Westen lagernde Luftmasse ist jetzt kälter als die östliche, in der im Laufe des Tages in großen Teilen Europas 30° Wärme überschritten werden und das Wetter allenthalben heiter bleibt. An der südwestdeutschen Kaltfront kommt es dagegen zu verbreiteten Gewittern und über Westengland und Irland, wo die wärmere Luft aktiv aufgleitet, zu anhaltenden Regenfällen. Im Niveau der 500-mb-Fläche (obere Karte der Abb. 152) ist der Hochkern über Südnorwegen zentriert, und die auf seiner Südseite bis nach Mitteldeutschland vorhandene östliche Höhenströmung hindert die von Westen vordringenden Störungen am Durchbruch nach Mitteleuropa, so daß sich diese Wetterlage und die westliche Luftmassengrenze so lange stationär erhalten können. Im Norden aber werden die atlantischen Tiefdruckgebiete in hohem Bogen um das skandinavische Hoch herumgesteuert und streifen nur mit ihren Ausläufern die nördlichsten Teile Schwedens und Norwegens.

g) Die Südost- und Südlage.

Im Gegensatz zu allen anderen im vorhergehenden entsprechend der Strömungsrichtung in der oberen Troposphäre definierten Großwettertypen gibt es keine ausgesprochene Südost- oder Südlage. Wegen der normalen, polwärts gerichteten Temperaturabnahme dreht der Höhenwind bei einem entsprechenden südnördlichen Isobarenverlauf am Boden mit der Höhe meist stark nach rechts, mindestens bis in die Südwestrichtung, oder aber es handelt sich bei ausgeprägtem hochtrosphärischem Südostwind um eine Vb-Wetterlage, die später noch gesondert behandelt wird. Dagegen ist am Boden eine südöstliche Luftströmung recht häufig, und sie beschert uns im Sommer ebenso die unangenehmen Hitzeperioden, wie sich während der kalten Jahreszeit bei meist erheblichen, durch die monsunalen Effekte unterstützten Druckgradienten die Kälte besonders empfindlich bemerkbar macht. Um diesen wohlbekannten Witterungstyp nicht zu ignorieren, soll er auch hier an Hand von zwei Beispielen erläutert werden, wobei aber nochmals besonders darauf hingewiesen sei, daß es sich im Gegensatz zu allen anderen Definitionen bei der Südost- und Südlage um eine entsprechende Strömung in der unteren Troposphäre bei vorherrschend südwestlicher Luftbewegung in deren oberer Hälfte handelt. Damit ist zugleich auch das Unterscheidungsmerkmal gegen die Südwestlage gegeben, bei der — ebenso wie bei den übrigen nach der Höhenströmung definierten Grundtypen — auch am Boden ein von SW nach NE gerichteter Isobarenverlauf überwiegt.

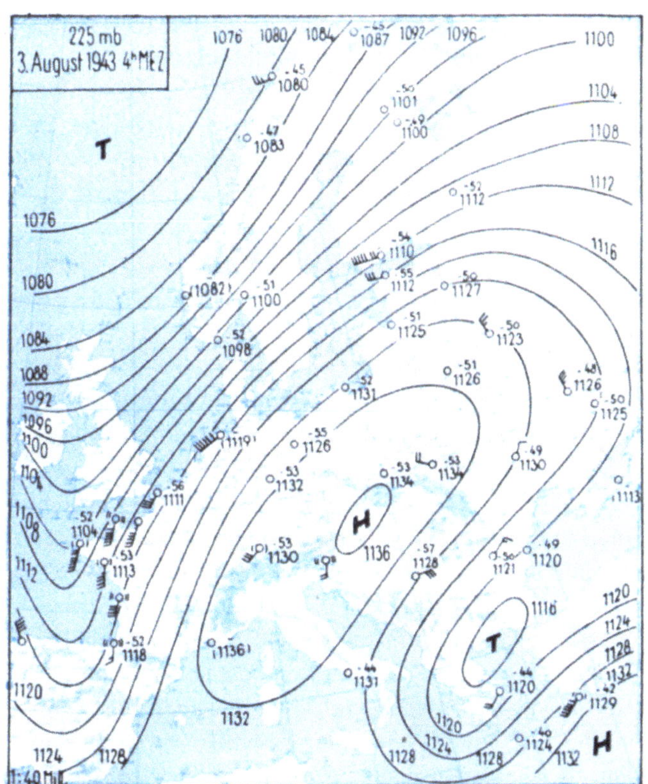

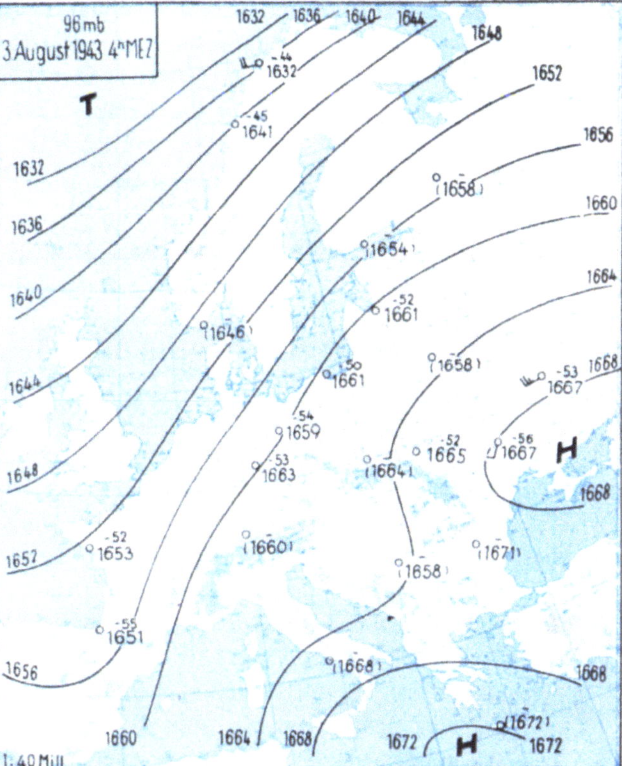

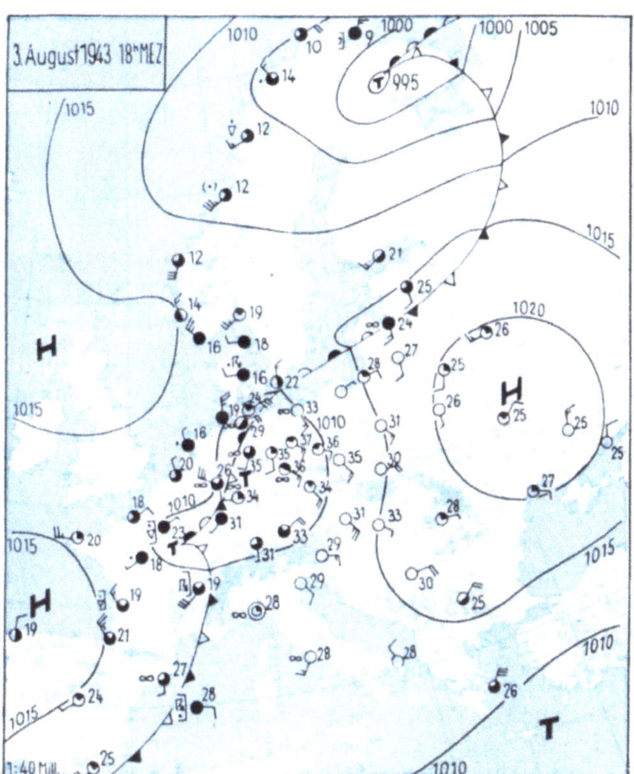

Abb. 153. Höhepunkt einer Hitzeperiode bei der Südostlage am 3. August 1943.

Im Sommer hält eine Südostlage im allgemeinen nicht lange an. Sie tritt nämlich mit besonderer Vorliebe beim Abzug der langsam ostwärts wandernden Hochdruckkerne ein, und nach einigen Tagen gelingt es dann fast immer kühleren atlantischen Luftmassen, in das überhitzte Festland einzudringen. Dieser Prozeß wird außerdem durch die rechtsdrehende Höhenströmung insofern begünstigt, als dadurch den Druckfallgebieten der Weg offen steht. An der Grenze der verschiedenen Luftmassen entwickeln sich vielfach verbreitete, häufig schwere und sich zuweilen mehrere Tage hintereinander wiederholende Gewitter, wenn den durch die vorausgehende heitere Südostwindperiode stark erwärmten Landstrichen jetzt von einer feuchten Strömung — vom Mittelmeer oder von der Biskaya ausgehend — eine hinreichende Wasserdampfmenge zugeführt wird. Vor allem in Westdeutschland kann man dann mehrere Tage hintereinander jene mächtig hochgetürmten Cumulo-Nimben sehen, die dazu beitragen, daß die Witterung dann einen echt tropischen Eindruck macht.

Die Hitzewelle vom 3. August 1943. Dieses Beispiel ist deshalb ausgesucht worden, weil dabei die Temperaturen innerhalb der unteren Südostströmung eine selten beobachtete Höhe — in Berlin-Tempelhof ein Maximum von 38°! — erreicht haben. Zugleich geht daraus aber auch deutlich hervor, wie in der Höhenkarte im Bereich des abgeschlossenen Hochs eine südöstliche Strömung vollkommen fehlt und dafür der Südweststrombereich um so ausgedehnter ist.

In Abb. 153 gibt die untere Karte die Situation um 18 Uhr dieses Tages, kurz nach Eintritt der Höchsttemperatur an. In *Berlin* ist es mit 37° noch am wärmsten, und nicht viel niedriger liegt die Luftwärme im südlichen und südöstlichen Deutschland. Die Lage ist typisch für Hitzeperioden: das Zentrum des beherrschenden Hochdruckgebiets liegt über der Ukraine, und wie aus den darüber abgedruckten Höhenkarten der 225- und 96-mb-Fläche vom Morgen dieses Tages hervorgeht, verlagert sich der höchste Druck in der oberen Troposphäre bis nach Österreich, wo er noch als ausgeprägtes antizyklonales Zentrum in Erscheinung tritt, von einem Höhentief über der Ägäis und starkem Druckgefälle im französischen und Nordseeraum flankiert. In der Stratosphäre verschwindet der tiefe Druck im Südosten rasch, und die Lage des Hochkerns im Niveau der 96-mb-Fläche über der südlichen Ukraine fällt wieder nahe mit dem Zentrum des Bodenhochs zusammen, so daß sich östlich der Karpathen eine dreifache Windschichtung ergibt: Südostströmung in den unteren Schichten, die in der mittleren und oberen Troposphäre in Nordost bis Nord übergeht und in der Stratosphäre abermals eine Südkomponente, jetzt mit westlichem Einschlag, annimmt. Auch in dieser Höhe von 16 000 bis 17 000 m ist das Gefälle der Niveaulinien noch wesentlich stärker als am Boden, wo lediglich über Lappland ein größeres Tiefdruckgebiet liegt und über Mitteleuropa die Druckunterschiede sehr gering sind.

Hier haben sich über Westdeutschland an der von Nordosten nach Südwesten verlaufenden Grenze zwischen der Tropikluft und einer kühleren Masse polaren Ursprungs zwei kleine Teiltiefs entwickelt, die langsam nordostwärts wandern. Der Vorstoß der kühleren Luft auf ihrer Südseite ist von verbreiteten Frontgewittern begleitet. Auch das Aufgleiten der Warmluft auf der Nordseite dieser Depressionen verursacht über dem dänischen Raum, wo die Strömungskonvergenz besonders groß ist, Gewittererscheinungen.

Von *Kopenhagen* aus verläuft die Luftmassengrenze in nordöstlicher Richtung nach *Riga*, wo sie sich noch durch geschlossene Bewölkung und schlechte Sichtverhältnisse zu erkennen gibt. Bei der Ablenkung der Windrichtung um fast 90° vom Isobarenverlauf über *Königsberg* und *Danzig* handelt es sich dagegen um die Auswirkung des Seewindes, worauf schon früher (S. 117) hingewiesen wurde und unter dessen Einfluß z. B. die Höchsttemperatur in *Danzig* nur 29°[1] gegenüber 36° in *Thorn* betrug.

Schließlich wäre noch hervorzuheben, daß die Frontlage über Westdeutschland etwas unsicher wird, indem der Wind in *Frankfurt a. M.* schon nach West gedreht hat, ohne daß die Temperatur einen Rückgang zeigt. Weil die Diskontinuität zwischen dieser Station und *Köln* mit 8° Temperaturdifferenz bei gleichzeitiger erheblicher Zunahme der Windgeschwindigkeit noch beträchtlicher erscheint, wurde die Front zwischen diesen beiden Stationen gezeichnet[2].

---

[1] Die 18-Uhr-Meldung von nur 20° erscheint fraglich und wurde deshalb weggelassen, weil die gleichzeitige Feuchteangabe mit 50% niedriger ist als zum Mittag- und Nachttermin, an denen die Luftwärme zugleich erheblich höher war. Niedrigere Temperaturen müssen aber mit entsprechend höheren Werten der relativen Feuchtigkeit gekoppelt sein, wenn sie als reell angesehen werden sollen.

[2] Im übrigen ist die Erscheinung gar nicht so selten und besonders häufig nördlich der Alpenkette zu beobachten, daß der Wind schon vor der Frontpassage nach westlichen Richtungen dreht. Häufig beginnt auch die Gewittertätigkeit bereits in dieser Konvergenzzone. Eine Front sollte hier jedoch nur gezeichnet werden, wenn es sich um eine ausgesprochene Diskontinuität im Druckfeld handelt und Anzeichen dafür vorliegen, daß wenigstens in der Höhe Temperaturdifferenzen vorhanden sind (vgl. auch S. 285 u. Abb. 164). In diesem Zusammenhang sei auch auf die gelegentliche Erscheinung hingewiesen, daß sich schwache, von Westen eindringende Kaltfronten über Mitteleuropa in Warmfronten umwandeln können. Sie durchschreiten dabei meistens einen Höhenhochkeil, worin die Kaltmasse derart viel Wärme aufnimmt, daß sie schließlich auf der Ostabdachung des hohen Druckes wärmer ankommt als die vorgelagerte Luft. Mit dem hier benutzten Frontenschema (Abb. 4) sind die einzelnen Phasen unschwer darstellbar und durchlaufen meistens die Reihenfolge: Kaltfront — Höhenkaltfront — maskierte Kaltfront — Bodenwarmfront — Warmfront.

Die Hitzeperiode ist mit dem hier erfolgenden Einbruch kühlerer Meeresluft beendet, die Erfahrungsregel bestätigend, daß *kurz vor Herannahen der Kaltfront die Temperaturen durch intensive Warmluftadvektion noch einmal besonders hoch ansteigen.*

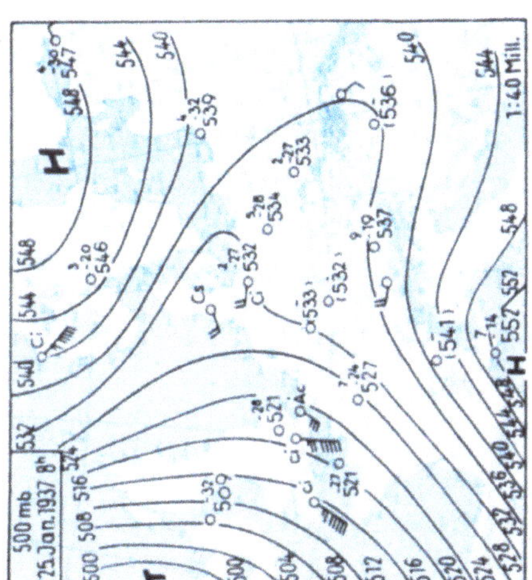

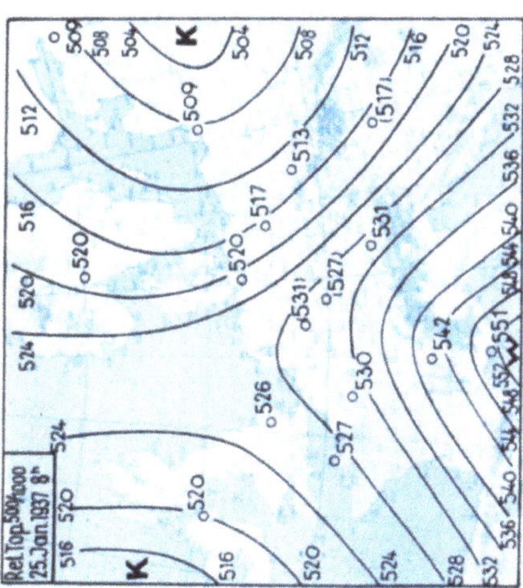

Abb. 154. Winterliche Südostlage mit besonders großem Druckgegensatz Festland—Ozean am 25. Januar 1937.

Der anhaltende Südoststurm vom 25. bis 27. Januar 1937. Bei dem für eine winterliche Südostlage ausgesuchten Beispiel (769) handelt es sich (Abb. 154) um eine Situation, bei der der Druckgegensatz zwischen einem festländischen Hochdruckgebiet und einer atlantischen Sturmzyklone mit etwa 115 mb auf 4000 km Entfernung ein ungewöhnliches Ausmaß annahm. Zu dem hier dargestellten Zeitpunkt konzentriert sich der stärkste Gradient auf den Nordseeraum, und es wurde dabei ein Rekordtiefstand des Elbwassers erreicht —

übrigens nur einige Monate nach Eintritt eines der größten Hochwasser und damit wieder die Regel von der Aufeinanderfolge gegensätzlicher Extreme bestätigend. Am steilsten ist das Druckgefälle vor der norwegischen Südwestküste, indem hier durch Stau der Luftdruck erhöht wird und sich von Osten her ein

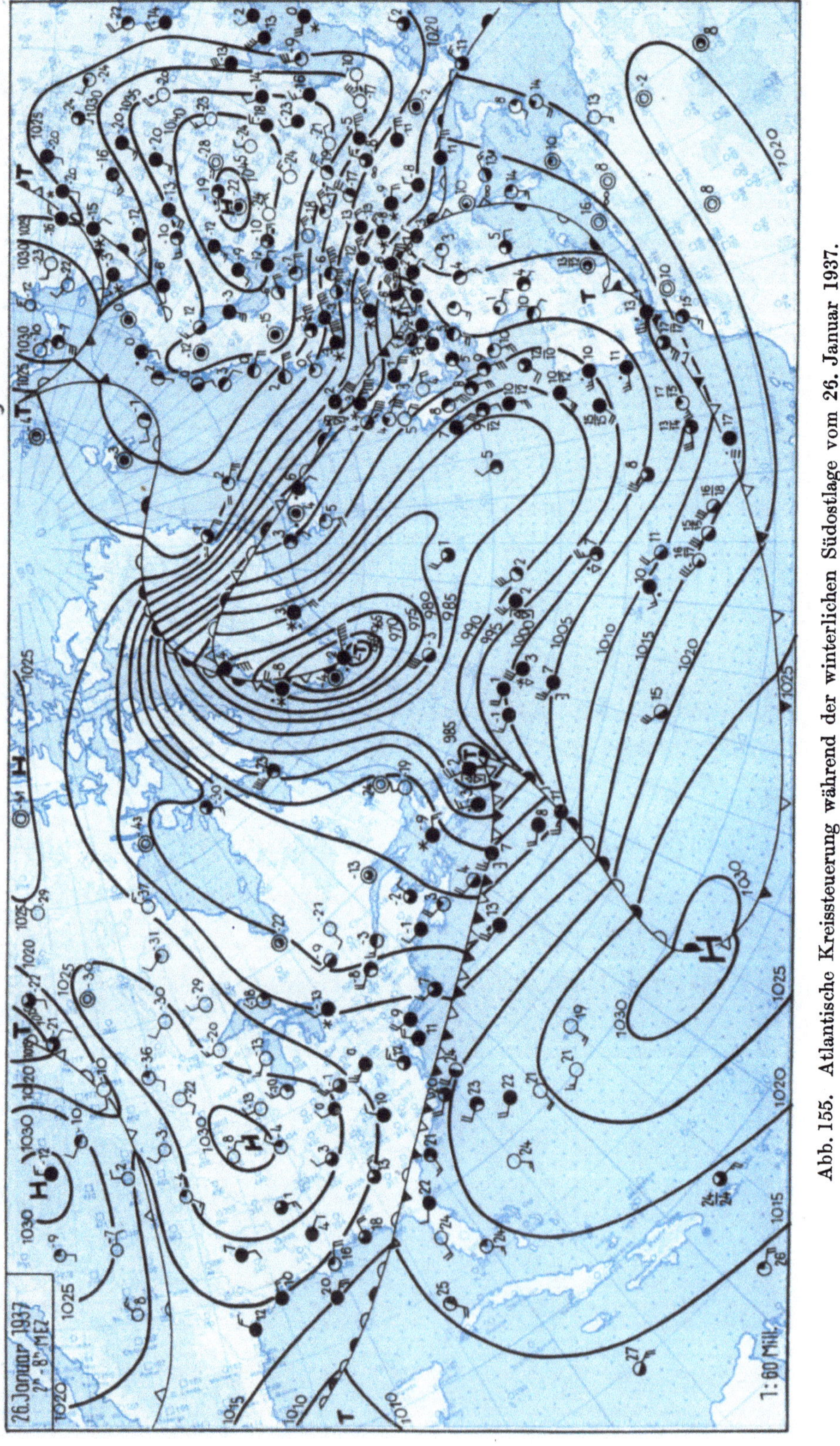

Abb. 155. Atlantische Kreissteuerung während der winterlichen Südostlage vom 26. Januar 1937.

Keil hohen Druckes — wie immer bei derartigen Lagen — nach Südnorwegen vorwölbt, die Windstärke in dieser Küstenzone *(Küsteneffekt)* noch weiter steigernd[1].

Der Kern des russischen Hochs liegt in der Nähe von *Leningrad* und das Zentrum der atlantischen Zyklone südöstlich von Kap Farewell. Die alte Okklusion, an der dieses Tief entstanden ist, prägt sich über der Däne-

---

[1] Ein ähnlicher *Eckeneffekt* wird in kleinerem Maßstab schon durch jede Insel hervorgerufen.

markstraße noch durch einen beachtlichen Wind- und Temperatursprung aus, wird dann aber, südostwärts umschwenkend, isobarenparallel. Sie bleibt in erster Linie noch im Bewölkungs- und Niederschlagsfeld erkennbar, bis über Westdeutschland die Aufgabelung in eine deutliche Warm- und eine nur schwach ausgeprägte

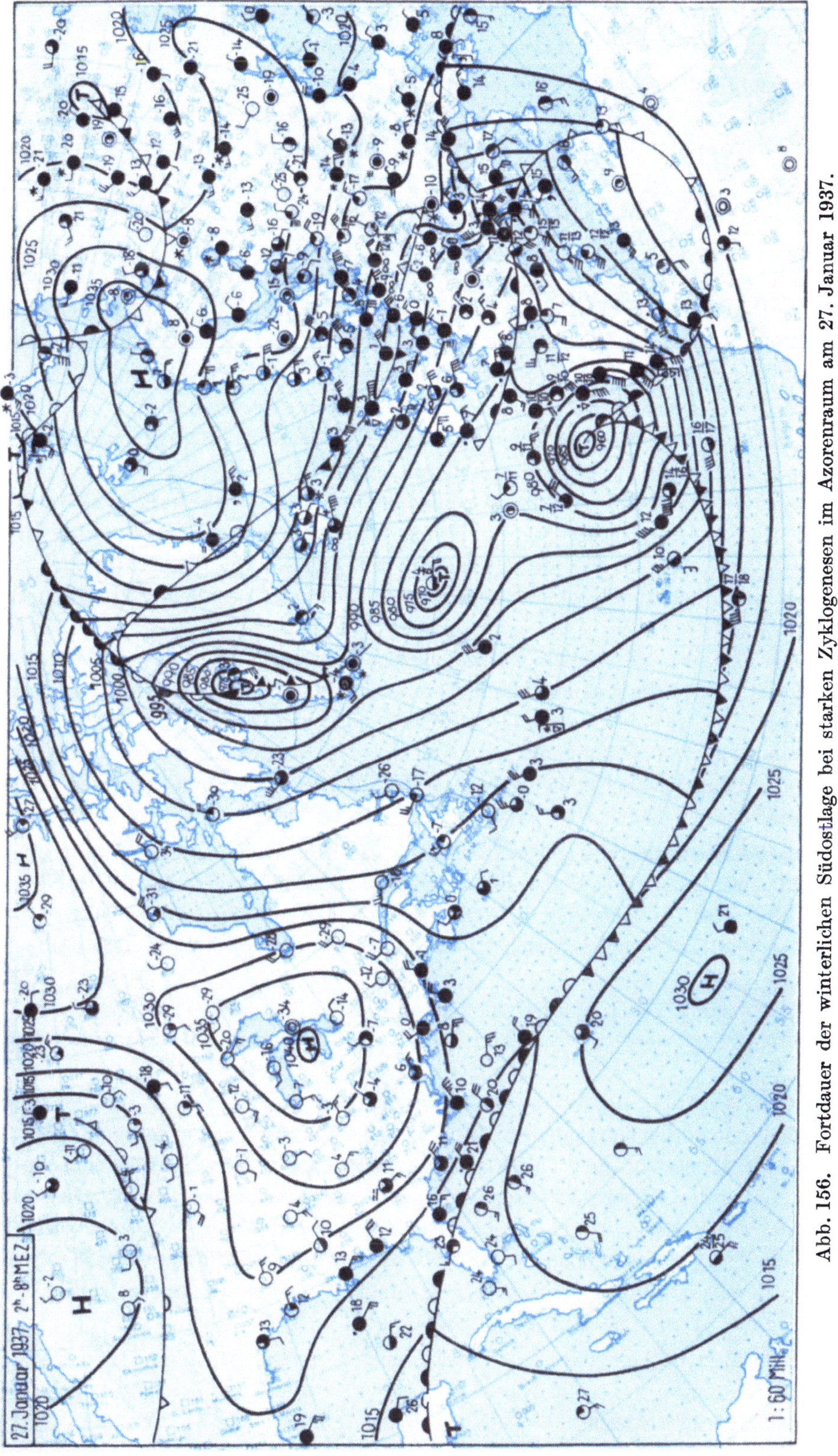

Abb. 156. Fortdauer der winterlichen Südostlage bei starken Zyklogenesen im Azorenraum am 27. Januar 1937.

Kaltfront erfolgt, die über Frankreich sofort rückläufig wird und eine neue bis zur Bretagne verlaufende Okklusionsfront ausgebildet hat. Die Grenze der Polarluft erstreckt sich über Spanien und Portugal zuerst in südwestlicher Richtung und biegt dann mehr nach West und Nordwest um, trennt die bei Bermuda bzw. südlich Neufundland gelegenen verschieden aufgebauten Hochdruckzellen voneinander und mündet in ein über dem amerikanischen Seengebiet neu entstehendes Sturmtief ein, dessen Südseite die Kaltmasse schon fast völlig

18*

umflossen hat, aber über den Golfstaaten am weiteren Vordringen durch ein mittelamerikanisches Tief verhindert wird.

Über den mittleren Teilen der Vereinigten Staaten und Kanadas sind recht beträchtliche Temperaturgegensätze — zwischen —36° an der Hudsonbay und etwa +10° unmittelbar hinter der gezeichneten Kaltfront — vorhanden. Es ist aber keine fronthafte Konzentration, sondern nur ein kontinuierliches Gefälle zu erkennen, so daß von der Zeichnung weiterer Kaltluftstaffeln Abstand genommen wurde.

Von einem kleinen Teiltief über der Karischen Straße ausgehend ist eine schwache Warmfront bis zum Weißen Meer zu verfolgen und erstreckt sich die Begrenzungslinie der frischen Polarluft, nur durch einen geringen Temperaturgegensatz angedeutet, zu einem weiteren Teiltief nördlich Spitzbergen und von dort zum grönländischen Plateau.

In Abb. 154 sind die Karten der relativen und absoluten Topographien mit aufgeführt, und es läßt sich daraus entnehmen, daß die Südostströmung in Mitteleuropa schon bis 5000 m nach West dreht, aber über dem osteuropäischen und skandinavischen Raum — dort durch eine Beobachtung des Zirrenzuges belegt — tatsächlich die gesamte Troposphäre umfaßt. Sie beherrscht aber auch noch das gesamte Gebiet Nordwesteuropas, Grönlands und des nördlichen Atlantiks, und mit ihr hat sich das große ozeanische Tief bis zum nächsten Tage (Abb. 155) in nordwestlicher Richtung unmittelbar zur Südspitze Grönlands verlagert.

Die anormale Temperaturverteilung, die mit dieser großen Störung der Westostzirkulation verbunden ist, läßt sich jetzt besonders deutlich erkennen. Über den verhältnismäßig warmen Wassern des Atlantischen Ozeans liegen die Temperaturen niedriger als über dem kalten Ostgrönlandstrom (—3° auf 54° N 39° W, dagegen +3° in *Angmagsalik* an der Südostküste Grönlands!), und die höchste Luftwärme wird mit +4° von der grönländischen Nordwestküste gemeldet, wo die Warmluft, durch Föhneffekte unterstützt (535), starkes Tauwetter hervorgerufen hat und sich über der etwas südlicher gelegenen Station *Godhab*, an welcher die untere Kaltlufthaut noch nicht beseitigt werden konnte, durch Übergang des Niederschlags in Regen bemerkbar macht.

Die vom amerikanischen Kontinent heranziehenden Störungen zwingt das atlantische Steuerungszentrum zu einer weit südlich verlaufenden Bahn. So schlägt das vom Seengebiet in den neufundländischen Raum vorgestoßene Tief jetzt eine ostsüdöstliche Zugrichtung ein. Die Temperaturgegensätze konzentrieren sich immer mehr auf die von Neufundland zum Golf von Mexiko verlaufende Kaltfront, und die zwischen der Hochdruckzelle südöstlich Bermuda und dem Kaltlufthoch über den mittleren Vereinigten Staaten entstehende Frontalzone verschärft sich weiter.

Die am Vortage über Südfrankreich gelegene Teilstörung ist bis nach Westdeutschland gelangt, und das sie begleitende Schneefallgebiet konnte bei der über Böhmen und Bayern herrschenden westlichen Höhenströmung verhältnismäßig rasch bis nach Österreich übergreifen[1], wurde dagegen weiter im Norden durch den südöstlichen Höhenwind bald gestoppt. Eine andere schwache Störung folgt von Südspanien aus nach und gelangt ins Mittelmeergebiet.

Die Konvergenz westlich von Irland ist aus dem am Vortag hier gelegenen Trog hervorgegangen, der inzwischen so stark eingeengt worden ist, daß man hier vielleicht auch eine sekundäre Kaltfront zeichnen könnte.

Entsprechend der Richtung der Warmsektorströmung und der Größe des Temperaturgegensatzes verlagert sich das Neufundlandtief innerhalb von 24 Stunden bis zum nächsten Morgen (Abb. 156) unter Ausbildung zum Orkanwirbel[2] bis vor die spanisch-portugiesische Küste. Es weist noch einen deutlichen Warmsektor auf und hat daher den Höhepunkt seiner Entwicklung noch nicht überschritten; nordostwärts schwenkend, verschärft es erneut die kontinentale Südostströmung über Europa. An seiner Kaltfront haben die Gegensätze immer mehr zugenommen, und die Frontalzone ist nördlich Bermuda und von dort bis nach Florida und dem Golf von Mexiko hin durch eine scharf ausgeprägte Wind- und Temperaturscheide markiert, deren Südteil noch immer den Charakter einer Warmfront zeigt.

Das grönländische Tief ist noch weiter nordwestwärts gesteuert worden und hat jetzt die mittlere Davisstraße erreicht, noch immer Tauwetter auf seiner Nordostflanke hervorrufend und den Einflußbereich der arktischen Luft fast bis zum Pol zurückdrängend.

---

[1] Am nächsten Tage (Abb. 156) hat ein isoliertes Schlechtwettergebiet sogar schon den Ostrand der Karpathen erreicht. Daß sich solche Niederschlagszonen unter Umständen unabhängig von den Fronten mit der Höhenströmung — eventuell sogar frontenparallel — fortbewegen können, hat zuerst C. K. M. Douglas (170) erwähnt.

[2] Das gleiche Tief ist kürzlich von C. F. Brooks (114) als Beispiel eines besonders schweren Sturms im Seegebiet zwischen Portugal und den Azoren erwähnt worden.

Der Schwerpunkt des kontinentalen Hochs hat sich ebenfalls in nordwestlicher Richtung verlagert und ist jetzt über Nordskandinavien angelangt, wobei einzelne kleine Teilstörungen auf seiner Ostabdachung nach Süden oder Südosten driften. Das am Tage vorher über Südspanien gelegene Teiltief hat die Wirbeltätigkeit über dem Mittelmeer erheblich belebt, und subtropische Warmluft hat sich bis zur dalmatinischen Küste durchsetzen können.

Die Ausbildung eines neuen abgeschlossenen Tiefkernes über dem mittleren Atlantik auf 55° Nord 30° West scheint dort erfolgt zu sein, wo das Höhentief am Tage vorher gelegen war und jetzt noch liegt, und dementsprechend ist auch kein Luftmassengegensatz in seinem Bereich erkennbar.

Über dem amerikanischen Festland wandert die sich weiter verstärkende Hochdruckzelle langsam ostwärts, gefolgt von einer schwachen okklusionsartigen Störungslinie am Ostrand des Felsengebirges.

Das Hauptmerkmal dieser winterlichen Südostlage besteht darin, daß sie, am 12. Januar einsetzend, mehr als 14 Tage lang angehalten hat und während dieser ganzen Zeit ein hochreichendes Zentraltief über dem Atlantischen Ozean gelegen war. Jedesmal, wenn sich ein neuer, weit südwärts ziehender atlantischer Wirbel der europäischen Küste näherte, nahm der Südoststurm vor allem im nördlichen Deutschland an Stärke zu und beförderte die russische Kaltluft westwärts, wogegen in Frankreich eine milde Südströmung die Herrschaft übernahm. Tagelang blieb diese Luftmassengrenze zwischen Rhein und Elbe stationär, bis sie sich endlich am 1. Februar ostwärts in Bewegung setzte und die Frostperiode beendete. Trotz der gewaltigen Druckunterschiede am Boden war in der mittleren Troposphäre aber fast während dieses ganzen Zeitraums bis etwa zur Oder (s. Abb. 154 oben) eine südwestliche Strömung vorhanden, mit der die Wolkensysteme der atlantischen Störungsfronten weit nach Deutschland eindrangen.

h) Die Zentraltieflage.

Nachdem jetzt, ausgehend von der Zentralhochlage, die den Hauptströmungen entsprechenden und damit durch die jeweilige Lage des steuernden Hochs bestimmten Wettertypen behandelt worden sind, bleibt nun noch unter den verschiedenen Drucksituationen die Zentraltieflage zu besprechen. Sie ist, vor allem im Herbst, verhältnismäßig selten, tritt dagegen im Frühjahr etwas häufiger auf. Liegt der Tiefkern über dem Nord- und Ostseegebiet, wie vom 6. bis 8. Dezember 1940 (Abb. 138 bis 141), so ist seine Wetterauswirkung nicht derart nachhaltig, als wenn das Zentrum tiefsten Druckes sich über dem mitteleuropäischen Festland selbst befindet, in welchen Fällen meist ausgeprägte Vb-artige Störungen um das Höhentief herumgelenkt werden, wenn es sich nicht überhaupt um eine Vb-Zyklone handelt, wie am 17. April 1936 (Abb. 164, S. 284), die die Steuerung an sich reißt. Im Sommer ist die Schichtung dabei vorherrschend labil, und landregenartige Niederschläge wechseln mit Gewitterschauern ab; im Winter sind meist intensive Schneefälle, vor allem in den Gebirgen, die Folge, während sich die Temperatur in der norddeutschen Tiefebene dann vielfach noch wenige Grade über dem Gefrierpunkt hält. Oft entsteht aus der Troglage, die anschließend behandelt wird, die Zentraltiefsituation, wenn nämlich über Nordeuropa stärkerer Druckanstieg, verbunden mit Erwärmung, einsetzt, dadurch die Verbindung des Troges mit der subpolaren Tiefdruckrinne abreißt und über Mitteleuropa ein abgeschlossener Kaltlufttropfen liegen bleibt (Abb. 126 und 127, S. 230 und 231).

i) Die Trogsteuerung und die Zugstraße V b.

Unter den für das mitteleuropäische Wettergeschehen maßgebenden Steuerungstypen ist die sog. *Trogsteuerung* derart häufig, daß sie als besonderer Fall angesehen werden muß. Es handelt sich dabei um einen vom Polargebiet aus weit nach Süden reichenden Tiefausläufer in der Höhe, dessen Drucksituation schematisch bereits in Abb. 109 (S. 194) dargestellt wurde. Voraussetzung ist, daß die Winddrehung von der einen in die andere Isobarenrichtung mindestens 45° erreicht und daß die Strömung im linken Teil etwa aus Nordwesten kommt. Das bloße Umbiegen einer Westströmung in einen südwestlichen Höhenwind, das man häufig über den östlichen Teilen Mitteleuropas beobachten kann, als *Westlage in Winkelform* bezeichnet wird und zum Abschwächen und Auflaufen aller Störungen an der Umbiegungsstelle — meist zwischen 20 und 30° Ostlänge gelegen — Anlaß gibt *(Frontolyse)*, hat damit nichts zu tun. Ein recht gutes Beispiel für eine Trogsteuerung über Mitteleuropa bieten die in Abb. 125 (S. 225) dargestellten Wetterkarten vom 4. und 5. Januar 1945, und am letzteren Tage ist auch die Entstehung einer Vb-Zyklone über Oberitalien bereits angedeutet.

Bei der typischen Trogsteuerung entwickeln sich auf der Ostseite der Höhentiefdruckfurche fast immer diese sog. Vb-Zyklonen, und beide Erscheinungen sind so eng miteinander verbunden, daß sie hier zusammen behandelt werden sollen. Vordem muß aber noch etwas über die Herkunft der Bezeichnung dieser Minima als Vb-Zyklonen gesagt werden, deren Benennung jetzt schon mehr als 50 Jahre zurückliegt.

VAN BEBBER (51) hat erstmalig die Bahnen aller europäischen Zyklonen eingehend untersucht und ist zu der Feststellung gelangt, daß bestimmte Zugstraßen bevorzugt werden, die er mit den römischen Ziffern I bis V kennzeichnete unter Hinzufügung von kleinen lateinischen Buchstaben zur Angabe von besonderen Verzweigungen der Hauptbahnen. Davon hat sich aber nur die Bezeichnung der Zugstraße V b als fester Begriff erhalten, während die Lage der übrigen Wege kaum jemals noch in der Praxis erwähnt wird. Es hängt dies wohl damit zusammen, daß keine Zugstraße von den Zyklonen derart genau innegehalten wird, wie sie bei dem Vb-Zweig durch die Orographie des mitteleuropäischen Raumes erzwungen wird. Außerdem lagen bei Aufstellung der Zugbahnen noch keine synoptischen Beobachtungen aus Island, Grönland und dem hohen Norden vor, so daß die Angabe der dortigen Zyklonenwege sehr unsicher war und es sicher eine lohnenswerte Aufgabe wäre, diesen Fragenkomplex mit Hilfe des umfangreichen, modernen Beobachtungsmaterials neu zu bearbeiten. Solange dies nicht geschehen ist, müssen uns die alten Zugstraßen aushelfen (Abb. 157).

Der durch den Raum zwischen Schottland und Island hindurch führenden, am meisten von Zyklonen besuchten und darum als breitester Streifen gezeichneten Bahn hat van Bebber die Ziffer I zugelegt. Die häufige antizyklonale Umbiegung über Nordeuropa, durch die Zweige I b und I c manifestiert, tritt hier deutlich in Erscheinung. Die Zugstraße II führt von den Faröern direkt ostwärts nach Südfinnland, III dagegen mit Südostkurs zur mittleren Ostsee, wo ein Teil (III b) nach NE umgelenkt wird, während der andere (III a) über Polen zur Ukraine gelangt, eine Bahn, die hauptsächlich im Winterhalbjahr frequentiert wird. Nr. IV a und IV b weisen vom Westeingang des englischen Kanals nach Nordosten, und unter ihnen ist besonders die letztere von großer Bedeutung für unser Wetter, aber nicht oft begangen. Weiter unten (Abb. 166 bis 168) ist der seltene Fall behandelt, daß ein winterliches Tief von Spanien quer durch Mitteldeutschland bis nach Pommern zog und sich damit gerade zwischen den Zugstraßen IV b und V b bewegte. Auch die mit V a bezeichnete Linie wird nur selten beschritten, desto häufiger dagegen der von Oberitalien am Ostrand der Alpen entlang über Mähren und Schlesien zum Baltikum führende Weg. Die mit V c bzw. V d bezeichneten Zweige führen zur Krim oder zum östlichen Mittelmeer.

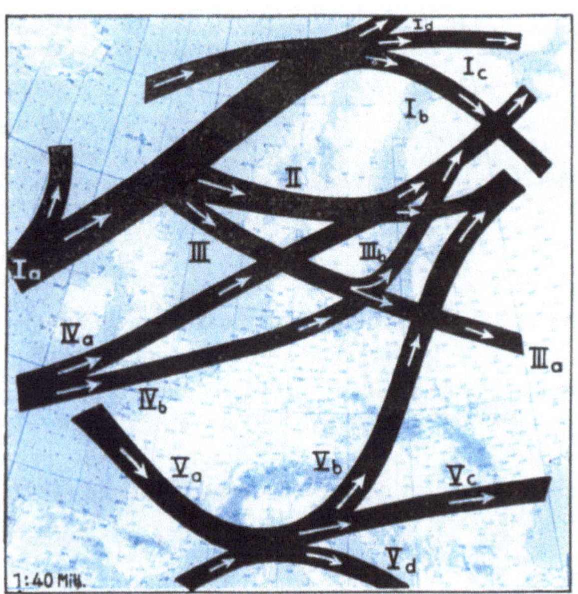

Abb. 157. Zugstraßen der Zyklonen nach van Bebber.

Die Entwicklung der Vb-Depressionen wird im folgenden an Hand mehrerer Beispiele erläutert. Da sich bei dieser Wetterlage während der warmen Jahreszeit häufig sehr schwere Gewitter entladen, sollen diesen vorweg einige weitere Bemerkungen gewidmet werden.

Die schweren Nachtgewitter vom 5./6. August 1939. Die sommerliche Gewittertätigkeit ist in erster Linie an das Vorhandensein einer labilen Schichtung geknüpft, und diese wieder setzt aufwärts gerichtete Vertikalbewegungen im Bereich von Fronten und Zyklonen voraus. Für das Entstehen einer größeren Labilität in der Atmosphäre spielt die Feuchtigkeit mit eine wesentliche Rolle, denn je mehr Kondensationswärme zur Verfügung steht, um so geringer braucht das für eine labile Massenverteilung erforderliche vertikale Temperaturgefälle zu sein. Hinzu kommt noch, daß zur Ausbildung der gewaltigen Cumulo-Nimben mit ihren mächtigen Amboßformen, wie sie für die schweren Gewitter charakteristisch sind, eine bestimmte Menge Feuchtigkeit Voraussetzung ist, wie sie in den Tropen immer angetroffen, aber nach Mitteleuropa nur dann verfrachtet wird, wenn Luftmassen, die die subtropischen Meere überquert haben, hier Eingang finden. Als sommerliche Wasserdampfspeicher spielen für uns das Schwarze Meer und das Mittelmeer eine große Rolle, und da auf der Vorderseite der Vb-Zyklonen meist Luftmassen aus diesen Ursprungsgebieten angesaugt, dazu weiter erhitzt und schließlich an den Fronten zum Aufsteigen gezwungen werden, ist der Gewitterreichtum dieses Zyklonentyps so groß.

In welchem Ausmaß die Gewittertätigkeit mit dem absoluten Feuchtigkeitsgehalt der Luft gekoppelt ist (534), geht aus Abb. 158 hervor, in der die Gewitterwahrscheinlichkeit zu *Potsdam* als Funktion des mittleren Tagesdampfdrucks während der Sommermonate dargestellt ist. Man sieht, daß die Gewitterwahrscheinlichkeit oberhalb eines Dampfdruckwertes von 13.5 mm, dem ein Taupunkt von 16° entspricht, über 50% ansteigt — in völliger Übereinstimmung mit den auf vielen Hygrometern angegebenen Regeln, daß *bei Überschreitung eines Taupunktes von 16.5° Gewitter zu erwarten sind.* Wegen dieser verhältnismäßig klaren Beziehung vermag die genaue Beachtung des Dampfdrucks bzw. der spezifischen oder absoluten Feuchtigkeit und des Taupunktes im Sommer wertvolle Anhaltspunkte über den Grad der Gewitterneigung zu liefern.

Ebenso kann das in den frühen Morgenstunden, meist kurz nach Sonnenaufgang, zu beobachtende Auftreten von *Altocumulus castellatus* als sehr sicheres Anzeichen für am Tage einsetzende Gewitterbildung gewertet werden. Man hat die Ausbildung dieser Quellköpfe des mittleren Niveaus früher in der Hauptsache auf das Einfließen kälterer Luft in der Höhe zurückgeführt. Einleuchtender ist aber die Erklärung, daß die hier zweifellos vorhandene Labilität durch eine aufwärts gerichtete Vertikalbewegung herbeigeführt wird, bei der die auch ,,*dynamische Cumuli*" genannten Zinnen und Türme aus einer vorher vorhandenen und als Mutterwolke meist noch erkennbaren Altocumulusschicht herausquellen, die ursprünglich unterhalb einer Inversion gelegen war. Tritt bei Annäherung einer Zyklone aufsteigende Vertikalbewegung ein, so kühlen sich die Wolkenschichten u n t e r h a l b der Inversion f e u c h t - und die d a r ü b e r befindlichen Luftmassen t r o c k e n - adiabatisch ab, so daß schließlich anstatt der Inversion eine Schicht besonders starken vertikalen Temperaturgefälles entsteht, die durch die Türmchen sichtbar in Erscheinung tritt. Demnach ist Altocumulus castellatus das Kennzeichen für eine inversionszerstörende, aufwärts gerichtete Vertikalbewegung, die ihrerseits eine

wesentliche Vorbedingung für die Entwicklung von Gewittern darstellt; zugleich muß reichlich Wasserdampf in der Luft vorhanden sein, der für eine genügende Feuchteansammlung unterhalb der Inversion gesorgt hat.

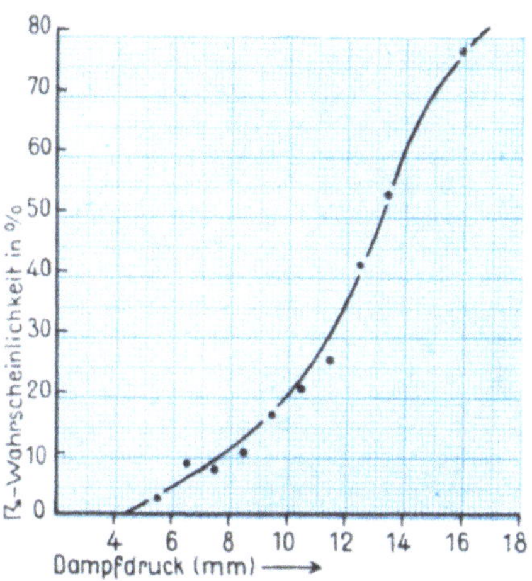

Abb. 158. Die Gewitterwahrscheinlichkeit
als Funktion des Dampfdrucks
in Potsdam.

In Abb. 159 ist die Wetterlage am 5. August 1939, vor einer ausgesprochenen Gewitternacht, in Abb. 160 die Situation am nächsten Vormittag zusammen mit den Höhenkarten dargestellt, und der Verlauf der Isopotentialen der 500-mb-Fläche zeigt deutlich den von der Nordsee bis nach den Zentralalpen reichenden Höhentrog mit Winden aus Süd bis Südsüdost auf der Vorder- und nordwestlicher Strömung auf der Rückseite.

Außerdem handelt es sich um eine Dreimassenecklage: Eine an den Vortagen von Westen her nach Mitteleuropa vorgedrungene schwache Kaltfront ist rückläufig geworden und erstreckt sich am Mittag des 5. August von den Zentralalpen über Böhmen und Pommern zur nördlichen Ostsee, durch einen Windsprung zwischen nord- und südöstlicher Strömung und einen Temperaturunterschied von etwa 5° zwischen der warmen und kalten Seite erkennbar. Eine zweite, schärfer ausgeprägte Kaltfront erreicht gerade die Westalpen und den Thüringer Wald und verläuft von dort bogenförmig über die Wesermündung und die südliche Nordsee zu dem am östlichen Kanaleingang liegenden Tief. Der Wind dreht an dieser Front teilweise um 180°, und der Temperaturrückgang ist vor allem über Südwestdeutschland nicht unbeträchtlich. Beide Fronten nähern sich über dem Alpengebiet am meisten und klaffen nach Norden hin auseinander, auf diese Weise eine Richtungsdivergenz der Höhenströmung im Zwischengebiet erzeugend, wobei die drei am Aufbau dieses Dreimassenecks beteiligten Luftmassen als k o n t i n e n t a l e Tropikluft im Ostraum, stark gealterte Polarluft in der Mitte und als mari- time Polarluft im Westen angesprochen werden müssen.

In den Abendstunden dieses Tages beginnt nördlich der Alpen die Zyklogenese g e r a d e h i n t e r der Umbiegungsstelle der Höhenströmung, und am nächsten Morgen (Abb. 160) liegt bereits ein ausgeprägtes Tiefdruckzentrum etwas westlich von *Berlin*. Der Sektor der gealterten Polarluft ist über Südskandinavien noch gut erkennbar; mit Annäherung an den Depressionskern wird die Begrenzungslinie der echten Tropikluft aber undeutlich und tritt gegenüber der von der Elbmündung südostwärts nach Mähren und dann zum Ostalpenfuß und dem Tyrrhenischen Meer verlaufenden Hauptfront zurück. Gänzlich neu gebildet hat sich die scharfe Wind- und Strömungsscheide über dem Nordseegebiet, wo sich der am Tage vorher nach Südwesten zurückgebogene Frontteil aufgelöst hat und sich statt dessen die Hauptluftmassengrenze nach Norden wendet. Zugleich mit der Ausbildung der Konvergenz haben auch die Regenfälle in ihrem Bereich begonnen, so daß es sich hier um ein b e s o n d e r s s c h ö n e s B e i s p i e l e i n e r F r o n t e n b i l d u n g handelt, das uns zugleich lehrt, in w e l c h e m A u s m a ß d i e A n a l y s e u n t e r U m s t ä n d e n innerhalb von 18 Stunden a b g e ä n d e r t werden muß.

Am Boden ist der Temperaturgegensatz zwischen *Wien* und *Salzburg* mit einem Unterschied von 10° am größten, und in der relativen Topographie erstreckt sich die Hauptdrängungszone zwischen Elbe und Weser in nordwestlicher Richtung. Die absoluten Isopotentialen weisen über dem mitteleuropäischen Raum eine Richtungsdivergenz auf, und dementsprechend vertieft sich die mitteldeutsche Zyklone bei ihrem Zug zur Nordsee bis zum nächsten Tage noch um etwas mehr als 5 mb.

Die schweren Nachtgewitter, die auch zur Zeit der Morgenbeobachtung des 6. (Abb. 160) noch nicht aufgehört haben, werden im kälteren Gebiet dort beobachtet, wo die osteuropäische Warmluft aufgleitet. Die Niederschlagsmengen sind sehr intensiv und erreichen innerhalb von 13 Stunden in *Wilhelmshaven* 75, in *Hannover* 57 und auf *Helgoland* 48 mm.

Wird die sich am Nachmittag des 5. August 1939 entwickelnde Dreimassenecksituation rechtzeitig beachtet, so kann es auch gelingen, die zu erwartenden Gewitter vorherzusagen. Es ist ein besonderes Kennzeichen solcher Wetterlagen, daß sich nicht nur die Entwicklung dieser Vb-Zyklonen fast immer in den Nachtstunden

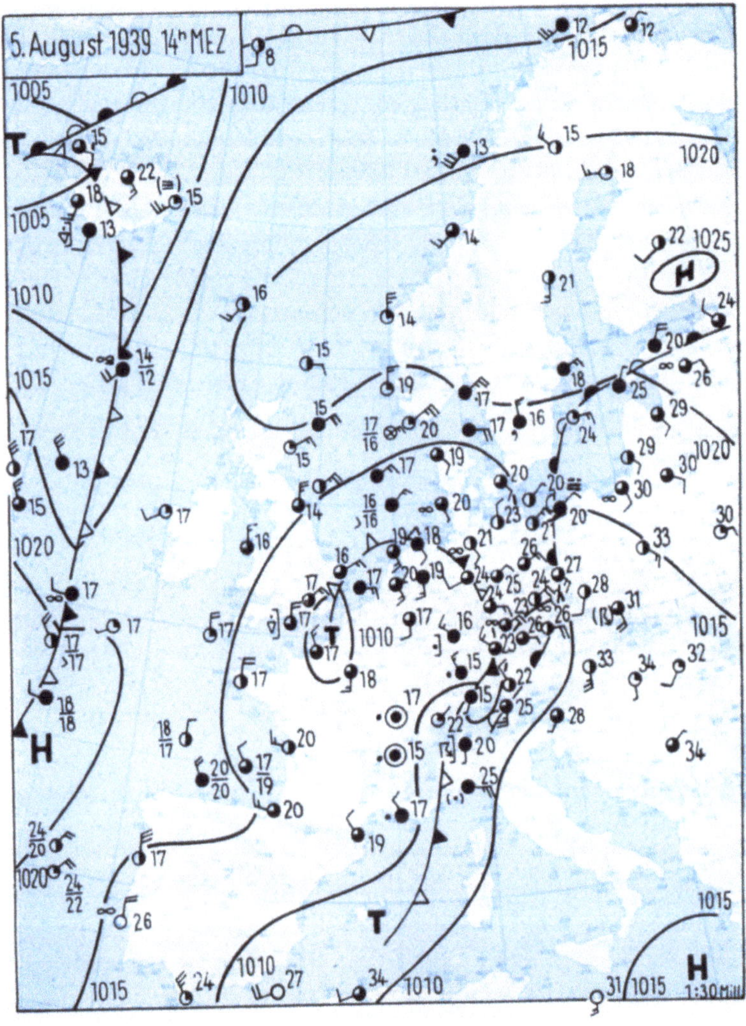

Abb. 159. Die Ausbildung eines Teiltiefs im Bereich eines süddeutschen Dreimassenecks am 5. August 1939 führt zu schweren Nachtgewittern über Norddeutschland.

vollzieht, sondern daß auch die starke Gewittertätigkeit im allgemeinen erst in den späten Abendstunden einsetzt, dann vielfach die ganze Nacht über anhält, solange die Warmluft aufgleitet und erst beendet wird, wenn die Station auf die Südseite des nordwärts abziehenden Tiefs gelangt.

Die in diesem Falle eingeschlagene Bahn längs des Elbtales entspricht nicht genau der Zugstraße Vb, die von Mähren aus über Schlesien nach Norden führt, doch müssen auch solche etwas von der mittleren Straße abweichenden Depressionen zu den Vb-Zyklonen hinzugerechnet werden.

Der Ostseeorkan vom 7. bis 9. Juli 1931. In den Abb. 161, 162 und 163 ist die Entwicklung des Ostseeorkans vom 9. Juli 1931 geschildert, bei dem es sich um eine besonders heftige Zyklogenese auf der Zugstraße Vb handelte und dessen Entstehung erstmals mit einer ausgesprochenen Divergenz der Höhenströmung in Zusammenhang gebracht wurde (677). Da das aerologische Material damals recht unvollständig war, soll hier auf die Höhenkarten nicht näher eingegangen und nur die Entwicklung der Wetterlage in großen Zügen festgehalten werden.

Am 7. Juli (Abb. 161) fällt ein über der Nordsee festliegendes Tief der Auffüllung anheim, nachdem seine Kaltfront bis zur Elbe vorgedrungen ist und sich von hier als deutliche Luftmassenscheide zum westlichen

Mittelmeer erstreckt. Die Gegensätze sind schon zu diesem Zeitpunkt längs der gesamten Front beträchtlich, und ein über Böhmen angelangtes Teiltief beginnt sich bereits stärker zu vertiefen. Die warme osteuropäische

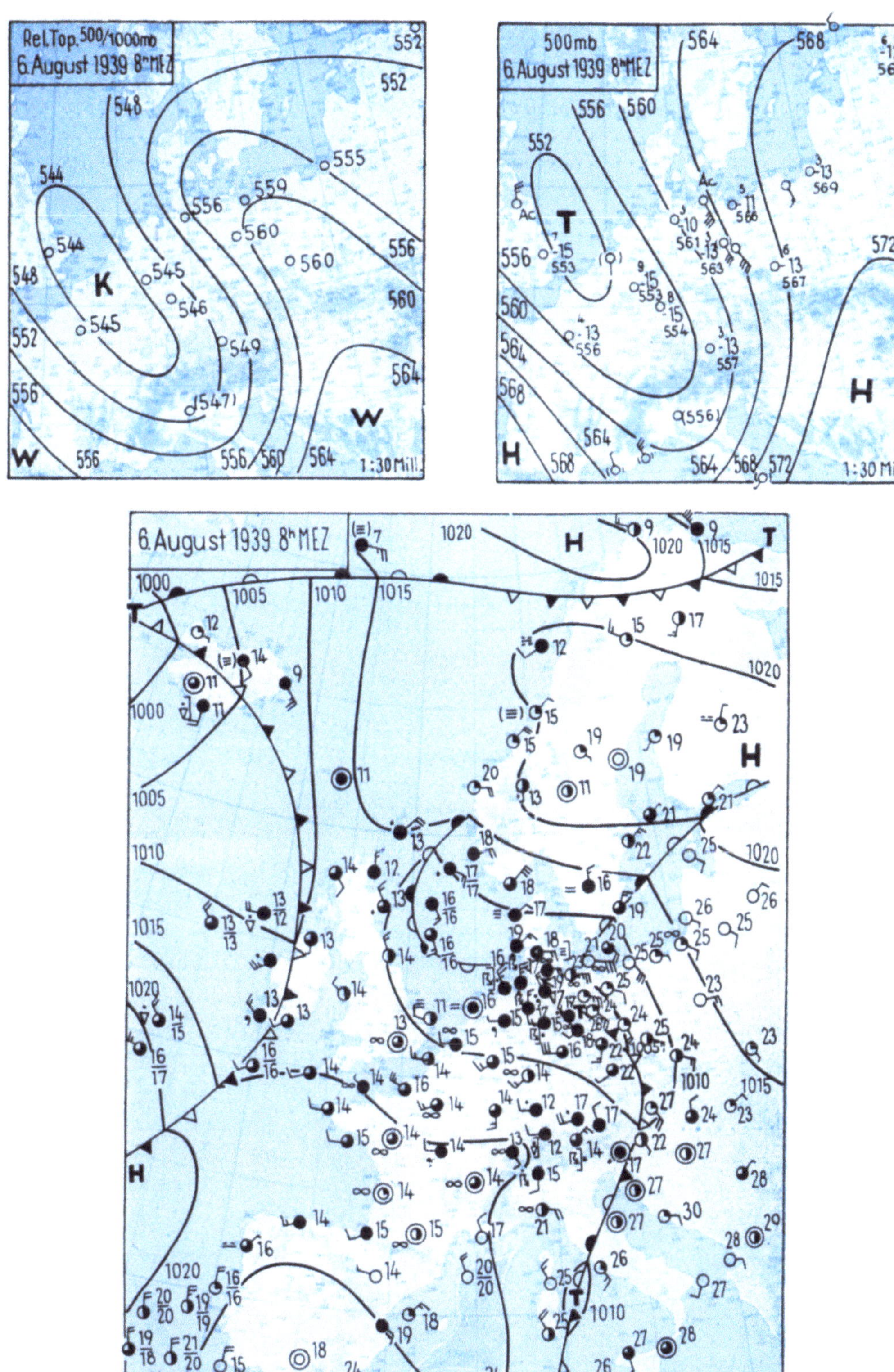

Abb. 160. Bei Ankunft des Gewittertiefs über Brandenburg am 6. August 1939 Fortdauer der Gewittertätigkeit auf der kalten Westseite.

Tropikluft greift in der Höhe weit auf die kalte Seite des Tiefs über, was man daran erkennen kann, daß das frontale Niederschlagsgebiet erst etwa 300 km westlich der Luftmassengrenze angetroffen wird[1].

---

[1] Auf der *Zugspitze* wird noch bis zum Mittag dieses Tages SE-Wind beobachtet, und entsprechend dieser geringen Frontneigung vermag sich die Kaltluft in Lee der Alpen nur sehr zögernd durchzusetzen (*Lugano* noch +22°).

Bis zum nächsten Tage (Abb. 162) hat sich das böhmische Tief unter Verlagerung nach Rügen schon er-heblich verstärkt. Zugleich sind auf seiner Südwestseite, wo die östliche Warmluft aufgleitet, sehr starke und anhaltende Regenfälle aufgetreten, und die Temperaturgegensätze haben noch keine Verminderung, sondern sogar eine weitere Verschärfung erfahren: zwischen *Wien* und der ungarischen Tiefebene betragen die Unter-schiede schon am Morgen bis zu 14°. Weiter im Norden werden die Differenzen dagegen immer geringer, woraus in der Höhe eine starke Richtungsdivergenz der Isobaren resultiert, der die Zyklone ihre Entwicklung zum Sturmwirbel verdankt.

Am 9. Juli (Abb. 163) hat das Zentrum unter Vertiefung um 20 mb Südschweden erreicht. Da der Luftdruck über Mitteleuropa zugleich stark angestiegen ist, haben sich die Druckgegensätze vor allem im

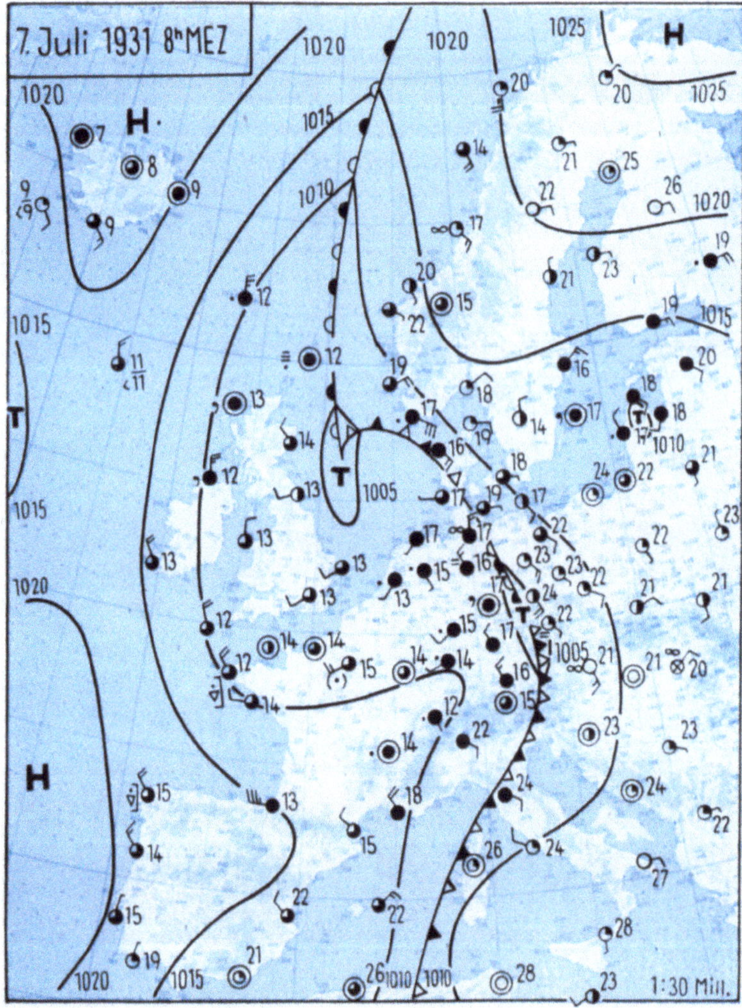

Abb. 161. Ostseeorkan im Anfangsstadium der Entwicklung über Böhmen am 7. Juli 1931.

Küstengebiet der Nord- und Ostsee so verschärft, daß dort überall schwerer Südweststurm beobachtet und vom *Adlergrund*-Feuerschiff sogar volle Orkanstärke gemeldet wird. Mit ebensolcher Beschleunigung hat auch die Kaltfront den Tiefkern umkreist und ist bereits über Mittelschweden angelangt. Die nach Westen weisende Warmfront konnte hingegen ihre Lage kaum ändern, da das von Süden vordringende Drucksteiggebiet und der gleichzeitige Druckfall über der Ostsee die südwärts gerichtete Strömungskomponente der Warmfront über-kompensieren und sie teilweise sogar, entgegen der Strömung, zur Verlagerung nach Norden zwangen, ein Vorgang, wofür die Bezeichnung *gegenläufige Warmfront* geprägt werden könnte.

Bei der gegenläufigen Warmfront handelt es sich also um eine Verlagerung, die entgegen der Gradient-strömung erfolgt[1]. Aber dies geht nicht so vor sich, daß sich die einzelnen Luftteilchen rückläufig bewegen, sondern es handelt sich um einen Prozeß, der ständig neue Luftmassen erfaßt, so daß sich die Front immer wieder neu bildet.

---

[1] Gemeint ist hier die oberhalb der Reibungsschicht vorhandene Luftbewegung. Am Boden kann bei geringen Ab-lenkungswinkeln unter Umständen noch Übereinstimmung zwischen Fronten- und Luftmassenverlagerung bestehen.

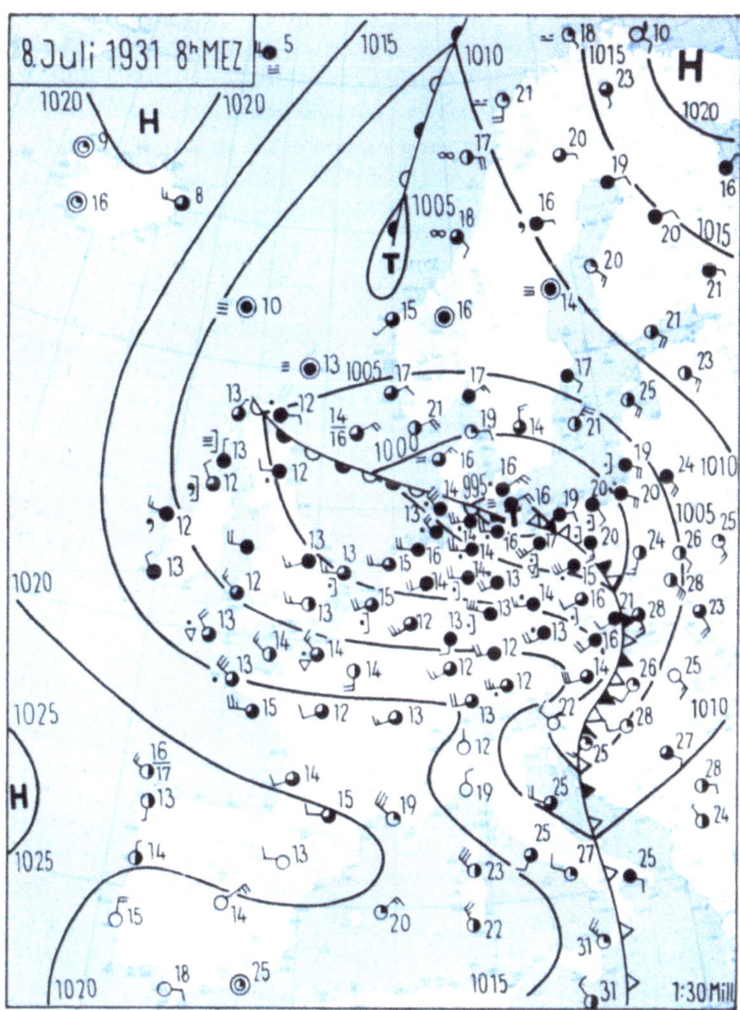

Abb. 162. Bei keilförmigem Kaltluftvorstoß nach Österreich beginnt die rapide Vertiefung der Ostseezyklone am 8. Juli 1931.

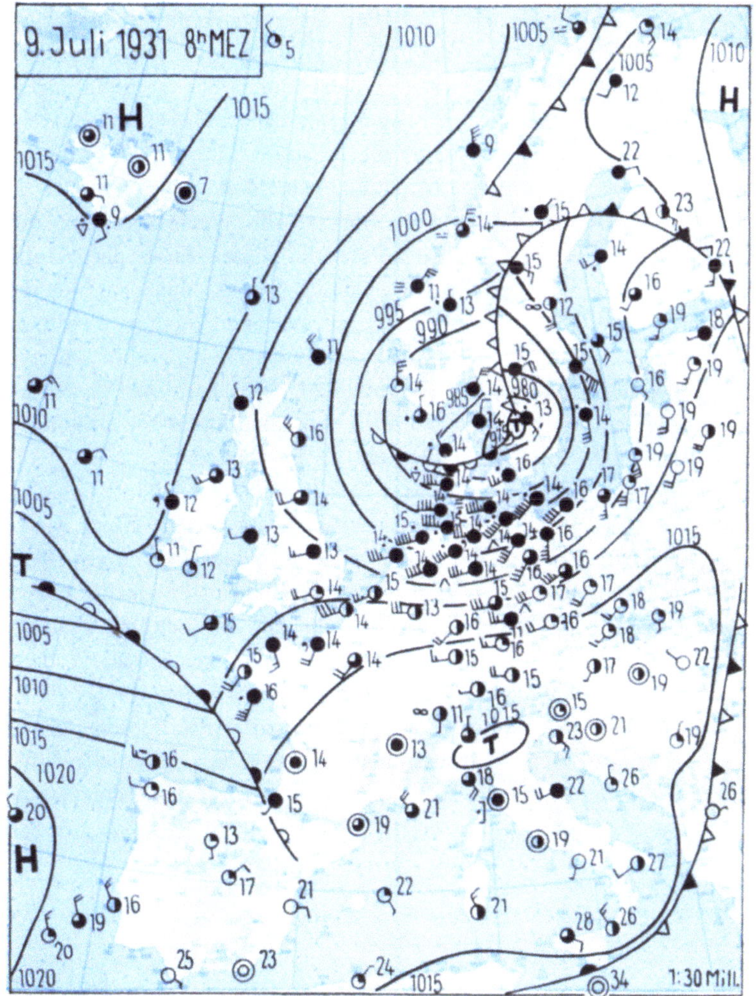

Abb. 163.
Höhepunkt des Ostseeorkans
am 9. Juli 1931.

Mit dem weiteren Umströmen durch die Kaltluft ist der Höhepunkt in der Entwicklung des Ostsee-Sturmtiefs überschritten, und es füllt sich in den nächsten Tagen ebenso schnell auf, wie es entstanden ist.

Fast in jedem Sommer, zuweilen auch noch spät in den Herbst hinein, entwickeln sich über der Ostsee derartige Vb-Depressionen zu Sturmwirbeln, deren Prognose oft besonders schwierig ist. Zur Vermeidung von Fehlvorhersagen ist es wichtig, genau auf die Lage des Druckänderungsgebiets und das Auftreten von Höhendivergenzen zu achten. In vielen Fällen (678, 681, 690) kann auch schon eine ausgesprochene Divergenz im Verlauf der Bodenisothermen einen wertvollen Anhaltspunkt für die zu erwartende Vertiefung einer derartigen Zyklone gewähren, besonders wenn sich der Temperaturgegensatz ganz auf das Gebiet östlich der Alpen zwischen *Wien* und *Budapest* konzentriert und der Unterschied weiter im Norden erheblich geringer bleibt.

Der westdeutsche Schneebruch vom 17. April 1936. Die Häufigkeit des Auftretens der Vb-Depressionen zeigt zwei ausgesprochene Maxima im Frühjahr (April und Mai) und dann wieder im Herbst, wogegen sie im Sommer etwas seltener sind. Die größten Temperaturgegensätze können dann auftreten, wenn die nordwesteuropäischen Meeresgebiete noch recht kalt sind, während gleichzeitig über Nordafrika bereits sommerliche Hitzegrade beobachtet werden und es dann einer Zyklone gelingt, in Begleitung eines von dort ausgehenden Warmluftvorstoßes über das Mittelmeer hinweg nach Mitteleuropa einzudringen.

Eine derartige Situation führte am 17. April 1936 in den westdeutschen Wäldern zu einem Schneebruch bisher unbekannten Ausmaßes[1], der bereits an anderer Stelle (290, S. 762ff., ferner Lit. 388) behandelt worden ist. In Abb. 164 ist die Wetterlage für den Mittagstermin dieses Tages dargestellt, zu welchem Zeitpunkt das Zentrum des Tiefs, das sich am Vortage über dem Mittelmeer entwickelte, über Mitteldeutschland angelangt ist.

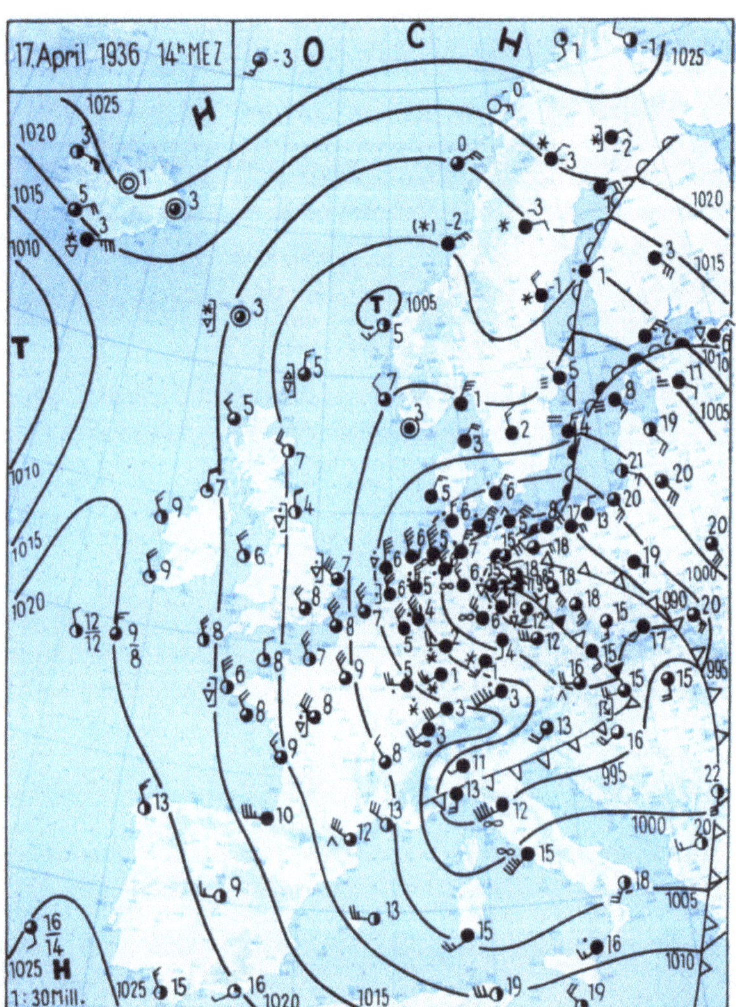

Abb. 164. Der westdeutsche Schneebruch vom 17. April 1936.

In Ostpreußen werden Lufttemperaturen von +20° innerhalb der Tropikluft beobachtet, die sich aber schon nach kurzdauerndem Überströmen der noch winterkalten Ostsee soweit abkühlt, daß sie z. B. in *Danzig*, als Seewind umgelenkt, 7° kälter ankommt als in *Königsberg*.

Deutlich von der Tropikluft abgesetzt ist der Herrschaftsbereich der Polarmasse, sich über Rügen bei starkem Nordostwind durch einen Rückgang der Temperatur auf 5° bemerkbar machend, ein Wert, wie er auch von der schwedischen Ostseeküste gemeldet wird. Bei Gotland spaltet sich die Warmfront in zwei Teile auf, von denen sich der eine, präfrontale Schneefälle über Mittelschweden auslösend, zum Bottenbusen erstreckt und der andere, hauptsächlich an der Windkonvergenz erkennbare, zur estländischen Ostseeküste verläuft.

Eine erste Kaltfront, in den Bodentemperaturen allerdings kaum erkennbar, aber von einem Wolkenschirm begleitet, reicht nach den Karpathen und von dort über den Balkan zum Mittelmeer, wo ihr Durchzug sich im Gang der meteorologischen Elemente deutlich zu erkennen gab. Eine zweite Staffel folgt ihr in geringem Abstand nach und löst bei ihrem Durchzug in Ungarn Gewitter aus. Neben diesem Anhaltspunkt für die Frontlage ist die Winddrehung entscheidend, die in diesem Raum seit dem 8-Uhr-Termin eingetreten

---

[1] Auch im Innern Rußlands sind es die von Süden vordringenden Zyklonen, die die großen Schneeverwehungen hervorrufen (129).

ist, als in ganz Österreich und Ungarn noch eine südliche, teilweise sogar südöstliche Luftbewegung vorhanden war, die jetzt durch Westwind verdrängt wurde.

Aus dem Temperaturfeld gehen die Verhältnisse dagegen weniger klar hervor. Zwar beträgt die mit der Konvergenz zusammenfallende Abkühlung über Sachsen und Böhmen 6°, doch folgt der Hauptsturz bis zu 10° erst weiter im Westen nach; über Bayern setzt der Temperaturrückgang am Boden überhaupt erst weit nach dem Frontdurchzug bei rückdrehendem Wind ein und erreicht zwischen *Wien* und *München* 13°, so daß hier alle Schwierigkeiten einer genauen Analyse kraß zutage treten, die in solchem Falle nur durch konsequente Innehaltung der angeführten Reihenfolge der Frontkriterien wenigstens formal überwunden werden können. Danach ist die **Lage der Konvergenzlinie** in erster Linie entscheidend. Diese hat zum abgebildeten Zeitpunkt Ungarn erreicht und befand sich zum Frühtermin zwischen Linz und Salzburg, wo übrigens der gleiche Zwiespalt im Verhalten des Wind- und Temperatursprunges auftrat, indem in

Salzburg trotz Winddrehung nach Nordwest noch $+14°$ und damit nur 1° weniger als in dem im Südostwindbereich gelegenen *Linz* beobachtet wurde, hingegen der eigentliche Wärmeabfall erst weiter im Westen bei nach Südwest rückdrehendem Wind erfolgte und in *München* nur 2° gemessen wurden. Es geht daraus hervor, daß sich die Kaltluft wohl zuerst in den oberen Schichten durchsetzt und dieser Vorgang durch die Gewitterbildung angedeutet wird, die Strömungsgeschwindigkeit am Boden damit aber nicht Schritt halten kann, und deshalb hier der Temperatursturz erst später einsetzt[1]. Es ist schließlich wesentlich, daß die bewährte Regel von BERGERON, nach der *die Kaltfront dort gezeichnet werden soll, wo die Abkühlung anfängt*, zur gleichen Frontlage führt, wie sie hier angegeben wird.

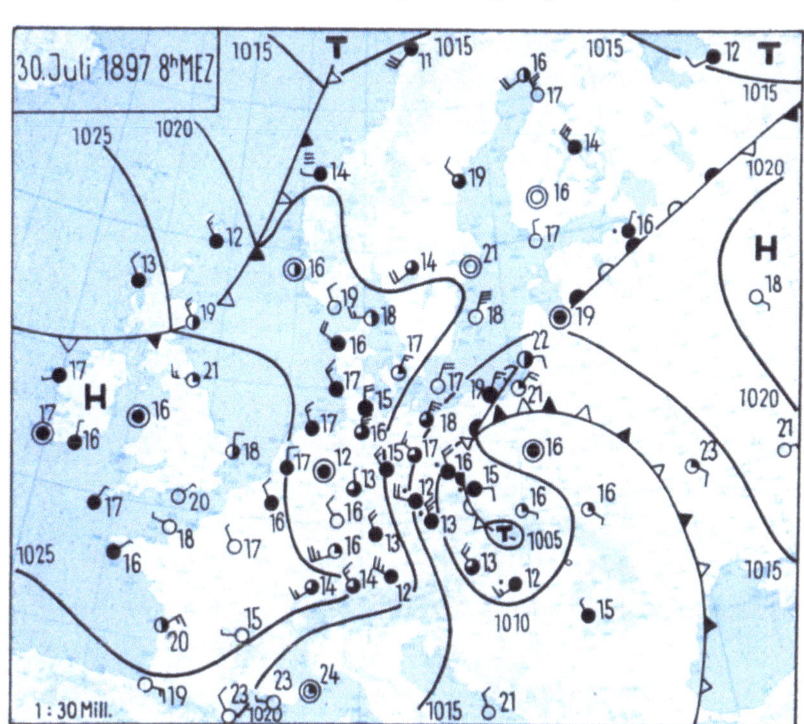

Abb. 165. Eintritt der größten bisher in Deutschland gemessenen Niederschlagsmenge bei der Vb-Zyklone vom 30. Juli 1897.

Die niedrigsten Temperaturen werden im Südwestsektor dieser Zyklone beobachtet, wo selbst in der Ebene der Gefrierpunkt nahezu erreicht wird und der Niederschlag in Schnee übergeht. Die Bodenmeldungen lassen dabei die Ausbildung eines Kaltlufttropfens erkennen, der bei der geringen Anzahl der Aufstiege aerologisch nicht nachweisbar ist. Durch eine kleine Konvergenz nördlich von *Frankfurt a. M.* angedeutet, scheint tatsächlich etwas wärmere Luft von Nordwesten her nachzufolgen, weshalb die Niederschlagssumme mit teilweise mehr als 100 mm hier am größten wird.

In den nächsten Tagen zieht das deutsche Tief nach Skandinavien hin ab und ist schon nach kurzer Zeit völlig okkludiert.

Der Dauerregen bei der Vb-Depression vom 30. Juli 1897. In der meteorologischen Literatur (vgl. z. B. 290, S. 474 bis 475.) wird auf die größte bisher im mitteleuropäischen Raum gemessene tägliche Niederschlagsmenge von 345 mm in *Neuwiese* auf böhmischen Seite des Riesengebirges vom 29. zum 30. Juli 1897 häufig hingewiesen[2], die in eine Regenperiode fiel, in der vom 27. bis 31. Juli an der gleichen Station 451 mm, auf der *Schneekoppe* fast 300 mm und in *Kirche Wang* am Nordhang 355 mm gemessen wurden. In Abb. 165 ist die Wetterlage zur Zeit der maximalen Niederschlagsergiebigkeit des betreffenden Vb-Tiefs am 30. Juli 1897 abgedruckt,

---

[1] Auch ist es möglich, daß die Kaltluft unmittelbar hinter der Front absinkt und sich dabei dynamisch erwärmt; die genaue Beachtung des Taupunktes oder der pseudopotentiellen Temperatur kann aber verhüten, eine *falsche Kaltfront* dort zu zeichnen, wo der Temperaturrückgang am Boden in Erscheinung tritt, und auf diese Weise z. B. einen viel zu großen *falschen Warmsektor* anzugeben.

[2] Die größte bisher festgestellte 24stündige Regenmenge betrug bei einem über die Philippinen hinweggezogenen Taifun am Mittag des 15. Juli 1911 in *Baguio* im Innern der Hauptinsel Luzón 1168 mm.

aus der zu ersehen ist, daß es sich um ein verhältnismäßig eng begrenztes Minimum handelt, dessen ausgeprägte Okklusion gerade über den Riesengebirgskamm verläuft, und das sich nur ganz langsam oder überhaupt nicht von der Stelle bewegte: Am 28. lag der Zyklonenkern über den Karpathen und war mit Nordwestkurs erst am 30. über Schlesien angelangt, wo er sich am 31. allmählich auffüllte.

Charakteristisch für derartige Vb-Zyklonen ist das steile Druckgefälle auf der Westseite gegenüber dem ganz schwachen Gradienten auf der Ost- und Nordostflanke. Wo die Verengung eintritt — das ist gerade längs der Okklusion — ist die Bodenkonvergenz außerordentlich groß, und diese Zone fällt mit dem Stark-

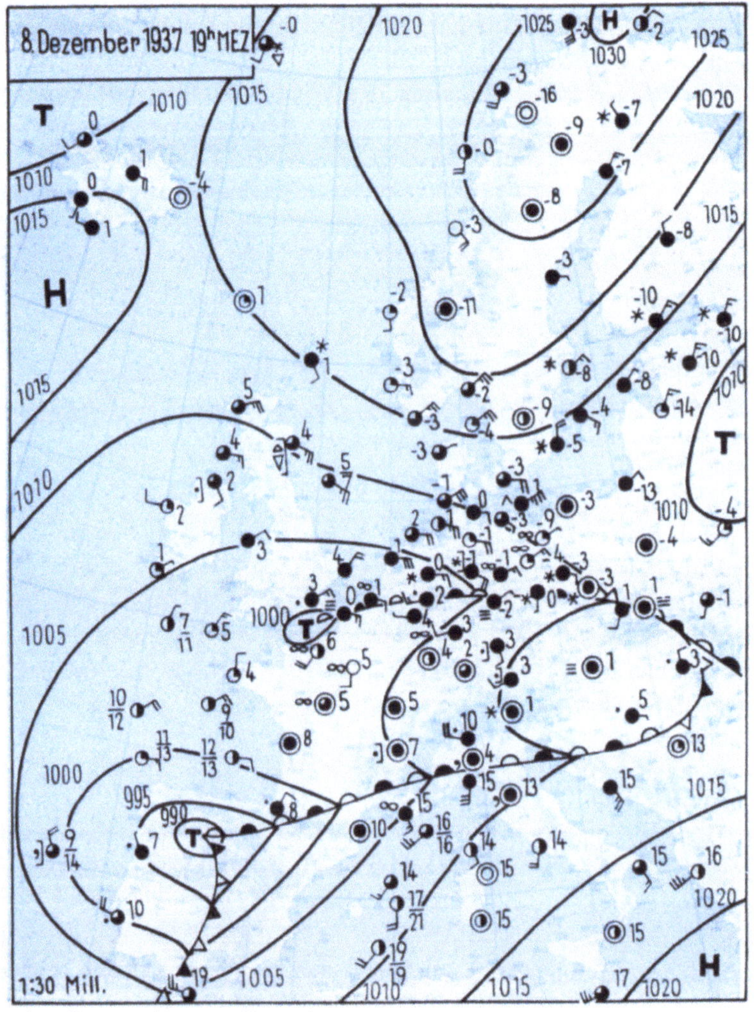

Abb. 166. Der nordöstliche Vorstoß eines spanischen Tiefs am 8. Dezember 1937
führt zu ausgedehnten Schneefällen in Mitteleuropa.

regengebiet zusammen, das sich ebenfalls auf einen schmalen Raum konzentriert. Der Warmsektor ist über Osteuropa noch deutlich zu erkennen, und die beiden am Aufbau der Depression beteiligten Luftmassen werden durch das warme osteuropäische Hoch und die kältere Antizyklone über Westeuropa dirigiert, die etwa gleich stark entwickelt sind. Das ausgesprochene Minimum der Temperaturen im Südwestsektor dieses Tiefs deutet auch in diesem Falle an, daß sich hier wahrscheinlich ein abgeschlossener Kaltlufttropfen entweder schon entwickelt hat oder sich gerade abschnürt, denn die östliche Warmluft ist schon weit um die Nordseite herumgeflossen.

Die Stärke des Niederschlags hängt auch bei den Vb-Zyklonen in erheblichem Ausmaß von der Orographie des Geländes ab (vgl. z. B. MOESE 455), und wo auf ihrer Westflanke die starke Nordströmung auf einen Gebirgszug, wie z. B. die Alpen trifft, trägt der Stau in erheblichem Maße zur Steigerung des Regens bei. Es sind dies jedoch, wie man besonders deutlich an diesem Beispiel erkennt, nur sekundäre Effekte, wogegen der Hauptanteil zweifellos durch die Wärmeunterschiede der beteiligten Luftmassen beigesteuert wird. Die gefürchteten Oder-Hochwasser treten dabei aber nur in den Fällen auf, wenn das betreffende Tief seinen Ort nur langsam oder gar nicht verändert und auf diese Weise das Quellgebiet tagelang überregnet wird[1].

---

[1] Lit. 197, 198, 199, 307, 353, 355, 357, 358. Die Erkennung der Vb-Wetterlagen im Thetagramm hat SCHINZE (734) beschrieben. Zusammenfassende Beschreibung von Landregenwetterlagen: THOMAS (835).

2. Einige besondere europäische Wetterlagen.

Es gibt natürlich eine ganze Anzahl von Wetterlagen, die nicht in den Rahmen der allgemeinen Steuerungstypen hineinpassen. Einige besonders charakteristische Situationen sollen im folgenden noch beschrieben werden.

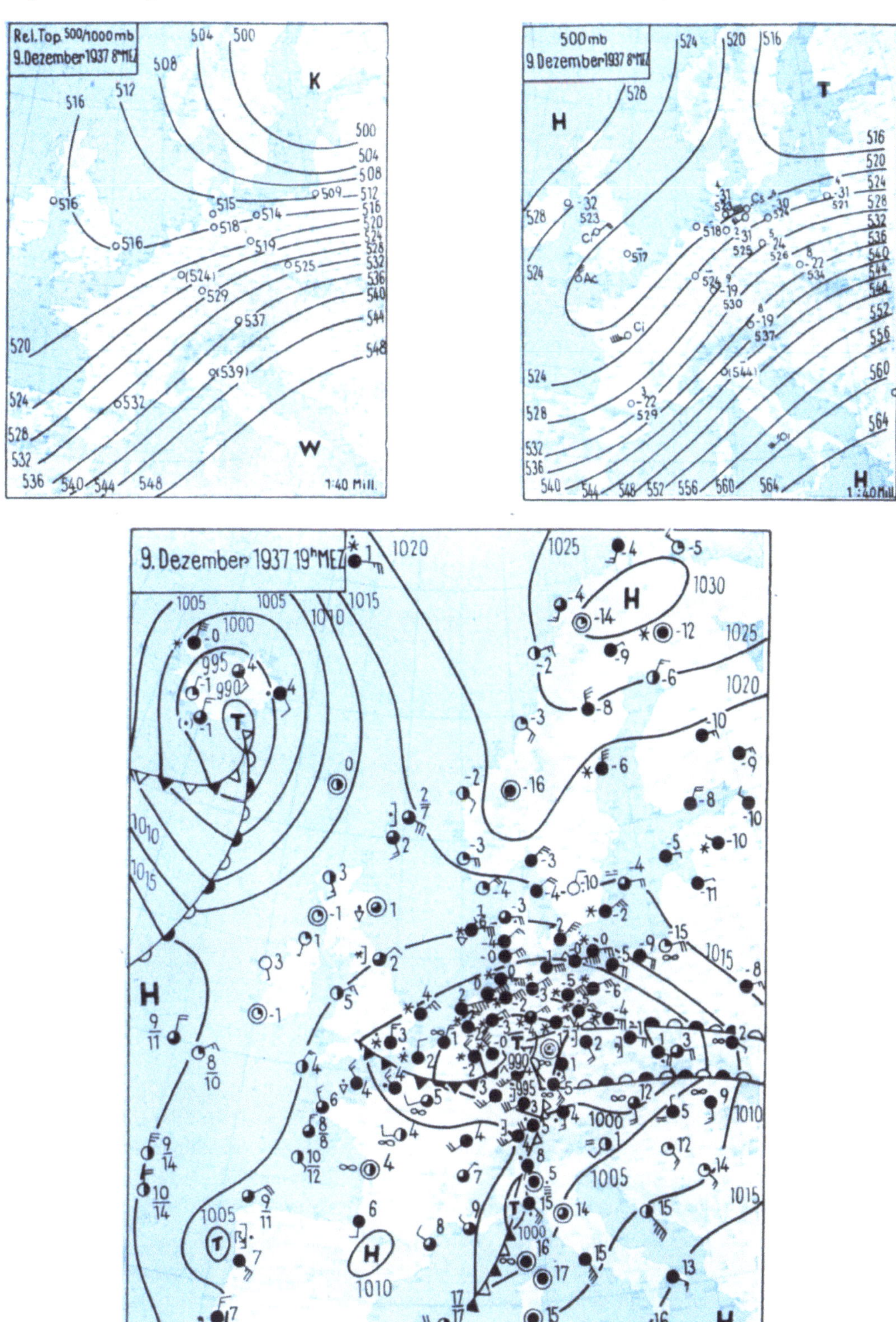

Abb. 167. Der Schneesturm über Deutschland am 9. Dezember 1937 auf der Ostseite eines Höhentroges.

a) Vb-ähnliche Wetterlagen.

Eine gewisse Verwandtschaft mit den Vb-Zyklonen weisen jene Tiefdruckwirbel auf, die auf einer nordöstlichen Zugbahn von Spanien über Frankreich nach Deutschland gelangen. Der Höhentiefdrucktrog liegt dann vor der europäischen Küste, also gegenüber der echten Vb-Lage um etwa 15 bis 20 Längengrade nach Westen verschoben. Die Wetterauswirkung ist ebenso intensiv, berührt aber weniger die südöstlichen Teile Mitteleuropas. Im folgenden soll eine derartige, im Winter verhältnismäßig seltene Lage kurz behandelt werden.

Der Schneesturm über Norddeutschland vom 8. bis 10. Dezember 1937. Am Abend des 8. Dezember (Abb. 166) liegt ein sich auffüllender Tiefkern über dem Kanal, von dem sich eine im Windfeld gut erkennbare Okklusion quer durch Deutschland bis zum Karpathenbogen verfolgen läßt. Dort biegt sie nach Südwesten um und geht

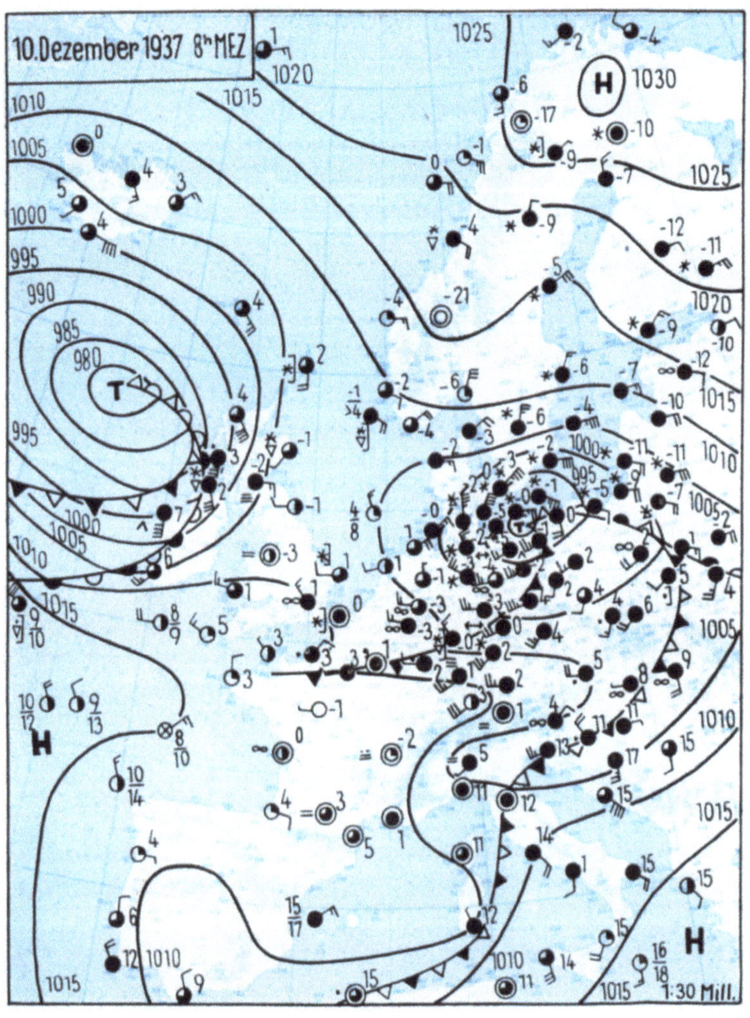

Abb. 168.　Rasches Herumgreifen der kontinentalen Kaltluft auf die Südseite der Schneesturmzyklone vom 10. Dezember 1937.

in die Warmfront eines neuen westlich von Portugal entstandenen und inzwischen über Nordspanien angelangten Tiefs über, dessen Kaltfront sich bereits *Gibraltar* nähert. Auf der Südseite eines über Nordskandinavien liegenden Hochs strömt einerseits recht kalte russische Luft nach Norddeutschland ein (488), während andererseits der Süden des Reiches den subtropischen Warmluftschüben in stärkerem Maße ausgesetzt ist.

In den Höhenkarten vom nächsten Morgen (Abb. 167, oben) ist der zum Kanal reichende Tiefdrucktrog für die Wetterlage ebenso kennzeichnend wie das starke Gefälle der relativen Topographien über dem zentraleuropäischen Raum. Entsprechend dem Verlauf der absoluten Isopotentiale 528 Dekameter kann man erwarten, daß das spanische Tief etwa in die Frankfurter Gegend gelangen wird.

Tatsächlich liegt es am Abend dieses Tages (Abb. 167, unten) mit seinem Zentrum schon über dem Sauerland. Es weist keinen großen Umfang, aber desto stärkere Druckgradienten auf, und vor allem auf seiner Nordseite ist der Ostwind teilweise bis Sturmesstärke aufgefrischt und transportiert die russische Kaltluft westwärts. Zwei deutlich voneinander getrennte Warmfronten sind auf der Ostflanke des deutschen Tiefs zu erkennen, von denen die erste aus der am Vortage wenig südlicher gelegenen Okklusion hervorgegangen ist und die zweite die Begrenzungslinie der echten Tropikluft darstellt, die sich über *Wien* bis zum Boden durchgesetzt und

Temperaturanstieg auf $+12°$ bewirkt hat. Auch die nachfolgenden Kaltluftmassen dringen in zwei Staffeln vor, von denen die erste sich über die Alpen zum Mittelmeer erstreckt und die zweite, ebenfalls aus der vortägigen Okklusion hervorgegangene, als Begrenzungslinie der kontinentalen russischen Kaltluft immer schärfere Ausprägung erlangt. Bei der Größe der Temperaturgegensätze sind die ausgelösten Schneefälle sehr ergiebig und überschreiten im Randgebiet der Eifel vielfach 30 mm.

Bis zum nächsten Tage (Abb. 168) hat sich der Tiefkern nach Mecklenburg verlagert. Die beiden Warmfronten und die erste Kaltluftstaffel haben sich zu einer von Pommern zum Weichselknie verlaufenden Okklusion vereinigt, und erst dort ist ein Warmsektor erhalten geblieben, dessen Tropikluft sich im Lee der Alpen am längsten behaupten konnte; die zweite Kaltfront verläuft von der unteren Oder zum mittleren Rhein und ist bis zur Normandie hin noch durch einen scharfen Windsprung und ein entsprechendes Schlechtwettergebiet ausgeprägt.

Eine schon am Abend vorher bei Island angelangte Depression zieht auf der Westseite des Höhentroges zunächst in südlicher Richtung und schwenkt erst später nach Osten um, nachdem das mitteleuropäische Tief bereits den innerrussischen Raum erreicht hat.

Die von Spanien nach Nordosten weisende Zugbahn ist im Winter verhältnismäßig selten von Zyklonen besucht und deshalb als Schneebringer weniger bekannt. Wie dieses Beispiel aber zeigt, können gerade bei einer derartigen Wetterlage gewaltige Schneeverwehungen in großen Teilen Mitteleuropas hervorgerufen werden, so daß die Anhaltspunkte für eine solche Entwicklung sorgfältig beachtet werden sollten: starke südwestliche Höhenströmung über Zentraleuropa, Ankunft eines eng begrenzten Druckfallgebietes über dem Südwesten unseres Erdteils, Zufuhr frischer Polarluftmassen von Osten und von Tropikluft aus dem Mittelmeerraum.

Die norddeutschen Warmlufteinschubgewitter vom 14./15. Juni 1935. Während der warmen Jahreszeit tritt eine Wetterlage, bei der gut ausgeprägte Druckwellen von Spanien aus nordostwärts ziehen, erheblich häufiger als im Winter ein. Vielfach entwickeln sich beim Durchzug der Fallgebiete, vor allem in den nordwestdeutschen Küstengebieten, lang anhaltende Gewitter, die ihrer Struktur nach den Warmfrontgewittern ähneln, bei denen aber die Warmluft hauptsächlich oder nur in den unteren Schichten vordringt (672). M. Rodewald (614) hat im Anschluß an die auf ähnliche Weise, fast im Zentrum eines Hochdruckgebiets, entstandenen Gewitter vom 19. August 1932 den Ausdruck *Warmlufteinschubgewitter* geprägt.

Tabelle 41. *Äquivalentpotentielle Temperaturen über Hamburg und Berlin, am 14. und 15. Juni 1935.*

Druck mb	Hamburg			Berlin	
	14. VI. 8 h	14. VI. 19 h	15. VI. 8 h	14. VI. 19 h	15. VI. 8 h
600	37	39	38	45	45
650	38	38	37	43	44
700	38	38	38	43	43
750	39	39	42	43	43
800	40	39	43	43	43
850	39	39	43	43	46
900	37	39	41	44	49
950	36	44	40	46	45
1000	37	47	42	49	46

In Abb. 169 ist eine früher schon kurz veröffentlichte (683) Warmlufteinschubgewitter-Situation dargestellt. Es handelt sich um die Wetterlage am Abend des 14. Juni 1935, als sich an der bereits über Mecklenburg wellenförmig deformierten und Gewitter produzierenden Begrenzungslinie der Tropikluft über Frankreich eine neue Teilstörung entwickelt, deren Bildung noch durch eine mit Annäherung einer alten Okklusion bzw. Kaltfront eintretende dreimasseneckähnliche Lage gefördert wird. Der Windsprung ist ebenso scharf ausgeprägt wie die Temperaturscheide, und vor der aufgleitenden Warmluft haben sich zwischen *Aachen* und *Paris* bereits verbreitete Gewitter entwickelt, die zusammen mit dem Fallgebiet rasch nach Nordosten vorrücken.

In *Hamburg* beginnt die Gewittertätigkeit um 21.30 Uhr zum gleichen Zeitpunkt wie der Druckfall, der allerdings (Abb. 170) von zahlreichen kurzperiodischen, durch die einzelnen Gewitterzüge hervorgerufenen Anstiegen unterbrochen ist und auf diese Weise außerordentlich große Schwankungen aufweist, wie sie charakteristisch sind für diesen Gewittertyp. Um 5 Uhr zieht das letzte Gewitter über *Hamburg* hinweg, durch eine besonders ausgeprägte Drucknase erkennbar, und damit ist auch der im ganzen 5 mm betragende Barometerfall beendet.

Am nächsten Morgen (Abb. 171) liegt das französische Teiltief zwischen *Hamburg* und *Warnemünde*, und vor der bis zur schwedischen Küste vorgestoßenen Warmfront hält die Gewittertätigkeit noch an, während weiter im Süden, wo die Kaltluft im Vordringen begriffen ist, nur einzelne Schauer beobachtet werden und stärkere frontale Umlagerungsprozesse erst im Laufe des Tages mit zunehmender Überhitzung der Tropikluft einsetzen. An der einige 100 Kilometer weiter westlich nachfolgenden Kaltfront werden überhaupt keine ausgeprägten Wettererscheinungen beobachtet, obwohl der Windsprung noch deutlich erkennbar ist. Eine dritte, im Laufe der Nacht zur Ausbildung gelangte Kaltluftstaffel macht sich an der europäischen Westküste hauptsächlich durch präfrontalen Regen bemerkbar.

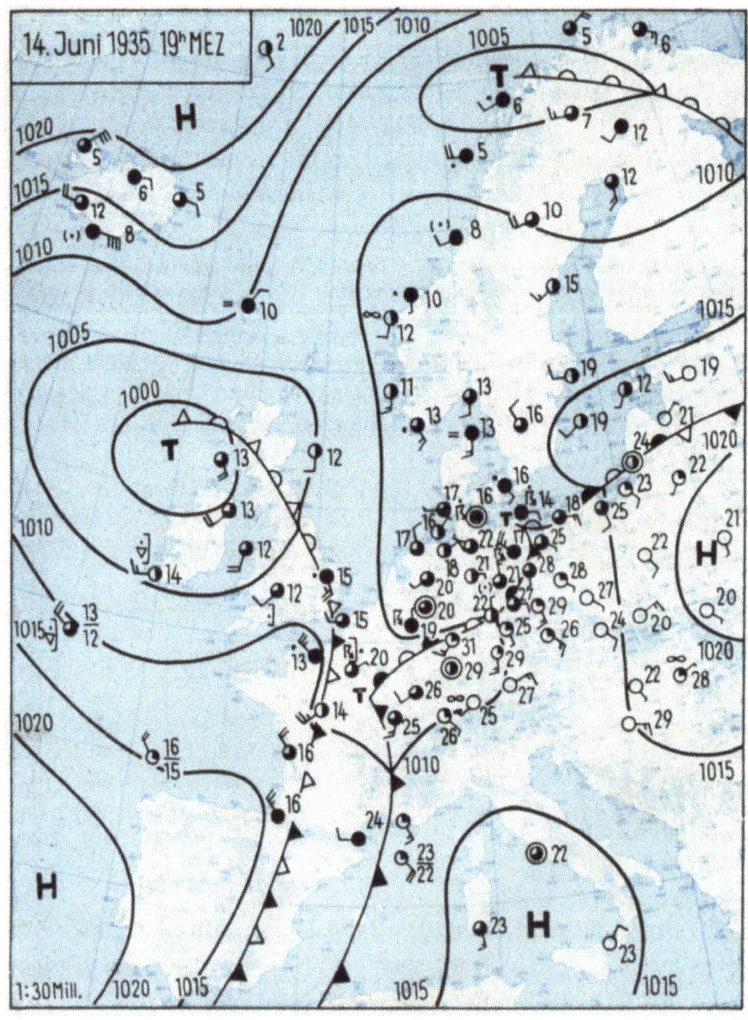

Abb. 169. Die Entwicklung eines Teiltiefs über Ostfrankreich am 14. Juni 1935 führt zu schweren Nachtgewittern in Nordwestdeutschland.

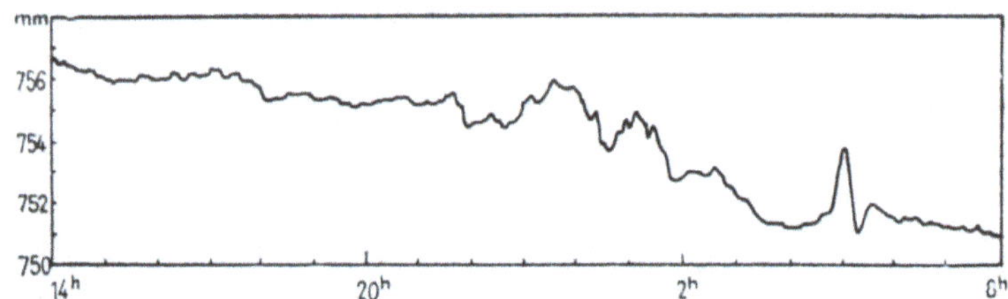

Abb. 170. Die Aufzeichnungen des Waagebarographen auf der Deutschen Seewarte während der Gewitternacht vom 14./15. Juni 1935.

In Abb. 171 sind die relativen und absoluten Topographien des gleichen Termins mit abgedruckt. Es geht daraus hervor, daß das Temperaturgefälle, vor allem zwischen Ungarn und Nordwestfrankreich, recht beträchtlich und demgemäß eine lebhafte südwestliche Höhenströmung vorhanden ist, von welcher der über Mecklenburg angelangte Tiefkern gesteuert wird.

Daß tatsächlich die Entwicklung dieser Gewitter auf den Einschub wärmerer Luft in den unteren Schichten zurückzuführen ist, soll Tabelle 41 beweisen, in der die äquivalentpotentiellen Temperaturen über *Hamburg* und *Berlin* zu den maßgebenden Terminen zusammengestellt sind. Im Laufe des 14. Juni ist in der freien Atmosphäre über *Hamburg* keine wesentliche Zustandsänderung eingetreten, die Schichtung ist aber abends infolge der Bodenerwärmung bereits stark feuchtlabil. Zur gleichen Zeit liegen die Äquivalenttemperaturen über *Berlin* im Bereich der Tropikluft in allen Schichten etwa 5° höher. Bis zum nächsten Morgen ist die vertikale

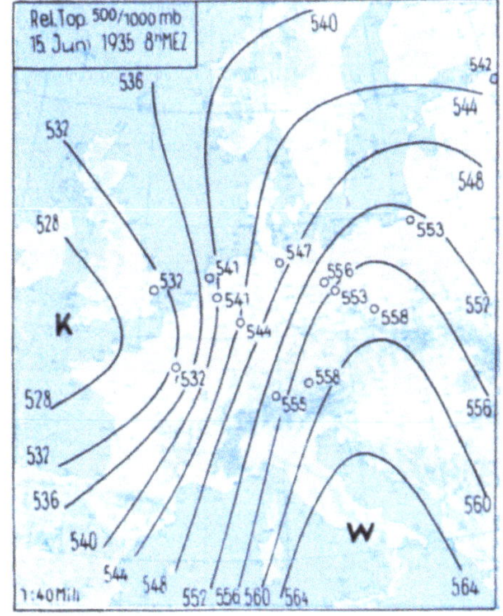

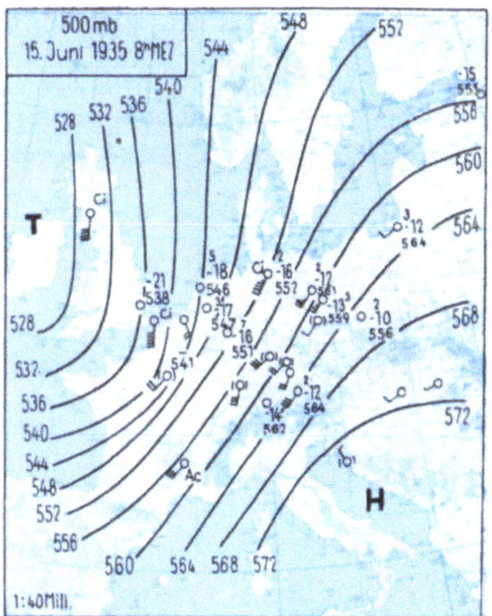

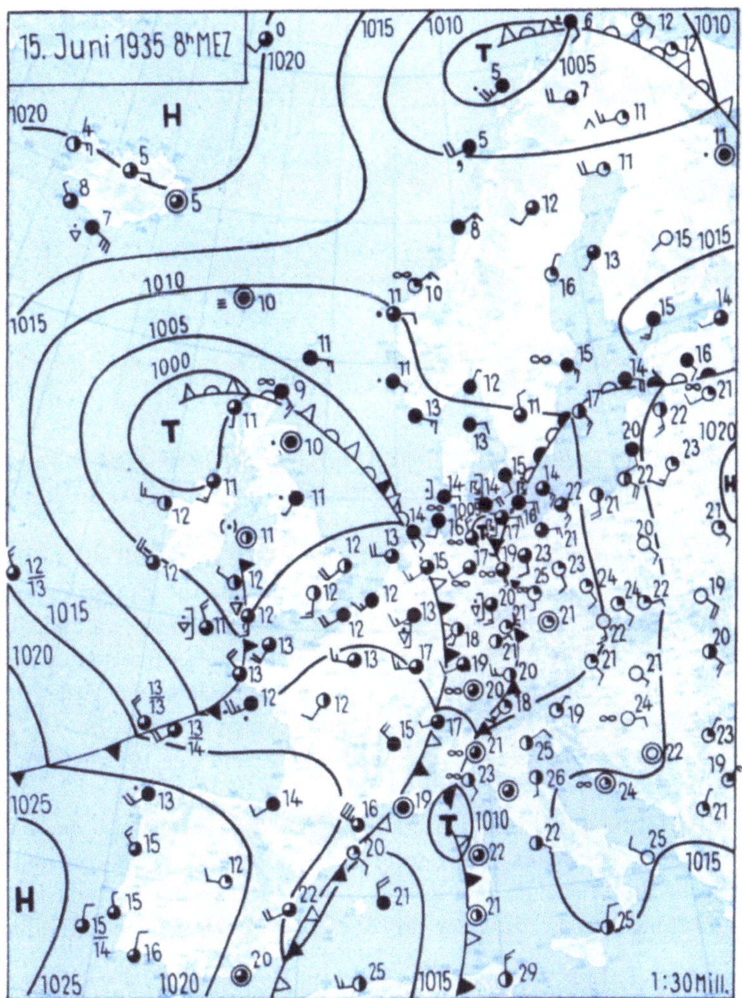

Abb. 171. Ankunft eines Gewittertiefs über der Lübecker Bucht am Morgen des 15. Juni 1935.

Verteilung des Wärmeinhalts über der Reichshauptstadt unverändert geblieben, über *Hamburg* hingegen zwischen 900 und 750 mb, also etwa zwischen 1000 und 2500 m, eine Erhöhung bis zu 4°, darüber aber keine

Änderung und darunter sogar eine leichte Abnahme erfolgt. Es zeigt sich hier deutlich der Einschub der Tropikluft im Niveau zwischen 1000 und 2500 m, und demgemäß stimmen auch die hier gemessenen Werte jetzt weitgehend mit den Berliner Beträgen überein. Die Schichtung ist oberhalb von 2000 m stark feuchtlabil, so daß hier der Hauptsitz der Gewitterbildung gesucht werden muß.

Besondere Wettererscheinungen. Der größte Teil aller Nachtgewitter im deutschen Küstengebiet ist auf ähnliche Ursachen zurückzuführen. Am zweiten Vortag erscheint ein verhältnismäßig eng begrenztes Druckwellental an der Nordwestküste Spaniens, wandert von dort nach Frankreich und überschreitet in der Gewitternacht Norddeutschland. Da die vertikalen Umlagerungen durch den Einschub der Warmluft immer neu genährt werden, wiederholen sich diese Gewitter so lange, bis das Druckwellental durchgezogen ist und sich dann die kältere Masse durchsetzt. Daß gerade die Nachtstunden von diesem Gewittertyp

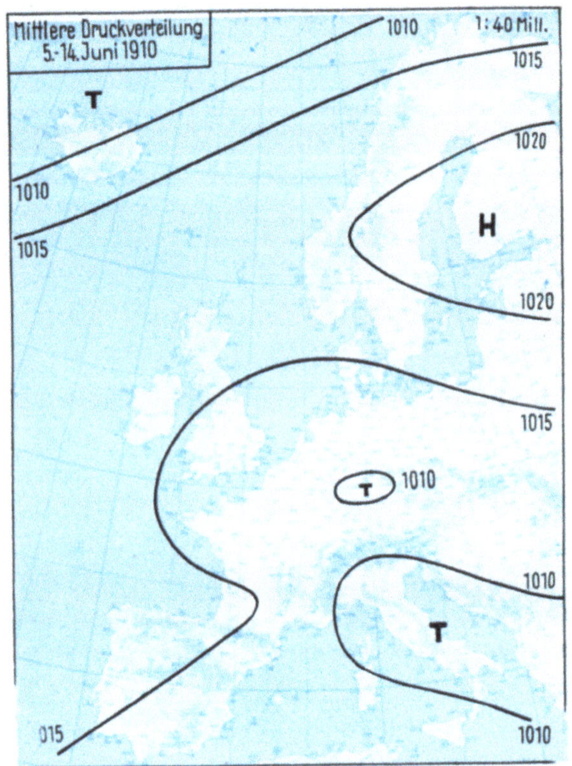

Abb. 172. Mittlere Luftdruckverteilung während der Ostgewitterperiode vom 5. bis 14. Juni 1910.

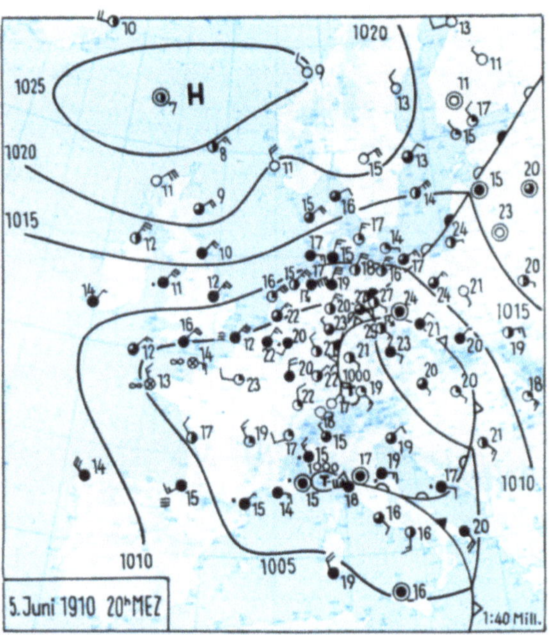

Abb. 173. Entstehung der Ostgewitter im Aufgleitgebiet der kontinentalen Tropikluft am 5. Juni 1910.

so bevorzugt werden, liegt daran, daß am Tage bei relativ hohem Druck über See die Bildung eines Teiltiefs mit Vorliebe über dem Festland einsetzt und dieses dann erst nachts, wenn der Druck über dem Kontinent steigt (vgl. Abb. 63), die Küstengebiete erreicht.

RODEWALD (614, S. 27) hat darauf hingewiesen, daß der starke Druckfall auf der Rückseite der Warmlufteinschubgewitter eine *Sogböe* hervorruft, die meistens stärker ist als die *Einsatzböe* auf der Vorderseite, aber nicht so plötzlich beginnt. Bei dem damaligen Fall erreichte die Windgeschwindigkeit in der westlichen Ostsee auf der Rückseite der Gewitter aus Südost 13 bis 17 m/sec, und der Drucksturz auf dem Feuerschiff *Fehmarnbelt* betrug beinahe 7 mb! Andererseits hat KOSCHMIEDER (383) einige Fälle von ausgeprägten *Drucktrichtern* erwähnt, die sich in der Windstärke kaum bemerkbar gemacht haben. In diesem Zusammenhang sei auch die ausgeprägte *negative Druckstufe* erwähnt, die am Abend des 16. November 1928 in Potsdam aufgetreten ist.

Als besonders gewitterfördernd erweist sich auch der auf der Vorderseite des heranziehenden Teiltiefs[1] meist erfolgende Zustrom kälterer Seeluft in den unteren Schichten, der die Warmfront und deren Konvergenz verstärkt bzw. in der Höhe die Warmluft zum kalten Gebiet hin, wo der Höhendruck niedriger ist, ansaugt. Dieser Warmluftvorstoß führt zugleich zu einer mit der Höhe zunehmenden Dämpfung des heranziehenden

---

[1] Im Bereich eines solchen Teiltiefs traten auch die schweren Unwetter in Holland (211) und Nordwestdeutschland (263) am 10. August 1925 auf. Ganz ähnlich war die Wetterlage in der Nacht vom 26. zum 27. Juni 1935 und führte damals an der Unterelbe zu einem derart schweren Gewitter, wie ich es seitdem nicht mehr erlebt habe. Dieses Unwetter begann (in *Blankenese*) mit einem plötzlichen Drucksturz von 2 mb innerhalb von 10 Minuten, dem in der nächsten Viertelstunde ein Anstieg von 5 mb folgte, und es hat sich dabei um ein ähnlich engbegrenztes Teiltief gehandelt wie bei der Gottleuba-Katastrophe (vgl. Abb. 176).

Fallgebiets, und daher bleibt die Strömung in der oberen Troposphäre viel ungestörter: der Warmlufteinschub kommt hauptsächlich in Höhen zwischen 1000 und 3000 m zur Auslösung, zum Unterschied von den echten Warmfrontgewittern, bei denen die Warmluftadvektion auch die obere Troposphäre umfaßt, wie es auch bei den meisten Ostgewittern der Fall ist.

b) Die Ostgewitter.

In einer ausführlichen Untersuchung ist nachgewiesen worden (669, 671), daß die *Ostgewitter* ihre Entstehung einer Wetterlage verdanken, bei der eine warme Südostströmung über eine kältere nordöstliche aufgleitet. In Abb. 172 ist die mittlere Druckverteilung während der besonders lange anhaltenden Gewitterperiode vom 5. bis 14. Juni 1910 reproduziert, und es ergibt sich hier, daß bei hohem Druck über Nordeuropa und stärkerer Tiefdrucktätigkeit über Süddeutschland und dem Mittelmeergebiet eine heiße kontinentale Ostströmung etwa längs der Elbe auf eine kältere sich von Nordosten nach Südwesten bewegende Masse trifft.

Die Ostgewitter vom 5. Juni 1910. Abb. 173 gibt die Wetterlage am Abend des 5. Juni 1910, zur Zeit des Höhepunktes dieser Gewitterperiode, wieder. Hier sind die beiden auf der Nordseite des über Bayern liegenden Tiefs gegeneinander strömenden verschiedenen Luftmassen deutlich zu erkennen, getrennt durch die von Sachsen zur östlichen Ostsee verlaufende Warmfront. Im Bereich der Tropikluft liegen die Temperaturen zwischen 20 und 24°, bei starkem Nordostwind an der Unterelbe und der Nordseeküste, wo gerade ein Gewitterzug angelangt ist, nur zwischen 15 und 19°. Die Gewitter wandern, wenn sie an der Massengrenze entstanden sind, mit der südöstlichen Höhenströmung also weit in das kalte Gebiet hinein, und ihr Auftreten kann hier, wenn diese Verhältnisse nicht sorgfältig beachtet werden, oft sehr überraschen, da in der kälteren Zone Gewitter a priori am wenigsten erwartet werden.

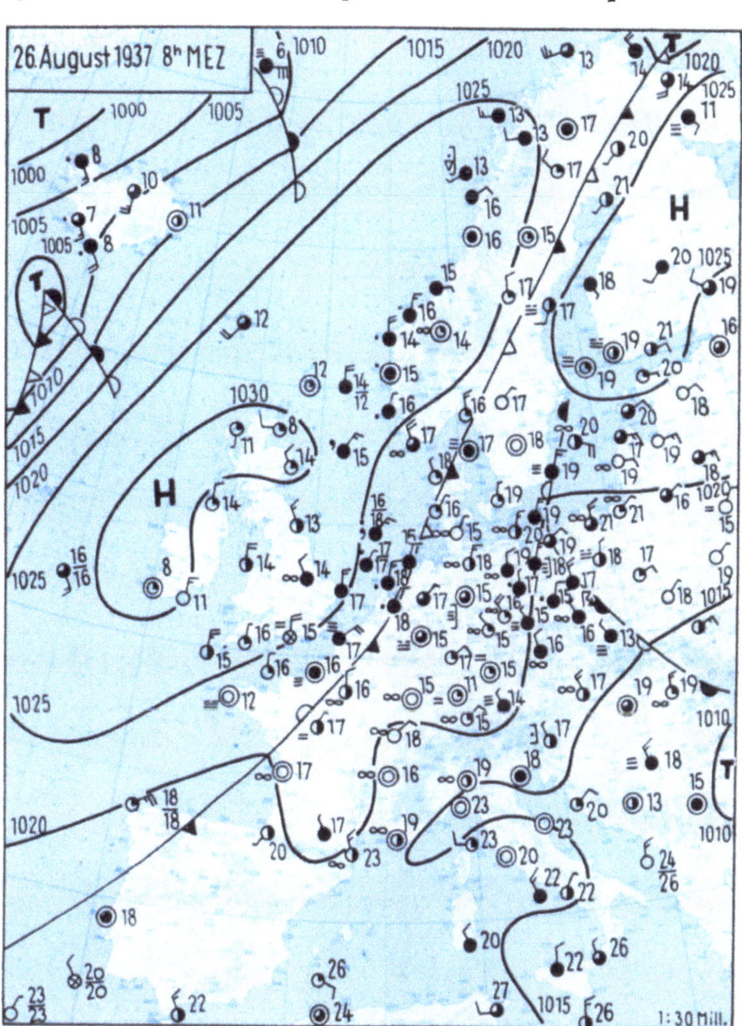

Abb. 174. Entwicklung schwerer Nordostgewitter vor einer schwachen Warmfront über Berlin am 26. August 1937.

Die Entstehung dieses Gewittertyps ist darauf zurückzuführen, daß die Warmluft an der Luftmassengrenze als Ganzes aufsteigt und sich dabei trockenadiabatisch abkühlt. Sobald Kondensation eintritt, kommt die latent vorhandene Feuchtlabilität zur Auswirkung und führt einen allgemeinen Umsturz herbei. Auf diese Weise bleibt es im Hitzegebiet im allgemeinen trocken, und die Gewitterzone umfaßt hauptsächlich die von kälterer Luft überwehte Gegend, die sich aber, wegen des größeren Feuchtigkeitsgehalts, oft durch eine gewisse Schwüle auszeichnet. Da bei einer derartigen Situation immer neue Warmluftmassen an der gleichen Stelle zum Aufgleiten kommen, wiederholen sich die Ostgewitter gerne und haben trotzdem keine Abkühlung im Gefolge, rufen vielmehr durch die eintretende Feuchtigkeitszunahme gerade eine wachsende Schwüle hervor.

Auch bei von Westen heranziehenden Warmfronten entwickeln sich zuweilen Warmfrontgewitter, aber deshalb erheblich seltener, weil die maritime Tropikluft stabiler geschichtet ist und eine gewisse Überhitzung der unteren Schichten die unerläßliche Vorbedingung für einen beim Aufgleiten einsetzenden Umsturz darstellt.

Die Nordostgewitter vom 26. August 1937. Mit den Ostgewittern eng verwandt sind die im Spätsommer, wenn die Ostsee am wärmsten ist, gelegentlich aus Nordosten aufziehenden Gewitter. In Abb. 174 ist eine derartige Lage, bei welcher sich viele Tage hintereinander im mittleren Norddeutschland starke Gewitterzüge entwickelten, dargestellt. Der Luftdruck ist allgemein hoch, und zwei starke Hochdruckzellen über Finnland bzw. vor der Irischen Westküste sind nur durch eine schmale Tiefdruckrinne voneinander getrennt, in der eine von einem postfrontalen Schlechtwettergebiet begleitete Kaltfront langsam ostwärts wandert.

Ohne sorgfältiges Studium kaum festzustellen, erstreckt sich von den Karpathen aus in nordwestlicher Richtung eine schwache Warmfront nach Pommern und zur mittleren Ostsee, noch am deutlichsten ausgeprägt durch eine Strömungskonvergenz, auf deren Westseite ein Streifen bedeckten Himmels und örtlicher Regenfälle vorhanden ist. Die Temperaturen liegen hier zwar nur einige Grade tiefer als weiter im Osten, aber dieser geringe Gegensatz genügt bei der großen Labilität der Warmluft bereits, um verbreitete Gewitter auszulösen. Über *Berlin* entwickelte sich am Abend dieses Tages ein schweres Unwetter, das sich hauptsächlich über den südwestlichen Vororten entlud und hier teilweise Regenmengen über 50 mm lieferte.

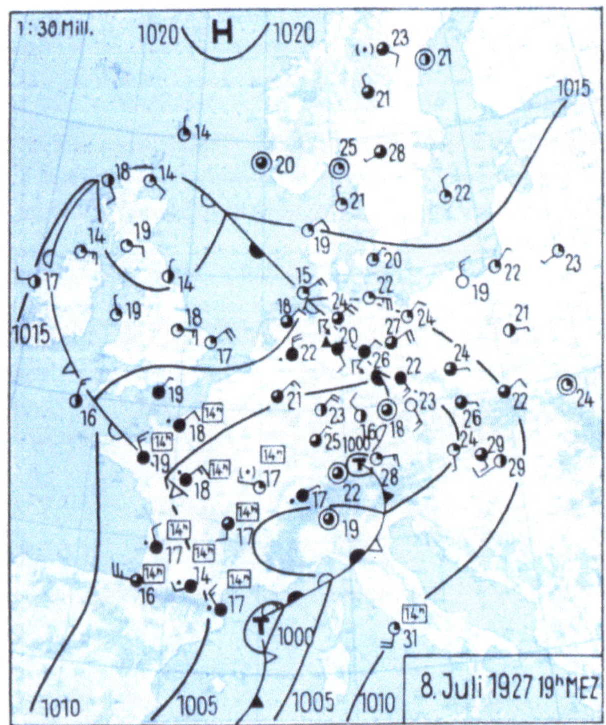

Abb. 175. Die Wetterlage einige Stunden vor Beginn der Gottleuba-Katastrophe am 8. Juli 1927, 19 Uhr.

Die Gottleuba-Katastrophe vom 8./9. Juli 1927. Auch eine der größten Unwetterkatastrophen, die sich über Deutschland ereignet haben, ist auf eine Ostgewitterlage zurückzuführen (1): der Wolkenbruch im Gottleubatal in den Abendstunden des 8. Juli 1927. In Abb. 175 ist die synoptische Situation zum 19-Uhr-Termin dieses Tages reproduziert, die weitgehende Ähnlichkeit mit der für Ostgewitter typischen Druckverteilung aufweist: Hoher Druck über Nordeuropa und starke Zyklonen im Süden, von denen eine über Bayern langsam nach Norden wandert.

Von dem Tief westlich *München* erstreckt sich eine Warmfront bogenförmig über den Böhmerwald zur Unterelbe, hauptsächlich im Temperaturfeld und an den Wettererscheinungen, teilweise aber auch an einer Strömungskonvergenz zu erkennen. Starke Gewitter haben sich im Laufe des Tages bereits im Egerland entwickelt, wo noch eine entsprechende Temperatursenkung übriggeblieben ist, nachdem sich die Hauptgewittertätigkeit auf das Gebiet nördlich des Harzes verlagert hat.

Die Begrenzungslinie der echten kontinentalen Tropikluft verläuft zu dem

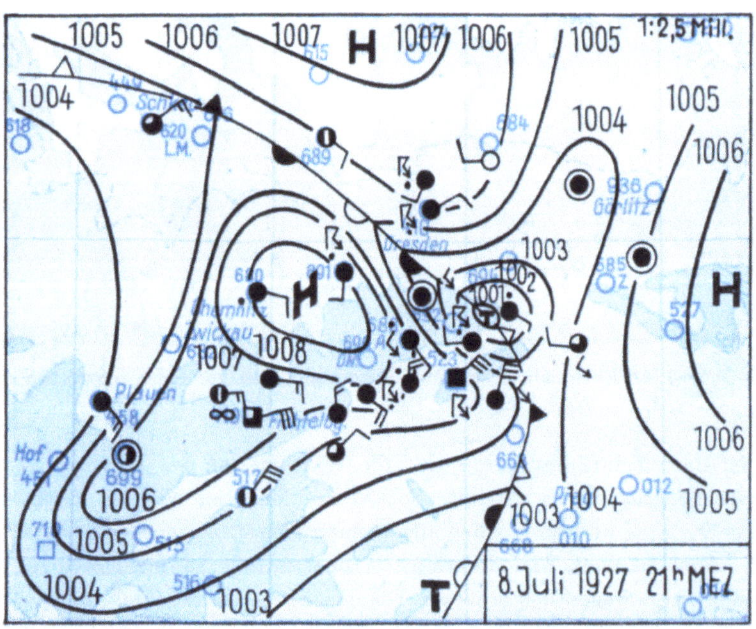

Abb. 176. Die Schwergewitter im Gottleubatal beginnen am 8. Juli 1927 gegen 21 Uhr bei Ankunft eines engbegrenzten Teiltiefs.

dargestellten Zeitpunkt westlich von *Dresden* genau durch das Gebiet hindurch, in dem sich einige Stunden später die Katastrophe ereignet hat. In Abb. 176 ist eine Spezialkarte für den 21-Uhr-Termin abgedruckt, zu deren Entwurf die von G. Dietzschold (151) veröffentlichten Meldungen herangezogen wurden. Daraus ergibt sich, daß unmittelbar zu Beginn des Unwetters am Ostfuß des sächsischen Erzgebirges ein engbegrenztes intensives Teiltief angelangt war, das an der Frontalzone dort entstanden ist, wo die Nachmittagsgewitter eine starke Abkühlung herbeigeführt und auf diese Weise den Temperaturgegensatz örtlich verschärft haben, und das längs der Luftmassengrenze nach Norden zog. Das Unwetter entlud sich im Nordwestsektor dieses Teiltiefs im Bereich der Station, die hier Windstille und Wetterleuchten bei einem Luftdruck von 1004 mb beobachtet. Die Situation zeigt damit auch weitgehende Anklänge an den Typ der Warmlufteinschubgewitter (vgl. S. 289) mit der Abweichung, daß die Frontalzone hier nicht von SW nach NE verläuft, sondern ebenso wie die Höhenströmung eine Richtung aus S bis SE aufweist. Die Intensität des Teiltiefs ist dabei zweifellos für das Ausmaß des Unwetters entscheidend: Die in wenigen Stunden gefallene Regenmenge betrug bis zu 226 mm, und das Gebiet mit mehr als 200 mm Niederschlag umfaßt noch eine Fläche von 20 qkm. In den Tälern der Gottleuba und Müglitz erreichte die Flutwelle stellenweise eine Höhe von 5 m über Flußsohle, wobei 146 Menschen ertrunken sind.

In Abb. 176 ist ferner das starke Teilhoch zu beachten, das sich westlich vom Unwettergebiet entwickelt hat und die das Gewitter begleitende Drucknase repräsentiert.

Am nächsten Morgen ist das Unwetterteiltief am Südostrand des Harzes noch deutlich im Druck- und Tendenzfeld ausgeprägt, und ihr folgt erst in einigem Abstand die Zyklone nach, die am Abend vorher über *Bologna* gelegen war und auf deren Südseite die ozeanische Kaltluft endgültig ostwärts durchbricht und die Gewittertätigkeit beendet.

c) Der Schirokko.

Der eigentliche Schirokko ist eine Erscheinung der nördlichen Mittelmeerküsten und kommt zustande, wenn auf der Vorderseite eines über dem westlichen Mittelmeer angelangten Tiefs afrikanische Heißluft nordwärts vorstößt und über dem Meere derart mit Feuchtigkeit

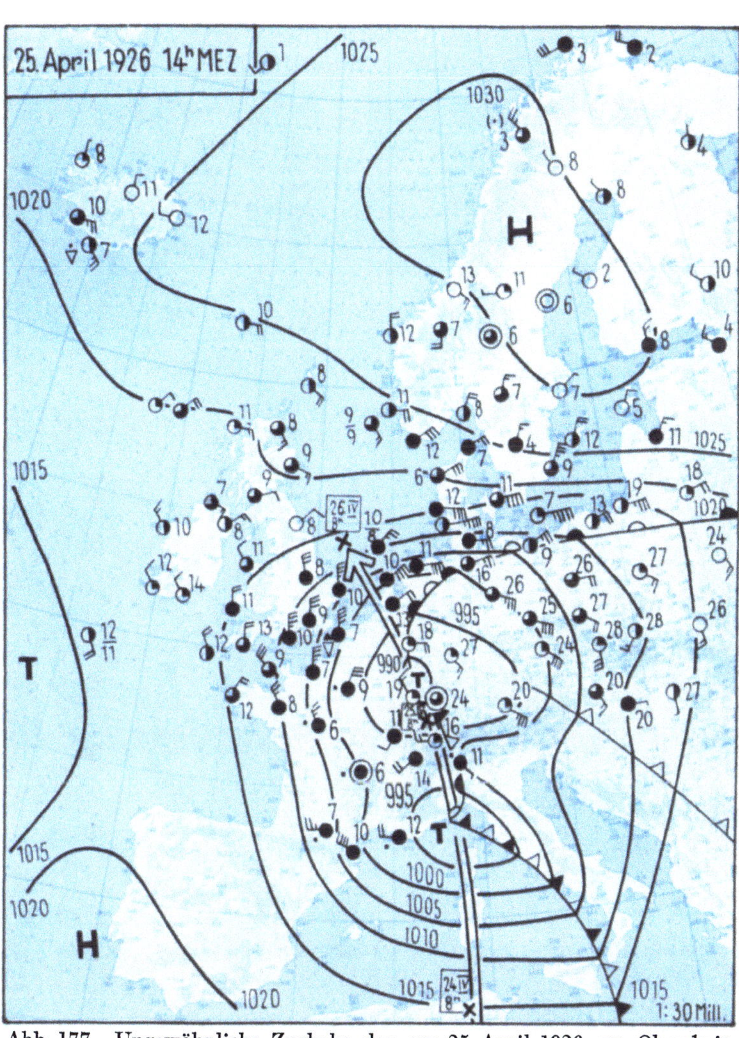

Abb. 177. Ungewöhnliche Zugbahn des am 25. April 1926 am Oberrhein angelangten afrikanischen Tiefs.

angereichert wird, daß man die Luft trotz größerer Windstärke noch als schwül empfindet. Ausgedehnte Regenfälle, vor allem in den Staugebieten der dalmatinischen Berge, sind mit dieser Wetterlage verknüpft, und darauf ist die große mittlere Jahresniederschlagsmenge in *Crkvice* im Hinterland der Bucht von Cattaro (1097 m hoch) mit 4630 mm zurückzuführen, die nur noch von einer englischen Station (*Glaslyn* am Osthang des Snowdon Massivs in Nord-Wales in 762 m Höhe mit 5030 mm) übertroffen wird.

Die ungewöhnliche Bahn des Tiefs vom 24. bis 26. April 1926. In einigen seltenen Fällen dringt ein solches Schirokkotief auch nach Mitteleuropa vor, und in diesem Zusammenhang muß die ungewöhnliche, in Abb. 177 durch einen Pfeil wiedergegebene Bahn der Zyklone erwähnt werden, die am 24. April 1926 über Tunesien angelangt war und von dort in nördlicher, später sogar nordwestlicher Richtung über die Schweiz zur Nordsee zog. Die betreffende Wetterlage ist von M. HERRMANN (311) bearbeitet worden und für den Mittagstermin des 25. April in Abb. 177 reproduziert.

Im Herrschaftsbereich der afrikanischen Luft (T_s) sind die Temperaturen in Deutschland für die Jahreszeit ungewöhnlich hoch angestiegen und erreichen mit Maxima nahe an 30° hochsommerliche Werte. Über Frankreich ist es innerhalb einer kalten Nordströmung vielfach mehr als 20° kälter, und im Grenzbereich der verschiedenen Luftmassen entwickeln sich über dem Rheinland heftige Gewitter.

Die ungewöhnliche Zyklonenbahn wurde ausschlaggebend durch ein kräftiges skandinavisches Hochdruckgebiet im Zusammenwirken mit der französischen Kaltluftmasse bestimmt, indem diese Faktoren eine südöst-

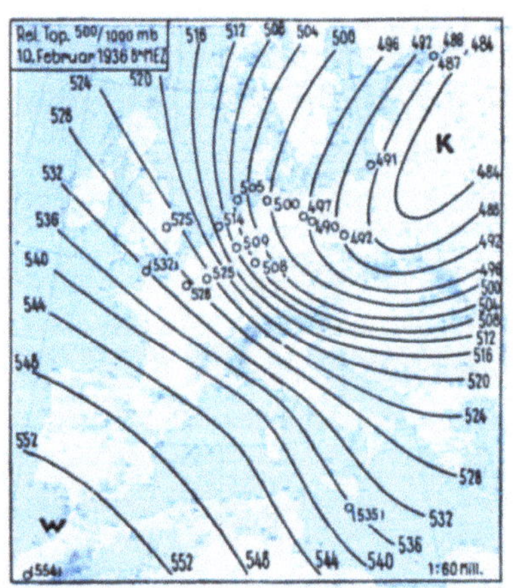
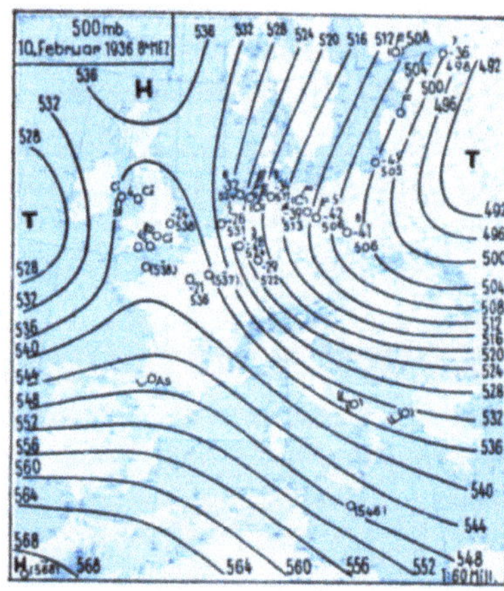
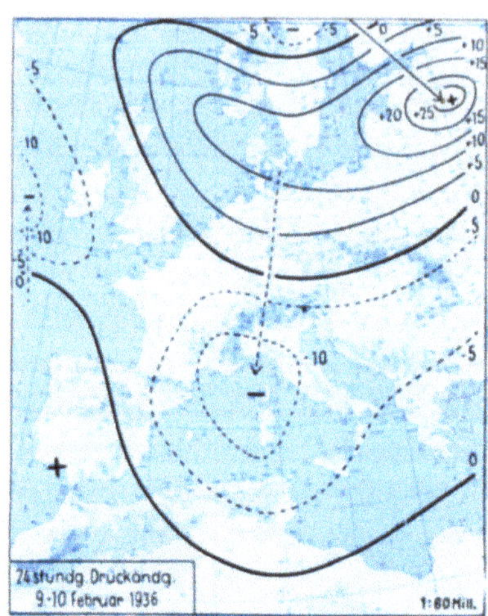

Abb. 178.
Vorbereitung einer
zyklonalen Bora-Wetterlage
bei Ausbildung einer Frontalzone über Mitteleuropa
am 10. Februar 1936.

liche Höhenströmung herbeiführten. Über dem Seebereich nahe der Doggerbank ist dieses Minimum dann
am 26. April der Auffüllung anheimgefallen, und die westliche Kaltluft breitete sich wieder über Deutschland aus.

Besondere Wettererscheinungen. Da die über dem Mittelmeer mit reichlichen Feuchtigkeitsmengen versehene afrikanische Warmluft am Südhang der Alpen und adriatischen Küstengebirge zum Ausregnen

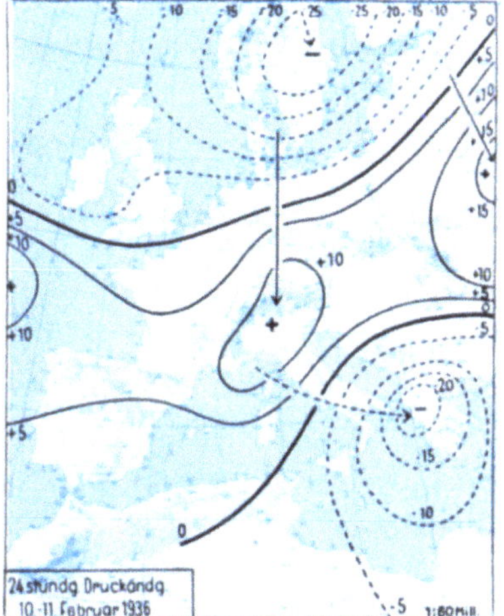

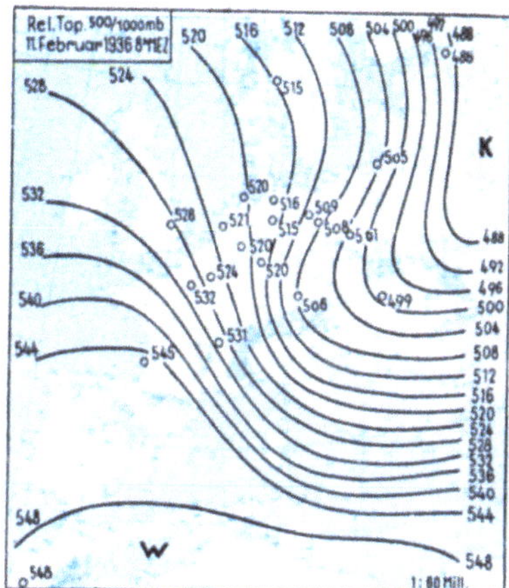

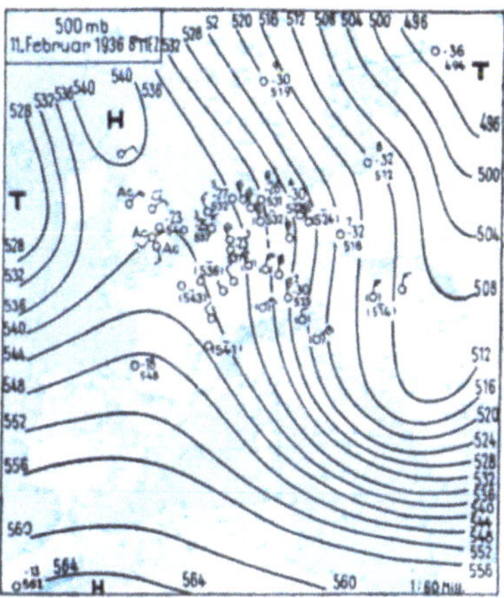

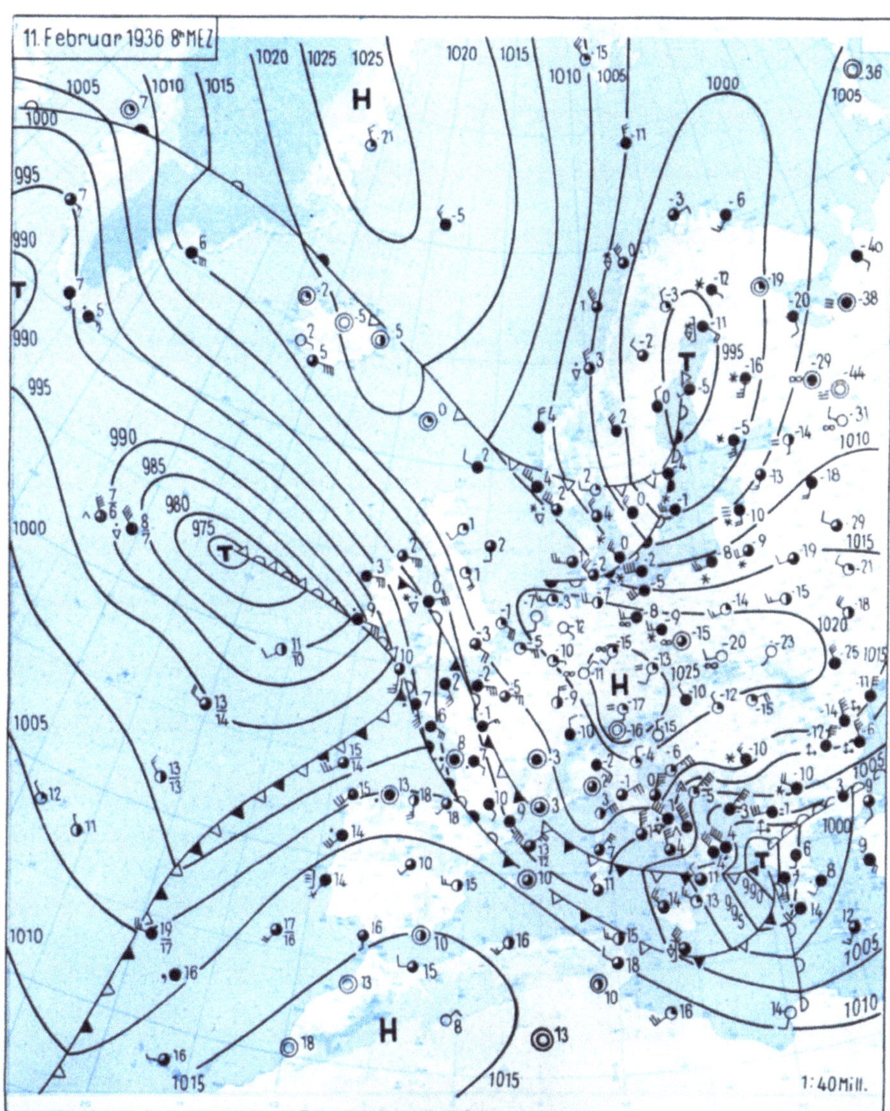

Abb. 179.
Bei Einbruch der arktischen Kaltluft in das Mittelmeergebiet erreicht die Bora am 11. Februar 1936 ihren Höhepunkt.

gezwungen wird, kommt sie über Deutschland wieder als trockene Masse an. Eine mehr oder weniger starke Staubtrübung bleibt aber oft noch lange vorhanden, läßt die Sonne blutig-rot erscheinen und lagert sich nur

allmählich am Boden ab. Es wurde auf diese Erscheinungen schon früher anläßlich der Besprechung des Lebens-
laufes der afrikanischen Tropikluft hingewiesen (S. 146), so daß sich hier ein weiteres Eingehen darauf erübrigt.

d) Die Bora.

Das Gegenstück zum Schirokko stellt die Bora dar, bei der sich festländische Kaltluftmassen ins Mittelmeergebiet ergießen und dabei die Gewalt des Sturmes durch die von der stets erheblich wärmeren Meeresoberfläche ausgehende Labilisierung wesentlich gesteigert wird. In vielen Fällen entwickelt sich zugleich eine
Zyklone so plötzlich, daß die rechtzeitige Vorhersage oft nur schwer möglich ist (869).

Der Nordostorkan über der Adria vom 10. bis 11. Februar 1936. Was die Plötzlichkeit der Entwicklung
einer Borazyklone betrifft, so ist in dieser Beziehung das in der Nacht zum 11. Februar 1936 über der Adria
entstandene Sturmtief besonders bemerkenswert (708). In Abb. 178 ist die Boden- und Höhenwetterlage am
Morgen vorher reproduziert, als erst ein kleines Teiltief über dem Golf du Lion angedeutet ist.

Beachtenswert ist die Verteilung der Luftmassen. Auf der Südostseite einer über dem Atlantik langsam
nach Norden ziehenden Zyklone stößt nämlich ein breiter Strom maritimer Tropikluft zur Biskaya und dem
westlichen Mittelmeerraum vor, während gleichzeitig auf der Ostabdachung eines südnorwegischen Hochs
ein intensiver Ausbruch arktischer Polarluft im Begriff ist, das nördliche Mittelmeer zu erreichen. Wie die Karte
der relativen Topographie zeigt, sind die Gegensätze zwischen diesen beiden Luftmassen sehr groß, indem sie
zwischen Spanien und Polen 64 dyn. Dekameter in der Schicht zwischen 500 und 1000 mb oder 32° in der
Mitteltemperatur betragen. Da die gemäßigte Luftmasse dazwischen immer mehr eingeengt wird, muß sich
auch die Drängungszone noch weiter konzentrieren und damit ebenso die Höhenströmung noch an Stärke
zunehmen, die vor allem über dem westlichen Deutschland im Niveau der 500-mb-Fläche bereits 100 km/h
weit überschreitet.

In Abb. 178 sind oben rechts die 24stündigen Druckänderungsgebiete nebst ihren seit dem Vortage inne-
gehaltenen Zugbahnen dargestellt, und hier zeigt sich, daß das mit seinem Zentrum über dem Golf von Genua
angelangte Fallgebiet von Norden herangezogen ist und jetzt die Tropikluft ansaugt, während zugleich ein
starkes Steiggebiet von Nordosteuropa her nachfolgt. 24 Stunden später (obere linke Karte in Abb. 179) ist
der am Vortage nach Dänemark reichende Teil des Steiggebietes bereits in die oberitalienische Tiefebene vorgedrungen, und das Fallgebiet hat sich, unter Verstärkung auf mehr als 20 mb und weitgehend der Höhenströmung folgend, zum südlichen Balkan begeben.

Die tropische und arktische Luft (Abb. 179) haben sich beinahe zu einer Grenzlinie vereinigt; in der relativen wie in der absoluten Topographie der 500-mb-Fläche konzentriert sich der Gegensatz auf das Tyr-
rhenische Meer, und das zur Straße von Otranto verlagerte Minimum konnte sich um 10 mb vertiefen. Besonders
steil ist das Druckgefälle auf seiner Nordseite geworden, wo das Alpen-Teilhoch scharf nachdrängt — seinerseits durch einen neuen über dem Bottenbusen angelangten Wirbel zu rascher südlicher Verlagerung gezwungen — und die arktische Kaltluft daher als orkanartige Bora die Adria und die italienischen Gestade
überweht, über Griechenland an der Vorderseite der Zyklone am südlichen Durchbruch aber zunächst noch
verhindert wird.

Über dem Atlantik hat die Wetterlage währenddessen keine wesentliche Änderung erfahren. Dem dort
okkludierenden Tief fällt weiterhin die Rolle zu, für die Aufrechterhaltung des Warmluftstromes in das südliche
Mittelmeer zu sorgen.

Besondere Wettererscheinungen. Bei der Bora muß man zwischen den zyklonalen (wie in diesem
Falle) und antizyklonalen Fallwinden unterscheiden. Die *zyklonale Bora* ist die Begleiterscheinung von
Mittelmeerdepressionen, und für sie ist kennzeichnend stärker bewölktes Wetter, zum Teil sogar unter Auslösung
von Schneefällen, wenn in der Höhe wärmere Südostluft aufgleitet. Bei der *antizyklonalen Bora*, bei der
ein Hochkern über dem Balkan liegt, ist es meist heiter oder wolkenlos.

Daß die Bora, obwohl es sich um einen Fallwind handelt, kalt ist, liegt — abgesehen von dem nördlichen Ursprungsgebiet der einbrechenden Luftmasse — daran, daß die beim Herabstürzen eintretende
dynamische Erwärmung nicht die Abkühlung zu kompensieren vermag, welche die über der kahlen Hochfläche
des Karstes besonders stark ausstrahlenden Polarluftmassen erleiden.

Wie gerade das vorige Beispiel zeigt, ist die Vorhersage der zyklonalen Bora oft sehr schwer und nur bei
rechtzeitiger Beachtung aller Anhaltspunkte, die für eine Ausbildung oder Verschärfung einer Mittelmeer-
Frontalzone sprechen, möglich.

e) Glatteisbildung.

Unter den für den Flugwetterdienst besonders gefährlichen Wetterlagen spielt die *Vereisung* eine große Rolle (507, 733)[1]. Sofern sie durch unterkühlte Wassertropfen in den Wolken zustande kommt, zeigt sie nur geringe Zusammenhänge zur synoptischen Lage und tritt mit Vorliebe in der Nähe der Obergrenze geschlossener Stratocumulus-Decken auf (57, 76, 532, 662), vorzugsweise bei Temperaturen bis zu —5° und im allgemeinen nicht unter —12°, ist gelegentlich aber auch schon bei —20° beobachtet worden. Starkes vertikales Temperaturgefälle scheint den Eisansatz zu begünstigen (395).

Man kann den Ansatz von *Rauhreif*[2], der keine Gefahrenquelle darstellt, *Rauhfrost*, der in einem trüben, kristallinischen Ansatz besteht, und *Klareis* unterscheiden, das einen festhaftenden, ziemlich durchsichtigen, aber rauhen Überzug bildet. Diese gefährlichste Form der Vereisung tritt hauptsächlich bei unterkühltem Regen auf und kann in kurzer Zeit zu einem derartigen Eisansatz führen, daß das Luftfahrzeug zur sofortigen Notlandung gezwungen ist.

Innerhalb eines Niederschlagsgebietes sind die Zonen, in denen unterkühlter Regen eintritt, immer verhältnismäßig schmal, da diese Form nur dort zustandekommt, wo über einer unteren Kaltlufthaut eine mindestens viele hundert Meter mächtige Schicht mit Temperaturen oberhalb des Gefrierpunktes vorhanden ist und gleichzeitig die Warmluftadvektion so intensiv bleibt, daß diese Schicht nicht durch den von oben hineinfallenden Schnee oder die aufwärts gerichtete Vertikalbewegung unter den Nullpunkt abgekühlt wird[3].

Das Hamburger Glatteis vom 24./25. Dezember 1935. In Abb. 180 ist die Wetterlage einige Stunden vor Beginn des großen Hamburger Glatteises während der Weihnachtsnacht des Jahres 1935 dargestellt, welche viele typische Merkmale einer Vereisungswetterlage aufweist (145). Charakteristisch ist vor allem der von Polen nach Südnorwegen reichende Hochdruckkeil, aus dem in den unteren Schichten eine durch Strahlung abgekühlte flache Kaltlufthaut westwärts abströmt, während sich in der Höhe ein warmer Südwestwind darüber schiebt. Die zugehörige Frontfläche schneidet auf der Linie Mittelengland—Holland—Württemberg den Boden; sie ist aus einer alten Okklusion hervorgegangen, deren Reste längs der italienischen Westküste noch erkennbar sind und die sich nördlich der Alpen bei südlicher Rückseitenströmung in eine Warmfront verwandelt hat, der eine weitere Störungslinie an der europäischen Westküste nachfolgt.

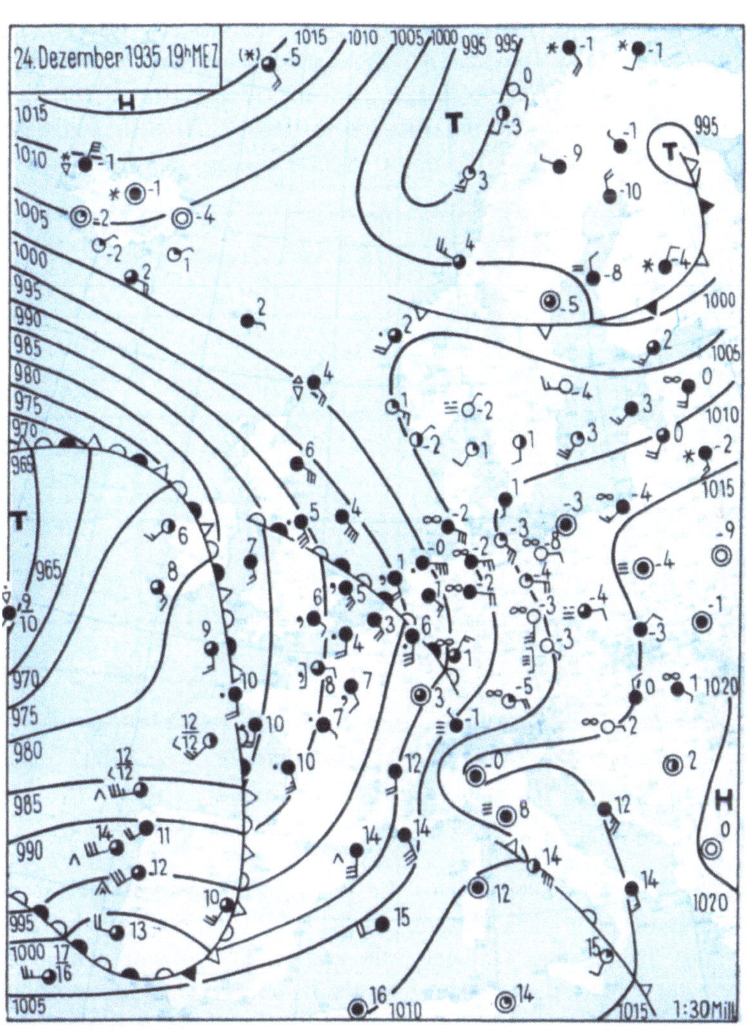

Abb. 180.   Wetterlage einige Stunden vor Beginn des großen Hamburger Glatteises während der Weihnachtsnacht vom 24. zum 25. Dezember 1935.

---

[1] Ausführliche Untersuchung von NOHASCHECK (504).

[2] Nicht zu verwechseln mit *Reif*, der — ähnlich wie Tau — aber durch Sublimation bei starker nächtlicher Ausstrahlung, vor allem auf Wiesen und an schlecht wärmeleitenden Gegenständen (Holz) entsteht.

[3] Wenn die einzelnen Regentropfen klein sind, so können sie in der unteren Kaltluftschicht gefrieren und erreichen dann als *Eiskörnchen*, auch *Eisregen* genannt, den Boden. *Beschlag* bildet sich, wenn unter den Gefrierpunkt abgekühlte Gegenstände von einer wärmeren Luftmasse bestrichen werden, deren Taupunkt höher liegt als die Temperatur dieser Gegenstände. Auf ähnliche Weise kann auch starkes Glatteis bei Regenfällen hervorgerufen werden, obwohl die Luftwärme bereits den Gefrierpunkt überschritten hat, sofern eben der Boden noch durch eine vorangegangene Frostperiode gefroren ist.

Der Niederschlagsstreifen hat über Nordwestdeutschland eine Breite von etwa 300 km, und nur sein äußerster Nordostrand reicht noch in die Frostzone hinein, wo in *Borkum* der Regen gerade begonnen hat. Da im Laufe der Nacht infolge Ausstrahlung die Temperaturen im Bereich des Hochdruckkeils teilweise bis zu 10° unter den Gefrierpunkt absinken und durch den Druckfall im Westen die Kaltluft in zunehmendem Maße abgesaugt wird, zeigt das Thermometer in *Hamburg* sogar 3° unter Null, als der Regen gegen 21 Uhr einsetzt. Er erreicht bald mäßige Stärke und hält ohne Unterbrechung viele Stunden lang an, so daß die im Laufe der Nacht gefallene Niederschlagsmenge 5 mm beträgt und der Boden mit einer spiegelglatten Eisdecke überzogen ist, die jeden Verkehr unmöglich macht. Noch jetzt zeigen zahlreiche Bäume Schäden des damaligen Glatteises, durch welches die oberen Zweige derart belastet wurden, daß sie abbrachen.

Auch am nächsten Morgen liegt die Temperatur in *Hamburg* bei frischem Ostwind noch 1° unter dem Gefrierpunkt. Die in Abb. 181 reproduzierte Aufstiegskurve zeigt, daß diese untere Kaltluft nur 400 m mächtig ist und die Warmluft darüber, durch eine Inversion von 10° abgesetzt, Wärmewerte bis zu +7° aufweist. An der Untergrenze der Umkehrschicht schwimmen (vgl. die Klartextdarstellung am linken Rande der Figur) noch $^3/_{10}$ Fc-Fetzen, und erst bei 3000 m befindet sich die unterste fast geschlossene Ac-Decke; eine zweite, mächtigere liegt etwa 1000 m höher.

Erst in den Mittagsstunden vermag das Thermometer am Boden den Gefrierpunkt zu überschreiten, verharrt aber auch am zweiten Weihnachtstage noch in seiner Nähe, und erst am 27. setzt sich die wärmere Luft in vollem Ausmaß bis unten hin durch.

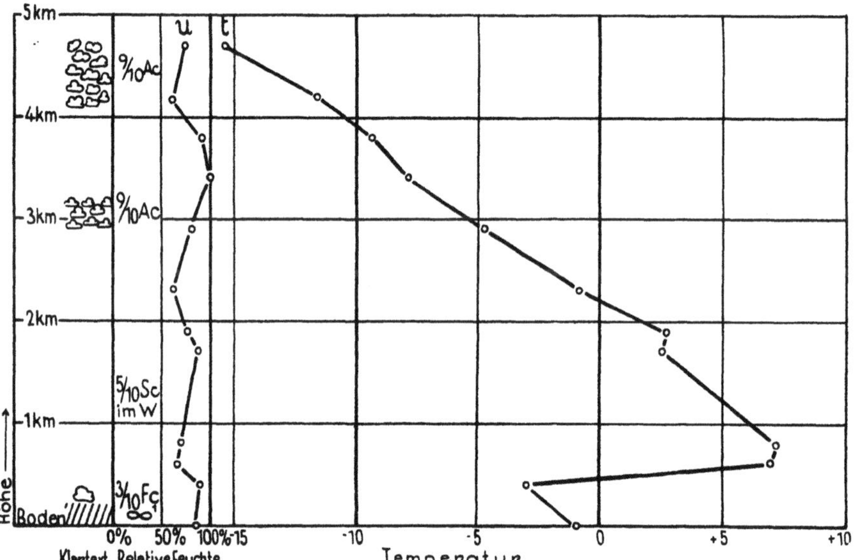

Abb. 181. Der Hamburger Aufstieg am 25. Dezember 1935, 8 Uhr zeigt die für Vereisung typische Temperaturverteilung.

Besondere Wettererscheinungen. Das hier besprochene Beispiel einer Vereisungswetterlage gehört zu den Fällen einer alten Höhenokklusion, die neben dem Präfrontalgebiet von Warmfrontokklusionen am häufigsten Vereisung zu bringen pflegen. Dabei sind nach G. Schinze (730) jene Fälle besonders wirksam, wenn eine starke Konvergenz vorhanden ist und die Frontalzone nahezu stationär liegenbleibt. Die Vereisungszone beginnt dann 150 bis 300 km vor der Bodenfront und hat gewöhnlich eine Tiefe von 100 bis 200 km. Nach O. Reinbold (605) können gelegentlich aber auch an winterlichen Kaltfronten stärkere Vereisungserscheinungen auftreten, wenn wärmere maritime Polarluftreste von einbrechender kontinentaler Luft abgehoben werden, doch handelt es sich dabei hauptsächlich um unterkühlte Wolkenschichten und nicht um Regen bei Frosttemperaturen.

Zur völligen Klärung des Vereisungsproblems bedarf es noch weiterer genauer Untersuchungen, und es sei hier besonders auf die neuere ausführliche Arbeit von W. Findeisen (243) hingewiesen.

f) Nebelwetterlagen.

Nebelbildung setzt ein, wenn die Luft unter ihren Taupunkt abgekühlt wird, was sehr verschiedene Ursachen haben kann. Deshalb ist es erforderlich, zunächst die einzelnen Nebelarten kurz zu besprechen.

Die Nebelklassifikation. Eine eingehende Nebelklassifikation hat erstmalig H. C. Willett (889, 890) gegeben (vgl. auch 175, 490). Nach S. Petterssen (544) kann man zwischen 1. *Mischungs-*, 2. *Verdunstungs-* und 3. *Abkühlungsnebel* unterscheiden und hat dann die nachfolgenden Ursachen zu berücksichtigen:

1. *Mischungsnebel*, hervorgerufen durch horizontale oder vertikale Mischung verschieden temperierter Luftmassen.

2a) *Dampfnebel* entsteht durch Verdunstung von warmen Wasserflächen und ist vor allem typisch für die Herbstabende in der Nähe von größeren Gewässern oder Flüssen. Bei großer Kälte wird er als *arktischer Seerauch* bezeichnet.

2b) *Frontalnebel* wird durch die Verdunstung von Regentropfen herbeigeführt, die wärmer sind als die Luft, kann infolgedessen lediglich bei Frontdurchgängen oder in der Nähe von Warmfronten *(Präfrontalnebel)* bzw. in seltenen Fällen hinter Kaltfronten *(Postfrontalnebel)* entstehen.

3a) *Hangnebel* bildet sich bei adiabatischem Aufsteigen in den Gebirgen und ist, von unten gesehen, als Wolke anzusprechen.

3b) *Isobarischer Nebel* kann sich bei einer Luftversetzung gegen den tieferen Druck durch die damit verbundene adiabatische Abkühlung,

3c) *isallobarischer Nebel* durch starken Druckfall bilden. Wesentlich bedeutungsvoller sind

3d) *Strahlungsnebel*, hervorgerufen durch Ausstrahlung der Unterlage und daher in erster Linie in Talmulden *(Bodennebel)*, über Mooren und feuchten Wiesen anzutreffen, wobei die vertikale Mächtigkeit selten 200 m überschreitet (266). Setzt die Nebelbildung in der freien Atmosphäre unterhalb der tiefsten Schrumpfungsinversion ein, so handelt es sich um

3e) *Hochnebel*. Die Oberfläche einer derartigen Nebelschicht wirkt als ausstrahlende Fläche, kühlt sich deshalb weiter ab und verleiht damit dieser Nebelart eine große Zähigkeit. Sie ist charakteristisch für alle großen, dynamisch erwärmten winterlichen Hochdruckgebiete.

Bei der Gruppe der *Advektionsnebel*, welche bei dem Transport einer Luftmasse über kälteren Untergrund entstehen, kann man unterscheiden zwischen dem

3f) *Meernebel*, der über allen kälteren Meeresgebieten entsteht, wenn sie von Luft überströmt werden, deren Taupunkt oberhalb der Wassertemperatur liegt. Dazu gehören die berüchtigten *Neufundlandnebel*, und selbst bei größeren Windstärken vermag sich die Nebelmasse nur schwer aufzulösen. Damit verwandt ist der

3g) *Tropikluftnebel*, der in der Tropikluftmasse entsteht, wenn sie polnäheren Breiten zuströmt und dann über immer kältere Unterlagen gelangt.

3h) *Monsunnebel* bildet sich im Sommer über allen Meeresgebieten, wenn die warme Festlandsluft über kälteres Wasser transportiert wird, ist daher besonders ausgeprägt über kalten Meeresströmungen *(Kalifforniennebel, Benguellanebel)* und überdeckt im Sommer oft wochenlang die Polarmeere, zuweilen auch das Nordmeer und vor allem im Frühjahr die Nordsee. Durch den mittäglichen Seewind wird diese Nebelmasse häufig auf Land getrieben und wird hier dann als

3i) *Seenebel* (120, 540) bezeichnet. Die umgekehrte Erscheinung zeigt sich, wenn

3j) *maritimer Nebel* in der kalten Jahreszeit in maritimer Polarluft entsteht, welche vom warmen Meer über das kalte Festland einbricht. Wird diese Masse von hier aus wieder zur See zurücktransportiert, so löst sich der maritime Nebel ebenso rasch auf, wie der Seenebel nicht weit in das Binnenland einzudringen vermag; andererseits breitet sich der maritime Nebel aber oft weit auf den Kontinent aus, wo er durch die über See aufgenommenen Feuchtigkeitsmengen, die bei noch nicht verschwundener Labilität vorhandene erhebliche Turbulenz und Ausstrahlung besondere Mächtigkeit erlangt. Nach CHROMOW (129, S. 159) gehört in *Moskau* der größte Teil aller Advektionsnebel zu diesem Typ.

Sehr unterschiedlich ist die Wirkung einer Schneedecke auf die Nebelbildung. Es ist nämlich eine Erfahrungstatsache, daß über kalten, schneebedeckten Kontinenten auffallend wenig Advektionsnebel eintreten und die Nebelbildung s o g a r unterbleibt, wenn wärmere und feuchte maritime Luft eingebrochen ist. Es liegt dies daran, daß sich der Feuchtigkeitsgehalt, sobald die Sublimationstemperatur erreicht ist, a n d e r k a l t e n S c h n e e - o b e r f l ä c h e n i e d e r z u s c h l a g e n beginnt, daher die Bildung w ä ß r i g e r Nebel unmöglich wird und nur

3k) *Eiskristallnebel* durch direkte Sublimation — vorzugsweise zwischen —45 und —50° — entstehen können, in denen die Fernsicht aber nicht immer unter 1 km herabgeht. Handelt es sich dagegen um einen Luftkörper, dessen Taupunkt o b e r h a l b des Gefrierpunktes liegt, und strömt diese Masse über eine s c h m e l - z e n d e Schneedecke, so wird sie rasch auf etwa 0° abgekühlt, und es kommt daher zu intensiver Nebelbildung, welche durch die beim Tauen frei werdenden Wasserdampfmengen noch gefördert wird und als

3l) *Tauwetternebel* bezeichnet werden kann.

In diesem Zusammenhang muß schließlich noch auf die vor allem dem Seefahrer bekannte, aber auch auf dem Lande zu beobachtende Tatsache hingewiesen werden (293), daß Niederschlag stets eine Sichtbesserung bewirkt, indem dabei die Nebelelemente ausgefällt werden.

Der mitteleuropäische Nebel vom 24. Dezember 1937. In Abb. 182 (S. 302) ist als Repräsentant einer ausgesprochenen Nebelwetterlage die Karte vom 24. Dezember 1937 wiedergegeben, an welchem Tage fast der gesamte mitteleuropäische Raum von einer dichten Nebeldecke eingehüllt war, deren Entstehung auf verschiedene Ursachen zurückzuführen ist: S t r a h l u n g s n e b e l im Bereich des französischen Hochkernes, T a u - w e t t e r n e b e l auf der Westseite der über die Odermündung südwärts verlaufenden Front sowie M i s c h u n g s - und F r o n t a l n e b e l im eigentlichen Frontbereich. Kleinere Gebiete mit Strahlungsnebel sind außerdem über Ostpreußen und Litauen sowie im ungarischen Raum und in Oberitalien zu erkennen, wo die Luftbewegung im Bereich von Hochdruckkeilen sehr gering ist.

Ein derartiges Ausmaß einer Nebelzone, wie es in diesem Falle erreicht wird, ist nicht sehr häufig, denn meistens beschränken sich die Gebiete der Nebelentstehung auf schmale Räume, sei es nun der Strahlungsnebel auf den inneren Bereich der Antizyklonen oder der Frontal- und Mischungsnebel auf die unmittelbare Nähe der Luftmassengrenze. Bei dem völlig nebelerfüllten französischen Hoch handelt es sich selbstverständlich um eine warme Antizyklone, wogegen der nach Ungarn reichende Keil schon niedrigere Temperaturen

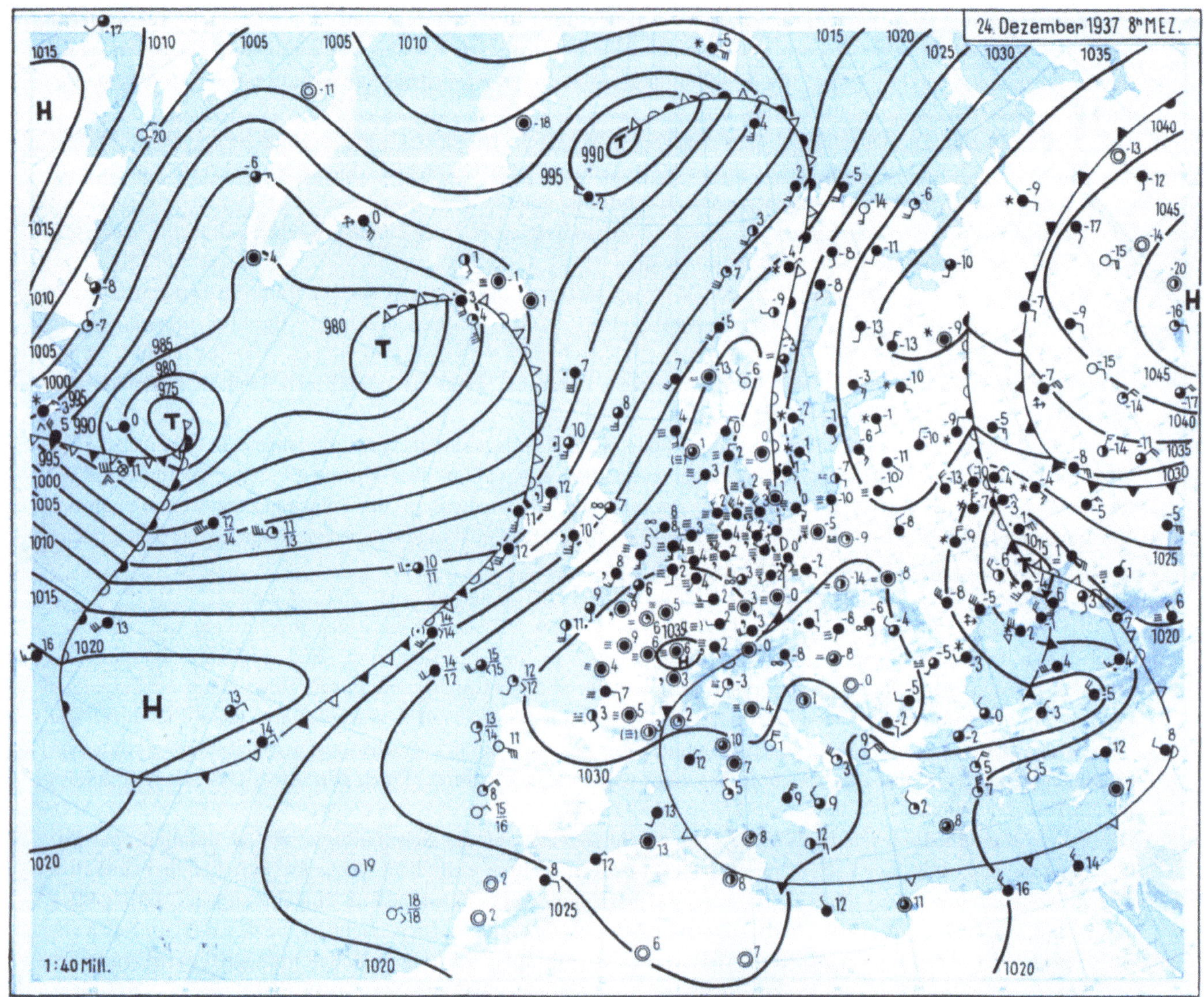

Abb. 182. Verbreitete Nebelbildung über Zentraleuropa am 24. Dezember 1937.

aufweist. Aber erst das russische Maximum kann als ausgesprochen kaltes Hoch bezeichnet werden, auf dessen Westabdachung durch ein nördlich vom Asowschen Meer liegendes Tief ein Warmluftschwall weit nordwärts gelenkt worden ist und über Zentralrußland zur Ausbildung einer deutlichen, von Schneefällen begleiteten Warmfront Anlaß gegeben hat, gegen die von Osten her die kältere sibirische Luft wieder im Vorstoß begriffen ist.

Über dem Atlantischen Ozean herrscht lebhafte Wirbeltätigkeit. Die deutsche Warmfront ist dabei aus der Okklusion des Nordmeertiefs hervorgegangen; eine nächste Störungslinie, der südwestlich von Island angelangten Depression zugehörig, liegt vor der irischen Westküste, und ein neues Sturmtief ist östlich von Neufundland in Entwicklung begriffen, noch von einem breiten Warmsektor begleitet.

Die weitere Entwicklung dieser Wetterlage, die eine ganze Reihe sehr interessanter und für die Prognose überraschender Momente enthält, soll anschließend als erstes Beispiel des die Wettervorhersage behandelnden Abschnitts besprochen werden. Wie auf diese Weise zwischen den die Analyse und die Prognose behandelnden Kapiteln ein stetiger Übergang hergestellt ist, so bildet die Wettervorhersage mit der Wetteranalyse eine untrennbare Einheit.

Vierter Teil.

Die Wettervorhersage.

Das Bestreben, die kommende Witterung vorhersagen zu können, ist schon so alt wie die wissenschaftliche Forschung. Man kann zwar zuweilen die Meinung hören, daß es nicht Sinn und Zweck der Meteorologie sei, das Prognosenproblem zu lösen und daß es für eine wissenschaftliche Disziplin ausreichend wäre, die bestehenden Zusammenhänge zu klären. Dem ist aber entgegenzuhalten, daß die Frage nach der Ursache immer zugleich dem Zwecke dient, die Wirkung vorherzubestimmen. Die Geschichte wäre blutleer, wenn nicht aus ihrem Ablauf Lehren für die Zukunft gezogen werden könnten, und nichts vermag die mehr oder weniger große „Richtigkeit" einer Theorie besser zu bestätigen, als wenn man mit ihrer Hilfe in der Lage ist, die Weiterentwicklung in bestimmten Fällen anzugeben bzw. vorherzusagen[1].

A. Beschreibung einiger bemerkenswerter Wetterentwicklungen.

In der Meteorologie beruht die Möglichkeit der Vorhersage zu einem großen Teil auf dem gesammelten Erfahrungsschatz, wie sich unter ähnlichen Bedingungen der Wetterablauf abgespielt hat. Deshalb sind im vorhergehenden Teil schon eine große Reihe von interessanten Wetterlagen eingehend besprochen worden, und diese werden jetzt noch ergänzt durch einige Fälle, bei denen wesentliche Umgestaltungen der Boden- oder Großwetterlage eintraten, deren rechtzeitige Erkennung eine der schwierigsten Aufgaben der synoptischen Vorhersage darstellt.

1. Plötzliche Umgestaltungen der Druckverteilung.

Unter plötzlichen Umgestaltungen der Druckverteilung werden solche Fälle verstanden, in denen sich, wenigstens vorübergehend, die Luftdruckverteilung über einem großen Gebiet in einem für die Wettergestaltung einschneidenden Maße ändert. Dabei ist es aber nicht unbedingt erforderlich, daß die Großwetterlage wechselt.

a) Die Entstehung von östlichen Strömungen über Mitteleuropa.

Besonders schwer zu übersehen sind Wechsel von westlicher zu östlicher Bodenströmung, und manche Fehlprognose ist auf das Konto einer derartigen Entwicklung zu buchen. Deshalb muß diese Form des Wetterumschlages im folgenden ausführlicher behandelt werden.

Übergang einer Nebel- in eine Ostlage vom 25. bis 26. Dezember 1937. Zum Schluß des vorhergehenden Teiles über die Wetteranalyse wurde die ausgedehnte Nebellage vom 24. Dezember 1937 beschrieben (Abb. 182). Wir wenden uns jetzt der weiteren Entwicklung dieser Situation zu.

In Abb. 183 ist (oben) die Wetterlage am folgenden Tage, dem 25. Dezember 1937 dargestellt, die grundsätzlich noch das gleiche Bild aufweist. Das mächtige Uralhoch hat seine Lage ebenso wenig verändert wie das kleine Tief über der südlichen Ukraine, dessen nach Norden reichende Warmfront sich etwas langsamer nach Westen vorarbeitet als die nachfolgende Begrenzungslinie der strahlungsgekühlten sibirischen Luft. Die Zyklone über der Ostgrönlandsee ist bis in den Raum von Spitzbergen gelangt, und ihrer Okklusion ist die nächste, deren zugehöriges Tief bei Jan Mayen nur noch undeutlich zu erkennen ist, erheblich rascher gefolgt. Beide haben sich über Südschweden so weit genähert, daß dort bei Ausbildung eines engbegrenzten Teilwirbels eine größere Deformation im Verlauf der östlicheren Front herbeigeführt wird, die auf der Strecke von Pommern bis nach Ungarn noch durch eine scharfe Wind- und Temperaturscheide angedeutet ist.

Die nachfolgende Okklusion vom Warmfronttyp biegt demgegenüber bald nach Südwesten um und ist ebenfalls von einem markanten Wind- und Temperatursprung begleitet, indem mit ihrem Durchzug die mit schwacher südlicher Luftbewegung gekoppelte Nebelwetterlage beendet wird und die Luftwärme bei Winddrehung nach Nordwest sprunghaft über 5°, teilweise sogar bis zu 9° Wärme ansteigt, ebenso plötzlich die bis dahin geschlossene Wolkendecke aufreißt und über der Deutschen Bucht sogar völliger Aufheiterung Platz macht.

---

[1] Das Problem der Wettervorhersage ist von A. SCHMAUSS (755) eingehend behandelt worden. In bezug auf die theoretische Möglichkeit der Lösung siehe ERTEL (210).

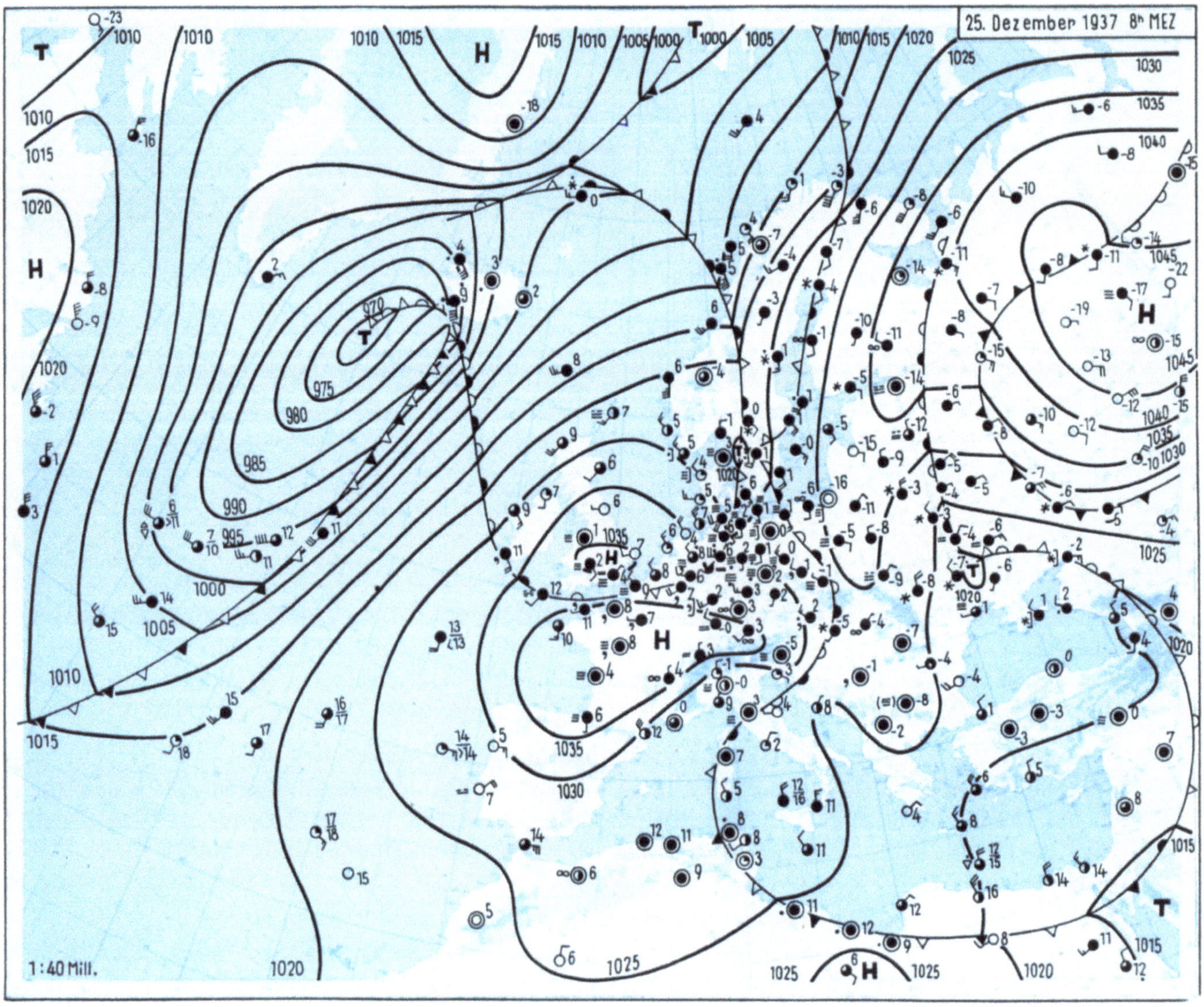

Abb. 183. Die Ankunft eines großen Steiggebiets über England am 25. Dezember 1937 stellt über Mitteleuropa eine Ostlage her.

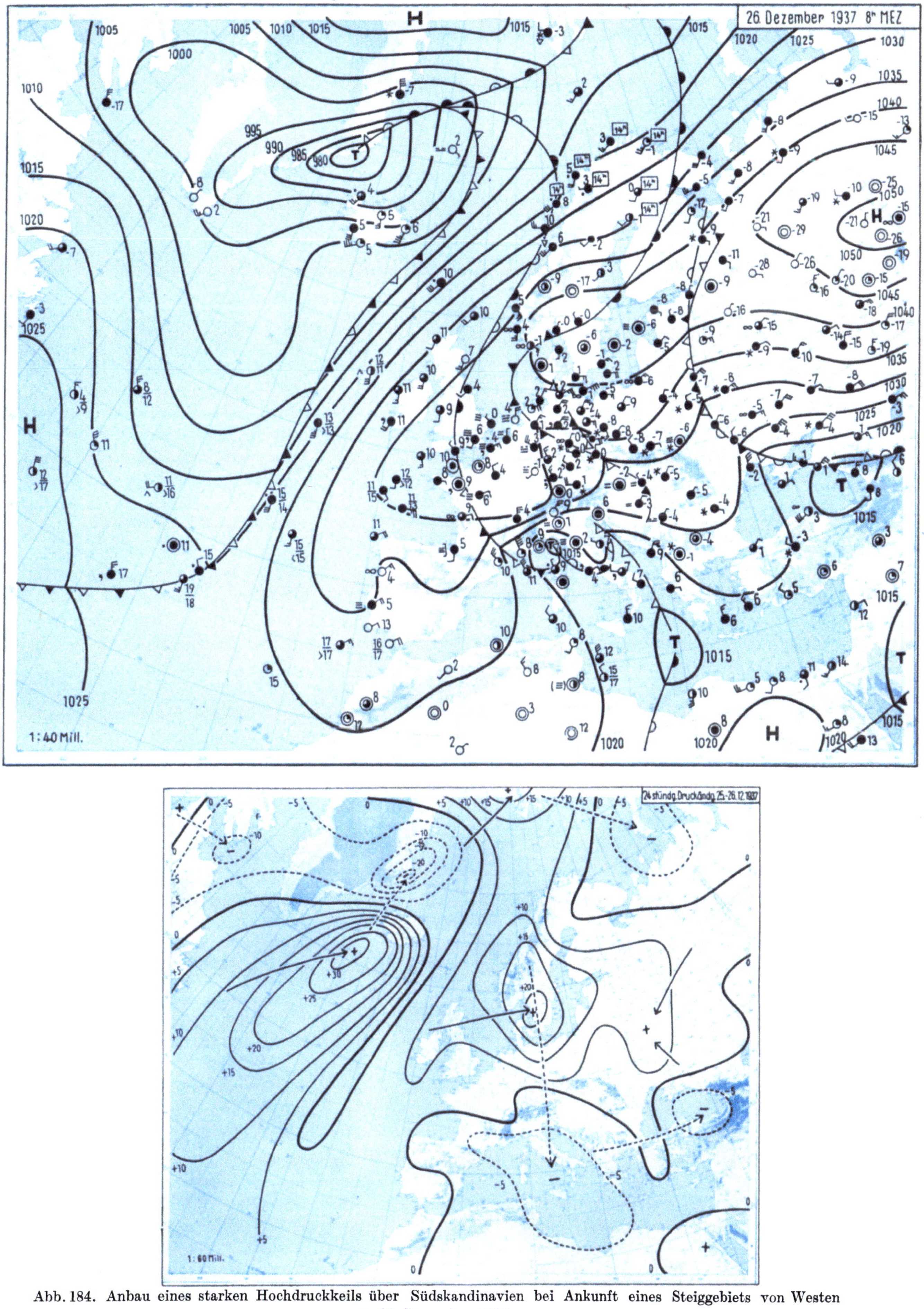

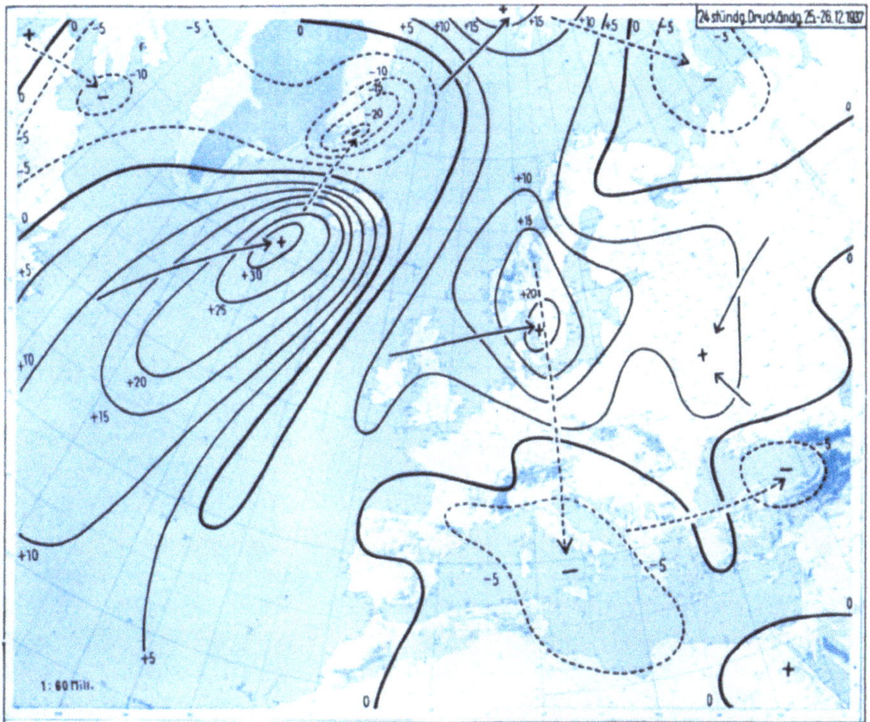

Abb. 184. Anbau eines starken Hochdruckkeils über Südskandinavien bei Ankunft eines Steiggebiets von Westen am 26. Dezember 1937.

Hinter dieser Konvergenzlinie hat sich ein neues Teilhoch über Südengland aufgebaut, dessen Zirkulationssystem über dem Kanal deutlich abgesetzt ist gegen den Einflußbereich des französischen Maximums. Dieses hat sich seinerseits seit dem Vortage nicht abgeschwächt, wie es im allgemeinen bei Annäherung einer neuen Hochdruckzelle der Fall ist, sondern es hat ebenfalls an Umfang noch etwas gewonnen und scheint daher die eingetretene Westlage weiter zu festigen.

Das inzwischen südwestlich von Island angelangte Sturmtief setzt seinen Nordostkurs fort und weist noch immer einen breiten Warmsektor auf. Seine Rückseitenkaltluft ist aber bei weitem nicht so tief temperiert wie in den früher behandelten Beispielen, bei denen es zur Entwicklung von Orkanwirbeln kam, und dementsprechend ist auch die Gesamtenergie geringer.

Wird nur die Änderung der Bodenwetterlage vom 24. zum 25. Dezember 1937 betrachtet, so muß man zu der Schlußfolgerung kommen, daß sich über Mitteleuropa bei der Festigung des warmen französischen Hochs und der zu beobachtenden deutlichen Ostwärtsverlagerung der Fronten das Tauwetter weiter durchsetzen und der Einflußbereich des russischen Hochdruckgebietes zurückgedrängt wird. Diese Anschauung wird noch gefestigt durch die Ausbildung des südschwedischen Teiltiefs, von dem die Westströmung nur beschleunigt werden kann, und entsprechend lauteten auch die amtlichen Berliner Prognosen für den zweiten Weihnachtstag.

Nicht gering war daher die Überraschung, als sich bis zum nächsten Morgen (Abb. 184) über Mitteleuropa statt dessen eine östliche Strömung durchgesetzt hatte. Die nordwestdeutsche Okklusion vom Vortage ist unter Umwandlung in eine Kaltfront südwestwärts gelenkt worden, nachdem die hier eingeflossene stark gealterte Polarluft keilförmig über Süddeutschland bis nach Ungarn und Oberitalien vorzudringen vermocht hatte; ein geschlossener Frontenzug über die Adria hinweg kann aber nicht mehr gefunden werden. Die westliche Begrenzung dieser Zunge alter Polarluft wird über Westfrankreich zur Biskaya hin abgedrängt, gefolgt von dem am Vortag über England angelangten Teilhoch, das jetzt über dem östlichen Kanaleingang im Strömungsfeld noch zu erkennen ist und die zum westlichen Teil des Ärmelkanals verschobene ehemalige französische Hochzelle in sich aufnimmt. Die östliche Begrenzung des Polarluftkeils trennt auf einer von Böhmen nach Holland verlaufenden Linie eine nordwestliche von einer nordöstlichen Strömung, in der die Temperaturen aber auch noch etwas über dem Gefrierpunkt liegen und damit andeuten, daß es sich hier um die am Vortage zwischen Oder und Weser gelegene Nebelluft handelt, die jetzt westwärts zurückfließt.

Mit Windsprung auf Ost, teilweise sogar bis Südost, folgt eine weitere Kaltfront etwa längs der Elbe nach, hinter der die Temperatur in kurzer Zeit bis zu 8° unter den Gefrierpunkt absinkt. Es handelt sich hier nämlich um die am Vortage zwischen Oder und Weichsel gelegene Warmfront, die mit der einsetzenden Ostströmung ebenfalls rückläufig geworden ist und statt des sich verstärkenden Tauwetters eine neue Frostperiode einleitet.

Die Analyse dieser Wetterkarte ist, was den Frontenverlauf betrifft, nicht nur über Mitteleuropa recht kompliziert. Im Osten hat die aus dem verstärkten Uralhoch westwärts abströmende Kaltluft die vorauflaufende Warmfront eingeholt und auf diese Weise eine *Okklusion* entstehen lassen, ein Vorgang, den man im Winter häufiger beobachten kann. Die über Finnland verlaufende Warmfront ist aus einer Vereinigung der beiden am Vortage über Skandinavien gelegenen Störungslinien hervorgegangen, und die neue Warmfront des inzwischen bis zur Dänemarkstraße gelangten Tiefs liegt bereits unmittelbar vor der norwegischen Westküste. Die nachfolgende Kaltfront kommt nur zögernd voran, da die frontennormale Geschwindigkeitskomponente sehr gering ist und gegenüber dem innerhalb der Warmluft herrschenden Druckgegensatz stark zurücktritt. Der Warmsektor ist deshalb auch kaum kleiner geworden.

Es ist jetzt die Frage zu klären, wie es zu einer derart überraschenden Umgestaltung der Druckverteilung kam, daß sich innerhalb von einem Tage aus einer anscheinend stabilen Westlage eine Ostströmung entwickeln konnte, ohne daß man auf Grund der Bodenwetterkarte dafür deutliche Anhaltspunkte gewinnen kann.

Bei Betrachtung der Druckänderungen werden die Vorgänge klarer übersehbar. Deshalb ist in Abb. 183 unten die Karte der 24stündigen Tendenz vom 24. zum 25. Dezember, also bis zu dem in der oberen Darstellung angegebenen Termin, reproduziert. Daraus ist zu ersehen, daß ein schwaches Fallgebiet über Mittelnorwegen angelangt war. Wie die eingezeichneten Pfeile, die die Verlagerung der Druckänderungszentren seit dem Vortage angeben, zeigen, hat dieses Fallgebiet bis dahin eine östliche Zugrichtung innegehalten. Wegen des Feiertages liegen aus dem europäischen Raum keine Aufstiege, sondern nur einige Höhenwindmessungen vor, die über Deutschland eine Richtung aus Nordnordwest angeben und daher eine baldige Umsteuerung des Fallgebiets erwarten lassen. Diese Form der Höhendruckverteilung wird weiter bestätigt, wenn man die Zugrichtungen der anderen Tendenzgebilde in die Betrachtung einbezieht, von denen sich ein schwaches am 24. über Schlesien gelegenes Fallgebiet entsprechend einer nordnordwestlichen Höhenströmung zur südlichen Adria verlagert hat. Ein über Irland angelangtes starkes Steiggebiet wandert hingegen nordostwärts, und es ergibt sich auf diese Weise das Bild eines in der oberen Troposphäre nach Südskandinavien reichenden ausgesprochenen Hochdruckkeils.

Damit wird die Schlußfolgerung erhärtet, daß das norwegische Fallgebiet nach Süden umschwenken muß und auf diese Weise das mit ihm gekoppelte Teiltief nach Deutschland gelangen wird. Das hat noch keinen Umschwung der Großwetterlage zur Folge, denn die Westströmung würde auch damit bestehen bleiben. Hierfür entscheidend ist hingegen das irische Steiggebiet, das einen beträchtlichen Umfang und in seinem Zentrum einen Druckanstieg von beinahe 20 mb aufweist. Zieht es unter gleichbleibender Stärke nach Skandinavien weiter, so muß dort der Luftdruck bis zum nächsten Tage um 15 bis 20 mb ansteigen, über Mitteleuropa das Barometer aber, wie wir eben gesehen haben, um etwa 5 mb fallen. Das bedeutet, daß bis zum nächsten Tage eine zusätzliche Nordsüdkomponente des Druckgefälles von 20 bis 25 mb zwischen Skandinavien und Deutschland addiert werden muß, die um 5 bis 10 mb größer ist als der zur Zeit bestehende umgekehrte Druckgradient und damit dessen völlige Umkehr herbeiführen kann.

Tatsächlich ging die Entwicklung in dieser Richtung vonstatten. Bis zum nächsten Morgen (vgl. die untere Karte in Abb. 184) hat sich das irische Steiggebiet — sogar noch unter Verstärkung auf 20 mb — nach Südschweden verlagert, während der Druckfall zum Mittelmeer hin gelenkt worden ist. Damit wurde an das zentralrussische Hoch ein starker Keil über Südskandinavien angebaut und die Kaltluft westwärts in Bewegung gesetzt.

Es sei nicht verschwiegen, daß man bei genauer Berücksichtigung der Höhenkarte zunächst hätte schließen können, daß sich das irische Steiggebiet bei Annäherung an den Höhenhochdruckkeil abschwächen würde. Es ist aber außerdem der über dem Atlantik nach Nordosten gerichtete Warmluftvorstoß zu beachten, denn ein solcher Vorgang ist meist mit beträchtlichem Druckanstieg auf seiner rechten Vorderseite verknüpft, der sich in diesem Falle über Skandinavien noch deshalb verstärken kann, weil er hier an den äußeren Rand der russischen Antizyklone gelangt. Die dort in den unteren Schichten schon vorhandene starke Strömungs- konvergenz begünstigt ebenfalls stärkeren Druckanstieg, weshalb man immer beobachten kann, *daß die stationären Hochdruckgebiete bei Annäherung eines Steiggebiets auf ihrer Westflanke hier eine erhebliche Aus- weitung erfahren* und unter Umständen sogar ihren Schwerpunkt dorthin verlagern, wofür weiter unten (S. 314ff.) noch ein Beispiel gebracht wird. Auch in diesem Falle verlief die Entwicklung ähnlich, denn das in der 24stündigen Druckänderungskarte vom 26. Dezember (Abb. 184) bereits südwestlich von Island an- gelangte nachfolgende Steiggebiet ist so kräftig, daß sich einige Tage später das Hochdruckzentrum mit mehr als 1040 mb über Schottland befindet und in der gleichen Zeit das russische Maximum verschwindet. Die in den Weihnachtstagen eingeleitete Umgestaltung der Druckverteilung war also keine vorübergehende, sondern von durchgreifender Wirkung.

Auch bei dem eben erwähnten isländischen Steiggebiet kann man wieder bemerken, daß es hier in dem Augenblick besondere Stärke erreicht, als es gegen den Westrand des inzwischen bis über die Faröer hinaus ausgedehnten Hochdruckblocks aufläuft, wobei hier die Bodenkonvergenz noch dadurch gesteigert wird, daß der nachfolgende Westwind viel schwächer entwickelt ist als die südliche bis südwestliche Vorderseiten- strömung.

Werden alle eben angeführten Gesichtspunkte bei der Berechnung des Druckfeldes für den Folgetag beachtet, so muß es auch in einem solchen schwierigen Falle gelingen, die Wetterentwicklung wenigstens qualitativ richtig vorherzusagen, und man kann annehmen, daß die damaligen Fehlprognosen vermieden worden wären, wenn Höhenkarten und 24stündige Druckänderungen vorgelegen hätten und damit eine Vor- hersagekarte konstruiert worden wäre.

Es soll anschließend noch ein ähnlich ablaufendes Beispiel behandelt werden, das die gezogenen Schluß- folgerungen erhärten wird.

Der plötzlich eintretende Nordoststurm im deutschen Küstengebiet vom 30. Januar zum 1. Februar 1934. Wenn man die in Abb. 185 (oben) dargestellte Wetterkarte vom 30. Januar 1934 betrachtet, könnte man meinen, es sei bei der Überschrift ein Irrtum unterlaufen, denn es scheint sich hier um eine ausgesprochene Nordwestlage zu handeln mit einer umfangreichen, steuernden Antizyklone über Irland — von wo sich eine Hochdruckbrücke nach Mittelrußland erstreckt — einer kräftigen Zyklone über dem Ostspitzbergenmeer und einer noch tieferen Sturmdepression über Labrador. Eine Okklusion verläuft von Nordfinnland nach Südschweden, von wo sich noch ein Warmfrontrest bis nach Schottland verfolgen läßt, bald gefolgt von der etwas nördlicher liegenden Begrenzungslinie maritimer Polarluft, die sich über dem westlichen Atlantik bei starker südlicher Luftströmung wieder rasch nach Norden zurückzieht. Außerdem ist noch eine zweite Kalt- front an einem Temperatursprung von 2° und einem geschlossenen Niederschlagsgebiet südlich von *Aalesund* zu erkennen, die aber weiter nach Westen hin weniger deutlich in Erscheinung tritt. Mehrere Zyklonenkerne südwestlich von Portugal, über Algerien und dem Mittelmeer vermögen ihren Einfluß nur bis zum südlichen Teil Mitteleuropas geltend zu machen und sind durch die erwähnte Hochdruckbrücke von den nördlichen Störungen getrennt.

Daß aber größere Veränderungen im Gange sind, zeigt ein Blick auf die in Abb. 185 (unten) abgedruckte 24stündige Druckänderungskarte. Am meisten fällt hier das mächtige Steiggebiet auf, das mit einem Zentrum von über 35 mb Anstieg über der Dänemarkstraße angelangt ist und voraussichtlich bald, wie das voranziehende über Mittelnorwegen liegende Fallgebiet, nach Süden umschwenken wird, eine Bahn, die auch das Steiggebiet über dem Golf von Genua innehielt. Da sich zugleich der Barometerfall über Labrador nordwärts ausbreitet, ergibt sich eine großzügige antizyklonale Steuerung um einen auf halbem Wege zwischen Neufundland und Irland liegenden Drehpunkt.

Das isländische Steiggebiet hat einen starken Keil des irischen Hochs über Island entstehen lassen, dessen Form in der Bodenwetterkarte aber noch nicht so aussieht, als ob davon eine grundlegende Änderung der Wetterlage zu erwarten wäre. Nur aus der Überlegung, daß der Luftdruck über Westnorwegen bei weiterer Ostwärtsverlagerung des Steiggebietes bis zu 35 mb zunehmen und damit die gleiche Höhe wie über Irland erreichen müßte, wobei durch das gleichzeitige Nachfolgen eines starken Fallgebiets von Labrador aus eine solche Druckzunahme begünstigt wird, lassen sich die ersten Anhaltspunkte für eine wesentliche Umgestaltung des Druckfeldes gewinnen.

Bis zum nächsten Morgen (Abb. 186 oben) zeigt die Druckverteilung allerdings noch keine grundsätzliche Änderung. Es hat sich sogar die warme Hochdruckzelle, jetzt südwestlich von Irland gelegen, noch etwas verstärkt und sich ein neues Zentrum nur wenig weiter nordwärts ausgebildet. Über dem Nordmeer ist nach wie vor nur ein Hochdruckkeil zu erkennen, auf seiner Westseite flankiert von einer tiefen Sturmdepression über der Davisstraße. Die inzwischen über dem Weißen Meer angelangte Okklusion hat die mitteleuropäische Hochdruckbrücke weitgehend abgebaut und sich verhältnismäßig schnell bis nach Thüringen durchsetzen können; sie nahm die nachfolgende zweite Kaltfront größtenteils in sich auf. Erst über Mitteldeutschland erfolgt die Aufspaltung unter gleichzeitiger immer schärferer Ausbildung der Grenzlinie zwischen der von Westen antizyklonal heranströmenden und demgemäß rasch alternden Polarluft und der von Norden südwärts vorstoßenden frischen Kaltluftmasse, an welcher sich über Südnorwegen eine kleine Teilstörung entwickelt hat.

Aus der 24stündigen Tendenzkarte (Abb. 186 unten) ergibt sich, daß das nordeuropäische Steiggebiet inzwischen südlich von Spitzbergen angelangt ist und, wenn es dem vorangezogenen und jetzt über dem Baltikum liegenden Fallgebiet folgt, bald nach Südosten umschwenken muß. Die skandinavische Teilstörung prägt sich nur durch eine Ausbuchtung der Isallobaren, in der dreistündigen Tendenz aber bereits durch ein starkes Fallgebiet aus, und gerade daraus geht hervor, daß es sich hier um eine in rascher Entwicklung befindliche Neubildung[1] handeln muß, die mit der Hauptströmung südostwärts gelenkt wird. Über Nordskandinavien beträgt der nachfolgende dreistündige Druckanstieg zu diesem Zeitpunkt bereits bis zu 5 mb und deutet damit an, daß der nordeuropäische Druckwellenberg jetzt tatsächlich südostwärts vorrückt, gefolgt von einem Fallgebiet, das innerhalb eines Tages zu einer Druckerniedrigung von mehr als 45 mb über der Davisstraße Anlaß gegeben hat und dem seinerseits ein fast ebenso starkes Steiggebiet von Labrador aus nachdrängt.

Der allgemeine Druckanstieg im inneren Bereich der Antizyklone über dem Ostatlantik muß als Folgeerscheinung des Druckfalls weiter nordwestlich angesehen werden und spricht damit für eine Festigung der Nordwestlage. Berücksichtigt man weiter, daß der über Norwegen durch das nördliche Steiggebiet zu erwartende Druckanstieg noch mindestens 25 mb erreichen kann und damit hier Barometerstände um 1040 mb zu erwarten sind, während der Druck gleichzeitig über Mitteleuropa stärker fallen wird, so hat man jetzt schon sicherere Hinweise für den tatsächlich eintretenden Wetterablauf.

Bis zum 1. Februar (Abb. 187 unten) nimmt der Luftdruck über Südwestdeutschland sogar um 20 mb ab und steigt im Nordraum tatsächlich bis zu 25 mb. Von dem atlantischen Hoch (Abb. 187 oben) entwickelt sich damit ein starker Keil bis nach Mittelschweden, und die Druckgegensätze haben im deutschen Küstengebiet eine solche Verschärfung erfahren, daß der eintretende Nordoststurm in den frühen Morgenstunden teilweise orkanartige Stärke angenommen hat. Eine rechtzeitige Sturmwarnung, die in diesem Falle für die westliche Ostsee von besonderer Bedeutung war, konnte abends auf Grund des über Mittelschweden bis zu 6 mb betragenden 3stündigen Druckanstiegs herausgegeben werden, da es eine Erfahrungstatsache ist, daß

---

[1] Sofern es sich nicht um den seltenen Fall einer 24stündigen Periode handelt, die ein Druckänderungsgebiet in der 24stündigen Druckänderungskarte auslöscht, ist die schärfere Ausprägung einer Druckwelle in der 3stündigen Tendenzkarte ein sicheres Zeichen ihrer Intensitätszunahme.

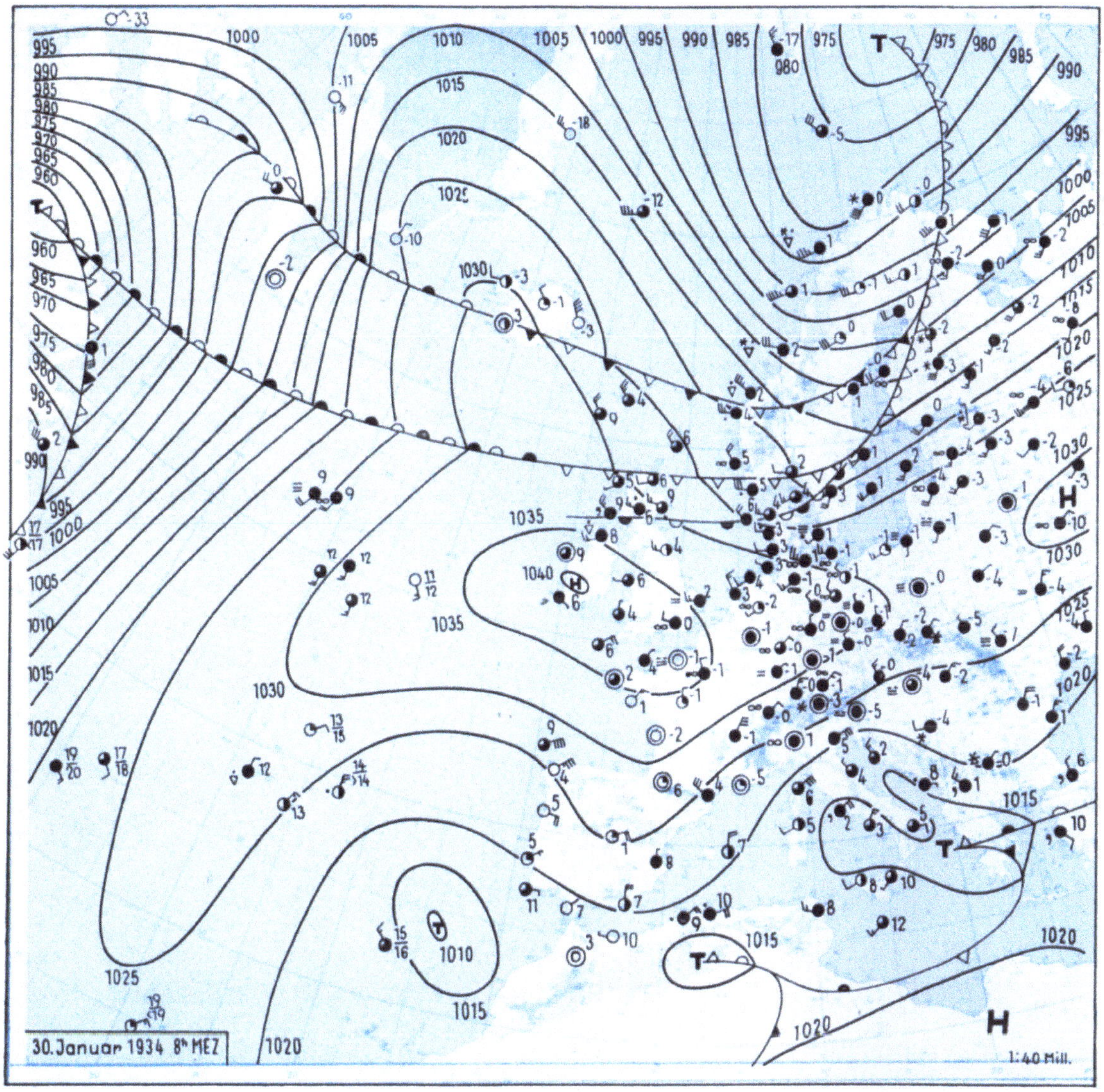

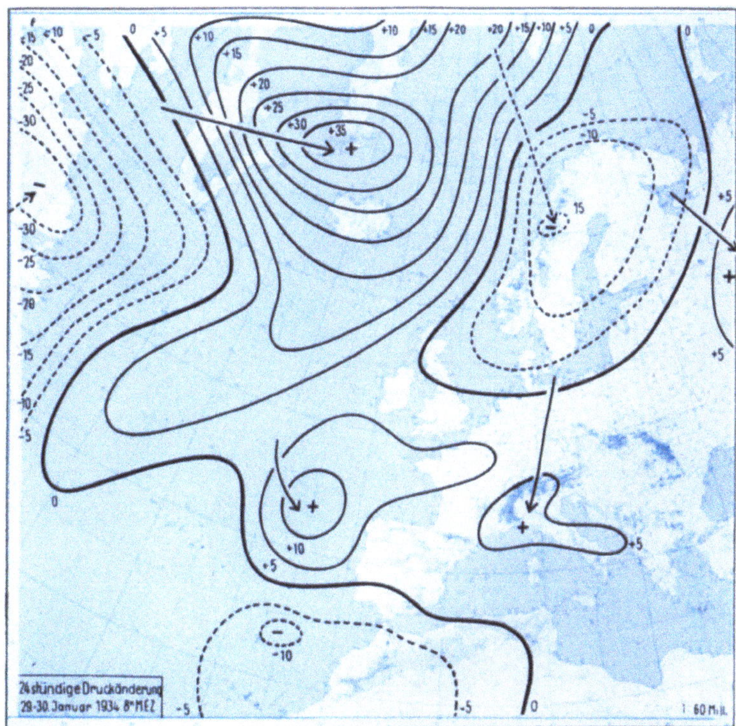

Abb. 185. Vorbereitung eines Oststurmes bei Ankunft eines starken Steiggebiets über der Dänemarkstraße
am 30. Januar 1934.

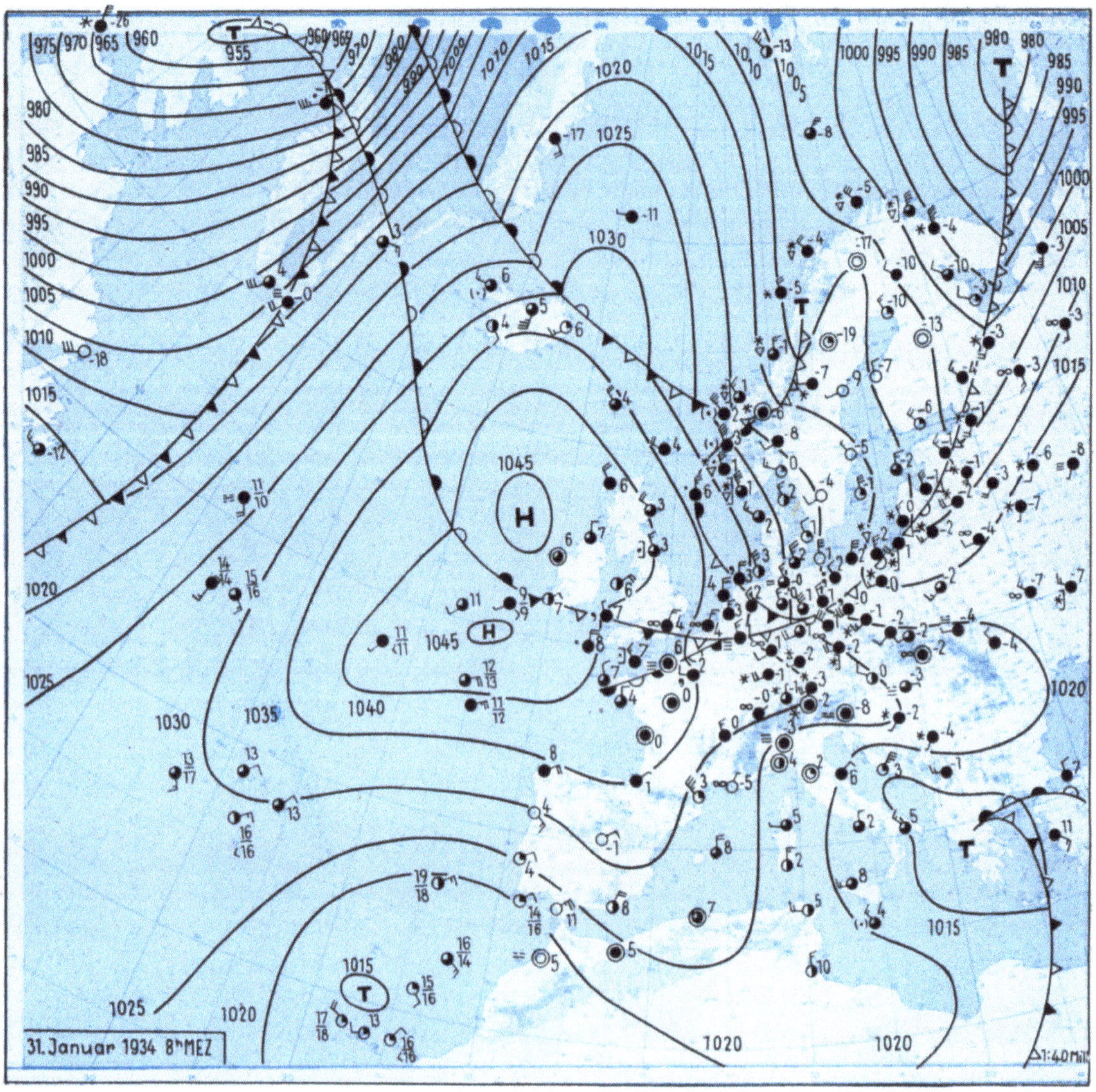

Abb. 186. Das Steiggebiet schwenkt über Nordeuropa südwärts bei gleichzeitiger Ausbildung eines Teiltiefs über Südnorwegen am 31. Januar 1934.

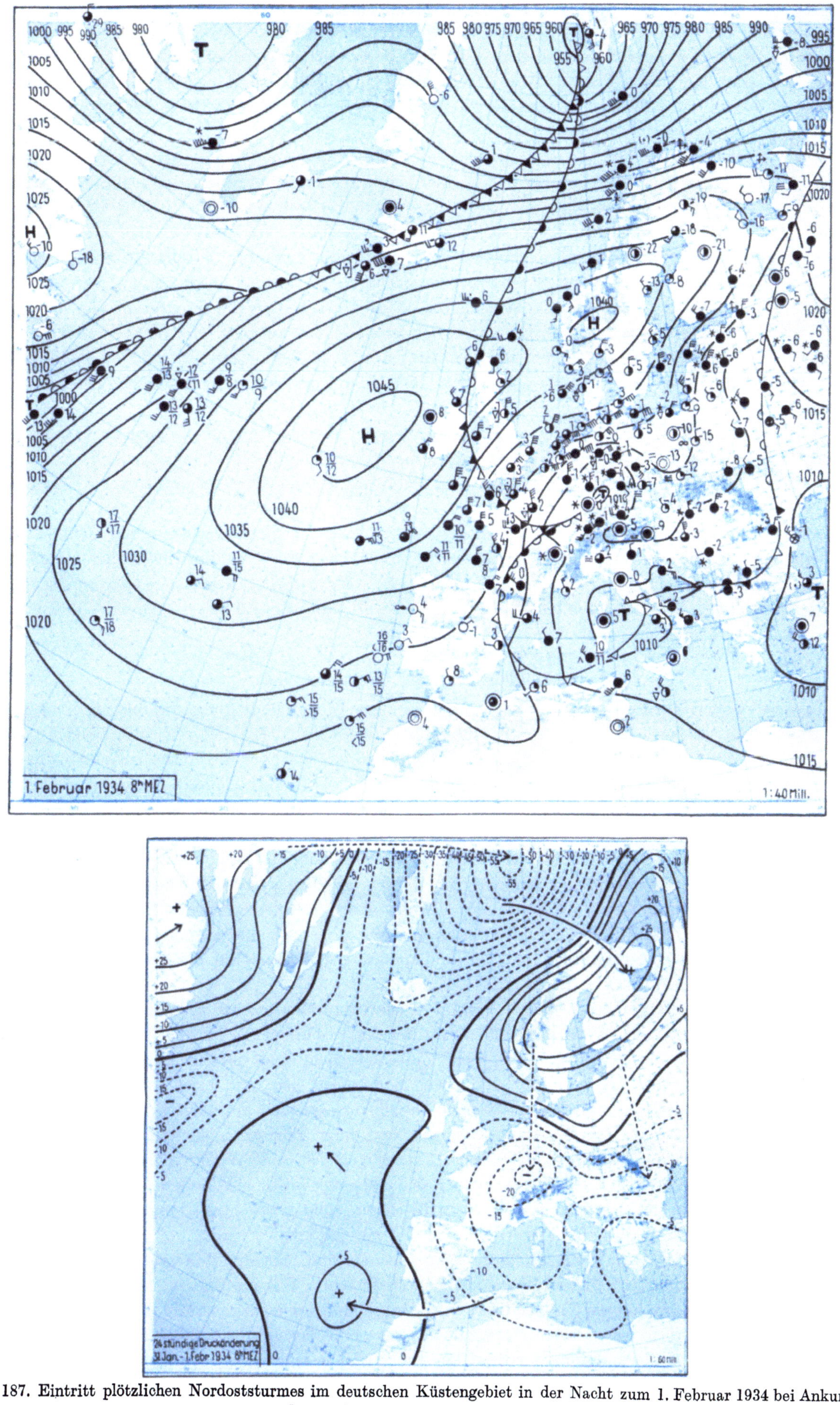

Abb. 187. Eintritt plötzlichen Nordoststurmes im deutschen Küstengebiet in der Nacht zum 1. Februar 1934 bei Ankunft des nordeuropäischen Steiggebiets.

sich solche Steiggebiete im Winter über Skandinavien im allgemeinen noch verstärken und außerdem schon in erheblich schwächer ausgeprägten Fällen stürmische Nordostwinde in der Ostsee aufzutreten pflegen. Für deren Zustandekommen ist die im Winter über dem Meere erfolgende starke Labilisierung arktischer Kaltluftmassen in hohem Grade mit verantwortlich, so daß es bei zu erwartenden Nordostlagen in der kalten Jahreszeit ratsam ist, auch bei nur geringeren Gradientverschärfungen bereits eine Wind- bzw. Sturmwarnung zu erlassen.

Das Tief über der Davisstraße ist inzwischen schon bei Spitzbergen angelangt, wo sich der Druckfall bis zu 55 mb intensiviert hat. Ein großer Teil der hier herausgepumpten Luftmenge ist sicherlich über Skandinavien angestaut worden und hat dadurch den dortigen Hochdruckkeil verstärkt. Es ist jetzt nur noch eine schwache Warmfront über dem Nordmeer zu erkennen, die nachfolgende Kaltfront aber besonders östlich von Neufundland scharf ausgeprägt, wo eine neue Zyklone für die Aufrechterhaltung der Frontalzone sorgt. Die nach Osteuropa gelangte Okklusion wird vorübergehend als Warmfront rückläufig und hat über Mittelitalien Anlaß zur Bildung eines selbständigen Tiefdruckkernes gegeben, dessen Frontenzug nun mit der südwestdeutschen Teilstörung mühelos verbunden werden kann. Damit wird der jetzt dominierende Gegensatz zwischen der wärmeren Masse im Westen und der kälteren im Osten herausgestellt, während der Okklusionsrest, der über der Biskaya vermutet werden kann, hier bei antizyklonaler Strömung weitgehend aufgelöst worden sein muß.

Auch dieses Beispiel einer großzügigen Umgestaltung der Druckverteilung, die aber im Gegensatz zum vorhergehenden Falle nur vorübergehender Natur war, indem sich mit der schnellen südlichen Ausbreitung des Nordmeertiefs die alte Situation bald wieder herstellte, soll in die Vorhersagemethoden einführen, wie sie aus der Betrachtung eines möglichst großräumigen Feldes gewonnen werden können. Es muß dabei auch auf die Veränderung von oft weit entfernten Drucksystemen Rücksicht genommen werden, und nicht selten sind die Fälle, in denen sich an Hand der Ausprägung von Frontalzonen über dem amerikanischen Raum längerfristige Druckprognosen für europäische Gebiete geben lassen. Wenn in einigen Jahren ein regelmäßig arbeitendes Radiosondennetz über der gesamten Nordhalbkugel eingerichtet ist, wird dies die Güte der Wettervorhersagen zweifellos noch erheblich fördern.

b) Teiltiefbildung am Okklusionspunkt.

In vielen Fällen ist es für die Vorhersage von ausschlaggebender Bedeutung, die Bildung eines Teiltiefs rechtzeitig vorherzusehen. Nähert sich z. B. eine Zyklone von Westen her dem zentraleuropäischen Raum, dann tritt vor allem im Winter gelegentlich der Fall ein, daß sich eine sekundäre Störung abspaltet und südostwärts wandert, während der Hauptkern seine Bahn nach Nordosten fortsetzt. In diesem Falle bleibt die herrschende östliche Strömung über großen Gebieten erhalten, und das winterliche Wetter setzt sich entgegen der ersten Vermutung fort.

Besondere Wettererscheinungen. Der wichtigste Anhaltspunkt für die Entwicklung eines Teiltiefs besteht in der genauen Zeichnung der Tendenzkarte, denn in der Druckänderung zeigt sich stets viel eher ein ausgebildetes Zentrum als in der Druckverteilung. Einen weiteren wichtigen Hinweis vermögen alte Okklusionen zu geben, die oft kaum erkennbar sind, wenn sie an neugebildeten Frontalzonen entlang driften, aber sehr häufig den Ansatzpunkt für eine Teildepression abgeben. Ein derartiges Beispiel wird anschließend beschrieben.

Der westdeutsche Kälteeinbruch vom 3. bis 4. Februar 1922. Den großen westdeutschen Kälteeinbruch vom 3./4. Februar 1922 hat W. Georgii (264, 265) bereits beschrieben. In Abb. 188 ist die Ausgangslage zum Morgentermin des 3. Februar angegeben. Zwischen einem ausgesprochenen Kältehoch über Mittelschweden und einer warmen Antizyklone im Raum von Madeira hat sich, quer durch Mitteleuropa verlaufend, eine ausgeprägte Frontalzone zwischen arktischen Polarluftmassen und gemäßigter Warmluft ausgebildet. Bis zum Rhein ist die echte Tropikluft vorgedrungen, und deren Begrenzungslinie erstreckt sich von dort südostwärts zum Tyrrhenischen Meer. Über Holland vereinigen sich beide Warmfronten zu einer nach Nordwesten verlaufenden scharfen Konvergenzlinie, der sich über der westlichen Nordsee noch eine im Druck- und Temperaturfeld kaum zu erkennende, aber im Bewölkungsfeld deutlich ausgeprägte alte Kaltfront angliedert, an der die Tropikluft durch maritime Polarluftmassen ersetzt wird.

Charakteristisch für diese Front ist die in der Normandie und über der Bretagne erfolgte Bewölkungsauflockerung. Im Winter tritt eine solche nämlich innerhalb echter Warmluftmassen sehr selten ein und beginnt meist erst dort, wo kältere Luft einfließt und Absinkbewegungen hervorruft. Vielfach beginnt dabei der Zustrom der niedriger temperierten Masse zunächst in der Höhe und macht sich, wenn keine Aufstiege vorliegen, gerade durch die Änderung der Bewölkungsstruktur, das Auftreten von mehr quellenden Formen und das Zerreißen der vorher geschlossenen Schichtwolkendecke bemerkbar. Die Bodentemperaturen können hinter einer solchen Front höher liegen als davor und sind deshalb nicht repräsentativ; aber bei der relativen Feuchtigkeit und der pseudopotentiellen Temperatur kann man meist einen deutlichen Rückgang feststellen, und außerdem ist in der Regel eine erhebliche Sichtbesserung damit verbunden. Vielfach entwickelt sich im unmittelbaren Frontbereich ein schmales Niederschlagsgebiet, wie es hier über Westholland in Erscheinung tritt.

Entsprechend der Temperaturverteilung, die ein starkes Gefälle von SSW nach NNE aufweist, muß die Höhenströmung etwa parallel der Hauptfrontalzone von WNW nach ESE verlaufen, und mit ihr verlagern sich auch die beiden südlich abzweigenden Fronten quer durch Deutschland. Über Irland und dem westlichen Frankreich beginnt der Luftdruck zu steigen, während über der südwestlichen Nordsee die Spitze eines Warm-

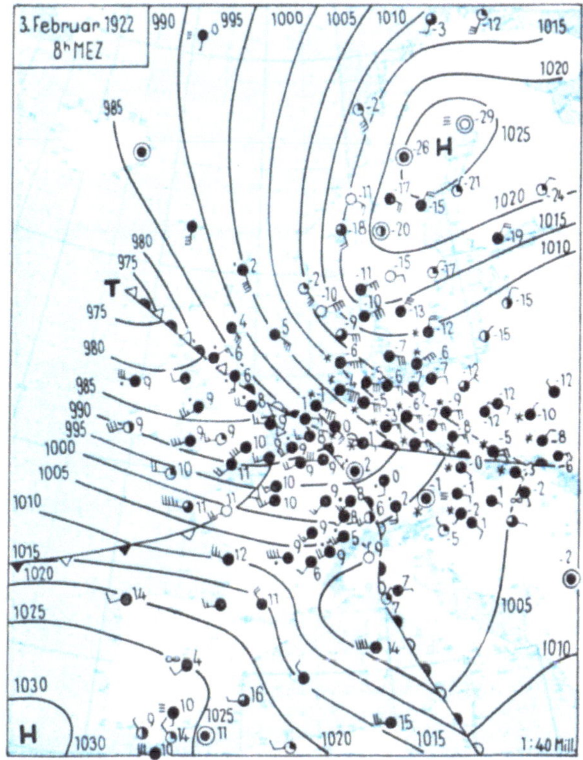

Abb. 188. Teiltiefbildung am Abspaltungspunkt einer alten Okklusion über Westdeutschland am 3. Februar 1922.

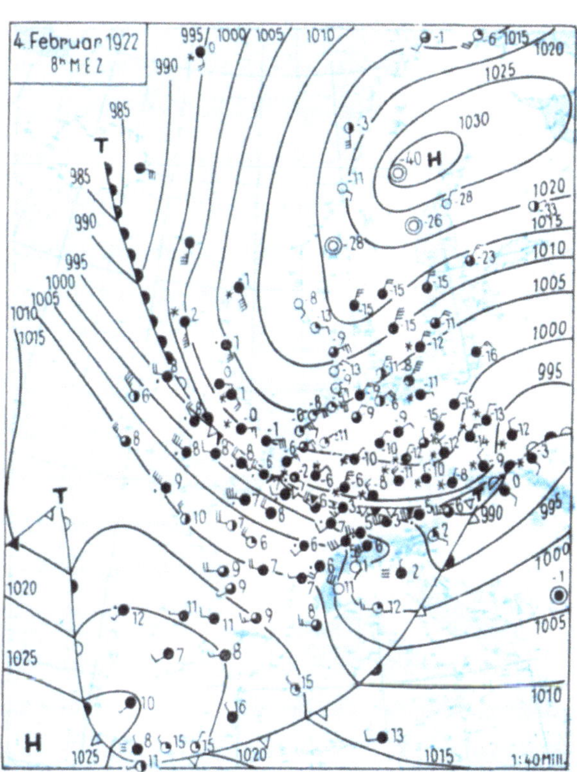

Abb. 189. Der große Temperatursturz über Westdeutschland am 4. Februar 1922.

sektors vorhanden ist und der Luftdruckfall sich gleichzeitig über Westdeutschland zu konzentrieren beginnt. Ein abgeschlossenes Fallgebiet ist hier also schon zu einer Zeit vorhanden, als in der Wetterkarte von einem Teiltief noch nichts zu bemerken ist, das hier erstmals zum 14-Uhr-Termin dieses Tages nördlich vom Taunus in Erscheinung tritt.

Am nächsten Morgen (Abb. 189) liegt die Teildepression, auf 990 mb vertieft, über dem nördlichen Ungarn. Ihr Zentrum liegt — wie üblich — an der Spitze der Begrenzungslinie der maritimen Polarluft, die jetzt in eine maskierte Kaltfront umgewandelt ist, während die Lage der vorangezogenen Warmfront bei den wenigen vorliegenden synoptischen Meldungen nicht sicher ausgemacht werden kann.

Auf der Rückseite des Teiltiefs steigt der Luftdruck hauptsächlich nördlich der Hauptfrontalzone und am stärksten über Holland an, so daß die arktische Kaltluft in südwestlicher Richtung vorstoßen konnte und am Niederrhein statt der erwarteten Fortdauer des Tauwetters zu einem Temperatursturz von mehr als 15° Anlaß gab. Durch den schroffen Wechsel von der regnerischen und milden Witterung am Abend des 3. Februar zu der schneeweißen und frostklirrenden Landschaft am nächsten Morgen ist dieser Fall besonders im Gedächtnis haften geblieben.

Diese scharf ausgeprägte Kaltfront, deren Neigungswinkel von GEORGII (265, S. 93ff.) für die unteren 1000 m zu 1:60 bestimmt wurde, erstreckt sich über Württemberg und Flandern bis zur Irischen See, wo sie wieder zur Warmfront des über Island nordwärts ziehenden Haupttiefs wird. An den folgenden Tagen wird die Verbindung zwischen Mutter- und Tochterdepression vollkommen unterbrochen, und statt dessen kommt es zur Entwicklung einer über England verlaufenden Hochdruckbrücke zwischen der schwedischen Antizyklone und dem Maximum nordwestlich der Azoren, nachdem ein weiteres über der Biskaya entstandenes Teiltief ins Mittelmeer gelangt ist.

2. Die allmähliche Verlagerung von Steuerungszentren.

Während die plötzlich eintretenden Änderungen der Druckverteilung nur in seltenen Fällen eine länger anhaltende Umgestaltung der Großwetterlage im Gefolge haben, ist die allmähliche Verlagerung von Steuerungszentren gerade für den Gesamtcharakter der Witterung längerer Zeiträume bestimmend. In den täglichen Bodenwetterkarten ist diese Umgestaltung oft durch das Spiel der rasch wandernden Hoch- und Tiefdruckgebiete verschleiert, aber in den Höhenwetterkarten schon deutlicher erkennbar. Noch besser geeignet zur Verfolgung dieser Phänomene sind mittlere Druckkarten für längere Zeiträume, wie sie z. B. H. Seilkopf auf der Deutschen Seewarte eingeführt hat. Diese 5-Tage-Mittelkarten werden seit dem Jahre 1946 auch regelmäßig von dem Meteorologischen Amt für Nordwestdeutschland[1] veröffentlicht.

a) Die Pulsation hohen Druckes nach Westen.

Unter den allmählichen Änderungen der Großwetterlage spielt die Westwärtsverlagerung der steuernden Hochdruckzentren, die bei der Besprechung einer plötzlich eintretenden Ostlage schon gestreift wurde, eine besondere Rolle. Sie ist deshalb häufig schwer zu erkennen, weil die einzelnen Druckwellen dabei — wie üblich — ostwärts wandern. Da aber auf der Westflanke der Antizyklonen die Fallgebiete meist abgeschwächt und die Druckanstiege gerade verstärkt werden (siehe S. 307), kann sich auf diese Weise der Hochkern selbst immer mehr entgegen der Zugrichtung der Druckwellen nach Westen hin ausdehnen. Meistens erfolgt dieser Vorgang rhythmisch, indem sich der höchste Druck bei der Ankunft des nächsten Steiggebiets jedesmal pulsatorisch nach Westen verschiebt und zur gleichen Zeit der östlicher gelegene Hochkern der Auflösung anheimfällt.

Der Aufbau des großen Faröer-Hochs vom 19. bis 20. Februar 1944. Das Hoch, das auf die eben beschriebene Weise vom 19. zum 20. Februar 1944 bei den Faröern entstand, erreichte einen besonders hohen Barometerstand und rangiert (vgl. Tabelle 32, S. 126) unter den stärksten Antizyklonen dieses Raumes.

In Abb. 190 ist die Boden- und Höhenwetterlage am 19. Februar 1944 dargestellt. Ein ziemlich starkes, in der Troposphäre warmes und daher im Niveau der 500-mb-Fläche ebenfalls gut ausgeprägtes und steuerndes Hochdruckzentrum befindet sich über Skandinavien. Gegen seine Westseite dringt eine alte, allmählich in eine Höhenkaltfront umgewandelte Okklusion vor, die zu einem in der Nähe des Nordpols angelangten Tief gehört, und mit der eine neue, schwächere und kältere Hochdruckzelle nachfolgt, deren Zentrum sich dementsprechend mit der Höhe in stärkerem Maße nach Süden verschiebt.

Die Höhenkaltfront weist eine recht deutliche Konvergenz auf und macht sich außerdem auch durch einen wesentlichen Witterungswechsel bemerkbar, indem bei ihrem Durchzug das trübe präfrontale Wetter durch einen typischen Schauerhimmel ersetzt wird. Das vertikale Temperaturgefälle ist nämlich hier recht groß, indem nach dem Aufstieg der Wetterstaffel im Bereich der Faröer die pseudopotentielle Temperatur vom Boden bis annähernd 4000 m Höhe, wo die erste Inversion beginnt, konstant bleibt.

Gerade diese niedrigen Höhentemperaturen wurden als Kennzeichen dafür gewertet, daß es sich bei dem über Island angelangten Steiggebiet um einen jener kurzperiodischen und vorübergehenden Druckanstiege handeln würde, wie sie meistens derartige Kaltfronten zu begleiten pflegen und die dann immer bald wieder von neuem Druckrückgang abgelöst werden.

Statt dessen verläuft die Entwicklung aber ganz anders. Bis zum nächsten Morgen (Abb. 191) hat sich das atlantische Hoch bei den Faröern auf über 1050 mb verstärkt, weist auch in der Höhe schon einen umfangreichen, abgeschlossenen Kern auf — wobei sich die mittlere Troposphäre schon wieder um mehr als 10° erwärmte — und wird zu einem die Witterung viele Tage lang beherrschenden Steuerungszentrum, das sich später langsam weiter westwärts zurückzieht und die grönländische Südostküste am 25. Februar erreicht, dort noch solch ungewöhnlich hohe Druckwerte von mehr als 1050 mb aufweisend (169). Gleichzeitig mit dem Aufbau des Faröer-Hochs erfolgt die Abschwächung der schwedischen Antizyklone, die am 20. Februar am Boden schon als selbständiger Kern verschwunden ist und nur noch im Niveau der 500-mb-Fläche ein abgeschlossenes Zentrum über dem Bottenbusen aufweist, das, nachdem die Höhenkaltfront schon in seinen eigentlichen Bereich eingedrungen ist, jetzt ebenfalls sehr rasch völlig verschwindet.

---

[1] 10tägiger Witterungsbericht für Nordwestdeutschland.

Besondere Wettererscheinungen. Die Pulsation von steuernden Hochdruckgebieten nach Westen kann gelegentlich der Witterung für viele Monate das Gepräge geben. Besonders in kalten Wintern ist eine solche Verlagerung der Steuerungszentren die Regel. Auf ihrer Westwärtswanderung bringen die russischen Antizyklonen dann die kalte Luft ihres Ursprungsgebiets mit und lösen sich über Mitteleuropa häufig erst dann auf, wenn ein neuer starker Kaltluftvorstoß von Norden her ansteht, wobei meistens eine Hochdruckzelle über dem Atlantik die Führung übernimmt. Besonders beliebt ist eine Zugbahn dieser russischen Antizyklonen, die von dem nördlichsten Sibirien über den Nordural und südlich am Weißen Meer vorbei nach Südskandinavien gerichtet ist, wie sie z. B. angenähert von dem kalten Hoch innegehalten wurde, das vom 18. bis 23. Januar 1907 (Abb. 71 bis 73) von Nordsibirien zum Baltikum wanderte, dann allerdings nach Süden abbog. Weiter sei der Vorstoß des sibirischen Hochs erwähnt (724), der in der zweiten Dezember-Dekade des Jahres 1938 von Semlja Kamenewa über Kap Tscheljuskin bis nach Nordeuropa[1] führte (vgl. S. 227) und, als ein Beispiel aus neuester Zeit, das von einer in seiner Auswirkung katastrophalen Kältewelle begleitete Maximum, das am 5. Dezember 1946 über Nowaja Semlja erschien, am 13. mit beinahe Rekordwerten von 1065 mb östlich von Leningrad angelangt war und schließlich über Südnorwegen und Schottland nach Irland zog, wo es am 20. Dezember der Auflösung anheimfiel.

Im Sommer ist die Verlagerung des Schwerpunktes eines Hochdruckgebietes von Osten nach Westen immer ein sicheres Anzeichen dafür, daß eine längere Periode kühlen und unfreundlichen Wetters bevorsteht. Da die Fälle ganz selten sind, daß ein einmal westwärts gewandertes Maximum wieder auf den Kontinent zurückkehrt, kann eine solche Nordwestlage im allgemeinen nur mit der Auflösung des ostatlantischen Hochs beendet werden.

Auf welche Weise der im letzten ausführlich erläuterten Beispiel eingetretene starke Druckanstieg im Bereich der Faröer zustande kommt, kann bei dem spärlichen Beobachtungsmaterial natürlich nicht im einzelnen geklärt werden. Immerhin ist aber in den Karten der relativen und absoluten Topographien (Abb. 190) die Konzentrierung des frontalen Temperaturgegensatzes und einer nachfolgenden Richtungskonvergenz der Höhenströmung, noch gesteigert durch die gleichzeitige Ausbildung eines Höhentroges, in dem Raume auffallend, wo sich die neue Antizyklone entwickelt. Am folgenden Tage (Abb. 191) erkennt man im Niveau der 500-mb-Fläche deutlich die Tiefdruckfurche, die den absterbenden von dem neu entstandenen Hochkern trennt und welche nicht die Form des stationären Höhentroges (Abb. 109) aufweist, sondern bei der eine kräftige NW-Strömung unmittelbar in eine starke Krümmungszone übergeht und sich der Druckanstieg zugleich auf dieses Gebiet konzentriert, wogegen östlich der Umbiegungsstelle, wo der Krümmungsradius wieder wächst, entsprechend den BJERKNESschen Vergenzregeln (vgl. S. 194 und Abb. 108) eine Abnahme des Luftdrucks zu beobachten ist. Man kann daraus die Folgerung ziehen, *daß ein mit Abkühlung verbundenes Drucksteiggebiet in den Fällen den Aufbau einer dynamischen Antizyklone herbeiführen kann, wenn das Steiggebiet über einem Höhentiefdrucktrog liegt und dort zugleich der Barometerstand am Boden schon verhältnismäßig hoch ist.* Verlaufen die Höhenisobaren dagegen mehr oder weniger geradlinig, so folgt im allgemeinen schnell das nächste Fallgebiet nach, und die Wetterlage erfährt keine grundsätzliche Umgestaltung.

b) Über die Ursache der Westwärtsbewegung von Steuerungszentren.

Über die Ursache der Westwärtsbewegung von Steuerungszentren lassen sich noch keine sicheren Aussagen machen. ROSSBY (652) hat sie auf Änderungen der Wellenlänge, d. h. des Abstandes zwischen den Tiefdruckausläufern und Hochdruckkeilen in der oberen Troposphäre zurückgeführt, und aus der von ihm angegebenen Formel resultiert eine Westwärtsverlagerung dieser Drucksysteme, wenn die Wellenlänge einen bestimmten Wert überschreitet.

Der offenbare und schon erwähnte Zusammenhang zwischen der Westwärtsverlagerung der Steuerungszentren und dem Eintreten strenger Winter legt eine Korrelation dieser Erscheinung mit der allgemeinen Zirkulation nahe und ermöglicht vielleicht sogar in gewissen Fällen eine Langfristprognose. So sei darauf hingewiesen, daß sich der strenge Winter 1946/47 bereits in der ersten Oktoberhälfte durch die Westwärtsverlagerung eines antizyklonalen Steuerungszentrums von Rußland über Skandinavien bis in den isländischen Raum andeutete, eine Erscheinung, die sich in der Folgezeit in einer Periode von etwa 36 Tagen wiederholte. Gleichzeitig war die Aktivität der Kaltluftmassen, die auf der Ostseite nach Süden strömten, ungewöhnlich intensiv, und dies gibt einen Anhaltspunkt in bezug auf die Ursache der Westwärtsverlagerung. Wenn die Ostseite eines steuernden Hochs nämlich besonders kalt wird, so bedingt dies eine Druckerniedrigung in der

---

[1] Dieses Hoch erreichte am 17. und 18. Dezember 1938 seine größte Stärke mit Luftdruckwerten zwischen 1066 und 1067 mb über Zentralrußland.

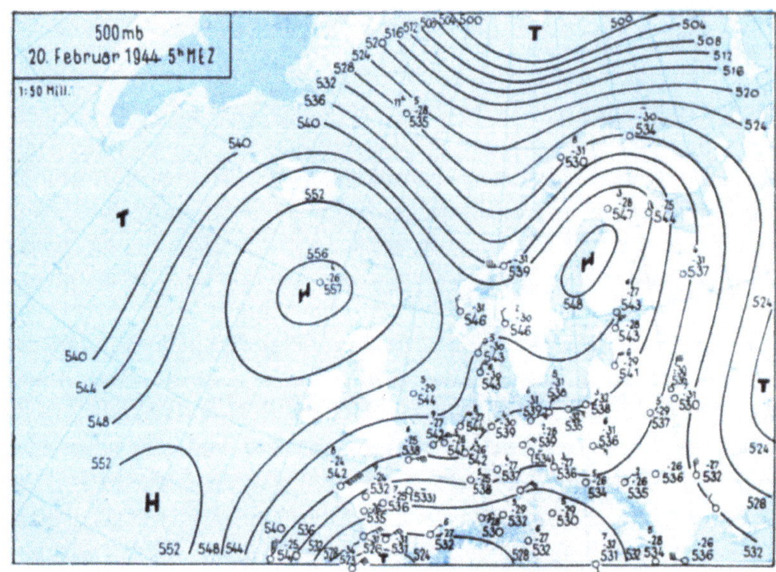

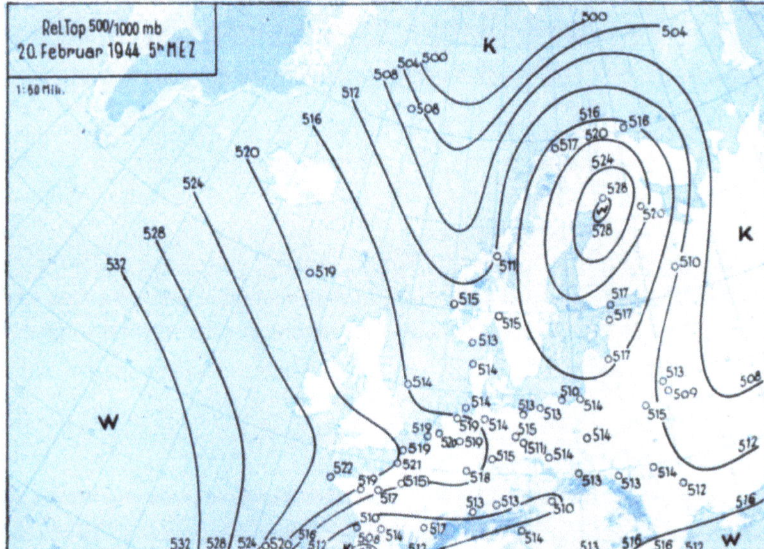

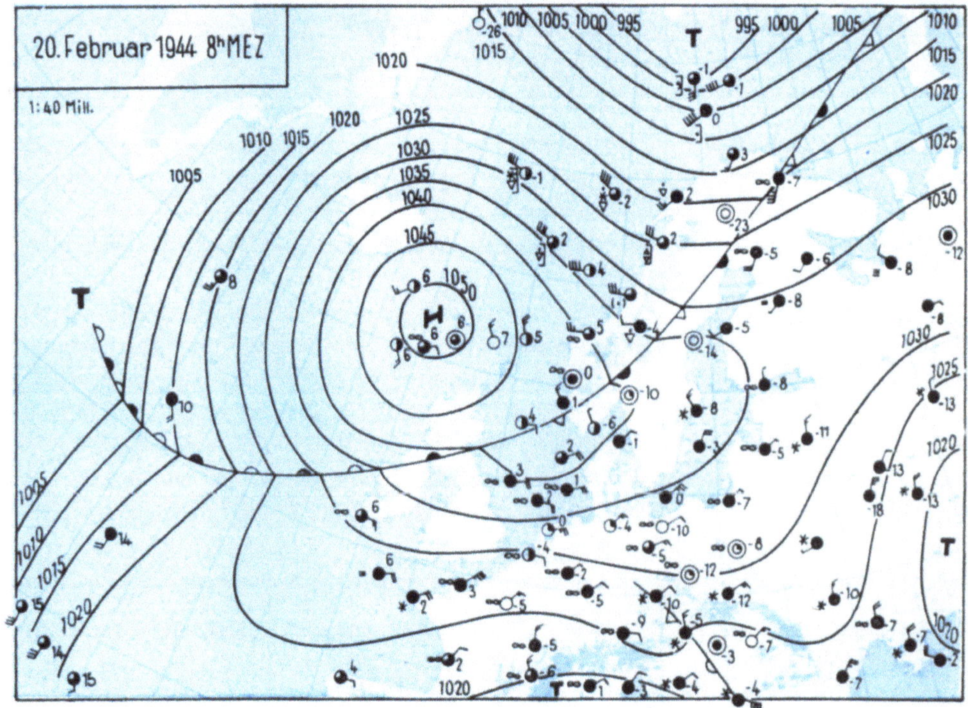

Abb. 190. Starker Druckanstieg im kalten Höhentrog am 19. Februar 1944 führt zum Aufbau eines neuen Hochdruckzentrums im Bereich der Faröer.

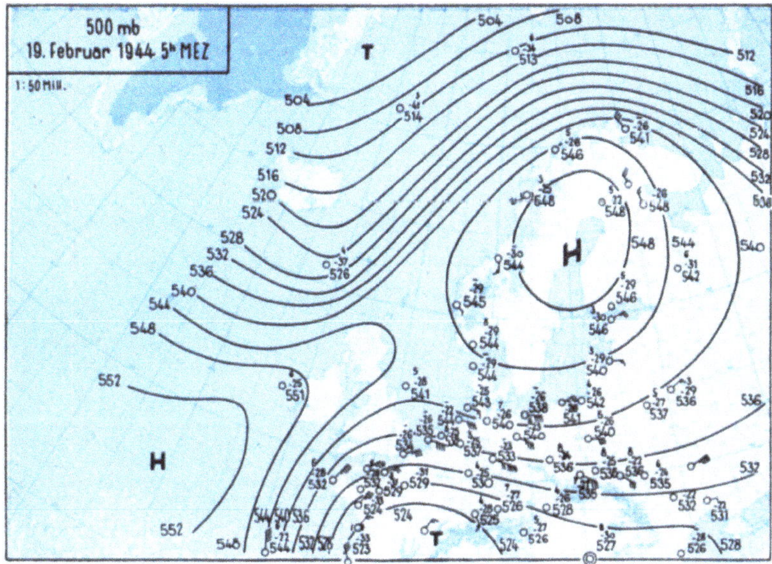

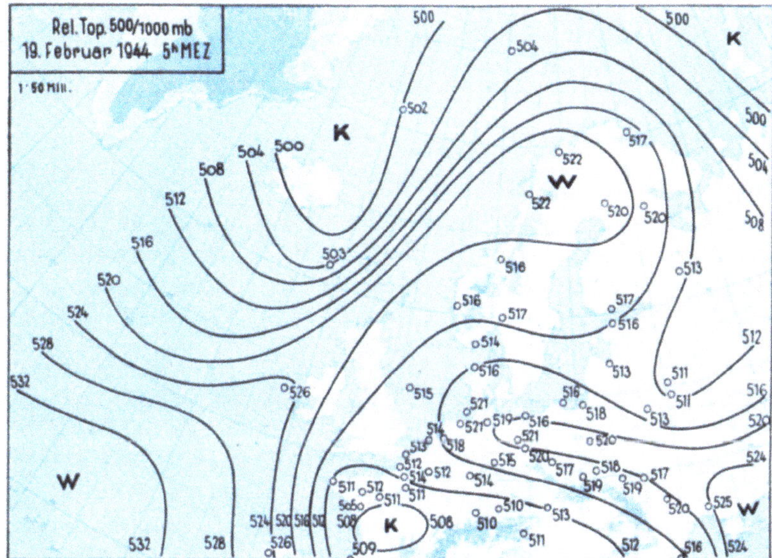

Abb. 191. Bei Entstehung der Antizyklone im Bereich der Faröer am 20. Februar 1944 schwächt sich das schwedische Hoch ab, und das Steuerungszentrum pulsiert nach Westen.

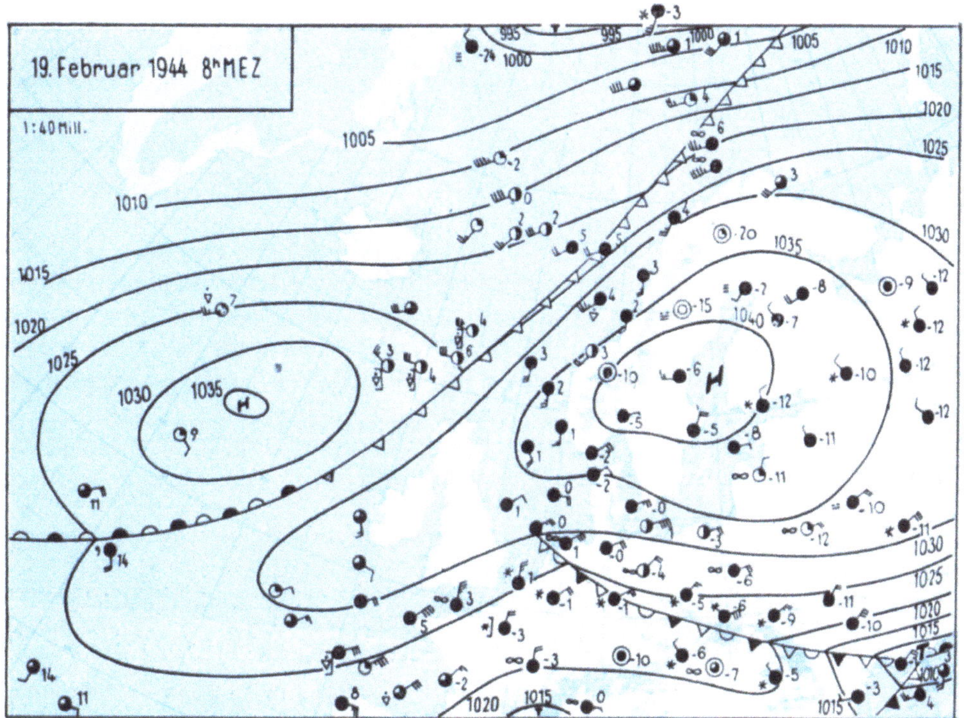

Höhe, und die Warmluftadvektion auf seiner Westseite unterstützt ebenso eine Verschiebung des Höhenhochs nach Westen hin. Die Westwärtsverlagerung ist also die Folge einer ausgeprägten meridionalen Zirkulation, die für das Eintreten strenger Winter unerläßlich ist, und deshalb fehlt sie auch bei stark ausgeprägter zonaler Zirkulation[1], die dann alle anderen Vorgänge unterdrückt.

B. Die Bedeutung der dreidimensionalen Wetteranalyse für die Vorhersage.

Es dürfte aus dem Vorhergehenden zur Genüge hervorgegangen sein, daß die moderne Wettervorhersage auf einer sorgfältigen dreidimensionalen Analyse beruht. Die Zeiten, wo die Prognosen allein auf Grund der Bodenkarten aufgestellt wurden, sind endgültig vorbei, und die Aerologie ist inzwischen zu einem unentbehrlichen Bestandteil nicht nur des Flugwetterdienstes, sondern der gesamten synoptischen Meteorologie geworden.

1. Die Verwendung der Höhenwetterkarten.

Der rasche Einbau der aerologischen Beobachtungen in den Rahmen des praktischen Wetterdienstes, der sich innerhalb der letzten 15 Jahre vollzogen hat, ist in erster Linie den Höhenwetterkarten zu verdanken, die einen schnellen und für die Prognose leicht überschaubaren Einblick in die in der freien Atmosphäre vor sich gehenden Prozesse ermöglicht haben. Auf Grund der Höhenwetterkarten sind eine ganze Reihe von Erfahrungsregeln aufgestellt worden, von denen ein erheblicher Teil schon erwähnt worden ist, jedoch auch die noch nicht behandelten, sofern sie für die Vorhersage von Bedeutung sind, kurz beschrieben werden müssen.

a) Regeln der Höhenwetterkarten.

Die Regeln, die auf Grund der Höhenwetterkarten gewonnen worden sind, stehen zum großen Teil in enger Beziehung zur Divergenztheorie der Zyklonen; eine andere Serie solcher Erfahrungssätze hat M. RODEWALD (633, 635, 639) aufgestellt. Schließlich hat die Verwendung der Karten für die obere Troposphäre und die Stratosphäre zu neuen prognostischen Hinweisen geführt, die durch ein Beispiel erhärtet werden sollen.

Die Regeln der Divergenztheorie. Es sollen hier die wichtigsten Regeln der Divergenztheorie, sofern sie für die praktische Wettervorhersage von Bedeutung sind, noch einmal kurz zusammengefaßt werden. Die Grundregeln lauten (676):

Divergente Höhenwinde bewirken Druckfall, wenn sie nicht durch eine untere Konvergenz kompensiert sind; konvergente Höhenströmung verursacht Druckanstieg, wenn sie nicht durch eine Divergenz in den bodennahen Schichten aufgehoben wird.

Es soll noch besonders darauf hingewiesen werden, daß bei diesen Regeln stets die Richtungsvergenz, also das Auseinander- bzw. Zusammenlaufen der Isopotentialen gemeint ist, daß dagegen die ausgelösten Effekte in einer physikalischen Vergenz, also einem echten Massenverlust bzw. Massenzuwachs bestehen. Auch die stärksten Divergenzen können durch Vorgänge in anderen Schichten kompensiert sein, sind dann also im Endeffekt von nur geringen Druckschwankungen, aber starken Vertikalbewegungen begleitet. Aus diesen Überlegungen ergibt sich der nachfolgende Satz:

Fällt die Höhendivergenz mit dem Bodentiefdruckkern zusammen, so bleibt dieser stationär, und ebenso verharrt eine Antizyklone am Orte, wenn die Richtungskonvergenz der Isopotentialen über ihrem Zentrum am größten ist (644).

Befindet sich die Zone stärkster Richtungsvergenz gerade im Zwischengebiet der einzelnen Druckgebilde, so verlagern sich diese verhältnismäßig rasch. Besonders wirksam sind die Druckeffekte von Höhendivergenzen, wenn diese mit einer am Boden liegenden Hochdruckzone zusammenfallen, denn dann wirken die unten ausströmende Luftbewegung und die obere Divergenz in gleichem Sinne druckfallverstärkend; eine Antizyklone bleibt dagegen stabil, wenn die Höhenisobaren eine starke Richtungskonvergenz aufweisen.

---

[1] Unter *zonaler Zirkulation* ist die Stärke der Westdrift zu verstehen (*zonal index* in den USA.), während die als *meridionale,* manchmal auch als *monsunale Zirkulation* bezeichnete Strömung einen Indikator für den Massentransport entlang der Meridiane darstellt. Ein eindeutiges Maß für diese Zirkulationen ist erstmalig von BAUR im Mitteleuropäischen Witterungsbericht, herausgegeben vom Forschungsinstitut für langfristige Witterungsvorhersage, veröffentlicht worden, indem aus den täglichen Wetterkarten die mittleren geostrophischen Windkomponenten in beiden Richtungen für die gesamte Nordhalbkugel zwischen 40 und 75° Breite berechnet wurden. Als erstes Ergebnis fällt die fast völlige Gleichheit der beiden Zirkulationskomponenten und der in solchem Maße dominierende jährliche Gang auf, daß gleiche Monate der beiden ersten in dieser Hinsicht exakt vergleichbaren Jahre fast genau die gleichen Beträge ergeben haben. Bei einem jährlichen Mittelwert von etwa 20 km/h liegt die mittlere Windstärke während des Winters etwa um 66% über der sommerlichen Zirkulationsstärke.

Der Zusammenhang, der zwischen der Lage der Frontalzonen und den Druckänderungen besteht, wurde ebenfalls schon besprochen. Man kann die Beziehungen so wiedergeben:

Zyklogenesen erfolgen vorzugsweise im Delta, Zyklolysen im Einzugsgebiet der Frontalzonen.

Ein besonders instruktives Beispiel dafür, wie sich Zyklonen im „Luv" der Frontalzonen trotz großer Gegensätze und zuweilen ausgedehnter Warmsektoren auffüllen können, hat G. POGADE (562, 563) bearbeitet. Da gemäß Abb. 101 (S. 185) die Strömungsdivergenz aber schon etwas vor dem hyperbolischen Punkt der Frontalzone beginnt, ist dieser Bereich auch zum mindesten schon anfällig für die Entwicklung von Tiefdruckgebieten.

Eine weitere Gruppe von Divergenzregeln, die aus dem Verlauf der Höhenströmung in einem eng begrenzten Gebiet Schlüsse auf die Weiterentwicklung zieht, ist inzwischen hinfällig geworden und in den obigen Sätzen bereits enthalten.

Die RODEWALDschen Regeln über die Druckänderungen. M. RODEWALD hat gefunden, daß die von GUILBERT für die Bodendruckverteilung angegebenen Regeln größtenteils auch für die Höhenkarten Gültigkeit besitzen. Man kann den folgenden Satz als GUILBERT-GROSSMANN-RODEWALDsche Regel bezeichnen (629):

An der Stätte eines Höhenhochdruckkeiles fällt der Luftdruck am Boden in den nächsten 24 Stunden mit Vorliebe am stärksten; an der Stätte eines Höhentiefausläufers findet gern der stärkste Druckanstieg in den folgenden 24 Stunden statt.

Die Begründung ist die gleiche wie für die GUILBERT-GROSSMANNsche Regel (vgl. S. 183). Auch die folgende Fassung ist ohne weiteres verständlich:

Wenn ein Höhenhochdruckkeil (-tiefausläufer) ohne wesentliche Achsenneigung bis zum Boden herabreicht, so ist wegen Ausströmens (Einströmens) in der Bodenreibungsschicht Tendenz zum Fallen (Steigen) des Luftdrucks gegeben.

Zeitliche Änderungen der Größe des Druckgradienten in der Höhe müssen entsprechende Beschleunigungen der Strömung zur Folge haben. RODEWALD hat folgende Beziehungen gefunden:

Zeitliche Gradientverschärfung am Abhange eines Hochdruckkeiles verursacht Luftdruckfall unter ihm; Gradientzunahme an den Flanken eines Höhentiefausläufers hat Druckanstieg unter diesem zur Folge.

Eine Versteilung des Druckgefälles ruft eine zum tieferen Druck hin gerichtete Bewegungskomponente der Höhenströmung hervor, da die Zunahme der Gradientkraft eine Beschleunigung verursacht, die erst dann aufgehoben werden kann, wenn die ablenkende Kraft bei der eintretenden Geschwindigkeitssteigerung eine neue Gleichgewichtsströmung herzustellen vermag. Aus dem gleichen Grunde bewirkt eine Verstärkung des Gradienten am Höhentiefausläufer einen verstärkten Zustrom in die Tiefdruckrinne und damit eine Druckerhöhung.

Änderungen des Druckes in der Höhe werden in erster Linie durch die Advektion anders temperierter Luftmassen herbeigeführt. Daraus resultiert der Satz:

Kaltluftadvektion, gegen den Abhang eines Höhenhochdruckkeiles gerichtet, verursacht Luftdruckfall unter ihm, Warmluftadvektion gegen die Flanke eines Höhentiefausläufers hat Druckanstieg unter diesem zur Folge.

Diese Regel ist besonders wichtig und kann fast täglich in irgendeinem Gebiet mit Vorteil verwandt werden; darauf beruht auch die Auflösung der Antizyklonen bei Annäherung von Kaltfronten und der verstärkte Druckanstieg bei einsetzender Warmluftadvektion. Neuerdings hat E. LINGELBACH (408) den gesamten Fragenkomplex vom theoretischen Gesichtspunkt aus eingehend untersucht. Er kommt zu dem Ergebnis, daß die über einem Erwärmungs- und Höhensteiggebiet eingeleiteten Beschleunigungen für den darunter am Boden zu beobachtenden Druckfall verantwortlich sind. Dies ist ein ähnliches Resultat, wie es G. SCHMIDT (764) in dem Satz formuliert hat, daß der stärkste Druckfall (am Boden) dort zu erwarten ist, wo die mittlere Dichte (der unteren Troposphärenhälfte) am meisten zugenommen hat[1].

Regeln über die Abweichung der Zugrichtung von Druckänderungsgebieten von der Höhenströmung. Auch mit den Abweichungen zwischen der Höhenströmung und der Zugrichtung von Druckänderungsgebieten hat sich besonders M. RODEWALD befaßt. Er gelangt zu folgenden Schlußfolgerungen:

Fällt eine Frontalzone nebst Delta und Einzugsgebiet mit einer gleichsinnigen Bodendrift zusammen, so zeigt die Fortpflanzung der Druckwellen die geringste Abweichung von der Richtung und Geschwindigkeit der Höhenströmung; die Druckwellen wandern rasch, vielfach ohne sich stärker zu entwickeln.

---

[1] G. SCHMIDT hat auch die Druckänderungsgebiete in Höhe der 500-mb-Fläche in bezug auf ihre Steuerung untersucht. Es zeigt sich aber häufig, daß die Druckwellen in der Höhe raschere Veränderungen hinsichtlich ihrer Intensität und Zugbahn aufweisen als am Boden, so daß die Berücksichtigung der Fall- und Steiggebiete am Boden — als Repräsentanten der totalen Massenänderung — für prognostische Zwecke am meisten geeignet ist.

Wird die Frontalzone durch Heranwandern einer Fremdfront regional verschärft, ohne daß zwischen den beiden Fronten eine Bodendrift besteht, so wandert das Druckfallgebiet im — neu orientierten — Frontalzonendelta relativ langsam, vertieft sich aber stark.

Im ersten Fall handelt es sich um eine Situation, bei der Boden- und Höhendruckgefälle die gleiche Richtung aufweisen, wie es z. B. an einer *Schleifzone* der Fall ist. Hier entwickeln sich die schnell ziehenden *Wellenstörungen*, wobei dieser Ausdruck im Gegensatz zu den schnell verwirbelnden Zyklonen andeuten soll, daß die Frontalzone nicht aufgerollt wird, sondern sich an ihr nur eine rasch ziehende, eng begrenzte Druckwelle entwickelt und die Luftmassengrenze selbst lediglich eine unbedeutende Deformation erleidet. Wie P. RAETHJEN und K. SONDERMANN (591) nachgewiesen haben, besteht aber prinzipiell — also kinematisch — kein Unterschied zwischen der driftenden Welle und dem driftenden Wirbel, und die Fortpflanzungsgeschwindigkeit bleibt auch im ersteren Falle noch erheblich geringer als jene der Höhenströmung.

Der zweite Satz behandelt die Situation des Dreimassenecks und der Sturmtiefbildung, bei der die Richtungsdivergenz erheblich größer ist, dafür die Geschwindigkeit der oberen Luftbewegung aber auch entsprechend rasch abnimmt.

Aus dem verschiedenartigen Funktionieren des Öffnungs- und Schließungsmechanismus einer Frontalzone hat RODEWALD einige weitere wichtige Regeln abgeleitet:

Wird die seitliche Warmluftzufuhr gegen das Delta einer Frontalzone zu schwach, gegen ihr Einzugsgebiet zu stark, so schert die ganze Druckwelle nach rechts aus der vorgegebenen Höhenströmung aus. Wird die seitliche Warmluftzufuhr gegen das Delta einer Frontalzone zu stark und gegen das Einzugsgebiet zu schwach, so schert die Druckwelle ebenfalls nach rechts aus. In diesem Falle schwächt sich aber das Druckfallgebiet ab, weil sich die Druckgegensätze im Delta verstärken.

Der erste Teil dieses Satzes ist ohne weiteres verständlich, wenn man sich die mit der Advektion erfolgenden Druckänderungen überlegt, indem dabei im Einzugsgebiet der Frontalzone Druckanstieg eintritt und auf diese Weise eine Rechtsdrehung der gesamten Höhenströmung resultiert. Daß auch im umgekehrten Falle, wenn sich die Warmluftadvektion hauptsächlich gegen das Delta der Frontalzone richtet, eine Rechtsablenkung der Druckwelle die Folge ist, hängt damit zusammen, daß sich jetzt das Fallgebiet im ursprünglichen Frontalzonenbereich abschwächt (Fall der sich auffüllenden Warmsektorzyklone) und sich dafür im Bereich des Deltas — unter Rechtsdrehung — neu bildet.

Schließlich wäre noch die folgende, häufig erkennbare Beziehung zu erwähnen:

Ist durch starken Druckfall ein geschlossenes Höhentief entstanden, so ergibt sich die Tendenz zur Spaltung des Druckfallgebietes, wobei der rasch schwächer werdende Teil nach links, der stärkere nach rechts aus der ursprünglichen Bahnrichtung schert.

Es handelt sich hier um den Fall der Okklusion; häufig trennt sich dann das Fallgebiet von der Zyklone und zieht ost- oder südostwärts weiter, manchmal ein sekundäres Tiefzentrum ausbildend, während sich die Mutterzyklone, langsam nordostwärts wandernd, zugleich aufzufüllen beginnt.

b) Die Bedeutung von Tropopausen- und Stratosphärenkarten.

Alle eben erwähnten Erfahrungsregeln sind aus dem Studium der 500-mb-Fläche gewonnen worden. Sie gelten aber auch für die Darstellungen der 225-mb-Fläche und in gewissen seltenen Fällen sogar für die stratosphärische Druckverteilung, wo sich ihre Anwendung aber hauptsächlich auf die Bestimmung der Zugrichtung der Druckwellen und Druckgebilde beschränkt.

Die Steuerung der 225- und 96-mb-Fläche. In gewissen Fällen, in denen die Strömung im Niveau der 225-mb-Fläche von jener in 500 mb erheblich abweicht, kann die Tropopausenkarte für die Vorhersage der Druckänderung entscheidend werden, und wenn sich die atmosphärischen Störungen bis zur Tropopause erstrecken, muß für die Bestimmung der Steuerung die 96-mb-Karte oder sogar die 41-mb-Fläche herangezogen werden. Für die Steuerung der 41-mb-Fläche wurden an anderer Stelle (728, S. 42ff.) zwei Beispiele besprochen, weshalb hier eine Wetterlage behandelt werden soll, bei welcher die absolute Topographie der 96-mb-Fläche für die Steuerung maßgebend war, zugleich aber auch einige andere interessante Momente mitspielen und die Bedeutung der 225-mb-Fläche klarlegen.

Die Bahn des sich vertiefenden okkludierten Tiefs vom 5. bis 6. Dezember 1942. In Abb. 192 ist die Wetterlage am Morgen des 5. Dezember 1942 (unten links) nebst den relativen Topographien zwischen beiden troposphärischen Standardflächen (darüber) und den absoluten Topographien (rechts) der 500-, 225- und 96-mb-Fläche reproduziert. Bei hohem Druck über den Karpathen, der sich in den letzten 24 Stunden wesentlich verstärkt hat, wandern mehrere Tiefdruckstörungen vom Atlantik aus nach Osten oder Nordosten. Eine über dem Bottenbusen angelangte Zyklone weist nur geringe Energie auf und eine über Schottland nachfolgende scheint größtenteils okkludiert zu sein. Zwar sind am Boden die Anzeichen eines Warmsektors über dem Kanal und Südengland vorhanden — wo die Temperatur sprunghaft auf 10° ansteigt, während über Holland der Gefrierpunkt noch unterschritten wird — doch ergibt sich in der Karte der relativen Topographie 500/1000 mb dort gerade eine Kaltluftzunge, und im Niveau der 500-mb-Fläche zeigt sich dementsprechend ein deutlicher Höhentrog über der westlichen Nordsee. Die zyklonale Ausbuchtung der Isobaren wird über der schottischen Zyklone mit der Höhe gerade größer, während sie sich bei Vorhandensein eines Warmsektors glätten müßte. Die Strömungsscheide zwischen südwestlicher und mehr nordwestlicher Strömung, die sich zum westlichen Kanaleingang erstreckt, fällt gerade mit einer Zunge kältester Luft zusammen und wurde deshalb als Konvergenzlinie eingezeichnet.

Diese Kaltluftzunge gehört zu einer anderen Störungslinie, die am Vortag über der Biskaya gelegen war, inzwischen das Rhonetal erreicht hat, und hinter welcher eine Staffel gealterter Polarluft vorgedrungen ist. Hinter dieser Front sind die Gegensätze aber auch so gering, daß sie gleichfalls nicht verantwortlich gemacht werden kann für den starken Druckfall, der — wie aus den mit eingezeichneten 3stündigen Tendenzen hervorgeht — bis zu 5 mb innerhalb von 3 Stunden erreicht.

Dieser Druckfall nimmt im Laufe des Tages sogar noch zu, und der Wirbel vertieft sich weiter. Die Ursache des Barometersturzes wird erst klar, wenn man die Karten der relativen und absoluten Topographie der 225-mb-Fläche hinzuzieht.

In der relativen Topographie 225/500 mb ist die von Holland aus nach Südwesten verlaufende Kaltluftzunge noch deutlicher zu erkennen. Was aber hier das wesentlich neue Moment darstellt, das ist die schroffe Temperaturzunahme auf der Westseite dieser kälteren Zone, wo die relative Topographie der oberen Troposphärenhälfte z. B. über *Brest* 13 dyn. Dekameter höher liegt als über *Calais*. Es führt dies im Niveau der Tropopause zu einer erheblich anderen Druckverteilung als in der 500-mb-Fläche, indem der Wind z. B. an der spanischen Nordwestküste aus der SW-Richtung in 5000 m nach Nordost in 11 000 m dreht und damit die Ergebnisse der Radiosonden von *Brest* und *Lorient* einwandfrei bestätigt werden, an deren Realität man sonst hätte zweifeln können.

Es ergibt sich also jetzt, daß der Druckgegensatz in der Höhe auf der Rückseite des schottischen Tiefs wesentlich größer ist als auf seiner Vorderseite und daß eine ausgeprägte, von Nordwest nach Südost orientierte Frontalzone westlich von Irland gelegen ist. Im Niveau der 500-mb-Fläche ist diese Tatsache schon durch den großen Temperaturgegensatz zwischen den Aufstiegen der Wettererkundungsstaffeln auf 54° Nord 13° West mit —8° gegenüber —26° westlich der Faröer angedeutet, wodurch der große Druckgegensatz über dem englisch-irischen Raum zustande kommt. Dann muß aber auch die Zyklone ihre Entstehung den Vorgängen an dieser Frontalzone verdanken, und deshalb ist aus dem Tiefkern heraus eine nach Westen verlaufende Okklusionsfront gezeichnet worden, die die nordwestliche Strömung von einer rein nördlichen scheidet. Am Boden sind hier keine stärkeren Temperaturgegensätze vorhanden, sondern diese beschränken sich ganz auf die oberen Schichten[1]. Mit anderen Worten: Das schottische Tief verdankt einer in der Höhe stark ausgeprägten Frontalzone seine Entstehung, während in der unteren Troposphäre die beteiligte Warmluft im Bereich des Tiefs überhaupt nicht in Erscheinung tritt.

Besonders deutlich geht dies aus den Aufstiegen vom Abend des gleichen Tages hervor. Da zeigen nämlich alle vorliegenden Radiosonden des nordfranzösischen Raumes eine ausgeprägte Inversion in Höhen oberhalb von 5000 m und beweisen damit, daß sich nur dort die Warmluft durchsetzen konnte. Dementsprechend beschränkt sich auch der starke Druckgegensatz auf diese Höhen, wo er dafür abends (Abb. 193) eine ganz ungewöhnliche Stärke erreicht. Jetzt zeigt sich auch mit besonderer Deutlichkeit die vor diesem Starkwindgebiet vorhandene Divergenz, indem der Höhenwind über Spanien fast bis Nordost gedreht hat und andererseits über Holland eine Südwestrichtung beibehält. Die Druckdifferenz ist vor dem Höhentiefausläufer wesentlich geringer als dahinter, und die Isopotentialen divergieren vor allem über Westdeutschland.

Bis zum nächsten Morgen (Abb. 194) hat das schottische Tief unter Verlagerung nach Südschweden erheblich an Umfang gewonnen. Die auf seiner Südseite herumschwenkende Höhenkaltfront hat inzwischen die Danziger Bucht erreicht, von wo sie sich über die Ostalpen bis zum Mittelmeer erstreckt, während ein Rest der englischen Konvergenzlinie des Vortages über Südfrankreich Kaltfrontcharakter annimmt.

Die wesentlichste Abnormität besteht jetzt darin, daß sich hinter dieser Höhenkaltfront in der oberen Troposphäre (vgl. die darüber abgebildete Karte der 225-mb-Fläche) noch immer die markante zyklonale

---

[1] Bei den im englischen Raum im Delta weit nördlich gelegener Frontalzonen entstehenden Zyklonen ist der Temperaturgegensatz der beteiligten Luftmassen häufig aus den Bodenbeobachtungen nur schwer zu erkennen. Die genaue Beachtung der an der Frontalzone gegeneinander laufenden Stromlinien vermag aber oft — wie z. B. am 22. Oktober 1937 (716) — wertvolle Hinweise zu geben.

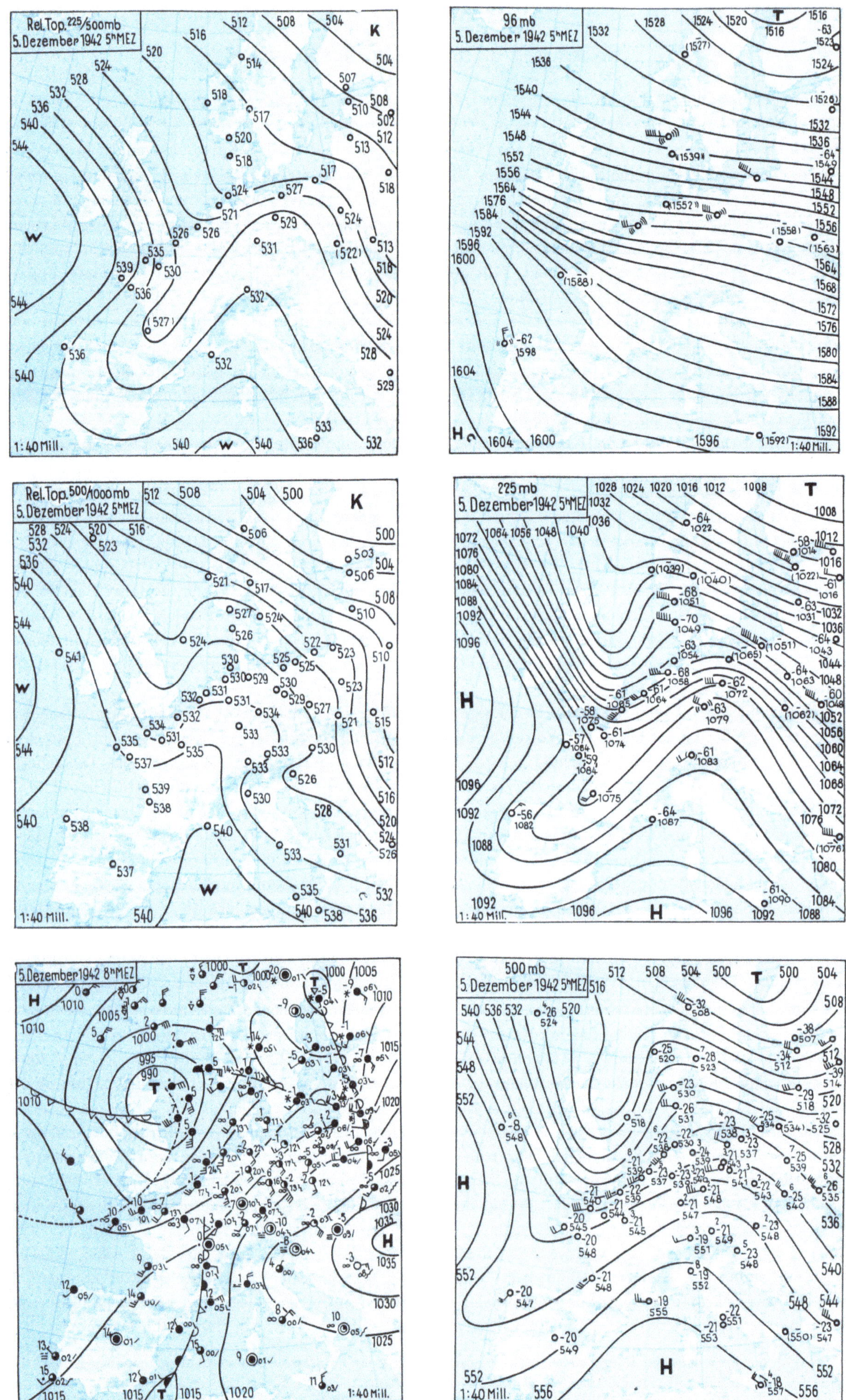

Abb. 192. Vertiefung der okkludierten schottischen Zyklone vom 5. Dezember 1942 bei Ausbildung einer Frontalzone auf ihrer Rückseite und Steuerung durch die 96-mb-Fläche.

Ausbuchtung der Isopotentialen befindet, daß also dieser Teil der Zyklone am kältesten ist. Bei der weiter westlich auf der Linie Hamburg-Südholland nachfolgenden Front handelt es sich also weder um den Tiefdrucktrog noch um eine sekundäre Kaltluftstaffel, auch nicht um eine rückkehrende Okklusion — da das Zirkulationssystem des Tiefs nicht abgeschlossen ist — sondern um den am Vortage nördlich von Irland angenommenen Okklusionsrest[1]. Über Irland selbst wird nun die neue Warmfront und damit die Frontalzone erkennbar, der das nach Schweden gelangte Tief seine Entstehung verdankt, doch scheint inzwischen die Verbindung zu dem norddeutschen Okklusionsrest abgerissen zu sein.

Es handelt sich also bei diesem Beispiel um einen Fall, bei dem die Karte der 225-mb-Fläche in wesentlichen Punkten von der Druckverteilung im 500-mb-Niveau abweicht, daher eine richtige Analyse der Wetterlage und folglich auch eine den Tatsachen gerecht werdende Prognose nur mit Hilfe der Tropopausenkarte möglich ist. Solche Fälle sind verhältnismäßig selten, nichtsdestoweniger aber doch von solcher Bedeutung, daß auch die 225-mb-Karte für die Vorhersage der Druckänderungen nicht entbehrt werden kann.

---

[1] Die von Südfinnland nach Südschweden verlaufende Warm- und von dort nach Nordwesten abbiegende Kaltfront begrenzen die kontinentale Polarluft Nordeuropas.

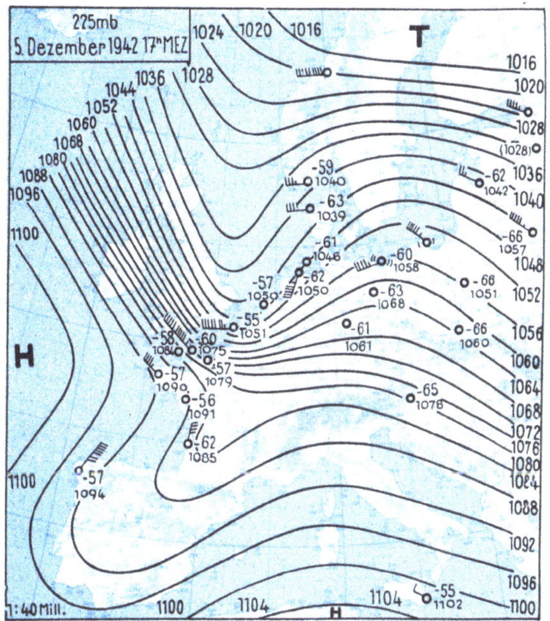

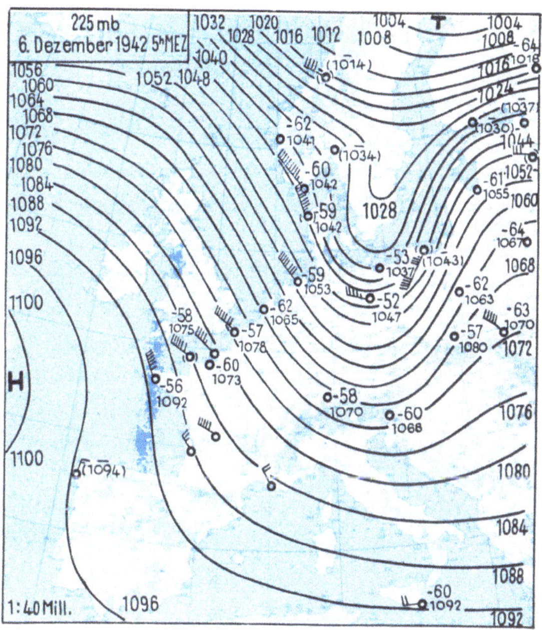

Abb. 193 (links, oben). Ausgeprägte Divergenz in der oberen Troposphäre über Westdeutschland am Abend des 5. Dezember 1942.

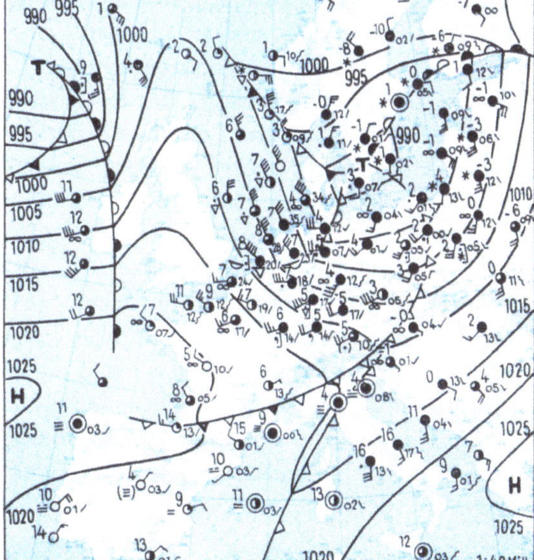

Abb. 194 (rechts). Ankunft des schottischen Tiefs über Südschweden am 6. Dezember 1942.

Noch schwieriger ist die Bestimmung der Verlagerungsrichtung der Druckwellen bzw. des Tiefs in diesem
Falle, weil sich gerade über der Zyklone eine starke Ausbuchtung der Isopotentialen an der Tropopause ausbildet. Wie früher ausgeführt wurde, muß dann eine noch höhere Schicht herangezogen werden, wo die Strömung einigermaßen ungestört verläuft, und das trifft hier bereits für das Niveau der 96-mb-Fläche zu (vgl.
die obere rechte Karte in Abb. 192). Soweit es die Aufstiege und die vorliegenden, allerdings meist mit drei
Klammern versehenen und demnach nur bis 13000 m Höhe reichenden Höhenwindmessungen erkennen
lassen (vgl. S. 11), ist das Druckfeld hier schon im wesentlichen ausgeglichen, und die Isopotentiale
1544 dyn. Dekameter, die am 5. durch das Zentrum des schottischen Tiefs verläuft, weist diesem eine Bahn zur
Südspitze Schwedens zu, wovon es nur ganz wenig nach Norden abweicht (Abb. 194 unten). Die Vorhersage
der Steuerung wäre also hier mit Hilfe der Topographie der 96-mb-Fläche mit großer Annäherung an die
tatsächlichen Verhältnisse möglich gewesen.

2. Die Konstruktion der Vorhersagekarten.

Wie gerade das vorige Beispiel gezeigt hat, können für die Prognose der zu erwartenden Druckänderungen
im Einzelfalle Karten maßgebend sein, die gewöhnlich für die Vorhersage nur eine untergeordnete Rolle spielen.
Es ist daher eine schwierige Aufgabe und setzt große Erfahrungen voraus, das Problem der Vorherbestimmung
der Wetterkarte des nächsten Tages in Angriff zu nehmen. Es können dafür keine allgemein gültigen Richtlinien angegeben werden, und es ist dazu vielmehr erforderlich, alle bisher besprochenen Regeln und Erfahrungssätze im Einzelfall zweckentsprechend anzuwenden. Wenn also im folgenden die Konstruktion der
Vorhersagekarten so beschrieben wird, wie sie sich in der Praxis bewährt hat, so darf nicht vergessen werden,
daß bei gewissen Wetterlagen andere Darstellungen und andere Elemente hinzugezogen werden müssen.
Als oberster Grundsatz muß selbstverständlich gelten, daß die Vorhersage möglichst richtig sein soll und nicht,
daß dazu nur ein genau vorgeschriebenes Verfahren angewandt werden darf.

a) Allgemeine Beschreibung des Verfahrens zur Berechnung der Druckverteilung am Boden.

Die in den nächsten 24 Stunden zu erwartende Druckänderung am Boden kann man sich zusammen-
gesetzt denken aus einer durch die Steuerung bestimmten Translation unter Hinzuziehung der auf diesem
Wege vor sich gehenden Druckfall bzw. -anstieg bewirkenden Prozesse, die die Intensität der Druckschwankung abzuschwächen oder zu verstärken bestrebt sind. Solche Betrachtungen sind für die Zentren der
Tendenzgebiete schon seit langem geläufig, können jedoch ebensogut auch für jeden einzelnen Teil der Druckänderungskarte angewandt werden.

Wie früher (S. 129) schon ausgeführt wurde, eignet sich für alle derartigen Betrachtungen in der Mehrzahl der Fälle die absolute Topographie der 500-mb-Fläche am besten. Unter den Druckänderungskarten
ist die 24stündige die bei weitem geeignetste, weil dabei die tägliche Periode eliminiert ist, man aus ihr direkt
den Verlauf des Luftdrucks für die nächsten 24 Stunden entnehmen kann und außerdem die Periode der
Druckwellen im allgemeinen größer ist, meist sogar mehr als 48 Stunden beträgt. Ist bei sehr unruhigen Wetterlagen die Aufeinanderfolge gleicher Druckänderungsgebiete auf einen Zeitraum von nahezu oder sogar von
weniger als einem Tage zusammengedrängt, dann geht aus der 24stündigen Druckänderungskarte der Wetterablauf nicht mehr eindeutig hervor, und es muß deshalb die dreistündige Tendenz als Behelf verwendet werden,
doch zählen diese Fälle zu den Ausnahmen.

Um die Beziehungen zwischen der Höhenströmung und der Druckänderung rasch übersehen zu können,
ist es vorteilhaft, die absolute Topographie der 500-mb-Fläche und die 24stündige Druckänderung auf einer
Arbeitskarte zusammen darzustellen. An einem Paustisch kann dann die zukünftige Verlagerung der einzelnen
Punkte der Druckänderungskarte ohne viel Mühe bestimmt werden, wobei die Fortpflanzungsgeschwindigkeit
zu 50 bis 60% des Gradientwindes in 500 mb anzusetzen ist und aus den momentanen Gradientwindwerten
über dem betrachteten Punkt und längs der zukünftigen Bahn gemittelt werden muß. Eingehendere Untersuchungen über die Beziehungen zwischen der Stärke der Höhenströmung und der Schnelligkeit der Translation der Druckwellen liegen zwar noch nicht vor, und man kann annehmen, daß der Faktor bei bestimmten
Wetterlagen verschieden groß ist, doch sind diese Abweichungen so gering, daß ihre Nichtberücksichtigung
keine erhebliche Fehlerquelle darstellt.

Es ist vorteilhaft, den zu erwartenden Barometerstand für eine Reihe singulärer Punkte des Druck-
änderungsfeldes zu bestimmen. Es kann dabei vorkommen, daß man für weiter rückwärts liegende Teile einer
Druckwelle für den nächsten Tag eine weiter voraus anzunehmende Lage erhält als für Isallobarenpunkte,
die heute mehr vorne liegen. Das ist natürlich in der Natur unmöglich, und man muß dann die berechneten
Lagen so korrigieren, daß die zeitliche Aufeinanderfolge auch am nächsten Tage gewahrt bleibt.

Aus der 3stündigen Tendenzkarte ist die Veränderung einer Druckwelle in vielen Fällen gut zu ersehen. Tritt z. B. ein Fallgebiet in der 24stündigen Druckänderungskarte kaum und bei der 3stündigen Tendenz sehr deutlich in Erscheinung, so ist es in Verstärkung begriffen und diese muß einkalkuliert werden. Auf diese Weise ist die momentane Drucktendenz ebenfalls ein unentbehrliches Hilfsmittel für die Konstruktion einer Vorhersagekarte.

Als Faustregel kann man sich merken, *daß die Größenordnung der in $^1/_5$ mb ausgedrückten 3stündigen Tendenz etwa der in Millibar angegebenen Druckänderung im Verlaufe von 24 Stunden entspricht*, so daß man auf Grund dieser Beziehung einen leichten Überblick über die seit dem Vortage zu beobachtende Intensitätsverlagerung im Bereich einer Druckwelle erhalten kann.

Bei Bestimmung der Stärke der Höhenströmung dürfen die Gradienten nicht nur in unmittelbarer Nähe des betrachteten Punktes abgegriffen, sondern es muß auch das Druckfeld in der Umgebung berücksichtigt und gegebenenfalls ein genügender Ausgleich herbeigeführt werden. Es ist daher vorteilhaft, den mittleren Gradientwind immer aus mindestens um 8 Dekameter unterschiedlichen Isopotentialen festzustellen[1].

Es hat sich bei der Konstruktion der Vorhersagekarte als zweckmäßig erwiesen, wenn die Zeichnung aller dazu benötigten Karten in einer Hand liegt. Dazu gehört die Analyse der Bodenwetterlage, die Zeichnung der relativen und absoluten Topographien aller Standard-Isobarenflächen und die Konstruktion der 3- und 24stündigen Druckänderungen. Auf diese Weise erhält man einen möglichst vollständigen Einblick in die im Gange befindlichen Prozesse und kann gegebenenfalls auch die Ergebnisse jener Karten berücksichtigen, die nicht direkt zur Konstruktion der Vorhersagekarte verwendet werden.

Wie dieser Arbeitsgang im einzelnen bei der früheren Zentralen Wetterdienstgruppe durchgeführt wurde, ist an anderer Stelle beschrieben worden (728, S. 27ff.) und wird gleich noch bei Behandlung eines Beispiels kurz erläutert. Vordem soll noch darauf eingegangen werden, auf welche Weise man eine vorhergesagte Höhenkarte gewinnen kann.

b) Näherungsmethoden zur Vorhersage der Höhenkarten.

Da sich eine Höhenkarte aus der Bodendruckverteilung und der relativen Topographie der dazwischenliegenden Schicht zusammensetzt, läuft die Vorhersage der absoluten Topographie der 500-mb-Fläche darauf hinaus, den Verlauf der relativen Isopotentialen zu prognostizieren. Deren Addition zur Vorhersagekarte liefert dann die absolute Topographie des Folgetages.

Für die Änderung der relativen Topographie sind im wesentlichen vier verschiedene Effekte maßgebend: Advektion, Konvektion, Vertikalbewegung und Strahlungsvorgänge. Unter ihnen spielt die Strahlung, wenn sie auch in einzelnen Schichten eine beträchtliche Größenordnung erreichen kann, für den Mittelwert einer 5000 m mächtigen Schicht keine Rolle und kann daher vernachlässigt werden. Größer sind die Einwirkungen der auf- und absteigenden Bewegungen (631), deren Ausmaß aber schwer zu übersehen ist und deren temperaturändernde Wirkung daher nur abgeschätzt werden kann. Das gleiche gilt für die Konvektion, die, wie schon erwähnt, im Winter über warmen Meeresgebieten eine beträchtliche Intensität annehmen und gelegentlich Beträge von mehr als 20 Dekametern innerhalb von 24 Stunden erreichen kann. Solange für die Temperaturänderung in Abhängigkeit von der Beschaffenheit des Untergrundes und der Temperaturdifferenz zwischen diesem und der Luftmasse keine exakten Untersuchungen vorliegen, ist man auch dabei auf Vermutungen angewiesen. Infolgedessen bleibt nur der Anteil der Advektion, der von allen Faktoren aber der ausschlaggebendste ist, einer Berechnung bzw. graphischen Ermittlung aus der Druckverteilung zugänglich.

In gewissen Einzelfällen kann auch die Vorhersage des Advektionseinflusses recht schwierig sein, da sich die beteiligten Schichten gänzlich verschiedenartig verhalten können. Meistens ist der Aufbau der Troposphäre aber doch so einheitlich, daß einige Grundprinzipien zur Konstruktion der Vorhersagekarte der relativen Topographie ausreichen.

In Abb. 195 bedeuten die ausgezogenen Linien die Isobaren einer Bodenwetterkarte; gestrichelt sind die relativen Isopotentialen einer dünnen Schicht dargestellt, wobei links ein Kältegebiet, rechts eine Wärmezone vorhanden ist. Dann kommt der Windvektor in der Höhe $AC = v$ durch Addition der beiden Komponenten $AB = v_B$ und $BC = v_R$ zustande. Die Komponente v_R verläuft parallel zu den relativen Isopotentialen, weshalb für die Verschiebung der Linien gleicher relativer Topographien die Ermittlung der durch das Bodendruckgefälle bestimmten Komponente v_B ausreichend ist.

---

[1] In der Praxis hat sich zur Konstruktion der Vorhersagekarte ein durchsichtiges Gradientwindlineal bewährt, das am linken Rand die Windgeschwindigkeit für einen Isopotentialenabstand von 4 Dekametern für verschiedene Breitengrade und an der Unterseite den Windweg für 24 Stunden enthält, beides für einen Maßstab von 1:10 Mill. Für die Arbeitskarten von 1:20 Mill. muß dann der Isopotentialenabstand für je 8 Dekameter bestimmt werden.

Es kann natürlich zur Bestimmung der Advektion auch die Druckverteilung in der Höhe herangezogen werden, denn der Vektor v gibt ebenso das Ausmaß der Verschiebung an. Er ist im allgemeinen aber größer als v_B, da er die isothermen-parallele Komponente mit enthält, und daher ist die Bestimmung der Advektion aus einer Höhenkarte umständlicher.

Man kann den Beweis für die Gleichwertigkeit der Boden- und Höhenkarten für die Ermittlung des Advektionseinflusses auch so führen: Wenn in der Zeit t oberhalb der Bodenreibungsschicht ein Luftteilchen von A nach B gelangt, dann strömt in der Höhe ein Partikelchen von A nach C. Beide haben zwar verschiedene Geschwindigkeit, sie befinden sich aber zur Zeit t immer noch längs der gleichen Linie der relativen Topographie r_2, die inzwischen nach r_3 gerückt ist. Es folgt daraus, daß sich die relative Isopotentiale r_2 mit einer Geschwindigkeit nach r_3 bewegt, die durch den Gradientwind oberhalb der Bodenreibungsschicht gegeben ist.

Ist die Atmosphäre einigermaßen regelmäßig aufgebaut, also der Verlauf der relativen Isopotentialen in der gesamten Zone von 1000 bis 500 mb ähnlich wie in der betrachteten dünnen Schicht — eine Bedingung, die in den meisten Fällen erfüllt ist — so gilt die obige Beziehung auch für die ganze Schicht, und der Gradientwind der Bodenwetterkarte ist dann für die Advektion in der gesamten unteren Troposphärenhälfte ausschlaggebend.

Dies ist überhaupt der Grund dafür, weshalb die Luftmassen eine verhältnismäßig lange Lebensdauer aufweisen. Denn sonst könnten sie bei den in den einzelnen Höhen immer sehr unterschiedlichen Strömungsvorgängen kaum länger als einen Tag als einheitliche Massen erhalten bleiben.

Natürlich ist der Advektionsvorgang in Wirklichkeit trotzdem verwickelter, denn der vertikale Aufbau der Atmosphäre ist niemals so einheitlich, wie es hier vorausgesetzt wurde. Auf die Dauer bewirkt die Winddrehung mit der Höhe doch die Zufuhr einer etwas anders gearteten Luftmasse in der freien Atmosphäre als am Boden, da die Umwandlung in den einzelnen Breitengraden in verschiedenem Ausmaß vor sich geht.

Auch die innerhalb der Bodenreibungsschicht vorhandene, zum tiefen Druck hin gerichtete Strömungskomponente bedingt eine gewisse Modifikation, indem die relativen Isopotentialen immer

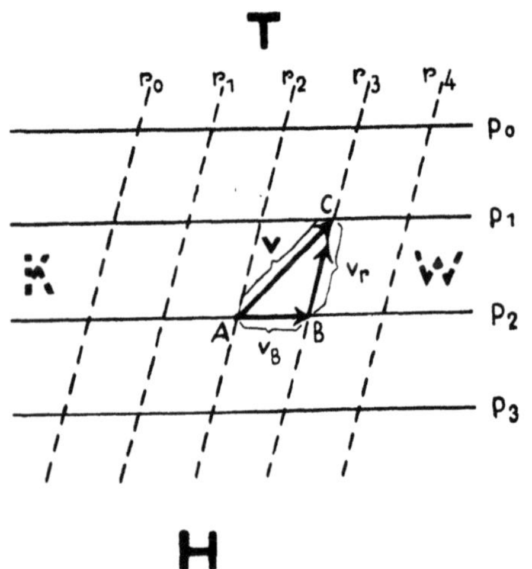

Abb. 195. Für die Advektion in der freien Atmosphäre ist die Bodendruckverteilung maßgebend.

eine leichte Neigung besitzen, sich in Richtung des tieferen Druckes zu verlagern. Dies gilt vor allem für die abgeschlossenen Kaltlufttropfen, bei denen — wie schon erwähnt — im zyklonalen Bereich zudem noch die Abkühlung durch aufsteigende Vertikalbewegungen begünstigt, ihr Fortbestand in größerer Nähe der Antizyklonen hingegen erschwert wird.

Alle diese zusätzlichen Faktoren vermögen aber an dem Grundgesetz nichts zu ändern, daß die *Verschiebung der relativen Isopotentialen in erster Annäherung mit dem Gradientwind des Bodendruckfeldes erfolgt*, wobei die Erfahrung ergeben hat, daß die *Geschwindigkeit* — wohl wegen der erfolgenden Vertikalbewegungen — *um etwa 20% hinter dem geostrophischen Wert zurückbleibt*. Bei den abgeschlossenen Kaltlufttropfen ist der Druckgradient häufig unterhalb des Zentrums besonders gering und dieser niedrige Wert dann für die Fortbewegung maßgebend (vgl. auch S. 228).

Es wird anschließend die Konstruktion der Vorhersagekarten an einem Beispiel erläutert.

c) Die Konstruktion der Vorhersagekarten für den 19. März 1944.

In den Abb. 196 bis 198 ist als Beispiel die Konstruktion der Vorhersagekarten für den Boden und die 500-mb-Fläche für den 19. März 1944 dargestellt. Abb. 196a zeigt die Ausgangslage am Mörgen des 18. März 1944, Abb. 196b den Verlauf der relativen Isopotentialen zum gleichen Zeitpunkt und Abb. 196c die zugehörige Arbeitskarte, auf welcher die dünn ausgezogenen Linien die absolute Topographie der 500-mb-Fläche und die kräftiger gezeichneten Kurven die 24stündige Druckänderung bis zu diesem Termin wiedergeben.

Ein am Vortage noch über der Biskaya gelegener Hochdruckkern hat sich verhältnismäßig rasch bis nach den Nordalpen verlagert (Abb. 196a) und eine über Deutschland gelegene Störungszone zum Balkan hin abgedrängt, wo sie noch leichte Niederschläge auslöst. Bei nach West rückdrehenden Winden strömt wieder etwas wärmere Luft vom Ozean her nach Norddeutschland ein und hat hier zur Ausbildung einer schwachen Warmfront Anlaß gegeben, vor der über Pommern einzelne leichte Schneefälle aufgetreten sind. Eine alte, weitgehend okkludierte Zyklone über dem Nordmeer läßt ihre Okklusionsfront, vor der der Luftdruck über Skandinavien noch bis zu 10 mb gefallen ist, im norwegisch-schwedischen Grenzgebiet langsam nach Osten schwenken und zeichnet sich hier durch eine deutliche Warmluftzunge im Verlauf der relativen Isopotentialen aus. Wie aus dem Flug der Wettererkundungsstaffel von *Stavanger* nach Westen hervorgeht, stößt die Tropik- luft über dem Atlantik erneut vor und macht sich südlich von Island durch Aufzug und beginnenden Regen bemerkbar. Seit dem Vortage beträgt der Druckrückgang hier aber kaum mehr als 5 mb.

Aus dem Bild der absoluten Topographie der 500-mb-Fläche (Abb. 196c) geht hervor, daß zwischen den Faröern und der norwegischen Küste eine ausgeprägte Richtungsdivergenz der Isopotentialen des 500-mb- Niveaus vorhanden ist. Dementsprechend muß man annehmen, daß sich das schwache Fallgebiet westlich der Faröer erheblich verstärkt und, der Isopotentiale 520 Dekameter folgend, am nächsten Morgen (Abb. 197a) etwa an der mittelnorwegischen Küste angelangt sein muß, wenn man einen mittleren Gradientwind von 80 km/h in Höhe von 5000 m ansetzt, dem eine Verlagerung des Fallgebiets von etwa 40 km/h entspricht. Wegen des Auseinanderlaufens der Isopotentialen muß sich auch das Fallgebiet selbst nach Nordosten und Südwesten in die Länge ziehen, indem die nördlichen Teile des Druckwellentals nach Nordnorwegen und die südlicheren über England nach Südosten gesteuert werden.

Wesentlich langsamer vermag sich das nordskandinavische Fallgebiet nach Osten zu verlagern, da in seinem Bereich die Druckgegensätze in der Höhe sehr gering sind. Auch von ihm muß der südliche Teil all- mählich nach Südosten schwenken und, die Isopotentiale 532 innehaltend, bis in die Gegend von *Danzig* gelangen.

Das in der 24stündigen Druckänderungskarte über Mitteldeutschland angelangte Steiggebiet wird bei einem Gradientwind von etwa 50 km/h am nächsten Tage mit seinem Zentrum über dem Balkan erwartet, ein wenig zum tiefen Druck hin verschoben, da dort eine etwas stärkere zyklonale Krümmung vorhanden ist. Addiert man diese Druckänderung aber zur Karte des Ausgangstages, so ergibt sich hier ein ganz spitzer Hoch- druckkeil, wie er in der Natur im allgemeinen nicht vorkommt; das Druckbild muß deshalb mehr ausgeglichen werden. Auch ist es nicht üblich, daß zwei Fallgebiete unmittelbar aufeinanderfolgen, wie es sich bei dem Entwurf der Abb. 197a über Skandinavien ergeben hat; man muß vielmehr annehmen, daß sich das voraus- ziehende in gleichem Maße abschwächen wird, wie sich das nachfolgende verstärkt.

Bei der Konstruktion der Vorhersagekarte hat es sich als zweckmäßig erwiesen, die auf Grund der gra- phischen Addition der vorhergesagten Druckänderung und der Wetterlage des Ausgangstages erhaltene Druckverteilung solange abzuändern, bis sie keine Absonderheiten mehr aufweist. Auf diese Weise wurde die in Abb. 198a reproduzierte Vorhersagekarte für den 19. März gewonnen. Die Fronten wurden dort ein- gezeichnet, wo sich im Druckfeld Konvergenzen ergeben hatten, deren Lage gleichzeitig mit den auf Grund der frontalen Gradientwindkomponenten am Ausgangstage bestimmten Frontpositionen übereinstimmten; bei auftretenden Differenzen wurde ein mittlerer Verlauf angenommen.

Bei der sich von Ostpreußen nach Ungarn erstreckenden Warmfront mußte deshalb mit einer Verstär- kung gerechnet werden[1], weil der Druckgegensatz über Norddeutschland zunahm und bei dem gleichzeitig von Westen nach Osten gerichteten Temperaturgefälle dadurch der Vorstoß der wärmeren Luft aktiviert wird. Daß dies tatsächlich der Fall war, zeigt ein Blick auf die in Abb. 198c wiedergegebene Wetterkarte vom 19. März, in der ein umfangreiches Regengebiet von Ungarn bis nach Polen in Erscheinung tritt.

Die Druckverteilung und Frontlage sind auch in den übrigen Gebieten in großen Zügen getroffen. Das im Divergenzgebiet vor der norwegischen Küste eingetroffene Sturmtief liegt etwas weiter im Süden als vor- hergesagt, und seine Kaltfront ist um 300 bis 400 km nach Südosten verschoben; der Niederschlag fällt nicht vorwiegend post-, sondern ausschließlich präfrontal.

In den Abb. 197b und c sind die vorhergesagte und eingetretene Änderung der Druckverteilung über- einandergestellt[2], und ein Vergleich ergibt, daß der Verlauf der Isallobaren im allgemeinen richtig angegeben

---

[1] Eine zu erwartende Frontverschärfung ist durch *Minus*-Zeichen, eine Abschwächung durch *Plus*-Symbole gekenn- zeichnet, welche auf zunehmenden Druckfall bzw. Druckanstieg hindeuten sollen. Die gleiche Symbolisierung wird für die Zentren der Druckgebiete angewendet, wobei eine sich vertiefende Zyklone das *Minus*-Zeichen und ein sich verstärkendes Hoch den Index + erhält. Außerdem wird die ungefähre Zugrichtung durch einen Windpfeil und die Geschwindigkeit durch die übliche Befiederung angegeben, indem ein langer Strich (20 km/h) „langsam", zwei Striche (40 km/h) „mittel- schnell" und drei Striche (60 km/h) „rasch" bedeuten sollen. Es ist ferner üblich geworden, abgeschlossene Kaltluft- tropfen durch ein großes „K" und Kaltluftzungen durch mehrere kleine „k" längs ihrer Achse hervorzuheben.

[2] Der Unterschied zwischen den Abb. 197a und b besteht darin, daß die erstere die ursprünglich entworfene zu erwartende Druckänderung wiedergibt, mit der die Vorhersagekarte zuerst konstruiert, aber dann derart abgeändert wurde, daß ein vernünftiges Bild resultierte, welches gegenüber der Ausgangslage die in Abb. 197b reproduzierte Druck- änderung aufweist.

wurde. Die Unterschiede zwischen diesen beiden Karten erkennt man am besten aus der Abb. 199a, in
welcher die Abweichung zwischen der eingetretenen und der vorhergesagten Druckverteilung am Boden dargestellt ist. Es zeigt sich, daß die vor der norwegischen Küste gelegene Richtungsdivergenz der Isopotentiälen

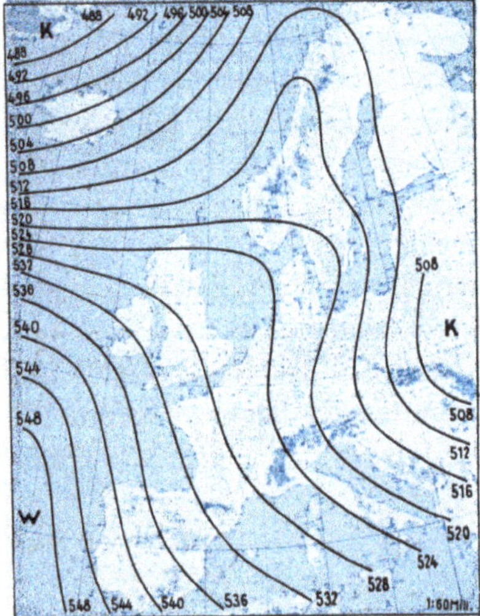

Abb. 196b. Relative Topographie
500/1000 mb am 18. März 1944.

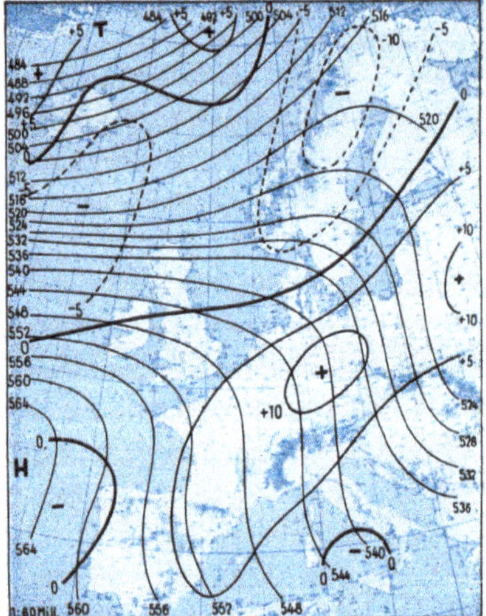

Abb. 196c. Arbeitskarte des Ausgangstages: Höhenwetterlage 500 mb (dünne
Linien) am 18. März 1944 und 24stündige
Druckänderung (stärker gezeichnete
bzw. gestrichelte Linien)
vom 17. zum 18. März 1944.

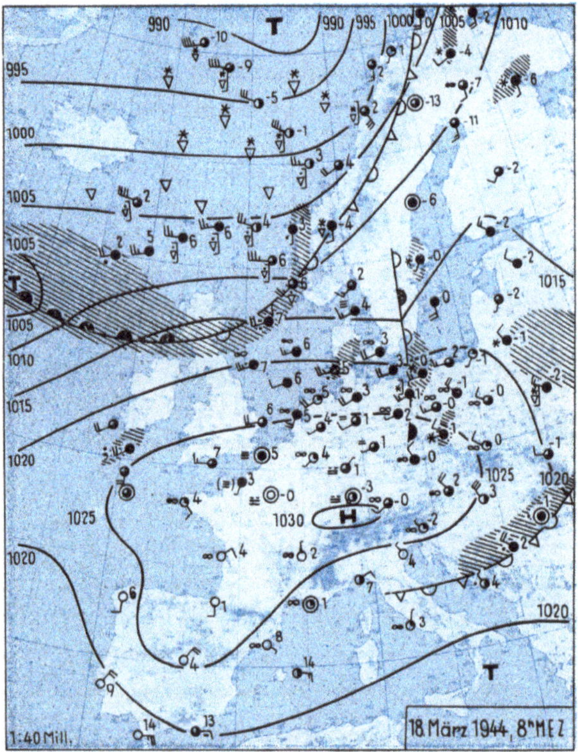

Abb. 196a. Ausgangslage am 18. März 1944 zur Konstruktion der Vorhersagekarte.

in ihrer Auswirkung noch unterschätzt wurde, indem der Barometerstand dort bis zu 10 mb mehr abgenommen hat. Über dem gesamten mitteleuropäischen Raum sind keine wesentlichen Abweichungen der Vorhersagekarte anzutreffen; groß werden sie erst über dem Atlantik, wo ein nachfolgendes Hoch, von dessen Existenz am Vortage nichts bekannt war, rasch ostwärts nachstößt.

Bei der Vorhersage der relativen Topographie (Abb. 197d) verfährt man am praktischsten so, daß mit
Hilfe einer Arbeitskarte, die die Bodendruckverteilung zusammen mit der relativen Topographie enthält,

zunächst für einige charakteristische Punkte die Verschiebung der relativen Isopotentialen auf Grund des Gradientwindgesetzes — wobei die Geschwindigkeit etwas geringer anzusetzen ist — bestimmt, die auf diesem Wege durch Konvektion und Vertikalbewegung eintretenden Temperaturänderungen näherungsweise abgeschätzt und die daraus resultierenden Zahlenwerte in eine durchsichtige Karte eingetragen werden. Dann zeichnet man nach diesen Beträgen der zu erwartenden relativen Topographien die Linien in enger Anlehnung

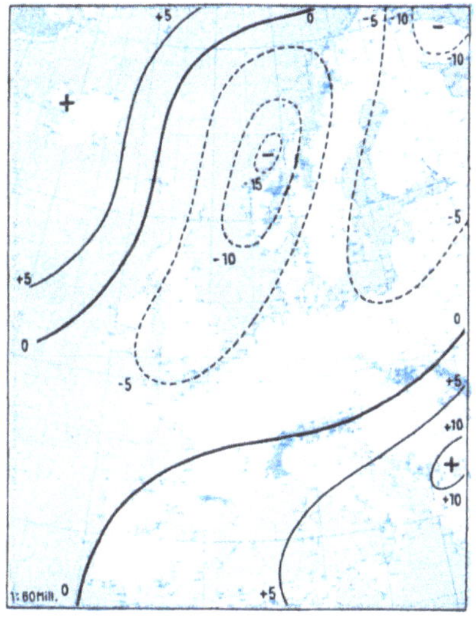

Abb. 197a. Vorhergesagte Druckänderung
vom 18. zum 19. März 1944.

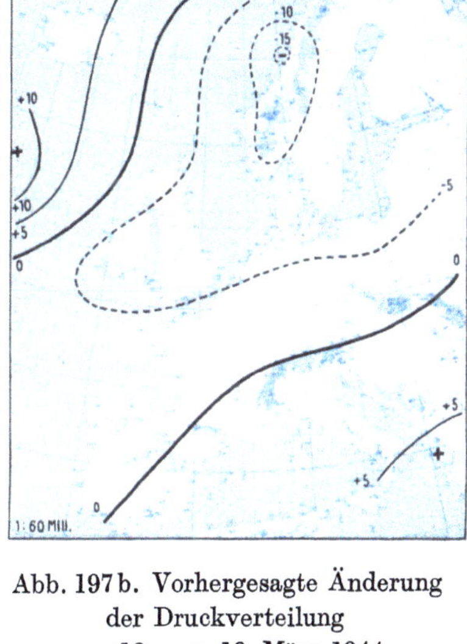

Abb. 197b. Vorhergesagte Änderung
der Druckverteilung
vom 18. zum 19. März 1944.

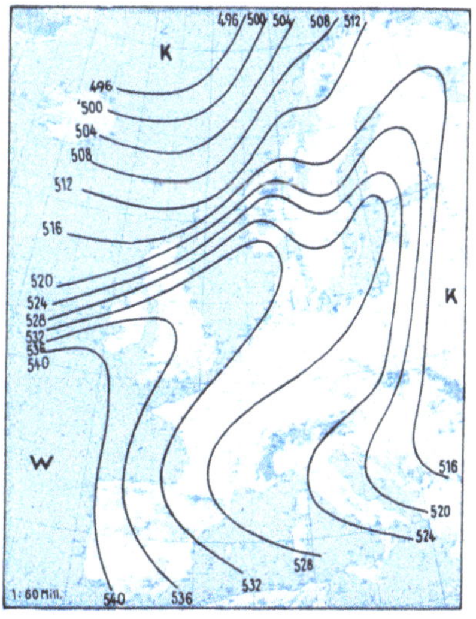

Abb. 197d. Vorhergesagte relative Topographie
500/1000 mb für den 19. März 1944.

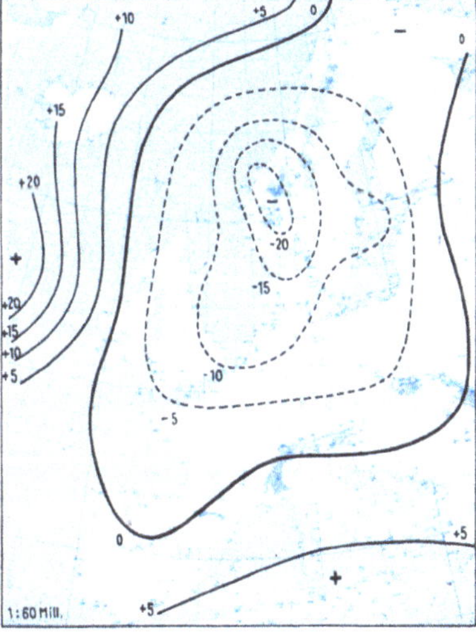

Abb. 197c. Eingetretene Druckänderung
vom 18. zum 19. März 1944.

an den vorhergesagten Frontenverlauf, indem man die durchsichtige Karte nun auf die Vorhersagekarte legt. Auf solche Weise ergibt sich in Abb. 197d eine Warmluftzunge über der nördlichen Ostsee, ein kleiner Kaltluftschwall über Südschweden und eine starke Drängung der Linien hinter der nach Irland verlaufenden Kaltfront. Die Addition dieses Entwurfs zur vorhergesagten Bodendruckverteilung[1] liefert die Vorhersagekarte der absoluten Topographie der 500-mb-Fläche, wiedergegeben in Abb. 198b, in welcher der bis Finnland reichende und sich noch verstärkende Höhenhochdruckkeil besonders charakteristisch ist und sich auch tatsächlich (Abb. 198d) in annähernd gleicher Form herausbildet. Eine größere Abweichung zwischen der eingetretenen und vorhergesagten Höhenkarte (Abb. 198b und d) ist nur über dem englischen Raum vorhanden, wo vom Atlantik her das neue Hoch nachstößt und sich infolgedessen auch in der oberen Troposphäre bereits eine stärkere zungenförmige Ausbuchtung über der westlichen Nordsee ausgebildet hat, so daß sich die

---

[1] Nach Umbezifferung der Bodenkarte in die absolute Topographie der 1000-mb-Fläche (vgl. S. 9).

Beträge der Topographien (Abb. 199b) hier bis zu 16 Dekameter niedriger und über dem Atlantik bis zu 12 Dekameter höher ergeben haben. Im zentraleuropäischen Raum sind die Differenzen auch in dieser Karte gering, weil die Vorhersage hier durch ein gut verteiltes Meldenetz mit wesentlich größerer Sicherheit möglich war als in den Randgebieten, wo neue, überhaupt nicht erkannte Störungen eingreifen konnten.

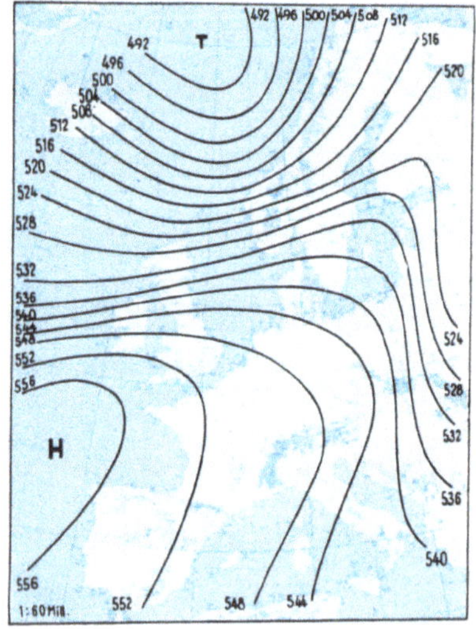

Abb. 198b. Vorhergesagte Höhenkarte
500 mb für den 19. März 1944.

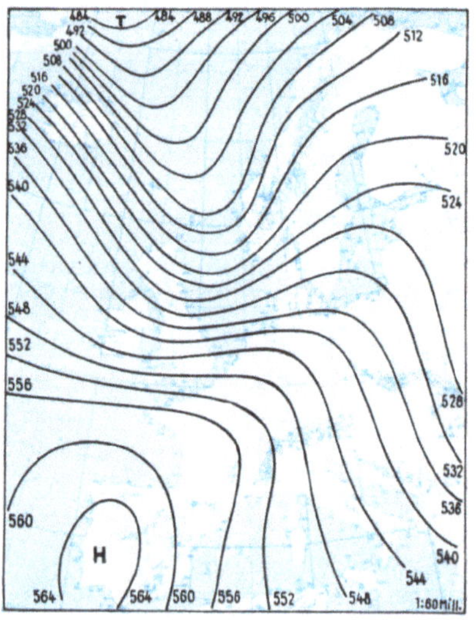

Abb. 198d. Eingetretene Höhenlage
500 mb am 19. März 1944.

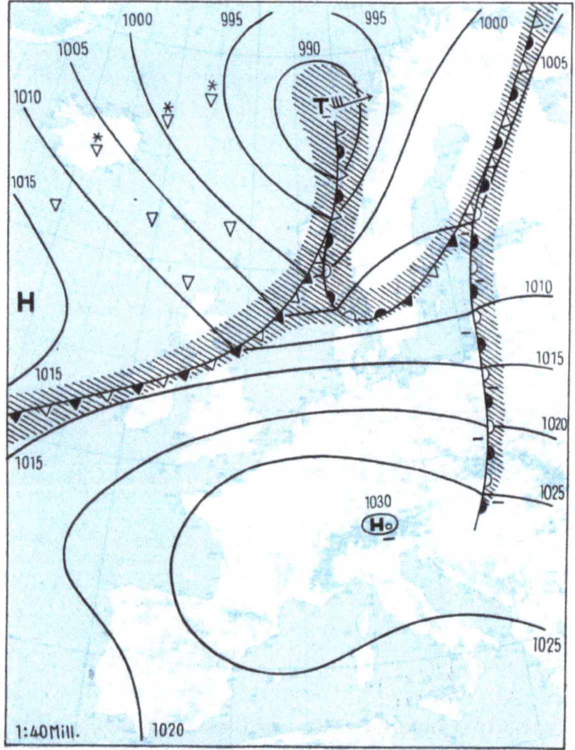

Abb. 198a. Vorhersagekarte für den 19. März 1944.

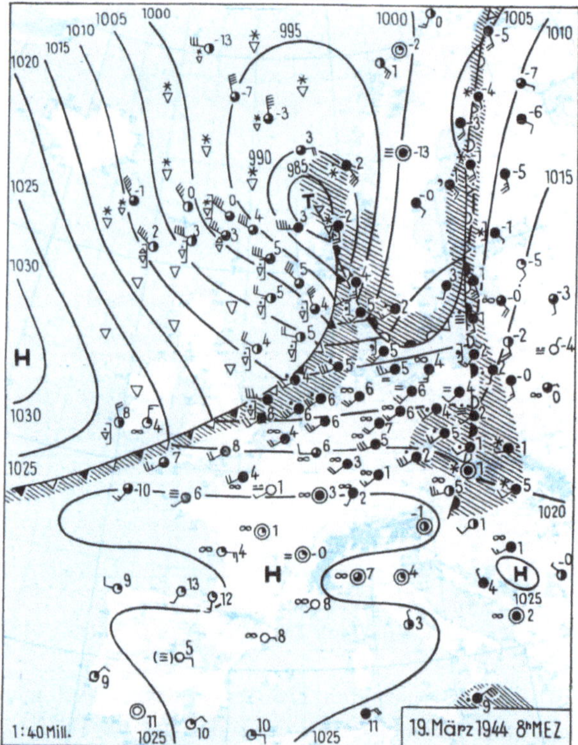

Abb. 198c. Am 19. März 1944 eingetretene Wetterlage.

Wie im allgemeinen, so sind auch in diesem Beispiel die Abweichungen in der vorhergesagten Höhenwetterkarte (Abb. 199b) größer als bei der Bodendruckverteilung (Abb. 199a), weil bei der ersteren die Fehler der relativen Topographie mit eingehen. Auch entspricht es dem Regelfall, daß die Art der Abweichung über dem größten Teil des Kartenbildes gleich ist, weil im allgemeinen dort, wo der Bodendruck z. B. niedriger eintritt als erwartet, wegen der positiven Korrelation zwischen ihm und der Mitteltemperatur der Troposphäre diese dann gleichzeitig kälter wird als angenommen und sich damit die Differenz mit der Höhe vergrößert.

Es würde über den Rahmen dieser Darstellung hinausgehen, noch weitere Fälle der Konstruktion von Vorhersagekarten zu besprechen. Alles Wesentliche über die Durchführung des Verfahrens kann man dem erläuterten Beispiel entnehmen, und im übrigen kommt es nur darauf an, sämtliche bei der Beschreibung der Wetteranalyse und der Wettervorhersage aufgeführten Regeln im gegebenen Moment richtig anzuwenden.

3. Methoden zur Verbesserung der Vorhersagekarten.

In den letzten Jahren war die richtige Konstruktion der Vorhersagekarten entweder durch den Mangel an Nachrichtenmaterial von weiter entfernt liegenden Räumen oder durch das Fehlen eines genügend dichten aerologischen Netzes über Europa erheblich erschwert. Auch über dem Ozean hat das aerologische Netz noch nicht die Dichte erreicht, die für eine genaue Zeichnung von Höhenwetterkarten erforderlich ist, so daß hier der zukünftigen Verbesserung der Wetterprognosen noch ein weites Feld offen steht.

a) Die approximative Näherung.

Man könnte daran denken, die Vorhersagekarten dadurch zu verbessern, daß unter Benutzung der vorhergesagten Höhenkarte eine mittlere Höhenkarte konstruiert und diese zur Verlagerung der Druckwellen benutzt wird. Ein solches Verfahren würde aber schlechtere Ergebnisse liefern als die hier empfohlene Methode. Um dies einzusehen, ist zu bedenken, daß sich die zur Konstruktion benutzte 24stündige Druckänderung des Ausgangstages im Mittel auf die Tendenz um 18 Uhr des Vortages und die berechnete Druckänderung auf 18 Uhr des gleichen Tages beziehen und daß die Höhenkarte des Morgentermins gerade die für die Verlagerung gesuchte mittlere Strömungskarte repräsentiert. Deshalb liefert die weitere approximative Näherung, die die zukünftigen Änderungen des Höhendruckfeldes berücksichtigt nur dann bessere Resultate, wenn eine bisher stationäre Höhendruckverteilung eine beschleunigte Umgestaltung erfährt und wenn in diesen Fällen im wesentlichen die dreistündige Tendenzkarte für die Konstruktion der Vorhersagekarte zugrunde gelegt wird.

b) Beachtung der Abweichungen vom Gradientwind.

Unter der Voraussetzung einer weiteren Verdichtung des aerologischen Netzes wird es in der Zukunft möglich werden, auch dem Problem der Abweichungen vom Gradientwind näher zu kommen. Dies ist eine Aufgabe, die zweifellos den Schlüssel zur Lösung zahlreicher Probleme der synoptischen Meteorologie enthält, denn es sind ja gerade diese Abweichungen, die das gesamte Wettergeschehen bedingen und ohne die nach dem *Theorem von* JEFFREYS (331) irgendwelche Bodendruckänderungen überhaupt unmöglich wären.

Abb. 199 b. Abweichung zwischen eingetretener und vorhergesagter Höhenwetterlage 500 mb am 19. März 1944.

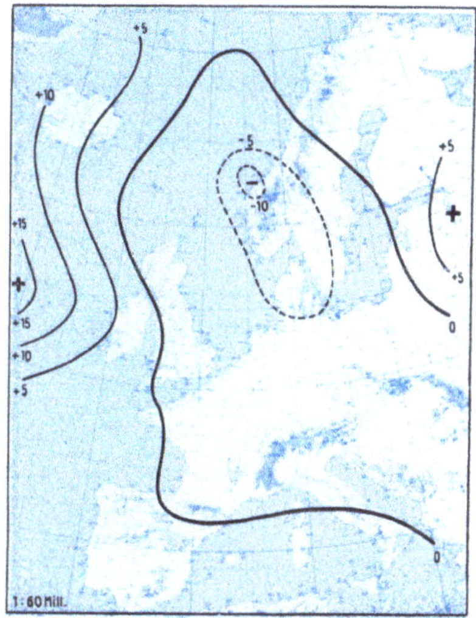

Abb. 199 a. Abweichung zwischen eingetretener Wetterlage und Vorhersagekarte am 19. März 1944.

Am häufigsten kann man Höhenwindabweichungen in Richtung zum hohen Druck beobachten, und dieser Vorgang ist erwartungsgemäß dann auch meist von dem entsprechenden Druckanstieg in der Hochdruckzone begleitet. Ein besonders guter Fall einer solchen Wetterlage wird anschließend als letztes synoptisches Beispiel noch kurz behandelt.

Der Aufbau des großen Pfingsthochs vom 26. bis 27. Mai 1944. In Abb. 200 ist die Wetterlage vom 26. Mai 1944 wiedergegeben. Eine bis in die obere Troposphäre reichende Antizyklone liegt über Frankreich und der Biskaya, während sich eine ausgesprochene Tiefdruckrinne von den Faröern zur östlichen Ostsee erstreckt, in der eine über Ostpreußen angelangte Teilstörung nach Südosten wandert und eine neue Zyklone westlich von Schottland nachfolgt, so daß es den Anschein hat, daß das trübe Westwetter sich fortsetzen wird.

Der darüber abgebildeten Höhenkarte kann man aber schon nach dem Augenschein entnehmen, daß die Höhenströmung eine ausgesprochene Komponente gegen den hohen Druck aufweist, am stärksten über Nordwestdeutschland. Hier zeigt deshalb auch die 3stündige Tendenzkarte bereits ein kräftiges Steiggebiet. Es verstärkt sich im Laufe des Tages derart, daß sich das gesamte südfranzösische Hoch nach Nordosten verlagert und einen immer stärker werdenden Keil bis nach Ostpreußen vorwölbt, so daß am nächsten Tage (Abb. 200 rechts) der größte Teil Mitteleuropas schon völlig unter Hochdruckeinfluß steht und sich nur in unmittelbarer Nähe der ostwärts vorrückenden Warmfront noch ein geschlossenes Wolkenfeld halten konnte. Im Niveau der 500-mb-Fläche (obere Hälfte der Abb. 200 rechts) hat sich ein ausgeprägter Hochdruckkeil gerade über Nordwestdeutschland entwickelt, wo am Vortage die Abweichung des Höhen-

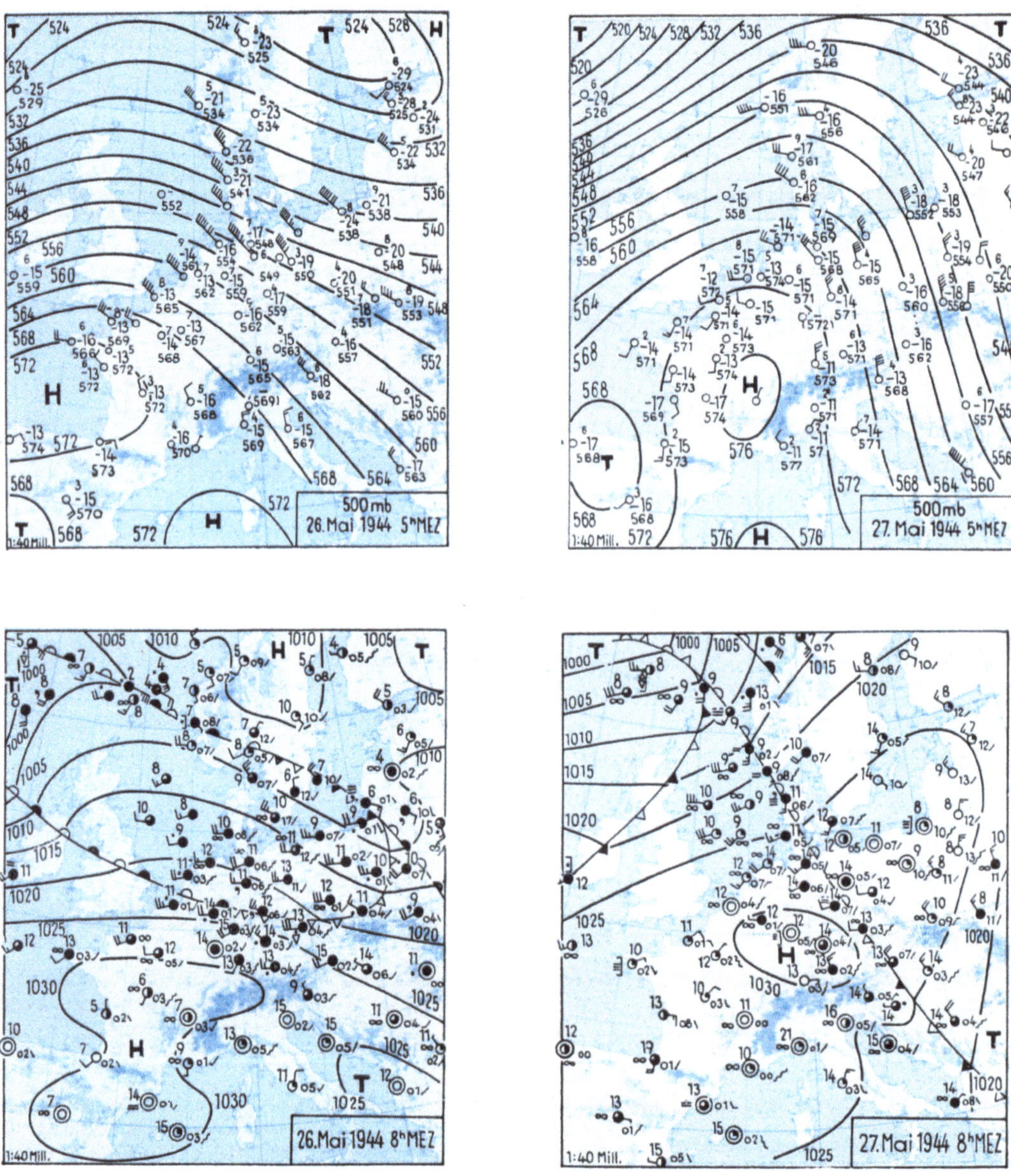

Abb. 200. Starkes Einströmen des Höhenwindes gegen den hohen Druck führt vom 26. zum 27. Mai 1944 zur Ausbildung eines großen Hochdruckgebietes über Mitteleuropa.

windes am größten war, so daß hier recht augenfällig der zur Bildung eines großen, warmen Hochdruckgebietes Anlaß gebende Stau in Erscheinung tritt. Noch immer weisen einige Höhenwindmessungen auf der Nord- und Nordostseite des Höhenkeils eine Komponente gegen den hohen Druck auf, und am folgenden ersten Pfingsttag liegt eine mächtige, als abgeschlossenes Gebilde bis in die Stratosphäre reichende Antizyklone mit einem Kerndruck von 1035 mb über Böhmen und veranlaßt einige Tage lang heißes Sommerwetter.

Es wurden für den 26. Mai unter Zwischenschaltung sämtlicher Hauptmillibarflächen möglichst genaue Höhenkarten der 500-, 400-, 300- und 225-mb-Fläche gezeichnet und die Abweichungen zwischen der Richtung der Isopotentialen und den Höhenwinden bestimmt. Aus dem mitteleuropäischen Raum standen insgesamt 29 Vergleichsfälle zur Verfügung; sie ergaben eine mittlere Abweichung zum hohen Druck hin von $+12°$ bei einem mittleren Fehler von $\pm 7°$. Damit wird die schon nach dem Augenschein angedeutete

Vermutung bestätigt, und an der Tatsache, daß der Höhenwind hier in merkbarem Betrage von der Richtung der Isobaren abweicht, ist kein Zweifel möglich.

Dieses Ergebnis stimmt mit der früher entwickelten Vorstellung (vgl. S. 182ff.) überein, indem die Höhenströmung über dem fraglichen Gebiet eine deutliche Geschwindigkeitsabnahme aufweist. Es handelt sich hier um jene Luftmassen, die über dem nördlichen Atlantik aus einer sich vertiefenden Zyklone herausgepumpt und über Mitteleuropa angestaut werden.

Was früher (vgl. S. 27) über die gleichzeitig zu erwartenden Geschwindigkeitsabweichungen gesagt wurde, wird ebenfalls bestätigt. Die durchschnittliche Abweichung von $+3$ km/h gegenüber dem Gradientwind bei einem mittleren Fehler von ± 27 km/h ist nämlich so gering, daß man daraus schließen kann, *daß Richtungsabweichungen immer wesentlich leichter feststell- und prognostisch verwertbar sind als Geschwindigkeitsdifferenzen gegenüber dem Gradientwind.*

Auch für den 27. Mai ergibt sich für den mitteleuropäischen Raum ein ähnliches Ergebnis mit einer Abweichung der Strömungsrichtung in der oberen Troposphäre von $+10° \pm 8°$ bei einem Geschwindigkeitsunterschied von 0 ± 18 km/h, wozu insgesamt 36 Vergleiche zur Verfügung standen.

Man kann versuchen, die Abweichungen des Höhenwindes hinsichtlich Richtung und Geschwindigkeit für einzelne Zonen zu berechnen und bekommt dann für den 26. tatsächlich das Ergebnis, daß der Überschuß im Raume von Holland bis Schleswig-Holstein mit $+14°$ in der Richtung und 14 km/h in der Stärke am größten ist und von dort in der Strömungsrichtung bis zu den Karpathen auf $+5°$ und $+3$ km/h zurückgeht, somit auch einen Stau in Richtung der Strömung andeutend. Wie groß die Druckeffekte sind, die von solchen geringen Abweichungen vom Gradientwind resultieren, soll eine kleine Überschlagsrechnung zeigen.

Die oben angegebene Verminderung des Geschwindigkeitsüberschusses um 11 km/h erfolgt auf einer Strecke von rund 600 km. Ohne seitlichen bzw. vertikalen Abfluß würde dies in der oberen Troposphäre — einer Schicht, die etwa dem 3. Teile der Gesamtmasse entspricht — einer Kontraktion der gesamten Atmosphäre von nahezu 4 km/h auf 600 km $= ^1/_{150}$ und damit einem Druckanstieg von nahezu 7 mb/h entsprechen.

Rechnen wir für den 27. Mai mit einer mittleren Geschwindigkeit von 80 km/h und einem Einströmungswinkel von 10° in der oberen Troposphärenhälfte, so ergibt sich die je Stunde auf der Ostseite des Hochs entlang der etwa 1000 km betragenden Strecke zwischen Norddeutschland und den Alpen in einer Schicht von 5 km vertikaler Mächtigkeit einströmende Luftmenge zu $5 \cdot 1000 \cdot 80 \cdot \sin 10°$ km³/h ~ 70000 km³/h. Für eine Fläche F mit dem Radius 500 km, also $F = \pi \cdot (500)^2 \sim 750000$ km² ergibt sich daraus je Quadratkilometer die Zufuhr von rund $^1/_{10}$ km³ Luftmasse je Stunde oder eine Luftsäule von 100 m Höhe entsprechend etwa 5 mb Druckanstieg. Tatsächlich beobachtet werden 1 bis 2 mb/h, und der Differenzbetrag resultiert von der divergenten Strömung in Bodennähe sowohl als auch von stratosphärischen Kompensationseffekten.

Diese Rechnung soll nur einen ganz rohen Überschlag geben, sie zeigt aber jedenfalls, daß wir nicht mehr weit davon entfernt sind, die druckändernden Prozesse in der Atmosphäre rechnerisch kontrollieren zu können und daß es nur eine Frage der weiteren Verdichtung und Genauigkeitssteigerung der aerologischen Messungen ist, wann das Problem einer Lösung zugeführt werden kann. In gewissen Fällen können jedenfalls schon jetzt aus den beobachteten Abweichungen des Höhenwindes Rückschlüsse auf die Witterungsgestaltung gezogen werden, und es seien in diesem Zusammenhang außer dem 10. und 11. August 1944, als sich der Beginn einer langen Hochdruckperiode durch ähnliche gegen den hohen Druck gerichtete Höhenwinde bemerkbar machte, nur noch der 22. und 23. August des gleichen Jahres erwähnt, als sich der Aufbau der größten bisher in der oberen Troposphäre beobachteten und in den Abb. 60 und 61 reproduzierten Antizyklone vom 25. August 1944 unter den gleichen Umständen vollzog.

C. Die Vorhersage der einzelnen Wetterelemente.

Im vorhergehenden ist das Problem der Wettervorhersage nur insoweit behandelt worden, als es sich um die allgemeine Verlagerung und Änderung der atmosphärischen Gebilde handelt. Ist diese bekannt, so sind damit noch nicht ohne weiteres alle Faktoren, die das Wetter ausmachen, bestimmt.

1. Die Windprognose.

Am eindeutigsten geht von allen Elementen die Windprognose aus der Vorhersagekarte hervor. Zu berücksichtigen sind aber die Änderungen, die bis zum Termin der Vorhersagekarte und im Laufe des nächsten Tages noch zu erwarten sind. Beim Durchzug einer Kaltfront kann es zum Beispiel eventuell zu schweren Böen kommen.

Sehr gern wird der Fehler gemacht, daß statt der Wind- die Isobarenrichtung angegeben wird. Es ist deshalb zu bedenken, daß der Ablenkungswinkel über dem Lande im Durchschnitt nur 45° beträgt. Deshalb müssen auch die orographischen Einflüsse auf die Luftströmung genau beachtet werden, was in gebirgigen Gegenden eine gute Ortskenntnis voraussetzt. Auf die Ausbildung von Berg- und Talwinden und ihre Additionswirkung zum Gradientwind ist ebenso zu achten wie auf Land- und Seewind. An vorspringenden Küsten kann die Windstärke oft erheblich höher sein als in der Umgebung, und dieser Eckeneffekt kann sich auf weite Räume erstrecken. So macht sich die Wirkung des norwegischen Berglandes noch häufig bis zur Nord- und Ostsee bemerkbar, indem sich das von schwachen Winden umgebene Leetief bei vorherrschender Nordwestströmung noch bis zur deutschen Ostseeküste auswirkt und sich weiter westlich eine entsprechende Zone besonders großer Druckgradienten als Fortsetzung des an der skandinavischen Südwestküste eintretenden Eckeneffektes anschließt. Vor allem bei Sturmwarnungen kann dies von wesentlicher Bedeutung werden.

Auch die Stabilität der Vertikalschichtung ist zu beachten. Strömt eine sehr labile Luftmasse über ein warmes Meer, so kann der Gradientwind erreicht werden, und ebenso frischt die Luftbewegung bei Strahlungswetter — abgesehen vom eigentlichen Hochdruckzentrum — am Tage über Land erheblich auf, gleichzeitig wird der Ablenkungswinkel größer. Stabile Schichtung setzt die Windstärke dagegen herab, oft unter 50% des geostrophischen Wertes, wobei auch die Böigkeit gering bleibt.

Bei starker täglicher Erwärmung des Festlandes werden hier auch die tagesperiodischen Druckschwankungen recht groß, und dies kann entsprechend der Darstellung in Abb. 63 erhebliche Winddrehungen zur Folge haben (vgl. S. 117). Außerdem pflegen sich Kaltfronten durch die zunehmenden Wärmeunterschiede zu beschleunigen, wenn sie gegen besonders heiße Gebiete vorstoßen.

Die sorgfältige Beachtung aller vorstehend erwähnten Faktoren ermöglicht eine weit detailliertere Vorhersage der zu erwartenden Luftströmungen, als das bei allen anderen Elementen der Fall ist, und darauf beruht der große Wert des Wetterdienstes für den Seemann und das Vertrauen, das ihm aus diesen Kreisen entgegengebracht wird. Es sei aber nochmals hervorgehoben, daß die gewissenhafte Konstruktion der Vorhersagekarte, zu deren Entstehung eine ganze Serie von Hilfskarten benötigt wird, dafür eine unerläßliche Voraussetzung bildet. Die Zeit, wo man die Prognosen einfach auf Erfahrung und rohe Abschätzung aufbaute, sollte endgültig vorbei sein.

2. Die Temperaturvorhersage.

Nächst der Windprognose ist die Vorhersage der zu erwartenden Temperaturänderungen am engsten mit der Vorhersagekarte gekoppelt. Denn diese zeigt uns auf Grund der Druckverteilung auch die zu erwartende Advektion und die eventuelle Ankunft anderer Luftmassen an. Es kann aber nicht genügend davor gewarnt werden, daß damit schon eine Eindeutigkeit der Prognose garantiert wäre. Viel wichtiger ist es nämlich, die Änderungen einzukalkulieren, denen die wetterbeherrschenden Luftmassen unterliegen, denn gerade in den bodennahen Schichten gehen die Umwandlungen der Luftkörper sehr schnell vonstatten.

Eine wesentliche Rolle spielt das Studium der Erdbodenbeschaffenheit auf dem Wege, den die Luft bis zu ihrem Eintreffen am Folgetag zurücklegen wird. Besonders groß sind die Änderungen, wenn eine Inversion die unteren Schichten von den oberen abschließt und sich auf diese Weise die Erwärmungs- bzw. Abkühlungseffekte nur auf eine wenig mächtige Schicht erstrecken. So wurde schon häufig darauf hingewiesen, daß Warmluftmassen auf See sofort die Temperatur der Meeresoberfläche annehmen. Gelangen sie von dort im Sommer wieder auf das Festland und wird die Wirksamkeit der täglichen Einstrahlung noch durch die allgemeinen Strömungsverhältnisse unterstützt, so können die Temperaturänderungen ein erhebliches Ausmaß annehmen.

Schon manche Fehlprognose ist dadurch zustande gekommen, daß bei dem Einfließen maritimer subtropischer Warmluft während der warmen Jahreszeit, wenn diese auf See erheblich abgekühlt und durch eine scharfe, mit der Oberfläche einer dichten Stratocumulusdecke zusammenfallenden Sperrschicht von den oberen unverfälschten Luftschichten getrennt ist, mit Fortdauer des kühlen Wetters gerechnet wird, sich statt dessen aber eine die westliche von einer südlichen Strömung scheidende Divergenzlinie entweder ausbildet oder sich etwas ostwärts verlagert und damit Aufheiterung eintritt, die flache Bodenkaltluftschicht durch die Sonnenstrahlung in wenigen Stunden beseitigt wird und statt des erwarteten kühlen ein heißer Tag folgt. Bei Konstruktion der Vorhersagekarte werden sich solche Fehlprognosen wohl in den meisten Fällen vermeiden lassen, aber leider sind nicht immer deutliche Divergenzlinien vorhanden und ist der Bewölkungsgrad nicht so eindeutig mit der Form des Bodendruckfeldes gekoppelt, wie das beim Wind der Fall ist.

Vor allem im Herbst kann man häufig eine auf anderen Ursachen beruhende Erwärmung von Polarluftmassen beobachten. Erreichen diese nämlich, von Skandinavien kommend, die deutsche Küste, so genügt oft bereits das Überqueren der Ostsee, daß sie hier mit positiven Temperaturgraden eintreffen, obwohl sie die schwedischen Gestade mit scharfem Frost verließen. Dies ist aber auch nur dann der Fall, wenn das vertikale Temperaturgefälle nicht sehr groß ist und sich daher die Anheizung über See nicht sofort bis in große Höhen erstreckt. Handelt es sich dagegen um sehr labile Kaltluft, so vermag auch ein längerer Weg über das Meer keine wesentliche Temperaturerhöhung herbeizuführen, wie wir es z. B. vom 15. zum 16. Januar 1929 (Abb. 148 bis 149) beobachten konnten, und — was noch wichtiger ist — die maritime Erwärmung wird dann auf dem Lande sehr rasch wieder rückgängig gemacht, vor allem wenn hier eine Schneedecke für schnelle Strahlungsabkühlung sorgt.

So sieht es oft im Winter, wenn maritime Polarluft die deutschen Nordseeküsten mit mehreren Temperaturgraden über dem Gefrierpunkt erreicht und die Nordwestströmung lebhaft ist, so aus, als wenn im gesamten Binnenland Tauwetter eintreten würde. Liegt aber hier eine geschlossene Schneedecke und ist der neue Luftkörper in der Höhe kalt und trocken, so bleibt die Ausstrahlung selbst am Tage so groß, daß nur die unmittelbar an der Küste liegenden Gebiete Tauwetter erhalten, im weiteren Binnenland aber der Frost fortdauert. Gerade solche Beispiele zeigen, wie wichtig die Beachtung des Erdbodenzustandes sein kann. So vermag auch eine sibirische Luftmasse beim Vordringen nach Mitteleuropa nur dann ihre niedrige Temperatur zu behalten, wenn überall eine geschlossene Schneedecke vorhanden ist. Strömt sie dagegen über aperen Boden, so wird ihr bereits eine erhebliche Wärmemenge zugeführt.

Mit den Strahlungsverhältnissen hängt die Beobachtung zusammen, daß im Bereich der Kaltlufttropfen auch die Bodentemperaturen besonders tief absinken, obwohl hier die direkten Advektionsprozesse wegen der starken Abweichung vom Gradientwind nicht so ausschlaggebend beteiligt sein können. Es ist nämlich zu bedenken, daß die Ausstrahlung um so größer wird, je geringer die Gegenstrahlung ist, die ihrerseits von der Temperatur und der absoluten Feuchtigkeit abhängt, die beide im Zentrum der Kaltlufttropfen extrem niedrig sind. So kann man bei dem früher behandelten Beispiel vom 25. Januar 1942 (Abb. 128) deutlich erkennen, wie es über *Königsberg* nicht nur in der Höhe, sondern auch am Boden wesentlich kälter ist als in der Umgebung. Macht sich aber bereits bis zum inneren Bereich des Kaltlufttropfens Aufgleitbewölkung der nachfolgenden wärmeren Masse bemerkbar, so wird die Ausstrahlung selbstverständlich verringert.

3. Die Vorhersage der Bewölkung.

Die richtige Vorhersage der Himmelsbedeckung ist noch weitaus schwieriger als jene der vorher behandelten Elemente. Denn selbst wenn die Vorhersagekarte die Druckverteilung und Frontenlage genau angibt, so ist doch trotzdem für die eintretende Stärke der Bewölkung eine weite Skala offen. Wäre die Mächtigkeit der Wolken, die im allgemeinen nur für den Flugwetterdienst von Interesse ist, von allgemeinerer Bedeutung, dann wäre das Problem einfacher, denn der kontinuierliche Übergang von den mächtigen Frontalwolkensystemen zu den ganz flachen Schichtwolkendecken hätte dann weit größere Bedeutung als eine Aussage darüber, ob es wolkenlos oder bedeckt sein wird, was oft weitgehend vom Spiel des Zufalls abhängt. Bei winterlichen Hochdrucklagen weiß man, daß sich an der unteren Inversion sehr gern eine geschlossene Wolkenschicht ausbildet, aber es sind kaum sichere Anzeichen dafür zu gewinnen, wann das der Fall sein wird. Und wenn sich bei vorhergesagtem wolkenlosen Wetter auch nur eine dünne Hochnebelschicht ausbildet, so muß dies als eine völlige Fehlvorhersage gewertet werden, während es dem Prognostiker nichts ausmacht, wenn statt der erwarteten Absinkinversionsbewölkung eine geschlossene, viele tausend Meter mächtige Schicht vorhanden ist. Die Schwierigkeit einer richtigen Bewölkungsprognose hat also zum wesentlichen Teil ihre Ursache in den Anforderungen, die wir in diesem Punkte erfüllen sollen.

Auch bei der Bewölkungsvorhersage zeigt es sich immer wieder, daß allein mit der Kenntnis der Luftmassenverteilung noch nicht viel gewonnen ist. Wesentlicher ist es, die zu erwartende Vertikalbewegung richtig vorherzusagen, und dafür gibt hauptsächlich die Form der Druckverteilung einige Anhaltspunkte. Wird die Strömung ausgesprochen zyklonal, so ist auf jeden Fall mit der Ausbildung starker Bewölkung zu rechnen, auch wenn auf der heutigen Wetterkarte der ganze in Frage kommende Raum wolkenlos ist, denn sofern nur die mit der Konvergenz verbundene aufsteigende Vertikalbewegung einige Stunden anhält, so genügt das bereits zur Herbeiführung einer kräftigen Kondensation. Leider gilt für die Divergenzgebiete nicht eine solch strenge Relation, denn Stratocumulusdecken vermögen sich gerade im Bereich der Hochdruckkerne während der kalten Jahreszeit, wenn sich eine immer schärfere untere Inversion ausbildet, sehr hartnäckig zu halten.

Für das mittlere und nördliche Deutschland läuft die Bewölkungsvorhersage, vor allem im Sommer, oft auf eine genaue Bestimmung der Windrichtung hinaus: Bei langsam ziehenden oder stationären Antizyklonen

(subtropischer Wettertyp) ist der Himmel nämlich hier überall dort bezogen, wo die Luft (im Wolken-
niveau) von der Nordsee her kommt. Diese Wolkendecken erstrecken sich meistens bis unmittelbar an die
Divergenzlinie, die die Nordwestströmung von einer mehr südwestlichen scheidet, innerhalb der es dann im
allgemeinen wolkenlos ist. Ist die Wolkendecke dünn, so löst sie sich im Sommer tagsüber oft auf, im Frühjahr
oder Herbst aber meist erst in den Nachmittagsstunden; oft geht aus solchen Schichten sogar leichter Sprühregen nieder und verleiht dem Wetter trotz der Nähe des Hochdruckgebietes dann ein besonders unfreundliches
Aussehen. Setzt hierbei aber Druckfall über Westeuropa ein, so ist das ein ziemlich sicheres Zeichen für eine
baldige Auflockerung, und im Winter, wenn sich solche Inversionsbewölkung auch auf der Westseite der
Antizyklonen innerhalb einer südöstlichen Strömung hält, leitet die Annäherung eines Tiefs von Westen her
ebenfalls zunächst eine Auflösung der unteren Schichtbewölkung ein, meistens dort, wo das höhere Front-
wolkensystem erscheint: es soll die Frage hier offen gelassen werden, ob als Ursache mehr eine Änderung des
Strahlungshaushaltes oder eine durch das Absaugen der Luft zum sich annähernden Tief hin verstärkte Strömungsdivergenz verantwortlich zu machen ist. Vielfach wirken Föhneffekte in gleichem Sinne.

Ferner ist bei der Bewölkungsprognose der Orographie des Geländes eine große Beachtung zu
schenken. In Staugebieten ist die Wolkendecke immer viel mächtiger als in den Leezonen, und aus diesem
Grunde ist z. B. gerade in Bayern, wo diese Effekte so dominierend in Erscheinung treten, die Vorhersage in
diesem Punkte wesentlich leichter. Selbst bis nach Norddeutschland hin machen sich die Föhneffekte der
Alpen, noch durch die Mittelgebirge unterstützt, bemerkbar; aber fast noch deutlicher kann hier die Lee-
wirkung Skandinaviens beobachtet werden, indem sich bei nordwestlicher Strömung ein Schönwetter-
streifen über Pommern und Mecklenburg hinzieht und sich bei Drehung des Windes nach Nord allmählich
nach Schleswig-Holstein verlagert.

In gleichem Maße, wie sich der Charakter einer Front ändert, wechselt auch der der Bewölkung. Wandelt
sich z. B. eine im Sommer ostwärts wandernde Okklusion in eine Kaltfront um, so verschwinden auch die
Bewölkungssysteme der Vorderseite mehr und mehr und verschieben sich auf das postfrontale Gebiet, sofern
die Höhenströmung nicht weiterhin die Front überweht.

Überhaupt bedarf auch der Wind in den oberen Luftschichten einer sorgfältigen Beachtung für die Wolken-
vorhersage. Mit ihm werden nämlich alle Wolkensysteme mitgeführt, und wenn keine besonderen Vertikalbewegungen abändernd eingreifen, dann läßt sich aus den Höhenkarten recht genau entnehmen, in welches
Gebiet sich eine Wolkenschicht ausdehnen wird und welche Zone sie nicht erreichen kann. Durchsetzt die
obere Luftströmung eine Front, so muß mit ausgedehnter Präfrontalbewölkung gerechnet werden, auch wenn
es sich um eine Kaltfront handelt; ist dagegen in der Höhe eine Luftbewegung aus Südost vorhanden,
so bleibt es bis zur Passage einer von Westen heranziehenden Front heiter, und zuweilen beginnt sich sogar
erst viele Stunden nach Durchzug der Bodenkonvergenz eine hochreichende, oft stark gewittrige Wolkenmasse zu entwickeln.

Schließlich sei auch noch auf den Tagesgang der Bewölkung hingewiesen. Beim polaren Wettertyp sowie
im Kern sommerlicher Hochdruckgebiete kann mit großer Sicherheit ein heiterer Abend und eine wolkenlose
Nacht vorhergesagt werden. Kurz nach Sonnenaufgang besteht dagegen die größte Gefahr für das Aufkommen
von Hochnebel, besonders wenn es sich um eine feuchte, maritime Masse handelte, die eingeströmt ist. Am
Tage hängt das Ausmaß der Konvektionsbewölkung ganz von der vertikalen Schichtung ab, die genau untersucht und angenähert richtig vorhergesagt werden muß, wenn das Ausmaß der zu erwartenden Cumulusbildung abgeschätzt werden soll.

4. Die Niederschlagsprognose [1].

Was über die Schwierigkeiten der richtigen Bewölkungsvorhersage gesagt wurde, das gilt in noch höherem
Maße für die Niederschlagsprognose. Selbst wenn die Frontlage stimmt, dann ist noch lange nicht gesagt,
ob ihre Auswirkung nicht ganz anders ist als angenommen wurde, denn die Beziehungen zwischen Front und
Wetterauswirkung sind leider nicht so eng, wie man es vielfach vermutet hat und hängen auch in noch nicht
bekanntem Ausmaß von kolloidalen Vorgängen ab (240, 744, 762).

Trotzdem sind die echten frontalen Niederschläge immer noch am besten vorherzusagen, und die genaue
Beachtung der Größe der frontalen Konvergenz vermag manche Anhaltspunkte über das Ausmaß der zu er-
wartenden Vertikalbewegungen zu geben, wobei es ganz auf die Stabilität oder Labilität ankommt, ob es
Schauer- oder Dauerniederschläge geben wird. Was über die Umwandlung der frontengebundenen Wolken-

---

[1] Bezüglich der Niederschlagsverteilung an Fronten und in einheitlichen Luftmassen siehe insbesondere A. H. R.
GOLDIE (275).

systeme gesagt wurde, gilt selbstverständlich auch für die Niederschlagsbildung, wie hierbei, in vielleicht noch stärkerem Maße, ebenso die Geländekonfiguration beachtet werden muß.

Von den nicht frontal gebundenen Regenfällen spielt besonders das Wetter im Tiefdrucktrog eine Rolle. Je größer dort die Konvergenz ist, um so mehr Niederschlag wird fallen. Oft verleitet gerade die nach Durchzug der Kaltfront eintretende Aufheiterung zu der Annahme, daß die Wetterauswirkung des abziehenden Tiefs vorüber sei, und dann ist man überrascht, wenn die Hauptniederschlagstätigkeit erst mit der Annäherung des postfrontalen Drucktrogs beginnt und hier meist einen Mischungstyp zwischen Schauerwetter und Landregen aufweist. Einen guten Anhalt für die Wetterauswirkung dieser Zone geben meistens die Druckänderungen, indem auf allen Zyklonenrückseiten die Schauertätigkeit dann sehr rege ist, wenn der Luftdruck fällt, dagegen jedesmal völlig unterbleibt, wenn das Barometer sehr rasch ansteigt.

Auch die Niederschlagsgebiete verlagern sich ebenso wie die Wolkensysteme mit der Höhenströmung, manchmal sogar parallel zu den Fronten. In den Kernen von ausgeprägten Zyklonen kann das Wetter recht verschieden sein; meist überwiegt der Schauertyp. Dringt aber Warmluft um den Zyklonenkern herum, so wird das Wetter meistens besonders schlecht, und solche herumgeholten oder sich manchmal auch neu ausbildenden Warmfronten haben schon manche unangenehme Überraschung gebracht.

Ebenso schwierig wie die Erfassung der im vorangehenden erwähnten Starkniederschlagszonen ist es, die manchmal tagelang anhaltenden winterlichen Schneefälle in kontinentalen Hochdruckgebieten oder das Nieseln aus antizyklonalen Stratocumulus- oder Stratusschichten zu prognostizieren. Geringfügige Unterschiede der Geländegestaltung können dabei eine große Rolle spielen (Küstenkonvergenz, Staugebiete an Gebirgen), und für den Winter ist zu beachten, daß bei sehr tiefen Temperaturen die Schneebildung wegen der zur Eissättigung genügenden geringeren Feuchtigkeitswerte außerordentlich erleichtert ist und daher jede flache Sc- oder Ac-Schicht bereits anhaltende Niederschläge auslösen kann, die zwar mengenmäßig gering sind, aber doch den Eindruck eines richtigen Schneefalls machen können.

Was die Tagesperiode der Niederschlagsbildung betrifft, so geht diese nur zum Teil konform mit der Wolkenbildung, indem auf dem Land nachmittägliche und auf See nächtliche Schauertätigkeit vorherrschen. Für die Dauerregen gilt dagegen als Richtschnur, daß sie sowohl auf dem Meer wie auf dem Kontinent nachts ausgedehnter und häufiger sind.

Manchmal ist die Frage schwer zu entscheiden, ob bei Temperaturen in der Nähe des Gefrierpunktes der Niederschlag in flüssiger oder fester Form fallen wird. Schneefälle bei Wärmegraden von mehr als 3° sind sehr selten, wenn sie auch unter besonders günstigen Bedingungen (24) schon bis zu $+10°$ beobachtet worden sind. Beim Herannahen von Fronten beachte man, daß durch den einsetzenden Niederschlag das Thermometer stets einige Grade sinkt, so daß in Zweifelsfällen eher Schneefälle vorhergesagt werden sollten.

5. Die Verwendung des Taupunktes.

Es ist hier nicht beabsichtigt, auf lokale Wetterregeln[1] oder die Bedeutung örtlicher Beobachtungen für die Wettervorhersage einzugehen, denn die modernen, für die Prognose zur Verfügung stehenden Methoden stellen die Vorhersagen immer mehr auf eine exakte physikalische Grundlage. Aber für ein Element, nämlich den *Taupunkt*, soll noch eine besondere Lanze gebrochen werden, da er im allgemeinen viel zu wenig beachtet wird, obwohl er für die Prognose außerordentlich wertvolle Dienste leisten kann. Auch die sog. „*Wettersäulen*", wie man sie in zahlreichen Kurorten findet und bei denen der Luftdruck mit der Änderung des Taupunktes seit dem Morgen zu bestimmten Zeigerstellungen kombiniert wird, können recht brauchbare Hinweise geben.

a) Die Nachtfrostprognose.

In wolkenlosen Nächten kühlt sich die Luft rasch bis zum Taupunkt ab; dann wird durch die freiwerdende Kondensationswärme der weitere Temperaturrückgang derart verlangsamt, daß der am Abend vorher gemessene Taupunkt höchstens um einige Grade unterschritten wird. Deshalb vermag die Kenntnis dieses Elements wertvolle Hinweise über die Möglichkeit des Eintretens von Nachtfrost[2] zu geben (403, 894), wenn eine wolkenlose Nacht und bis zum Morgen auch kein Luftmassenwechsel zu erwarten sind, so daß die Taupunktangabe vom Abend vorher gültig bleibt. Dabei ist aber noch zu berücksichtigen, daß die Temperatur in unmittelbarer Bodennähe bis etwa 5° tiefer sinken kann als in der Hütte, so daß Bodenfröste und Reif viel häufiger auftreten als Frosttemperaturen in den synoptischen Wettertelegrammen gemeldet werden (174).

---

[1] Eine ziemlich vollständige Zusammenstellung aller Wetterregeln hat R. Hennig (308) gegeben.
[2] In dem Ausdruck *Nachtfrost* ist enthalten, daß die Tagestemperaturen über dem Gefrierpunkt liegen.

Alle damit zusammenhängenden Probleme des Klimas der bodennahen Luftschicht behandelt ausführlich R. Geiger (261).

Besonders gefürchtet sind die Spätfröste im Frühjahr, die bis etwa Mitte Mai mit Vorliebe im Kernbereich der von Westen einem starken Polarlufteinbruch folgenden Hochdruckgebiete eintreten. Nach diesem Termin wird der Gefrierpunkt nur noch selten unterschritten, doch kann in Bayern in kalten Jahren selbst im Juni Bodenfrost noch an mehr als der Hälfte aller Tage eintreten. Ebenso volkswirtschaftlich schädlich sind die Frühfröste im Herbst, indem sie die Kartoffeltransporte gefährden können (568); meist handelt es sich dabei aber nicht um reine Strahlungs-, sondern um Advektionsfröste, und es sei besonders auf den großen Frosteinbruch Mitte November 1941 hingewiesen, der im Gefolge eines mächtig entwickelten russischen Hochs eintrat und den damaligen kalten Winter einleitete.

b) Die Gewitterprognose.

Auch für die Gewitterprognose kann der Taupunkt wertvolle Anhaltspunkte bieten, worauf weiter oben (S. 278) schon hingewiesen wurde, indem ein gewisser Wasserdampfgehalt die unerläßliche Voraussetzung für verbreitete Gewittertätigkeit darstellt.

Es wurde auch schon darauf aufmerksam gemacht, daß reine Wärmegewitter in der Ebene nur selten auftreten und eine gewisse Strömungskonvergenz, die mit aufsteigender Vertikalbewegung und damit verbundener Höhenabkühlung gekoppelt ist, eine unbedingte Voraussetzung für stärkere Umlagerungsprozesse bildet. Oft sind solche Konvergenzlinien nur schwer im Druckfeld zu erkennen, wie vor allem das auf S. 293 und in Abb. 174 behandelte Beispiel bereits darlegte; sind sie vorhanden, so ist ein sorgfältiges Studium der aerologischen Zustandskurven des betreffenden Gebietes erforderlich, ob die Schichtung stabil oder ob Feuchtlabilität vorhanden ist. Bei den Morgenaufstiegen soll die Hebungskurve von der Obergrenze der Inversion aus konstruiert werden, weil dort die spezifische Feuchtigkeit im allgemeinen ihren höchsten Wert aufweist. Ist das nicht der Fall, so empfiehlt es sich, die Schicht mit der höchsten pseudopotentiellen Temperatur aufzusuchen und von dort aus die Hebungskurve zu zeichnen. Eine Zunahme der Gewitterneigung ist immer dann zu erwarten, wenn sich die Flächen mit positiver Labilitätsenergie vergrößert und jene mit negativer verkleinert haben.

Einen ersten Anhalt über die Art der Schichtung vermag die vertikale Verteilung der pseudopotentiellen Temperatur zu geben, indem deren Zunahme mit der Höhe Stabilität anzeigt, während Abnahme auf (latente) Labilität hindeutet. Momentane Labilität ist aber nur im Falle der Sättigung vorhanden, weil eine Abnahme der pseudopotentiellen Temperatur mit der Höhe auch allein durch eine solche der relativen Feuchtigkeit bedingt sein kann. Da jedoch bei genügend langer Hebung stets in der gesamten Luftmasse Kondensation eintritt und ein solcher Hebungsprozeß beim Durchzug von Fronten zur Auswirkung kommt, ist die genaue Beachtung der vorhandenen Verteilung der pseudopotentiellen Temperatur mit der Höhe besonders zu empfehlen, wenn mit dem Durchzug einer Kaltfront zu rechnen ist, längs welcher die Warmluft in stärkere aufsteigende Bewegung gerät.

Es sei hier vor dem allzu häufigen Gebrauch des Wortes *Gewitterneigung* gewarnt. Um sich gegen jede Eventualität zu sichern, ist es oft üblich gewesen, an warmen Sommertagen der Prognose immer das Wort „Gewitterneigung" hinzuzufügen. Ein solches Verfahren stärkt nicht das Vertrauen des Publikums. Man muß sich bemühen, heiße Sommertage ohne Gewitterbildung auch als solche hervorzuheben und von Gewitterneigung höchstens in den Fällen sprechen, wenn wirklich örtliche Gewitter zu erwarten sind. Noch besser ist es dann allerdings, den präziseren Ausdruck „örtliche Gewitter" zu verwenden.

Oft kann man die Beobachtung machen, daß lokale Gewitterbildung dann unterbleibt, wenn sich viele Cirruswolken am Himmel befinden, die die Einstrahlung bereits wesentlich herabsetzen. Bei labiler Schichtung ist deshalb gerade ein wolkenloser Himmel in den Morgenstunden oft von größeren vertikalen Umlagerungen in den Nachmittagsstunden gefolgt. In gebirgigen Gegenden beginnt der Gewitterprozeß dabei mit Vorliebe in den Leegebieten, da dort die Überhitzung der untersten Schichten bei schwacher Luftbewegung am meisten gefördert wird.

Auch muß man sich davor hüten, im Sommer einfach bei jedem Frontdurchgang Gewitter zu prophezeien, denn beide Erscheinungen treten durchaus nicht immer miteinander gekoppelt auf, und wie G. Roediger (646) erwähnt hat, beginnen gerade die großen Monsundurchbrüche vielfach ohne Gewitterbegleitung: dann nämlich, wenn sich das steuernde Hoch nach Westen zurückzieht und die Kaltluft aus nordwestlicher Richtung einfließt. Nur wenn in der Höhe jetzt zunächst noch eine feuchte südwestliche Strömung vorhanden bleibt, die immer mehr abgehoben wird, kommt es in dieser Schicht zu gewittrigen Umlagerungen;

ist aber auch in der mittleren Troposphäre eine nordwestliche Strömungskomponente vorhanden, so reicht der Feuchtigkeitsgehalt im allgemeinen nicht zur Gewitterbildung aus.

Es muß in diesem Zusammenhang darauf hingewiesen werden, daß der Sitz der schweren Gewitter stets in den den Boden erreichenden oder aber meist abgehobenen Warmluftmassen zu suchen ist und daß der Kaltluft, die man früher als wesentlichen Träger der labilen Prozesse angesehen hatte, nur die auslösende Rolle für die Hebung der Warmluft zukommt. In der Kaltluft ist die absolute Feuchtigkeit meist zu gering, während bei der Hebung subtropischer, vorher durch Strahlung überhitzter Warmluftmassen die latente Feuchtlabilität zur Auslösung gebracht wird. Jeder, der die Wolkenbildung an einer ostwärts ziehenden Kaltfront beobachtet, kann unschwer feststellen, wie die gewittertragenden Schichten stets aus südlichen Richtungen aufziehen — oft sogar noch bei leichter Rechtsdrehung bis zum Niveau des Cirrostratusschirms und damit noch aktive Warmluftadvektion andeutend — wenn unten Nordwest oder Nordwind eingebrochen ist und sich mit diesem wohl der Gewitterprozeß ausbreitet, aber damit niemals der Zug der einzelnen Cumulonimben übereinstimmt.

Südliche Höhenwinde, als Träger großer Feuchtigkeitsmassen, sind also charakteristisch für sommerliche Gewitterlagen, während eine Nordwest- oder Nordströmung, selbst wenn in ihr typische Castellatusformen auftreten, wegen des zu niedrigen Taupunktes als gewitterfeindlich angesehen werden muß. Lediglich im Spätsommer, wenn sich die Nord- und Ostsee auf mehr als 17° erwärmt haben, vermögen die aus Skandinavien über sie hinweg fließenden Luftmassen soviel Wasserdampf aufzunehmen, daß es dann auch in hochreichenden Nord- oder Nordostströmen — sofern eine Konvergenz vorhanden ist — zu verbreiteten Gewittern kommen kann. Eine derartige Wetterlage ist in Abb. 174 dargestellt worden, an welchem Tage aber der Feuchtigkeitsgehalt der oberen Nordostströmung nicht nur aus dem Ostseebereich, sondern auch aus den osteuropäischen Seen- und Moorgegenden stammte, einer Zone, wo sich — genau so wie über Finnland — gern echte Wärmegewitter entwickeln.

Ob es sich also um Kalt- oder Warmfrontgewitter handelt, immer ist die Labilität der Warmluft dafür ausschlaggebend. Eine Ausnahme bilden die in Polarluft vor allem im Frühjahr auftretenden Gewitterschauer, die allein durch relative Überhitzung der bodennahen Schichten über dem Festland zustande kommen. Am schwierigsten ist die Prognose der *Wintergewitter*, die durch Voreilen kalter Polarluft in der Höhe entstehen, wofür die Bedingungen aber nur bei sehr starkem Druckfall und in unmittelbarer Nähe des Okklusionspunktes günstig sind (vgl. S. 263).

c) Die Nebelprognose.

Auch für die Nebelvorhersage bietet die Beachtung des Taupunktes manche Anhaltspunkte (262). So kann Advektionsnebel nur dann auftreten, wenn der Taupunkt einer heranströmenden Luftmasse höher liegt als die Temperatur der zu überquerenden Unterlage. Je größer diese Differenz ist und je geringer die Windgeschwindigkeit, um so stärker wird die Nebelbildung. Gelangt eine solche nebelerfüllte Luftmasse aber über einen wärmeren Untergrund, so löst der Nebel sich auf, was man sehr häufig im Herbst beobachten kann, wenn ein über Land stark abgekühlter Luftkörper auf das warme Meer zurückströmt und dann die Sichtverhältnisse bald wieder gut werden.

Zur Vorhersage von Strahlungsnebel muß man überlegen, ob die nach den Bewölkungsverhältnissen zu erwartende Ausstrahlung hinreicht, daß der Taupunkt um einige Grade unterschritten werden kann[1]. Wolkenloser Himmel, stabile Schichtung, schwacher Wind und nach oben zunehmende spezifische Feuchtigkeit, was einen Feuchtestrom gegen den Erdboden hin veranlaßt, sind deshalb günstige Bedingungen für nächtlichen Strahlungsnebel.

Für den Dampfnebel (oder arktischen Seerauch) ist eine große Temperaturdifferenz zwischen dem warmen Wasser und der kalten Luft vorteilhaft; daher kommt er hauptsächlich im Herbst vor, wenn gleichzeitig nur ein leichter Wind weht und zugleich eine niedriggelegene Absinkinversion die feuchte Luft am Entweichen nach oben hindert. Er tritt meist nur in unmittelbarer Nähe von Flüssen und Seen auf, kann gelegentlich aber auch im Bereich großer Bahnhofsanlagen beobachtet werden, wenn zahlreiche Lokomotiven genügend Dampf ablassen.

Frischt der Wind etwas auf, so kann der Nebel in *Hochnebel* oder Nieseln übergehen, und Chromow (129) führt das Beispiel vom 17. Oktober 1931 an, als das ganze mittlere Gebiet des europäischen Rußlands von einem zusammenhängenden Nebel bedeckt war und am nächsten Morgen fast alle Stationen in diesem Gebiet

---

[1] Erst die Ausscheidung von etwa 0,5 g flüssigen Wassers ruft dichten Nebel hervor, und bei tiefen Temperaturen muß deshalb der Taupunkt wesentlich stärker unterschritten werden (bei −20° um etwa 6°) als bei hoher Luftwärme, bei der (oberhalb 20°) schon einige Zehntel genügen (476).

Nieseln meldeten. Für solch plötzliche *Koagulation* der Nebelelemente sind aber nach den Untersuchungen von WIGAND (886, 887, 888) und FRANKENBERGER (256) auch Änderungen im elektrischen Zustand der Atmosphäre maßgebend, die bis jetzt noch nicht prognostisch erfaßt werden können (vgl. auch 326).

6. Die Sichtvorhersage.

Die Fernsicht (14, 257, 282, 302, 428, 845, 882) ist in polaren Luftmassen, hauptsächlich wegen des geringeren Wasserdampfgehaltes, im Durchschnitt erheblich besser als in den Luftkörpern subtropischer Herkunft, die auch durch Infiltration von Staubpartikelchen über den Steppen- und Wüstengebieten häufig verunreinigt werden. Bei der *opaleszenten* Trübung, die durch trübende Teilchen hervorgerufen wird, die kleiner sind als die Wellenlänge des Lichtes und die deshalb allerdings erst bei Sichtweiten über 50 km durch die Blaufärbung entfernter Gegenstände beobachtbar wird, ist dieser Zusammenhang noch deutlicher ausgeprägt. Der *Trübungsfaktor*, definiert als der Quotient des Koeffizienten der Sonnenstrahlungsschwächung unter den gerade herrschenden Verhältnissen zu demjenigen in einer trockenen und staubfreien Idealatmosphäre, weist ebenso enge Beziehungen zur Herkunft der Luftkörper wie die *Himmelsbläue* (327) auf, indem die Sonnenstrahlung beim tiefblauen Himmel innerhalb arktischer Polarluft wesentlich intensiver ist als bei den mehr ins Hellblaue gehenden Schattierungen bei der Ankunft tropischer Luftkörper (453, 454). Entsprechende Schwankungen sind neuerdings auch bei der Höhenstrahlung festgestellt worden (21, 22, 23).

Trotzdem ist die richtige Vorhersage der Fernsicht im Einzelfall nicht so einfach, wie es danach scheinen könnte. Denn es genügen oft geringe orographische Effekte, um z. B. innerhalb föhnbeeinflußter tropischer Massen eine besonders weite Fernsicht hervorzurufen oder in antizyklonal schrumpfender arktischer Polarluft die Sicht durch starke Dunstbildung schnell herabzusetzen, besonders in der Nähe von Städten oder größeren Industriegebieten. Wüsten und Steppen sowie im Winter unbewaldete, schneefreie Zonen wirken sichtvermindernd, und bei Staubstürmen kann die Fernsicht gelegentlich auf einige Dekameter reduziert werden. Rauchmassen von Heide-, Wald- und Moorbränden sind ebenfalls zu berücksichtigen *(Höhenrauch)*, während sich Schneefegen im allgemeinen nur auf die bodennächsten Schichten auswirkt.

Der Durchzug einer Warmfront bringt meistens eine Verschlechterung, von Kaltfronten eine Besserung der Sicht mit sich. Besonders auffallend sind auch die häufig guten Sichtverhältnisse, die bei Annäherung einer Front eintreten und in der Volksregel niedergelegt sind, daß klares Hervortreten ferner Bergrücken als sicheres Zeichen für eine Wetterverschlechterung angesehen werden kann. Worauf diese Erscheinung beruht, ist noch nicht restlos geklärt: ein Entführen der in den Antizyklonen stabiler Schichtung unten festgehaltenen Dunstpartikelchen nach oben hin, wenn mit der Annäherung einer Diskontinuitätslinie eine aufsteigende und inversionszerstörende Bewegung einsetzt, scheint jedenfalls maßgebend beteiligt zu sein, und der beschleunigt ablaufende Zerfall der Schönwetterdunstschichtung liefert nach LÖHLE (415) ein untrügliches Anzeichen für eine bevorstehende Umstellung der Großwetterlage.

7. Flugmeteorologische Vorhersagen.

Über je weitere Räume die modernen Flugstrecken führen und je größere Unabhängigkeit von den örtlichen Wetterbedingungen durch Verwendung neuer technischer Geräte erreicht wird, um so mehr gleichen sich die Aufgaben des synoptischen und des Flugwetterdienstes (266) einander an. Die oft schwer präzise zu vorhersagenden Angaben über die genaue Wolkenhöhe, oder zu welcher Stunde Nebel einsetzen wird, werden immer weniger verlangt werden. Auch die Vereisungsgefahr wird vermindert, doch muß man damit rechnen, daß sie noch längere Zeit eine gewisse Rolle spielen kann.

Leider ist eine Vorhersage von Eisansatz (810) sehr schwer. Auf geringer Entfernung kann das eine Flugzeug stärkste Vereisung erleiden, ein anderes dagegen unbehelligt bleiben. Im allgemeinen kann man damit rechnen, daß bei Temperaturen unter —12° Vereisung nur noch selten auftritt, wenn sie auch bis zu —20° schon beobachtet worden ist. Am gefährlichsten sind unterkühlte Stratus- und Stratocumulusdecken zwischen 0 und —5°, vor allem in Staugebieten. Auch in Cumulonimben muß mit stärkster Vereisung gerechnet werden, doch kann man diese Wolkenberge meistens umfliegen. In den frontalen Wolkensystemen ist die Häufigkeit der Vereisung nicht so groß und beschränkt sich hauptsächlich auf die gefährlichen Glatteiszonen (vgl. S. 300), wobei die Zone stärkster Vereisung am häufigsten in einer Höhe von 1100 m angetroffen wird (605).

8. Warnungsdienst.

Für Wirtschaft und Verkehr haben die vom Wetterdienst herausgegebenen besonderen Warnungen noch größere Bedeutung als die täglichen Vorhersagen, denn eine rechtzeitige Warnung vermag oft großes Unheil zu verhüten.

a) Sturmwarnungen.

In erster Linie ist in diesem Zusammenhang der Sturmwarnungsdienst zu nennen, denn er ist so alt wie der synoptische Wetterdienst, dessen Einrichtung ja ursprünglich zu dem Zwecke erfolgte, um den Seefahrer rechtzeitig auf gefahrbringende Stürme aufmerksam zu machen. Aus diesem Grunde sind in fast allen Ländern die meteorologischen Zentralstellen mit der Ausgabe der Sturmwarnungen betraut worden.

Es ist im allgemeinen üblich, eine Sturmwarnung herauszugeben, wenn Windstärke 8 zu befürchten ist; außerdem wird in den meisten Ländern die Küstenschiffahrt noch durch ein besonderes Signal (Ball) auf zu erwartende Windstärke 6 oder 7 hingewiesen (Windwarnung). Bei der Sturmwarnung wird durch ein oder zwei Kegel die zu erwartende Richtung und durch eine oder zwei rote Flaggen die mutmaßliche Richtungsänderung (rechts- bzw. linksdrehend) angegeben. Hängt die Spitze des Kegels nach oben, so ist ein Wind nördlicher Richtung, bei einem hochgezogenen Kegel aus Nordwest und bei zweien aus Nordost zu erwarten; dementsprechend bedeutet das Signal mit der Spitze nach unten Südwest- und bei zwei derart gehißten Zeichen Südoststurm.

Eine Sturmwarnung muß mindestens 6 Stunden, nach Möglichkeit aber mehr als 12 Stunden vor dem Eintreten der gefährlichen Wetterverschlechterung erlassen werden, und dies setzt bei der großen Zuggeschwindigkeit und der schnellen Vertiefung, der gerade die Sturmwirbel unterliegen, eine sorgfältige Analyse der Wetterlage über einem großen Raum, das rasche Abschätzen der zu erwartenden Druckänderungen und eine gewisse Entschluß- und Verantwortungsfreudigkeit des diensthabenden Meteorologen voraus. Als Beispiel einer solchen Warnung sei auf Abb. 112 (S. 199) verwiesen. Diese Karte diente als Grundlage für eine am 26. Oktober 1936, kurz nach 12 Uhr mittags für die deutsche Hochseefischerei herausgegebene Warnung vor einem besonders schweren Sturm, obwohl zu dieser Zeit aus dem gesamten Bereich des atlantischen Tiefs nicht mehr als Stärke 8 und vorherrschend nur Stärke 6—7 gemeldet wurden. Aber die Ausprägung und Offenhaltung der scharfen Frontalzone östlich von Neufundland und die Größe des Warmsektors sind sichere Anzeichen dafür, daß sich die Depression auf ihrem Wege nach Osten noch erheblich vertiefen muß, und da der Druckgradient in der Deutschen Bucht noch durch die Einwirkung des vorangegangenen über dem Nordmeer angelangten Tiefs recht erheblich ist, mußte mit Zunahme des Windes auf Orkanstärke gerechnet werden.

Eine derartige präzise Fassung einer Vorhersage schließt natürlich immer ein gewisses Risiko in sich. Dies muß aber einkalkuliert werden, und es ist wesentlich besser, einmal eine tüchtige Fehlprognose herauszugeben als jede Vorhersage so abzufassen, daß sie näherungsweise stimmen muß. Es kommt nie vor, daß eine Zyklone, die der Deutschen Bucht Orkan bringt, am Vortage schon die gleiche Windstärke aufweist. Ist dies der Fall, so wird das Minimum sehr bald okkludieren, wenn es nicht den Höhepunkt seiner Entwicklung bereits überschritten hat, und die Windstärke wird am nächsten Morgen lange nicht mehr so groß sein. Gerade dieser Umstand macht die Wettervorhersage so schwer, erfordert viel praktische Erfahrung und ein großes Können, bietet dann aber auch eine innere Befriedigung, wie sie wenige Berufe zu geben imstande sind.

Wie die Abb. 116 und 117 (S. 202/203) zeigen, wurde in den Abendstunden des 26. Oktober, also etwa 8 Stunden nach Herausgabe der Orkanwarnung, Windstärke 8, aber erst 17 Stunden später Orkanstärke erreicht, so daß man diese Prognose als voll eingetroffen werten kann. Man muß sich aber davor hüten, an die eigenen Vorhersagen einen zu wenig strengen Maßstab anzulegen. Fast immer läßt sich bei der großen Stationszahl eine finden, die vielleicht an einem Termin einmal die prophezeite Windstärke erreicht hat, aber dies ist noch lange kein Beweis für eine richtige Prognose. Auch muß ein Sturm schon viele Stunden lang anhalten, denn seine Gefahr besteht weniger in der Gewalt des Windes als in der Stärke der aufgewühlten See. Deshalb ist es auch nicht üblich, die Küstengebiete vor plötzlichen, rasch vorüberziehenden Gewitterböen zu warnen, denn deren Aufzug erkennt der erfahrene Seemann an der charakteristischen Form des Böenkragens recht genau und kann die entsprechenden Maßnahmen einleiten. Unglücksfälle durch solche Böen, wozu die *Niobe-Katastrophe* vom 26. Juli 1932 in der westlichen Ostsee gehörte, sind deshalb auf See auch recht selten. Anders liegen dagegen die Verhältnisse im Binnenland.

b) Unwetterwarnungen.

Für den binnenländischen Wetterdienst ist es im Gegensatz zum Seewetterdienst gerade eine Hauptaufgabe, vor plötzlich einsetzenden Böen zu warnen. Diese sind auf dem Festland überhaupt schwerer und häufiger als auf See, und dann kommt hinzu, daß auf den Binnenseen die Sicht nie bis zum Horizont reicht und die Wassersportler im Beobachten der Wettererscheinungen bei weitem nicht solche Erfahrungen besitzen wie der Seemann. Besonders der Bodensee ist z. B. berüchtigt für seine plötzlichen Stürme, wobei diese zuweilen bei ausgeprägten Föhnsituationen dadurch zustande kommen, daß eine untere Kaltlufthaut abgesogen wird. Meistens handelt es sich aber auf dem Festland um eine Warnung vor einer ausgeprägten Kaltfrontböe, wie sie vor allem die sommerlichen V-Depressionen begleiten. Auch auf Flughäfen können z. B. große Schäden angerichtet werden, wenn die abgestellten Maschinen nicht rechtzeitig verankert worden sind. Meist treten diese Böen zusammen mit Gewittern auf, doch ist das nicht immer der Fall. Einen wesentlichen Anhalt vermag häufig der postfrontale Druckanstieg zu geben, doch treten einzelne gefährliche Windstöße oft so unvermittelt auf, daß sie kaum vorhergesagt werden können.

c) Gewitterwarnungen.

Bei den Gewitterwarnungen handelt es sich vor allem um die rechtzeitige Benachrichtigung der Elektrizitätswerke, damit diese gefährdete Überlandleitungen abschalten können. Da eine kurzfristige Herausgabe dieser Warnungen genügt, kann man im allgemeinen abwarten, bis sich die ersten Gewitter entwickelt haben. Häufig ist das synoptische Netz aber auch heutzutage noch nicht dicht genug, um alle Gewitter zu erfassen, und es empfiehlt sich dann, das Rundfunkgerät auf das Auftreten von Blitzstörungen *(Parasiten)* zu überwachen, oder, wenn möglich, diese anzupeilen (330)[1]. Dabei können Fernstörungen von Gewittern in der näheren Umgebung leicht unterschieden werden.

d) Frostwarnungen.

Die Liste der meteorologischen Warnungen wäre unvollständig, wenn hier nicht auch der Frostwarnungsdienst nochmals erwähnt würde. Dabei muß man zwei Arten von Vorhersagen unterscheiden. Einmal ist es vor allem im Herbst und Winter wichtig, das Eintreten von Frostperioden möglichst einige Tage im Voraus anzukündigen, damit kälteempfindliche Waren rechtzeitig vom Transport zurückgehalten werden, eine Aufgabe, die ebenso wie der Sturmwarnungsdienst bei Beachtung aller synoptischen Hinweise befriedigend gelöst werden kann. So vermag das Auftreten eines Hochdruckgebietes über Nordrußland oft schon viele Tage vorher einen Fingerzeig für das Einsetzen von Frostwetter zu geben. Die andere Aufgabe für den Wetterdienst besteht darin, auf vorhandene Nachtfrostgefahr am Abend vorher aufmerksam zu machen, wobei die örtliche Beobachtung dann dem einzelnen Landwirt oder Bezirk überlassen werden muß und die Inbetriebnahme der Frostschutzgeräte durch besondere automatische Warnvorrichtungen gesteuert werden kann. In den Vereinigten Staaten ist die Methode der künstlichen Rauchentwicklung allgemein ausgebaut und hat schon viele Obstblüten vor der Vernichtung gerettet.

9. Die Abfassung der Prognosen.

Eine moderne Wetterprognose, auf der sorgfältigen Analyse der Wetterkarte über dem größten Teil der Nordhalbkugel sowie dem vollständigen dreidimensionalen Studium der atlantisch-europäischen Wettervorgänge und der daraus konstruierten Vorhersagekarte fußend, kann und soll die zu erwartende Witterung nebst dem eintretenden Wetterablauf in wenige, genau präzisierte Angaben zusammenfassen. Die Zeit der sog. „*Gummiprognosen*", aus denen man alles und nichts entnehmen konnte, muß endgültig vorbei sein, denn sie schaden dem Ansehen des Wetterdienstes mehr als daß sie nützen. „Teils heiter, teils bewölkt, vereinzelt Niederschläge oder örtliche Gewitter, schwankende Temperaturen": das ist eine Vorhersage, wie man sie im Sommer beinahe täglich abfassen kann, die aber auch dann mit vollem Recht verspottet wird. Der Meteorologe darf niemals mit der Sophisterei liebäugeln und sich ein System zurechtmachen, nach dem er für jede eintretende Wettererscheinung „gesichert" ist. Er muß vielmehr eine gelegentliche volle Fehlprognose in Kauf nehmen, und das wird ihm jeder vernünftige Mensch verzeihen, wenn die übrigen Vorhersagen dafür klar abgefaßt und richtig sind. Auch muß eine einmal gefaßte Meinung konsequent innegehalten und darf nicht jede Stunde die Ansicht gewechselt werden, was am besten dadurch vermieden werden kann, daß man eine genau durchdachte Prognose erst dann abfaßt, wenn das gesamte Beobachtungsmaterial verarbeitet vorliegt.

Es ist deshalb wesentlich, die Hauptprognose nicht so früh herauszugeben, daß nicht einmal Zeit dafür vorhanden ist, die Bodenkarte des betreffenden Termins durchzuarbeiten. Hat man sich nämlich einmal

---

[1] Neuerdings ist es mit den modernen Funkmeßgeräten *(Radar)* auch gelungen (436), die Wolkensysteme von Fronten und Zyklonen zu projizieren.

übereilt festgelegt, so ist es immer schwer, die vorgefaßte Meinung wieder abzuändern. Deshalb ist es ratsam, so lange die auf Grund der Vorkarte aufgestellte Vorhersage zu verbreiten, bis der neue Beobachtungstermin eingehend durchgearbeitet ist, und der Zeitpunkt, wann die neue Prognose aufgestellt wird, darf allein durch den Eingang des Beobachtungsmaterials und nicht durch wirtschaftliche Vorteile bestimmt werden. Wer die Prognose „unbedingt" zu einer bestimmten Zeit benötigt, muß eben mit der auf Grund des vorhergehenden Beobachtungstermins abgefaßten Vorhersage vorlieb nehmen, und wenn es demgegenüber ein anderer Teilnehmer so einrichten kann, daß er bis zu dem von der Wetterwarte festgesetzten Zeitpunkt für die Herausgabe des neuen Berichtes wartet, so wird sich der Vorteil, daß diese Prognose eine erheblich günstigere Trefferzahl erreicht, jedenfalls schon nach kurzer Zeit bezahlt machen.

Auch sei vor einer tötenden Mittelmäßig- und Gleichförmigkeit der Vorhersagen gewarnt. Die Erscheinungen in der Atmosphäre sind derart vielgestaltig, daß es immer wieder möglich ist, andere Ausdrücke zu wählen, und es muß das Bestreben des Meteorologen dahin gerichtet sein, gerade die besonders extremen Wetteränderungen präzise anzukündigen. Wenn ein großer Kälteeinbruch naht, dann soll es eine besondere Freude sein, statt der häufigen Angabe „sinkende Temperaturen" einmal klipp und klar von einem „*starken Temperatursturz*" oder einer „*Frostverschärfung von 10 bis 20°*" zu sprechen. Wenn ein schwerer Sturm heraufzieht, dann sage man „*orkanartige Sturmböen*" voraus, und wenn einmal die so seltenen wolkenlosen Tage eintreten, dann kündige man sie nicht mit der üblichen Bezeichnung „vorherrschend heiter" an, sondern spreche vom „*wolkenlosen Himmel*", denn selbst bei dem Erscheinen einiger Zirren wird dies niemand als Fehlprognose empfinden. Es ist eine Erfahrung, daß gerade eine richtige Prognose solcher vom Durchschnitt abweichender Wetterlagen allgemein auffällt und das Vertrauen zum Wetterdienst derart festigen hilft, daß dann einmal eine ebenso gründliche Fehlvorhersage als unabänderlich hingenommen wird.

Selbstverständlich erfordert ein so gehandhabter Wetterdienst eine große Verantwortungsfreudigkeit. Er zwingt den Meteorologen, Tag und Nacht die Wettererscheinungen zu überwachen und auf jede vielleicht zunächst noch so unbedeutende Änderung zu achten, sich in die Lage des Publikums zu versetzen und die Prognosen auch so abzufassen, daß sie allen verständlich sind und andererseits keine überflüssigen Bemerkungen enthalten. Daß es nachts kälter ist als am Tage, weiß z. B. jeder Mensch, aber daß es bei ausgesprochenem Strahlungswetter nachts windstill und am Tage recht windig sein kann, ist nicht allgemein bekannt und kann daher ebenso angegeben werden wie der tägliche Bewölkungsgang. Auch wenn man regnerisches Wetter durch den Zusatz „trübe" ergänzt, so wird damit das schlechte Wetter noch besonders hervorgehoben.

Die Witterungselemente, die Wirtschaft und Verkehr benötigen, sind natürlich zum Teil verschieden. Den Seemann interessiert der Wind, die Landwirtschaft will wissen, ob es Regen gibt und der Städter möchte etwas über den Temperaturgang erfahren, auch die Sicht spielt unter Umständen eine gewisse Rolle. Es empfiehlt sich deshalb, auch schon aus Gründen einer exakten Prognosenprüfung, stets Angaben über Windrichtung und -stärke, Bewölkung, Niederschlag und Temperatur sowie gegebenenfalls die Sicht zu machen. Wenn auch der Wind im Binnenland vielfach nicht so wichtig ist, so kann man ihn doch grundsätzlich an den Anfang stellen, da er einerseits das zuverlässigste Element der Prognose darstellt und seine Angabe sofort zeigt, welche Änderungen in der Druckverteilung der Prognostiker erwartet.

Dieses Kapitel sei nicht abgeschlossen, ohne daß zu Übungszwecken eine Reihe theoretischer Prognosenbeispiele hinzugefügt werden, zu welchem Zweck die Fälle ausgewählt werden können, wo die Wetterkarten für zwei aufeinanderfolgende Tage zur Verfügung stehen, von denen im folgenden der Ausgabetag und der Ort, auf den sich die Vorhersage beziehen soll, nebst den zugehörigen Abbildungen angegeben sind.

7. Dezember 1886, Berlin (Abb. 97 bis 98, S. 180/181): Im Laufe der Nacht bei nach West drehenden und vorübergehend etwas abflauenden Winden Aufheiterung und Bodenfrost. Morgen stürmisch auffrischende Südwestwinde, Eintrübung und nachfolgende Regenfälle mit Temperaturanstieg bis zu +10°.

Man beachte bei dieser Prognose die Schwierigkeit, die rasche Verlagerung des atlantischen Sturmtiefs richtig einzukalkulieren, und es zeigt sich dabei besonders deutlich, daß nur eine genaue Analyse der Wetterkarte bis an die amerikanische Ostküste, wo die maßgebende Frontalzone liegt, eine Fehlvorhersage vermeiden läßt.

30. Dezember 1932, München (Abb. 104 bis 105, S. 188/189): Bei zunehmendem Föhneinfluß und nur höherer Bewölkung lediglich nachts leichter Bodenfrost, Anstieg der Mittagstemperaturen über 10° Wärme.

31. Dezember 1932, Paris (Abb. 105 bis 106): Nachts Durchzug einer Regenfront mit vorübergehender Winddrehung nach West, morgen mäßige südwestliche Winde, heiter bis wolkig, für die Jahreszeit sehr mild.

1. Januar 1933, London (Abb. 106 bis 107): Bis zur vollen Sturmesstärke auffrischende Südwinde, vormittags wolkig, nachmittags Eintrübung und Regen, diesig, weiterhin mild.

Bei der letzten Prognose muß bereits die restlose Auflösung des Tiefdrucktroges westlich Irland vorausgesetzt werden, und ebenso muß man sich über die Entwicklungsbedingungen des atlantischen Sturmtiefs völlig im klaren sein.

26. Oktober 1936, Hamburg (Abb. 112 bis 115, S. 199 bis 201): Bereits heute abend bis Sturmesstärke auffrischende Südwestwinde, morgen unter orkanartigen Böen nach West drehend. Rasche Eintrübung, Regenfälle, morgen in Schauer übergehend, wenig Temperaturänderung, nur vorübergehend etwas diesig.

25. Juli 1939, Breslau (Abb. 126 bis 127, S. 230/231): Bei mäßigen westlichen Winden anhaltende und starke Regenfälle sowie zunächst sehr kühl, später von Norden her einsetzender Temperaturanstieg.

Diese Prognose wäre besonders schwer gewesen, denn sie setzt die richtige Abschätzung der Verlagerung des Kaltlufttropfens und der Wirksamkeit der gegen diesen vordringenden Warmfront voraus.

6. Dezember 1940, Kopenhagen (Abb. 138 bis 140, S. 251/252): Nach nördlichen Richtungen drehende Winde, stark bewölkt, zeitweise Regen, keine Temperaturänderung.

7. Dezember 1940, Wien (Abb. 140 bis 141): Auffrischende westliche Winde, Regenschauer, teilweise mit Schnee vermischt, Temperaturen einige Grade über dem Gefrierpunkt.

14. Januar 1929, Hamburg (Abb. 147 bis 148, S. 266): Nach Südwest rückdrehende stürmisch auffrischende Winde, im Laufe des Tages wieder nach Nordwest drehend, nach starkem nächtlichem Schneefall Temperaturen vorübergehend etwas über Null Grad ansteigend, später voraussichtlich erneut sinkend.

15. Januar 1929, Hamburg (Abb. 148 bis 149): Bei Nordsturm scharfer Temperatursturz unter 10° Kälte, wolkig, vorübergehend auch heiter, Schneeschauer, gutsichtig.

Die beiden letzten Prognosen mögen etwas übertrieben klingen; es kann dies aber bei derart extremer Wettergestaltung nichts schaden. Die Schwierigkeiten sind allerdings enorm, und ohne ein dichtes aerologisches Netz ist eine Fehlprognose wohl kaum zu vermeiden. Das bei Jan Mayen am 14. entstehende Tief muß nicht nur hinsichtlich seiner Bahn genau vorhergesagt, sondern auch seine enorme Vertiefung muß richtig prognostiziert werden. Daß am Morgen des 15. die Temperaturen innerhalb der Nordströmung nur wenige Grade unter dem Gefrierpunkt liegen, kann sehr leicht dazu verleiten, einen viel geringeren Temperaturrückgang zu erwarten, als er tatsächlich eingetreten ist. Hier hilft nur eine Bestimmung des Gradientwindes und die Kenntnis der Höhentemperaturen über Nordskandinavien, die dort extrem niedrig gewesen sein müssen, denn sonst hätte diese Luftmasse nicht mit so tiefen Temperaturen in Deutschland anlangen können (vgl. S. 268).

25. Januar 1937, Hamburg (Abb. 154 bis 155, S. 273/274): Südoststurm etwas abflauend, Eintrübung und Schneefälle ohne Frostmilderung.

26. Januar 1937, Hamburg (Abb. 155 bis 156): Weiterhin starke Winde aus Südost bis Ost, bedeckt, höchstens noch unbedeutende Schneefälle, unveränderte Fortdauer des scharfen Frostes.

Bei diesen Vorhersagen ist vor allem zu beachten, daß das von Westen heranziehende Schneefallgebiet mit der Oberströmung (vgl. Abb. 154, oben) bis etwa zur Oder vordringen kann, während sich das Tief selbst bei dem immer wieder einsetzenden Druckfall über Spanien auflösen und einer glatten Isobarenform Platz machen muß.

5. August 1939, Hamburg (Abb. 159 bis 160, S. 280/281): Bei schwachen, nach Nord drehenden Winden in der Nacht Aufzug schwerer Gewitter aus Südost, anschließend trübe und noch zeitweise Regen bei sinkenden Temperaturen.

Hier muß nicht nur die Entstehung des Vb-Tiefs, sondern auch schon seine Bahn recht genau vorhergesagt werden, wenn die Prognose in allen Punkten stimmen soll. Kleine Verschiebungen in der Frontlage hätten z. B: für *Hamburg* trockenes und heißes Sommerwetter bei östlicher Luftbewegung hervorrufen können, und so zeigt dieses Beispiel so recht die enormen Schwierigkeiten der Wettervorhersage und daß gelegentliche Fehlprognosen einfach nicht zu vermeiden sind. Ähnlich gelagert ist der folgende Fall, und man muß auch heute noch sagen, daß eine völlig richtige Vorhersage, wie sie hier angegeben wird, nur nachträglich verfaßt werden kann.

7. Juli 1931, Rügen (Abb. 161 bis 162, S. 282/283): Unter starken Gewittern, Regenfällen und Böen von Ost nach West umspringende Winde sowie erheblicher Temperaturrückgang.

8. Juli 1931, Rügen (Abb. 162 bis 163): Bis zum Orkan anschwellender Sturm aus Südwest, trübe mit anhaltenden starken Regenfällen, sehr kühl.

Bei dieser Gelegenheit sei darauf hingewiesen, daß man im Sommer von *kühlem*, im Winter aber von *kaltem* Wetter spricht und daß stark übernormale Temperaturen während der kalten Jahreszeit als *sehr mild* und während der warmen als *heiß* bezeichnet werden.

8. Dezember 1937, Berlin (Abb. 166 bis 167, S. 286/287): Auffrischende Nordostwinde, trüb, nachmittags einsetzendes Schneegestöber, Frostverschärfung.

9. Dezember 1937, Berlin (Abb. 167 bis 168): Von Nordost nach West bis Nordwest umspringende und erneut auffrischende Winde, nur noch leichte Schneefälle, aber meist bedeckt, nach vorübergehendem nächtlichem Tauwetter am Tage erneuter Temperaturrückgang und Frost.

Obwohl Abb. 166 bereits die Abendkarte dieses Tages darstellt, ist es noch äußerst schwierig, die Wetterauswirkung bei der nach der Höhenkarte wohl zu erwartenden raschen Annäherung des spanischen Tiefs und das damit verbundene Festhalten der quer durch Deutschland verlaufenden Front vorherzusehen. Auch das nächste ähnlich gelagerte Beispiel ist kaum leichter.

14. Juni 1935, Hamburg (Abb. 169 und 171, S. 290/291): Im Laufe der Nacht bei meist schwachen nördlichen Winden Aufzug zahlreicher Gewitter aus Süd bis Südwest, am Tage wolkig und ziemlich kühl mit noch einzelnen Schauern bei nach westlichen Richtungen drehender Luftströmung.

10. Februar 1936, Berlin (Abb. 178 bis 179, S. 296/297): Nach vielfach wolkenloser und windstiller Nacht mit scharfem Frost nach West drehende und etwas auffrischende Winde bei allmählichem Temperaturanstieg und Aufzug höherer Wolken von Norden her, aber noch vorwiegend trocken.

Ebenso schwer wie die Bora dieses Tages vorhergesagt werden kann, ist auch die Prognose im übrigen zentraleuropäischen Raum, wenn die Verlagerung der Druckgebilde derart rasch vonstatten geht, wie es hier der Fall ist. Es besteht dabei immer die Gefahr, daß die Prognose hinter den Ereignissen zurückbleibt und damit das vergangene statt des zukünftigen Wetters angegeben wird, ein Fehler, den man unbedingt zu vermeiden suchen sollte. In diesem Zusammenhang sei auch darauf hingewiesen, daß bei Abfassung jeder öffentlichen Vorhersage beachtet werden muß, zu welchem Zeitpunkt die Prognose im Rundfunk angesagt wird bzw. wann die betreffende Zeitung erscheint. Auch bei momentanen Auskünften empfiehlt es sich, stets die seit der letzten fertiggestellten Karte eingetretenen Lageänderungen einzukalkulieren.

24. Dezember 1937, Berlin (Abb. 182 bis 183, S. 302 und 304): Bei schwachen nach Süd drehenden Winden Fortdauer des neblig-trüben Tauwetters und Einsetzen von leichten Regenfällen.

25. Dezember 1937, Berlin (Abb. 183 bis 184): Bei Winddrehung nach Ost Übergang des Regens in leichte Schneeschauer, wesentliche Sichtbesserung, Aufreißen der Bewölkung und empfindlicher Temperatursturz unter — 5°.

30. Januar 1934, Hamburg (Abb. 185 bis 186, S. 309/310): Stark auffrischende Nordwestwinde, wolkig und Einsetzen von Regenschauern, Temperaturen etwas über Null.

31. Januar 1934, Hamburg (Abb. 186 bis 187): Noch im Laufe der Nacht nach Nordost drehende und auf Sturmesstärke auffrischende Winde, am morgigen Tage langsam abflauend, Schneeböen, zeitweise auch aufheiternd, gute Sicht, Temperaturen unter den Gefrierpunkt sinkend.

3. Februar 1922, Köln (Abb. 188 bis 189, S. 313): Bei Winddrehung von West nach Nordost Temperatursturz bis zu 20°, Übergang des Regens in Schnee und vorübergehend Glatteisbildung, im Laufe des Tages allmähliche Wolkenauflockerung und Frostverschärfung unter 10° Kälte.

Alle diese Beispiele sind bereits ausführlich erläutert worden, so daß hier auf die tatsächliche Entwicklung der Wetterlage nicht mehr eingegangen zu werden braucht.

19. Februar 1944, Berlin (Abb. 190 bis 191, S. 316/317): Fortdauer der mäßigen Nordostströmung, wolkig, aber trocken, Temperaturen 5 bis 10° unter Null.

5. Dezember 1942, München (Abb. 192 bis 194, S. 322/323): Bei auffrischenden Westwinden starker Temperaturanstieg und Übergang zu Tauwetter, dabei meist bedeckt sowie zeitweise Regen.

18. März 1944, Hamburg (Abb. 196a und 198c, S. 328 und 330): Stark auffrischende Südwestwinde, Eintrübung und Regen. Abends Winddrehung nach Nordwest und Bewölkungsauflockerung, keine wesentliche Temperaturänderung.

Diese Prognose wäre auf Grund der tatsächlich konstruierten Vorhersagekarte (Abb. 198a) auch etwa in der gleichen Form abgefaßt worden, und es würde wohl sonst kaum möglich sein, die spätere Winddrehung auf Nordwest, die aus der mit der Höhenströmung erfolgenden raschen Verlagerung des atlantischen Tiefs resultiert, richtig anzugeben.

26. Mai 1944, Hamburg (Abb. 200, S. 332): Bei von West nach Südwest und später bis Süd drehenden und abflauenden Winden Übergang zu trockenem, heiterem und warmem Sommerwetter. Mittagstemperaturen über 25° ansteigend.

Es ist der Hauptzweck der im Vorstehenden aufgeführten 28 verschiedenen Prognosentexte, eine Anleitung für die Ausdrucksweise bei den unterschiedlichsten Wetterlagen und nebenbei auch einen Begriff von der Schwierigkeit einer jeweils richtigen Lösung des Problems zu geben. Wer die Möglichkeit hat, einmal die an den betreffenden Tagen herausgegebenen Vorhersagen nachzuprüfen, wird feststellen, daß es fast alles Fehlprognosen waren. Aber man glaube nicht, daß es jetzt eine Kleinigkeit sei, es besser zu machen. Nur durch ein intensives Studium der besonders bemerkenswerten Wetterlagen, von denen auch nur eine kleine Auswahl hier zusammengestellt werden konnte, kann man die Fähigkeit erlangen, die Weiterentwicklung der kritischen Fälle, bei denen es sich oft um die Entscheidung zwischen einem mächtigen Kälteeinbruch oder Fortdauer des Tauwetters handelt, richtig zu beurteilen. Selbstverständlich wird es durch die Synthese zwischen Boden- und Höhenmeteorologie, wie sie in der Vorhersagekarte ihren Ausdruck findet, in Zukunft gelingen, eine ganze Reihe von Fehlprognosen zu vermeiden. Aber man hüte sich andererseits vor einer Selbstüberschätzung und verliere nie den klaren Blick dafür, wann eine Prognose als richtig und in welchem Falle sie als falsch angesehen werden muß. Gerade in dieser Hinsicht fehlt es oft an der nötigen Kritik.

10. Die Prüfung der Güte der Wettervorhersagen.

Man mache sich zur Richtschnur, jede herausgegebene Prognose auf ihre Richtigkeit zu prüfen (160)· Denn nur auf diese Weise wird man eindeutig auf die Fehlvorhersagen hingewiesen, die sonst zu gerne übersehen werden, obwohl gerade aus ihnen am meisten gelernt werden kann.

Komplizierte Rechenverfahren (303, 304) zur Prognosenprüfung haben den Nachteil, daß sie zu viel Arbeit erfordern und daher meist nie lange Zeit hindurch fortgeführt werden können. Es ist daher ratsam, ruhig primitive Methoden anzuwenden, und es genügt schon vollkommen, das Eintreffen der Hauptelemente Wind, Bewölkung, Niederschlag und Temperatur nach einer fünfteiligen Skala zu beurteilen, in der voll eingetroffen mit 100%, nahezu erfüllt mit 75% und halb richtig bzw. fehlende Aussagen mit 50% bewertet werden. Eine totale Fehlansage erhält dann 0% und eine mehr falsche als richtige Prognose 25%. Dann bilde man den Mittelwert aus den Ergebnissen für obige vier Elemente, und es ergibt sich eine anschauliche Zahl über die Güte einer Wetterprognose. Mittelbildungen für längere Reihen sind recht gut miteinander vergleichbar.

Um einen Schluß auf den absoluten Wert solcher Gütezahlen ziehen zu können (vgl. z. B. Köppen 370), ist zu bedenken, daß im Reichsamt für Wetterdienst durchgeführte lange Versuchsreihen ergeben haben (Dinies 161), daß völlig willkürlich aufgestellte Prognosen eine Trefferzahl von 50% haben und die unter Berücksichtigung der *Erhaltungstendenz* abgefaßte Vorhersage, daß das Wetter des nächsten Tages dem heutigen entsprechen wird, in 66% aller Fälle richtig ist. Es ergibt sich daraus, daß die Prognosen erst bei mehr als 66% Eintreffwahrscheinlichkeit Anerkennung verlangen können. Überschreiten die Gütezahlen 80%, so wird jede Steigerung um ein weiteres Prozent immer schwieriger, und selbst der größte Aufwand an Mitteln ist nicht in der Lage, die Wirkung des Zufalls zu eliminieren. Genau so, wie es unmöglich ist, den genauen Zeitpunkt der Bildung eines Wasserwirbels hinter einem Brückenpfeiler, aber dessen Fortbewegung, wenn er einmal entstanden ist, auf Grund der Strömungsverhältnisse genau zu präzisieren, so kann auch die Bahn der atmosphärischen Tiefdruckgebiete mit all den modernen Verfahren wie Luftmassenanalyse, Höhen- und Vorhersagekarten jetzt mit meist hinreichender Genauigkeit vorherbestimmt werden, aber über plötzlich eintretende Verstärkungen oder Abschwächungen von Druckänderungsgebieten wissen wir zu wenig. Leider ist deshalb eine Prognose für mehrere Tage auf synoptischer Grundlage nur in seltenen Fällen möglich, und die längerfristigen Vorhersagen müssen sich deshalb anderer Verfahren bedienen.

Fünfter Teil.

Längerfristige Vorhersagen.

Es sind bisher immer nur Vorhersagen für einen Zeitraum bis zu höchstens 40 Stunden behandelt und dabei alle die Schwierigkeiten gezeigt worden, die diese Aufgabe bereits so sehr erschweren. Manchmal, wenn große, stabile Hochdruckgebiete die Wetterlage beherrschen, kann man mit der synoptischen Methode auch eine Vorhersage für mehrere Tage geben, aber bei unbeständigen Situationen ist eine detaillierte Prognose für mehr als 40 Stunden mit den bisher besprochenen Mitteln nicht möglich. Es kann dann nur noch der allgemeine Witterungscharakter angegeben und es müssen andere Verfahren herangezogen werden (38, 40, 322, 561).

Bei den längerfristigen Vorhersagen muß man zwischen den *Mittelfristprognosen* von 3- bis 7tägiger Geltungsdauer, den *Langfristvorhersagen* von etwa 10tägiger Gültigkeit und den *Monats-* oder *Jahreszeitenprognosen* unterscheiden.

A. Die Mittelfristprognose.

Bei der Vorhersage bis zu 7tägiger Geltungsdauer verspricht die Koppelung synoptischer, dynamischer und statistischer Erfahrungen den größten Erfolg.

1. Die synoptische Methode.

Die synoptische Methode geht von der Vorhersagekarte für den Folgetag aus und versucht mit dieser Grundkarte eine Extrapolation auf den zweiten Tag. Bei nicht zu unruhiger oder gestörter Wetterlage und genauer Durcharbeitung der Analyse mindestens auf einer Hälfte der Nordhemisphäre können noch brauchbare Ergebnisse erwartet werden, doch nimmt die Güte solcher Karten mit der Hinzuziehung von noch mehr Tagen bald sehr rasch ab.

2. Verwendung ähnlicher Fälle.

Soll die Wettervorhersage auf mehr als 3 Tage ausgedehnt werden, so sind nach der synoptischen Methode nur noch in gewissen Spezialfällen, insbesondere bei beständigen Hochdrucklagen, brauchbare Ergebnisse zu erhalten. Die Entwicklung der einzelnen Störungen kann aber keinesfalls mehr erfaßt werden, und man muß sich dann schon mit einer allgemeinen Charakterisierung des Wettertyps zufrieden geben.

Es ist naheliegend, aus den jetzt für viele Jahrzehnte vorliegenden Wetterkarten die dem Ausgangstag ähnlichsten herauszuziehen und von der Voraussetzung auszugehen, daß die Wetterlage sich ähnlich wie damals weiter entwickeln wird *(Methode der ähnlichen Fälle)*, wobei selbstverständlich aber nur Karten aus der gleichen Jahreszeit herangezogen werden können.

Leider zeigt es sich, daß es überhaupt sehr schwer ist, Wetterkarten herauszufinden, die über einem hinlänglich großen Gebiet miteinander übereinstimmen, und selbst wenn das der Fall ist, dann verläuft die weitere Entwicklung doch oft in ganz anderen Bahnen. Dies liegt in erster Linie daran, daß auch bei ähnlicher Bodendruckverteilung die Verhältnisse in den oberen Luftschichten erheblich voneinander abweichen können. Tägliche Höhenwetterkarten liegen aber jetzt erst für einen fast 15jährigen Zeitraum vor, der für das Herausfinden ähnlicher Fälle durchaus unzureichend ist. Man kann sich dadurch helfen, daß nicht nur eine Ähnlichkeit der Ausgangswetterlage, sondern auch der Vorgeschichte verlangt wird, denn nur bei übereinstimmender Steuerungsrichtung (also der Höhendruckverteilung!) kann die Zugrichtung der Druckgebilde bis zu einem gewissen Grade die gleiche sein. Die Anzahl der zur Verfügung stehenden Fälle wird dadurch zugleich erheblich eingeschränkt, und an vielen Tagen wird sich überhaupt kein Vergleichsdatum finden lassen. Es bleibt dann nichts anderes übrig, als auf rein statistische Verfahren zurückzugreifen.

3. Mehrfach-Korrelationen.

Die Methode der *Mehrfach-Korrelationen* (33, 34, 41) benutzt die statistischen Beziehungen zwischen dem Gang einzelner meteorologischer Elemente zur Vorherbestimmung des wahrscheinlichsten weiteren Verlaufs. Schon bei Verwendung von nur 3 unabhängigen und einer abhängigen Variablen kann man nur eine ganz grobe

Einteilung vornehmen, da die Anzahl der Felder sonst viel zu groß wird und auf jedes einzelne zu wenig Fälle kommen. Nur selten gelingt es deshalb, nach diesem Verfahren eine eindeutige Prognose aufzustellen.

B. Die Langfristprognose.

Für die zuerst vom *Homburger Institut für langfristige Witterungsvorhersage* herausgegebenen 10-Tage-Prognosen (44) haben synoptische Überlegungen, die bei den Mittelfristprognosen stets noch wesentlich beteiligt sind (566), kaum noch Bedeutung. Auch die Methode der ähnlichen Fälle bewährt sich für einen derart langen Zeitraum nur noch wenig, während es sich andererseits gezeigt hat, daß die wellenartigen Schwingungen in der Atmosphäre in vielen Fällen persistent genug sind, um Prognosen für längere Zeiträume zu ermöglichen.

1. Wellen und Spiegelungspunkte.

Die große Rolle, die die Wellen im Luftmeer spielen, wurde erst erkannt, als L. Weickmann (872, 873, 874, 876, 877) die *Symmetrie- bzw. Spiegelungspunkte* entdeckt hatte[1], die durch das Dominieren von stehenden Schwingungen längerer[2] und fortschreitenden Wellen kürzerer[3] Periode zustandekommen[4], wenn die Extreme oder aber die Nullstellen — was seltener vorkommt — wenigstens der vorhandenen Rhythmen großer Amplitude zusammenfallen. Im ersteren Fall verläuft der (als Funktion der Zeit eingezeichnete) Druckgang spiegelbildlich wie an den Tagen vorher, indem er jeweils die gleiche Anzahl Tage vor und nach dem Symmetriepunkt denselben Stand hat; im zweiten Fall kommt noch eine Spiegelung um die Zeitachse hinzu.

Vor allen Dingen in den Übergangsjahreszeiten bleibt die Periodenlänge der einzelnen Wellen nicht ganz konstant, und beim Aufeinanderlegen der bis zum Symmetrietag aufgezeichneten und der von da an gespiegelten Druckkurve muß dann eine gewisse Verzerrung berücksichtigt werden. Trotzdem bleibt es eines der interessantesten Probleme, wie sich überhaupt so viele Schwingungen in der Atmosphäre oft monatelang und dazu noch über einem so ausgedehnten Raum behaupten können, daß sich sogar eine gewisse *Wetterkartensymmetrie* (Model 452) und eine *Steuerungssymmetrie* (Schmiedel 768) haben nachweisen lassen, indem z. B. die *Umsteuerungen* — das sind die Übergänge von einem zum anderen Steuerungstyp, also Änderungen der Groß-wetterlage — auch symmetrisch zum *Symmetrietag* erfolgen. Wir haben damit die Möglichkeit, oft viele Wochen im Voraus die Tage besonders hohen oder tiefen Luftdrucks und damit auch den allgemeinen Witterungscharakter anzugeben, wobei das Zurücktreten markanter Wellen im Sommer und die Vorliebe zur Ausbildung von Symmetriepunkten um die Wintersonnenwende[5] schon darauf hindeuten, daß es sich um einen Erscheinungskomplex handelt, der wahrscheinlich in engem Zusammenhang mit den selbständigen, auf S. 94 bereits erwähnten stratosphärischen Schwingungen steht und mit dem auch die markantesten Stellen im durchschnittlichen jährlichen Witterungsablauf (Singularitäten) in Beziehung zu stehen scheinen. Im folgenden sollen zunächst an Hand des umfangreichen aerologischen Beobachtungsmaterials aus der ersten Hälfte des Jahres 1944 zwei damals fast ein halbes Jahr lang persistente Wellen in bezug auf ihr Verhalten in Tropo- und Stratosphäre untersucht werden.

a) Troposphärische Wellen.

In Abb. 201 ist — für Berlin — die Analyse einer 16tägigen Welle für den Zeitraum vom 9. Dezember 1943 bis 17. Juni 1944 — also für ein halbes Jahr! — durchgeführt, und es ergibt sich, daß diese so lange Zeit hindurch wirksame Schwingung ihre größte Schwankung mit mehr als 10 dyn. Dekametern in der oberen Troposphäre bzw. an der Tropopause aufwies und von dort sowohl nach oben als auch nach unten hin abklang, hier allerdings in geringerem Maße indem die Schwankung auch am Boden noch 8 Dekameter aufwies. Wesentlich rascher erfolgte die Dämpfung in der Stratosphäre, wo die *Amplitude*[6] in 41 mb bereits auf 3 Dekameter reduziert ist.

Die oberste Kurve gibt die Analyse der *Abweichung von der normalen Kompensation* (vgl. S. 95) wieder. Sie zeigt zwar der Phase nach eine gleichsinnige Schwankung, aber von so geringem Ausmaß, daß die Gesamtdifferenz zwischen Höchst- und Tiefstwert kaum 1 Dekameter erreicht.

---

[1] Vgl. auch P. Mildner (450, 451; in englischer Sprache: B. Haurwitz (296, 298).

[2] Etwa 30- bis 36- (Lettau 404) tägig.

[3] 24- (Hänsch 291; 816), 20- (W. Pflugbeil 550), 10- (Pfau 548) bzw. 7- (Boddin 104) tägig.

[4] Lehmann (401), Schwerdtfeger (783), Griessbach (278), Mäde (427).

[5] Als klassische Symmetriepunkte seien hervorgehoben: 15. Januar und 15. Dezember 1924, 2. Januar und 11. Dezember 1930 in *Leipzig* (letzterer bestimmte den Luftdruckgang bis Ende Mai!); 15. Dezember 1924, 19. Dezember 1926, 24. Dezember 1927, 21. Dezember 1928 und 2. Januar 1930 in *London* (877).

[6] Die Amplitude wird stets vom Mittelwert aus gerechnet und ist deswegen nur halb so groß wie die Schwankung.

b) Wellen in der Stratosphäre.

Ganz anders verhalten sich die längerperiodischen Wellen. In der ersten Hälfte des Jahres 1944 war außer der eben behandelten 16tägigen Schwingung auch eine solche von 32 Tagen Dauer vorhanden, deren Analyse in Abb. 202 für den gleichen Zeitraum vom 9. Dezember 1943 bis zum 17. Juni 1944 wiedergegeben ist. Es muß sich natürlich hierbei die 16tägige Periode durch ein zweites Maximum bemerkbar machen, das im Niveau der 225-mb-Fläche am stärksten ausgeprägt ist und dessen Intensität in der Stratosphäre rasch abklingt. Ganz anders verhält sich hingegen die 32tägige Welle. Sie erreicht gerade in der Stratosphäre ihre größte Amplitude, indem ihre Schwankung im Niveau der 41-mb-Fläche beinahe 20 dyn. Dekameter beträgt, dieser Wert in der unteren Stratosphäre angenähert beibehalten bleibt und erst am Boden auf 10 Dekameter reduziert ist. Der Sitz dieser Welle ist demnach in der höheren Stratosphäre zu suchen, und dementsprechend weist auch die Abweichungskurve von der Kompensation (oberste Darstellung der Abb. 202, eine verhältnismäßig große Schwankung von etwa 7 Dekametern und gleiche Phasenwerte auf.

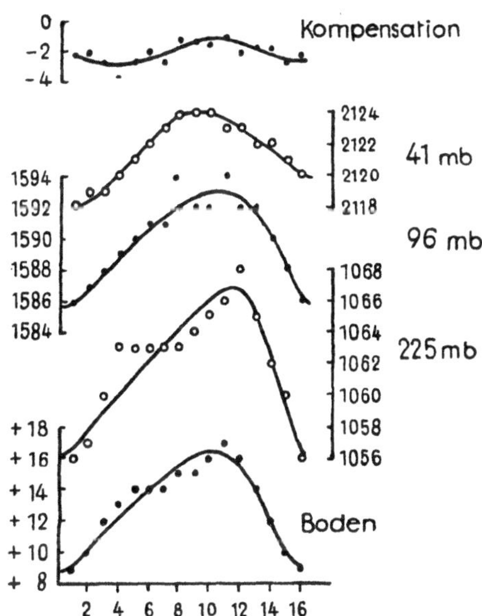

Abb. 201. Analyse der 16tägigen Welle vom 9. Dezember 1943 bis 17. Juni 1944 über Berlin für die 1000- (Boden), 225-, 96- und 41-mb-Fläche sowie die Abweichung von der normalen Kompensation (dyn. Dekameter).

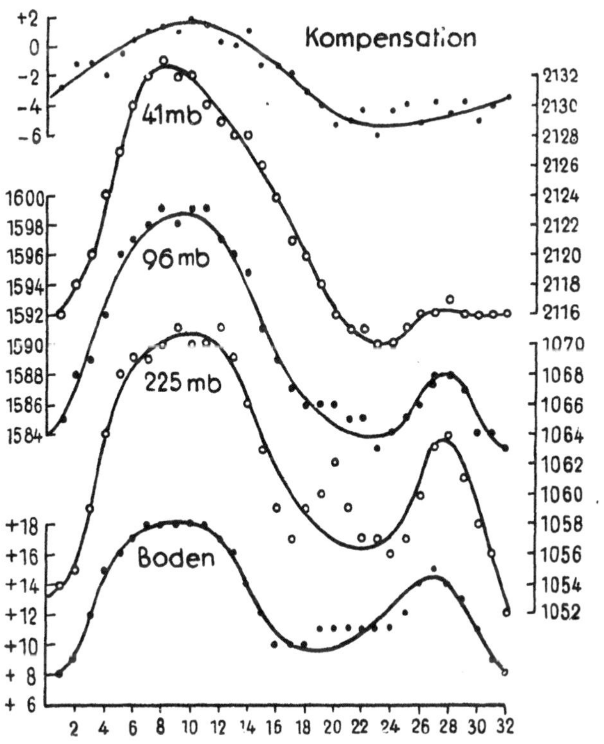

Abb. 202. Analyse der 32tägigen Welle vom 9. Dezember 1943 bis 17. Juni 1944 über Berlin für die 1000- (Boden), 225-, 96- und 41-mb-Fläche sowie die Abweichung von der normalen Kompensation (dyn. Dekameter).

Über die Ursache dieser stratosphärischen Wellen lassen sich vorläufig kaum sichere Anhaltspunkte gewinnen. Es ist möglich, daß es sich um kreiselartige Pendelungen des exzentrisch zum Pol gelegenen stratosphärischen Wintertiefs handelt. Tatsache ist, daß sich in allen Jahren, für welche jetzt das Beobachtungsmaterial vorliegt, eine stratosphärische Schwingung von annähernd gleicher Dauer gezeigt hat, wobei die Periode zum Sommer hin regelmäßig länger wurde und im Juli verschwand, bis sie Anfang Dezember von neuem erschien.

c) Die 29tägige Welle der Kompensationsabweichung.

Am deutlichsten machen sich die Schwingungen von der ungefähren Dauer eines Monats in der Kurve der Abweichung von der normalen Kompensation bemerkbar (Abb. 47, S. 95). Im Mittel erhält man daraus für die Zeit vom 1. Dezember bis 21. Juni der Jahre 1941 bis 1944 eine Periode von 29 Tagen. Die entsprechende Analyse ist in Abb. 203 reproduziert[1], woraus sich das Ausmaß dieser Schwankung zu etwa 6 Dekameter feststellen läßt. Es sind über der Abbildung die einzelnen Daten angegeben: Der Blick fällt sofort auf den Eintritt des Maximums am 24. Dezember und legt unwillkürlich den Gedanken an einen Zusammenhang mit den Singularitäten nahe, bei denen ebenfalls ein Häufigkeitsmaximum hohen Druckes kurz vor Weihnachten bekannt ist, dem das sog. *Weihnachtstauwetter* zu folgen pflegt. Es mögen deshalb jetzt die wichtigsten Singularitäten kurz besprochen werden.

---

[1] Da sich für den untersuchten Zeitraum ein Gesamtmittelwert von −0.45 Dekametern für die Abweichung von der normalen Kompensation ergibt, wurden alle Einzelwerte um den Betrag von 0.5 Dekametern erhöht.

2. Die Singularitäten.

Schon seit alten Zeiten ist im Volksglauben das Festhalten an bestimmten „*Lostagen*" im jährlichen Witterungsgeschehen verankert (526), und am bekanntesten und umstrittensten sind die „*Eisheiligen*" geworden, indem etwa bis zum Jahre 1845 Kälteeinbrüche um den 11. bis 14. Mai eine sehr regelmäßige Erscheinung waren, dann aber — wohl im Zusammenhang mit langperiodischen Klimaänderungen — in Mitteleuropa lange Zeit hindurch verschwunden, in Bulgarien (346) jedoch erhalten geblieben sind. Den Nachweis, daß es eine ganze Reihe von annähernd festliegenden Terminen stärkerer Temperatur- und Wetteränderungen gibt, verdanken wir A. Schmauss[1], der sich mit diesem Problem eingehend befaßt und die zahlreichen Zacken im durchschnittlichen jährlichen Gang der meteorologischen Elemente als *Singularitäten*[2] bezeichnet hat. Die Schmaussschen Gedankengänge sind von zahlreichen Bearbeitern weiter verfolgt worden, vor allen Dingen von H. Flohn (246, 248), der auch die gesamte darüber bisher erschienene Literatur zusammengefaßt hat (249).

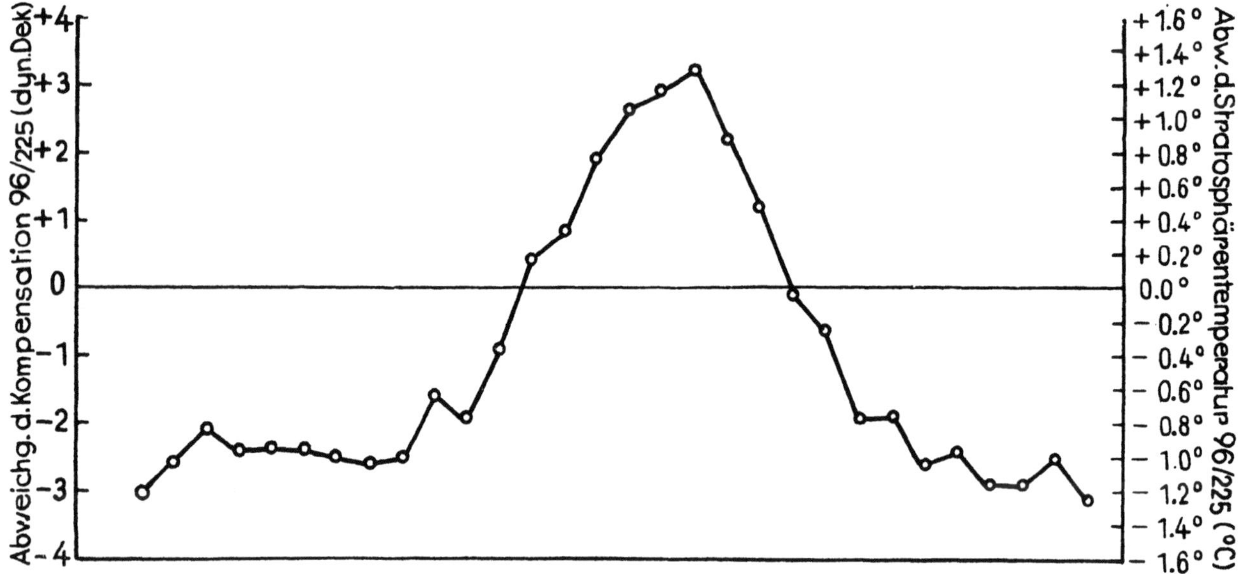

Abb. 203. Die 29tägige Welle der Kompensationsabweichung über Berlin vom 1. Dezember bis 21. Juni während der Jahre 1941 bis 1944.

In Abb. 204 ist der jährliche Gang der Tage mit freiem Föhn (247) auf der Zugspitze nach H. Flohn (249, Tafel 11) wiedergegeben, wobei auf der Ordinate die Prozentzahl der Häufigkeit von Terminwerten der relativen Feuchtigkeit von höchstens 60% im Zeitraum 1901 bis 1936 aufgetragen ist. Abgesehen von dem jährlichen Gang im Verhalten der Feuchtigkeit: geringe Anzahl trockener Tage im Sommer und große Häufigkeit während der kalten Jahreszeit — beide durch eine markante Verwerfung Anfang April und eine etwas weniger deutliche in der ersten Oktoberhälfte voneinander abgesetzt und damit die im Verlauf anderer Elemente, besonders im Tropopausendruck, ebenfalls ausgeprägte Zweiteilung des mitteleuropäischen Klimas mit einem Winter- und Sommerhalbjahr demonstrierend — eignet sich diese Größe hervorragend für die Darstellung der wichtigsten Eigentümlichkeiten des jährlichen Witterungsablaufs.

a) Beschreibung der wichtigsten Singularitäten.

Während der Jahreswende erreicht das winterliche Westwetter[3], verbunden mit hohen Feuchtigkeitswerten, einen Höhepunkt, und diese zyklonale Phase hält mit leichten Unterbrechungen bis gegen Mitte Januar an. Dann erfolgt der Übergang zum *Hochwinter* um den 22. bis 24. dieses Monats (Abb. 71 bis 74,

---

[1] Lit. 741, 742, 743, 745, 746, 748, 749, 750, 751, 752, 753, 754, 756, 757, 758, 759, 760, 761.

[2] Vgl. auch Lit. 45, 148, 321, 361, 416, 486, 489, 608, 812.

[3] Vgl. vor allem auch die langjährigen Pentadenmittelkarten des Luftdrucks von v. Elsner (196) und die nach ihnen gezeichneten Änderungskarten von Lay (400).

128 bis 129 und 154 bis 156). Eine zyklonale Epoche an der Wende zum Februar leitet zum *Spätwinter* um den 10. über, zu welcher Zeit ausgeprägte Kälteeinbrüche besonders häufig sind (z. B. 1929: Abb. 150). In den ersten Märztagen neigt die Witterung wieder zu zyklonalem Gepräge — das sich also in einer Periode von etwa 30 Tagen wiederholt — und beschert Mitte März den *Vorfrühling*, ein Zeitpunkt, der die ausgeprägtesten Hochdruckwetterlagen des ganzen Jahreslaufs zu bringen pflegt.

Anfang April herrscht abermals lebhaftere Zyklonentätigkeit (Abb. 88), an die sich um Mitte des Monats wieder eine Zeit größerer Häufigkeit des freien Föhns anschließt, die man als *Mittfrühling* bezeichnen kann.

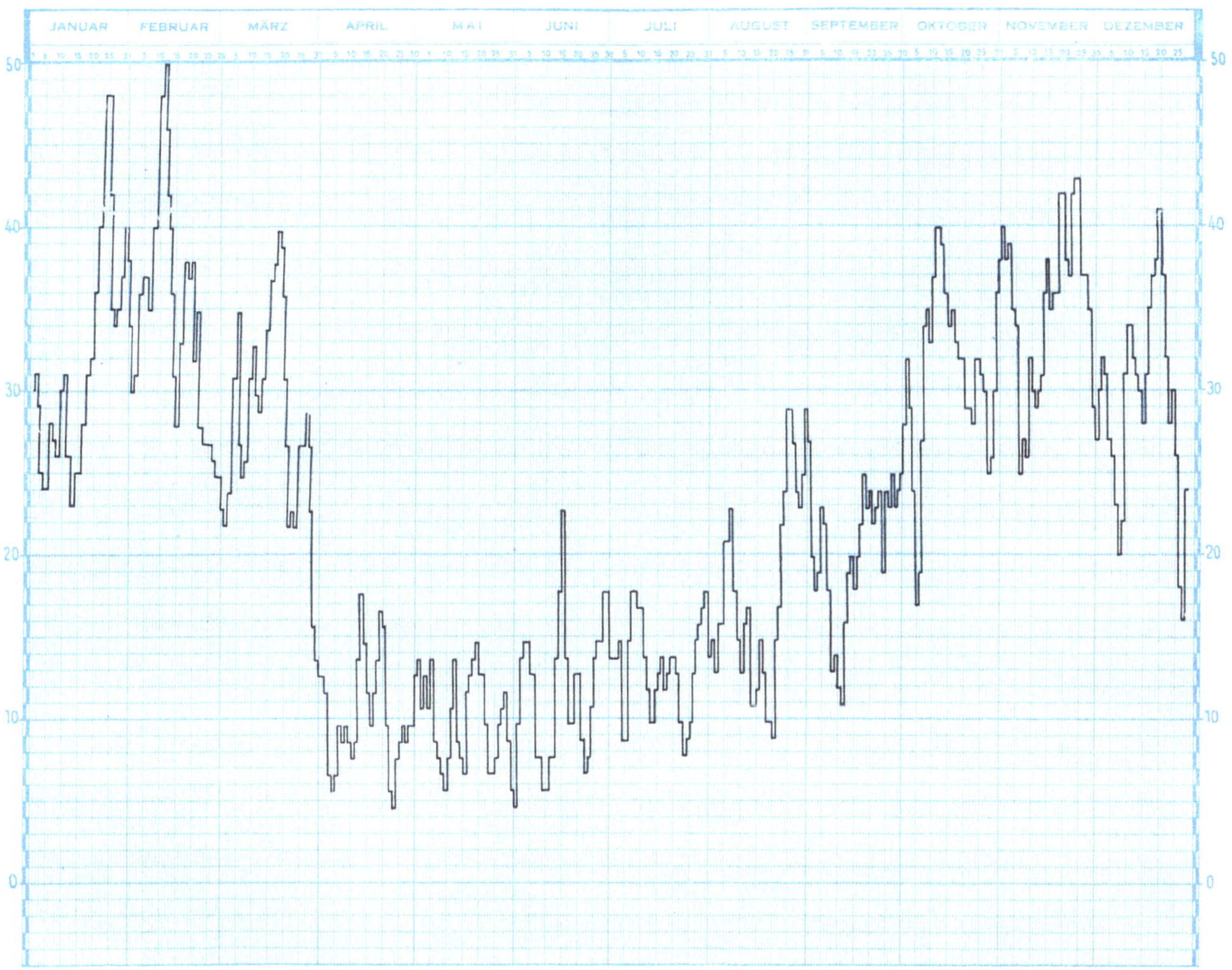

Abb. 204. Die Singularitäten, dargestellt an Hand der täglichen Häufigkeit (in %) der Terminbeobachtungen mit Feuchtigkeitswerten < 60 % auf der Zugspitze nach H. Flohn.

Das Bild wird jetzt wesentlich unregelmäßiger, so daß es sich nicht mehr lohnt, die einzelnen Zacken näher zu besprechen. Der um den 2. Juni erfolgende *Monsundurchbruch* (306, 356, 646) unterbricht den bis dahin raschen Temperaturanstieg: die Normaltemperatur liegt Mitte Juni niedriger als zu Anfang des Monats *(Schafkälte)*. Es schließt sich um den 18. und 19. eine ausgesprochene Tendenz zu antizyklonalem Witterungsgepräge an, wobei das Hochdruckzentrum aber meist über Nordwest- und Westeuropa verharrt *(Frühsommer)*.

Die Wettergestaltung des Juli weist zwar zahlreiche Schwankungen, aber von so kurzer Dauer auf, daß deren Realität nicht als gesichert angesehen werden kann. Erst die häufige Schlechtwetterperiode im letzten Monatsdrittel tritt deutlicher hervor (Abb. 126 bis 127), und ihr folgt, fast einen Monat später, eine ähnliche Regenperiode und die nächste gegen Mitte September. Von den vorherrschenden Hochdrucklagen um den 8. August *(Hundstage,* Abb. 152 und 153), um die Wende zum September (Abb. 60 bis 61) und gegen Ende dieses Monats sind die beiden letzteren als *Spät-* und *Altweibersommer* bekannt[1], dem Anfang November

---

[1] In dieser Darstellung allerdings nicht so deutlich ausgeprägt wie die antizyklonale Phase Mitte Oktober, die sich mehr auf die südlichen Teile Mitteleuropas beschränkt.

noch der *Mittherbst* folgt, während sich das letzte Oktoberdrittel durch häufige Sturmperioden auszeichnet (Abb. 112 bis 115).

Der *Spätherbst* gegen Ende November leitet rasch zum winterlichen Witterungscharakter über, bei dem die zyklonale Phase um den 10. Dezember (200) (Abb. 138 bis 141 und 166 bis 168) durch eine markante Hochdrucksituation kurz vor Weihnachten *(Frühwinter)* abgelöst wird, an die sich die im gesamten Jahreslauf am

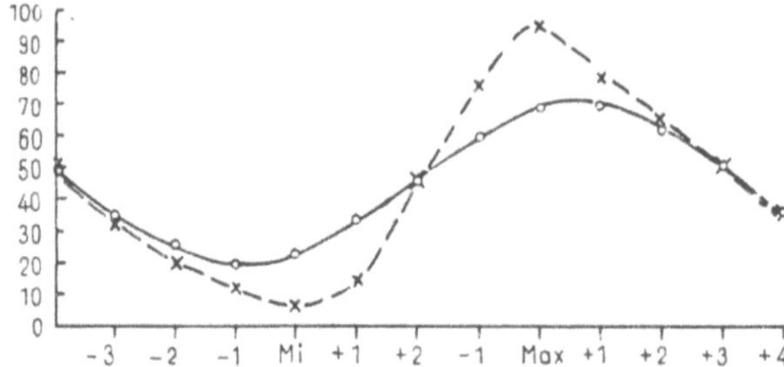

Abb. 205. Reduktion der Sonnenfleckenperiode durch 5- und 3fach übergreifende Mittelbildung.

stärksten ausgeprägte Singularität, das *Weihnachtstauwetter*, anschließt, mit dem Hauptminimum der heiteren Tage um den 30. Dezember (Abb. 144), an welchem die Häufigkeit der Feuchtemessungen unter 60% auf der Zugspitze auf 16 vom Hundert zurückgeht gegenüber einem Maximalwert eine Woche vorher von 41%!

Ist auch dieser Unterschied in der täglichen Feuchtigkeitsverteilung recht groß, so ist demgegenüber aber zu beachten, daß es sich hierbei um eine der ausgeprägtesten Singularitäten handelt und daß die Schwankungen

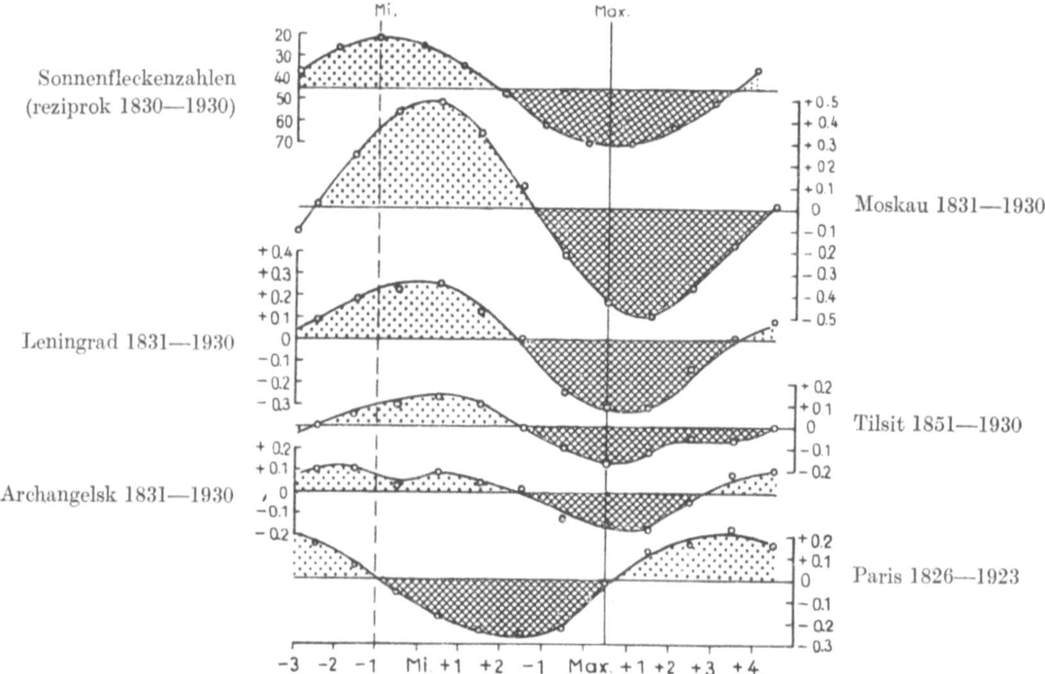

Abb. 206. Die Sonnenfleckenperiode und Abweichungen der Wintertemperaturen (Dezember bis Februar) in ° C.

im allgemeinen 20% nicht überschreiten. Es muß deshalb vor einer Überschätzung der Singularitäten gewarnt werden, denn der jährliche Wetterablauf geht nicht immer in dieser Weise vonstatten, und es hat sich sogar gezeigt, daß die Jahre vorwiegend zyklonalen bzw. antizyklonalen Wettergeschehens einen voneinander weitgehend verschiedenen singulären Gang aufweisen. Es ist lediglich zu gewissen Zeiten eine besondere Bereitschaft für eine bestimmte Wetterlage vorhanden, und es ist dann zu prüfen, ob die synoptische Lage eine Innehaltung des normalen Ablaufs wahrscheinlich macht.

b) Singularitäten in der Stratosphäre.

Es wurde eben schon (S. 350) darauf hingewiesen, daß sich in der Darstellung der Abweichung von der normalen Kompensation während des Halbjahres vom Dezember bis Mai eine deutliche wellenartige Schwingung von durchschnittlich 29 Tagen Dauer zeigt, deren Analyse in Abb. 203 wiedergegeben ist, und bei welcher der Maximalwert ebenfalls auf den Tag vor Weihnachten fällt. Die Wiedergabe des Gesamtverlaufs der Kompensationsabweichung (Abb. 47, S. 95) zeigt, daß in den Jahren 1941, 1942 und 1943 ein Höchstwert

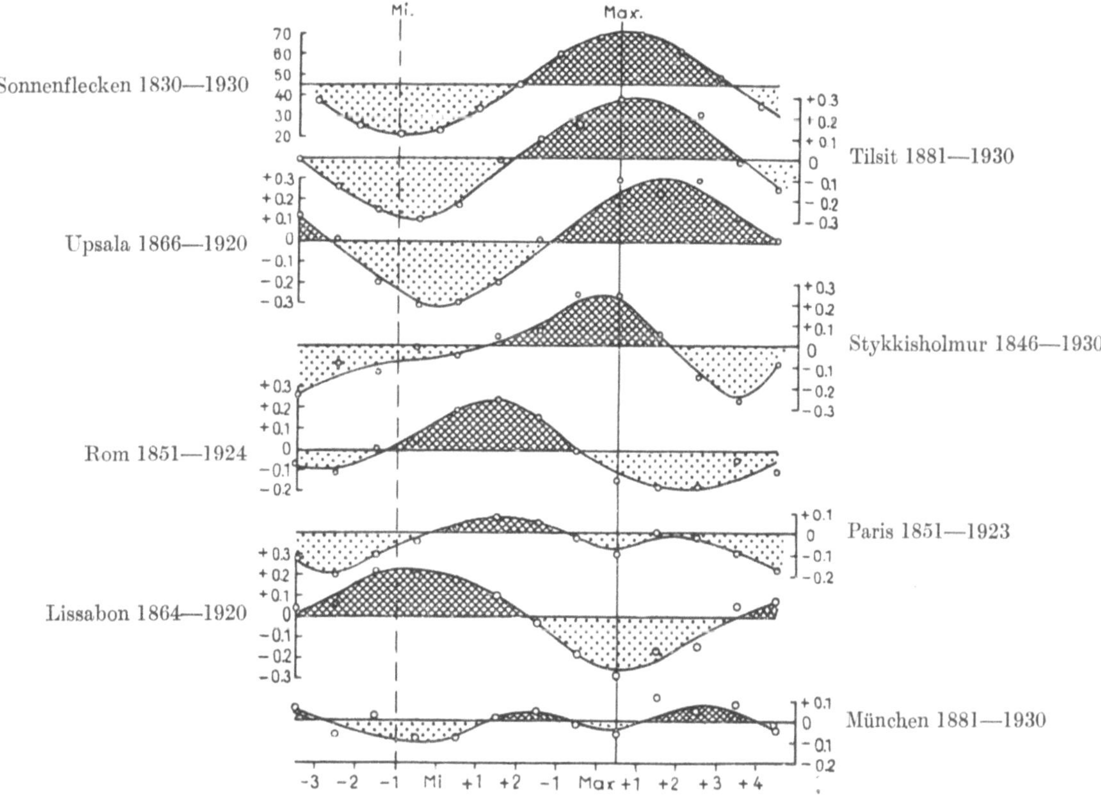

Abb. 207. Die Sonnenfleckenperiode und Abweichungen des Winterluftdrucks (Dezember bis Februar) in mb.

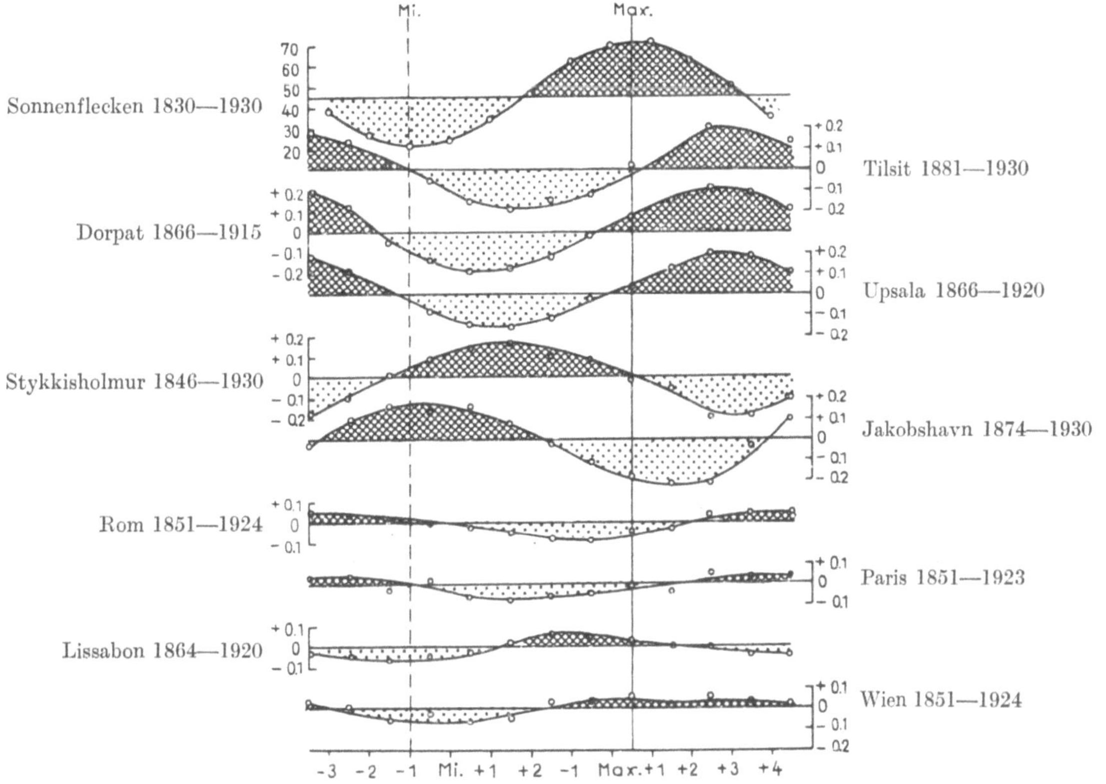

Abb. 208. Die Sonnenfleckenperiode und Abweichungen des Jahresluftdrucks in mb.

tatsächlich jedesmal am 24. Dezember und 1944 nur 2 Tage vorher erreicht wurde, woran sich in drei Jahren ein markanter Abfall bis Anfang Januar anschloß, der nur 1943 längere Zeit (bis Mitte des Monats)

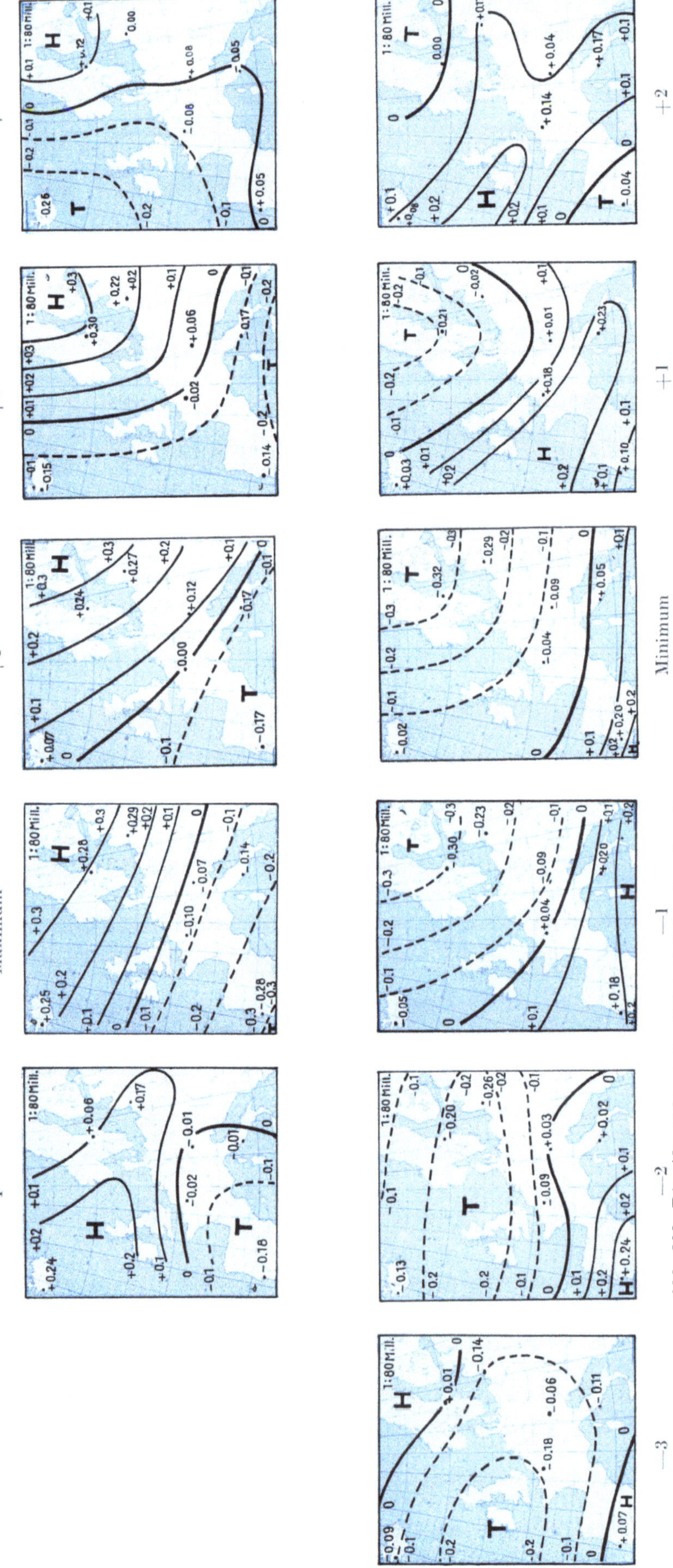

Abb. 209. Die Abweichung des Winterluftdrucks über Europa zu den einzelnen Phasen der Sonnenfleckenperiode.

anhielt. Es legt dies die Vermutung nahe, daß die Singularitäten — zum Teil wenigstens — ihre Ursache in stratosphärischen Schwingungen haben. H. FLOHN (249, S. 106) hat bereits auf eine 30tägige Welle bei den Singularitäten hingewiesen, die sich besonders deutlich bei den antizyklonalen Epochen um den 27. November, 23. Dezember und 23. Januar zeigt, dem die Singularitäten am 20. Februar, 18. März, 16. April und 17. Juni entsprechen würden, was ebenfalls eine Wellenlänge von ungefähr 29 bis 30 Tagen ergibt, wobei die angegebenen Daten gute Übereinstimmung mit den Maximalzeiten der stratosphärischen Welle zeigen.

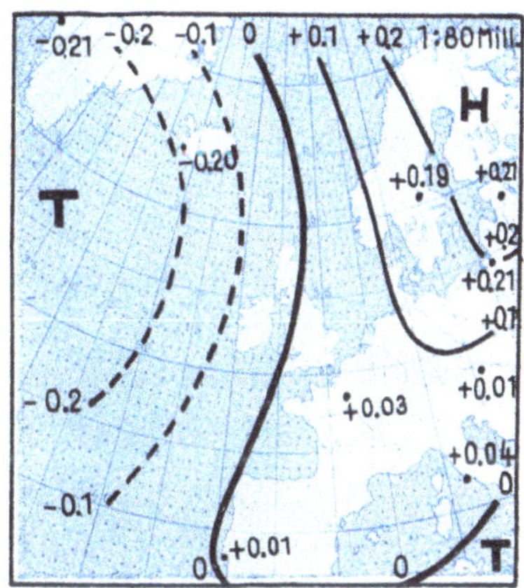

Abb. 210. Abweichung des Jahresluftdrucks 2 Jahre nach dem Sonnenfleckenmaximum.

C. Monats- und Jahreszeitenvorhersagen.

Dem schwierigen Problem der längerfristigen Vorhersage von der Dauer eines Monats oder ganzer Jahreszeiten hat sich in erster Linie F. BAUR (40) gewidmet, und es sind von ihm auch die angewandten Verfahren beschrieben worden, so daß hier darauf verwiesen werden kann. Die am meisten Erfolg versprechende Methode besteht in der Aufdeckung von Korrelationen in dem nicht gleichzeitigen Gang verschiedener meteorologischer Elemente, wozu auch solche weit entfernter Räume herangezogen werden müssen (813). Die Sicherheit solcher Prognosen ist aber noch nicht groß.

D. Langjährige Witterungsperioden.

Von den langperiodischen Wellen ist bis in die neueste Zeit weder die 3jährige[1] noch die WAGNERsche 16jährige[2] oder die 35jährige BRÜCKNERsche Periode[3] persistent geblieben. Am sichersten nachgewiesen und auch physikalisch verständlich ist wohl der Zusammenhang der Temperatur der tropischen Breiten mit den Sonnenflecken. Ihn entdeckte W. KÖPPEN bereits im Jahre 1873 (362) und fand die Ergebnisse später ebenso wie J. MIELKE (449) an Hand eines umfangreichen Materials in vollem Ausmaß bestätigt (372). L. MECKING (437) und B. DROSTE (173) konnten zeigen, daß es Ausnahmegebiete gibt, in denen der Temperaturverlauf invers ist, wozu vor allem Mittel- und Nordwesteuropa gehören[4]. Deutschland liegt im Übergangsgebiet, daher ist hier die Schwankung sehr gering (32), und die Ergebnisse sind nicht eindeutig, weshalb eine neuere Untersuchung dieses Problems durchgeführt wurde.

1. Die 11jährige Sonnenfleckenperiode.

Eindeutige Ergebnisse über den Effekt der 11jährigen Sonnenfleckenperiode lassen sich erst nach weitgehendem Ausgleich der Einzelwerte erhalten. Um ferner alle sonnenfleckenreichen bzw. -armen Zeiten der Untersuchung zugrunde zu legen, wurde das Material nicht nach bestimmten konstanten Perioden eingeteilt, sondern es wurden alle Maximal- bzw. Minimaljahre der Sonnenfleckenrelativzahlen festgestellt und dann die zu untersuchenden meteorologischen Elemente für die Extremjahre und jeweils 1, 2 usw. Jahre nach bzw. vor Eintritt des Maximums und Minimums zusammengefaßt und der übrigbleibende Rest auf die zwischen den beiden Extremen gelegenen Jahre — meistens 2 Jahre vor und 4 Jahre nach dem Maximum — aufgeteilt.

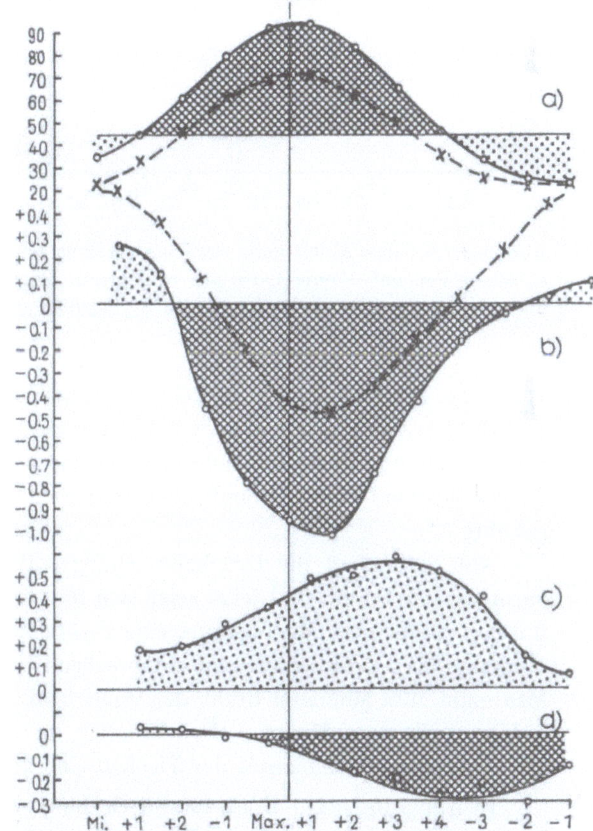

Abb. 211. Die Abweichung der Winter- (b), Sommer- (c) und Jahrestemperatur (d) in Moskau während der Perioden stark übernormaler Sonnenfleckentätigkeit (a) um 1837, 1848 und 1870 (gestrichelt ist der Verlauf der Fleckenzahlen (a) und Wintertemperaturen (b) bei Zusammenfassung aller Fleckenperioden aus Abb. 207 bzw. 206 reproduziert).

---

[1] Lit. 69, 70, 71, 72, 105, 106, 413, 779.   [2] Lit. 68, 792, 852, 867, 875.   [3] Lit. 115, 378, 570, 841, 867.   [4] Weitere Lit. 112, 152, 305, 351, 503, 772.

Die Einzelergebnisse wurden dann zunächst fünffach und diese Zahlenwerte nochmals dreifach übergreifend gemittelt. Für die Sonnenfleckenrelativzahlen (gestrichelte Linie in Abb. 205) bedingt dieser Ausgleich die Reduktion auf die ausgezogene Kurve, bei der die Schwankung um etwa 20% verkleinert wird, so daß man auch bei den untersuchten Elementen eine ähnliche Verminderung der Amplitude erwarten kann.

In Abb. 206 ist die mittlere Wintertemperatur (Dezember bis Februar) für *Moskau, Leningrad, Tilsit, Archangelsk* und *Paris* zusammen mit der jetzt in reziproker Form aufgezeichneten Sonnenfleckenkurve (oben) zur Darstellung gebracht[1], und die einzelnen Punkte streuen jetzt so wenig, daß der vermutete Zusammenhang sehr deutlich in Erscheinung tritt: Am besten ausgeprägt ist der entgegengesetzte Verlauf zwischen der Sonnenfleckenrelativzahl und der Wintertemperatur in *Moskau*, wo die Winter ein Jahr nach dem Maximum 1° kälter sind als zur Zeit des Minimums. In *Leningrad* beträgt die Schwingung, deren Phase gleich ist, nur noch 0.6° und reduziert sich in *Tilsit* und *Archangelsk* auf etwa 0.3°. *Paris* neigt dagegen zu einer Umkehr der Phase, indem hier kurze Zeit nach dem Maximum die Winter milde sind. Es ist daher kein Wunder, daß sich für Mitteleuropa keine eindeutige Beziehung zwischen der Wintertemperatur und den Sonnenflecken hat finden lassen.

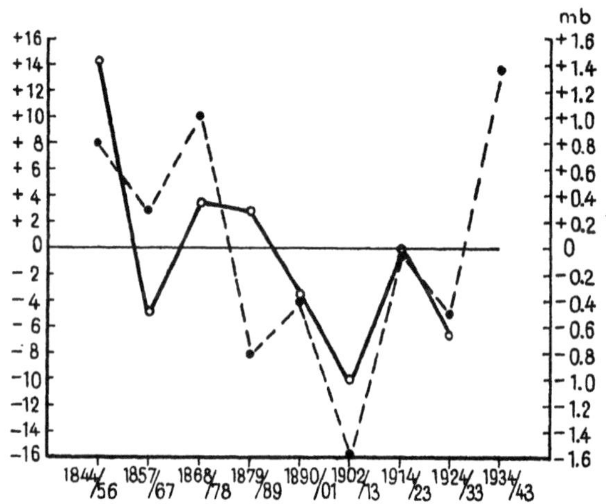

Abb. 212. Mittlere Abweichung der Relativzahlen der einzelnen Sonnenfleckenperioden seit 1844 (gestrichelt) und gleichzeitige Druckabweichung in Stykkisholmur (ausgezogen).

Abb. 207 zeigt den Zusammenhang zwischen den Sonnenflecken — die hier wieder in natürlicher Phase gezeichnet sind — und dem Luftdruck im Winter, und es wird das bei der Temperatur gefundene Ergebnis in vollem Ausmaß bestätigt: In *Tilsit* und *Upsala* ist der Luftdruck in den Wintern zur Zeit der Sonnenfleckenmaxima hoch und bei den Minima erniedrigt, wobei die Gesamtschwankung allerdings nur etwa 0.6 mb beträgt. Auf Island *(Stykkisholmur)* verschiebt sich die Phase etwas und dreht sich über Südeuropa *(Rom, Paris* und *Lissabon)* um; über *München* — als Repräsentant des mitteleuropäischen Raumes — ist (ebenso wie bei der Temperatur) keine eindeutige Beziehung feststellbar.

In Abb. 208 sind die gleichen Verhältnisse, aber für einige andere Stationen, für den Jahresluftdruck dargestellt. Über Südeuropa *(Rom, Paris, Lissabon* und *Wien)* ist keine eindeutige Beziehung vorhanden, während über dem Norden und Osten *(Tilsit, Dorpat* und *Upsala)* der höchste Druck etwa 2 Jahre nach der größten Fleckentätigkeit und der tiefste Barometerstand 1 Jahr nach dem Minimum beobachtet werden bei einer Gesamtschwankung von etwa 0.4 mb. Die isländischen *(Stykkisholmur)* und grönländischen Stationen *(Jakobshavn* an der Westküste) verhalten sich dagegen umgekehrt.

Abb. 209 bringt die Druckabweichungen für die einzelnen Phasen der Sonnenfleckenkurve über dem europäischen Raum, und jetzt zeigt sich deutlich der Gegensatz, indem zur Zeit des Maximums und noch 2 Jahre später über Mitteleuropa eine zusätzliche Ostkomponente im Isobarenverlauf und 1 Jahr vor dem Minimum bis 1 Jahr danach eine entsprechende Westkomponente vorhanden ist. In der Übergangszeit vom Maximum zum Minimum dreht der Wind über Süd nach West und leitet so die ozeanische Epoche ein, bis 1 Jahr nach dem Minimum Druckanstieg im englischen Raum einsetzt, sich von dort nordostwärts ausbreitet und zur Maximalzeit der Flecken eine kontinental beeinflußte Witterungsphase dominieren läßt.

In Abb. 210 ist zur Ergänzung noch die Abweichung des Jahresluftdrucks 2 Jahre nach dem Sonnenfleckenmaximum — das ist die Zeit der größten Druckerhöhung im Nordostraum — reproduziert, und es ist hier die gleichzeitige Erniedrigung des Barometerstandes im isländisch-grönländischen Raum beachtenswert, wie es für kontinentale Winter typisch ist.

Aus den dargestellten Karten geht also einwandfrei hervor, *daß eine enge Beziehung zwischen der Druckverteilung und der Phase der Sonnenflecken besteht und daß die kalten Winter zur Zeit der Fleckenmaxima auf eine zusätzliche kontinentale Strömungskomponente zurückzuführen sind*, wobei der dann vorherrschende Südost-

---

[1] Die Fleckenzahl bezieht sich auf das Jahresmittel, die Wintertemperatur aber auf die Zeit ein halbes Jahr später, weshalb diese Angaben immer um den entsprechenden Zeitraum verschoben eingetragen wurden. Auch beim Jahresluftdruck wurde ebenso verfahren, da die Winterwerte dafür ausschlaggebend sind. Da durch die übergreifende Mittelbildung die Zeiten der Sonnenfleckenextreme etwas verschoben werden, ist deren wahre Lage stets durch eine senkrechte Linie besonders gekennzeichnet.

wind aber nach Westeuropa gleichzeitig wärmere Mittelmeerluft transportiert und sich aus diesem Grunde dort der Temperatureffekt nahezu umkehrt. Zugleich werden auch die früheren Ergebnisse bestätigt, daß eine Erhöhung der Wintertemperatur mit einer Zunahme der zonalen Zirkulation verbunden ist[1].

2. Langperiodische Sonnenfleckenschwankungen.

Wenn die abgeleitete Beziehung zwischen der Sonnentätigkeit und der Strenge der Winter reell ist, dann muß man erwarten, daß sich auch die besonders großen Fleckenmaxima durch erheblich strengere Winter auszeichnen (Rosenbaum 649, 650).

Seit Beginn des vorigen Jahrhunderts haben sich die Fleckenmaxima von 1837, 1848 und 1870 durch weit übernormale Höchstwerte ausgezeichnet. Gruppiert man die Relativzahlen für diese drei Perioden in gleicher Form wie es weiter oben mit dem gesamten Material geschehen ist, so erhält man den in Abb. 211 als oberste Kurve dargestellten Verlauf der Relativzahlen, worunter (gestrichelt) die Darstellung des mittleren Verlaufs aller Perioden noch einmal reproduziert worden ist. Es zeigt sich, daß sich die erwähnten drei Maxima durch eine mittlere Erhöhung der Relativzahl um 20% auszeichneten und daß auch in den Jahren vor- und nachher die Fleckenaktivität erheblich verstärkt war.

Die gestrichelte Kurve darunter gibt noch einmal den mittleren Verlauf der Wintertemperatur in *Moskau* gemäß Abb. 206 wieder, und als nächstes folgt die nach demselben Ausgleichsverfahren berechnete Wintertemperatur der russischen Hauptstadt im Verlauf dieser drei extrem starken Fleckenperioden. Man sieht jetzt, daß die gesamte Temperaturkurve ebenso nach unten verschoben ist wie die Fleckenkurve nach oben, d. h., *daß die Winter in Zentralrußland zu den Zeiten besonders großer Sonnenfleckenmaxima auch besonders kalt waren.* Die größte negative

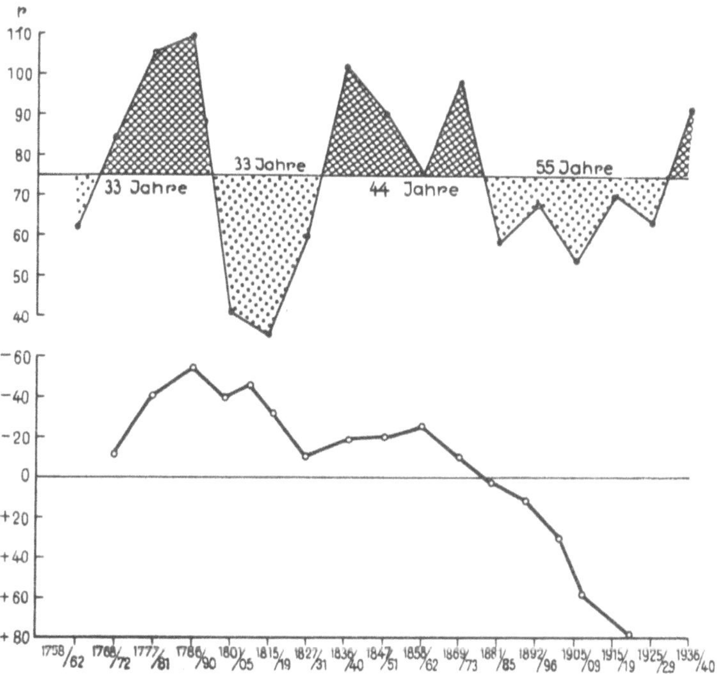

Abb. 213. Mittlere Relativzahlen der 5 den Sonnenfleckenmaxima am nächsten gelegenen Jahre (seit 1760, oben) und Verlauf der Differenzen der mehr als 3° zu warmen minus der entsprechend zu kalten Wintermonate November bis März in Stockholm, Wilna, Kopenhagen, Berlin, Edinburgh, Zwanenburg und Wien (ab 1770, unten).

Abweichung beträgt jetzt mehr als —1° und muß als recht beträchtlich bezeichnet werden, wenn man bedenkt, daß es sich um den Durchschnitt aller drei Wintermonate handelt und durch die übergreifende Mittelbildung die bestehende Beziehung höchstens abgeschwächt in Erscheinung tritt.

Es wurde für die gleichen Sonnenfleckenperioden auch die *Moskauer* Sommertemperatur untersucht. Ihr Verhalten ist in der nächsten Kurve wiedergegeben, und es zeigt sich, daß sie im Gegensatz zur Wintertemperatur gerade erhöht war, wobei der Betrag von +0.6° gar nicht einmal gering ist. Die wärmsten Sommer treten aber etwas später ein als die kalten Winter, etwa 2 bis 3 Jahre nach Eintritt der höchsten Relativzahl.

Im Jahresmittel (unterste Kurve der Abb. 211) überwiegt der Einfluß der kälteren Winter, so daß sich insgesamt eine Erniedrigung der Lufttemperatur bis zu 0.3° ergibt, die sich soweit verspätet, daß der Tiefstwert erst einige Jahre vor dem nachfolgenden Fleckenminimum zustande kommt.

Es kann nach diesen eindeutigen Ergebnissen kein Zweifel mehr darüber bestehen, daß zwischen der Sonnentätigkeit und der atmosphärischen Zirkulation ein Zusammenhang vorhanden ist (130), und dieser ist durch die vor allem in Rußland besonders kalten Winter 1939/40, 1940/41 und 1941/42, die dem intensivsten Fleckenmaximum der letzten hundert Jahre nachfolgten, ebenso auf das beste bestätigt worden wie durch den furchtbaren Winter 1946/47 als dem ersten mit dem neuen ungewöhnlichen Fleckenmaximum gekoppelten, das 1947 eintrat.

---

[1] In Mittelsibirien scheint die Temperatur sich umgekehrt zu verhalten, indem hier die Zeiten der Verstärkung des subtropischen Hochdruckgürtels mit den trockenen und strahlungskalten Perioden zusammenfallen.

In Abb. 212 ist die Abweichung der mittleren Relativzahlen der Flecken von Minimum zu Minimum, deren Durchschnittszahl sich für den Zeitraum von 1844 bis 1943 zu 46.0 ergibt, aufgezeichnet worden (gestrichelte Linie), und darin tritt besonders deutlich der Höchstwert während der letzten Sonnenfleckenperiode hervor (vgl. auch BARTELS 28), so daß danach der Eintritt der extrem kalten Kriegswinter kein ungelöstes Problem mehr darstellt. Die Sonnenfleckenperiode von 1902 bis 1913 war — am deutlichsten ist dies an der erdmagnetischen Aktivität zu erkennen (27) — unter allen die schwächste, und demgemäß erfolgte auch zu diesem Zeitpunkt die bekannte *Klimaverwerfung* (747) [Temperaturerhöhung in Europa bis zur Tropopause (569)], hervorgerufen durch eine *Zunahme der atmosphärischen Zirkulation* [1], verbunden mit einem *Ansteigen der Meerestemperaturen* [2] und einem *Rückgang der Vereisung* [3], die im Polargebiet allerdings ihren Höhepunkt erst in den dreißiger Jahren [4] erreichte [5].

Wie eng im übrigen die Beziehungen zwischen den langperiodischen Schwankungen der Sonnentätigkeit und dem Verhalten der Erdatmosphäre sind, zeigt die in Abb. 212 (ausgezogen) dargestellte mittlere Druckabweichung von *Stykkisholmur* auf Island, deren Verlauf sich weitgehend der Sonnentätigkeit angleicht, indem zu den Zeiten schwacher Maxima, wie zu Anfang dieses Jahrhunderts, der Luftdruck auf Island um 1 mb erniedrigt und um 1850 bis zu 1.4 mb erhöht war. Die Angaben aus dem letzten Jahrzehnt standen noch nicht zur Verfügung.

In der letzten Abb. 213 sind schließlich noch zur Vervollständigung des Bildes (oben) die Mittel der Relativzahlen der fünf den einzelnen Sonnenfleckenmaxima am nächsten gelegenen Jahre, beginnend mit 1758, dargestellt. Es treten hier die langperiodischen Schwingungen im Verhalten der Sonnentätigkeit besonders deutlich in Erscheinung. An einen etwa drei Perioden umfassenden Zeitraum erhöhter Aktivität von 1770 bis 1788 schloß sich eine ebenso lange Zeit verminderter Relativzahlen bis 1828 an, dann folgten 44 Jahre leicht erhöhter und anschließend 55 Jahre stark verminderter Tätigkeit, die bis 1930 angehalten hat. Seitdem zeigt sich eine neue rasche Belebung auf unserem Zentralgestirn.

Die ausgezogene Kurve gibt gleichzeitig die Summe der Differenzen zwischen den mehr als 3° zu warmen und zu kalten Wintermonaten November bis März für eine Anzahl europäischer Stationen an. Ist diese Differenz negativ, so überwogen kalte Wintermonate, und bei positiven Abweichungen waren mehr zu warme vorhanden. Es ist ein Gleichlauf der beiden dargestellten Kurven ersichtlich, wobei die Temperaturabweichung im Durchschnitt um etwa 10 Jahre hinter den langjährigen Sonnenfleckenschwankungen nachhinkt, im ganzen aber auch noch eine fortschreitende Milderung seit Beginn des 19. Jahrhunderts unverkennbar ist (279, 854). Der Zeitraum von 1880 bis 1930 war der längste mit unternormaler Sonnentätigkeit, und dementsprechend erreichte zu Ende dieser Epoche auch die Milderung der Winter ihren Höhepunkt. Die neue Belebung auf der Sonne konnte in der Winterkurve noch nicht berücksichtigt werden, doch ist nach den vorläufigen Abschätzungen ein äußerst intensiver Anstieg in der Häufigkeit erheblich zu kalter Wintermonate sicher.

Alle diese Ergebnisse sprechen also im gleichen Sinne, *daß einer gesteigerten Sonnenfleckentätigkeit eine Abnahme der Erdtemperatur und vor allen Dingen ein Strengerwerden der Winter entspricht.* Die Bestimmungen der Solarkonstante [6] sind bisher noch nicht soweit gesichert (132), daß man sie mit der Sonnentätigkeit in Beziehung setzen könnte, und es soll deshalb hier von einer theoretischen Erörterung der Ursachen dieses Zusammenhangs abgesehen und dieserhalb auf die zitierte Literatur verwiesen werden (36).

Es ist bekannt, daß sich das magnetische Verhalten der Sonnenflecken erst nach jeweils 2 Fleckenzyklen ändert. Dasselbe ist mit der Fleckentätigkeit insofern der Fall, als jeweils eine stärkere und eine schwächere 11jährige Periode einander abwechseln, wie man es besonders deutlich der Abb. 212 entnehmen und daraus auch feststellen kann, daß die letzte Welle von 1934 bis 1943 zu der stärkeren Gruppe gehörte. Eigentlich währt ein Zyklus deshalb 22 Jahre, und es ist nicht ausgeschlossen, daß die von GROISSMAYR (280) in vielen Beobachtungsreihen gefundene 24jährige Periode damit identisch ist.

---

[1] Lit. 12, 13, 16, 19, 59, 77, 101, 108, 109, 110, 113, 140, 143, 182, 258, 260, 337, 344, 345, 422, 513, 595, 695, 723, 725, 726, 814, 831, 853, 855, 856, 857, 865, 895.

[2] Lit. 270, 271, 272, 273, 419, 477, 828, 838.

[3] Lit. 98, 347, 811.

[4] Lit. 316, 336, 338, 528, 686, 688, 705, 707, 709, 879.

[5] Erst nach längerer Bestimmung der Größe der Zirkulation auf Grund von Zirkumpolarkarten (42) ist eine endgültige Aussage darüber möglich, ob es sich mehr um Schwankungen der Form oder der allgemeinen Stärke der Zirkulation handelt. Vgl. Lit. 35, 43, 552, 637, 863, 865.

[6] Einige Untersuchungen (131) haben z. B. ergeben, daß die Sonnenstrahlung zur Zeit der Fleckenmaxima erhöht sein soll.

Zur Feststellung langperiodischer Schwingungen der Stärke der Fleckentätigkeit eignet sich nach dem vorherigen eine Zusammenfassung von jeweils zwei Perioden am besten. Sie ist in Tabelle 42 für den gesamten Zeitraum durchgeführt, aus dem bisher Beobachtungsmaterial vorliegt, und läßt deutlich eine langperiodische Schwingung erkennen mit Minima um 1670, 1750[1], 1820 und 1910, also im Abstand von etwa 80, 70 und 90 Jahren. Bei den Maxima, die etwa um 1690, 1780 und 1850 liegen, beträgt die Zeitdauer jeweils 90 und 70 Jahre, so daß sich daraus eine mittlere Periodenlänge von 79 Jahren berechnet. Man kann annehmen, daß die von EASTON (179) festgestellte *89jährige* (375) und die *100jährige* MÉMÉRY-*Periode* (386, 439, 492) mit dieser Schwankung der Sonnenflecken identisch sind. Das nächste Maximum müßte danach etwa um die Mitte dieses Jahrhunderts eintreten, was sich ebenso zu bestätigen scheint wie das damit zu erwartende und in den vierziger Jahren bereits begonnene Strengerwerden der Winter.

Tabelle 42. *Mittlere Sonnenfleckenrelativzahlen von 1635 bis 1943.*

Jahre	1635 bis 1655	1656 bis 1679	1680 bis 1698	1699 bis 1724	1725 bis 1745	1746 bis 1766	1767 bis 1784	1785 bis 1810	1811 bis 1833	1834 bis 1856	1857 bis 1878	1879 bis 1901	1902 bis 1923	1924 bis 1943
Relativzahl .	45	30*	55	25 ?	50	42*	64	42	29*	59	53	40	37*	50

Neuere eingehende Untersuchungen der 220jährigen Berliner Temperaturreihe (vgl. auch 839) führen zu dem Ergebnis, daß diese langperiodischen Schwankungen der Fleckentätigkeit zu Sprüngen in der Phase der 11jährigen Periode der Wintertemperaturen führen. Dies wird besonders deutlich, wenn an Hand einer von Col. DON McNEAL gezeichneten 2mal 5fach übergreifend ausgeglichenen Kurve alle Zeiträume annähernd gleicher Phase zusammengefaßt werden, wie es in Tabelle 43 geschehen ist.

Tabelle 43. *Die Sonnenfleckenperiode in den Berliner Wintertemperaturen (3fach übergreifend gemittelt)*
verschiedener Zeiträume (° C).

11jährige Fleckenphase	Mi — 3	Mi — 2	Mi — 1	Mi	Mi + 1	Mi + 2	Max — 1	Max	Max + 1	Max + 2	Max + 3
1729—1748 ⎫ 1824—1853 ⎬ 1899—1948 ⎭	+ 0.71	+ 0.67	+ 0.69	+ 0.90	+ 1.18	+ 1.09	+ 0.60	— 0.45	— 0.74*	— 0.52	+ 0.02
1749—1823 ⎫ 1854—1898 ⎭	+ 0.39	— 0.06	— 0.09	— 0.23	— 0.57*	— 0.41	— 0.39	— 0.05	— 0.12	+ 0.42	+ 0.38

In der zuerst angeführten Gruppe ist die Schwankung besonders groß, erreicht beinahe 2° C[2] und entspricht in der Phase den in Abb. 206 reproduzierten osteuropäischen Stationen. In der zweiten Hälfte des 18. und 19. Jahrhunderts traten kalte Winter in Zentraleuropa dagegen gerade nach dem Fleckenminimum und warme nach dem Maximum auf. Bei Zusammenfassung der ganzen Reihe wird die Sonnenfleckenperiode daher weitgehend eliminiert, und als zufällige Rechenergebnisse bleiben eine doppelte Welle oder eine 16jährige Schwankung übrig, demgegenüber die ausgeglichene Temperaturkurve von Berlin die im Mittel 11jährige Sonnenfleckenperiode eindeutig als einzige reelle Schwingung erwiesen hat.

Die darin auftretenden Phasensprünge sind ihrerseits wieder mit der etwa 89jährigen Großperiode gekoppelt. Etwa 10 Jahre vor dem langperiodischen Fleckenminimum (1740, 1810, 1900) bis zum Fleckenmaximum (1780, 1850, 1950) treten nämlich die kalten Winter häufiger beim Sonnenfleckenmaximum der 11jährigen Periode auf, während der übrigen Zeit hingegen schwingen beide Reihen gleichsinnig. Es mag sein, daß von der Großperiode in erster Linie die Stärke der Zirkulationszentren bestimmt wird und auf diese Weise z. B. die Zeiten übernormalen Druckes im isländischen Raum kalte europäische Winter bei Nordströmung hervorrufen können, die in durchschnittlich milden Epochen nur bei ausgeprägter Zufuhr russischer Kaltluft zustande kommen. Darauf deutet auch die Tatsache hin, daß die Klimaverwerfung um 1900 mit der Zeit des Phasensprungs der kalten Winter zusammenfällt. Es ist zu erwarten, daß eine separate Untersuchung der Druck- und Temperaturverhältnisse in den oben angegebenen Perioden den verwickelten Mechanismus des Sonnenfleckeneinflusses auf die atmosphärische Zirkulation weiter klären würde.

---

[1] Sofern man annimmt, daß der auffallend niedrige Wert von 1699 bis 1724 vielleicht auf einer Inhomogenität der Bestimmung der Fleckenmaßzahlen beruht.

[2] Die Temperaturen beziehen sich auf das Stadtinnere und sind gegebenenfalls darauf reduziert worden. Das Gesamtmittel der ganzen Reihe beträgt für die Monate Dezember bis Februar +0.14°.

3. Der Einfluß von Staubwolken.

Wenn auch das bisher vorliegende Beobachtungsmaterial über die Schwankungen der Solarkonstante noch widersprechend ist (36, 73, 74), so hat doch die Theorie viel für sich, daß die Gesamtstrahlung mit Zunahme der Fleckentätigkeit abnimmt, dadurch die Lufttemperatur in den Tropen zurückgeht und die zonale Zirkulation vermindert wird. Der gleiche Effekt müßte dann aber auch durch Staubmassen hervorgerufen werden können, die die Sonnenstrahlen abschirmen (343), und in der Tat hat W. Humphreys (329) den Nachweis erbracht, daß *nach großen Lockerausbrüchen von Vulkanen jedesmal ein erheblicher Temperaturrückgang und strenge Winter auf der Erde folgten*[1]. *Kosmische Staubwolken* könnten auf diese Weise zur Entstehung von *Eiszeiten* beigetragen haben. Ob auch eine vermehrte Korpuskularstrahlung in gleichem Sinne wirkt, was dadurch angedeutet wird, daß tatsächlich im Anschluß an starke Eruptionen auf der Sonne und die damit verbundenen magnetischen Stürme und Nordlichter eine Vorliebe für Polarluftvorstöße vorhanden zu sein scheint, kann ohne genauen Nachweis nicht als bewiesen angesehen werden. Jedenfalls zeigt sich aber hierbei, daß auch von den langperiodischen Schwankungen der Sonnenfleckenrelativzahlen der Weg wieder zurückführt zur Synoptik.

---

[1] Vgl. auch Lit. 772. Es mag sein, daß die zahlreichen vulkanischen Eruptionen, die sich in der zweiten Dekade des 19. Jahrhunderts ereignet haben, den Erwärmungseffekt des damaligen ausgeprägten Sonnenfleckenminimums überkompensiert haben.

Literatur.

Abkürzungen.

A. H. . . . . Annalen der Hydrographie und maritimen Meteorologie, Berlin.
Abh. Akad. Bayern . . . Abhandlungen der Bayerischen Akademie der Wissenschaften, mathematisch-naturwissenschaft-
liche Abteilung, Neue Folge.
Abh. Akad. Berlin . . . Abhandlungen der Preußischen Akademie der Wissenschaften, mathematisch-naturwissenschaft-
liche Klasse.
Abh. Pr. M. I. Berlin . . Abhandlungen des Preußischen Meteorologischen Instituts, Berlin.
Arb. Pr. Obs. Lindenberg. Arbeiten des Preußischen Aeronautischen Observatoriums bei Lindenberg.
Abh. R. f. W. . . . . . . Reichsamt für Wetterdienst, Wissenschaftliche Abhandlungen.
Archiv D. S. . . . . . . Aus dem Archiv der Deutschen Seewarte, Hamburg.
B. A. M. S. . . . . Bulletin of the American Meteorological Society.
B. B. . . . . Bioklimatische Beiblätter der Meteorologischen Zeitschrift.
B. z. P. d. f. A. . . . . . Beiträge zur Physik der freien Atmosphäre.
British G. M. . . . . . British Meteorological Office, Geophysical Memoirs.
Chicago Reports . . . . University of Chicago, Institute of Meteorology, Miscellaneous Reports.
D. M. J. . . . . Deutsches Meteorologisches Jahrbuch.
E. d. F. . . . . Erfahrungsberichte des deutschen Flugwetterdienstes.
F. Danzig . . . . Forschungsarbeiten des Observatoriums Danzig.
F. u. E. d. R. . . . . . . Forschungs- und Erfahrungsberichte des Reichswetterdienstes.
G. Annaler . . . . Geografiska Annaler, Stockholm.
G. B. z. G. . . . . Gerlands Beiträge zur Geophysik.
Geof. Publ. . . . . . . Geofysiske Publikasjoner, Oslo.
Inst. Met. Brüssel . . . Institut Royal Météorologique de Belgique, Brüssel.
J. G. . . . . Journal Geofisiki (russisch).
J. M. S. Japan . . . . . Journal of the Meteorological Society of Japan.
J. o. M. . . . . The Journal of Meteorology.
M. i. G. . . . . Meteorologija i Gidrologija, Moskau (russisch).
M. M. . . . . Meteorological Magazine.
M. R. . . . . Meteorologische Rundschau.
M. W. R. . . . . Monthly Weather Review.
M. Z. . . . . Meteorologische Zeitschrift.
Mass. Notes . . . . . . Massachusetts Institute of Technology, Meteorological Course, Professional Notes.
Mass. Papers . . . . . . Massachusetts Institute of Technology and Woods Hole Oceanographic Institution, Papers in
Physical Oceanography and Meteorology.
Medd. Danske Inst. . . Publikationer fra det Danske Meteorologisk Institut, Meddelelser.
Mitt. M. I. Helsingfors . . Mitteilungen des Meteorologischen Instituts der Universität Helsingfors.
Mitt. Pr. Obs. Lindenberg Mitteilungen des Preußischen Observatoriums Lindenberg.
Neudrucke . . . . Reichsamt für Wetterdienst, Erfahrungsberichte, Band Neudrucke.
Ö. M. Z. . . . . Zeitschrift der Österreichischen Gesellschaft für Meteorologie.
Prof. Notes . . . . . . British Meteorological Office, London, Professional Notes.
Q. J. . . . . Quarterly Journal of the Royal Meteorological Society, London.
Seewart . . . . Der Seewart, Hamburg.
Sitz.-Ber. Berlin . . . . Sitzungsberichte der Preußischen Akademie der Wissenschaften, phys.-math. Klasse.
Sitz.-Ber. Wien . . . . Sitzungsberichte der Wiener Akademie der Wissenschaften, mathematisch-naturwissenschaftliche
Klasse, Abteilung II a.
Syn. Bearb. Frankfurt . Synoptische Bearbeitungen, mitgeteilt von der Wetterdienststelle Frankfurt/Main.
U. G. G. I. 5 . . . . . . Union Géodésique et Géophysique Internationale, 5ième Assemblée générale à Lisbonne 1933,
Procès-verbaux des séances de l'Association de Météorologie, II: Mémoires et discussions.
U. G. G. I. 6 . . . . . . Union Géodésique et Géophysique Internationale, 6ième Assemblée générale à Edimbourg 1936,
Procès-verbaux des séances de l'Association de Météorologie, II: Memoires et discussions.
Veröff. G. I. Leipzig . . Veröffentlichungen des Geophysikalischen Instituts der Universität Leipzig, 2. Serie.
Veröff. M. I. Berlin . . . Veröffentlichungen des Meteorologischen Instituts der Universität Berlin.
Veröff. Pr. M. I. Berlin . Veröffentlichungen des (Königlich) Preußischen Meteorologischen Instituts Berlin.
Wetter . . . . Das Wetter, ab 1928 Zeitschrift für angewandte Meteorologie.
Z. f. G. . . . . Zeitschrift für Geophysik.
Z. f. M. . . . . Zeitschrift für Meteorologie.

(1) ALT, E. u. R. FICKERT: Die Hochwasserkatastrophe im östlichen Erzgebirge am 8. bis 9. Juli 1929. Abh. R. f. W. 2, Nr 4 (1936).

(2) ALVORD, C. M. and R. H. SMITH: The Tephigram, its theory and practical use in weather forecasting. Mass. Notes 1 (1929).

(3) ANGERVO, J. M.: Einige Formeln für die numerische Vorausbestimmung der Lage und Tiefe der Hoch- und Tiefdruckzentren. Annales Academiae Scientiarum Fennicae, Ser. A, 28, Nr 10, 1 (1928). — M. Z. 47, 314 (1930).

(4) ANGERVO, J. M.: Über die Vorausberechnung der Wetterlage für mehrere Tage. G. B. z. G. 27, 258 (1930).

(5) ANGERVO, J. M.: Einige aus der Luftdruckverteilung herleitbare Gesetzmäßigkeiten bei der Bewegung der Hoch- und Tiefdruckzentren. M. Z. 47, 354 (1930).

(6) ANGERVO, J. M.: Zur Theorie der Zyklonen- und Antizyklonenbahn. G. B. z. G. 33, 45 (1931).

(7) ANGERVO, J. M.: Wann entsteht aus einer V-Depression ein Teilminimum oder aus einem Keil hohen Drucks ein selbständiges Hochdruckzentrum? G. B. z. G. 35, 265 (1932).

(8) ANGERVO, J. M.: Beispiele zur numerischen Vorausberechnung retrograder Tiefdruckbahnen. G. B. z. G. 37, 1 (1932).

(9) ANGERVO, J. M.: Vorschlag zur genaueren Bezeichnung der barometrischen Tendenz. Wetter 49, 312 (1932).

(10) ANGERVO, J. M.: Einige Vorausberechnungen des Luftdruckfeldes. Nordiska naturforskarmoetet Helsingfors 1936.

(11) ANGSTRÖM, A.: Die Variation der Niederschlagsintensität von Regengebieten und einige Folgen betreffs der Struktur der Fronten. M. Z. 47, 177 (1930).

(12) ANGSTRÖM, A.: Lufttemperatur och temperaturanomalier i Sverige 1901—1930. Meddelanden från Statens Meteorologisk-Hydrografiska Anstalt, Stockholm 7, Nr 2 (1938).

(13) ANGSTRÖM, A.: The change of the temperature climate in present time. G. Annaler 21, 119 (1939).

(14) ARAKAWA, H.: Trübungsfaktoren für verschiedene Typen troposphärischer Luftmassen in japanischen Gebieten. M. Z. 54, 150 (1937).

(15) ARAKAWA, H.: Die Luftmassen in den japanischen Gebieten. M. Z. 54, 169 (1937).

(16) ARAKAWA, H.: Increasing air temperature in large developing cities. G. B. z. G. 50, 3 (1937).

(17) ARAKAWA, H.: The vertical structure of typhoons. B. z. P. d. f. A. 24, 156 (1937).

(18) ARAKAWA, H.: The air masses of Japan. J. M. S. Japan, 2. Ser., 15, 185 (1937). — B. A. M. S. 18, 169 (1938).

(19) ARAKAWA, H.: Increasing daily minimum temperature in large developing cities. G. B. z. G. 54, 177 (1939).

(20) ARAKAWA, H.: The formation of hurricanes in the South Pacific and the outbreaks of cold air from the North Polar Region. Text japanisch mit englischer Zusammenfassung. J. M. S. Japan 18, 1 (1940).

(21) ARAKAWA, H., Y. NISHINA, Y. SEKIDO and H. SIMAMURA: Cosmic-ray intensities and air masses. The Physical Review 57, 663 (1940).

(22) ARAKAWA, H., Y. NISHINA, Y. SEKIDO and H. SIMAMURA: Air mass effect on cosmic-ray intensity. The Physical Review 57, 1050 (1940).

(23) ARAKAWA, H., Y. NISHINA, Y. SEKIDO and H. SIMAMURA: Cosmic-ray intensities and cyclones. Nature 145, 707 (1940).

(24) AUJETZKY, L.: Über Schneefall bei hoher Lufttemperatur. M. Z. 52, 101 (1935).

(25) BAKALOW, D.: Über die Transformation der Luftmassen. B. z. P. d. f. A. 26, 1 (1939).

(26) BALCKE, E.: Untersuchung abnorm hoher Temperaturen in Norddeutschland. Archiv D. S. 57, Nr 4 (1937).

(27) BARTELS, J.: Tafeln für die erdmagnetische Aktivität 1836—1923. M. Z. 42, 400 (1925).

(28) BARTELS, J.: Schwankungen der Sonnenstrahlung, erdmagnetisch erschlossen. Abh. Akad. Berlin 1941, XII.

(29) BATSCHURINA, A., L. BLJUMINA u. L. PETROWA: Klassifikation und Eigenschaften der Luftmassen des europäischen Rußland im Sommer. J. G. 6, 201 (1936).

(30) BAUM, W. A.: A critical examination of meteorological work by R. SCHERHAG of the Berlin School of forecasters. Dissertation (Chicago 1944).

(31) BAUM, W. A.: SCHERHAG's divergence theorem. B. A. M. S. 25, 319 (1944).

(32) BAUR, F.: Die 11jährige Temperaturperiode in Europa in ihrem Verhältnis zur Sonnenfleckenperiode. M. Z. 39, 289 (1922).

(33) BAUR, F.: Korrelationsrechnung. Math.-Phys. Bibliothek, Reihe I, 75 (Leipzig-Berlin 1928).

(34) BAUR, F.: Der gegenwärtige Stand der meteorologischen Korrelationsforschung. M. Z. 47, 42 (1930).

(35) BAUR, F.: Die Formen der atmosphärischen Zirkulation in der gemäßigten Zone. G. B. z. G. 34, 264 (1931).

(36) BAUR, F.: Zur Frage der Realität der Schwankungen der Solarkonstanten. M. Z. 49, 15 (1932).

(37) BAUR, F.: Die interdiurne Veränderlichkeit des Luftdrucks als Hilfsmittel der indirekten Aerologie. Syn. Bearb. Frankfurt Nr. 4 (1933).

(38) BAUR, F.: Official weather forecasting for 10-day periods in Germany. B. A. M. S. 17, 148, 252 (1936).

(39) BAUR, F.: Die Bedeutung der Stratosphäre für die Großwetterlage. M. Z. 53, 237 (1936).

(40) BAUR, F.: Einführung in die Großwetter-Forschung. Math.-Phys. Bibliothek, Reihe I, 88 (Leipzig-Berlin 1937).

(41) BAUR, F.: Die Störungen der allgemeinen atmosphärischen Zirkulation in der gemäßigten Zone. M. Z. 54, 437 (1937).

(42) BAUR, F.: Der mitteleuropäische Witterungsbericht. M. Z. 55, 142 (1938).

(43) BAUR, F.: Zur Messung des allgemeinen Luftkreislaufes in der gemäßigten Zone. A. H. 66, 378 (1938).

(44) BAUR, F.: Der Arbeitsgang einer Witterungsvorhersage für zehn Tage. F. u. E. d. R. Reihe B, Nr 3 (1941).

(45) BAUR, F.: Häufigkeit und Aufeinanderfolge der Grundformen der Bodenluftdruckverteilung über Westeuropa im Sommer. F. u. E. d. R. Reihe B, Nr 5 (1941).

(46) BAUR, F.: Musterbeispiele europäischer Großwetterlagen. (Wiesbaden 1947).

(47) BAUR, F., P. HESS u. H. NAGEL: Die Großwetterlagen Europas im Frühling. F. u. E. d. R. Reihe B, Nr 12 (1943).

(48) BAUR, F. u. H. PHILIPPS: Der Wärmehaushalt der Lufthülle der Nordhalbkugel. G. B. z. G. 42, 160 (1934); 45, 82 (1935); 47, 218 (1936).

(49) BAUR, F. u. H. PHILIPPS: Die Bedeutung der Konvergenzen und Divergenzen des Geschwindigkeitsfeldes für die Druckänderungen. B. z. P. d. f. A. 24, 1 (1936).

(50) BAUR, F. u. H. PHILIPPS: Untersuchung der Reibung bei Luftströmungen über dem Meer. A. H. **66**, 279, 428 (1938).

(51) BEBBER, W. J. VAN: Die Zugstraßen der barometrischen Minima. M. Z. **8**, 361 (1891).

(52) BECKER, R.: Zur Dynamik anisobarer Bewegungen an Gleitflächen. G. B. z. G. **21**, 1 (1929).

(53) BEMMELEN, W. VAN: Der intertropische Teil der allgemeinen Zirkulation nach Beobachtungen in Batavia. M. Z. **41**, 133 (1924).

(54) BERG, H.: Beitrag zur Struktur eines Warmlufteinbruches (16. bis 18. Oktober 1928). G. B. z. G. **30**, 1 (1931).

(55) BERG, H.: Nomogramme zur Ermittlung des Gradientwindes aus Karten der Topographie bestimmter Isobarenflächen. E. d. F. **8**, 153 (1934); Neudrucke **2**, 709.

(56) BERG, H.: Zur Aerologie der Okklusionen. B. z. P. d. f. A. **22**, 12 (1934).

(57) BERG, H.: Wolkenschichtung und Wolkenstruktur. Abh. R. f. W. **3**, Nr 8 (1937).

(58) BERG, H.: Zur Struktur der Aufgleit- und Regenwolken. A. H. **68**, 101 (1940).

(59) BERG, H.: Die Kontinentalität Europas und ihre Änderung 1928/37 gegen 1888/97. A. H. **68**, 124 (1940).

(60) BERGERON, T.: Über die dreidimensional verknüpfende Wetteranalyse. I. Teil. Geof. Publ. **5**, No 6 (1928).

(61) BERGERON, T.: Richtlinien einer dynamischen Klimatologie. M. Z. **47**, 246 (1930).

(62) BERGERON, T.: On the physics of cloud and precipitation. U. G. G. I. **5**, 156 (1935).

(63) BERGERON, T.: Physik der troposphärischen Fronten und ihrer Störungen. Wetter **53**, 381 (1936).

(64) BERGERON, T.: On the physics of fronts. B. A. M. S. **18**, 265 (1937).

(65) BERGERON, T.: Sur la physique des fronts. U. G. G. I. **6**, 134 (1939).

(66) BERGERON, T.: On a manual of weather map analysis. U. G. G. I. **6**, 266 (1939).

(67) BERGERON, T. u. G. SWOBODA: Wellen und Wirbel an einer quasistationären Grenzfläche über Europa. Veröff. G. I. Leipzig **3**, 63 (1924).

(68) BERGSTEN, F.: On periods in the water-heights of lake Väner. G. Annaler **10**, 140 (1928).

(69) BERLAGE, H. P. jr.: Über den Erhaltungstrieb gewisser langperiodischer Schwankungen des Luftdrucks und der Temperatur. M. Z. **44**, 91 (1927).

(70) BERLAGE, H. P. jr.: Über die Ursache der 3jährigen Luftdruckschwankung. M. Z. **46**, 249 (1929).

(71) BERLAGE, H. P. jr.: Über die dreijährige Klimaschwankung in der Jahresringbildung des Djatiholzes auf Java. G. B. z. G. **32**, 223 (1931).

(72) BERLAGE, H. P. jr.: Über die Verbreitung der 3jährigen Luftdruckschwankung über die Erdoberfläche und den Sitz des Umsteuermechanismus. M. Z. **50**, 41 (1933).

(73) BERNHEIMER, W. E.: Über den angeblichen Zusammenhang der Sonnenstrahlung mit der Fleckenhäufigkeit. M. Z. **47**, 190 (1930).

(74) BERNHEIMER, W. E.: Handbuch der Astro-Physik, Bd. VII, 343 (Berlin 1936).

(75) BERSON, F. A.: Kaltfronten und präfrontale Vorgänge über Lindenberg in der unteren Troposphäre. M. Z. **51**, 281 (1934).

(76) BIGG, B. H.: Ice formation in clouds in Great Britain. Prof. Notes 81 (1937).

(77) BIRKELAND, B. J.: Mittel und Extreme der Lufttemperatur. Geof. Publ. **14**, No 1 (1936).

(78) BJERKNES, J.: On the structure of moving cyclones. Geof. Publ. **1**, No 2 (1919).

(79) BJERKNES, J.: Practical examples of polar front analysis over the British Isles in 1925/1926. British G. M. **5**, No 10 (1930).

(80) BJERKNES, J.: Exploration de quelques perturbations atmosphériques à l'aide de sondages rapprochés dans le temps. Geof. Publ. **9**, No 9 (1932).

(81) BJERKNES, J.: Investigations of selected European cyclones by means of serial ascents. Case 3: December 30—31, 1930. Geof. Publ. **9**, No 4 (1935).

(82) BJERKNES, J.: Theorie der außertropischen Zyklonenbildung. M. Z. **54**, 462 (1937).

(83) BJERKNES, J.: The upper perturbations. U. G. G. I. **6**, 106 (1939).

(84) BJERKNES, J. and H. GIBLETT: An analysis of retrograde depression in the Eastern United States of America. M. W. R. **52**, 521 (1924).

(85) BJERKNES, J., P. MILDNER, E. PALMÉN u. L. WEICKMANN: Synoptisch-aerologische Untersuchung der Wetterlage während der internationalen Tage vom 13. bis 18. Dezember 1937. Veröff. G. I. Leipzig **12**, 1 (1939).

(86) BJERKNES, J. u. E. PALMÉN: Aerologische Analyse einer Zyklone. B. z. P. d. f. A. **21**, 53 (1933).

(87) BJERKNES, J. and E. PALMÉN: Investigations of selected European cyclones by means of serial ascents. Case 4: February 15—17, 1935. Geof. Publ. **12**, No 2 (1937).

(88) BJERKNES, J. u. E. PALMÉN: Aerologische Analyse einer Warmfrontfläche. B. z. P. d. f. A. **25**, 115 (1938).

(89) BJERKNES, J. and H. SOLBERG: Meteorological conditions for the formation of rain. Geof. Publ. **2**, No 3 (1921).

(90) BJERKNES, J. and H. SOLBERG: Life cycle of cyclones and polar front theory of atmospheric circulation. Geof. Publ. **3**, No 1 (1922).

(91) BJERKNES, V.: Dynamische Meteorologie und Hydrographie. I. Teil: Statik; II. Teil: Kinematik. (Braunschweig 1912/13).

(92) BJERKNES, V.: On the dynamics of the circular vortex with applications to the atmosphere and atmospheric vortex and wave motions. Geof. Publ. **2**, No 4 (1921).

(93) BJERKNES, V.: Die atmosphärischen Störungsgleichungen. B. z. P. d. f. A. **13**, 1 (1926).

(94) BJERKNES, V.: Leipzig-Bergen. Festvortrag zur 25-Jahrfeier des Geophysikalischen Institutes der Universität Leipzig. Z. f. G. **14**, 49 (1938.)

(95) BJERKNES, V., J. BJERKNES, H. SOLBERG u. T. BERGERON: Physikalische Hydrodynamik mit Anwendung auf die dynamische Meteorologie. (Berlin 1933).

(96) BLASIUS, V.: Storms: their nature, classification and laws. (Philadelphia 1875).

(97) BLEEKER, W.: On the conservatism of the "equivalent potential" and the "wet bulb potential" temperatures. Q. J. **65**, 543 (1939).

(98) BLÜTHGEN, J.: Die Eisverhältnisse des Finnischen und Rigaischen Meerbusens. Archiv D. S. 58, Nr 3 (1938).

(99) BLÜTHGEN, J.: Sommerwettertypen in Lappland. A. H. **68**, 94 (1940).

(100) BLÜTHGEN, J.: Geographie der winterlichen Kaltlufteinbrüche in Europa. Archiv D. S. **60**, Nr 6/7 (1940).

(101) BLÜTHGEN, J.: Die milden Winter. Geographische Zeitschrift **46**, 434 (1940).

(102) BLÜTHGEN, J.: Kaltlufteinbrüche und Wärmewellen als Grundlage von Klimauntersuchungen. Wetter **58**, 244 (1941).

(103) BLÜTHGEN, J.: Kaltlufteinbrüche im Winter des atlantischen Europa. Geographische Zeitschrift **48**, 21 (1942).

(104) BODDIN, J.: Die 7.2tägige Luftdruckwelle im Sommer 1922. Veröff. G. I. Leipzig **11**, 201 (1938).

(105) BRAAK, C.: Die 3.5jährige Barometerperiode. M. Z. **29**, 1 (1912).

(106) BRAAK, C.: Atmospheric variations of short and long duration in the Malay Archipelago and neighbouring regions, and the possibility to forecast them. Verh. K. Magn. en Meteorol. Obs. Batavia **5** (1919).

(107) BRANDES, H. W.: Dissertatio physica de repentinis variationibus in pressione atmosphaerica observatis. (Leipzig 1826).

(108) BROOKS, C. E. P.: The secular variation of rainfall. Q. J. **45**, 233 (1919).

(109) BROOKS, C. E. P.: The secular variation of climate. Geographical Review **50**, 120 (1921).

(110) BROOKS, C. E. P.: A period of warm winters in Europe. M. M. **57**, 203 (1922).

(111) BROOKS, C. E. P.: The origin of anticyclones. Q. J. **58**, 379 (1932).

(112) BROOKS, C. E. P.: The variation of the annual frequency of thunderstorms in relation to sunspots. Q. J. **60**, 153 (1934).

(113) BROOKS, C. E. P.: The change of climate in the British Isles. M. M. **70**, 153 (1935).

(114) BROOKS, C. F.: Two winter storms encountered by Columbus in 1493 near the Azores. B. A. M. S. **22**, 303 (1941).

(115) BRÜCKNER, E.: Klimaschwankungen seit 1700 nebst Bemerkungen über die Klimaschwankungen der Diluvialzeit. Geographische Abhandlungen **4**, H. 2 (1890).

(116) BRUNT, D.: Physical and dynamical meteorology. (Cambridge-New York 1939).

(117) BRUNT, D. and C. K. M. DOUGLAS: The modification of the strophic balance for changing pressure distribution, and its effect on rainfall. Memoirs of the Royal Meteorol. Society **3**, 29 (1928). — Q. J. **55**, 394 (1929).

(118) BRUYÈRE, M.: Rapport de la mission météorologique française sur les traveaux effectués à Tamanrasset pendant l'année polaire. Année polaire internationale 1932/33. Participation française **3**, 159 (1941).

(119) BULLRICH, K.: Der Einfluß der Gebirge auf das Luftdruckbild. M. Z. **58**, 433 (1941).

(120) BYERS, H. R.: Summer sea fogs of the central California coast. Univ. Cal. Publ. Geogr. **3**, 5 (1930).

(121) BYERS, H. R.: The air masses of the North Pacific. Scripps Inst. of Oceanography, Techn. Series **3**, 311 (1934).

(122) BYERS, H. R.: Synoptic and aeronautical meteorology. (New-York 1937).

(123) BYERS, H. R.: Nonfrontal thunderstorms. Chicago Reports **3** (1942).

(124) BYERS, H. R.: General meteorology. (New York-London 1944).

(125) CALWAGEN, E.: Zur Diagnose und Prognose lokaler Sommerschauer. Geof. Publ. **3**, No 10 (1926).

(126) CAVE, C. J. P.: Winter thunderstorms in the British Islands. Q. J. **49**, 43 (1923).

(127) CHRISTIANS, H.: Die stratosphärische Steuerung in dem kalten Februar 1932. Syn. Bearb. Frankfurt Nr 3 (1933).

(128) CHROMOW, S. P.: Über einen Fall der anormalen Depressionsbewegung. M. Z. **46**, 440 (1929).

(129) CHROMOW, S. P.: Einführung in die synoptische Wetteranalyse, 2. Aufl. (Wien 1942).

(130) CLAYTON, H. H.: Solar activity and long-period weather changes. Smithonian Miscellaneous Collections **78**, No 4 (1926). Besprechung M. Z. **44**, 74 (1927).

(131) CLAYTON, H. H.: Atmosphärische und solare Veränderungen. M. Z. **47**, 393 (1930).

(132) CLAYTON, H. H.: World weather and solar activity. Smithonian Miscellaneous Collections **89**, No 15 (1934). Besprechung M. Z. **51**, 384 (1934).

(133) CORDES, H.: Fronten, Steuerung und Luftkörper. B. B. **8**, 45 (1941).

(134) CORIOLIS, G. G.: Traité de la mécanique de corps solides. (Paris 1844).

(135) COURT, A.: Tropopause disappearance during the antarctic winter. B. A. M. S. **23**, 220 (1942).

(136) DAMMANN, W.: Der Märzwinter 1939. M. Z. **58**, 236 (1941).

(137) DAUBERT, K.: Versuch einer Darstellung des Stromfeldes der Luft bei auflandigen Winden im Gebiet der Stettiner Bucht. A. H. **57**, 81 (1929).

(138) DEDEBANT, G. et A. VIAUT: Manuel de météorologie du pilote. (Paris 1936).

(139) DEFANT, A.: Die Windverhältnisse in kalten und warmen Luftsäulen und weitere Folgerungen über das Wesen dieser Gebilde. B. z. P. d. f. A. **5**, 161 (1913).

(140) DEFANT, A.: Die Schwankungen der atmosphärischen Zirkulation über dem nordatlantischen Ozean im 25jährigen Zeitraum 1881—1905. G. Annaler **6**, 13 (1924).

(141) DEFANT, A.: Primäre und sekundäre, freie und erzwungene Druckwellen in der Atmosphäre. Sitz.-Ber. Wien **135**, 357 (1926).

(142) DEFANT, A.: Wetter und Wettervorhersage, 2. Aufl. (Leipzig-Wien 1926).

(143) DEGE, W.: Klimaänderungen auf Spitzbergen? Geographischer Anzeiger **41**, 180 (1940).

(144) DEPPERMANN, C. E.: Outlines of Philippine Frontology. (Manila 1936).

(145) DESCHORDSCHIO, W. A.: Das Glatteis vom 13. bis 15. Dezember 1930 im Eisenbahngebiet von Krasnodar. J. G. **3**, 310 (1933).

(146) DESCHORDSCHIO, W. A. u. W. A. BUGAEW: Über Luftmassenklassifikation in Mittelasien. M. i. G. **1936**, Nr 6, 72 (Russ.).

(147) DIECKMANN, A.: FITZ-ROY. Ein Beitrag zur Geschichte der Polarfronttheorie. Naturwissenschaften **19**, 748 (1931).

(148) DIECKMANN, A.: Schneefall und Schneedecke im singulären Gang. M. Z. **48**, 175 (1931).

(149) DIESING, K.: Der Wärmeeinbruch (Warmfront) vom 12. bis 13. Januar 1920 in Mitteleuropa. Veröff. G. I. Leipzig **3**, 1 (1924).

(150) DIETSCH, M.: Untersuchungen über die Änderung des Windes mit der Höhe in Zyklonen. Veröff. G. I. Leipzig **2**, 197 (1918).

(151) DIETZSCHOLD, G.: Das Unwetter über dem östlichen Erzgebirge am 8. Juli 1927. Wetter **45**, 105, 135 (1928).

(152) DILGER, F.: Die elfjährige thermische Welle auf der Erdoberfläche. G. B. z. G. **30**, 40 (1931).

(153) DINES, W. H.: The vertical temperature distrubution in the atmosphere over England, with some remarks on the general and local circulation. British G. M. **1**, 23 (1912).

(154) DINES, W. H.: The characteristics of the free atmosphere. British G. M. **2**, 45 (1919).

(155) DINIES, E.: Luftkörper-Klimatologie. Archiv D. S. **50**, Nr 6 (1932).

(156) DINIES, E.: Die Temperaturverhältnisse in Deutschland bei verschiedenen Luftkörpern. A. H. **61**, 182 (1933).

(157) DINIES, E.: Die Druck- und Temperaturverhältnisse bei Wintergewittern in Norddeutschland. M. Z. **52**, 353 (1935).

(158) DINIES, E.: Die Entwicklung von Frontgewitterlagen im Sommer. E. d. F., 5. Sonderbd., II. Teil, IX (1936).

(159) DINIES, E.: Die Druck- und Temperaturverhältnisse bei Wintergewittern in Norddeutschland. E. d. F., 5. Sonderbd., II. Teil, X (1936).

(160) DINIES, E.: Über Prüfungsmethoden von Wettervorhersagen. E. d. F., 5. Sonderbd., II. Teil, XII (1936).

(161) DINIES, E.: Private Wetterprophezeiungen. Wetter **54**, 267 (1937).

(162) DINIES, E.: Der Aufbau von Steig- und Fallgebieten. Abh. R. f. W. **3**, Nr 3 (1937).

(163) DINIES, E.: Die Steuerung bei einem winterlichen Wärmeeinbruch vom 24. bis 26. Dezember 1929. A. H. **66**, 86 (1938).

(164) DINIES, E.: Die Entstehung der Genua-Zyklone am 11. Februar 1938. A. H. **66**, 466 (1938).

(165) DINKELACKER, O.: Graphische Methode zur Bestimmung der Verlagerungsgeschwindigkeit und -richtung eines Tief- oder Hochdruckgebietes. M. Z. **50**, 166 (1933).

(166) DINKELACKER, O.: Die Feuchtadiabate. Beitrag zur Theorie der Adiabaten. M. Z. **56**, 289 (1939).

(167) DOBSON, E.: Atmospheric ozone and weather conditions. Anlage XI zu Publ. No 31 des Secretariats der Intern. Met. Org. (De Bilt 1936).

(168) DÖRFFEL, K., H. LETTAU u. M. RÖTSCHKE: Luftkörper-Alterung als Austauschproblem auf Grund von Staub- und Kerngehaltsmessungen. M. Z. **54**, 16 (1937).

(169) DORSEY, H. G.: Some meteorological aspects of the Greenland ice cap. J. o. M. **2**, 135 (1945).

(170) DOUGLAS, C. K. M.: Rainfall from above 6000 feet, in relation to upper wind and fronts. Q. J. **62**, 207 (1936).

(171) DOVE, H. W.: Das Gesetz der Stürme. (Berlin 1840); siehe auch POGGENDORFFsche Annalen der Physik und Chemie **52**, 1 (1841).

(172) DROSDOW, M. P.: Die Bedingungen für die sommerliche Transformation von Luftmassen im Gebiet von Moskau. M. i. G. **1936**, Nr 5, 36 (Russ.).

(173) DROSTE, B.: Die elfjährige Sonnenfleckenperiode und die Temperaturschwankungen auf der nördlichen Halbkugel in jahreszeitlicher und regionaler Differenzierung. M. Z. **41**, 261 (1924).

(174) DUFOUR, L.: Notes sur le problème de la gelée nocturne. Inst. Met. Brüssel, Mémoires IX (1938).

(175) DUFOUR, L.: Sur la classification des brouillards. Ciel et terre **55**, 369 (1939).

(176) DUNN, G. E.: Cyclogenesis in the tropical Atlantic. B. A. M. S. **21**, 215 (1940).

(177) DUNN, G. E.: Aerology in the hurricane warning service. M. W. R. **68**, 303 (1940).

(178) EARL, K. and T. A. TURNER: A graphical means of identifying air masses. Mass. Notes 4 (1930).

(179) EASTON, C.: Les hivers dans l'Europe occidentale. (Leyden 1928). Besprechung: M. Z. **45**, 452 (1928).

(180) ECKEL, O.: Mittlere dreistündige Luftdruckänderungen zu den Tagesterminen des internationalen Wetterdienstes. A. H. **65**, 161 (1937).

(181) EGERSDÖRFER, L. u. H. HOLZER: Was können wir aus einem Höhenaufstieg errechnen? E. d. F. 7, Nr 13 (1932).

(182) EKHART, E.: Untersuchung der jährlichen Schwankung der atmosphärischen Zirkulation. Abh. Pr. M. I. Berlin **9**, Nr 3 (1929). Zusammenfassung: M. Z. **47**, 70 (1930).

(183) EKHART, E.: Zur Aerologie des Berg- und Talwindes. B. z. P. d. f. A. **18**, 1 (1932).

(184) EKHART, E.: Weitere Beiträge zum Problem des Berg- und Talwindes. B. z. P. d. f. A. **18**, 242 (1932).

(185) EKHART, E.: Mechanik des großen Kälteeinbruches Ende November 1930. G. B. z. G. **38**, 282 (1933).

(186) EKHART, E.: Zur Struktur des großen Kälteeinbruches Ende November 1930. G. B. z. G. **40**, 134 (1933).

(187) EKHART, E.: Neuere Untersuchungen zur Aerologie der Talwinde: Die periodischen Tageswinde in einem Quertale der Alpen. B. z. P. d. f. A. **21**, 245 (1934).

(188) EKHART, E.: Die Überquerung der Alpen durch die Kältewelle vom 23. November 1930. M. Z. **54**, 470 (1937).

(189) EKHART, E.: Der große Kälteeinbruch Ende November 1930. G. B. z. G. **53**, 161 (1938).

(190) EKHART, E.: Mittlere Temperaturverhältnisse der Alpen und der freien Atmosphäre über dem Alpenvorland. M. Z. **56**, 12, 49 (1939).

(191) EKHART, E.: Zum Klima der freien Atmosphäre über U.S.A. B. z. P. d. f. A. **26**, 50, 77 (1940).

(192) EKHART, E.: Windverhältnisse in der oberen Stratosphäre. Reichsamt für Wetterdienst. (1940).

(193) EKHOLM, N.: Die Luftdruckschwankungen und deren Beziehung zu der Temperatur der oberen Luftschichten. HANN-Band der M. Z. 228 (1906).

(194) EKHOLM, N.: Über die unperiodischen Luftdruckschwankungen und einige damit zusammenhängende Erscheinungen. M. Z. **24**, 1, 102, 145 (1907).

(195) EKMANN, V. W.: On the influence of the earth's rotation on ocean currents. Arkiv f. Mat., Astron. och Fysik, Stockholm **2**, Nr 1/2 (1905).

(196) ELSNER, G. v.: Die Verteilung des Luftdrucks über Europa und dem Nordatlantischen Ozean, dargestellt auf Grund zwanzigjähriger Pentadenmittel (1890—1909). Veröff. Pr. M. I. Berlin Nr 326; Abh. Pr. M. I. Berlin 7, Nr 7 (1925).

(197) ELSNER, G. v.: Über die Niederschläge der Vb-Depressionen. M. Z. **44**, 332 (1927).

(198) ELSNER, G. v.: Nochmals die Niederschläge der Vb-Depressionen. M. Z. **45**, 187 (1928).

(199) ELSNER, G. v.: Die großen Niederschläge vom 25. August 1927 und ihre Ursachen. M. Z. **45**, 266 (1928).

(200) ENGELMANN, F.: Die Singularität im Druckverlauf Ende November. Veröff. G. I. Leipzig **7**, 1 (1935).

(201) ERTEL, H.: Theoretische Begründung einiger GUILBERTscher Regeln. Veröff. Pr. M. I. Berlin Nr 372 (1930).

(202) ERTEL, H.: Der Einfluß der Stratosphäre auf die Dynamik des Wetters. M. Z. **48**, 461 (1931).

(203) ERTEL, H.: Über die energetische Beeinflussung der Troposphäre durch stratosphärische Druckschwankungen. G. B. z. G. **37**, 7 (1932).

(204) ERTEL, H.: Stromfelddivergenz und Luftdruckänderung. M. Z. **53**, 16 (1936).

(205) ERTEL, H.: Zusammenhang von Luftdruckänderung und Singularitäten des Impulsdichtefeldes. Sitz.-Ber. Berlin **1936**, XX, 257.

(206) ERTEL, H.: Singuläre Advektion. M. Z. **53**, 280 (1936).

(207) ERTEL, H.: Singuläre Advektion und ihre Darstellung durch C. G. ROSSBY's Advektionsfunktion. Veröff. M. I. Berlin **1**, H. 6 (1936).

(208) ERTEL, H.: Methoden und Probleme der dynamischen Meteorologie. (Berlin 1938).

(209) ERTEL, H.: Singuläre Advektion und Zyklonenbewegung. M. Z. **56**, 401 (1939).

(210) ERTEL, H.: Wettervorhersage als Randwertproblem. M. Z. **61**, 181 (1944).

(211) EVERDINGEN, E. VAN: The cyclone-like whirlwinds of August 10, 1925. Kon. Akad. van Wetensch. te Amsterdam, Proceed. **28**, No 10 (1926). Besprechung: M. Z. **43**, 517 (1926).

(212) EVJEN, S.: Über die Vertiefung von Zyklonen. M. Z. **53**, 165 (1936).

(213) EXNER, F. M.: Über eine erste Annäherung zur Vorausberechnung synoptischer Wetterkarten. M. Z. **25**, 57 (1908).

(214) EXNER, F. M.: Über die Bildung von Windhosen und Zyklonen. Sitz.-Ber. Wien **132**, 101 (1923).

(215) EXNER, F. M.: Dynamische Meteorologie, 2. Aufl. (Wien 1925).

(216) EXTERNBRINK, H.: Ein Beitrag zum Wettergeschehen im Golf von Mexiko, im Karibischen Meer und auf den Westindischen Inseln. M. Z. **54**, 355 (1937).

(217) FESSLER, A.: Ein einfaches mechanisches Verfahren zur schnellen Berechnung von Isobarenkarten in beliebig vielen Niveaus. M. Z. **36**, 254 (1919).

(218) FICKER, H. v.: Über Keile hohen Druckes an der Alpenkette. M. Z. **25**, 230 (1908).

(219) FICKER, H. v.: Temperaturschwankungen in Rußland und Nordasien. M. Z. **27**, 385 (1910).

(220) FICKER, H. v.: Die Ausbreitung kalter Luft in Rußland und Nordasien. Sitz.-Ber. Wien **119**, 1769 (1910).

(221) FICKER, H. v.: Das Fortschreiten der Erwärmungen (der „Wärmewellen") in Rußland und Nordasien. Sitz.-Ber. Wien **120**, 745 (1911).

(222) FICKER, H. v.: Veränderlichkeit des Luftdruckes und der Temperatur in Rußland zwischen Eismeer und 37° Nordbreite. Sitz.-Ber. Wien **128**, 1301 (1919).

(223) FICKER, H. v.: Beziehungen zwischen Druck- und Temperaturänderungen in der Troposphäre. M. Z. **37**, 347 (1920).

(224) FICKER, H. v.: Der Einfluß der Alpen auf Fallgebiete des Luftdruckes und die Entstehung von Depressionen über dem Mittelmeer. M. Z. **37**, 350 (1920).

(225) FICKER, H. v.: Beziehungen zwischen Änderungen des Luftdruckes und der Temperatur in den unteren Schichten der Troposphäre (Zusammensetzung der Depressionen). Sitz.-Ber. Wien **129**, 763 (1920).

(226) FICKER, H. v.: Bemerkungen über die Konstitution zusammengesetzter Depressionen. M. Z. **38**, 65 (1921).

(227) FICKER, H. v.: Bemerkungen über die Polarfront. B. z. P. d. f. A. **9**, 130 (1921).

(228) FICKER, H. v.: Die Beziehungen zwischen Druck und Temperatur in der freien Atmosphäre. B. z. P. d. f. A. **10**, 51 (1921).

(229) FICKER, H. v.: Ein bemerkenswertes Barogramm bei einem Hagelsturm in Wien. M. Z. **39**, 353 (1922).

(230) FICKER, H. v.: Die Änderung des Wetters in den verschiedenen Entwicklungsstadien einer Depression. Sitz.-Ber. Wien **131**, 383 (1922).

(231) FICKER, H. v.: Maskierte Kälteeinbrüche. M. Z. **43**, 186 (1926).

(232) FICKER, H. v.: Der Sturm in Norddeutschland am 4. Juli 1928. Sitz.-Ber. Berlin **1929**, XXII, 290.

(233) FICKER, H. v.: Über die Entstehung lokaler Wärmegewitter, 1. Mitteilung. Sitz.-Ber. Berlin **1931**, III, 28.

(234) FICKER, H. v.: Über die Entstehung lokaler Wärmegewitter, 2. Mitteilung. Sitz.-Ber. Berlin **1932**, XVI, 197.

(235) FICKER, H. v.: Über die Entstehung lokaler Wärmegewitter, 3. Mitteilung. Sitz.-Ber. Berlin **1933**, XIV, 480.

(236) FICKER, H. v.: Die Passatinversion. Veröff. M. I. Berlin **1**, H. 4 (1936).

(237) FICKER, H. v.: Zur Frage der „Steuerung" in der Atmosphäre. M. Z. **55**, 8 (1938).

(238) FICKER, H. v.: Meteorologische Ergebnisse der Deutschen Grönlandexpedition ALFRED WEGENER. M. Z. **57**, 185 (1940).

(239) FINDEISEN, W.: Kolloidmeteorologische Vorgänge bei der Niederschlagsbildung. M. Z. **55**, 121 (1938).

(240) FINDEISEN, W.: Die Kondensationskerne. Entstehung, chemische Natur, Größe und Anzahl. B. z. P. d. f. A. **25**, 220 (1939).

(241) FINDEISEN, W.: Zur Frage der Regentropfenbildung in reinen Wasserwolken. M. Z. **56**, 365 (1939).

(242) FINDEISEN, W.: Ergebnisse von Wolken- und Niederschlagsbeobachtungen bei Wettererkundungsflügen über See. F. u. E. d. R., Reihe B, Nr 8 (1942).

(243) FINDEISEN, W.: Meteorologischer Kommentar zur D (Luft) 1209 „Vereisung". F. u. E. d. R., Reihe A, Nr 19 (1943).

(244) FITZ-ROY, R.: Weather Book. A manual of practical meteorology. (London 1863).

(245) FLOHN, H.: Neue Wege in der Klimatologie. Z. Ges. Erdkunde 4, 12, 337 (1936).

(246) FLOHN, H.: Singularitäten des freien Föhns, ein Beitrag zur modernen Klimakunde. M. Z. **57**, 134 (1940).

(247) FLOHN, H.: Häufigkeit, Andauer und Eigenschaften des „freien Föhns" auf deutschen Bergstationen. B. z. P. d. f. A. **27**, 110 (1941).

(248) FLOHN, H.: Über Begriff und Wesen der Singularitäten der Witterung. M. Z. **58**, 229 (1941).

(249) FLOHN, H.: Witterung und Klima in Deutschland. Forschungen zur deutschen Landeskunde **41** (1942).

(250) FLOHN, H.: Kontinentalität und Ozeanität in der freien Atmosphäre. M. Z. **60**, 325 (1943).

(251) FLOHN, H.: Zum Klima der freien Atmosphäre über Sibirien. M. Z. **61**, 50 (1944). — M. R. **1**, 75 (1947).

(252) FLOHN, H.: Die Intensität der zonalen Zirkulation in der freien Atmosphäre außertropischer Breiten. G. B. z. G. **60**, 196 (1944).

(253) FLOHN, H. u. R. PENNDORF: Die Stockwerke in der Atmosphäre. M. Z. **59**, 1 (1942).

(254) FOITZIK, L.: Die Untersuchung eines Kaltlufteinbruches durch Serien-Drachenaufstiege. M. Z. **57**, 115 (1940).

(255) FONTELL, N.: Zur Frage der inneren Stabilität der Luftmassen verschiedenen Ursprungs. Mitt. M. I. Helsingfors Nr 22 [Soc. Scient. Fennica, Comm. phys.-math. **6**, 7] (1932).

(256) FRANKENBERGER, E.: Über die Koagulation von Wolken und Nebel. Physikalische Z. **31**, 835 (1930).

(257) FRIEDRICHS, H.: Der Zusammenhang der Luftkörper mit den meterologischen Elementen, insbesondere mit dem Trübungsgrad. Wetter **47**, 257 (1930).

(258) FRISCH, K.: Die Veränderungen der klimatischen Elemente nach den meteorologischen Beobachtungen von Tartu 1866—1930. Acta et Comm. Univ. Tartuensis A, **23**, Nr 5 (1932).

(259) GAIGEROV, S. S.: Synoptic conditions accompanying tornadoes in the United States during 1884. B. A. M. S. **21**, 229 (1940).

(260) GEDDES, A. E. M.: Temperature trend at Aberdeen from 1870 to 1932. Q. J. **61**, 347 (1935).

(261) GEIGER, R.: Das Klima der bodennahen Luftschicht. Die Wissenschaft, Bd. 78, 2. Aufl. (Braunschweig 1942).

(262) GEORGE, J. J.: Fog: Jts causes and forecasting with special reference to eastern and southern United States. B. A. M. S. **21**, 135, 261, 285 (1940).

(263) GEORGI, J. u. H. MARKGRAF: Der Gewittersturm von Ütersen am 10. August 1925. M. Z. **45**, 81 (1928).

(264) GEORGII, W.: Ein bemerkenswerter Kälteeinbruch. M. Z. **39**, 225 (1922).

(265) GEORGII, W.: Wettervorhersage. (Dresden-Leipzig 1924).

(266) GEORGII, W.: Flugmeteorologie. (Leipzig 1927).

(267) GHERZI, E.: Air masses acting over China and the adjoining seas. B. z. P. d. f. A. **24**, 45 (1938).

(268) GODSKE, C. L.: A simplified treatment of some fluid oscillations. Astrophysica Norwegica 1, No 5 (1935).

(269) GODSKE, C. L.: Zur Theorie der Bildung außertropischer Zyklonen. M. Z. **53**, 445 (1936).

(270) GOEDECKE, E.: Die mittleren Temperaturverhältnisse im Oberflächenwasser der Irischen See. A. H. **66**, 525 (1938).

(271) GOEDECKE, E.: Die Temperatur- und Salzgehaltsanomalien des Oberflächenwassers der Deutschen Bucht auf Grund der deutschen Feuerschiffsbeobachtungen 1923—1936. Ber. dtsch. Wiss. Komm. Meeresforsch. Neue Folge 9, 254 (1939).

(272) GOEDECKE, E.: Die „säkulare" Erwärmung des Isländischen Küstenwassers. A. H. **67**, 454 (1939).

(273) GOEDECKE, E.: Über jahreszeitliche Schwankungen des hydrographischen Zustandes im südlichen Barents-Meer und im Gebiet Lofoten-Bäreninsel-Spitzbergen. Conseil Permanent International pour l'Exploration de la Mer. Extrait du Rapports et Procès-Verbaux **109**, III/18 (1939).

(274) GOLD, E.: Fronts and occlusions. Q. J. **61**, 107 (1935).

(275) GOLDIE, A. H. R.: Characteristics of rainfall distribution in homogenous air currents and at surfaces of discontinuity. British G. M. **6**, No 53 (1931).

(276) GÖLLES, F.: Untersuchungen über den Luftdruckgang bei Kältewellen im Gebiete des Kaspischen Meeres. M. Z. **39**, 97 (1922).

(277) GÖLLES, F.: Kältewellen im Gebiet des Kaspischen Meeres. Sitz.-Ber. Wien **131**, 327 (1922).

(278) GRIESSBACH, K.: Korrelation von Luftdruckwellen der Nordhemisphäre. Veröff. G. I. Leipzig **6**, 1 (1933).

(279) GROISSMAYR, F. B.: Bedrohliche Abnahme der Kontinentalität im Klima Mitteleuropas. M. Z. **45**, 232 (1928).

(280) GROISSMAYR, F. B.: Eine 24jährige Witterungsperiode. A. H. **65**, 118, 370 (1937); **68**, 200 (1940); **69**, 145 (1941); **70**, 80 (1942).

(281) GROSSMANN, L.: Wie steht es um unsere Wettervorhersage? A. H. **40**, 1 (1912).

(282) GRUNDMANN, W. u. O. MOESE: Die Verwendungsmöglichkeit der Relationen zwischen Trübungsfaktoren und Luftkörpern für die praktische Wetteranalyse. A. H. **59**, 253 (1931).

(283) GUILBERT, W. G.: Nouvelle méthode de prévision du temps. (Paris 1909).

(284) GUTENBERG, B.: Handbuch der Geophysik, Bd. IX, Lieferung 2: G. STÜVE, Thermodynamik der Atmosphäre. — Die atmosphärische Zirkulation. (Berlin 1937).

(285) GUTERMANN, I. G.: Vertical temperature gradients above Franz Josef Land. M. i. G. **1938**, Nr 6, 56. Übersetzung: B. A. M. S. **19**, 433 (1938).

(286) HANN, J. v.: Über das Luftdruck-Maximum vom 23. I. bis 3. II. 1876 nebst Bemerkungen über die Luftdruck-Maxima im allgemeinen. Ö. M. Z. **11**, 129 (1876).

(287) HANN, J. v.: Barometer-Maxima und -Minima auf Pikes Peak. M. Z. **15**, 58 (1898).

(288) HANN, J. v.: Die Temperatur der Cyklonen und Anticyklonen. M. Z. **22**, 490 (1905).

(289) HANN, J. v.: Handbuch der Klimatologie, Bd. I: Allgemeine Klimalehre, 4. Aufl., bearbeitet von K. KNOCH. (Stuttgart 1932).

(290) HANN, J. v. u. R. SÜRING: Lehrbuch der Meteorologie, 5. Aufl. (Leipzig 1943).

(291) HÄNSCH, F.: Über die 24tägige Welle des Winters 1923/24. Veröff. G. I. Leipzig **5**, 169 (1932).

(292) HANZLIK, ST.: Die räumliche Verteilung der meteorologischen Elemente in den Antizyklonen (Zyklonen). Denkschriften der Wiener Akademie der Wissenschaften 84, 163 (1908); 88, 67 (1912).

(293) HAUDE, W., O. MOESE u. G. REYMANN: Ergebnisse von Nebel-Untersuchungen in Schlesien während des Frühjahrs 1936. Abh. R. f. W. **3**, Nr 1 (1937).

(294) HARTENSTEIN, G.: Über Vertikalbewegungen an der Vorderseite eines Hochdruckgebietes. Syn. Bearb. Frankfurt Nr 6 (1934).

(295) HAURWITZ, B.: Beziehungen zwischen Luftdruck- und Temperaturänderungen. Veröff. G. I. Leipzig **3**, 267 (1927).

(296) HAURWITZ, B.: Investigations of atmospheric periodicities at the Geophysical Institute, Leipzig. M. W. R. **61**, 219 (1933).

(297) HAURWITZ, B.: On the change of wind with elevation under the influence of viscosity in curved air currents. G. B. z. G. **45**, 243 (1935).

(298) HAURWITZ, B.: The oscillations of the atmosphere. G. B. z. G. **51**, 195 (1937).

(299) HAURWITZ, B.: Dynamic Meteorology. (New York-London 1941).

(300) HAURWITZ, B. and E. HAURWITZ: Pressure and temperature variations in the free atmosphere over Boston. Harvard Meteorological Studies **3** (1939).

(301) HAURWITZ, B. and W. E. TURNBULL: Relations between interdiurnal pressure and temperature variations in troposphere and stratosphere over North America. Canadian Meteorological Memoirs **1**, No 3 (1938).

(302) HAURWITZ, B. u. H. WEXLER: Trübungsfaktoren nordamerikanischer Luftmassen. M. Z. **51**, 236 (1934).

(303) HEIDKE, P.: Erfolg und Güte örtlicher Vorhersagen im täglichen Wetterdienst. Archiv D. S. **45**, Nr 1 (1928). Ergänzung: Ergebnisse einer objektiven Prüfung von Wettervorhersagen. M. Z. **52**, 487 (1935).

(304) HEIDKE, P.: Vorschläge zur objektiven Prüfung von Wetterdienst-Vorhersagen der Temperatur in Graden und der Bewölkung in Zehnteln für den nächsten Tag. A. H. **69**, 222 (1941).

(305) HELLMANN, G.: Untersuchungen über die Schwankungen der Niederschläge. Veröff. Pr. M. I. Berlin Nr 207 [Abh. Pr. M. I. Berlin **3**, 1] (1909).

(306) HELLMANN, G.: Störungen im jährlichen Gang der Temperatur in Deutschland. Sitz.-Ber. Berlin **1923**, II, 4.

(307) HELLMANN, G. u. G. v. ELSNER: Meteorologische Untersuchungen über die Sommerhochwasser der Oder. Veröff. Pr. M. I. Berlin Nr 230 (1911).

(308) HENNIG, R.: Praktische Wetterregeln für jedermann. (Leipzig-Wien 1921).

(309) HERGESELL, H.: Der tägliche Gang der Temperatur in der freien Atmosphäre über Lindenberg. Abh. Pr. Obs. Lindenberg **14**, 1 (1922).

(310) HERGESELL, H.: Die Entwicklung der Aerologie. M. Z. **43**, 322 (1926).

(311) HERRMANN, M.: Scirocco-Einbrüche in Mitteleuropa. Veröff. G. I. Leipzig **4**, 181 (1929).

(312) HERRSTRÖM, E.: Zur atmosphärischen Steuerung. Syn. Bearb. Frankfurt Nr 5 (1934).

(313) HESS, B.: Zyklonenauflösung an einer Frontalzone. Archiv D. S. **59**, Nr 8 (1939).

(314) HESSELBERG, TH.: Über eine Beziehung zwischen Druckgradient, Wind und Gradientänderungen. Veröff. G. I. Leipzig **1**, 207 (1913).

(315) HESSELBERG, TH.: Über die Luftbewegungen im Zirrusniveau und die Fortpflanzung der barometrischen Minima. B. z. P. d. f. A. **5**, 198 (1913).

(316) HESSELBERG, TH. u. B. J. BIRKELAND: Säkulare Schwankungen des Klimas von Norwegen. Die Lufttemperatur. Geof. Publ. **14**, No 4 (1940).

(317) HESSELBERG, TH. u. H. V. SVERDRUP: Die Reibung in der Atmosphäre. Veröff. G. I. Leipzig **1**, 241 (1915).

(318) HILDEBRANDSSON, H. H. et A. TEISSERENC DE BORT: Les bases de la météorologie dynamique, Bd. I. (Paris 1898).

(319) HOBBS, W. H.: Glacial anticyclones. (New York 1926).

(320) HOBBS, W. H.: The Greenland glacial anticyclone. J. o. M. **2**, 143 (1945).

(321) HOFFMEISTER, J.: Singularitäten im jährlichen Gang der Niederschlagsmenge Nordwestdeutschlands. Wetter **51**, 37 (1934).

(322) HOFMANN, A.: Methoden der mittelfristigen Witterungsvorhersage. M. R. **1**, 233 (1948).

(323) HOINKES, H.: Regeneration und Teilung langlebiger Drucksteiggebiete. Sitz.-Ber. Wien **149**, 367 (1940). Auszug: Über Teilungen und Kreuzungen von Steiggebieten des Luftdrucks. A. H. **69**, 49 (1941).

(324) HOLMBOE, J., G. E. FORSYTHE and W. GUSTIN: Dynamic Meteorology. (New York 1945).

(325) HORNICKEL, K.: Danziger Seewindstudien III: Zur Aerologie des Seewindes. F. Danzig H. 11 (1942).

(326) HOUGHTON, H. G. and W. H. RADFORD: On the local dissipation of natural fog. Mass. Papers **6**, No 3 (1938).

(327) HRUDIČKA, B.: Zur Himmelsblaufarbe. M. Z. **56**, 119 (1939).

(328) HUBERT, H.: Les masses d'air de l'Ouest Africain. Ann. de phys. du globe de la France d'outre mer. **5**, 33 (1938).

(329) HUMPHREYS, W. J.: Volcanic dust and other factors in the production of climatic changes and their possible relation to ice ages. Bulletin of Mount Weather Obs. **6**, H. 1 (1913). Siehe auch: Physics of the air. 3. Aufl. (New York 1929.)

(330) ISRAEL, H. u. F. SCHINDELHAUER: Die Peilung von Luftstörungen der drahtlosen Telegraphie zum Zwecke der Wettererkundung. F. u. E. d. R. Reihe B, Nr 18 (1944).

(331) JEFFREYS, H.: On traveling atmospheric disturbances. Philosophical Magazine **37**, No 217, 1 (1919).

(332) JELINEK, A.: Untersuchung periodischer Tageswinde in Südtirol. B. z. P. d. f. A. **21**, 223 (1934).

(333) JELINEK, A.: Beiträge zur Mechanik der periodischen Hangwinde. B. z. P. d. f. A. **24**, 60 (1937).

(334) JELINEK, A.: Über den thermischen Aufbau der periodischen Hangwinde. B. z. P. d. f. A. **24**, 85 (1937).

(335) JELINEK, A. u. A. RIEDEL: Über die Schichtdicke der periodischen Lokalwinde im Inntal. B. z. P. d. f. A. **24**, 205 (1937).

(336) JENSEN, S. A.: Concerning a change of climate during recent decades in the arctic and subarctic regions, from Grenland in the west to Eurasia in the east, and contemporary biological and geophysical changes. Kgl. Danske Vidensk. Selsk. Biol. Medd. **14**, 1 (1939).

(337) JOHANSSON, O. V.: Die abnehmende Kontinentalität in Europa. Mitt. M. I. Helsingfors Nr 13 (1929).

(338) JOHANSSON, O. V.: Die Temperaturverhältnisse Spitzbergens (Svalbard). A. H.. **64**, 81 (1936).

(339) JUNGE, C.: Turbulenzmessungen in den höheren Atmosphärenschichten. A. H. **66**, 104 (1938).

(340) KEIL, K.: Zur Geschichte der Meteorologie. Wetter **61**, 120 (1944).

(341) KHANEWSKY, W.: Zur Frage über die Konstitution und Entstehung hoher Antizyklonen. M. Z. **46**, 81 (1929).

(342) KIDSON, E. and J. HOLMBOE: Frontal methods of weather analysis applied to the Australia-New Zealand area. N. Zealand Dept. of Scient. and Industrial Research. Met. Branch. (Wellington 1935).

(343) KIMBALL, H. H.: Variation in solar radiation intensities measured at the surface of the earth. M. W. R. **52**, 527 (1924).

(344) KINCER, J. B.: Is our climate changing? M. W. R. **61**, 251 (1933).

(345) KIRDE, K.: Change of climate in the northern hemisphere. Acta et Comm. Univ. Tartuensis, A **33** (1939).

(346) KIROFF, K. T.: Der jährliche Temperaturgang in Bulgarien. M. Z. **45**, 224 (1928).

(347) Kissler, F.: Eisgrenzen und Eisverschiebungen in der Arktis zwischen 50° West und 105° Ost im 34jährigen Zeitraum 1898—1931. G. B. z. G. **42**, 12 (1934).

(348) Kleinschmidt, E. jr.: Zur Theorie der labilen Anordnung. M. Z. **58**, 157 (1941.)

(349) Kleinschmidt, E. jr.: Stabilitätstheorie des geostrophischen Windfeldes. A. H. **69**, 305 (1941).

(350) Klütscharew, S. S.: Über die Forschungsmethoden der Luftmassentransformation. M. i. G. **1938**, Nr 5, 51 (Russ.).

(351) Knoch, K.: Klima und Klimaschwankungen. (Leipzig 1930).

(352) Knoerzer, A.: Eine winterliche Kälteinsel in Bayern. M. Z. **47**, 21 (1930).

(353) Knothe, H. u. O. Moese: Meteorologische Ursachen des schlesischen Maihochwassers 1939. 112. Jahresbericht der Schles. Ges. für vaterl. Cultur, naturw.-mediz. Reihe Nr 7 (1939).

(354) Kohlbach, W.: Beispiele zur Anwendung der Formeln von Angervo im Wetterdienst. M. Z. **48**, 360 (1931).

(355) Kölzer, J.: Die Witterung in Polen unter dem Einfluß der Zugstraße Vb. M. Z. **35**, 1 (1918).

(356) Konček, N.: Synoptische Betrachtung der Störungen im Jahresgang der meteorologischen Elemente im Laufe des Sommerhalbjahres in Mitteleuropa. M. Z. **58**, 79 (1941).

(357) König, W.: Über die Niederschläge der Vb-Depressionen. Veröff. Pr. M. I. Berlin Nr 345, 84 (1927).

(358) König, W.: Weitere Bemerkungen zu den Niederschlägen der Vb-Depressionen. M. Z. **45**, 29 (1928).

(359) König, W.: Beitrag zur Frontentheorie. M. Z. **45**, 269 (1928).

(360) König, W.: Über die Erschließung hoher Druckwellen durch Änderungskarten. Veröff. Pr. M. I. Berlin Nr 355, 56 (1928).

(361) König, W.: 80jährige Mittelwerte der Lufttemperatur für jeden Tag des Jahres in Berlin (Reihe 1848—1927). Wetter **46**, 129 (1929).

(362) Köppen, W.: Über mehrjährige Perioden der Witterung, insbesondere über die 11jährige Periode der Temperatur. Ö. M. Z. **8**, 241 (1873).

(363) Köppen, W.: Bemerkungen über die vertikale Verteilung des Luftdruckes. Ö. M. Z. **17**, 81 (1882).

(364) Köppen, W.: Barometermaxima. Ö. M. Z. **17**, 94 (1882).

(365) Köppen, W.: Erläuterungen zur Karte der Häufigkeit und der mittleren Zugstraßen barometrischer Minima zwischen Felsengebirge und Ural. Ö. M. Z. **17**, 257 (1882).

(366) Köppen, W.: Der Gewittersturm vom 9. August 1881. A. H. **10**, 595, 714 (1882). Ferner M. Z. **1**, 232 (1884).

(367) Köppen, W.: Über den Einfluß der Temperaturverteilung auf die oberen Luftströmungen und auf die Fortpflanzung der barometrischen Minima. A. H. **10**, 657 (1882).

(368) Köppen, W.: Die Bewegung der barometrischen Minima in den Tagen vom 20. bis 24. Januar 1886 über Europa. M. Z. **3**, 505 (1886).

(369) Köppen, W.: Über die Gestalt der Isobaren in ihrer Abhängigkeit von Seehöhe und Temperatur-Verteilung. M. Z. **5**, 470 (1888).

(370) Köppen, W.: Wie erkennt man Blindlingsprognosen? Hann-Band der M. Z. 347 (1906).

(371) Köppen, W.: Über die Guilbertschen Regeln für die Wetterprognose. M. Z. **26**, 29 (1909).

(372) Köppen, W.: Lufttemperaturen, Sonnenflecke und Vulkanausbrüche. M. Z. **31**, 305 (1914).

(373) Köppen, W.: Über Böen, insbesondere die Böe vom 9. September 1913. A. H. **42**, 303 (1914).

(374) Köppen, W.: H. W. Dove und wir. M. Z. **38**, 289 (1921).

(375) Köppen, W.: Das Gesetz in der Wiederkehr strenger Winter in Westeuropa. M. Z. **47**, 205 (1930).

(376) Köppen, W.: Die Anfänge der deutschen Wettertelegraphie in den Jahren 1862—1880. B. z. P. d. f. A. **19**, 27 (1932).

(377) Köppen, W.: Anzeichen für die Schwächung und Verstärkung der Hochdruckgebiete aus den Pilotaufstiegen. A. H. **61**, 374 (1933).

(378) Köppen, W.: Die Schwankungen der Jahrestemperatur im westlichen Mitteleuropa von 1761 bis 1936. A. H. **65**, 297 (1937).

(379) Köppen, W. u. R. Geiger: Handbuch der Klimatologie. (Berlin 1936).

(380) Koschmieder, H.: Der Seewind von Danzig. M. Z. **52**, 491 (1935).

(381) Koschmieder, H.: Danziger Seewindstudien I. F. Danzig H. 8 (1936); II. H. 10 (1941).

(382) Koschmieder, H. Über Böen. Abh. R. f. W. 8, Nr 3 (1940). Ferner: M. Z. **61**, 244 (1944). — Über Böen und Tromben. Naturwissenschaften **33**, 203, 235 (1946).

(383) Koschmieder, H.: Druck- und Geschwindigkeitsänderungen an Grenzflächen. M. Z. **58**, 269 (1941).

(384) Koschmieder, H.: Über das Zerfließen einer Kaltluftmasse. M. Z. **59**, 303 (1942).

(385) Koschmieder, H.: Dynamische Meteorologie, 2. Aufl. (Leipzig 1941).

(386) Kratoschwill, F.: Über kalte und strenge Winter in Mitteleuropa. M. Z. **57**, 420 (1940).

(387) Kuhlbrodt, E. u. J. Reger: Wissenschaftliche Ergebnisse der Deutschen Atlantischen Expedition auf dem Forschungs- und Vermessungsschiff Meteor 1925—1927, Bd. 15 (1933).

(388) Kuhnke, W.: Groß-Schneefälle in Deutschland, besonders die Schneebruchkatastrophe vom 16. April 1936. M. Z. **56**, 418 (1939).

(389) Künner, J.: Vertikalschnitte durch Kaltfronten. M. Z. **56**, 249 (1939).

(390) Kupfer, E.: Die Zyklonenfamilie vom 12. bis 20. Mai 1935. M. Z. **52**, 313 (1935).

(391) Küttner, J.: Die atmosphärischen Gleichgewichts-Verhältnisse über Lappland im Polarsommer. B. z. P. d. f. A. **24**, 98 (1937).

(392) Küttner, J.: Moazagotl und Föhnwelle. B. z. P. d. f. A. **25**, 79 (1938).

(393) Küttner, J.: Zur Entstehung der Föhnwelle. B. z. P. d. f. A. **25**, 251 (1939).

(394) Küttner, J.: Die Rolle der Tropopause bei der Zyklogenese. B. z. P. d. f. A. **26**, 152 (1940).

(395) Lacey, J. K.: A study of meteorological and physical factors affecting the formation of ice on airplanes. B. A. M. S. **21**, 357 (1940).

(396) Lamatsch, B.: Zur Vorausberechnung der Bewegung von Hoch- und Tiefdruckzentren nach der Methode von J. M. Angervo. M. Z. **50**, 137 (1933).

(397) LAMMERT, L.: Der mittlere Zustand der Atmosphäre bei Südföhn. Veröff. G. I. Leipzig **2**, 261 (1920).

(398) LAMMERT, L.: Strahlungsmessungen und frontologische Untersuchungen in Australien. M. Z. **48**, 495 (1931).

(399) LAMMERT, L.: Frontologische Untersuchungen in Australien. B. z. P. d. f. A. **19**, 203 (1932).

(400) LAY, W.: Synoptische Luftdrucksingularitäten. F. u. E. d. R., Reihe B, Nr 4 (1941).

(401) LEHMANN, K.: Symmetriepunkte des Luftdrucks. G. B. z. G. **30**, 241 (1931).

(402) LEISTNER, W.: Die orkanartigen Stürme vom 7. September, 18. und 27. Oktober 1936 nach den Registrierungen an der Bioklimatischen Forschungsstelle des Reichsamts für Wetterdienst in Wyk auf Föhr. A. H. **65**, 234 (1937).

(403) LESS, E.: Über die Vorausbestimmung des nächtlichen Temperaturminimums. M. Z. **47**, 127 (1930).

(404) LETTAU, H.: Theoretische Ableitung und physikalischer Nachweis einer 36tägigen Luftdruckwelle. Veröff. G. I. Leipzig **5**, 107 (1931).

(405) LETTAU, H.: Atmosphärische Turbulenz. (Leipzig 1939).

(406) LETTAU, H.: Die thermodynamische Beeinflussung arktischer Luftmassen über warmen Meeresflächen als Problem der meteorologischen Strömungs- und Turbulenzlehre. Schriften der Deutschen Akademie der Luftfahrtforschung **8**, 85 (1944).

(407) LI, S.: Untersuchungen über Taifune. Veröff. M. I. Berlin **1**, H. 5 (1936).

(408) LINGELBACH, E.: Zyklonenbildung als Folge der Advektion im quasigeostrophischen Windfeld. Veröf. G. I. Leipzig **15**, H. 3 (1948).

(409) LINKE, F.: Meteorologisches Taschenbuch. I. bis V. Ausgabe. (Leipzig 1931—1939).

(410) LINKE, F.: Die Luftkörperklimatologie, eine Streitfrage zwischen Geographen und Meteorologen. B. B. **9**, 19 (1942).

(411) LINKE, F. u. E. DINIES: Über Luftkörperbestimmungen. Wetter **47**, 1 (1930).

(412) LITTWIN, W.: Die Energie trocken- und feuchtlabiler Schichtungen. F. Danzig H. 4 (1935).

(413) LOCKYER, N.: Monthly mean values of barometric pressure for 73 selected stations over the earth's surface. Solar Physics Observatory, South Kensington (1908).

(414) LOEWE, F.: Report on the divergence theory of the formation of cyclones. Commonwealth of Australia, Meteorol. Bureau, Bulletin No **29** (1923).

(415) LÖHLE, F.: Dunstschichtung und hohe Druckwellen. M. Z. **57**, 129 (1940).

(416) LORENZ, H.: Untersuchungen der Steuerung der 24stündigen Druckänderungsgebiete in Europa. Veröff. G. I. Leipzig **14**, 1 (1941).

(417) LUCHT, F.: Der Anteil der Stratosphäre an der Steuerung der Zyklonen und Antizyklonen auf Grund der Theorie der singulären Advektion erster Ordnung. M. Z. **58**, 11 (1941).

(418) LUDWIG, G.: Der Temperatur- und Wärmehaushalt in einem Hochdruckgebiet. Syn. Bearb. Frankfurt Nr 8 (1935).

(419) LUMBY, J. R.: Salinity and temperature of the English Channel. Min. of Agriculture and Fisheries; Fishery investigations, Serie II, **14**, Nr 3.

(420) LUNZ, P.: Grenzzustand des Gradientwindes im Hoch. M. Z. **59**, 326 (1942).

(421) LUNZ, P.: Gradientwind und Isobarenkrümmung. M. Z. **59**, 388 (1942).

(422) LYSGAARD, L.: Änderungen des Klimas von Dänemark seit 1800. M. Z. **54**, 109 (1937).

(423) McDONALD, W. F.: The hurricane of August 31 to September 6, 1935. M. W. R. **63**, 269 (1935).

(424) McDONALD, W. F.: Lowest barometer reading in the Florida Keys storm of September 2, 1935. M. W. R. **63**, 295 (1935).

(425) McDONALD, W. F.: On a hypothesis regarding normal development and decay of tropical hurricanes (I). B. A. M. S. **23**, 73 (1942).

(426) MACHT, H. G.: Skagerrak-Zyklonen. Analysen der Wetterlagen vom 25.—27. März 1930 und 2.—4. März 1931. Veröff. G. I. Leipzig **9**, 103 (1937).

(427) MÄDE, A.: Ein Beitrag zur Symmetrieerscheinung von Luftdruckgängen des Winters 1928/29. Veröffentlichungen des Reichsamts für Wetterdienst Nr 409 [Abh. Pr. M. I. Berlin **10**, Nr 6] (1935).

(428) MAMONTOWA, L. u. S. CHROMOW: Trübungsfaktoren für verschiedene Typen troposphärischer Luftmassen über Moskau. M. Z. **50**, 11 (1933).

(429) MARGULES, M.: Über die Energie der Stürme. Jahrbuch der Zentralanstalt für Meteorologie in Wien 1903, Anhang (1905).

(430) MARGULES, M.: Zur Sturmtheorie. M. Z. **23**, 481 (1906).

(431) MARKGRAF, H.: Gewitter an einer Aufgleitfront. A. H. **56**, 47 (1928).

(432) MARKGRAF, H.: Entwicklung des „Täglichen Wetterberichts" von 1876 bis 1934. A. H. **63**, 214 (1935).

(433) MARKGRAF, H.: Kinematisch bedingte Druckänderungen in der Atmosphäre. A. H. **69**, 214 (1941).

(434) MÄRZ, E.: Das Aprilwetter und seine Schauerserien. (Diss. Leipzig 1936).

(435) MAYER, H.: Zur Kompensation atmosphärischer Druckänderungen. M. Z. **54**, 41 (1937).

(436) MAYNARD, R. H.: Radar and weather. J. o. M. **2**, 214 (1945).

(437) MECKING, L.: Nordamerika, Nordeuropa und der Golfstrom in der elfjährigen Klimaperiode. A. H. **46**, 1 (1918).

(438) MEINARDUS, W.: Die Luftdruckverhältnisse und ihre Wandlungen südlich von 30° südlicher Breite. M. Z. **46**, 41, 86 (1929).

(439) MÉMÉRY, H.: Les bases de l'influence des phénomènes solaires en météorologie. (1936).

(440) MEYER, H. K.: Luftmassenbewegung und Luftmassenumwandlung in einer rasch ziehenden Zyklone. Archiv D. S. **62**, Nr 6 (1943).

(441) MICHEL, W.: Über einige aerosynoptische Merkmale der Änderungen barischer Gebiete. Recueil de Géophysique, Bd. V. (Leningrad 1932).

(442) MIEGHEM, J. VAN: Analyse aérologique d'un front froid remarquable. Inst. Met. Brüssel, Mémoires **7** (1937).

(443) MIEGHEM, J. VAN: Dynamische luchtdrukveranderingen in een polaire atmosfeer zonder frontvlakken. Wis. en Natuurk. Tijdschr. Deel **9**, 53 (1938).

(444) MIEGHEM, J. VAN: Sur l'existence de l'air tropical froid et de l'effet de foehn dans l'atmosphère libre. Inst. Met. Brüssel, Mémoires 12 (1939).

(445) MIEGHEM, J. VAN: Sur les variations dynamiques de la pression atmosphérique. Acad. roy. de Belgique, Bull. de la Classe des Sciences, 5ième Série, 25, 243 (1939).

(446) MIEGHEM, J. VAN: Sur les champs de déformation dans les cyclones et les anticyclones. Acad. roy. de Belgique, Bull. de la Classe des Sciences, 5ième Série, 25, 598 (1939).

(447) MIEGHEM, J. VAN: Le premier exemple d'analyse d'un cyclone dans l'espace et le temps. Inst. Met. Brüssel, Miscellanées Fasc. II (1939).

(448) MIEGHEM, J. VAN: Analyse aerologique du cyclone du 17—19 décembre 1936 sur l'Europe occidentale. Inst. Met. Brüssel, Mémoires 10 (1939).

(449) MIELKE, J.: Die Temperaturschwankungen 1870—1910 in ihrem Verhältnis zu der elfjährigen Sonnenfleckenperiode. Archiv D. S. 36, Nr 3 (1913).

(450) MILDNER, P.: Über Luftdruckwellen. Veröff. G. I. Leipzig 3, 173 (1926).

(451) MILDNER, P.: Über Symmetriepunkte und ihren prognostischen Wert. B. z. P. d. f. A. 17, 1 (1930).

(452) MODEL, F.: Symmetriepunkt und Wetterkartensymmetrie. Veröff. G. I. Leipzig 11, 79 (1938).

(453) MOESE, O.: Radiation und Fronten. Wetter 42, 285 (1925).

(454) MOESE, O.: Strahlungsmessungen in Verbindung mit allgemein-meterologischen Beobachtungen während der Hochsaison 1927 als Beitrag zur medizinischen Klimatologie Helgolands. Berichte des strahlungs-klimatologischen Stationsnetzes im deutschen Nordseegebiet 1, 35 (1927).

(455) MOESE, O.: Stau und Föhn als Haupteffekte für das Klima Schlesiens. Veröff. Schles. Ges. Erd. u. Geogr. Inst. Univ. Breslau (1937).

(456) MOESE, O. u. G. SCHINZE: Die Schleifzone vom 15. und 16. Oktober 1926. Wetter 44, 2 (1927).

(457) MOESE, O. u. G. SCHINZE: Thetagramm-Papier. M. Z. 49, 71 (1932).

(458) MOESE, O. u. G. SCHINZE: Die beiden Hauptfrontalzonen AF und PF. Bemerkungen über ihre Rolle für Europa. A. H. 60, 407 (1932).

(459) MOLL, E.: Aerologische Untersuchung periodischer Gebirgswinde in V-förmigen Alpentälern. B. z. P. d. f. A. 22, 177 (1935).

(460) MÖLLER, F.: Neue graphische Verfahren zur dynamischen Meteorologie. M. Z. 46, 550 (1929).

(461) MÖLLER, F.: Höhenwindmessungen und horizontales Temperaturfeld. B. z. P. d. f. A. 22, 229 (1935).

(462) MÖLLER, F.: Druckfeld und Wind. M. Z. 53, 284 (1936).

(463) MÖLLER, F.: Über den täglichen Gang des Dampfdruckes und seiner interdiurnen Veränderlichkeit. M. Z. 54, 124 (1937).

(464) MÖLLER, F.: Gibt es nur stratosphärische Steuerung? M. Z. 55, 87 (1938).

(465) MÖLLER, F.: Der Jahresgang der Temperatur in der Stratosphäre. M. Z. 55, 161 (1938).

(466) MÖLLER, F.: Pseudopotentielle und äquivalentpotentielle Temperatur. M. Z. 56, 1 (1939).

(467) MÖLLER, F.: Die Wärmestrahlung des Wasserdampfes in der Atmosphäre. G. B. z. G. 58, 11 (1941).

(468) MÖLLER, F.: Der Zusammenhang statischer und dynamischer Labilität nach E. KLEINSCHMIDT. M. Z. 60, 269 (1943).

(469) MÖLLER, F. u. R. MÜGGE: Zur Berechnung von Strahlungsströmen und Temperaturänderungen in Atmosphären von beliebigem Aufbau. Z. f. G. 8, 53 (1932).

(470) MÖLLER, F. u. R. MÜGGE: Über Abkühlungen in der freien Atmosphäre infolge der langwelligen Strahlung des Wasserdampfes. M. Z. 49, 95 (1932).

(471) MÖLLER, F. u. P. SIEBER: Über die Abweichungen zwischen Wind und geostrophischem Wind in der freien Atmosphäre. A. H. 65, 312 (1937).

(472) MOLLWO, H.: Der Zusammenhang von Druck- und Temperaturänderungen. M. Z. 53, 293 (1936).

(473) MOLLWO, H.: Druckveränderlichkeit und Kompensation. B. z. P. d. f. A. 23, 199 (1936).

(474) MOLTCHANOFF, P. A.: Ein neues Schema der atmosphärischen Prozesse in warmen und kalten Luftmassen. M. Z. 53, 312 (1936). Ferner: On the aerological scheme of the atmospheric structure during the passage of the warm and cold air masses. U. G. G. I. 6, 120 (1939).

(475) DE MONTS: Rôle catalyseur de l'air polaire dans la genèse d'un cyclone tropical (26.—28. janvier 1935). Ann. Physique du Globe 2, 178 (1935).

(476) MORÁN SAMANIEGO, F.: Apuntes de Termodinámica de la Atmósfera. Ministerio del Aire, Servicio Meteorologico Nacional, Publicaciones Serie B (Textos) No 4 (1945).

(477) MOSBY, H.: Svalbard waters. Geof. Publ. 12, No 4 (1938).

(478) MÜGGE, R.: Über warme Hochdruckgebiete und ihre Rolle im atmosphärischen Wärmehaushalt. Veröff. G. I. Leipzig 3, 239 (1927).

(479) MÜGGE, R.: Synoptische Betrachtungen. M. Z. 48, 1 (1931).

(480) MÜGGE, R.: Die stratosphärische Steuerung während der Kälteperiode im November 1929. Syn. Bearb. Frankfurt Nr 1 (1932).

(481) MÜGGE, R.: Energetik des Wetters. M. Z. 52, 168 (1935).

(482) MÜGGE, R.: Betrachtungen zur Zyklogenese. M. Z. 55, 1 (1938).

(483) MÜGGE, R.: Über das Wesen der Steuerung. M. Z. 55, 197 (1938).

(484) MÜGGE, R. u. P. SIEBER: Über wetterwirksame Druckänderungen. M. Z. 52, 413 (1935).

(485) MÜLLER, H. G.: Ein neues elektrisches Höhenwindmeßverfahren. F. u. E. d. R., Reihe B, Nr 20 (1944).

(486) MÜLLER-ANNEN, H.: Eine Studie über die Struktur des sommerlichen Temperaturganges. A. H. 63, 305, 466 (1935).

(487) MÜLLER-ANNEN, H.: Untersuchungen zur Fehlvorhersage vom 19. Oktober 1936. A. H. 65, 252 (1937).

(488) MÜLLER-ANNEN, H.: Schneefälle in kontinental-arktischer Kaltluft über der Nordsee. A. H. 67, 125 (1939).

(489) MÜLLER-ANNEN, H.: Singularitäten des Niederschlags in Nordwestdeutschland. A. H. 69, 73 (1941).

(490) Müller-Annen, H.: Nebelentstehung und Nebelarten im Küstengebiet der Deutschen Bucht. F. u. E. d. R., Reihe A Nr 5 (1941).

(491) Myrbach, O. v.: Die Polarfront und — Dove. M. Z. 38, 129 (1921).

(492) Myrbach, O. v.: Der kalte Winter 1939/40 im hundertjährigen Wetterrhythmus und seine Beziehung zum Sonnenfleckenverlauf. M. Z. 57, 442 (1940).

(493) Namias, J.: Subsidence within the atmosphere. Havard Met. Stud., publ. by the Blue Hill Met. Obs. Nr 2 (1934).

(494) Namias, J.: An introduction to air mass analysis. III: The Rossby diagram—plotting routine. B. A. M. S. 15, 285 (1934).

(495) Namias, J.: An introduction to the study of air mass analysis. IV: The Rossby diagram—interpretation. B. A. M. S. 16, 16 (1935).

(496) Namias, J.: An introduction to the study of air mass analysis. V, VI: Elements of frontal structure. B. A. M. S. 16, 67, 104 (1935).

(497) Namias, J.: An introduction to the study of air mass analysis. VII: Elements of cyclonic structure. B. A. M. S. 16, 124 (1935).

(498) Namias, J.: An introduction to the study of air mass analysis. The Americ. Met. Soc. (Milton 1938).

(499) Namias, J.: Thunderstorm forecasting with the aid of isentropic charts. B. A. M. S. 19, 1 (1938).

(500) Namias, J.: Air mass and isentropic analysis. 5. Aufl. (1943).

(501) Namias, J. and P. F. Clapp: Studies of the motion and development of long waves in the westerlies. J. o. M. 1, 57 (1944).

(502) Neumann, E.: Die Rolle der Zirkulationsleistung und der horizontalen Strömungsdivergenz bei der Westwetterlage vom 14.—16. Februar 1935. Abh. R. f. W. 4, Nr 6 (1938).

(503) Newcomb, S.: A search for fluctuations in the sun's thermal radiation throught their influence on terrestrial temperature. (Philadelphia 1908).

(504) Nohascheck, H.: Der Zustand der freien Atmosphäre bei Nebelfrost- und Glatteiswetterlagen. Archiv D. S. 50, Nr 3 (1931).

(505) Normand, C. W. B.: Wet-bulb temperatures and the thermodynamics of the air. Memoirs of the Indian Met. Dept. 23, 1 (1921).

(506) Normand, C. W. B.: The sources of energy of storms. 25th Indian Science Congress. (Calcutta 1938).

(507) Noth, H.: Die Vereisungsgefahr bei Flugzeugen. Arb. Pr. Obs. Lindenberg 16, G 1 (1930).

(508) Noth, H.: Über Stauwirkungen an Gebirgen und Kaltluftmassen. E. d. F., 2. Sonderbd., 64 (1932); Neudrucke 3, 183.

(509) Noth, H.: Untersuchung über die Zusammenhänge zwischen stratosphärischer Druckverteilung, Luftdruckmittelwerten, Höhenänderungen der Hauptisobarenflächen und der Niederschlagsarmut des Februar 1932. E. d. F., 3. Sonderbd., 156 (1932); Neudrucke 3, 506.

(510) Nyberg, A.: Synoptic-aerological investigation of weather conditions in Europe, 17—24 April 1939. Stat. Met.-Hydr. Anst. Stockholm, Meddelanden No 48 (1945).

(511) Nyberg, A. u. E. Palmén: Synoptisch-aerologische Bearbeitung der internationalen Registrierballonaufstiege in Europa in der Zeit 17.—19. Oktober 1935. G. Annaler 24, 51 (1942).

(512) Obrutschew, S.: Der neue Kältepol in der Jakutischen Republik. M. Z. 48, 359 (1931).

(513) Page, L. F.: Temperature and rainfall changes in the United States during the past 40 years. M. W. R. 65, 46 (1937).

(514) Palmén, E.: Über die Bewegung der außertropischen Zyklonen. Mitt. M. I. Helsingfors Nr 4 (1926). Besprechung: M. Z. 44, 266 (1927).

(515) Palmén, E.: Zur Frage der Fortpflanzungsgeschwindigkeit der Zyklonen. M. Z. 45, 96 (1928).

(516) Palmén, E.: Über die Natur der Luftdruckschwankungen in höheren Schichten. B. z. P. d. f. A. 14, 147 (1928).

(517) Palmén, E.: Die vertikale Mächtigkeit der Kälteeinbrüche über Mitteleuropa. G. B. z. G. 26, 63 (1930).

(518) Palmén, E.: Synoptisch-aerologische Untersuchung eines Kälteeinbruches. G. B. z. G. 32, 158 (1931).

(519) Palmén, E.: Die Beziehungen zwischen troposphärischen und stratosphärischen Temperatur- und Luftdruckschwankungen. B. z. P. d. f. A. 17, 102 (1931).

(520) Palmén, E.: Die Luftbewegung im Cirrusniveau über Zyklonen. M. Z. 48, 281 (1931).

(521) Palmén, E.: Versuch zur Analyse der dynamischen Druckschwankungen in der Atmosphäre. B. z. P. d. f. A. 19, 55 (1932).

(522) Palmén, E.: Aerologische Untersuchungen der atmosphärischen Störungen mit besonderer Berücksichtigung der stratosphärischen Vorgänge. Mitt. M. I. Helsingfors Nr 25 [Soc. Scient. Fennica, Comm. phys.-math. 7, No 6] (1933).

(523) Palmén, E.: Über die Temperaturverteilung in der Stratosphäre und ihren Einfluß auf die Dynamik des Wetters. M.Z. 51, 17 (1934).

(524) Palmén, E.: Registrierballonaufstiege in einer tiefen Zyklone. Mitt. M. I. Helsingfors Nr 26 [Soc. Scient. Fennica, Comm. phys.-math. 8, No 3] (1935).

(525) Palmén, E.: Zur Frage der Temperatur-, Druck- und Windverhältnisse in den höheren Teilen einer okkludierten Zyklone. M. Z. 53, 17 (1936).

(526) Pastor, E.: Deutsche Volksweisheit in Wetterregeln und Bauernsprüchen. (Berlin 1934).

(527) Penndorf, R.: Aerologische Studien. 3. Mittlere vertikale Temperaturverteilung in der unteren Troposphäre. M. Z. 60, 391 (1943).

(528) Peppler, A.: Temperatur und Druck in Upernivik (Westgrönland) im singulären Gang (1876—1935). Wetter 57, 137 (1940).

(529) Peppler, W.: Temperaturinversionen mit Feuchtigkeitszunahme. Wetter 46, 6 (1929).

(530) Peppler, W.: Der Zusammenhang starker Temperatur- und Druckänderungen am Boden mit den höheren Luftschichten im Alpenvorland. B. z. P. d. f. A. 16, 1 (1929).

(531) Peppler, W.: Einige aerologische Daten zur Kenntnis der kräftigen Temperaturinversionen. Wetter 47, 62, 95, 123, 154, 188, 214 (1930).

(532) Peppler, W.: Unterkühlte Wasserwolken und Eiswolken. F. u. E. d. R., Reihe B, Nr 1 (1940).

(533) Perlewitz, P.: Das Klima von Hamburg. Gesundheitsbehörde Hamburg: Hygiene und soziale Hygiene in Hamburg. (Hamburg 1928). Siehe auch: Wetter und Mensch. (Leipzig 1929).

(534) Pernice, E.: Der Spreewald als Gewitterherd. Diss. (Berlin. 1930); M. Z. 47, 481 (1930).

(535) Petersen, H.: Extrem hohe Temperaturen und Föhn in Grönland. M. Z. 51, 289 (1934).

(536) Petitjean, L.: La Frontologie en Afrique du Nord. B. z. P. d. f. A. 19, 163 (1932).

(537) Petterssen, S.: Kinematical und dynamical properties of the field of pressure with application to weather forecasting. Geof. Publ. 10, No 2 (1933).

(538) Petterssen, S.: Practical rules for prognosticating a motion and a development of pressure centers. U. G. G. I. 5, 35 (1935).

(539) Petterssen, S.: Contribution to the theory of frontogenesis. Geof. Publ. 11, No 6 (1936).

(540) Petterssen, S.: On the causes and the forecasting of the California fog. B. A. M. S. 19, 49 (1938).

(541) Petterssen, S.: Frontogenesis and fronts in the Atlantic area. U. G. G. I. 6, 83 (1939).

(542) Petterssen, S.: Contribution to the theory of convection. Geof. Publ. 12, No 9 (1939).

(543) Petterssen, S.: On the choice of humidity element in synoptic and aerological reports. Secretariat de l'Organisation météorologique internationale 48, Aerologische Kommission, Protokolle der Tagung in Berlin 16.—20. Juni 1939. (Lausanne 1942).

(544) Petterssen, S.: Some aspects of formation and dissipation of fog. Geof. Publ. 12, No 10 (1939).

(545) Petterssen, S.: Weather analysis and forecasting. (New York 1940).

(546) Petterssen, S.: Introduction to meteorology. (New York-London 1941).

(547) Petterssen, S.: Cyclogenesis over southeastern United States and the Atlantic Coast. B. A. M. S. 22, 269 (1941).

(548) Pfau, R.: Die zehntägige Luftdruckwelle im Sommer 1934 und ihre Dämpfungserscheinungen. Veröff. G. I. Leipzig 9, 219 (1938).

(549) Pflugbeil, C.: Eine plötzliche Sturmtiefbildung über dem nordamerikanischen Kontinent im Spiegel der Höhenwetterkarten und der Isentropen-Analyse, 22.—25. I. 1938. Archiv D. S. 61, Nr 3 (1941).

(550) Pflugbeil, W.: Die zwanzigtägige Welle des Winters 1928/29. Diss. (Leipzig 1935).

(551) Philipps, H.: Die Störungen des zonalen atmosphärischen Grundzustandes durch stratosphärische Druckwellen. Abh. R. f. W. 2, Nr 3 (1936). Auszug: M. Z. 54, 193 (1937).

(552) Philipps, H.: Ein Beitrag zur Theorie der zonalen Zirkulation. M. Z. 54, 444 (1937).

(553) Philipps, H.: Die Abweichung vom geostrophischen Wind. M. Z. 56, 460 (1939).

(554) Philipps, H.: Die Hauptprobleme der theoretischen Meteorologie. Naturwissenschaften 27, 427, 442 (1939).

(555) Philipps, H.: Gradientwind-Nomogramm. Z. f. M. 1, 201, 436 (1947).

(556) Pierce, C. H.: The meteorological history of the New England hurricane of Sept. 21, 1938. M. W. R. 67, 237 (1939).

(557) Piersig, W.: Schwankungen von Luftdruck und Luftbewegung im Passatgebiet des östlichen Nordatlantischen Ozeans. Archiv D. S. 54, Nr 6 (1936). Auszug: The cyclonic disturbances of the sub-tropical eastern North Atlantic. B. A M. S. 25, 2 (1944).

(558) Pogade, G.: Die regionale Verteilung der Temperatur-Anomalie im Februar 1929 in Deutschland. Wetter 47, 10 (1930).

(559) Pogade, G.: Luftdruckänderungen und Wetter. Diss. (Berlin 1935).

(560) Pogade, G.: Die Verwendung von Bergbeobachtungen beim Zeichnen von Höhenwetterkarten. (Absolute Topographie der 500-mb-Fläche.) 2. Köppen-Heft der A. H. 24 (1936); A. H. 67, 48 (1939).

(561) Pogade, G.: Die wissenschaftlichen Grundlagen der Baurschen Zehntage-Vorhersagen. A. H. 65, 257 (1937).

(562) Pogade, G.: Zyklolyse und Zyklogenese an nordamerikanischen Kaltfronten. A. H. 66, 32 (1938).

(563) Pogade, G.: Absterbende Warmsektorzyklonen. A. H. 66, 343 (1938).

(564) Pogade, G.: Über die Bedeutung außereuropäischer Hoch- und Tiefdruckgebiete für die Wetterentwicklung in Europa. Die Wetterlage vom 1. bis 9. Oktober 1938. A. H. 67, 97 (1939).

(565) Pogade, G.: Über die interdiurne Veränderlichkeit der Höhenschwankungen der einzelnen Hauptisobarenflächen. A. H. 67, 277 (1939).

(566) Pogade, G.: Die Umgestaltung der Großwetterlage während der letzten Aprildekade 1939. A. H. 67, 316 (1939).

(567) Poisson, Ch.: Le front polaire et la formation des typhons. Comptes rendus Acad. sci. Paris 199, 159 (1934).

(568) Pollack, H.: Über Spät- und Frühfröste in Norddeutschland in Abhängigkeit von der Wetterlage. Diss. (Berlin 1930). Besprechung: M. Z. 48, 39 (1931).

(569) Portig, W.: Langperiodische Temperaturschwankungen der freien Atmosphäre über München. B. z. P. d. f. A. 27, 105 (1941).

(570) Portig, W.: Die Jahresmittel der Temperaturreihe von Prag. A. H. 70, 70, 150, 248, 340 (1942).

(571) Raethjen, P.: Hydrodynamische Betrachtungen zur Mechanik der Böen. M. Z. 47, 431 (1930).

(572) Raethjen, P.: Zur Thermo-Hydrodynamik der Böen. M. Z. 48, 11 (1931).

(573) Raethjen, P.: Theorie der Fronten und Zyklonen. Ausblick und Übersicht. M. Z. 50, 450 (1933).

(574) Raethjen, P.: Die Böenfront als fortschreitende Umlagerungswelle. M. Z. 51, 9, 53 (1934).

(575) Raethjen, P.: Die Aufgleitfront, ihr Gleichgewicht und ihre Umlagerung. M. Z. 51, 161 (1934).

(576) Raethjen, P.: Das Gegenläufigkeitsgesetz der Temperaturen in Stratosphäre und Troposphäre. M. Z. 52, 418 (1935).

(577) Raethjen, P.: Zeitliche Änderungen der Horizontalwindstärke und Abweichungen vom barischen Windgesetz. M. Z. 53, 247 (1936).

(578) Raethjen, P.: Gleichgewichtstheorie der Zyklonen. M. Z. 53, 401 (1936).

(579) Raethjen, P.: Stabilitätstheorie der Zyklonen. M. Z. 53, 456 (1936).

(580) RAETHJEN, P.: Reversible und irreversible Arbeitsleistungen des Druckfeldes und die Winkelabweichungen vom Gradient-wind. B. z. P. d. f. A. **24**, 149 (1937).

(581) RAETHJEN, P.: Energetik der Zyklonen. M. Z. **54**, 203 (1937).

(582) RAETHJEN, P.: 50 Jahre Zyklonentheorie und die gegenwärtige Entwicklung. M. Z. **54**, 393 (1937).

(583) RAETHJEN, P.: Fronten und Grenzflächen in Theorie und Erfahrung. A. H. **66**, 97 (1938).

(584) RAETHJEN, P.: Schrumpfung und Dehnung, Front und Frontalzone. A. H. **66**, 383 (1938).

(585) RAETHJEN, P.: Zur praktischen Anwendung der MARGULESschen Gleichgewichtsbedingung. M. Z. **56**, 58 (1939).

(586) RAETHJEN, P.: Konvektionstheorie der Aufgleitfronten. M. Z. **56**, 95 (1939).

(587) RAETHJEN, P.: Advektive und konvektive, stationäre und gegenläufige Druckänderungen. M. Z. **56**, 133 (1939).

(588) RAETHJEN, P.: Labile Gleitumlagerungen. A. H. **69**, 325 (1941).

(589) RAETHJEN, P.: Einführung in die Physik der Atmosphäre. Bd. I: Statik und Thermodynamik; Bd. II: Meteorologische Aerodynamik. (Leipzig-Berlin 1942).

(590) RAETHJEN, P.: Kurzer Abriß der Meterologie. (Wolfenbüttel 1947).

(591) RAETHJEN, P. u. K. SONDERMANN: Über die Drift der Druckfelder. A. H. **72**, 297 (1944).

(592) RAETHJEN, P. u. W. STIEMKE: Horizontale Dichtefelder. Archiv D. S. **58**, Nr 6 (1938).

(593) RAMANATHAN, K. R. and H. C. BANERJEE: A study of two pre-monsoon storms in the Bay of Bengal and a comparison of their structure with that of the Bay storms in the winter months. India Met. Dep. Scientific Notes **4**, No 34 (1931).

(594) RAMANATHAN, K. R. and K. P. RAMAKRISHNAN: Discussion of results of sounding balloon ascents at Poona and Hyderabad during the period October 1928 to December 1931. Memoirs of the India Met. Dept. **26**, Part 4 (1934).

(595) REDD, C. D.: Secular trend of Jowa precipitation. M. W. R. **58**, 139 (1930).

(596) REFSDAL, A.: Der feuchtlabile Niederschlag. Geof. Publ. **5**, No 12 (1930).

(597) REFSDAL, A.: Zur Theorie der Zyklonen. M. Z. **47**, 294 (1930).

(598) REFSDAL, A.: Zur Thermodynamik der Atmosphäre. Geof. Publ. **9**, No 12 (1932). Auszug: M. Z. **50**, 212 (1933).

(599) REGULA, H.: Druckschwankungen und Tornados an der Westküste von Afrika. A. H. **64**, 107 (1936). Übersetzung: Pressure changes and „tornadoes" (squalls) on the west coast of Africa. B. A. M. S. **24**, 311 (1943).

(600) REGULA, H.: Schwankungen der Passatgrenzen. A. H. **65**, 458 (1937). Übersetzung: On the variations of the boundaries of the trades. B. A. M. S. **24**, 273 (1943).

(601) REHORN, F. K.: Kompensationen aus Vertikalbewegung oder aus Advektion? B. z. P. d. f. A. **25**, 189 (1939).

(602) Reichsamt für Wetterdienst: Vorschriften für die einheitliche Ausarbeitung von Wetterkarten. (1936).

(603) Reichsamt für Wetterdienst: Klimakunde des Deutschen Reiches. Bd. II: Tabellen (1939).

(604) REIDAT, R.: Gewitterbildung durch Kaltlufteinbruch in der Höhe. B. z. P. d. f. A. **16**, 291 (1930).

(605) REINBOLD, O.: Beiträge zum Vereisungsproblem der Luftfahrt. M. Z. **52**, 49 (1935).

(606) REINHARDT, H.: Aerologie der Warmfront vom 22. Februar 1934. E. d. F. **8**, 183 (1934); Neudrucke **2**, 742.

(607) RICHARDSON, L. F.: Weather prediction by numerical process. (Cambridge 1922).

(608) RICHTER, G.: Singularitäten der Zyklonenfrequenz in einzelnen 5:10°-Feldern. Veröff. G. I. Leipzig **9**, 273 (1938).

(609) RITSCHEL, R.: Schauer vor Warmfronten. M. Z. **59**, 412 (1942).

(610) ROBITZSCH, M.: Die Verwertung der durch aerologische Versuche gewonnenen Feuchtigkeitsdaten zur Diagnose der jeweiligen atmosphärischen Zustände. Arb. Pr. Obs. Lindenberg **16**, C 1 (1930).

(611) ROBITZSCH, M.: Die Feuchttemperatur als aerologische Größe. M. Z. **55**, 425 (1938).

(612) RODEWALD, M.: Der große Staubfall vom 26.—29. April 1928 zwischen Weichsel und Asowschem Meer. A. H. **58**, 10 (1930); **59**, 26 (1931). Ferner: Die klimatische Vorbereitung des großen südosteuropäischen Staubfalls Ende April 1928. A. H. **59**, 393 (1931).

(613) RODEWALD, M.: Der Bermuda-Orkan vom 26. April 1933. Seewart **3**, 119 (1934).

(614) RODEWALD, M.: Das norddeutsche Hochdruckgewitter vom 19. August 1932. A. H. **63**, 23 (1935); **64**, 143 (1936).

(615) RODEWALD, M.: Die Entstehungsbedingungen der tropischen Orkane. M. Z. **53**, 197 (1936).

(616) RODEWALD, M.: Die Bildung westindischer Orkane im Zusammenhang mit der nordatlantischen Wetterlage. Seewart **5**, 205 (1936).

(617) RODEWALD, M.: Die nordatlantische Lufttemperaturverteilung vor Entstehung einer langlebigen Oktober-Sturmzyklone auf dem 50. Breitenkreis. A. H. **64**, 264 (1936).

(618) RODEWALD, M.: Eine WILLY-WILLY-Wetterlage nebst Bemerkungen über die Entstehung tropischer Wirbelstürme. Seewart **5**, 321 (1936).

(619) RODEWALD, M.: Die Entstehungsbedingungen einer Labradorstrom-Sturmzyklone. A. H. **64**, 371 (1936).

(620) RODEWALD, M.: Die Bildungsweise einer nordatlantischen September-Sturmzyklone. A. H. **64**, 411 (1936).

(621) RODEWALD, M.: Eine sekundäre subtropische Zyklonenbildungsstätte im mittleren nordpazifischen Ozean. A. H. **64**, 433 (1936).

(622) RODEWALD, M.: Die Strömungsglieder vor einer aktiven Teiltiefbildung. A. H. **64**, 555 (1936).

(623) RODEWALD, M.: Die Bedeutung des Dreimassenecks für die subtropischen Sturmtiefbildungen. 2. KÖPPEN-Heft der A. H. **41** (1936).

(624) RODEWALD, M.: Zur Frage der Zyklonenverjüngung am Ostrande der Kontinente. A. H. **65**, 41 (1937).

(625) RODEWALD, M.: Arktischer Seerauch in subtropischen Breiten. Seewart **6**, 86 (1937).

(626) RODEWALD, M.: Über die Äquatorläufigkeit tropischer Orkane im südwestlichen Nordatlantischen Ozean. Seewart **6**, 167 (1937).

(627) RODEWALD, M.: Das Grüne Kap Westafrikas als Stätte einer quasistationären Strömungssingularität. A. H. **65**, 206 (1937).

(628) RODEWALD, M.: Zur Frage des Ursprungs der tropischen Zyklonen. M. Z. **54**, 227 (1937).

(629) RODEWALD, M.: Die GUILBERT-GROSSMANNsche Regel in den Höhenwetterkarten. A. H. **65**, 335 (1937).

(630) RODEWALD, M.: Über die unvermittelt aufkommenden Nordweststürme in der Deutschen Bucht. A. H. **65**, 337 (1937).

(631) RODEWALD, M.: Der Hamburger Dauerregen vom 7. November 1934. A. H. **65**, 407 (1937).

(632) RODEWALD, M.: Winke für das Zeichnen von Bordwetterkarten. Seewart **6**, 375 (1937).

(633) RODEWALD, M.: Ein Grenzfall von Steuerung: Druckwellen als Selbstfahrer. A. H. **65**, 430 (1937).

(634) RODEWALD, M.: Das Dreimasseneck als zyklogenetischer Ort. M. Z. **54**, 469 (1937).

(635) RODEWALD, M.: Höhenwetterkarte und Wettervorhersage. M. Z. **54**, 485 (1937).

(636) RODEWALD, M.: Um die Berge, Riegel und Massive kalter Luft. A. H. **65**, 526 (1937).

(637) RODEWALD, M.: Zur Frage der allgemeinen Zirkulation im strengen Winter 1928/29. A. H. **65**, 569 (1937).

(638) RODEWALD, M.: Zum Artwandel der Luftmassen. A. H. **65**, 583 (1937).

(639) RODEWALD, M.: Höhenwetterkarte und Wettervorhersage. A. H. **66**, 42 (1938).

(640) RODEWALD, M.: Bemerkungen zu: H. EXTERNBRINK, ein Beitrag zum Wettergeschehen im Golf von Mexiko usw. M. Z. **55**, 100 (1938).

(641) RODEWALD, M.: Der Orkan südlich Neuschottland vom 13. bis 14. Januar 1938. Seewart **7**, 221 (1938).

(642) RODEWALD, M.: Der „Deutschland"-Orkan vom 13. Januar 1938. A. H. **66**, 243 (1938).

(643) RODEWALD, M.: Das fernöstliche Dreimasseneck. A. H. **66**, 516 (1938).

(644) RODEWALD, M.: Die Konvergenz der Höhenströmung über Hochdruckgebieten. A. H. **66**, 557 (1938).

(645) RODEWALD, M.: Das Dreimasseneck als zyklogenetischer Ort. Dargestellt an den Sturmtiefbildungen bei Kap Hatteras. Archiv D. S. **59**, Nr 10 (1939).

(646) ROEDIGER, G.: Der europäische Monsun. Veröff. G. I. Leipzig **4**, 119 (1929).

(647) ROEDIGER, G.: Bestimmung der Höhenströmung in 5—10 km nach der Verteilung der Luftkörper. A. H. **61**, 338 (1933).

(648) ROEDIGER, G.: Höhenströmung und Druckänderung bei Nordweststurmlagen im Nordseegebiet. M. Z. **50**, 466 (1933).

(649) ROSENBAUM, L.: Über langjährige Klimaschwankungen und deren Abhängigkeit von der Sonnenfleckenhäufigkeit. M. Z. **45**, 473 (1928).

(650) ROSENBAUM, L.: Zur Frage der langjährigen Klimaschwankungen und deren Ursachen. M. Z. **47**, 191 (1930).

(651) ROSSBY, C. G.: Thermodynamics applied to air mass analysis. Mass. Papers **1**, No 3 (1932).

(652) ROSSBY, C. G.: Kinematic and hydrostatic properties of certain long waves in the westerlies. Chicago Reports **5** (1942).

(653) ROSSBY, C. G. and Collaborators: Isentropic Analysis. B. A. M. S. **18**, 201 (1937).

(654) RUDLOFF, W.: Golfstromzyklonen. A. H. **64**, 185 (1936).

(655) RUDLOFF, W.: Berechnung der Höhe einer Fläche gleichen Druckes mit Hilfe des senkrechten Temperaturgefälles. A. H. **66**, 302 (1938).

(656) RUNGE, H.: Zur Frage der Umwandlung einer kalten Antizyklone in eine warme. M. Z. **48**, 375 (1931).

(657) RUNGE, H.: Stationäre warme und kalte Antizyklonen in Europa. Diss. (Leipzig 1931).

(658) RUNGE, H.: Entstehung hoher Antizyklonen. M. Z. **49**, 129 (1932).

(659) RYD, V. H.: Meteorological problems. I: Travelling cyclones. Medd. Danske Inst. Nr 5 (1923).

(660) RYD, V. H.: Meteorological problems. II: The energy of the winds. Medd. Danske Inst. Nr 7 (1927).

(661) SALISHCHEV, K. A.: The cold pool of the earth. Geographical Review. **25**, 684 (1935).

(662) SAMUELS, L. T.: Meteorological conditions during the formation of ice on aircraft. National advisory committee for aeronautics, Washington, technical notes No 439 (1932).

(663) SANDSTRÖM, J. W.: On the relation between atmospheric pressure and wind. Bulletin of the Mount Weather Observatory **3**, 275 (1911).

(664) SASSENFELD, M.: Hochwasser im Stromgebiet des Rheins im Dezember und Januar 1925/26. M. Z. **43**, 355 (1926).

(665) SCHAMP, H.: Luftkörperklimatologie des griechischen Mittelmeergebietes. Frankfurter Geographische Hefte Nr 13 (1939).

(666) SCHEDLER, A.: Über den Einfluß der Lufttemperatur in verschiedenen Höhen auf die Luftdruckschwankungen am Erdboden. B. z. P. d. f. A. **7**, 88 (1915).

(667) SCHEDLER, A.: Die Beziehungen zwischen Druck und Temperatur in der freien Atmosphäre. B. z. P. d. f. A. **9**, 181 (1921).

(668) SCHERESCHEWSKY, PH. et PH. WEHRLÉ: Les systèmes nuageux. Mém. de l'Office National Météorologique, Paris No 1 (1923).

(669) SCHERHAG, R.: Über die atmosphärischen Zustände bei Gewittern. Diss. (Berlin 1931).

(670) SCHERHAG, R.: Der Einfluß der meteorologischen Elemente auf die Gewitterbildung. M. Z. **48**, 201 (1931).

(671) SCHERHAG, R.: Die Entstehung der Ostgewitter. M. Z. **48**, 245 (1931).

(672) SCHERHAG, R.: Untersuchungen über die Nachtgewitter im nordwestdeutschen Küstengebiet. 1. Mitt. A. H. **60**, 184 (1932); 2. Mitt. A. H. **60**, 321 (1932); 3. Mitt. A. H. **60**, 369 (1932); 4. Mitt. A. H. **61**, 94 (1933).

(673) SCHERHAG, R.: Der Einfluß starker troposphärischer Temperaturschwankungen auf den Luftdruck. A. H. **61**, 290 (1933).

(674) SCHERHAG, R.: Die Luftdruck- und Temperaturverteilung in der Höhe bei der Bildung des Ostsee-Orkans vom 8./9. Juli 1931. M. Z. **50**, 467 (1933).

(675) SCHERHAG, R.: Die Bedeutung von Messungen der Richtung und Geschwindigkeit der höheren Wolken für das Entwerfen von Höhenwetterkarten im Wetterdienst. Wetter **51**, 111 (1934).

(676) SCHERHAG, R.: Zur Theorie der Hoch- und Tiefdruckgebiete. M. Z. **51**, 129 (1934).

(677) SCHERHAG, R.: Die Entstehung des Ostseeorkans vom 8. und 9. Juli 1931. A. H. **62**, 152 (1934).

(678) SCHERHAG, R.: Die Bedeutung der Divergenz für die Entstehung der Vb-Depressionen. A. H. **62**, 397 (1934).

(679) SCHERHAG, R.: Wintersturm an der deutschen Nordseeküste. Pädagogische Warte **41**, 889 (1934).

(680) SCHERHAG, R.: Über die Niederschlagsbildung an Fronten. A. H. **63**, 30 (1935).

(681) Scherhag, R.: Die unvermittelte Entwicklung der Vb-Depression vom 6./8. Juli 1929 im Gebiet starker Isothermen-
      und Strömungsdivergenz. B. z. P. d. f. A. **22**, 76 (1935).
(682) Scherhag, R.: Der aerologische Ausbau des „Täglichen Wetterberichts" der Deutschen Seewarte. A. H. **63**, 216 (1935).
(683) Scherhag, R.: Untersuchungen über die Nachtgewitter im nordwestdeutschen Küstengebiet. A. H. **63**, 318 (1935).
(684) Scherhag, R.: Die Entstehung der im „Täglichen Wetterbericht" der Deutschen Seewarte veröffentlichten Höhen-
      wetterkarten und deren Verwendung im Wetterdienst. M. Z. **53**, 1 (1936).
(685) Scherhag, R.: Bemerkungen zur Divergenztheorie der Zyklonen. M. Z. **53**, 84 (1936).
(686) Scherhag, R.: Eine bemerkenswerte Klimaänderung über Nordeuropa. A. H. **64**, 96 (1936).
(687) Scherhag, R.: Die Entstehung des Nordsee-Orkantiefs vom 19. Oktober 1935. A. H. **64**, 153 (1936).
(688) Scherhag, R.: Ungewöhnlich hoher Luftdruck in der Arktis und große Sturmhäufigkeit in der Biskaya im Winter
      1935/36. A. H. **64**, 215 (1936).
(689) Scherhag, R.: Bemerkungen zur Entstehung der Golfstromzyklonen. A. H. **64**, 256 (1936).
(690) Scherhag, R.: Die Entstehung der Vb-Depressionen. 2. Köppen-Heft der A. H. **66** (1936).
(691) Scherhag, R.: Synoptische Untersuchung der täglichen Luftdruckschwankung über Mitteleuropa. A. H. **64**, 291
      (1936).
(692) Scherhag, R.: Regenwolken und vertikale Verteilung der äquipotentiellen Temperatur. A. H. **64**, 317 (1936).
(693) Scherhag, R.: Wie kann man die wetterwirksamen Fronten erkennen? Naturforscher **13**, 320 (1936).
(694) Scherhag, R.: Taupunkt und Stratusbildung über See. A. H. **64**, 370 (1936).
(695) Scherhag, R.: Die Zunahme der atmosphärischen Zirkulation in den letzten 25 Jahren. A. H. **64**, 397 (1936).
(696) Scherhag, R.: Die Niederschlagsbildung als Problem. A. H. **64**, 410 (1936).
(697) Scherhag, R.: Sofortige Veröffentlichung der Höhenwetterkarten im Täglichen Wetterbericht. A. H. **64**, 416 (1936).
(698) Scherhag, R.: Die jährliche Schwankung der relativen und absoluten Topographie der 500-mb-Fläche über Mittel-
      europa. A. H. **64**, 443 (1936).
(699) Scherhag, R.: Der mitteleuropäische Sturm vom 15./16. Juli 1936. A. H. **64**, 488 (1936).
(700) Scherhag, R.: Aufbau, Zerstörung und Auswirkung einer der stärksten über Deutschland gelegenen Frontalzonen.
      A. H. **64**, 491 (1936).
(701) Scherhag, R.: Ein Grenzfall atmosphärischer Steuerung: Die Bodenisobaren steuern ein Höhentief. A. H. **65**, 27 (1937).
(702) Scherhag, R.: Die aerologischen Entwicklungsbedingungen einer Labrador-Sturmzyklone. A. H. **65**, 90 (1937).
(703) Scherhag, R.: Bemerkungen über die Bedeutung der Konvergenzen und Divergenzen des Geschwindigkeitsfeldes für
      die Druckänderungen. B. z. P. d. f. A. **24**, 122 (1937).
(704) Scherhag, R.: Windstärkeangaben in km/Stunde statt in Beaufort! A. H. **65**, 169 (1937).
(705) Scherhag, R.: Die Temperaturzunahme in der Arktis. Marine-Rundschau **1937**, 201.
(706) Scherhag, R.: Die einströmende Windkomponente in der freien Atmosphäre. B. z. P. d. f. A. **24**, 225 (1937).
(707) Scherhag, R.: Die Erwärmung der Arktis. Journal du Conseil International pour l'Exploration de la Mer **22**, 263 (1937).
(708) Scherhag, R.: Die aerologischen Entwicklungsbedingungen zyklonaler Bora. A. H. **65**, 286 (1937).
(709) Scherhag, R.: Die Erwärmung des Polargebietes. Seewart **6**, 299 (1937).
(710) Scherhag, R.: Die Kreis- und Schleifensteuerung des europäischen Regengebietes vom 18. bis 22. Juni 1937 und die
      Entwicklungsbedingungen des dabei entstandenen Nordseesturms. A. H. **65**, 388 (1937).
(711) Scherhag, R.: Warum gibt es in der Höhe keine Fronten? A. H. **65**, 367 (1937).
(712) Scherhag, R.: Synoptische Untersuchungen über die Entstehung der atlantischen Sturmwirbel. M. Z. **54**, 466 (1937).
(713) Scherhag, R.: Die Abkühlung von Warmluft über kälteren Meeresgebieten. A. H. **65**, 581 (1937).
(714) Scherhag, R.: Die Nordsee-Orkane vom 18. und 27. Oktober 1936. A. H. **66**, 18 (1938).
(715) Scherhag, R.: Die Mächtigkeit der Kältewellen auf dem Atlantischen Ozean. A. H. **66**, 49 (1938).
(716) Scherhag, R.: Die Entstehung des Kanalsturmtiefs vom 23. Oktober 1937. A. H. **66**, 83 (1938).
(717) Scherhag, R.: Untersuchungen ausgewählter europäischer Zyklonen durch Serienaufstiege. A. H. **66**, 198 (1938).
(718) Scherhag, R.: Warum okkludieren die Zyklonen? A. H. **66**, 229 (1938).
(719) Scherhag, R.: Die Koppelung von Druckwellen und Regengebieten. A. H. **66**, 237 (1938).
(720) Scherhag, R.: Vereisung durch Luftmassenumwandlung. A. H. **66**, 257 (1938)
(721) Scherhag, R.: Die großräumige Höhenströmungskarte. A. H. **66**, 305 (1938).
(722) Scherhag, R.: Ein Tief mit kalter Stratosphäre. A. H. **66**, 419 (1938).
(723) Scherhag, R.: Die Erwärmung des Polargebiets. A. H. **67**, 57 (1939).
(724) Scherhag, R.: Der Kälteeinbruch Mitte Dezember 1938. A. H. **67**, 142 (1939).
(725) Scherhag, R.: Die Milderung unseres Klimas in den letzten Jahrzehnten. Umschau **43**, 243 (1939).
(726) Scherhag, R.: Die gegenwärtige Milderung der Winter und ihre Ursachen. A. H. **67**, 292 (1939).
(727) Scherhag, R.: Verbesserungen der Wettervorhersage durch Berechnung der Druckverteilung des Folgetages mit Hilfe
      der Höhenwetterkarte. A. H. **67**, 462 (1939).
(728) Scherhag, R.: Die Verwendung der Höhenkarten im Wetterdienst. F. u. E. d. R. Reihe B, Nr 11 (1943).
(729) Schinze, G.: Die praktische Wetteranalyse. Archiv D. S. **52**, Nr 1 (1932).
(730) Schinze, G.: Die Bedeutung der aerologisch-synoptischen Luftmassenanalyse zum Erkennen gefährlicher Flugzeug-
      vereisung. Wetter **49**, 107 (1932).
(731) Schinze, G.: Die Erkennung der troposphärischen Luftmassen aus ihren Einzelfeldern. M. Z. **49**, 169 (1932).
(732) Schinze, G.: Troposphärische Luftmassen und vertikaler Temperaturgradient. B. z. P. d. f. A. **19**, 79 (1932).
(733) Schinze, G.: Die aerologisch-synoptische Darstellung der großzügigen Strömungsglieder troposphärischer Zirkulation
      und ihre Bedeutung für die Diagnose spezieller Wetterlagen, insbesondere Vereisungsgefahr. E. d. F., 2. Sonderbd.,
      163 (1932); Neudrucke **3**, 304
(734) Schinze, G.: Vb-Wetterlage im Thetagramm. M. Z. **51**, 449 (1934).

(735) Schinze, G.: Untersuchungen zur aerologischen Synoptik. (Breslau 1934).

(736) Schinze, G.: Hauptluftmassengrenzen (AF und TF) und Höhenströmung auf der Zirkumpolarkarte. M. Z. 54, 453 (1937).

(737) Schinze, G. u. R. Siegel: Die großräumige Höhenströmungskarte. Archiv D. S. 58, Nr 2 (1938).

(738) Schinze, G. u. R. Siegel: Die luftmassenmäßige Arbeitsweise. (Berlin 1943).

(739) Schmauss, A.: Polarfront—Äquatorialfront. M. Z. 38, 156 (1921).

(740) Schmauss, A.: Kohärente und inkohärente Drucksysteme. M. Z. 39, 278 (1922).

(741) Schmauss, A.: Singularitäten im jährlichen Witterungsverlauf von München. D. M. J. 1928, Bayern, B 1 (1929).

(742) Schmauss, A.: Niederschlagsrhythmen. B. z. P. d. f. A. 15, 118 (1929).

(743) Schmauss, A.: Schwankungen der Niederschlagsbereitschaft über West- und Mitteleuropa. D. M. J. 1929, Bayern, F 1 (1930).

(744) Schmauss, A.: Kolloidchemische Gedanken in der Meteorologie. Wetter 48, 1 (1931).

(745) Schmauss, A.: Singularitäten im jährlichen Witterungsverlaufe auf der Zugspitze. I: D. M. J. 1930, Bayern, B 1 (1931); II: 1931, Bayern, B 1 (1932).

(746) Schmauss, A.: Zeitabschnitte selbständiger und unselbständiger Witterung. G. B. z. G. 33 (Köppen-Bd. II), 1 (1931).

(747) Schmauss, A.: Zur Klimaverwerfung um die Jahrhundertwende. B. z. P. d. f. A. 19, 37 (1932).

(748) Schmauss, A.: Der Sinn der Singularitätenforschung. Wetter 49, 97 (1932).

(749) Schmauss, A.: Interdiurne Temperaturänderungen in München. D. M. J. 1932, Bayern, B 1 (1933).

(750) Schmauss, A.: Zur Anwendung der Statistik in der Meteorologie. Wetter 50, 58 (1933).

(751) Schmauss, A.: Der Gang des Winters auf der Zugspitze. D. M. J. 1934, Bayern, D 1 (1935).

(752) Schmauss, A.: Die interdiurne Veränderlichkeit der Temperatur auf der Zugspitze. Abh. R. f. W. 2, Nr 1 (1936).

(753) Schmauss, A.: Kalendermäßige Verankerungen des Wetters. M. Z. 53, 72 (1936).

(754) Schmauss, A.: Luftmassenablösungen über den östlichen Alpengebieten. Abh. R. f. W. 3, Nr 6 (1937).

(755) Schmauss, A.: Das Problem der Wettervorhersage, 2. Aufl. (Leipzig 1937, 5. Aufl. 1945).

(756) Schmauss, A.: Synoptische Singularitäten. M. Z. 55, 385 (1938).

(757) Schmauss, A.: Singularitäten, Spiegelungspunkte und Wellen. M. Z. 57, 89, 140 (1940).

(758) Schmauss, A.: Wiederkehrende Wetterwendepunkte. Forschungen und Fortschritte 16, 153 (1940).

(759) Schmauss, A.: Singularitäten — markante Punkte — Wettermerktage. M. Z. 58, 31 (1941).

(760) Schmauss, A.: Kalendermäßige Bindungen des Wetters. (Singularitäten.) Wetter 58, 237 (1941).

(761) Schmauss, A.: Kalendermäßige Bindungen der täglichen Temperaturschwankungen. Abh. Akad. Bayern H. 51 (1941). M. Z. 59, 48 (1942).

(762) Schmauss, A. u. A. Wigand: Die Atmosphäre als Kolloid. (Braunschweig 1929).

(763) Schmidt, G.: Zyklonen auf ungewöhnlichen Zugbahnen. A. H. 67, 516 (1939).

(764) Schmidt, G.: Die Druckänderungsgebiete der 500-mb-Fläche und ihre prognostische Verwertung. M. Z. 57, 26 (1940).

(765) Schmidt, W.: Gewitter und Böen, rasche Druckanstiege. Sitz.-Ber. Wien 119, 1101 (1910), Auszug: Zur Mechanik der Böen. M. Z. 28, 355 (1911).

(766) Schmidt, W.: Wird die Atmosphäre durch Konvektion von der Erdoberfläche her erwärmt? M. Z. 38, 262 (1921).

(767) Schmidt, W.: Der Massenaustausch in freier Luft und verwandte Erscheinungen. (Hamburg 1925).

(768) Schmiedel, K.: Stratosphärische Steuerung und Wellensteuerung. Veröff. G. I. Leipzig 9, 1 (1937).

(769) Schnebel, L.: Beitrag zur Zyklogenese. Archiv D. S. 59, Nr 6 (1939).

(770) Schneider-Carius, K.: Das Wetter im Bereich der Grundschicht. Beitr. z. synopt. Wetterdienst Nr 2 (1945).

(771) Schneider-Carius, K.: Der Schichtenbau der Troposphäre. M. R. 1, 79 (1947).

(772) Schostakowitsch, W. B.: Beziehungen von Luftdruck, Temperatur, Niederschlag zu Sonnenflecken, sowie Einfluß der Vulkanausbrüche auf die Klimaelemente. M. Z. 45, 326 (1928).

(773) Schott, G.: Der Peru-Strom und seine nördlichen Nachbargebiete in normaler und anormaler Ausbildung. A. H. 59, 161, 200, 240 (1931).

(774) Schott, G.: Geographie des Atlantischen Ozeans, 3. Aufl. (Hamburg 1944).

(775) Schreiber, K.: Analyse der Wetterlage vom 4. bis 8. Januar 1912. Archiv D. S. 50, Nr 4 (1931).

(776) Schröder, R.: Die Regeneration einer Zyklone über Nord- und Ostsee (Analyse der Wetterepoche: 29. September bis 3. Oktober 1912). Veröff. G. I. Leipzig 4, 49 (1929).

(777) Schubart, L.: Praktische Orkankunde. (Berlin 1934).

(778) Schubert, O. v.: Wirkungen des Reibungsunterschiedes über See und Land auf die Luftströmung im Bereich der Deutschen Bucht. A. H. 54, 273 (1926).

(779) Schubert, O. v.: Die dreijährige Luftdruckwelle. Darstellung ihres Verlaufs auf der ganzen Erdoberfläche. Veröff. G. I. Leipzig 3, 337 (1928).

(780) Schück, A.: Die Wirbelstürme oder Cyclonen mit Orkangewalt nach dem jetzigen Standpunkt unserer Kenntnis derselben in Form eines Handbuches gemeinfaßlich dargestellt. (Oldenburg 1881).

(781) Schüepp, M.: Eine Transformation des Stüveschen Adiabatenpapieres. B. z. P. d. f. A. 24, 238 (1938).

(782) Schwalbe, G.: Der Winter 1928—29 in Deutschland. M. Z. 46, 146 (1929).

(783) Schwerdtfeger, W.: Zur Theorie polarer Temperatur- und Luftdruckwellen. Veröff. G. I. Leipzig 3, 255 (1932).

(784) Schwerdtfeger, W.: Temperaturverhältnisse in einem Polarluftausbruch. E. d. F. 3. Sonderbd., 35 (1932); Neudrucke 3, 343.

(785) SCHWERDTFEGER, W.: Über die Durchführung von Wettererkundungsflügen über See. F. u. E. d. R., Reihe B, Nr 6 (1942).

(786) SCHWERDTFEGER, W.: Meteorologische Erfahrungen bei Wettererkundungsflügen über See. F. u. E. d. R., Reihe B, Nr 7 (1942).

(787) SCHWERDTFEGER; W.: Über die Erscheinungsform der Fronten im nordwesteuropäischen Seegebiet. F. u. E. d. R., Reihe B, Nr 14 (1943).

(788) SCHWERDTFEGER, W.: Stratus oder Stratocumulus? M. Z. **60**, 224 (1943).

(789) SCHWERDTFEGER, W.: Ein Beitrag zur Frage der Existenz der Hauptluftmassen. M. R. **1**, 2 (1947).

(790) SCHWERDTFEGER, W. u. R. SCHÜTZE: Wetterflug in einem Wärmegewitter. Wetter **55**, 137 (1938).

(791) SEELIGER, W.: Höhenwind und Gradientwind. B. z. P. d. f. A. **24**, 130 (1937).

(792) SEIDEL, G.: Ein Beitrag zur 16jährigen Klimaschwankung. Diss. (Leipzig 1934).

(793) SEIFERT, G.: Instabile Schichtungen der Atmosphäre und ihre Bedeutung für die Wetterentwicklung im Königsberger Gebiet. Veröff. G. I. Leipzig **6**, 223 (1935).

(794) SEILKOPF, H.: Meteorologische Flugerfahrungen im nordwestlichen Deutschland. KÖPPEN-Heft der A. H. 75 (1926).

(795) SEILKOPF, H.: Grundzüge der Flugmeteorologie des Luftwegs nach Ostasien. Archiv D. S. **44**, Nr 3 (1927).

(796) SEILKOPF, H.: Die räumliche und zeitliche Aufeinanderfolge von Regenschauern. A. H. **58**, 1 (1930).

(797) SEILKOPF, H.: Mittelräumige atmosphärische Strömungstypen. 2. KÖPPEN-Heft der A. H. 79 (1936).

(798) SEILKOPF, H.: Maritime Meteorologie. Handbuch der Fliegerwetterkunde von R. HABERMEHL, Bd. II. (1939).

(799) SEILKOPF, H.: Meteorologische Navigation. Schriften der Deutschen Akademie der Luftfahrtforschung H. 21 (1940).

(800) SELLENSCHLO, H.: Der Nordseeorkan vom 27. Oktober 1936. A. H. **67**, 443 (1939).

(801) SEN, S. N. and H. R. PURI: Air mass analysis and short period weather forecasting in India. Proc. nat. Inst. Sci. India **5**, No 1, 75 (1939).

(802) SERRA, A. and L. RATISBONNA: Air masses of Souther Brazil. M. W. R. **66**, 6 (1938).

(803) SHAW, Sir N.: Manual of Meteorology. Vol. I: Meteorology in history, 2. Aufl. (Cambridge 1932).

(804) SHAW, Sir N.: Manual of Meteorology. Vol. II: Comparative Meteorology. (Cambridge 1928).

(805) SHAW, Sir N.: Manual of Meteorology. Vol. III: The physical processes of weather. (Cambridge 1930).

(806) SHAW, Sir N.: Manual of Meteorology. Vol. IV: Pressure and wind. (Cambridge 1931).

(807) SHAW, Sir N.: The air and its ways. (1923).

(808) SHOWALTER, A. K.: Further studies of American air-mass properties. M. W. R. **67**, 204 (1939).

(809) SIEGER, F.: Das Klima des Brocken. Diss. (Berlin 1936).

(810) SIMPSON, Sir G.: Ice accretion on aircraft. Notes for pilots. Prof. Notes 82 (1937).

(811) SPEERSCHNEIDER, C. J. H.: The state of the ice in Davis Strait. Medd. Danske Inst. 8 (1931).

(812) SPRINGSTUBBE, H.: Singularitäten im jährlichen Witterungsverlauf von Aachen. D. M. J. **1933** Aachen, 31 (1935).

(813) STEIN, R.: Beziehungen von Luftdruckanomalien auf der Erde zueinander im Sommer der Nordhalbkugel. M. Z. **46**, 209 (1929).

(814) STEINHAUSER, F.: Wie ändert sich unser Klima? M. Z. **52**, 363 (1935).

(815) STENZ, E.: Der große Staubfall vom 26.—29. April 1928 in Südost-Europa. M. Z. **46**, 181 (1929) u. Z. f. G. **6**, 443 (1930).

(816) STUMPFF, K.: Realität und Singularitäten der vierundzwanzigtägigen Luftdruckwelle. M. Z. **58**, 117 (1941).

(817) STURM, H.: Kaltluftzirkulation auf der Rückseite einer Zyklone. A. H. **65**, 354 (1937).

(818) STÜVE, G.: Thermozyklogenese. B. z. P. d. f. A. **13**, 23 (1926).

(819) STÜVE, G.: Wolken und Gleitflächen. Arb. Pr. Obs. Lindenberg **15**, 214 (1926).

(820) STÜVE, G.: Der Mechanismus der stratosphärischen Steuerung. Syn. Bearb. Frankfurt, LINKE-Sonderheft, 8 (1933).

(821) STÜVE, G. u. R. MÜGGE: Energetik des Wetters. B. z. P. d. f. A. **22**, 206 (1935).

(822) SUCKSTORFF, G. A.: Kaltlufterzeugung durch Niederschlag. M. Z. **55**, 287 (1938).

(823) SUR, N. K. u. K. P. RAMAKISHNAN: Upper air temperatures and humidities in India during the Polar Year. B. z. P. d. f. A. **24**, 199 (1937).

(824) SÜRING, R.: Die Wolken, 2. Aufl. (Leipzig 1941).

(825) SUTCLIFFE, R. C.: On development in the field of barometric pressure. Q. J. **64**, 495 (1938).

(826) SUTCLIFFE, R. C.: Meteorology for Aviators. (London 1939).

(827) SVERDRUP, H. U.: Der nordatlantische Passat. Veröff. G. I. Leipzig **2**, 1 (1917).

(828) SVERDRUP, H. U.: The Norwegian north polar expedition with the "Maud" 1918—1925. Scientific Results. Meteorology, Part I. (Bergen 1933).

(829) TANNEHILL, I. R.: Hurricanes, their nature and history. (Princetown N. J. 1938).

(830) TEISSERENC DE BORT, A.: Etudes sur l'hiver de 1879/80 et recherches sur la position des centres d'action de l'atmosphère dans les hivers anormaux. Ann. du Bureau Centr. Mét. de France, Année 1881, T. I (Paris 1883).

(831) TETRODE, P.: Voorwaarden voor Belangrijke Invloeden van de Zonnevlekken-Periode op ons Weer en een Voorspelling op zeer langen Termijn. Hemel en Dampkring **37**, 225 (1939).

(832) THOMAS, H.: Das Zustandekommen eines Druckanstieges von 35 mm durch einen stratosphärischen Kaltlufteinbruch ohne Mitwirkung troposphärischer Vorgänge. Sitz.-Ber. Berlin 1934, **17**, 222.

(833) THOMAS, H.: Zum Mechanismus stratosphärisch bedingter Druckänderungen. M. Z. **52**, 41 (1935).

(834) Thomas, H.: Zum Gegenläufigkeitsgesetz, insbesondere zur Gegenläufigkeit zwischen der absoluten und relativen Topographie der 500-mb-Fläche. M. Z. **57**, 215 (1940). — Zum Gegenläufigkeitsgesetz der Atmosphäre. M. Z. **58**, 185 (1941).

(835) Thomas, H.: Typische Landregen-Wetterlagen und ihre Prognose. F. u. E. d. R., Reihe A, Nr 7 (1941).

(836) Thomas, H.: Ein Verfahren zur Bestimmung der relativen Topographie der 500-mb-Fläche aus Beobachtungen am Erdboden. F. u. E. d. R., Reihe A, Nr 8 (1941).

(837) Thomas, H.: Eine einfache Formel für die momentane Fortpflanzungsgeschwindigkeit von Tiefdruckausläufern, Hochdruckkeilen usw. M. Z. **59**, 378 (1942).

(838) Thomsen, H.: Variation of the surface temperature at Selvogsbanki, Iceland, during the years 1895—1936. Rapp. et Proc. des Réunions **105**, 3ième Partie, Appendices (1936—1937) 51 (Kopenhagen 1937).

(839) Thraen, A.: Die Temperatur in Berlin in Abhängigkeit von drei kosmischen Wellen. M. R. **1**, 83 (1947).

(840) Tommila, M. u. N. Raunio: Aerologische Beobachtungen mit Radiosonden im Sommer 1937 in Spitzbergen und in Petsamo. Annales Academiae Scientiarum Fennicae, Seria A, **53**, Nr 5 (1939).

(841) Trautmann, E.: Die Brücknersche Niederschlagsschwankung über Europa. Veröff. G. I. Leipzig **7**, 297 (1936).

(842) Travn ček, F.: Die Häufigkeit (mittlere Dauer) aperiodischer Wellen des Luftdruckes und der Temperatur. M. Z. **45**, 241 (1928).

(843) Troeger, H.: Die Häufigkeitsverteilung der Äquivalenttemperaturen. Wetter **45**, 342 (1928).

(844) Troeger, H.: Vorübergehende Abkühlung bei Gewitter- oder Regenschauer. M. Z. **49**, 113 (1932).

(845) Tschierske, H.: Zur Abhängigkeit der Sicht von der Luftmasse. Wetter **49**, 307 (1932).

(846) Tu, C.: Chinese air mass properties. Q. J. **65**, 33 (1938).

(847) Wagemann, H.: Über Steiggebiete des Luftdruckes bei russischen Kältewellen. Abh. Pr. M. I. Berlin **9**, Nr 2 (1929). — M. Z. **47**, 475 (1930).

(848) Wagemann, H.: Über die Anwendung der Angervoschen Formeln für die Vorausberechnung der Extrempunkte des Luftdruckfeldes. M. Z. **47**, 488 (1930).

(849) Wagemann, H.: Eine Faustformel zur Berechnung der Verlagerungsgeschwindigkeit von Hoch- und Tiefdruckausläufern. A. H. **59**, 261 (1931).

(850) Wagemann, H.: Brauchbare Methoden zur Vorausberechnung von Wetterkarten. A. H. **60**, 136 (1932).

(851) Wagemann, H.: Die Begründung und Brauchbarkeit der Guilbertschen Regeln. M. Z. **49**, 262 (1932).

(852) Wagner, A.: Eine bemerkenswerte sechzehnjährige Klimaschwankung. Sitz.-Ber. Wien **133**, 169 (1924).

(853) Wagner, A.: Untersuchung der säkularen Änderung der Jahresschwankung der Temperatur in Europa. G. B. z. G. **20**, 134 (1928).

(854) Wagner, A.: Die Abnahme der Jahresschwankung der Temperatur in den letzten Dezennien in Europa. M. Z. **45**, 361 (1928).

(855) Wagner, A.: Untersuchungen der Schwankungen der allgemeinen Zirkulation. G. Annaler **11**, 33 (1929).

(856) Wagner, A.: Zur Frage der Schwankungen der allgemeinen Zirkulation. Z. f. G. **5**, 399 (1929).

(857) Wagner, A.: Neuere Untersuchungen über die Schwankungen der allgemeinen Zirkulation. M. Z. **46**, 483 (1929).

(858) Wagner, A.: Theorie der Böigkeit und der Häufigkeitsverteilung von Windstärke und Windrichtung. G. B. z. G. **24**, 386 (1929).

(859) Wagner, A.: Zur Aerologie des indischen Monsuns. G. B. z. G. **30**, 196 (1931).

(860) Wagner, A.: Hangwind — Ausgleichströmung — Berg- und Talwind. M. Z. **49**, 209 (1932).

(861) Wagner, A.: Neue Theorie des Berg- und Talwindes. M. Z. **49**, 329 (1932).

(862) Wagner, A.: Klimatologie der freien Atmosphäre. Teil F des 1. Bandes des Handbuches der Klimatologie von Köppen und Geiger. (Berlin 1936).

(863) Wagner, A.: Die allgemeine Zirkulation im strengen Winter 1928/29. A. H. **65**, 449 (1937).

(864) Wagner, A.: Über die Tageswinde in der freien Atmosphäre (nach Pilotaufstiegen in U.S.A.). B. z. P. d. f. A. **25**, 145 (1938).

(865) Wagner, A.: Zur Bestimmung der Intensität der allgemeinen Zirkulation. A. H. **66**, 161 (1938).

(866) Wagner, A.: Theorie und Beobachtung der periodischen Gebirgswinde. G. B. z. G. **52**, 408 (1938).

(867) Wagner, A.: Klimaänderungen und Klimaschwankungen. Die Wissenschaft, Bd. 92. (Braunschweig 1940).

(868) Wahl, E.: Untersuchungen über den jährlichen Luftdruckgang. Veröff. M. I. Berlin **4**, H. 4 (1942).

(869) Walden, H.: Über eine Sturmdepression im Tyrrhenischen Meer. Archiv D. S. **61**, Nr 10 (1941).

(870) Wegener, A.: Thermodynamik der Atmosphäre. (Leipzig 1928).

(871) Wegener, A. u. K. Wegener: Vorlesungen über Physik der Atmosphäre. (Leipzig 1935).

(872) Weickmann, L.: Wellen im Luftmeer. Sächs. Akad. Wiss., math.-phys. Kl. **39**, Nr 2 (1924).

(873) Weickmann, L.: Das Wellenproblem der Atmosphäre. M. Z. **44**, 241 (1927).

(874) Weickmann, L.: Die Ausbreitung von Luftdruckwellen über Europa. G. B. z. G. **17**, 332 (1927).

(875) Weickmann, L.: Die Wagnersche 16jährige Klimaschwankung. B. z. P. d. f. A. **14**, 75 (1928).

(876) Weickmann, L.: Die thermische Wirkung der vierundzwanzigtägigen polaren Druckwelle des Winters 1923/24. B. z. P. d. f. A. **15**, 226 (1929).

(877) Weickmann, L.: Neuere Ergebnisse aus der Theorie der Symmetriepunkte. G. B. z. G. **34** (Köppen-Band III), 244 (1931).

(878) Weickmann, L.: Über aerologische Diagrammpapiere. Intern. Met. Org., Intern. aeról. Kom. (Denkschrift 1938).

(879) Weickmann, L.: Die Erwärmung der Arktis. Veröff. d. Wiss. Inst. Kopenhagen, Reihe I: Arktis, Nr 1 (1942).

(880) Weickmann, L. u. P. A. Moltchanoff: Kurzer Bericht über die meteorologisch-aerologischen Beobachtungen auf der Polarfahrt des Graf Zeppelin. M. Z. **48**, 409 (1931).

(881) Wenger, R.: Zur Theorie der Berg- und Talwinde. M. Z. **40**, 193 (1923).

380   Literatur.

(882) WEXLER, H.: Turbidities of air masses and atmospheric dust content. M. W. R. **62**, 397 (1934).

(883) WEXLER, H.: Analysis of a warm-front-type occlusion. M. W. R. **63**, 213 (1935).

(884) WEXLER, H.: Formation of polar anticyclones. M. W. R. **65**, 229 (1937).

(885) WEXLER, H.: The structure of the September, 1944, hurricane when off Cape Henry Virginia. B. A. M. S. **26**, 156 (1945). Flugbeschreibung ebenda 153. Ferner: Weather conditions on a flight across the tropical storm of October, 19, 1944, while in Northern Florida. B. A. M. S. **26**, 197 (1945).

(886) WIGAND, A.: Experimentelle und theoretische Studien zur Koagulation inhomogenen Nebels: A. H. **60**, 25 (1932).

(887) WIGAND, A. u. E. FRANKENBERGER: Über Beständigkeit und Koagulation von Nebel und Wolken. Physikalische Z. **31**, 204 (1930).

(888) WIGAND, A. u. E. FRANKENBERGER: Die elektrostatische Stabilisierung von Nebel und Wolken und die Niederschlagsbildung. A. H. **59**, 353 (1931).

(889) WILLETT, H. C.: Fog and haze, their causes, distribution and forecasting. M. W. R. **56**, 435 (1928). Eingehende Besprechung: E. d. F., Neudrucke 1, 160.

(890) WILLETT, H. C.: Synoptic studies in fog. Mass. Papers 1, No 1 (1930).

(891) WILLETT, H. C.: Dynamic Meteorology. [Physics of earth, Part III: Meteorology]. (Washington 1931).

(892) WILLETT, H. C.: American air mass properties. Mass. Papers 2, No 2 (1933).

(893) WILLETT, H. C.: Discussion and illustration of problems suggested by the analysis of atmospheric cross-sections. Mass. Papers 4, No 2 (1935).

(894) YOUNG, F. D.: Forecasting minimum temperatures in Oregon and California. M. W. R. Suppl. 16, 53 (1920).

(895) ZEDLER, P.: Zur Niederschlagsverteilung auf zwei deutschen Bergen: Brocken und Schneekoppe. A. H. **66**, 63 (1938).

(896) ZISTLER, P.: Über die Zusammenhänge zwischen troposphärischen und stratosphärischen Druckwellen. M. Z. **52**, 424 (1935).

(897) ZISTLER, P.: Die neue Einteilung der troposphärischen Luftmassen. Naturwissenschaften **25**, 104 (1937).

Verzeichnis der Abbildungen.

Dritter Teil.

Vierter Teil.

Zusammenstellung der Tabellen und Tafeln.

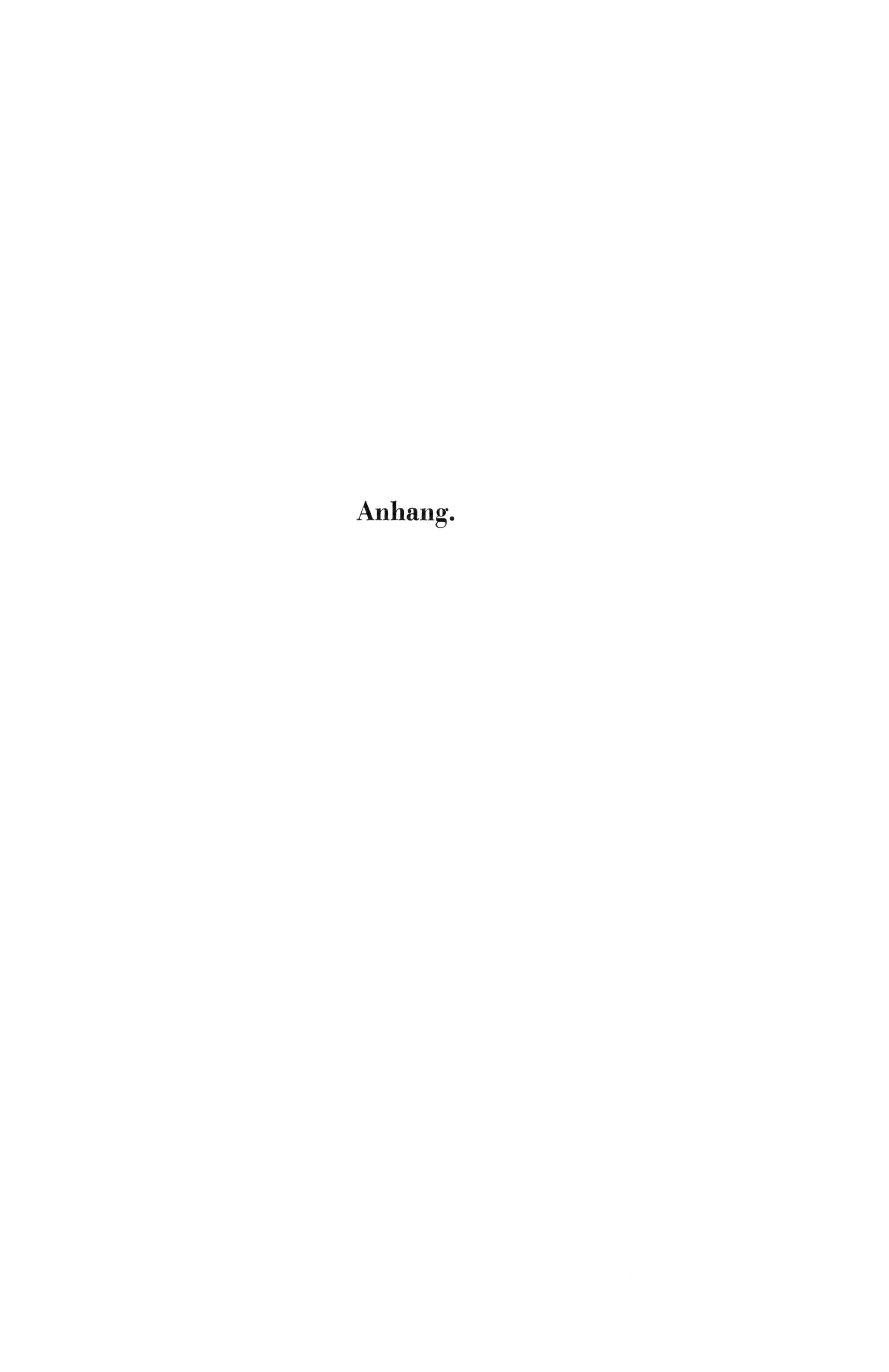

Anhang.

Tafel Ia. *Höhe der 1000-mb-Fläche als Funktion von Druck und Temperatur in dynamischen Metern.*

mb \ °C	−80	−70	−60	−50	−40	−30	−20	−10	0	10	20	30	40	50	
1080	426	449	471	493	515	537	559	581	603						1080
1079	421	443	465	487	509	530	552	574	596						1079
1078	416	438	459	481	502	524	545	567	588						1078
1077	411	432	454	475	496	517	539	560	581						1077
1076	406	427	448	469	490	511	532	553	574						1076
1075	401	421	442	463	484	504	525	546	567						1075
1074	396	416	436	457	477	498	518	539	559						1074
1073	390	411	431	451	471	491	512	532	552						1073
1072	385	405	425	445	465	485	505	525	545						1072
1071	380	400	419	439	459	478	498	518	537						1071
1070	375	394	414	433	453	472	491	511	530	550					1070
1069	370	389	408	427	446	465	485	504	523	542					1069
1068	365	383	402	421	440	459	478	497	515	534					1068
1067	359	378	397	415	434	452	471	490	508	527					1067
1066	354	372	391	409	427	446	464	482	501	519					1066
1065	349	367	385	403	421	439	457	475	493	511					1065
1064	344	361	379	397	415	433	450	468	486	504					1064
1063	338	356	374	391	409	426	444	461	479	496					1063
1062	333	351	368	385	402	420	437	454	471	489					1062
1061	328	345	362	379	396	413	430	447	464	481					1061
1060	323	340	356	373	390	406	423	440	457	473	490				1060
1059	318	334	351	367	383	400	416	433	449	466	482				1059
1058	312	329	345	361	377	393	409	426	442	458	474				1058
1057	307	323	339	355	371	387	403	418	434	450	466				1057
1056	302	317	333	349	364	380	396	411	427	443	458				1056
1055	297	312	327	343	358	373	389	404	419	435	450				1055
1054	291	306	322	337	352	367	382	397	412	427	442				1054
1053	286	301	316	331	345	360	375	390	405	419	434				1053
1052	281	295	310	324	339	354	368	383	397	412	426				1052
1051	276	290	304	318	333	347	361	375	390	404	418				1051
1050	270	284	298	312	326	340	354	368	382	396	410	424			1050
1049	265	279	292	306	320	334	347	361	375	389	402	416			1049
1048	260	273	287	300	314	327	340	354	367	381	394	408			1048
1047	254	268	281	294	307	320	333	347	360	373	386	399			1047
1046	249	262	275	288	301	314	327	339	352	365	378	391			1046
1045	244	256	269	282	294	307	320	332	345	357	370	383			1045
1044	239	251	263	276	288	300	313	325	337	350	362	374			1044
1043	233	245	257	269	282	294	306	318	330	342	354	366			1043
1042	228	240	252	263	275	287	299	311	322	334	346	358			1042
1041	223	234	246	257	269	280	292	303	315	326	338	349			1041
1040	217	229	240	251	262	274	285	296	307	319	330	341	352		1040
1039	212	223	234	245	256	267	278	289	300	311	322	333	344		1039
1038	207	217	228	239	249	260	271	281	292	303	314	324	335		1038
1037	201	212	222	233	243	253	264	274	285	295	305	316	326		1037
1036	196	206	216	226	236	247	257	267	277	287	297	307	318		1036
1035	191	200	210	220	230	240	250	260	269	279	289	299	309		1035
1034	185	195	204	214	224	233	243	252	262	271	281	291	300		1034
1033	180	189	198	208	217	226	236	245	254	264	273	282	292		1033
1032	175	184	193	202	211	220	229	238	247	256	265	274	283		1032
1031	169	178	187	195	204	213	222	230	239	248	257	265	274		1031
1030	164	172	181	189	198	206	215	223	232	240	249	257	266	274	1030
1029	158	167	175	183	191	199	208	216	224	232	240	249	257	265	1029
1028	153	161	169	177	185	193	200	208	216	224	232	240	248	256	1028
1027	148	155	163	170	178	186	193	201	209	216	224	232	239	247	1027
1026	142	150	157	164	172	179	186	194	201	208	216	223	230	238	1026
1025	137	144	151	158	165	172	179	186	193	200	208	215	222	229	1025
	−80	−70	−60	−50	−40	−30	−20	−10	0	10	20	30	40	50	

Tafel Ia (1. Forts.). *Höhe der 1000-mb-Fläche als Funktion von Druck und Temperatur in dynamischen Metern.*

mb \ °C	−80	−70	−60	−50	−40	−30	−20	−10	0	10	20	30	40	50	mb
1025	137	144	151	158	165	172	179	186	193	200	208	215	222	229	1025
1024	131	138	145	152	159	165	172	179	186	193	199	206	213	220	1024
1023	126	132	139	145	152	159	165	172	178	185	191	198	204	211	1023
1022	121	127	133	139	145	152	158	164	170	177	183	189	195	202	1022
1021	115	121	127	133	139	145	151	157	163	169	175	181	187	193	1021
1020	110	115	121	127	132	138	144	149	155	161	167	172	178	184	1020
1019	104	110	115	120	126	131	137	142	147	153	158	164	169	174	1019
1018	99	104	109	114	119	124	129	135	140	145	150	155	160	165	1018
1017	93	98	103	108	113	118	122	127	132	137	142	147	151	156	1017
1016	88	92	97	102	106	111	115	120	124	129	133	138	142	147	1016
1015	82	87	91	95	99	104	108	112	117	121	125	129	134	138	1015
1014	77	81	85	89	93	97	101	105	109	113	117	121	125	129	1014
1013	72	75	79	83	86	90	94	97	101	105	109	112	116	120	1013
1012	66	69	73	76	80	83	87	90	93	97	100	104	107	111	1012
1011	61	64	67	70	73	76	79	83	86	89	92	95	98	101	1011
1010	55	58	61	64	67	69	72	75	78	81	84	87	89	92	1010
1009	50	52	55	57	60	62	65	68	70	73	75	78	80	83	1009
1008	44	46	49	51	53	56	58	60	62	65	67	69	72	74	1008
1007	39	41	43	45	47	49	51	53	55	57	59	61	63	65	1007
1006	33	35	37	38	40	42	43	45	47	48	50	52	54	55	1006
1005	28	29	30	32	33	35	36	38	39	40	42	43	45	46	1005
1004	22	23	24	25	27	28	29	30	31	32	33	35	36	37	1004
1003	17	17	18	19	20	21	22	23	23	24	25	26	27	28	1003
1002	11	12	12	13	13	14	14	15	16	16	17	17	18	18	1002
1001	6	6	6	6	7	7	7	8	8	8	8	9	9	9	1001
1000	0	0	0	0	0	0	0	0	0	0	0	0	0	0	1000
999	−6	−6	−6	−6	−7	−7	−7	−8	−8	−8	−8	−9	−9	−9	999
998	−11	−12	−12	−13	−13	−14	−15	−15	−16	−16	−17	−17	−18	−19	998
997	−17	−18	−18	−19	−20	−21	−22	−23	−24	−24	−25	−26	−27	−28	997
996	−22	−23	−25	−26	−27	−28	−29	−30	−32	−33	34	35	36	37	996
995	−28	−29	−31	−32	−34	−35	−36	−38	−39	−41	−42	−44	−45	−47	995
994	−33	−35	−37	−39	−40	−42	−44	−46	−47	−49	−51	−52	−54	−56	994
993	−39	−41	−43	−45	−47	−49	−51	−53	−55	−57	−59	−61	−63	−65	993
992	−45	−47	−49	−51	−54	−56	−58	−61	−63	−65	−68	−70	−72	−75	992
991	−50	−53	−55	−58	−61	−63	−66	−68	−71	−73	−76	−79	−81	−84	991
990	−56	−59	−61	−64	−67	−70	−73	−76	−79	−82	−85	−87	−90	−93	990
989	−61	−64	−68	−71	−74	−77	−80	−84	−87	−90	−93	−96	−99	−103	989
988	−67	−70	−74	−77	−81	−84	−88	−91	−95	−98	−102	−105	−109	−112	988
987	−73	−76	−80	−84	−88	−91	−95	−99	−103	−106	−110	−114	−118	−121	987
986	−78	−82	−86	−90	−94	−98	−102	−107	−111	−115	−119	−123	−127	−131	986
985	−84	−88	−92	−97	−101	−106	−110	−114	−119	−123	−127	−132	−136	−140	985
984	−89	−94	−99	−103	−108	−113	−117	−122	−126	−131	−136	−140	−145	−150	984
983	−95	−100	−105	−110	−115	−120	−125	−130	−134	−139	−144	−149	−154	−159	983
982	−101	−106	−111	−116	−122	−127	−132	−137	−142	−148	−153	−158	−163	−168	982
981	−106	−112	−117	−123	−128	−134	−139	−145	−150	−156	−161	−167	−172	−178	981
980	−112	−118	−124	−129	−135	−141	−147	−152	−158	−164	−170	−176	−181	−187	980
979	−118	−124	−130	−136	−142	−148	−154	−160	−166	−172	−179	−185	−191	−197	979
978	−123	−130	−136	−142	−149	−155	−162	−168	−174	−181	−187	−194	−200	−206	978
977	−129	−136	−142	−149	−156	−162	−169	−176	−182	−189	−196	−202	−209	−216	977
976	−135	−142	−149	−156	−163	−170	−177	−183	−190	−197	−204	−211	−218	−225	976
975	−140	−148	−155	−162	−169	−177	−184	−191	−198	−206	−213	−220	−228	−235	975
974	−146	−154	−161	−169	−176	−184	−191	−199	−207	−214	−222	−229	−237	−244	974
973	−152	−160	−167	−175	−183	−191	−199	−207	−215	−222	−230	−238	−246	−254	973
972	−157	−166	−174	−182	−190	−198	−206	−214	−223	−231	−239	−247	−255	−263	972
971	−163	−172	−180	−188	−197	−205	−214	−222	−231	−239	−248	−256	−264	−273	971
970	−169	−178	−186	−195	−204	−212	−221	−230	−239	−247	−256	−265	−274	−282	970
	−80	−70	−60	−50	−40	−30	−20	−10	0	10	20	30	40	50	

Tafel Ia (2. Forts.). *Höhe der 1000-mb-Fläche als Funktion von Druck und Temperatur in dynamischen Metern.*

mb \ °C	−80	−70	−60	−50	−40	−30	−20	−10	0	10	20	30	40	50	mb
970	−169	−178	−186	−195	−204	−212	−221	−230	−239	−247	−256	−265	−274	−282	970
969	−175	−184	−193	−202	−211	−220	−229	−238	−247	−256	−265	−274	−283	−292	969
968	−180	−190	−199	−208	−218	−227	−236	−246	−255	−264	−274	−283	−292	−302	968
967	−186	−196	−205	−215	−225	−234	−244	−254	−263	−273	−282	−292	−302	−311	967
966	−192	−202	−212	−222	−231	−241	−251	−261	−271	−281	−291	−301	−311	−321	966
965	−197	−208	−218	−228	−238	−249	−259	−269	−279	−290	−300	−310	−320	−330	965
964	−203	−214	−224	−235	−245	−256	−266	−277	−287	−298	−308	−319	−329	−340	964
963	−209	−220	−231	−241	−252	−263	−274	−285	−296	−306	−317	−328	−339	−350	963
962	−215	−226	−237	−248	−259	−270	−281	−293	−304	−315	−326	−337	−348	−359	962
961	−220	−232	−243	−255	−266	−278	−289	−300	−312	−323	−335	−346	−357	−369	961
960	−226	−238	−250	−261	−273	−285	−296	−308	−320	−332	−343	−355	−367	−378	960
959	−232	−244	−256	−268	−280	−292	−304	−316	−328	−340	−352	−364	−376	−388	959
958	−238	−250	−262	−275	−287	−299	−312	−324	−336	−349	−361	−373	−386	−398	958
957	−244	−256	−269	−281	−294	−307	−319	−332	−344	−357	−370	−382	−395	−408	957
956	−249	−262	−275	−288	−301	−314	−327	−340	−353	−366	−379	−391	−404	−417	956
955	−255	−268	−282	−295	−308	−321	−334	−348	−361	−374	−387	−401	−414	−427	955
954	−261	−275	−288	−302	−315	−329	−342	−356	−369	−383	−396	−410	−423	−437	954
953	−267	−281	−294	−308	−322	−336	−350	−363	−377	−391	−405	−419	−433	−446	953
952	−273	−287	−301	−315	−329	−343	−357	−371	−385	−400	−414	−428	−442	−456	952
951	−278	−293	−307	−322	−336	−350	−365	−379	−394	−408	−423	−437	−451	−466	951
950	−284	−299	−314	−328	−343	−358	−372	−387	−402	−417	−431	−446	−461	−475	950
949	−290	−305	−320	−335	−350	−365	−380	−395	−410	−425	−440	−455	−470	−485	949
948	−296	−311	−327	−342	−357	−373	−388	−403	−418	−434	−449	−464	−480	−495	948
947	−302	−317	−333	−349	−364	−380	−396	−411	−427	−442	−458	−474	−489	−505	947
946	−308	−324	−340	−355	−371	−387	−403	−419	−435	−451	−467	−483	−499	−515	946
945	−314	−330	−346	−362	−378	−395	−411	−427	−443	−360	−476	−492	−508	−525	945
944	−319	−336	−352	−369	−386	−402	−419	−435	−452	−468	−485	−501	−518	−534	944
943	−325	−342	−359	−376	−393	−409	−426	−443	−460	−477	−494	−510	−527	−544	943
942	−331	−348	−365	−383	−400	−417	−434	−451	−468	−485	−503	−520	−537	−554	942
941	−337	−354	−372	−389	−407	−424	−442	−459	−477	−494	−511	−529	−546	−564	941
940	−343	−361	−378	−396	−414	−432	−449	−467	−485	−503	−520	−538	−556	−574	940
939	−349	−367	−385	−403	−421	−439	−457	−475	−493	−511	−529	−547	−565	−583	939
938	−355	−373	−391	−410	−428	−446	−465	−483	−502	−520	−538	−557	−575	−593	938
937	−361	−379	−398	−417	−435	−454	−473	−491	−510	−529	−547	−566	−585	−603	937
936	−367	−386	−404	−423	−442	−461	−480	−499	−518	−537	−556	−575	−594	−613	936
935				−430	−450	−469	−488	−507	−527	−546	−565	−585			935
934				−437	−457	−476	−496	−516	−535	−555	−574	−594			934
933				−444	−464	−484	−504	−524	−543	−563	−583	−603			933
932				−451	−471	−491	−511	−532	−552	−572	−592	−612			932
931				−458	−478	−499	−519	−540	−560	−581	−601	−622			931
930				−465	−485	−506	−527	−548	−569	−589	−610	−631			930
929					−493	−514	−535	−556	−577	−598	−619	−640			929
928					−500	−521	−543	−564	−586	−607	−628	−650			928
927					−507	−529	−551	−572	−594	−616	−637	−659			927
926					−514	−536	−558	−580	−603	−625	−647	−669			926
925					−522	−544	−566	−589	−611	−633	−656	−678			925
924						−551	−574	−597	−619	−642	−665	−687			924
923						−559	−582	−605	−630	−651	−674	−697			923
922						−567	−590	−613	−636	−660	−683	−706			922
921						−574	−598	−621	−645	−668	−692	−716			921
920						−582	−606	−629	−653	−677	−701	−725			920
919							−613	−638	−662	−686	−710	−735			919
918							−621	−646	−670	−695	−720	−744			918
917							−629	−654	−679	−704	−729	−754			917
916							−637	−662	−688	−713	−738	−763			916
915							−645	−671	−696	−722	−747	−773			915
mb	−80	−70	−60	−50	−40	−30	−20	−10	0	10	20	30	40	50	mb

Tafel I a (3. Forts.). *Höhe der 1000-mb-Fläche als Funktion von Druck und Temperatur in dynamischen Metern.*

mb \ °C	−80	−70	−60	−50	−40	−30	−20	−10	0	10	20	30	40	50	
915							−645	−671	−696	−722	−747	−773			915
914								−679	−705	−731	−756	−782			914
913								−687	−713	−739	−766	−792			913
912								−695	−722	−748	−775	−801			912
911								−704	−730	−757	−784	−811			911
910								−712	−739	−766	−793	−820			910
909									−748	−775	−802	−830			909
908									−756	−784	−812	−839			908
907									−765	−793	−821	−849			907
906									−774	−802	−830	−859			906
905									−782	−811	−840	−868			905
904										−820	−849	−878			904
903										−829	−858	−887			903
902										−838	−867	−897			902
901										−847	−877	−907			901
900										−856	−886	−916			900
899										−865	−895	−926			899
898										−874	−905	−936			898
897										−883	−914	−945			897
896										−892	−924	−955			896
895										−901	−933	−965			895
894										−910	−942	−975			894
893										−919	−952	−984			893
892										−929	−961	−994			892
891										−938	−971	−1004			891
890										−947	−980	−1014			890
889										−956	−990	−1023			889
888										−965	−999	−1033			888
887										−974	−1009	−1043			887
886										−983	−1018	−1053			886
885										−993	−1028	−1063			885
884										−1002	−1037	−1073			884
883										−1011	−1047	−1082			883
882										−1020	−1056	−1092			882
881										−1029	−1066	−1102			881
880										−1039	−1075	−1112			880
	−80	−70	−60	−50	−40	−30	−20	−10	0	10	20	30	40	50	

Tafel Ib. *Höhe der 1000-mb-Fläche als Funktion von Druck und Temperatur in geopotentiellen Metern.*

mb \ °C	−80	−70	−60	−50	−40	−30	−20	−10	0	10	20	30	40	50	mb
1080	435	458	480	503	525	548	570	593	615						1080
1079	430	452	474	497	519	541	563	586	608						1079
1078	425	447	469	491	513	535	557	578	600						1078
1077	419	441	463	484	506	528	550	571	593						1077
1076	414	436	457	478	500	521	543	564	586						1076
1075	409	430	451	472	494	515	536	557	578						1075
1074	404	424	445	466	487	508	529	550	571						1074
1073	398	419	440	460	481	501	522	543	563						1073
1072	393	413	434	454	474	495	515	536	556						1072
1071	388	408	428	448	468	488	508	528	548						1071
1070	383	402	422	442	462	482	501	521	541	561					1070
1069	377	397	416	436	455	475	494	514	533	553					1069
1068	372	391	410	430	449	468	487	507	526	545					1068
1067	367	386	405	424	443	462	481	499	518	537					1067
1066	361	380	399	417	436	455	474	492	511	530					1066
1065	356	374	393	411	430	448	467	485	503	522					1065
1064	351	369	387	405	423	442	460	478	496	514					1064
1063	345	363	381	399	417	435	453	471	488	506					1063
1062	340	358	375	393	411	428	446	463	481	499					1062
1061	335	352	369	387	404	421	439	456	473	491					1061
1060	329	347	364	381	398	415	432	449	466	483	500				1060
1059	324	341	358	374	391	408	425	442	458	475	492				1059
1058	319	335	352	368	385	401	418	434	451	467	484				1058
1057	313	330	346	362	378	394	411	427	443	459	476				1057
1056	308	324	340	356	372	388	404	420	436	452	468				1056
1055	302	318	334	350	365	381	397	412	428	444	459				1055
1054	297	313	328	343	359	374	390	405	4_0	436	451				1054
1053	292	307	322	337	352	367	383	398	413	428	443				1053
1052	287	301	316	331	346	361	376	390	405	420	435				1052
1051	281	296	310	325	339	354	369	383	398	412	427				1051
1050	276	290	304	319	333	347	362	376	390	404	419	433			1050
1049	270	284	298	312	326	340	354	368	382	396	410	424			1049
1048	265	279	292	306	320	334	347	361	375	389	402	416			1048
1047	260	273	287	300	313	327	340	354	367	381	394	407			1047
1046	254	267	281	294	307	320	333	346	359	373	386	399			1046
1045	249	262	275	287	300	313	326	339	352	365	378	390			1045
1044	243	256	269	281	294	306	319	332	344	357	369	382			1044
1043	238	250	263	275	287	300	312	324	337	349	361	374			1043
1042	233	245	257	269	281	293	305	317	329	341	353	365			1042
1041	227	239	251	262	274	286	298	309	321	333	345	357			1041
1040	222	233	245	256	268	279	291	302	314	325	337	348	360		1040
1039	216	227	239	250	261	272	283	295	306	317	328	339	351		1039
1038	211	222	233	244	254	265	276	287	298	309	320	331	342		1038
1037	205	216	227	237	248	259	269	280	290	301	312	322	333		1037
1036	200	210	221	231	241	252	262	272	283	293	303	314	324		1036
1035	194	205	215	225	235	245	255	265	275	285	295	305	315		1035
1034	189	199	209	218	228	238	248	257	267	277	287	297	306		1034
1033	184	193	203	212	222	231	241	250	260	269	279	288	298		1033
1032	178	187	197	206	215	224	233	243	252	261	270	279	289		1032
1031	173	182	190	199	208	217	226	235	244	253	262	271	280		1031
1030	167	176	184	193	202	210	219	228	236	245	254	262	271	280	1030
1029	162	170	178	187	195	203	212	220	229	237	245	254	262	270	1029
1028	156	164	172	180	188	196	205	213	221	229	237	245	253	261	1028
1027	151	158	166	174	182	190	197	205	213	221	229	236	244	252	1027
1026	145	153	160	168	175	183	190	198	205	213	220	228	235	243	1026
1025	140	147	154	161	168	176	183	190	197	205	212	219	226	233	1025
	−80	−70	−60	−50	−40	−30	−20	−10	0	10	20	30	40	50	

Tafel I b (1. Forts.). *Höhe der 1000-mb-Fläche als Funktion von Druck und Temperatur in geopotentiellen Metern.*

mb \ °C	−80	−70	−60	−50	−40	−30	−20	−10	0	10	20	30	40	50	
1025	140	147	154	161	168	176	183	190	197	205	212	219	226	233	1025
1024	134	141	148	155	162	169	176	183	190	196	203	210	217	224	1024
1023	129	135	142	148	155	162	168	175	182	188	195	202	208	215	1023
1022	123	129	136	142	148	155	161	168	174	180	187	193	199	206	1022
1021	117	124	130	136	142	148	154	160	166	172	178	184	190	197	1021
1020	112	118	124	129	135	141	147	153	158	164	170	176	182	187	1020
1019	106	112	117	123	128	134	139	145	150	156	161	167	173	178	1019
1018	101	106	111	116	122	127	132	137	143	148	153	158	163	169	1018
1017	95	100	105	110	115	120	125	130	135	140	145	149	154	159	1017
1016	90	94	99	104	108	113	118	122	127	131	136	141	145	150	1016
1015	84	88	93	97	102	106	110	115	119	123	128	132	136	141	1015
1014	79	83	87	91	95	99	103	107	111	115	119	123	127	131	1014
1013	73	77	81	84	88	92	96	99	103	107	111	115	118	122	1013
1012	67	71	74	78	81	85	88	92	95	99	102	106	109	113	1012
1011	62	65	68	71	75	78	81	84	87	91	94	97	100	103	1011
1010	56	59	62	65	68	71	74	77	80	82	85	88	91	94	1010
1009	51	53	56	59	61	64	66	69	72	74	77	79	82	85	1009
1008	45	47	50	52	54	57	59	61	64	66	68	71	73	75	1008
1007	39	41	43	46	48	50	52	54	56	58	60	62	64	66	1007
1006	34	36	37	39	41	43	44	46	48	50	51	53	55	57	1006
1005	28	30	31	33	34	35	37	38	40	41	43	44	46	47	1005
1004	23	24	25	26	27	28	30	31	32	33	34	35	37	38	1004
1003	17	18	19	19	20	21	22	23	24	25	26	26	27	28	1003
1002	11	12	12	13	14	14	15	15	16	16	17	18	18	19	1002
1001	6	6	6	6	7	7	7	8	8	8	9	9	9	9	1001
1000	0	0	0	0	0	0	0	0	0	0	0	0	0	0	1000
999	−6	−6	−6	−7	−7	−7	−7	−8	−8	−8	−9	−9	−9	−9	999
998	−11	−12	−13	−13	−14	−14	−15	−16	−16	−17	−17	−18	−18	−19	998
997	−17	−18	−19	−20	−21	−21	−22	−23	−24	−25	−26	−27	−28	−28	997
996	−23	−24	−25	−26	−27	−29	−30	−31	−32	−33	−35	−36	−37	−38	996
995	−28	−30	−31	−33	−34	−36	−37	−39	−40	−42	−43	−45	−46	−48	995
994	−34	−36	−38	−39	−41	−43	−45	−46	−48	−50	−52	−53	−55	−57	994
993	−40	−42	−44	−46	−48	−50	−52	−54	−56	−58	−60	−62	−65	−67	993
992	−45	−48	−50	−53	−55	−57	−60	−62	−64	−67	−69	−71	−74	−76	992
991	−51	−54	−56	−59	−62	−64	−67	−70	−72	−75	−78	−80	−83	−86	991
990	−57	−60	−63	−66	−69	−72	−74	−77	−80	−83	−86	−89	−92	−95	990
989	−63	−66	−69	−72	−76	−79	−82	−85	−88	−92	−95	−98	−101	−105	989
988	−68	−72	−75	−79	−82	−86	−90	−93	−97	−100	−104	−107	−111	−114	988
987	−74	−78	−82	−86	−89	−93	−97	−101	−105	−109	−112	−116	−120	−124	987
986	−80	−84	−88	−92	−96	−100	−105	−109	−113	−117	−121	−125	−129	−133	986
985	−86	−90	−94	−99	−103	−108	−112	−117	−121	−125	−130	−134	−139	−143	985
984	−91	−96	−101	−105	−110	−115	−120	−124	−129	−134	−138	−143	−148	−153	984
983	−97	−102	−107	−112	−117	−122	−127	−132	−137	−142	−147	−152	−157	−162	983
982	−103	−108	−113	−119	−124	−129	−135	−140	−145	−151	−156	−161	−167	−172	982
981	−108	−114	−120	−125	−131	−137	−142	−148	−153	−159	−165	−170	−176	−182	981
980	−114	−120	−126	−132	−138	−144	−150	−156	−161	−167	−173	−179	−185	−191	980
979	−120	−126	−132	−139	−145	−151	−157	−163	−170	−176	−182	−188	−195	−201	979
978	−126	−132	−139	−145	−152	−158	−165	−171	−178	−184	−191	−197	−204	−210	978
977	−132	−138	−145	−152	−159	−166	−172	−179	−186	−193	−200	−207	−213	−220	977
976	−137	−145	−152	−159	−166	−173	−180	−187	−194	−201	−209	−216	−223	−230	976
975	−143	−151	−158	−165	−173	−180	−188	−195	−202	−210	−217	−225	−232	−240	975
974	−149	−157	−164	−172	−180	−188	−195	−203	−211	−218	−226	−234	−242	−249	974
973	−155	−163	−171	−179	−187	−195	−203	−211	−219	−227	−235	−243	−251	−259	973
972	−161	−169	−177	−186	−194	−202	−211	−219	−227	−236	−244	−252	−260	−269	972
971	−166	−175	−184	−192	−201	−210	−218	−227	−235	−244	−253	−261	−270	−278	971
970	−172	−181	−190	−199	−208	−217	−226	−235	−244	−253	−261	−270	−279	−288	970
	−80	−70	−60	−50	−40	−30	−20	−10	0	10	20	30	40	50	

Tafel Ib (2. Forts.). *Höhe der 1000-mb-Fläche als Funktion von Druck und Temperatur in geopotentiellen Metern.*

mb \ °C	−80	−70	−60	−50	−40	−30	−20	−10	0	10	20	30	40	50	mb
970	−172	−181	−190	−199	−208	−217	−226	−235	−244	−253	−261	−270	−279	−288	970
969	−178	−187	−197	−206	−215	−224	−233	−243	−252	−261	−270	−280	−289	−298	969
968	−184	−193	−203	−213	−222	−232	−241	−251	−260	−270	−279	−289	−298	−308	968
967	−190	−200	−209	−219	−229	−239	−249	−259	−268	−278	−288	−298	−308	−318	967
966	−196	−206	−216	−226	−236	−246	−256	−267	−277	−287	−297	−307	−317	−327	966
965	−202	−212	−222	−233	−243	−254	−264	−275	−285	−295	−306	−316	−327	−337	965
964	−207	−218	−229	−240	−250	−261	−272	−283	−293	−304	−315	−326	−336	−347	964
963	−213	−224	−235	−246	−257	−268	−279	−291	−302	−313	−324	−335	−346	−357	963
962	−219	−230	−242	−253	−264	−276	−287	−298	−310	−321	−332	−344	−355	−367	962
961	−225	−237	−248	−260	−272	−283	−295	−306	−318	−330	−341	−353	−365	−376	961
960	−231	−243	−255	−267	−279	−291	−302	−314	−326	−338	−350	−362	−374	−386	960
959	−237	−249	−261	−273	−286	−298	−310	−323	−335	−347	−359	−372	−384	−396	959
958	−243	−255	−268	−280	−293	−305	−318	−331	−343	−356	−368	−381	−393	−406	958
957	−249	−261	−274	−287	−300	−313	−326	−339	−352	−364	−377	−390	−403	−416	957
956	−254	−268	−281	−294	−307	−320	−334	−347	−360	−373	−386	−399	−413	−426	956
955	−260	−274	−287	−301	−314	−328	−341	−355	−368	−382	−395	−409	−422	−436	955
954	−266	−280	−294	−308	−321	−335	−349	−363	−377	−390	−404	−418	−432	−446	954
953	−272	−286	−300	−315	−329	−343	−357	−371	−385	−399	−413	−427	−441	−455	953
952	−278	−293	−307	−321	−336	−350	−365	−379	−393	−408	−422	−437	−451	−465	952
951	−284	−299	−314	−328	−343	−358	−372	−387	−402	−416	−431	−446	−461	−475	951
950	−290	−305	−320	−335	−350	−365	−380	−395	−410	−425	−440	−455	−470	−485	950
949	−296	−311	−327	−342	−357	−373	−388	−403	−419	−434	−449	−465	−480	−495	949
948	−302	−318	−333	−349	−364	−380	−396	−411.	−427	−443	−458	−474	−490	−505	948
947	−308	−324	−340	−356	−372	−388	−404	−420	−435	−451	−467	−483	−499	−515	947
946	−314	−330	−346	−363	−379	−395	−411	−428	−444	−460	−476	−493	−509	−525	946
945	−320	−336	−353	−370	−386	−403	−419	−436	−452	−469	−486	−502	−519	−535	945
944	−326	−343	−360	−377	−393	−410	−427	−444	−461	−478	−495	−511	−528	−545	944
943	−332	−349	−366	−383	−401	−418	−435	−452	−469	−486	−504	−521	−538	−555	943
942	−338	−355	−373	−390	−408	−425	−443	−460	−478	−495	−513	−530	−548	−565	942
941	−344	−362	−379	−397	−415	−433	−451	−468	−486	−504	−522	−540	−557	−575	941
940	−350	−368	−386	−404	−422	−440	−458	−477	−495	−513	−531	−549	−567	−585	940
939	−356	−374	−393	−411	−430	−448	−466	−485	−503	−522	−540	−558	−577	−595	939
938	−362	−381	−399	−418	−437	−456	−474	−493	−512	−531	−549	−568	−587	−606	938
937	−368	−387	−406	−425	−444	−463	−482	−501	−520	−539	−558	−578	−597	−616	937
936	−374	−393	−413	−432	−451	−471	−490	−510	−529	−548	−568	−587	−606	−626	936
935				−439	−459	−478	−498	−518	−538	−557	−577	−597			935
934				−446	−466	−486	−506	−526	−546	−566	−586	−606			934
933				−453	−473	−494	−514	−534	−555	−575	−595	−615			933
932				−460	−481	−501	−522	−543	−563	−584	−604	−625			932
931				−467	−488	−509	−530	−551	−572	−593	−614	−634			931
930				−474	−495	−517	−538	−559	−580	−601	−623	−644			930
929					−503	−524	−546	−567	−589	−610	−632	−653			929
928					−510	−532	−554	−576	−598	−619	−641	−663			928
927					−517	−540	−562	−584	−606	−628	−650	−673			927
926					−525	−547	−570	−592	−615	−637	−660	−682			926
925					−532	−555	−578	−601	−623	−646	−669	−692			925
924						−563	−586	−609	−632	−655	−678	−701			924
923						−570	−594	−617	−641	−664	−688	−711			923
922						−578	−602	−626	−649	−673	−697	−721			922
921						−586	−610	−634	−658	−682	−706	−730			921
920						−593	−618	−642	−667	−691	−715	−740			920
919							−626	−651	−675	−700	−725	−750			919
918							−634	−659	−684	−709	−734	−759			918
917							−642	−668	−693	−718	−744	−769			917
916							−650	−676	−702	−727	−753	−779			916
915							−658	−684	−710	−736	−762	−788			915
	−80	−70	−60	−50	−40	−30	−20	−10	0	10	20	30	40	50	

Tafel I b (3. Forts.). *Höhe der 1000-mb-Fläche als Funktion von Druck und Temperatur in geopotentiellen Metern.*

mb \ °C	−80	−70	−60	−50	−40	−30	−20	−10	0	10	20	30	40	50	mb
915							−658	−684	−710	−736	−762	−788			915
914								−693	−719	−745	−772	−798			914
913								−701	−728	−754	−781	−808			913
912								−710	−737	−764	−791	−817			912
911								−718	−745	−773	−800	−827			911
910								−726	−754	−782	−809	−837			910
909									−763	−791	−819	−847			909
908									−772	−800	−828	−856			908
907									−781	−809	−838	−866			907
906									−789	−818	−847	−876			906
905									−798	−827	−857	−886			905
904										−837	−866	−896			904
903										−846	−876	−906			903
902										−855	−885	−916			902
901										−864	−895	−925			901
900										−873	−904	−935			900
899										−883	−914	−845			899
898										−892	−923	−955			898
897										−901	−933	−965			897
896										−910	−943	−975			896
895										−920	−952	−985			895
894										−929	−962	−994			894
893										−938	−971	−1001			893
892										−947	−981	−1014			892
891										−957	−990	−1024			891
890										−966	−1000	−1034			890
889										−975	−1010	−1044			889
888										−985	−1019	−1054			888
887										−994	−1029	−1064			887
886										1003	−1039	−1074			886
885										−1013	−1049	−1084			885
884										−1022	−1058	−1094			884
883										−1032	−1068	−1104			883
882										−1041	−1078	−1114			882
881										−1050	−1087	−1124			881
880										−1060	−1097	−1135			880
	−80	−70	−60	−50	−40	−30	−20	−10	0	10	20	30	40	50	

Tafel IIa. *Gegenseitiger Abstand der Hauptisobarenflächen (nach* V. BJERKNES) *und der Standardisobarenflächen (berechnet unter Zugrundelegung eines absoluten Nullpunktes von* —273.16° C *und einer Gaskonstanten* R=286.86) *in dynamischen Metern.*

	° C	0	1	2	3	4	5	6	7	8	9
500											
	—60	1115	1109	1104	1099	1094	1089	1083	1078	1073	1068
	—50	1167	1162	1157	1151	1146	1141	1136	1130	1125	1120
	—40	1219	1214	1209	1204	1198	1193	1188	1183	1178	1172
	—30	1272	1266	1261	1256	1251	1246	1240	1235	1230	1225
	—20	1324	1319	1314	1308	1303	1298	1293	1287	1282	1277
	—10	1376	1371	1366	1361	1355	1350	1345	1340	1335	1329
	—0	1429	1423	1418	1413	1408	1403	1397	1392	1387	1382
	0	1429	1434	1439	1444	1450	1455	1460	1465	1471	1476
	10	1481	1486	1492	1497	1502	1507	1513	1518	1523	1528
600											
	—50	987	982	978	973	969	965	960	956	951	947
	—40	1031	1027	1022	1018	1013	1009	1004	1000	996	991
	—30	1075	1071	1066	1062	1058	1053	1049	1044	1040	1035
	—20	1119	1115	1111	1106	1102	1097	1093	1088	1084	1080
	—10	1164	1159	1155	1150	1146	1142	1137	1133	1128	1124
	—0	1208	1204	1199	1195	1190	1186	1181	1177	1173	1168
	0	1208	1212	1217	1221	1226	1230	1235	1239	1243	1248
	10	1252	1257	1261	1265	1270	1274	1279	1283	1288	1292
	20	1296	1301	1305	1309	1314	1318.	1322	1327	1331	1336
700											
	—40	893	889	885	882	878	874	870	866	862	859
	—30	931	928	924	920	916	912	908	905	901	897
	—20	970	966	962	958	954	951	947	943	939	935
	—10	1008	1004	1000	997	993	989	985	981	977	974
	—0	1046	1043	1039	1035	1031	1027	1023	1020	1016	1012
	0	1046	1050	1054	1058	1062	1066	1069	1073	1077	1081
	10	1085	1089	1092	1096	1100	1104	1108	1112	1115	1119
	20	1123	1127	1131	1135	1138	1142	1146	1150	1154	1158
	30	1161	1165	1169	1173	1176	1180	1184	1188	1192	1195
.800											
	—40	788	784	781	778	774	771	767	764	761	757
	—30	822	818	815	811	808	805	801	798	795	791
	—20	855	852	849	845	842	838	835	832	828	825
	—10	889	886	882	879	876	872	869	866	862	859
	—0	923	920	916	913	909	906	903	899	896	893
	0	923	926	930	933	937	940	943	947	950	953
	10	957	960	964	967	970	974	977	980	984	987
	20	991	994	997	1001	1004	1008	1011	1014	1018	1021
	30	1024	1028	1031	1035	1038	1041	1045	1048	1051	1055
900											
	—40	705	702	699	696	693	690	687	684	680	677
	—30	735	732	729	726	723	720	717	714	711	708
	—20	765	762	759	756	753	750	747	744	741	738
	—10	795	792	789	786	783	780	777	774	771	768
	—0	826	823	820	817	814	811	808	804	801	798
	0	826	829	832	835	838	841	844	847	850	853
	10	856	859	862	865	868	871	874	877	880	883
	20	886	889	892	895	898	901	904	907	910	913
	30	916	919	922	925	928	931	935	938	941	944
	40	947	950	953	956	959	962	965	968	971	974
1000		0	1	2	3	4	5	6	7	8	9

Tafel IIa. (Fortsetzung.)

°C	0	1	2	3	4	5	6	7	8	9
−90	4475	4451	4426	4402	4377	4353	4329	4304	4280	4255
−80	4720	4695	4671	4646	4622	4597	4573	4549	4524	4500
−70	4964	4939	4915	4891	4866	4842	4817	4793	4768	4744
−60	5208	5184	5159	5135	5110	5086	5062	5037	5013	4988
−50	5453	5428	5404	5379	5355	5330	5306	5282	5257	5233
−40	5697	5672	5648	5624	5599	5575	5550	5526	5501	5477
−30	5941	5917	5892	5868	5843	5819	5795	5770	5746	5721
−20	6186	6161	6137	6112	6088	6063	6039	6015	5990	5966

96 40.96 · *225 96* · *100*

°C	0	1	2	3	4	5	6	7	8	9
−90	3641	3621	3601	3581	3561	3542	3522	3502	3482	3462
−80	3840	3820	3800	3780	3760	3741	3721	3701	3681	3661
−70	4039	4019	3999	3979	3959	3939	3920	3900	3880	3860
−60	4238	4218	4198	4178	4158	4138	4119	4099	4079	4059
−50	4437	4417	4397	4377	4357	4337	4318	4298	4278	4258
−40	4636	4616	4596	4576	4556	4536	4516	4497	4477	4457
−30	4835	4815	4795	4775	4755	4735	4715	4696	4676	4656
−20	5034	5014	4994	4974	4954	4934	4914	4895	4875	4855

200

°C	0	1	2	3	4	5	6	7	8	9
−90	2130	2118	2107	2095	2083	2072	2060	2048	2037	2025
−80	2246	2235	2223	2211	2200	2188	2176	2165	2153	2142
−70	2363	2351	2339	2328	2316	2304	2293	2281	2270	2258
−60	2479	2467	2456	2444	2432	2421	2409	2398	2386	2374
−50	2595	2584	2572	2561	2549	2537	2526	2514	2502	2491
−40	2712	2700	2689	2677	2665	2654	2642	2630	2619	2607
−30	2828	2817	2805	2793	2782	2770	2758	2747	2735	2723
−20	2945	2933	2921	2910	2898	2886	2875	2863	2851	2840

225 300

°C	0	1	2	3	4	5	6	7	8	9
−80	1594	1585	1577	1569	1561	1552	1544	1536	1528	1519
−70	1676	1668	1660	1652	1643	1635	1627	1619	1610	1602
−60	1759	1751	1742	1734	1726	1718	1709	1701	1693	1685
−50	1841	1833	1825	1817	1808	1800	1792	1784	1775	1767
−40	1924	1916	1908	1899	1891	1883	1874	1866	1858	1850
−30	2007	1998	1990	1982	1974	1965	1957	1949	1941	1932
−20	2089	2081	2073	2064	2056	2048	2040	2031	2023	2015
−10	2172	2164	2155	2147	2139	2130	2122	2114	2106	2097

300 400

°C	0	1	2	3	4	5	6	7	8	9
−70	1300	1294	1287	1281	1275	1268	1262	1255	1249	1243
−60	1364	1358	1351	1345	1339	1332	1326	1319	1313	1307
−50	1428	1422	1416	1409	1403	1396	1390	1384	1377	1371
−40	1492	1486	1480	1473	1467	1460	1454	1448	1441	1435
−30	1556	1550	1544	1537	1531	1524	1518	1512	1505	1499
−20	1621	1614	1608	1601	1595	1588	1582	1576	1569	1563
−10	1685	1678	1672	1665	1659	1653	1646	1640	1633	1627
−0	1749	1742	1736	1729	1723	1717	1710	1704	1697	1691
0	1749	1755	1761	1768	1774	1781	1787	1793	1800	1806

500

	0	1	2	3	4	5	6	7	8	9

Tafel II b. *Gegenseitiger Abstand der Haupt- und Standard-Isobarenflächen (berechnet unter Zugrundelegung eines absoluten Nullpunktes von —273.16° C und einer Gaskonstanten R = 286.86) in geopotentiellen Metern (1 geopotentielles Meter = 0.98 geodynamisches Meter).*

	° C	0	1	2	3	4	5	6	7	8	9
500											
	—60	1138	1132	1127	1122	1116	1111	1106	1100	1095	1090
	—50	1191	1186	1180	1175	1170	1164	1159	1154	1148	1143
	—40	1244	1239	1234	1228	1223	1218	1213	1207	1202	1196
	—30	1298	1292	1287	1282	1276	1271	1266	1260	1255	1250
	—20	1351	1346	1340	1335	1330	1324	1319	1314	1308	1303
	—10	1404	1399	1394	1388	1383	1378	1372	1367	1362	1356
	—0	1458	1452	1447	1442	1436	1431	1426	1420	1415	1410
	0	1458	1463	1468	1474	1479	1484	1490	1495	1500	1506
	10	1511	1516	1522	1527	1533	1538	1543	1549	1554	1559
600											
	—50	1007	1002	998	993	989	984	980	975	971	966
	—40	1052	1048	1043	1039	1034	1030	1025	1020	1016	1011
	—30	1097	1093	1088	1084	1079	1075	1070	1066	1061	1057
	—20	1142	1138	1133	1129	1124	1120	1115	1111	1106	1102
	—10	1187	1183	1178	1174	1169	1165	1160	1156	1151	1147
	—0	1233	1228	1224	1219	1215	1210	1205	1201	1196	1192
	0	1233	1237	1242	1246	1251	1255	1260	1264	1269	1273
	10	1278	1282	1287	1291	1296	1300	1305	1319	1314	1318
	20	1323	1327	1332	1336	1341	1345	1350	1554	1359	1363
700											
	—40	911	907	904	900	896	892	888	884	880	876
	—30	950	947	943	939	935	931	927	923	919	915
	—20	990	986	982	978	974	970	966	962	958	954
	—10	1029	1025	1021	1017	1013	1009	1005	1001	997	993
	—0	1068	1064	1060	1056	1052	1048	1044	1040	1036	1033
	0	1068	1072	1076	1079	1083	1087	1091	1095	1099	1103
	10	1107	1111	1115	1119	1122	1126	1130	1134	1138	1142
	20	1146	1150	1154	1158	1161	1165	1169	1173	1177	1181
	30	1185	1189	1193	1197	1201	1204	1208	1212	1216	1220
800											
	—40	804	800	797	794	790	787	783	780	776	773
	—30	838	835	831	828	825	821	818	814	811	807
	—20	873	869	866	862	859	856	852	849	845	842
	—10	907	904	900	897	894	890	887	883	880	876
	—0	942	938	935	931	928	925	921	918	914	911
	0	942	945	949	952	956	959	962	966	969	973
	10	976	980	983	987	990	993	997	1000	1004	1007
	20	1011	1014	1018	1021	1025	1028	1031	1035	1038	1042
	30	1045	1049	1052	1056	1059	1062	1066	1069	1073	1076
900											
	—40	719	716	713	710	707	704	701	697	694	691
	—30	750	747	744	741	738	734	731	728	725	722
	—20	781	778	775	772	768	765	762	759	756	753
	—10	812	809	805	802	799	796	793	790	787	784
	—0	842	839	836	833	830	827	824	821	818	815
	0	842	846	849	852	855	858	861	864	867	870
	10	873	876	879	883	886	889	892	895	898	901
	20	904	907	910	913	916	920	923	926	929	932
	30	935	938	941	944	947	950	953	957	960	963
	40	966	969	972	975	978	981	984	987	990	994
1000		0	1	2	3	4	5	6	7	8	9

Tafel II b. (Fortsetzung.)

96 40.96

° C	0	1	2	3	4	5	6	7	8	9
—90	4567	4542	4517	4492	4467	4442	4417	4392	4367	4342
—80	4816	4791	4766	4741	4716	4691	4666	4641	4616	4591
—70	5065	5040	5015	4990	4965	4941	4916	4891	4866	4841
—60	5315	5290	5265	5240	5215	5190	5165	5140	5115	5090
—50	5564	5539	5514	5489	5464	5439	5415	5389	5364	5339
—40	5813	5788	5763	5738	5713	5688	5664	5639	5614	5589
—30	6062	6038	6013	5988	5963	5938	5913	5888	5863	5838
—20	6312	6287	6262	6237	6212	6187	6162	6137	6116	6087

225 96

100

	0	1	2	3	4	5	6	7	8	9
—90	3716	3696	3676	3655	3635	3615	3594	3574	3554	3534
—80	3919	3899	3879	3858	3838	3818	3797	3777	3757	3736
—70	4122	4102	4081	4061	4041	4021	4000	3980	3960	3939
—60	4325	4305	4284	4264	4244	4223	4203	4183	4163	4142
—50	4528	4507	4487	4467	4447	4426	4406	4386	4365	4345
—40	4731	4710	4690	4670	4650	4629	4609	4589	4568	4548
—30	4934	4913	4893	4873	4852	4832	4812	4792	4771	4751
—20	5136	5116	5096	5076	5055	5035	5015	4994	4974	4954

200

	0	1	2	3	4	5	6	7	8	9
—90	2175	2163	2151	2139	2127	2115	2103	2091	2080	2068
—80	2293	2281	2269	2258	2246	2234	2222	2210	2198	2186
—70	2412	2400	2388	2376	2364	2352	2341	2329	2317	2305
—60	2530	2518	2507	2495	2483	2471	2459	2447	2435	2424
—50	2649	2637	2625	2613	2601	2590	2578	2566	2554	2542
—40	2767	2756	2744	2732	2720	2708	2696	2684	2673	2661
—30	2886	2874	2862	2850	2839	2827	2815	2803	2791	2779
—20	3005	2993	2981	2969	2957	2945	2933	2922	2910	2898

225 300

	0	1	2	3	4	5	6	7	8	9
—80	1627	1618	1610	1601	1593	1584	1576	1568	1559	1551
—70	1711	1702	1694	1686	1677	1669	1660	1652	1643	1635
—60	1795	1787	1778	1770	1761	1753	1744	1736	1728	1719
—50	1879	1871	1862	1854	1846	1837	1829	1820	1812	1803
—40	1963	1955	1947	1938	1930	1921	1913	1904	1896	1888
—30	2048	2039	2031	2022	2014	2006	1997	1989	1980	1972
—20	2132	2123	2115	2107	2098	2090	2081	2073	2064	2056
—10	2216	2208	2199	2191	2182	2174	2166	2157	2149	2140

300 400

	0	1	2	3	4	5	6	7	8	9
—70	1327	1320	1314	1307	1301	1294	1288	1281	1275	1268
—60	1392	1386	1379	1373	1366	1360	1353	1347	1340	1334
—50	1458	1451	1445	1438	1431	1425	1418	1412	1405	1399
—40	1523	1516	1510	1503	1497	1490	1484	1477	1471	1464
—30	1588	1582	1575	1569	1562	1556	1549	1543	1536	1529
—20	1653	1647	1641	1634	1627	1621	1614	1608	1601	1595
—10	1719	1712	1706	1699	1693	1686	1680	1673	1667	1660
—0	1784	1778	1771	1765	1758	1752	1745	1738	1732	1725
0	1784	1791	1797	1804	1810	1817	1823	1830	1836	1843

500

	0	1	2	3	4	5	6	7	8	9

Tafel III. *Temperaturwerte der relativen Topographien 96/225 (40.96/96) mb in ° C.*

40.96	96	Dyn. Dek.	0	1	2	3	4	5	6	7	8	9
		440	−93.1	−92.7	−92.3	−91.8	−91.4	−91.0	−90.6	−90.2	−89.8	−89.4
		450	−89.0	−88.6	−88.2	−87.7	−87.3	−86.9	−86.5	−86.1	−85.7	−85.3
		460	−84.9	−84.5	−84.1	−83.7	−83.2	−82.8	−82.4	−82.0	−81.6	−81.2
		470	−80.8	−80.4	−80.0	−79.6	−79.1	−78.7	−78.3	−77.9	−77.5	−77.1
		480	−76.7	−76.3	−75.9	−75.5	−75.0	−74.6	−74.2	−73.8	−73.4	−73.0
		490	−72.6	−72.2	−71.8	−71.4	−71.0	−70.5	−70.1	−69.7	−69.3	−68.9
		500	−68.4	−68.1	−67.7	−67.3	−66.8	−66.4	−66.0	−65.6	−65.2	−64.8
		510	−64.4	−64.0	−63.6	−63.2	−62.8	−62.4	−62.0	−61.5	−61.1	−60.7
		520	−60.3	−59.9	−59.5	−59.1	−58.7	−58.3	−57.8	−57.4	−57.0	−56.6
		530	−56.2	−55.8	−55.4	−55.0	−54.6	−54.2	−53.8	−53.3	−52.9	−52.5
		540	−52.1	−51.7	−51.3	−50.9	−50.5	−50.1	−49.7	−49.2	−48.8	−48.4
		550	−48.0	−47.6	−47.2	−46.8	−46.5	−46.1	−45.6	−45.2	−44.8	−44.4
		560	−44.0	−43.5	−43.1	−42.7	−42.3	−41.9	−41.5	−41.1	−40.6	−40.2
		570	−39.8	−39.4	−39.0	−38.6	−38.2	−37.8	−37.4	−37.0	−36.5	−36.1
		580	−35.7	−35.3	−34.9	−34.5	−34.1	−33.7	−33.3	−32.9	−32.4	−32.0
		590	−31.6	−31.2	−30.8	−30.4	−30.0	−29.6	−29.2	−28.8	−28.4	−27.9
96	225		0	1	2	3	4	5	6	7	8	9

Tafel IVa. *Relative Wolkenzuggeschwindigkeit in km/h für Wolkenspiegel von 2 cm Radius.*

$h \cdot t$	00	10	20	30	40	50	60	70	80	90
000	∞	720.0	360.0	240.0	180.0	144.0	120.0	102.8	90.0	80.0
100	72.0	65.5	60.0	55.4	51.4	48.0	45.0	42.4	40.0	37.9
200	36.0	34.3	32.7	31.3	30.0	28.8	27.7	26.7	25.7	24.8
300	24.0	23.2	22.5	21.8	21.2	20.6	20.0	19.5	29.0	18.5
400	18.0	17.6	17.1	16.7	16.4	16.0	15.7	15.3	15.0	14.7
500	14.4	14.1	13.9	13.6	13.3	13.1	12.8	12.6	12.4	12.2
600	12.0	11.8	11.6	11.4	11.3	11.1	10.9	10.8	10.6	10.4
700	10.3	10.1	10.0	9.9	9.7	9.6	9.5	9.4	9.2	9.1
800	9.0	8.9	8.8	8.7	8.6	8.5	8.4	8.3	8.2	8.1
900	8.0	7.9	7.8	7.7	7.7	7.6	7.5	7.4	7.4	7.3

Tafel IVb. *Relative Wolkenzuggeschwindigkeit in km/h für Wolkenspiegel von 3 cm Radius.*

$h \cdot t$	00	10	20	30	40	50	60	70	80	90
000	∞	1080.0	540.0	360.0	270.0	216.0	180.0	154.3	135.0	120.0
100	108.0	98.1	90.0	83.1	77.1	72.0	67.5	63.5	60.0	56.8
200	54.0	51.4	49.1	46.9	45.0	43.2	41.5	40.0	38.6	37.2
300	36.0	34.8	33.8	32.7	31.8	30.9	30.0	29.2	28.4	27.7
400	27.0	26.3	25.8	25.1	24.6	24.0	23.5	23.0	22.5	22.0
500	21.6	21.2	20.8	20.4	20.0	19.6	19.3	19.0	18.7	18.4
600	18.0	17.7	17.4	17.1	16.9	16.6	16.3	16.1	15.9	15.7
700	15.4	15.2	15.0	14.8	14.6	14.4	14.2	14.0	13.9	13.7
800	13.5	13.3	13.2	13.0	12.9	12.7	12.6	12.4	12.3	12.1
900	12.0	11.9	11.7	11.6	11.5	11.4	11.3	11.1	11.0	10.9

Erläuterung. Die Tafeln geben die auf 1 km Höhe bezogene Wolkengeschwindigkeit (in km/h) als Funktion des Produktes der in Zentimeter gemessenen Augenhöhe über der horizontalen Wolkenspiegelebene (h) und der in Sekunden gemessenen Zeitdauer (t) an, die ein Wolkenteilchen benötigt, um die Strecke von 2 (3) cm vom innersten zum nächsten äußeren Kreis zurückzulegen. Die absolute Geschwindigkeit wird durch Multiplikation mit der in Kilometer ausgedrückten Höhe der Wolke erhalten. Als Radius des Spiegels wird der Abstand zwischen den zur Messung benutzten konzentrischen Kreisen bezeichnet.

Beispiel. Bei einer Augenhöhe von 15 cm braucht eine zu 8000 m Höhe geschätzte Ci-Wolke 24″ um vom innersten zum nächsten Kreis eines Wolkenspiegels von 2 cm Radius zu gelangen. Dann ist $h \cdot t = 360$, die relative Geschwindigkeit 20 km/h und die absolute 160 km/h.

Tafel Va. *Umrechnung von Knoten in km/h (1 kn = 1.852 km/h).*

Knoten	0	1	2	3	4	5	6	7	8	9
0	0	2	4	6	7	9	11	13	15	17
10	19	20	22	24	26	28	30	31	33	35
20	37	39	41	43	44	46	48	50	52	54
30	56	57	59	61	63	65	67	69	70	72
40	74	76	78	80	81	83	85	87	89	91
50	93	94	96	98	100	102	104	106	107	109
60	111	113	115	117	119	120	122	124	126	128
70	130	131	133	135	137	139	141	143	144	146
80	148	150	152	154	156	157	159	161	163	165
90	167	169	170	172	174	176	178	180	181	183
100	185	187	189	191	193	194	196	198	200	202
110	204	206	207	209	211	213	215	217	219	220
120	222	224	226	228	230	232	233	235	237	239
130	241	243	244	246	248	250	252	254	256	257
140	259	261	263	265	267	269	270	272	274	276
150	278	280	282	283	285	287	289	291	293	294
160	296	298	300	302	304	306	307	309	311	313
170	315	317	319	320	322	324	326	328	330	332
180	333	335	337	339	341	343	344	346	348	350
190	352	354	356	357	359	361	363	365	367	369
200	370	372	374	376	378	380	382	383	385	387
210	389	391	393	394	396	398	400	402	404	406
220	407	409	411	413	415	417	419	420	422	424
230	426	428	430	432	433	435	437	439	441	443
240	444	446	448	450	452	454	456	457	459	461
250	463	465	467	469	470	472	474	476	478	480
	0	1	2	3	4	5	6	7	8	9

Tafel Vb. *Umrechnung von km/h in Knoten (1 km/h = 0.540 kn).*

km/h	0	1	2	3	4	5	6	7	8	9
0	0	1	1	2	2	3	3	4	4	5
10	5	6	6	7	8	8	9	9	10	10
20	11	11	12	12	13	14	14	15	15	16
30	16	17	17	18	18	19	19	20	21	21
40	22	22	23	23	24	24	25	25	26	26
50	27	28	28	29	29	30	30	31	31	32
60	32	33	33	34	35	35	36	36	37	37
70	38	38	39	39	40	41	41	42	42	43
80	43	44	44	45	45	46	46	47	48	48
90	49	49	50	50	51	51	52	52	53	53
100	54	55	55	56	56	57	57	58	58	59
110	59	60	61	61	62	62	63	63	64	64
120	65	65	66	66	67	68	68	69	69	70
130	70	71	71	72	72	73	73	74	75	75
140	76	76	77	77	78	78	79	79	80	80
150	81	82	82	83	83	84	84	85	85	86
160	86	87	88	88	89	89	90	90	91	91
170	92	92	93	93	94	95	95	96	96	97
180	97	98	98	99	99	100	100	101	102	102
190	103	103	104	104	105	105	106	106	107	108
200	108	109	109	110	110	111	111	112	112	113
210	113	114	115	115	116	116	117	117	118	118
220	119	119	120	120	121	122	122	123	123	124
230	124	125	125	126	126	127	127	128	129	129
240	130	130	131	131	132	132	133	133	134	135
250	135	136	136	137	137	138	138	139	139	140
260	141	141	142	142	143	143	144	144	145	145
270	146	146	147	147	148	149	149	150	150	151
280	151	152	152	153	153	154	155	155	156	156
290	157	157	158	158	159	159	160	160	161	162
300	162	163	163	164	164	165	165	166	166	167
310	167	168	169	169	170	170	171	171	172	172
320	173	173	174	175	175	176	176	177	177	178
330	178	179	179	180	180	181	182	182	183	183
340	184	184	185	185	186	186	187	187	188	189
350	189	190	190	191	191	192	192	193	193	194
360	194	195	196	196	197	197	198	198	199	199
370	200	200	201	202	202	203	203	204	204	205
380	205	206	206	207	207	208	209	209	210	210
390	211	211	212	212	213	213	214	214	215	216
	0	1	2	3	4	5	6	7	8	9

Tafel VIa. *Wahrscheinlicher Höhenwind in 16000 m*

Windgeschwindigkeit in 11000 m (km/h)	Windrichtung in 11000 m																	
	10°	20°	30°	40°	50°	60°	70°	80°	90°	100°	110°	120°	130°	140°	150°	160°	170°	180°
0	30040	30040	30040	30040	30040	30040	30040	30040	30040	30040	30040	29040	29040	29040	29040	29040	29040	29040
10	32040	32040	32040	32040	32040	32040	32040	32040	31040	30040	30040	29030	28040	28040	28040	26040	26040	27040
20	34040	34040	34040	34040	34040	34040	34040	34040	33040	31030	30030	29030	27030	27030	25030	23040	24040	25040
30	35040	35040	35040	35040	35040	35040	35040	36040	35040	33030	31020	29020	26020	26020	24020	22040	23040	24040
40	36040	36040	36040	36040	36040	36040	1030	2030	1030	35030	34020	29020	25020	23020	22030	22030	22040	23040
50	36050	1050	1050	1050	2050	2040	3040	3040	3040	2030	2020	29010	19020	20020	20030	21040	21050	22050
60	36050	1050	1050	1050	2050	2050	3040	4040	5040	6030	6020	C	15020	16030	18040	20040	21050	22050
70	36050	1050	1050	1050	2050	2050	3040	4040	6040	8030	9010	12010	14020	16030	18040	20050	21050	22060
80	36050	1050	1060	1060	2060	2050	3050	4050	6050	8040	9020	12020	14030	16040	18050	20050	21060	22060
90	36060	1060	1060	1060	2060	2060	3050	4050	6050	8040	10030	12030	14040	16040	18050	20050	21060	22060
100	36060	1060	1060	2060	2060	3060	3060	4060	6050	8050	10040	12040	14050	16050	18060	20060	21060	22070
110	36060	1060	1070	2070	2070	3060	3060	4060	6060	8050	10050	12040	14050	16050	18060	20060	21070	22070
120	36070	1070	1070	2070	2070	3060	3060	4060	6060	8050	10050	12050	14060	16060	18060	20060	21070	22070
130	36070	1070	1070	2070	2070	3070	3070	4070	6070	8060	10050	12050	14060	16060	18070	20070	21070	22070
140	36070	1070	1080	2080	2080	3070	3070	4070	6070	8060	10060	12060	14060	16070	18070	20070	21080	22080
150	36080	1080	1080	2080	2080	3070	3070	4080	6070	8060	10060	12060	14070	16070	18070	20070	21080	22080
160	36080	1080	1080	2090	3080	3080	4080	5080	6080	8070	10060	12060	14070	16080	18080	20080	21080	22080
170	36090	1090	1090	2090	3090	3080	4080	5080	7080	9070	11070	12070	14070	16080	18080	20080	21090	22090
180	360100	1090	2090	3090	4090	4090	5090	5090	7080	9070	11070	12070	14080	16080	18080	20080	21090	22090
190	360100	10100	20100	30100	40100	4090	5090	5090	7090	9080	11070	12070	14080	16090	18090	20090	21090	220100
200	360110	10110	20110	30110	40110	40100	50100	50100	7090	9080	11080	12080	14080	16090	18090	20090	210100	210110
220	360120	10120	20120	30120	40120	40110	50110	50110	70100	9090	11080	12080	14090	16090	18090	200100	210110	210120
240	360130	10130	20130	30130	40130	40120	50120	50120	70110	90100	11090	12090	14090	160100	180100	190110	210120	210130
260	360140	10140	20140	30140	40140	40130	50130	50130	70120	90110	110100	120100	140100	160100	180110	190120	210130	210140
280	360150	10150	20150	30150	40150	40140	50140	50140	70130	90120	110110	120110	140110	160110	170120	180130	200140	210150
300	360160	10160	20160	30160	40160	40150	50150	50150	70140	90130	110120	120110	140120	160120	170130	180140	200150	210160

Tafel VIb. *Wahrscheinlicher Höhenwind in 16000 m*

Windgeschwindigkeit in 11000 m (km/h)	Windrichtung in 11000 m																	
	10°	20°	30°	40°	50°	60°	70°	80°	90°	100°	110°	120°	130°	140°	150°	160°	170°	180°
0	28020	28020	28020	28020	28020	28020	28020	28020	28020	28020	28020	28020	28020	28020	28020	28020	28020	28020
10	33030	34030	34030	35030	35030	34030	34030	33030	31030	28020	25020	24020	24020	24020	24020	24020	23020	22020
20	33030	34030	34030	35030	36030	35030	35020	36020	35020	28010	21020	23020	22020	22020	22020	22020	22020	21020
30	33030	34030	34030	35030	36030	36030	36020	2020	2020	28010	18020	18020	20020	20020	20020	20020	21030	21030
40	33030	34030	34030	35030	36030	36030	2020	5010	5010	C	15010	16010	18020	19030	19030	20030	20030	21030
50	33040	34040	35040	36040	36030	1030	4020	7010	8020	10010	13020	14020	16020	19030	19030	20040	20040	21040
60	33040	34040	35040	36040	1030	2030	4030	7020	8020	10020	12020	13020	16030	18030	18030	20040	20040	21040
70	33040	34040	35040	36040	1030	2030	4030	7020	8030	10020	12020	13020	16030	18030	18030	20040	20040	21040
80	33050	34050	35050	36050	1040	3040	4040	7030	8030	10030	12030	13030	16040	17040	18040	20050	20050	21050
90	33050	34050	35050	36050	1040	3040	4040	7030	8030	10030	12030	13030	16040	17040	18040	19050	20050	21050
100	33050	34050	35050	36050	1050	3050	4050	8030	9030	10030	11030	12030	16050	17050	18050	19050	20050	21050
110	33050	34050	35050	36050	2050	3050	5050	8040	9040	10040	11040	12040	15050	17050	18050	19050	20050	21060
120	33050	34050	35050	36050	2050	3050	5050	8040	9040	10040	11040	12040	15050	17050	18050	19050	20050	21060
130	33060	34060	35060	1060	2060	3050	5050	8040	9040	10040	11040	12040	15050	17050	18060	19060	20060	21060
140	33060	34060	35060	1060	2060	3050	5050	8040	9040	10040	11040	12040	15050	17050	18060	19060	20060	21060
150	33060	35060	36060	1060	2060	3050	5060	8050	9050	10050	11050	12050	15060	17050	18060	19060	20060	21060
160	34070	35070	36070	1070	2070	4060	6060	8050	9050	10050	11050	12050	14060	16060	18060	19070	20070	21070
170	34070	35070	36070	1070	2070	4060	6060	8050	9050	10050	11050	12050	14060	16060	18070	19070	20070	21070
180	34080	35080	36080	1080	2070	4060	6060	8050	9050	10050	11050	12060	14070	16070	18070	19080	20080	21080
190	34080	35080	36080	1080	2070	4060	6060	8050	9060	10060	11060	12060	14070	16070	18070	19080	20080	21080
200	34090	35090	36090	1090	2080	4070	6070	8060	9060	10060	11060	12070	14070	16070	18080	19080	20080	21080
220	34090	35090	36090	1090	2080	4080	6080	8070	9070	10070	11070	12070	14080	16080	18080	19080	20090	21090
240	340100	350100	360100	10100	2090	4090	6080	8070	9070	10070	11070	12080	14080	16080	18080	19080	20090	21090
260	340110	350110	360100	10100	20100	40100	6090	8080	9080	10080	11080	12080	14090	16090	18090	19090	200100	210110
280	340120	350120	360110	10110	20100	40100	6090	8080	9080	10080	11080	12090	14090	160100	180100	190100	200110	210110
300	350130	350130	360120	10120	20110	40110	60100	8090	9090	10090	11090	120100	140100	160110	180110	190110	200120	210120

als Funktion des Windes in 11000 m im Winter über Berlin.

| Windrichtung in 11000 m | | | | | | | | | | | | | | | | | | Windgeschwindigkeit in 11000 m (km/h) |
190°	200°	210°	220°	230°	240°	250°	260°	270°	280°	290°	300°	310°	320°	330°	340°	350°	360°	
29040	29040	29040	29040	29040	29040	29040	29040	29040	29040	29040	30040	30040	30040	30040	30040	30040	30040	0
27040	27040	27040	27040	28040	28040	29040	29040	29040	29040	29040	30040	30040	30040	30040	31040	31040	31040	10
25040	26040	26040	27040	27040	28040	28040	28040	28040	29040	29040	30040	30040	31040	31040	32040	32040	33040	20
24040	25040	25040	26040	26040	27040	28040	28040	28040	29050	29050	30050	31050	31040	31040	32040	34040	34040	30
23040	24040	24040	25040	25040	26040	27040	28040	28040	29050	29050	30050	31050	31040	32040	33040	34040	35040	40
23050	24050	24050	25050	25050	26050	27050	28050	28050	29050	29050	30050	31050	31050	32050	33040	34040	35050	50
23050	24050	24060	25060	25060	26050	27050	28050	28050	29060	29060	30060	31060	32060	32060	33050	34050	35050	60
23060	24060	24060	25060	25060	26060	27060	28060	28060	29070	29070	30070	31070	32070	32070	33060	34060	35060	70
23060	24060	24060	25060	25060	26060	27060	28060	28060	29070	29070	30070	31070	32070	32070	33060	34060	35060	80
23060	24060	24070	25070	25070	26070	27070	28070	28070	29080	29080	30080	31080	32080	32080	33070	34070	35070	90
23070	24070	24070	25070	25070	26070	27070	28070	28080	29080	29080	30080	31080	32080	33080	33080	34070	35070	100
23070	24070	24070	25070	25070	26080	27080	28080	28080	29090	29090	30090	31090	32090	33090	33080	34080	35070	110
23070	24070	24080	25070	25070	26080	27080	28080	28080	29090	29090	30090	31090	32090	33090	33090	34080	35080	120
23080	24080	24080	25080	25080	26080	27090	28090	28090	290100	290100	300100	310100	320100	330100	33090	34090	35080	130
23080	24080	24080	25080	25080	26090	27090	28090	28090	290100	290100	300100	310100	320100	330100	33090	34090	35080	140
23080	24080	24080	25080	25080	26090	27090	280100	280100	290110	290110	300110	310110	320110	330110	340100	340100	35090	150
23090	24090	24090	25090	25090	260100	270100	280100	280110	290110	290120	300120	310120	320120	330120	340110	340100	35090	160
23090	24090	24090	25090	25090	260100	270100	280110	280110	290120	290130	300130	310130	320130	330130	340120	350110	350100	170
230100	240100	240100	250100	250100	250110	260110	270120	280120	290130	290140	300140	310140	320140	330140	340130	350120	350110	180
230110	240110	240110	250110	250110	250120	260120	270130	280130	280140	290140	300140	310140	320140	320140	340130	350120	350110	190
220110	230110	230120	240120	240120	250130	260130	270140	280140	280140	290150	300150	310150	320150	330150	340140	350130	350120	200
220120	230120	230130	240130	240130	250140	260140	270150	280150	280150	290160	300160	310160	320160	330160	340150	350140	350130	220
220130	230130	230140	240140	240150	250150	260150	270160	280160	280160	290170	300170	310170	320170	330160	340160	350150	350140	240
220140	230140	230150	240150	240160	250160	260160	270170	280170	280170	290180	300180	310180	320180	330170	340170	350160	350150	260
220150	230150	230160	240160	240170	250170	260170	270180	280180	280180	290190	300190	310190	320190	330180	340180	350170	350160	280
220160	230160	230170	240170	240180	240180	260180	270190	270190	280190	290200	300200	310200	320200	330190	340190	350180	350170	300

als Funktion des Windes in 11000 m im Frühjahr über Berlin.

| Windrichtung in 11000 m | | | | | | | | | | | | | | | | | | Windgeschwindigkeit in 11000 m (km/h) |
190°	200°	210°	220°	230°	240°	250°	260°	270°	280°	290°	300°	310°	320°	330°	340°	350°	360°	
28020	28020	28020	28020	28020	28020	28020	28020	28020	28020	28020	28020	28020	28020	28020	28020	28020	28020	0
21020	22020	23020	24020	25020	25020	25020	26020	27020	28020	28020	28020	30020	30020	30020	31020	32020	33020	10
21020	22020	23020	24020	25020	25020	25020	26020	27020	28020	28020	29020	30020	30020	30020	31020	32020	33020	20
21030	22030	23030	24030	24030	25030	25030	26030	27030	28030	28030	29030	30030	30030	30030	31030	32030	33030	30
21030	22030	23030	24030	24030	25030	25030	26030	27030	28030	28030	29030	30030	30030	30030	31030	32030	33030	40
21040	22040	23040	24040	24040	24040	25040	26040	27040	28040	28040	29040	30040	30040	30040	31040	32040	33040	50
21040	22040	23040	24040	24040	24040	25040	26040	27040	28040	28040	29040	30040	30040	30040	31040	32040	33040	60
21040	22040	23040	24040	24040	24040	25040	26040	27040	28040	28040	29040	30040	31050	30040	31040	32040	33040	70
21050	22050	23050	24050	24050	24050	25050	26050	27050	28050	28050	29050	30050	31050	31050	31050	32050	33050	80
21050	22050	23050	23050	24050	24050	25050	26050	27050	28050	28050	29050	30050	31050	31050	31050	32050	33050	90
21050	22050	23050	23050	24050	24050	25050	26050	27050	28050	28050	29050	30050	31050	31050	31050	32050	33050	100
21050	22050	23050	23050	24050	24050	25050	26050	27050	28050	28050	29050	30050	31050	31050	31050	32050	33050	110
21060	22060	22060	23060	24060	24060	25060	26060	27060	28060	29060	30060	30060	31060	31060	31060	32060	33060	120
21060	22060	22060	23060	24060	24060	25060	26060	27060	28060	29060	30060	30060	31060	31060	32060	32060	33060	130
21060	22060	22060	23060	24060	24060	25070	26070	27070	28070	29070	30070	30070	31070	31070	32070	32070	33070	140
21060	22060	22060	23070	24070	24070	25070	26070	27070	28070	29070	30070	30070	31070	31070	32070	32070	33070	150
21070	22070	22070	23070	24070	24070	25080	26080	27080	28080	29080	30080	30080	31080	32080	32080	33080	34080	160
21070	22070	22070	23070	24070	24080	25080	26080	27080	28080	29080	30080	30080	31080	32080	32080	33080	34080	170
21070	22070	22080	23080	24080	24080	25080	26080	27080	28090	29090	30090	30090	31090	32090	32090	33090	34090	180
21080	22080	22080	23080	24080	24080	25090	26090	27090	28090	29090	30090	30090	31090	32090	32090	33090	34090	190
21080	22080	22080	23080	24080	24090	25090	26090	27090	280100	290100	300100	300100	310100	320100	320100	330100	34090	200
21090	22090	22090	23090	24090	24090	25090	26090	27090	280100	290100	300100	300100	310100	320100	320100	330100	340100	220
21090	22090	22090	23090	24090	24090	250100	260100	270100	280110	290110	300110	300110	300110	320110	320110	330110	340110	240
210100	220100	220100	230100	240100	240100	250110	260110	270110	280120	290120	300120	300120	310120	320120	320120	330120	340120	260
210110	220110	220110	230110	240110	240110	250120	260120	270120	280130	290130	300130	300130	310130	320130	320130	330130	340130	280
210120	210120	220120	230120	240120	240120	250130	260130	270130	280140	290140	300140	300140	310140	320140	320140	330140	350180	300

Tafel VIc. *Wahrscheinlicher Höhenwind in 16000 m*

Windgeschwindigkeit in 11000 m (km/h)

Windrichtung in 11000 m	10°	20°	30°	40°	50°	60°	70°	80°	90°	100°	110°	120°	130°	140°	150°	160°	170°	180°
0	26020	26020	26020	26020	26020	26020	26020	26020	26020	26020	26020	26020	26020	26020	26020	26020	26020	26020
10	28020	28020	28020	28020	28020	29020	29020	26020	22020	21020	21020	22020	23020	23020	23020	23020	23020	23020
20	30020	29020	29020	28020	28020	31020	31020	26010	19020	19020	19020	19020	20020	20020	20020	20020	21020	22020
30	30020	31020	31020	31020	31020	34020	35010	C	17010	17020	17020	17020	17020	18020	18020	19020	20020	21020
40	31030	31020	33020	33020	34020	36010	2010	C	13010	15010	16020	17020	17020	18030	18030	19020	20020	20020
50	31030	32030	34030	36020	1020	3010	5010	8010	11010	13010	15020	16020	16020	17030	18030	19030	20030	20030
60	31030	32030	34030	36020	1020	3010	5010	8010	11010	13010	15020	16020	16020	17030	18030	19030	20030	20030
70	31030	32030	34030	36020	1020	3020	5020	8020	11020	13020	15020	16020	16020	17030	18030	19030	20030	20030
80	31040	32030	34030	36020	1020	3020	5020	8020	11020	13020	15020	16020	16020	17030	18040	19040	20040	20040
90	31040	32030	34030	36030	1030	3020	5020	8020	11020	13020	15030	16030	16030	17040	18040	19040	20040	20040
100	31040	32030	34030	36030	1030	3030	5030	8030	11030	13030	15030	16030	16030	17040	18040	19040	20040	20040
110	31040	32030	34030	36030	2030	3030	5030	8030	11030	13030	15030	16030	16030	17040	18040	19040	20040	20040
120	32040	34030	35030	26030	2030	4030	6030	8030	10030	12030	14030	16030	16030	17040	18040	19040	20040	20040
130	32050	34040	35030	36030	2030	4030	6030	8030	10030	12030	14030	16030	16030	17040	18040	19040	20040	20040
140	32050	34040	35040	36040	2040	4040	6040	8040	10040	12040	14040	16040	16040	17040	18040	19040	20040	20050
150	32050	34050	35050	36050	2050	4050	6050	8050	10050	12050	14050	16050	16050	17050	18050	19050	20050	20050
160	32060	34050	35050	36050	2050	4050	6050	8050	10050	12050	14050	16050	16050	17050	18050	19050	20050	20050
170	32060	34060	35060	36060	2060	4050	6050	8050	10050	12050	14050	16050	16050	17050	18050	19050	20050	20050
180	32060	34060	35060	36060	2060	4050	6050	8050	10050	12050	14050	16060	16060	17060	18060	19060	20060	20060
190	32070	34070	35070	36070	2070	4060	6060	8060	10050	12060	14060	16060	16060	17060	18060	19060	20060	20060
200	32070	34070	35070	36070	2070	4060	6060	8060	10050	12060	14060	16060	16060	17060	18060	19060	20060	20060
220	33080	34080	35080	36080	2080	4070	6070	8060	10060	12060	14060	16060	16060	17060	18060	19060	20060	20060
240	33080	34080	35080	36080	2080	4080	6070	8060	10060	12060	14060	16060	16060	17070	17070	18070	19070	20070
260	34090	34090	35090	36090	2090	4090	6080	8070	10060	12070	14070	16070	16070	17070	17070	18070	19070	20070
280	340100	34090	35090	36090	2090	4090	6080	8070	10070	12070	14070	16070	16070	17080	16080	17080	18080	19080
300	340110	350100	360100	10100	30100	50100	6090	8070	10070	12080	14080	16080	16080	17090	16090	17090	18090	19090

Tafel VId. *Wahrscheinlicher Höhenwind in 16000 m*

Windgeschwindigkeit in 11000 m (km/h)

Windrichtung in 11000 m	10°	20°	30°	40°	50°	60°	70°	80°	90°	100°	110°	120°	130°	140°	150°	160°	170°	180°
0	27020	27020	27020	27020	27020	27020	27020	27020	27020	27020	27020	27020	27020	27020	27020	27020	27020	27020
10	33030	33030	34030	33030	33030	33030	32030	30030	27020	24020	23020	23020	23020	23020	23020	22020	21020	21020
20	33030	33030	34030	34030	34020	34020	35020	31020	27010	20020	22020	21020	21020	21020	21020	21020	21020	21020
30	33030	33030	34030	35030	35020	35020	1020	1020	27010	17020	17020	19020	19020	19020	20020	20030	20030	20030
40	33030	33030	34030	35030	1020	1020	4010	4010	C	14010	15010	17020	18030	18030	19030	19030	20030	20030
50	33040	34040	35040	36030	3020	3020	6010	7020	9010	12020	13020	15020	18030	18030	19040	19040	20040	20040
60	33040	34040	35040	1030	3030	3030	6020	7020	9020	11020	12020	15030	17030	17030	18040	19040	20040	20040
70	33040	34040	35040	1030	3030	3030	6020	7020	9020	11020	12020	15030	17030	17040	18040	19040	20040	20040
80	35050	34050	35050	2040	3040	3040	6030	7030	9030	11030	12030	15040	16040	17040	18050	19050	20050	20050
90	33050	34050	35050	2040	3040	3040	6030	7030	9030	11030	12030	15040	16040	17050	18050	19050	20050	20050
100	33050	34050	35050	2050	3050	3050	7030	8030	9030	10030	11030	15050	16050	17050	18050	19050	20050	20050
110	33050	34050	35050	2050	4050	4050	7040	8040	9040	10040	11040	14050	16050	17050	18050	19050	20050	20050
120	33050	34050	35050	2050	4050	4050	7040	8040	9040	10040	11040	14050	16050	17060	18050	19050	20060	20060
130	33060	34060	36060	2050	4050	4050	7040	8040	9040	10040	11040	14050	16050	17060	18060	19060	20060	20060
140	33060	34060	36060	2050	4050	4050	7040	8040	9040	10040	11040	14050	16050	17060	18060	19060	20060	20060
150	34060	35060	36060	2050	4060	4060	7050	8050	9050	10050	11050	14060	16060	17060	18060	19060	20060	20060
160	34070	35070	36070	3060	5060	5060	7050	8050	9050	10050	11050	13060	16060	17070	18070	19070	20070	20070
170	34070	35070	36070	3060	5060	5060	7050	8050	9050	10050	11050	13060	15060	17070	18080	19080	20080	20070
180	34080	35080	36080	3060	5060	5060	7060	8060	9060	10060	11060	13060	15060	17070	18080	19080	20080	20070
190	34080	35080	36080	3060	5000	5000	7060	8060	9060	10060	11060	13070	15070	17080	18080	19080	20080	20080
200	34090	35090	36090	1080	3070	5070	7070	8070	9070	10070	11070	13070	15070	17080	18080	19080	20080	20080
220	34090	35090	36090	1080	3080	5080	7070	8070	9070	10070	11070	13080	15080	17080	18080	19090	20090	20090
240	340100	350100	360100	1090	3090	5080	7070	8070	9070	10070	11080	13080	15080	17080	18090	19090	20090	20090
260	340110	350100	360100	10100	30100	5090	7080	8080	9080	10080	11080	13090	15090	17090	78090	190100	200100	200100
280	340120	350110	360110	10100	30100	5090	7080	8080	9080	10080	11090	13090	150100	170100	180100	190110	200110	200110
300	340130	350120	360120	10110	30110	50100	7090	8090	9090	10090	110100	130100	150110	170110	180110	190120	200120	200120

als Funktion des Windes in 11000 m im Sommer über Berlin.

Windrichtung in 11 000 m

190°	200°	210°	220°	230°	240°	250°	260°	270°	280°	290°	300°	310°	320°	330°	340°	350°	360°	Windgeschwindigkeit in 11 000 m (km/h)
260_{20}	260_{20}	260_{20}	260_{20}	260_{20}	260_{20}	260_{20}	260_{20}	260_{20}	260_{20}	260_{20}	260_{20}	260_{20}	260_{20}	260_{20}	260_{20}	260_{20}	260_{20}	0
240_{20}	240_{20}	240_{20}	250_{20}	250_{20}	250_{20}	250_{20}	260_{30}	260_{30}	260_{30}	270_{30}	270_{30}	270_{30}	270_{30}	270_{30}	270_{30}	280_{30}	280_{30}	10
230_{20}	230_{20}	240_{20}	240_{20}	250_{20}	250_{20}	250_{20}	260_{30}	260_{30}	260_{30}	270_{30}	280_{30}	280_{30}	280_{30}	280_{30}	290_{30}	290_{30}	300_{30}	20
220_{20}	220_{20}	220_{20}	230_{20}	240_{20}	250_{20}	250_{30}	260_{30}	260_{30}	260_{30}	270_{30}	280_{30}	280_{30}	290_{30}	290_{30}	300_{30}	300_{30}	310_{30}	30
210_{20}	210_{30}	220_{30}	230_{30}	240_{20}	250_{30}	250_{30}	260_{30}	260_{30}	260_{30}	270_{30}	280_{30}	280_{30}	290_{30}	290_{30}	300_{30}	300_{30}	310_{30}	40
210_{30}	210_{30}	220_{30}	230_{30}	240_{30}	250_{30}	250_{30}	260_{30}	260_{30}	260_{30}	270_{30}	280_{30}	280_{30}	290_{30}	290_{30}	300_{30}	300_{30}	310_{30}	50
210_{30}	210_{30}	220_{30}	230_{30}	240_{30}	250_{30}	250_{40}	260_{40}	260_{40}	260_{40}	270_{40}	280_{40}	280_{40}	290_{30}	290_{30}	300_{30}	300_{30}	310_{30}	60
210_{30}	210_{30}	220_{40}	230_{30}	240_{30}	250_{40}	250_{40}	260_{40}	260_{40}	260_{40}	270_{40}	280_{40}	280_{40}	290_{40}	290_{40}	300_{40}	300_{30}	310_{30}	70
210_{40}	210_{40}	220_{40}	230_{40}	240_{40}	250_{40}	250_{40}	260_{40}	260_{40}	260_{40}	270_{40}	280_{40}	280_{40}	290_{40}	290_{40}	300_{40}	300_{40}	310_{40}	80
210_{40}	210_{40}	220_{40}	230_{40}	240_{40}	250_{40}	250_{40}	260_{40}	260_{40}	260_{40}	270_{40}	280_{40}	280_{40}	290_{40}	290_{40}	300_{40}	300_{40}	310_{40}	90
210_{40}	210_{40}	220_{40}	230_{40}	240_{40}	250_{40}	250_{40}	260_{40}	260_{40}	260_{40}	270_{40}	280_{40}	280_{40}	290_{40}	290_{40}	300_{40}	300_{40}	310_{40}	100
210_{40}	210_{40}	220_{40}	230_{40}	240_{40}	250_{50}	250_{50}	260_{50}	260_{50}	260_{50}	270_{50}	280_{50}	280_{50}	290_{40}	290_{40}	300_{40}	300_{40}	310_{40}	110
210_{40}	210_{40}	220_{40}	230_{40}	240_{40}	250_{50}	250_{50}	260_{50}	260_{50}	270_{50}	280_{50}	290_{50}	280_{50}	290_{50}	290_{50}	300_{50}	300_{40}	310_{40}	120
210_{40}	210_{40}	220_{40}	230_{40}	240_{50}	250_{50}	250_{50}	260_{50}	260_{50}	270_{50}	280_{50}	290_{50}	290_{50}	290_{50}	300_{50}	310_{50}	310_{40}	310_{40}	130
210_{50}	210_{50}	220_{50}	230_{50}	240_{50}	250_{60}	250_{60}	260_{60}	260_{60}	270_{60}	280_{60}	290_{50}	290_{50}	300_{50}	300_{50}	310_{50}	310_{50}	320_{50}	140
210_{50}	210_{50}	220_{50}	230_{50}	240_{50}	250_{60}	250_{60}	260_{60}	260_{60}	270_{60}	280_{60}	290_{60}	290_{60}	300_{50}	300_{50}	310_{50}	310_{50}	320_{50}	150
210_{50}	210_{50}	220_{50}	230_{50}	240_{50}	250_{60}	250_{60}	260_{70}	260_{70}	270_{70}	280_{70}	290_{60}	290_{60}	300_{60}	300_{60}	310_{60}	310_{50}	320_{50}	160
210_{50}	210_{50}	220_{50}	230_{50}	240_{60}	250_{70}	250_{70}	260_{70}	260_{70}	270_{70}	280_{70}	290_{70}	290_{70}	300_{60}	300_{60}	310_{60}	310_{50}	320_{60}	170
210_{60}	210_{60}	220_{60}	230_{60}	240_{60}	250_{70}	250_{70}	260_{70}	260_{70}	270_{70}	280_{70}	290_{70}	290_{70}	300_{70}	300_{60}	310_{60}	310_{60}	320_{60}	180
210_{60}	210_{60}	220_{60}	230_{60}	240_{60}	250_{70}	250_{80}	260_{80}	260_{80}	270_{80}	280_{70}	290_{70}	290_{70}	300_{70}	300_{70}	310_{70}	310_{60}	320_{60}	190
210_{60}	210_{60}	220_{60}	230_{60}	240_{70}	250_{70}	250_{80}	260_{80}	260_{80}	270_{80}	280_{80}	290_{80}	290_{80}	300_{70}	300_{70}	310_{70}	310_{70}	320_{70}	200
210_{60}	210_{60}	220_{60}	230_{60}	240_{70}	250_{70}	250_{80}	260_{80}	260_{80}	270_{80}	280_{80}	290_{80}	290_{80}	300_{80}	300_{80}	310_{80}	310_{80}	320_{80}	220
210_{70}	210_{70}	220_{70}	230_{70}	240_{80}	250_{80}	250_{80}	260_{90}	260_{90}	270_{90}	280_{90}	290_{90}	290_{80}	300_{80}	300_{80}	310_{80}	320_{80}	330_{80}	240
210_{70}	210_{80}	220_{80}	230_{80}	240_{80}	250_{80}	250_{80}	260_{90}	260_{90}	270_{100}	280_{100}	290_{100}	290_{100}	300_{90}	300_{90}	310_{90}	320_{90}	330_{90}	260
200_{80}	210_{80}	220_{80}	230_{80}	240_{90}	250_{90}	250_{90}	260_{100}	260_{100}	270_{110}	280_{110}	290_{110}	290_{110}	300_{100}	310_{100}	320_{100}	330_{100}	340_{100}	280
200_{90}	210_{90}	220_{90}	230_{90}	240_{100}	250_{100}	250_{100}	260_{110}	270_{110}	270_{120}	280_{120}	290_{120}	290_{120}	300_{110}	310_{110}	320_{100}	330_{100}	340_{100}	300

als Funktion des Windes in 11000 m im Herbst über Berlin.

Windrichtung in 11 000 m

190°	200°	210°	220°	230°	240°	250°	260°	270°	280°	290°	300°	310°	320°	330°	340°	350°	360°	Windgeschwindigkeit in 11 000 m (km/h)
270_{20}	270_{20}	270_{20}	270_{20}	270_{20}	270_{20}	270_{20}	270_{20}	270_{20}	270_{20}	270_{20}	270_{20}	270_{20}	270_{20}	270_{20}	270_{20}	270_{20}	270_{20}	0
210_{20}	220_{20}	230_{20}	240_{20}	240_{20}	240_{20}	250_{20}	260_{20}	270_{20}	270_{20}	280_{20}	290_{20}	290_{20}	290_{20}	300_{20}	310_{20}	320_{20}	320_{20}	10
210_{20}	220_{20}	230_{20}	240_{20}	240_{20}	240_{20}	250_{20}	260_{20}	270_{20}	270_{20}	280_{20}	290_{20}	290_{20}	290_{20}	300_{20}	310_{20}	320_{20}	320_{20}	20
210_{30}	220_{30}	230_{30}	230_{30}	240_{30}	240_{30}	250_{30}	260_{30}	270_{30}	270_{30}	280_{30}	290_{30}	290_{30}	290_{30}	300_{30}	310_{30}	320_{30}	320_{30}	30
210_{30}	220_{30}	230_{30}	230_{30}	240_{30}	240_{30}	250_{30}	260_{30}	270_{30}	270_{30}	280_{30}	290_{30}	290_{30}	290_{30}	300_{30}	310_{30}	320_{30}	320_{30}	40
210_{40}	220_{40}	230_{40}	230_{40}	230_{40}	240_{40}	250_{40}	260_{40}	270_{40}	270_{40}	280_{40}	290_{40}	290_{40}	290_{40}	300_{40}	310_{40}	320_{40}	320_{40}	50
210_{40}	220_{40}	230_{40}	230_{40}	230_{40}	240_{40}	250_{40}	260_{40}	270_{40}	270_{40}	280_{40}	290_{40}	290_{40}	290_{40}	300_{40}	310_{40}	320_{40}	320_{40}	60
210_{40}	220_{40}	230_{40}	230_{40}	230_{40}	240_{40}	250_{40}	260_{40}	270_{40}	270_{40}	280_{40}	290_{40}	290_{40}	290_{40}	300_{40}	310_{40}	320_{40}	320_{40}	70
210_{50}	220_{40}	230_{50}	230_{50}	230_{50}	240_{50}	250_{50}	260_{50}	270_{50}	270_{50}	280_{50}	290_{50}	300_{50}	300_{50}	300_{50}	310_{50}	320_{50}	320_{50}	80
210_{50}	220_{50}	220_{50}	230_{50}	230_{50}	240_{50}	250_{50}	260_{50}	270_{50}	270_{50}	280_{50}	290_{50}	300_{50}	300_{50}	300_{50}	310_{50}	320_{50}	320_{50}	90
210_{50}	220_{50}	220_{50}	230_{50}	230_{50}	240_{50}	250_{50}	260_{50}	270_{50}	270_{50}	280_{50}	290_{50}	300_{50}	300_{50}	300_{50}	310_{50}	320_{50}	320_{50}	100
210_{50}	220_{50}	220_{50}	230_{50}	230_{50}	240_{50}	250_{50}	260_{50}	270_{50}	270_{50}	280_{50}	290_{50}	300_{50}	300_{50}	300_{50}	310_{50}	320_{50}	320_{50}	110
210_{60}	210_{60}	220_{60}	230_{60}	230_{60}	240_{60}	250_{60}	260_{60}	270_{60}	280_{60}	290_{60}	290_{60}	300_{60}	300_{60}	300_{60}	310_{60}	320_{60}	320_{60}	120
210_{60}	210_{60}	220_{60}	230_{60}	230_{60}	240_{60}	250_{60}	260_{60}	270_{60}	280_{60}	290_{60}	290_{60}	300_{60}	300_{60}	300_{60}	310_{60}	320_{60}	320_{60}	130
210_{60}	210_{60}	220_{60}	230_{60}	230_{60}	240_{70}	250_{70}	260_{70}	270_{70}	280_{70}	290_{70}	290_{70}	300_{70}	300_{70}	300_{70}	310_{70}	320_{70}	320_{60}	140
210_{60}	210_{60}	220_{60}	230_{60}	230_{70}	240_{70}	250_{70}	260_{70}	270_{70}	280_{70}	290_{70}	290_{70}	300_{70}	300_{70}	300_{70}	310_{70}	320_{70}	320_{60}	150
210_{70}	210_{70}	220_{70}	230_{70}	230_{70}	240_{80}	250_{80}	260_{80}	270_{80}	280_{80}	290_{80}	290_{80}	300_{80}	310_{80}	310_{80}	320_{80}	330_{80}	330_{70}	160
210_{70}	210_{70}	220_{70}	230_{70}	230_{80}	240_{80}	250_{80}	260_{80}	270_{80}	280_{80}	290_{80}	290_{80}	300_{80}	310_{80}	310_{80}	320_{80}	330_{80}	330_{70}	170
210_{70}	210_{80}	220_{80}	230_{80}	230_{80}	240_{80}	250_{80}	260_{80}	270_{90}	280_{90}	290_{90}	290_{90}	300_{90}	310_{90}	310_{90}	320_{90}	330_{80}	330_{80}	180
210_{80}	210_{80}	220_{80}	230_{80}	230_{80}	240_{90}	250_{90}	260_{90}	270_{90}	280_{90}	290_{90}	290_{90}	300_{90}	310_{90}	310_{90}	320_{90}	330_{90}	330_{80}	190
210_{80}	210_{80}	220_{80}	230_{80}	230_{90}	240_{90}	250_{90}	260_{90}	270_{100}	280_{100}	290_{100}	290_{100}	300_{100}	310_{100}	310_{100}	320_{100}	330_{90}	330_{90}	200
210_{90}	210_{90}	220_{90}	230_{90}	230_{90}	240_{90}	250_{90}	260_{90}	270_{100}	280_{100}	290_{100}	290_{100}	300_{100}	310_{100}	310_{100}	320_{100}	330_{100}	330_{90}	220
210_{90}	210_{90}	220_{90}	230_{90}	230_{100}	240_{100}	250_{100}	260_{100}	270_{110}	280_{110}	290_{110}	290_{110}	300_{110}	310_{110}	310_{110}	320_{110}	330_{110}	330_{100}	240
210_{100}	210_{100}	220_{100}	230_{100}	230_{100}	240_{110}	250_{110}	260_{110}	270_{120}	280_{120}	290_{120}	290_{120}	300_{120}	310_{120}	310_{120}	320_{120}	330_{120}	330_{110}	260
210_{110}	210_{110}	220_{110}	230_{110}	230_{110}	240_{120}	250_{120}	260_{120}	270_{130}	280_{130}	290_{130}	290_{130}	300_{130}	310_{130}	310_{130}	320_{130}	330_{130}	330_{120}	280
210_{120}	210_{120}	220_{120}	230_{120}	230_{120}	240_{130}	250_{130}	260_{130}	270_{140}	280_{140}	290_{140}	290_{140}	300_{140}	310_{140}	320_{140}	320_{140}	330_{130}	340_{130}	300

Namenverzeichnis.

Sachverzeichnis.